Bibliothek des technischen Wissens

Werkstofftechnik Maschinenbau

Theoretische Grundlagen
und praktische Anwendungen

6. aktualisierte Auflage

CD mit Bildern, Aufgaben, Lösungen und Musterklausuren

VERLAG EUROPA-LEHRMITTEL · Nourney, Vollmer GmbH & Co. KG
Düsselberger Straße 23 · 42781 Haan-Gruiten

Europa-Nr.: 52611

Autoren:

Läpple, Volker	Prof. Dr.-Ing.	Schorndorf
Kammer, Catrin	Dr.-Ing.	Goslar
Steuernagel, Leif	Dr. sc. nat.	Clausthal-Zellerfeld

Lektorat:

Läpple, Volker	Prof. Dr.-Ing.	Schorndorf

Verlagslektorat: Dr. Astrid Grote-Wolff

Autoren der 1. bis 5. Auflage:
Dr.-Ing. Berthold Drube, Prof. Dr. Georg Wittke

Illustrationen:
Zeichenbüro des Verlags Europa-Lehrmittel, Ostfildern

Normen wiedergegeben mit Erlaubnis des DIN Deutsches Institut für Normung e.V. Maßgebend für das Anwenden der DIN-Norm ist deren Fassung mit dem neuesten Ausgabedatum, die bei der Beuth Verlag GmbH, Burggrafenstraße 6, 10787 Berlin, erhältlich ist.

6. Auflage 2017
Druck 5 4 3 2 1
Alle Drucke derselben Auflage sind parallel einsetzbar, da sie bis auf die Behebung von Druckfehlern untereinander unverändert sind.

Alle Rechte vorbehalten. Das Werk ist urheberrechtlich geschützt. Jede Verwertung außerhalb der gesetzlich geregelten Fälle muss vom Verlag schriftlich genehmigt werden.

ISBN 978-3-8085-5266-7

© 2017 by Verlag Europa-Lehrmittel, Nourney, Vollmer GmbH & Co. KG, 42781 Haan-Gruiten
http://www.europa-lehrmittel.de
Umschlaggestaltung: braunwerbeagentur, 42477 Radevormwald, und Michael M. Kappenstein, 60594 Frankfurt, unter Verwendung eines Fotos der Firma TRUMPF Werkzeugmaschinen GmbH & Co. KG, Ditzingen
Layout: G:L WERBEAGENTUR, Axel Ladleif, 41061 Mönchengladbach
Satz: rkt, 42799 Leichlingen
Druck: M.P. Media-Print Informationstechnologie GmbH, 33100 Paderborn

Vorwort

Werkstoffe hatten zu allen Zeiten eine wichtige Bedeutung für den Menschen. Dies zeigt sich unter anderem daran, dass ganze Zeitepochen, wie die Stein-, Bronze- und Eisenzeit, nach den hauptsächlich benutzten Werkstoffen benannt wurden. Ohne die Verfügbarkeit geeigneter Werkstoffe wären technologisch hoch entwickelte Produkte im Maschinen- und Anlagenbau, im Automobilbau, in der Luft- und Raumfahrttechnik sowie in der Medizintechnik und Biotechnologie nicht denkbar. Erst leistungsfähige Werkstoffe sowie die Fähigkeit zu ihrer wirtschaftlichen Bearbeitung ermöglichen technische Produktinnovationen.

Das vorliegende Lehrbuch **„Werkstofftechnik Maschinenbau"** gibt einen umfassenden Überblick über die wichtigsten metallischen und nichtmetallischen Werkstoffe, wie

- Stähle und Eisengusswerkstoffe,
- Nichteisenmetalle und deren Legierungen,
- Kunststoffe,
- keramische Werkstoffe sowie
- Verbundwerkstoffe.

Das Lehrbuch ist nach drei thematischen Schwerpunkten gegliedert:

1. **Aufbau und Eigenschaften von Werkstoffen:** Ein beanspruchungsgerechter und wirtschaftlicher Werkstoffeinsatz erfordert das Wissen um die Zusammenhänge von Struktur, Gefüge, Eigenschaften und die daraus resultierenden Anwendungsgrenzen von Werkstoffen sowie die Kenntnis des Werkstoffverhaltens unter den gewählten Betriebsbedingungen. Der Werkstoffaufbau sowie die daraus resultierenden typischen Werkstoffeigenschaften werden daher ebenso im Buch erläutert, wie die vielfältigen Möglichkeiten ihrer gezielten Veränderung.

2. **Wechselwirkungen zwischen Werkstoffeigenschaften und Fertigungsverfahren:** Technische Produkte müssen nicht nur ihre Funktion sicher erfüllen, in zunehmendem Maße kommt auch der Wirtschaftlichkeit der Fertigung eine wesentliche Bedeutung zu. Daher müssen die Fertigungsverfahren optimal auf die eingesetzten Werkstoffe abgestimmt werden. Im Lehrbuch werden daher die wichtigsten Fertigungsverfahren sowie ihre Anwendbarkeit auf bestimmte Werkstoffgruppen behandelt. Darüber hinaus wird aufgezeigt, welche Auswirkungen die Verarbeitung, wie z.B. das Schweißen, auf die Werkstoffeigenschaften haben kann.

3. **Werkstoffprüfung:** Im Rahmen der Qualitätssicherung und Qualitätsverbesserung, zur regelmäßigen Überwachung von Bauteilen und Anlagen, zur Ermittlung von Werkstoffkennwerten sowie zur Klärung von Schadensfällen stehen heute vielfältige Werkstoffprüfverfahren zur Verfügung. Die wesentlichen in der Praxis angewandten Prüfverfahren für metallische und nichtmetallische Werkstoffe stellen den dritten Schwerpunkt des Buches dar. Das Kapitel Werkstoffprüfung soll es insbesondere dem Praktiker ermöglichen, Versuche optimal zu planen und Prüfergebnisse differenziert zu bewerten.

Das Lehrbuch wurde auf das Studium abgestimmt. Aufgrund der anschaulichen Vermittlung auch komplexer Zusammenhänge des breiten Themenspektrums und seiner Praxisnähe dient es aber auch dem Industriemeister und Techniker sowie dem Ingenieur in der Praxis als wertvolles Nachschlagewerk. Das Buch kann darüber hinaus in der technischen Aus- und Weiterbildung eingesetzt werden.

Das **Verzeichnis englischer Fachbegriffe** trägt zur Erweiterung des englischen Fachwortschatzes bei. Die ausführliche **Aufgabensammlung** sowie zwei **Musterklausuren** mit ausführlichen **Lösungen** auf der CD unterstützen den Lernerfolg. Darüber hinaus enthält die CD das gesamte **Bildmaterial** des Buches.

Die **6. Auflage** befindet sich auf dem **neuesten Stand der europäischen und internationalen Normung.** Insbesondere die Grundlagenkapitel, die Kapitel zu den Nichteisenmetallen sowie das Kapitel zur Kunststofftechnik wurden gründlich überarbeitet und aktualisiert.

Kritische Hinweise und Vorschläge, die zur Weiterentwicklung des Buches beitragen, nehmen wir unter der Verlagsadresse oder per E-Mail (lektorat@europa-lehrmittel.de) dankbar entgegen.

Frühjahr 2017   Autoren und Verlag

Inhaltsverzeichnis

1 Werkstofftechnologie in Industrie und Wirtschaft

- 1.1 Werkstoffe und Werkstofftechnik 11
- 1.2 Bedeutung der Werkstofftechnik 11
- 1.3 Wirtschaftliche Aspekte der Werkstofftechnik 12
- 1.4 Werkstoffbegriff und Werkstoffeinteilung 12
- 1.4.1 Stoffe und Werkstoffe 12
- 1.4.2 Einteilung der Werkstoffe 13
- 1.4.3 Entwicklung der Werkstofftechnik 15
- 1.4.4 Werkstoffprüfung 15
- 1.5 Eigenschaften der Werkstoffe 16
- 1.6 Werkstoffauswahl 17

2 Grundlagen der Metallkunde

- 2.1 Aufbau der Metalle 18
- 2.2 Atombau und Periodensystem der Elemente 19
- 2.2.1 Bau der Atome 19
- 2.2.2 Periodensystem der Elemente (PSE) 20
- 2.3 Chemische Bindungen 22
- 2.3.1 Primäre chemische Bindungen 22
- 2.3.1.1 Ionenbindung 23
- 2.3.1.2 Atombindung 23
- 2.3.1.3 Metallbindung 24
- 2.3.2 Sekundäre chemische Bindungen 25
- 2.3.2.1 Dispersionsbindungen 25
- 2.3.2.2 Dipol-Dipol-Bindungen 26
- 2.3.2.3 Dipol-Ion-Bindungen 26
- 2.3.2.4 Induktionsbindungen 26
- 2.3.2.5 Wasserstoffbrückenbindungen 26
- 2.4 Gitteraufbau der Metalle 27
- 2.4.1 Kristallgittermodelle 27
- 2.4.2 Entwicklung von einfachen (primitiven) Kristallgittern 28
- 2.4.3 Kristallgitter von Metallen 29
- 2.4.3.1 Kubisch-flächenzentriertes Gitter (kfz) 29
- 2.4.3.2 Hexagonales Gitter dichtester Kugelpackung (hdP) 30
- 2.4.3.3 Kubisch-raumzentriertes Gitter (krz) 30
- 2.4.3.4 Packungsdichte der Kristallgitter 30
- 2.4.3.5 Vergleich von kubisch-flächenzentriertem Gitter und hexagonal dichtester Kugelpackung 32
- 2.5 Realkristalle und Gitterbaufehler 33
- 2.5.1 Realkristalle 33
- 2.5.2 Gitterbaufehler 33
- 2.5.2.1 Nulldimensionale Gitterbaufehler 33
- 2.5.2.2 Eindimensionale Gitterbaufehler 34
- 2.5.2.3 Zweidimensionale Gitterbaufehler 38

- 2.6 Gefüge 40
- 2.7 Anisotropie und Textur 42
- 2.8 Elastische und plastische Verformung 42
- 2.8.1 Elastische Verformung 43
- 2.8.2 Plastische Verformung 44
- 2.8.2.1 Mechanismus der plastischen Verformung 44
- 2.8.2.2 Gleitebenen und Gleitsysteme 45
- 2.8.2.3 Schmidsches Schubspannungsgesetz 46
- 2.8.2.4 Plastische Verformung von Vielkristallen 47
- 2.9 Verfestigungsmechanismen 48
- 2.9.1 Korngrenzenverfestigung 48
- 2.9.2 Mischkristallverfestigung 49
- 2.9.3 Teilchenverfestigung 50
- 2.9.4 Verformungsverfestigung (Kaltverfestigung) 52
- 2.9.5 Überlagerung der Verfestigungsmechanismen 53
- 2.10 Thermische aktivierte Prozesse 54
- 2.10.1 Diffusion 54
- 2.10.2 Erholung und Rekristallisation 57
- 2.10.2.1 Verformungsstrukturen 57
- 2.10.2.2 Erholung 58
- 2.10.2.3 Rekristallisation 60
- 2.10.2.4 Kornvergrößerung und sekundäre Rekristallisation 63
- 2.10.2.5 Kalt- und Warmverformung 64
- 2.10.2.6 Teilentfestigte Zustände 64
- 2.10.3 Kriechen 65
- 2.10.3.1 Kriechen und Werkstoffschädigung 66
- 2.10.3.2 Primäres Kriechen (Übergangskriechen) 66
- 2.10.3.3 Sekundäres Kriechen (stationäres Kriechen) 66
- 2.10.3.4 Tertiäres Kriechen (beschleunigtes Kriechen) 67
- 2.10.3.5 Warmfeste und hochwarmfeste Stähle und Legierungen 67
- 2.10.4 Sintern 67
- 2.10.4.1 Festphasensintern einphasiger Pulver 68
- 2.10.4.2 Festphasensintern zwei- bzw. mehrphasiger Pulver 69
- 2.10.4.3 Flüssigphasensintern 70
- 2.10.4.4 Reaktionssintern 70

3 Grundlagen der Legierungskunde

- 3.1 Aggregatzustände und Phasen 71
- 3.2 Phasenumwandlungen 71
- 3.3 Mischkristalle und Kristallgemische 72
- 3.3.1 Mischkristalle 72
- 3.3.2 Kristallgemische 73
- 3.4 Intermetallische Phasen und Überstrukturen 74

3.4.1	Intermetallische Phasen	74
3.4.2	Überstrukturen	74
3.5	**Zustandsdiagramme**	**75**
3.5.1	Binäre Zustandsdiagramme	76
3.5.1.1	Erstellung binärer Zustandsdiagramme	76
3.5.1.2	Lesen binärer Zustandsdiagramme	77
3.5.1.3	Kristallseigerung und Zonenmischkristalle	78
3.5.2	Grundtypen binärer Zustandsdiagramme	79
3.5.2.1	Vollkommene Unlöslichkeit im festen und flüssigen Zustand	79
3.5.2.2	Vollkommene Löslichkeit im festen und flüssigen Zustand (Linsendiagramm)	79
3.5.2.3	Vollkommene Löslichkeit im flüssigen und vollkommene Unlöslichkeit im festen Zustand (eutektisches Legierungssystem)	80
3.5.2.4	Vollkommene Löslichkeit im flüssigen und begrenzte Löslichkeit im festen Zustand (eutektisches Legierungssystem mit Mischungslücke)	81
3.5.2.5	Peritektisches Zustandsdiagramm	81
3.5.3	Zustandsdiagramme mit Verbindungsbildung	83
3.5.4	Reale Zustandsdiagramme	83
3.5.5	Ternäre Zustandsdiagramme	84

4 Wechselwirkungen zwischen Werkstoffeigenschaften und Fertigungsverfahren

4.1	**Urformen**	87
4.1.1	Kristallisation und Gefüge	87
4.1.2	Gussfehler	89
4.1.3	Gießbarkeit metallischer Werkstoffe	91
4.1.3.1	Fließ- und Formfüllungsvermögen	91
4.1.3.2	Schwindung	92
4.1.3.3	Schmelzverhalten von Gusswerkstoffen	92
4.1.4	Beeinflussung der Werkstoffeigenschaften beim Gießen	92
4.1.5	Herstellung (Züchten) von Einkristallen	94
4.2	**Umformen**	**95**
4.2.1	Kaltumformung	96
4.2.2	Warmumformung	97
4.2.3	Neue Umformverfahren	98
4.3	**Trennen**	**100**
4.3.1	Zerteilen und Zerspanen	100
4.3.2	Zerspanbarkeit	101
4.3.3	Spanformen	101
4.3.4	Automatenlegierungen	101
4.4	**Fügen**	**102**
4.4.1	Schweißen	102
4.4.1.1	Schweißbarkeit	102
4.4.1.2	Einteilung der Schweißverfahren	103
4.4.1.3	Beeinflussung der Wekstoffeigenschaften durch das Schweißen	104
4.4.2	Löten	113
4.4.2.1	Vor- und Nachteile des Lötens	113
4.4.2.2	Einteilung der Lötverfahren	113
4.4.2.3	Lötmechanismus	113
4.4.2.4	Metallurgische Probleme beim Löten	114
4.4.2.5	Flussmittel, Lötatmosphären und Vakuum	115
4.4.2.6	Lötwerkstoffe	116
4.5	**Beschichten**	**118**
4.5.1	Beschichten aus dem flüssigen Zustand	119
4.5.1.1	Schmelztauchen	119
4.5.1.2	Emaillieren	119
4.5.1.3	Anstreichen und Lackieren	120
4.5.2	Beschichten aus dem körnigen oder pulverförmigen Zustand	120
4.5.2.1	Wirbelsintern	120
4.5.2.2	Thermisches Spritzen	120
4.5.3	Beschichten durch Schweißen	122
4.5.4	Beschichten aus dem gas- oder dampfförmigen Zustand	123
4.5.4.1	CVD-Verfahren	123
4.5.4.2	PVD-Verfahren	124
4.5.5	Beschichten aus dem ionisierten Zustand	125
4.5.5.1	Galvanisches Beschichten	125
4.5.5.2	Chemisches Beschichten	126
4.5.6	Weitere Verfahren zur Erzeugung einer Oberflächenschicht	126
4.5.6.1	Plattieren	126
4.5.6.2	Anodische Oxidation (Eloxieren)	127
4.5.6.3	Phosphatieren	128
4.5.6.4	Chromatieren	129
4.5.6.5	Brünieren	130
4.6	**Stoffeigenschaften ändern**	**130**
4.6.1	Verfestigen durch Umformen	130
4.6.1.1	Verfestigen durch Walzen	130
4.6.1.2	Verfestigen durch Ziehen	131
4.6.1.3	Verfestigen durch Schmieden	132
4.6.2	Wärmebehandeln	132
4.6.2.1	Glühen	132
4.6.2.2	Härten	132
4.6.2.3	Isothermisches Umwandeln	133
4.6.2.4	Anlassen und Auslagern	133
4.6.2.5	Vergüten	133
4.6.2.6	Tiefkühlen	133
4.6.2.7	Thermochemisches Behandeln	133
4.6.2.8	Aushärten	134
4.6.3	Thermomechanisches Behandeln	134
4.6.4	Sintern und Brennen	134
4.6.5	Magnetisieren	135
4.6.6	Bestrahlen	135
4.6.7	Fotochemische Verfahren	135

5 Gewinnung, Formgebung und Recycling metallischer Werkstoffe und Legierungen

5.1	Überblick zur Gewinnung metallischer Werkstoffe	136
5.1.1	Gewinnung metallischer Rohstoffe	136
5.1.2	Verfahren der Metallgewinnung	137
5.1.3	Raffinationsverfahren	138
5.1.4	Metallische Werkstoffe und deren Handelsformen	138

5.2	Eisen- und Stahlerzeugung	139
5.2.1	Hochofenprozess	139
5.2.1.1	Hochofen	141
5.2.1.2	Reduktionsvorgang	141
5.2.1.3	Produkte des Hochofenprozesses	144
5.2.2	Direktreduktionsverfahren	145
5.2.3	Stahlerzeugung	146
5.2.3.1	Sauerstoffblasverfahren	147
5.2.3.2	Elektrolichtbogenofen-Verfahren	149
5.2.3.3	Stahl-Sekundärmetallurgie	150
5.3	Erzeugung von Nichteisenmetallen	151
5.3.1	Gewinnung von Aluminium	151
5.3.2	Gewinnung weiterer Nichteisenmetalle	153
5.4	Legieren von Metallen	153
5.5	Formgebungsverfahren für metallische Werkstoffe	155
5.5.1	Gießen	155
5.5.1.1	Formgießen	155
5.5.1.2	Gießen von Knetlegierungen	158
5.5.2	Umformen	160
5.5.2.1	Walzen	161
5.5.2.2	Durchdrücken	162
5.5.2.3	Freiform- und Gesenkschmieden	162
5.5.2.4	Ziehen	163
5.6	Recycling von metallischen Werkstoffen	164
5.6.1	Recycling von Stahl und Gusseisen	165
5.6.2	Recycling von Nichtmetallen	165

6 Eisenwerkstoffe

6.1	Reines Eisen	166
6.2	Eisen-Kohlenstoff-Legierungen	168
6.2.1	Phasenausbildungen in Eisen-Kohlenstoff-Legierungen	168
6.2.1.1	Mischkristalle (Ferrit, Austenit und δ-Ferrit)	168
6.2.1.2	Verbindungsphasen (Zementit und ε-Carbid)	170
6.2.1.3	Stabile Phase (Grafit)	171
6.2.2	Eisen-Kohlenstoff-Zustandsdiagramm	171
6.2.2.1	Erstarrungsformen von Eisen-Kohlenstoff-Legierungen	172
6.2.2.2	Aufbau des metastabilen Eisen-Kohlenstoff-Zustandsdiagramms	173
6.2.2.3	Bezeichnungen im metastabilen System	174
6.2.2.4	Erstarrungsvorgänge im metastabilen System	174
6.2.2.5	Stahlecke des metastabilen Systems	178
6.3	Eisenbegleiter und Legierungselemente	181
6.3.1	Begleitelemente und nichtmetallische Einschlüsse	182
6.3.1.1	Mangan (Mn)	182
6.3.1.2	Silicium (Si)	183
6.3.1.3	Phosphor (P)	185
6.3.1.4	Schwefel (S)	187
6.3.1.5	Stickstoff (N)	188
6.3.1.6	Sauerstoff (O)	190
6.3.1.7	Wasserstoff (H)	191
6.3.1.8	Zusammenfassung der Wirkungsweisen von Begleitelementen in Stählen	193
6.3.1.9	Nichtmetallische Einschlüsse	193
6.3.2	Legierungselemente	196
6.3.2.1	Allgemeine Wirkungsweisen von Legierungselementen in Stählen	196
6.3.2.2	Wirkungsweisen ausgewählter Legierungselemente	203
6.3.2.3	Wirkungsweise mehrerer Legierungselemente im Stahl	211
6.4	Wärmebehandlung der Stähle	212
6.4.1	Prinzip einer Wärmebehandlung	212
6.4.2	Einteilung der Wärmebehandlungsverfahren	214
6.4.3	Glühen	214
6.4.3.1	Normalglühen von Stählen	214
6.4.3.2	Weichglühen von Stählen (Glühen auf kugelige Carbide)	216
6.4.3.3	Spannungsarmglühen	218
6.4.3.4	Rekristallisationsglühen	219
6.4.3.5	Diffusionsglühen (Homogenisierungsglühen)	220
6.4.3.6	Grobkornglühen (Hochglühen)	222
6.4.4	Härten	222
6.4.4.1	Geschichte der Stahlhärtung	222
6.4.4.2	Ziele der Stahlhärtung	224
6.4.4.3	Verfahren	225
6.4.4.4	Härtetemperatur	225
6.4.4.5	Abkühlgeschwindigkeit und Gefügeausbildung	225
6.4.4.6	Kritische Abkühlgeschwindigkeit	232
6.4.4.7	Kohlenstofflöslichkeit des Austenits	233
6.4.4.8	Temperaturbereich der Martensitbildung	233
6.4.4.9	Restaustenit und Tiefkühlung	234
6.4.4.10	Abschreckhärte	234
6.4.4.11	Härtespannungen	235
6.4.4.12	Abschrecken und Abschreckmittel	237
6.4.4.13	Zeit-Temperatur-Umwandlungsdiagramme (ZTU-Diagramme)	238
6.4.4.14	Zeit-Temperatur-Austenitisierungsdiagramme (ZTA-Diagramme)	242
6.4.5	Anlassen und Vergüten	245
6.4.5.1	Innere Vorgänge beim Anlassen	246
6.4.5.2	Anlassen der legierten Stähle	247
6.4.5.3	Versprödungserscheinungen beim Anlassen von Stählen	248
6.4.5.4	Vergüten	250
6.4.6	Verfahren des Oberflächenhärtens	255
6.4.6.1	Einteilung der Oberflächenhärteverfahren	255
6.4.6.2	Randschichthärteverfahren	255
6.4.6.3	Thermochemisches Behandeln	60
6.5	Eigenschaften und Verwendung von Stählen	272
6.5.1	Einteilung der Stähle	272
6.5.1.1	Einteilung der Stähle nach Hauptgüteklassen	272
6.5.1.2	Einteilung der Stähle nach dem Verwendungszweck	274

6.5.2	Unlegierte Baustähle	274	6.5.16.5 Legierte Kaltarbeitsstähle	311
6.5.2.1	Anwendung unlegierter Baustähle	275	6.5.16.6 Warmarbeitsstähle	312
6.5.2.2	Normung und Gütegruppen unlegierter Baustähle	275	6.5.16.7 Schnellarbeitsstähle	314
6.5.2.3	Technologische Eigenschaften unlegierter Baustähle	276	**6.6**	**Eisengusswerkstoffe**	320
			6.6.1 Einteilung der Eisengusswerkstoffe	320
6.5.2.4	Werkstoffkundliche Besonderheiten unlegierter Baustähle	277	6.6.2 Stahlguss	321
6.5.3	Schweißgeeignete Feinkornbaustähle	277	6.6.2.1 Gießbarkeit von Stahlguss	322
6.5.3.1	Werkstoffkundliche Grundlagen schweißgeeigneter Feinkornbaustähle	278	6.6.2.2 Wärmebehandlung von Stahlguss	322
			6.6.2.3 Stahlgusssorten	322
6.5.3.2	Stahlsorten und Gütegruppen	279	6.6.3 Gusseisenwerkstoffe	326
6.5.4	Federstähle	282	6.6.3.1 Erschmelzung von Gusseisenwerkstoffen	326
6.5.4.1	Anforderungen an metallische Federwerkstoffe	283	6.6.3.2 Gusseisendiagramme	326
			6.6.3.3 Gusseisen mit Lamellengraphit	327
6.5.4.2	Federstahlsorten	283	6.6.3.4 Gusseisen mit Kugelgrafit	333
6.5.5	Vergütungsstähle	284	6.6.3.5 Ausferritisches Gusseisen mit Kugelgrafit	336
6.5.6	Einsatzstähle	285	
6.5.7	Nitrierstähle	285	6.6.3.6 Gusseisen mit Vermiculargrafit	338
6.5.8	Warmfeste Stähle	285	6.6.3.7 Temperguss	338
6.5.8.1	Anforderungen an warmfeste Stähle	285	6.6.3.8 Perlitischer Hartguss	344
6.5.8.2	Werkstoffverhalten und Werkstoffkennwerte bei erhöhter Temperatur	285	6.6.3.9 Sondergusseisen	345
6.5.8.3	Warmfeste Stahlsorten	286	**7**	**Nichteisenmetalle**
6.5.9	Kaltzähe Stähle	287	**7.1**	**Aluminiumwerkstoffe**	353
6.5.9.1	Werkstoffverhalten und Kennwerte bei tiefen Temperaturen	287	7.1.1 Reinaluminium	353
			7.1.2 Aluminium-Knetlegierungen	354
6.5.9.2	Kaltzähe Stahlsorten	287	7.1.3 Aluminium-Gusslegierungen	357
6.5.10	Nichtrostende Stähle	288	7.1.4 Aluminiumschäume	360
6.5.10.1	Einteilung der nichtrostenden Stähle	289	7.1.4.1 Aufschäumprozesse	360
6.5.10.2	Ferritische und halbferritische Chromstähle	289	7.1.4.2 Eigenschaften von Aluminiumschäumen	361
6.5.10.3	Martensitische Chromstähle	291	7.1.5 Aushärten von Aluminiumlegierungen	363
6.5.10.4	Austenitische Chrom-Nickel-Stähle	293	7.1.5.1 Verfahren	363
6.5.10.5	Schweißtechnische Verarbeitung nichtrostender Stähle	296	7.1.5.2 Innere Vorgänge	364
			7.1.6 Verarbeitung von Aluminiumwerkstoffen	366
6.5.11	Hitze- und zunderbeständige Stähle	297	7.1.6.1 Gießen	366
6.5.11.1	Ferritische zunderbeständige Stähle	297	7.1.6.2 Umformen	367
6.5.11.2	Austenitische zunderbeständige Stähle und Nickel-Chrom-Legierungen	298	7.1.6.3 Zerspanen	367
			7.1.6.4 Schweißen	368
6.5.12	Druckwasserstoffbeständige Stähle	299	**7.2**	**Magnesiumwerkstoffe**	368
6.5.13	Automatenstähle	300	7.2.1 Eigenschaften von Magnesium	368
6.5.14	Höherfeste Stähle für den Automobil-Leichtbau	302	7.2.2 Magnesiumlegierungen	369
			7.2.2.1 Magnesium-Gusslegierungen	370
6.5.14.1	Mikrolegierte höherfeste Stähle	303	7.2.2.2 Magnesium-Knetlegierungen	370
6.5.14.2	Phosphorlegierte Stähle	303	7.2.3 Verarbeitung von Magnesiumlegierungen	372
6.5.14.3	Bake-Hardening-Stähle	303	
6.5.14.4	IF-Stähle	304	7.2.3.1 Gießen von Magnesiumlegierungen	372
6.5.14.5	Dualphasen Stähle (DP-Stähle)	304	7.2.3.2 Umformen von Magnesiumlegierungen	373
6.5.14.6	Stähle mit Restaustenit	305	7.2.4 Entwicklungstendenzen	373
6.5.14.7	Complexphasen-Stähle	305	
6.5.14.8	Martensit-Phasen-Stähle	306	**7.3**	**Titan und Titanlegierungen**	374
6.5.14.9	TWIP-Stähle	306	**7.4**	**Silicium**	377
6.5.15	Höchstfeste Stähle	306	**7.5**	**Kupferwerkstoffe**	379
6.5.15.1	Höchstfeste Vergütungsstähle	307	7.5.1 Unlegiertes Kupfer	379
6.5.15.2	Martensitaushärtende Stähle (Maraging Steels)	307	7.5.1.1 Sauerstoffhaltiges (zähgepoltes) Kupfer	379
			7.5.1.2 Desoxidiertes Kupfer	381
6.5.16	Werkzeugstähle	309	7.5.1.3 Sauerstofffreies Kupfer hoher Leitfähigkeit	381
6.5.16.1	Anforderungen an Werkzeugstähle	309	
6.5.16.2	Erschmelzung von Werkzeugstählen	309	7.5.2 Niedriglegierte Kupferwerkstoffe	383
6.5.16.3	Einteilung der Werkzeugstähle	309	7.5.3 Kupfer-Zink-Legierungen (Messing)	385
6.5.16.4	Unlegierte Kaltarbeitsstähle	310	

7.5.4	Kupfer-Nickel-Zink-Legierungen (Neusilber)	387	8.2	Normung von Gusseisenwerkstoffen	432
7.5.5	Kupfer-Zinn-Legierungen (Bronze)	387	8.2.1	Normung durch Kurznamen	432
7.5.6	Kupfer-Nickel-Legierungen	389	8.2.2	Normung durch Werkstoffnummern	433
7.5.7	Kupfer-Aluminium-Legierungen	390	8.3	Normung von Nichteisenmetallen (NE-Metalle)	433
7.5.8	Kupfer-Mangan-Legierungen	391	8.3.1	Normung von Aluminiumwerkstoffen	434
7.5.9	Kupfer-Blei-Legierungen (Bleibronze)	391	8.3.1.1	Aluminiumknetwerkstoffe	435
7.5.10	Kupfer-Silicium-Legierungen	391	8.3.1.2	Aluminiumgusswerkstoffe	439
7.6	**Nickel**	396	8.3.2	Normung von Magnesiumwerkstoffen	440
7.6.1	Eigenschaften von Nickel	396	8.3.2.1	Normung von Magnesiumwerkstoffen nach DIN EN 1754	440
7.6.2	Nickel-Legierungen und deren Anwendungen	397	8.3.2.2	Normung von Magnesiumwerkstoffen nach ASTM	442
7.7	**Zinkwerkstoffe**	401	8.3.3	Normung von Kupferwerkstoffen	442
7.7.1	Zink-Knetlegierungen	402	8.3.3.1	Unlegiertes Kupfer	442
7.7.2	Zink-Gusslegierungen	402	8.3.3.2	Kupferlegierungen	442
7.8	**Zinn**	402	**9**	**Kunststoffe**	
7.8.1	Eigenschaften von Zinn	402			
7.8.2	Weichlote	403	9.1	**Bedeutung der Kunststoffe**	445
7.8.3	Gleitlagerwerkstoffe	404	9.2	**Allgemeine Eigenschaften**	445
7.9	**Blei**	404	9.3	**Geschichtliche Entwicklung**	446
7.9.1	Gewinnung und Eigenschaften von Blei	404	9.4	**Herstellung der Kunststoffe**	447
7.9.2	Bleiwerkstoffe	405	9.4.1	Ausgangsstoffe zur Kunststoffherstellung	447
7.10	**Technisch weniger bedeutsame Metalle**	406	9.4.2	Prinzipien der Kunststoffherstellung	448
7.10.1	Alkali- und Erdalkalimetalle	406	9.4.2.1	Polymerisation und Polymerisate	448
7.10.2	Erdmetalle oder die Bor-/Aluminium-Gruppe	408	9.4.2.2	Polykondensation und Polykondensate	456
7.10.3	Kohlenstoff-/Silicium-Gruppe	408	9.4.2.3	Polyaddition und Polyaddukte	461
7.10.4	Metalle der 5. Hauptgruppe	409	9.4.3	Spezialkunststoffe	462
7.10.5	Metalle der 6. Hauptgruppe	410	9.4.4	Faserverstärkte Kunststoffe	463
7.10.6	Silber und Gold	411	9.5	**Einteilung und struktureller Aufbau der Kunststoffe**	464
7.10.7	Metalle der 2. Nebengruppe	412	9.5.1	Thermoplaste (Plastomere)	465
7.10.8	Scandium, Yttrium und die Seltenerdmetalle	412	9.5.1.1	Amorphe Thermoplaste	465
7.10.9	Metalle der 4. Nebengruppe	413	9.5.1.2	Teilkristalline Thermoplaste	465
7.10.10	Metalle der 5. Nebengruppe	414	9.5.2	Duroplaste (Duromere)	469
7.10.11	Metalle der 6. Nebengruppe	414	9.5.3	Elastomere	469
7.10.12	Mangan und Cobalt	416	9.5.4	Thermoplastische Elastomere	469
7.10.13	Platinmetalle	417	9.6	**Mechanisch-thermisches Verhalten der Kunststoffe**	470
7.10.14	Thorium und Uran	417	9.6.1	Charakterisierung der Zustandsbereiche	470
7.11	**Verbundwerkstoffe**	418	9.6.1.1	Energieelastischer Bereich	471
7.11.1	Einteilung der Verbundwerkstoffe	418	9.6.1.2	Nebenerweichungsbereich (NEB)	471
7.11.2	Metal Matrix Composites (MMC)	419	9.6.1.3	Haupterweichungsbereich (HEB)	471
7.11.2.1	Herstellung von MMC	419	9.6.1.4	Entropieelastischer Bereich	472
7.11.2.2	Eigenschaften von MMC	420	9.6.1.5	Fließbereich	472
7.11.3	Werkstoffverbunde	421	9.6.2	Amorphe Thermoplaste	473
			9.6.3	Teilkristalline Thermoplaste	473
8	**Normung und Benennung metallischer Werkstoffe**		9.6.4	Duroplaste	474
			9.6.5	Elastomere	474
8.1	**Stahlnormung**	422	9.6.6	Thermoplastische Elastomere	475
8.1.1	Stahlnormung durch Kurznamen	422	9.7	**Kennwerte, Eigenschaften und Anwendung ausgewählter Kunststoffe**	475
8.1.1.1	Kennzeichnung der Stähle nach der Verwendung oder den mechanischen oder physikalischen Eigenschaften	424	9.8	**Normung und Bezeichnung von Kunststoffen**	486
8.1.1.2	Kennzeichnung der Stähle nach der chemischen Zusammensetzung	424	9.8.1	Allgemeine Kennzeichnung von Kunststoffen	486
8.1.2	Stahlnormung durch Werkstoffnummern	430			

9.8.1.1	Kurzzeichen für Homopolymere und chemisch modifizierte polymere Naturstoffe	486
9.8.1.2	Copolymere und Polymergemische	487
9.8.1.3	Kennzeichnung besonderer Eigenschaften	487
9.8.1.4	Kennzeichnung von Zusatzstoffen	488
9.8.2	Kennzeichnung thermoplastischer Formmassen	488
9.8.3	Kennzeichnung von Duroplasten	489
9.8.4	Kennzeichnung von Elastomeren	490
9.9	**Verarbeitung von Kunststoffen**	**491**
9.9.1	Zuschlagstoffe	491
9.9.2	Urformen und Umformen	491
9.9.2.1	Formpressen	492
9.9.2.2	Spritzgießen	492
9.9.2.3	Extrudieren	493
9.9.2.4	Kalandrieren	493
9.9.2.5	Umformen	494
9.9.3	Mechanische Bearbeitung	494
9.9.4	Verarbeitung aus Lösungen und Dispersionen	496
9.9.4.1	Lacke	497
9.9.4.2	Klebstoffe	497
9.10	**Kunststoffe und Umwelt**	**498**

10 Keramische Werkstoffe

10.1	**Einordnung keramischer Werkstoffe**	**500**
10.2	**Eigenschaften keramischer Werkstoffe**	**501**
10.2.1	Allgemeine Eigenschaften	501
10.2.2	Physikalische Eigenschaften	502
10.2.3	Mechanische Eigenschaften	502
10.2.3.1	Festigkeit und Hochtemperaturfestigkeit	502
10.2.3.2	Härte	503
10.2.3.3	Verformbarkeit und Zähigkeit	504
10.2.4	Thermische Eigenschaften	504
10.2.4.1	Wärmeausdehnung und Temperaturwechselbeständigkeit	504
10.2.4.2	Wärmeleitfähigkeit	505
10.2.5	Elektrische und magnetische Eigenschaften	505
10.2.5.1	Elektrische Leitfähigkeit	506
10.2.5.2	Dielektrisches Verhalten	506
10.2.6	Chemische Eigenschaften	506
10.3	**Einteilung keramischer Werkstoffe**	**507**
10.4	**Innere Struktur und Gefüge keramischer Werkstoffe**	**508**
10.5	**Silicatkeramische Werkstoffe**	**509**
10.5.1	Porzellan	510
10.5.2	Steatit	511
10.5.3	Cordieritkeramik	511
10.6	**Oxidkeramische Werkstoffe**	**512**
10.6.1	Aluminiumoxid (Al_2O_3)	512
10.6.2	Zirkoniumoxid (ZrO_2)	514
10.6.3	Aluminiumtitanat (Al_2TiO_5)	516
10.6.4	Magnesiumoxid (MgO)	517
10.6.5	Weitere oxidkeramische Werkstoffe	517
10.7	**Nichtoxidkeramische Werkstoffe**	**518**
10.7.1	Keramische Werkstoffe aus elementaren Stoffen	520
10.7.2	Metallische Hartstoffe	520
10.7.2.1	Carbide	521
10.7.2.2	Nitride	521
10.7.2.3	Boride	521
10.7.2.4	Silicide	522
10.7.3	Nichtmetallische Hartstoffe	522
10.7.3.1	Siliciumcarbid (SiC)	522
10.7.3.2	Siliciumnitrid (Si_3N_4)	525
10.7.3.3	Bornitrid (BN)	526
10.7.3.4	Borcarbid (B_4C)	527
10.8	**Elektro- und Magnetokeramik**	**527**
10.8.1	Elektrokeramik	528
10.8.1.1	Trägerkörper	528
10.8.1.2	Dielektrische keramische Werkstoffe	528
10.8.1.3	Kaltleiter	529
10.8.1.4	Heißleiter	529
10.8.1.5	Piezokeramik	529
10.8.1.6	Keramische Supraleiter	530
10.8.2	Magnetokeramik	531
10.8.2.1	Dauermagnetische Ferrite (Hartferrite)	531
10.8.2.2	Weichmagnetische Ferrite	532
10.9	**Herstellungs- und Bearbeitungsverfahren für keramische Werkstoffe**	**534**
10.9.1	Rohstoffgewinnung	535
10.9.2	Massenaufbereitung	535
10.9.3	Formgebung	535
10.9.4	Trocknen und Ausheizen	538
10.9.5	Grün- und Weißbearbeitung, Vorbrand	538
10.9.6	Sintern (Brennen)	539
10.9.7	Endbearbeitung (Hartbearbeitung)	540
10.10	**Künftige Entwicklungen**	**540**

11 Korrosion und Korrosionsschutz metallischer Werkstoffe

11.1	**Einleitung und Übersicht**	**541**
11.2	**Elektrochemische Korrosion**	**541**
11.2.1	Lösungstension	542
11.2.2	Elektrochemische Spannungsreihe	542
11.2.3	Stromdichte-Potential-Kurven	544
11.2.4	Wasserstoffkorrosion	545
11.2.5	Sauerstoffkorrosion	545
11.3	**Rost**	**546**
11.4	**Erscheinungsformen der Korrosion**	**547**
11.5	**Korrosionsschutz**	**548**
11.5.1	Passiver Korrosionsschutz	548
11.5.1.1	Überzüge mit Metalloxiden	549
11.5.1.2	Überzüge mit edleren Metallen	550
11.5.1.3	Überzüge mit unedleren Metallen	551
11.5.1.4	Überzüge mit Nichtmetallen	551
11.5.2	Aktiver Korrosionsschutz	551
11.5.3	Konstruktive Maßnahmen	553

12 Tribologie

12.1	**Tribosysteme**	**555**
12.1.1	Aufbau eines Tribosystems	555
12.1.2	Funktion eines Tribosystems	556

12.2	Hauptgebiete der Tribologie	556
12.2.1	Reibung	556
12.2.1.1	Reibungsarten	557
12.2.1.2	Reibungsmechanismen bei Festkörperreibung	557
12.2.1.3	Reibungszustände in geschmierten Gleitpaarungen	558
12.2.2	Schmierung und Schmierstoffe	559
12.2.2.1	Schmieröle	559
12.2.2.2	Schmierfette	561
12.2.2.3	Festschmierstoffe	562
12.2.3	Verschleiß	563
12.2.3.1	Verschleißmechanismen	563
12.2.3.2	Verschleißarten	568
12.3	Verschleißbeständige (tribotechnische) Werkstoffe	568
12.3.1	Verwendung von Stählen bzw. Stahlguss mit hoher Verschleißbeständigkeit	568
12.3.2	Oberflächenschutzschichten	569
12.3.3	Verwendung veschleißbeständiger Werkstoffe	571

13 Werkstoffprüfung

13.1	Einführung	572
13.2	Aufgaben der Werkstoffprüfung	572
13.3	Einteilung der Werkstoffprüfverfahren	573
13.4	Zerstörungsfreie Werkstoffprüfverfahren	574
13.4.1	Eindringprüfung	574
13.4.2	Magnetische und induktive Prüfverfahren	576
13.4.2.1	Magnetische Streuflussverfahren	576
13.4.2.2	Wirbelstromprüfung	577
13.4.3	Ultraschallprüfung	578
13.4.4	Durchstrahlungsverfahren	585
13.4.4.1	Werkstoffprüfung mit Röntgenstrahlen	585
13.4.4.2	Werkstoffprüfung mit Gammastrahlen	587
13.4.4.3	Nachweis von Röntgen- und Gammastrahlen	589
13.4.4.4	Prüfbare Probendicken	590
13.4.4.5	Vergleich zwischen Röntgen- und Gammastrahlen	591
13.4.5	Vergleich der zerstörungsfreien Werkstoffprüfverfahren	591
13.5	Mechanische Werkstoffprüfverfahren	593
13.5.1	Zugversuch	593
13.5.1.1	Historisches	593
13.5.1.2	Versuchsdurchführung	594
13.5.1.3	Probengeometrie	594
13.5.1.4	Spannungs-Dehnungs-Diagramme	595
13.5.1.5	Ermittlung von Werkstoffkennwerten im Zugversuch	599
13.5.1.6	Bruchvorgänge, Bruchformen und Bruchflächen	603
13.5.2	Druckversuch	606
13.5.3	Biegeversuch	608
13.5.4	Torsions- oder Verdrehversuch	609
13.5.5	Scherversuch	610
13.5.6	Härteprüfung	611
13.5.6.1	Einteilung der Härteprüfverfahren	611
13.5.6.2	Statische Härteprüfverfahren	612
13.5.6.3	Dynamische Härteprüfverfahren	622
13.5.7	Zähigkeitsprüfverfahren	624
13.5.7.1	Zähigkeitsbegriff	624
13.5.7.2	Sicherheitsrelevanz der Zähigkeit	625
13.5.7.3	Spröder und zäher Gewaltbruch	625
13.5.7.4	Einflussfaktoren auf die Zähigkeit	626
13.5.7.5	Verfahren der Zähigkeitsprüfung	627
13.5.8	Schwingfestigkeitsversuche	632
13.5.8.1	Entstehung von Schwingrissen	634
13.5.8.2	Ermüdungsbruchflächen	635
13.5.8.3	Versuche zum Ermüdungsverhalten	635
13.5.8.4	Einstufige Schwingfestigkeitsversuche (Wöhlerversuche)	636
13.5.8.5	Betriebsfestigkeitsversuche	639
13.5.8.6	Schwingprüfmaschinen	641
13.5.9	Zeitstandversuch	642
13.5.9.1	Durchführung von Zeitstandversuchen	643
13.5.9.2	Werkstoffkennwerte	644
13.5.9.3	Spannungsrelaxation	45
13.6	Technologische Prüfungen	645
13.6.1	Tiefungsversuch nach Erichsen	646
13.6.2	Näpfchen-Tiefziehprüfung (nach Swift)	647
13.6.3	Technologischer Biegeversuch	648
13.6.4	Stirnabschreckversuch nach Jominy	648
13.7	Mechanische Prüfverfahren für Kunststoffe	650
13.7.1	Zugversuch an Kunststoffen	652
13.7.1.1	Probengeometrie	652
13.7.1.2	Versuchsdurchführung	652
13.7.1.3	Kennwerte	653
13.7.2	Härteprüfung an Kunststoffen	654
13.7.2.1	Kugeleindruckversuch	656
13.7.2.2	Härteprüfung nach Shore an Kunststoffen	656
13.7.2.3	Internationaler Gummihärtegrad (IRHD)	658
13.7.3	Charpy-Schlagversuch nach ISO	658
Englische Fachausdrücke		660
Sachwortverzeichnis		676
Bildquellennachweis		697
Anhang		699

1 Werkstofftechnologie in Industrie und Wirtschaft

1.1 Werkstoffe und Werkstofftechnik

Werkstoffe haben zu allen Zeiten eine sehr wichtige Bedeutung für den Menschen gehabt. Dies zeigt sich daran, dass ganze Zeitepochen nach Werkstoffen benannt werden, wie die Stein-, Kupfer-, Bronze- oder die Eisenzeit (Bild 1).

Werkstoffe müssen aus Rohstoffen gewonnen und zu Werkstücken oder Bauteilen verarbeitet werden. Einsatz und Anwendung von Werkstoffen sind vor allem von deren technologischen Eigenschaften sowie vom Preis und der Verfügbarkeit abhängig. Dabei ist es wichtig, dass mehrere Eigenschaften günstig oder optimal sind. Ein typisches Beispiel ist das Aluminium: Dieser Werkstoff hat eine niedrige Dichte bei gleichzeitig hoher Festigkeit. Daher ist er im Fahr- und Flugzeugbau sowie in der Raumfahrttechnik unverzichtbar.

Bild 1: Nutzung wichtiger metallischer Werkstoffe

Werkstofftechnik ist derjenige Zweig der technischen Wissenschaften, der sich mit der Gewinnung, den Eigenschaften und der Verwendung der Werkstoffe befasst. Nach dieser Definition ist die Werkstofftechnik eine sehr alte Disziplin. Die moderne Werkstofftechnik bedient sich heute wissenschaftlicher Methoden, um die Eigenschaften der Werkstoffe zu bestimmen und zu deuten, neue Werkstoffe zu entwickeln oder bestehende zu verbessern. Die Werkstofftechnik ist eine wichtige Basistechnik unserer Zeit. Wissenschaftliche Untersuchungen der Werkstoffe haben erheblich zum Verständnis des Werkstoffverhaltens, d. h. der Werkstoffeigenschaften beigetragen. Theoretische Erkenntnisse werden in die Praxis umgesetzt, wodurch die Werkstoffe wesentliche Verbesserungen erfahren.

Auch künftige technische Entwicklungen sind abhängig von der Schaffung neuer und der Verbesserung bestehender Werkstoffe. Die Werkstofftechnik gehört daher zur Hochtechnologie. Werkstofftechnik und -wissenschaft gehören zu den Schlüsseltechnologien für andere technische Bereiche, wie Verkehrs-, Energie- und Kommunikationstechnik. Die Umsetzung technischer Entwicklungen ist oft nur mit geeigneten Werkstoffen möglich. Manchmal müssen vorhandene Werkstoffe den Anforderungen angepasst oder sogar neue entwickelt werden. Man spricht dann von maßgeschneiderten Werkstoffen.

1.2 Bedeutung der Werkstofftechnik

Bild 2 zeigt, dass der Verbrauch wichtiger Werkstoffe ständig zunimmt. Verfügbarkeit und Kenntnis geeigneter Werkstoffe hat die Entwicklung der Technik erst ermöglicht, dies gilt genauso für die Erfindung der Dampfmaschine wie für die Luft- und Raumfahrt oder die Computertechnik. Andererseits gehen von technischen Fragestellungen Impulse aus, welche die Werkstoffentwicklung stark beeinflussen.

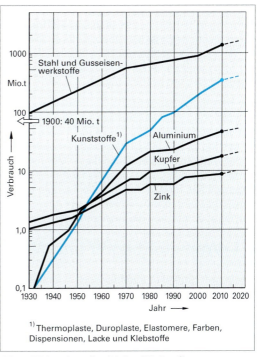

[1] Thermoplaste, Duroplaste, Elastomere, Farben, Dispensionen, Lacke und Klebstoffe

Bild 2: Weltverbrauch wichtiger Werkstoffe

Es gibt Wechselbeziehungen mit der Praxis und mit anderen technischen Disziplinen. Der Konstrukteur muss für sein Bauteil einen aufgrund seiner Eigenschaften geeigneten Werkstoff auswählen und ein geeignetes wirtschaftliches Fertigungsverfahren finden.

Die Entdeckung von technisch bedeutsamen Eigenschaften, wie z.B. die **Hochtemperatursupraleitung (HTSL)** bei einigen keramischen Stoffen, führt nicht unmittelbar zu neuen Werkstoffen. Es ist vielmehr notwendig, weitere Eigenschaften, insbesondere die Verarbeitbarkeit, so zu verbessern, dass **HTSL-Werkstoffe** entstehen. Die technische und wirtschaftliche Bedeutung solcher Werkstoffe wird so hoch eingeschätzt, dass Firmen zur Entwicklung von Hochtemperatursupraleitern gegründet wurden. Die Entwicklung der Werkstoffe ist so schwierig, dass zu Beginn des neuen Jahrtausends nur sehr wenige Anwendungen von Hochtemperatursupraleitern bekannt sind, wie z. B. ein 120 m langes Kabel zur Stromversorgung oder ein Elektromotor (380 kW) mit einer HTSL-Wicklung. Aber auch altbekannte Werkstoffe werden ständig weiterentwickelt und verbessert, um die Verwendungsmöglichkeiten zu erweitern und die Sicherheit und Verfügbarkeit technischer Systeme zu erhöhen.

> **ⓘ Information**
>
> **Supraleitung und Supraleiter**
>
> Der Stromtransport ist in einem elektrischen leitenden Festkörper (z. B. Metall) überwiegend an die Bewegung von Elektronen gebunden. Die Wechselwirkung der Elektronen mit den Atomrümpfen des Kristallgitters (Kollisionen) äußert sich dabei insgesamt als elektrischer Widerstand. Bei tiefen Temperaturen beobachtet man jedoch eine verlustfreie Leitung des elektrischen Stromes, die **Supraleitung**. Supraleitung findet erst unterhalb einer für den jeweiligen Stoff charakteristischen Temperatur, der **Sprungtemperatur**, statt.
>
> Die Sprungtemperaturen der metallischen Supraleiter (MSL) wie Nb oder Nb_3Sn liegen im Bereich des flüssigen Heliums (Siedetemperatur 4,2 K). Die Erzeugung und Aufrechterhaltung derart niedriger Temperaturen erfordert einen hohen technischen Aufwand und hohe Kosten. Die Materialforschung bemüht sich daher bereits seit längerem um die Entwicklung von Werkstoffen mit höheren Sprungtemperaturen, den **Hochtemperatursupraleitern (HTSL)**. Erst dadurch kann die Supraleitung auf breitem Gebiet wirtschaftlich eingesetzt werden. Heute kennt man über 100 HTSL-Verbindungen (Kapitel 10.8.1.6).
>
> Der Einsatz von HTSL-Werkstoffen führt zu einer starken Verringerung von Baugrößen, Gewichten und Verlusten bei elektrischen Betriebsmitteln (z. B. Kabel, Elektromotoren, Generatoren, Transformatoren usw.).

1.3 Wirtschaftliche Aspekte der Werkstofftechnik

Der Preis eines Werkstoffes entscheidet maßgeblich über seinen Einsatz und mögliche Anwendungen. So werden für Massenanwendungen meist preiswertere Werkstoffe den technisch überlegenen aber teureren vorgezogen. Beispielsweise kann eine elektrische Leitung aus Silber nicht mit einer aus Aluminium konkurrieren. Der hohe Preis des Silbers liegt vor allem in seiner begrenzten Verfügbarkeit begründet. Dagegen ist der Rohstoff für Silicium günstiger Quarz. Die Herstellung von hochreinem Silicium ist jedoch sehr aufwändig. Insbesondere sind die Reinigungsverfahren relativ kosten- und energieintensiv, sodass der Halbleiterwerkstoff Silicium relativ teuer ist.

Der Preis eines Werkstoffes muss immer im Zusammenhang mit seinem Nutzen gesehen werden. Für die Entscheidung über den Einsatz eines Werkstoffes sind in zunehmendem Maße dessen Umweltverträglichkeit und damit die Kosten für seine Entsorgung von Bedeutung. Obwohl die bereits erwähnten supraleitenden Stoffe als künftige Werkstoffe erheblich teurer sein werden als Kupfer, könnten sie trotzdem Kupfer in Generatoren ersetzen. Denn dieser Mehrpreis wird in kurzer Zeit durch die erheblich höhere Stromausbeute wettgemacht. Neu- oder Weiterentwicklungen von Werkstoffen bleiben häufig nicht begrenzt auf das Einsatzgebiet, für das sie einmal entwickelt wurden. So werden einige Werkstoffe, die für die Raumfahrt entwickelt wurden, inzwischen auch im Alltag eingesetzt. Ein typisches Beispiel dafür ist die Kunststoffsorte Polytetrafluorethylen, die auch unter dem Handelsnamen Teflon® bekannt wurde.

1.4 Werkstoffbegriff und Werkstoffeinteilung

Der Begriff Stoff wird mitunter auch synonym gebraucht für Werkstoffe, sodass eine Unterscheidung der beiden Begriffe erforderlich ist.

1.4.1 Stoffe und Werkstoffe

Der Zusammenhang zwischen verschiedenen Stoffen wird durch menschliche und maschinelle Arbeit und durch verschiedene Produktions- und Fertigungsprozesse hergestellt und ist in Bild 1, Seite 13, dargestellt.

1.4 Werkstoffbegriff und Werkstoffeinteilung

Am Anfang stehen die **Naturstoffe**, die durch den Menschen genutzt und dabei verändert werden. Aus den Naturstoffen werden **Rohstoffe** gewonnen, die zu **Werkstoffen** weiterverarbeitet werden. Werkstoffe sind die Basis für die Herstellung von Fertigprodukten und Gebrauchsgütern. Die Mehrzahl der Produktionsprozesse erfordert den Einsatz von **Hilfsstoffen**, die im Fertigprodukt jedoch nicht mehr enthalten sind. In Tabelle 1 werden die Begriffe erläutert und einige Beispiele genannt.

Bild 1: Zusammenhang zwischen den Begriffen „Naturstoff", „Rohstoff", „Werkstoff" und „Hilfsstoff"

Tabelle 1: Stoffe in Industrie und Technik

Stoffe	Erklärung	Beispiele
Naturstoffe	In der Natur vorkommende Stoffe	Holz, Erdöl, Kohle, Wolle, gediegene Metalle, wie Gold, Silber, Kupfer
Rohstoffe	Ausgangsstoffe für den Herstellungsprozess von Werkstoffen	Geschlagenes Holz, abgebaute Kohle, gefördertes Erdöl, abgebaute gediegene Metalle und Erze, Altstoffe (Schrott)
Werkstoffe	Stoffe zur Herstellung von Werkstücken, Werkzeugen und Halbzeugen	Metalle, Nichtmetalle, Verbundwerkstoffe, Kunststoffe, keramische Werkstoffe
Fertigprodukte	Werkstücke, Werkzeuge, Halbzeuge	Motorblock, Hammer, Rohr, Blech
Hilfsstoffe	Stoffe, die den Prozess vom Naturstoff zum Fertigprodukt aufrecht erhalten, aber nicht in das Fertigprodukt eingehen	Schmierstoffe, Schleifmittel, Schneidöle und Kühlmittel, Treib- und Brennstoffe, Härtemittel, Reinigungsmittel

Werkstoffe sind für die Konstruktion nützliche, feste Stoffe. In manchen Fällen macht eine besondere physikalische Eigenschaft, einen Feststoff, zum Werkstoff. So ist beispielsweise die hohe elektrische Leitfähigkeit des Kupfers die Ursache für seine bevorzugte Verwendung als Leiterwerkstoff. Für Konstruktionen, die auf dem Erdboden ruhen, ist aufgrund seiner Druckfestigkeit Beton der günstigste Werkstoff. Treten Zugspannungen auf, dann ist Stahl wegen seiner hohen Zugfestigkeit besonders geeignet.

Ein Stoff muss verschiedene Voraussetzungen erfüllen, um als Werkstoff Verwendung zu finden:

1. **Günstige Kombination physikalischer bzw. mechanischer Eigenschaften.** So ist beispielsweise bei der Konstruktion von Fahrzeug- oder Flugzeugteilen das Verhältnis von Festigkeit zu Dichte (spezifisches Gewicht) die bestimmende Werkstoffeigenschaft.
2. **Gute Verarbeitbarkeit.** Es muss auf einfache Weise möglich sein, den Stoff durch plastisches Umformen, Gießen, Sintern oder Zerspanen in die gewünschte Form zu bringen. Darüber hinaus ist es oft erforderlich, einzelne Teile durch geeignete Fügeverfahren wie Schweißen, Löten oder Kleben miteinander zu verbinden.
3. **Wirtschaftlichkeit.** Ein Stoff kann trotz guter physikalischer oder mechanischer Eigenschaften als Werkstoff nicht in Frage kommen, wenn er zu teuer ist. Dabei müssen die eigentlichen Werkstoffkosten von den Kosten der Verarbeitung und – in zunehmendem Maße – auch der Entsorgung bzw. Wiederverwertung unterschieden werden. Ein preiswerter Stoff, der nur durch teure Formgebungsverfahren (z. B. Schleifen) in die endgültige Form gebracht werden kann oder der nicht schweißbar ist, muss gegebenenfalls durch einen teureren Stoff ersetzt werden, der sich jedoch preiswerter (z. B. durch Gießen) in die gewünschte Form bringen lässt.

1.4.2 Einteilung der Werkstoffe

In der Natur kommen Stoffe vor, die aufgrund ihrer Eigenschaften von Menschen schon immer benutzt wurden, wodurch sie zu Werkstoffen wurden.

Zu diesen **natürlichen Werkstoffen** gehören Steine, Hölzer und Wolle sowie im weiteren Sinne auch die gediegen (d. h. elementar) vorkommenden Metalle Gold, Silber und Kupfer. Durch den Umgang mit diesen Stoffen wurden Erfahrungen gesammelt über deren Eigenschaften und die sich daraus ergebenden Verwendungsmöglichkeiten. Außerdem gelang es, diese Stoffe und ihre Eigenschaften zu verändern und zu verbessern. Diese Entwicklung führte schließlich zu neuen Werkstoffen. Dazu gehörten zunächst aus Erzen gewonnene Metalle wie Kupfer und Eisen sowie die als Bronze bezeichneten Kupfer-Zinn-Legierungen.

> **ⓘ Information**
>
> **Werkstoffe**
>
> Werkstoffe sind für die Konstruktion nützliche feste Stoffe. Damit ein Stoff als Werkstoff verwendet wird, muss er eine günstige Kombination physikalischer Eigenschaften aufweisen, gut zu verarbeiten und wirtschaftlich zu beschaffen, sowie gut zu entsorgen sein.

Die Anzahl der verfügbaren Werkstoffe nimmt ständig zu. Daraus erwächst die Notwendigkeit einer ordnenden und systematischen Betrachtung. Die Werkstoffe werden daher üblicherweise in drei Gruppen eingeteilt: metallische Werkstoffe, nichtmetallische Werkstoffe und Verbundwerkstoffe.

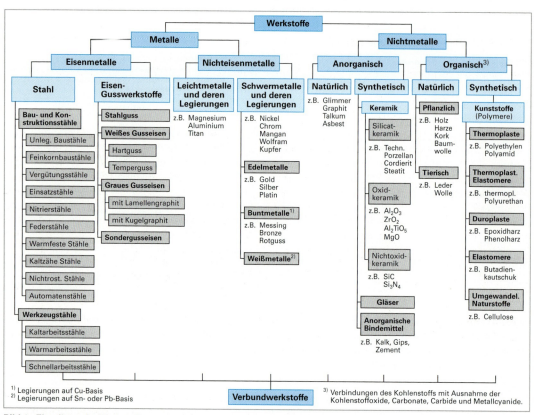

Bild 1: Einteilung der Werkstoffe

In Bild 1 ist eine umfassende Einteilung der Werkstoffe dargestellt. Die größte technische Bedeutung besitzen die **Metalle**, insbesondere aufgrund ihrer in der Regel hohen Festigkeit und ihres plastischen Verformungsvermögens. Wie Bild 2, Seite 11 zeigt, sind Stahl und Eisen, hier als Eisenmetalle oder häufig auch als Eisenwerkstoffe bezeichnet, wiederum die am häufigsten eingesetzten metallischen Werkstoffe. Üblicherweise unterteilt man die Metalle in die **Eisen-** und **Nichteisenmetalle**. Mitunter wird auch eine Einteilung in Reinmetalle und Legierungen oder in Guss- und Knetlegierungen vorgenommen. Die Nichteisenmetalle werden üblicherweise in die Leichtmetalle (Dichte ≤ 4,5 g/cm³) und Schwermetalle (Dichte > 4,5 g/cm³) unterteilt.

Die **nichtmetallischen Werkstoffe** werden eingeteilt in die organisch-nichtmetallische und die anorganisch-nichtmetallische Werkstoffgruppe. Die wichtigste Gruppe innerhalb der organisch-nichtmetallischen Werkstoffe sind die **Kunststoffe**. Von den anorganisch-nichtmetallischen Werkstoffen haben die **Keramiken** die größte Bedeutung. In der zweiten Hälfte des 20. Jahrhunderts hat der Einsatz von Kunststoffen stark zugenommen und derzeit ist diese Tendenz bei den Keramiken und Verbundwerkstoffen festzustellen.

Verbundwerkstoffe entstehen durch eine Kombination von mindestens zwei Werkstoffen aus gleichen oder unterschiedlichen Gruppen. Dadurch sollen Eigenschaften erreicht werden, die ein Werkstoff alleine nicht oder nur nach einem wesentlich höheren Verarbeitungsaufwand aufweist. Ein Beispiel für einen Verbundwerkstoff ist Stahlbeton, der durch die Kombination von Stahl (gute Zugfestigkeit) und Beton (gute Druckfestigkeit) entsteht. Weitere Beispiele für Verbundwerkstoffe sind faserverstärkte Kunststoffe, Hartmetalle bzw. Cermets oder metalldrahtverstärktes Glas. Die Kombinationsmöglichkeiten für Verbundwerkstoffe sind überaus vielfältig.

1.4.3 Entwicklung der Werkstofftechnik

Die **Werkstofftechnik** hat sich in vielen Jahrtausenden entwickelt. Zunächst wurde das Wissen über die Werkstoffe, ihre Herstellung, Verarbeitung und ihren Gebrauch nur mündlich weitergegeben. Es ist jedoch erstaunlich, dass Bronzegeräte bereits im 3. Jahrtausend v. Chr. in Ägypten oder Mesopotamien erzeugt wurden. Mit der Niederschrift dieses Wissens entwickelte sich die Werkstofftechnik zu einer Wissenschaft. 1556 erschien das erste bedeutende Buch über metallische Werkstoffe von *Georgius Agricola* (1474 … 1555) **De re metallica**.

Die Beschreibung der Werkstoffe und deren Klassifizierung wurde ergänzt durch Messgrößen, wie beispielsweise die Festigkeit. Diese quantitativen Größen ermöglichen direkte Vergleiche verschiedener Werkstoffe, sodass die Auswahl eines geeigneten Werkstoffes erleichtert wird. Aus den Messgrößen werden Belastungsgrenzen für den jeweiligen Werkstoff abgeleitet, der Werkstoff wird berechenbar. Die Ermittlung der Messgrößen ist Aufgabe der **Werkstoffprüfung**.

Die moderne Werkstofftechnik geht über das Erfassen von Messwerten hinaus, Werkstoffeigenschaften und -verhalten werden wissenschaftlich untersucht und gedeutet. Aufgrund der dabei gewonnenen Erkenntnisse können gezielt Verbesserungen oder Neuentwicklungen vorgenommen werden. Steigende Anforderungen an die Leistungsfähigkeit der Werkstoffe erfordern eine schnelle Werkstoffentwicklung. Die Entwicklung neuer Werkstoffe bis zur Marktreife benötigt heute 10 bis 15 Jahre, da umfangreiche Testreihen, Pilotversuche und Prozessoptimierungen erforderlich sind. Somit müssen die bisher üblichen empirischen Methoden der Werkstoffentwicklung und -verbesserung durch leistungsfähigere ersetzt werden, welche die Entwicklungszeiten erheblich reduzieren. Dafür ist es erforderlich, aussagefähigere Werkstoffmodelle zu entwickeln. Um die Eigenschaften eines herzustellenden Werkstückes möglichst genau vorhersagen zu können, muss der gesamte Produktionsweg über das Gießen und Erstarren, Umformen und Wärmebehandeln sowie die weiteren Fertigungsschritte erfasst werden. Die Vorgänge und deren Einfluss auf die Eigenschaften müssen mikroskopisch exakt beschrieben werden und die aufeinander folgenden Prozessstufen durch eine Modellierung miteinander verknüpft werden, sodass mit Hilfe moderner Computer die Werkstoffentwicklung optimiert werden kann. Das Ergebnis könnten **Virtuelle Werkstoffe** sein, also durch Simulation am Computer verbesserte oder neu entwickelte Werkstoffe. In der modernen Werkstofftechnik werden aus diesem Grund bereits Methoden der Informatik genutzt. Dies wird zu einer kürzeren Entwicklungsdauer für neue Werkstoffe führen.

1.4.4 Werkstoffprüfung

Die Qualität eines Werkstoffes muss gewährleistet und Aussagen über seine Leistungsfähigkeit müssen dokumentiert sein. Die Eigenschaften von Werkstoffen werden bereits bei der Gewinnung sowie bei der Be- und Verarbeitung und auch noch beim Gebrauch beeinflusst. Ungünstige Veränderungen müssen vermieden, günstige Einflussmöglichkeiten genutzt werden. Die Eigenschaften der Werkstoffe müssen für den jeweiligen Anwendungsfall durch einen genau gesteuerten Fertigungsprozess optimiert werden.

Da jeder Werkstoff natürliche Belastungsgrenzen besitzt, müssen bei Bedarf neue Werkstoffe entwickelt und die konstruktive Gestaltung der Bauteile optimiert werden. Im Maschinen- und Stahlbau, bei der Neuentwicklung oder Verbesserung von Geräten, Anlagen oder Verfahren, muss für die Auswahl geeigneter Werkstoffe deren Verhalten unter künftigen Betriebsbedingungen vorhersagbar sein.

> ⓘ **Information**
>
> **Aufgaben der Werkstoffprüfung**
> - Ermittlung von Werkstoffeigenschaften und -kennwerten
> - Kontrolle und Überwachung von Bauteilen und Anlagen
> - Klärung von Schadensursachen
> - Gütekontrolle und Gütesteigerung im Rahmen der Qualitätssicherung

Es muss zum einen bekannt sein, in welcher Weise das Material beansprucht wird und zum anderen welche Beanspruchungsgrenzen das Material aufweist, damit eine sichere und zuverlässige Nutzung gewährleistet ist. Eine wichtige Aufgabe der **Werkstoffprüfung** (Kapitel 13) ist daher die Bereitstellung von Werkstoffkennwerten. Die Hersteller garantieren mithilfe dieser Kennwerte bestimmte Werkstoffeigenschaften und fassen in Werkstoffblättern die Eigenschaften und Anwendungsgebiete für die betreffenden Werkstoffe zusammen. Die technisch wichtigsten Werkstoffe werden außerdem in Normen beschrieben.

Die zweite Aufgabe der Werkstoffprüfung ist die Bereitstellung von Verfahren zur regelmäßigen Überwachung von Bauteilen und Anlagen. Beispielsweise dienen die Eindring- und die Ultraschallprüfung zum Nachweis von Rissen, die durch die Verarbeitung (z. B. Schweißen) oder den Betrieb (z. B. Korrosion) entstehen können.

Eine dritte Aufgabe der Werkstoffprüfung ist es, die Ursachen von Schäden zu finden, damit künftig ähnliche Schäden vermieden werden. Zu diesem Zweck stellt die Werkstoffprüfung Präparationsverfahren (z. B. Herstellung metallographischer Schliffe), Analysemethoden und mikroskopische Auswerteverfahren zur Verfügung.

Letztlich wird die Werkstoffprüfung zur Gütekontrolle und Gütesteigerung im Rahmen der Qualitätssicherung angewandt.

1.5 Eigenschaften der Werkstoffe

Eigenschaften kennzeichnen einen Werkstoff und entscheiden über seine Einsatz- und seine Verwendungsmöglichkeiten. Daher ist die Kenntnis der **Werkstoffeigenschaften** von fundamentaler Bedeutung. Die Eigenschaften der Werkstoffe hängen vom inneren Aufbau ab. Der innere Aufbau kann durch das Herstellungsverfahren und die Verarbeitung verändert, aber auch gezielt beeinflusst werden. Einige wichtige Werkstoffeigenschaften sind in der folgenden Tabelle 1 zusammengestellt.

Tabelle 1: Wichtige Werkstoffeigenschaften

Physikalisch	Mechanisch	Chemisch	Technologisch	Umweltrelevant

• Dichte
• Wärmedehnung
• Wärmeleitfähigkeit
• elektr. Leitfähigkeit
• Dielektrizität
• Optische Eigenschaften
	• Festigkeit
	  – statisch
	  – Warmfestigkeit
	  – Schwingfestigkeit
	• Verformbarkeit
	  – elastisch
	  – plastisch
	• Härte
	• Zähigkeit
		• Korrosionsbeständigkeit
		• Hitzebeständigkeit
		• Reaktionsfähigkeit
		• Entflammbarkeit
			• Gießbarkeit
			• Umformbarkeit
			• Schweißbarkeit
			• Härtbarkeit
			• Zerspanbarkeit
				• Recycelbarkeit
				• Toxizität

Die **mechanischen Eigenschaften** von Werkstoffen werden durch genormte Werkstoffprüfverfahren ermittelt (Kapitel 13). Bei statischer Beanspruchung und normalen Temperaturen sind als Festigkeitswerte beispielsweise die Zugfestigkeit sowie die Streck- bzw. Dehngrenze von Bedeutung.

Die **Zugfestigkeit** ist die höchste ertragbare Spannung. Mit Überschreiten der Zugfestigkeit tritt der Bruch ein. Die **Streck-** oder **Dehngrenze** ist hingegen derjenige Kennwert, nach dessen Überschreitung die plastische Verformung des Werkstoffs einsetzt.

Bei zeitlich veränderlicher Beanspruchung dient unter anderem die **Dauerfestigkeit** als maßgeblicher Werkstoffkennwert. Die Dauerfestigkeit ist dabei diejenige Spannungsamplitude, die vom Werkstoff beliebig oft ertragen werden kann.

Für den Einsatz von Werkstoffen bei erhöhten Temperaturen ist die **Warmfestigkeit** von Bedeutung. Als Kenngrößen dienen die Zeitstandfestigkeit und die Zeitdehngrenze. Die **Zeitstandfestigkeit** ist diejenige Spannung, die bei vorgegebener Temperatur nach einer bestimmten Zeit zum Bruch führt. Unter der **Zeitdehngrenze** versteht man einen Spannungskennwert, der bei vorgegebener Temperatur und Dauer eine bestimmte bleibende Dehnung im Werkstoff hervorruft.

Bei der Verformbarkeit unterscheidet man zwischen der elastischen Verformbarkeit **(Elastizität)** und der plastischen Verformbarkeit **(Plastizität)**. Alle Werkstoffe besitzen eine elastische Verformbarkeit, eine aus-

1.4 Werkstoffbegriff und Werkstoffeinteilung

geprägte plastische Verformbarkeit weisen hingegen nur die Metalle und einige Kunststoffe auf. Sowohl der Kennwert der elastischen Verformbarkeit (Elastizitätsmodul) als auch der der plastischen Verformbarkeit (Bruchdehnung) werden im Zugversuch (Kapitel 13.5.1) ermittelt.

Für den Einsatz eines Werkstoffs bei tiefen Temperaturen und/oder schlagartiger Beanspruchung muss dessen **Zähigkeit** bekannt sein, während das Verschleißverhalten u. a. durch die **Härte** gekennzeichnet wird.

Die **technologischen Eigenschaften** (Tabelle 1, Seite 16) sollen die Eignung von Werkstoffen oder Halbzeugen für die Verarbeitung beschreiben. Untersucht werden unter anderem die Gieß-, die Umformeigenschaften und die Eignung zum Schweißen, Löten oder Härten. Die Ergebnisse dieser technologischen Prüfverfahren können einfache Ja-Nein-Aussagen oder auch Zahlenwerte sein (Kapitel 13.6). Die **physikalischen** und **chemischen Eigenschaften** werden häufig auch in genormten Versuchen ermittelt; sie werden im Rahmen dieses Lehrbuches jedoch nicht näher erläutert.

1.6 Werkstoffauswahl

Bei der **Werkstoffauswahl** sind in der Regel mehrere für den Verwendungszweck günstige Eigenschaften ausschlaggebend. Dabei müssen häufig Kompromisse eingegangen werden. So lässt sich die Festigkeit der reinen Metalle durch Legieren verbessern, dadurch verschlechtern sich jedoch die Verformbarkeit, die elektrische Leitfähigkeit des Stoffes und häufig die Korrosionsbeständigkeit.

Werden aus Werkstoffen Bauteile konstruiert, so sind die mechanischen Eigenschaften die wichtigsten Kriterien bei der Werkstoffauswahl, da die Werkstücke vor allem den mechanischen Beanspruchungen standhalten müssen. Gute mechanische Eigenschaften sind aber meist nur ein Kriterium, fast immer werden weitere Anforderungen gestellt, beispielsweise gute Verarbeitbarkeit und häufig auch ein günstiger Preis. Auch die Lebensdauer des Bauteils wird bei der Auswahl eines geeigneten Werkstoffes berücksichtigt (Bild 1).

Von der richtigen Werkstoffwahl hängen nicht nur die Funktion und Beanspruchbarkeit des späteren Bauteils sondern auch die zu verwendenden Fertigungsverfahren, die Dauer und Kosten der Fertigung, die Konstruktion und das Design (werkstoffgerechtes Konstruieren) sowie nicht zuletzt die Sicherheit und Verfügbarkeit des Bauteils ab (Bild 2).

Aufgrund der begrenzten Ressourcen und des zunehmenden Umweltbewusstseins erlangt das **Recycling von Werkstoffen** eine wachsende Bedeutung. Metallische Werkstoffe wurden schon immer wieder verwertet und sind daher meistens unproblematisch zu recyceln. Kunststoffe bereiten schon größere Schwierigkeiten, besonders wenn diese mit anderen Stoffen oder untereinander vermischt sind. Am schwierigsten sind Verbundwerkstoffe wieder zu verwerten, sodass diese bisher seltener eingesetzt werden.

> **ⓘ Information**
>
> **Anforderungen an Werkstoffe**
> - Die besonderen Eigenschaften von Werkstoffen müssen für eine vorgegebene oder vereinbarte Zeit eingehalten werden.
> - Werkstoffe müssen preiswert sein.
> - Werkstoffe müssen gut und ökonomisch bearbeitbar sein.
> - Werkstoffe müssen recycelbar sein.

Bild 1: Kriterien zur Werkstoffauswahl

Bild 2: Bedeutung der Werkstoffauswahl

2 Grundlagen der Metallkunde

Metalle haben eine sehr große technische und wirtschaftliche Bedeutung, z. B. als Konstruktionswerkstoff (Stahl), Leitwerkstoff (Kupfer), Verpackungswerkstoff (Aluminium) oder auch als Zahlungsmittel (z. B. Gold, Nickel).

Auch in früheren Zeiten waren Metalle unverzichtbar, wie die Benennung ganzer Zeiträume zeigt: Kupfersteinzeit, Bronzezeit, Eisenzeit. Grund für die Anwendungsbreite der Metalle sind ihre typischen Eigenschaften, insbesondere die Festigkeit, die Verformbarkeit und der metallische Glanz. Daher wurden seit Anbeginn der Metallnutzung vor ca. 4000 Jahren praktische Erfahrungen mit Metallen gewonnen, zunächst eher zufällig, später auch durch systematische Untersuchungen. Hüttenleute und Schmiede gaben ihre Erkenntnisse rund um die Gewinnung, Ver- und Bearbeitung von Metallen von Generation zu Generation weiter.

So gab es bereits eine durchaus hochentwickelte Metalltechnik lang bevor die chemischen und physikalischen Zusammenhänge verstanden wurden.

Die eigentliche wissenschaftliche Erforschung der Metalle begann im 19. Jahrhundert und erlebte mit der Einführung fundierter Untersuchungsverfahren einen großen Aufschwung. Mittlerweile können, auch dank moderner Computersimulationsverfahren, metallische Werkstoffe gezielt für einen spezifischen Einsatzfall entwickelt bzw. modifiziert werden.

Die Metalltechnik wird unterteilt in **Metallurgie** und **Metallkunde**. Die Metallurgie befasst sich mit der Gewinnung der Metalle, die Metallkunde hingegen mit den Eigenschaften der Metalle und ihrer Veränderung bei der Fertigung und Anwendung von Produkten. Beide Gebiete bauen auf Grundlagen aus Chemie und Physik auf.

2.1 Aufbau der Metalle

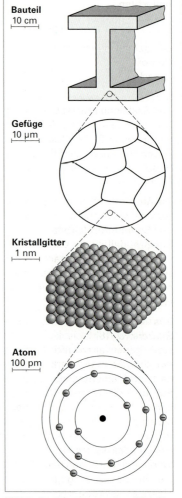

Bild 1: Strukturebenen eines Metalls

Um die Eigenschaften eines Werkstoffes zu verstehen, ist es notwendig, den inneren Aufbau zu kennen. Bereits bei makroskopischer Betrachtung werden wesentliche Unterschiede zwischen Metallen und anderen Stoffen deutlich: Metalle weisen einen typischen Glanz auf, haben eine gute elektrische Leitfähigkeit und sind plastisch verformbar. Aber allein aus der Betrachtung eines Bauteils, wie z. B. eines Aluminiumstrangpressteils, (Bild 1, oben) können keine Rückschlüsse über seinen inneren Aufbau erfolgen. Mikroskopische Aufnahmen (Bild 1, Mitte) zeigen das **Gefüge** eines Metalls, das aus vielen kleinen Bereichen, den **Körnern** (**Kristalliten**), besteht. Das Gefüge beeinflusst die Metalleigenschaften in wesentlicher Weise. Die Körner sind aus Atomen aufgebaut, die in Form eines **Kristallgitters** regelmäßig angeordnet sind (Bild 1, unten). Der kristalline Aufbau eines metallischen Werkstoffs kann z. B. durch eine Röntgenfeinstrukturanalyse untersucht werden.

Zwischen den einzelnen Körnern befinden sich die **Korngrenzen**. Sie erscheinen aufgrund der Größenverhältnisse als unregelmäßige Linien, da die Korndurchmesser etwa 10 000 Atomdurchmessern entsprechen und daher die atomaren Begrenzungen der Körner nicht zu sehen sind.

Metalle sind **polykristallin,** d. h. sie bestehen aus vielen Körnern (poly: viel, daher auch Vielkristalle). Nur unter bestimmten Erstarrungsbedingungen können Einkristalle, also Werkstücke ohne Korngrenzen, hergestellt werden, wie z. B. Silicium-Einkristalle für die Halbleitertechnik.

2.2 Atombau und Periodensystem der Elemente

Zur Erklärung und zum Verständnis der Werkstoffe ist es notwendig, einige chemische Grundlagen zu betrachten.

2.2.1 Bau der Atome

Die ersten Überlegungen zum Aufbau der Materie stellten griechische Philosophen bereits im Altertum an. **Demokrit** (460 bis 371 v. Chr.) entwickelte die Vorstellung, Materie ist nicht beliebig teilbar. Materie besteht danach aus nicht mehr zerlegbaren Urbestandteilen, den **Atomen** (griech.: atomos, unteilbar).

Diese Vorstellungen wurden zu Beginn der Neuzeit zur Erklärung physikalischer und chemischer Vorgänge und Reaktionen zuerst von **John Dalton** (1766 bis 1844) wieder herangezogen. Dalton stellte fest, dass sich bei einer chemischen Reaktion zwei Stoffe immer in einem bestimmten konstanten Massenverhältnis verbinden (z. B. 2 g Wasserstoff + 16 g Sauerstoff zu 18 g Wasser). Dieses **Gesetz der konstanten Proportionen** erklärte er mit Hilfe seiner Atomhypothese. Zum besseren Verständnis und zur Beschreibung dieser Hypothese entwickelte er ein Atommodell. Danach entsprachen die Atome Kugeln mit einem für jedes Element bestimmten, konstanten Durchmesser und spezifischer Masse **(Daltonsches Atommodell)**.

Die Atome wurden bis zum Ende des 19. Jahrhunderts als unteilbar angesehen. Als aber Teilchen entdeckt wurden, die offensichtlich Bestandteile der Atome sind, entstanden die Atommodelle von Rutherford, Bohr und Sommerfeld (Orbitalmodell). Aber das einfache Kugelmodell kann auch heute zur Veranschaulichung einiger atomarer Phänomene, wie beispielsweise der Kristallstruktur von Metallen, genutzt werden. Die Erklärung anderer Erscheinungen erfordert modernere Atommodelle.

Das **Rutherfordsche Atommodell (Sir Ernest Rutherford,** 1871 bis 1957) gestattet es, die Werkstoffeigenschaften und die Bindungsverhältnisse zwischen Atomen zu erklären. Atome bestehen danach aus Elementarteilchen: den **Protonen**, **Neutronen** und **Elektronen**. Die elektrisch positiv geladenen Protonen und die neutralen Neutronen bilden den **Atomkern**, die negativ geladenen Elektronen die **Atomhülle**. Im Kern ist nahezu die gesamte Masse des Atoms konzentriert **(Bild 1)**. Protonen und Neutronen haben fast die gleiche Masse, die Elektronen hingegen haben nur 1/1836 der Masse eines Protons (Tabelle 1).

Nach dem Atommodell von Rutherford bewegen sich die Elektronen auf Kreisbahnen um den Atomkern. Jedes Element hat eine spezifische Atommasse und eine bestimmte Anzahl von Elektronen, die bei neutralen Atomen gleich der Anzahl der Protonen ist. Bei positiv geladenen Atomen, den **Kationen,** ist die Elektronenzahl kleiner als die Protonenzahl. Bei negativ geladenen Atomen, den **Anionen,** ist sie größer. Die Protonenzahl oder Kernladungszahl bestimmt, um welches Element es sich handelt. Sie wird auch als **Ordnungszahl** bezeichnet (Kapitel 2.2.2. Periodensystem der Elemente).

Die Zahl der Neutronen eines Atoms kann unterschiedlich sein. Atome eines Elementes mit unterschiedlicher Neutronenzahl werden **Isotope** genannt.

> **ⓘ Information**
>
> **Verschiedene Atommodelle**
> Im Bereich der Werkstofftechnik können zur Deutung von verschiedenen Phänomenen unterschiedliche Atommodelle eingesetzt werden:
> - Atommodell von Dalton: Kristallstruktur
> - Atommodell von Bohr: Bindungsarten (Kapitel 2.3)
> - Atommodell von Sommerfeld: elektrische Leitfähigkeit

Bild 1: Atommodell nach Rutherford für Helium (zwei Protonen)

Tabelle 1: Eigenschaften der Elementarteilchen

	Elektron (e)	Proton (p)	Neutron (n)
Ladung	negativ (– e) –1,602 · 10⁻¹⁹ As	positiv (+ e) +1,602 · 10⁻¹⁹ As	neutral 0 As
Ruhemasse[1]	9,11 · 10⁻³¹ kg = 0,00055 u	1,6725 · 10⁻²⁷ kg = 1,00728 u	1,6748⁻²⁷ kg = 1,00867 u

[1] 1 u = atomare Masseneinheit. Sie ist festgelegt als 1/12 der absoluten Masse des Kohlenstoffisotops ^{12}C (1 u = 1,6606 · 10⁻²⁷ kg).

Eine übliche Schreibweise für Isotope besteht aus dem chemischen Zeichen (oder Elementnamen) und der **Massenzahl** (Zahl der Protonen und Neutronen im Atomkern), die vor- und hochgestellt wird, wie z. B. ^{60}Co.

Die **Atommasse** eines Elements ergibt sich aus der Summe der prozentualen (konstanten) Anteile der Isotopen als Dezimalzahlen. So beträgt beispielsweise die Atommasse von Kohlenstoff 12,011 u, da Kohlenstoff immer die gleichen Anteile der Isotope ^{12}C, ^{13}C und ^{14}C enthält.

Bei chemischen Vorgängen treten stets nur Veränderungen in der Elektronenhülle der Atome ein, während die Atomkerne völlig unverändert bleiben. Der Bau und das Verhalten der Elektronenhülle ist daher für die Chemie und somit auch für die Werkstoffkunde von besonderer Bedeutung. Der Aufbau der Elektronenhülle kann sowohl durch das einfache **Bohrsche Atommodell** als auch durch das moderne und leitungsfähigere **Orbitalmodell** beschrieben werden.

1913 entwickelte der dänische Physiker **Nils Bohr** (1885 bis 1962) das nach ihm benannte „Bohrsche Atommodell". Danach bewegen sich die Elektronen auf räumlichen **Schalen** um den Atomkern (Bild 1).

Die unterschiedlich großen Schalen (Bahnen) sind ein Maß für die Energie des umlaufenden Elektrons. Dabei heißt höhere Schale: Die Energie des betreffenden Elektrons ist höher, der Energiezustand größer. Die Schalen werden daher auch als **Energieniveaus** bezeichnet.

Jede Schale kann nur eine bestimmte Zahl von Elektronen aufnehmen. Die maximal mögliche Anzahl der Elektronen e_{max} auf der n. Schale (n = Schalennummer vom Atomkern aus gezählt, s. Bild 1) lässt sich nach der Formel: $e_{max} = 2\,n^2$ berechnen.

Die 1. Schale (n = 1) kann maximal $2 \cdot 1^2 = 2$ Elektronen aufnehmen, die 2. Schale $2 \cdot 2^2 = 8$ Elektronen, die 3. Schale $2 \cdot 3^2 = 18$ Elektronen usw.

> (i) **Information**
>
> **Atombau**
> Atome bestehen aus Protonen (p), Neutronen (n) und Elektronen (e). Protonen und Neutronen bilden den Atomkern, die Elektronen die Atomhülle.
> Protonen sind positiv und Elektronen negativ geladen. Im elektroneutralen Atom kompensieren sich die Ladungen. Neutronen besitzen keine Ladung.
> Atome werden zu Ionen, wenn sie Elektronen abgeben (Kationen, positiv geladen) oder aufnehmen (Anionen, negativ geladen).

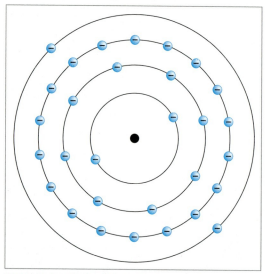

Bild 1: Bohrsches Modell der Elektronenhülle von Zink

> (i) **Information**
>
> **Ordnungszahl, Massenzahl, Isotop**
> Die **Ordnungszahl** gibt die Anzahl der Protonen im Atomkern an.
> Die **Massenzahl** (m) ist die Summe der Protonen (p) und Neutronen (n) im Atomkern: $m = p + n$
> **Isotope** sind Atome des gleichen Elementes mit unterschiedlicher Neutronenzahl bzw. Massenzahl, wie z. B.:
> ^{12}C ^{13}C ^{14}C oder ^{235}U ^{238}U.

Ein besonders stabiler Zustand wird erreicht, wenn die äußere Schale mit acht Elektronen besetzt ist. Dies ist der Fall bei den Edelgasen, wie Neon, Argon, Krypton, Xenon und Radon, die nahezu keine chemischen Verbindungen bilden.

Zur Klärung komplexer Bindungsverhältnisse reicht jedoch das Bohrsche Atommodell nicht aus. Stattdessen kommt das detailliertere Orbitalmodell zur Anwendung.

2.2.2 Periodensystem der Elemente (PSE)

Die Ähnlichkeiten zwischen einzelnen Elementen und die Kenntnisse über den Atomaufbau sind Grundlage für ein Ordnungssystem der Elemente, das **Periodensystem der Elemente,** abgekürzt als PSE (Bild 1, Seite 21). Im Periodensystem werden alle bekannten Elemente nach steigender Ordnungszahl angeordnet.

2.2 Atombau und Periodensystem der Elemente

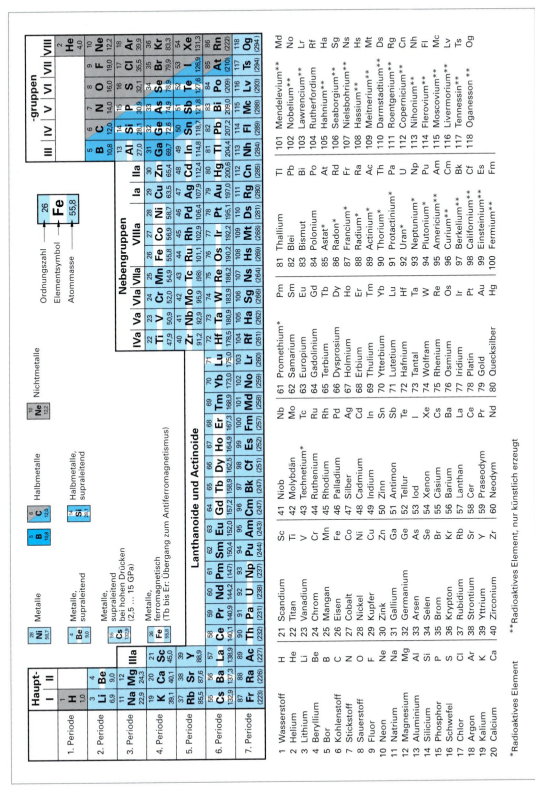

Bild 1: Periodensystem der Elemente (PSE)

Beispielsweise hat das Element Gold die Ordnungszahl 79; ein Goldatom besitzt somit 79 Protonen und 79 Elektronen. Die Atommasse von Gold ist 197 u. Die Anzahl der Neutronen beträgt daher: 197 – 79 Masse der Protonen) = 118 (Masse der Neutronen).

Ein weiteres Ordnungskriterium im PSE ist die Anzahl der besetzten Schalen. Entsprechend dieser sind die Elemente in Zeilen, den **Perioden,** angeordnet. Bei Elementen der 1. Periode ist nur die 1. Schale mit Elektronen besetzt, bei Elementen der 5. Periode sind die Elektronen auf fünf Schalen verteilt.

Die Ordnung in Gruppen (entspricht den Spalten) erfolgt entsprechend der Anordnung der Elektronen. Hierbei werden Hauptgruppen und Nebengruppen unterschieden. Alle Elemente einer **Hauptgruppe** haben die gleiche Anzahl an **Valenzelektronen** (Außenelektronen, d. h. Elektronen auf der äußersten Schale). Beispielsweise haben die Elemente der 6. Hauptgruppe, Sauerstoff, Schwefel, Selen usw., sechs Außenelektronen. Sie reagieren daher ähnlich.

Alle Elemente der **Nebengruppen** haben ein oder zwei Außenelektronen. Nebengruppen gibt es nur bei Elementen, die mindestens 4 Perioden aufweisen. Sie unterscheiden sich von den Hauptgruppenelementen dadurch, dass das zuletzt hinzugekommene Elektron auf einer inneren Schale eingebaut wurde, obwohl die Außenschale schon angefangen wurde. Auch in diesem Fall weisen die zu einer Nebengruppe gehörenden Elemente ähnliche Eigenschaften auf, z. B. die Metalle Kupfer, Silber und Gold. Elemente der 6. oder 7. Periode haben auf noch weiter innen liegenden Schalen Lücken, die noch mit Elektronen aufgefüllt werden können. Diese Elemente werden als **Lanthanoide** und **Actinoide** in besonderen Gruppen zusammengefasst. Auch diese Elemente haben ähnliche Eigenschaften.

Bild 1, Seite 21, zeigt das vollständige Periodensystem der Elemente. In diesem Bild sind zwei stufenförmige Diagonalen eingezeichnet. Links einer Linie Bor – Astat stehen die **Metalle,** rechts davon die **Nichtmetalle.** Auf und nahe dieser Linie befinden sich die **Halbmetalle,** wie Silicium und Germanium, die auch als Halbleiter bezeichnet werden. Ein Vergleich mit den Ordnungsprinzipien des PSE zeigt, dass typische Metalle wenige Valenzelektronen besitzen, typische Nichtmetalle zeichnen sich dagegen durch viele, maximal acht Valenzelektronen aus.

2.3 Chemische Bindungen

Durch chemische Bindungen entstehen aus den Elementen Millionen unterschiedlicher Verbindungen. Auch die charakteristischen Eigenschaften eines Stoffes (Werkstoffes) werden von der Art der Bindung seiner Atome maßgeblich beeinflusst.

Man unterscheidet grundsätzlich zwischen den **primären chemischen Bindungen,** wie:

- Ionenbindung (auch als heteropolare Bindung bezeichnet)
- Metallbindung
- Kovalente Bindung (auch als Atombindung, Elektronenpaarbindung oder homöopolare Bindung bezeichnet)

und den **sekundären chemischen Bindungen,** wie:

- Dispersionsbindungen
- Dipol-Ion-Bindungen
- Wasserstoffbrückenbindungen
- Dipol-Dipol-Bindungen
- Induktionsbindungen

Das Zustandekommen primärer chemischer Bindungen erfolgt durch eine teilweise oder vollständige Abgabe von Elektronen bzw. durch einen Austausch von Elektronen, während die sekundären chemischen Bindungen elektrostatischer Natur sind.

2.3.1 Primäre chemische Bindungen

Alle Atome streben eine mit acht Elektronen (Elektronenoktett) besetzte äußere Schale an, da dieser Zustand besonders stabil ist. Diese bevorzugte **Elektronenkonfiguration** besitzen jedoch nur die Edelgase. Alle anderen Elemente, die nur mehr oder weniger voll besetzte äußere Elektronenschalen aufweisen, versuchen durch Ausbildung einer chemischen Bindung mit anderen Elementen einen stabileren Zustand, die **Edelgaskonfiguration,** zu erreichen.

Die Anzahl der Elektronen auf der äußeren Schale d.h. die Valenzelektronen (bei den Nebengruppenelementen zusätzlich auch die Elektronen der unvollständigen zweitäußersten Schale) hat dabei eine entscheidende Auswirkung auf die Art der Bindung und auf die Reaktionsfähigkeit eines chemischen Elements.

2.3 Chemische Bindungen

2.3.1.1 Ionenbindung

Elemente, denen nur wenige Elektronen zum Edelgaszustand (d. h. Elektronenoktett auf der Außenschale) fehlen, nehmen zusätzliche Elektronen auf.

Chlor besitzt beispielsweise sieben Valenzelektronen. Es hat somit ein starkes Bestreben, ein weiteres Elektron aufzunehmen. Daher ist Chlor ein sehr reaktionsfähiges Element, ein typisches Nichtmetall. Dagegen hat das Metall Natrium nur ein Valenzelektron. Es erreicht den Edelgaszustand, indem es dieses Elektron abgibt.

Aus dem Chloratom wird durch die Aufnahme eines Elektrons ein negativ geladenes Chlorid-Ion, aus dem Natriumatom durch die Abgabe eines Elektrons ein positiv geladenes Natriumion (Bild 1). Beide Ionen haben nun ein Elektronenoktett auf der äußeren Schale und sind besonders stabil.

Die beiden Ionen verbinden sich zu einem neuen kristallinen Stoff, einem **Salz**, das Kochsalz bzw. Natriumchlorid heißt (Bild 2).

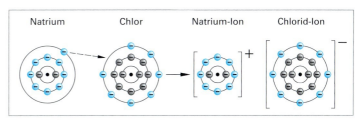

Bild 1: Entstehung einer Ionenbindung am Beispiel von Natriumchlorid (schematisch)

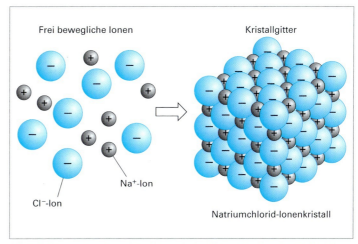

Bild 2: Bildung eines Ionenkristalls am Beispiel von Natriumchlorid (NaCl)

Ursache für die Bildung eines Salzes sind die zwischen **Anionen** (positiv geladene Ionen) und **Kationen** (negativ geladene Ionen) bestehenden starken elektrostatischen Anziehungskräfte. Sie bewirken, dass sich Anionen mit weiteren Kationen und Kationen mit weiteren Anionen umgeben. Auf diese Weise entsteht ein Ionenkristallgitter mit einer regelmäßigen Anordnung der Ionen. Die starken Anziehungskräfte zwischen den Ionen sind Ursache der typischen Eigenschaften des Salzes: hohe Schmelz- und Siedetemperatur, große Härte und Festigkeit, sehr große Sprödigkeit.

2.3.1.2 Atombindung

Eine zweite Art der chemischen Bindung findet sich hauptsächlich bei Nichtmetallen: die **Atombindung**, **Elektronenpaarbindung** oder **kovalente Bindung**. Diese Stoffe besitzen relativ viele Valenzelektronen und erreichen durch Aufnahme weiterer Elektronen die Edelgaskonfiguration. Dabei überlappen sich Teile der äußeren Schale von zwei Atomen, sodass Elektronen von zwei Atomen gemeinsam beansprucht werden.

Bild 3 zeigt die Bildung eines solchen **Elektronenpaares** am Beispiel des Wasserstoffs (H). Wasserstoff ist bestrebt, zwei Elektronen auf der Außenhülle zu haben – so wie das Edelgas Helium. Die Atomhüllen von zwei Wasserstoffatomen überlappen, es bildet sich ein gemeinsames Elektronenpaar. Dieses **gemeinsame Elektronenpaar** ist in einem Moment bei dem linken Atom, im nächsten Moment bei dem rechten. Im zeitlichen Mittel gleicht sich diese Teilung exakt aus, jedes Atom hat das Elektronenpaar genauso lange wie das andere.

Jedes der so aneinander gebundenen H-Atome hat nun, im zeitlichen Mittel gesehen, mit zwei Außen-Elektronen eine stabile Elektronenanordnung.

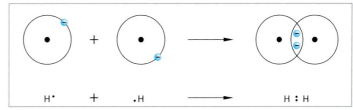

Bild 3: Atombindung bei Wasserstoff (H) (schematisch)

Sauerstoff O erreicht durch Bildung von zwei gemeinsamen Elektronenpaaren die Edelgaskonfiguration (Bild 1).

Kohlenstoff C und Silicium Si besitzen vier Valenzelektronen. Mit anderen C- bzw. Si-Atomen können sie vier gemeinsame Elektronenpaare bilden (Bild 2 a). Jedes Atom ist dabei durch Elektronenpaarbindungen mit vier anderen Atomen verbunden. Es entsteht ein Tetraeder (Bild 2 b). Bild 2 c zeigt das sich so ergebende **Raumgitter**. Sind alle Atome dieses Gitters Kohlenstoff, handelt es sich um Diamant. Auch Silicium kristallisiert in dieser Struktur, die Diamantgitter genannt wird.

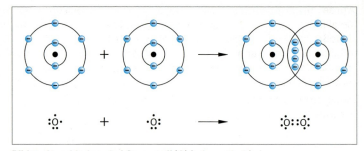

Bild 1: Atombindung bei Sauerstoff (O) (schematisch)

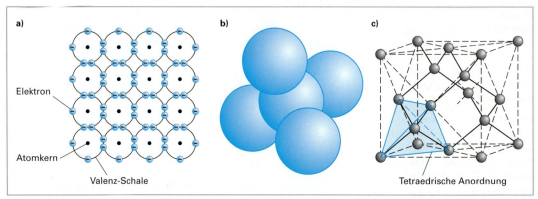

Bild 2: Atombindung bei Kohlenstoff und Silicium
a) Zweidimensionale Darstellung   b) Räumliche Darstellung (tetraedrische Atomanordnung)   c) Diamantgitter

2.3.1.3 Metallbindung

Metalle haben nur wenige (ein bis vier) schwach gebundene Valenzelektronen, die relativ leicht abgegeben werden können, da eine mit wenigen Elektronen besetzte äußere Schale energetisch gesehen sehr ungünstig ist.

Geben Metallatome ihre Valenzelektronen ab, so entstehen positive Metallionen (Me^{z+}) und freie Elektronen ($z \cdot e^-$). So werden z. B. aus Magnesium-Atomen Magnesium-Ionen (Mg^{2+}) und zwei frei bewegliche Elektronen. Diese Elektronen besitzen keinerlei Zuordnung zu bestimmten Atomen, sie bilden ein negativ geladenes **Elektronengas** (Bild 3).

Aufgrund der unterschiedlichen Ladung bestehen zwischen den Metallionen und dem Elektronengas anziehende Kräfte und zwischen den einzelnen Metallionen wegen der gleichen positiven Ladung abstoßende Kräfte.

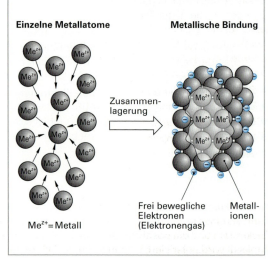

Bild 3: Entstehung einer Metallbindung (schematisch)

2.3 Chemische Bindungen

Würde man versuchen, den Abstand zweier Metallatome zu verringern, so ist dies aufgrund der abstoßenden Kräfte zwischen den Metallionen nicht möglich. Ebenso kann der Abstand wegen der anziehenden Kräfte durch das Elektronengas nicht vergrößert werden.

Zwischen benachbarten Atomen stellt sich daher ein Gleichgewichtsabstand der Atome ein.

2.3.2 Sekundäre chemische Bindungen

Neben den in Kapitel 2.3.1 aufgeführten primären chemischen Bindungen existieren weitere, auf elektrostatischen Anziehungskräften beruhende Bindungen zwischen Atomen bzw. Molekülen. Diese Bindungen werden zusammenfassend als **sekundäre chemische Bindungen** bezeichnet. Mitunter spricht man auch von **Nebenvalenzbindungen, zwischenmolekularen Bindungen, Restvalenzbindungen** oder **Van-der-Waals-Bindungen** (nach dem niederländischen Physiker *Johannes Diderik van der Waals,* 1837 bis 1923).

Die sekundären chemischen Bindungen beruhen auf gegenseitigen Anziehungskräften ungleicher Ladungen. Im Vergleich zu den primären chemischen Bindungen sind diese Anziehungskräfte jedoch deutlich schwächer ausgeprägt (Tabelle 1).

Sekundäre chemische Bindungen besitzen trotz ihrer relativ niedrigen Bindungsenergie in der Werkstofftechnik eine große Bedeutung. So beruhen beispielsweise der Zusammenhalt zwischen den Makromolekülen der Kunststoffe und damit deren mechanisch-thermische Eigenschaften auf der Wirkung von sekundären Bindungen. Auch die Tatsache, dass Edelgase und kovalent gebundene Gasmoleküle, wie O_2 oder H_2, bei tiefer Temperatur in den flüssigen bzw. festen Zustand übergehen (Ausnahme: Helium), basiert auf der Wirkung dieser Bindungen. Die sekundären Bindungen können entsprechend ihrer Bindungsstärke eingeteilt werden in:

- Dispersionsbindungen
- Dipol-Dipol-Bindungen
- Dipol-Ion-Bindungen
- Induktionsbindungen
- Wasserstoffbrückenbindungen

2.3.2.1 Dispersionsbindungen

In Molekülen (und auch in Atomen) beobachtet man eine ständige Schwankung der Ladungsdichte. Dies führt zu einer momentanen Asymmetrie der Ladungsverteilung, d. h. die Zentren der Ladungsdichte der Elektronen und die positiven Atomkerne fallen nicht zusammen. Es bildet sich ein **momentaner Dipol**. Das Molekül wird polarisiert. Weiterhin führen Wärmebewegungen zu einer ständigen Kollision zwischen den Molekülen und damit ebenfalls zu einer temporären Ladungsverschiebung.

Tabelle 1: Bindungsenergien und Bindungsabstände (ausgewählte Beispiele)

Bindungsart/Beispiele	Bindungsenergie in kJ/mol	Bindungsabstand in pm[1]
Primäre chemische Bindungen		
Ionenbindung	650 ... 4000	150 ... 250
KCl	705	
NaCl	788	
NaF	909	
MgO	3931	
Atombindung	150 ...1000	100 ... 240
H–H	436	
O–H	464	
C–C	346	
C=C	611	
O=O	498	
C≡C	835	
N≡C	945	
Metallbindung	80 ... 850	400 ... 500
Rb-Rb	81	
Mg-Mg	148	
Al-Al	327	
Fe-Fe	416	
Mo-Mo	658	
W-W	849	
Sekundäre chemische Bindungen		
Dispersionsbindung	0,3 ... 4	300 ...1000
Dipol-Dipol-Bindung Dipol-Ion-Bindung Induktionsbindung	2 ... 12	300 ...1000
Wasserstoffbrückenbindungen	3 ... 25	≈ 170

[1] Abstand zwischen den Kernen der gebundenen Atome. 1 pm = 10^{-12} m

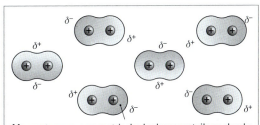

Momentane, unsymmetrische Ladungsverteilung durch:
- zufällige Schwankung der Ladungsdichte
- Kollisionen zwischen den Molekülen durch Wärmebewegungen

Bild 1: Dispersionsbindung zwischen momentanen Dipolen unpolarer Moleküle

Ein momentaner Dipol induziert im Nachbarmolekül (oder Nachbaratom) einen weiteren Dipol. Zwischen diesen momentan polarisierten Dipolen existieren schwache ungerichtete Anziehungskräfte, die als **Dispersionskräfte** bezeichnet werden (Bild 1, Seite 25).

Die Vielzahl dieser ungerichteten Wechselwirkungen führt schließlich zum Zusammenhalt der beteiligten Moleküle. Die Polarisierbarkeit der Moleküle wächst mit zunehmender Größe der Elektronenhülle, die Stärke der Dispersionsbindung steigt also mit dem Molekulargewicht. Entsprechend steigen die Schmelz- und Siedepunkte.

Nur aufgrund dieser Dispersionsbindungen findet bei unpolaren Molekülen, wie O_2, H_2 oder CO_2, bei tiefen Temperaturen eine Verflüssigung bzw. der Übergang zum Festkörper statt (bei – 78 °C wird gasförmiges CO_2 zu festem Trockeneis).

Bild 1: Dipol-Dipol-Bindung zwischen den permanenten Dipolen polarer Moleküle

2.3.2.2 Dipol-Dipol-Bindungen

Moleküle mit asymmetrischer Ladungsverteilung (polare Moleküle) sind **permanente Dipole**. Zwischen den Dipolen existieren gerichtete intermolekulare Anziehungskräfte (Bild 1). Die Bindungskräfte werden als **Dipol-Dipol-** oder **Orientierungskräfte** bezeichnet. Die Orientierungskräfte sind sehr stark von der Temperatur abhängig, da die überlagerte Wärmeschwingung die gerichtete Anordnung der Dipole stört.

2.3.2.3 Dipol-Ion-Bindungen

Die elektrostatischen Wechselwirkungen können nicht nur zwischen zwei polaren Molekülen (permanenten Dipolen), sondern auch zwischen einem permanenten Dipol und einem geladenen Atom (Ion) auftreten. Die Bindungskräfte werden dann als **Dipol-Ion-Kräfte** und die Bindung als Dipol-Ion-Bindung bezeichnet.

2.3.2.4 Induktionsbindungen

Treten zwischen permanenten Dipolen (polare Moleküle) und den von diesen induzierten Dipolen (polarisierbare Atome bzw. Moleküle) elektrostatische Anziehungskräfte **(Induktionskräfte)** auf, handelt es sich um eine Induktionsbindung.

Die Bindungsenergie nimmt von der Dipol-Dipol-Bindung über die Dipol-Ion-Bindung zur Induktionsbindung ab.

2.3.2.5 Wasserstoffbrückenbindungen

Wasserstoffbrückenbindungen bilden sich zwischen Molekülen, in denen Wasserstoffatome an stark elektronegative Atome gebunden sind (z. B. F, O, N und teilweise auch Cl). Da die Bindung zwischen zwei Molekülen jeweils über ein Wasserstoffatom als Brücke erfolgt, spricht man von einer Wasserstoffbrückenbindung (oder kurz **H-Brückenbindung**). Beispiele sind O-H...O-Bindungen (Bild 2), C-H...O-, N-H...O- und N-H...N-Bindungen.

Die Stärke der H-Brücken liegt etwa um den Faktor 10 über der Stärke einer Dispersionsbindung (Tabelle 1, Seite 25).

Im Vergleich zu einer primären chemischen Bindung (Kapitel 2.3.1) beträgt die Bindungsstärke jedoch nur etwa 1 % bis 10 %.

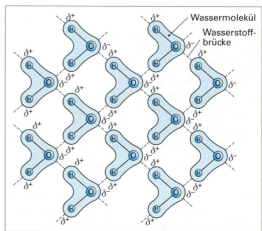

Bild 2: Wasserstoffbrückenbindungen am Beispiel von Wassermolekülen

2.4 Gitteraufbau der Metalle

Metallatome gehen metallische Bindungen ein und bilden ein Kristallgitter. Das heißt, die Atome sind streng regelmäßig, mit festen Abständen zueinander, angeordnet (Bild 1).

Theoretisch ließe sich dieses Kristallgitter unendlich fortsetzen, denn überall könnten sich weitere Atome anlagern. Diese theoretische Unendlichkeit ist neben der strengen Ordnung ein wichtiges Merkmal des kristallinen Zustands.

2.4.1 Kristallgittermodelle

Kristallstrukturen lassen sich durch Gittermodelle beschreiben. Hierbei wird zunächst von einem idealen Aufbau ohne Fehler ausgegangen, selbst die bei Wärme auftretenden Gitterschwingungen werden vernachlässigt (Modell des Idealkristalls). Werden dann noch die Atome auf ihre Mittelpunkte reduziert, ergibt sich das im Bild 1 gezeigte **dreidimensionale Punktgitter**.

Das Bild zeigt nur einen kleinen Ausschnitt des tatsächlichen Metallgitters, das sich unter Umständen über viele Tausende Atome fortsetzen würde. Dennoch ist eine weitere Vereinfachung möglich:

Um das Gitter zu beschreiben, reicht es aus, einen kleinen Bereich zu definieren, der alle relevanten Informationen (Abstände, Winkel, Atomanordnung) dieses Gitters enthält. Ein solcher Bereich wird **Elementarzelle** genannt.

Im Bild 1 ist dies der blau gekennzeichnete Würfel aus acht Atomen, es handelt sich um ein kubisch-primitives Gitter. Kubisch bedeutet, dass es sich um einen Würfel handelt (lat. Kubus). Der Begriff primitiv (einfach) sagt aus, dass sich die Atome nur auf den Ecken dieses Würfels befinden.

Die jeweils zu einem Punkt gehörenden Metallionen sind außerdem Teil der angrenzenden Elementarzellen, das bedeutet, sie gehören nur zu einem Achtel zu jeder Elementarzelle.

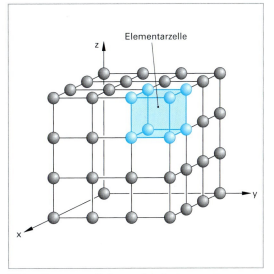

Bild 1: Elementarzelle im vereinfacht dargestellten primitiven Gitter

Tabelle 1: Kennwerte technisch wichtiger Metalle

Metall	Chemisches Symbol	Atommasse in u	Gitter[1]	Atomdurchmesser in nm [2]	Gitterkonstante a bzw. a/c [7] in nm	Elastizitätsmodul in GPa [3]	Schmelztemperatur in °C	Dichte in kg/dm³
Aluminium	Al	26,98	kfz	0,2864	0,4049	60 … 80	660	2,69
Kupfer	Cu	63,55	kfz	0,2556	0,3615	125	1083	8,94
Nickel	Ni	58,69	kfz	0,2492	0,3524	214	1453	8,90
Blei	Pb	207,19	kfz	0,3500	0,4950	14	327	11,35
Chrom	Cr	51,99	krz	0,2498	0,2884	160	1860	7,21
α-Eisen[4]	α-Fe	55,85	krz	0,2483	0,2867	210	1536	7,86
Magnesium	Mg	24,31	hdP	0,3209	0,3209/0,5211	40 … 45	649	1,74
α-Titan[5]	α-Ti	47,88	hdP	0,2896	0,2950/0,4679	112 … 130	1670	4,51
Zink	Zn	65,39	hdP[6]	0,2615	0,2665/0,4947	100	419	7,13

[1] (Kristall-)Gitter: kfz = kubisch-flächenzentriert, krz = kubisch-raumzentriert, hdP = hexagonal dichteste Packung
[2] nm = Nanometer, 1 nm = 10^{-9} m
[3] GPa = Gigapascal, 1 GPa = 10^9 Pa = 1000 MPa
[4] bis 911 °C
[5] bis 882 °C
[6] vom geometrisch regelmäßigen Aufbau abweichend (gestreckt).
[7] siehe Seite 28, Bild 2 und 3

Die Gleichgewichtsabstände zwischen den Metallionen sind sehr stabil, sodass diese durch mechanische Einwirkung von außen kaum geändert werden können. Die Atomabstände (wie in Bild 1, Seite 27) werden als **Gitterkonstante** bezeichnet und entsprechen hier geometrisch der Länge der Würfelkanten.

Die Größe der Gitterkonstanten beträgt für die Mehrzahl der Metalle $2{,}5 \cdot 10^{-10}$ m bis $5 \cdot 10^{-10}$ m.

In Tabelle 1, Seite 27, sind die Gitterkonstanten sowie einige weitere Kennwerte ausgewählter Metalle zusammengestellt.

2.4.2. Entwicklung von einfachen (primitiven) Kristallgittern

Zur (geometrischen) Entwicklung von Kristallgittern genügt die Vorstellung, dass reine Metalle gleich große Metallionen haben. Sie lassen sich daher als Kugeln beschreiben.

Der kürzeste Abstand zwischen zwei Kugeln und somit auch zwischen zwei Metallionen liegt dann vor, wenn diese sich berühren.

Wie bekannt ist, lässt sich ein Gefäß nicht vollständig mit Kugeln füllen, es verbleiben Hohlräume zwischen den einzelnen Kugeln.

Bereits in einer Ebene (Bild 1a) sind zwischen vier Kreisen Lücken erkennar, ebenso bei drei Atomen (Bild 1b).

Werden zwei „Kugelquadrate" aus Bild 1a übereinander angeordnet, ergibt sich das bereits bekannte kubisch-primitive Gitter (Bild 2).

In Bild 2 bedeuten a = Gitterkonstante (Kantenlänge des Würfels) und R = Atomradius (Kugelradius).

> ### (i) Information
>
> **Richtungen und Flächen in Kristallen**
> Neben den Würfelkanten sind auch die Flächen- und Raumdiagonalen wichtige kristallographische Richtungen, darauf ergeben sich jedoch andere Atomabstände. Daher sind viele Eigenschaften richtungsabhängig, (Kapitel 2.7). Ebenso gibt es außer den Würfelflächen noch weitere kristallographisch deutsame Ebenen (Gleitsysteme), die bei der Verformung der Metalle wichtig sind (Kapitel 2.8.2).

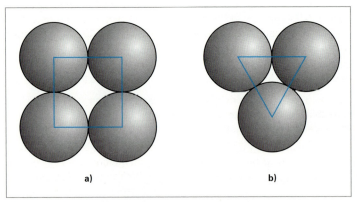

Bild 1 Modelle von Atomebenen
a) Quadratische Atomanordnung,   b) Dreieckige Atomanordnung

Bild 2:   Kubisches Kristallsystem

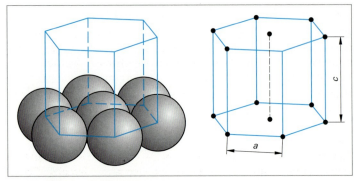

Bild 3:   Hexagonales Kristallsystem

2.4 Gitteraufbau der Metalle

Die dreieckige Anordnung im Bild 1b, Seite 28, lässt sich zu einer sechseckigen Anordnung weiter entwickeln, aus der sich schließlich eine sechseckige hexagonale Elementarzelle (Bild 3, Seite 28) ergibt. Sie zeigt unterschiedliche Gitterkonstanten a und c.

Damit sind bereits zwei **Kristallsysteme** bekannt: das kubische und das hexagonale. Insgesamt gibt es in der Natur sieben Kristallsysteme (siehe Anhang, Tabelle A4), von denen jedoch fünf bei Metallen eine untergeordnete Rolle spielen.

Die technisch wichtigen Metalle kristallisieren zumeist **kubisch** oder – in wenigen Fällen – auch **hexagonal**.

Je nach Kristallsystem können die Gitter unterschiedlich mit Atomen besetzt sein. In einem primitiven Gitter sitzen die Atome, wie gezeigt, nur auf den Ecken der Elementarzelle (Bild 1a). Es gibt auch die Möglichkeit, dass eine Elementarzelle zusätzlich zu den Eckatomen in der Mitte von Grund- und Deckfläche ein Atom trägt, dies ist dann das basiszentrierte Gitter (Bild 1b). Beide Möglichkeiten sind bei Metallen von untergeordneter Bedeutung.

Das kubisch-primitive Gitter findet sich z. B. beim Metall Polonium, das aufgrund seiner Radioaktivität Bedeutung in der Kerntechnik hat.

Sehr viel häufiger finden sich bei technisch wichtigen Metallen Elementarzellen, die entweder noch ein zusätzliches Atom in der Mitte der Zelle haben (raumzentriert, Bild 1c) oder aber auf allen Flächenmitten ein zusätzliches Atom tragen (flächenzentriert, Bild 1d).

Hinzuweisen ist darauf, dass nicht jede der vier genannten Besetzungsmöglichkeiten (primitiv, basiszentriert, raumzentriert, flächenzentriert) bei jedem der sieben Kristallsysteme realisiert wird. Insgesamt gibt es 14 Möglichkeiten, die **Bravaisgitter** genannt werden (s. Anhang, Tabelle A4).

2.4.3 Kristallgitter von Metallen

Die drei wichtigsten Kristallstrukturen der technisch wichtigen Metalle werden nachfolgend genauer betrachtet werden.

Es sind die Gitter:

- **kubisch-raumzentriert** – abgekürzt **krz**;
  Beispiele sind:
  Chrom Cr, Tantal Ta, Wolfram W und Eisen Fe bis 911 °C.

- **kubisch-flächenzentriert** – abgekürzt **kfz**;
  Beispiele sind:
  Gold Au, Aluminium Al, Kupfer Cu, Iridium Ir, Nickel Ni, Platin Pt, Silber Ag, Rhodium Rh, Blei Pb.

- **hexagonal-dichtest gepackt** – abgekürzt **hdp**;
  Beispiele sind:
  Zink Zn, Magnesium Mg, Osmium Os, Cadmium Cd.

2.4.3.1 Kubisch-flächenzentriertes Gitter (kfz)

Bild 1, Seite 30, zeigt die Elementarzelle des kubisch-flächenzentrierten (kfz) Gitters im vereinfachten Strich-Punkt-Modell. Bild 2, Seite 30, zeigt das Kugelmodell. Dieses gibt die tatsächlichen Größenverhältnisse der Atomanordnung wieder.

Beim Salzgitter handelt es sich um einen Würfel mit der Kantenlänge a (a = Gitterkonstante).

Auf den acht Ecken sowie auf den sechs Flächen befindet sich je ein Atom.

Das kfz-Gitter ist, wie das Kugelmodell zeigt, ein sehr dicht gepacktes Gitter. Es weist auf den einzelnen Ebenen eine **dichteste Kugelpackung** auf (Bild 3, Seite 30).

a) Primitives Gitter

b) Basiszentriertes Gitter

c) Raumzentriertes Gitter

d) Flächenzentriertes Gitter

Bild 1: Besetzungsmöglichkeiten von Kristallgittern

Diese dichtest gepackten Ebenen des kfz-Gitters sind im Bild 2 gekennzeichnet. Zu erkennen ist die **Stapelfolge** ABCABC. Jeder Buchstabe bezeichnet dabei eine Schichtlage.

Diese Stapelfolge hat wichtige Konsequenzen:

Ist sie gestört, z. B. indem die Schicht C fehlt, liegt ein **Stapelfehler** vor. Damit hat das Material ganz andere Eigenschaften.

Bild 2 zeigt auch, dass zwischen den Kugelatomen Lücken bleiben. In diesen **Gitterlücken** können kleinere Legierungselemente eingelagert werden, beispielsweise Kohlenstoff in Eisen bei der Herstellung von Stahl.

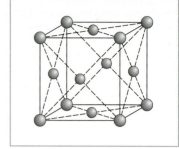

Bild 1: kfz-Gitter, Punktstruktur

2.4.3.2 Hexagonales Gitter dichtester Kugelpackung (hdp)

Die Bilder 4 und 5 zeigen das hexagonale Gitter dichtester Kugelpackung, kurz hdp.

Wie im kfz-Gitter, gibt es hier eine dichteste Kugelpackung, gut zu sehen auf der Deckfläche im Bild 5.

Die Stapelfolge der dichtest gepackten Ebenen ist ABAB. Auch hier gibt es zwischen den Metallatomen Gitterlücken.

Metalle mit diesem Gittertyp sind schlechter kalt umformbar als Metalle mit kfz-Gitter.

2.4.3.2 Kubisch-raumzentriertes Gitter (krz)

Eine Elementarzelle des kubisch-raumzentrierten Gitters (krz) zeigt Bild 1 und 2, Seite 31.

Bild 2: Kugelmodell und Stapelfolge im kfz-Gitter

Es handelt sich um einen Würfel mit der Kantenlänge a (Gitterkonstante). Auf den acht Ecken findet sich je ein Atom, ein Atom sitzt in der Mitte. Das kfz-Gitter ist kein dichtest gepacktes Gitter, daher lässt sich keine Stapelfolge dichtest-gepackter Ebenen angeben.

Wie im Bild zu sehen ist, bleibt relativ viel Platz zwischen den Atomen frei. Auch hier besteht damit wieder die Möglichkeit, Fremdatome zusätzlich in das Gitter einzubauen.

Dieses Gitter ist übrigens gut bekannt durch das Atomium in Brüssel. Das berühmte Bauwerk stellt eine krz-Elementarzelle des Eisens dar.

Bild 3: Dichteste Kugelpackung

2.4.3.4 Packungsdichte der Kristallgitter

Mit **Packungsdichte** *(P)* oder **Raumerfüllung** *(RE)* wird das von Materie ausgefüllte Volumen bezogen auf das Gesamtvolumen der Elementarzelle bezeichnet.

Die Raumerfüllung im kubisch-flächenzentrierten Gitter und in der hexagonal dichtesten Kugelpackung beträgt 74%, im kubisch-raumzentrierten Gitter 68%.

Eine bessere Raumausnutzung als 74% ist bei gleich großen Kugeln nicht möglich.

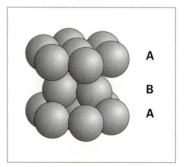

Bild 5: Hexagonales Gitter dichtester Kugelpackung (hdp) als Kugelmodell mit Stapelfolge

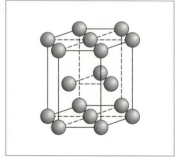

Bild 4: Hexagonales Gitter dichtester Kugelpackung (hdp) als Punktstruktur

2.4 Gitteraufbau der Metalle

Die geringere Raumerfüllung im kubisch-raumzentrierten Gitter beruht vor allem darauf, dass die Zahl der Gitterlücken größer ist als in den beiden anderen Gittern.

Die **kubisch-primitive Elementarzelle** enthält acht Atome auf den Ecken eines Würfels.

Jedes Eckatom gehört jedoch zu acht verschiedenen Elementarzellen, sodass nur $\frac{1}{8}$ seines Volumens zu einer Elementarzelle gehört. Die Anzahl der (vollständigen) Metallionen pro Elementarzelle beträgt demnach:

$$n = 8 \cdot \frac{1}{8} = 1$$

(Anzahl der Metallionen im kubisch-primitiven Gitter)

Bild 1: krz-Gitter, Kugelmodell

Die **kubisch-raumzentrierte Elementarzelle** (Bild 3) besitzt ebenfalls acht Metallionen an den Würfelecken, die zu $\frac{1}{8}$ ihres Volumens zur Elementarzelle gehören. Zusätzlich befindet sich noch ein Metallion im Zentrum.

Die Anzahl der Metallionen pro Elementarzelle beträgt dementsprechend:

$$n = 8 \cdot \frac{1}{8} + 1 = 2$$

(Anzahl der Metallionen im krz-Gitter)

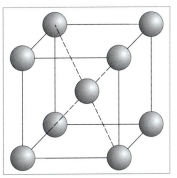

Bild 2: krz-Gitter, Punktstruktur

Im **kubisch-flächenzentrierten Gitter** (Bild 4) ergibt sich auf analoge Weise:

$$n = 8 \cdot \frac{1}{8} + 6 \cdot \frac{1}{2} = 4$$

(Anzahl der Metallionen im kfz-Gitter)

Die Packungsdichte P (auch Raumerfüllung) wird berechnet, indem man das Produkt aus Atomvolumen V_A und Anzahl der Atome pro Elementarzelle n durch das Volumen der Elementarzelle V_Z dividiert:

$$P = \frac{n \cdot V_A}{V_Z} \quad \text{mit} \quad V_A = \frac{4}{3} \cdot \pi \cdot R^3 \quad \text{und} \quad V_Z = a^3$$

R: Atomradius a: Länge der Würfelkante

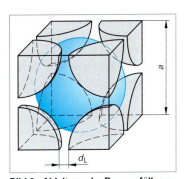

Bild 3: Ableitung der Raumerfüllung im kfz-Gitter

Für das **kubisch-primitive Gitter** ergibt sich dann mit $n = 1$ und $a = 2R$ (Atome berühren sich auf der Würfelkante):

$$P = \frac{\frac{4}{3} \cdot \pi \cdot R^3}{a^3} = \frac{\frac{4}{3} \cdot \pi \cdot R^3}{(2R)^3} = \frac{\pi}{6} \approx \mathbf{52\ \%}$$

Für das **kubisch-raumzentrierte Gitter** folgt mit $n = 2$ und $a = 4R/\sqrt{3}$ (Atome berühren sich auf der Raumdiagonalen):

$P \approx \mathbf{68\ \%}$

Für das **kubisch-flächenzentrierte Gitter** folgt mit

$n = 4$ und $a = 4R/\sqrt{2}$ (Atome berühren sich auf der Flächendiagonalen):

$P \approx \mathbf{74\ \%}$

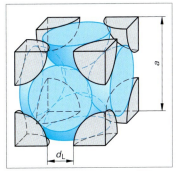

Bild 4: Ableitung der Raumerfüllung im krz-Gitter

Wie auf den Bildern 3 und 4, Seite 31, zu erkennen ist, sind auf den Würfelkanten der beiden kubischen Gitter Lücken vorhanden. Der Durchmesser d_L dieser **Gitterlücken** beträgt zwar formelmäßig in beiden Gittern $d_L = a - 2R$, die Berechnung der relativen Größe ergibt aber große Unterschiede:

Für das **kubisch-raumzentrierte Gitter** ergibt sich mit $a = 4R/\sqrt{3}$:

$$d_L = a - 2R = \frac{4R}{\sqrt{3}} - 2R = \mathbf{0{,}309\ R}$$

Für das **kubisch-flächenzentrierte Gitter** folgt hingegen mit $a = 4R/\sqrt{2}$:

$$d_L = a - 2R = \frac{4R}{\sqrt{2}} - 2R = \mathbf{0{,}828\ R}$$

Bild 1: Einlagerung von Fremdatomen in den Gitterlücken des kfz-Gitters

Die unterschiedliche Größe der Gitterlücken hat bedeutende Auswirkungen auf die Löslichkeit (Einlagerbarkeit) von Fremdatomen (Bild 1). So kristallisiert beispielsweise reines Eisen bei niedrigen Temperaturen krz und bei hohen Temperaturen kfz. Die größere Gitterlücke im kubisch-flächenzentrierten Gitter ist der Hauptgrund für die erheblich bessere Löslichkeit von Kohlenstoff im kubisch-flächenzentrierten γ-Eisen (Austenit) (Kapitel 6.2.1.1).

In Tabelle 1 sind die wichtigsten Metalle der drei Gittertypen zusammengestellt. Über 80 % aller Metalle kristallisieren entweder kfz, krz oder in Form von hexagonal dichtester Kugelpackung (hdP).

Tabelle 1: Kristallgitter der wichtigsten Metalle

Kubisch-flächenzentriert (kfz)	Kubisch-raumzentriert (krz)	Hexagonal dichteste Kugelpackung (hdP)
Ag, Al, Au, Ca, α-Co, Cu, γ-Fe, Ni, Pb, Pd, Pt	Ba, Cr, α-Fe, K, Li, Mo, Nb, Ta, β-Ti, V, W	Be, Cd, Mg, Re, α-Ti, Zn

2.4.3.5 Vergleich von kubisch-flächenzentriertem Gitter und hexagonal dichtester Kugelpackung

Die Packungsdichte P der hexagonal dichtesten Kugelpackung ist mit 74 % genauso groß wie die Packungsdichte der kfz-Kristalle.

Die gleiche Raumausnutzung beider Kristallgitter zeigt, dass diese Kristallgitter ähnlich aufgebaut sind. Zurückzuführen ist dies auf die bereits im Bild 3, Seite 30, gezeigten Ebenen dichtester Packung.

Sie sind in den beiden Gittern jedoch unterschiedlich gestapelt:
kfz: ABC ABC (Bild 2, Seite 30);
hdp: AB AB (Bild 5, Seite 30).

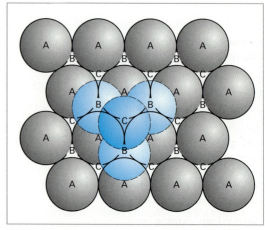

Bild 2: Anordnung von Atomen in dichtester Packung

2.5 Realkristalle und Gitterbaufehler

Die bisherigen Beschreibungen der Kristallstrukturen galten für Idealkristalle, die frei von Fehlern und Wärmeschwingungen sind. In der Realität aber gibt es keine fehlerfreien Kristalle, es handelt sich immer um **Realkristalle**. Selbst die für Halbleitertechnik speziell gezüchteten Einkristalle enthalten Fehler.

Gitterbaufehler bestimmen in wesentlicher Weise die Eigenschaften eines Metalls. Durch das gezielte Einbringen oder Abbauen von Fehlern, z.B. bei Fertigungsprozessen wie dem Gießen oder Umformen, lassen sich Metalle optimal einem bestimmten Anwendungsfall anpassen.

2.5.1 Realkristalle

Reale Kristalle zeigen Abweichungen von der Idealgestalt, wie das Gefügebild (Bild 1) bereits zeigt. Das Gefüge metallischer Werkstoffe besteht aus einer Vielzahl von **Körnern (Kristalliten)**, die durch **Korngrenzen** voneinander getrennt sind.

Korngrenzen entstehen bei der Kristallisation aus der Schmelze. Da die Kristallisation an verschiedenen Stellen gleichzeitig beginnt (z.B. an der kalten Wand der Gussform), ist es höchst unwahrscheinlich, dass zwei benachbarte Körner dieselbe **räumliche Orientierung** (d.h. Ausrichtung) ihrer Kristallgitter aufweisen. Ihre Elementarzellen sind vielmehr gegeneinander geneigt. In den Korngrenzen ist somit der regelmäßige Atombau unterbrochen, zwischen den Kristallen bestehen jedoch weiterhin Bindungskräfte.

Neben den Korngrenzen enthalten Realkristalle noch weitere Abweichungen von der idealen Gitterstruktur. Diese Abweichungen werden zusammenfassend als **Gitterbaufehler** bezeichnet.

Bild 1: Lichtmikroskopische Gefügeaufnahme von Reineisen

2.5.2 Gitterbaufehler

Nach ihrer Größe werden Gitterbaufehler in null-, ein- und zweidimensionale Fehler eingeteilt.

Dreidimensionale Fehler betreffen ganze Werkstücke. Sie werden entsprechend ihrer Entstehung als Gieß-, Walz-, Schmiedefehler usw. bezeichnet. Beispiele sind Poren, Lunker und Risse.

2.5.2.1 Nulldimensionale Gitterbaufehler

Nulldimensionale Gitterfehler werden auch als **Punktfehler** bezeichnet, denn sie entsprechen einem Gitterpunkt.

Beispiele zeigt Bild 1, Seite 34: Bleibt in einem Kristallgitter ein regulärer Gitterplatz unbesetzt, entsteht eine **Leerstelle** (Bild 1a, Seite 34). Befindet sich hingegen ein reguläres Gitteratom in einer Gitterlücke, spricht man von einem **Zwischengitteratom** (Bild 1b, Seite 34).

Punktfehler führen stets zu einer lokalen elastischen Verzerrung des Kristallgitters, da die Nachbaratome geringfügig verschoben werden. Ein einziger Punktfehler macht sich infolgedessen über viele Atomabstände hin bemerkbar. Aus diesem Grund ist die Zahl solcher Gitterbaufehler sehr klein. So kommt zum Beispiel auf 10 000 Atome nur 1 Leerstelle, die Leerstellenkonzentration beträgt also maximal $1/10\,000 = 10^{-4}$. Meistens liegen jedoch erheblich weniger Leerstellen vor (bis zu 10^{-12}). Die Leerstellenkonzentration nimmt mit steigender Temperatur zu.

Werden **Fremdatome** in das Kristallgitter eingebaut (Bild 1c und 1d), entstehen **Mischkristalle**. Die Mischkristallbildung hat sehr große Bedeutung für die Legierungsbildung (Kapitel 3.3).

Falls die Fremdatome sich auf Zwischengitterplätzen befinden (Bild 1c) handelt es sich um **Einlagerungsmischkristalle**, befinden sie sich hingegen auf regulären Gitterplätzen, sind es **Substitutions-** oder **Austauschmischkristalle** (Bild 1d).

Nulldimensionale Gitterfehler wirken sich in der Regel nicht negativ auf die Eigenschaften metallischer Werkstoffe aus. Vielmehr ermöglichen sie erst wichtige Wärmebehandlungen wie z. B. die Aushärtung des Aluminiums, da die dabei ablaufenden Vorgänge durch die Leerstellenkonzentration entscheidend beeinflusst werden.

2.5.2.2 Eindimensionale Gitterbaufehler

Eindimensionale Gitterbaufehler oder Linienfehler, d.h. Störungen des Gitteraufbaus entlang von Linien, werden als **Versetzungen** bezeichnet.

Stufenversetzungen

Wird in den Kristall eine Halbebene eingeschoben, heißt die dadurch entstandene Gitterstörung **Stufenversetzung** (Bild 2). Die Linie, längs derer die Gitterstörung verläuft, nennt man **Versetzungslinie** (der Stufenversetzung) und kennzeichnet sie mit dem Symbol ⊥. In der Umgebung der Versetzungslinie ist das Kristallgitter elastisch verformt. Versetzungen sind die Ursache für die plastische Verformbarkeit metallischer Werkstoffe (Kapitel 2.8.2).

Als Maß für die Richtung und Größe der Gitterverzerrung dient der **Burgersvektor**. Bild 1, Seite 35, zeigt die Ermittlung des Burgersvektors am Beispiel einer Stufenversetzung. Man erhält den Burgersvektor, indem man um die positive Richtung der Versetzungslinie einen geschlossenen Umlauf im Uhrzeigersinn (Rechtsschraube bzw. Rechte-Hand-Regel) von Atom zu Atom durchführt (**Burgersumlauf**). Führt man durch Abtragung von Strecken gleicher Länge denselben Umlauf in einem ungestörten Gitterbereich durch, dann erhält man den Burgersvektor $\vec{b}$ als Wegdifferenz, die zur Schließung des Umlaufs erforderlich ist. Der Burgersvektor $\vec{b}$ ändert sich längs der Versetzungslinie $\vec{s}$ nicht.

Bei der Stufenversetzung stehen Burgersvektor und Versetzungslinie senkrecht und legen die **Gleitebene** fest (Bild 2). Die Stufenversetzung wird dementsprechend auch als **90°-Versetzung** bezeichnet.

Schraubenversetzungen

Eine weitere Versetzungsart ist die **Schraubenversetzung** (Bild 2, Seite 35). Bei einer Schraubenversetzung stehen Burgersvektor und Versetzungslinie parallel zueinander.

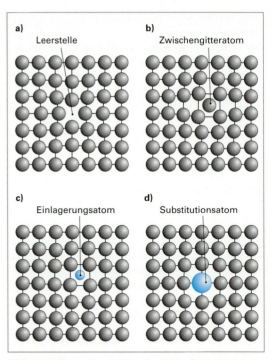

Bild 1: Nulldimensionale Gitterbaufehler (Punktfehler)
a) Leerstelle
b) Zwischengitteratom
c) Fremdatom auf Zwischengitterplatz (Zwischengitter- oder interstitielles Atom)
d) Fremdatom auf regulärem Gitterplatz (Substitutions- oder Austauschatom)

Bild 2: Atomanordnung um eine Stufenversetzung im kubisch-primitiven Gitter

2.5 Realkristalle und Gitterbaufehler

Die Gitterebenen sind so verzerrt, dass sie die Versetzungslinie auf einer Schraubenfläche umlaufen. Umfährt man die Versetzungslinie, dann bewegt man sich auf einer Schraubenlinie mit der Ganghöhe eines Burgersvektors. Als Symbol für eine Schraubenversetzung wird entweder ⊙, wenn die Versetzungslinie aus der Zeichenebene heraus weist, oder ⊗, wenn die Versetzungslinie in die Zeichenebene hinein zeigt, verwendet.

Bild 1: Beispiel zur Bestimmung des Burgers-Vektors (Burgers-Umlauf)

Gemischte Versetzungen

Bei gemischten Versetzungen können Versetzungslinie und Burgersvektor jeden beliebigen Winkel bilden, Stufen- und Schraubenversetzungen sind dementsprechend Sonderfälle. Bild 3 zeigt eine **gemischte Versetzung**, die an bestimmten Stellen auch Anteile von Stufen- und Schraubenversetzungen enthält.

Längs einer gemischten Versetzung hat die Versetzungslinie einen gekrümmten Verlauf.

Breitet sich eine gemischte Versetzung radial durch das Kristallgitter aus (Bild 1a und 1b, Seite 36), dann erhält man schließlich eine Gleitstufe vom Betrag des Burgersvektors (Bild 1c, Seite 36).

Eine Versetzung kann aus geometrischen Gründen nicht einfach im Inneren eines Kristalliten beginnen oder enden, sondern nur an Fehlstellen oder Grenzflächen, wie zum Beispiel Korngrenzen.

Außerdem können Versetzungen im Inneren eines Kristalliten geschlossene Ringe bilden, ohne eine Grenz- oder Oberfläche zu berühren. Derartige **Versetzungsringe** (Bild 2, Seite 36) werden insbesondere bei plastischer Verformung erzeugt (siehe Frank-Read-Quelle, Seite 37).

Bild 2: Atomanordnung um eine Schraubenversetzung im kubisch-primitiven Gitter

Bild 3: Gemischte Versetzung im kubisch-primitiven Gitter

Bild 1: Mechanismus der Ausbreitung einer gemischten Versetzung

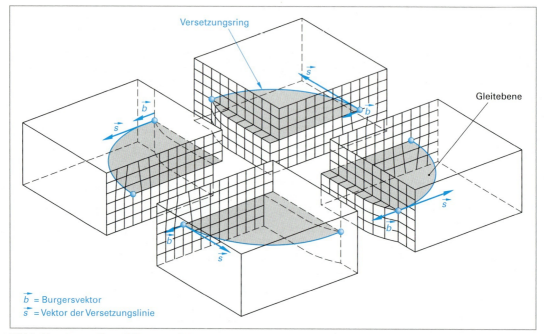

$\vec{b}$ = Burgersvektor
$\vec{s}$ = Vektor der Versetzungslinie

Bild 2: Versetzungsring mit Burgersvektor

Die Zahl der Versetzungen wird als **Versetzungsdichte** angegeben (siehe Infokasten). Die Versetzungsdichte in Metallen reicht von 10^5 cm^{-2} in weich geglühten Einkristallen bis zu 10^{12} cm^{-2} in stark kalt verformten polykristallinen metallischen Werkstoffen.

Versetzungen entstehen bei der Bildung von Körnern, also bei der Erstarrung und beim Kornwachstum sowie bei der Rekristallisation – einem Wärmebehandlungsverfahren (s. Kap 2.10.2). Außerdem werden Versetzungen bei der plastischen Verformung gebildet (Bild 1, Seite 37).

ⓘ Information

Versetzungsdichte
Die Versetzungsdichte ist definiert als die Gesamtlänge aller Versetzungslinien (in cm) pro Volumeneinheit (in cm^3). Durch Kürzen ergibt sich daraus die Einheit cm^{-2}. Die Versetzungsdichte wird u. a. metallographisch bestimmt: Durch spezielle metallographische Methoden gelingt es, die Durchstoßpunkte von Versetzungen in einer Schliffebene anzuätzen und danach mikroskopisch auszuzählen. Die so ermittelte Zahl der Versetzungen einer bestimmten Fläche wird auf einen Quadratzentimeter umgerechnet und ergibt dann die Versetzungsdichte in cm^{-2}. Eine Versetzungsdichte von 10^6 cm^{-2} bedeutet also, dass auf 1 cm^2 10^6 = 1 Million Durchstoßpunkte von Versetzungen vorhanden sind. Durch eine Kaltverformung wird die Versetzungsdichte eines Metalls stark erhöht (max. 10^{12} cm^{-2}, danach Bruch des Metalls).

2.5 Realkristalle und Gitterbaufehler

Es ist schwierig, Kristalle mit einer Versetzungsdichte herzustellen, die kleiner als 10^5 cm^{-2} ist. Nur die so genannten **Whiskers,** speziell erzeugte Haarkristalle mit einem Durchmesser von einigen wenigen μm und einer Länge von wenigen mm, sind frei von Versetzungen. Aufgrund ihrer Versetzungsfreiheit erreichen Whisker extrem hohe Festigkeitswerte.

Denmach muss es einen Mechanismus für die Bildung von Versetzungen durch äußere Spannungen geben. Hierbei handelt es sich um **Versetzungsquellen,** die nach ihren Entdeckern (Frederik Charles Frank und Thornton Read) als **Frank-Read-Quellen** bezeichnet werden.

Die Wirkungsweise einer Frank-Read-Quelle zeigt Bild 1. Dort ist der in der Gleitebene (Papierebene) gleitfähige Teil der Versetzungslinie gezeichnet, die Versetzungslinie ist an den gezeichneten Endpunkten verankert.

Durch die Einwirkung einer äußeren Spannung τ beginnt die Versetzungslinie zu gleiten. Da dies an den Endpunkten (Ankerpunkte A und B) nicht möglich ist, erhält die Versetzungslinie zunächst die in Bild 1b und c, gezeigte Form und unter der weiteren Einwirkung der Spannung die Form entsprechend Bild 1c und d. Dabei gleiten Teile der Versetzung aufeinander zu, die sich schließlich gegenseitig aufheben und auslöschen (Versetzungsannihilation, Bild 1f).

Damit entsteht ein geschlossener Versetzungsring mit der Versetzungsquelle im ursprünglichen Zustand (Bild 1g). Der Vorgang kann von neuem beginnen, die Versetzungsquelle erneut betätigt werden. Auf diese Weise können bis zu einige tausend Versetzungen aus einer Quelle entstehen.

Bild 1: Versetzungsmultiplikation bei plastischer Verformung nach dem Frank-Read-Mechanismus (Frank-Read-Quelle)
    a) Versetzung ist an den Punkten A und B (Ausscheidung, Einschlüsse, andere Versetzungslinien, usw.) verankert.
    b) Ausbauchen der Versetzungslinie unter Einwirkung der Schubspannung τ.
    c) Mit Erreichen einer halbkreisförmigen Kontur sind Stufen- und Schraubenversetzungsanteile in der Versetzungslinie enthalten
    d)+e) Versetzungslinie „krümmt" sich um die Verankerungspunkte A und B. Hierdurch entstehen entgegengesetzt gerichtete Versetzungen
    f) Entgegengesetzt gerichtete Versetzungsanteile nähern sich an und löschen sich gegenseitig aus (Versetzungsannihilation).
    g) Entstehung eines sich radial weiter ausbreitenden Versetzungsringes sowie einer neuen an den Punkten A und B verankerten Versetzungslinie. Der Vorgang beginnt erneut.

2.5.2.3 Zweidimensionale Gitterbaufehler

Zweidimensionale oder flächenförmige Baufehler sind Stapelfehler, Zwillingsgrenzen und Korngrenzen.

Stapelfehler sind Fehler in der Stapelfolge des hdP- oder des kfz-Gitters. Im Bereich eines Stapelfehlers ist die reguläre Schichtenfolge des Kristalls gestört.

In kfz-Metallgittern ist die Schichtenfolge der dichtest gepackten Ebenen ABCABC. Mit Fehler ergäbe sich z. B. ABCABABCABC, d. h. eine Schicht C fehlt. Der Kristall ist an der Stelle des Stapelfehlers also hexagonal (Bild 1b). Stapelfehler in hdP-Gittern entsprechen dann einer kubisch-flächenzentrierten Schicht.

Stapelfehler können entstehen:
- während der Kristallisation,
- durch Zusammenfallen eines Leerstellenclusters (Mehrfachleerstelle). Der hierbei entstehende Versetzungsring (Frank-Versetzung) umrandet einen Stapelfehler (Bild 1),
- durch Aufspaltung einer Versetzung in **Teilversetzungen**.

Bei der Aufspaltung einer Versetzung haben die beiden Teilversetzungen gleiches Vorzeichen und stoßen sich daher gegenseitig ab, sodass sich der Stapelfehler verbreitert.

Zur Erzeugung eines Stapelfehlers ist Energie, die **Stapelfehlerenergie** γ, erforderlich. Die Stapelfehlerenergie ist für metallische Werkstoffe eine charakteristische Größe. Je niedriger die Stapelfehlerenergie eines Metalls, umso mehr Stapelfehler entstehen.

Bild 1: Entstehung eines von einem Versetzungsring umrandeten Stapelfehlers durch Zusammenklappen eines Leerstellenclusters

So bilden sich beispielsweise in Silber ($\gamma \approx 20$ mJ/m^2) deutlich mehr Stapelfehler als in Aluminium ($\gamma \approx 180$ mJ/m^2). Durch Mischkristallbildung wird die Stapelfehlerenergie weiter erniedrigt.

Die Stapelfehlerenergie hat einen entscheidenden Einfluss auf die mechanischen Eigenschaften eines metallischen Werkstoffs:

Festigkeit:
Versetzungsbewegungen können nur stattfinden, falls die Teilversetzungen vorher zu vollständigen Versetzungen rekombinieren. Hierfür ist eine mechanische Spannung bzw. Energie notwendig, die bei Werkstoffen mit großer Stapelfehlerenergie, wie z. B. Al, geringer

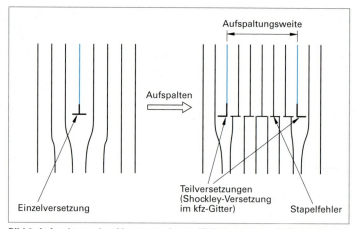

Bild 2: Aufspaltung einer Versetzung in zwei Teilversetzungen (schematisch). Die Teilversetzungen werden im kfz-Gitter als Shockley-Versetzungen bezeichnet.

ist, als bei Werkstoffen mit geringer Stapelfehlerenergie, wie z. B. Ag. Aus diesem Grund hat beispielsweise Aluminium mit $R_{p0,2} = 20 \ldots 30$ MPa eine geringere Festigkeit im Vergleich zu Silber mit $R_{p0,2} = 55$ MPa.

Kaltverfestigung:
Stapelfehler erschweren die Versetzungsbewegungen. Das Vorliegen von vielen Stapelfehlern (geringe Stapelfehlerenergie) führt zu einer hohen Verformungsverfestigung, d. h. es ist ein erhöhter Kraftbedarf zur Kaltumformung erforderlich. Aus diesem Grund weisen beispielsweise austenitische CrNi-Stähle eine ausgeprägte Kaltverfestigung auf.

2.5 Realkristalle und Gitterbaufehler

Information

Stapelfehlerenergie

Die Stapelfehlerenergie γ wird in mJ/m² oder J/m² angegeben. Die verschiedenen Literaturwerte streuen jedoch stark, sodass nur einige wenige Beispiele angegeben werden. An den Beispielen Cu – CuZn und Ag – AgZn kann man sehen, dass durch Mischkristallbildung die Stapelfehlerenergie vermindert wird. Auch austenitischer Stahl hat aus diesem Grund eine sehr niedrige Stapelfehlerenergie.

Werkstoff	Au	Ag	Cu	Ni	Al	Pd[1]	Pt[1]	Zr[1]	AgZn9	CuZn30	Cr-Ni-Stahl[2]
Stapelfehlerenergie (mJ/m²)	10 ... 60	20	40 ... 100	150 ... 180	180 ... 250	214	374	440	16	7 ... 15	7

[1] ältere Zahlenwerte [2] CrNi-Stahl mit 8 % Ni und 18 % Cr

An **Zwillingsgrenzen** ist das Gitter spiegelbildlich umgeklappt. Daher ist die Stapelfolge ABCABACBA.

An einer Schicht B, der Zwillingsgrenze, ist der Kristall gespiegelt (Bild 1, Seite 47).

Da Zwillingskorngrenzen einem halben Stapelfehler entsprechen, beträgt ihre Energie die Hälfte der Stapelfehlerenergie. Zwillingskorngrenzen treten daher bevorzugt in Kristallen mit niedriger Stapelfehlerenergie auf (z. B. Kupfer, Kupfer-Zink-Legierungen, austenitische Stähle).

Bild 1 zeigt Zwillingskorngrenzen in Reinkupfer. Zwillingskorngrenzen entstehen in diesen Metallen während der Kristallisation oder durch mechanische Spannungen.

Korngrenzen sind die wichtigsten zweidimensionalen Baufehler. Im Bereich von Korngrenzen ist die regelmäßige Atomanordnung unterbrochen (Bild 2a). Korngrenzen werden als flächenförmige Kristallfehler aufgefasst. Mikroskopisch erscheinen Korngrenzen nach entsprechender Präparation als dunkle Linien (Bild 2b).

Korngrenzen beeinflussen die Werkstoffeigenschaften. So wird durch **Kornfeinung,** also durch eine Erhöhung der Zahl der Korngrenzen, die Festigkeit und die Zähigkeit verbessert. Andererseits werden durch Korngrenzengleitung bei höheren Temperaturen unerwünschte Kriechvorgänge (Kapitel 2.10.3) hervorgerufen.

In Abhängigkeit von der Größe des Orientierungsunterschieds (Ausrichtung der Kristallgitter der Körner) zweier benachbarter Kristallite (Körner) wird zwischen **Kleinwinkelkorngrenzen** und **Großwinkelkorngrenzen** unterschieden (Bild 1, Seite 40).

Kleinwinkelkorngrenzen (auch Subkorngrenzen) liegen dann vor, wenn der Orientierungsunterschied benachbarter Gitterbereiche weniger als 15° beträgt.

Sie werden aus flächig angeordneten Versetzungen aufgebaut. Sind dies Stufenversetzungen, entsteht eine **Kipp-** oder **Neigungsgrenze** (Bild 2, Seite 626).

Wenn hingegen parallel angeordnete Schraubenversetzungen vorliegen, werden die Gitterbereiche gegeneinander verdreht und man spricht von **Drehgrenzen.**

Bild 1: Gefüge von Reinkupfer mit Zwillingskorngrenzen

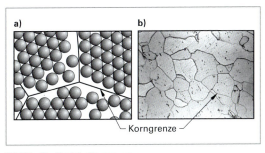

Bild 2: Großwinkelkorngrenze
 a) Atomanordnung
 b) Mikroskopisches Schliffbild

Wenn der Orientierungsunterschied benachbarter Gitterbereiche mehr als 15° beträgt, dann liegt eine **Großwinkelkorngrenze** vor. Wird in der Werkstoffkunde von einer Korngrenze gesprochen, ist stets die Großwinkelkorngrenze gemeint.

Korngrenzen entstehen bei der Erstarrung einer Metallschmelze (Bild 2) und bei bestimmten Wärmebehandlungsverfahren. In Metallschmelzen bilden sich zunächst Keime, aus denen durch Kristallwachstum feste Kristalle entstehen.

Die Keimbildung setzt in der Regel an mehreren Stellen in der Schmelze gleichzeitig ein, sodass infolgedessen auch mehrere Kristalle gebildet werden, die in der Metallographie **Körner** oder **Kristallite** genannt werden. Auch von außen zugesetzte Stoffe mit höherer Schmelztemperatur können als Keime wirken. Sie liegen, wie im Bild 2 zu sehen, fein verteilt als **Fremdkeim** vor.

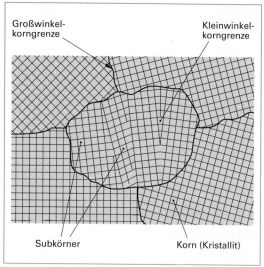

Bild 1: Groß- und Kleinwinkelkorngrenzen

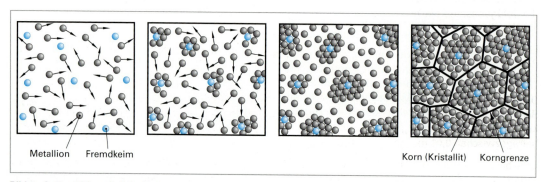

Bild 2: Gefügebildung bei der Erstarrung

2.6 Gefüge

Als **Gefüge** bezeichnet man im Allgemeinen die metallographisch sichtbare Struktur eines Werkstoffs. In einphasigen Werkstoffen (z. B. reinen Metallen) umfasst der Gefügebegriff die Kornstruktur.

In mehrphasigen Werkstoffen (z. B. Stählen) wird das Gefüge zusätzlich durch die **Phasengrenzen** charakterisiert. Phasengrenzen trennen dabei die Kristallite verschiedener Phasen (z. B. Ferrit und Zementit in Stählen) oder kristalline und amorphe Bereiche (z. B. bei einigen keramischen Werkstoffen).

Neben den Korn- und Phasengrenzen enthält das Gefüge vieler technischer Werkstoffe auch Verunreinigungen, die sich an den Korngrenzen ablagern oder als Einschlüsse im Korninneren ausscheiden und dabei zusätzliche Phasengrenzen bilden.

Letztlich umfasst der Gefügebegriff auch die Grenzen innerhalb der Kristalle, dies sind die bereits besprochenen Kleinwinkelkorngrenzen.

Bild 3: Homogenes Gefüge am Beispiel von Reineisen

2.6 Gefüge

Hinsichtlich der Anzahl der Phasen sind das homogene und das heterogenen Gefüge zu unterscheiden:

Ein **homogenes Gefüge** (Bild 3, Seite 40) liegt vor, wenn der Werkstoff aus Kristallen oder Mischkristallen einer Art besteht. Reine Metalle sind Beispiele für Werkstoffe mit homogenem Gefüge.

Enthält der Werkstoff hingegen mehrere chemisch unterschiedliche Phasen, liegt ein **heterogenes Gefüge** vor (Bild 1).

Im Hinblick auf den Zeitpunkt der Entstehung eines Gefüges im Verlauf des Herstellungs- oder Verarbeitungsprozesses unterscheidet man zwischen einem Primärgefüge und einem Sekundärgefüge:

Bild 1: Heterogenes Gefüge am Beispiel eines unlegierten Stahls mit etwa 0,45% Kohlenstoff

- **Primärgefüge** bilden sich während der Kristallisation aus dem schmelzflüssigen Zustand.
- Das **Sekundärgefüge** entsteht durch Kristallisation in festem Zustand durch eine Wärmebehandlung.

Letztlich unterscheidet man noch zwischen einem Makro- und einem Mikrogefüge. Von einem **Makrogefüge** spricht man, wenn die Gefügebestandteile bereits mit bloßem Auge oder mit der Lupe erkennbar sind. Sind die Gefügebestandteile hingegen erst bei höherer Vergrößerung (z. B. im Licht- oder Elektronenmikroskop) sichtbar, handelt es sich um ein **Mikrogefüge**.

Einkristalle, also Körper aus einem einzigen Kristall und ohne Korngrenzen, sind nur unter besonderen Bedingungen herstellbar. Im Allgemeinen sind die metallischen Werkstoffe jedoch **polykristallin** (Bild 3, Seite 40 und Bild 1).

Die Körner eines Werkstückes haben in der Regel ungefähr die gleiche Größe, auch wenn diese z. B. in Bild 3, Seite 40, unterschiedlich erscheint. Diese Unterschiede ergeben sich dadurch, dass die einzelnen Körner unterschiedlich angeschnitten sind. Die **mittlere Korngröße** der meisten metallischen Werkstoffe beträgt zwischen 0,01 mm und etwa 0,25 mm.

Entscheidend für die Korngröße des entsprechenden Gefüges ist die Anzahl der Keime bei der Erkristillisation. So wird bei der in Metallschmelzen üblichen Erstarrung durch heterogene Keimbildung die Korngröße des Gefüges durch die Zahl der Keime und damit im Wesentlichen durch die Anzahl der in der Schmelze befindlichen oder gebildeten Keime bestimmt (Bild 2, Seite 40).

Je größer die Anzahl der Kristallisationskeime ist, desto mehr Körner wachsen gleichzeitig und desto feinkörniger wird das Gefüge. Sind dagegen wenige Keime in der Schmelze vorhanden, wird das Gefüge grobkörnig.

Die Korngröße hat einen entscheidenden Einfluss auf die mechanischen Eigenschaften eines Metalles:

- **Feinkörnige Gefüge** besitzen eine höhere Festigkeit sowie eine bessere Zähigkeit und Verformbarkeit. Nach einer Verformung weisen feinkörnige Werkstoffe eine bessere Oberflächenqualität auf. Grobkörnige Werkstoffe werden häufig narbig (Bild 2).

- **Grobkörnige Gefüge** weisen sowohl eine geringe Festigkeit als auch eine geringere Zähigkeit auf und verspröden bei sinkender Temperatur schneller. Grobkörnige Gefüge sind allerdings besser zerspanbar.

Ein feinkörniges Gefüge kann durch Zugabe von Fremdkeimen, z. B. Titanboride bei Aluminium, eingestellt werden. Die Zugabe eines Kornfeinungsmittels heißt auch **Impfen** der Schmelze.

Bild 2: Orangenhaut an einem gebogenen Aluminiumprofil

2.7 Anisotropie und Textur

Ein Kristall ist **anisotrop**. Das heißt, seine Eigenschaften (z. B. Festigkeit, Leitfähigkeit, Elastizitätsmodul) sind richtungsabhängig, können also bei Messung in verschiedener Richtung verschiedene Werte aufweisen (Bild 1).

Beispiel: In ein- und vielkristallinem Silicium wird der elektrische Widerstand in verschiedenen Richtungen gemessen. Beim Vielkristall ergibt sich in jeder Messrichtung ein Wert von ungefähr $2,3 \cdot 10^3$ Ωm, während beim Einkristall in verschiedenen Richtungen unterschiedliche Werte im Bereich von $2,1 \cdot 10^3$ Ωm bis $2,5 \cdot 10^3$ Ωm gemessen werden.

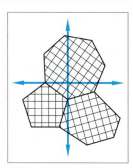

Bild 1: Anisotropie   Bild 2: Quasiisotropie

In Stoffen, die kein Kristallgitter besitzen, beispielsweise Glas, sind die Eigenschaften nicht richtungsabhängig. Diese Stoffe zeigen ein **isotropes Verhalten**.

Auch bei polykristallinen Metallen besteht keine Abhängigkeit des Eigenschaftswertes von der Messrichtung, was z. B. wichtig ist, wenn es um die Bewertung der in den Werkstoffprüfverfahren ermittelten Kennwerte geht.

In Bild 2 wird durch einige Körner eines Vielkristalls in verschiedenen Richtungen gemessen (blaue Pfeile). Man erhält stets den gleichen Wert, da man durch gegeneinander verkippte Körner misst und einen Mittelwert erhält. Jedes Korn für sich ist ein Einkristall, es verhält sich also anisotrop. Da man aber durch viele Körner misst, hebt sich diese Anisotropie auf. Man bezeichnet dieses Verhalten als **quasiisotrop** (Bild 3a).

Bild 3: Ausrichtung von Kristallen in Werkstoffen
a) Ungeordnete (statistische) Verteilung, quasiisotrop
b) Ausgerichtete Kristalle = Textur, anisotrop

Als **Textur** eines vielkristallinen Werkstoffs bezeichnet man alle Abweichungen von der regellosen (statistischen) Orientierung der Kristallite (Bild 3b). Texturen können unter anderem entstehen:

- bei der Kristallisation aus der Schmelze, z. B. durch stängelförmiges Kristallwachstum (**Wachstumstextur**),

Bild 4: Tiefziehverhalten von Blechen
a) Keine Zipfelbildung (texturlos)
b) Starke Zipfelbildung, da ausgeprägte Textur

- durch eine Kaltumformung, wie z. B. Kaltwalzen oder Tiefziehen (**Verformungstextur**),
- bei Rekristallisationsvorgängen nach einer Kaltumformung,
- bei Phasenumwandlungen.

Beim Vorhandensein einer Textur haben die einzelnen Körner also bestimmte Vorzugslagen zur äußeren Form des Werkstückes oder Halbzeuges (z. B. Blech). Beispielsweise sind Würfelflächen der Kristalle parallel zur Blechoberfläche und Würfelkanten parallel zur Walzrichtung (Würfeltextur).

Texturen werden technisch absichtlich erzeugt und genutzt bei weichmagnetischem Material (geringere Wirbelstromverluste). Bei der Herstellung von Tiefziehblechen werden Texturen vermieden, da an Blechen mit einer Textur aufgrund eines unterschiedlichen Fließverhaltens beim Tiefziehen größere Zipfel (Abfälle) entstehen. In Bild 4 sind zwei verschiedene Blechronden zu Näpfchen (in einem Tiefziehversuch) tiefgezogen worden: Bild 4a zeigt ein Näpfchen ohne und 4b ein solches mit starker Zipfelbildung. Die Ursache für das unterschiedliche (anisotrope) Verformungsverhalten des Bleches in Bild 4b ist eine stark ausgeprägte Textur.

2.8 Elastische und plastische Verformung

Wirken an einem Festkörper äußere Kräfte oder Momente, dann führt dies zu Formänderungen. Prinzipiell können diese Formänderungen eingeteilt werden in:
- elastische (reversible) Verformung und
- plastische (irreversible) Verformung.

2.8.1 Elastische Verformung

Für die **elastische Verformung** ist kennzeichnend, dass die Formänderung nur so lange erhalten bleibt, wie die äußere Beanspruchung wirkt. Bei Entlastung nimmt der Körper wieder seine ursprüngliche Gestalt an. Elastische Formänderungen erfolgen beispielsweise bei Federn, die unter Einwirkung von Kräften ihre Form verändern und bei Aufhebung der Kraftwirkung wieder ihre ursprüngliche Gestalt annehmen.

Bei der Verarbeitung von Blechen wird die elastische Verformung mitunter als **Rückfederung** bezeichnet. Sie muss beispielsweise bei der Festlegung des Biegewinkels berücksichtigt werden. Da alle Werkstoffe eine gewisse Elastizität besitzen, verformen sich auch alle Bauteile und technischen Konstruktionen unter der Einwirkung einer geringen äußeren Belastung elastisch und nehmen nach einer Entlastung wieder ihre Ausgangsform an.

Die elastischen Eigenschaften metallischer Werkstoffe lassen sich anhand der Metallbindung (Kapitel 2.3.1.3) erklären: Zwischen benachbarten Gitteratomen (Metallionen) wirken abstoßende elektrostatische Kräfte, zwischen den Metallionen und dem Elektronengas hingegen anziehende Kräfte. Wie Bild 1 zeigt, stellt sich damit zwischen den einzelnen Atomen aufgrund der inneren Kräfte ein bestimmter Gleichgewichtsabstand r_0 ein. Eine elastische Verformung wird dementsprechend durch eine begrenzte Verschiebung der Gitteratome aus ihrer Ruhelage hervorgerufen.

Im Bereich der elastischen Verformung sind die Spannung σ (Spannung σ = Kraft F/Querschnittsfläche S) und die Dehnung ε (Dehnung ε = Verlängerung ΔL / Ausgangslänge L_0) einander proportional σ ~ ε. Der Proportionalitätsfaktor ist eine Werkstoffkonstante und wird als **Elastizitätsmodul** E (kurz: **E-Modul**) bezeichnet (Kapitel 13.5.1.5). Hieraus ergibt sich das im Bereich der elastischen Verformung bei einachsiger Beanspruchung gültige **Hookesche Gesetz:**

$$\sigma = E \cdot \varepsilon \quad (2.1)$$

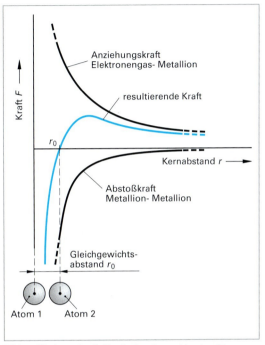

Bild 1: Bindungskraft F zwischen benachbarten Atomen als Funktion des Bindungsabstandes r

Tabelle 1: Schmelztemperatur und Elastizitätsmodul ausgewählter Metalle

Metalle	Schmelztemperatur in °C	E-Modul (Mittelwerte) in GPa
Zinn	232	41
Aluminium	660	70
Silber	961	73
Kupfer	1083	125
Eisen	1536	210
Chrom	1860	248
Osmium	3045	570

Die Steigung der Summenkurve im Gleichgewichtsabstand r_0 (Bild 1) ist proportional zum Elastizitätsmodul. Mit zunehmender Bindungsenergie steigt damit auch der Elastizitätsmodul. Dementsprechend haben Metalle mit hoher Schmelztemperatur (hoher Bindungsenergie) in der Regel auch einen hohen Elastizitätsmodul (Tabelle 1).

2.8.2 Plastische Verformung

Im Anschluss an eine elastische Verformung ergibt sich in der Regel eine **plastische**, d.h. bleibende **Verformung**. Ist die einwirkende Kraft zu groß, werden die Bindungen im Festkörper zerstört, sodass der **Bruch** eintritt. Eine plastische Verformung ist für die meisten metallischen Werkstoffe charakteristisch, während spröde Werkstoffe, wie z. B. viele keramische Werkstoffe, am Ende einfach brechen.

Plastische Verformungen treten erst nach Überschreiten eines bestimmten Schwellenwertes der Belastung auf (Elastizitätsgrenze, Kapitel 13.5.1.4 und 13.5.1.5). Das bedeutet, für eine plastische Verformung werden größere Kräfte als für eine elastische Formänderung benötigt.

2.8.2.1 Mechanismus der plastischen Verformung

Es liege nahe, dass bei einer plastischen Verformung ein gleichzeitiges Abgleiten aller Atome einer Schicht gemäß Bild 1 stattfindet. Vergleicht man jedoch die aus der Bindungsenergie im Kristallgitter berechnete **theoretische Schubspannung** τ_{th} zur Auslösung eines derartigen Abgleitvorganges mit experimentell ermittelten Werten für die **kritische Schubspannung** τ_{krit}, so stellt man fest, dass die kritische Schubspannung um einen Faktor 100 bis 1000 niedriger ist (Tabelle 1).

Die Erklärung für den Unterschied zwischen berechneten und experimentell ermittelten Festigkeitswerten liegt darin, dass die Bewegung der Atome einer Gitterebene eben nicht gleichzeitig, sondern zeitlich versetzt erfolgt. Im Kristallgitter wird dieser Mechanismus durch Bewegung von **Versetzungen** ermöglicht (Bild 1, Seite 45). Ein versetzungsfreier Einkristall wäre demnach nicht plastisch verformbar, er würde spröde brechen.

Bildhaft kann man sich die Versetzungsbewegung analog der Verschiebung eines Teppichs durch Weiterschieben einer Falte vorstellen (Bild 2).

Die Bewegung einer Versetzung erfordert einen deutlich geringeren Energiebetrag im Vergleich zur Verschiebung benachbarter Gitterebenen als Ganzes.

Um eine Abgleitung, d. h. eine plastische Verformung herbeizuführen, muss in einem ungestörten Gitter lediglich die „Gitterreibung" überwunden werden. Der hierfür erforderliche Energiebetrag wird als **Peierls-Energie** E_P, die entsprechende Mindestspannung als **Peierls-Spannung** τ_p bezeichnet.

Da die Versetzungsbewegung in Einkristallen auch von Art und Anzahl weiterer Gitterbaufehler abhängt, ist die kritische Schubspannung τ_{krit} (Tabelle 1) um einen Betrag $\Delta\tau_F$ größer als die Peierls-Spannung, sodass gilt:

$$\tau_{krit} = \tau_p + \Delta\tau_F \quad (2.2)$$

Bild 1: Plastische Verformung eines Metalles durch Abgleiten benachbarter Atomschichten

Tabelle 1: Theoretische Schubspannung und experimentell ermittelte kritische Schubspannung ausgewählter Metalle

Metalle	Theoretische Schubspannung τ_{th} in MPa	Kritische Schubspannung τ_{krit} in MPa
Silber	1000	0,37
Aluminium	900	0,78
Kupfer	1400	0,49
Nickel	2600	3,2
α-Eisen	2600	27,5

Bild 2: „Teppichfaltenmodell"

2.8 Elastische und plastische Verformung

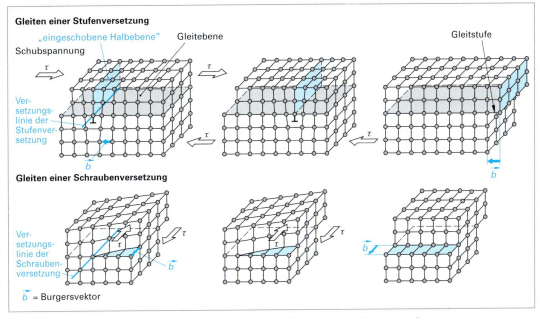

Bild 1: Mechanismus der plastischen Verformung metallischer Werkstoffe durch Versetzungsbewegung

2.8.2.2 Gleitebenen und Gleitsysteme

Versetzungsbewegung und damit eine plastische Verformung findet statt, sobald die kritische Schubspannung τ_{krit} überschritten wird. Die kritische Schubspannung ist im Wesentlichen von der Peierls-Spannung anhängig (Gleichung 2.2). Obwohl weder eine zuverlässige theoretische Abschätzung noch eine experimentelle Ermittlung der Peierls-Spannung bislang möglich ist, so lässt sich dennoch zeigen, dass τ_p proportional zum Betrag des Burgers-Vektors b (Kapitel 2.5.2.2) ist, also $\tau \sim b$. Aus diesem Grund erfolgt die Versetzungsbewegung in der Regel in kristallographischen Ebenen mit dichtester Atombesetzung und dort wiederum längs dichtest besetzter kristallographischer Richtungen.

Kristallographische Ebenen (Gitterebenen), in denen diese Abgleitungsvorgänge stattfinden, werden als **Gleitebenen**, die Richtung des Abgleitens innerhalb der Gleitebene als **Gleitrichtung** bezeichnet. Die Anzahl der Gleitmöglichkeiten ergibt sich als Produkt aus der Anzahl der Gleitebenen und der Gleitrichtungen, man nennt sie **Gleitsysteme** (Bild 2).

Bild 2: Beispiele für Gleitsysteme in kubischen und hexagonalen Kristallgittern
  a) kubisch-flächenzentriert
     Gleitebene: Oktaederebene
     Beispiel: Aluminium
  b) kubisch-raumzentriert
     Gleitebene: Dodekaederebene
     Beispiel: α-Eisen
  c) hexagonal-dichtestgepackt
     Gleitebene: Basisebene
     Beispiel: Zink

Die Anzahl der Gleitsysteme und deren Belegungsdichte mit Gitteratomen bestimmt in entscheidender Weise das plastische Verformungsverhalten eines metallischen Werkstoffs.

Im **kfz-Gitter** erfolgt das Abgleiten längs der Oktaederebenen (Bild 2a, Seite 45). In jeder dieser Gleitebenen existieren drei voneinander unabhängige Gleitrichtungen, sodass ein kfz-Kristall insgesamt $3 \cdot 4 = 12$ Gleitsysteme besitzt. Das Vorhandensein von 12 Gleitsystemen führt zu der hervorragenden plastischen Verformbarkeit der kfz-Metalle, wie z. B. Kupfer, Aluminium, Nickel, Gold, Silber, aber auch der austenitischen Stähle (Kapitel 6.5.10.4).

Im **krz-Gitter** sind die Gleitverhältnisse weniger eindeutig. Zwar wirkt als Gleitrichtung stets die Würfeldiagonale, jedoch sind verschiedene Gleitebenen möglich. Die maßgebliche Gleitebene ist die Dodekaederebene (Bild 2b, Seite 46). Hiervon existieren in jeder Elementarzelle 6 Ebenen, dies ergibt mit 2 Gleitrichtungen (Würfeldiagonale) je Ebene zunächst $6 \cdot 2 = 12$ Gleitsysteme.

Im krz-Gitter existieren jedoch noch weitere (in Bild 2b, Seite 45 nicht dargestellte) Gleitebenen, sodass insgesamt 48 Gleitsysteme vorliegen. Da die Atome in diesem Gitter jedoch weniger dicht gepackt sind, ist die plastische Verformbarkeit des krz-Kristalls trotz seiner 48 Gleitsysteme schlechter.

Im **hdp-Gitter** hängt die betätigte Gleitebene vom Achsverhältnis c/a ab. Bei großem c/a-Verhältnis (z. B. Zn oder Cd) stellen die Basisebenen die bevorzugten Gleitebenen dar (Bild 2c, Seite 45). Innerhalb dieser Basisebenen kommen drei Gleitrichtungen in Betracht, sodass insgesamt $1 \cdot 3 = 3$ Gleitsysteme vorhanden sind. Mit kleiner werdendem Achsverhältnis (z. B. Ti) gewinnen auch die Prismen- und die Pyramidenebenen (in Bild 2c, Seite 45 nicht dargestellt) für das Abgleiten an Bedeutung. Da in den Prismen- und Pyramidenebenen jedoch nicht alle Atome exakt in der Gleitebene angeordnet sind (wellige Gleitebenen), ist die kritische Schubspannung zur Auslösung einer Abgleitung in diesen Ebenen höher, im Vergleich zur Basisebene. Da im hdp-Gitter nur sehr wenige Gleitebenen vorhanden sind und teilweise erhöhte Schubspannungen für ein Abgleiten erforderlich sind, besitzen Metalle mit hdp-Gitter nur eine beschränkte plastische Verformbarkeit bei Raumtemperatur.

2.8.2.3 Schmidsches Schubspannungsgesetz

Eine **Versetzungsbewegung** gemäß Bild 1, Seite 45, und damit die plastische Verformung, kann erst stattfinden, falls die wirkende Schubspannung c in einem Gleitsystem die kritische Schubspannung τ_{krit} überschreitet.

Die in einer kristallographischen Ebene auftretende Schubspannung τ kann unter einachsiger Zugbeanspruchung in Abhängigkeit der äußeren Kraft F mit Hilfe des **Schmidschen Schubspannungsgesetzes** ermittelt werden (Bild 1).

Zur Herleitung des Schmid'schen Schubspannungsgesetzes (für einachsige Zugbeanspruchung) betrachtet man die Normale n zur Gleitebene, die mit der Richtung der Kraft F einen Winkel φ einschließt. Weiterhin soll innerhalb der Gleitebene die Gleitrichtung g betrachtet werden. Sie schließt mit der Kraft F den Winkel ψ ein.

Für den Betrag der Kraftkomponente F_g in der Gleitebene in Gleitrichtung ergibt sich:

$$F_g = F \cdot \cos\psi$$

Damit folgt für die Schubspannung τ in Gleitrichtung:

$$\tau = \frac{F_g}{A} = \frac{F \cdot \cos\psi}{\frac{A_0}{\cos\varphi}} = \frac{F}{A_0} \cdot \cos\psi \cdot \cos\varphi$$

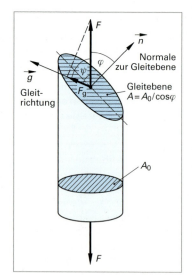

Bild 1: Lage von Gleitebene und Gleitrichtung in einem einachsig beanspruchten Zugstab

Mit $\sigma = \dfrac{F}{A_0}$ ergibt sich dann das **Schmidsche Schubspannungsgesetz**: $\quad \tau = \sigma \cdot \cos\psi \cdot \cos\varphi \quad$ (2.3)

2.8 Elastische und plastische Verformung

Mit Hilfe dieser Gesetzmäßigkeit kann bei vorgegebener Zugkraft F bzw. Zugspannung σ für jede beliebige Gitterebene bzw. Gitterrichtung die für die Aktivierung eines Gleitsystems erforderliche Schubspannung ermittelt werden.

Das Produkt $\cos\psi \cdot \cos\varphi$ wird als **Orientierungsfaktor** bezeichnet. Da $\vec{g}$ und $\vec{n}$ stets senkrecht aufeinander stehen, kann der Orientierungsfaktor für $\psi = \varphi = 45°$ maximal einen Wert von 0,5 annehmen, d. h. $\tau_{max} = 0{,}5 \cdot \sigma$.

Für weniger günstig orientierte Gleitsysteme sind entsprechend höhere Normalspannungen σ (äußere Beanspruchungen) erforderlich (Kapitel 2.8.2.4).

Eine plastische Verformung kann nicht nur durch Versetzungsbewegungen (Abgleiten, Bild 1, Seite 45) erfolgen, sondern auch, wenngleich deutlich seltener, durch **mechanische Zwillingsbildung (Bild 1)**. Dabei werden die Gitterebenen unter Wirkung von

Bild 1: Mechanismus der plastischen Verformung durch Bildung von Zwillingsgrenzen im kfz-Gitter (kohärente Zwillingsgrenze)

Schubspannungen durch einen Schervorgang in eine spiegelbildliche Anordnung überführt. Die durch Zwillingsbildung erreichbaren plastischen Verformungen sind jedoch wesentlich geringer im Vergleich zum Abgleiten, sodass dieser Verformungsmechanismus nur bei eingeschränkten Gleitmöglichkeiten wie z. B. im hdP-Gitter eine Rolle spielt. Auch durch niedrige Temperaturen oder hohe Verformungsgeschwindigkeiten wird ein Abgleiten erschwert, sodass eine nennenswerte plastische Verformung im Wesentlichen durch mechanische Zwillingsbildung erfolgt.

Eine dritte Möglichkeit für eine plastische Verformung ist das **Korngrenzengleiten**. Dieser Mechanismus besitzt insbesondere beim Kriechen (Kapitel 2.10.3) sowie bei superplastischem Werkstoffverhalten eine Bedeutung.

2.8.2.4 Plastische Verformung von Vielkristallen

Bislang wurde nur das plastische Verformungsverhalten eines Einkristalls betrachtet. Reale (technische) Werkstoffe sind jedoch polykristallin, d.h. jeder Kristallit (Korn) hat eine andere Orientierung zur äußeren Beanspruchung (Bild 2). Außerdem wird die freie Versetzungsbewegung durch die Korngrenzen behindert (Kapitel 2.9.1).

Während das Verformungsverhalten von Einkristallen mit Hilfe der (hier nicht näher erläuterten) Schubspannungs-Abgleitungs-Kurve beschrieben wird, erfasst man das Verformungsverhalten polykristalliner Werkstoffe mit Hilfe der Spannungs-Dehnungs-Kurve (Spannungs-Dehnungs-Diagramm, Kapitel 13.5.1.4).

Diejenige Spannung, die bei einachsiger Zugbeanspruchung eines polykristallinen Metalls zu einer makroskopischen Verformung führt, wird als Streckgrenze R_e bzw. als Dehngrenze R_p bezeichnet (Kapitel 13.5.1.5). Eine plastische Verformung (Versetzungsbewegung) tritt ein, sobald die kritische Schubspannung τ_{krit} (Gleichung 2.2) überschritten wird. Die hierfür erforderliche kritische Normalspannung σ_0 (Fließspannung) ist sehr stark von der Orientierung des Kristallgitters zur äußeren Spannungsrichtung abhängig und lässt sich bei einachsiger Zugbeanspruchung mit Hilfe des Schmidchen Schubspannungsgesetzes ermitteln. Im günstigsten Fall, also für $\psi = \varphi = 45°$ gilt: $\sigma_0 = 2 \cdot \tau_{krit}$ (Kapitel 2.8.2.3). Bei einer weniger günstigen Orientierung des Gleitsystems sind entsprechend höhere Spannungen σ_0 erforderlich.

Bild 2: Lage der Gleitebenen in einem Vielkristall

Bei Einkristallen ist die Fließspannung dementsprechend sehr stark von der Gitterorientierung relativ zur äußeren Beanspruchungsrichtung abhängig. Einkristalle verhalten sich daher in Bezug auf den Fließbeginn stark anisotrop.

Bei Vielkristallen wird die Fließspannung aufgrund der regellosen Orientierung der einzelnen Kristallite „ausgemittelt". Unter der Annahme gleicher Häufigkeit aller Kornorientierungen relativ zur äußeren Beanspruchung und dem Vorhandensein einer homogenen Legierung, errechnet sich die **Fließspannung** σ_0 in Abhängigkeit der kritischen Schubspannung zu:

$$\sigma_0 \approx 3 \cdot \tau_{krit} \qquad (2.4)$$

Die Fließspannung σ_0 entspricht jedoch nicht der Streck- bzw. Dehngrenze R_e bzw. R_p wie sie im Zugversuch an realen Werkstoffen ermittelt wird, da wesentliche Einflüsse wie zum Beispiel die Auswirkung der im Vielkristall vorhandenen Korngrenzen auf die Versetzungsbewegung und damit die plastische Verformungsfähigkeit noch nicht berücksichtigt sind (Kapitel 2.9.5).

In einem polykristallinen Werkstoff treten mit steigender Beanspruchung plastische Verformungen zunächst in einzelnen günstig zur äußeren Beanspruchung orientierten Körnern auf (mikroplastische Deformationen). Eine makroskopische plastische Verformung erfordert im Vielkristall jedoch die Plastifizierung aller, auch der weniger günstig orientierten Körner. Dies ist in einfacher Weise nur dann möglich, falls in einen Korn mindestens fünf Gleitsysteme betätigt werden können. Man spricht von **Mehrfachgleitung**.

2.9 Verfestigungsmechanismen

Mit Beginn der plastischen Verformung eines metallischen Werkstoffs, d. h. einer ausgeprägten Versetzungsbewegung, ist zu erwarten, dass der Abgleitvorgang bei etwa gleichbleibender Schubspannung τ_{krit} so lange aufrecht erhalten bleibt, bis die Versetzungen den Kristallit durchqueren und an seiner Oberfläche eine Gleitstufe hinterlassen haben. Tatsächlich wird die Versetzungsbewegung jedoch durch verschiedene Einflüsse behindert. Eine plastische Verformung des Werkstoffs kann dann nur durch höhere Spannungen erreicht werden, die Festigkeit des Werkstoffs steigt. Dieser Effekt heißt **Verfestigung**.

Als Hindernis für eine Versetzungsbewegung wirken:
- Korngrenzen (Korngrenzenverfestigung) oder
- Fremdatome (Mischkristallverfestigung)
- Fremdphasen (Teilchenverfestigung)
- Versetzungen (Verformungs- oder Kaltverfestigung)

2.9.1 Korngrenzenverfestigung (Feinkornhärtung)

Während die Versetzungen in einem Einkristall unter Bildung einer Gleitstufe an dessen freier Oberfläche austreten können, muss in einem polykristallinen Werkstoff die Verformung eines einzelnen Kornes mit den Nachbarkörnern verträglich sein. Die Korngrenzen stellen damit Hindernisse der Versetzungsbewegung dar, die Versetzungen werden vor einer Korngrenze aufgestaut (Bild 1, S. 49). Mit abnehmendem Korndurchmesser erhöht sich die Festigkeit (genauer die Streck- bzw. Dehngrenze, Kapitel 13.5.1.5) eines metallischen Werkstoffs

Bild 1: Abhängigkeit der unteren Streckgrenze R_{eL} vom mittleren Korndurchmesser eines niedriglegierten Stahls

2.9 Verfestigungsmechanismen

(Korngrenzenverfestigung). Die untere Streckgrenze R_{eL} eines polykristallinen Werkstoffs lässt die Abhängigkeit des mittleren Korndurchmessers d mit der **Hall-Petch-Beziehung** formulieren:

$$R_{eL} = \sigma_0 + \frac{k}{\sqrt{d}} \qquad (2.5)$$

R_{eL} untere Streckgrenze
d mittlerer Korndurchmesser
σ_0 Fließspannung. Spannung die zur Bewegung einer Versetzung in einem versetzungsarmen Einkristall mit mittlerer Orientierung zur äußeren Beanspruchung benötigt wird
k Widerstand der Korngrenze auf die Versetzungsbewegung (Konstante)
    Beispiele: α-Fe: $k = 19$ N/mm$^{3/2}$
                 Al: $k = 3{,}5$ N/mm$^{3/2}$
                 Cu: $k = 5{,}5$ N/mm$^{3/2}$

Bild 1: Aufstau von Versetzungen an einer Korngrenze, schematisch und als elektronenmikroskopische Aufnahme von Messing CuZn37

Bild 1, Seite 48, zeigt die Abhängigkeit der unteren Streckgrenze R_{eL} vom mittleren Korndurchmesser am Beispiel eines niedriglegierten Stahles bei Raumtemperatur. Da ein feineres Korn die Festigkeit und auch die Zähigkeit erhöht, wird bei Konstruktionswerkstoffen stets ein feinkörniges Gefüge angestrebt (z. B. Feinkornbaustähle, Kapitel 6.5.3). Dieser Mechanismus heißt daher auch **Feinkornhärtung**.

2.9.2 Mischkristallverfestigung

Fremdatome haben in der Regel einen von den Atomen des Wirtsgitters unterschiedlichen Atomdurchmesser. Die Einlagerung von Fremdatomen auf regulären Gitterplätzen unter Bildung eines Substitutionsmischkristalls bzw. auf Zwischengitterplätzen unter Bildung eines Einlagerungsmischkristalls verursacht eine lokale Verzerrung des Wirtsgitters (Bild 1, Seite 34). Gelangt eine gleitende Stufenversetzung in das Spannungsfeld dieses Fremdatoms, besteht die Tendenz, das Fremdatom unterhalb der Versetzungsebene einzubauen. Hierdurch wird die elastische Verzerrung des Gitters insgesamt verringert. Zum weiteren Gleiten der Versetzung ist ein zusätzlicher Spannungsbetrag zur Lösung der Versetzung vom Fremdatom erforderlich. Die Versetzungsbewegung wird somit behindert. Mischkristalle von Legierungen haben aus diesem Grund stets eine höhere Festigkeit im Vergleich zu den reinen Metallen Bild 2 zeigt ein Beispiel für diese **Mischkristallverfestigung**.

Bild 2: Mischkristallverfestigung am Beispiel von Cu-Ni-Legierungen

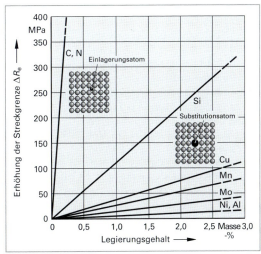

Bild 3: Festigkeitssteigerung des α-Eisens durch ausgewählte Fremdatome

Einlagerungsmischkristalle führen zu einer stärkeren Verfestigung im Vergleich zu Substitutionsmischkristallen. So bewirkt beispielsweise die Einlagerung von Kohlenstoff auf den Zwischengitterplätzen des Eisens (Stahl) eine Festigkeitssteigerung von etwa 100 MPa je 0,1% Kohlenstoff, während auf regulären Gitterplätzen eingelagerte Fremdatome eine deutlich geringere Festigkeitssteigerung bewirken (Bild 3, Seite 49). Der festigkeitssteigernde Effekt $\Delta\sigma_{MK}$ infolge von Fremdatomen ist proportional zur Quadratwurzel der Konzentration c:

$$\Delta\sigma_{MK} \sim \sqrt{c} \tag{2.6}$$

2.9.3 Teilchenverfestigung

Fremdphasen geeigneter Größe und Verteilung können die Versetzungen wirkungsvoll behindern und dadurch zu einer hohen Festigkeitssteigerung führen. Voraussetzung für eine Behinderung der Versetzungsbewegung sind kleine (50 nm ... 100 nm), feindispers verteilte Fremdphasen.

Zwei verschiedene Wechselwirkungsmechanismen zwischen den Versetzungen und den Fremdphasen werden unterschieden: der **Schneidemechanismus** und der **Umgehungsmechanismus**. Durch beide Mechanismen wird die Versetzungsbewegung behindert, sodass ein weiteres Abgleiten der Versetzung eine höhere Spannung erfordert. Welcher der beiden Mechanismen zur Anwendung kommt, hängt von der Größe bzw. vom Abstand sowie von der Härte und der Struktur der Fremdphasen ab.

Beim **Schneidemechanismus** werden die Fremdphasen von den Versetzungen abgeschert. Hierbei werden die beiden Teilchenhälften irreversibel gegeneinander verschoben (Bild 1). Da der verfestigend wirkende Teilchenquerschnitt kleiner wird, werden nachfolgende Versetzungen in ihrer Bewegung weniger beeinträchtigt, so dass eine Entfestigung beobachtet wird. Da sich die Versetzungsbewegung bevorzugt auf Gleitebenen mit geschnittenen

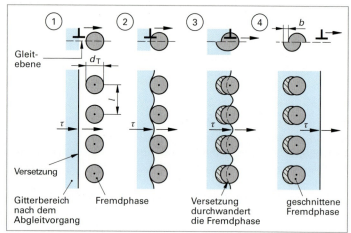

Bild 1: Schneiden von Fremdphasen durch Versetzungen (Schneidemechanismus)
b Betrag des Burgersvektors
l mittlerer Teilchenabstand
d_T mittlerer Teilchendurchmesser

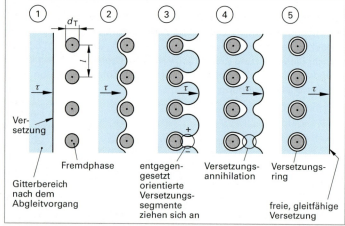

Bild 2: Umgehen von Fremdphasen durch Versetzungen (Umgehungs- oder Orowanmechanismus)

Fremdphasen konzentriert, beobachtet man an der Werkstückoberfläche wenige, jedoch große Gleitstufen. Diese **Grobgleitung** zeigt Bild 3, S. 51. Der Schneidmechanismus wird insbesondere bei kleinen Teilchen bevorzugt, die an das Grundgitter (Matrix) noch weitgehend angepasst sind.

Mit zunehmender Teilchengröße d_T wird das Schneiden zunehmend erschwert, sodass zwischen der Festigkeitssteigerung $\Delta\sigma_{TS}$ und der Teilchengröße d_T sowie ihrem Volumenanteil f in der Matrix der folgende Zusammenhang besteht:

$$\Delta\sigma_{TS} \sim \sqrt{f} \cdot \sqrt{d_T} \tag{2.7}$$

2.9 Verfestigungsmechanismen

Fremdphasen, die mit der Matrix nicht mehr verbunden sind, können nicht geschnitten werden. Die abgleitende Versetzung muss das Teilchen umgehen (Bild 2, Seite 50). Bei diesem **Umgehungs-** oder auch **Orowan-Mechanismus** dehnt sich die Versetzung zwischen zwei Teilchen so weit aus, bis sich die Segmente mit entgegengesetztem Vorzeichen anziehen und auslöschen. Auf diese Weise wird das Hindernis unter Bildung eines Versetzungsringes umgangen. Der hinterlassene Versetzungsring wirkt auf nachfolgende Versetzungen abstoßend.

Da ein Umgehen der Fremdphase dadurch schwieriger wird, weichen die Versetzungen auf andere Gleitebenen aus, sodass an der Werkstoffoberfläche eine Vielzahl von Gleitstufen mit geringer Stufenhöhe beobachtet werden. Bild 2 zeigt diese **Feingleitung**.

Beim Orowan-Mechanismus ist die Festigkeitssteigerung $\Delta\sigma_{TO}$ umgekehrt proportional zum Teilchenabstand l:

$$\Delta\sigma_{TO} \sim \frac{1}{l} \qquad (2.8)$$

Zwischen dem Teilchenabstand l, dem Durchmesser d_T der Teilchen und deren Volumenanteil f gilt näherungsweise der folgende Zusammenhang:

$$l \sim \frac{d_T}{\sqrt[3]{f}} \qquad (2.9)$$

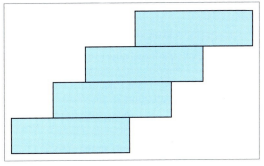

Bild 1: Grobleitung: Abgleitung erfolgt auf wenigen Gleitebenen, Ausbildung von Gleitbändern

Deshalb ist die Spannungserhöhung $\Delta\sigma_{TO}$ umgekehrt proportional zur Teilchengröße d_T:

$$\Delta\sigma_{TO} \sim \frac{\sqrt[3]{f}}{d_T} \qquad (2.10)$$

Bei kleinen Teilchendurchmessern und damit geringen Teilchenabständen (gleichbleibender Volumenanteil der Teilchen vorausgesetzt), erfordert das Umgehen eine zunehmend größere Schubspannung, da der Versetzungsbogen einen sehr geringen Krümmungsradius aufweisen muss.

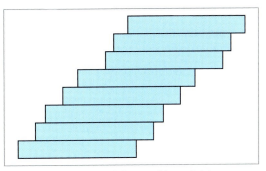

Bild 2: Feingleitung: Abgleitung erfolgt auf vielen Gleitebenen

Mit zunehmender Teilchengröße wird hingegen das Schneiden erschwert. Dies bedeutet, dass sich im Fall eines Teilchenwachstums, mit Erreichen eines kritischen Durchmessers $d_{T\,krit}$, der Wechselwirkungsmechanismus zwischen Versetzung und Teilchen von Schneiden in Umgehen ändert (Bild 3).

Die Fremdphasen können auf unterschiedliche Weise in die Matrix gebracht werden. Große Bedeutung hat z. B. die Ausscheidung von Fremdphasen aus einem übersättigten Mischkristall. Auf einer solchen **Ausscheidungshärtung** beruht die technisch außerordentlich wichtige Festigkeitssteigerung **aushärtbarer Aluminiumlegierungen** (Kapitel 7.1.5), der **mikrolegierten Stähle** (Kapitel 6.5.14.1) und der **martensitaushärtenden Stähle** (Kapitel 6.5.10.3). Auch bei niedriglegierten Kupferwerkstoffen kann dieser Effekt zur Festigkeitssteigerung genutzt werden.

Bild 3: Einfluss der Teilchengröße auf den Mechanismus der Wechselwirkung zwischen Versetzung und Teilchen (gestrichelte Linie: theoretischer Verlauf)

Eine weitere Möglichkeit fein verteilte Fremdphasen in einer Matrix zu verteilen, stellt die **Dispersionshärtung** dar. Hierbei werden unlösliche Fremdphasen pulvermetallurgisch in ein Matrixmetall oder galvanisch in einen Beschichtungsstoff eingebracht. Technische Beispiele hierfür sind Aluminiumlegierungen mit Al_2O_3-Teilchen oder auf galvanischem Wege aufgebrachte Nickelüberzüge mit SiC- oder Al_2O_3-Teilchen.

2.9.4 Verformungsverfestigung (Kaltverfestigung)

Werden metallische Werkstoffe unterhalb ohne Vorwärmung plastisch verformt (Kaltverformung), ergibt sich mit steigendem Umformgrad eine zunehmende Festigkeit (Bild 1 links, Seite 57). Dieser Effekt wird als **Verformungsverfestigung** oder **Kaltverfestigung** bezeichnet. Die Ursache ist eine Erhöhung der Versetzungsdichte mit zunehmender Verformung und dementsprechend eine gegenseitige Behinderung der Versetzungsbewegungen.

Während die Versetzungsdichte in geglühten metallischen Werkstoffen etwa 10^5 cm^{-2} bis 10^8 cm^{-2} beträgt, kann eine starke plastische Verformung die Versetzungsdichte auf bis zu 10^{12} cm^{-2} erhöhen. Eine einfache Modellvorstellung für die Versetzungverfielfachung bei plastischer Verformung ist die bereits in Kapitel 2.5.2.2 beschriebene Frank-Read-Quell (Bild 1, Seite 37).

Der mit einer Kaltverformung einhergehende Festigkeitsanstieg $\Delta\sigma_V$ ist proportional zur Versetzungsdichte ϱ:

$$\Delta\sigma_V \sim \sqrt{\varrho} \qquad (2.11)$$

Bild 1 zeigt am Beispiel des α-Eisens die Erhöhung der Festigkeit (Dehngrenze) in Abhängigkeit der Versetzungsdichte ϱ.

Der Effekt der Verformungsverfestigung wird technisch zur Festigkeitssteigerung metallischer Werkstoffe genutzt, jedoch muss dabei beachtet werden, dass mit zunehmendem Umformgrad die plastische Verformbarkeit des Metalls sehr stark abnimmt (Bild 1 links, Seite 57). Bei entsprechend hohen Umformgraden besteht daher die Gefahr der Rissbildung.

Bild 1: Erhöhung der Dehngrenze von α-Eisen in Abhängigkeit der Versetzungsdichte ϱ

Bei der Festigkeitssteigerung durch Kaltverformung ist zudem zu beachten, dass die Streck- bzw. Dehngrenze nur dann erhöht wird, wenn die Beanspruchungs- und die Verformungsrichtung gleich sind. Bei Umkehrung der Verformungsrichtung beobachtet man jedoch eine Erniedrigung. Dieser, insbesondere bei mehrphasigen Legierungen besonders ausgeprägte Effekt, wird nach seinem Entdecker als **Bauschinger-Effekt** (*Johann Bauschinger*, 1834 bis 1893) bezeichnet (Bild 2).

Bei der Erstverformung tritt eine plastische Verformung mit Erreichen der Streck- oder Dehngrenze ($R_{p0,2}$) ein. Der Spannungs-Dehnungs-Verlauf einer anschließenden Entlastung aus dem überelastischen Bereich erfolgt parallel zur Hookeschen Geraden. Bei einer anschließenden Belastung in den Druckbereich, erfolgt die Plastifizierung mit Erreichen der Druckfließgrenze σ_{dF} die betragsmäßig kleiner als die Streck- bzw. Dehngrenze ist $|\sigma_{dF}| < R_{p0,2}$ (Bild 2).

Ursache des Bauschinger-Effektes sind Eigenspannungen, die nach der Entlastung im Werkstück zurückbleiben. Bei einer erneuten, umgekehrten Beanspruchung bewirken dann diese Eigenspannungen eine Aktivierung der Versetzungsbewegung bei einer niedrigeren Spannung.

Bild 2: Bauschinger-Effekt

2.9.5 Überlagerung der Verfestigungsmechanismen

Die Beanspruchbarkeit technischer Bauteile endet mit dem Auftreten makroplastischer Verformungen. Die Spannungen im Bauteil dürfen, um ein Versagen sicher zu vermeiden, dementsprechend die Streck- bzw. Dehngrenze R_e bzw. R_p nicht überschreiten. Die Streck- bzw. Dehngrenze sind dementsprechend die zur Dimensionierung technischer Bauteile relevanten Werkstoffkennwerte.

Eine Erhöhung dieser Festigkeitskennwerte erhöht die Beanspruchbarkeit eines Bauteils bzw. erlaubt bei gleicher Beanspruchung die Verminderung der tragenden Querschnittsfläche. Dadurch werden das Bauteilgewicht sowie die Werkstoff- und Fertigungskosten reduziert.

Eine Erhöhung des Widerstandes gegen plastische Verformung, eine Steigerung der Streck- bzw. Dehngrenze also, kann durch eine Behinderung der Versetzungsbewegung erreicht werden.

Bild 1: Überlagerung der Verfestigungsmechanismen

Hierfür stehen die folgenden Möglichkeiten zur Verfügung:

- die Vergrößerung der Anzahl von Korngrenzen (Kornfeinung),
- das Lösen von Fremdatomen im Kristallgitter des Basismetalls (Legieren),
- die Erzeugung von Fremdphasen (Teilchen, z. B. durch Wärmebehandlung),
- die Erhöhung der Versetzungsdichte (Kaltumformung).

Die genannten Grundmechanismen lassen sich miteinander kombinieren, so dass sich die Festigkeit (Streck- oder Dehngrenze) formal nach der folgenden Beziehung ergibt (Bild 1):

$$R_p = \sigma_0 + \Delta\sigma_{KG} + \Delta\sigma_{MK} + \Delta\sigma_T + \Delta\sigma_V \qquad (2.12)$$

Hierbei bedeuten:

R_p Dehngrenze (oder Streckgrenze R_e)

σ_0 Fließspannung. Spannung die zur Bewegung einer Versetzung in einem versetzungsarmen Einkristall mit mittlerer Orientierung zur äußeren Beanspruchung benötigt wird.

$\Delta\sigma_{KG}$ Festigkeitssteigerung durch Korngrenzenverfestigung (Gleichung 2.5)

$\Delta\sigma_{MK}$ Festigkeitssteigerung durch Mischkristallverfestigung (Gleichung 2.6)

$\Delta\sigma_T$ Festigkeitssteigerung durch Teilchenverfestigung (Gleichung 2.7 bzw. 2.10)

$\Delta\sigma_V$ Festigkeitssteigerung durch Kaltumformung (Gleichung 2.11)

Da sich die einzelnen festigkeitssteigernden Mechanismen gegenseitig beeinflussen, ist eine lineare Addition der Beträge der Streck- bzw. Dehngrenzenerhöhung allerdings nicht immer gegeben.

2.10 Thermisch aktivierte Prozesse

Unter einem thermisch aktivierten Prozess sind allgemein Platzwechselvorgänge von Atomen oder Ionen infolge thermischer Anregung (Energiezufuhr von außen durch Wärme) zu verstehen. Thermisch aktivierte Vorgänge laufen in der Regel von einem weniger stabilen zu einem stabileren Zustand ab.
Von technischer Bedeutung in der Metallkunde sind die folgenden thermisch aktivierten Prozesse:

- Diffusion bei Vorhandensein eines Konzentrationsgefälles,
- Erholung und Rekristallisation verformter Gefüge,
- Kriechen sowie
- Sinterprozesse.

2.10.1 Diffusion

Die Atome in einem Festkörper wie zum Beispiel im Kristallgitter eines Metalles sind nie völlig in Ruhe, sondern sie schwingen unregelmäßig um ihre Gleichgewichtslage. Mit zunehmender Temperatur nimmt dabei die Schwingungsamplitude zu. Hierbei kommt es zwischen den Atomen zu ständigen Stößen, die dazu führen können, dass ein Gitteratom bzw. Substitutionsatom von seinem regulären Gitterplatz zu einer nahegelegenen Leerstelle bzw. ein Zwischengitteratom auf einen benachbarten Zwischengitterplatz gelangt.

Diese Wanderung der Atome im festen Zustand durch das Kristallgitter wird als **Diffusion** bezeichnet. Die Platzwechselvorgänge bewirken einen Materietransport und sind für nahezu alle Gefüge- und Zustandsänderungen notwendig.

Damit eine Diffusion stattfindet, muss eine treibende Kraft vorhanden sein, d.h. es muss eine Verringerung der inneren Energie stattfinden. Solch treibende Kräfte sind z. B. der Abbau von Konzentrationsunterschieden oder die Verminderung von Gitterbaufehlern, die durch eine Kaltverfestigung entstanden sind.

Die Diffusion von Atomen in Festkörpern wird durch die Wärmebewegung der Atome und deren Nachbarteilchen ermöglicht. Dies bedeutet, dass durch die Zufuhr thermischer Energie die Atome aus ihrem Bindungszustand herausgelöst werden und nach Überwindung eines Hindernisses (Energieberg) einen neuen Gitterplatz erreichen. Bild 1, zeigt den Vorgang der Diffusion eines Atoms in die benachbarte Leerstelle in einer dicht gepackten Ebene.

Bild 1: Wanderung eines Atoms in einer Ebene sowie Änderung seines Energiezustandes
G = Grundenergiezustand
Q_L = Aktivierungsenergie für Leerstellendiffusion
Q_Z = Aktivierungsenergie für Zwischengitterdiffusion

2.10 Thermisch aktivierte Prozesse

Um aus dem Zustand 1 den Platz der Leerstelle (Zustand 3) zu erreichen, muss das Atom A im Zwischenzustand 2 die beiden Nachbaratome aus deren Ruhelage ein wenig beiseite schieben. Dabei durchläuft das wandernde Atom die darunter gezeigten Energiezustände. Die Höhe des Energieberges im Zustand 2 wird als **Aktivierungsenergie** Q (in der Zeichnung Q-G) bezeichnet. Das bedeutet, für Diffusionsvorgänge ist immer eine bestimmte Aktivierungsenergie notwendig. Die Aktivierungsenergie Q ist eine charakteristische Größe, die von den vorliegenden Bindungsverhältnissen abhängig ist und experimentell bestimmt werden kann (z. B. C-Atome in γ-Fe: Q = 138 kJ/mol Tabelle 1, Seite 56).

Meistens erreicht das Atom im Zustand 3 jedoch eine niedrigere Energie als im ursprünglichen Zustand 1, der Diffusionsvorgang ist dann mit einer Verringerung der inneren Energie verbunden.

Es ist ein Grundprinzip der Thermodynamik, **Zustände niedrigerer Energie** zu erreichen.

Die Diffusion ermöglicht beispielsweise den Konzentrationsausgleich in Mischkristallen, die Entfestigung kaltverformter Werkstoffe durch Glühen oder das Sintern von Metallpulvern. Sie bewirkt aber auch unerwünschte Kriechvorgänge bei höheren Temperaturen.

Früher wurde vermutet, dass die Diffusion auf dem direkten Platzwechsel beruhe, dass also zwei benachbarte Atome ihre Gitterplätze tauschen würden. Dabei aber müssten Atome sehr weit auseinanderrücken, d. h. es müsste sehr viel (Aktivierungs)-Energie aufgewendet werden. Inzwischen ist bekannt, dass bei regulären Gitteratomen bzw. Substitutionsatomen die Diffusion vor allem auf der **Leerstellendiffusion**, der Wanderung von Leerstellen, beruht (Bild 1 oben, Seite 54). Für einen solchen Prozess der **Selbstdiffusion** von regulären Gitteratomen bzw. der **Fremddiffusion**, d. h. der Diffusion von Substitutionsatomen sind genügend Leerstellen vorhanden, zumal deren Anzahl mit steigender Temperatur noch zunimmt.

Bei Einlagerungsmischkristallen findet die Fremddiffusion über Zwischengitterplätze statt, die **Zwischengitterdiffusion** (Bild 1 unten, Seite 54). Da solche Legierungen meist nur eine geringe Konzentration gelöster Fremdatome wie H, C, N, O oder B enthalten, stehen immer genügend leere Zwischengitterplätze in der Nachbarschaft zur Verfügung. Aufgrund der großen Anzahl von Zwischengitterplätzen und der Tatsache, dass keine Leerstellen benötigt werden, verläuft die Zwischengitterdiffusion sehr schnell.

An der Werkstoffoberfläche oder entlang der Korngrenze können sich die Atome leichter als im Inneren eines Korns bewegen. Entsprechend ist der Energieaufwand für **Oberflächendiffusion** geringer als für eine **Korngrenzendiffusion**. Die **Volumendiffusion** erfordert den größten Energieaufwand (Bild 1, Seite 56). Die einfache Erklärung: An der Oberfläche ist mehr Platz. Dennoch ist meist der Einfluss der Volumendiffusion vorherrschend. Nur bei sehr feinkörnigem Gefüge ist ein größerer Anteil von Korngrenzendiffusion zu beobachten.

Bei stationären Diffusionsvorgängen wird der Zusammenhang zwischen Massenstrom (dm/dt) und Konzentrationsgefälle (dc/dx) mithilfe des **ersten Fickschen Gesetzes** (benannt nach *Adolf Eugen Fick*, 1829 bis 1901) beschrieben:

$$\frac{1}{A} \cdot \frac{dm}{dt} = -D \cdot \frac{dc}{dx} \quad \text{bzw.} \quad J = -D \cdot \frac{dc}{dx} \tag{3.1}$$

mit A Fläche senkrecht zum Diffusionsstrom (cm²)
dm/dt Massenstrom (g/s oder mol/s)
D Diffusionskoeffizient (cm²/s)
dc/dx Konzentrationsgefälle (dc in g/cm³ oder mol/cm³; dx in cm)
J Diffusionsstrom (g/(cm² · s) bzw. mol/(cm² · s))

Die Diffusion ist in starkem Maße temperaturabhängig und kann durch eine besondere Gleichung (**Arrhenius-Gleichung**) für den Diffusionskoeffizienten beschrieben werden.

> **ⓘ Information**
>
> **Bestimmung der Aktivierungsenergie Q und der Diffusionskonstante D_0**
>
> Durch Logarithmieren der Gleichung
>
> $D = D_0 \cdot e^{-Q/(R \cdot T)}$
>
> folgt:
>
> $\ln D = -\dfrac{Q}{R} \cdot \dfrac{1}{T} + \ln D_0$
>
> Aus der Steigung im $\ln D$-$\frac{1}{T}$-Diagramm kann damit die Aktivierungsenergie Q berechnet werden. Aus dem Ordinatenabschnitt kann theoretisch (kein Messpunkt für $T = \infty$) die Diffusionskonstante D_0 ermittelt werden.

$$D = D_0 \cdot e^{-Q/(R \cdot T)} \quad (3.2)$$

mit
- D Diffusionskoeffizient (cm²/s)
- D_0 Diffusionskonstante oder Frequenzfaktor (cm²/s)
- Q Aktivierungsenergie (J/mol)
- R allgemeine Gaskonstante $R = 8{,}314$ J/(mol · K)
- T absolute Temperatur (K)

Bild 1: Diffusion am Beispiel von Thorium in Wolfram
a) Experimentelle Ergebnisse
b) Ermittlung der Aktivierungsenergie Q sowie der Diffusionskonstante D_0 (1 und 2 sind experimentell zu ermittelnde Stützpunkte)

Bild 1 zeigt beispielhaft die Diffusion von Thorium in Wolfram für unterschiedliche Diffusionsmechanismen sowie die Ermittlung der Aktivierungsenergie. Bei nicht stationären Diffusionsvorgängen stellt das **zweite Ficksche Gesetz** einen Zusammenhang zwischen den zeitlichen und örtlichen Konzentrationsunterschieden her:

$$\frac{\delta c}{\delta t} = D \cdot \frac{\delta^2 c}{\delta x^2} \quad (3.3)$$

Zwar gibt es keine allgemeine Lösung dieser partiellen Differentialgleichung 2. Ordnung, jedoch lassen sich für bestimmte Diffusionssysteme spezielle Lösungen herleiten. So erhält man beispielsweise für die Verfahren des thermochemischen Behandelns von Stahl (z. B. Aufkohlen, Nitrieren, siehe Kapitel 6.4.6.3) für den mittleren Randabstand x_m (die Konzentration der eindiffundierenden Elemente wie C, N in Abhängigkeit der Diffusionsdauer t ein **parabolisches Zeitgesetz**:

$$x_m^2 = D \cdot t \quad (3.4)$$

Bild 2: Temperaturabhängigkeit der Selbst- und Fremddiffusion in Eisen

Tabelle 1: Diffusionskennwerte ausgewählter Stoffe

Diffusionspaar		Aktivierungsenergie Q	Diffusionskonstante D_0
Element	Matrix	in kJ/mol	in cm²/s
Leerstellendiffusion (Selbstdiffusion)			
Fe	α-Fe (krz)[1]	247	4,10
Fe	γ-Fe (krz)[2]	279	0,65
Pb	Pb	109	1,27
Cu	Cu	208	0,36
Al	Al	135	0,10
Zn	Zn	91,3	0,10
Mg	Mg	135	1,00
W	W	600	1,88
Leerstellendiffusion (Fremddiffusion)			
Ni	Cu	243	2,30
Cu	Ni	258	0,65
Zn	Cu	184	0,78
Ag	Au	168	0,072
Au	Ag	191	0,26
Zwischengitterdiffusion			
C	α-Fe (krz)[1]	87,6	0,011
C	γ-Fe (kfz)[2]	138	0,23
N	α-Fe (krz)[1]	76,7	0,0047
N	γ-Fe (kfz)[2]	145	0,0034
H	α-Fe (krz)[1]	15,1	0,0012
H	γ-Fe (kfz)[2]	43,2	0,0063

[1] bis 911 °C   [2] 911 °C … 1392 °C

2.10 Thermisch aktivierte Prozesse

Dies zeigt, dass bei gleichbleibender Temperatur für eine Verdoppelung der mittleren Eindringtiefe die vierfache Glühdauer erforderlich ist. In Tabelle 1, Seite 56 sind Diffusionskennwerte ausgewählter Stoffe zusammengestellt. Bild 2, Seite 56 zeigt beispielhaft die Temperaturabhängigkeit der Selbst- und Fremddiffusion in Eisen.

2.10.2 Erholung und Rekristallisation

Durch eine Kaltverformung metallischer Werkstoffe (z.B. Biegen, Kaltwalzen, Tiefziehen) wird die Versetzungsdichte um mehrere Größenordnungen erhöht. Mit zunehmendem Umformgrad nimmt die Festigkeit (Zugfestigkeit und Dehngrenze) zu, die plastische Verformbarkeit (Bruchdehnung) hingegen ab (Bild 1, links; Kaltverfestigung, Kapitel 2.9.4), bis schließlich das Verformungsvermögen erschöpft ist und Risse entstehen. Infolge der damit verbundenen Zunahme der inneren Energie befindet sich der Werkstoff nicht mehr im thermodynamischen Gleichgewicht, wodurch z.B. die elektrische Leitfähigkeit sinkt und die Korrosionsanfälligkeit zunimmt.

Durch eine im Anschluss an die Kaltverformung durchgeführte Wärmebehandlung können die ursprünglichen Eigenschaften teilweise oder vollständig wiederhergestellt werden. In Abhängigkeit von Umformgrad, Zeit und Temperatur können drei unterschiedliche Vorgänge im Gefüge ablaufen: die **Erholung,** die **Rekristallisation** (s. auch Kap. 6.4.3.4) und die **Kornvergrößerung** (Bild 1, rechts).

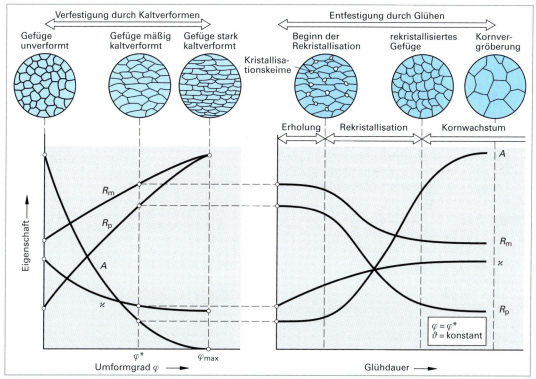

Bild 1: Veränderung der Werkstoffeigenschaften durch eine Kaltverformung und anschließende Glühung
(R_m = Zugfestigkeit, R_p = Dehngrenze, A = Bruchdehnung, $\varkappa$ = elektrische Leitfähigkeit)

2.10.2.1 Verformungsstrukturen

Durch eine plastische Verformung bei niedrigen Temperaturen (Kaltverformung) entsteht in den Körnern eine Vielzahl miteinander verknäuelter und verhakter Versetzungen. Die Versetzungsdichte nimmt dabei mit zunehmendem Umformgrad zu. Dadurch werden die Versetzungen weniger beweglich, so dass die Festigkeit des Metalls steigt, seine Plastizität und Zähigkeit hingegen abnimmt (Bild 1, links). Die weitgehend bewegungsunfähigen Versetzungen sind häufig nicht gleichmäßig verteilt, sondern wie zum Beispiel in kaltverformtem α-Eisen, in sogenannten **Zellwänden** konzentriert.

Das Mikrogefüge eines kaltverformten Werkstoffs zeigt dementsprechend Bereiche mit relativer geringer Versetzungsdichte (**Zellen**) und Bereiche (Bänder) mit hoher Versetzungsdichte (Zellwände), Bild 1 und Bild 2. Die Erscheinungsform bzw. die Ausbildung einer derartigen **Zellstruktur** bei der Kaltumformung bzw. während Erholung ist werkstoffabhängig und wird durch die Stapelfehlerenergie, den Umformgrad und die Umformtemperatur bestimmt.

Da sich die Gitterbaufehler nicht im thermodynamischen Gleichgewicht befinden, also die innere Energie des Festkörpers erhöhen (insbesondere durch die elastische Verzerrungsenergie der Versetzungen), haben sie das Bestreben „auszuheilen", um dadurch einen insgesamt energieärmeren und damit stabileren Zustand zu erreichen. Da diese Vorgänge an die Diffusion von Atomen (Kapitel 2.10.1) gebunden sind, laufen sie erst bei höheren Temperaturen ab und führen dann zu einer Entfestigung und einer damit einher gehenden Erhöhung von Plastizität und Zähigkeit des Metalls (Bild 1 rechts, Seite 57). In Abhängigkeit der Höhe der Glühtemperatur kommt es dabei zur Umordnung von Gitterdefekten (Erholung) oder zur Kornneubildung (Rekristallisation).

Bild 1: Zellstruktur nach einer Kaltverformung bzw. während der Erholung

2.10.2.2 Erholung

Eine Kaltverformung führt zu einer starken Erhöhung der Versetzungsdichte. Da die Verformung jedoch bei relativ niedrigen Temperaturen erfolgt, bleibt der verformte Zustand erhalten. Die Versetzungen befinden sich im mechanischen Kräftegleichgewicht. Der verformte Zustand ist jedoch thermodynamisch instabil.

Bild 2: Zellstruktur am Beispiel einer Kupferprobe (300 °C; Umformgrad φ = 100 %)

Voraussetzungen für eine Erholung sind:
- Klettern von Stufenversetzungen und
- Quergleiten von Schraubenversetzungen.

Beim **Versetzungsklettern** lagern sich an die eingeschobene Halbebene Leerstellen an bzw. es diffundieren Gitteratome weg. Hierbei verkürzt sich die Halbebene um einen Gitterabstand je Leerstelle und gelangt dabei nacheinander in über ihr liegende (parallele) Gleitebenen (Bild 3). Der Vorgang kann auch umgekehrt ablaufen, d. h. es lagern sich Zwischengitteratome an die Versetzung an. Die Versetzung „klettert nach unten". Damit ist es der Versetzung möglich, ihre Blockierung zu überwinden und auf eine andere Gleitebene zu wechseln. Das Versetzungsklettern ist aufgrund der notwendigen Diffusion von Gitteratomen ein thermisch aktivierter Vorgang, welcher mit der Temperatur exponentiell und mit der Zeit linear zunimmt.

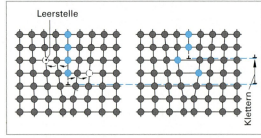

Bild 3: Klettern einer Stufenversetzung

Bild 4: Quergleiten einer Schraubenversetzung

Bei einer Schraubenversetzung spannen Burgersvektor und Versetzungslinie keine Ebene auf, so dass **Schraubenversetzungen quergleiten** (Bild 4) und damit ebenfalls energetisch günstigere Positionen annehmen können.

2.10 Thermisch aktivierte Prozesse

Durch Klettern bzw. Quergleiten können zwei für die Erholung entscheidende Prozesse ablaufen, die Annihilation und die Polygonisation.

Bei der **Annihilation** kommt es zur Auslöschung von Stufen- bzw. Schraubenversetzungen mit ungleichem Vorzeichen. Wie Bild 1 zeigt, wird aus zwei Halbebenen eine ganze Ebene, die Versetzung ist somit verschwunden.

Bild 1: Annihilation (Auslöschung) von Stufenversetzungen

Während mit Beginn der Erholung insbesondere das Quergleiten von Schraubenversetzungen für die Ausbildung einer ausgeprägten Zellstruktur verantwortlich ist, findet bei höheren Temperaturen durch einsetzende Diffusion zusätzlich das Klettern von Stufenversetzungen statt. Hierbei wird eine zunehmend schärfere Ausprägung der Zellwände erreicht. Aus dem Zellbereich entsteht ein **Subkorn** und aus der Zellwand eine Subkorngrenze. Dieser Vorgang wird auch als **Polygonisation** bezeichnet. Er führt zu einer deutlichen Verminderung der inneren Energie, da sich die Versetzungen räumlich übereinander anordnen, sodass sich ihre Spannungsfelder teilweise aufheben (Bild 2). Die Polygonisation geht auch mit dem Abbau von Eigenspannungen einher und wird in der Praxis beim Spannungsarmglühen (Kapitel 6.4.3.3) genutzt.

Bild 2: Entstehung von Subkörnern und Subkorngrenzen (Polygonisation)

Metalle mit geringer Stapelfehlerenergie (Kapitel 2.5.2.3) wie Cu, Co, Ag oder die austenitischen Cr-Ni-Stähle neigen relativ wenig zur Erholung im Vergleich zu Metallen mit hoher Stapelfehlerenergie, wie α-Eisen, Al oder Ni. Der Grund ist darin zu sehen, dass

1. ein Quergleiten nur möglich ist, falls die Aufspaltung der Teilversetzung aufgehoben wird. Bei geringer Stapelfehlerenergie liegen jedoch große Aufspaltungsweiten vor,
2. die Wahrscheinlichkeit für ein Versetzungsklettern mit zunehmender Aufspaltungsweite (abnehmender Stapelfehlerenergie) sinkt.

Im Gegensatz zur Rekristallisation (Kapitel 2.10.2.3) ist die Erholung ein kontinuierlich ablaufender Prozess ohne Keimbildung. Sie ist daher nicht an einen Mindestumformgrad gebunden.

Bei der Erholung wird die Kornstruktur nicht verändert, d. h. im Schliffbild sind keine Gefügeveränderungen sichtbar. Die Erholung führt außerdem nur zu einer mäßigen Entfestigung. Die physikalischen Eigenschaften, wie z. B. die elektrische Leitfähigkeit, werden allerdings bereits deutlich verändert (Bild 1 rechts, Seite 57). Da die Erholung den Geschwindigkeit bestimmenden Schritt beim Kriechen (Kapitel 2.10.3) darstellt, haben Werkstoffe mit niedriger Stapelfehlerenergie, wie zum Beispiel die austenitischen CrNi-Stähle, einen höheren Widerstand gegenüber dem Kriechen.

2.10.2.3 Rekristallisation

Im Gegensatz zur Erholung findet bei der **(primären) Rekristallisation** eine vollständige Gefügeneubildung statt, d. h. aus den in Walzrichtung gestreckten Körnern bildet sich ein völlig neues Gefüge mit rundem Korn. Ursprünglich wurde vermutet, dass durch eine starke Kaltverformung die Kristallite zerstört und durch das Glühen wieder neue Kristalle gebildet werden. Daher wurde dieser Vorgang Rekristallisation (erneute Kristallisation) genannt.

Heute ist bekannt, dass durch eine Kaltverformung die Körner zwar stark verändert (Kapitel 2.10.2) nicht aber zerstört werden. Der Name „Rekristallisation" ist jedoch erhalten geblieben und bezeichnet heute die Kornneubildung durch eine Glühbehandlung nach einer vorausgegangenen Kaltverformung.

a) Innere Vorgänge bei einer Rekristallisation

Während bei der Kristallerholung vor allem Versetzungen wandern, erfolgt bei der Rekristallisation ein Wandern von Korngrenzen aus versetzungsarmen in versetzungsreiche Gebiete. Dadurch bilden sich neue, versetzungsarme Körner und das Gefüge entspannt sich.

Das Kornwachstum beginnt an **Rekristallisationskeimen,** die meist durch das Wachstum oder die Vereinigung von Subkörnern oder aber (bei niedrigen Verformungsgraden) durch Bewegung einer Großwinkelkorngrenze entstehen. Diese Großwinkelkorngrenze bewegt sich dabei in ein versetzungsreiches Gebiet hinein. Die Atome dieses Gebietes werden dann von der Korngrenze aufgenommen und auf der Rückseite in ein neues Kristallgitter mit erheblich geringerer Versetzungsdichte eingebaut. Dieser Prozess läuft so lange ab, bis sich die von verschiedenen Keimen aus vorrückenden Korngrenzen berühren (Bild 1).

b) Rekristallisationstemperatur

Das Einsetzen der Rekristallisation erfordert einen **kritischen Verformungsgrad** sowie das Überschreiten einer bestimmten Temperatur, der **Rekristallisationstemperatur**. Sie ist diejenige Glühtemperatur, die bei einem kaltverformten Gefüge mit vorgegebenem Verformungsgrad in einem begrenzten Zeitraum (z. B. eine Stunde) zu einer vollständigen Rekristallisation führt.

Bild 1: Prinzip der (primären) Rekristallisation

2.10 Thermisch aktivierte Prozesse

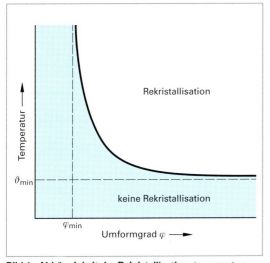

Bild 1: Abhängigkeit der Rekristallisationstemperatur vom Umformgrad

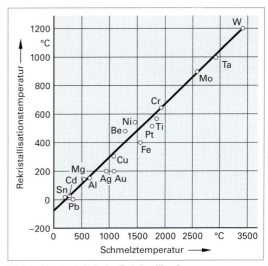

Bild 2: Abhängigkeit der Rekristallisationstemperatur von der Schmelztemperatur

Die Rekristallisationstemperatur eines Werkstoffs hat keinen konstanten Wert, sie ist u. a. abhängig von:
- der Höhe der vorangegangenen Kaltverformung,
- der Schmelztemperatur des Werkstoffs.

Bild 1 zeigt den prinzipiellen Zusammenhang zwischen Rekristallisationstemperatur und Umformgrad. Demnach ist die Rekristallisation an einen **Mindestumformgrad** φ_{min} gebunden. Dies leitet sich daraus ab, dass mit zunehmendem Umformgrad die Anzahl der Gitterfehler und damit die im Kristallgitter gespeicherte Verformungsenergie zunimmt. Mit zunehmender Gitterverspannung bedarf es daher einer verminderten Zufuhr zusätzlicher Energie von Außen (durch Erwärmung) um den Rekristallisationsvorgang auszulösen. Die Rekristallisationstemperatur sinkt dementsprechend mit steigendem Umformgrad. Die unterste Temperaturgrenze bei der eine Rekristallisation noch stattfindet, wird als **Mindestrekristallisationstemperatur** ϑ_{min} bezeichnet. Unterhalb der Mindestrekristallisationstemperatur findet auch bei höchsten Umformgraden keine Rekristallisation mehr statt.

Die Rekristallisationstemperatur hängt nicht nur vom Umformgrad (φ), sondern auch von der Schmelztemperatur des Werkstoffs (ϑ_S) ab. In Tabelle 1 und Bild 2 sind die Mindestrekristallisations- sowie die Schmelztemperaturen einiger technisch wichtiger Metalle zusammengestellt. Dementsprechend nimmt die Rekristallisationstemperatur mit steigender Schmelztemperatur zu. Ursache ist ein mit steigender Schmelztemperatur zunehmender Zusammenhalt zwischen den Atomen, sodass Platzwechselvorgänge der Metallatome zunehmend erschwert werden und die Rekristallisationstemperatur dementsprechend steigt.

Zwischen der absoluten Rekristallisationstemperatur T_R (in K) und der absoluten Schmelztemperatur T_S (in K) besteht näherungsweise der Zusammenhang:

$$T_R \approx 0{,}4 \cdot T_S \qquad (3.3)$$

Tabelle 1: Rekristallisationstemperaturen stark kaltverformter Metalle

Metall	Chem. Symbol	Rekristallisationstemperatur in °C[1]	Schmelztemperatur in °C
Blei	Pb	0	327
Zinn	Sn	0 … 30	232
Cadmium	Cd	10	321
Zink	Zn	10 … 80	419
Aluminium	Al	150	660
Silber	Ag	200	960
Gold	Au	200	1063
Kupfer	Cu	250	1083
Eisen	Fe	400	1536
Nickel	Ni	550	1452
Molybdän	Mo	900	2600
Wolfram	W	1200	3380
Stähle[2]	–	550 … 700	1141 … 1536

[1] Entspricht etwa der Mindestrekristallisationstemperatur
[2] Un- und niedriglegierte Stähle. Temperaturen sind abhängig vom Kohlenstoffgehalt des Stahles

c) Korngröße nach dem Rekristallisationsglühen

Von entscheidender Bedeutung für das Glühergebnis ist die Korngröße nach dem Glühen. Sie ist dabei abhängig vom vorausgegangenen Umformgrad, der Glühtemperatur und der Glühdauer. Dieser Einfluss von Glühtemperatur und Umformgrad auf die Korngröße nach dem Glühen (Glühdauer konstant) wird in **Rekristallisationsdiagrammen** (Bild 1a). In der Regel wird nach dem Glühen ein feinkörniges Gefüge mit entsprechend guten mechanischen Kennwerten (Festigkeit, Zähigkeit) angestrebt.

Bild 1: Rekristallisationsdiagramm

Abhängigkeit der Korngröße vom Verformungsgrad bei konstanter Glühtemperatur

Bild 1c ist zu entnehmen, dass bei vorgegebener Glühtemperatur erst nach Überschreiten eines bestimmten Mindestumformungsgrades φ_{R1} (kritischer Umformgrad) eine Rekristallisation des Gefüges erwartet werden kann. Bild 1d am Beispiel zeigt dies eines Reinaluminium-Keilzugstabes, der aufgrund seiner Keilform verschiedene Umformgrade repräsentiert. Er wurde rekristallisierend geglüht, anschließend wurden die Körner über eine Makroätzung sichtbar gemacht. Deutlich sichtbar werden die Unterschiede in der Rekristallisationskorngröße: Im breiten Bereich (links) erfolgt bis zum kritischen Umformgrad keine Rekristallisation, da hier aufgrund der wenigen Versetzungen das Bestreben zur Rekristallisation nicht gegeben ist. Im schmalen Bereich des Keilzugstabes (rechts) erfolgte die stärkste Verformung, viele Versetzungen bewirken ein hohes Rekristallisationsbestreben, die Körner sind hier folglich klein.

Mit steigender Glühtemperatur ($\vartheta_2 > \vartheta_1$) beginnt die Rekristallisation des Gefüges bereits bei einem geringeren kritischen Umformgrad φ_{R2} ($\varphi_{R2} < \varphi_{R1}$) Bild 1c. Sofern, bei vorgegebener Glühtemperatur der Mindestverformungsgrad φ_{min} (z.B. φ_{R1} bei ϑ_1) nur geringfügig überschritten wird, muss nach der Rekristallisation mit einem groben Korn und dementsprechend schlechterer Festigkeit gerechnet werden. Verformungsgrade, die deutlich über dem Schwellenwert φ_{min} liegen, führen nach dem Rekristallisationsglühen wieder zu einem relativ feinen Korn. Die Ursache hierfür liegt in einer mit steigendem Verformungsgrad zunehmenden Anzahl stark verformter und damit als Kristallisationskeime wirkender Bereiche im Gefüge.

2.10 Thermisch aktivierte Prozesse

Bild 1 zeigt: Bei geringer Kaltverformung (linke Bildreihe) entstehen im Kristallgitter nur wenige, als Keime für die Rekristallisation wirkende, stark verformte Gitterbereiche. Die Kornneubildung findet also an wenigen Keimen statt, das Gefüge wird grobkörnig. Bei starker Verformung bilden sich dementsprechend viele Keime, die nach der Rekristallisation zu einem feineren Korn führen.

Abhängigkeit der Korngröße von der Glühtemperatur bei konstantem Verformungsgrad

Bei vorgegebenem Umformgrad ist erst nach Überschreiten einer bestimmten Glühtemperatur mit einer Rekristallisation des Gefüges zu rechnen (Bild 1b, Seite 62). Mit steigendem Umformgrad ($\varphi_2 > \varphi_1$) beginnt der Rekristallisationsvorgang bereits bei tieferen Glühtemperaturen ϑ_R ($\vartheta_{R2} < \vartheta_{R1}$). Mit zunehmender Überschreitung der für den jeweiligen Umformgrad mindestens erforderlichen Glühtemperatur ϑ_R nimmt die Korngröße des rekristallisierten Gefüges stetig zu.

Um eine ausgeprägte Grobkornbildung und damit eine Herabsetzung der Festigkeit, Zähigkeit und Verformbarkeit des Werkstoffs durch das Rekristallisationsglühen zu verhindern, ist zu beachten:

- Die Glühung soll erst nach Erreichen eines ausreichend hohen Verformungsgrades durchgeführt werden.
- Die für diesen Verformungsgrad erforderliche Rekristallisationstemperatur ϑ_R darf nicht zu weit überschritten werden.
- Die Glühdauer t muss möglichst kurz sein, weil sonst die Gefahr der Kornvergrößerung oder gar der sekundären Rekristallisation besteht.

2.10.2.4 Kornvergrößerung und sekundäre Rekristallisation

Bei Glühtemperaturen oberhalb der Rekristallisationstemperatur tritt nach Abschluss der primären Rekristallisation des Gefüges (Bild 2a) eine **Kornvergrößerung** ein (auch: Kornvergröberung).

Bild 1: Abhängigkeit der Korngröße vom Umformgrad nach einer Rekristallisationsglühung

Bild 2: Veränderungen im rekristallisierten Gefüge bei einer (gleichmäßigen) Kornvergrößerung sowie bei einer sekundären Rekristallisation

Bei der Kornvergrößerung werden einige Körner im Gefüge von ihren Nachbarkörnern „aufgezehrt". Dadurch entsteht ein grobkörniges, jedoch regelmäßiges Gefüge (Bild 2b). Da grobkörnige Gefüge in der Regel schlechtere Eigenschaften aufweisen, sollten die Haltezeiten nicht zu lang gewählt werden.

Bei stark überhöhter Glühtemperatur und/oder längerer Glühdauer sowie insbesondere nach starker Verformung kann bei einer Reihe von Metallen (z. B. Aluminium), ausgehend vom bereits rekristallisierten Gefüge, eine **sekundäre Rekristallisation** eintreten. Dabei wachsen einige wenige Körner auf Kosten ihrer Nachbarkörner um ein Vielfaches an. Dadurch entsteht ein (unerwünschtes) unregelmäßiges Gefüge mit einigen sehr großen Körnern sowie einer Reihe von Körnern mit unveränderter Größe (Bild 2c, Seite 63).

Treibende Kraft für die Kornvergrößerung sowie die sekundäre Rekristallisation ist das Bestreben nach Verringerung der Oberflächenenergie.

2.10.2.5 Kalt- und Warmverformung

Wird ein metallischer Werkstoff bei einer Temperatur unterhalb der Rekristallisationstemperatur verformt (z. B. Tiefziehen), handelt es sich um eine **Kaltverformung**. Bei der Kaltverformung ist die Verformbarkeit begrenzt, da infolge Verformungsfestigung Zähigkeit und Verformbarkeit mit steigendem Verformungsgrad abnehmen. Eine zu starke Verformung (ohne Zwischenglühung) kann zu einer Rissbildung oder gar zu einem Bruch führen.

Wird der Werkstoff bei einer Temperatur oberhalb der Rekristallisationstemperatur verformt, dann erfolgt eine **Warmverformung** (Kapitel 4.2.2). Die wichtigsten Verfahren der Warmverformung von Stählen sind das **Schmieden** (Freiform- oder Gesenkschmieden) und das **Warmwalzen** (Bild 1).

Bild 1: Temperaturbereich für das Warmverformen unlegierter Stähle

Die Warmverformung ist dadurch gekennzeichnet, dass bereits während der Verformung oder unmittelbar danach, Erholungs- und/oder Rekristallisationsvorgänge einsetzen (Bild 2). Der Werkstoff lässt sich bei der Warmverformung praktisch unbegrenzt verformen, ohne dass eine Rissbildung oder gar ein Bruch auftritt. Da der momentane Verformungsgrad während des Warmverformens nicht genau bekannt ist und demzufolge auch die (vom Verformungsgrad abhängige) Rekristallisationstemperatur nicht genau angegeben werden kann, ist es günstig, bei der Warmverformung eine relativ hohe Umformtemperatur zu wählen.

Bild 2: Verformungssimultane Rekristallisation bei der Warmverformung eines metallischen Werkstoffs

2.10.2.6 Teilentfestigte Zustände

Teilentfestigte oder teilharte Materialzustände weisen eine mittlere Festigkeit und Verformbarkeit auf (z. B. 3/4-, 1/2-, 1/4- oder 1/8-harte Zustände). Sie werden eingesetzt, wenn eine gute Festigkeit bei gleichzeitig ausreichender Zähigkeit gefordert wird. Derartige Werkstoffe sind noch ausreichend verformbar, um beispielsweise stoßartige Belastungen im Crashfall gut aufnehmen zu können (z. B. Karosserieblech). Darüber hinaus besitzen sie eine ausreichende Bauteilfestigkeit, um als Konstruktionswerkstoffe eingesetzt zu werden. Teilharte Werkstoffzustände lassen sich prinzipiell auf zwei unterschiedliche Weisen einstellen:

1. **Teilrekristallisation (Rückglühen)**
   Die Rekristallisationsglühung des ausreichend kaltverformten Werkstoffs wird nicht vollständig durchgeführt, sondern die Glühung wird vorher beendet (Bild 1, Seite 65).

2.10 Thermisch aktivierte Prozesse

Im Bereich des Steilabfalls werden mittlere Festigkeiten und Verformbarkeiten des geglühten Werkstoffs erreicht. Bei teilrekristallisierten Werkstoffzuständen ist stets zu beachten, dass die Betriebstemperatur die Glühtemperatur nicht überschreitet. Sonst tritt eine Entfestigung des Materials durch Rekristallisation ein.

2. Nachwalzen
Werden vollständig rekristallisierte Zustände bei mittleren Umformgraden nachgewalzt, können ebenfalls mittlere Festigkeiten und Verformbarkeiten erreicht werden (Bild 2). Diese Methode führt jedoch häufig zu einer geringeren plastischen Verformbarkeit im Vergleich zur Teilrekristallisation.

Tabelle 1 zeigt für Reinaluminium sowie ausgewählte Al-Legierungen übliche Werkstoffzustände sowie deren mechanische Eigenschaften.

Bild 1: Teilrekristallisation zur Einstellung teilharter Werkstoffzustände (schematisch)

Bild 2: Nachwalzen zur Einstellung teilharter Werkstoffzustände (schematisch)

Tabelle 1: Werkstoffzustände und mechanische Eigenschaften ausgewählter Aluminiumbleche (Nenndicke 0,2 mm ... 0,5 mm) nach DIN EN 485-2

Werkstoffzustand[1]		EN AW-Al 99,5 (EN AW-1050A)		EN AW-Al Mn1Cu (EN AW-3003)		EN AW-Al Mg1 (EN AW-5005)		EN AW-Al Mg4 (EN AW-5086)	
		R_m in MPa	A in %	R_m in MPa	A in %	R_m in MPa	A in %	R_m in MPa	A in %
O	weichgeglüht	65	20	95	15	100	15	240	11
H12	kaltverfestigt, 1/4-hart	85	2	120	3	125	2	275	3
H14	kaltverfestigt, 1/2-hart	105	2	145	2	145	2	300	2
H16	kaltverfestigt, 3/4-hart	120	1	170	1	165	1	325	1
H18	kaltverfestigt, 4/4-hart	140	1	190	1	185	1	345	1
H22	kaltverfestigt und rückgeglüht, 1/4-hart	85	4	120	6	125	4	275	5
H24	kaltverfestigt und rückgeglüht, 1/2-hart	105	3	145	4	145	3	300	4
H26	kaltverfestigt und rückgeglüht, 3/4-hart	120	2	170	2	165	2	325	2
H28	kaltverfestigt und rückgeglüht, 4/4-hart	140	2	190	2	185	1	k.A.	k.A.

[1] Zustandsbezeichnungen nach DIN EN 515, Kapitel 8.3.1   k.A. = keine Angabe

2.10.3 Kriechen

Unter Kriechen sind irreversible (plastische) Verformungsprozesse unter konstanter äußerer Belastung zu verstehen, die bis zum Bruch des Bauteils führen können. Kriechvorgänge sind in hohem Maße von der Temperatur abhängig. Kriechen ist ein kontinuierlicher, zeitabhängiger Vorgang: Die Dehnung ε, die üblicherweise nur von der Spannung σ abhängt, ist im Bereich des Kriechens auch eine Funktion der Zeit t und der Temperatur ϑ, also $\varepsilon = f(\sigma, t, \vartheta)$.

Kriechvorgänge sind bereits seit vielen Jahrhunderten bekannt und wurden zuerst als Fließen von Bleieinfassungen der Kirchenfenster als Folge des Eigengewichts beobachtet. Von entscheidender Bedeutung sind Kriechvorgänge insbesondere dort, wo technische Bauteile längerfristig erhöhten Temperaturen und mechanischen Beanspruchungen ausgesetzt sind, so zum Beispiel im Reaktor- und Gasturbinenbau, in der Triebwerks- und Raketentechnik sowie im Bau von Hochtemperaturöfen.

2.10.3.1 Kriechen und Werkstoffschädigung

Kriecherscheinungen treten bei metallischen Werkstoffen erst oberhalb der Kristallerholungstemperatur und in besonderem Maße oberhalb der Rekristallisationstemperatur auf ($T > 0{,}4 \cdot T_S$; T_S = absolute Schmelztemperatur). So ist beispielsweise bei Eisen und Stahl erst bei Temperaturen über 500 °C mit ausgeprägten Kriecherscheinungen zu rechnen, während Blei (z. B. in Kirchenfenstern) aufgrund seiner niedrigen Rekristallisationstemperatur von 0 °C (Bild 2 und Tabelle 1, S. 63) bereits bei Raumtemperatur kriecht.

Für Temperaturen deutlich über $0{,}4 \cdot T_S$ lässt sich das Kriechen in der Regel in drei Bereiche einteilen, die durch jeweils unterschiedliche Vorgänge im Kristallgitter gekennzeichnet sind:

- **primäres Kriechen** (Übergangskriechen),
- **sekundäres Kriechen** (stationäres Kriechen),
- **tertiäres Kriechen** (beschleunigtes Kriechen).

Bild 1 zeigt eine typische Kriechkurve eines niedriglegierten Stahls bei 500 °C und einer Spannung von 180 MPa. Die drei genannten Bereiche sind deutlich voneinander zu unterscheiden. Bestimmt man durch zeitliche Differentiation die Kriechgeschwindigkeit in Abhängigkeit von der Belastungsdauer (unteres Teilbild), dann treten die drei Bereiche noch deutlicher in Erscheinung.

Bild 1: Kriechkurve eines niedriglegierten Stahles

Auch bei Temperaturen von 0,3 bis $0{,}4 \cdot T_S$ beobachtet man bereits Kriecherscheinungen, die jedoch im Bereich des sekundären Kriechens durch eine abnehmende Kriechgeschwindigkeit gekennzeichnet sind. Man spricht auch vom **Niedertemperaturkriechen**.

2.10.3.2 Primäres Kriechen (Übergangskriechen)

Das Verformungsverhalten metallischer Werkstoffe unmittelbar nach einer Belastung ist zunächst durch eine stetig abnehmende Verformungsgeschwindigkeit gekennzeichnet (Bild 1, links). Man spricht vom **primären Kriechen** bzw. vom **Übergangskriechen**.

Die Ursache für dieses Werkstoffverhalten liegt in einem Aufstau von Versetzungen an Gitterfehlern (z. B. Ausscheidungen oder Korngrenzen) sowie in einer gegenseitigen Behinderung der Versetzungsbewegung. Dieser Kriechmechanismus ist bei niedrigen Temperaturen (etwa $0{,}3 \ldots 0{,}4 \cdot T_S$) entscheidend für das Verformungsverhalten.

2.10.3.3 Sekundäres Kriechen (stationäres Kriechen)

Dem primären Kriechen schließt sich bei ausreichend hoher Temperatur bzw. Belastung das sekundäre Kriechen an. Es ist durch ein dynamisches Gleichgewicht zwischen verformungsbedingten Verfestigungs- und thermisch aktivierten Entfestigungsvorgängen gekennzeichnet.

Die Kriechgeschwindigkeit ist im Bereich des sekundären Kriechens konstant (Bild 1, Mitte).

Bild 2: Abhängigkeit der stationären Kriechgeschwindigkeit von der Temperatur und der angelegten Spannung (NiCr80-20)

2.10 Thermisch aktivierte Prozesse

Für die Entfestigung sind verschiedene Mechanismen verantwortlich, die abhängig von Temperatur und Belastung in unterschiedlichem Maße zum Kriechprozess beitragen. Im Wesentlichen handelt es sich dabei um:

- Versetzungsklettern (Versetzungskriechen)
- Leerstellendiffusion (Nabarro-Herring- und Coble-Kriechen)
- Korngrenzengleiten

Beim sekundären Kriechen nimmt die Kriechgeschwindigkeit mit steigender Spannung zu, während eine sinkende Temperatur dagegen zu einer Verringerung der stationären Kriechgeschwindigkeit führt. Bild 2, Seite 66, veranschaulicht diesen Sachverhalt am Beispiel einer Nickel-Chrom-Legierung.

2.10.3.4 Tertiäres Kriechen (beschleunigtes Kriechen)

Bei mäßigen Temperaturen ($T = 0{,}3 \ldots 0{,}4 \cdot T_S$) führt eine Kriechbeanspruchung gegen Ende des sekundären Kriechens im Korninnern zur Bildung und zum Wachstum von Hohlräumen durch plastische Verformung. Der Versagensmechanismus ist dem eines Zähbruchs vergleichbar (Bild 2, Seite 605). Man beobachtet einen **transkristallinen Zeitstandbruch** mit Verformungswaben, dem eine relativ große Dehnung vorausgeht (Bild 1a).

Bei höheren Temperaturen ($T > 0{,}4 \cdot T_S$) ändert sich der Bruchmechanismus. Ausgeprägte Korngrenzendeformationen und Anhäufungen von Leerstellen im Bereich der Korngrenzen führen zur Bildung von Korngrenzenrissen und Poren, die rasch zu interkristallinen Rissen zusammenwachsen (Bild 1b). Der tragende Querschnitt wird dadurch zunehmend kleiner und die Spannung im Restquerschnitt steigt. Dies

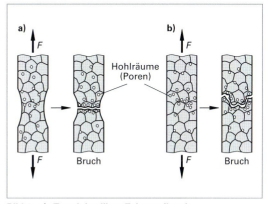

Bild 1: a) Transkristalliner Zeitstandbruch,
b) interkristalliner Zeitstandbruch

führt wiederum zu einer Erhöhung der Dehngeschwindigkeit (Bild 1, Seite 66), bis die Probe schließlich bricht **(interkristalliner Zeitstandbruch)**. Dieser, für das Kriechen eher typischen Bruchform, geht nur eine verhältnismäßig geringe Dehnung voraus.

Der Bereich des tertiären Kriechens (Bild 1, rechts, Seite 66) ist technisch nicht mehr nutzbar. Für die Lebensdauer eines Bauteils ist daher die Zeitdauer des primären und besonders des sekundären Kriechens ausschlaggebend. Die Ermittlung von Werkstoffwerten unter Kriechbeanspruchung erfolgt im Zeitstandversuch (Kapitel 13.5.9).

2.10.3.5 Warmfeste und hochwarmfeste Stähle und Legierungen

Für Bauteile und Anlagen, die längerfristig einer mechanischen Beanspruchung bei höheren Temperaturen ausgesetzt sind, stehen eine Reihe besonderer Konstruktionswerkstoffe zur Verfügung: die warmfesten und hochwarmfesten Stähle und Legierungen. Zur den wichtigsten Vertretern gehören:

- Warmfeste ferritische Stähle
- Warmfeste martensitische Chromstähle
- Hochwarmfeste austenitische Stähle
- Hochwarmfeste Nickel- und Cobaltlegierungen

Die genannten Werkstoffe werden in Kapitel 6.5.8 näher beschrieben.

2.10.4 Sintern

Beim **Sintern** handelt es sich um ein Verfahren, bei dem ein aus pulvrigem oder körnigem Material hergestellter, stark poriger Körper unter dem Einfluss von erhöhter Temperatur und ggf. erhöhtem Druck zu einem festen, kompakten Körper (Formteil oder Halbzeug) umgewandelt wird.

Das Sintern hat für eine Reihe von Anwendungen besondere Vorteile, beispielsweise:

1. Herstellung von Bauteilen aus Werkstoffen, die sich schmelzmetallurgisch schwer oder überhaupt nicht gewinnen lassen. Dies ist der Fall bei:
   - hoch- und höchstschmelzenden Metallen oder Nichtmetallen, wie z. B. Wolfram oder keramischen Werkstoffen,
   - Metalllegierungen, die im flüssigen Zustand nicht mischbar sind, wie zum Beispiel Wolfram (schmilzt erst bei 3410 °C) und Zink (verdampft schon bei 917 °C).
2. der Herstellung von Werkstücken mit im Vergleich zur schmelzmetallurgischen Herstellung verbesserten Eigenschaften, z. B. **Schnellarbeitsstähle** (Kapitel 6.5.16.7).
3. der Herstellung von **Verbundwerkstoffen** durch Einlagerung keramischer Fasern oder Teilchen in eine metallische Matrix, z. B. Aluminium mit SiC- bzw. Borfasern oder Hartmetalle (Kapitel 10.7.2).
4. der Herstellung poröser Formteile, die eine bestimmte Funktion übernehmen müssen:
   - zur Aufnahme von Schmierstoffen für **selbstschmierende Gleitlager** (z. B. CuSn-Pb-C oder Fe-Mo-C).
   - für **Filterwerkstoffe** mit einer bestimmten Durchlässigkeit für Flüssigkeiten oder Gase (z. B. Cu-Sn-Legierungen oder nichtrostende Stähle).
5. Bauteilen, die einen konstanten, von den Betriebsbedingungen unabhängigen Reibungsbeiwert aufweisen müssen und gleichzeitig einem hohen Verschleiß ausgesetzt sind, wie Kupplungen oder Bremsen. Hierfür verwendet man **Friktionswerkstoffe** wie zum Beispiel Cu-Sn-Sinterwerkstoffe mit Zusätzen an Grafit, Blei, SiO_2 oder Al_2O_3.
6. der kostengünstigen Herstellung geometrisch komplexer Bauteile, die kaum oder nicht mehr nachbearbeitet werden müssen **(near net shape production)**.

Grundsätzlich sind die folgenden technischen Sinterprozesse zu unterscheiden:
- Festphasensintern einphasiger Pulver
- Festphasensintern zwei- oder mehrphasiger Pulver
- Flüssigphasensintern
- Reaktionssintern

2.10.4.1 Festphasensintern einphasiger Pulver

Die Sintertemperaturen einphasiger Pulvermischungen betragen in der Regel zwischen 0,70 und 0,80 · T_S der Schmelztemperatur des Stoffes (T_S = absolute Schmelztemperatur in K).

Zu Beginn des Sinterprozesses werden die Pulverteilchen fest aneinander gepresst. Aufgrund des noch relativ großen Abstandes der Teilchen erfolgt der Zusammenhalt nur durch Adhäsionskräfte. Chemische Bindungskräfte werden noch nicht wirksam (Bild 1a).

Durch die Wärmezufuhr werden an den Berührungsflächen der Teilchen durch Diffusions- sowie Verdampfungs- und Kondensationsvorgänge Werkstoffbrücken

Bild 1: Innere Vorgänge beim Festphasensintern einphasiger Pulver

2.10 Thermisch aktivierte Prozesse

(Kontakthälse) ausgebildet (Bild 1b, Seite 68). Mit der Entstehung und Ausbreitung weiterer Werkstoffbrücken entstehen aus den ursprünglich kanalartigen Hohlräumen zwischen den Pulverteilchen porenartige Hohlräume. Dieses erste Stadium des Sinterprozesses ist mit einer noch vernachlässigbaren Schrumpfung verbunden.

Im weiteren Verlauf des Sintervorgangs werden die Poren, insbesondere durch Leerstellendiffusion an die Oberfläche des Sinterkörpers so weit vermindert, bis schließlich ein dichtes Gefüge mit geringem Porenvolumen entstanden ist (Bild 1c, Seite 68). Diese Stufe ist mit einem erheblichen Schrumpfen des Werkstücks verbunden, da sich das Porenvolumen im Mittel von etwa 40 % auf 5 % ... 10 % verringert. Mit Erreichen dieses Porenvolumens kommt der Sintervorgang weitgehend zum Stillstand. Ursache sind unter anderem die in den Poren eingeschlossenen und von der Matrix nicht löslichen Gase, die nicht mehr entweichen können und somit eine weitere Reduktion des Porenvolumens verhindern. Durch ein Sintern im Vakuum kann in diesem Fall allerdings Abhilfe geschaffen werden.

Das mit dem Sintern einhergehende Vereinigen von Pulverteilchen hat seine Ursache in der Verminderung der Oberflächenspannung und damit der freien Enthalpie des Phasensystems.

Mit dem Sintern kann auch eine Wanderung der Korngrenzen und damit eine Kornvergrößerung eintreten. In diesem Zusammenhang ist besonders wichtig, dass ein Kornwachstum nur langsam erfolgt, um ausreichend Zeit für die Verminderung des Porenvolumens zur Verfügung zu stellen. Ist dies nicht der Fall, dann werden die Poren im Korninnern eingeschlossen und können dann weder über eine erhöhte Sintertemperatur noch über eine verlängerte Sinterdauer beseitigt werden.

Zur Erzeugung einer möglichst geringen Restporosität bedient man sich häufig sogenannter **Sinterhilfsmittel**. Diese Stoffe bilden teilweise an den Korngrenzen eine flüssige Phase oder deren Atome reichern sich dort an und nehmen dadurch Einfluss auf das Kornwachstum und die Leerstellendiffusion.

2.10.4.2 Festphasensintern zwei- bzw. mehrphasiger Pulver

Beim Festphasensintern zwei- oder mehrphasiger Pulver wird als Sintertemperatur etwa die Schmelztemperatur der am niedrigsten schmelzenden Komponente gewählt. Bei völliger Unlöslichkeit der Komponenten im festen Zustand ist für die Kontaktbildung der Teilchen (A und B) die Oberflächenspannung (γ_{AB}) im Kontaktbereich entscheidend. Ist γ_{AB} kleiner als die Summe der Oberflächenspannungen der Teilchen A und B ($\gamma_{AB} < \gamma_A + \gamma_B$), dann sintern A- und B-Teilchen zusammen. Ist hingegen $\gamma_{AB} > \gamma_A + \gamma_B$, dann sintern hingegen nur A-Teilchen und nur B-Teilchen zusammen.

Bei vollständiger oder teilweiser Löslichkeit der Komponenten im festen Zustand diffundieren im Kontaktbereich A-Atome in die B-Teilchen und umgekehrt. Bei vollständiger Löslichkeit bilden sich dabei Mischkristalle aus A- und B-Atomen (Bild 1a) und bei teilweiser Löslichkeit α- bzw. β-Mischkristalle (Bild 1b). Weiterhin können sich zwischen den Atomen der Komponenten A und B intermetallische Phasen bilden (Bild 1c).

Bild 1: Phasenbildung beim Sintern zweiphasiger Pulver
  a) vollständige Löslichkeit im festen Zustand
  b) teilweise Löslichkeit im festen Zustand
  c) teilweise Löslichkeit im festen Zustand mit Bildung einer intermetallischen Phase

Ein Problem beim Festphasensintern zwei- bzw. mehrphasiger Pulver stellen die in der Regel unterschiedlichen Diffusionskoeffizienten der am Sintervorgang beteiligten Stoffe dar. Liegen die Diffusionskoeffizienten weit auseinander (z.B. Zn und Cu oder Fe und Ti), dann bildet sich in der Komponente mit dem höheren Diffusionskoeffizienten ein Leerstellenüberschuss der zu einer vermehrten Porenbildung führen kann, während die Komponente mit dem niedrigeren Diffusionskoeffizienten eine Volumenzunahme erfährt (Bild 1).

Dieser Effekt wird als **Kirkendall-Effekt** (Bild 2) bezeichnet (*Ernest Kirkendall,* 1914 bis 2005).

2.10.4.3 Flüssigphasensintern

Beim Flüssigphasensintern wird die höher schmelzende und damit feste Komponente von einer flüssigen Phase aus einer niedriger schmelzenden Komponente umgeben.

Die beim Festkörpersintern beschriebenen Mechanismen treten hier in den Hintergrund, vielmehr kommt bei Flüssigphasensintern der stoffliche Zusammenhang durch Lösungs- und Wiederausscheidungsvorgänge an der Phasengrenze flüssig/fest sowie durch Eindringen der flüssigen Phase in die Porenhohlräume (Kapillarwirkung) zustande.

Gegenüber dem Festkörpersintern erfordert das Flüssigphasensintern eine niedrigere Sintertemperatur sowie eine kürzere Sinterdauer und führt insgesamt zu einem porenärmeren Gefüge.

Besonders porenarme Gefüge (Porenvolumen < 5 %) entstehen bei sehr feinkörnigen Festteilchen (Teilchengrößen von 1 μm bis 5 μm), einem relativ hohen Anteil an flüssiger Phase sowie einer Sinterung im Vakuum unter zusätzlicher Anwendung von Druck.

Das Flüssigphasensintern kommt insbesondere dann zur Anwendung, falls die Komponenten im festen Zustand nicht oder nur teilweise löslich sind wie zum Beispiel W-Cu oder Fe-Cu.

2.10.4.4 Reaktionssintern

Das Reaktionssintern wird zur Herstellung von Werkstücken aus keramischen Werkstoffen angewandt, die unter normalen Sinterbedingungen kein dichtes Gefüge bilden.

Im Unterschied zum Festkörper- oder Flüssigphasensintern entsteht der keramische Werkstoff erst während des Sinterns durch eine chemische Reaktion. Eine Komponente wird dabei aus der flüssigen oder aus der Gasphase zugeführt.

Das Reaktionssintern findet unter anderem Anwendung bei der Herstellung von Bauteilen aus Siliciumcarbid (SiSiC – reaktionsgebundenes, siliciuminfiltriertes Siliciumcarbid) oder Siliciumnitrid (RBSN – reaktionsgesintertes Siliciumnitrid). Die Verfahren werden in Kapitel 10.7.3.1 und 10.7.3.2 beschrieben.

Da beim Reaktionssintern kaum Schwindung auftritt, können Werkstücke mit relativ hoher Maßgenauigkeit hergestellt werden.

Bild 1: Zur Veranschaulichung des Kirkendall-Effektes (schematisch)

Bild 2: Kirkendall-Effekt am Beispiel von Messing (Cu-Zn-Legierung) und Kupfer

3 Grundlagen der Legierungskunde

Legierungen sind Werkstoffe mit metallischen Eigenschaften, wobei mindestens ein Stoff (Metall oder Nichtmetall) einem Metall absichtlich zugesetzt worden ist. Legierungen werden zumeist im schmelzflüssigen Zustand hergestellt, da sich die meisten Metalle in diesem Aggregatzustand vollständig oder teilweise ineinander lösen.

3.1 Aggregatzustände und Phasen

Im **festen Zustand** sind die Atome eines Metalls regelmäßig in einem Kristallgitter angeordnet. Exakt gilt dies jedoch nur bei einer Temperatur von 0 K. Jede Temperaturerhöhung führt zu einem Schwingen der Atome um ihre Ruhelage. Mit Erreichen der **Schmelztemperatur** sind die Schwingungen so groß geworden, dass die Bindungskräfte zwischen benachbarten Atomen überwunden werden und das Metall flüssig wird. Die Schmelztemperaturen der Metalle liegen zwischen – 39 °C (Quecksilber) und 3 410 °C (Wolfram). Die Schmelztemperatur wird als Einteilungskriterium für Metalle genutzt, man spricht dann von **hoch- und niedrigschmelzenden Metallen**.

Bei genauer Messung ist zu beobachten, dass beim Aufschmelzen eines Stoffes trotz Zufuhr von Wärme die Temperatur so lange konstant bleibt, bis der ganze Stoff aufgeschmolzen ist. Es wird also Wärme zum Aufschmelzen eines Stoffes benötigt. Diese Wärme wird als **Schmelzwärme** bezeichnet.

In Tabelle 1 sind Schmelztemperatur, Schmelzwärme und spezifische Wärmekapazität einiger Stoffe zusammengestellt. Danach werden bei der Erstarrung von 1 kg Stahl 276 kJ Wärme frei, dies ist die gleiche Wärmemenge, die bei der Abkühlung von 1 kg Stahl um etwa 600 K freigesetzt wird. Diese Vorgänge sind umkehrbar (reversibel), d. h. einem festen Metall muss die Schmelzwärme bei der Schmelztemperatur von außen zugeführt werden. Eine Metallschmelze erstarrt bei der Schmelztemperatur, dabei muss die Schmelzwärme abgeführt werden.

Der feste Aggregatzustand wird auch als **feste Phase** und die Schmelze als **flüssige Phase** bezeichnet.

Ähnlich verläuft der Übergang vom flüssigen zum gasförmigen Zustand, das **Verdampfen**. So bleibt z. B. die Temperatur von kochendem Wasser trotz Wärmezufuhr solange konstant bei 100 °C, bis die gesamte Wassermenge verdampft ist (Verdampfungswärme). Der gasförmige Zustand eines Stoffes wird als **gasförmige Phase** bezeichnet.

Zeigt ein Metall Modifikationswechsel, d. h. treten in Abhängigkeit von der Temperatur unterschiedliche Kristallsysteme auf, so werden diese auch als Phasen bezeichnet. Ein typisches Beispiel ist Eisen: Hier gibt es die kubisch-raumzentrierte α-Phase (α-Eisen) und die kubisch-flächenzentrierte γ-Phase (γ-Eisen).

Tabelle 1: Schmelztemperatur, Schmelzwärme und spezifische Wärmekapazität

Stoff	Schmelz- temperatur in °C	Spez. Schmelz- wärme in kJ/kg	Spez. Wärme- kapazität in kJ/(kg · K)
Stahl	1400 ... 1500	276	0,458
Aluminium	660	323	0,979
Blei	327	26,4	0,129
Wolfram	3410	193	0,142
Wasser	0	333	4,167

> ⓘ **Information**
>
> **Phase**
> Eine **Phase** ist eine einheitliche Substanz hinsichtlich der atomaren Zusammensetzung und Atomanordnung und besitzt gleiche chemische, physikalische und kristallographische Eigenschaften.

3.2 Phasenumwandlungen

Die Phasenumwandlung fest-flüssig hat technische Bedeutung bei der Legierungsherstellung, bei der Herstellung von Gussstücken sowie beim Schweißen und Löten. Insbesondere sind die Vorgänge bei der Erstarrung bedeutsam, da durch diese die Eigenschaften im festen Zustand stark beeinflusst werden. Der Vorgang der **Erstarrung** wird in die **Bildung von Kristallkeimen** und das **Kristallwachstum** eingeteilt.

Kristallkeime können sich spontan durch eine entsprechende Zusammenlagerung von Atomen bilden. Dieser Vorgang heißt **Eigenkeimbildung** oder **homogene Keimbildung**. Als Keime können auch in der Schmelze vorhandene feste Teilchen fungieren. Dieser Mechanismus heißt **Fremdkeimbildung** oder **heterogene Keimbildung** (Bild 2, Seite 40).

Kornfeinungsmittel, die meist absichtlich Legierungen zugesetzt werden, bewirken eine solche Fremdkeimbildung, aber auch andere feste Teilchen wie Oxide und Carbide. Selbst Verunreinigungen können als Keime wirken. Allgemein führen viele Keime zu einem feinkörnigen Material.

Von großer technischer Bedeutung sind die **Phasenumwandlungen im festen Zustand.** Hierzu gehören beispielsweise die **Modifikationswechsel** (Gitterumwandlungen) von α- in γ-Fe oder von α- in β-Ti bei einer bestimmten Gleichgewichtstemperatur. In metallischen Legierungen wird die Phasenumwandlung sowie die Umwandlungstemperatur insbesondere durch die Konzentration der Legierungselemente sowie durch die Abkühlgeschwindigkeit beeinflusst. Diese Vorgänge werden beim Härten von Stahl (Kapitel 6.4.4) näher erläutert.

Zu den Phasenumwandlungen im festen Zustand zählen auch Vorgänge in Legierungen, bei denen sich im festen Zustand aus einer Phase eine zweite bei tieferer Temperatur ausscheidet. Ähnlich wie bei der Erstarrung müssen auch bei der Phasenumwandlung im festen Zustand zunächst Keime gebildet werden, bevor neue Kristalle oder Ausscheidungen wachsen können.

3.3 Mischkristalle und Kristallgemische

Auch im festen Zustand mischen sich die Bestandteile vieler Legierungen, man spricht dann von festen Lösungen; es werden **Mischkristalle** gebildet. Liegt keine Mischbarkeit vor, entsteht ein **Kristallgemisch**. Eine dritte Möglichkeit ist die der Verbindungsbildung. Da diese Verbindungen nicht identisch sind mit chemischen Verbindungen, werden sie als **intermetallische Verbindungen** bezeichnet. Sie weisen meistens eine andere Gitterstruktur als die Matrix auf. Häufig gelten die genannten drei Möglichkeiten der Legierungsbildung nur für einen bestimmten Konzentrationsbereich.

3.3.1 Mischkristalle

Von Mischkristallen spricht man, wenn die (gelösten) Legierungsatome in das Wirtsgitter des lösenden Metalls eingebaut werden. Sind die regulären Gitterplätze des lösenden Metalls durch die fremden Atome des gelösten Stoffes besetzt, so spricht man von **Austausch-** oder **Substitutionsmischkristallen** (Bild 1a). Befinden sich die Fremdatome auf Zwischengitterplätzen, so erhält man **Einlagerungsmischkristalle** (Bild 1b).

Schon bei Betrachtung der Gittergeometrie zeigen sich die wichtigsten Bedingungen, die für die Bildung der unterschiedlichen Mischkristalle erfüllt sein müssen: Substitutionsmischkristalle können in der Regel nur entstehen, wenn beide Atomsorten ungefähr gleich groß (R = Atomradius) sind.

Kupfer (R = 0,127 nm) und Nickel (R = 0,124 nm) erfüllen beispielsweise diese Bedingung recht gut. Außerdem haben beide das gleiche Kristallgitter (kfz). Sie bilden daher bei allen Konzentrationsverhältnissen Substitutionsmischkristalle, es besteht eine vollständige Löslichkeit (Bild 1, Seite 73).

Zur Bildung von Einlagerungsmischkristallen ist es notwendig, dass die gelösten Atome erheblich kleiner als die Wirtsatome sind; das Atomradienverhältnis $f = R_B/R_A$ sollte kleiner als 0,41 sein. Solche kleinen Atomradien (R_B) finden sich bei den Nichtmetallen Wasserstoff, Stickstoff, Kohlenstoff und Bor. Technisch bedeutend für Stahl sind die Einlagerungsmischkristalle, die aus Kohlenstoff und Eisen gebildet werden.

Bild 1: Atomanordnung in Mischkristallen
 a) Substitutionsmischkristall
 b) Einlagerungsmischkristall

3.3 Mischkristalle und Kristallgemische

Auch bei den Substitutionsmischkristallen ist die Mischbarkeit häufig auf einen kleinen Konzentrationsbereich begrenzt. Es gibt immer Unterschiede im Atomdurchmesser, was zu Verspannungen des Gitters und zur Zunahme der Festigkeit führt (Mischkristallverfestigung, Kapitel 2.9.2). Die Verspannungen nehmen mit dem Größenunterschied der Atome sowie der Konzentration der Legierungsatome zu. Werden die Spannungen zu groß, muss eine zweite Kristallart gebildet werden, es entsteht ein **Kristallgemisch**.

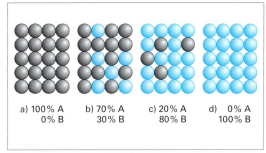

Bild 1: Vollständige Löslichkeit

Eine begrenzte Löslichkeit ergibt sich auch dann, wenn wie im Fall von Kupfer (kubisch-flächenzentriert) und Zink (hexagonal) trotz ähnlich großer Atomradien die Kristallgitter verschieden sind.

Neben den genannten geometrischen und kristallographischen Bedingungen müssen auch noch chemische Bedingungen erfüllt sein, damit sich zwei Metalle im festen Zustand vollständig mischen, also Mischkristalle bei allen möglichen Zusammensetzungen bilden können. Eine solche Bedingung ist die Valenzelektronenzahl: Kupfer besitzt zwei und Aluminium drei Valenzelektronen, sodass die Löslichkeit von Kupfer in Aluminium bei 547 °C nur 5,7 % und bei Raumtemperatur sogar nur 0,2 % beträgt.

3.3.2 Kristallgemische

Bilden sich in einer Legierung mehrere Kristallarten, entsteht ein Kristallgemisch. Das Gefüge wird als **heterogene Lösung** bezeichnet, denn die verschiedenen Gefügebestandteile (Phasen) können im Lichtmikroskop meist einfach unterschieden werden.

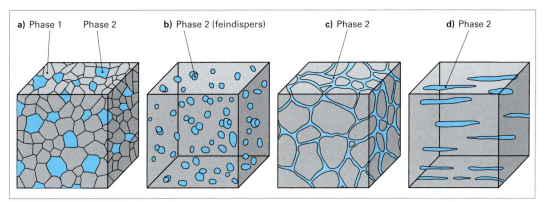

Bild 2: Heterogenes Gefüge
  a) Ähnlich große Körner (Duplexgefüge)
  b) Feindispers verteilte Zweitphase
  c) Zweitphase an den Korngrenzen (netzartig) ausgeschieden
  d) Langgestreckte Zweitphase

In heterogenen Lösungen können die unterschiedlichen Phasen verschiedene Eigenschaften, Größen und Formen besitzen. In Bild 2a sind beide Gefügebestandteile ähnlich groß. In Bild 2b ist die Zweitphase sehr klein. Ein Duplexgefüge findet sich beispielsweise bei den austenitisch-ferritischen Chrom-Nickel-Stählen (Bild 2a, Kapitel 6.5.10.1). Feindispers verteilte Phasen gemäß Bild 2b werden beim Vergüten (Kapitel 6.4.5) oder beim Aushärten (Kapitel 7.1.5) absichtlich erzeugt und führen zu beträchtlichen Festigkeitssteigerungen dieser Legierungen. Ein Netzgefüge an den Korngrenzen entsprechend Bild 2c findet sich beispielsweise bei den übereutektoiden, unlegierten Stählen als Sekundärzementit (Kapitel 6.2.2.4)

Langgestreckte Zweitphasen (Bild 2d) finden sich unter anderem in den Automatenstählen als Mangansulfide (Kapitel 6.3.1.9).

3.4 Intermetallische Phasen und Überstrukturen

Der Hauptunterschied zwischen intermetallischen Phasen und chemischen Verbindungen besteht darin, dass die **intermetallischen Phasen** über einen größeren Konzentrationsbereich gebildet werden, die chemischen Verbindungen hingegen ein bestimmtes feststehendes (chem.: stöchiometrisches) Gewichtsverhältnis besitzen.

So kristallisieren Kupfer-Zink-Legierungen mit 46 bis 51 Masse-% Zn in einer krz-Phase, dem β-Messing.

Auch bei den intermetallischen Phasen gibt es größere Gemeinsamkeiten hinsichtlich der Gitterstruktur.

Die Metallphysik unterscheidet beispielsweise die **Hume-Rothery-, Laves-** oder **Zintl-Phasen**.

Bei den Hume-Rothery-Phasen, dazu gehört beispielsweise das kubisch-raumzentrierte β-Messing (die intermetallische Phase CuZn), ist der metallische Charakter am stärksten ausgeprägt.

Bild 1: Kristallgitter des Zementits (vereinfacht)

3.4.1 Intermetallische Phasen

In intermetallischen Phasen entstehen völlig neue Kristallstrukturen (siehe hierzu auch Kapitel 6.3.2.1). Der Kristallaufbau ist oft kompliziert, wie Bild 1 für **Zementit** (Fe_3C) zeigt. Zementit hat noch größere Ähnlichkeiten mit einer chemischen Verbindung (= 6,67 Masse-% C).

Bei anderen intermetallischen Phasen wie β-Messing (CuZn) gibt es größere Abweichungen von den stöchiometrischen Zusammensetzungen.

Aufgrund ihres meist komplizierten Gitteraufbaus sind viele intermetallische Phasen hart und spröde.

Die große Härte kann technisch genutzt werden, beschränkt sich jedoch meist nur auf Gewichtsanteile von einigen Zehntel Prozent der intermetallischen Verbindung am Gesamtgefüge.

> **ⓘ Information**
>
> **Atomprozent**
>
> Atomprozent (Atom-%) gibt die prozentuale Anzahl einer Atomsorte in einer Legierung an.
>
> Somit bedeutet 40 Atom-% Be:
>
> In der Legierung CuBe sind die Cu- und Be-Atome im Verhältnis 60:40 gemischt. Der Massenanteil des Berylliums beträgt dagegen nur 8,64 %.

Die Verformbarkeit metallischer Werkstoffe mit intermetallischen Verbindungen ist eingeschränkt und häufig nur bei hohen Temperaturen durchführbar (Warmumformen, Kapitel 2.10.2.5).

3.4.2 Überstrukturen

In Mischkristallen sind die gelösten Atome statistisch (regellos) verteilt. Mitunter jedoch stellt sich eine Ordnung ein.

Bild 2a zeigt eine statistische Verteilung und Bild 2 b eine geordnete Verteilung der Atome B im A-Gitter.

Die Struktur im Bild 2b wird **Überstruktur** genannt. Damit ist gemeint, dass sich eine Struktur gewissermaßen „über" die andere Struktur legt.

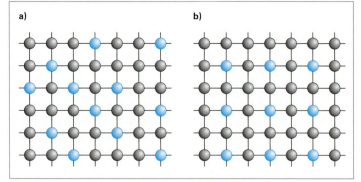

Bild 2: Atomanordnung in Substitutionsmischkristallen
a) Statistische Verteilung der B-Atome im A-Gitter   b) Überstruktur
● = A-Atom   ● = B-Atom

3.4 Zustandsdiagramme

Bild 1, zeigt dreidimensional die Elementarzelle der Überstrukturphase Cu_3Au. Die Ecken der kubisch-flächenzentrierten Elementarzelle sind von Au- und die Flächenmitten von Cu-Atomen besetzt.

Bestehen zwischen B-Atomen größere Anziehungskräfte als zwischen A und B, so führt dies zu **Entmischungen** oder **Cluster-Bildung** (Bild 2). Hier findet eine einphasige Entmischung statt, da noch kein eigener (neuer) Kristall entstanden ist.

Diese Entmischungen können zu **kohärenten Ausscheidungen** führen, die als **Guinier-Preston-Zonen** bezeichnet werden (Bild 2, Seite 365).

Bild 1: Elementarzelle von Cu_3Au (Überstruktur)

Bild 2: Clusterbildung
○ = A-Atom   ● = B-Atom

Dabei gehen die beiden Gitter, Wirts- und Ausscheidungsgitter, ineinander über. Diese Vorgänge sind insbesondere für das Ausscheidungshärten von Aluminiumlegierungen wichtig (Kapitel 7.1.5).

3.5 Zustandsdiagramme

Der Einfluss von Wärme auf die Zustandsänderung von Metallen und deren Legierungen wird mithilfe der **thermischen Analyse** untersucht. Dazu wird eine Schmelze möglichst langsam abgekühlt. Die Änderung der Temperatur mit der Zeit wird gemessen und in Form einer Abkühlungskurve (Temperatur-Zeit-Diagramm) dargestellt (Bild 3).

Beispielsweise zeigt die Abkühlungskurve von reinem Eisen bei 1536 °C, 1392 °C und 911 °C einen waagrechten Verlauf. Diese Stufen werden **Haltepunkte** genannt.

Hier bleibt trotz Wärmeabfuhr die Temperatur konstant.

Haltepunkte treten dann auf, wenn eine Phasenumwandlung stattfindet, also bei der Änderung des Aggregatzustandes, z.B. Schmelze → kubisch-raumzentrierter Kristall) und auch bei den Phasenumwandlungen im festen Zustand, (z.B. kubisch-raumzentriert → kubisch-flächenzentriert).

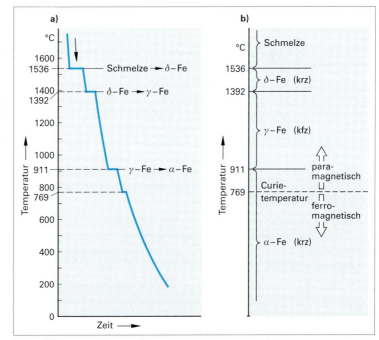

Bild 3: Abkühlungskurve und Zustandsdiagramm von reinem Eisen (thermische Analyse)

Der Haltepunkt der Abkühlungskurve entsteht, da die Schmelzwärme, oder allgemein die Umwandlungswärme, erst vollständig abgeführt werden muss, ehe eine weitere Temperaturabnahme des Stoffes erfolgen kann. Aus dem gleichen Grund wird auch beim Erwärmen, d. h. in Aufheizkurven, ein Haltepunkt gefunden.

Die Phasen eines Stoffes werden durch die Temperatur, den Druck und durch andere Stoffe beeinflusst. Da aber meistens bei normalem Druck (Atmosphärendruck) gearbeitet wird, wird dieser Einfluss in den üblichen Diagrammen nicht angegeben.

Der Einfluss von Temperatur und chemischer Zusammensetzung auf die Phasen von Stoffen wird in **Zustandsdiagrammen** dargestellt. Das Zustandsdiagramm reiner Stoffe ist eine senkrechte Temperaturachse, auf der die Umwandlungstemperaturen aus der Abkühlungskurve unter Hinzufügung der entsprechenden Phasenbezeichnungen (Bild 3b, Seite 75) eingetragen sind. Aus dem Zustandsdiagramm lässt sich ablesen, welche Phase bei einer bestimmten Temperatur auftritt.

Wichtig ist, dass Zustandsdiagramme nur für das **thermodynamische Gleichgewicht** gelten, das bedeutet **bei unendlich langsamer Abkühlung**. Wie später gezeigt wird, können bei sehr schneller Abkühlung von Legierungen auch andere Phasen oder Umwandlungstemperaturen auftreten, da insbesondere für die Phasenumwandlungen in Legierungen, bedingt durch die dafür notwendige Wanderung von Atomen, eine längere Zeit benötigt wird, die mit abnehmender Temperatur noch zunimmt (Diffusion, Kapitel 2.10.1). Dieser Zeiteinfluss hat bei einigen Legierungen größere technische Bedeutung und wird in besonderen **ZTU-Diagrammen** (**Z**eit-**T**emperatur-**U**mwandlungsdiagramme) dargestellt (Kapitel 6.4.4.13).

3.5.1 Binäre Zustandsdiagramme

3.5.1.1 Erstellung binärer Zustandsdiagramme

In Legierungen muss das Zustandsdiagramm erweitert werden, da der Einfluss der Zusammensetzung (Konzentration) ebenfalls dargestellt werden soll. Dazu wird auf der Abszisse die Konzentration (Bild 1, Seite 77) aufgetragen, d. h. der Anteil des Legierungselementes in Masse-, Gewichts- oder Atomprozent (Kapitel 3.4). Auf der linken Diagrammseite beträgt der Anteil A 100 % und der von B 0 %. Rechts sind es 100 % B und 0 % A. Dazwischen lassen sich alle Konzentrationen eintragen **(A + B = 100 %)**.

Binäre Zustandsdiagramme gelten für Legierungen aus zwei Stoffen (Komponenten). Sind drei Stoffe enthalten, handelt es sich um **ternäre Systeme**.

Auch das Zustandsdiagramm von Legierungen wird aus Abkühlungskurven ermittelt. Die Abkühlungskurven von Legierungen haben, abweichend von denen der reinen Metalle, meist mehrere Umwandlungspunkte. Bei Legierungen mit vollständiger Löslichkeit treten in jeder Abkühlungskurve zwei **Knickpunkte** auf, zwischen denen die Kurven deutlich flacher sind (Bild 1, rechts, Seite 77). Die Abkühlung der Legierungen erfolgt in diesem Temperaturbereich also langsamer. Die Schmelzen der Legierungen erstarren dann nicht mehr bei einer bestimmten Schmelztemperatur, sondern in einem Temperaturbereich. In diesem Schmelzintervall haben Legierungen einen halbflüssigen Zustand. Der obere Knickpunkt der Abkühlungskurve ist der Beginn und der untere das Ende der Erstarrung. Man nennt sie **Liquidus-** (d. h. flüssig) und **Soliduspunkte** (d.h. fest).

Durch Übertragen der Knickpunkte, die für verschiedene Legierungszusammensetzungen ermittelt wurden, in ein **Konzentrations-Temperatur-Diagramm** und durch Verbindung aller Soliduspunkte bzw. alle Liquiduspunkte bis hin zu den Schmelzpunkten der reinen Metalle, ergibt sich das Zustandsdiagramm für alle Legierungen. Bild 1, Seite 77, verdeutlicht das Vorgehen für ein binäres System.

Der Kurvenverlauf wird umso genauer, je mehr Abkühlungskurven verschiedener Legierungen ermittelt werden. Oberhalb der **Liquiduslinie** sind alle Legierungen flüssig (Bereich S = Schmelze) und unterhalb der **Soliduslinie** alle fest (Bereich MK = Mischkristall). Zwischen Solidus- und Liquiduslinie (Bereich S+MK) liegen die beiden Phasen Schmelze und Mischkristalle (Zweiphasengebiet) im Gleichgewicht nebeneinander vor. Die Kristalle werden mit MK bezeichnet, da es Mischkristalle sind, die trotz unterschiedlicher Zusammensetzung den gleichen Kristallaufbau zeigen.

3.5 Zustandsdiagramme

Bild 1: Abkühlungskurven und binäres Zustandsdiagramm für vollständige Löslichkeit flüssig, fest am Beispiel von Cu-Ni-Legierungen (A = Cu und B = Ni)   S = Schmelze   MK = Mischkristall

3.5.1.2 Lesen binärer Zustandsdiagramme

Die genauen Anteile von Schmelze und Mischkristallen bei einer bestimmten Temperatur ϑ_1 im Zweiphasengebiet lassen sich durch das **Gesetz der reziproken Hebelarme** (kurz: **Hebelgesetz**, Bild 2) ermitteln. Der Teil der isothermen Linie im Zweiphasengebiet wird als **Konode** bezeichnet. Die Konode schneidet die Liquiduslinie bei der Konzentration c_2 und die Soliduslinie bei c_1. Das bedeutet, die (Rest-)Schmelze hat bei der Temperatur ϑ_1 einen Anteil c_2 an B und der entstehende Mischkristall einen Anteil c_1 an B.

m Gesamtmasse der Legierung
m_{MK} Kristallmasse
m_S Masse der Schmelze
c Konzentration (Anteil an Komponente B)
c_0 Anteil von B in der betrachteten Legierung
c_1 Anteil von B im Mischkristall
c_2 Anteil von B in der Schmelze
$a = c_0 - c_1$ Hebelarmlänge a
$b = c_2 - c_0$ Hebelarmlänge b

Bild 2: Zur Herleitung des Hebelgesetzes

Bei der Temperatur ϑ_1 gilt:

- für die Gesamtmasse: $m = m_{MK} + m_S$ oder $m_S = m - m_{MK}$ (3.1)
- für den Gehalt an B-Atomen: $m_{MK} \cdot c_1 + m_S \cdot c_2 = m \cdot c_0$ (3.2)
- (3.1) eingesetzt in (3.2):
$$m_{MK} \cdot c_1 + m \cdot c_2 - m_{MK} \cdot c_2 = m \cdot c_0$$
$$m \cdot (c_2 - c_0) = m_{MK} \cdot (c_2 - c_1) \quad (3.3)$$
- (3.3) aufgelöst nach m_{MK}: $m_{MK} = m \cdot \dfrac{(c_2 - c_0)}{(c_2 - c_1)}$ (3.4)
- a und b in (3.4) eingesetzt: $m_{MK} = m \cdot \dfrac{b}{a+b}$ (3.5)
- (3.5) in (3.1) eingesetzt: $m_S = m \cdot \dfrac{a}{a+b}$ (3.6)

Mithilfe von Gleichung (3.5) lässt sich der Massenanteil m_{MK} der Mischkristalle im Zweiphasengebiet ermitteln. Auf analoge Weise kann mithilfe von Gleichung (3.6) der Massenanteil m_S der Schmelze ermittelt werden. Setzt man die Gleichungen (3.5) und (3.6) zueinander ins Verhältnis, ergibt sich:

$$\frac{m_{MK}}{m_S} = \frac{b}{a} \tag{3.7}$$

Die Massenanteile an Mischkristallen (m_{MK}) und Schmelze (m_S) verhalten sich im Zweiphasengebiet (MK + S) also wie das Verhältnis der zur jeweiligen Phase (MK bzw. S) abgewandten „Hebelarme" a und b. Diese Beziehung bezeichnet man daher in Anlehnung an das Hebelgesetz der Mechanik, als das Gesetz der abgewandten Hebelarme.

3.5.1.3 Kristallseigerung und Zonenmischkristall

Zustandsdiagramme gelten nur für das **thermodynamische Gleichgewicht**, d.h. für **unendlich langsame Abkühlung**. Die Erstarrung eines technischen Metalles erfolgt unter technischen Bedingungen jedoch nicht unendlich langsam, sondern mit endlicher Abkühlgeschwindigkeit. Eine derartige gleichgewichtsferne (technische) Erstarrung führt dabei zu Konzentrationsunterschieden innerhalb der Kristalle. Bild 1 veranschaulicht diesen Sachverhalt. Wird eine Legierung L mit der Konzentrations c_0 an B-Atomen abgekühlt, dann scheiden sich nach Unterschreiten der Liquiduslinie bei der Temperatur T_1 (Punkt G in Bild 1) Mischkristalle (MK) mit der Zusammensetzung c_1 aus der Schmelze aus.

Bild 1: Prinzip der Entstehung eines Zonenmischkristalls (Kristallseigerung) in einer Zweistofflegierung

Mit Erreichen der Temperatur T_2 müsste bei „unendlich" langsamer (gleichgewichtsnaher) Abkühlung die Gesamtheit aller bis dahin ausgeschiedenen Kristalle die Zusammensetzung c_2 aufweisen. Dies ist jedoch nur möglich, wenn aus den zuvor gebildeten Mischkristallen eine bestimmte Menge an A-Atomen ausgeschieden und eine äquivalente Menge an B-Atomen aufgenommen wird.

Bei schneller (gleichgewichtsferner) Abkühlung ist, diffusionsbedingt, die abgegebene Menge an A-Atomen bzw. die aufgenommene Menge an B-Atomen der Mischkristalle geringer, so dass die bei T_1 ausgeschiedenen Mischkristalle die Konzentration c_1 und nicht c_2 annehmen. Die Linie A-E kennzeichnet dabei die Änderung der Zusammensetzung der bei T_1 ausgeschiedenen Mischkristalle während der Abkühlung. Bei der Temperatur T_2 beträgt die mittlere Zusammensetzung (mittlere Konzentration an B-Atomen) der Gesamtheit aller bislang ausgeschiedenen Mischkristalle etwa $\bar{c}_2$ (Linie A-F).

Die sich bei der Temperatur T_2 ausscheidenden Mischkristalle mit der Zusammensetzung c_2 umhüllen schichtförmig die Kristalle der Zusammensetzung c'_1. Auf diese Weise entstehen schichtartig aufgebaute inhomogene Mischkristalle, so genannte **Zonenmischkristalle**, deren Gehalt an B-Atomen (in diesem Beispiel) vom Kern zum Rand hin kontinuierlich zunimmt. Dieses Phänomen wird als **Kristallseigerung** (Seigerung = Entmischung) bezeichnet.

Während mit Erreichen der Temperatur T_3 bei unendlich langsamer Abkühlung die Schmelze vollständig erstarrt wäre (Punkt B), liegt bei zügiger Abkühlung noch Restschmelze vor. Ihr Masseanteil beträgt entsprechend dem Hebelgesetz m_{S3}. Die Restschmelze kann nun unter die Solidustemperatur des Gleichgewichtszustands abkühlen. Dieses Phänomen wird als **Solidusverschleppung** bezeichnet. Die bei weiterer Abkühlung entstehenden Kristallite sind nunmehr B-reicher als die ursprüngliche Schmelze. Bei der Temperatur T_4 kristallisieren Mischkristalle der Zusammensetzung c_4 ($> c_0$), siehe Punkt D in Bild 1 und die mittlere Konzentration aller Mischkristalle erreicht schließlich die Konzentration c_0 der ursprünglichen Schmelze.

3.5 Zustandsdiagramme

Eine Kristallseigerung ist umso ausgeprägter:
- je höher die Abkühlgeschwindigkeit,
- je kleiner die Diffusionsgeschwindigkeit der beteiligten Elemente,
- je ausgedehnter das Erstarrungsintervall (Differenz zwischen Liquidus- und Solidustemperatur) der Legierung.

Kristallseigerungen führen nach einer Warmumformung meist zu einem zeiligen Sekundärgefüge und dadurch zu einer Reihe unerwünschter Eigenschaften, sowohl im Mikro- als auch im Makrobereich (z. B. Verschlechterung des Korrosionsverhaltens, Beeinflussung des Aufschmelzverhaltens, Verschlechterung von Festigkeit und Zähigkeit).

Kristallseigerungen müssen in der Regel durch eine nachfolgende Verarbeitung, insbesondere durch Wärmebehandlungen, beseitigt werden (Diffusionsglühen; Kapitel 6.4.3.5).

3.5.2 Grundtypen binärer Zustandsdiagramme

Abhängig von der gegenseitigen Löslichkeit der verschiedenen Legierungsbestandteile im flüssigen und festen Zustand unterscheidet man unterschiedliche Grundtypen binärer Zustandsdiagramme (Tabelle 1).

Tabelle 1: Grundtypen binärer Zustandsdiagramme

Bezeichnung des Legierungssystems	Löslichkeit der Komponenten		Beispiele
	im festen Zustand	im flüssigen Zustand	
–	unlöslich	unlöslich	Fe-Pb, Ag-Ni, Al-Pb
Grundsystem I	vollkommen löslich	vollkommen löslich	Ag-Au, Cu-Ni, Cr-Mo, Mo-W
Grundsystem II oder eutektisches System	unlöslich	vollkommen löslich	Bi-Cd, Pb-Sb
Eutektisches System mit Mischungslücke	begrenzt löslich	vollkommen löslich	Ag-Cu, Al-Cu, Pb-Sn
Grundsystem III oder peritektisches System	begrenzt löslich Schmelztemperaturen der Komponenten liegen weit auseinander	vollkommen löslich	Pt-Ag, Cd-Hg

3.5.2.1 Vollkommene Unlöslichkeit im festen und flüssigen Zustand

Vollkommene Unlöslichkeit im flüssigen und festen Zustand bedeutet, dass sich die beiden Stoffe gegenseitig nicht beeinflussen (Bild 1). Die Komponente A (z.B. Fe) erstarrt bei der Schmelztemperatur ϑ_{SA} unabhängig von ihrer Konzentration und die Komponente B (z.B. Pb) entsprechend bei ϑ_{SB}. Bei hoher Temperatur liegen zwei Schmelzen vor und bei tiefer zwei Kristallarten. Zwischen beiden Schmelztemperaturen ist der Anteil der höher schmelzenden Komponente völlig erstarrt und der Anteil der Komponente mit niedriger Schmelztemperatur flüssig. Eine solche Legierung entmischt: Das schwere Blei sinkt nach unten, das leichtere Eisen findet sich darüber (**Schwerkraftseigerung**).

Bild 1: Zustandsdiagramm mit vollständiger Unlöslichkeit im flüssigen und festen Zustand.
Beispiel: Eisen – Blei

3.5.2.2 Vollkommene Löslichkeit im festen und flüssigen Zustand (Linsendiagramm)

Das in Bild 1, Seite 77, gezeigte Zustandsdiagramm entsteht bei vollkommener Löslichkeit im flüssigen und im festen Zustand. Im schmelzflüssigen Zustand liegt eine homogene Schmelze aus A- und B-Atomen vor. Im festen Zustand bilden beide Legierungskomponenten (A und B) ein gemeinsames Raumgitter. Es entstehen Mischkristalle, deren Zusammensetzung dem prozentualen Anteil der Legierungskomponenten entspricht.

Die Abkühlungskurven der unterschiedlichen Legierungszusammensetzungen zeigen bei den jeweiligen Schmelztemperaturen der reinen Komponenten (100 % A bzw. 100 % B) Haltepunkte im Temperatur-Zeit-Verlauf (Bild 1, Seite 77). Die Legierungen (z. B. L_1 mit 70 % A und 30 % B) zeigen dagegen einen Erstarrungsbereich mit jeweils einem Knickpunkt im Temperatur-Zeit-Verlauf bei Kristallisationsbeginn und Kristallisationsende. Überträgt man die Haltepunkte- und Knickpunkte der Abkühlkurven in ein Temperatur-Konzentrations-Diagramm und verbindet die Punkte miteinander, dann erhält man das Zustandsdiagramm der untersuchten Legierung (Bild 1, Seite 77). Entsprechend seiner Form wird dieses Zustandsdiagramm auch als **Linsendiagramm** bezeichnet.

Liquidus- und Soliduslinie schließen den Erstarrungsbereich mit flüssigen und festen Anteilen ein. Mit Unterschreiten der Liquiduslinie beginnen sich Mischkristalle aus der Schmelze auszuscheiden, die mit sinkender Temperatur wachsen, bis mit Erreichen und Unterschreiten der Soliduslinie schließlich nur noch Mischkristalle vorliegen. Die Gefüge aller Legierungen dieses Systems bestehen bei Raumtemperatur nur noch aus einer Phase, den Mischkristallen. Es liegt eine **lückenlose Mischkristallreihe** (Bild 1, S. 73) vor. Dies ist jedoch nur möglich, falls die Legierungskomponenten Substitutionsmischkristalle (Kapitel 2.5.2.1) bilden (Beispiel: Cu und Ni).

3.5.2.3 Vollkommene Löslichkeit im flüssigen und vollkommene Unlöslichkeit im festen Zustand (eutektisches Legierungssystem)

Die Entwicklung eines Zustandsdiagramms von zwei Stoffen, die sich im flüssigen Zustand völlig mischen und im festen Zustand nicht, soll am Beispiel Bismut – Cadmium (Bi-Cd) aufgezeigt werden. In Bild 1 sind Abkühlungskurven von Bismut-Cadmium-Legierungen unterschiedlicher Zusammensetzung bzw. Konzentration wiedergegeben. Alle Abkühlungskurven der Bi-Cd-Legierungen, zeigen einen Haltepunkt bei der gleichen Temperatur (144 °C). Weiterhin fällt auf, dass die Abkühlungskurven der Legierungen nur einen und in einem Fall sogar keinen Knickpunkt aufweisen. Dieses Abkühlungsverhalten kann dadurch gedeutet werden, dass bei der Temperatur des Knickpunktes die Erstarrung beginnt (Liquiduspunkt) und bei der Temperatur des Haltepunktes (Soliduspunkt) endet. Die Erstarrung der mit L_3 bezeichneten Legierung erfolgt wie die eines reinen Metalls bei einer festen Schmelztemperatur (144 °C). Im Unterschied dazu werden in vorliegendem Fall jedoch aus der Schmelze gleichzeitig zwei verschiedene Kristallarten, hier Cd- und Bi-Kristalle, ausgeschieden. Man spricht von einer **eutektischen Reaktion** (S → Cd +Bi).

Das Gefüge dieser Legierung L_3 (Bild 1, Seite 81) heißt aufgrund seines regelmäßigen Aufbaus **Eutektikum** (griechisch: das „gut Gebaute" oder „wohl Geformte"), die Legierung L_3 wird als **eutektische Legierung** bezeichnet.

Bild 1: Abkühlungskurven und Zustandsdiagramm (eutektisch) von Bismut-Cadmium-Legierungen

3.5 Zustandsdiagramme

Beispielhaft soll eine Legierung mit 80 % Cd betrachtet werden (Legierung L_1). Die Abkühlungskurve schneidet bei ca. 280 °C die Liquiduslinie und es scheiden sich zunächst nur Cd-Kristalle aus der Schmelze aus. Bei weiterer Abkühlung verarmt infolgedessen die Schmelze an Cd und reichert sich mit Bi an. Bei T_E, der eutektischen Temperatur, hier 144 °C beträgt der Cd-Gehalt der Restschmelze nur noch 40 %, dies entspricht genau der eutektischen Legierung. Es setzt dann die eutektische Reaktion ein: S → Cd + Bi.

Bild 1 zeigt das Gefüge einer **eutektischen Legierung** (L_3 im Bild 1, Seite 80). Typisch für eutektische Legierungen ist das streifige bzw. Lamellare Aussehen des Gefüges, hervorgerufen durch die abwechselnde Ausscheidung der beiden Komponenten.

Diese Art der Ausscheidung der beiden Legierungsmetalle erfolgt immer dann, wenn die Restschmelze die Zusammensetzung des Eutektikums erreicht hat. So werden beispielsweise aus einer **übereutektischen** Legierung, die mehr Bismut als die eutektische Legierung L_3 hat (z. B. Legierung L_4), zunächst nur Bismutkristalle ausgeschieden. Dadurch nimmt der Bi-Gehalt der Restschmelze ab. Bei einer Temperatur von 144 °C hat die restliche Schmelze die gleiche Zusammensetzung wie das Eutektikum, und sie erstarrt dann auch in der gleichen Weise. Analog verhält sich eine **untereutektische Legierung** (L_1, L_2): Hier entstehen primär Cd-Kristalle, bei T_E (144 °C) liegt das Eutektikum.

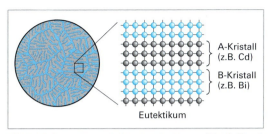

Bild 1: Gefüge einer eutektischen Legierung (Eutektikum)

Damit sind nun alle Phasengebiete des Zustandsdiagramms bekannt: im flüssigen Zustand eine Schmelze und im festen Zustand zwei Kristallarten. Im halbflüssigen Zustand (Zweiphasengebiete) sind auf der Bi-Seite Bi-Kristalle + Schmelze und auf der Cd-Seite Cd-Kristalle + Schmelze vorhanden. Auffällig ist noch die niedrige Schmelztemperatur der eutektischen Legierung, die mit 144 °C fast 180 °C unterhalb der Schmelztemperatur von Cadmium und 127 °C unter der von Bismut liegt.

3.5.2.4 Vollkommene Löslichkeit im flüssigen und begrenzte Löslichkeit im festen Zustand (eutektisches Legierungssystem mit Mischungslücke)

Wenn in einem eutektischen System auch Mischkristalle gebildet werden, ergibt sich ein System mit teilweiser Mischbarkeit, beispielsweise bei Legierungen aus Blei und Zinn. Bild 2 zeigt das Zustandsdiagramm dieser beiden Metalle. Aus Pb-reichen Schmelzen werden bleireiche α-Mischkristalle (Pb-Sn-Mischkristalle) ausgeschieden. Bei Sn-Gehalten zwischen 19,5 Masse-% und 97,5 Masse-% erfolgt eine eutektische Erstarrung bei 183 °C, es werden bleireiche α-Mischkristalle und zinnreiche β-Mischkristalle gleichzeitig ausgeschieden.

Die Löslichkeit von Sn in Pb im festen Zustand nimmt mit fallender Temperatur ab, sodass bei tieferen Temperaturen aus zinnreichen Pb-Mischkristallen noch Sn-Mischkristalle ($β_{seg}$) ausgeschieden werden. Das Entsprechende gilt auch für Sn-Mischkristalle ($α_{seg}$). Die Löslichkeitsgrenzen sind im Diagramm eingezeichnet, welche die homogenen Bereiche α und β vom heterogenen Bereich (α + β) des Gefüges trennen.

Derartige Zustandsdiagramme heißen auch **eutektische Zustandsdiagramme mit Mischungslücke** bzw. teilweiser Löslichkeit.

Bild 2: Eutektisches Zustandsdiagramm mit Mischungslücke (Beispiel Pb-Sn)

3.5.2.5 Peritektisches Zustandsdiagramm

Zwei Metalle, die im flüssigen Zustand vollständig, im festen Zustand jedoch nur teilweise löslich sind, haben entweder ein eutektisches Zustandsdiagramm mit Mischungslücke (s. o.) oder ein **peritektisches Zustandsdiagramm**.

Bild 1 zeigt beispielhaft das peritektische Zustandsdiagramm zwischen Silber und Platin. Aus der homogenen Schmelze einer Legierung mit 55 % Pt werden zunächst bei hoher Temperatur platinreiche β-Mischkristalle ausgeschieden. Bei weiterer Abkühlung reichert sich die Schmelze mit Ag an. Bei der **peritektischen Temperatur** (1185 °C) reagieren Schmelze und β-Mischkristalle miteinander unter Bildung von Ag-reichen α-Mischkristallen, also S + $\beta \rightarrow \alpha$. Nach Abschluss der Reaktion liegen noch Schmelze und α-MK vor. An dieser **peritektischen Reaktion** sind, ähnlich der eutektischen Reaktion, eine flüssige und zwei feste Phasen beteiligt. Gemäß S + $\beta \rightarrow \alpha$ müssten alle bis dahin gebildeten β-Kristalle mit der Schmelze schlagartig zu α-Kristallen umwandeln. Da dafür die Zeit nie ausreicht, vollzieht sich die Umwandlung nur am Rand. Es entstehen β-Kristalle mit α-Saum. Dieses typische Aussehen gab dem System den Namen: Peritektikum, griechisch, ist das „Herumgebaute".

Bild 1: Peritektisches Zustandsdiagramm (Beispiel: Ag – Pt)

Die Reaktion findet in diesem Beispiel zwischen 31 und 86 Masse-% statt, der **peritektische Punkt P** liegt bei 54 Masse-% Pt. Im Zustandsdiagramm zeigt sich die peritektische Reaktion als isotherme Linie und in den Abkühlungskurven als Haltepunkt.

Legierungen mit einem Pt-Gehalt über 90 Masse % (z. B. Legierung L_1) durchlaufen beim Erstarrungsvorgang zunächst das Zweiphasengebiet S + β und nach dem Schneiden der Soliduslinie das Einphasengebiet β. Entsprechendes zeigen auch die Abkühlungskurven von Legierungen mit Pt-Gehalten zwischen 87 und 90 Masse-% Pt. Sie scheiden allerdings mit abnehmender Temperatur noch α-MK (α_{seg}) aus.

Legierungen zwischen 54 und 86 Masse-% Pt (z. B. Legierung L_2) scheiden beim Erstarren zunächst β-Mischkristalle aus. Mit Erreichen der peritektischen Temperatur reagiert die Restschmelze mit den primär gebildeten β-Mischkristalle unter Bildung von α-Mischkristallen. Diese Reaktion läuft bei konstanter Temperatur so lange ab, bis die Restschmelze aufgebraucht ist.

Legierungen zwischen 31 und 54 Masse-% Pt (Legierung L_3) bilden primär ebenfalls β-Mischkristalle. Bei der peritektischen Temperatur werden aber die β-Mischkristalle aufgebraucht und es wird das Zweiphasengebiet S + α erreicht, aus dem sich bei weiterer Abkühlung α-Mischkristalle ausscheiden, bis auch die Restschmelze erstarrt ist und nur noch α-Mischkristalle vorliegen (Legierung L_3).

Bild 2: Zustandsdiagramm mit einer kongruent schmelzenden Verbindung und begrenzter Löslichkeit der Komponenten im festen Zustand (schematisch)

3.5 Zustandsdiagramme

Legierungen mit einem Pt-Gehalt unter 31 Masse-% erstarren unter Bildung von α-Mischkristallen bis die gesamte Schmelze aufgebraucht ist und nur noch α-MK vorliegen.

3.5.3 Zustandsdiagramme mit Verbindungsbildung

Neben den beschriebenen binären Zustandsdiagrammen gibt es **Zustandsdiagramme mit Verbindungsbildung** (intermetallische Verbindung V).

In Bild 2, Seite 82, ist ein derartiges Zustandsdiagramm dargestellt. Es entsteht, indem zwei eutektische Diagramme A-V und V-B gleichsam zusammengefügt wurden.

Bild 1: **Zustandsdiagramm mit einer inkongruent schmelzenden Verbindung und begrenzter Löslichkeit der Komponenten im festen Zustand (schematisch)**

Die intermetallische Phase V (Kapitel 3.4) verhält sich hier wie ein reines Metall, wie die Abkühlungskurve (Bild 2 links, Seite 82) mit einem Haltepunkt zeigt.

Außerdem bilden die meisten intermetallischen Phasen (V) auch Mischkristalle (γ), indem sie eine bestimmte Menge A-bzw. B-Atome lösen sowie B-Atome durch A-Atome ersetzen (und umgekehrt) ohne Verlust der Stabilität des Gitters. Es entsteht über einen Konzentrationsbereich ein homogenes Gefüge.

Diese Zustandsdiagramme werden auch als **Diagramme mit offenem Schmelzpunktmaximum** oder **Diagramme mit kongruent schmelzender Verbindung** bezeichnet.

In Bild 1 ist das Legierungssystem einer **inkongruent schmelzenden Verbindung**, ein **Diagramm mit verdecktem Schmelzpunktmaximum** dargestellt. In diesem Fall ist die Verbindung (γ-Phase) nicht beständig, sondern zerfällt beim Erhitzen. Durch einen „Schnitt" an der Stelle x-x lässt sich das Zustandsdiagramm in zwei Teildiagramme α-γ (eutektisch mit Mischungslücke) und γ-β (peritektisch) zerlegen.

3.5.4 Reale Zustandsdiagramme

Reale, meist komplexe Zustandsdiagramme kann man sich häufig aus den beschriebenen einfachen Zustandsdiagrammen zusammengesetzt denken. Dazu gehört beispielsweise das binäre Zustandsdiagramm Kupfer-Zink (Bild 2). Technisch bedeutsam ist jedoch häufig nicht das gesamte Diagramm, sondern wie im Beispiel Cu-Zn (Messing), nur Legierungen bis maximal 44 % Zn. Bei ca. 37 Masse-% Zn erfolgt hier eine peritektische Umwandlung (S + α → β) und bei ca. 74 Masse-% Zn eine eutektoide Umwandlung.

In Kapitel 6.2.2 wird das für Stähle technisch bedeutsame Eisen-Kohlenstoff-Zustandsdiagramm beschrieben. Auch dieses Diagramm kann man sich aus einfachen Zustandsdiagrammen zusammengesetzt denken, wobei nur der technisch wichtige vordere Bereich betrachtet wird.

Bild 2: **Zustandsdiagramm Kupfer-Zink**
a) Eutektoide Umwandlung
b) Peritektische Umwandlung

3.5.5 Ternäre Zustandsdiagramme

Legierungen bestehen häufig aus mehr als zwei Stoffen. Derartige Legierungen lassen sich nicht durch binäre Zustandsdiagramme darstellen oder erklären.

Mit zunehmender Anzahl von Legierungskomponenten wird es schwieriger, entsprechende Zustandsdiagramme aufzustellen. Ein vollständiges Zustandsdiagramm lässt sich nur noch für Dreistoffsysteme, **ternäre Zustandsdiagramme**, als dreieckiges Prisma zeichnen. Bild 1a zeigt ein Beispiel einer räumlichen Darstellung eines ternären Zustandsdiagramms. Die Zusammensetzung wird in einem **Konzentrationsdreieck** (Bild 1b)

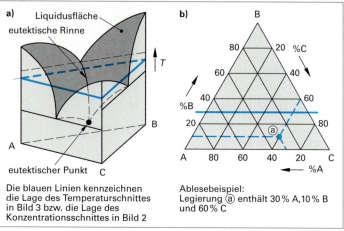

Die blauen Linien kennzeichnen die Lage des Temperaturschnittes in Bild 3 bzw. die Lage des Konzentrationsschnittes in Bild 2

Ablesebeispiel:
Legierung ⓐ enthält 30 % A, 10 % B und 60 % C

Bild 1: Ternäres Zustandsdiagramm
a) Räumliche Darstellung
b) Konzentrationsdreieck mit Ablesebeispiel

(Grundfläche des Prismas) angegeben, die Temperatur wird senkrecht über der Dreiecksfläche abgetragen. Es entstehen flächenhafte Begrenzungen, also beispielsweise **Liquidus-** und **Solidusflächen**. Zusätzlich zu eutektischen Punkten treten beispielsweise **eutektische Rinnen** auf und neben Ein- und Zweiphasengebieten

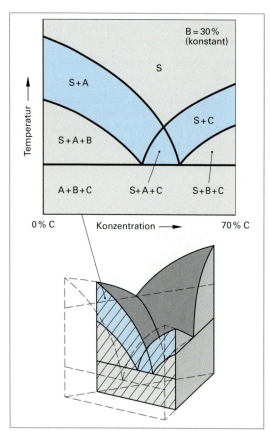

Bild 2: Konzentrationsschnitt bei B = 30 %
(Lage siehe Bild 1b)

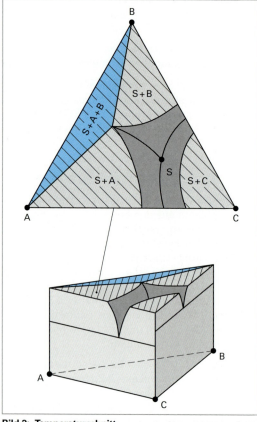

Bild 3: Temperaturschnitt
(Lage siehe Bild 1a)

3.5 Zustandsdiagramme

gibt es auch Dreiphasengebiete. Es sind alle Kombinationen der oben beschriebenen binären Systeme, die dann **Randsysteme** bilden, denkbar. Zusätzlich können auch noch weitere Phasen gebildet werden. Da diese dreidimensionalen Gebilde schwierig darzustellen sind, wird auf eine Wiedergabe der unterschiedlichen ternären Diagramme verzichtet.

Oft interessieren nur bestimmte Bereiche solcher ternärer Zustandsdiagramme, falls Legierungen in diesem Konzentrationsbereich technische Bedeutung haben. Zu diesem Zweck wird dann nicht das gesamte ternäre Zustandsdiagramm betrachtet, sondern nur ein Ausschnitt desselben, meistens ein so genannter **Konzentrationsschnitt** (z. B. alle Legierungen mit 30 % B und A + C = 70 %, also Anteile von A und C jeweils zwischen 0 % und 70 %). Ein solcher Konzentrationsschnitt (Bild 2, Seite 84) durch ein ternäres Zustandsdiagramm ist einem binären Zustandsdiagramm ähnlich, es treten jedoch auch Dreiphasengebiete auf. Auf der Abszisse nimmt hier der Gehalt von C von 0 % auf 70 % zu auf Kosten von A, dessen Gehalt dabei von 70 % auf 0 % abnimmt. Der Gehalt von B ist konstant 30 %. Auf der Ordinate ist die Temperatur wie in einem binären System aufgetragen. Es gibt ein-, zwei- und dreiphasige Felder, die durch Linien gegeneinander abgegrenzt sind. Es bedeutet beispielsweise, dass in dem Gebiet S + A + B nebeneinander die Kristallarten A und B sowie Schmelze vorkommen.

Außer den Konzentrationsschnitten werden auch **Temperaturschnitte** durch ternäre Zustandsdiagramme dargestellt, um die verschiedenen Zustände bei einer vorgegebenen Temperatur zu veranschaulichen. In Bild 3, Seite 84, ist ein Horizontal- oder isothermer Schnitt wiedergegeben, wobei die Schnitttemperatur in Bild 1a, Seite 84 (blaue Linien) eingezeichnet ist. Es ist zu erkennen, dass im mittleren Bereich des Dreiecks alle Legierungen noch schmelzflüssig sind. Alle übrigen Gebiete (Legierungen) befinden sich im teigigen Zustand als Zweiphasenfelder (S + A; S + B; S + C) oder Dreiphasenfelder (S + A + B).

Bild 1 zeigt beispielhaft einen Vertikalschnitt durch das ternäre System Al-Fe-Si bei einem konstanten Eisengehalt von 0,5 Masse-%.

Bild 1: Vertikalschnitt durch das ternäre System Al-Fe-Si bei einem konstanten Eisengehalt von 0,5 Masse-% (nach Phillips)

4 Wechselwirkungen zwischen Werkstoffeigenschaften und Fertigungsverfahren

Hauptaufgabe der **Fertigungstechnik** ist es, Werkstücke mit geometrisch bestimmter Gestalt herzustellen sowie deren Stoffeigenschaften oder Oberflächenbeschaffenheit zu verändern. Die Einzelheiten über das Werkstück und seine Bearbeitung hat der Konstrukteur z. B. in einer technischen Zeichnung oder CAD-Daten festgelegt.

Bei der Vielfalt der technischen Möglichkeiten der Fertigung muss der Konstrukteur immer die Wirtschaftlichkeit sowie die Forderung des Fertigungstechnikers nach möglichst unkomplizierter Bearbeitung berücksichtigen, d. h. er muss **fertigungsgerecht konstruieren**. Etwa 80 % der Herstellungskosten eines Produkts entstehen in den Bereichen Fertigung und Montage. Für die Auswahl geeigneter Werkstoffe muss er auch deren Eigenschaften kennen, um Bauteile richtig dimensionieren und die Werkstoffe durch adäquate Fertigungsverfahren optimal nutzen zu können, also **werkstoffgerecht konstruieren**.

Zu berücksichtigen ist ebenfalls, dass Produkte am Ende ihrer Lebensdauer wieder recycelt werden sollen. Das bedeutet, die einzelnen Werkstoffe müssen sich leicht voneinander trennen und wieder aufarbeiten lassen. Somit besteht die Aufgabe **recyclinggerecht** zu konstruieren.

> **ⓘ Information**
>
> **Werkstoffeigenschaften**
> Die Eigenschaften der Werkstoffe hängen von Zusammensetzung und Verarbeitung ab.

Die Eigenschaften von Werkstoffen hängen von deren Zusammensetzung sowie der Herstellung und Verarbeitung ab. Die Fertigungsverfahren beeinflussen also in starkem Maße die Werkstoffeigenschaften, was in vielen Fällen vorteilhaft genutzt werden kann. So hat z. B. die thermomechanische Behandlung als Kombination aus Wärmebehandlung und Umformung zu einer Verbesserung der Eigenschaften von Stählen beigetragen.

Die große Anzahl der Fertigungsverfahren erfordert es, eine Systematik zu schaffen, in der alle Fertigungsverfahren, auch zukünftige, eingeordnet werden können. Von den vielen diesbezüglichen Vorschlägen hat sich derjenige von **Kienzle** durchgesetzt, der aus sechs **Hauptgruppen** besteht, (DIN 8580).

Es wurden **Ordnungsnummern** eingeführt, in denen die erste Stelle die Hauptgruppe angibt. Die zweite Stelle der Ordnungsnummern betrifft die Unterteilung der Hauptgruppen und die dritte Stelle gibt das Verfahren an. Eine vierte Stelle ist für verfahrenskennzeichnende Merkmale vorgesehen. Beispiel: Ordnungsnummer 3.2.1 bedeutet: Hauptgruppe 3: Trennen mit der Untergruppe 2: Spanen mit geometrisch bestimmten Schneiden und Verfahren 1: Drehen. In Bild 1 ist die Einteilung der Fertigungsverfahren in Hauptgruppen dargestellt. In den nachfolgenden Kapiteln sollen für jede Hauptgruppe die wesentlichen Wechelwirkungen zwischen Werkstoffeigenschaften und Fertigungsverfahren beschrieben werden.

Bild 1: Einteilung der Fertigungsverfahren nach DIN 8580 mit Beispielen

4.1 Urformen

Durch das **Urformen** wird aus einem formlosen Stoff, Gas oder Dampf, Schmelze, Lösung oder Pulver, ein geometrisch bestimmter fester Stoff hergestellt. Bild 1 gibt einen Überblick über die Fertigungshauptgruppe des Urformens. Das technisch wichtigste Fertigungsverfahren des Urformens ist

> **ⓘ Information**
>
> **Urformen**
> Durch Urformen wird aus einem formlosen Stoff ein geometrisch bestimmter fester Stoff.

das Gießen. Durch **Gießen** kann eine große Vielfalt von Werkstückformen erzeugt werden. Die meisten metallischen Werkstoffe und Kunststoffe werden auf diese Weise verarbeitet. Die nachfolgenden Ausführungen sollen sich daher auf das Gießen beschränken.

Beim Gießen metallischer Werkstoffe wird unterschieden zwischen dem endkonturnahen **Formguss** (Kapitel 5.5.1.1) zur Herstellung von Werkstücken und dem **Formate**- oder **Halbzeugguss** (Kapitel 5.5.1.2) zur Herstellung des Vormaterials für weitere Bearbeitungsschritte, beispielsweise Umformen.

Für den Formguss wurden **Gusslegierungen** und für den Halbzeugguss **Knetlegierungen** entwickelt, da unterschiedliche Eigenschaften der Werkstoffe beim Gießen und bei der Umformung (Kneten) im Vordergrund stehen. Gusslegierungen sollen vor allem ein gutes Fließvermögen und hohes Formfüllungsvermögen zeigen, Knetlegierungen sollen gut warm- und möglichst auch kaltumformbar sein. Häufig sind Gusslegierungen, wie z. B. graues Gusseisen mit Lamellengrafit, zwar sehr gut gießbar, aber spröde und damit nicht plastisch verformbar. Dagegen ist es erheblich schwieriger, aus Stahl als einer typischen gut umformbaren Legierung durch Gießen fertige Werkstücke herzustellen.

Bild 1: Einteilung der Urformverfahren nach DIN 8580 mit Beispielen

4.1.1 Kristallisation und Gefüge

Die physikalischen Grundlagen von Schmelzen und Erstarren, die Phasenumwandlung fest-flüssig, wurden in Kapitel 3.2 erläutert. Für technologische Verfahren ist es wichtig, dass bei der Erstarrung die Schmelzwärme (Tabelle 1, Seite 71) abgeführt werden muss.

Wird eine Schmelze in einer Kokille abgegossen, dann ist in der Regel die Kokillenwand am kältesten, so dass die Wärme von der Mitte zum Rand fließt. An der Kokillenwand setzt dann zuerst die Keimbildung ein.

Bild 2: Schnitt durch einen Gussblock, Schema der Kristallisation

Es bilden sich viele relativ kleine Kristalle, die sich im Wachstum gegenseitig behindern. Diese **feinkörnige Randzone** wird auch als **Speckschicht** bezeichnet (Bild 2, Seite 87). Durch die frei werdende Schmelzwärme wird die Kokille erwärmt, infolgedessen nimmt die Bildung neuer Keime stark ab.

Aus den wenigen noch vorhandenen Keimen können Kristalle kaum gestört in Richtung Blockmitte weiterwachsen. Sie erhalten eine langgestreckte Form und werden **Stängelkristalle** genannt. In Blockmitte ist die Wärmeabfuhr nahezu gleich nach allen Seiten, und es bilden sich dann wieder runde, d. h. globulare Kristalle.

Das Gussgefüge von Reinaluminium, Gießtemperatur 1000 °C, zeigt in starkem Maße Stängelkristallbildung (Bild 1a). Wird die Gießtemperatur auf 700 °C gesenkt, wird ein gleichmäßigeres feinkörniges Gefüge gebildet (Bild 1 b).

Das Gussgefüge vieler Legierungen ist häufig heterogen, hat kleine Poren und weist im Vergleich zum Verformungsgefüge gleicher Zusammensetzung niedrigere Festigkeits- und Zähigkeitswerte auf. Daher wird für Sicherheitsteile mit hohen Anforderungen, wie z. B. im Flugzeugbau, nur umgeformtes Material mit einem gleichmäßigen Gefüge verwendet.

Zudem sind häufig im Gussgefüge Verunreinigungen (nichtmetallische Einschlüsse) unregelmäßig verteilt. Hieraus bilden sich beim Walzen z. B. von Stahl **Schlackenzeilen**.

Die zeilige Anordnung der Verunreinigungen führt zu einem anisotropen Verhalten der Werkstücke, beispielsweise zu unterschiedlichen mechanischen Eigenschaften in verschiedenen Richtungen. Beispiele für Schlacken sind MnO, SiO_2 oder MnS.

Bild 1: **Einfluss der Gießtemperatur auf das Gefüge von Reinaluminium**
Gießtemperatur:
a) 1000 °C
b) 700 °C

Bild 2 zeigt die Auswirkung von Einschlüssen am Beispiel des Mangans auf das Bruchverhalten und die Zähigkeit von Stahl. Demnach entspricht die Zähigkeit nach dem Walzen in Querrichtung nur 30 % derjenigen in Längsrichtung.

Diese starke Anisotropie wird beispielsweise durch die Zugabe von 0,08 % Zirkonium auf etwa 50 % vermindert. Eine analoge Wirkung besitzen auch Titan oder Cer. Die genannten Elemente ersetzen das Mangan teilweise oder vollständig.

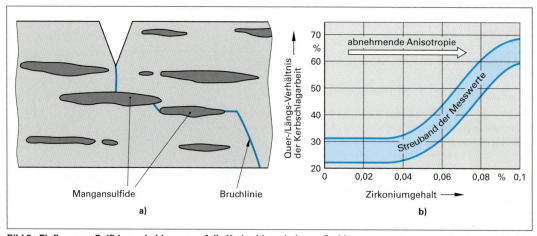

Bild 2: **Einfluss von Sulfidausscheidungen auf die Kerbschlagarbeit von Stahl**
a) Bruchverlauf in einer Kerbschlagbiegeprobe
b) Zähigkeitsverhältnis quer/längs verbessert durch Zirkonium

4.1 Urformen

Dadurch entstehen anstelle des MnS nahezu unverformbare Misch- oder Sondersulfide wie z. B. (Mn, Me)S mit Me =Ti, Zr oder Ce und damit ein globulisiertes Einschlussbild. Außerdem bewirken diese Stoffe eine Erhöhung der Kerbschlagarbeit und eine Verschiebung der Übergangstemperatur der Kerbschlagarbeit (Kapitel 13.5.7) zu tieferen Temperaturen. Die Ursache der verminderten Zähigkeit in Querrichtung zeigt Bild 2 a, Seite 88: Der Bruch folgt den langgestreckten Mangansulfid-Ausscheidungen, die wie eine innere Kerbe wirken. Für die Herstellung von Stählen folgt daraus, den Schwefelgehalt noch weiter zu reduzieren und geringe Zusätze von Titan oder Zirkonium einzubringen. Dies wird beispielsweise bei den Feinkornbaustählen realisiert (Kapitel 6.5.3).

Auch beim Schweißen metallischer Werkstoffe werden Strukturen gebildet, die einem Gussgefüge ähnlich sind (Bild 2, Seite 106).

Durch veränderte Gieß- und Erstarrungsbedingungen kann das Gussgefüge gezielt verändert werden. Dies wird z. B. durch andere Gießverfahren wie zum Beispiel das Stranggieß- das Bandgießverfahren erreicht. Auch eine Beheizung der Kokillen oder die Realisierung eines bestimmten Temperaturverlaufes bei der Abkühlung können das Gefüge in der gewünschten Weise verändern. Möglich ist es zudem, durch geeignete Wärmebehandlungsverfahren, wie z. B. das Normalglühen beim Stahlguss (Kapitel 6.4.3.1), das Gussgefüge gezielt zu verändern und die Eigenschaften zu verbessern. Eine Feinkörnigkeit des Gefüges lässt sich auch durch **Impfen** mit Kornfeinungsmitteln (Keimbildung) erreichen.

> **ⓘ Information**
>
> **Vorteile des Stranggießens**
> - Endloser Strang
> - Ausbringung über 95 %
> - Gleichmäßige Erstarrung
> - Keine Seigerungen
> - Schneller Abguss
> - Größere Wirtschaftlichkeit, da weniger Arbeitsgänge

4.1.2 Gussfehler

Durch Gießfehler können die Eigenschaften von Gussstücken teilweise beträchtlich verschlechtert werden. In Tabelle 1, Seite 90, sind typische Gussfehler sowie deren Ursachen zusammengestellt.

a) Dendriten

Eine besondere Erscheinung, die bei der Erstarrung von Schmelzen beobachtet wird, sind **Dendriten** (Bild 1). Dendriten sind verästelte Kristalle, deren Aussehen Tannenbäumen (dendros, griech. Baum) ähnelt. In den Dendriten entsprechen die Achsen den Richtungen des größten Kristallwachstums. Zwischen den Dendritenästen erstarrt die Restschmelze, die oft verstärkt Verunreinigungen enthält (Kapitel

Bild 1: Dendriten in Stahlguss

6.3.1.3 und Bild 1, Seite 186). Ein dendritisches Erstarrungsgefüge entsteht durch eine hohe Erstarrungsgeschwindigkeit bevorzugt in eine Richtung, z. B. bei dünnwandigen Bauteilen. Dendritische Strukturen weisen schlechtere Festigkeits- und Zähigkeitseigenschaften auf.

b) Lunker

Durch Volumenabnahme beim Übergang flüssig – fest kommt es zur **Erstarrungsschwindung** (Kapitel 4.1.3.2), die mitunter zu schädlichen Hohlräumen, den **Lunkern** führt. Zu unterscheiden sind **Außenlunker** (Bild 1, Seite 90) und **Innenlunker** (Bild 1, Seite 91). Bei Gussblöcken entstehen häufig trichterförmige **Kopflunker** (Bild 1, Seite 90) am oberen Ende des Gussblockes. Durch wärmeabgebende Hauben können diese verkleinert werden. Die Kopflunker müssen vor der Weiterverarbeitung abgeschnitten werden, da die oxidierten Oberflächen nicht zusammenschweißen können. Beim Formguss muss der Lunker, wenn dieser anders nicht zu vermeiden ist, in ein zusätzliches Teil, den **Speiser** (konstruktiv), verlegt werden. Dieser wird ebenfalls abgetrennt.

Lunker im Blockinnern (Innenlunker) können, falls sie klein sind, durch Umformen zusammenschweißen und sind dann nicht mehr schädlich. Bei Legierungen, die nur geringe Volumenveränderungen bei der Erstarrung zeigen, wie graues Gusseisen, treten in der Regel keine Lunker auf.

c) Seigerungen

Seigerungen sind Entmischungen (Konzentrationsunterschiede) der Legierungselemente im Gussstück. Im Hinblick auf die Ausdehung der Seigerungen unterscheidet man zwischen Blockseigerung und Kristall- bzw. Kornseigerungen.

Eine **Blockseigerung** ist eine Entmischung der Legierung in verschiedene Bestandteile, die sich über den gesamten Querschnitt oder die Länge des Gussblockes, wie in Bild 2 am Beispiel des Kohlenstoffs und des Schwefels zu sehen ist, erstreckt.

Ein weiteres Beispiel für eine Seigerung ist die **Schwereseigerung**. Sie tritt dann auf, wenn eine Gefügeart eine merklich andere Dichte als die andere hat. So werden beispielsweise im übereutektischen Gusseisen zuerst leichte Grafitkristalle ausgeschieden, die dann auf der Schmelze als **Garschaum** schwimmen.

Da Legierungsschmelzen meist einen Schmelzbereich aufweisen, entstehen bei der Erstarrung ebenfalls Seigerungen. Diese Konzentrationsunterschiede werden als **Kristall-** oder **Kornseigerung** (Bild 1, Seite 78) bezeichnet (Kapitel 3.5.1.3).

Seigerungen werden begünstigt durch ein großes Erstarrungsintervall, eine hohe Gießtemperatur sowie eine langsame Abkühlung, z. B. durch große Wanddicken.

In der Schmelze gelöste Gase verursachen ebenfalls Entmischungen. Bei der Abkühlung bildet sich in Gasblasen ein Unterdruck, die an Verunreinigungen angereicherte Restschmelze wird angesaugt. So findet man beispielsweise bei Stählen an solchen Stellen verstärkt Phosphid- und Sulfidausscheidungen.

Ansonsten bleiben **Poren** zurück, die meistens bei der Warmumformung verschweißen, falls die Poren unmittelbar unter der Oberfläche entstehen. Die Porenbildung vermindert die Lunkerbildung.

Um die Ausscheidung der Gase bei der Erstarrung zu verhindern, werden der Schmelze Stoffe zugesetzt, die zu festen Verbindungen führen. So wird beispielsweise Stahl durch Silicium oder Aluminium beruhigt. Zum Desoxidieren von Kupfer und Kupferlegierungen wird häufig Mangan oder Phosphor verwendet.

d) Warmrisse

Warmrisse sind Werkstofftrennungen, die während der Erstarrung der Schmelze zwischen Liquidus- und Soliduslinie auftreten. Sie entstehen kurz vor dem Ende der Erstarrung.

Tabelle 1: Typische Gussfehler und mögliche Ursachen

Gussfehler	Mögliche Ursachen
dendritisches Erstarrungsgefüge	• große Erstarrungsgeschwindigkeit in eine Richtung • großes Erstarrungsintervall
Lunker (Außen- und Innenlunker)	• schlechtes Fließ- und Formfüllungsvermögen der Schmelze • große Erstarrungsgeschwindigkeit • ungünstig gestaltetes Speisersystem
Seigerungen	• großes Erstarrungsintervall • hohe Gießtemperatur • langsame Abkühlung
Warmrisse	• große Erstarrungsgeschwindigkeit • unterschiedliche Wanddicken • hohe Abkühlgeschwindigkeit

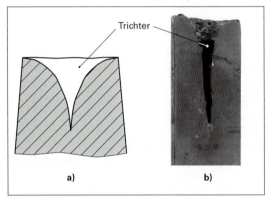

Bild 1: Lunkerbildung (Außenlunker)
a) Starke Trichterbildung (schematisch)
b) Lunker in Zink

Bild 2: Seigerung in einem Gussblock (Blockseigerung)

Ursache der Warmrissbildung ist eine große Erstarrungsschwindung des Gusswerkstoffs in Verbindung mit unterschiedlichen Wanddicken des Bauteils. Hierdurch wird die freie Kontraktion behindert und es entstehen Spannungen, die zum Bruch führen können. Neben unterschiedlichen Wanddicken können auch die Gussform sowie Kerne das freie Schwinden behindern. Auch eine hohe Abkühlgeschwindigkeit begünstigt die Warmrissbildung (Bild 1).

Weitere Gussfehler sind **Penetrationen** bzw. **Vererzungen** (Oberflächenfehler, bei denen sich die Schmelze mit dem Formsand verbunden hat) sowie **Schülpen** (Abplatzungen durch Ausdehnung des Formsandes).

4.1.3 Gießbarkeit metallischer Werkstoffe

Die Gießbarkeit metallischer Werkstoffe wird im Wesentlichen beeinflusst vom:
- Fließ- und Formfüllungsvermögen der Schmelze
- Schwindung (Erstarrungsschwindung des Gusswerkstoffs)
- Schmelzverhalten des Gusswerkstoffs

Bild 1: Prinzip der Entstehung von Warmrissen und Innenlunkern

4.1.3.1 Fließ- und Formfüllungsvermögen

Das **Fließvermögen** ist die Eigenschaft einer Legierung unter ganz bestimmten Bedingungen ein geometrisch bestimmtes waagrechtes Formsystem auszufüllen, so dass beim Auslaufen eine bestimmte Fließlänge erreicht wird. Die **Fließlänge** ist ein Maß für das Fließvermögen einer Legierung, das meist in Form einer **Gießspirale** (Bild 2) überprüft wird. Eine große Auslauflänge deutet auf ein hohes Fließvermögen hin.

Das Fließvermögen einer Schmelze hängt hauptsächlich von der **dynamischen Zähigkeit** oder **Viskosität** und dem Erstarrungsverhalten

Bild 2: Gießspirale

ab. Das Erstarrungsverhalten ist abhängig von der Zusammensetzung einer Legierung. Je niedriger der Erstarrungspunkt und je kleiner das Erstarrungsintervall (Differenz zwischen Liquidus- und Solidustemperatur Kapitel 3.5) einer Legierung ist, desto günstiger wird deren Fließvermögen. Daher zeigen reine Metalle und eutektische Legierungen das beste Fließvermögen. Technisch wichtigste Gusslegierungen wie graues Gusseisen (Fe-C) und Aluminium-Silicium-Gusslegierungen (Al-Si) haben eine nahezu eutektische Zusammensetzung.

Die Eigenschaft eines Gusswerkstoffes, einen Formhohlraum konturengetreu wiederzugeben, wird als **Formfüllungsvermögen** bezeichnet. Das Formfüllungsvermögen einer Legierung wird ebenfalls mit Hilfe der Gießspirale ermittelt. Dazu wird derjenige Punkt der Gießspirale bestimmt, von dem ab die Kontur des Auslaufkanals nicht mehr richtig wiedergegeben wird. Der nun folgende nicht konturengetreue Teil der Gießspirale wird **Vorlauflänge** genannt. Eine kurze Vorlauflänge wird als gutes Formfüllungsvermögen gedeutet. Auch das Formfüllungsvermögen ist von der Legierungszusammensetzung abhängig und ist z. B. bei den Al-Si-Legierungen bei der eutektischen Zusammensetzung (12 %) am höchsten. Die hervorragende Gießbarkeit dieser eutektischen Legierung ist somit vor allem auf das hohe Formfüllungsvermögen zurückzuführen. Ungünstig auf das Formfüllungsvermögen wirkt sich die Dicke und Festigkeit einer Oxidhaut aus. Durch Überhitzung der Schmelze und geeignete Verschlackungsmaßnahmen lassen sich diese Einflüsse vermindern.

Weitere Gießeigenschaften sind Warmrissneigung, Lunker- und Seigerverhalten, Schwindung oder Klebneigung.

4.1.3.2 Schwindung

Alle Metalle und deren Legierungen erfahren bei der Abkühlung eine temperaturabhängige Volumenverminderung, die **Schwindung**. Man unterschiedet drei verschiedene Schwindungsbereiche (Bild 1):

- **flüssige Schwindung:** Volumenkontraktion der flüssigen Schmelze zwischen Gießtemperatur und Erstarrungsbeginn. Die flüssige Schwindung führt lediglich zu einer Abnahme der Gießhöhe, die jedoch durch nachfließende Schmelze innerhalb des Eingusssystems ausgeglichen wird (Bereich 1 in Bild 1).

- **Erstarrungsschwindung:** Volumenkontraktion vom Erstarrungsbeginn bis zum Erstarrungsende. Die Erstarrungsschwindung kann zur Bildung von Hohlräumen (Lunkern) führen. Durch gießtechnische Maßnahmen, wie das Verlegen des Lunkers außerhalb des Gussteils, sowie durch möglichst gleichmäßige Wanddicken, kann eine Lunkerbildung vermieden werden (Bereich 2 in Bild 1).

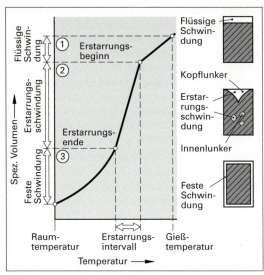

Bild 1: Schwindung bei der Abkühlung von Metallschmelzen

- **feste Schwindung:** Volumenkontraktion zwischen Erstarrungsende und Abkühlung auf Raumtemperatur (Bereich 3 in Bild 1). Die feste Schwindung muss durch Aufmaße am Modell, den so genannten **Schwindmaßen,** ausgeglichen werden. In Tabelle 1 sind die Schwindmaße wichtiger Gusswerkstoffe zusammengestellt.

4.1.3.3 Schmelzverhalten von Gusswerkstoffen

Auch das Schmelzverhalten hat einen entscheidenden Einfluss auf die Gießbarkeit. Je geringer das Erstarrungsintervall einer Legierung umso besser ist die Gießbarkeit im Hinblick auf die Entstehung von Kristallseigerungen (Kapitel 3.5.1.3).

Dementsprechend sind insbesondere Legierungen mit eutektischer Zusammensetzung besonders gut gießbar.

4.1.4 Beeinflussung der Werkstoffeigenschaften beim Gießen

Beim Gießen werden die Werkstoffeigenschaften in hohem Maße von der Abkühlgeschwindigkeit der Schmelze sowie vom Gießverfahren beeinflusst.

a) Abkühlgeschwindigkeit

Die Abkühlgeschwindigkeit hat einen entscheidenden Einfluss auf die mechanischen Eigenschaften von Gussstücken.

Mit zunehmender Abkühlgeschwindigkeit (z. B. Kokillen- statt Sandguss oder dünnwandige Bauteile) erhöht sich die Anzahl der Kristallisationskeime und das Gefüge wird feinkörniger. Hierdurch werden Festigkeit und plastische Verformbarkeit bzw. Zähigkeit günstig beeinflusst.

Besonders stark wirkt sich die Abkühlgeschwindigkeit auf die Festigkeit von Grauguss aus (Kapitel 6.6.3.3).

Tabelle 1: Schwindmaße wichtiger Gusswerkstoffe

Gusswerkstoff	Schwindmaß in %	Richtwert in %
Graues Gusseisen		
• mit Lamellengrafit	0,5 … 1,3	1,0
• mit Kugelgrafit	0,8 … 1,6	1,2
Stahlguss	1,5 … 2,5	2,0
Temperguss		
• weiss	1,0 … 2,0	1,6
• schwarz	0,0 … 1,5	0,5
Al-Gusslegierungen[1]		
• Al-Si	0,9 … 1,1	1,2
• Al-Mg	1,0 … 1,5	1,2
Mg-Gusslegierung[1]	1,0 … 1,5	1,2
Cu-Gusswerkstoffe		
• unlegiertes Kupfer	1,5 … 2,1	1,9
• Cu-Sn (Bronze)	0,8 … 2,0	1,5
• Cu-Zn (Messing)	0,8 … 1,6	1,3
• Cu-Sn-Zn (Rotguss)		
• Cu-Al	0,8 … 1,8	1,2
Zn-Gusslegierungen	1,1 … 1,5	1,3

[1] Werte gültig für Sandguss. Bei Kokillen- oder Druckguss geringere Werte (starre Gussformen)
[2] Allgemeiner Richtwert für Al-Gusslegierungen

4.1 Urformen

Wie Bild 1 zeigt, nimmt die Festigkeit von Grauguss mit zunehmendem Durchmesser ab. Dünne Gussstücke erstarren schneller als dickere, was dazu führt, dass weniger Grafit ausgeschieden wird, der außerdem fein verteilt ist. Die günstigeren Diffusionsbedingungen bei der langsameren Abkühlung führen hingegen zu einer verstärkten Grafitbildung mit gröberen Grafitlamellen. Bei der schnellen Erstarrung nimmt der Perlitanteil zu. Bei gleicher Zusammensetzung und langsamerer Erstarrung wird anstelle des Perlits der Anteil an Grafit und Ferrit erhöht, was zu einer Verminderung der Festigkeit führt. Beim Kokillenguss wird die Wärme schneller abgeführt als beim Sandguss, sodass die Ausbildung von Perlit auf Kosten von Grafit gefördert wird und infolgedessen höhere Festigkeits- und Härtewerte erreicht werden.

ⓘ Information

Abkühlgeschwindigkeit und Korngröße
Schnelle Abkühlung bewirkt die Bildung vieler Kristallkeime. Infolgedessen wird ein feinkörniges Gefüge gebildet. Umgekehrt entsteht bei langsamer Abkühlung ein grobkörniges Gefüge.

Bild 1 Wanddickenabhängigkeit der Festigkeit unterschiedlicher Graugusssorten.
Die im Kurznamen genannten Festigkeitswerte beziehen sich auf eine maßgebliche Wanddicke von 15 mm

b) Gießverfahren

Die meisten Gusslegierungen sind für alle Gießverfahren geeignet. Es sind aber auch für den Sand-, Kokillen- und Druckguss entsprechend der durch das Gießverfahren bedingten Anforderungen spezielle Gusslegierungen entwickelt worden. Bei den **Sandgussverfahren (S)** (Kapitel 5.5.1.1) wird die Form nur für einen Abguss genutzt, daher auch die Bezeichnung „Gießen in verlorene Formen". Die Formfüllung erfolgt hierbei durch die Schwerkraft, sodass die Werkstoffeigenschaften nur in geringem Maße beeinflussbar sind.

Aluminium- und auch Zinklegierungen haben bei Anwendung von **Kokillenguss (K)** (Kapitel 5.5.1.1) höhere Festigkeitswerte als bei Sandguss. Kokillen sind meist aus Stahl oder Gusseisen hergestellte Formen und besitzen verglichen mit den Sand- oder keramischen verlorenen Formen eine höhere Wärmeleitfähigkeit. Dadurch wird die Abkühlgeschwindigkeit erhöht, was zu einer erhöhten Keimbildung und damit zu einem feinkörnigerem Gefüge mit einer erhöhten Zugfestigkeit führt. Mitunter erhöht sich auch die Bruchdehnung durch Kokillenguss verglichen mit Sandguss.

Auch beim **Druckguss (D)** (Kapitel 5.5.1.1) erhöht sich die Festigkeit von Legierungen im Vergleich zum Sandgussverfahren.

Tabelle 1: Eigenschaften von Gusslegierungen in Abhängigkeit vom Gießverfahren

Werkstoff	G[2)]	Zugfestigkeit in MPa	Bruchdehnung in %
AC-AlSi12[1)]	S	150	5
AC-AlSi12	K	170	6
AC-AlSi10Mg	S	150 … 220	2
AC-AlSi10Mg	D	240	2
MC-MgAl8Zn1[1)]	S	160 … 240	2 … 8
MC-MgAl8Zn1	K	160 … 240	2 … 8
MC-MgAl8Zn1	D	200 … 250	1 … 7
G-ZnAl6Cu1	S	180 … 230	1 … 3
GK-ZnAl6Cu1	K	220 … 260	1,5 … 3
GD-ZnAl4Cu3	D	220 … 260	0,5 … 2
GK-ZnAl4Cu3	K	240 … 280	1 … 3
GD-ZnAl4Cu1	D	280 … 350	2 … 5

[1)] Vollständige Bezeichnung erhält Vorsatz: EN AC-…; EN-MC…
[2)] Gießverfahren: S = Sandguss, K = Kokillenguss, D = Druckguss

In Abhängigkeit vom Gießverfahren ergeben sich unterschiedliche mechanische Eigenschaften einer Legierung (Tabelle 1). In allen gezeigten Beispielen ist die Festigkeit der Werkstücke bei Anwendung des einfachen (Sand-) Gießverfahrens am niedrigsten.

Die die nahezu vollständige Ablösung des Blockgusses durch den **Strangguss** (Kapitel 5.5.1.2) für das Halbzeugvormaterial hat zu einer Verminderung von Gießfehlern und größerem Ausbringen (> 95 %) geführt. Hierfür iast vor allem die höhere Abkühlgeschwindigkeit verantwortlich.

Neben der Verminderung der eigentlichen Gussfehler wie Lunker, Poren und Seigerungen werden durch Stranggießverfahren verglichen mit Blockguss auch wesentlich gleichmäßigere und häufig auch feinkörnigere Gefüge erzeugt, was eine Verbesserung der Eigenschaften bewirkt.

4.1.5 Herstellung (Züchten) von Einkristallen

Bei der Herstellung von **Einkristallen** aus einer Schmelze darf nur ein Keim wachsen und keine Korngrenze entstehen, also entweder nur ein Keim gebildet werden oder nur ein Keim weiterwachsen.

Die Schmelze muss daher langsam abgekühlt werde. Die Kristallwachstumsgeschwindigkeit muss dementsprechend klein sein.

Für Grundlagenuntersuchungen und für die Halbleitertechnik werden Einkristalle meistens nach dem **Czochralski-Verfahren** langsam aus einer Schmelze (heraus-)gezogen (Bild 1).

Eine exakte Temperaturführung ist für den Kristallisationsvorgang erforderlich.

Bild 1: Kristallziehverfahren nach Czochralski am Beispiel von Silicium

Bild 2 zeigt den Anfang (Kopfbereich) eines solchen Einkristalls.

Beim tiegelfreien **Zonenziehverfahren** (Bild 1, Seite 95) wird ein kleines, einkristallines Stück (Keim oder Impfkristall) an einen polykristallinen Stab des gleichen Werkstoffs angeschmolzen. Ausgehend vom Einkristall wird die Schmelzzone nach unten bewegt, sodass der gesamte Stab zu einem Einkristall wird.

Über das **Bridgman-Verfahren** (Bild 2, Seite 95) werden beispielsweise einkristalline Turbinenschaufeln für Gasturbinen und Flugtriebwerke hergestellt, d. h. herkömmlich gegossene Schaufeln werden nach dem Bridgman-Verfahren zu Einkristallen umgeschmolzen. Dabei befindet sich der feste polykristalline Werkstoff in einer Form oder einem Tiegel.

Die Form wird mit dem Werkstoff erwärmt, wobei allerdings nur in einem sehr schmalen Bereich die Schmelztemperatur überschritten wird.

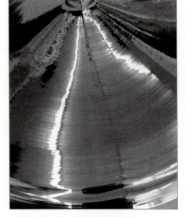

Bild 2: Kopf eines Einkristalls

Es liegt ein bei höher schmelzenden Metallen wie Kupfer oder Nickel sehr großer Temperaturgradient von einigen 100 K/cm vor. Das untere Ende des Vormaterials wird aufgeschmolzen und danach die Form langsam abgesenkt, sodass die Schmelzzone durch den Werkstoff wandert.

Bedingt durch die langsame Erstarrungs- bzw. Absenkgeschwindigkeit enstehen im Anguss nur wenige Kristalle. Durch die anschließende Verengung wächst (meist) nur ein Kristallit durch, der dann auch im Schaufelfuß und in der Turbinenschaufel weiterwächst (Bild 2, Seite 95).

Die Absenkgeschwindigkeit (einige cm/min oder cm/h) muss kleiner als die Kristallisationsgeschwindigkeit sein, damit bei der Erstarrung ein die gesamte Form ausfüllender Einkristall entsteht.

Durch das Fehlen von Korngrenzen bei einkristallinen Turbinenschaufeln soll das Kriechen (Kapitel 2.10.3) verhindert werden, (keine Korngrenzendiffusion, Kapitel 2.10.3), sodass höhere Temperaturen ohne Schädigung ertragen werden können.

Das Fehlen von Korngrenzen führt bei der Verwendung von Einkristallen auch in der Halbleitertechnik zu einer bedeutenden Verbesserung der elektrischen Eigenschaften.

4.2 Umformen

Umformen ist das Ändern der äußeren Form eines festen Körpers unter Beibehaltung des Stoffzusammenhangs.

Bild 3 gibt einen Überlick über die Fertigungshauptgruppe des Umformens. Die Einteilung der Umformverfahren erfolgt dabei nach dem Gesichtspunkt der in der Umformzone wirksamen Spannungen.

In der Fertigungstechnik wird bei der Formänderung fester Körper unterschieden zwischen **Umformung,** der Änderung der Form mit Beherrschung der Geometrie, und der **Verformung,** der Änderung der Form ohne Beherrschung der Geometrie. So wird durch Umformen aus einem Blech ein Karosserieteil hergestellt und bei einem Unfall das gleiche Teil verformt. Metallphysikalisch gesehen besteht aber kein Unterschied zwischen Umformen und Verformen.

Die älteste Umformtechnik ist das **Schmieden,** in Bild 3 als Frei- bzw. Gesenkformen zu finden.

Schon in den alten Kulturen wurden Kupfer, Gold und Bronze geschmiedet, um Gebrauchsgegenstände und Schmuck herzustellen.

Außerdem wurden durch Schmieden in der Eisenzeit und vor Erfindung des Frischens von Eisen Oxid- und Schlackenreste aus dem Roheisen herausgetrieben und somit erst ein gebrauchsfertiger und hochwertiger Werkstoff hergestellt.

Heute wird auf großen Pressen, Schmiedehämmern oder Schmiedemaschinen weiterhin geschmiedet. Außerdem werden Metalle gewalzt, gepresst, gedrückt, gezogen oder auch nur gebogen, um ihnen eine andere Form zu verleihen.

Bild 1: Zonenziehverfahren (Zonenschmelzen)

Bild 2: Prinzip der Herstellung einkristalliner Turbinenschaufeln nach dem Bridgman-Verfahren

Bild 3: Einteilung der Umformverfahren nach DIN 8580 mit Beispielen

Die Durchführbarkeit bestimmter Umformverfahren hängt von den Werkstoffeigenschaften ab. Spezielle metallische Knetwerkstoffe sind genau so entwickelt worden, dass sie gut umformbar sind. Die Bezeichnung **„Knetlegierung"** kennzeichnet Werkstoffe mit guter Verformbarkeit, früher auch **Schmiedbarkeit** genannt. **Gusslegierungen** lassen sich hingegen oft überhaupt nicht oder nur schlecht umformen.

Metallische Werkstoffe werden im schmelzflüssigen Zustand erzeugt, die Gusslegierungen zu Werkstücken und die Knetlegierungen zu Blöcken, Brammen, Knüppel o. Ä. vergossen.

Zur Weiterverarbeitung, z. B. zu einem Blech, werden die gegossenen Blöcke zunächst warmumgeformt. Dabei wird das Gussgefüge in ein

> **ⓘ Information**
>
> **Umformen**
> Durch Umformen entsteht ein gleichmäßiges Verformungsgefüge. Es hat gegenüber dem Ausgangszustand (Gussgefüge) verbesserte mechanische Eigenschaften (z. B. Festigkeit).

gleichmäßiges Gefüge überführt. Die mechanischen Eigenschaften verbessern sich. Durch eine anschließende Kaltumformung werden vor allem die Maßhaltigkeit und Oberflächengüte verbessert.

Durch weiteres Umformen und Glühen wird vor allem ein gleichmäßigeres Gefüge erzeugt, Konzentrationsunterschiede werden ausgeglichen und Mikroporen verschweißt. Die sich daraus ergebende Verbesserung der mechanischen Eigenschaften, die Erhöhung von Festigkeit, Zähigkeit und plastischer Verformbarkeit, ist insbesondere bei dynamisch beanspruchten Werkstücken von größter Bedeutung.

Die Eigenschaften von Werkstücken und Halbzeug werden durch das Umformen in hohem Maße beeinflusst.

Umformverfahren dienen somit neben der Formgestaltung auch der Erzielung bestimmter Eigenschaften. Grundsätzlich sind Kalt- und Warmumformung zu unterscheiden.

> **ⓘ Information**
>
> **Halbzeug**
> Mit **Halbzeug** werden umgeformte Werkstoffe mit meist konstantem Querschnitt und großer Länge bezeichnet. Aus diesen werden in weiteren Arbeitsgängen, häufig durch spanende Bearbeitung oder Umformung, fertige Werkstücke hergestellt.
> **Beispiele:** Blech, Band, Draht

4.2.1 Kaltumformung

Durch Kaltumformen, z. B. Walzen oder Ziehen, werden eine größere Maßgenauigkeit und eine bessere Oberflächenqualität (geringere Rautiefe, Zunder- oder Oxidfreiheit u. a. m.) im Vergleich zu einer Warmumformung erzielt. Eine Kaltumformung führt bei metallischen Werkstoffen stets zu einer Kaltverfestigung, also zu einem Festigkeitsanstieg bei gleichzeitig abnehmender plastischer Verformbarkeit. Ursache einer Kaltverfestigung ist die Zunahme der Versetzungsdichte (Kapitel 2.9.4).

Mit zunehmendem Umformgrad steigt bei einer Kaltumformung die Gefahr der Rissbildung. Diese Gefahr kann durch Zwischenglühen beherrscht werden, denn die Kaltverfestigung kann durch die damit verbundene Erholung oder Rekristallisation (Kapitel 2.10.2) wieder aufgehoben werden.

Die Kaltverfestigung ist auch Ursache für **Eigenspannungen** (Kapitel 6.4.3.3), die bei der Weiterverarbeitung oder beim Einsatz beachtet werden müssen. Eigenspannungen können beispielsweise zu Korrosionsrissen führen, da in diesem Fall das Gefüge ein unterschiedliches elektrochemisches Potenzial besitzt (Kapitel 11.2.2).

Beim Schweißen oder Löten kann in der wärmebeeinflussten Zone Rekristallisation (Kapitel 2.10.2.3) eintreten. Der elektrische Widerstand kaltgezogener Drähte wird durch eine Kaltverfestigung beträchtlich erhöht und durch Glühen wieder auf seinen Nennwert gebracht.

Die mit einer Kaltverformung einher gehende Kaltverfestigung ist häufig erwünscht, sodass neben weichem auch Halbzeug harter oder teilharter Qualitäten gehandelt werden (Bild 1 und 2, Seite 65). Bei Federwerkstoffen werden auch federhart gezogene Drähte oder federhart gewalzte Bänder eingesetzt.

Wenn die Federeigenschaften auf der Kaltverfestigung beruhen, darf jedoch beim Einsatz eine werkstoffabhängige Betriebstemperatur (entsprechend der Rekristallisationstemperatur) nicht überschritten werden, um eine Entfestigung durch Erholung oder Rekristallisation zu vermeiden.

4.2.2 Warmumformung

Fast alle metallischen Werkstoffe müssen warm verformt werden, um das bei der Kristallisation entstandene oft ungleichmäßige Gussgefüge **(Primärgefüge)** in ein homogenes Verformungsgefüge **(Sekundärgefüge)** umzuwandeln. Erreicht wird so eine beträchtliche Verbesserung der mechanischen Eigenschaften. Insbesondere die so genannten Superlegierungen, sehr komplexe hochwarmfeste Legierungen sowie hexagonale Knetlegierungen, sind ohne eine geeignete Warmumformung nicht einsetzbar.

Bei der Warmumformung von Werkstoffen mit heterogenem (mehrphasigem oder verunreinigtem) Gefüge bilden sich aufgrund des unterschiedlichen Verformungsverhaltens häufig so genannte Fasern aus. Bei der Verwendung solcher Werkstücke sollte die Hauptbeanspruchung in Richtung der Faser verlaufen, da in Querrichtung Zähigkeit und Festigkeit geringer sind.

Durch Warmumformung hergestellte Werkstücke sind solchen, die nur durch Gießen hergestellt wurden, insbesondere bei dynamischen Belastungen, überlegen. Typische Beispiele sind Kurbelwellen oder Turbinenwellen.

Das Formänderungsvermögen metallischer Werkstoffe ist bei höheren Temperaturen stark verbessert und die für die Umformung erforderlichen Kräfte sind erheblich geringer. Als Warmumformung gelten heute alle Umformungen oberhalb der Rekristallisationstemperatur (Kapitel 2.10.2.5).

Beim Warmwalzen wird die durch das Walzen hervorgerufene Verfestigung bei oder direkt nach jedem Walzstich durch Rekristallisation oder Erholung wieder abgebaut wird, sodass beim darauf folgenden Stich wieder weiches Material zur Verfügung steht. Dieser Effekt wird als **dynamische Erholung** bezeichnet. Insbesondere bei Werkstoffen mit hoher Stapelfehlerenergie wie z. B. Kupfer wird bereits während der Verformung eine Subkornstruktur gebildet, so dass eine Entfestigung eintritt und die verbleibende treibende Kraft für eine Rekristallisation nicht mehr ausreicht (siehe auch Kapitel 2.10.2.2). Bei niedriger Stapelfehlerenergie kann die durch eine dynamische Erholung gebildete Subkornstruktur auch zu einer **dynamischen Rekristallation** (Bild 1, Seite 58) führen.

Dieses Verhalten kann anhand einer **Warmfließkurve** (Bild 1b, Seite 98) gezeigt werden. Nach einem ansteigenden (Anfangs-)Teil der Kurve, also einer Verfestigung, folgt ein Abfall der benötigten Spannung, eine Entfestigung wie bei einer Warmumformung. In Bild 1, Seite 98, sind zwei Fließkurven von Kupfer dargestellt, die mit Hilfe von Torsionsversuchen ermittelt wurden. Die bei Raumtemperatur aufgenommene Fließkurve (Bild 1a, Seite 98) zeigt das auch von Zugversuchen her bekannte Verhalten: Anstieg der Spannung mit zunehmender Verformung (Dehnung), also Verfestigung, bis zum Bruch. Die Warmverformung wurde bei 300 °C, also knapp über der theoretischen Rekristallisationstemperatur von 270 °C, durchgeführt. Die Warmfließkurve, Bild 1b, Seite 98, zeigt ein anderes Verhalten des Werkstoffes: Die Spannung steigt zunächst an, durchläuft ein Maximum und erreicht schließlich einen konstanten Wert der Spannung für die nachfolgende weitere Verformung. Auch die Warmfließkurven von Kupfer bei höheren Temperaturen oder die anderer metallischer Werkstoffe, wie Aluminium, Nickel, Silber oder Stahl, zeigen prinzipiell dasselbe Verhalten, also leichter Anstieg, Maximum und konstante Spannung in Abhängigkeit von der Verformung.

Die wichtigsten **Warmumformverfahren** sind das Walzen, Schmieden und Strangpressen. Zum **Walzen** gehören Verfahren wie das Flachwalzen zur Herstellung von Bändern und Blechen, das Kaliberwalzen zur Herstellung von Drähten und Profilen und das Rohrwalzen für die Produktion nahtloser Rohre.

Auch durch das **Strangpressen** werden Drähte, Profile und Rohre hergestellt, in der Hauptsache jedoch nur bei tieferen Temperaturen, also nicht aus Stahl, sondern aus Cu- und Al-Legierungen.

> **ⓘ Information**
>
> **Ermittlung von Fließkurven**
>
> Das Formänderungsvermögen, d. h. die Fließkurve eines Werkstoffes lässt sich in Druck- oder Torsionsversuchen (Kapitel 13.5.2 und Kapitel 13.5.4) ermitteln. Die Bruchdehnung des Zugversuches ist hingegen keine geeignete Größe zur Vorhersage des Formänderungsvermögens eines Werkstoffes für technische Umformverfahren, da infolge einer Probeneinschnürung nur geringe Verformungsgrade erreicht werden. Dagegen wird im Torsionsversuch ein Verformungsgrad von 700 % und mehr erreicht. Vergleichbare Werte erreicht man auch in der Umformtechnik.

Das **Schmieden** wird bei der Primärumformung, d. h. der Umformug von gegossenen Bauteilen, als **Freiformschmieden** z. B. von Wellen für Großkraftwerke angewendet.

Geschmiedete Wellen ertragen die dynamischen Belastungen erheblich besser als nur gegossene, sie haben eine bedeutend höhere Lebensdauer.

Beim **Gesenkschmieden** wird meist Halbzeug eingesetzt, um Werkstücke großer Stückzahl zu erzeugen, die eine hohe Lebensdauer insbesondere bei dynamischen Belastungen aufweisen.

Die Warmumformverfahren wurden in letzter Zeit erheblich weiterentwickelt, um gezielt bestimmte Werkstoffeigenschaften zu erreichen.

Die Optimierungen betreffen vor allem die Temperatur, den Umformgrad sowie die Abkühlungsbedingungen, um eine bestimmte Struktur (Gefüge und Textur) zu erzeugen.

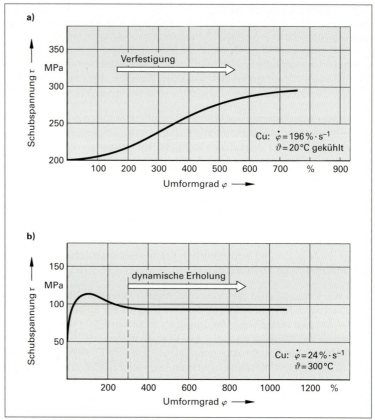

Bild 1: Fließkurven von Kupfer (aus Torsionsversuchen)
a) bei 20 °C,   b) bei 300 °C

4.2.3 Neue Umformverfahren

Durch Warmumformen werden metallische Werkstoffe duktiler, sodass sie insbesondere dynamischen Belastungen erheblich besser standhalten.

Durch Kaltumformen werden Maßhaltigkeit und Oberflächengüte verbessert. Die Härte und Festigkeit steigen infolge der Kaltverfestigung.

Durch die Erzeugung eines feinkörnigen Gefüges ist es gelungen, gleichzeitig die Festigkeit und Zähigkeit zu verbessern. Versucht man die Festigkeit metallischer Werkstoffe nur durch Erhöhung des Legierungsgehaltes zu verbessern, so ist dies immer verbunden mit einer Verschlechterung der Duktilität (plastische Verformbarkeit) und der Zähigkeit.

Die Einstellung eines bestimmten Gefüges ist möglich durch eine Kaltumformung und anschließende Glühung, bei Stählen insbesondere durch ein Normalglühen (Kapitel 6.4.3.1) oder durch eine Kombination von Umformung und Wärmebhandlung, die als **thermomechanische Behandlung** bezeichnet wird.

Bei der **thermomechanischen Behandlung** (siehe auch Kapitel 6.5.3.2) werden Verformung, Temperatur und deren Dauer genau aufeinander abgestimmt, um ein bestimmtes Gefüge zu erzielen.

In Bild 1, Seite 280, ist der Verlauf einer thermomechanischen Behandlung zum Walzen von Bändern oder Blechen aus mikrolegiertem Feinkornbaustahl in einem Temperatur-Zeit-Diagramm dargestellt.

4.2 Umformen

Im ersten Verfahrensschritt erfolgt eine Erwärmung auf 1150 °C und damit die Lösung der Mikrolegierungselemente. Höhere Glühtemperaturen und längere Glühzeiten sollten vermieden werden, da dies zu einer unerwünschten Vergröberung der Austenitkörner führt.

Das Vorwalzen erfolgt bei einer niedrigeren Temperatur von 1020 °C bis 1050 °C. Dabei entstehen feinkörnige Austenitkörner, wobei die niedrigere Walztemperatur sich günstig auswirkt. Bei dieser Temperatur kann bereits ein Teil des im Feinkornbaustahl enthaltenen Mikrolegierungselementes Niob wieder ausgeschieden werden, was zu einer gewünschten Behinderung von Rekristallisation und Kornvergröberung führt. Das Fertigwalzen erfolgt bei einer so niedrigen Temperatur (etwa 750 °C), dass keine Rekristallisation mehr erfolgen kann.

Unmittelbar nach der Verformung erfolgt eine beschleunigte Abkühlung auf etwa 560 °C mit anschließender Luftabkühlung. Aus den verfestigten Austenitkörnern werden sehr feine Ferritkörner gebildet, welche die günstige Eigenschaftskombination Festigkeit/Zähigkeit bewirken. Außerdem werden die restlichen noch gelösten Mikrolegierungselemente ausgeschieden und dadurch eine weitere Steigerung der Festigkeit erreicht. Der Betrag dieser Härtung darf jedoch nicht zu groß werden, da sonst wieder die Zähigkeit sinkt. Liegt die Fertigwalztemperatur im Ferrit-Bereich, also unterhalb der Umwandlungstemperatur, tritt wieder eine Verschlechterung der Zähigkeit ein.

Die erste große Anwendung fanden thermomechanisch behandelte Stahlbleche in den geschweißten Rohren der **Transalaska-Pipeline** (Bild 1), da sie die Forderung nach Schweißbarkeit, hoher Festigkeit und Zähigkeit bei tiefen Temperaturen erfüllten.

Inzwischen sind so behandelte Stähle genormt und werden vielseitig eingesetzt. So besitzen beispielsweise die thermomechanisch erzeugten Feinkornbaustähle verglichen mit den normalgeglühten Sorten einen geringeren C-Gehalt (ca. 0,15 %), die gleichen Festigkeitswerte sowie bessere Zähigkeitswerte.

Auch die Übergangstemperatur für Sprödbruch wird zu tieferen Werten verschoben.

Wichtig:
Bei der Weiterverarbeitung thermomechanisch behandelter Stähle sollten längere und größere Erwärmungen (Grenze: 0,5 h bei 650 °C) vermieden werden, da sonst der thermomechanische Zustand wieder aufgehoben wird.

Bild 1: Transalaska-Pipeline

Auch andere metallische Werkstoffe können thermomechanisch behandelt werden, wie beispielsweise aushärtbare Aluminium-Knetlegierungen zur Verbesserung der plastischen Verformbarkeit bei hoher Festigkeit. Hier kann durch Verformen vor der eigentlichen Wärmebehandlung (Auslagern) erreicht werden, dass sich viele Versetzungen bilden. Im Ergebnis entstehen viele feinverteilte Ausscheidungen (Teilchen, die deutlich die Festigkeit verbessern).

Einige Legierungen zeigen bei bestimmten Warmverformungen **superplastisches Verhalten:** Dies bedeutet, eine stark erhöhte Verformbarkeit ohne die Gefahr von Einschnürungen beim Zugversuch und auch bei technischen Umformverfahren. Da die Legierungen in diesem Zustand zum Kriechen neigen, muss die Einsatztemperatur deutlich unter der Umformtemperatur liegen.

Im superplastischen Zustand können komplizierte Bauteile in einem oder in sehr wenigen Arbeitsgängen erzeugt werden, eine erhebliche Einsparung gegenüber herkömmlichen Verfahren.

So werden beispielsweise Flugzeugteile aus Titanlegierungen superplastisch verformt.

4.3 Trennen

Für das Ändern der Form von Körpern, wobei der Stoffzusammenhalt örtlich aufgehoben wird, ist in der Fertigungstechnik der Begriff **Trennen** festgelegt worden. Bild 1 gibt einen Überblick über die Fertigungshauptgruppe des Trennens.

Bild 1: Einteilung der Fertigungshauptgruppe „Trennen" nach DIN 8580 mit Beispielen

4.3.1 Zerteilen und Zerspanen

Beim **Zerteilen** können in unmittelbarer Umgebung der Schnittkante Kaltverfestigung, insbesondere durch Abscheren oder Stanzen, oder ein wärmebehandelter Bereich beim Brennschneiden, Plasmaschneiden oder Laserbrennschneiden auftreten. Meist muss aus Gründen der Maßhaltigkeit eine Nachbearbeitung durch Spanen durchgeführt werden, bei dem auch die kaltverfestigten oder wärmebehandelten Bereiche entfernt werden. Eine kaltverfestigte Kante kann aufgrund der höheren Festigkeit allerdings auch erwünscht sein. Die höhere Energiedichte (Kapitel 6.4.6.2) beim Plasma- und Laserbrennschneiden, im Vergleich zum autogenen Brennschneiden, führt zu wesentlich schmäleren Wärmeeinflusszonen. Falls diese schmalen Bereiche dennoch stören, muss anschließend eine Wärmebehandlung, meist des gesamten Werkstückes, durchgeführt werden.

Beim **Zerspanen** wird vor allem das Schneidwerkzeug mechanisch und thermisch stark beansprucht und die zum Schneiden notwendige Energie wird zum größten Teil in Form von Wärme mit dem Span abgeführt. Der Einfluss des Trennens auf die Eigenschaften des Werkstückes ist somit von geringerer Bedeutung. Indirekte Einflüsse können ausgehen von Bearbeitungsriefen, die eine Kerbwirkung und damit eine Verschlechterung der Schwingfestigkeit verursachen. Eine geringe plastische Verformung in unmittelbarer Umgebung der Bearbeitungsschicht ist möglich und kann durch eine Feinbearbeitung beseitigt werden.

Durch eine vorschriftsmäßige Kühlung bei der spanenden Fertigung kann auch der Einfluss einer Erwärmung vermieden werden. So wird beispielsweise oft nass geschliffen.

Bild 2: Einflussfaktoren und Bewertungsgrößen der Zerspanbarkeit

4.3.2 Zerspanbarkeit

Die **Zerspanbarkeit** eines Werkstoffes wird im Wesentlichen durch die Spanform, die Oberfllächengüte, die Standzeit des Werkzeugs und durch die Schnittkraft gekennzeichnet (Bild 2, Seite 100). Die Zerspanbarkeit wird beeinflusst von der Art des Werkstoffs (Festigkeit, Gefüge usw.), des Schneidstoffs (z. B. Werkzeugstahl, Hartmetall, Schneidkeramik), den Schnittbedingungen (Schnittgeschwindigkeit, Vorschub, Zustellung, Werkzeuggeometrie) sowie von der Art des Hilfsstoffes (z. B. Kühlschmiermittel).

Einen rechnerischen Zusammenhang zwischen den mechanischen Kennwerten und der Zerspanbarkeit gibt es nicht, da sie außerdem noch durch Schneidwerkstoff, Schnittgeschwindigkeit und Spantiefe beeinflusst wird. Es ist jedoch naheliegend, dass infolge größerer Härte und Festigkeit eines Werkstoffes der Verschleiß eines Werkzeuges größer und damit dessen Standzeit kleiner wird. Daher wird von den Werkstoffherstellern gefordert, dass Festigkeit und Härte von Halbzeug einen maximalen Wert nicht überschreiten sollen.

Bild 1: Spanbildung an der Werkzeugschneide

4.3.3 Spanformen

Spanwerkzeuge haben eine Keilform, wobei auf der Spanfläche der eigentliche Span abläuft (Bild 1). Die entstehenden Späne können sehr unterschiedliche Formen aufweisen. Nach der Art ihrer Entstehung wird zwischen **Reiß-, Scher-** und **Fließspänen** unterschieden (Bild 2). Der Keil des Werkzeuges dringt ein und staucht dabei den Werkstoff vor der Spanfläche, der dann als Span abfließt. Dies führt zu starker lokaler Erwärmung. Infolgedessen unterscheidet sich der Werkstoff im Span (umgeformt) gegenüber dem sonst nicht veränderten Werkstoff im Werkstück. Die entstehende Spanform hängt von der Schnittgeschwindigkeit und dem Vorschub, aber auch von der Zähigkeit und dem Gefügeaufbau des zu zerspanenden Werkstoffs ab.

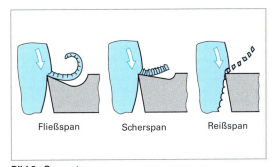

Bild 2: Spanarten

Bei duktilen Werkstoffen mit gleichmäßigem Gefügeaufbau wird der Span durch eine plastische Verformung gebildet, es entstehen **Fließspäne**. Bei Werkstoffen mittlerer Duktilität spricht man von **Scherspänen**: umgeformte Spanteile brechen zunächst schuppenförmig, können dann jedoch wieder zu einem Span verschweißen. Spröde Werkstoffe lassen sich kaum umformen und bilden beim Zerspanen **Reißspäne,** d. h. es werden kleine Spanteilchen aus der Werkstoffoberfläche herausgerissen. Gusseisen neigt beispielsweise zur Reißspanbildung. Mit steigender Duktilität von Werkstoffen werden sauberere Oberflächen und eine höhere Maßhaltigkeit beim Zerspanen erreicht.

4.3.4 Automatenlegierungen

Die Spanbildung ist für die automatische Zerspanung besonders wichtig, denn automatisch arbeitende Maschinen werden nur in geringem Maße überwacht. Es können daher nur Werkstoffe guter Zerspanbarkeit bearbeitet werden. Daher gibt es besondere **Automatenlegierungen,** die sich durch kurz brechende Späne auszeichnen. Automatenlegierungen werden durch das Hinzufügen geringer Mengen niedrig schmelzender, im Grundwerkstoff nicht löslicher Metalle wie Blei, Cadmium, Bismut oder Tellur erzeugt. Diese Zusätze werden **Spanbrecher** genannt. Die Späne brechen schon bei geringer Stauchung. Zudem ist die Reibung kleiner, da die Zusätze durch die Erwärmung aufgeschmolzen werden.

In Automatenstählen (Kapitel 6.5.13) wird der Schwefelgehalt auf bis zu 0,37 % erhöht, wobei auf einen ausreichenden Mangangehalt zu achten ist. Unter diesen Bedingungen bildet sich Mangansulfid (MnS), das spanbrechend wirkt. Zur Verbesserung der Zerspanbarkeit wird den Automatenstählen oft noch Blei zugesetzt (z. B. 11SMnPb37). Aluminiumwerkstoffen wird zur Verbesserung der Zerspanbarkeit ebenfalls Blei zulegiert, wie in AW-Al MgSiPb oder AW-Al CuPbMgMn. Die am besten zerspanbaren Messinge enthalten bis zu 2 % Blei, wie CuZn40Pb2. Angesichts der Giftigkeit von Blei unterliegt sein Einsatz jedoch zunehmend Einschränkungen.

4.4 Fügen

Mit **Fügen** wird das Zusammenbringen von zwei oder mehreren Werkstücken oder von Werkstoffen mit einem formlosen Stoff bezeichnet (DIN 8580). Füge- oder Montageaufgaben ergeben sich, wenn bestimmte Teilsysteme zu einem System höherer Komplexität zusammengebaut werden sollen. Es gibt mehrere Untergruppen des Fügens, die in Bild 1 zusammengestellt sind. Üblich sind auch die Einteilungskriterien kraftschlüssiges, formschlüssiges und stoffschlüssiges Verbinden.

Größere Wechselwirkungen des Fügens mit den Werkstoffeigenschaften ergeben sich vor allem bei den stoffverbindenden (stoffschlüssigen) Verfahren Löten und Schweißen, da diese Verfahren in der Wärme durchgeführt werden und zu Veränderungen in Gefüge und Zusammensetzung der zu verbindenden Werkstoffe führen können. Die nachfolgenden Ausführungen sollen sich daher auf diese Verfahren beschränken. Das Kleben wird in Kapitel 9.9.4.2 beschrieben.

Bild 1: Einteilung der Fügeverfahren nach DIN 8580 mit Beispielen

4.4.1 Schweißen

Schweißen ist das Vereinigen von Grundwerkstoffen oder, als Aufschweißen, das Beschichten eines Grundwerkstoffes unter Anwendung von Wärme oder von Druck oder von beiden ohne oder mit Schweißzusatzwerkstoffen. Es entsteht eine unlösbare Verbindung. Eine Übersicht der Schweißverfahren findet sich in DIN EN ISO 4063.

Das Verschweißen verschiedener Metalle gelingt am einfachsten, wenn diese miteinander völlig mischbar sind. Dagegen lassen sich Metalle, die miteinander intermetallische Verbindungen bilden, nicht gut durch Schmelzschweißen verbinden, da die entstehenden Verbindungen zu spröde sind. in diesen Fällen kann ein Zwischenwerkstoff eingebracht werden, der mit den beiden anderen Werkstoffen Mischkristalle bildet. Meistens werden jedoch Pressschweißverfahren angewendet, die zu guten Schweißverbindungen führen.

4.4.1.1 Schweißbarkeit

Der Begriff **Schweißbarkeit** ist komplex und sollte durch die Teilbegriffe **Schweißeignung, Schweißsicherheit** und **Schweißmöglichkeit** ersetzt werden, die, wie Bild 1, Seite 103, zeigt, sich gegenseitig beeinflussen. Die Schweißeignung ist die bestimmende werkstoffabhängige Größe.

4.4 Fügen

Eine gute **Schweißeignung** besitzen Werkstoffe mit ausreichender Zähigkeit. Das Gefüge muss in der Umgebung der Schweißnaht noch ausreichend verformbar bleiben, da sonst die Gefahr eines Sprödbruches besteht.

Bei der Auslegung geschweißter Bauteile ist somit die enge Verknüpfung bzw. Wechselwirkung zwischen Werkstoff, Konstruktion und Fertigung zu berücksichtigen. Alle drei Faktoren müssen aufeinander abgestimmt werden.

Die Wahl des Werkstoffes muss sich nach seinen mechanischen, physikalischen und chemischen Eigenschaften ausrichten und hat den zu erwartenden Betriebsbeanspruchungen in der gewählten Konstruktion zu genügen. Dabei sind die Auswirkungen der Erwärmung und Abkühlung im Bereich der Schweißung auf Gefügeänderungen und Eigenspannungen zu berücksichtigen.

Die konstruktive Gestaltung des Bauteiles muss so ausgeführt werden, dass bei dem gewählten Werkstoff das vorgesehene Schweißverfahren ohne Schwierigkeiten anwendbar ist.

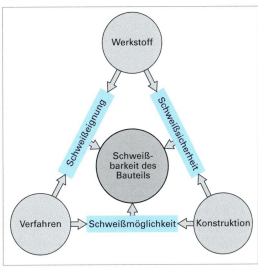

Bild 1: Abhängigkeit der Schweißbarkeit von Schweißeignung, -sicherheit und -möglichkeit

Die Fertigungsverfahren, insbesondere die Schweißverfahren, beeinflussen sowohl die konstruktive Gestaltung des Bauteiles als auch die Eigenschaften des Werkstoffes.

4.4.1.2 Einteilung der Schweißverfahren

Die Schweißverfahren werden unterschieden in Schmelzschweißen und Pressschweißen.

Zum **Schmelzschweißen** gehören alle Prozesse, bei denen das Schweißen bei örtlich begrenztem Schweißfluss ohne Anwendung von Kraft mit oder ohne Schweißzusatz erfolgt. Bild 2 gibt einen Überblick. Die größte Bedeutung haben das Gasschweißen sowie die Verfahren des Lichtbogenschweißens. Bei allen Schmelzschweißverfahren muss das schmelzflüssige Schweißbad besonders geschützt werden, um eine Reaktion mit dem Sauerstoff oder Stickstoff der Luft zu vermeiden. Außerdem besteht die Gefahr der Gasaufnahme bei einigen Werkstoffen.

Bild 2: Einteilung der Schmelzschweißverfahren (nach *Killing*)

Zum **Pressschweißen** zählen das Feuerschweißen, mit dem früher der Schmied zwei rotglühende Stahlteile auf dem Amboss durch Schmieden verbinden konnte, sowie das Abbrennstumpfschweißen und das elektrische Widerstandsschweißen. Zu Letzterem gehört auch das Punktschweißen.

Beim Schweißen muss auf gut gereinigte oxidfreie Oberflächen geachtet werden. Oxidschichten können im einfachsten Fall durch Bürsten entfernt werden oder auch durch eine plastische Verformung zerstört (z. B. Feuerschweißen, Punktschweißen), in einer reduzierenden Atmosphäre abgebaut (Schutzgasschweißen) oder mit einem Flussmittel verschlackt werden.

4.4.1.3 Beeinflussung der Werkstoffeigenschaften durch das Schweißen

Beim Schweißen werden sehr konzentrierte (punktförmige) Wärmequellen benutzt, so dass die Werkstoffe örtlich an der Schweißstelle aufgeschmolzen werden und damit die Werkstoffeigenschaften in erheblicher Weise verändert werden.

Da die Schweißzeiten nur wenige Sekunden betragen, entstehen extrem hohe Aufheiz- und Abkühlgeschwindigkeiten von bis zu 1000 K/s.

Dies führt in der Schweißnaht benachbarten Bereichen häufig zu unvollständigen Gefügeumwandlungen, zu Grobkornbildung verbunden mit gefährlichen Eigenspannungszuständen, zum Verzug der Bauteile oder sogar zu Rissen.

a) Wärmeeinflusszone (WEZ)

Bild 1: Schweißnähte im Schnittbild (Stahl)

Der Werkstoff wird an der Schweißstelle örtlich aufgeschmolzen. Dabei sind Aufheiz- und Abkühlgeschwindigkeit sehr groß, es findet eine örtliche Wärmebehandlung statt.

Der Bereich der Schweißverbindung reicht daher vom Grundwerkstoff bis zur eigentlichen Schweißnaht die aus dem aufgeschmolzenen Werkstoff bzw. Zusatzwerkstoff besteht. Dazwischen ist ein Bereich, in dem meist Gefüge- und damit auch Eigenschaftsänderungen stattfinden (Bild 1).

Diese Umgebung der Schweißnaht, die durch den Schweißprozess eine Gefügeänderung erfahren hat, wird als **Wärmeeinflusszone (WEZ)** bezeichnet. Die Ausbildung der WEZ kann sehr unterschiedlich sein. Sie ist abhängig von der Werkstoffart, dem Behandlungszustand und dem Schweißverfahren.

In Bild 1, Seite 105, ist als Beispiel der schematische Gefügeaufbau WEZ eines unlegierten Stahls mit 0,2 % C dargestellt. Diese beginnt immer mit einer Grobkornzone (nach der Schmelzzone), die in diesem Beispiel allmählich in das unveränderte Gefüge des Grundwerkstoffs übergeht.

Die in der WEZ eintretenden Eigenschaftsänderungen bestimmen in erheblichem Maße die Funktionssicherheit von Schweißkonstruktionen. Stark ausgeprägte Wärmeeinflusszonen treten bei den Schmelzschweißverfahren auf. Bei Schmelzschweißverfahren mit geringer Energiedichte (z. B. Gasschmelzschweißen) sind die WEZ breiter als bei solchen hoher Dichte, wie z. B. Plasma-, Elektronenstrahl- und Laserstrahlverfahren.

b) Eigenspannungen

Die großen Temperaturunterschiede im Bereich der Schweißnaht führen häufig zu Verzug und **Eigenspannungen**. Die Eigenspannungen können so groß werden, dass in Schweißkonstruktionen kein Verformungsbruch, sondern ein Sprödbruch auftritt.

Die Verhinderung oder Beseitigung des Verzugs ist ein fertigungstechnisches Problem. Es sind besondere Fertigungstechniken oder aber Nacharbeit erforderlich. Eigenspannungen und die damit verbundene Rissneigung und Sprödbruchgefahr können durch weitere Wärmebehandlungen (z. B. Spannungsarmglühen, Kapitel 6.4.3.3) abgebaut werden.

4.4 Fügen

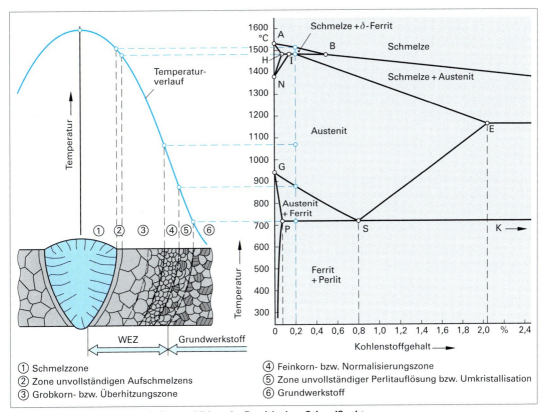

① Schmelzzone
② Zone unvollständigen Aufschmelzens
③ Grobkorn- bzw. Überhitzungszone
④ Feinkorn- bzw. Normalisierungszone
⑤ Zone unvollständiger Perlitauflösung bzw. Umkristallisation
⑥ Grundwerkstoff

Bild 1: Temperaturverlauf und Gefügeausbildung im Bereich einer Schweißnaht

c) Rissbildungen

Zu den gefährlichsten Problemen beim Schweißen gehört die Rissbildung im Schweißgut und in der WEZ. Diese Rissbildungen lassen sich teilweise nur schwer vermeiden, da die Mechanismen ihrer Entstehung komplex und die Ursachen häufig nur ungenügend bekannt sind. Bild 2 zeigt die wichtigsten Entstehungsorte von Rissen beim Schweißen.

In Abhängigkeit des Temperaturbereichs der Rissentstehung werden unterschieden:

- Heißrisse (Erstarrungs- und Aufschmelzrisse),
- Kaltrisse (Aufhärtungsrisse, wasserstoffinduzierte Risse, Terrassenbrüche, Ausscheidungsrisse).

Heißrisse

Heißrisse sind interkristalline oder interdendritisch verlaufende Werkstofftrennungen, die im Temperaturbereich zwischen der Solidus- und der Liquiduslinie entstehen. Im Hinblick auf ihre Entstehungsursache wird zwischen Erstarrungs- und Aufschmelzrissen unterschieden.

① Querriss in der WEZ
② Querriss im SG
③ Längsrisse im SG
④ Kaltriss in der WEZ
⑤ Bindefehler
⑥ Wurzelriss
⑦ Kantenriss

Bild 2: Rissbildungen in Schweißnähten

Erstarrungsrisse entstehen während der Kristallisation des Schweißgutes. Insbesondere bei krz-Metallen (z. B. Eisen) bilden sich bei der Erstarrung häufig schmale, lange Stängelkristalle deren Kristallisationsfronten Restschmelze vor sich herschieben.

Diese Restschmelze ist stark mit Begleitelementen, im Falle von Stählen insbesondere Schwefel und Phosphor, angereichert und hat eine niedrigere Erstarrungstemperatur im Vergleich zu den Dendriten. Am Ende der Erstarrung kann daher zwischen den bereits erstarrten Dendriten noch Restschmelze eingeschlossen sein, die beim Abkühlen keine Schrumpfspannungen aufnehmen kann, sodass Risse zwischen den Dendriten sowie an ihrer Stoßfront in der Mitte des Schweißgutes entstehen (Bild 1).

Mit der Bildung von Erstarrungsrissen ist insbesondere bei Werkstoffen mit großem Erstarrungsintervall ($\Delta T > 100$ K), bei hohem Schwefel- und Phosphorgehalt sowie bei einer verminderten Zähigkeit des Werkstoffs zu rechnen. Mit einer Heißrissbildung ist daher beispielsweise bei Stählen sowie bei Cu-Zn-Legierungen zu rechnen.

Bild 1: Mechanismus der Entstehung von Erstarrungsrissen

Aufschmelzrisse entstehen, im Gegensatz zu den Erstarrungsrissen, im Bereich der Schmelzlinie. Während der Aufheizphase findet eine Verflüssigung niedrigschmelzender Phasen an den Korngrenzen oder an mit Legierungselementen angereicherten Seigerungszonen im Grundwerkstoff statt. Thermische Ausdehnung und Kornwachstum führt dann zu einer Benetzung der Kornflächen. Die bei der anschließenden Abkühlung auftretenden Zugeigenspannungen bewirken noch vor der Erstarrung ein Aufreißen des Werkstoffs längs des flüssigen Korngrenzenfilmes. Bild 2 zeigt den Mechanismus der Entstehung von Aufschmelzrissen.

Bild 2: Mechanismus der Entstehung von Aufschmelzrissen

Aufschmelz- und Erstarrungsrisse können dabei ineinander übergehen.

Kaltrisse

Kaltrisse sind Risse, die im festen Zustand des Werkstoffs entstehen. Kaltrisse können sehr unterschiedliche Ursachen besitzen. Ihnen ist jedoch gemeinsam, dass sie bei schweißgerechter Konstruktion und fachgerechter Ausführung der Schweißung vermeidbar sind. Im wesentlichen sind die folgenden Kaltrisse zu unterscheiden:

- Aufhärtungsrisse,
- wasserstoffinduzierte Risse,
- Terrassenbrüche,
- Ausscheidungsrisse (Unterplattierungsrisse).

Aufhärtungsrisse entstehen nur beim Schweißen von Stählen. Ursache der Entstehung von Aufhärtungsrissen ist eine zur Stahlhärtung analoge Martensitbildung (Kapitel 6.4.4). Während des Aufheizens wird der unmittelbar an die Schmelzlinie angrenzende Bereich der WEZ austenitisiert. Aufgrund der beim Schweißen typischen raschen Abkühlung können im Bereich der WEZ mehr oder weniger hohe Martensitanteile entstehen (vgl. ZTU-Diagramme, Kapitel 6.4.4.13). Da Martensit praktisch keine Verformungsfähigkeit besitzt, können die Schweißeigenspannungen nicht mehr durch eine plastische Verformung abgebaut werden. Der Werkstoff reißt transkristallin durch die WEZ (Bild 1, Seite 107).

Während unlegierte Stähle mit einem C-Gehalt unter 0,22 % nur unwesentliche Aufhärtungen zeigen, steigt die Aufhärtungsrissgefahr mit zunehmendem Kohlenstoffgehalt bzw. mit zunehmendem Legierungsgehalt, aufgrund der Diffusionsbehinderung der Kohlenstoffatome (siehe auch Kapitel 6.4.4.6).

4.4 Fügen

Um bei niedriglegierten Stählen die Neigung zur Bildung von Aufhärtungsrissen in Abhängigkeit der chemischen Zusammensetzung zu quantifizieren, wurde bereits Mitte der vierziger Jahre von **Dearden** und **O'Neill** das **Kohlenstoffäquivalent** (CEV) vorgeschlagen. Mit Hilfe des Kohlenstoffäquivalentes ist es möglich, die rissbegünstigende Wirkung von Legierungselementen in eine äquivalente Kohlenstoffmenge umzurechnen und damit zu bewerten. Für die Berechnung des Kohlenstoffäquivalentes existieren mehr als zwei Dutzend ähnlicher, auf empirischer Basis abgeleiteter Beziehungen. Für $t_{8/5}$-Abkühlzeiten (Abkühlzeit zwischen 800 °C und 500 °C) von mehr als 10 s wird häufig die folgende Beziehung des internationalen Schweißinstituts (IIW) angewandt (siehe auch DIN EN 10025-1):

$$CEV = C + \frac{Mn}{6} + \frac{Cr + Mo + V}{5} + \frac{Ni + Cu}{15}$$

CEV: Kohlenstoffäquivalent in Masse-%

C, Mn, Cr usw.: Kohlenstoffgehalt bzw. Legierungskonzentration, jeweils in Masse-%

Eine gute Schweißbarkeit, ohne die Gefahr der Bildung von Aufhärtungsrissen, ergibt sich für ein Kohlenstoffäquivalent unter 0,40 %. Bei höheren Kohlenstoffäquivalenten muss zwecks Verminderung der Abkühlgeschwindigkeit vorgewärmt werden.

Durch das **Vorwärmen** wird das Temperaturgefälle zwischen Schweißgut und Grundwerkstoff verringert und damit der Anteil an Martensit in der Wärmeeinflusszone vermindert (Bild 1). Außerdem werden durch das Vorwärmen die Eigenspannungen reduziert. Die erforderlichen **Vorwärmtemperaturen** sind in Tabelle 1 zusammengestellt. Hierbei handelt es sich lediglich um Anhaltswerte, die unter anderem von der Materialdicke sowie von der Nahtart und der eingebrachten Streckenenergie des angewandten Schweißverfahrens abhängig sind.

Als Maß für die Rissneigung dient in der Praxis bei un- und niedriglegierten Stählen die Maximalhärte in der WEZ. Mit zunehmender Härte und damit abnehmender plastischer Verformungsfähigkeit des Werkstoffs wird die Wahrscheinlichkeit der Bildung von Aufhärtungsrissen größer, d. h. Schweißeigenspannungen können nicht mehr durch plastische Verformungen abgebaut werden. Tabelle 2 zeigt für un- und niedriglegierte Stähle den Zusammenhang zwischen Höchsthärte in der WEZ und der Neigung zur Bildung von Aufhärtungsrissen. Da Wasserstoff eine spröde Rissbildung begünstigt (s. u.), wird die Gefahr der Bildung von Aufhärtungsrissen zusätz-

Bild 1: Prinzip der Entstehung von Aufhärtungsrissen

Tabelle 1: Empfohlene Vorwärmtemperaturen in Abhängigkeit des Kohlenstoffäquivalents

Kohlenstoffäquivalent in %	Vorwärmtemperatur in °C
< 0,40	keine Vorwärmung
0,40 … 0,50	100 … 200
0,50 … 0,55	200 … 300
0,55 … 0,60	300 … 400

Tabelle 2: Zusammenhang zwischen Höchsthärte in der WEZ, maximalem Martensitgehalt und der Neigung zur Bildung von Aufhärtungsrissen

Höchsthärte in der WEZ HV 10	Martensitgehalt in %	Neigung zur Bildung von Aufhärtungsrissen
< 280	< 30	unwahrscheinlich[1]
280 … 350	30 … 50	unwahrscheinlich
350 … 450	50 … 70	möglich
> 450	> 70	wahrscheinlich

[1] ausreichende Betriebssicherheit auch ohne Wärmenachbehandlung

lich vom Schweißverfahren und dem damit verbundenen Wasserstoffangebot bestimmt. Die Angaben in Tabelle 2, Seite 107, sind daher lediglich als Anhaltswerte zu verstehen.

Wasserstoffinduzierte Risse entstehen beim Schweißen, sofern Wasserstoff in das Schweißgut und in die Wärmeeinflusszone gelangen kann. In Bild 1 sind am Beispiel einer Kehlnaht, typische Lagen wasserstoffinduzierter Risse dargestellt. Entsprechend ihrer Lage unterscheidet man dabei **Kerbrisse, Wurzelrisse, Unternahtrisse** und **Querrisse.**

Die Quelle des Wasserstoffs ist häufig eine feuchte Elektrodenumhüllung, ein feuchtes Schweißpulver oder feuchte Schweißgase. Aber auch die Luftfeuchtigkeit muss mitunter berücksichtigt werden. Verunreinigungen wie Rost, Farben und Fette können außerdem als Wasserstofflieferanten dienen.

Bild 1: Lage wasserstoffinduzierter Kaltrisse am Beispiel einer Kehlnaht

Gelangen das Wasser oder die Verunreinigungen in den Lichtbogenbereich, dann erfolgt eine Aufspaltung unter Freisetzung von Wasserstoff, der dann atomar oder in ionisierter Form in das Schmelzbad gelangt. Bei zügiger Erstarrung kann der Wasserstoff nicht mehr entweichen.

Für die Werkstoffschädigung durch Wasserstoff gibt es mehrere, teilweise komplexe Vorstellungen (siehe auch Kapitel 6.3.1.7).

Eine experimentell belegbare Vorstellung besteht darin, dass sich Wasserstoff in elastisch bzw. plastisch verformten Gitterbereichen von Fehlstellen (Risse, Mikroporen, Einschlüsse, usw.) anreichert, die Bindungsenergie zwischen den Metallatomen vermindert und somit einen spröden Rissfortschritt begünstigen kann (Dekohäsionstheorie, Kapitel 6.3.1.7). Befindet sich im Zentrum des wasserstoffversprödeten Bereiches eine Pore oder ein Einschluss, dann entstehen kreisrunde Bruchflächen, die als **Fischaugen** bezeichnet werden.

Da die Rissentstehung eine Diffusion des Wasserstoffs voraussetzt, treten wasserstoffinduzierte Kaltrisse nicht unmittelbar nach dem Schweißen sondern oftmals erst mit einer zeitlichen Verzögerung auf, die bis zu mehreren Tagen betragen kann. Man spricht daher auch von **verzögerter Rissbildung**.

Für die Entstehung wasserstoffinduzierter Kaltrisse sind neben einer entsprechenden Wasserstoffkonzentration auch innere oder äußere mechanische Spannungen wie z. B. Eigenspannungen und das Gefüge (Bainit oder Martensit) im Schweißgut bzw. in der WEZ entscheidend (Bild 2).

Zur Vermeidung wasserstoffinduzierter Rissbildungen muss die aufgenommene Wasserstoffmenge reduziert werden. Dies kann u. a. durch Trocknung der Elektroden sowie des Schweißpulvers sowie durch Entfernung von Rost, Fetten und Lackresten erfolgen. Auch eine unmittelbar im Anschluss an das Schweißen durchgeführte Spannungsarmglühung oder ein ein- bis mehrstündiges **Wasserstofffreiglühen (soaking)** bei etwa 250 °C, kann die Gefahr der Rissbildung infolge einer Verminderung der Eigenspannungen stark reduzieren.

Eine zusätzliche Vorwärmung der Werkstücke vor dem Schweißen vermindert die Abkühlgeschwindigkeit und begünstigt damit die Wasserstoffeffusion. Außerdem wird die Gefahr der Entstehung von Aufhärtungsrissen deutlich vermindert.

Bild 2: Voraussetzungen für die Entstehung wasserstoffinduzierter Risse

4.4 Fügen

Terrassenbrüche (Lamellenrisse) entstehen, falls Schweißkonstruktionen wie z. B. T-Stöße in Dickenrichtung auf Zug beansprucht werden. Die Risse liegen dabei nicht in einer Ebene, sondern sie verlaufen parallel zur Blechoberfläche und werden durch kurze, annähernd senkrechte Rissumlenkungen unterbrochen (Bild 2, Seite 194).

Ursache derartiger Risse sind nichtmetallische Einschlüsse wie z. B. Mangansulfide (MnS), die durch Walz- oder Schmiedevorgänge abgeflacht und langgestreckt wurden und somit als flächenförmige Fehlstellen eine Zähigkeitsverminderung in Dickenrichtung bewirken. Dementsprechend ist mit dem Auftreten von Terrassenbrüchen bevorzugt in Walz- oder Schmiedeerzeugnissen zu rechnen, die senkrecht zur Faserrichtung beansprucht werden.

Terrassenbrüche können werkstoffbezogen durch Verminderung des Schwefelgehalts vermieden werden. Auch konstruktiv kann der Entstehung von Terrassenbrüchen vorgebeugt werden. In Bild 1 sind eine Reihe üblicher Maßnahmen zusammengestellt.

Ausscheidungsrisse sind interkristalline Risse in der WEZ nahe der Schmelzlinie. Sie entstehen durch die Ausscheidung spröder Phasen während des Schweißens oder bei einer nachfolgenden Wärmebehandlung (z. B. Spannungsarmglühung). Besonders betroffen sind hierbei Stähle mit leicht löslichen Carbiden wie zum Beispiel TiC, NbC, VC.

Bild 1: Konstruktive Maßnahmen zur Vermeidung von Terrassenbrüchen

Während des Schweißens lösen sich diese Carbide auf und werden bei der anschließenden Abkühlung nur teilweise wieder ausgeschieden, so dass ein übersättigter Mischkristall vorliegt. Während einer nachfolgenden Spannungsarmglühung werden diese Elemente dann vollständig ausgeschieden und führen zu einer Verfestigung des Kornes. Dabei können entlang der Korngrenzen ausscheidungsfreie Zonen entstehen. Da der Formänderungswiderstand der Korngrenzen hierdurch erheblich geringer ist im Vergleich zum Korn selbst, laufen die mit einer Spannungsarmglühung einher gehenden plastischen Verformungen bevorzugt im Korngrenzenbereich ab, so dass dort eine Rissbildung begünstigt wird. Besonders gefährdet sind dementsprechend Stähle, die infolge ihrer Legierungszusammensetzung zur Ausscheidungshärtung durch Carbide neigen.

d) Korrosionsbeständigkeit

Neben den mechanischen werden auch andere Eigenschaften durch das Schweißen ungünstig beeinflusst. Insbesondere Korngrenzenausscheidungen wie die **Chromcarbide** in den austenitischen Cr-Ni- und vor allem den ferritischen bzw. martensitischen Cr-Stählen, verschlechtern die Korrosionsbeständigkeit und führen zu einer der gefährlichsten Korrosionsformen überhaupt, der interkristallinen Korrosion. Aufgrund ihrer außerordentlich großen Bedeutung sowie der Gefahr, die von dieser Form der Korrosion ausgeht, sollen der Entstehungsmechanismus sowie die möglichen Abhilfemaßnahmen nachfolgend beschrieben werden.

Die **interkristalline Korrosion (IK)**, die in der Praxis auch als **Kornzerfall** bezeichnet wird, kann unter anderem nach dem Schweißen oder Wärmebehandeln (z. B. Spannungsarmglühen) kohlenstoffreicher austenitischer Cr-Ni-Stähle bzw. ferritischer oder martensitischer Cr-Stähle auftreten. Obwohl diese Werkstoffe die Gruppe der nichtrostenden Stähle bilden, bedeutet dies nicht zwangsläufig, dass sie eine allgemein gute Korrosionsresistenz aufweisen.

Die Passivität der nichtrostenden Stähle ist nur gegeben, sofern mehr als etwa 12 % Chrom mit Eisen einen Substitutionsmischkristall bilden (Kapitel 6.5.10). Werden diese Stähle auf höhere Temperaturen erwärmt, dann finden im Stahl ausgeprägte Diffusionsvorgänge statt. Für die interristalline Korrosion ist dabei die Diffusion der Eisen- und Kohlenstoffatome von Bedeutung.

Unter dem Einfluss einer Wärmeeinwirkung scheiden sich im Temperaturbereich zwischen etwa 350 °C und 800 °C chromreiche Sondercarbide vom Typ $(Cr,Fe)_{23}C_6$ bevorzugt an den Korngrenzen aus, da dort ihre Keimbildung aber auch die Diffusion von Chrom und Kohlenstoff gegenüber dem Korninnern erleichtert ist. Die Matrix verarmt zunehmend an Chrom, da der Chromgehalt der Carbide weit über 50 % beträgt. Fällt der Chromgehalt unter die Resistenzgrenze von 12 %, dann bildet sich im Bereich der an Chrom verarmten Korngrenze keine Schutzschicht mehr aus und der Stahl verliert dort seine chemische Beständigkeit. Bei Zutritt eines wässrigen Mediums beobachtet man dann eine verstärkte selektive Auflösung der nunmehr gegenüber dem Korn unedlen Korngrenze (Bild 1). Der beschriebene Mechanismus wird auch als **Chromverarmung** bezeichnet.

Bild 1: Interkristalline Korrosion an einem nichtrostenden Cr- oder Cr-Ni-Stahl

Da die Auflösung der unedlen Korngrenze besonders schnell voranschreiten kann und die Korrosionsprodukte aufgrund ihrer geringen Menge praktisch nicht sichtbar sind, bleibt, sofern keine zerstörungsfreie Rissprüfung stattfindet, der Verlust des Kornzusammenhaltes in der Regel unbemerkt.

Für das Schweißen und Wärmebehandeln der nichtrostenden Stähle ist die Frage nach Höhe und Dauer einer Temperatureinwirkung, die zur Auslösung von interkristalliner Korrosion führt, von besonderer Bedeutung, da eine Chromcarbidbildung noch nicht zwangsläufig zur interkristallinen Korrosion führen muss.

Hierfür gibt es zwei Gründe:

1. Ist der Kohlenstoffgehalt des Stahles gering, dann ist die verfügbare Kohlenstoffmenge nicht ausreichend, um durch Chromcarbidbildung eine zusammenhängende chromverarmte Zone im Korngrenzenbereich auszubilden. Chromcarbide finden sich nur vereinzelt längs der Korngrenze und eine Chromverarmung findet nur lokal statt. Mit interkristalliner Korrosion muss nicht gerechnet werden (Bild 1, Seite 111, Teilbild oben links).

2. Bei Stählen mit höheren Kohlenstoffgehalten findet die Chromcarbidbildung in deutlich größerem Umfang statt, so dass sich eine zusammenhängende chromverarmte Zone ausbilden kann (Bild 1, Seite 111, Teilbild oben rechts). Sobald der Chromgehalt in diesem Bereich unter die Resistenzgrenze von ca. 12 % abgesunken ist, muss mit Anfälligkeit gegenüber interkristalliner Korrosion gerechnet werden. Man spricht auch von **Sensibilisierung** des Stahles. Bei längeren Glühzeiten diffundiert jedoch Chrom aus dem Korninnern an die Korngrenzen nach, ohne dass sich weitere Chromcarbide bilden, da der interstitiell gelöste Kohlenstoff bereits in den vorhandenen Chromcarbiden abgebunden wurde. Der Chromgehalt an der Korngrenze kann dann wieder über die Resistenzgrenze von 12 % steigen. Mit interkristalliner Korrosion muss dann nicht mehr gerechnet werden.

Um in der Praxis die Höhe und Dauer einer zur interkristallinen Korrosion führenden Wärmeeinwirkung abschätzen zu können, wurden **Zeit-Temperatur-Ausscheidungs-Diagramme** entwickelt, die in der Praxis auch als **Kornzerfallschaubilder** bezeichnet werden.

Bild 1, Seite 111 (unteres Teilbild), zeigt beispielhaft das Kornzerfallschaubild eines ferritischen Chrom- und eines austenitischen Cr-Ni-Stahls. Innerhalb der markierten Kornzerfallfelder besteht grundsätzlich die Gefahr der interkristallinen Korrosion.

4.4 Fügen

Die Abbildung zeigt auch, dass ein Auftreten von Chromcarbiden noch nicht gleichbedeutend mit einer Anfälligkeit gegenüber interkristalliner Korrosion sein muss, da erst ein durch die Carbidbildung bedingtes Absinken des Chromgehaltes unter die Resistenzgrenze eine Anfälligkeit für interkristalline Korrision (IK) hervorruft.

Oberhalb der temperaturabhängigen Löslichkeitsgrenze für Kohlenstoff im Austenitgitter (etwa 950 °C) findet keine Ausscheidung von Chromcarbiden mehr statt.

Ferritische Cr-Stähle und austenitische Cr-Ni-Stähle verhalten sich hinsichtlich ihrer IK-Empfindlichkeit völlig unterschiedlich. Bild 1 zeigt, dass die Kornzerfallsfelder ferritischer Cr-Stähle zu deutlich kürzeren Zeiten verschoben und für eine interkristalline Korrosion daher deutlich anfälliger sind. Dies hat zwei Gründe:

1. Das krz-Gitter des Ferrits hat eine deutlich geringere Löslichkeit für Kohlenstoffatome (Kapitel 6.2.1.1). Damit ist die Tendenz zur Chromcarbidbildung deutlich erhöht.

Bild 1: Kornzerfallschaubilder für ferritische Cr- und austenitische Cr-Ni-Stähle

2. Die Diffusionsgeschwindigkeit des Kohlenstoffs ist im krz-Gitter des Cr-Stahls deutlich höher im Vergleich zum kfz-Gitter des Cr-Ni-Stahls (Bild 2, Seite 56). Eine zur interkristallinen Korrosion führende Sensibilisierung erfolgt daher bereits bei tieferen Temperaturen und kürzerer Glüh- bzw. Haltedauer.

Dieser grundsätzliche Unterschied in der IK-Empfindlichkeit macht sich vor allem beim Schweißen bemerkbar. Die in Bild 1 eingezeichnete Abkühlkurve (Linie A) könnte dem Temperatur-Zeit-Verlauf in der Wärmeeinflusszone (WEZ) nach einer Schweißung entsprechen. Die Abbildung verdeutlicht, dass bei den ferritischen Stählen eine Chromcarbidbildung und damit eine IK-Anfälligkeit in der WEZ praktisch nicht zu umgehen ist, während ein austenitischer Stahl, sofern die Wärmeeinbringung begrenzt wird (dünnere Bleche, keine Mehrlagenschweissungen), keine IK-Anfälligkeit zeigt.

Zur Vermeidung von interkristalliner Korrosion oder zur Erhöhung der IK-Beständigkeit gibt es auf Basis des geschilderten Mechanismus verschiedene Möglichkeiten:

1. **Verminderung des Kohlenstoffgehaltes.** Eine Verminderung des Kohlenstoffgehaltes führt zu einer Verschiebung der Kornzerfallsfelder zu tieferen Temperaturen und längeren Glühzeiten und vermindert damit die Gefahr der interkristallinen Korrosion deutlich (Bild 2). Sehr beständige Stahlsorten ergeben sich, wenn der Kohlenstoffgehalt unter die temperaturabhängige Löslichkeitsgrenze abgesenkt wird. Bei den krz Cr-Stählen etwa unter 0,01 % und bei den kfz Cr-Ni-Stählen unter 0,03 %.

Bild 2: Einfluss des Kohlenstoffgehalts auf die Lage des Kornzerfallsfeldes (Cr-Ni-Stähle)

Von besonderer technischer Bedeutung sind die austenitischen Cr-Ni-Stähle mit Kohlenstoffgehalten unter 0,03 %. Sie sind gegen interkristalline Korrosion sehr beständig und erlauben daher auch das Verschweißen dicker Bleche (größere Wärmeeinbringung, langsamere Abkühlung im Innern), die Durchführung einer Mehrlagenschweißung oder einer Spannungsarmglühung. Diese Cr-Ni-Stähle werden auch als **ELC-Stähle** bezeichnet (ELC: extra low carbon).

Beispiele: X2CrNi19-11 (Wst.-Nr. 1.4306) mit etwa 0,02 % C

X2CrNiMo17-12-2 (Wst.-Nr. 1.4404) mit etwa 0,02 % C

Zwar besitzen die ELC-Stähle eine gute Beständigkeit gegenüber interkristalliner Korrosion, jedoch aufgrund des geringen Kohlenstoffgehaltes auch niedrige Dehngrenzen im Bereich von etwa 200 MPa. Durch Legieren mit Stickstoff (in der Regel 0,1 % bis 0,3 %) kann dieser Nachteil ausgeglichen werden. Analog dem Kohlenstoff, lagert sich auch Stickstoff auf Zwischengitterplätzen in das Kristallgitter ein und erhöht damit, je nach Stahlsorte, insbesondere die Dehngrenze auf 270 MPa bis 400 MPa, in Einzelfällen auch etwas höher.

Beispiel: X2CrNiN18-10 (Wst.-Nr. 1.4311) mit 0,12 bis 0,22 % N

2. **Zugabe stabilisierender Legierungselemente (Stabilisierung).** Legierungselemente wie Titan oder Niob (seltener Tantal) besitzen eine besonders hohe Affinität zum Kohlenstoff. Anstelle von Chromcarbiden bilden sich die besonders stabilen Carbide wie TiC, NbC oder TaC. Um die interkristalline Korrosion zu unterdrücken muss mindestens eine dem stöchiometrischen Verhältnis entsprechende Legierungsmenge zugesetzt werden (bei TiC: Ti/C = 4/1, bei NbC: Nb/C = 7,7 : 1). Da die Stähle auch etwas Stickstoff enthalten, die mit beiden Elementen Nitride bilden und die Legierungselemente daher in gewissen Umfang binden, wird in der Praxis höher legiert. Die üblicherweise verwendete Mindestmenge beträgt:

Ti ≥ 5 · C bzw. Nb (oder Ta) ≥ 10 · C

Typische Vertreter sind die titanstabilisierten oder die niobstabilisierten Cr-Ni-Stähle:

Beispiele: X6CrNiTi18-10 (Wst.-Nr. 1.4541) mit etwa 0,4 % bis 0,8 % Ti

X6CrNiMoTi17-12-2 (Wst.-Nr. 1.4571) mit etwa 0,4 % bis 0,8 % Ti

Beispiele: X6CrNiNb18-10 (Wst.-Nr. 1.4550) mit 0,4 % bis 0,8 % Nb

X6CrNiMoNb17-12-2 (Wst.-Nr. 1.4580) mit 0,4 % bis 0,8 % Nb

Die titanstabilisierten Cr-Ni-Stähle besitzen allerdings die unangenehme Eigenschaft, dass sich die Titancarbide in Schlierenform ausscheiden. Dies kann nicht nur zu einer optischen Schattierung der Oberfläche in Form einer **„Holzmaserung"** führen, auch die mitunter geforderte gute Schleif- und Polierbarkeit des Materials kann dadurch negativ beeinträchtigt werden.

In Extremfällen ist gar mit einem Aufbrechen der Oberfläche oberhalb der Titanschlieren zu rechnen. Ist diese unerwünscht, so muss auf die mit Niob stabilisierten Qualitäten zurückgegriffen werden. Nicht nur die austenitischen Cr-Ni-Stähle, auch die ferritischen Chromstähle können mit Hilfe der genannten Legierungselemente (Ti, Nb, Ta) stabilisiert werden. Die Legierungsgehalte sind den Austeniten vergleichbar.

3. Zugabe von Legierungselementen, die das **Sensibilisierungsverhalten** beeinflussen. Neben Ti, Nb oder Ta können auch andere Legierungselemente die Beständigkeit gegenüber interkristalliner Korrosion verbessern. Vom Molybdän ist bekannt, dass es die Kornzerfallsfelder zu höheren Temperaturen verschiebt, und Stickstoff verzögert den Beginn der Chromcarbidbildung.

4. **Lösungsglühen und Abschrecken.** Eine bereits aufgetretene Chromcarbidbildung kann durch Lösungsglühen bei etwa 1050 °C bis 1150 °C wieder rückgängig gemacht werden, da sich bei dieser Temperatur die Chromcarbide wieder auflösen. Im Anschluss ist jedoch eine schnelle Abkühlung (Abschrecken) aus der Glühtemperatur erforderlich, um eine erneute Chromcarbidbildung zu vermeiden. Die austenitischen Cr-Ni-Stähle werden daher generell im lösungsgeglühten und abgeschreckten Zustand angeliefert.

Da die vielfältigen Veränderungen der Werkstoffeigenschaften durch das Schweißen im Rahmen dieses Lehrbuches nicht umfassend beschrieben werden können, muss an dieser Stelle auf die weiterführende Literatur verwiesen werden.

Trotz der genannten Probleme in Zusammenhang mit dem Schweißen, wächst seine Bedeutung ständig. Schweißverbindungen sind anderen Fügeverfahren wie Schraub- oder Nietverbindungen wirtschaftlich und technisch überlegen. Die Fehlermöglichkeiten beim Schweißen sind weitgehend bekannt und werden durch entsprechend entwickelte Verfahren minimiert. Außerdem ist es durch die Entwicklung und den Einsatz von Schweißrobotern gelungen, die Fehlermöglichkeiten weiter zu reduzieren.

4.4 Fügen

Auch beim Handschweißen, das für Einzelfertigungen und kleine Serien sowie bei Reparaturen weiterhin eine große Bedeutung besitzt, sind die Fehlermöglichkeiten deutlich verringert worden. Zur Sicherstellung einer gleichbleibenden Schweißqualität, müssen die Schweißer in regelmäßigen Abständen Schweißeignungsprüfungen ablegen. Außerdem können Verbesserungen erreicht werden, falls nach dem Schweißen Wärmebehandlungen wie zum Beispiel eine Spannungsarm- oder Normalglühen durchgeführt werden.

4.4.2 Löten

Löten ist ein thermisches Verfahren zum stoffschlüssigen Fügen und Beschichten von Werkstoffen, wobei eine flüssige Phase durch Schmelzen eines Lots oder durch Diffusion an den Grenzflächen entsteht. Die Schmelztemperatur des Grundwerkstoffs wird dabei nicht erreicht.

Aufgrund seiner Vorteile wird das Löten zum Verbinden unterschiedlicher Werkstoffe in allen Bereichen der Industrie, insbesondere zum Fügen dünnwandiger Bauteile und bei beschränkter Zugänglichkeit der Fügestelle, erfolgreich eingesetzt.

4.4.2.1 Vor- und Nachteile des Lötens

Das Löten hat gegenüber dem Schweißen (Kapitel 4.4.1) oder dem Kleben eine Reihe verfahrenstypischer Vor- aber auch Nachteile. Die Vorteile des Lötens sind:

- Relativ einfache Mechanisierbarkeit bzw. Automatisierbarkeit.
- Geringere thermische Belastung der zu fügenden Teile, insbesondere bei niedrigschmelzenden Lotwerkstoffen (Weichlöten). Damit ist auch mit geringem Verzug und nur geringfügigen Gefügeveränderungen zu rechnen.
- Metallurgische Reaktionen (s. u.) treten nur in sehr geringem Umfang auf. Damit kann die Wahl des Lotwerkstoffs nahezu unabhängig von den zu verbindenden Grundwerkstoffen erfolgen.
- Lötverbindungen sind elektrisch und thermisch leitfähig.

Demgegenüber hat das Löten die folgenden Nachteile:
- Geringe Festigkeit der Lötverbindungen gegenüber einer Schweißverbindung, jedoch im allgemeinen höhere Festigkeit als Klebeverbindungen.
- Elektrochemische Korrosion durch Flussmittelreste möglich.
- Teilweise hohe Kosten für die Lotwerkstoffe.

4.4.2.2 Einteilung der Lötverfahren

Im Hinblick auf die Arbeitstemperatur des Lotwerkstoffs unterscheidet man das **Weichlöten, Hartlöten** und **Hochtemperaturlöten** (Bild 1).

4.4.2.3 Lötmechanismus

Der Lötvorgang kann in drei Abschnitte unterteilt werden.

1. Benetzung des Grundwerkstoffs durch das flüssige Lot. Auf der oxidfreien Oberfläche des Grundwerkstoffs breitet sich das Lot aus und benetzt den Grundwerkstoff (Bild 1a, Seite 114).

Bild 1: Einteilung der Lötverfahren

2. Eindringen des flüssigen Lotes in den (richtig dimensionierten) Lötspalt aufgrund der **Kapillarwirkung**. Das Flussmittel wird dabei verdrängt (Bild 1b, Seite 114). Da mit abnehmender Spaltbreite b der **kapillare Fülldruck** steigt, dringt das flüssige Lot besser in den Spalt ein. Die optimalen Spaltbreiten liegen zwischen 0,05 mm und 0,5 mm. Unterhalb einer Spaltbreite von 0,05 mm ist ein Eindringen nicht mehr möglich, oberhalb von 0,5 mm ist hingegen der kapillare Fülldruck zu gering (Bild 1c, Seite 114).

3. Ausbildung einer Diffusions- oder Legierungszone. Ist die Temperatur ausreichend hoch, so kommt es durch atomare Platzwechselvorgänge in der Randschicht zu Diffusionsvorgängen. Durch gegenseitige Diffusion von Atomen des Grundwerkstoffs (A_{GW}) in das Lot bzw. (in geringerem Umfang) von Atomen des Lots (A_L) in den Grundwerkstoff, bildet sich bei ausreichend hoher Temperatur eine **Diffusions-** oder **Legierungszone** ($D = D_L + D_{GW}$) die primär aus Mischkristallen besteht (Bild 2).

Die Dicke D dieser Zone ist für die mechanische Festigkeit einer Lötverbindung von entscheidender Bedeutung. Sie hängt vom System Grundwerkstoff/Lot, der Lötzeit und von der Löttemperatur ab. Für die verschiedenen Verfahren ergeben sich die folgenden Anhaltswerte:

- Hochtemperaturlöten: $D \geq 100$ µm
- Hartlöten: $D \approx 10$ µm
- Weichlöten: $D \leq 0{,}5$ µm (kaum feststellbar)

Neben der Ausbildung einer Diffusionszone ist allerdings auch die Bildung intermetallischer Verbindungen möglich. Diese sind in der Regel zwar hart und spröde, sie beeinträchtigen die Qualität der Lötverbindung jedoch nur in untergeordnetem Maße. Damit sind, im Gegensatz zu Schweißverbindungen, metallurgische oder werkstoffliche Überlegungen bei der Auswahl geeigneter Lote im allgemeinen von untergeordneter Bedeutung.

Bild 1: Benetzung des Grundwerkstoffs und Eindringen des flüssigen Lots in den Lötspalt

Bild 2: Ausbildung einer Diffusionszone beim Löten

Benetzt das Lot den Grundwerkstoff, dann ist eine Lötung prinzipiell möglich. Diese geringen metallurgischen Schwierigkeiten haben den großen Vorteil, dass sie das Verbinden artverschiedener (unverträglicher) Werkstoffe erleichtern.

4.4.2.4 Metallurgische Probleme beim Löten

In einigen Fällen können beim Löten metallurgische Probleme auftreten. Am weitesten verbreitet ist dabei der Lötbruch sowie die Ausbildung spröder Eisenphosphidschichten beim Löten von Stahl.

a) Lötbruch

Im Temperaturbereich oberhalb von 850 °C können Oberflächenrisse durch Benetzung oberflächennaher Korngrenzen mit flüssigen Metallen wie Kupfer, Zinn oder Zink entstehen. Die genannten Elemente können in relativ kurzer Zeit längs der Korngrenzen in den Grundwerkstoff eindiffundieren, den Kornzusammenhalt zerstören und zu interkristalliner Rissbildung führen (Bild 3).

Voraussetzung für das Auftreten von Lötbruch sind innere und/oder äußere Zugspannungen (z. B. Wärmespannungen oder Eigenspannungen). Lötbruch tritt bevorzugt bei Verwendung kupferhaltiger Lote auf.

Bild 3: Lötbruch

4.4 Fügen

Zur Vermeidung von Lötbruch müssen konstruktive Voraussetzungen geschaffen werden, die eine Dehnungsbehinderung bei Temperaturänderungen ausschließen. Vorhandene Eigenspannungen müssen vor dem Lötvorgang beseitigt werden. Besonders günstig sind ein spannungsarm- oder normalgeglühter Ausgangszustand des Grundwerkstoffs sowie eine langsame und gleichmäßige Erwärmung (Vermeidung von Wärmespannungen durch ungleichmäßige Wärmezufuhr).

b) Ausbildung von Eisenphosphidschichten

Beim Löten von Stahl mit phosphorhaltigen Loten wie z. B. CP202 (L-CuP7) entsteht eine nur wenige µm dicke, extrem spröde und damit schlagempfindliche Eisenphosphidschicht (Fe_3P). Die phosphorhaltigen Lotsorten sind zum Löten von Stählen daher nicht geeignet.

4.4.2.5 Flussmittel, Lötatmosphären und Vakuum

Voraussetzung für eine einwandfreie Lötverbindung ist ein rein metallischer Kontakt zwischen schmelzflüssigem Lot und festem Metall. Da Oxidschichten auf der Metalloberfläche den beim Löten erforderliche Kontakt verhindern, müssen sie vor dem Löten entfernt werden. Dies geschieht in der Regel (ggf. nach einer Vorreinigung) mit Hilfe von Flussmitteln, Schutzgasen oder Vakuum.

a) Flussmittel

Aufgabe der Flussmittel ist es, sowohl die Oxidschicht zu reduzieren als auch deren Neubildung zu verhindern und die Reaktionsprodukte abzutransportieren. Flussmittel sind überwiegend Salzgemische in Pulver-, Pasten- oder flüssiger Form.

Die Wahl eines geeigneten Flussmittels hängt von drei wesentlichen Faktoren ab:

1. Der Art der zu lösenden Oxide (schwer löslich z. B. bei Titan, Aluminium und Chrom, leicht löslich z. B. bei Kupfer und Stahl).

Bild 1: Wirk- und Arbeitstemperatur beim Löten

2. Der Arbeitstemperatur des Lotes. Die Wirkung des Flussmittels muss unterhalb der **Arbeitstemperatur** des Lotes einsetzen und über die maximale Löttemperatur hinaus reichen d. h. die Arbeitstemperatur des Lots muss im **Wirktemperaturbereich** des Flussmittels liegen (Bild 1). Flussmittel und Lot müssen daher unbedingt aufeinander abgestimmt sein. Dementsprechend gibt es kein universelles Flussmittel, das zum Löten aller Grundwerkstoffe geeignet wäre.

3. Das Flussmittel muss einen gleichmäßigen, dichten Überzug bilden, dessen Wirksamkeit bei der Löttemperatur über die Dauer der Lötzeit erhalten bleibt. Die Wirkzeit des Flussmittels beträgt bei Löttemperatur nur etwa 4 bis 5 min.

Flussmittelreste wirken zum Teil stark korrosiv und müssen daher nach dem Löten häufig entfernt werden. Dies führt jedoch zu einer Verminderung der Wirtschaftlichkeit des Verfahrens.

- **Flussmittel zum Weichlöten** sind in DIN EN 29 454-1 genormt. Die heute international gültige Kennzeichnung erfolgt durch Ziffern für Flussmitteltyp, Flussmittelbasis und Flussmittelaktivator sowie durch die Kennbuchstaben A (flüssig), B (fest) und C (pulverförmig).
  Beispiel: Flussmittel 1.2.2. C: Flussmittel von Typ „Harz" (1), ohne Kolophonium mit Halogenen aktiviert (2) und in Pastenform (C) geliefert.

- **Flussmittel zum Hartlöten** sind in DIN EN 1045 genormt. Die Norm unterscheidet zwei unterschiedliche Klassen zum Hartlöten: Klasse FH zum Hartlöten von Schwermetallen (z. B. Kupfer, Nickel, Molybdän, Wolfram und Edelmetalle) sowie von Stählen und die Klasse FL zum Hartlöten von Aluminium und dessen Legierungen. Dem Kennbuchstaben folgt eine zweistellige Ziffer (Ordnungszahl).
  Beispiel: Flussmittel FH20: Flussmittel zum Hartlöten (Vielzweckflussmittel) mit einem Wirktemperaturbereich von 700 °C bis 1000 °C. Das Flussmittel enthält Borverbindungen, sodass die korrosiven Rückstände entfernt werden müssen.

b) Schutzgase

Anstelle von Flussmitteln können auch Schutzgase oder Vakuum verwendet werden. Man unterscheidet zwischen reduzierend wirkenden und inerten Schutzgasen.

- **Reduzierend wirkende Schutzgase** enthalten reduzierende Bestandteile wie H_2 oder CO. Mit zunehmender Stabilität der Oxide muss allerdings die Löttemperatur ansteigen, damit deren chemische Reduktion erfolgen kann. Schwer lösliche Oxide wie die des Titans oder Aluminiums, lassen sich in reduzierenden Schutzgasatmosphären bei noch beherrschbaren Temperaturen nicht mehr lösen und sind daher unter Schutzgas nicht lötbar.

- **Inerte Schutzgase** wie Argon werden zum Löten hochlegierter Stähle verwendet. Gegenüber den reduzierend wirkenden Schutzgasen sind sie explosionssicher.

Das Löten unter Schutzgas geschieht ausschließlich in teuren Ofenlötanlagen und ist daher nur für die Serienfertigung wirtschaftlich.

c) Vakuum

Auch Vakuum hat die Eigenschaft, Oxide während des Lötens zu lösen, wenngleich der Wirkmechanismus noch nicht genau bekannt ist. Löten im Vakuum erfordert sehr teure Anlagen, man erhält jedoch Lötverbindungen, deren mechanische Gütewerte von keinem anderen Lötverfahren erreicht werden.

Im Vakuum wird bei Temperaturen oberhalb von 600 °C und mit Drücken zwischen $10^{-10} \dots 10^{-5}$ MPa (entspricht $10^{-9} \dots 10^{-4}$ bar) gearbeitet. Das Verfahren wird bei der Fertigung von Elektronen- und Senderöhren sowie im Turbinenbau erfolgreich angewandt.

4.4.2.6 Lotwerkstoffe

Als Lote werden meist Legierungen verwendet, seltener reine Metalle, deren Schmelztemperatur jedoch unter dem Schmelzpunkt der zu verbindenden Metalle liegt. Die Lote werden in Form von Blöcken, Bändern, Folien, Stangen, Drähten, Fäden, als Lotformteile sowie in Pulver- und Pastenform geliefert.

Üblicherweise unterscheidet man zwischen Weich- und Hartloten.

Tabelle 1: Typische Weichlote (Auswahl)

Legierungs-gruppe	Legierungs-Nr.	Legierungs-kurzzeichen	Arbeitstemperatur in °C	Anwendungsbeispiele
Zinn-Blei und Blei-Zinn	101	S-Sn63Pb37	183	Feinwerktechnik
	102	S-Sn63Pb37E	183	Elektronik, gedruckte Schaltungen
	103	S-Sn60Pb40	183 ... 190	gedruckte Schaltungen
	111	S-Pb50Sn50	183 ... 215	Elektroindustrie, Verzinnung
	114	S-Pb60Sn40	183 ... 238	Feinblechpackungen, Metallwaren
	116	S-Pb70Sn30	183 ... 255	Klempnerarbeiten, Zink, Zinklegierungen
	124	S-Pb98Sn2	320 ... 325	Kühlerbau
Zinn-Blei mit Antimon	131	S-Sn63Pb37Sb	183	Feinwerktechnik
	132	S-Sn60Pb40Sb	183 ... 190	Feinwerktechnik, Elektroindustrie
	134	S-Pb58Sn40Sb2	185 ... 231	Kühlerbau
	136	S-Pb74Sn25Sb1	185 ... 263	Bleilötungen
Zinn-Blei-Bismut	141	S-Sn60Pb38Bi2	180 ... 185	Feinlötungen
Zinn-Blei-Kupfer	161	S-Sn60Pb39Cu1	183 ... 190	Elektrogerätebau, Feinwerktechnik
	162	S-Sn50Pb49Cu1	183 ... 215	
Zinn-Blei-Silber	171	S-Sn62Pb36Ag2	179	Elektrogeräte, gedruckte Schaltungen
Blei-Silber	182	S-Pb95Ag5	304 ... 370	für hohe Betriebstemperaturen Elektromotore, Elektrotechnik
Blei-Zinn-Silber	191	S-Pb93Sn5Ag2	296 ... 301	
Bismut-Zinn	301	S-Bi58Sn42	139	Schmelzsicherungen
Zinn-Silber	701	S-Sn96Ag4	221 ... 228	Kupferrohrinstallation

a) Weichlote

Weichlote (Tabelle 1, S. 116) zeichnen sich durch eine niedrige Arbeitstemperatur (< 450 °C) aber auch durch eine geringe Festigkeit der Lötverbindung aus. Sie bestehen traditionell aus Blei und Zinn **(Zinnlote)**, denen je nach Verwendungszweck noch Antimon, Bismut, Cadmium, Kupfer oder Silber zulegiert wird (Tabelle 1, Seite 116). Der Zinngehalt liegt zwischen 2 % und 90 %.

Blei-Zinn-Weichlote besitzen bei einem Massenanteil von 61,9 % Zinn einen eutektischen Schmelzpunkt von 183 °C sowie eine hohe Viskosität (Bild 2, Seite 81) und sind daher besonders zur Herstellung gut leitfähiger Verbindungen geeignet. Lote mit einem höheren Bleigehalt haben entsprechend dem Zustandsdiagramm ein Schmelzintervall (teigiger Zustand) und lassen sich daher gut verstreichen **(Schmierlote)**.

Trotz guter Fügeeigenschaften ist der Einsatz dieser Lote stark rückläufig. Grund ist die Giftigkeit des Bleis, sodass es zahlreiche gesetzliche Regelungen zur Beschränkung des Bleizusatzes gibt (RohS-Richtinie für die Elektronik, Altautoverordnung, Trinkwasserverordnung). Für spezielle Anwendungen wurden auf Basis anderer niedrigschmelzender Metalle (Bi, In oder Cd) weitere Weichlote entwickelt. So besitzen beispielsweise die **bismuthaltigen Lote** eine sehr niedrige Schmelz- und damit Löttemperatur (47 °C bis 144 °C).

Indiumhaltige Weichlote sind zum Löten edelmetallbeschichteter Oberflächen geeignet, da sie Silber und Gold weniger schnell lösen. Sie werden auch in der Halbleiterfertigung sowie zum Löten von Glas- und Keramikteilen eingesetzt und sind in der Vakuum- und Tieftemperaturtechnik einsetzbar.

Goldhaltige Weichlote mit Zusätzen an Silicium, Zinn, Antimon oder Germanium werden schließlich bei der Fertigung von Halbleiterbauelementen verwendet und haben eine hervorragende Temperatur(wechsel)beständigkeit sowie eine hohe Zugfestigkeit.

b) Hartlote

Hartlote (Tabelle 1, Seite 118) sind in DIN EN ISO 17672 genormt und werden in unterschiedliche Gruppen eingeteilt (Tabelle 1, Seite 118). Die Schmelztemperaturen der Hartlote (600 °C bis 1100 °C) sowie die erzielbare Festigkeit liegen höher im Vergleich zu den Weichloten. Die verschiedenen Hartlote sind im wesentlichen abgestimmt auf die zu lötenden Grundwerkstoffe.

- **Kupferhartlote** bestehen aus sauerstofffreiem Kupfer oder Kupferlegierungen mit Zink oder Zinn. Sie werden vorzugsweise zum Hartlöten von Eisen- und Nickelwerkstoffen sowie von Kupfer verwendet. Die Arbeitstemperaturen liegen etwa zwischen 640 °C und 1100 °C. Die phosphorhaltigen Sorten CuP 286 bis CuP 386 wie z. B. CuP 180 sind zum Löten von Stählen nicht geeignet, da sie eine dünne, extrem spröde Eisenphosphidschicht (Fe_3P) bilden würden (s.o.).

- **Silberhaltige Hartlote** haben niedrigere Arbeitstemperaturen als Hartlote auf Kupferbasis und erlauben somit ein werkstoff- und werkstückschonendes Löten. Die Lote werden zum Löten von Stählen und Temperguss sowie von Kupfer, Nickel und deren Legierungen eingesetzt. Auch Chrom, Cr-Ni-Stähle, Wolfram- und Molybdän-Werkstoffe sowie Hartmetalle auf Stahl können mit einigen Loten aus dieser Gruppe gefügt werden. Im Umgang mit den cadmiumhaltigen Universalloten dieser Gruppe, wie Ag 350, müssen aufgrund der Toxizität des Cadmiums Sicherheitsvorschriften beachtet werden.

- **Aluminiumhartlote** eignen sich für das Löten von Aluminiumwerkstoffen. Das wichtigste Lot ist die eutektische Legierung Al 112. Mit diesen Loten lassen sich vor allem Reinaluminiumsorten gut hartlöten. Mg- und Si-haltige Aluminiumlegierungen vermindern die Benetzbarkeit und senken die Solidustemperatur des Grundwerkstoffs bis in die Nähe der Arbeitstemperatur der eingesetzten Lote.

- **Nickelhartlote** werden vorwiegend zum Hochtemperaturlöten von un- und niedriglegierten Stählen sowie von Nickel, Cobalt und deren Legierungen verwendet.

- **Vakuumhartlote** dienen zum Hartlöten hochreaktiver Werkstoffe wie Titan, Zirkonium und Beryllium im Vakuum. Sie bestehen aus Edelmetallen wie Gold, Silber oder Platin und ggf. Kupfer und sind dementsprechend sehr teuer. Die Arbeitstemperaturen liegen zwischen 720 °C und 1770 °C (reines Platin). Die Verwendung von Flussmitteln ist aufgrund der Abwesenheit einer oxidierenden Umgebung nicht erforderlich. Die Lötflächen müssen jedoch sorgfältig gereinigt und nach dem Löten nachbehandelt werden (spülen und trocknen). Der Vorteil der sehr teuren Vakuumhartlote liegt in einer deutlichen Verbesserung der mechanischen Gütewerte.

Tabelle 1: Hartlote nach DIN EN ISO 17 672 (Auswahl)

Bezeichnung[1]			Schmelztemp. Solidus/Liquidus in °C	Lötbare Grundwerkstoffe
DIN EN ISO 17 672	DIN EN 1044 (zurückgezogen)	UNS.-Nr.[2]		
Kupferhartlote				
Cu 141	CU 104	C11000	1085	• Cu und Cu-Legierungen • Ni und Ni-Legierungen • Stähle und Temperguss • Gusseisenwerkstoffe[3]
Cu 188	CU 106	C18803	1070/1080	
Cu 470 a	CU 301	–	875/895	
Cu 773	CU 305	C77300	890/920	
Cu 922	CU 201	C92201	910/1040	
Cu 925	CU 202	C92501	825/990	
Silberhartlote[4]				
Ag 134	AG 106	P07130	630/730	• Stähle (unlegiert und legiert) • CrNi-Stähle • Temperguss • Cu und Cu-Legierungen • Ni und Ni-Legierungen • Cr-, W- und Mo-Werkstoffe • Hartmetalle auf Stahl, Edelmetalle
Ag 145	AG 104	P07145	640/680	
Ag 160	AG 402	P07600	600/730	
Ag 212	AG 207	P07212	800/830	
Ag 225	AG 205	P07254	700/790	
Ag 350	AG 301	P07500	625/635	
Ag 351	AG 351	P07501	635/655	
Ag 449	AG 502	P07490	680/705	
Aluminiumhartlote				
Al 107	AL 102	A94343	575/615	Al und Al-Legierungen der Typen AlMn, AlMgMn und AlSi. Bedingt für: AlMg und AlMgSi bis 2 %Mg
Al 110	AL 103	A94045	575/590	
Al 112	AL 104	A94047	575/585	
Nickelhartlote				
Ni 610	NI 1A1	N99610	980/1060	• Ni und Ni-Legierungen • Co und Co-Legierungen • Stähle (unlegiert und legiert)
Ni 630	NI 103	N99630	980/1040	
Ni 650	NI 105	N99650	1080/1135	
Ni 710	NI 107	N99710	890	

[1] Nach DIN EN ISO 3677 werden die Kurzzeichen der Hartlote aus einem vorangestellten B, der Zusammensetzung und dem Schmelzbereich gebildet also: Ag 145 entspricht B-Ag45CuZnSn-640/680 (nach DIN EN ISO 3677).
[2] UNS = Unified Numbering System
[3] Die phosphorhaltigen Sorten (CP101 bis CP302) sind zum Löten von Stählen, Temperguss oder Gusseisenwerkstoffen ungeeignet.
[4] Die weitere Einteilung der Silberbasislote kann in die AgCuCdZn-Gruppe, AgCuZn(Sn)-Gruppe mit > 20% Ag, in Ag-Lote mit < 20 % Ag und in die Sonderhartlote auf Silberbasis erfolgen.

4.5 Beschichten

Beschichten ist nach DIN 8580 Fertigen durch Aufbringen einer fest haftenden Schicht aus formlosem Stoff auf ein Werkstück. Die Einteilung der Beschichtungsverfahren geschieht dabei unter dem Gesichtspunkt des Zustandes des Beschichtungsstoffes unmittelbar vor dem Beschichten (Bild 1, Seite 119). In den nachfolgenden Kapiteln sollen die technisch wichtigsten Beschichtungsverfahren aus werkstofftechnischer Sicht besprochen werden. Von besonderer Bedeutung sind dabei die spezifischen Eigenschaften des Beschichtungsstoffes sowie die Wechselwirkungen zwischen Grundwerkstoff (Substrat) und dem Beschichtungsstoff.

Das Beschichten dient
- zur Verbesserung der Korrosionsbeständigkeit,
- zur Verbesserung der Oberflächenhärte und Verschleißbeständigkeit,
- zum Erzielen bestimmter physikalischer Eigenschaften wie elektrische Isolation oder elektrische Leitfähigkeit, Wärmeisolation sowie Verminderung des Reibungsbeiwertes,
- zur Reparatur von Verschleißschäden,
- zur Metallisierung (z. B. Kunststoffe),
- zum Aufbringen von Haftgrundschichten,
- für dekorative Zwecke.

4.5 Beschichten

Bild 1: Einteilung der Beschichtungsverfahren nach DIN 8580 mit Beispielen

4.5.1 Beschichten aus dem flüssigen Zustand

Zu den technisch wichtigsten Verfahren des Beschichtens aus dem flüssigen Zustand gehören das **Schmelztauchen**, das **Emaillieren** und das Anstreichen.

4.5.1.1 Schmelztauchen

Das Eintauchen eines Werkstücks in ein flüssiges Überzugsmetall (Schmelztauchen) ist das am häufigsten angewandte Verfahren zum Aufbringen eines metallischen Überzugs. Das Überzugsmetall diffundiert dabei in die oberflächennahe Schicht des Werkstücks ein und bildet mit dem Basismetall Mischkristalle oder intermetallische Phasen, die **Legierungszone**. Beim Herausziehen des Werkstücks aus dem Bad bleibt außerdem eine Deckschicht des Überzugsmetalls auf der Oberfläche haften.

Bild 2: PKW-Karosserie als Beispiel eines verzinkten Bauteils

Die Badtemperatur sowie die Verweilzeit des Werkstücks im Bad bestimmen die Schichtdicke und mitunter auch das Gefüge der Legierungsschicht. Im Gegensatz zum Galvanisieren (Kapitel 4.5.5.1) können beim Schmelztauchen dickere und damit gegenüber Korrosion besser schützende Schichten erzeugt werden.

Bild 3: Aufbau einer Zinkschicht auf Stahloberflächen

Die Hauptanwendung des Schmelztauchens ist die Beschichtung von Stahlblechen und Stahlprofilen im Sinne eines Korrosionsschutzes. Das bekannteste Beispiel ist das **Feuerverzinken** von Stahlteilen (Bild 2). Im Zinkbad diffundiert ein Teil des Zinks in die Oberfläche des zu behandelnden Bauteils ein und bildet dort eine Zink-Eisen-Legierungsschicht, auf der sich beim Herausziehen aus dem Zinkbad die Reinzinkschicht ablagert (Bild 3).

Neben dem Feuerverzinken können auch andere Metalle, insbesondere solche mit niedriger Schmelztemperatur wie Aluminium **(Feueraluminieren)** auf Stahloberflächen aufgebracht werden. Aufgrund des hohen Zinnpreises wird das **Feuerverzinnen**, beispielsweise für die Herstellung von beschichteten Verpackungsblechen **(Weißbleche)**, nicht mehr angewandt. Es wurde durch das Galvanisieren (Kapitel 4.5.5.1) verdrängt, da Letzteres das Aufbringen wesentlich dünnerer Zinnschichten erlaubt.

4.5.1.2 Emaillieren

Das Emaillieren eignet sich zur Erzeugung von dauerhaften, witterungsbeständigen Schutzschichten auf metallischen Grundwerkstoffen wie Stahl oder Aluminium. Eine Emailschicht ist ein anorganisch-nichtmetallischer, sehr harter und fester Überzug, der einen guten Schutz gegenüber Korrosion bietet, indem er den Zutritt des korrosiv wirkenden Umgebungsmediums zur Metalloberfläche unterbindet.

In der Chemietechnik kann die Lebensdauer einer Emailschicht bei alkalischem Angriff 2 bis 3 Jahre, bei saurem Angriff 18 bis über 36 Jahre betragen. Emailschichten sind allerdings spröde und dementsprechend empfindlich gegenüber Stößen und Schlägen. Abgeplatzte Stellen lassen sich nicht ausbessern.

Zum Emaillieren wird die Grundmasse, im Wesentlichen eine Mischung aus 30 bis 70 % SiO_2 (Quarz), 5 bis 30 % B_2O_3, 3 bis 20 % Al_2O_3, 2 bis 20 % TiO_2 (als Trübungsmittel), 15 bis 30 % R_2O (R = Na, K, usw.), 2 bis 10 % CaO, 0,5 bis 3 % Haftoxide, 1 bis 10 % Farbkörper, in Breiform auf die fertig bearbeitete, sauber gebeizte oder sandgestrahlte Oberfläche aufgetragen und bei 780 °C bis 900 °C etwa 10 Minuten eingebrannt.

Das Grundemail enthält im Falle des Emaillierens von Eisenwerkstoffen Haftoxide, die durch elektrochemische Reaktionen an der Metalloberfläche die Haftung bewirken. Auf die Grundglasur werden anschließend auf die gleiche Weise noch ein oder zwei Deckemailschichten aufgebracht, die in den gewünschten Farben eingefärbt werden können und für die Gebrauchseigenschaften der Emailschicht verantwortlich sind.

Emaillierte Erzeugnisse werden nicht nur im Bereich Heizung und Sanitär (z.B. Herde, Gasgeräte, Wannen) eingesetzt, sondern wegen ihrer Verschleiß- und chemischen Beständigkeit auch im Fahrzeugbau, in der chemischen Industrie und im Bauwesen. Spezialemails können außerdem Metalle bis zu einer Temperatur von 1000 °C bis 1200 °C gegen Oxidation schützen.

4.5.1.3 Anstreichen und Lackieren

Durch das Anstreichen und Lackieren werden organische Beschichtungen aufgebracht, die überwiegend dem Korrosionsschutz dienen. Verwendung finden Ölfarben und Öllacke sowie Kunststofflacke.

Ein Schutz des Grundmetalls durch **Ölfarben** oder **Öllacke** ist nur dann zu erwarten, falls die Schicht das Werkstück vollständig einhüllt und die Schicht an keiner Ecke oder Kante unterbrochen oder so dünn ist, dass sie leicht beschädigt werden kann.

Der Vorteil der **Kunststofflacke** gegenüber den Öllacken ist die erhöhte Witterungsbeständigkeit. Man unterscheidet thermoplastische und duroplastische Kunststofflacke. Die thermoplastischen Kunststofflacke enthalten an Luft verdunstende Lösungsmittel und sind nach dem Härten elastisch. Duroplastische Kunststofflacke müssen eingebrannt werden.

4.5.2 Beschichten aus dem körnigen oder pulverförmigen Zustand

Zu den technisch wichtigsten Verfahren des Beschichtens aus dem körnigen oder pulverförmigen Zustand gehören das **Wirbelsintern** sowie die Verfahren des **thermischen Spritzens**.

4.5.2.1 Wirbelsintern

Das Wirbelsintern ist ein Verfahren zur Oberflächenbeschichtung von Metallen mit thermoplastischen oder duroplastischen Kunststoffen. Nach Reinigung der Oberfläche wird

Bild 1: Wirbelsintern (schematisch)

das zu beschichtende Werkstück auf ca. 200 °C (oberhalb der Fließ- bzw. Vernetzungstemperatur des Kunststoffes) erwärmt und einige Sekunden in das durch Druckluft aufgewirbelte Pulver getaucht. Der Kunststoff schmilzt bzw. vernetzt auf der Oberfläche und bildet dabei einen homogenen und glatten Überzug (Bild 1).

4.5.2.2 Thermisches Spritzen

Thermische Beschichtungsverfahren (DIN EN 657) sind Techniken zum Beschichten von Bauteilen mit Materialien unterschiedlicher Art zum Schutz gegen Korrosion, Verschleiß, zum Erzielen bestimmter elektrischer oder magnetischer Eigenschaften, u.v.m. Bild 1, Seite 121, zeigt die Einteilung der heute gebräuchlichen Verfahren.

Mit Hilfe des thermischen Spritzens können nahezu alle Basis- und Überzugsmetalle miteinander kombiniert werden. Als Überzugsmetalle bzw. Legierungen dienen häufig (Beispiele):

4.5 Beschichten

Bild 1: Einteilung der Verfahren des thermischen Spritzens nach DIN EN 657

- Cr- und Cr-Ni-Stähle (als Korrosionsschutz)
- NE-Metalle wie Zn, Al, Ti, Mo, AlMg-, ZnAl- und NiCr-Legierungen (als Korrosionsschutz)
- Cu- und Sn-Lagermetalle (zur Verbesserung der Gleiteigenschaften)
- Molybdän (als Verschleißschutzschicht)

Auch keramische Werkstoffe (z. B. Al_2O_3, Cr_2O_3, Carbide, Nitride usw.) können durch thermisches Spritzen verarbeitet werden, bevorzugt jedoch als Verschleißschutzschichten.

a) Flammspritzen

Beim Flammspritzen, das bereits im Jahre 1912 entwickelt wurde, wird das Deckmetall meist als Draht (**Drahtflammspritzen,** Bild 2) oder Pulver (**Pulverflammspritzen,** Bild 3) einer Spritzpistole zugeführt, in einer Brenngas-Sauerstoff-Flamme geschmolzen, mittels eines starken Luftstroms zerstäubt und auf die Werkstückoberfläche aufgeschleudert. Auf diese Weise werden nicht nur Korrosionsschutzschichten (Zink, Reinaluminium, Al-Mg-Legierungen), sondern auch Verschleißschutzschichten (Molybdän, unlegierte und legierte Stähle, WCo, Cr_3C_2-Ni, TiC-Co und TiC-Ni) oder Gleitschichten aufgebracht. Auch abgenutzte Teile können durch das Metallspritzen wieder auf ihre Gebrauchsmaße gebracht werden.

b) Lichtbogenspritzen

Das Lichtbogenspritzen (Bild 4) wurde bereits 1915 beschrieben. Eine industrielle Anwendung fand es jedoch erst in den 50er-Jahren. Beim Lichtbogenspritzen werden zwei Metalldrähte gleicher oder unterschiedlicher Art mit geregeltem Drahtvorschub in eine Spritzpistole eingeführt.

Bild 2: Drahtflammspritzen

Bild 3: Pulverflammspritzen

Bild 4: Lichtbogenspritzen

Die stromführenden Spritzdrähte laufen anschließend bis zur Berührung aufeinander zu. Der entstehende Lichtbogen erreicht Temperaturen bis zu 6500 °C, wobei die Metalldrähte aufgeschmolzen werden. Mit Hilfe eines Gasstromes (in der Regel Druckluft) wird das flüssige Metall auf die Werkstückoberfläche aufgeschleudert.

Das Lichtbogenspritzen ist ein sehr wirtschaftliches Verfahren und besitzt durch eine vielfältige Anlagentechnik sowie durch ein großes Angebot an Beschichtungswerkstoffen ein breites Anwendungsspektrum. Da eine Flamme fehlt, können mit diesem Verfahren auch Kunststoffe oder sogar Papiere beschichtet werden.

Wichtige Anwendungen und Beschichtungsstoffe sind:
- Korrosionsschutz (Zink, Reinaluminium, Al-Mg- und Cu-Al-Legierungen),
- Verschleißschutz (Molybdän, un- und hochlegierte, insbesondere nichtrostende Stähle),
- Reparatur von Verschleißschäden (Reinaluminium, Al-Mg-Legierungen, un- und hochlegierte Stähle),
- Metallisierung von Kunststoffgehäusen (Kupfer),
- Aufbringen von Haftgrundschichten (Molybdän, Ni-Cr- und Ni-Al-Legierungen).

Durch das gleichzeitige Verspritzen zweier (oder mehrerer) unterschiedlicher Metalle (z. B. Stahl und Cu-Sn-Legierung) entstehen so genannte **Pseudo-Legierungen.** Diese werden u. a. bei hoch beanspruchten Gleitlagern eingesetzt.

c) Plasmaspritzen

Beim Plasmaspritzen, das erstmals im Jahre 1939 Anwendung fand, wird ein Arbeitsgas (z. B. Ar oder N_2) zwischen einer anodisch gepolten Plasmadüse und einer Wolframkatode in den Plasmazustand überführt. In dem etwa 15 000 K heißen Plasmastrahl wird der in der Regel pulverförmige Spritzzusatzwerkstoff injiziert, aufgeschmolzen und auf den Grundwerkstoff aufgeschleudert (Bild 1).

Bild 1: Plasmaspritzen

Wichtige Anwendungen und Beschichtungsstoffe sind:
- Korrosionsschutz (Zink, Aluminium, Titan, Molybdän, Zn-Al-, Al-Mg- und Ni-Cr-Legierungen),
- Verschleißschutz (Molybdän, Ni-Cr-, Ni-Cr-Al- und CoCrWC-Legierungen, Al_2O_3, Cr_2O_3, Cr_3C_2, WC, TiC, AlN und CrN),
- Elektrische Leitung (Wolfram),
- Elektrische Isolation (Al_2O_3),
- Wärmeisolation (Al_2O_3, ZrO_2, $ZrO_2 \cdot 7 Y_2O_3$),
- Aufbringen von Haftgrundschichten (Nickel, Zn-Al-, Ni-Cr- und Ni-Cr-Al-Legierungen).

4.5.3 Beschichten durch Schweißen

Zum Beschichten durch Schweißen zählt nur das **(Schmelz-)Auftragschweißen.** Falls von der Auftragschicht spezielle Gebrauchseigenschaften gefordert werden, werden artfremde Zusatzwerkstoffe verwendet. Das Auftragschweißen wird aus folgenden Gründen angewandt:
- Auftragschweißen von Panzerungen mit einem gegenüber dem Grundwerkstoff verschleißfesten Auftragwerkstoff wie zum Beispiel Molybdän.
- Auftragschweißen von Plattierungen **(Schweißplattieren)** mit einem gegenüber dem Grundwerkstoff chemisch beständigen Auftragwerkstoff, insbesondere Cr-Ni-Stähle und Nickelbasislegierungen.
- Auftragschweißen von Pufferschichten, um eine beanspruchungsgerechte Verbindung zwischen Grund- und Beschichtungsstoff herzustellen. Die Pufferschichten müssen dabei gute Zähigkeitseigenschaften aufweisen.
- Auftragschweißen von durch Verschleiß beeinträchtigten Werkstoffbereichen zur Wiederherstellung der ursprünglichen Werkstückform. Bei diesem Verfahren werden vorzugsweise schweißgeeignete Zusatzwerkstoffe verwendet.

4.5.4 Beschichten aus dem gas- oder dampfförmigen Zustand

Das Abscheiden aus der Gasphase dient dem Aufbringen sehr dünner (< 20 μm) Korrosions- oder Verschleißschutzschichten auf Werkstückoberflächen. Mit diesen Verfahren können sowohl reine Metalle als auch Hartstoffschichten aufgebracht werden. Für den Korrosionsschutz, insbesondere in der chemischen Industrie, haben sich Hartstoffschichten auf Titanbasis wie TiC, TiN, Ti(C,N) sehr gut bewährt. Ein großer Vorteil dieser Dünnschichten besteht darin, dass die beschichteten Werkstücke nicht mehr nachbearbeitet werden müssen.

Bei der Gasphasenabscheidung unterscheidet man:
- Chemische Abscheidung aus der Gasphase (**C**hemical **V**apour **D**eposition, **CVD,** Bild 1)
- Physikalische Abscheidung aus der Gasphase (**P**hysical **V**apour **D**eposition, **PVD,** Bild 1, S. 124)

4.5.4.1 CVD-Verfahren

Ein CVD-Verfahren ist ein Prozess, bei dem die Beschichtungswerkstoffe gasförmig zur Werkstückoberfläche geführt werden. Lange Zeit war für die Beschichtung das Hochtemperatur-CVD-Verfahren üblich. Seit einigen Jahren wird mit neuen Prozessvarianten auch bei niedrigen Temperaturen beschichtet. Heute unterscheidet man im Wesentlichen drei verschiedene Varianten der CVD-Beschichtung:

- Hochtemperatur-CVD-Verfahren (HT-CVD) bei 900 °C bis 1100 °C
- Mitteltemperatur-CVD-Verfahren (MT-CVD) bei 700 °C bis 900 °C
- Plasmaaktivierte-CVD-Verfahren (P-CVD) bei 450 °C bis 650 °C

a) Hochtemperatur-CVD-Verfahren

Bei Temperaturen von etwa 900 °C bis 1100 °C wird die Mischung aus einem Prozessgas (z. B. ein Metallhalogenid wie $TiCl_4$) und einem reaktiven Gas (z. B. CH_4) in den nahezu evakuierten und beheizten Reaktionsraum eingeleitet (Bild 1). An der Werkstückoberfläche findet dann die gewünschte schichtbildende Reaktion durch Zersetzung des Prozessgases und Umsetzung mit dem reaktiven Gas statt.

Beispiel: $TiCl_4 + CH_4 \rightarrow TiC + 4\,HCl$

Reaktionsgase (z. B. HCl) sowie Nebenprodukte werden kontinuierlich abgesaugt. Die Beschichtungsdauer kann, je nach gewünschter Schichtdicke, bis zu 10 Stunden betragen.

Bild 1: CVD-Beschichtungsanlage

Die Vorteile des Verfahrens sind:
- HT-CVD-Schichten haben aufgrund ihrer Dicke eine hohe Verschleißbeständigkeit.
- Die Haftfestigkeit zwischen Hartstoff und Substrat (z. B. Hartmetall) ist sehr hoch.
- Aufgrund der diffusen Teilchenbewegung in der Gasatmosphäre erhält man eine gleichmäßige, von der Werkstückgeometrie nahezu unabhängige Schichtdicke.

Diesen Vorteilen steht jedoch der Nachteil gegenüber, dass aufgrund der hohen Prozesstemperatur unerwünschte Gefügeveränderungen (z. B. Grobkornbildung) oder Ausscheidungsvorgänge auftreten können. Außerdem ist nach der Beschichtung von Werkzeug- und Vergütungsstählen eine erneute Wärmebehandlung (Härten bzw. Vergüten) erforderlich.

b) Mitteltemperatur-CVD-Verfahren

Da die hohen Prozesstemperaturen des Hochtemperatur-CVD-Verfahrens zu unerwünschten Gefügeveränderungen führen können, ist man bestrebt, CVD-Beschichtungen auch bei tieferen Temperaturen durchzuführen. Durch Veränderung der Zusammensetzung des Reaktionsgases ist es zwischenzeitlich möglich, CVD-Beschichtungen bei 700 °C bis 900 °C aufzubringen. Diese Verfahren werden als Mitteltemperatur-CVD-Verfahren (MT-CVT-Verfahren) bezeichnet.

c) Plasmaaktiviertes-CVD-Verfahren

Im P-CVD-Verfahren erfolgt die Abscheidung der Hartstoffschichten bei Temperaturen zwischen 450 °C und 650 °C. Abgeschieden werden Hartstoffschichten wie:

- Titancarbid (TiC)
- Titannitrid (TiN)
- Titancarbonitrid (Ti(C,N))
- Aluminiumoxid (Al_2O_3)
- Mehrlagige Schichten in beliebiger Reihenfolge

Aufgrund der niedrigen Temperatur reicht die thermische Energie allein nicht mehr aus, um eine chemische Reaktion zur Bildung der Hartstoffphase aus der Gasphase einzuleiten. Deshalb wird dem Prozess durch ein gepulstes Plasma einer Niederdruckglimmentladung zusätzlich Energie zugeführt. Auf diese Weise werden chemische Reaktionen möglich, die im thermodynamischen Gleichgewicht nur bei wesentlich höheren Temperaturen ablaufen können. Durch die niedrige Temperatur bleiben die Eigenschaften des Substrats weitgehend unbeeinflusst.

4.5.4.2 VD-Verfahren

Der nur bei 200 °C bis 600 °C arbeitende PVD-Prozess bietet in vielen Fällen Vorteile, da die hohen Arbeitstemperaturen zumindest des HT- und MT-CVD-Verfahrens zu einer Reihe unerwünschter Veränderungen des Basiswerkstoffs führen können.

Mit den PVD-Verfahren (Bild 1) wird der Beschichtungswerkstoff durch einen Elektronenstrahl, einen Lichtbogen oder durch Katodenzerstäubung (Sputtern) zunächst verdampft. Auf der Werkstückoberfläche scheidet sich dann das reine Metall ab oder die Schicht entsteht auf der Werkstückoberfläche durch Reaktionen von in der Gasphase anwesenden Bestandteilen. Im letzteren Fall spricht man vom **reaktiven PVD-Beschichten**, das streng genommen nicht mehr als rein physikalisch, sondern als Mischform von CVD- und PVD-Verfahren angesehen werden muss.

Zwischen dem PVD-Verfahren und dem HT- bzw. MT-CVD-Verfahren gibt es wesentliche Unterschiede:

- Die Prozesstemperatur ist mit 200 °C bis 600 °C beim PVD-Verfahren relativ niedrig, so dass die Temperaturbelastung des zu beschichtenden Werkstücks gering ist. Daher lassen sich auch temperaturempfindliche Substratwerkstoffe (z. B. Kunststoffe) sowie hartgelötete Bauteile beschichten.
- PVD-Schichten weisen Druckeigenspannungen auf, welche die Gefahr einer Rissbildung bei stoßartiger Beanspruchung vermindern. Andererseits begrenzen sie jedoch die Schichtdicken auf derzeit 3 µm bis 5 µm.
- Im PVD-Verfahren zu beschichtende Werkstücke bedürfen einer sehr sorgfältigen Oberflächenvorbehandlung und Prozessführung, um eine ausreichende Schichthaftung zu gewährleisten. CVD-Beschichtungen weisen hingegen eine vergleichsweise bessere Schichthaftung auf.
- Aufgrund von Abschattungseffekten können bei der PVD-Beschichtung gleichmäßige Schichtdicken zum Teil nur durch sehr aufwändige Vorrichtungen für die Rotation der zu beschichtenden Teile erreicht werden. Innenkonturen sind grundsätzlich nur bis zu einem Tiefen/Durchmesserverhältnis von 1 beschichtbar, da sich die Schichtdicke mit zunehmender Tiefe verringert.
- Mit dem PVD-Verfahren können eine hohe Anzahl von Schichtsystemen realisiert und viele Substratwerkstoffe beschichtet werden.

Um die Beschichtungsmetalle in die Gasphase zu überführen, stehen bei den PVD-Verfahren drei verschiedene Möglichkeiten zur Verfügung:

- Katodenzerstäuben (Sputtern),
- Ionenplattieren (Ion-Plating),
- Vakuumverdampfen.

Bild 1: Prinzip der PVD-Beschichtung mittels Katodenzerstäubung

4.5 Beschichten

a) Katodenzerstäuben (Sputtern)

Beim auch als Sputtern bezeichneten Katodenzerstäuben wird zwischen dem Beschichtungsmaterial (z. B. Ti) und dem Werkstück eine hohe Spannung (500 V bis 5000 V) angelegt. Im dabei entstehenden starken elektrischen Feld werden die im Reaktionsraum befindlichen Gasmoleküle (meist Argon) über Stoßprozesse ionisiert (Glimmladung). Die dadurch erzeugten positiven Ionen (Argon-Ionen) werden auf das negativ gepolte Blech des Beschichtungsmaterials hin beschleunigt und schlagen dort mit hoher Energie ein. In unmittelbarer Umgebung der Aufprallstelle kann dann ein neutrales Atom des Beschichtungsmetalls (Me) die Katodenoberfläche verlassen und sich geradlinig auf die Werkstückoberfläche zubewegen. Dort scheidet es sich dann in elementarer Form ab oder es reagiert mit einer genau dosierten Menge eines reaktiven Gases (z. B. N_2, O_2, H_2, CH_4) unter Bildung des gewünschten Hartstoffes (z. B. TiN, TaC, Al_2O_3). Die auf diese Weise erzeugten Schichten besitzen eine gute Haftfähigkeit (Bild 1, Seite 124).

b) Ionenplattieren (Ion-Plating)

Beim Ionenplattieren wird das Beschichtungsmaterial mittels eines Lichtbogens (Arc-Ion-Plating), eines Elektronenstrahls oder einer Widerstandsheizung verdampft. Beim Verdampfen durch einen Lichtbogen oder einem Elektronenstrahl reicht die zugeführte Energie bereits aus, um die ausgelösten Atome des Beschichtungsmetalles zu ionisieren. Beim widerstandsbeheizten Verdampfen reicht die zugeführte Energie für eine Ionisation des Beschichtungsmetalles nicht mehr aus. Die verdampften Metallteilchen werden hier zusätzlich durch in der Beschichtungskammer angebrachte Elektroden ionisiert. Da das zu beschichtende Substrat mit einer hohen negativen Spannung (Bias-Spannung) beaufschlagt ist, werden die Ionen des Beschichtungsmetalles auf das Substrat hin beschleunigt, treffen dort mit hoher kinetischer Energie auf und scheiden sich als Schicht ab. Zur Herstellung von Hartstoffschichten muss auch hier ein reaktives Gas in den Reaktionsraum eingeleitet werden. Man spricht dann von **reaktivem Ionenplattieren**.

c) Vakuumverdampfen

Beim Vakuumverdampfen wird das Beschichtungsmetall mit einer Widerstandsheizung oder einem Elektronenstrahl verdampft. Da dieses Verfahren im Hochvakuum abläuft, kollidieren die ausgelösten Metallatome selten mit Gasatomen. Die freie Weglänge der Metallatome reicht damit aus, um bis zum Substrat zu gelangen. Aufgrund des geradlinigen Teilchenfluges muss der Substratwerkstoff in der Beschichtungskammer bewegt werden, um Abschattungseffekte und ungleichmäßige Schichtdicken zu vermeiden.

Zur Bildung von Hartstoffschichten aus Carbiden, Nitriden oder Oxiden wird das Substrat mit Hilfe eines Reaktionsgases (N_2, C_2H_2 usw.) reaktiv bedampft. So bildet sich beispielsweise eine TiC-Schicht gemäß:

$$2\,Ti + C_2H_2 \rightarrow 2\,TiC + H_2$$

Dieses einfache Bedampfen im Hochvakuum wird in großem Maßstab bei der Metallisierung von Folien, Kunststoffteilen und Papier angewandt. Für die Beschichtung von Werkzeugen mit Hartstoffschichten hat das Verfahren wegen der geringen Haftfestigkeit der Schicht (geringe Teilchenenergie) eine untergeordnete Bedeutung.

4.5.5 Beschichten aus dem ionisierten Zustand

Das Beschichten aus dem ionisierten Zustand wird nach DIN 8580 in **galvanisches Beschichten** und **chemisches Beschichten** eingeteilt. Wichtige galvanische Beschichtungen sind das Verchromen, Verzinnen, Verkupfern, Vernickeln, Versilbern oder Vergolden, die stets unter äußerer Stromzufuhr ablaufen. Beim chemischen Beschichten erfolgt die Metallabscheidung hingegen stromlos.

4.5.5.1 Galvanisches Beschichten

Beim **galvanischen Beschichten** oder **Galvanisieren** (Bild 1, z. B. **Verchromen, Verkupfern, Vernickeln, Versilbern** oder **Vergolden**) wird das Werkstück in einen Elektrolyten getaucht, in dem sich die Kationen des gewünschten Überzugsmetalls (z. B. $CuSO_4$, $NiSO_4$)

Bild 1: Galvanisieren am Beispiel des Verkupferns (schematisch)

Anode z.B. Cu $\rightarrow$ Cu^{2+} + $2e^-$

Katode (Bauteil) z.B. Cu^{2+} + $2e^-$ $\rightarrow$ Cu

sowie ggf. das Überzugsmetall (z. B. Cu, Ni) selbst als lösliche Elektrode befindet. Das Werkstück wird mit der Katode, das Überzugsmetall mit der Anode einer Gleichspannungsquelle verbunden. Die Metallionen des Überzugsmetalls (z.B. Cu^{2+}, Ni^{2+}) gehen dann verstärkt in Lösung (z. B. Cu → Cu^{2+} + 2 e^-) und scheiden sich anschließend auf der negativen Werkstückoberfläche wieder ab (z. B. Cu^{2+} + 2 e^- → Cu). Das Galvanisierbad (z. B. $CuSO_4$-Lösung) erneuert sich stetig, während sich das als Anode gepolte Überzugsmetall (z. B. Cu) auflöst (Bild 1, Seite 125, und Bild 3, Seite 550).

4.5.5.2 Chemisches Beschichten

Beim **chemischen Beschichten** oder **chemischen Metallisieren** werden, im Gegensatz zum Galvanisieren, auf der Werkstückoberfläche Metallschichten ohne äußere Stromzufuhr abgeschieden. Das chemische Metallisieren beruht darauf, dass die Beschichtungsmetalle aus einer Metallsalzlösung unter Wirkung von starken Reduktionsmitteln auf der Werkstückoberfläche abgeschieden werden. Als wichtiges Anwendungsbeispiel kann das **chemische Vernickeln** dienen. Hierbei wird eine Nickelschicht unter der Wirkung von Hypophosphit als Reduktionsmittel abgeschieden (Ni^{2+} + $H_2PO_2^-$ + 3 H_2O → Ni + $H_2PO_3^-$ + 2 H_3O^+). Die reduktive Metallabscheidung ist allerdings auf wenige Metalle wie Nickel, Kupfer, Cobalt, Silber und Zinn beschränkt.

Von technischer Bedeutung ist das chemische Metallisieren auch für die Aufbringung von **Dispersionsschichten**. Hierbei werden Feststoffe in sehr fein verteilter Form (Teilchengrößen von 0,1 µm bis 30 µm) in das Matrixmetall eingelagert. Als Feststoffteilchen **(Dispersanten)** werden sowohl Hartstoffe wie SiC, Cr_3C_2, Al_2O_3, SiO_2, Cr_2O_3, kubisches Bornitrid (CBN) oder Diamant, aber auch Festschmierstoffe wie Polytetrafluorethylen (PTFE), Grafit oder MoS_2 in die Metallmatrix eingelagert. Technische Anwendungen sind Zylinderlaufbuchsen von Verbrennungsmotoren (Ni/P-SiC-Schicht) oder Ventilkugeln (Ni-PTFE-Schicht).

Bild 1: Wirkungsweise von Hart- und Schmierstoffen in Dispersionsschichten
a) Ungebrauchte Schicht
b) Gebrauchte Schicht

Die Wirkungsweise derartiger Dispersionsschichten beruht darauf, dass nach einem nur geringfügigen Abtrag der Schicht die Dispersanten freigelegt werden (Bild 1). Sie bestimmen dann die Eigenschaften der Schicht wie zum Beispiel Verschleißschutz bei Hartstoffen oder Trockenschmierung bei Festschmierstoffen. Um die Feststoffpartikel einbauen zu können, müssen diese in der Metallsalzlösung dispergiert und homogen verteilt werden.

4.5.6 Weitere Verfahren zur Erzeugung einer Oberflächenschicht

Das Plattieren (mit Ausnahme des Schweißplattierens), die anodische Oxidation (Eloxieren), das Brünieren sowie das Phosphatieren, werden nach DIN 8580 nicht dem Beschichten zugeordnet, da die Schicht definitionsgemäß nicht aus formlosem Stoff erzeugt wird. Da jedoch durch die genannten Verfahren eine Schicht an der Bauteiloberfläche erzeugt wird, sollen sie dennoch an dieser Stelle beschrieben werden.

Die Schichtbildung erfolgt beim Eloxieren, Phosphatieren, Chromieren und beim Brünieren durch eine chemische Umwandlung der Metalloberfläche in einer wässrigen Lösung. Man bezeichnet die dabei entstehenden Schichten daher auch als **Konversionsschichten**.

4.5.6.1 Plattieren

Die Vorteile des Plattierens sind eine völlige Porenfreiheit und nahezu beliebige Dicken der Beschichtungen. Man unterschiedet das Walz-, Schweiß- und Sprengplattieren.

a) Walzplattieren

Das in Blechform vorliegende Beschichtungsmetall wird bei Raumtemperatur oder erhöhter Temperatur unter Anwendung hoher Flächenpressungen auf den Grundwerkstoff aufgewalzt. Die unlösbare Verbindung beruht auf mechanischer Verklammerung und Diffusionsprozessen. Auf diese Art plattiert man häufig Bleche aus festen, aber nicht besonders korrosionsbeständigen Aluminium-Kupfer-Legierungen mit einer dünnen Schicht aus reinem Aluminium (beispielsweise für Rumpf- und Flügelbeplankungen von Flugzeugen).

4.5 Beschichten

Das plattierte Blech hat dann die Festigkeit des Grundmetalls und die Oberflächeneigenschaften (z. B. chemische Beständigkeit) der Deckschicht. Auch Stahlbleche werden durch Walzplattieren mit Aluminium, Titan, Kupfer oder Kupferlegierungen beschichtet. Bekannte Beispiele sind die 1-Euro-Münzen, die einen Kern aus Nickel mit einer aufgewalzten Schicht aus Cu75Ni25 haben.

b) Schweißplattieren (Auftragschweißen)

Eine Oberflächenschutzschicht kann auch aufgeschweißt werden, man spricht dann vom Schweißplattieren (Auftragschweißen). Das Verfahren wurde bereits in Kapitel 4.5.3 beschrieben.

c) Sprengplattieren

Beim Sprengplattieren wird eine Sprengstoffschicht auf das Beschichtungsblech aufgebracht und gezündet. Durch die bei der Detonation frei werdende Energie wird das Beschichtungsmetall mit dem Grundwerkstoff durch mechanische Verklammerung verbunden (Bild 1). Das Verfahren wird bevorzugt für Werkstoffpaarungen angewandt, die auf keine andere Art verbunden werden können (z. B. Titan oder Aluminium auf Stahl).

Bild 1: Sprengplattieren

4.5.6.2 Anodische Oxidation (Eloxieren)

Bei der anodischen Oxidation (auch als **Anodisieren** oder **elektrolytisches Oxidieren** bezeichnet) erfolgt eine Verstärkung der natürlichen Passivschicht des Aluminiums auf elektrochemischem Wege. Eine besondere Bedeutung hat das Verfahren bei Aluminium-Werkstoffen und wird dort auch als **Eloxieren** bezeichnet. Die Schichten sind nach der anodischen Oxidation mit 10 µm bis 30 µm durchschnittlich etwa 1000-mal dicker als die natürliche Oxidschicht und besitzen dementsprechend einen deutlich verbesserten Korrosionsschutz, eine relativ hohe Härte sowie ein gutes elektrisches Isolationsvermögen.

Bei der anodischen Oxidation von Aluminium wird das Werkstück als Anode (Pluspol) in eine saure Lösung von 18 °C bis 25 °C (Chrom-, Schwefel- oder Oxalsäure und deren Mischungen) eingetaucht (Bild 2). Beim Einschalten des elektrischen Stromes werden dem Aluminium-Bauteil Elektronen entzogen. Die dabei entstehenden Al^{3+}-Ionen wandern durch die bereits vorhandene dünne Oxidschicht. An der Grenzfläche zum Elektrolyten reagieren die Aluminiumionen mit dem Sauerstoff zu Aluminiumoxid (Al_2O_3). Die dabei auf der Aluminiumoberfläche entstehende Sperrschicht wird im Elektrolyten gelöst und anschließend als poröse Deckschicht aufgebaut (Bild 3).

Bild 2: Prinzip der anodischen Oxidation von Aluminium

Elektrodenreaktionen

Katodenreaktion: $\frac{3}{2} O_2 + 3 H_2O + 6 e^- \rightarrow 6 OH^-$

Anodenreaktionen: $2 Al \rightarrow 2 Al^{3+} + 6 e^-$
$6 OH^- + 2 Al^{3+} \rightarrow Al_2O_3 + 3 H_2O$

Bild 3: Entstehung und Aufbau einer Oxidschicht bei der anodischen Oxidation von Aluminium

> **ⓘ Information**
>
> **Eloxieren**
> Der Begriff „**Eloxieren**" ist eine Abkürzung für „**el**ektrolytische **Ox**idation von **Al**uminium" und als Eloxalverfahren gesetzlich geschützt. Eloxal und die davon abgeleiteten Begriffe sind aber inzwischen in der Literatur so verbreitet, dass „Eloxalqualität" ein feststehender Begriff für Aluminiumhalbzeug geworden ist, das für eine anodische Oxidation geeignet ist.

In den Porenraum können durch eine Nachbehandlung organische oder anorganische Farbstoffe eingelagert und die Schicht auf diese Weise eingefärbt werden **(Tauchfärbung)**. Weitere Möglichkeiten der Einfärbung von Eloxalschichten sind die **Farbanodisation** (Farbton wird bestimmt von der Elektrolyt- und Legierungszusammensetzung sowie den Anodisierbedingungen) und die **elektrolytische Einfärbung** (Metallabscheidung aus wässriger Metallsalzlösung in den Poren der Schicht).

Die Umwandlung des Aluminiums zu Aluminiumoxid ist mit einer Gewichts- und Dickenzunahme verbunden. Etwa 30 % bis 50 % der Schichtdicke wächst daher nach außen. Dies muss bei Bauteilen mit hoher Maßgenauigkeit berücksichtigt werden.

Besonders harte und verschleißbeständige Oxidschichten für technische Anwendungen wie Hydraulikzylinder, Gleitlager, Fahrgestelle von Flugzeugen usw., werden durch **Hartanodisation** erzeugt. Harte Oxidschichten bilden sich durch Anwendung geeigneter Elektrolyte (Schwefelsäure bzw. Schwefel- und Oxalsäure) und angepasster Arbeitsbedingungen (höhere Stromdichte, niedrigere Elektrolyttemperatur).

4.5.6.3 Phosphatieren

Das **Phosphatieren** beinhaltet die Abscheidung einer Phosphatschicht auf Eisen-, Zink- oder Aluminiumwerkstoffen zur Verbesserung des Korrosionsschutzes, der Haftfähigkeit organischer Beschichtungen oder zur Verbesserung der Gleiteigenschaften.

Phosphatschichten haften sehr gut auf dem Grundwerkstoff, da sie unmittelbar auf dem Kristallgitter aufwachsen. Zum Phosphatieren eignen sich insbesondere die folgenden Werkstoffe:

- un- und niedriglegierte Stähle mit einem Legierungsanteil bis etwa 5 %,
- Zink oder verzinkte Stoffe,
- einige Aluminiumlegierungen.

Beim Phosphatieren wird das Werkstück im Tauch- oder Spritzverfahren mit Hilfe einer Phosphatierlösung (Tabelle 1) behandelt. Im Phosphatierbad (pH 3,5 ... pH 6,0) gehen bei der **Beizreaktion** zweiwertige Eisenionen (Fe^{2+}) von Eisenwerkstoffen zunächst in Lösung. Sie bilden in einer Folgereaktion mit den Anionen der Phosphorsäure und den zugesetzten Metallionen (z. B. Zn^{2+}) schwer lösliche Eisenphosphate (z. B. $Zn_xFe_y(PO_4)_z \cdot 4\,H_2O$), die sich an der Werkstückoberfläche abscheiden. Die Behandlungsdauer für Eisenwerkstoffe beträgt üblicherweise bis zu 3 min. im Spritzverfahren bzw. bis zu 5 min. im Tauchverfahren (siehe auch Kapitel 11.5.1.1).

Tabelle 1: Zusammensetzung von Phosphatierlösungen für Stähle nach *Hofmann* und *Spindler*

Bestandteil	Anteile in g/L	
	Kaltphosphatierung (< 40 °C)	Heißphosphatierung (95 °C ... 98 °C)
Phosphorsäure (H_3PO_4)	45 ... 70	25 ... 30
Zinkcarbonat ($ZnCO_3$)	20	3
Mangancarbonat ($MnCO_3$)	–	10 ... 15
Natriumfluorid (NaF)	0,2	–
Natriummethanat	–	0,8
Org. Stickstoffverbindungen	2	0,08

Die Schichtdicken der (auf Eisenwerkstoffen) amorphen Eisenphosphatschicht liegt in der Regel in der Größenordnung der Lichtwellenlänge, also etwa zwischen 0,4 µm und 0,8 µm. Aufgrund von Interferenzen erscheinen dünnere Phosphatschichten daher in Abhängigkeit ihrer Schichtdicke in verschiedenen Farben. Dickere Schichten (> 0,8 µm) erscheinen einheitlich grau.

Das Phosphatieren wird aus den folgenden Gründen angewandt:

- Als Korrosionsschutz, insbesondere bei einer nachfolgenden organischen Beschichtung. Die Phosphatschicht dient in diesem Fall als Dampfsperre für den Wasserdampf, der durch die organische Beschichtung diffundiert. Die Schichtdicken betragen (bei der Zinkphosphatierung) dabei bis zu 15 µm.
- Als Haftgrund für organische Beschichtungen (Lackiervorbehandlung). Übliche Schichtdicken liegen zwischen 0,5 µm und 2 µm.
- Zur Verbesserung der Gleiteigenschaften bei schweren Umformvorgängen. Die Phosphatschicht zeigt sowohl ein nennenswertes Eigenschmierverhalten als auch ein gutes Adsorptionsvermögen für Öle und Festschmierstoffe (Schmiermittelträger).

4.5.6.4 Chromatieren

Beim Chromatieren werden Werkstücke in Chrom(VI)-haltigen sauren Chromatierlösungen behandelt. Die sich dabei bildenden Chromatschichten dienen
- zur Verbesserung des Korrosionsschutzes,
- zur Verbesserung der Haftfähigkeit organischer Beschichtungen sowie
- dekorativen Zwecken.

Das Chromatieren wird angewandt bei:
- Zinkwerkstoffen,
- Stählen mit Zn-Legierungsschichten (Zn-Ni, Zn, Fe, Zn-Co, Zn-Fe-Co) und
- Aluminiumwerkstoffen.

Werden Werkstücke aus Zinkwerkstoffen oder Stahl mit Zn-Legierungsschichten in eine Chromatierlösung getaucht, gehen zunächst zweiwertige Zinkionen (Zn^{2+}) in Lösung. Die dabei freigesetzten Elektronen führen einerseits zu einer Wasserstoffreduktion und andererseits zur Reduktion von Cr^{6+} zu Cr^{3+} (Bild 1). In einer Sekundärreaktion entsteht u. a. schwer lösliches Zinkchromat ($ZnCrO_4$), das sich auf der Werkstückoberfläche abscheidet. Weiterhin kommt es zur Ausfällung von Chromoxiden und Chromhydroxiden auf der Werkstückoberfläche. Auf diese Weise bildet sich schließlich die gewünschte Chromatschicht.

In Abhängigkeit von der Zusammensetzung der Chromatierlösung sowie der Verfahrensparameter bilden sich Schichten mit unterschiedlicher Dicke und Eigenfarbe. Zu unterscheiden sind daher die in Tabelle 1 zusammengestellten Chromatierverfahren.

(i) Information

Chrom(VI)-haltige Beschichtungen

Chrom(VI) ist extrem giftig, Erbgut schädigend und daher als gefährlicher Arbeitsstoff klassifiziert. Es ist in den Chromatierschichten mit bis zu 350 mg/m² enthalten (Tabelle 1). Da ein Haut-, oraler oder inhalativer Kontakt bei Verarbeitung und Gebrauch nicht auszuschließen ist, sind Cr(VI)-haltige Beschichtungen seit einigen Jahren z.B. im Fahrzeugbau oder in Elektrogeräten verboten (z.B. EU-Altauto-Verordnung oder RoHS-Richtlinie zur Beschränkung gefährlicher Stoffe in Elektro- und Elektronikgeräten). Zwischenzeitlich wurden Cr(VI)-freie Oberflächenbeschichtungen mit vergleichbaren Eigenschaften entwickelt.

- Chromsäure (H_2CrO_4, 10 ... 20 g/l)
- pH 1 ... 4
- 40 °C ... 70 °C
- 5 ... 12 min.

Bild 1: Prinzip der Entstehung von Chromatschichten am Beispiel von Zinkwerkstoffen bzw. Stählen mit Zn-Legierungsschichten

Tabelle 1: Chromatierverfahren

Verfahren[1]	Schichtdicke in μm	Auflagengewicht in mg/m²	Chrom (VI)-Gehalt in mg/m²	Besonderheiten	Bemerkungen
Gelb-chromatieren	0,1 ... 1,0	100 ... 250	100 ... 250	• hoher Korrosionsschutz	–
Transparent Chromatieren	< 0,05	≤ 50	< 10	• geringer Korrosionsschutz • als Vorbehandlung für farblose Lacke	• Zusatz von NaF (≈ 0,8 g/L)
Blau-chromatieren	0,05 ... 0,08	50 ... 100	10 ... 25	• geringer Korrosionsschutz	• Zusatz von NaF • gute Blautöne durch Fe oder Zn in der Schicht
Grün-/Oliv-chromatieren	1,25 (Zn) 2,5 ... 10 (Al)	bis 2000 (Zn)	250 ... 350	• hoher Korrosionsschutz • für Einbrennlacke nur bis 200 °C	–
Schwarz-chromatieren	0,1 ... 1,0	200 ... 2000	≤ 300	–	• Schwarze Farbe durch Ag(I) (1 ... 5 g/L) bzw. Cu(II)Ionen (5 ... 10 g/L)

k. A. = keine Angabe
[1] Farbe der Schicht durch Interferenz des reflektierten sichtbaren Lichts an der Schicht- und Metalloberfläche.

4.5.6.5 Brünieren

Beim **Brünieren** werden Eisenwerkstoffe in stark oxidierende Lösungen getaucht. Dadurch entsteht eine dichte Eisenoxidschicht (z. B. Fe_3O_4), die zu einer Verbesserung der Korrosionsbeständigkeit führt. Das Brünieren kann in sauren Lösungen (anorganische Säuren und Schwermetallsalze), in alkalischen Lösungen (Brüniersalze in wässriger Lösung bei ca. 150 °C) sowie in oxidierenden Salzschmelzen (Nitrate und Nitrite bei 320 °C bis 360 °C, Verzugsgefahr!) durchgeführt werden. Durch das Brünieren wird jedoch ein im Vergleich zu anderen Maßnahmen geringer Korrosionsschutz erreicht.

4.6 Stoffeigenschaften ändern

Die Eigenschaften eines Metalles lassen sich durch verschiedene Wärmebehandlungs- und Umformverfahren bzw. durch geeignete Kombinationen beider Verfahren teilweise erheblich verändern.

Stoffeigenschaftändern ist nach DIN 8580 die sechste Fertigungshauptgruppe. Darunter wird das Fertigen eines festen Körpers durch Verändern der Stoffeigenschaften durch Umlagern, Aussondern oder Einbringen von Stoffteilchen verstanden. Die dabei eventuell auftretenden Formänderungen gehören nicht zum Wesen dieser Fertigungshauptgruppe. Auch ist zu beachten, dass einzelne Formänderungsverfahren der Hauptgruppe 2 (Umformen), 3 (Trennen), 4 (Fügen) und 5 (Beschichten) als Nebenwirkungen ebenfalls Änderungen der Stoffeigenschaften der Randschicht zu Folge haben können.

Die Hauptgruppe Stoffeigenschaftändern beinhaltet die in Bild 1 dargestellten Untergruppen.

Bild 1: Einteilung der Fertigungshauptgruppe Stoffeigenschaftändern nach DIN 8580 mit Beispielen

4.6.1 Verfestigen durch Umformen

Die Verfahrensgruppe Verfestigen durch Umformen steht in engem Zusammenhang mit der Hauptgruppe 2 (Umformen). Dies kommt insbesondere bei den Untergruppen Verfestigen durch Walzen, Ziehen oder Schmieden zum Ausdruck.

4.6.1.1 Verfestigen durch Walzen

Das Verfestigen durch Walzen erfolgt in der Praxis meist durch das **Glattwalzen** (Feinwalzen der Oberfläche) von Stäben oder Rohren im Durchlaufverfahren (Bild 2) oder durch das **Profilglattwalzen** (Bild 1, Seite 131). Der Umformvorgang beschränkt sich dabei auf eine dünne Werkstoffschicht im Bereich der Werkstückoberfläche.

Bild 2: Glattwalzen von Rohren

4.6 Stoffeigenschaften ändern

Bild 1: Profilglattwalzen

Bild 2: Drahtziehen

Bild 3: Tiefziehen (ohne Niederhalter)

Beim Verfestigen durch Walzen tritt eine **Kaltverfestigung** ein (Bild 1, Seite 57). Sie beruht auf der Erhöhung von Kristallfehlern bzw. in der Veränderung der Kristallform (Kapitel 2.9.4) und äußert sich in einer erwünschten Erhöhung der Festigkeit (Zugfestigkeit und Streck- bzw. Dehngrenze) sowie der Härte.

4.6.1.2 Verfestigen durch Ziehen

Beim Verfestigen durch Ziehen wird das Werkstück durch eine sich in Ziehrichtung verengende Werkzeugöffnung gezogen **(Durchziehen,** z. B. Drahtziehen, Bild 2) oder es wird ein Hohlkörper aus einem Blechzuschnitt oder aus einem anderen Hohlkörper mit größerem Umfang ohne beabsichtigte Blechdickenänderung hergestellt **(Tiefziehen,** Bild 3). Insbesondere beim Tiefziehen ist zu beachten, dass mit zunehmendem Umformgrad die Zähigkeit und Verformbarkeit stark abnehmen. Ein zu hoher Kaltverformungsgrad kann daher zu einer unerwünschten Rissbildung führen. Die Tabellen 1 und 2 geben Anhaltswerte zu maximal erreichbaren Umformgraden.

Ist das Verformungsvermögen eines Werkstoffs erschöpft, ehe die Endabmessungen erreicht werden, dann kann durch eine Normalglühung (Kapitel 6.4.3.1, nur bei Stählen möglich) oder durch eine Rekristallisationsglühung (Kapitel 6.4.3.4) die mit einer Kaltumformung einhergehende Verfestigung wieder rückgängig gemacht werden. Im Anschluss ist eine weitere Umformung möglich. Durch mehrmaliges Zwischenglühen ist es gegebenenfalls möglich, auch größere Umformgrade zu realisieren.

Tabelle 1: Erreichbares Ziehverhältnis bei Stählen

Werkstoff	Zugfestigkeit in MPa	Ziehverhältnis β		
		Erstzug[1]	1. Weiterzug	
			ohne Zwischenglühung	mit Zwischenglühung
Unlegierte weiche Stähle				
DC01	270 ... 410	1,90	1,20	1,60
DC03	270 ... 370	2,00	1,25	1,65
DC04	270 ... 350	2,10	1,30	1,70
Nichtrostende Stähle				
ferritisch:				
X8Cr17	450 ... 600	1,55	–	1,25
austenitisch:				
X15CrNi18-9	500 ... 700	2,00	1,20	1,80
Hitzebeständige Stähle				
ferritisch:				
X10CrAl13	500 ... 650	1,70	1,20	1,60
austenitisch:				
X15CrNiSi25-20	590 ... 740	2,00	1,20	1,80

Tabelle 2: Erreichbares Ziehverhältnis bei Nichteisenmetallen und deren Legierungen

Werkstoff[3]	Zugfestigkeit in MPa	Ziehverhältnis β		
		Erstzug[1]	1. Weiterzug	
			ohne Zwischenglühung	mit Zwischenglühung
Nickellegierungen				
NiCr20Ti	685 ... 880	1,70	1,20	1,60
Kupfer und Legierungen				
unlegiertes Cu[2]	215 ... 255	2,10	1,30	1,90
CuZn40-R350	345	2,10	1,40	2,00
CuZn37-R300	295 ... 370	2,10	1,40	2,00
CuZn28-R280	275 ... 350	2,20	1,40	2,00
CuZn10-R240	235 ... 295	2,20	1,30	1,90
CuNi12Zn24	340 ... 410	1,90	1,30	1,80
Aluminium und Legierungen				
EN AW-Al 99,5-O	70	2,10	1,60	2,00
EN AW-Al 99,5-H14	100	1,90	1,40	1,80
EN AW-Al 99,0-O	80	2,05	1,60	1,95
EN AW-Al 99,5Mg0,5-O	70	2,05	1,60	1,95
EN AW-AlMgSi-O	145	2,05	1,40	1,90

[1] Das Ziehverhältnis β kennzeichnet die Formänderung eines Bleches beim Tiefziehen und ist definiert als Verhältnis von Ausgangsdurchmesser d_1 vor dem Ziehen zu Enddurchmesser d_2 nach dem Tiefziehen, also $\beta = d_1/d_2$;   [2] Sauerstofffrei, z. B. Cu-PHC oder Cu-DLP
[3] Für Cu und Al mit Angabe des Werkstoffzustandes

4.6.1.3 Verfestigen durch Schmieden

Das Verfestigen durch Schmieden erfolgt durch Druckumformen im plastischen Zustand durch die Verfahren **Freiformen** (z. B. Recken) oder **Gesenkformen** (z. B. Gesenkschmieden) Bild 1. Der Umformvorgang erfolgt dabei deutlich oberhalb der Rekristallisationstemperatur und ist dementsprechend eine Warmumformung. Durch die verformungssimultane Rekristallisation können nahezu beliebige Umformgrade bei, im Vergleich zur Kaltumformung, geringeren Umformkräften erreicht werden (Kapitel 2.10.2.5). Bei der Warmumformung tritt keine Verfestigung ein.

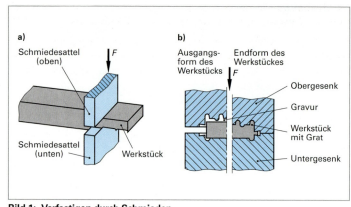

Bild 1: Verfestigen durch Schmieden
a) Freiformen (hier: Recken)
b) Gesenkformen (hier: Gesenkschmieden)

4.6.2 Wärmebehandeln

Die Wärmebehandlung umfasst nach DIN EN 10 052 Verfahren (oder Verfahrenskombinationen), bei denen Werkstücke oder Halbzeuge bestimmten Temperatur-Zeit-Folgen unterworfen werden, um eine Änderung ihres Gefüges und/oder ihrer Eigenschaften herbeizuführen. Bei einigen Verfahren wird während der Wärmebehandlung zusätzlich die chemische Zusammensetzung des Werkstoffs geändert.

Die Ziele einer Wärmebehandlung sind:

- Verbesserung der mechanischen Eigenschaften wie Festigkeit oder Zähigkeit und damit auch der Gebrauchseigenschaften (z. B. Normalglühen, durchgreifendes Härten, Vergüten, Aushärten)
- Verbesserung der Eigenschaften der Werkstückoberfläche im Hinblick auf Verschleiß-, Gleit- und Reibwiderstand (z. B. Einsatzhärten, Nitrieren, Flamm- oder Induktionshärten)
- Schaffung optimaler Bearbeitungsmöglichkeiten zur Zerspanung oder Kaltumformung (z. B. Weichglühen, Grobkornglühen)
- Abbau innerer Spannungen (z. B. Spannungsarmglühen)
- Beseitigung einer Kaltverfestigung (z. B. Rekristallisationsglühen)
- Beseitigung von Seigerungen (z. B. Diffusionsglühen)

4.6.2.1 Glühen

Unter dem Begriff Glühen werden alle Verfahren der Wärmebehandlung zusammengefasst, die das Erwärmen des Werkstücks auf eine bestimmte Temperatur (Glühtemperatur), das kurz- oder längerfristige Halten auf Glühtemperatur sowie schließlich die langsame Abkühlung zur Grundlage haben. Das Ziel des Glühens besteht in der Veränderung der Werkstoffeigenschaften im gesamten Werkstückquerschnitt bzw. im Auslösen bestimmter Vorgänge im Gefüge, um nachteilige Eigenschaften des Werkstoffs zu beseitigen bzw. bestimmte Verarbeitungs- und Gebrauchseigenschaften herbeizuführen.

4.6.2.2 Härten

Das Härten beinhaltet bei Stählen das Erwärmen auf Härtetemperatur (auch als Austenitisieren bezeichnet) und nachfolgendem Abkühlen mit solcher Geschwindigkeit, dass oberflächlich oder durchgreifend eine erhebliche Härtesteigerung durch Martensitbildung eintritt. Das Härten wird in Kapitel 6.4.4 ausführlich erläutert.

4.6 Stoffeigenschaften ändern

4.6.2.3 Isothermisches Umwandeln

Eine Reihe von Wärmebehandlungsverfahren der Stähle erfordern ein Abschrecken mit anschließender isothermer Umwandlung. Hierzu gehören das **Bainitisieren** und das **Patentieren** (Kapitel 6.4.5.4).

Grundlage für das Verständnis der bei isothermer Umwandlung ablaufenden Gefügeveränderungen sind die isothermen Zeit-Temperatur-Umwandlungsdiagramme (Kapitel 6.4.4.13). Ein isothermisches Umwandeln erfolgt meist in geeignet temperierten Metall- oder Salzschmelzen.

4.6.2.4 Anlassen und Auslagern

Nach DIN EN 10 052 ist das **Anlassen** (Kapitel 6.4.5) das Erwärmen eines martensitisch gehärteten Stahlwerkstücks auf eine Temperatur unter P-S-K (Ac_1-Temperatur), das Halten bei dieser Temperatur sowie das nachfolgende zweckentsprechende Abkühlen. Das Anlassen kann aus verschiedenen Gründen durchgeführt werden. Hinsichtlich des späteren Verwendungszwecks des Werkstücks unterscheidet man:

- Anlassen auf niedrige Temperaturen (etwa 100 °C bis 250 °C) mit dem Ziel der Verminderung der Sprödigkeit und dem Abbau innerer Spannungen. Behandelt werden auf diese Weise insbesondere gehärtete unlegierte und legierte Kaltarbeitsstähle, gehärtete niedriglegierte Warmarbeitsstähle (NiCr-MoV-Sorten) sowie Wälzlagerstähle (durchhärtende Sorten).
- Anlassen auf höhere Temperaturen (etwa 500 °C bis 680 °C) mit dem Ziel der Verbesserung der Zähigkeit bzw. um ein gewünschtes Verhältnis zwischen Festigkeit und Zähigkeit einzustellen. Das Verfahren ist unter dem Begriff **Vergüten** bekannt. Behandelt werden auf diese Weise insbesondere Bau- und Konstruktionsstähle (vergütbare Sorten) sowie Wälzlagerstähle (vergütbare Sorten).
- Anlassen auf höhere Temperaturen (etwa 500 °C bis 650 °C) mit dem Ziel der Verbesserung der Warmhärte bzw. Warmfestigkeit sowie der Verschleißbeständigkeit (**Sekundärhärtung**). Behandelt werden auf diese Weise insbesondere hochlegierte Warmarbeitsstähle (CrMoV-Sorten), Schnellarbeitsstähle und Wälzlagerstähle (warmharte Sorten).

Das **Auslagern** findet in Verbindung mit einer Aushärtung (Kapitel 7.1.5) nach dem Lösungsglühen und Abschrecken statt. Es wird z. B. zur Festigkeitssteigerung von Aluminium- und Kupferlegierungen eingesetzt. Das Auslagern erfolgt entweder bei Raumtemperatur als **Kaltauslagerung** oder bei erhöhten Temperaturen als **Warmauslagerung**.

4.6.2.5 Vergüten

Das Vergüten von Stahl (Kapitel 6.4.5.4) ist ein kombiniertes Wärmebehandlungsverfahren aus Härten mit nachfolgendem Anlassen auf höhere Temperaturen (etwa 450 °C bis 650 °C). Die Anlassdauer beträgt in der Regel 1 bis 3 Stunden. Das Vergüten dient im Wesentlichen zur Erhöhung der Zähigkeit bei gegebener Festigkeit bzw. zur Einstellung eines günstigen Verhältnisses von Festigkeit und Zähigkeit zur optimalen Anpassung der Werkstoffeigenschaften des Stahls an die jeweiligen betrieblichen Anforderungen.

4.6.2.6 Tiefkühlen

Tiefkühlen ist ein Nachbehandlungsverfahren martensitisch gehärteter Stähle zur weitgehenden Umwandlung von Restaustenit in Martensit (Kapitel 6.4.4.9). Das Tiefkühlen erfolgt bei Temperaturen bis etwa −200 °C und ist erforderlich, falls höchste Härtewerte durch ein restaustenitfreies Gefüge (z. B. für Werkzeugschneiden) oder höchste Maßstabilität der gehärteten Werkstücke (z. B. für Messmittel) gefordert werden.

4.6.2.7 Thermochemisches Behandeln

Das **thermochemische Behandeln** von Stahl umfasst nach DIN EN 10 052 eine Wärmebehandlung in einem geeigneten Behandlungsmittel, um eine Änderung der chemischen Zusammensetzung der Randschicht durch Stoffaustausch mit dem Mittel zu erreichen. Auch die Beeinflussung der randnahen Werkstoffschichten durch wärmebehandlungsbedingte Oberflächenreaktionen werden den thermochemischen Verfahren zugerechnet.

Zu den wichtigsten thermochemischen Oberflächenhärteverfahren gehören das **Einsatzhärten** bzw. **Carbonitieren** (Kapitel 6.4.6.3) sowie das **Nitrieren** bzw. **Nitrocarburieren** (Kapitel 6.4.6.3).

In untergeordnetem Maße werden auch das **Borieren** sowie eine Reihe von **Metall-Diffusionsverfahren** (Aluminieren, Chromieren, Silicieren oder Titanieren) angewandt.

Bild 1: **Prinzip des Aushärtens am Beispiel einer Aluminiumlegierung mit 3 % Kupfer**

4.6.2.8 Aushärten

Das Aushärten (Kapitel 7.1.5) ist eine Methode zur Wärmebehandlung von Nichteisenmetalllegierungen, die aus den Teilvorgängen Lösungsglühen, Abkühlen und Auslagern besteht (Bild 1).

Das Aushärten wird in großem Umfang zur Festigkeitssteigerung von Aluminiumlegierungen eingesetzt. Das Aushärten beginnt mit dem **Lösungsglühen**. Ziel ist es, bestimmte Legierungselemente in feste Lösung zu bringen (Bildung einer homogenen Mischkristallphase).

Das anschließende **Abkühlen** muss mit einer solchen Geschwindigkeit erfolgen, dass die gelösten Legierungsbestandteile das Wirtsgitter nicht verlassen können und dort zunächst in Zwangslösung verbleiben. Das **Auslagern** (s. o.) dient der Herbeiführung von Entmischungen und/oder der Ausscheidung fester Phasen aus dem übersättigten Mischkristall. Die ausgeschiedenen Phasen führen zu einer Behinderung der Versetzungsbewegung und damit zu einer Festigkeitssteigerung.

Die beim Aushärten geeigneter Aluminiumlegierungen auftretenden Verfestigungseffekte werden auch zur Festigkeitssteigerung anderer Legierungen genutzt, z. B. für Ti-, Ni- und Cu-Legierungen. Sofern die Verfestigung über die Ausscheidung einer Gleichgewichtsphase abläuft, spricht man auch von **Ausscheidungshärtung**.

4.6.3 Thermomechanisches Behandeln

Das thermomechanische Behandeln von Stahl ist eine kombinierte Wärme- und Umformbehandlung, bei der sowohl Temperatur als auch Umformung in ihrem zeitlichen Ablauf so gesteuert werden, dass ein Werkstoffzustand eintritt, der durch konventionelle Fertigungsschritte mit diesem Werkstoff nicht erreichbar wäre und auch nicht wiederholbar ist (siehe Kapitel 4.2.3 und 6.5.3.2). Man unterscheidet:

- **Umformen vor der Austenitumwandlung** (auch als **Austenitformhärten** oder **Ausforming** bezeichnet)
- **Umformen während der Austenitumwandlung** (z. B. **Isoforming** oder **Zerorolling**)
- **Umformen nach der Austenitumwandlung**

4.6.4 Sintern und Brennen

Das **Sintern** ist ein Verfahren, bei dem ein aus pulvrigem oder körnigem Material hergestellter, stark poriger Körper unter dem Einfluss von erhöhter Temperatur und ggf. Druck zu einem festen, kompakten Körper umgewandelt wird. Man unterscheidet dabei das **Sintern fester Phasen**, das **Sintern mit flüssiger Phase** und das **Reaktionssintern** (Kapitel 2.10.4 und 10.9.6). Sintern wird beispielsweise bei der Herstellung keramischer Bauteile angewandt.

Das **Brennen** beinhaltet die Verfestigung tonkeramischer Stoffe durch Sinterung bei geeigneter Brenntemperatur bzw. die letzte Stufe bei der Herstellung einer Emailschicht.

4.6.5 Magnetisieren

Beim Magnetisieren werden die magnetischen Momente ferromagnetischer Werkstoffe (Eisen, Cobalt oder Nickel) sowie ferrimagnetischer Werkstoffe (bestimmte oxidische Stoffe wie Fe_2O_3) ausgerichtet. Das Magnetisieren dient beispielsweise der Herstellung von Dauermagneten.

4.6.6 Bestrahlen

Bestrahlen ist ein Fertigungsverfahren, bei dem ein Strahlmittel in fester, körniger, flüssiger oder gemischter Form durch Druckluft, Wasser oder Schleuderräder beschleunigt und zum Aufprall auf die zu bearbeitende Oberfläche gebracht wird. Das Bestrahlen kann erfolgen als:

- **Reinigungsstrahlen,**
- **Oberflächenveredelungsstrahlen,**
- **Verfestigungsstrahlen,**
- **Umformstrahlen.**

4.6.7 Fotochemische Verfahren

Fotochemische Verfahren werden in großem Umfang in der Halbleitertechnik angewandt. Siliciumscheiben erhalten dabei eine lichtempfindliche Schicht, die durch eine Maske belichtet und anschließend entwickelt wird. Dabei lassen sich entweder die belichteten oder die unbelichteten Bereiche entfernen. Die freigelegten Zonen werden anschließend geätzt oder dotiert. (Dotieren: Einbringen von Fremdatomen, um bestimmte Leiteigenschaften einzustellen.)

5 Gewinnung, Formgebung und Recycling metallischer Werkstoffe und Legierungen

Bereits die Verfahren der Metallgewinnung (Metallurgie) beeinflussen die späteren Werkstoffeigenschaften in entscheidender Weise. Die Metallurgie gehört zum Bereich der Verfahrenstechnik, während die Weiterverarbeitung, wie das Gießen oder die Formgebung, der Fertigungstechnik zugeordnet wird.

5.1 Überblick zur Gewinnung metallischer Werkstoffe

Mit Ausnahme der Edelmetalle kommen die meisten Metalle in der Natur nur in Verbindungen vor. Die Rohstoffe der Metalle werden als **Erze** bezeichnet. Erze sind häufig Oxide, also Sauerstoffverbindungen des Metalls (z. B. Fe_2O_3), vermischt mit anderen Stoffen, der **Gangart**. Neben oxidischen Verbindungen werden auch Sulfide, wie PbS (Bleiglanz), seltener Carbonate (z. B. Siderit $FeCO_3$) oder Chloride (z. B. Magnesiumchlorid $MgCl_2$) zur Metallgewinnung genutzt.

Nach der bergmännischen Gewinnung der Erze müssen die **Begleitstoffe** weitgehend durch eine **Aufbereitung** abgetrennt werden, um aus dem angereicherten Erz, dem **Konzentrat**, mit geringerem Energieaufwand das **Rohmetall** gewinnen zu können. Auch verfahrenstechnische Gründe erfordern mitunter die Abtrennung der Begleitstoffe, wie im Fall der Aluminiumgewinnung, bei der aus dem Rohstoff Bauxit zuerst reines Aluminiumoxid gewonnen werden muss, um anschließend die Gewinnung durch Schmelzflusselektrolyse durchführen zu können.

Der Metallgehalt der Erze reicht in den abbaufähigen Lagerstätten von weniger als 1 % bei Kupfer bis über 60 % bei Eisen. Ob der Abbau von Erzen einer Lagerstätte wirtschaftlich ist, hängt vom jeweiligen Metall, Umfang, eventuellen Begleitmetallen und Abbaumöglichkeiten der Lagerstätte (z. B. Tage- oder Tiefbau), den übrigen Vorkommen des Metalls und den aktuellen Metallpreisen ab. Die Gewinnung der metallischen Werkstoffe erfolgt in mehreren Schritten:

1. Abbau der Erze
2. Aufbereitung der Erze zu Konzentraten
3. Verhüttung der Konzentrate, Reduktion der Verbindungen zum Rohmetall
4. Raffinieren und Umschmelzen des Rohmetalls, Legieren
5. Verarbeitung der metallischen Werkstoffe zu Halbzeug und Werkstücken

5.1.1 Gewinnung metallischer Rohstoffe

Der bergmännische Abbau der Erze gehört nicht zum Bereich der Werkstofftechnik. Die Rohstoffgewinnung und Verarbeitung der Erze zu Konzentraten hat sich aus Deutschland in andere Regionen verlagert, da dort die Förderkosten – häufig können die Erze im Tagebau gewonnen werden – geringer sind. Der Metallgehalt der Erze liegt in der Regel höher als bei den Erzen aus deutschen Lagerstätten.

Um Transportkosten zu minimieren, werden die Erze meist auf dem Grubengelände aufbereitet. Durch die Aufbereitung der Erze über zumeist physikalische Verfahren wird die Gangart weitgehend abgetrennt und damit der Metallgehalt erhöht. Dazu ist es notwendig, gröbere Erzstücke zu zerkleinern. Das gewonnene feinkörnige Konzentrat muss wieder stückig gemacht werden durch **Pelletieren**, also Formen und Pressen zu Kugeln unmittelbar nach der Aufbereitung, oder durch **Sintern**. Gesinterte Stücke sind porös, sie besitzen daher eine große Oberfläche, was eine Verbesserung des Verhüttungsprozesses bewirkt, da gasförmige Reduktionsstoffe wie Kohlenmonoxid oder Wasserstoff besser reagieren können. Sulfidische Erze müssen geröstet, d. h. der Schwefel muss abgetrennt werden, da Schwefel den weiteren Reduktionsprozess stört. Dies gilt beispielsweise für das wichtigste Bleierz, den Bleiglanz (chemische Bezeichnung: Bleisulfid):

$$2\,PbS + 3\,O_2 \rightarrow 2\,PbO + 2\,SO_2$$

Das dabei gebildete Bleioxid wird mit Koks zu Blei reduziert und das Schwefeldioxid wird zu Schwefelsäure weiterverarbeitet.

5.1.2 Verfahren der Metallgewinnung

Die eigentliche Metallgewinnung, die **Verhüttung** der Erze und Konzentrate durch chemische Reduktion, und die Gewinnung der Rohmetalle erfolgt nach verschiedenen metallurgischen Verfahren:
- Pyrometallurgie
- Hydro- oder Nassmetallurgie
- Elektrolyse (Elektrometallurgie)

Ähnliche Verfahren werden auch bei der Raffination der Rohmetalle angewandt.

Die größte Bedeutung hat die **Pyrometallurgie**, d. h. die Gewinnung der Metalle auf trockenem Wege bei höheren Temperaturen in metallurgischen Öfen durch chemische und physikalische Verfahren. Dabei bindet ein anderer Stoff, das **Reduktionsmittel,** den Sauerstoff aus dem Erz, sodass das Metall frei gesetzt wird.

Ein typisches Beispiel ist der **Hochofenprozess,** bei dem aus Eisenerzkonzentraten Roheisen gewonnen wird. Die Wärme wird hauptsächlich aus der Verbrennung von Koks erzeugt und die Reduktion der Eisenoxide erfolgt durch das Reduktionsmittel Kohlenstoff bzw. Kohlenmonoxid zu metallischem Eisen. Die allgemeine typische chemische Reaktion der Metallgewinnung (Me = Metall) lautet:

$$2\,MeO + C \rightarrow 2\,Me + CO_2$$

Neben Eisen können auch andere Rohmetalle, wie z. B. Blei, Zinn oder Zink, auf diese Weise gewonnen werden.

Die Reduktion von Metallverbindungen durch Koks ist nicht immer möglich. Dies ist der Fall, falls ein Metall eine größere Affinität zu Sauerstoff hat als zu Kohlenstoff (z. B. Aluminium) oder falls ein Metall mit Kohlenstoff bevorzugt Carbide bildet (z. B. Chrom oder Wolfram). So enthält durch Reduktion mit Koks gewonnenes Rohchrom über 5 % Kohlenstoff. Ein solches Rohchrom lässt sich nicht wirtschaftlich zu reinem Chrom verarbeiten.

Andere Verfahren haben sich trotz möglicher Reduktion mit Koks durchgesetzt, falls dadurch das Ausbringen erhöht oder die Reinheit des Rohmetalls verbessert wird, so dass eine größere Wirtschaftlichkeit der Metallgewinnung erreicht wurde. So werden bei der Zink- und Kupfergewinnung häufig Elektrolyseverfahren angewandt.

Es gibt auch pyrometallurgische Verfahren, bei denen andere Reduktionsmittel als Koks eingesetzt werden. Am bekanntesten ist die **Aluminothermie**, bei der Aluminiummetall als Reduktionsmittel benutzt wird, beispielsweise zur Gewinnung von Mangan oder Chrom:

$$3\,MnO_2 + 4\,Al \rightarrow 3\,Mn + 2\,Al_2O_3$$

Ein wichtiges Reduktionsmittel ist auch Wasserstoff, dessen Bedeutung noch erheblich gesteigert werden könnte, wenn preiswerter (z. B. mit Hilfe von Solarenergie erzeugter) Wasserstoff zur Verfügung stünde. Beispiel:

$$WO_3 + 3\,H_2 \rightarrow W + 3\,H_2O$$

Ein altes hydro- oder **nassmetallurgisches Verfahren**, das Abtrennen von Metallverbindungen mit wässrigen Aufschlussmitteln, ist die Trennung von Gold und Silber durch Salpetersäure (Scheidewasser). Denn nur Silber wird durch Salpetersäure gelöst und Gold bleibt ungelöst zurück. Bei anderen nassmetallurgischen Verfahren werden die vorher gelösten Stoffe durch Zusätze getrennt, wie Blei und Zink durch verdünnte Schwefelsäure. Im weiteren Sinne gehört auch die bereits erwähnte Gewinnung von reinem Aluminiumoxid aus Bauxit durch heiße Natronlauge dazu. Auch so genannte Zementationsverfahren, bei dem gelöste Metallverbindungen durch Zementation, d. h. Verdrängung aus der Verbindung mittels eines unedleren Metalls, gewonnen werden, wie die Gewinnung von Kupfer aus Lösungen durch Eisen, sind nassmetallurgische Verfahren:

$$Cu^{2+} + Fe \rightarrow Cu + Fe^{2+}$$

Bei dieser Reaktion fällt Kupfer als Pulver aus und das Eisen wird gelöst.

Die **Elektrolyse** findet sowohl bei der Rohmetallgewinnung als auch bei der Raffination (Reinigung s. 5.1.3) Anwendung. Zur Elektrometallurgie gehören außer den Elektrolyseverfahren noch Elektroöfen zum Schmelzen. Dabei werden die Metalle auf elektrochemischem Wege aus den Verbindungen hergestellt. Dies geschieht entweder aus (wässrigen) Lösungen oder aus Schmelzen von Metallverbindungen. Bedingung ist in beiden Fällen: Metalle liegen als Ionen vor und werden elektrolytisch an dem elektrisch negativen Pol, der Katode, abgeschieden, da die Metallionen positiv geladen sind. Aus wässrigen Lösungen werden Kupfer und Zink häufig durch Elektrolyse gewonnen. Die wichtigste **Schmelzflusselektrolyse** wird bei der Aluminiumgewinnung durchgeführt.

Viele Erze sind komplex und nur durch die Kombination verschiedener Verfahren auf reine Metalle zu verarbeiten. Welches Verfahren jeweils zum Einsatz kommt hat chemische und wirtschaftliche Gründe. Aluminium kann beispielsweise nicht durch Koks gewonnen werden, da dies aus chemischen Gründen nicht möglich ist. Dagegen wird Kupfer, je nach Art und Zusammensetzung der Erze und den übrigen örtlichen Bedingungen, pyrometallurgisch, hydrometallurgisch oder elektrolytisch aus Lösungen gewonnen. Bei der Zinkgewinnung haben elektrolytische Verfahren die Reduktion von Zinkoxid durch Koks verdrängt, da bei der Elektrolyse bereits ein sehr reines Metall anfällt. Somit sind weitere Raffinationsverfahren nicht nötig und außerdem liegt das Ausbringen bei der Elektrolyse erheblich höher, so dass die Elektrolyse wirtschaftlicher ist, im Vergleich zur Reduktion mit Koks.

5.1.3 Raffinationsverfahren

Die bei der Verhüttung gewonnenen Rohmetalle sind oft noch in unerwünschter Weise durch andere Elemente verunreinigt. So ist das Roheisen des Hochofens wegen des zu hohen Kohlenstoffgehaltes derart spröde, dass es nicht umgeformt werden kann. Rohblei hat oft einen nicht geringen Anteil an Edelmetallen, besonders an Silber, der gewinnbringend abgetrennt wird. Aus den Rohmetallen werden durch **Raffinationsverfahren** (Reinigung) entsprechend den jeweiligen Ansprüchen die gebrauchsfähigen Metalle hergestellt. Die Raffination der Rohmetalle erfolgt durch ähnliche Prozesse wie die Rohmetallgewinnung. Roheisen wird beispielsweise auf thermischem Wege (Kapitel 5.2.1.2) zu Stahl weiterverarbeitet, dabei ist eine wichtige chemische Reaktion:

$$FeO + CO \rightarrow Fe + CO_2$$

Neben pyrometallurgischen Verfahren wird auch die Elektrolyse häufig zur Raffination von Rohmetallen angewandt. Die **Raffinationselektrolyse** unterscheidet sich grundsätzlich von der Gewinnungselektrolyse. Bei der Raffinationselektrolyse werden die Metalle anodisch aufgelöst und an der Katode abgeschieden. Bei der Gewinnungselektrolyse sind die Anoden unlöslich, die Metalle sind als Ionen im Elektrolyt von Beginn an vorhanden. Die elektrolytische Raffination von Rohkupfer ist üblich, da einige Verunreinigungen aus der Schmelze sich gar nicht oder nur teilweise entfernen lassen.

Der Raffination, die thermisch meist in so genannten Konvertern durchgeführt wird, schließt sich oft noch ein weiterer Verfahrensschritt an, die so genannte **Pfannen-** oder **Sekundärmetallurgie**, d. h. die Behandlung der Metallschmelzen vor dem Abgießen. Besonders wichtig sind dabei Desoxidationsverfahren, dabei wird der Restsauerstoff (in der Schmelze) entfernt. Auch gelöste Gase und weitere schädliche Stoffe werden häufig durch Vakuumbehandlung oder Spülen mit anderen Gasen entfernt.

5.1.4 Metallische Werkstoffe und deren Handelsformen

Metalle, die im geschmolzenen Zustand raffiniert wurden, werden direkt zu den gewünschten Gussblöcken vergossen und Metallkatoden, d. h. durch elektrolytische Raffination gewonnene Metallplatten, müssen umgeschmolzen werden. Die Herstellung von Legierungen erfolgt meistens im schmelzflüssigen Zustand, also vor dem Gießen und Erstarren. Speziallegierungen, die nur in geringen Mengen benötigt werden, werden meist aus Vorlegierungen und geeignetem Schrott erschmolzen.

Vorlegierungen enthalten neben dem Grund- oder Legierungsmetall noch ein, seltener auch zwei Legierungselemente, jedoch mit einem höheren Anteil als in der angestrebten Legierung, so dass durch Verdünnen der Vorlegierung mit dem reinen Metall die gewünschte Legierungszusammensetzung sehr genau erreicht wird.

Metallische Werkstoffe werden in unterschiedlichen Handelsformen angeboten. Gusslegierungen werden hauptsächlich als **Masseln** geliefert, das sind Stäbe mit einem nahezu trapezförmigen Querschnitt. Die Abmessungen sind unterschiedlich, oft sind Einkerbungen zur leichteren Zerkleinerung angebracht. Diese Werkstoffe werden in Gießereien zu Werkstücken weiterverarbeitet. Teilweise, z. B. bei Aluminium, werden Gusslegierungen auch flüssig in der Gießerei angeliefert.

Knetlegierungen werden als **Halbzeug** in Form von Bändern, Blechen, Drähten, Profilen u. a. geliefert. Dieses Halbzeug wird durch plastische Umformung von Gussblöcken hergestellt. Die Primärumformung, bei der das Gussgefüge zerstört wird, erfolgt durch Walzen, Schmieden oder Strangpressen bei höheren Temperaturen. Das zu wählende Umformverfahren hängt vom Werkstoff und der gewünschten späteren Halbzeugform (Blech, Band, Stange, Profil, Draht) ab.

5.2 Eisen- und Stahlerzeugung

Die Gewinnung von Eisen und Stahl aus Erzen sind die wichtigsten und bekanntesten pyrometallurgischen Verfahren der Metallgewinnung. Meistens werden oxidische Erze wie Fe_2O_3 (Hämatit, Bild 1), Fe_3O_4 (Magneteisenstein) und $FeO \cdot H_2O$ (Brauneisenstein oder Minette) eingesetzt. Andere Erze und Verbindungen wie $FeCO_3$ (Spateisenstein) oder FeS_2 (Pyrit) werden heute seltener genutzt. Diese Erze müssten zuerst geröstet, d. h. in Oxide überführt werden, da sie ansonsten den Hochofenprozess stören würden.

Bild 1: Hämatit oder Roteisenstein

Eisenerzhauptlieferländer sind aktuell Brasilien, Kanada, Schweden, Australien und Mauretanien. Der Abbau deutscher Eisenerze lohnt sich aufgrund geringer Eisengehalte nicht mehr. Importiert werden nicht die rohen Erze, sondern meist Konzentrate und Pellets, um die Frachtkosten zu senken.

In den **Erzaufbereitungsanlagen** (Bild 1, Seite 140), die in der Regel den Abbaubetrieben und Gruben angeschlossen sind, werden für die verschiedenen Trennverfahren feinkörnige Erze benötigt. Für den Hochofenprozess sind jedoch feinkörnige Erze sehr ungünstig, da diese die Gasdurchströmung behindern oder sogar verhindern können. Aus diesem Grunde müssen die feingemahlenen, aufbereiteten Erze, die **Konzentrate**, stückig gemacht werden. Dies geschieht teilweise direkt nach der Erzaufbereitung, dabei werden aus dem feinkörnigem Erz und Bindemittel so genannte **Pellets** (Konzentratkugeln) hergestellt. Der größere Teil der Eisenerzkonzentrate wird aber zu den Hüttenbetrieben transportiert und dort zu **Sinter** verarbeitet. In den Sinteranlagen der Hüttenbetriebe wird das Feinerz mit Zuschlägen und Koksgrus vermischt zu größeren porösen Stücken bei hoher Temperatur zusammengebacken und erst danach als Sinter dem Hochofen zugeführt.

Durch diese und weitere Maßnahmen konnte der Koksverbrauch der Hochöfen von ca. 1000 kg/t Roheisen (1950) auf weniger als die Hälfte gesenkt werden, da die indirekte Reduktion durch Gase verbessert werden konnte. Dies wird begründet durch die größere Oberfläche der porösen Stücke, die Reduzierung des Wassergehaltes, den Abbau höherer Oxide sowie die Einleitung der Schlackenbildung bei den Sintervorgängen.

5.2.1 Hochofenprozess

Die **Roheisengewinnung** erfolgt hauptsächlich in Großhochöfen mit einer Kapazität von über 10 000 t/Tag. Mit der Verlagerung der Eisenerzgewinnung in Regionen, in denen das Erz durch Tagebau abgebaut werden kann, hat auch eine Verlagerung der Eisen- und Stahlerzeugung in außereuropäische Länder stattgefunden. In Deutschland führte diese Entwicklung zu einer starken Konzentration der Hochofenstandorte auf wenige verkehrsgünstig gelegene Hüttenwerke. So werden beispielsweise die Eisenerzkonzentrate aus Brasilien mit Schiffen, die über 300 000 t fassen, zum Europort Rotterdam gebracht, dort in Schubleichter umgeladen und zum Stahlwerkshafen in Duisburg transportiert, sodass nur geringe Transportkosten entstehen.

Bild 1: Materialfluss und Vorbereitung der Einsatzstoffe für den Hochofenprozess

Für den **Hochofenprozess** werden neben den eisenhaltigen Rohstoffen und Konzentraten noch Koks und Zuschläge benötigt. Erze und Zuschläge bilden zusammen das Einsatzgut, das **Möller** genannt wird.

Die **Zuschläge** sind Flussmittel für die im Erz noch enthaltenen tauben Oxide, wie SiO_2, CaO, MgO und Al_2O_3. Die Zuschläge, die genannten Oxide der Erze sowie die Koksasche sollen zusammen eine leichtflüssige Schlacke (niedriger Schmelzpunkt) bilden, die vom erschmolzenen Metall wegen der geringeren Dichte und der fehlenden Mischbarkeit getrennt wird. Die Zuschläge sind hauptsächlich Kalkstein oder Dolomit, mitunter auch Bauxit, Ilmenit, Flussspat oder Quarz. Menge und Art der Zuschläge werden aufgrund der im verwendeten Erz enthaltenen Oxide und der anzustrebenden Schlacke berechnet. Die Schlacke muss außerdem die schädlichen Stoffe und Verunreinigungen, vor allem auch Schwefel, aufnehmen. Ein Überschuss an CaO gegenüber SiO_2 verbessert die Entschwefelung, erhöht jedoch den Schmelzpunkt der Schlacke. In der Schlacke sind auch immer noch geringe Anteile an FeO (0,2 bis 2,0 %) und MnO (0,2 bis 5 %) enthalten. Die Zuschläge werden zum großen Teil schon mit dem Feinerz zusammen gesintert.

Als **Reduktionsmittel** und Wärmelieferant wird hauptsächlich metallurgischer Koks oder Hochofenkoks (durch Erhitzen unter Luftabschluss werden die flüchtigen Bestandteile der Fettkohle entfernt und die festen Bestandteile zu Koks verbacken) verwendet. Der Koks muss genau wie der Möller eine gewisse Festigkeit aufweisen, damit er nicht durch das Gewicht der Hochofenfüllung (Schüttsäule) fein zerbröckelt und dadurch reaktionsträge wird. Zwischen den Hüttenwerken und Kokereien werden daher Vereinbarungen hinsichtlich der Festigkeit, Zusammensetzung und Größe des Kokses abgeschlossen. So soll der Schwefelgehalt nicht über 1,2 %, der Aschegehalt nicht über 9,8 % und der Wassergehalt je nach Stückgröße nicht über 3 % bzw. 5 % liegen. Um den Koksverbrauch zu senken, wird zusammen mit dem Heißwind Heizöl oder Kohlenstaub in den Hochofen eingeblasen.

5.2 Eisen- und Stahlerzeugung

Die Vorwärmung der Luft, die für den Hochofenprozess benötigt wird, ist eine weitere Maßnahme zur Senkung des Energie- und Koksverbrauchs. Die Erwärmung der Luft auf etwa 1 300 °C in den so genannten **Winderhitzern** oder **Cowpern** führt zu einer Reduzierung des Koksverbrauchs von über 30 % (Bild 1, Seite 142). Als Wärmelieferant dient das **Gichtgas,** das Abgas des Hochofens, das in den Winderhitzern verbrannt wird. Es enthält als Energieträger vor allem Kohlenmonoxid, das bei der Verbrennung zu Kohlendioxid Wärme abgibt. Winderhitzer werden meist nach dem **Regenerativ-Prinzip** betrieben. Das bedeutet: Während ein Winderhitzer aufgeheizt wird, gibt ein zweiter seine gespeicherte Wärme an die durchströmende Luft ab. Jeder Hochofen hat drei Winderhitzer, wobei der dritte als Reserve vorgesehen ist. Die Winderhitzer müssen so bemessen sein, dass ständig genügend Warmluft zur Verfügung steht.

Eine weitere Steigerung der Hochofenleistung wird durch Erhöhung des Gasdruckes (auf ca. 0,4 MPa) an der Gicht (Gegendruckhochöfen) sowie durch Anreicherung des Sauerstoffgehaltes der Luft erreicht. Die benötigte Luftmenge beträgt bei den Großhochöfen über 15 Mio. m³/Tag.

5.2.1.1 Hochofen

Der **Hochofen** ist ein kontinuierlich arbeitender Schachtschmelzofen, der im Gegenstromprinzip arbeitet: Von unten wird Luft eingeblasen und von oben werden feste Einsatzstoffe, Möller und Koks eingebracht. Der **Ofenmantel** oder Hochofenpanzer besteht aus Stahl. Um dessen Temperatur niedrig halten zu können, wird er mit Wasser gekühlt. Die Kühlung erfolgt durch Berieselung sowie über Kühlvorrichtungen wie Kühlsegmente oder Kühlkästen. Nach innen ist der Hochofen feuerfest mit Schamott- oder ähnlichen feuerfesten Steinen ausgemauert. Der innere Querschnitt (Großhochofen mit größtem Durchmesser von 14,9 m) ist kreisförmig, aber mit veränderlichem Durchmesser (Bild 1, Seite 142). Das oberste Stück ist zylindrisch und geht in einen sich erweiternden kegelförmigen Abschnitt über. Diese Querschnittserweiterung trägt der Temperaturerhöhung und der damit verbundenen thermischen Ausdehnung Rechnung. Es soll also verhindert werden, dass die sich ausdehnenden Einsatzstoffe verklemmen. Im unteren Teil vermindert sich der Querschnitt, da der Hochofeneinsatz schmilzt und so die Hohlräume zwischen den vorher festen Stücken sich füllen und daher weniger Raum benötigt wird.

Die einzelnen Abschnitte des Hochofens haben zur Kennzeichnung besondere Namen erhalten, wie sie in Bild 1, Seite 142, angegeben sind. Die **Gicht** mit Gichtverschluss hat zwei Aufgaben: Durch diese erfolgt die Zugabe der festen Stoffe, also Möller und Koks, sowie die geführte Abgabe der gasförmigen Reaktionsprodukte und der unverbrauchten Luft. Diese **Gichtgase** enthalten daher 50 % bis 60 % Stickstoff, ca. 20 % Kohlendioxid, 25 % Kohlenmonoxid, Wasserdampf und Wasserstoff. Im Gichtgas sind auch noch bis zu 20 kg Staub je 1 t Roheisen enthalten. Die Zahlenangaben sind als Mittelwerte anzusehen. Der Staub im Gichtgas muss vor dessen Verbrennung entfernt und aufbereitet dem Hochofenprozess wieder zugeführt werden. In den letzten Jahren wurden so wirkungsvolle Verschlüsse entwickelt, dass Überdrücke von 0,4 MPa ermöglicht wurden.

An die Gicht schließt sich der kegelförmige nach unten verbreiternde **Ofenschacht** an. Der zylindrische **Kohlensack** ist nicht bei allen Hochöfen vorhanden. In der darunter liegenden **Rast** verengt sich das Profil des Hochofens wieder. Am Übergang von der Rast zum zylindrischen **Gestell** wird über eine Ringleitung durch bis zu 42 Blasformen Heißwind mit Kohlenstaub oder Heizöl eingeblasen. Das Gestell steht auf dem Hochofenherd, der aber nicht mehr zum eigentlichen Prozessraum des Hochofens gehört. Der Herd ruht auf dem Fundament, welches das gesamte Gewicht des Hochofens einschließlich des Nutzinhaltes aufnehmen muss. Die Fundamente des Hochofens ragen je nach örtlichen Bedingungen bis zu einer Tiefe von 35 m und mehr in den Boden mit einem Durchmesser von über 20 m.

5.2.1.2 Reduktionsvorgang

Im Hochofen (Bild 1, Seite 142) herrschen Temperaturen von 200 °C bis über 2 000 °C. Die höchsten Temperaturen entstehen im Verbrennungsraum unmittelbar hinter den Windformen im Hochofen mit ca. 2 200 °C. Der glühende Koks verbindet sich mit dem Sauerstoff der Luft zu Kohlendioxid (CO_2) und gibt Wärme ab. Der Heizwert des Hüttenkokses beträgt im Mittel 3 300 kJ/kg. Das entstehende CO_2 reagiert mit weiterem Koks zu Kohlenmonoxid (CO):

1. $C + O_2 \rightarrow CO_2$
2. $CO_2 + C \leftrightarrows 2\,CO$ (Boudouard-Reaktion)

Bild 1: Querschnitt durch einen Hochofen und Winderhitzer

Diese **Boudouard-Reaktion** verläuft bei den im Hochofen herrschenden Temperaturen von links nach rechts, also Bildung von CO, und bei niedrigen Temperaturen (< 700 °C) überwiegend von rechts nach links, also Bildung von CO_2 und Kohlenstoff (Bild 2). Die erste Reaktion, die Verbrennung von Koks zu Kohlendioxid, ist exotherm, es wird Wärme frei, und die zweite Reaktion, die Bildung von Kohlenmonoxid aus Koks und Kohlendioxid, ist endotherm, es wird also Wärme aufgenommen. Diese Wärme ist im Kohlenmonoxid gespeichert und gebunden und wird später noch im Hüttenwerk genutzt.

Die heißen Gase, Luftrest und Kohlenmonoxid, geben auf dem Weg zur Gicht Wärme ab und reagieren mit den Erzen im Hochofen. Die Reduktion der Erze durch das gasförmige Kohlenmonoxid wird als **indirekte Reduktion** bezeichnet. Dafür ist es günstig, dass große Reaktionsflächen zur Verfügung stehen, wie es bei dem porösen gesinterten Möller der Fall ist. Beispiel der indirekten Reduktion im Hochofen:

$$FeO + CO \rightarrow Fe + CO_2$$

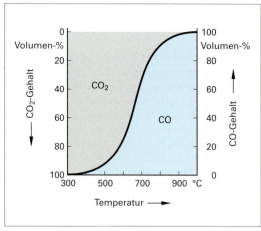

Bild 2: Boudouard-Gleichgewicht

5.2 Eisen- und Stahlerzeugung

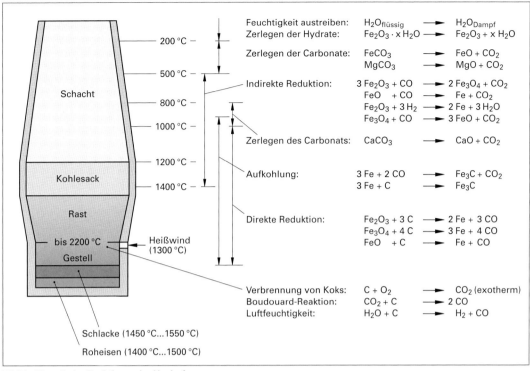

Bild 1: Chemische Reaktionen im Hochofen

Im Hochofen wird bei den dort herrschenden Bedingungen auch Wasser in Wasserstoff und Sauerstoff aufgespalten. Der gebildete Wasserstoff ist auch ein Reduktionsmittel, kann also ebenfalls Eisenoxid zu Eisen reduzieren und somit zur indirekten Reduktion beitragen. Ein Teil des Roheisens wird durch **direkte Reduktion** mit Koks gewonnen, wie zum Beispiel:

$$2\,FeO + C \rightarrow 2\,Fe + CO_2 \quad \text{oder} \quad FeO + C \rightarrow Fe + CO$$

Ein großer Anteil der indirekten Reduktion ist günstig für einen geringen Koksverbrauch.

In Bild 1 ist der Reaktionsweg des Möllers im Hochofen von oben nach unten ausführlich angegeben. Auf dem Weg von oben nach unten wird der Möller durch die entgegenströmenden heißen Gase erwärmt und zunächst das anhaftende oder gebundene Wasser (Hydratwasser) ausgetrieben (Bild 1). Der Trocknungszone folgen die Bereiche der Zersetzung der Carbonate, der indirekten und danach der direkten Reduktion und der Schmelzung. Dabei können die einzelnen Bereiche nicht immer streng voneinander getrennt werden, sondern sie überschneiden sich. Das vor dem Schmelzen gebildete Eisen (**Eisenschwamm**) kann bis zu 0,8 % Kohlenstoff aufnehmen, im flüssigen Zustand dann sogar bis über 4 %. Diese Vorgänge werden als **Aufkohlung** bezeichnet und bewirken eine Herabsetzung der Schmelztemperatur (bei 4,3 % C auf 1147 °C).

Die meisten Reaktionen und Vorgänge im Hochofen sind temperaturabhängig. Der Trocknung folgt die Austreibung des chemisch gebundenen Hydratwassers und erst zwischen 400 °C und 500 °C beginnt die indirekte Reduktion durch Kohlenmonoxid im mittleren Bereich des Ofenschachtes. Da diese Reduktion bei niedrigen Temperaturen stattfindet, bildet sich festes schwammartiges Eisen, jedoch noch mit Gangart vermischt. Die direkte Reduktion der Eisenoxide setzt bei etwa 1000 °C ein und endet nach dem Aufschmelzen, verbunden mit einer weiteren Kohlenstoffaufnahme bis zu 4 % im flüssigen Zustand. Bei den Begleitstoffen wie $CaCO_3$ setzt ab 800 °C die Zersetzung der Carbonate zu Oxiden unter Abgabe von Kohlendioxid ein. Bei 1100 °C beginnt die Erweichung dieser Oxide. Dieser Vorgang verstärkt sich mit steigender Temperatur, insbesondere bedingt durch den Effekt der Schmelzpunkterniedrigung durch Lösen.

Zwischen 1450 °C und 600 °C liegt eine vollständig flüssige **Schlacke** vor mit (meist oxidischen) Verbindungen des Aluminiums, Eisens, Mangans, Magnesiums und weiterer Metalle. Außerdem soll die Schlacke möglichst viel Schwefel, der aus dem Koks herrührt, aufnehmen.

Mit dem Roheisen werden auch so genannte Eisenbegleiter reduziert, wie Mangan, Silicium und Phosphor, die dann im Roheisen neben Eisen und Kohlenstoff sowie einem geringen Teil des Schwefels enthalten sind.

Tabelle 1: Stoffbilanz zur Erzeugung von Roheisen (nach Stahlfibel)

	Masse pro Tag für den 11 000-Tonnen-Hochofen	Masse für die Erzeugung von 1 Tonne Roheisen
Zugeführte Stoffe:		
Erz und Zuschläge	18 000 t	1,65 t
Koks	5000 t	0,45 t … 0,5 t
Heißwind	15 000 t … 20 000 t ($\cong$ 13,2 Mio. m^3)	1,5 t … 2,5 t
Abgeführte Stoffe:		
Roheisen	11 000 t	1,0 t
Schlacke	3500 t	0,31 t
Gichtgas und Staub	20 000 t … 30 000 t ($\cong$ 16,8 Mio. m^3)	3,0 t … 3,5 t ($\cong$ 1600 m^3 … 3000 m^3)
Abluft für die Gießhallenentstaubung	22 Mio. m^3 … 33 Mio. m^3	2000 m^3 … 3000 m^3
Kühlwasser	96 000 t	20 t

Im Gestell des Hochofens sammelt sich das flüssige Roheisen, auf dem die spezifisch leichtere flüssige Schlacke schwimmt. Der Hochofen wird in regelmäßigen Zeitabständen abgestochen. Dazu wird an besonderen Stellen die feuerfeste Schicht durchbohrt, so dass die Schmelze ausfließen kann. Durch eine mit Sand ausgekleidete Rinne gelangt das Roheisen in eine Torpedopfanne. Die Schlacke wird durch eine besondere Vorrichtung, den Fuchs, vom Roheisen abgetrennt und in die Schlackenpfanne geleitet. Das flüssige Roheisen (> 1400 °C) wird in den Pfannen zum Stahlwerk transportiert und dort weiterverarbeitet.

In Tabelle 1 ist die Stoffbilanz eines modernen Hochofens zusammengestellt. Dabei ist der Einsatz von Öl oder Kohle nicht enthalten, die zur Einsparung von Koks mit der Heißluft eingeblasen werden. In den Großhochöfen können stündlich zusammen mit ca. 500 000 m^3 Heißluft (1300 °C) maximal 88 t Feinkohle eingeblasen werden. Die theoretische Mindestmenge an Koks wird mit 300 kg/t Roheisen angegeben.

Neben den verfahrenstechnischen sind es oft auch ökonomische Gründe, die den Anteil an Heizöl bestimmen. So wurde zurzeit der ersten Ölkrise auf den Heizölzusatz gänzlich verzichtet. In letzter Zeit wird meist Kohlenstaub eingeblasen, da dieses Verfahren inzwischen störungsfrei beherrscht wird und preisgünstig ist.

5.2.1.3 Produkte des Hochofenprozesses

In der Tabelle 1 sind die wichtigsten Produkte (siehe abgeführte Stoffe) des Hochofens enthalten. Wirtschaftlich bedeutsam sind neben dem Roheisen noch Schlacke und Gichtgas.

Entsprechend dem Verwendungszweck können verschiedene **Roheisensorten** erzeugt werden. Falls aus dem Roheisen graues Gusseisen hergestellt werden soll, ist es günstig, ein **„graues" Roheisen** zu erzeugen, das verglichen mit dem **weißen (Stahl-)Roheisen** einen erhöhten Silicium-Gehalt aufweist. Dies wird erreicht durch den Einsatz unterschiedlicher Rohstoffe und eine veränderte Ofenführung.

Die Farben grau und weiß kennzeichnen das Aussehen der Bruchfläche von Proben aus den beiden Roheisensorten. Eine graue Bruchfläche entsteht, wenn der Kohlenstoff im festen Zustand als Grafit vorliegt, und eine weiße, wenn der Kohlenstoff im festen Zustand mit Eisen Zementit (Fe_3C) bildet. Meist wird so genanntes (weißes) Stahl- oder LD-Roheisen erzeugt. Eine typische Analyse ist in Bild 1, Seite 142, angegeben.

Zur Steigerung der Wirtschaftlichkeit eines Hochofens müssen neben dem Roheisen auch die übrigen Produkte genutzt werden. Gichtgas wird, wie bereits erwähnt, gereinigt und als Energieträger benutzt. Neben der Nutzung in Winderhitzern wird das gereinigte Gichtgas auch in betriebseigenen Kraftwerken, vermischt mit anderen gasförmigen Brennstoffen, wie Kokereigas, Erdgas oder auch die bei der Stahlerzeugung entstehenden Abgase, zur Wärme- oder Stromerzeugung eingesetzt.

5.2 Eisen- und Stahlerzeugung

Die Hochofenschlacke wird hauptsächlich (aus dem flüssigen Zustand) granuliert und als Schlackensand zur Herstellung von Zement verarbeitet. Schlackensand oder Stückschlacke werden ebenso in der Bauindustrie verwertet.

Das Hochofenverfahren arbeitet wegen des Gegenstromprinzips sehr wirtschaftlich. Weitere Entwicklungen sind denkbar. Höhere Tagesleistungen und größere Hochöfen bringen jedoch technische Probleme mit sich, die aus der Größe der Einheiten sowie den veränderten Umweltbedingungen (Problem: CO_2-Emissionen) herrühren.

Produkt des Hochofenverfahrens ist sprödes Roheisen. Stahl und damit ein einsetzbarer Werkstoff, wird erst durch mehrere nachgeschaltete Verfahrensschritte erzeugt (Kap. 5.2.3).

5.2.2 Direktreduktionsverfahren

Alternativen zum klassischen Hochofenverfahren stellen die Verfahren der Direktreduktion und der Schmelzreduktion dar. Beide Verfahren erfordern jedoch noch technische Weiterentwicklungen, die auch möglich sind. Beim Neubau von kleinen Einheiten zur Produktion von Eisen und Stahl sind **Schmelzreduktionsverfahren** wegen der erheblich geringeren Investitionskosten preisgünstiger, obwohl die Roheisenerzeugung in zwei Schritten erfolgt: die Erzeugung von **Eisenschwamm** und die Endreduktion und das Aufschmelzen zu Roheisen. Durch die Verfahren der Direktreduktion können bereits 5 % bis 7 % des Roheisens in der Welt durch Eisenschwamm ersetzt werden.

Allen Direktreduktionsverfahren (Bild 1) ist die Reduktion der Erze im festen Zustand zu Eisenschwamm gemeinsam. Der Eisenschwamm enthält noch einen Anteil von 5 % bis 20 % an Oxiden (Metallisierungsgrad also 80 % bis 95 %). Dieser Eisenschwamm wird meist in Elektroöfen zu Stahl weiterverarbeitet oder als Schrottersatz bei der Stahlerzeugung eingesetzt.

Die Hauptvorteile der Direktreduktionsverfahren gegenüber dem Hochofenverfahren sind die geringen Investitionskosten und die Verwendung von preiswerter Primärenergie anstelle von teurem Koks.

Die verschiedenen Direktreduktionsverfahren werden eingeteilt nach den verwendeten Reduktionsmitteln oder den Reaktionsgefäßen. Die Einteilung der Direktreduktionsverfahren nach den Reaktionsgefäßen zeigt Bild 1. Verfahren im Schachtofen, die häufig kontinuierlich ablaufen, haben einen Anteil von über 50 % erlangt. Aufgrund der Reduktionsmittel wird unterschieden zwischen **Gasreduktionsverfahren** und Feststoffreduktionsverfahren, wobei der Anteil der Gasreduktionsverfahren ca. 90 % erreicht.

Als Reduktionsgase dienen bei den Gasreduktionsverfahren Wasserstoff und Kohlenmonoxid, die meistens aus Erdgas gewonnen werden.

Bild 1: Einteilung der Direktreduktionsverfahren nach den Reaktionsgefäßen (schematisch)

Künftige Alternativen zur Primärenergie Erdgas könnten Verfahren der Kohlevergasung und der Wasserstoffgewinnung mit Hilfe von Solarenergie werden. Billiges Erdgas kann eine Basis zur Errichtung einer Anlage nach dem Direktreduktionsverfahren sein. Bei den **Feststoffreduktionsverfahren** werden anstelle von Koks Kohlen beliebiger Körnung und Zusammensetzung, ja sogar Braunkohle verwendet.

Die Anforderungen an die eingesetzten Erze wie hoher Eisengehalt und geringer Anteil an Gangart sind bei den Direktreduktionsverfahren hoch. Aus diesem Grund werden häufig Pellets verwendet.

Der entstehende Eisenschwamm hat verfahrensbedingt einen unterschiedlich hohen Metallisierungsgrad, der Kohlenstoffgehalt liegt meist bei 0,8 %. Bei Lagerung und Transport von Eisenschwamm besteht die Gefahr der Reoxidation. Um dies zu verhindern, werden Schutzschichten (aus Kalk, Wasserglas o. Ä.) aufgebracht oder eine Brikettierung durchgeführt. Alternativen zu Lichtbogenöfen, in denen die Weiterverarbeitung des Eisenschwamms erfolgt, könnten künftig Plasmaöfen oder bodenblasende Konverter sein.

5.2.3 Stahlerzeugung

Das im Hochofen erzeugte Roheisen lässt sich nicht zur Herstellung gebrauchsfähiger Werkstücke verwenden, da viele Verunreinigungen, vor allem der hohe Kohlenstoffgehalt, bewirken, dass Roheisen sich nicht umformen lässt. Roheisen wird daher zu Stahl oder Gusseisen weiterverarbeitet. Die Hauptunterschiede dieser beiden Werkstoffgruppen sind im Kohlenstoffgehalt begründet. So enthalten z. B. Stähle weniger als 2 % Kohlenstoff und Gusseisen 2,8 % bis 4 % Kohlenstoff. Außerdem liegt der Kohlenstoff im Stahl hauptsächlich an Eisen gebunden als Zementit Fe_3C (Eisencarbid) vor, in vielen Gusseisensorten auch als Grafit (Kapitel 6.2.1.3). Die Hauptmenge des Roheisens wird in Stahlwerken durch so genanntes **Frischen** (Kapitel 5.2.3.1) zu Stahl weiterverarbeitet.

Bei der Stahlerzeugung gibt es viele Verfahren, die im Laufe der Zeit einander ablösten. Bild 1 zeigt die geschichtliche Entwicklung der Eisen- und Stahlerzeugung. So wurde vor über 100 Jahren das **Puddelverfahren** durch das **Bessemer-Verfahren** verdrängt, das wiederum bereits um 1900 durch das **Siemens-Martin-Verfahren** ersetzt wurde. Auch das Siemens-Martin-Verfahren wird seit 1982 in Deutschland nicht mehr angewendet. Außerdem hat in der Zeit zwischen 1890 und 1970 das heutzutage ebenfalls nicht mehr angewendete **Thomas-Verfahren** große Bedeutung besessen.

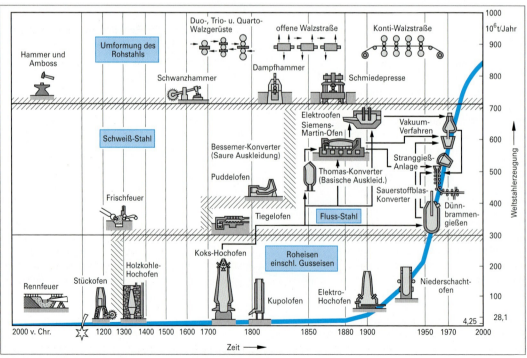

Bild 1: Geschichte der Stahlerzeugungs- und Umformverfahren

5.2.3.1 Sauerstoffblasverfahren

Die weitaus größte Menge von Stahl wird heute durch **Sauerstoffblas-Verfahren** aus dem flüssigen Roheisen des Hochofens erzeugt. Diese Verfahren variieren geringfügig zwischen den verschiedenen Stahlerzeugern, gemeinsam verwenden jedoch alle reinen Sauerstoff, so dass der für die mechanischen Eigenschaften ungünstig wirkende Stickstoff der Luft älterer Verfahren nicht mehr in die Schmelze gelangen kann (Kapitel 6.3.1.5).

Bei der Stahlerzeugung aus dem Eisenschwamm der Direktreduktionsverfahren (Kapitel 5.2.2) werden elektrisch beheizte Öfen benutzt. Der Transport des flüssigen Roheisens wird vom Hochofen zum Stahlwerk in gut wärmegedämmten Behältern, meist in Torpedopfannen, durchgeführt. Der Temperaturverlust ist dabei so gering, dass keine weitere Wärmezufuhr erfolgen muss.

Bevor die Stahlerzeugung beginnt, wird das Roheisen entschwefelt und bei Bedarf auch entphosphort bzw. entsiliciert. Die **Entschwefelung** wird durch den Zusatz calciumhaltiger Verbindungen, wie CaO, CaF_2, CaC_2 u. a. erreicht. Das hierbei entstehende Calciumsulfid (CaS) wird im Stahlwerk mit der Roheisenschlacke entfernt. Das Roheisen wird im Stahlwerk in große Sammelbehälter oder Mischer gefüllt, um die Schwankungen zwischen Roheisenanlieferung und -bedarf und die Unterschiede in der Zusammensetzung der einzelnen Roheisenanlieferungen auszugleichen.

Neben dem Roheisen und reinem Sauerstoff werden noch Schrott, Zuschläge und Legierungszusätze für die Stahlerzeugung benötigt. Der Einsatz von Schrott bei der Stahlherstellung stellt eines der ältesten Recyclingverfahren dar. Bei den Sauerstoffblasverfahren wird durch die Zugabe des kalten Schrottes ein unerwünschter stärkerer Temperaturanstieg vermieden, der sich sonst aufgrund des Frischprozesses ergeben würde. Wie beim Hochofenprozess sollen auch bei der Stahlerzeugung die Zuschläge, wie Kalk, Bauxit, Flussspat u.a., eine reaktionsfähige dünnflüssige Schlacke ergeben, die einen Teil der unerwünschten Begleitelemente des Roheisens aufnimmt. Legierungselemente sind meist (genormte) **Ferrolegierungen**, also Vorlegierungen mit einem bestimmten Eisenanteil. So enthält Ferrochrom FeCr70 (niedrig C; andere Bezeichnung: Ferrochrom suraffiné) zwischen 25 % und 35 % Fe und Ferrochrom FeCr70 (hoch C; andere Bezeichnung: Ferrochrom carburé) bei entsprechend geringerem Fe-Gehalt außerdem noch 4,0 % bis 6,0 % C.

Auch **Desoxidationsmittel**, die zur Entfernung des Restsauerstoffs dienen, werden häufig den Legierungsmitteln zugerechnet.

Die Stahlerzeugung in modernen Stahlwerken erfolgt in zwei Verfahrensschritten, dem Frischprozess und der Sekundärmetallurgie. Der **Frischprozess** erfolgt in Konvertern nach Sauerstoffblasverfahren und die **Sekundärmetallurgie** wird danach in Pfannen oder Spezialkonvertern durchgeführt.

Beim Frischen werden die unerwünschten, schädlichen Beimengungen des Roheisens verbrannt, also oxidiert. Die wichtigsten chemischen Reaktionen beim Frischen sind in Tabelle 1 zusammengestellt.

Tabelle 1: Chemische Reaktionen beim Frischen von Stahl

Chemische Reaktion	Reaktionsgleichung
Entkohlung	$2\,C + O_2 \rightarrow 2\,CO$
Entsilicierung	$Si + O_2 + 2\,CaO \rightarrow 2\,CaO \cdot SiO_2$
Manganreaktion	$2\,Mn + O_2 \rightarrow 2\,MnO$
Entphosphorung	$4\,P + 5\,O_2 + 6\,CaO \rightarrow 6\,CaO \cdot P_4O_{10}$
Entschwefelung	$2\,S + 2\,CaO \rightarrow 2\,CaS + O_2$
Desoxidation	$4\,Al + 3\,O_2 \rightarrow 2\,Al_2O_3$
Desoxidation	$Si + O_2 \rightarrow SiO_2$

Bei der **Entkohlung** (Tabelle 1) reagiert der eingeblasene Sauerstoff mit dem Kohlenstoff des Roheisens zu Kohlenmonoxid, das gasförmig entweicht. Es wird meistens ein bestimmter C-Gehalt im Rohstahl angestrebt (Analysenvorgabe). Aufgrund der geringeren Affinität der Begleitelemente zu Sauerstoff als die von Kohlenstoff erfolgt die Verschlackung der Begleitelemente erst nach der Entkohlung. Dies bedeutet auch, dass die Reaktionsprodukte dieser Stoffe sich in flüssiger Form bilden und mit der Stahlschlacke entfernt werden müssen.

In den 40er Jahren des 20. Jahrhunderts wurde das **Sauerstoffaufblasverfahren** als so genanntes **LD-Verfahren** entwickelt (**L** steht für Linz und **D** für Donawitz, zwei Stahlstandorte in Österreich). Für phosphorreiche Roheisensorten wurde in Belgien und Luxemburg das LD- zum **LDAC-Verfahren** modifiziert, bei dem neben dem Sauerstoff noch Kalkstaub eingeblasen wird.

Verfahren wie diese wurden von den verschiedenen Stahlherstellern weiterentwickelt. Heute werden sie unter dem Begriff **Sauerstoffblasverfahren** zusammengefasst, da der Sauerstoff auf unterschiedliche Weise in die Schmelze eingebracht wird.

Bild 1 zeigt einen Konverter für das Sauerstoffaufblasverfahren. Moderne Konverter besitzen ein Fassungsvermögen von bis zu 500-t-Schmelze. Reiner Sauerstoff wird mit einer gekühlten verstellbaren Lanze aus Kupfer mit einem Druck von bis zu 1,2 MPa auf die Schmelze aufgeblasen. Infolge

Bild 1: Frischen von Stahl im Sauerstoffaufblaskonverter

der heftigen Reaktion entstehen am so genannten Brennfleck, dem Reaktionszentrum, Temperaturen bis zu 3000 °C sowie eine sehr starke Badbewegung, was auch einen größeren Reaktionsraum (Bild 1) erfordert.

In den leeren aber noch heißen Konverter wird zuerst der Schrott eingefüllt. Dadurch können eventuell anhaftende Fremdstoffe verdampfen oder verbrennen, die in der heißen Schmelze zu starken Verpuffungen oder Explosionen führen könnten. Die Zuschläge werden zu Beginn oder während des Blasvorganges zugegeben. Der Blasvorgang dauert zwischen 10 und 20 Minuten. Danach werden die Legierungszusammensetzung und die Temperatur kontrolliert. Die **Abstichtemperatur** sollte 1600 °C bis 1650 °C betragen. Die Zusammensetzung kann bei Bedarf durch Nachblasen oder Zugabe weiterer Zusätze korrigiert werden. Eine hohe Gleichmäßigkeit der Zusammensetzung der Schmelze wird durch **Spülgase**, insbesondere Argon, erreicht, die über den Konverterboden nach Beendigung des Blasvorgangs eingebracht werden.

Das **Abgießen** des Rohstahls erfolgt durch Kippen des Konverters, wobei die Schmelze so durch das Abstichloch fließt, dass die auf dem Stahl schwimmende Schlacke im Konverter zurückbleibt. Die Schlacke wird häufig nicht vollständig abgezogen, um für den folgenden Blasvorgang bereits einen Teil der notwendigen Schlacke vorzuhalten. Desoxidationsmittel, die den überschüssigen Sauerstoff abbinden, werden während des Abstiches zugegeben. Insgesamt ergeben sich Folgezeiten für die Schmelzen von 30 bis 50 Minuten. Das entstehende Produkt wird **Rohstahl** genannt und in den Pfannen noch weiterbehandelt.

Die in den verschiedenen Stahlwerken entwickelten Sauerstoffblasverfahren können in drei Gruppen zusammengefasst werden: Sauerstoffaufblasverfahren, Sauerstoffbodenblasverfahren und kombiniertes Blasverfahren. In Bild 2 werden zunächst **Sauerstoffaufblasverfahren** und **Sauerstoffbodenblasverfahren** miteinander verglichen. Der Hauptnachteil der Sauerstoffaufblasverfahren ist die geringere Baddurchmischung und die damit verbundene überhöhte Sauerstoffzufuhr.

Sauerstoffaufblasverfahren		Sauerstoffbodenblasverfahren		Kombiniertes Blasverfahren	
Vorteile:	Nachteile:	Vorteile:	Nachteile:	Vorteile:	
• Hohe Flexibilität • Gute Schlackenbildung	• Starke Überoxidation • Schlechte Metall-Schlacken-Reaktionen • Schlechte Baddurchmischung	• Geringe Überoxidation • Gute Baddurchmischung • Gute Metall-Schlacken-Reaktionen	• Schlechte Schlackenbildung • Geringer Schrotteinsatz	• Geringe Überoxidation • Gute Baddurchmischung • Gute Metall-Schlacken-Reaktionen • Hohe Flexibilität • Gute Schlackenbildung	

Bild 2: Vergleich der Sauerstoffblasverfahren

5.2 Eisen- und Stahlerzeugung

Bei den **Bodenblasverfahren** können nur geringere Mengen Schrott eingesetzt werden.

Im rechten Teil des Bildes 2, S. 148, sind die Vorteile der **kombinierten Blasverfahren** zusammengestellt. Bei den kombinierten Verfahren wird neben der besseren Baddurchmischung auch im Vergleich zu den Bodenblasverfahren ein höherer Schrotteinsatz ermöglicht. Die vielen Varianten des kombinierten Blasens unterscheiden sich bezüglich der Form und Zahl der Lanzen und Düsen, der Inertgase und des Schrottzusatzes.

Die Verbindung von kombiniertem Blasstahlverfahren mit der Sekundärmetallurgie ermöglicht unterschiedliche Stahlgüten optimal und wirtschaftlich herzustellen.

Dies ist bisher mit keinem anderen Verfahrensweg erreichbar. Die kombinierten Blasverfahren sind verfahrenstechnisch und metallurgisch sogar noch entwicklungsfähig.

5.2.3.2 Elektrolichtbogenofen-Verfahren

Neben den Sauerstoffblasverfahren besitzen **Elektrolichtbogenofen-Verfahren** ebenfalls eine große Bedeutung für die Stahlerzeugung.

Etwa 90 % des Elektrostahls wird in Lichtbogenöfen, der Rest hauptsächlich in **Induktionsöfen** erzeugt.

Bild 1 zeigt, dass zwischen den drei Grafitelektronen des **Lichtbogenofens** und dem metallischen Einsatz ein Lichtbogen entsteht mit Temperaturen von nahezu 3500 °C.

Dies wirkt sich günstig beim Einsatz hochschmelzender Legierungsbestandteile aus. Es werden sehr unterschiedliche Stahlgüten in Verbindung mit der Schrottmetallurgie sowie Edelstähle erschmolzen.

Bild 1: Elektrolichtbogenofen zur Stahlerzeugung

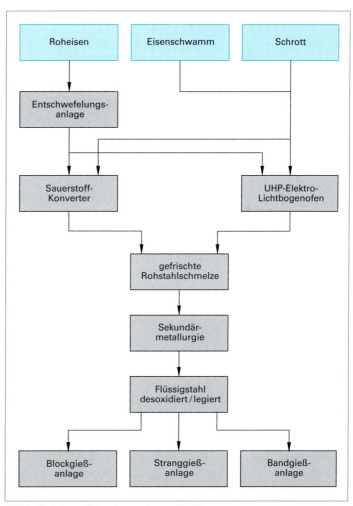

Bild 2: Verfahrenslinien der modernen Stahlerzeugung

Als Eisenträger werden Schrott oder Eisenschwamm eingesetzt. Zusätzlich werden Erze, Zuschläge (Kalk), Reduktionsmittel (Koks) und Legierungsmittel (Ferrolegierungen) vor oder während des Frischprozesses eingesetzt. Zuerst wird der Lichtbogen gezündet und nach Aufschmelzen des Schrottes kann weiterer Schrott eingesetzt werden. Die modernen **UHP-Öfen (Ultra-High-Power)** ermöglichen Schmelzfolgezeiten von ca. 40 bis 70 Minuten bei maximalen Abstichgewichten von 300 t. Die Leistungsfähigkeit dieser Öfen wird als die spezifische Transformatorscheinleistung je Tonne Einsatz angegeben und liegt zwischen 300 und 1000 kVA/t. Dabei wird mit sehr hohen Stromstärken und niedrigen Spannungen gearbeitet.

Die Hauptvorteile des Elektrolichtbogenofen-Verfahrens sind: Erschmelzung jeder Stahlsorte hoher Reinheit, Erschmelzung aller legierten Stähle, Automatisierbarkeit, hoher Wirkungsgrad bei der Nutzung der elektrischen Energie, niedrige Investitionskosten. Außerdem sind sie als **Ministahlwerke** geeignet.

5.2.3.3 Stahl-Sekundärmetallurgie

Die extrem kurzen Folgezeiten beim Sauerstoffblasverfahren (30 bis 50 Minuten) und beim UHP-Lichtbogenofen (45 bis 70 Minuten) reichen nicht immer für alle metallurgischen Vorgänge aus. Der Rohstahl muss daher nachbehandelt werden. Alle Verfahren und Maßnahmen außerhalb des Konverters oder Lichtbogenofens werden unter dem Begriff **Sekundärmetallurgie** zusammengefasst.

Tab. 1: Mögliche Grenzkonzentrationen der Begleitelemente von Stahl

Begleitelement	Grenzkonzentration
Kohlenstoff	10 bis 20 ppm
Phosphor	20 bis 30 ppm
Schwefel	5 bis 10 ppm
Stickstoff	15 bis 20 ppm
Wasserstoff	1 bis 1,5 ppm
Sauerstoff	5 bis 10 ppm

ppm = parts per million = 10^{-6} = g/t = Gramm pro Tonne Rohstahl, z. B. 10 ppm Schwefel bedeutet: 10 g Schwefel in 1 t Rohstahl

Bild 2, Seite 149, zeigt die Hauptverfahrenslinien der modernen Stahlerzeugung, in deren Ablauf die Sekundärmetallurgie einen festen Platz einnimmt. Der hohe Entwicklungsstand der Sekundärmetallurgie ermöglicht es, dass fast alle Anforderungen hinsichtlich der Stahlzusammensetzung und Stahlqualität erfüllt werden können. Das ist unabhängig davon, nach welchem Verfahren der Rohstahl hergestellt wurde, möglich.

Die Entwicklung einiger neuer Stähle ist erst durch die Verfahren der Sekundärmetallurgie möglich geworden. Insbesondere können durch die Anwendung sekundärmetallurgischer Verfahren die in Tabelle 1 zusammengestellten sehr niedrigen Grenzkonzentrationen der schädlichen Begleitelemente des Stahls eingestellt werden. So verschlechtert z. B. der Kohlenstoff vor allem in den hochlegierten nichtrostenden Stählen die Korrosionsbeständigkeit und die Zähigkeit bei tiefen Temperaturen, ist also ein schädliches Begleitelement für diese Stähle.

Es gibt viele (betriebseigene) Verfahren der Sekundärmetallurgie, die je nach Aufgabenstellung modulartig zusammengestellt werden können. Dabei wird die Sekundärmetallurgie begünstigt durch die verbesserte Mess- und Analysentechnik, verbunden mit der Weiterentwicklung der Prozesssteuerung und Vakuumtechnik. Vor allem die folgenden Wirkprinzipien werden in der Sekundärmetallurgie genutzt:

- Behandlung mit Spülgas, Reaktionsgas, Vakuum, Schlackenbehandlung u. a.
- Induktives Rühren, Eintauch- und Injektionsverfahren
- Aufheizen oder Kühlen, keramische Filter u. a. m.

Die Behandlung der Stahlschmelzen mit Spülgas und Vakuum wird am meisten angewandt. Als **Spülgas** wird hauptsächlich Argon verwendet. Das Spülgas dient dem Ausgleich von Temperatur- und Konzentrationsunterschieden. Es beschleunigt metallurgische Prozesse, da es die Reaktionsprodukte und gelöste Gase schnell aus dem Metallbad abtransportiert. Die **Vakuumbehandlung** diente ursprünglich der Absenkung des Wasserstoff-Gehaltes der Schmelze, sie vermindert aber auch den Stickstoff-Gehalt und begünstigt die so genannte Tiefentkohlung und Tiefentschwefelung. Vor allem zur Entkohlung von Stählen mit hohem Chrom-Gehalt wird eine **Reaktionsgasbehandlung** mit einem Argon/Sauerstoff- oder Wasser/Sauerstoff-Gemisch durchgeführt.

Schlackenbehandlungen werden zur Verringerung des Schwefel-, Phosphor- und Sauerstoffgehaltes durchgeführt. Günstig wirken sich hohe Schlackentemperaturen, große Flächen und eine intensive Badbewegung aus.

Aus diesem Grund sind Schlackenbehandlungsverfahren häufig kombiniert mit Rühr- und Vakuumbehandlungsverfahren. Schlacken werden auch als Abdeck- bzw. Isolierschlacken eingesetzt, um das Metallbad vor Sekundäroxidation, Gasaufnahme und großen Temperaturverlusten zu schützen.

Für das **induktive Rühren** sind besonders gebaute Pfannen notwendig. Durch das induktive Rühren kann die Badbewegung auf das Metallbad begrenzt werden und infolgedessen werden die Reaktionsprodukte effektiver abgeschieden. Auch in der Stranggusskokille wird induktiv gerührt, wodurch die Gefügestruktur wesentlich verbessert wird.

Aufheizen und **Kühlen** wird angewandt, um die für die metallurgischen Prozesse optimalen Temperaturen einzustellen. **Keramische Filter** kommen im Bereich des Gießsystems zum Einsatz.

Durch geeignete Wahl und Anwendung sekundärmetallurgischer Verfahren können die Anforderungen an den Werkstoff Stahl optimal erfüllt werden. Häufig und schnell durchgeführte Analysen bestimmen Art und Dauer der geeigneten sekundärmetallurgischen Maßnahmen und Zusätze. Neue Aufgaben ergeben sich bei der Entwicklung neuer oder verbesserter Stähle sowie im Zusammenhang mit der Einführung des endabmessungsnahen Vergießens von Stahl (Bandgießen).

5.3 Erzeugung von Nichteisenmetallen

Neben pyrometallurgischen Verfahren, wie beispielsweise dem Hochofenprozess, werden **Elektrolyse-Verfahren** für die Gewinnung von Metallen angewendet. So wird Roh- oder Schwarzkupfer aus den meist sulfidischen Erzen pyrometallurgisch gewonnen und elektrolytisch zu Elektrolytkupfer raffiniert. Die Gewinnung von Zink erfolgt hauptsächlich elektrolytisch aus wässrigen Lösungen. Aluminium wird über eine Schmelzflusselektrolyse erzeugt.

5.3.1 Gewinnung von Aluminium

Die Gewinnung von Aluminium, dem zweitwichtigsten Metall nach Eisen, unterscheidet sich ganz wesentlich von der Eisen- und Stahlgewinnung. Eine **Aluminiumgewinnung** mit Koks ist nicht möglich, da sich dabei Aluminiumcarbid bilden würde. Eine Elektrolyse in wässriger Lösung würde, da Aluminium sehr unedel ist, nur zur Abscheidung von Wasserstoff führen. Werden jedoch Aluminiumverbindungen geschmolzen, zerfallen sie in ihre Ionen. Die Schmelze ist damit elektrisch leitfähig, eine elektrolytische Metallgewinnung ist möglich. Daher ist billige elektrische Energie die wichtigste Voraussetzung für die Standorte von Aluminiumgewinnungs-

Bild 1: Energiequellen zur Herstellung von Primäraluminium, weltweit

hütten. Wasserkraftwerke (Bild 1) werden daher bevorzugt, z. B. in Kanada oder Norwegen. In China hingegen basiert die Aluminiumerzeugung hauptsächlich auf Kohleenergie, was sich aufgrund des sehr großen chinesischen Produktionsvolumens deutlich in Bild 1 zeigt.

Der wichtigste Rohstoff für die Aluminiumgewinnung ist **Bauxit**, ein Mineral mit den Hauptbestandteilen Al_2O_3 (ca. 60 %), Fe_2O_3, SiO_2 und TiO_2. Die wichtigsten Abbaustätten befinden sich in Australien, Brasilien, Guinea, Jamaika, Russland und Surinam. Die übrigen aluminiumhaltigen Mineralien, wie Ton, Kaolin u. a., haben meist einen geringeren Al_2O_3- und höheren SiO_2-Gehalt, so dass diese aus wirtschaftlichen Gründen nicht in Frage kommen. Aus dem Bauxit wird zunächst hochreines Al_2O_3 (mind. 99,5 %) hergestellt, da aus den aluminiumhaltigen Erzen sonst zuerst die anderen Metalle reduziert würden.

Die Al_2O_3-Gewinnung erfolgt meistens nach dem **Bayer-Verfahren** (Bild 1, Seite 152). Dazu wird Bauxit mit heißer Natronlauge (100 °C bis 360 °C) behandelt und Aluminium als **Natriumaluminat** ($NaAl(OH)_4$) herausgelöst.

$$Al_2O_3 + 2\,NaOH + 3\,H_2O \rightarrow 2\,NaAl(OH)_4$$

Zurück bleibt **Rotschlamm**, der die übrigen nicht gelösten Oxide des Bauxits enthält. Nach dieser Trennung wird die Lösung abgekühlt und mit festen Aluminiumhydroxid-Kristallen (Al(OH)$_3$)) geimpft, sodass auch das Natriumaluminat in Aluminiumhydroxid und Natronlauge zerfällt:

NaAl(OH)$_4$ → Al(OH)$_3$ + NaOH

Das **Aluminiumhydroxid** wird abfiltriert und bei 1000 °C bis 1300 °C zu hochreinem Aluminiumoxid gebrannt (calciniert):

2 Al(OH)$_3$ → Al$_2$O$_3$ + 3 H$_2$O

Dieses hochreine Aluminiumoxid ist das Ausgangsprodukt für die **Schmelzflusselektrolyse** (Bild 2).

Die Schmelztemperatur von reinem Aluminiumoxid liegt über 2000 °C. Durch den Zusatz von **Kryolith** (Na$_3$AlF$_6$) wird die Schmelztemperatur so weit herabgesetzt, dass die Elektrolyse bei 950 °C bis 980 °C durchgeführt werden kann. Kryolith bewirkt durch Bildung eines Eutektikums eine Schmelztemperaturerniedrigung auf 962 °C. Der Al$_2$O$_3$-Gehalt in der Schmelze wird auf 2 % bis 5 % gehalten. Wenn die Schmelze an Al$_2$O$_3$ zu stark verarmt, steigt die Spannung stark an und es muss wieder Aluminiumoxid hinzugegeben werden, damit die eutektische Zusammensetzung erhalten bleibt.

Als Elektrodenwerkstoff dient Kohlenstoff (Grafit). Die Katode (Bild 2) ist wannenförmig ausgebildet, sodass sich am Boden das reduzierte schwerere Aluminium ansammelt. An der Anode verbindet sich der primär gebildete Sauerstoff mit der Anodenkohle zu CO oder CO$_2$:

Katode: Al^{3+} + 3 e$^-$ → Al
Anode: C + O^{2-} → CO + 2e$^-$ oder
C + 2 O^{2-} → CO$_2$ + 4e$^-$

Bild 1: Aluminiumoxid-Gewinnung (schematisch)

Bild 2: Schmelzflusselektrolyse von Al$_2$O$_3$ zur Aluminiumgewinnung (schematisch)

Das entstehende **Hüttenaluminium** wird abgesaugt. Es hat eine Reinheit von 99,6 % bis 99,9 %. Um zu einer guten Ausbeute zu kommen, müssen hohe Stromstärken von 100 kA bis 280 kA bei Zellspannungen von 4 V bis 5 V aufgewandt werden. In den Aluminiumhütten sind viele Zellen hintereinandergeschaltet, sodass Gesamtspannungen von über 1000 V üblich sind.

Für die Gewinnung von 1 kg Aluminium werden derzeit 13 kWh bis 14 kWh elektrische Energie (Bild 1, Seite 153), 0,5 kWh Hilfsenergie sowie 1,9 kg Al$_2$O$_3$ (erzeugt aus 4 kg Bauxit), 30 g bis 50 g Kryolith, 0,45 kg bis 0,47 kg Anodenkohle u. a. benötigt. Bei der Erzeugung von 1 t Aluminium müssen 105 m^3 Abgase abgesaugt, gereinigt und insbesondere Fluoride (aus dem Kryolith) entfernt werden.

5.4 Legieren von Metallen

Die Gewinnung von **Reinstaluminium** (99,99 % Al, auch als **Vier-Neuner-Aluminium** bezeichnet) wird meist als **Dreischichtenschmelzelektrolyse** durchgeführt.

Das flüssige Aluminium neigt stark zur Gasaufnahme, insbesondere wird Wasserstoff leicht gelöst, der die Eigenschaften im festen Zustand verschlechtert und zu Spannungsrisskorrosion führen kann. Die dafür notwendige Raffination erfolgt in Vakuumöfen oder durch Spülen mit Chlor. Günstig wirkt sich auch eine Abdeckung der Schmelzen aus. Die Weiterverarbeitung des Rohaluminiums erfolgt in **Hüttengießereien**. Das meiste Aluminium wird auf kontinuierlich oder diskontinuierlich arbeitenden Strangguss- oder Bandgussanlagen verarbeitet. Die Primärumformung erfolgt durch Walzen oder Strangpressen in der Wärme.

Bild 1: Sinkender Stromverbrauch bei der Aluminiumschmelzflusselektrolyse

5.3.2 Gewinnung weiterer Nichteisenmetalle

Die Gewinnung von **Kupfer** ist abhängig von den verwendeten Rohstoffen. Durch eine oft sehr aufwändiger Aufbereitung der meist armen Kupfererze (ab 0,3 % Cu) entstehen Kupferkonzentrate mit einem Kupfergehalt von rund 30 %, manchmal sogar bis zu 50 %. Aus den sulfidischen Erzen wird nach verschiedenen Methoden pyrometallurgisch Rohkupfer gewonnen. Danach erfolgt eine elektrolytische Raffination. Oxidische Erze werden nassmetallurgisch verarbeitet. Dabei wird durch Laugen mit Schwefelsäure Kupfer herausgelöst und durch anschließende Extraktion ausgefällt bzw. elektrolytisch gewonnen.

Zink wird in großem Maße elektrolytisch gewonnen.

Blei lässt sich leicht aus Erzen durch Rösten (d. h. Abtrennen von Schwefel) und Reduktion mit Koks gewinnen. Da außerdem die meisten Bleierze Edelmetalle – vor allem Silber – enthalten, wird die Bleigewinnung aus diesen Erzen erst durch die Abtrennung und anschließende Aufarbeitung von Edelmetallkonzentraten wirtschaftlich. Auch **Zinn** wird durch Reduktion mit Koks aus oxidischen Erzen gewonnen.

Magnesium wird ähnlich wie Aluminium durch eine Schmelzflusselektrolyse gewonnen. Der Gewinnungsprozess ist recht kompliziert und aufwändig und erklärt so den hohen Preis dieses Metalls. Die Reduktion wird mit Magnesium durchgeführt.

Einzelheiten der Gewinnungsprozesse von weiteren Metallen sollten den entsprechenden Fachbüchern entnommen werden.

5.4 Legieren von Metallen

In der Regel werden nicht die reinen Metalle, sondern Metalllegierungen eingesetzt. Durch **Legierungsbildung** können die Eigenschaften von Metallen in weiten Grenzen verändert werden. Hierfür werden gezielt einem Metall andere Stoffe, meistens andere Metalle, zugesetzt.

Während in früherer Zeit Legierungen das Ergebnis zufälliger Mischungen waren, werden heute gezielt den metallischen Werkstoffen andere Stoffe zugesetzt, um bestimmte Eigenschaften zu erreichen. Die grundlegenden Eigenschaftsveränderungen sind bekannt. Zu ihnen zählen die Zunahme der Festigkeit, die Abnahme der Verformbarkeit, die Zunahme des elektrischen Widerstandes, die Abnahme oder auch die Verbesserung der Korrosionsbeständigkeit u. a. m. Der Grad der Veränderung hängt stark von den atomaren und kristallographischen Vorgängen oder Gefügeveränderungen ab. Für die Werkstoffentwicklung sind meistens nicht eine, sondern die Kombination mehrerer Eigenschaften erforderlich.

Die Herstellung von Legierungen erfolgt überwiegend im schmelzflüssigen Zustand (**Schmelzmetallurgie**). Das Basiselement (Matrix) muss dabei ein Metall sein, sodass die Legierung eine metallische Bindung und damit die typischen metallischen Eigenschaften aufweist.

Die Einflüsse einzelner Legierungselemente sind unterschiedlich. Sie hängen außerdem noch von der zugesetzten Menge, der **Konzentration** ab. In jedem Fall gibt aber das entsprechende Zustandsschaubild einen ersten Hinweis darauf, ob bestimmte Legierungen technisch möglich und sinnvoll sind. So schließt beispielsweise die β-Phase (β-Messing) im Zustandsdiagramm CuZn wegen ihrer Sprödigkeit Kupferlegierungen mit mehr als 46 % Zn aus.

Viele Legierungselemente sind in der Schmelze gut mischbar. Selbst hochschmelzende Stoffe, wie zum Beispiel Wolfram oder Kohlenstoff, werden bei Temperaturen weit unter deren Schmelztemperatur in flüssigem Eisen gelöst. Die Temperatur der Schmelze muss jedoch über der Liquidustemperatur der herzustellenden Legierung liegen. Dies kann anhand des Zustandsdiagrammes überprüft werden.

Die Legierungszusätze können als reine Metalle oder auch in Form von **Vorlegierungen** eingebracht werden. Durch Vorlegierungen, die einen höheren Gehalt am Legierungselement aufweisen als die künftige Legierung, können die geforderten Legierungsgehalte einfacher und genauer eingestellt werden.

Bilden sich bei der Erstarrung von Legierungen nur Mischkristalle, so entsteht eine **homogene Legierung**. Festigkeit und Härte werden, verglichen mit dem reinen Metall, erhöht, die plastische Verformbarkeit hingegen herabgesetzt. Die chemischen Eigenschaften, insbesondere die Korrosionsbeständigkeit, werden nur gering verschlechtert. Der elektrische Widerstand wird deutlich erhöht (Kapitel 7.5.6).

Entsteht bei der Legierungsbildung eine neue (zweite) Phase in Form von Teilchen, andelt es sich um eine **heterogene Legierung**. Für die Eigenschaftsänderungen sind Kristallstruktur, Form, Größe, Menge und Verteilung der Teilchen von Einfluss. Die auch Ausscheidungen genannten Teilchen führen in vielen Fällen zu größerer Festigkeit und Härte sowie zur Verschlechterung der plastischen Verformbarkeit. Besonders feinverteilte kleine Teilchen bewirken große Festigkeitssteigerungen, was bei der Ausscheidungshärtung genutzt wird (Kapitel 4.6.2.8). So wird beispielsweise die Zugfestigkeit der Aluminiumlegierung EN AW-AlCu4Mg1 durch Warmaushärten von 150 auf über 400 MPa gesteigert.

Die elektrische Leitfähigkeit nimmt bei Bildung einer neuen Phase weniger als bei der Mischkristallbildung weniger stark ab. So wird Kupfer mit Magnesium legiert, um einen Werkstoff mit guter elektrischer Leitfähigkeit und hoher Zugfestigkeit zu erhalten. Die Korrosionsbeständigkeit derartiger heterogener Legierungen ist in der Regel schlechter, da die verschiedenen Phasen ein unterschiedliches elektrochemisches Potenzial besitzen.

Technische Entwicklungen außerhalb der Werkstofftechnik führten dazu, dass die Entwicklung von Legierungen heute optimal für einen Anwendungsfall („maßgeschneidert") erfolgen kann. Die Erhöhung der Analysengenauigkeit ermöglicht es die Legierungsgehalte genauer einzugrenzen und den Einfluss geringer Verunreinigungen zu ermitteln.

So durften nach den früheren Normvorschriften Baustähle bis zu 0,050 % S enthalten. Gehalte von < 0,010 % Schwefel verschlechtern aber bereits die Zähigkeit von Stählen. Mit Hilfe von **sekundärmetallurgischen Verfahren** ist es heute möglich, den S-Gehalt auf < 10 ppm (< 0,001 %) zu senken. Ähnliches gilt für die anderen schädlich wirkenden Stoffe im Stahl (Tabelle 1, Seite 150), wie Phosphor, Stickstoff, Wasserstoff, Sauerstoff und auch Kohlenstoff.

Hinzu kommen weitere Maßnahmen wie die Einstellung einer exakten Zusammensetzung der Legierungen, die Eliminierung schädlicher Stoffe sowie die Verbesserung der Gießverfahren, wie z. B. Strang- und Bandgießen anstelle von Kokillenguss. Der in Bezug auf Stichabnahme und Verformungstemperatur gesteuerte Walzprozess, verbunden mit definierten Abkühlungsbedingungen, hat zu stark verbesserten Metallqualitäten geführt. Große Bedeutung haben zudem computergestützte Simulationsverfahren für die Legierungsentwicklung.

Legierungen werden in einigen Fällen auch im festen Zustand (**pulvermetallurgisch**) hergestellt. Die Legierungselemente werden pulverförmig vermischt, gepresst und anschließend gesintert (Kapitel 2.10.4). Mitunter werden solche Werkstoffe auch noch umgeformt. Aus Stahlpulver werden beispielsweise Gleitlager (Sinterstahl) gesintert. Auch Hartmetalle werden meist durch Sintern hergestellt, ebenso poröse Bronzewerkstoffe für Lager und Filter.

5.5 Formgebungsverfahren für metallische Werkstoffe

Werkstoffe sind feste Stoffe, aus denen durch sehr unterschiedliche Verfahren und Prozesse Werkstücke hergestellt werden. Die metallischen Werkstoffe werden hauptsächlich im schmelzflüssigen Zustand erzeugt und müssen erstarren, damit Bauteile oder Werkstücke daraus hergestellt werden können.

Die wichtigsten Formgebungsverfahren für metallische Werkstoffe sind dabei das Urformen, insbesondere das Gießen, sowie das Umformen.

Während in Kapitel 4 die Auswirkungen des angewandten Fertigungsverfahrens auf den Werkstoff und damit auf die Werkstoffeigenschaften besprochen wurden, sollen nachfolgend die wichtigsten Ur- und Umformverfahren beschrieben werden.

5.5.1 Gießen

Beim Vergießen von metallischen Werkstoffen wird unterschieden zwischen Form- und Formateguss sowie dem Gießen von Masseln. Durch **Formguss** werden aus Gusslegierungen Werkstücke hergestellt, die nicht mehr umgeformt, häufig jedoch noch spanend bearbeitet werden.

Aus Knetlegierungen werden hingegen unterschiedliche Gussbarren gegossen, die unter dem Begriff **Formate** zusammengefasst werden. Die Formate werden durch Walzen, Pressen oder Schmieden zu Halbzeug (Bleche, Bänder, Stangen, Profile, Drähte und Rohre) umgeformt.

Masseln werden hauptsächlich in Formgießereien zur Legierungsherstellung wieder eingeschmolzen.

5.5.1.1 Formgießen

Beim **Formgießen** erstarrt eine metallische Schmelze in einer bestimmten Form, die der äußeren Kontur des herzustellenden Werkstückes entspricht **(endkonturnahe Fertigung)**. Es sind besondere Gusslegierungen und Gießverfahren (Bild 1, Seite 156) entwickelt worden, um Werkstücke zu erhalten, die den geforderten Eigenschaften und Belastungen weitgehend entsprechen.

So sollten die Gusslegierungen bei den Gießbedingungen eine niedrige Viskosität aufweisen, ein gutes Formfüllungsvermögen, eine geringe Klebneigung, eine geringe Erstarrungskontraktion und ein kleines Erstarrungsintervall haben. Dies trifft beispielsweise für nahezu alle eutektischen oder naheutektischen Legierungen wie Al-Si (Eutektikum bei 12,5 % Si) oder Gusseisen (Eutektikum bei 4,3 % C) zu. Zusätze von Keimbildnern oder Kornfeinungsmitteln sowie eine beschleunigte Abkühlung bewirken eine erwünschte Kornfeinung.

Verfahren, die Strömungskräfte im erstarrenden Metall bewirken (Thixotropie), wie magnetische Drehfelder oder Vibrationen, fördern eine Vermischung von kälteren und wärmeren Teilchen, sodass die Spitzen von gerade entstandenen Dendriten (Bild 1, Seite 89) abbrechen und diese Bruchstücke als Kristallisationskeime wirken. Dadurch wird die Keimzahl beträchtlich erhöht und es entsteht ebenfalls ein feinkörniges Gefüge.

Vor dem Gießen muss die Schmelze desoxidiert und die Schlacke entfernt werden. Die Gießtemperatur sollte nicht zu hoch gewählt werden, um Veränderungen der Zusammensetzung der Schmelze vor und während des Gießvorgangs zu vermeiden.

Die Form ist gießgerecht herzustellen. Bild 1, Seite 156, zeigt einen Überblick der Formgießverfahren.

In Formgussstücken ist die Gefahr von Gussfehlern zu beachten. Es treten Lunker, Seigerungen, Poren und Warmrisse auf, die durch verschiedene Maßnahmen verhindert werden müssen (Kapitel 4.1.2). Die Volumenänderung (Kap. 4.1.3.2) bei der Erstarrung von der Gießtemperatur bis Raumtemperatur sowie die temperaturabhängige Löslichkeit für Gase sind die Hauptursachen für die Entstehung dieser Fehler.

Die Erstarrungsschwindung bei grauem Gusseisen (z. B. Grauguss) ist besonders niedrig, ein Grund für die hervorragende Gießeignung von grauem Gusseisen. Die Form muss zur exakten Einstellung der geforderten Teilemaße um das Schwindmaß größer als das fertige Gussstück sein.

Durch geeignete Behandlungen der Schmelzen, wie Desoxidieren, Spülen oder Vakuumbehandlung, kann der Gasgehalt auf ungefährliche Werte abgesenkt werden. Auch bei der Formgebung und Konstruktion von Gussstücken müssen form- und gießtechnische Zugaben und Bedingungen berücksichtigt werden.

Sandguss

Große Bedeutung haben **Sandgussverfahren**, bei denen mit Hilfe eines **Modells** im Modellsand die Formen erzeugt werden.

Bild 1: Überblick der Formgießverfahren mit Beispielen

Meist besteht die Form aus zwei Hälften, um nach dem Abbilden und Einformen das Modell wieder entfernen zu können. Zur Erzeugung von Hohlräumen in den Gussstücken werden ebenfalls aus Sand geformte, jedoch festere **Kerne** eingesetzt.

Als Formsand wird in der Regel Quarzsand verwendet. Werden besondere Anforderungen an das Gussstück gestellt, kommen auch teurere Gießsande zur Anwendung (z. B. Zirkon- oder Chromerzsand). Mitunter werden diese teuren Sondersande nur in speziell beanspruchten Bereichen der Gießform eingesetzt. Dem eigentlichen Formstoff werden noch Bindemittel zugesetzt, z. B. Kunstharzbinder oder anorganische Binder. Die entstehende Gießform muss eine ausreichende Festigkeit und Gasdurchlässigkeit aufweisen.

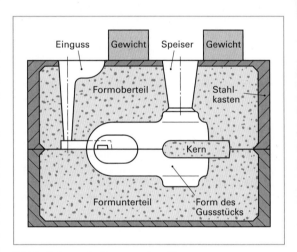

Bild 2: Schema der Form vor dem Abguss

Bild 2 zeigt schematisch die für das Gießen fertige Form. Diese befindet sich in einem zweigeteilten **Formkasten** aus Stahl. Die beiden Hälften müssen genau aufeinander gepasst und geklammert oder durch Gewichte beschwert werden, damit keine vertikalen oder horizontalen Verschiebungen der beiden Formhälften auftreten können.

Beim Abgießen wird über einen **Einguss** die Schmelze in der Mitte der Form zugeführt. Der **Speiser** liefert bei der Erstarrung zusätzlich Schmelze nach, um die Volumenverluste infolge Schwindung auszugleichen und die Bildung von Lunkern (Hohlräumen) zu verhindern. Dagegen sollen Kerne erwünschte Hohlräume im Gussstück erzeugen.

Nach dem Abkühlen des erstarrten Gussstückes zerfällt die Gussform aus Sand, es handelt sich um ein Gießverfahren mit verlorener Form. Alle Rohgussstücke müssen geputzt, also vom anhaftenden Sand befreit, sowie nachbearbeitet werden. Anguss und Speiser sind abzutrennen, exakte Abmessungen, die durch Gießen nicht zu erreichen sind, werden durch spanende Nachbearbeitung erzielt.

Beim Gießen können zahlreiche Fehler auftreten (s. o.), sodass Gusserzeugnisse sorgfältig kontrolliert und geprüft werden müssen.

5.5 Formgebungsverfahren für metallische Werkstoffe

Kokillenguss

Dauerhafte Gießformen aus Gusseisen oder Stahl werden beim **Kokillenguss**, Druckguss und Schleuderguss verwendet. Infolge der besseren Wärmeabfuhr entsteht bei diesen Verfahren ein feinkörnigeres Gefüge als beim Sandguss. Die Herstellungskosten dieser Gießformen liegen erheblich über den Sandgussformen, sodass Dauergießformen nur bei größeren Serien zum Einsatz kommen.

Insbesondere Legierungen der niedrig schmelzenden Metalle Aluminium, Magnesium und Zink sowie Kupfer-Zink-Legierungen (Messinge) werden in größerem Maße in Kokillen vergossen, während Gusseisen häufiger im Sandgussverfahren verarbeitet wird. Neben dem gleichmäßigeren und feinkörnigerem Gefüge, was zu besseren mechanischen Eigenschaften führt, zeigen Kokillengussstücke auch eine höhere Maßgenauigkeit und Oberflächengüte als Sandgussstücke. Alle Gussformen, insbesondere aber die metallischen Formen, müssen geschlichtet werden, d. h. es muss eine Trennschicht zwischen der Form und dem Gussstück aufgebracht werden, um ein Verschweißen mit der Form zu vermeiden. Außerdem wird bei den meisten Gießverfahren die Form oder Kokille vorgewärmt.

Druckguss

Beim **Druckgießen** (Bild 1) wird die Schmelze unter hohem Druck (10 MPa bis zu einigen 100 MPa) in eine Kokille gefüllt. Niedrigschmelzende Metalle, insbesondere Zinklegierungen (die wichtigste Zinkdruckgusslegierung ist GD-ZnAl4Cu1), werden auf **Warmkammermaschinen** (Gießbehälter mit Gießkammer in der Schmelze) vergossen. Aluminium wird auf **Kaltkammermaschinen** (gesamte Gießgarnitur außerhalb der Schmelze) vergossen, weil es die Formen angreifen kann. Die wichtigsten Vorteile des Druckgießens sind:

Bild 1: Druckguss, Prinzip des Warmkammergießverfahrens

- Hohe Maßgenauigkeit und keine oder nur geringe Nacharbeit
- Glatte Oberflächen und dünnwandige Werkstücke realisierbar
- Eingießen von Buchsen für Gewinde oder Lager möglich
- Automatisierung möglich und hohe Stückzahlen erzielbar

Bild 2 zeigt ein kompliziertes Kurbelgehäuse aus Aluminiumdruckguss. Die Druckgussformen werden thermisch und mechanisch stark beansprucht, so dass nur Gusslegierungen mit niedrigen Gießtemperaturen für Druckgießverfahren geeignet sind. Dies kann man gut an der Zahl der Abgüsse je Form, den **Formstandzeiten**, ablesen. Diese beträgt im Mittel für Zinklegierungen 500 000, für Magnesium-Legierungen 100 000, für Aluminium-Legierungen 80 000 und für Messingdruckguss nur 1 000 Abgüsse je Form. Allgemein bekannt sind Zinkdruck-Gussteile. Sie bilden z. B. die Karosserie der Modell- und Spielzeugautos.

Bild 2: Motorblock aus Aluminiumdruckguss

Schleuderguss

Beim **Schleuderguss** bewirkt die Zentrifugalkraft ebenfalls eine Füllung unter erhöhtem Druck. Durch das Rotieren der meist metallischen Formen wird die flüssige Schmelze an die Formwand, die meist wassergekühlt ist, geschleudert und erstarrt dort. Nach diesem Verfahren werden Rohre, Räder, Ringe und große Lager hergestellt. Zum Vergießen von Gusseisen zur Herstellung von Rohren wird eine Speziallegierung mit einem erhöhten Phosphorgehalt eingesetzt, die sich durch eine besonders hohe Viskosität auszeichnet.

5.5.1.2 Gießen von Knetlegierungen

Gießverfahren für Knetlegierungen und Metalle, d. h. Werkstoffe, die durch Umformen weiterverarbeitet werden, sind vor allem der Block- oder Kokillenguss sowie der Strangguss.

Im **Kokillenguss** (Bild 1a) wird die Metallschmelze in ein Gefäß, die Kokille, gegossen und erstarrt dort. Dabei entsteht ein Knüppel entsprechend dem Hohlraum der Kokille. In diesem Bild sind auch die wichtigsten Gießfehler, Lunker, am Kopfende eingezeichnet.

Die eigentliche Kokille ist nach oben um eine Haube erweitert, damit der sich bei der Resterstarrung bildende Kopflunker möglichst flach wird. Dazu sollte die Haube Wärme abgeben und dadurch die Erstarrung in diesem Bereich verzögern (Kapitel 4.1.2).

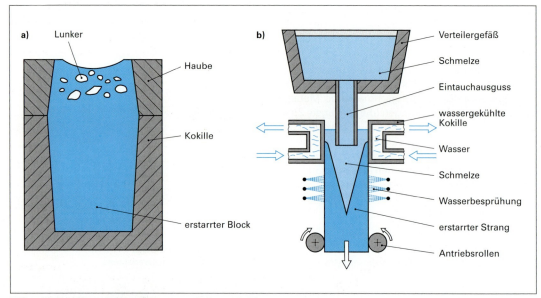

Bild 1: Gießverfahren für Knetlegierungen (schematisch)
    a) Block- oder Kokillenguss
    b) Senkrechter Strangguss

Durch das **Stranggussverfahren** (Bild 1b) kann die Gussstruktur im Vergleich zum früher üblichen Blockguss erheblich verbessert werden. So bewirkt die schnellere Erstarrung ein feineres Korn und die Minimierung von Seigerungen.

Beim Strangguss ist, wie Bild 1b verdeutlicht, die Kokille nach unten geöffnet. Bei Gießbeginn wird die Kokille von unten durch einen „Stopfen" verschlossen. Wenn dort und an der sich anschließenden Wand die Schmelze erstarrt ist, wird dieser „Strang" langsam abgesenkt, sodass letztendlich ein beliebig langer Strang entsteht.

Dabei müssen die Temperatur der Schmelze, die Kühlung von Kokille und Strang und die Absenkgeschwindigkeit so aufeinander abgestimmt werden, dass genügend Material erstarrt ist und keine Schmelze mehr austreten kann. In der Stahlindustrie werden die Blöcke um einen Viertelkreis umgelenkt (Bild 2, Seite 159) und mit Hilfe von Pendenhubscheren in die gewünschte Länge abgeschnitten. Beim Kupferstrangguss übernimmt eine mitlaufende („fliegende") Säge das Trennen.

Neben den kontinuierlich arbeitenden Anlagen gibt es auch halbkontinuierliche, wobei die Länge der einzelnen Stränge (z.B. 10 m) von der Tiefe der Grube abhängt. Es ist sogar möglich, viele Blöcke (bei Aluminium bis zu 90) gleichzeitig zu gießen.

Meistens wird eine ganz bestimmte äußere Querschnittsform des Metallblocks gewünscht. Will man z.B. Bleche oder Bänder herstellen, werden Blöcke nach dem Stranggussverfahren gegossen, die geringfügig breiter sind wie die gewünschte Blechbreite. Gussblöcke für die Profil- oder Drahterzeugung haben quadratischen oder runden Querschnitt.

5.5 Formgebungsverfahren für metallische Werkstoffe

In der NE-Metallindustrie wird auch im **Horizontalstranggießverfahren** (Bild 1) gearbeitet. Diese Verfahren sollten jedoch nicht bei Legierungen angewendet werden, die zu Schwereseigerungen neigen, weil dann in diesem Fall die chemische Zusammensetzung von Ober- und Unterseite unterschiedlich sein kann. Die Hauptvorteile des Stranggusses sind auf Seite 89 (Infokasten) zusammengefasst.

Bild 1: Prinzip des horizontalen Stranggusses

Aus den Stranggießverfahren wurden (Dünn-)-**Bandgießverfahren** entwickelt. Dabei wird ein nur wenige Milli- oder Zentimeter dickes Band gegossen und aus der Gießwärme direkt zu einem dünnen Warmband ausgewalzt. Das sonst notwendige walzen entfällt. Diese Verfahren werden vor allem bei Aluminium- und Kupferlegierungen, jeweils mit geringem Legierungsgehalt, bereits in großem Maße genutzt, bei Stählen ist damit begonnen worden.

Bild 2 zeigt schematisch die Weiterentwicklung des Stranggießens zum Gießen von Dünnband. Während beim konventionellen Strangguss (Bild 2a) die Brammen nach dem Erstarren noch abgekühlt werden, um Gießfehler durch Flämmen (Ausbrennen) zu beseitigen, werden bei den beiden folgenden Verfahren Öfen nur noch zum Temperaturausgleich benötigt (Bild 2b und c), die dann beim Gießen von Dünnband (1 mm bis 3 mm) auch noch entfallen (Bild 2d).

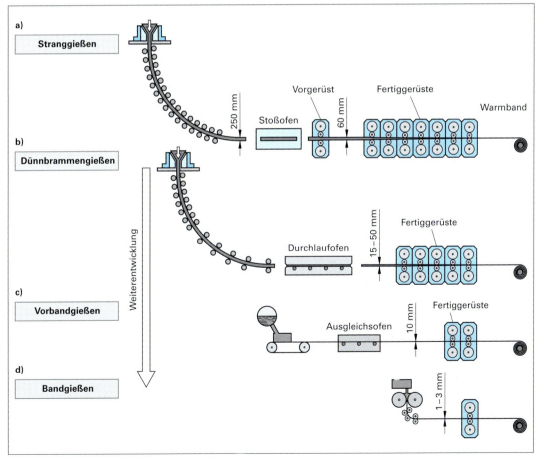

Bild 2: Weiterentwicklung der Stranggießverfahren

5.5.2 Umformen

Durch Umformen werden die mechanischen Eigenschaften der Werkstoffe, insbesondere Festigkeit und ggf. auch die plastische Verformbarkeit und die Zähigkeit, erheblich verbessert. Auch Bauteile, die dynamischen Belastungen ausgesetzt sind, werden durch Umformen hergestellt, um die Lebensdauer zu erhöhen.

Die Einteilung des Umformens in Untergruppen erfolgt nach DIN 8582 aufgrund der wirksamen Spannungen in der Umformzone (Bild 3, Seite 95). Die Bezeichnungen dieser fünf Gruppen Druck-, Zugdruck-, Zug-, Biege- und Schubumformen sind jedoch nicht sehr geläufig, bekannter sind deren Untergruppen wie Walzen, Gesenkformen oder Tiefziehen. Druckumformen beim Walzen bedeutet: die Werkzeuge, also die beiden (Arbeits-)Walzen, drücken auf das Werkstück, das Band oder Blech.

Die Untergruppen werden noch in mehr als 200 Grundverfahren eingeteilt. So werden beim Walzen Längs-, Quer- oder Schrägwalzen eingesetzt und es werden Halbzeuge wie Bänder und Bleche, Profile, Drähte u.a.m. hergestellt, ebenso Rohre, Ringe und Gewinde, also auch Werkstücke durch Walzverfahren erzeugt. Häufig werden zwei oder mehrere Umformverfahren kombiniert, so können beim Schmieden Richtungsänderungen durch Biegen oder Verdrehen erreicht werden.

Durch das Umformen werden die meisten Gießfehler beseitigt, das Gefüge wird gleichmäßig, seigerungsarm und feinkörnig und die Verunreinigungen sind homogen verteilt.

> **ⓘ Information**
> Der Begriff **Verformungsgefüge** oder **Umformgefüge** ist umfassend gemeint und schließt das Gefüge von umgeformten und geglühtem, sowie Rekristallisationsgefüge, ein. Auch das reine Gussgefüge kann durch weitere Umformung und/oder thermische Behandlungen verbessert werden.

Durch Gießverfahren, wie Strang- oder Bandguss, und die damit verbundene Verringerung von Gießfehlern entstehen immer dünnere Gussblöcke, sodass insbesondere der Aufwand und der Umfang an **Warmumformung** ständig reduziert worden sind und auch weiter verringert werden.

Auch bei anderen metallischen Werkstoffen und auch bei anderem Halbzeug, wie Draht, wird durch Drahtgießverfahren der Umfang der Warmumformung reduziert. So haben bei der Herstellung von Walzdraht Gießverfahren wie das **Drahtgießwalzen,** am bekanntesten ist das **Properzi-Gießverfahren,** zu einem Bedeutungsverlust des Warmwalzens bei der Drahtherstellung geführt.

Bei allen Umformverfahren tritt auch **Reibung** auf, die meist durch eine geeignete Schmierung vermindert wird. Reibung führt zu Energieverlusten und Verschleiß, manchmal sogar zu Materialschäden an Werkzeugen aber auch an Werkstücken. Beim Walzen ermöglicht die Reibung erst den Werkstücktransport und beim Gesenkschmieden ist eine gute Schmierung Voraussetzung für eine vollständige Formfüllung. **Schmierstoffe** sollen auch für eine Kühlung der Werkzeuge sorgen, Korrosion verhindern und die Oberflächenausbildung günstig beeinflussen.

Als Schmiermittel werden Fette, Öle, Seifen, aber auch Grafit, Molybdänisulfid, Sägemehl und geschmolzenes Glas eingesetzt. Diese Schmiermittel müssen auf der Werkstückoberfläche eine dünne Schicht oder einen Schmiermittelfilm bilden. Meist sind die eingesetzten Schmiermittel Stoffkombinationen, wie beispielsweise Lösungsmittel und Schmierstoff und außerdem von Betrieb zu Betrieb verschieden.

Die **Wahl des Umformverfahrens** hängt vom zu erzeugenden Produkt, vom eingesetzten Vormaterial und in geringerem Maße vom eingesetzten Werkstoff ab. Zunächst wird in den meisten Fällen eine Warmumformung durchgeführt, das heißt eine Umformung bei Temperaturen über der Rekristallisationstemperatur, da bei diesen Bedingungen Inhomogenitäten und andere kleine Gießfehler wie Mikroporen meist ausheilen können. Je größer die Zahl der Gießfehler und Inhomogenitäten ist, desto stärker ist die erforderliche Warmumformung. Werkstoffe mit hexagonalem Kristallgitter werden häufig nur warm zu Halbzeug verarbeitet, so wird Zinkblech oder -band meist nur warmgewalzt. Beim Warmwalzen oridiert jedoch die Oberfläche des Metalls.

Daher werden die meisten anderen metallischen Werkstoffe, wie Stähle, Aluminiumlegierungen und Kupferlegierungen zusätzlich kaltgewalzt, um eine bessere Oberfläche und höhere Maßgenauigkeit zu erzielen.

5.5 Formgebungsverfahren für metallische Werkstoffe

Bei schwierig umzuformenden Werkstoffen müssen Warmumformverfahren eingesetzt werden, die einer hydrostatischen Beanspruchung entsprechen. Bei solchen Umformverfahren kann das im Querschnitt reduzierte Material nur nach einer Seite aus dem Werkzeug austreten. So wird die Umformung von Superlegierungen auf Spezialschmiedemaschinen durchgeführt. Aber auch beim Strangpressen liegen nahezu hydrostatische Spannungsverhältnisse vor, so dass bei diesen Verfahren sehr große Formänderungen in einem Arbeitsgang möglich sind.

5.5.2.1 Walzen

Bänder und Bleche werden auf **Flachwalzen** hergestellt. In modernen Walzwerken sind mehrere Walzgerüste hintereinander angeordnet, die das Walzgut durchläuft (kontinuierlich arbeitenden Walzstraßen).

Bild 1 zeigt das Schema einer Warmbreitbandstraße für Stahl. Bei der Erzeugung von so genanntem **Warmbreitband** aus Stahl ist der Fertigstraße noch ein Vorgerüst vorgeschaltet, um aus den Stranggussbarren, meist reversierend in mehreren Stichen vorgewalzt, geeignetes Material für die Fertigstraße zu erzeugen.

> **ⓘ Information**
>
> **Stich**
> Mit **Stich** wird der einmalige Durchgang des Walzgutes durch ein Walzenpaar bezeichnet.
> **Reversierendes Walzen** bedeutet, dass nach jedem Stich die Walzrichtung umgekehrt (hin und her) und gleichzeitig der Walzenabstand verringert wird.

Neben den Walzgerüsten sind auch noch die wichtigsten Hilfseinrichtungen und Öfen eingezeichnet. Nicht dargestellt sind die vielen Mess- und Kontrolleinrichtungen, die bei heutigen Anlagen üblich sind, wie z. B. die kontinuierliche Überwachung von Banddicke und Oberflächenqualität.

Während beim Walzen von Bändern und Blechen zylindrische (oder leicht ballige) Walzenpaare eingesetzt werden, benötigt man zur Herstellung von Drähten und Profilen so genannte **Kaliberwalzen** (Bild 1, S. 162).

Im gezeigten Beispiel ist das Kaliber rund, es sind aber auch andere Formen üblich. Das Kaliberwalzen wird in der Regel in der Wärme durchgeführt und die Produkte, Profile und Draht, dann zusätzlich kalt gezogen.

Große Bedeutung besitzt auch die Herstellung nahtloser Rohre aus Stahl durch Warmwalzen. Hauptsächlich wird das **Schrägwalzverfahren** (Mannesmannverfahren) zur Herstellung der Rohlinge angewendet, die durch das **Pilgerschrittverfahren** auf den gewünschten Außendurchmesser weitergewalzt werden.

Zur Erzielung größerer Maßgenauigkeit und Oberflächengüte werden die warmgewalzten oder gepressten Rohre noch kaltgezogen. Weitere Walzverfahren, wie die Oberflächenwalzverfahren oder das Gewindewalzen, werden hier nicht behandelt.

Bild 1: Warmbreitbandstraße zur Stahlverarbeitung

5.5.2.2 Durchdrücken

Die wichtigsten Durchdrückverfahren sind das **Strangpressen** und das Fließpressen. Insbesondere Aluminiumlegierungen werden durch Strangpressen (Bild 2) zu Stangen und Profilen, bei dem zusätzlichen Einsatz von Dornen auch zu Hohlprofilen wie Rohre verarbeitet. Dabei werden stranggegossene erwärmte Blöcke mit Hilfe eines Stempels durch das Werkzeug (Matrize) gepresst. Auf diese Weise können sehr komplizierte Profile in einem Arbeitsgang erzeugt werden, wie z. B. Fensterprofile oder Kühlkörper aus Aluminium.

Durch Strangpressen werden, wenngleich in geringerer Zahl und einfache Formen, Profile aus Titan, Kupfer oder Magnesium hergestellt.

Wegen der hohen Presskräfte und -temperaturen ist die Herstellung von Stahlprofilen durch Strangpressen schwierig und hat daher geringe Bedeutung.

Fließpressen ist dem Strangpressen ähnlich, es werden jedoch nur einzelne Werkstücke oder Bauteile meistens durch Kaltverformung hergestellt. Auf diese Weise werden aus Platinen Hülsen, Dosen, Tuben, Gehäuse für Kondensatoren, Trockenbatterien u.a.m. hergestellt (Bild 3).

5.5.2.3 Freiform- und Gesenkschmieden

Das Schmieden wird unterteilt in Freiform- und Gesenkschmieden. Beide Verfahren werden in der Wärme durchgeführt.

Beim **Freiformschmieden** wird meist gegossenes Material eingesetzt, das durch diesen Umformvorgang ein gleichmäßiges Umformgefüge erhalten soll. Das Freiformschmieden wird abschnittsweise mit einfachen Werkzeugen, meist im Prinzip Hammer und Amboss, durchgeführt. Es werden häufig sehr große Teile mit einfacher Geometrie hergestellt, wie Wellen für große Turbinen mit einem Enddurchmesser von mehr als einem Meter. Diese geschmiedeten Wellen haben gegenüber gegossenen Wellen eine erheblich erhöhte Lebensdauer, da sie dynamische Belastungen, die bei allen sich drehenden Teilen auftreten, besser standhalten. Das Freiformschmieden wird als Vorstufe für das Gesenkschmieden angewendet.

Große Bedeutung besitzt das Schmieden mit Formwerkzeugen, die als Gesenke bezeichnet werden **(Gesenkschmieden)**. In das Untergesenk (Bild 1, S. 163) wird der auf Schmiedetemperatur erhitzte Rohling eingelegt und durch Zusammenpressen oder -schlagen der beiden Gesenkhälften in die Form gepresst. Meistens wird mit einem geringen Materialüberschuss gearbeitet, um eine vollständige Formfüllung zu erreichen.

> **ⓘ Information**
>
> **Mehrfachwalzgerüste**
> Aufgrund der Anzahl der Walzen in einem Gerüst unterscheidet man zwischen Duo-, Trio- und Quartowalzwerken oder Zwei-, Drei-, Vier- und Zwölfwalzengerüst. Mehrwalzengerüste sind notwendig, wenn große Formänderungswiderstände hohe spezifische Walzdrücke erfordern, wie beispielsweise beim Kaltwalzen. Bei dünnen Walzen sind die Drücke auf kleinere Kontaktzonen konzentriert, sodass die spezifischen Walzdrücke erhöht werden. Das Durchbiegen dieser dünneren Arbeitswalzen wird durch dickere Stützwalzen (Quartogerüst) vermieden oder stark vermindert.

Bild 1: Schema von Zylinder- und Kaliberwalzen

Bild 2: Prinzip des direkten Strangpressens

Bild 3: Fließpressteile

5.5 Formgebungsverfahren für metallische Werkstoffe

Der überschüssige Werkstoff bildet einen Grat, der in der Gravur (Gesenkform) vorgesehen ist. Die Entfernung des Grates erfolgt häufig als letzter Arbeitsgang in einer besonderen Vorrichtung oder Form beim Gesenkschmieden.

Auf diese Weise werden verschiedene Stähle, aber auch Titan-, Nickel- und Aluminium- und Magnesium-Legierungen umgeformt. Die Schmiederohlinge sind meistens erwärmte Abschnitte von Halbzeugen, wie beispielsweise Stangen. Sie werden in der Regel in mehreren Schritten, wie Bild 2 zeigt, in die endgültige Form gebracht. Dies führt zu einer besseren Werkstoffausnutzung, die Umformkräfte und der Gesenkverschleiß sind geringer. Im ersten Schritt wird eine auf das Werkstück ausgerichtete Masseverteilung angestrebt, im zweiten die erwünschten Winkel eingestellt und im dritten die Querschnitte der Endform gebildet. Ähnlich wie Gusswerkstücke müssen Schmiedestücke meistens noch spanend nachbearbeitet werden.

Höhere Maßgenauigkeiten werden bei der **Präzisionsschmiedetechnik** erreicht, die jedoch sehr hohe Anforderungen in Richtung konstante und exakte Schmiedetemperaturen stellt. Als besonders günstig zum Genauschmieden haben sich Werkstoffe im superplastischen Zustand (Kapitel 4.2.3) erwiesen.

Die Herstellung der Schmiedegesenke ist teuer, was sich nur bei großen Stückzahlen lohnt. Sehr günstig und auch meistens der Hauptgrund für die Herstellung von Schmiedewerkstücken sind deren hervorragende mechanische Eigenschaften aufgrund ihres gleichmäßigen feinkörnigen Gefüges. Dies wirkt sich insbesondere bei dynamischen Belastungen aus. Sicherheitsbauteile an Automobilen, Flugzeugen und Turbinen, beispielsweise Kurbelwellen und große Turbinenschaufeln, werden im Gesenk geschmiedet.

5.5.2.4 Ziehen

Neben Kaltwalzen und Fließpressen werden metallische Werkstoffe häufig durch Ziehen und Tiefziehen kalt umgeformt. Beim **Durchziehen** von Drähten, Stangen, Rohren und Profilen wird das ursprünglich warmverformte Halbzeug durch ein sich verengendes Werkzeug, Ziehstein oder Matrize, gezogen (Bild 3). Dabei vermindert sich der Querschnitt und es entsteht eine gleichmäßige Oberfläche. Die Werkzeuge für die Drahtherstellung sind aus Hartmetall oder bei sehr dünnen Drähten (0,5 mm bis 1,5 mm) sogar aus Diamant hergestellt.

Das Einsatzmaterial muss eine saubere Oberfläche haben, notfalls muss diese entzundert oder geschält werden. Der Ziehvorgang erfolgt meistens in mehreren Stufen. Bei zu starker Kaltverfestigung muss zwischengeglüht werden. Für die Drahtherstellung werden Drahtziehmaschinen oder Ziehbänke eingesetzt, in denen mehrere Ziehstufen hintereinandergeschaltet sind. Die Zwischenglühung erfolgt in Durchlauföfen, sodass eine kontinuierliche Drahtherstellung möglich ist.

Bild 1: Schmiedegesenk

Bild 2: Zwischenformen und Vorgänge beim Gesenkschmieden (Beispiel: Hebel)

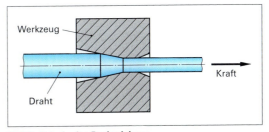

Bild 3: Prinzip des Drahtziehens

Tiefziehen ist das wichtigste Verfahren zur Verarbeitung von Blechen (Bild 1). Je nach Werkstoff und Werkstück erfolgt es in mehreren Schritten. Bei großen Serien, z. B. der Herstellung von Karosserieteilen, ist das Tiefziehen weitgehend automatisiert. Bild 2 zeigt das Prinzip des Tiefziehens: Ein Blechabschnitt wird mit Hilfe eines Ziehstempels durch einen Ziehring zu einem Hohlkörper gezogen (Kapitel 13.6.2, Tiefziehprüfung). Meistens werden weichgeglühte Blechabschnitte eingesetzt, wobei das Material möglichst texturlos sein sollte. Bleche mit einer ausgeprägten **Textur** (Kapitel 2.7) führen beim Tiefziehen zu einer starken Zipfelbildung (Bild 2b, Seite 42), da das Material in verschiedenen Richtungen unterschiedlich fließt. Dies ist unerwünscht, da diese Zipfel abgeschnitten werden müssen und der Schrottanteil groß wird. Durch abgestimmte Umform- und Glühverfahren bei der Blechherstellung kann ein texturloses oder -armes Vormaterial erzeugt werden.

Bild 1: Tiefziehteile

Bei Stählen mit ausgeprägter Streckgrenze treten infolge lokalisierter Fließvorgänge **Fließfiguren** auf, die unerwünscht sind. Zur Vermeidung solcher Fließfiguren wird das weiche Blech durch einen **Dressierstich** geringfügig kaltverfestigt, sodass die Streckgrenze verschwindet und beim Tiefziehen Fließfiguren nicht mehr auftreten können.

Bild 2: Verfahrensprinzip des Tiefziehens, von der Ronde zum Werkstück

5.6 Recycling von metallischen Werkstoffen

Die Rückführung und Aufarbeitung von Alt- und Abfallmaterial ist für die meisten metallischen Werkstoffe wirtschaftlich bedeutsam und wird schon erheblich länger durchgeführt als es den Begriff Recycling gibt. Beispielsweise beschrieb schon Plinius (23 bis 79 n.Chr.) in seiner Naturalis Historia, dass zu einer Metallschmelze auch „ein Drittel Zusammengelesenes" hinzuzugeben sei. Schrott war auch der wichtigste Einsatzstoff zur Herstellung von Stahl nach dem bis 1990 gebräuchlichen Siemens-Martin-Verfahren. Heute wird im Elektrolichtbogenofen Schrott zu hochwertigem Stahl recycelt. Im Unterschied zum Recyceln anderer Altstoffe, werden beim Recyceln von Altmetallen wieder vollständig verwendbare Produkte von höchster Qualität gewonnen, es tritt also kein „Down-Cycling" ein.

Wie auch bei allen anderen Recycling-Prozessen ist die Schrottqualität von größter Bedeutung. Um Schrott gezielt einsetzen zu können, muss dessen Zusammensetzung bekannt sein, sodass oft größere Schrottmengen umgeschmolzen und analysiert werden müssen. Zum Einsatz kommt der bei der Herstellung von Halbzeug entstehende Abfall (Kreislaufschrott, **Neuschrott**) aus den hütteneigenen Betrieben, wie Stranggießanlagen, Walzwerken und Schmieden, aber auch Fremdschrott aus dem Handel. **Altschrotte** werden von den Schrotthändlern sortiert und klassifiziert, sodass eine effektive und wirtschaftliche Produktion von Sekundärmetallen stattfinden kann.

5.6 Recycling von metallischen Werkstoffen

5.6.1 Recycling von Stahl und Gusseisen

Für die Stahlherstellung in Elektroöfen werden meist gasbeheizte Schrottvorwärmöfen eingesetzt und der Schrott auf 300 °C bis 600 °C erhitzt. Durch die Beschickung der Schmelzöfen mit vorgewärmten Schrott wird deren Schmelzleistung erhöht. Anhaftende Fremdstoffe, wie Wasser, Öl und Lacke, können dabei verdampfen oder verbrennen.

Viele Produkte, Werkstücke und Bauteile sind aus verschiedenen Werkstoffen zusammengesetzt, die für die Wiederverwertung getrennt werden müssen. Hierfür wurden spezielle Aufbereitungsverfahren entwickelt. Für die Verschrottung von alten Autos werden Schredderanlagen eingesetzt. Nach dem mechanischen Zerkleinern kann erst eine magnetische Trennung durchgeführt werden. Blechteile aus Stahlschrott werden aus Transportgründen häufig paketiert. Die Entfernung von Kupfer, Nickel, Zinn, Molybdän, Cobalt, Arsen und Antimon ist auch mit den Verfahren der Sekundärmetallurgie schwierig, so dass man sich beispielsweise bemüht, kupferhaltigen Schrott (wie Schredderschrott) so zu verdünnen, dass ein bestimmter Grenzgehalt (0,15 %) nicht überschritten wird. Höhere Kupfer- und auch Zinngehalte führen leicht zu Rissen bei der Warmumformung. Stark verunreinigter oder Schrott unbekannter Zusammensetzung kann ebenfalls umgeschmolzen, gereinigt (raffiniert) und anschließend analysiert werden.

Bei der Erschmelzung von Gusseisen wird neben Schrott aus Gusseisen auch solcher aus Stahl eingesetzt. Die zu erschmelzenden Gusseisenchargen werden **gattiert**, das heißt, die erforderlichen Eisensorten und Zuschläge werden genau berechnet, abgewogen und dann erschmolzen. Solche Gattierungsanlagen sind bei größeren Eisengießereien zum Teil automatisiert.

5.6.2 Recycling von Nichteisenmetallen

Die Rückführung und Aufarbeitung von Alt- und Abfallmaterial ist auch für die meisten Nichteisenmetalle wirtschaftlich bedeutsam.

Wie Bild 1 zeigt, ist die Produktion von Sekundäraluminium in Deutschland aktuell größer als die von Primäraluminium. Weltweit wird etwa ein Drittel des Aluminiumbedarfs durch Sekundäraluminium abgedeckt. Sekundäraluminium entsteht durch Umschmelzen von Aluminiumschrott.

Der besondere Anreiz für das Recyceln von Altmaterial liegt darin, dass zur Herstellung von Sekundäraluminium nur etwa 5 % der Energie im Vergleich zu Primäraluminium benötigt wird. Auch der Kapitalaufwand für die Anlagen ist beträchtlich niedriger. Sekundäraluminium und Sekundäraluminium-Legierungen werden hauptsächlich zu Aluminium-Formguss weiterverarbeitet.

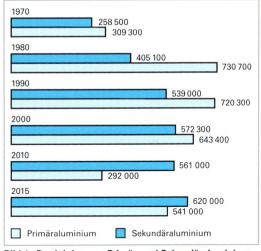

Bild 1: Produktion von Primär- und Sekundäraluminium in Deutschland in Tonnen

Eine einwandfreie Aufbereitung von Aluminiumschrott wird in besonders eingerichteten Schmelzhütten durchgeführt. Grundprinzip ist dabei, eine durch Einschmelzen von Schrott entstandene Schmelze durch „verdünnen" mit Primäraluminium auf die jeweils gewünschte Zusammensetzung zu bringen.

Auch bei den übrigen technisch bedeutsamen Gebrauchsmetallen, wie Kupfer, Blei und Zink, hat die Sekundärmetallurgie große Bedeutung. So stammt über 50 % des in Deutschland erzeugten Kupfers aus Kupferschrott. In Sekundär-Bleihütten werden nach unterschiedlichen Verfahren hauptsächlich Altbatterien (Bleiakkumulatoren) zu Werkblei recycelt, um preisgünstige Ausgangsstoffe für die Neuproduktion zu erhalten. In Umschmelzwerken werden ausgediente Regenrinnen und -fallrohre sowie Druckgussteile aus Zinkwerkstoffen wieder dem Produktionsprozess zugeführt. Selbst der bei der Aufarbeitung von verzinktem Stahlschrott frei werdende Flugstaub wird wegen seines hohen Zink-Gehaltes für die Zinkgewinnung wieder aufgearbeitet.

6 Eisenwerkstoffe

Als **Eisenwerkstoffe** bezeichnet man alle Stahlsorten einschließlich Stahlguss sowie die Gusseisenwerkstoffe.

6.1 Reines Eisen

Eisen ist mit einem Anteil von etwa 5,1 % in der Erdkruste das nach Aluminium (7,5 %) am häufigsten vorkommende Metall (Bild 1). Reines Eisen ist sehr weich und daher als Konstruktionswerkstoff für technische Bauteile nicht verwendbar. Es wird jedoch in großem Umfang in der Elektrotechnik zur Herstellung von Blechpaketen für Joche, Polschuhe, Ständer und Rotorkörper verarbeitet. Bild 2 zeigt ein Schliffbild von reinem Eisen. In Tabelle 1 sind ausgewählte Kennwerte von reinem Eisen zusammengestellt.

Eisen ist ein **polymorphes Metall** (Bild 2, Seite 167). Es kristallisiert in Abhängigkeit von der Temperatur (und vom Druck) in unterschiedlichen Kristallgittern. Bei Erwärmung oder Abkühlung finden bei bestimmten Temperaturen Gitterumwandlungen statt.

Bei Temperaturen unter 911 °C besitzt das reine Eisen ein kubisch-raumzentriertes Kristallgitter (**α-Eisen**). Zwischen 911 °C und 1392 °C liegt eine kubisch-flächenzentrierte Gitterstruktur vor (**γ-Eisen**). Oberhalb von 1392 °C bis zum Schmelzpunkt bei 1536 °C beobachtet man wiederum ein kubisch-raumzentriertes Kristallgitter (**δ-Eisen**). Die Gitterkonstante ist im δ-Eisen mit $a = 2{,}932 \cdot 10^{-10}$ m (bei 1392 °C) allerdings etwas größer als im α-Eisen ($a = 2{,}867 \cdot 10^{-10}$ m bei 20 °C) (Tabelle 1). Das kfz-Gitter ist dichter gepackt (Kapitel 2.4.3.4). Die Umwandlung des α-Eisens zu γ-Eisen führt damit zu einer Volumenkontraktion, die mit Hilfe eines Dilatrometers (Längenmessgerät) als Längenänderung nachweisbar wird (Bild 1, Seite 167). Diese Modifikationswechsel sind für Bauteile aus reinem Eisen unerwünscht. Bei Erwärmung bildet sich auf der Bauteiloberfläche eine Oxidschicht (Zunder), die durch einen fortwährenden Modifikationswechsel gelockert wird und schließlich abplatzt. Das Bauteil erleidet einen zunehmenden Masseverlust. Reines Eisen ist daher nicht hitzebeständig.

Bild 2, Seite 167, zeigt die Abkühlungs- und Erwärmungskurve von reinem Eisen sowie die zum jeweiligen Temperaturintervall gehörende Gitterstruktur. Bei der Erstarrungstemperatur von 1536 °C geht das Eisen unter Bildung eines kubisch-raumzentrierten

Bild 1: Anteile der wichtigsten Elemente in der Erdkruste

Bild 2: Gefügebild von reinem Eisen

Tabelle 1: Ausgewählte Kennwerte von reinem Eisen

Atomare Daten	
Ordnungszahl	26
Atommasse	55,85 u
Atomdurchmesser	$2{,}483 \cdot 10^{-10}$ m
Kristallgittertyp[1]	α-Fe (< 911 °C): krz
	γ-Fe (911 ... 1392 °C): kfz
	δ-Fe (1392 ... 1536 °C): krz
Physikalische Kennwerte (20 °C)	
Dichte ϱ	7,86 kg/dm³
Schmelztemperatur ϑ_S	1536 °C
Wärmedehnung α	$12 \cdot 10^{-6}$ 1/K (bei 20 °C)
Wärmeleitfähigkeit λ	80,3 W/(m · K)
Elektr. Leitfähigkeit ϰ	10,3 m/(Ω · mm²)
Mechanische Kennwerte[2]	
Zugfestigkeit R_m	200 ... 300 MPa
Dehngrenze $R_{p0,2}$	50 ... 120 MPa
Bruchdehnung A	40 ... 50 %
Elastizitätsmodul E	197 GPa

[1] krz = kubisch-raumzentriert; kfz = kubisch-flächenzentriert
[2] Die Kennwerte sind von der chemischen Zusammensetzung (Reinheit) sowie vom Gefügezustand (z. B. geglüht, kaltverfestigt, usw.) abhängig. Die Angaben sind daher als Orientierungswerte zu verstehen.

Tabelle 2: Modifikationen des Eisens

Bezeichnung der Modifikation	Beständigkeit in °C	Gitterkonstante[1] in 10^{-10} m	Gittertyp
α-Eisen (α-Fe)	< 911	2,867	krz
γ-Eisen (γ-Fe)	911 ... 1392	3,646	kfz
δ-Eisen (δ-Fe)	1392 ... 1536	2,932	krz

[1] Für α-Fe bei 20 °C, für γ-Fe bei 911 °C und für δ-Fe bei 1392 °C

6.1 Reines Eisen

Kristallgitters (krz) vom flüssigen in den festen Aggregatzustand über (δ-Eisen). Die dabei frei werdende Kristallisationswärme wird als Haltepunkt in der Abkühlkurve sichtbar. Die Länge der Haltepunkte gibt dabei einen Hinweis auf den Betrag der frei werdenden bzw. aufgenommenen Wärmemenge.
Bei weiterer Abkühlung wandelt sich das kubischraumzentrierte Kristallgitter des δ-Eisens bei einer Temperatur von 1392 °C in das kubisch-flächenzentrierte Kristallgitter (kfz) des γ-Eisens um. Da bei dieser Umgitterung ebenfalls Wärme frei wird, tritt ein weiterer, mit Ar_4 bezeichneter Haltepunkt in Erscheinung. Bei einer Temperatur von 911 °C wandelt sich das kubisch-flächenzentrierte Kristallgitter des γ-Eisens in das kubisch-raumzentrierte Kristallgitter des α-Eisens um. Die dabei frei werdende

Bild 1: Ausdehnungsverhalten von reinem Eisen bei Erwärmung

Wärme macht sich ebenfalls wieder als Haltepunkt (Ar_3) in der Abkühlungskurve bemerkbar. Am vierten Haltepunkt (Ar_2) bei 769 °C (**Curietemperatur**) findet keine Gitterumwandlung statt. Hier wird das bislang ferromagnetische Eisen unmagnetisch (paramagnetisch).

Die Unterscheidung in α-Eisen (< 769 °C) und β-Eisen (769 °C ... 911 °C) ist historisch bedingt und geht auf eine Zeit zurück, als noch nicht bekannt war, dass sich das ferro- und paramagnetische Eisen in ihren übrigen Eigenschaften nicht unterscheiden. Heute wird bis 911 °C die Bezeichnung α-Eisen verwendet. Die frei werdende Wärme entstammt Veränderungen in der Elektronenhülle. Der Haltepunkt Ar_4 ist jedoch nur wenig ausgeprägt, da relativ wenig Wärme frei wird. Bei einer Erwärmung laufen die beschriebenen Vorgänge in umgekehrter Reihenfolge ab.

Die Umwandlungstemperaturen sind keine Materialkonstanten, sondern hängen vielmehr von der Geschwindigkeit der Temperaturänderung ab. Die angegebenen Werte gelten nur für das thermodynamische Gleichgewicht, also für unendlich langsame Abkühlung bzw. Erwärmung. Schnellere Temperaturänderungen verschieben diese Umwandlungstemperaturen (Kapitel 6.4.4.13). In der älteren Literatur finden sich daher häufig abweichende Werte.

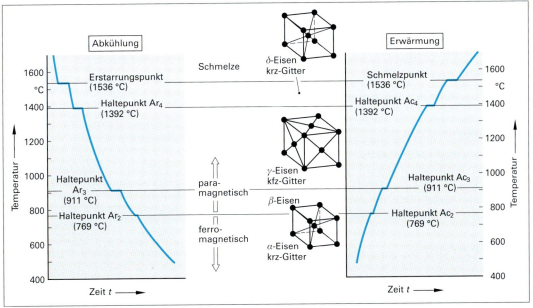

Bild 2: Abkühlungs- und Erwärmungskurven sowie Haltepunkte des reinen Eisens

Um die Beschreibung der Vorgänge bei der Wärmebehandlung zu vereinheitlichen, hat es sich eingebürgert, die den Umwandlungen entsprechenden Haltepunkte der Temperatur-Zeit-Kurven mit Ar (beim Abkühlen) bzw. Ac (beim Erwärmen) zu bezeichnen und durch Zahlenindices zu kennzeichnen (Tabelle 1). Die Bezeichnungen bedeuten dabei:

A: *Arrêt* (frz.: Halte- oder Knickpunkt)
c: *Chauffage* (frz.: Erwärmung)
r: *Refroidissement* (frz.: Abkühlung)
cm: *Cémentite* (frz.: Zementit)

Der Vollständigkeit halber sind in Tabelle 1 auch die mit Ac_1 bzw. Ar_1 sowie Ac_{cm} bzw. Ar_{cm} bezeichneten Haltepunkte aufgeführt. Die dort ablaufenden Vorgänge im Kristallgitter bzw. im Gefüge (Austenitzerfall bzw. Ausscheidung von Sekundärzementit) treten nur bei Stählen, nicht jedoch beim reinen Eisen in Erscheinung. Diese Vorgänge werden in Kapitel 6.2.2.5 besprochen.

Tabelle 1: Bezeichnungen für die wichtigsten Umwandlungstemperaturen[1]

Umwandlung	Bei Abkühlung	Bei Erwärmung
Schmelze ↔ δ-Eisen	Ar	Ac
δ-Eisen ↔ γ-Eisen	Ar_4	Ac_4
γ-Eisen ↔ α-Eisen	Ar_3	Ac_3
β-Eisen (paramagn.) ↔ α-Eisen (ferromagn.)	Ar_2	Ac_2
Austenit ↔ Perlit (Austenitzerfall)	Ar_1	Ac_1
Beginn der Ausscheidung bzw. Ende der Auflösung von Sekundärzementit	Ar_{cm}	Ac_{cm}

[1] Die Bezeichnungen werden teilweise auch bei den Fe-C-Legierungen verwendet (Kapitel 6.2.2.5).

Eisen enthält meist Verunreinigungen von C, Mn, P, S, Si, Cu und Ni. Eine Reinheit von 99,9 % ist bereits sehr gut (z. B. **ARMCO-Eisen** mit 98,8 % Fe, benannt nach **A**merican **R**olling **M**ill **Co**rporation).

Eisen wird in der Regel gezielt mit verschiedenen Elementen, insbesondere mit Kohlenstoff (Kapitel 6.2) legiert, um bestimmte Eigenschaften wie Festigkeit, Hitzebeständigkeit usw. deutlich zu verbessern. Die auf diese Weise erzeugten **Eisenbasis-Legierungen** sind aufgrund der in weiten Grenzen einstellbaren Eigenschaften sowie der Möglichkeit die Eigenschaften durch eine Wärmebehandlung gezielt zu verändern, sehr zahlreich. Die größte Bedeutung besitzen dabei die **Eisen-Kohlenstoff-Legierungen,** zu denen die **Stähle** sowie die Eisengusswerkstoffe wie **Stahlguss** oder **Grauguss** gehören.

6.2 Eisen-Kohlenstoff-Legierungen

Das wichtigste Legierungselement für das Eisen ist der Kohlenstoff. Er verändert bereits in sehr kleinen Mengen die Eigenschaften des reinen Eisens bzw. der Eisen-Kohlenstoff-Legierungen. So bewirkt bereits ein Kohlenstoffgehalt von 0,1 % eine durchschnittliche Steigerung der Zugfestigkeit um rund 100 MPa und der Streck- bzw. Dehngrenze um etwa 45 MPa. Auch die Härtbarkeit und die Vergütbarkeit eines Stahles ist an eine bestimmte Mindestkohlenstoffmenge gebunden (Kapitel 6.4.4. und Kapitel 6.4.5).

6.2.1 Phasenausbildungen in Eisen-Kohlenstoff-Legierungen

Der Kohlenstoff kann in Fe-C-Legierungen in unterschiedlicher Form vorliegen:

- im Kristallgitter unter Bildung von Mischkristallen interstitiell gelöst, Kapitel 6.2.1.1,
- als Verbindungsphase chemisch an das Eisen gebunden (z.B. als Eisencarbid (Fe_3C) oder ε-Carbid ($Fe_{2...3}C$), Kapitel 6.2.1.2 und Kapitel 6.4.5.1),
- als stabile Phase in Form von elementarem Kohlenstoff mit Grafitstruktur (Kapitel 6.2.1.3).

6.2.1.1 Mischkristalle (Ferrit, Austenit und δ-Ferrit)

Die Kristallgitter des Eisens bieten für kleine Fremdatome (z. B. Kohlenstoff) verschiedene Einlagerungsmöglichkeiten auf Zwischengitterplätzen.

Tabelle 2: Kohlenstofflöslichkeit des Eisens und metallographische Bezeichnung der Mischkristalle

Kristallgitter	Kohlenstofflöslichkeit	Metallograph. Bezeichnung
α-Eisen	0,02 % bei 723 °C < 0,00001 % bei 20 °C	(α-)**Ferrit** oder α-Mischkristall
γ-Eisen	2,06 % bei 1147 °C 0,8 % bei 723 °C	**Austenit** oder γ-Mischkristall
δ-Eisen	0,1 % bei 1493 °C	**δ-Ferrit** oder δ-Mischkristall

6.2 Eisen-Kohlenstoff-Legierungen

Aus dem Verhältnis der Größe der Fremdatome zur Größe der verfügbaren Gitterlücken ergeben sich unterschiedliche Löslichkeiten (Kapitel 2.4.3.4), die für eine Reihe von Wärmebehandlungsverfahren des Stahls eine sehr große Rolle spielen (Kapitel 6.4).

Gitterlücken im α- und δ-Eisen

Das kubisch-raumzentrierte α-Eisen bzw. δ-Eisen weist zwei Typen von Zwischengitterplätzen auf, in die kleinere Atome wie H, B, C oder N eingelagert werden können. Die größere Lücke im krz-Gitter befindet sich an der Würfeloberfläche im Innern eines aus vier Eisenatomen gebildeten unregelmäßigen Tetraeders (Bild 1, oberes Teilbild), den **Tetraederlücken**. Der Abstand zu den vier nächstgelegenen Gitteratomen beträgt jeweils $a \cdot \sqrt{5}/4$ ($0{,}559 \cdot a$), wobei a die Gitterkonstante ist (bei α-Eisen: $a = 2{,}867 \cdot 10^{-10}$ m $= 0{,}2867$ nm bei 20 °C). Die zweite, kleinere Gitterlücke, befindet sich in der Mitte eines unsymmetrischen (eingedrückten) Oktaeders bzw. geometrisch gleichwertig auf den Mitten der Würfelkanten (Bild 1, unteres Teilbild), den **Oktaederlücken**. Der Abstand zu den nächsten Gitteratomen ist nur in eine Richtung minimal (Abstand $a/2$). In die beiden anderen Richtungen beträgt er $a/\sqrt{2}$ ($= 0{,}707 \cdot a$).

In die Oktaederlücke eines kubisch-raumzentrierten Kristallgitters kann ein Fremdatom nur bis zu einem maximalen Durchmesser von $d_{O\,krz} = d \cdot (2/\sqrt{3} - 1) = 0{,}155 \cdot d$ (mit d = Durchmesser des Gitteratoms), im Falle des α-Eisens also bis zu $d_{O\,krz} = 0{,}038$ nm (bei 20 °C) eingelagert werden, ohne das Gitter zu verzerren. Die Tetraederlücke hingegen erlaubt, im Falle des α-Eisens, die Einlagerung eines Fremdatoms bis zu einem maximalen Durchmesser von $d_{T\,krz} = 0{,}065$ nm (bei 20 °C). Dennoch werden im krz-Gitter vorzugsweise die Oktaederlücken von den einzulagernden Fremdatomen (z. B. vom Kohlenstoff) besetzt. Die Ursache ist darin zu sehen, dass die Einlagerungsatome, deren Atomdurchmesser stets etwas größer ist als die Lücke selbst (Kohlenstoff: $d_C = 0{,}155$ nm, Bor: $d_B = 0{,}159$ nm, Wasserstoff: $d_H = 0{,}074$ nm, Stickstoff: $d_N = 0{,}140$ nm), die am nächsten liegenden Gitteratome zur Seite schieben müssen, das Kristallgitter also verzerren. Auf den Oktaederplätzen müssen nur zwei Atome im nächsten Abstand (und vier zweitnächste Nachbarn in größerem Abstand) verschoben werden, auf den Tetraederplätzen hingegen vier Gitteratome in gleichem Abstand. Die interstitielle Einlagerung auf Oktaederplätzen führt daher zu einer insgesamt geringeren Gitterverzerrung, da nur zwei Gitteratome eine nennenswerte Lageverschiebung erleiden. Dies ist im Falle des α-Eisens die Erklärung, weshalb Kohlenstoff in die kleineren Oktaederlücken und nicht in die größeren Tetraederlücken eingelagert wird.

Bild 1: Tetraeder- und Oktaederlücken im krz-Kristallgitter

Gitterlücken im γ-Eisen

Das kubisch-flächenzentrierte Kristallgitter weist ebenfalls Oktaeder- und Tetraederlücken zur Einlagerung kleinerer Fremdatome auf (Bild 2). In die Oktaederlücke lassen sich Fremdatome bis zu einem maximalen Durchmesser von $d_{O\,kfz} = d \cdot (2/\sqrt{2} - 1) = 0{,}414 \cdot d$, im Falle des γ-Eisen also etwa bis zu $d_{O\,kfz} = 0{,}103$ nm einlagern. In die Tetraederlücke können Fremdatome hingegen nur bis zu einem maximalen Durchmesser von $d_{T\,kfz} = 0{,}058$ nm eingelagert werden, ohne das Kristallgitter zu verzerren. Die Einlagerung kleinerer Fremdatome in das kfz-Gitter des γ-Eisens erfolgt daher mit Ausnahme des Wasserstoffs stets auf Oktaederplätzen.

Bild 2: Tetraeder- und Oktaederlücken im Kfz-Kristallgitter

Kohlenstofflöslichkeit des Eisens

Vergleicht man den Atomdurchmesser des Kohlenstoffs ($d_C = 0{,}155$ nm) mit der Größe der Oktaederlücken im krz α-Eisen ($d_{O\ krz} = 0{,}038$ nm), dann wird deutlich, dass seine Einlagerung zu erheblichen Gitterverzerrungen führen muss, d. h. seine Löslichkeit entsprechend gering ist. Tatsächlich kann das krz α-Eisen bei 723 °C nur 0,02 % und bei 20 °C sogar weniger als 0,00001 % Kohlenstoff lösen. Der dabei entstehende α-Mischkristall wird metallographisch als **(α-)Ferrit** (*ferrum*, lat.: Eisen) bezeichnet. Im δ-Eisen ist die maximale Kohlenstofflöslichkeit mit 0,1 % bei 1493 °C nur wenig größer. Der entstehende Mischkristall wird als **δ-Ferrit** bezeichnet (Tabelle 2, Seite 168).

Das kubisch-flächenzentrierte Gitter des γ-Eisens kann hingegen aufgrund seiner größeren Oktaederlücken ($d_{O\ kfz} = 0{,}103$ nm) deutlich mehr Kohlenstoffatome lösen (2,06 % bei 1147 °C; 0,8 % bei 723 °C). Damit klärt sich auch der scheinbare Widerspruch, dass die kfz-Modifikation des Eisens mit der höheren Packungsdichte (74 %) mehr Kohlenstoff lösen kann, im Vergleich zur krz-Modifikation (Packungsdichte 68 %). Der dabei entstehende γ-Mischkristall wird metallographisch als **Austenit** bezeichnet (benannt nach dem englischen Forscher **W.C. Roberts-Austen**). Diese unterschiedliche Kohlenstofflöslichkeit ist für eine Reihe technisch bedeutender Wärmebehandlungsverfahren (z. B. Härten, Vergüten) von grundlegender Bedeutung (Kapitel 6.4.4 und Kapitel 6.4.5).

6.2.1.2 Verbindungsphasen (Zementit und ε-Carbid)

Wird mit der Abkühlung die Lösungsfähigkeit der Fe-C-Legierung für Kohlenstoffatome unterschritten, dann scheidet sich entweder eine stabile Phase in Form von elementarem Kohlenstoff mit Grafitstruktur (Kapitel 6.2.1.3) oder eine metastabile Verbindungsphase zwischen Eisen und Kohlenstoff (Carbide) aus. Das wichtigste Eisencarbid, das Fe$_3$C, wird metallographisch als **Zementit** bezeichnet.

Zementit ist eine metastabile Verbindungsphase zwischen Eisen- und Kohlenstoffatomen mit stöchiometrischer Zusammensetzung und überwiegend metallischem Bindungscharakter. Zementit besitzt ein kompliziertes, rhomboedrisches Kristallgitter mit 12 Fe und 4 eingelagerten C-Atomen je Elementarzelle (Bild 1). Als Verbindungsphase ist der Zementit hart (etwa 1100 HV 10) und praktisch nicht verformbar (sehr hohe Sprödigkeit). Unterhalb von 210 °C ist Zementit ferromagnetisch. Zementit besitzt einen Kohlenstoffgehalt von rund 6,67 % (siehe Infokasten).

Zementit ist keine chemisch stabile Verbindung. Bei hohen Temperaturen und insbesondere bei Eisen-Kohlenstoff-Legierungen mit höherem Kohlenstoffgehalt zerfällt Zementit und es wird Grafit ausgeschieden (Temperkohle). Daher auch die Bezeichnung metastabil. Da der Zementit bei höheren Temperaturen zerfällt, ist auch seine genaue Schmelztemperatur nicht bekannt, sie wird in der Regel mit etwa 1320 °C angenommen (Tabelle 1, Seite 173 und Bild 1, Seite 172).

Eisen-Kohlenstofflegierungen, in denen der Kohlenstoff in chemisch gebundener Form als Zementit vorliegt (weißes Roheisen), sind die Grundlage für die Erzeugung von Stahl, Stahlguss und einer Reihe von Gusseisensorten (z. B. Temperguss oder perlitischer Hartguss).

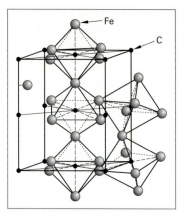

Bild 1: Kristallgitter des Zementits (vereinfacht)

ⓘ Information

Ermittlung des Massenanteils Kohlenstoff in Zementit:

Die Molmasse von Zementit (Fe$_3$C) beträgt:

$3 \cdot 55{,}85$ g $+ 1 \cdot 12{,}01$ g $= 179{,}56$ g

In 1 mol Fe$_3$C sind 12,01 g Kohlenstoff enthalten. Der prozentuale Massenanteil beträgt also:

12,01 g / 179,56 g = 0,0669 (6,69 %)

In der Literatur wird der Zahlenwert **6,67 Masse-%** angegeben.

ⓘ Information

Zementit und Carbid

Zementit (Fe$_3$C) tritt streng genommen nur bei reinen Fe-C-Legierungen auf. Da Stähle, auch die unlegierten Sorten, jedoch immer eine bestimmte Menge an Fremd- bzw. Legierungselementen enthalten, müsste eigentlich allgemein von **Carbiden** gesprochen werden. An dieser Stelle soll jedoch der Einfachheit halber darauf verzichtet werden (Kapitel 6.4.4.13).

Bild 2: Schichtgitter des Grafits

6.2 Eisen-Kohlenstoff-Legierungen

Die Anwesenheit carbidbildender Elemente (Mn, Mo, Zr, V) sowie eine rasche Abkühlung aus dem schmelzflüssigen Zustand begünstigen die Zementitbildung und unterdrücken die Grafitbildung (Kapitel 6.3.2.1 und 6.6.3.2).

Neben dem Zementit ist das ε-**Carbid** ein weiteres wichtiges Eisencarbid. Es besitzt eine hexagonale Gitterstruktur und liegt in seiner Zusammensetzung zwischen Fe_2C und Fe_3C. Das ε-Carbid ist ein Übergangscarbid, das sich bei Temperaturen über 200 °C in Zementit (Fe_3C) umwandelt. Diese Tatsache ist beispielsweise beim Anlassen bzw. Vergüten (Kapitel 6.4.5) von Bedeutung.

6.2.1.3 Stabile Phase (Grafit)

Unter bestimmten Bedingungen bildet der Kohlenstoff mit dem Eisen kein Eisencarbid (Zementit), sondern er liegt in elementarer Form als stabile Phase mit hexagonalem Schichtgitter vor und wird als **Grafit** bezeichnet (Bild 2, Seite 170). Eisen-Kohlenstoff-Legierungen, in denen der Kohlenstoff als Grafit vorliegt (graues Roheisen), sind die Grundlage für die Erzeugung einiger Gusseisenwerkstoffe (z. B. Grauguss). Die Anwesenheit grafitstabilisierender Elemente (Si, Al, Ti, Ni) sowie eine langsame Abkühlung aus dem schmelzflüssigen Zustand begünstigen die Grafit- und unterdrücken die Zementitbildung (Kapitel 6.6.3.2).

Ist die Schmelzenzusammensetzung im Hinblick auf zementit- oder grafitstabilisierende Elemente nicht eindeutig, dann entscheidet letztlich die Abkühlgeschwindigkeit über die sich ausbildende Phase. In dickwandigen Gussstücken kann daher im Inneren (langsame Abkühlgeschwindigkeit) Grafit auftreten, an der Außenseite (kalte Gießform) hingegen Zementit. Einerseits können dadurch die Festigkeitseigenschaften negativ beeinflusst werden, andererseits kann die metastabile Erstarrung der Randschicht eine Härtung überflüssig machen (z. B. Schalenhartguss, Kapitel 6.6.3.8).

6.2.2 Eisen-Kohlenstoff-Zustandsdiagramm

Die Eigenschaften eines metallischen Werkstoffs werden in hohem Maße von seinem Gefüge bestimmt. Das Gefüge selbst kann sich aus unterschiedlichen Gefügebestandteilen (Phasen) zusammensetzen. Die Art dieser Phasen, ihr mengenmäßiger Anteil und ihre Verteilung bestimmen letztlich das Erscheinungsbild und die Eigenschaften des Gefüges und damit des gesamten Werkstoffs. Die unterschiedlichen Gefügeausbildungen, ihre Entstehung (ausgehend vom schmelzflüssigen Zustand) sowie die beim Abkühlen (oder Erwärmen) stattfindenden Gefügeumwandlungen lassen sich in übersichtlicher Form anhand eines Zustandsdiagramms darstellen (Kapitel 3.5).

Für die Legierung Eisen-Kohlenstoff ist das **Eisen-Kohlenstoff-Zustandsdiagramm** (Bild 1, Seite 172) aus den folgenden Gründen von grundlegender Bedeutung:

1. In jedem Phasengebiet liegen bestimmte, für dieses Gebiet charakteristische Kristallsorten vor, die, abhängig vom Kohlenstoffgehalt, in der Regel unterschiedliche Gefüge ausbilden können. Dem Diagramm können daher in Abhängigkeit des Kohlenstoffgehalts sowie der Temperatur, die miteinander im Gleichgewicht stehenden Phasen entnommen werden. Im Falle des festen Zustands können mit Hilfe des Zustandsdiagramms die **Gefügeausbildungen** ermittelt werden.

2. Bei Erwärmung oder Abkühlung werden verschiedene Phasengrenzen überschritten, an denen sich bestimmte physikalische Vorgänge abspielen (z.B. Kristallisations- oder Ausscheidungsvorgänge). Dem Eisen-Kohlenstoff-Zustandsdiagramm kann dementsprechend das Verhalten der Legierung bei Erwärmung oder Abkühlung und damit die auftretenden **Gefügeumwandlungen** entnommen werden.

> ⓘ **Information**
>
> **Zustandsdiagramm Eisen-Kohlenstoff**
>
> Das Zustandsdiagramm Eisen-Kohlenstoff ist die Grundlage für das Verständnis der bei Stählen und Gusseisenwerkstoffen bei bestimmten Temperaturen vorliegenden Gefügeausbildungen bzw. der bei langsamer Erwärmung oder Abkühlung auftretenden Gefügeumwandlungen. Streng genommen gilt das Eisen-Kohlenstoff-Zustandsdiagramm jedoch nur für reine $Fe-Fe_3C$-Legierungen, da bereits die unlegierten Stähle außer Fe und C noch weitere Elemente enthalten (Tabelle 1, Seite 272). Auf die damit verbundenen Veränderungen im Eisen-Kohlenstoff-Diagramm soll jedoch erst in Kapitel 6.4.4.13 eingegangen werden.

6.2.2.1 Erstarrungsformen von Eisen-Kohlenstoff-Legierungen

In Eisen-Kohlenstoff-Legierungen liegt der in den Kristallgittern nicht mehr lösbare Kohlenstoff entweder als stabile Phase in Form von Grafit (C) oder als metastabile Verbindungsphase in Form von Zementit (Fe_3C) vor. Man unterscheidet dementsprechend zwei verschiedene Erstarrungsformen von Eisen-Kohlenstoff-Legierungen und dementsprechend zwei verschiedene Zustandsdiagramme:

- **Zustandsdiagramm Fe-Fe_3C (metastabiles System):**
  Im metastabilen System ist der im Kristallgitter des α-, γ- oder δ-Eisens nicht mehr lösbare Kohlenstoff in Form von Zementit (Fe_3C) chemisch an das Eisen gebunden. Zementit ist thermisch weniger stabil als Grafit und zerfällt beim Glühen bei höheren Temperaturen in Eisen und Grafit. Derartige, über einige Zeit beständige Phasen bezeichnet man als **metastabil** (*meta*, griech.: zwischen, d. h. zwischen dem stabilen und dem instabilen Zustand). Hat sich bei der Erstarrung einer Eisen-Kohlenstoff-Legierung Zementit (Fe_3C) gebildet, dann zerfällt er unter gewöhnlichen Bedingungen jedoch nicht mehr. Erst eine lange Glühdauer (abhängig von Kohlenstoffgehalt und Glühtemperatur) kann zu einem Zerfall des Zementits führen. Die metastabile Erstarrung wird begünstigt durch eine rasche Abkühlung und die Anwesenheit erhöhter Gehalte an carbidbildenden Elementen (z. B. Mangan, Kapitel 6.6.3.2).

- **Zustandsdiagramm Fe-C (stabiles System):**
  Im stabilen System liegt der nicht mehr im Kristallgitter lösbare Kohlenstoff in Form von Grafit (C) vor. Das stabile System bildet sich bei langsamer Abkühlung und erhöhtem Gehalt an carbidzerlegenden Elementen (z. B. Silicium, Kapitel 6.2.1.3 und 6.6.3.2).

Das metastabile (Fe-Fe_3C) und das stabile (Fe-C) Zustandsdiagramm unterscheiden sich hinsichtlich der Lage der Phasengebiete und Phasengrenzen nur geringfügig voneinander (Bild 1).

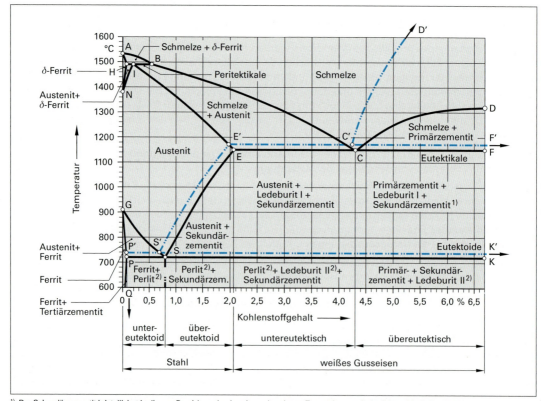

[1] Der Sekundärzementit kristallisiert in diesem Bereich an den bereits vorhandenen Zementit an und tritt daher nicht in Erscheinung.

[2] Aus dem Ferrit des Perlits bzw. des Ledeburits scheiden sich unterhalb der Eutektoiden P-S-K noch geringe Mengen Tertiärzementit aus, der jedoch an den bereits vorhandenen Zementit ankristalisiert und daher im Gefüge nicht in Erscheinung tritt.

Bild 1: Metastabiles (Fe-Fe_3C, durchgezogene schwarze Linien) und stabiles (Fe-C, gestrichelte blaue Linien) Eisen-Kohlenstoff-Zustandsdiagramm

Das metastabile System ist das technisch wichtigere, da die Stähle und eine Reihe von Eisengusswerkstoffen (Stahlguss, Temperguss, perlitischer Hartguss) danach erstarren. Die Gefügeausbildungen des stabilen Systems sollen im Rahmen der Gusseisenwerkstoffe (Kapitel 6.6.3) besprochen werden.

6.2.2.2 Aufbau des metastabilen Eisen-Kohlenstoff-Zustandsdiagramms

Im metastabilen Eisen-Kohlenstoff-Zustandsdiagramm ist auf der Abszisse der Kohlenstoffgehalt zwischen 0 % (reines Eisen) und 6,67 % (entspricht 100 % Fe_3C, also reinem Zementit) aufgetragen. Auf der Ordinate wird die Temperatur abgetragen. Da die Kohlenstoffgehalte der technischen Fe-C-Legierungen (Stähle, Gusseisen) unter 6,67 % liegen, wird auf der Darstellung des technisch unbedeutenden Konzentrationsbereiches über 6,67 % C stets verzichtet.

Da zwischen Raumtemperatur und 723 °C keine Änderungen im Gefügeaufbau stattfinden, wird das Diagramm, der Übersichtlichkeit halber, in der Regel erst beginnend bei einer Temperatur von 400 °C … 600 °C gezeichnet. Auf der linken Seite (bei 0 % C) finden sich die Temperaturen der allotropen Phasenumwandlungen des reinen Eisens (bei 911 °C und 1 392 °C) sowie sein Schmelzpunkt (1 536 °C), auf der rechten Seite (6,67 % C) die Zerfallstemperatur des reinen Zementits (bei etwa 1 320 °C).

a) Phasengrenzen und Phasengebiete

In Bild 1, Seite 172, sind zunächst eine Reihe von Linien, die **Phasengrenzen**, eingezeichnet. Die an diesen Phasengrenzen ablaufenden Vorgänge sowie die innerhalb der Grenzlinien, also in den **Phasengebieten** vorliegenden Phasen (im festen Zustand die Gefügeformen oder Kristallarten), sollen nachfolgend erläutert werden. Zur eindeutigen Kennzeichnung der einzelnen Phasengrenzen und Phasengebiete werden die Endpunkte üblicherweise mit Großbuchstaben bezeichnet (z. B. A, B, C usw.). Die Temperaturen und Konzentrationen dieser ausgezeichneten Punkte sind in Tabelle 1 sowohl für das metastabile als auch für das stabile System zusammengestellt. Zu berücksichtigen ist dabei allerdings, dass die Werte von der genauen Legierungszusammensetzung beeinflusst werden. So werden beispielsweise in unlegierten Stählen (metastabiles System) alleine durch die üblichen Gehalte an Mangan, die Temperaturen um 10 °C und mehr gesenkt und die Konzentrationen um 0,05 % und mehr erniedrigt.

Tabelle 1: Temperaturen und Konzentrationen ausgezeichneter Punkte im Eisen-Kohlenstoff-Diagramm

	Metastabiles System		Stabiles System		
Punkt	Temp. in °C	C-Gehalt Masse-%	Punkt	Temp. in °C	C-Gehalt Masse-%
A	1536	0	A' = A	1536	0
B	1493	0,53	B' = B	1493	0,53
C	1147	4,30	C'	1153	4,25
D	1320	6,67	D'	3760[1]	100
E	1147	2,06	E'	1153	2,03
F	1147	6,67	F'	1153	100
G	911	0	G = G'	911	0
H	1493	0,10	H' = H	1493	0,10
I	1493	0,16	I' = I	1493	0,16
K	723	6,67	K'	738	100
N	1392	0	N' = N	1392	0
P	723	0,02	P'	738	0,019
S	723	0,80	S'	738	0,68
Q	20	0[2]	Q ≈ Q'	20	0[2]

[1] sublimiert   [2] < 0,00001 %

b) Liquidus- und Soliduslinie

Oberhalb der Linie A-B-C-D liegt nur Schmelze vor, die Eisen-Kohlenstoff-Legierungen sind dort flüssig. Unterhalb dieser Linie beginnt die Legierung zu erstarren. Die Linie A-B-C-D wird daher als **Liquiduslinie** bezeichnet. Im flüssigen Zustand besitzen Eisen und Kohlenstoff (bei allen Konzentrationen) eine vollständige gegenseitige Löslichkeit.

Reines Eisen schmilzt bei 1536 °C. Durch den gelösten Kohlenstoff wird jedoch die Schmelztemperatur des Eisens erniedrigt (ähnlich wie beispielsweise Salz den Gefrierpunkt des Wassers herabsetzt). Daher ergibt sich von links nach rechts (Linie A-B-C) bis zu einem Kohlenstoffgehalt von 4,3 % eine stetig sinkende Liquiduslinie. Reiner Zementit (Fe_3C) zerfällt andererseits bei etwa 1 320 °C. Durch die Anwesenheit des Eisens wird mit zunehmendem Eisengehalt der Schmelz- bzw. Zerfallspunkt des Zementits von rechts nach links (längs der Linie D-C) bis zu einem Kohlenstoffgehalt von 4,3 % ebenfalls stetig erniedrigt. Abgesehen von der Legierung mit genau 4,3 % C, die mit 1147 °C zugleich die tiefste Schmelztemperatur des gesamten Legierungssystems hat und als **eutektische Legierung** bezeichnet wird, tritt stets ein Erstarrungsbereich auf, also ein Temperaturbereich in dem Schmelze und Kristalle stabil nebeneinander vorliegen (Phasengebiete A-B-H, I-B-C-E und C-D-F).

Der Linienzug A-H-I-E-C-F wird als **Soliduslinie** bezeichnet. Mit Erreichen der Soliduslinie ist der Kristallisationsvorgang abgeschlossen, die Schmelze also vollständig erstarrt. Mit Annäherung an die Soliduslinie (von oben) steigt der bereits kristallisierte Legierungsanteil. In abgeschlossenen Phasengebieten kann bei vorgegebener Temperatur der jeweilige Massenanteil an Schmelze und Feststoff sowie die Zusammensetzung dieser Phasen, wie in Kapitel 3.5.1.2 beschrieben, ermittelt werden.

6.2.2.3 Bezeichnungen im metastabilen System

Für die Legierungen im metastabilen System werden die folgenden Begriffe eingeführt:

C < 0,80 %	Untereutektoide Eisen-Kohlenstoff-Legierungen oder **untereutektoide Stähle**. Bei Kohlenstoffgehalten unterhalb etwa 0,01 % ... 0,02 % spricht man jedoch nicht mehr von Stählen. Mitunter wird dann von **Weicheisen** gesprochen.
C = 0,80 %	Eutektoide Eisen-Kohlenstoff-Legierung oder **eutektoider Stahl**.
0,80 % < C ≤ 2,06 %	Übereutektoide Eisen-Kohlenstoff-Legierungen oder **übereutektoide Stähle**.
2,06 % < C < 4,30 %	Untereutektische Eisen-Kohlenstoff-Legierungen oder **untereutektisches (weißes) Gusseisen**.
C = 4,3 %	Eutektische Eisen-Kohlenstoff-Legierung oder **eutektisches (weißes) Gusseisen**.
4,30 % < C ≤ 6,67 %	Übereutektische Eisen-Kohlenstoff-Legierungen oder **übereutektisches (weißes) Gusseisen**.

6.2.2.4 Erstarrungsvorgänge im metastabilen System

Die unterschiedlichen Gefüge von Eisen-Kohlenstoff-Legierungen und deren Umwandlungen veranschaulicht man vorzugsweise, indem man, im Hinblick auf den Kohlenstoffgehalt, das Eisen-Kohlenstoff-Diagramm in verschiedene Abschnitte einteilt. Innerhalb dieser Abschnitte sind bei Abkühlung aus dem schmelzflüssigen Zustand die Gefügeausbildungen und die an den Phasengrenzen ablaufenden Phasenumwandlungen bzw. Gefügeveränderungen der Eisen-Kohlenstoff-Legierungen ähnlich.

Die Gültigkeit des Eisen-Kohlenstoff-Diagramms setzt eine (unendlich) langsame Abkühlung voraus, so dass sich gleichgewichtsnahe Gefüge ausbilden können. Die mit erhöhter Abkühlgeschwindigkeit auftretenden gleichgewichtsfernen (ungleichgewichtigen) metastabilen Gefügeformen werden in Kapitel 6.4.4.13 besprochen.

Eisen-Kohlenstoff-Legierungen mit 0 % ≤ C ≤ 0,1 %

Die Erstarrung dieser Eisen-Kohlenstoff-Legierungen, die bei Kohlenstoffgehalten über 0,01 % als Stähle bezeichnet werden, beginnt mit Erreichen des Abschnitts A-B der Liquiduslinie unter Ausscheidung von δ-Ferrit. Im Phasengebiet A-B-H liegt dann δ-Ferrit und Schmelze vor. Mit Erreichen des Abschnitts A-H der Soliduslinie ist der Erstarrungsvorgang abgeschlossen und das Gefüge besteht ausschließlich aus δ-Ferrit. Wird bei weiterer Abkühlung die Phasengrenze H-N unterschritten, dann scheidet sich aus den δ-Ferritkristallen in zunehmendem Maße Austenit (γ-Mischkristalle) aus. Unterhalb der Phasengrenze I-N (Austenitgebiet) besteht das Gefüge ausschließlich aus Austenitkristallen (Bild 1). Die mit einer weiteren Abkühlung einhergehenden Gefügeveränderungen werden in Kapitel 6.2.2.5 besprochen.

Bild 1: Erstarrung und Gefügeformen von Eisen-Kohlenstoff-Legierungen mit 0 % < C < 0,1 %

6.2 Eisen-Kohlenstoff-Legierungen

Eisen-Kohlenstoff-Legierungen mit 0,1 % < C < 0,16 %

Fe-C-Legierungen mit Kohlenstoffgehalten zwischen 0,1 % und 0,51 % besitzen bei einer Temperatur von 1493 °C eine als **Peritektikale** bezeichnete horizontale Phasengrenze (H-I-B). Für Legierungen mit Kohlenstoffgehalten 0,1 % < C < 0,16 % beobachtet man mit Erreichen des Abschnitts H-I der Peritektikalen eine **peritektische Phasenreaktion** (Kapitel 3.5.2.5):

$$\delta\text{-Ferrit} + \text{Schmelze} \xrightarrow{\text{peritektische Phasenreaktion}} \text{Austenit}$$

Die bereits kristallisierten δ-Ferritkristalle reagieren dementsprechend mit der noch vorhandenen Schmelze unter Bildung von Austenit. Diese peritektische Reaktion setzt sich so lange fort, bis die gesamte Schmelze aufgebraucht ist. Aufgrund der insgesamt geringen Menge an Schmelze, werden während der peritektischen Reaktion nicht alle δ-Ferritkristalle in Austenit umgewandelt, sodass unterhalb von H-I, δ-Ferrit und Austenit stabil nebeneinander vorliegen. Bei weiterer Abkühlung wandeln sich die noch verbliebenen δ-Ferritkristalle in Austenit um, bis mit Erreichen der Phasengrenze I-N ein ausschließlich austenitisches Gefüge vorliegt (Bild 1). Die weitere Abkühlung wird ebenfalls in Kapitel 6.2.2.5 erläutert.

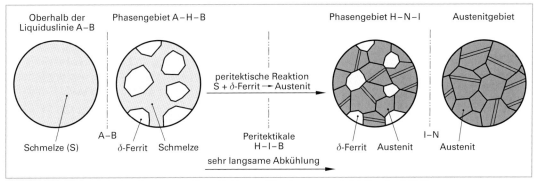

Bild 1: Erstarrung und Gefügeformen von Eisen-Kohlenstoff-Legierungen mit 0,1 % < C < 0,16 %

Eisen-Kohlenstoff-Legierungen mit 0,16 % ≤ C < 0,51 %

Für Legierungen mit 0,16 % < C < 0,51 % beobachtet man mit Erreichen des Teilabschnitts I-B der Peritektikalen ebenfalls eine peritektische Reaktion. Aufgrund des erhöhten Anteils an Schmelze werden die δ-Ferritkristalle nicht nur vollständig in Austenit umgewandelt, sondern nach Abschluss der Reaktion ist auch noch Restschmelze vorhanden (Ausnahme: die Legierung mit einem Kohlenstoffgehalt von genau 0,16 %). Unterhalb der Phasengrenze I-B liegen also Schmelze und Austenit stabil nebeneinander vor. Bei weiterer Abkühlung dieser Legierungen ist mit Erreichen des Abschnittes I-E der Soliduslinie auch die Restschmelze zu Austenit erstarrt. Es liegt dann ein ausschließlich austenitisches Gefüge vor (Bild 2). Die weitere Abkühlung dieser Legierungen wird in Kapitel 6.2.2.5 besprochen.

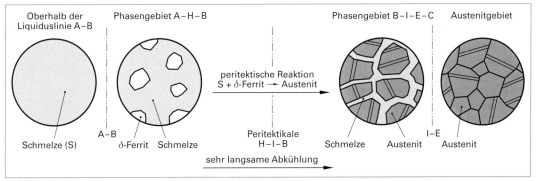

Bild 2: Erstarrung und Gefügeformen von Eisen-Kohlenstoff-Legierungen mit 0,16 % < C < 0,51 %

Eisen-Kohlenstoff-Legierungen mit 0,51 % ≤ C < 2,06 %

Im Phasengebiet unterhalb des Abschnitts B-C sind Austenitkristalle und Schmelze im Gleichgewicht. Mit zunehmender Abkühlung nimmt der Anteil an Austenit stetig zu, bis mit Erreichen der Phasengrenze I-E die gesamte Schmelze erstarrt ist und das Gefüge ausschließlich aus Austenitkristallen besteht (Bild 1). Die mit einer weiteren Abkühlung einhergehenden Gefügeveränderungen werden in Kapitel 6.2.2.5 besprochen.

Bild 1: Erstarrung und Gefügeformen von Eisen-Kohlenstoff-Legierungen mit 0,51 % ≤ C ≤ 2,06 %

Eisen-Kohlenstoff-Legierungen mit 2,06 % ≤ C < 4,3 %

Mit Erreichen des Abschnitts B-C der Liquiduslinie scheiden sich zunächst kohlenstoffarme Austenitkristalle aus der Schmelze aus. Mit Erreichen der Eutektikalen (Abschnitt E-C-F der Soliduslinie bei 1147 °C) ist noch Restschmelze mit nunmehr eutektischer Zusammensetzung (C = 4,3 %) vorhanden. Sie befindet sich in einem an Kohlenstoff gesättigten Zustand. Eine weitere Abkühlung führt zur Übersättigung der Schmelze. Die Restschmelze erstarrt in einer **eutektischen Phasenreaktion** zu einem **Eutektikum** aus Zementit (mit 6,67 % C) und gesättigten Austenitkristallen (mit 2,06 % C):

$$\text{Schmelze} \xrightarrow{\text{eutektische Phasenreaktion}} \text{Austenit} + \text{Zementit}$$

Dieses eutektische Kristallgemisch aus Austenit und Zementit wird nach dem Freiberger Metallkundler **Adolf Ledebur** (1837 ... 1906) als **Ledeburit I** bezeichnet. Das Gefüge besteht unterhalb des Abschnitts E-C der Eutektikalen also aus primär ausgeschiedenen Austenitkristallen und Ledeburit I.

Bei weiterer Abkühlung nimmt die Kohlenstofflöslichkeit der Austenitkristalle längs der Linie E-S stetig ab. Der überschüssige Kohlenstoff scheidet sich als **Sekundärzementit** (Fe_3C) sowohl aus den primären Austenitkörnern als auch aus dem Austenit des Ledeburits aus. Die Ausscheidung des Sekundärzementits aus den primären Austenitkörnern erfolgt teilweise netzartig an deren Korngrenzen. Der aus dem Austenit des Ledeburits ausgeschiedene Sekundärzementit kristallisiert an die im Ledeburit bereits enthaltenen Zementitkristalle an und wird daher mikroskopisch im Gefüge nicht sichtbar.

Mit Erreichen der **Eutektoiden** (Phasengrenze P-S-K[1]) bei 723 °C) ist der noch verbliebene Austenit auf einen Kohlenstoffgehalt von 0,8 % verarmt und besitzt damit die eutektoide Zusammensetzung, d. h. er befindet sich in einem an Kohlenstoff gesättigten Zustand. Eine weitere Abkühlung führt zur Übersättigung des Mischkristalls (Austenit). Der Austenit zerfällt in einer **eutektoiden Phasenreaktion** in ein feines Kristallgemisch aus Zementit (Fe_3C) und Ferrit (α-Mischkristalle):

$$\text{Austenit} \xrightarrow{\text{eutektoide Phasenreaktion}} \text{Zementit} + \text{Ferrit}$$

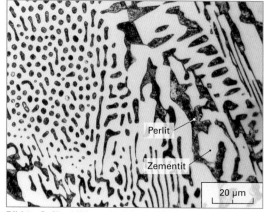

Bild 2: Gefügebild von Ledeburit II („Tigerfell"-Gefüge)

---

[1] Die Linie P-S-K (Eutektoide) wird mitunter auch als Ac_1-Linie (bei Erwärmung) bzw. Ar_1-Linie (bei Abkühlung) und die zugehörigen Temperaturen als Ac_1- bzw. Ar_1-Temperaturen bezeichnet (Tabelle 1, Seite 168).

6.2 Eisen-Kohlenstoff-Legierungen

Das hierbei entstehende charakteristische Gefüge wird als **Perlit** bezeichnet (zur Perlitbildung siehe auch Kapitel 6.2.2.5). Mit Erreichen der Eutektoiden zerfallen jedoch nicht nur die primär aus der Schmelze ausgeschiedenen Austenitkristalle in Perlit, sondern auch die feinen Austenitkristalle des Ledeburits. Das dabei aus dem Ledeburit entstehende feine Kristallgemisch aus nunmehr Perlit (anstelle von Austenit) und Zementit bezeichnet man als **Ledeburit II**. Seine Struktur erinnert an ein Tigerfell (Bild 2, Seite 176).

Bei weiterer Abkühlung im Gebiet unterhalb der Eutektoiden sinkt die Kohlenstofflöslichkeit des im Perlit und im Ledeburit II enthaltenen Ferrits kontinuierlich. Der überschüssige Kohlenstoff wird als **Tertiärzementit** (Kapitel 6.2.2.5) ausgeschieden. Dieser Tertiärzementit tritt bei diesen Legierungen aber mikroskopisch im Gefüge nicht in Erscheinung, da er an die bereits vorhandenen Zementitkristalle ankristallisiert.

Bild 1: Gefüge eines untereutektischen Gusseisens (C = 3,4 %): Ledeburit II („Tigerfell"), Perlit und Sekundärzementit

Bei Raumtemperatur besteht das Gefüge einer untereutektischen Eisen-Kohlenstoff-Legierung (untereutektisches weißes Gusseisen) somit aus Perlit, Sekundärzementit und Ledeburit II. Die aus den primär ausgeschiedenen Austenitkörnern entstandenen Perlitkörner werden vom Sekundärzementit netzförmig umgeben (Bild 1 und Bild 2).

Bild 2: Erstarrung und Gefügeformen von Eisen-Kohlenstoff-Legierungen mit 2,06 % < C < 4,3 %

Eisen-Kohlenstoff-Legierungen mit 4,3 % ≤ C < 6,67 %

Die Erstarrung übereutektischer Eisen-Kohlenstoff-Legierungen (übereutektisches weißes Gusseisen) beginnt mit dem Unterschreiten der Liquiduslinie (Abschnitt C–D) mit der Ausscheidung nadelförmiger Zementitkristalle (Fe_3C) aus der Schmelze, dem **Primärzementit**. Dabei verarmt die Schmelze kontinuierlich an Kohlenstoff und erreicht schließlich bei 1147 °C die eutektische Zusammensetzung mit 4,3 % C. Die Restschmelze erstarrt unter Bildung des Eutektikums Ledeburit I. Unmittelbar unterhalb des Abschnitts C–F der Eutektikalen besteht das Gefüge also aus Ledeburit I mit eingelagerten, nadelförmigen Primärzementitkristallen.

Bei weiterer Abkühlung scheidet sich aus den Austenitkristallen des Ledeburits Sekundärzementit aus, der sich jedoch an die bereits vorhandenen Zementitkristalle anlagert und daher im Gefüge nicht sichtbar wird. Wird bei einer Temperatur von 723 °C schließlich die Eutektoide (P–S–K) erreicht, dann zerfallen die Austenitkristalle des Ledeburits eutektoid zu Perlit. Bei Raumtemperatur besteht das Gefüge somit aus Primärzementit (Fe_3C) in Ledeburit (Bild 1, Seite 178).

Sämtliche nach dem metastabilen System erstarrenden Eisen-Kohlenstoff-Legierungen bestehen nur aus den beiden Phasen Ferrit und Zementit (Fe₃C). Lediglich die Form, die gegenseitige Anordnung sowie die Mengenanteile dieser beiden Kristallarten unterscheiden sich und führen somit zu unterschiedlichen Erscheinungsformen der Gefüge (Bild 1, Seite 174 bis Bild 1, Seite 178) und damit auch zu unterschiedlichen Eigenschaften (Festigkeit, Verformbarkeit usw.) der entsprechenden Stähle und Gusseisensorten.

Bild 1: Erstarrung und Gefügeformen von Eisen-Kohlenstoff-Legierungen mit 4,3 % < C < 6,67 %

6.2.2.5 Stahlecke des metastabilen Systems

Der linke untere Teil des metastabilen Systems (etwa C ≤ 2,06 % und ϑ ≤ 1200 °C) wird als **Stahlecke** bezeichnet (Bild 2). Im Bereich der Stahlecke ist die Legierung bereits vollständig erstarrt, jedoch treten gerade dort Gefügeumwandlungen auf, die für die Anwendbarkeit und den Erfolg vieler Wärmebehandlungen (z. B. Normalglühen, Härten, Vergüten) entscheidend sind.

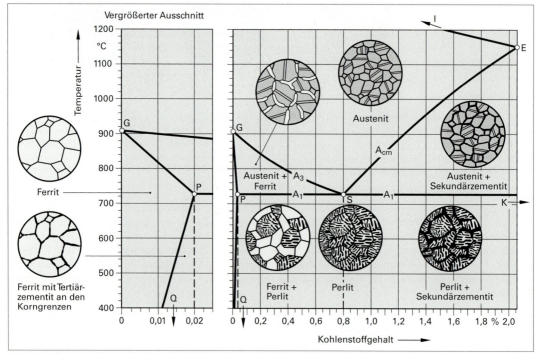

Bild 2: Stahlecke des metastabilen Eisen-Kohlenstoff-Zustandsdiagramms (Fe-Fe₃C) mit typischen Gefügedarstellungen

6.2 Eisen-Kohlenstoff-Legierungen

Das Gefüge eines Stahles besteht oberhalb der Linie G-S-E ausschließlich aus Austenit. Der gesamte Kohlenstoff des Stahls ist auf Zwischengitterplätzen in das kubisch-flächenzentrierte Kristallgitter des γ-Eisens eingelagert (Bild 1). Das Gebiet oberhalb der Linie G-S-E wird daher zutreffenderweise auch als **Austenitgebiet** bezeichnet. Die ausgehend vom Austenitgebiet bei der Abkühlung des Stahles ablaufenden Vorgänge im Gefüge sind von dessen Kohlenstoffgehalt abhängig und sollen nachfolgend besprochen werden.

Bild 1: Austenitisches Gefüge eines Stahls oberhalb G-S-E

Eisen-Kohlenstoff-Legierungen mit C ≤ 0,02 %

Kühlt man eine Eisen-Kohlenstoff-Legierung mit C < 0,02 % aus dem Austenitgebiet langsam ab, dann wandelt sich mit Erreichen der Phasengrenze G-S der Austenit in Ferrit um.

Der Umwandlungsvorgang beginnt bevorzugt an den Austenitkorngrenzen (Bild 1, Seite 180) und ist mit Erreichen von G-P abgeschlossen. Das Gefüge besteht dann ausschließlich aus Ferrit. Die Umwandlung des Austenit ist jedoch erst möglich, nachdem die Kohlenstoffatome in die benachbarten Austenitbereiche diffundiert sind. Erst dann kann sich das Gitter von kubisch-flächenzentriert (Austenit) nach kubisch-raumzentriert (Ferrit) umwandeln (Bild 1, Seite 180). Die Linie G-S wird mitunter auch als Ac_3- bzw. Ar_3-Linie und die zugehörigen Temperaturen als Ac_3- bzw. Ar_3-Temperaturen bezeichnet (Tabelle 1, Seite 168), da an dieser Phasengrenze die Umwandlung des Austenits in Ferrit beginnt bzw. bei sehr langsamer Erwärmung die Auflösung des Ferrits abgeschlossen ist.

Bei weiterer Abkühlung nimmt die Löslichkeit des Ferrits für Kohlenstoffatome aufgrund des sich vermindernden Atomabstandes stetig ab. Mit Erreichen der **Löslichkeitslinie** P-Q muss ein Teil der Kohlenstoffatome schließlich das Kristallgitter des α-Eisens verlassen. Diese Kohlenstoffatome bilden an den Ferritkorngrenzen Zementitausscheidungen, den **Tertiärzementit**. Stähle mit Kohlenstoffgehalten unter 0,02 % zeigen daher bei Raumtemperatur ein ferritisches Gefüge mit Tertiärzementit an den Ferritkorngrenzen. In Tabelle 1 sind die unterschiedlichen Bezeichnungen für den Zementit, abhängig von der Art der Phase seiner Herkunft (Schmelze, Austenit oder Ferrit), zusammengestellt.

Tabelle 1: Bezeichnungen für Zementit (Fe_3C)

Primärzementit	Bildung von Zementit (Fe_3C) aus der Schmelze (bei Eisen-Kohlenstoff-Legierungen mit C > 4,3 %)
Sekundärzementit	Ausscheidung von Zementit aus übersättigten Austenitkristallen (bei Eisen-Kohlenstoff-Legierungen mit C > 0,8 %)
Tertiärzementit	Ausscheidung von Zementit aus übersättigten Ferritkristallen (bei Eisen-Kohlenstoff-Legierungen mit C > 0,00001 %)

Für Eisen-Kohlenstoff-Legierungen mit C < 0,00001 % wird die Löslichkeitslinie P-Q nicht unterschritten, sodass deren Gefüge bei Raumtemperatur ausschließlich aus Ferrit besteht (Bild 2, Seite 166).

Eisen-Kohlenstoff-Legierungen mit 0,02 % ≤ C ≤ 0,8 % (untereutektoide Stähle)

Eisen-Kohlenstoff-Legierungen mit Kohlenstoffgehalten zwischen 0,02 % und 0,8 % werden als untereutektoide Stähle bezeichnet (Kapitel 6.2.2.3). Kühlt man einen untereutektoiden Stahl aus dem Austenitgebiet langsam ab, dann beginnt mit Erreichen von G-S, ausgehend von den Austenitkorngrenzen, die bereits beschriebene Umwandlung des Austenits in Ferrit. Es bildet sich dadurch ein mehr oder weniger ausgeprägtes Ferritnetz, während sich der Austenit (aufgrund der geringen Kohlenstofflöslichkeit des Ferrits) zunehmend mit Kohlenstoff anreichert.

Mit Erreichen bzw. Unterschreiten des Abschnitts P-S der Eutektoiden bei 723 °C (eutektoide Temperatur) ist die Aufnahmefähigkeit des Austenits für Kohlenstoff erschöpft. Der noch vorhandene Austenit zerfällt in einer eutektoiden Phasenreaktion (Kapitel 6.2.2.4) in Perlit, einem Kristallgemisch aus plattenförmig nebeneinander angeordneten Ferrit- und Zementitkristallen. Dieser auch als **Austenitzerfall** bezeichnete Vorgang der Perlitbildung ist in Bild 1, Seite 181, darge-

Bild 1: Ferritbildung im Phasengebiet zwischen G-S und P-S (schematisch)

stellt. Die Bezeichnung Perlit geht auf den engl. Naturforscher **H. C. Sorby** (1826 ... 1908) zurück, da die Gefügestruktur an die Streifen der Schale einer Perlmuschel erinnert. Später wurde der perlmutterähnliche Glanz geätzter Schliffe mit perlitischem Gefüge als Begründung für die Bezeichnung genannt.

Bei weiterer Abkühlung finden keine weiteren Gefügeumwandlungen mehr statt, so dass bei Raumtemperatur schließlich ein ferritisch-perlitisches Gefüge vorliegt (Bild 2, Seite 181). Der sich bei Abkühlung unterhalb der Eutektoiden (723 °C) aus dem Ferrit ausscheidende Tertiärzementit kristallisiert für C > 0,02 % an die bereits vorhandenen Zementitkristalle des Perlits an und tritt daher mikroskopisch im Gefüge nicht in Erscheinung.

Je höher der Kohlenstoffgehalt des Stahles ist, desto größer wird der Anteil der Perlitkörner im Gefüge. Bei einem Kohlenstoffgehalt von 0,8 % (eutektoider Stahl) findet keine voreutektoide Ferritbildung mehr statt und man erhält ein rein perlitisches Gefüge.

Eisen-Kohlenstoff-Legierungen mit 0,8 % ≤ C ≤ 2,06 % (übereutektoide Stähle)

Wird ein Stahl mit einem Kohlenstoffgehalt über 0,8 % (übereutektoider Stahl) aus dem Austenitgebiet langsam abgekühlt, dann scheiden sich bei Unterschreiten der Phasengrenze S-E Zementitkristalle (Sekundärzementit) an den Austenitkorngrenzen aus. Da diese Zementitausscheidungen die Austenitkörner schalenförmig umgeben, spricht man auch von **Schalenzementit**. Dieser Schalenzementit ist unerwünscht, da er im Stahl versprödend wirkt. Stähle mit Kohlenstoffgehalten über 0,8 % sind daher nicht mehr kaltverformbar.

Bild 1: Perlitbildung durch Austenitzerfall (schematisch)

Die Linie S-E wird mitunter auch als Ac_{cm}- bzw. Ar_{cm}-Linie und die zugehörigen Temperaturen als Ac_{cm}- bzw. Ar_{cm}-Temperaturen bezeichnet (Tabelle 1, Seite 168). Wird beim Abkühlen die Ar_{cm}-Linie unterschritten, dann scheidet sich Sekundärzementit an den Austenitkorngrenzen aus. Bei langsamer Erwärmung hat sich der Sekundärzementit mit Erreichen der Ac_{cm}-Linie vollständig aufgelöst.

Unmittelbar vor Erreichen der Eutektoiden (Linie S-K) besteht das Gefüge aus Austenit und Sekundärzementit. Mit Unterschreiten der Eutektoiden zerfallen die noch vorhandenen Austenitkörner in der bereits beschriebenen Weise in Perlit. Bei weiterer Abkühlung finden, abgesehen von einer mikroskopisch nicht sichtbaren Ausscheidung von Tertiärzementit, keine weiteren Gefügeveränderungen mehr statt, so dass Stähle mit Kohlenstoffgehalten über 0,8 % ein perlitisches Gefüge mit (Sekundär-)Zementit (Schalenzementit) an den Korngrenzen aufweisen (Bild 3).

Bild 2: Ferritisch-perlitisches Gefüge eines unlegierten Stahles mit 0,45 % C

Bild 3: Perlitisches Gefüge mit Sekundärzementit (Schalenzementit, hell; unlegierter Stahl mit 1,05 % C)

6.3 Eisenbegleiter und Legierungselemente

Stähle enthalten neben Kohlenstoff und ggf. bewusst zugegebenen **Legierungselementen** noch weitere, unerwünschte Elemente, die als **Begleitelemente** bezeichnet werden. Legierungs- und Begleitelemente beeinflussen nicht nur die Gleichgewichtstemperaturen (Eisen-Kohlenstoff-Zustandsdiagramm) und das Umwandlungsverhalten des Stahles, sondern auch seine mechanischen (Festigkeit, Härte, Zähigkeit usw.), physikalischen und chemischen Eigenschaften. Außerdem gehen viele Werkstoffschädigungen auf die Wirkung von Begleitelementen oder nichtmetallischen Einschlüssen zurück.

6.3.1 Begleitelemente und nichtmetallische Einschlüsse

Wesentliche Begleitelemente im Stahl sind:
- Mangan
- Silicium
- Phosphor
- Schwefel
- Stickstoff
- Sauerstoff
- Wasserstoff
- Zinn
- Arsen

> **ⓘ Information**
>
> **Begleitelemente**
> Begleitelemente sind bereits im Erz bzw. Stahlschrott vorhanden oder gelangen unbeabsichtigt während der Stahlherstellung (z.B. durch die Ofenausmauerung) in die Schmelze. Eine vollständige Entfernung ist technisch teilweise nicht möglich und wirtschaftlich häufig auch nicht vertretbar. Begleitelemente sind in der Regel unerwünscht, da sie ungünstige Erscheinungen wie Versprödung oder Verminderung der Festigkeit hervorrufen. Für die Stahlqualität sind daher häufig diese unerwünschten Stahlbegleiter maßgebend. Die zulässigen Gehalte der wichtigsten Stahlbegleiter sind deshalb in den entsprechenden Normen festgelegt.

Einige Elemente, wie Mangan, Silicium und Schwefel, können sowohl den Legierungs- als auch den Begleitelementen zugeordnet werden. Hier hängt es von der jeweiligen Stahlsorte ab, ob man das entsprechende Element im Stahl toleriert bzw. ob es gezielt zur Herbeiführung bestimmter Eigenschaften zugesetzt wurde, oder ob es soweit als möglich aus dem Stahl entfernt werden soll.

Neben Begleitelementen enthalten Stähle auch **nichtmetallische Einschlüsse** oxidischer (Al_2O_3, MnO), sulfidischer (z.B. MnS, FeS) oder silicatischer (z.B. SiO_2) Art, die im Wesentlichen die Reaktionsprodukte einer Desoxidation bei der Stahlherstellung darstellen.

Je nach Erschmelzungsart und Stahlsorte ist der Gehalt an Eisenbegleitern und anderen Verunreinigungen unterschiedlich. Aufgrund der Anwesenheit von Begleitelementen bzw. nichtmetallischen Einschlüssen ist es möglich, dass zwei Stähle gleicher Zusammensetzung, die aber nach unterschiedlichen Verfahren erschmolzen wurden, sich bei einer Wärmebehandlung oder in ihrem Alterungsverhalten deutlich voneinander unterscheiden können.

In Bild 1 sind kennzeichnende Gehalte wichtiger Stahlbegleiter sowie ihre Auswirkungen auf die Eigenschaften des Stahles zusammengestellt.

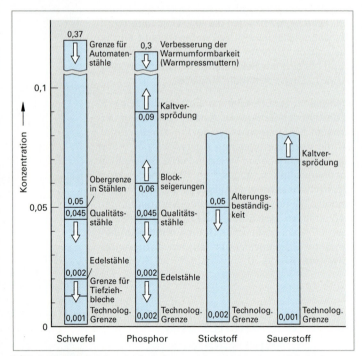

Bild 1: Kennzeichnende Gehalte und Auswirkungen wichtiger Stahlbegleiter (Auswahl)

6.3.1.1 Mangan (Mn)

Mangan gelangt durch manganhaltiges Eisenerz in das Roheisen, wird aber auch als wirksames Desoxidationsmittel und zur Bindung von Schwefel bei der Stahlerschmelzung als Legierungselement beispielsweise in Form von Ferro-Mangan bewusst zugesetzt (Kapitel 5.2.3 und Tabelle 1, Seite 183).

Durch die Abbindung von Schwefel, d.h. Bildung von Mangansulfid (MnS) anstelle von Eisensulfid (FeS), wird bei einem Mn : S-Verhältnis über 1,72 eine Versprödung bei der Warmumformung (**Rot-** oder **Heißbruch**, Kapitel 6.5.13) oder eine **Heißrissbildung,** z. B. nach dem Schweißen oder Gießen (siehe Infokasten), wirkungsvoll vermieden.

6.3 Eisenbegleiter und Legierungselemente

Durch die Abbindung von Sauerstoff, d.h. Bildung von Manganoxid (MnO) anstelle von Eisenoxid (FeO), wird außerdem die versprödende Wirkung des Sauerstoffes im Stahl weitgehend aufgehoben (Tabelle 1).

Mangansulfide und Manganoxide sind weitgehend unschädliche nichtmetallische Einschlüsse, die bei der Warmumformung mitverformt werden und dem Stahl eine **Faserstruktur** geben.

Dadurch weist der Stahl jedoch verminderte Festigkeits- und Zähigkeitskennwerte quer zur Walzrichtung auf (Kapitel 6.3.1.9).

Mangan stellt auch ein wichtiges Legierungselement dar. Bei Mangangehalten über 1,65 % spricht man dabei vom Legierungselement Mangan (DIN EN 10 020, Tabelle 1, Seite 272).

Seine diesbezügliche Wirkungsweise wird in Kapitel 6.3.2.2 detaillierter besprochen.

> ### ⓘ Information
>
> **Heißrisse**
>
> Als **Heißrisse** werden allgemein Rissbildungen bezeichnet, die bei höheren Temperaturen entstehen (im Gegensatz zu den **Kaltrissen**). An der Entstehung von Heißrissen sind häufig Eisenbegleiter wie S oder P beteiligt.
>
> Eine typische Versagensform ist dabei der **Erstarrungsriss** in einem erstarrenden Gussstück oder dem erstarrenden Schmelzbad einer Schweißverbindung. Die Primärkristalle können dabei mit einem dünnen Film niedrig schmelzender Verbindungen (z. B. FeS) belegt sein. Da dieser Film keine Spannungen übertragen kann, treten unter Einwirkung der mit der Abkühlung einhergehenden Schrumpfkräfte interkristalline Risse in der Schweißnaht- oder Gussstückmitte auf.
>
> Eine weitere typische Form der Heißrisse sind die **Aufschmelzrisse** in der Wärmeeinflusszone (WEZ) einer Schweißnaht. Auch hier führen Schrumpfkräfte einer erstarrenden Schweißnaht zu interkristallinen Rissen, da niedrig schmelzende, d. h. aufgeschmolzene Verbindungen an den Korngrenzen (z. B. FeS), keine Spannungen übertragen können (siehe auch Kapitel 4.4.1.3).

Tabelle 1: Desoxidation von Stählen

Merkmale	Art des Vergießens[1]		
	Unberuhigt (freigestellt)	**Beruhigt (FR)** (unberuhigter Stahl nicht zulässig)	**Besonders beruhigt (FF)** (vollberuhigter Stahl)
Desoxidationsmittel	Mn: 0,2 ... 0,4 % Si: geringe Anteile C_{max}: 0,25 %	Mn: 0,2 ... 0,6 % Si: 0,2 ... 0,4 %	Mn: 0,2 ... 0,6 % Si: 0,2 ... 0,4 % $Al_{metallisch}$ > 0,02 %
Desoxidationsreaktionen	$2\,FeO + Si \Rightarrow SiO_2 + 2\,Fe$ $FeO + Mn \Rightarrow MnO + Fe$	$2\,FeO + Si \Rightarrow SiO_2 + 2\,Fe$ $FeO + Mn \Rightarrow MnO + Fe$	$2\,FeO + Si \Rightarrow SiO_2 + 2\,Fe$ $FeO + Mn \Rightarrow MnO + Fe$ $3\,FeO + 2\,Al \Rightarrow Al_2O_3 + 3\,Fe$

[1] Unberuhigter Stahl ist in DIN EN 10025-2 (Ausgabe 12/2000) nicht mehr vorgesehen. Neue Bezeichnungen der Desoxidationsart in Klammern

6.3.1.2 Silicium (Si)

Ungewollt gelangt das Silicium durch die Gangart der Erze, durch Zuschläge sowie durch die feuerfeste Ofenausmauerung bei der Erschmelzung in den Stahl. Es wird dem Stahl aber auch bewusst zugegeben, da es in Form von Ferro-Silicium neben Mangan und Aluminium als wichtigstes Desoxidationsmittel den Sauerstoff abbindet bzw. zur Reduktion des im Stahl vom Frischen herrührenden FeO beiträgt. Derart behandelte Stähle werden als beruhigt bezeichnet (Tabelle 1). Bei Siliciumgehalten von mehr als 0,6 % spricht man vom Legierungselement Silicium (DIN EN 10 020, Tabelle 1, Seite 272).

Da das α-Eisen bis etwa 14 % Silicium aufnehmen kann und mit Silicium Substitutionsmischkristalle bildet, tritt im Gefüge keine gesonderte Phase auf. Wegen der großen Affinität zum Sauerstoff bildet das Silicium in Verbindung mit anderen Oxiden im Stahl auch nichtmetallische Einschlüsse in Form von hochschmelzenden, harten und spröden Silicaten wie z. B. $(FeO)_2 \cdot SiO_2$ oder $2\,MnO \cdot SiO_2$. Beim Auswalzen des Stahles werden diese Silicate zerbrochen und zeilenförmig gestreckt (Fasergefüge siliciumhaltiger Stähle). In kohlenstoffreichen Stählen liegt das Silicium auch in Form von Carbiden vor.

Durch das Silicium wird die Carbidstabilität vermindert. Es fördert daher die Erstarrung nach dem stabilen System (Grafit, Kapitel 6.2.1.3). Eine verminderte Carbidstabilität führt beim Glühen von Stählen mit höherem Siliciumgehalt außerdem zum Zerfall des Zementits in Eisen und Grafit (Temperkohle) und kann unter Umständen zum **Schwarzbruch** führen. Siliciumreiche Stähle neigen außerdem beim Glühen zur **Randentkohlung**.

Silicium führt weiterhin infolge Abschnürung des Austenitgebietes zu einer Erhöhung der Umwandlungstemperaturen von Ferrit zu Austenit (etwa 50 K je 1 % Si). Dadurch wird die **Grobkornbildung** bei einer Wärmebehandlung (Glühen, Härten usw.) begünstigt.

Silicium nimmt weiterhin Einfluss auf die folgenden Eigenschaften:

- **Festigkeit:**

  Die Zugfestigkeit und die Streck- bzw. Dehngrenze erhöhen sich um etwa 90 MPa je 1 % Si ohne die Bruchdehnung wesentlich zu vermindern (bis etwa 2 % Si). Die Warmfestigkeit wird durch das Silicium ebenfalls verbessert. Silicium ist daher u.a. bei der Herstellung von **Federstahl** erwünscht (z. B. 38Si3 oder 61SiCr7), da es durch Mischkristallbildung insbesondere die Dehngrenze deutlich erhöht, ohne die Zähigkeit zu stark negativ zu beeinflussen.

> **ⓘ Information**
>
> **Silicium (Si)**
> **Vorteilhafte Eigenschaften:**
> - Verbessert Festigkeit (Zugfestigkeit und Streck-/Dehngrenze) sowie die Warmfestigkeit
> - Verbessert die Korrosionsbeständigkeit
> - Verbessert die Zunderbeständigkeit
> - Senkt die kritische Abkühlgeschwindigkeit und erhöht dadurch die Einhärtungstiefe
> - Erhöht den elektrischen Widerstand
>
> **Nachteilige Eigenschaften:**
> - Fördert Schwarzbruch und Randentkohlung
> - Begünstigt Grobkornbildung
> - Verschlechtert die Zerspanbarkeit
> - Verschlechtert Verformbarkeit und Zähigkeit
> - Verschlechtert die Schweißbarkeit
>
> **Verwendungsbeispiele:**
> - Federstähle
> - Werkzeugstähle (Schnellarbeitsstähle)
> - Transformatorbleche

- **Härte und Verschleißbeständigkeit:**

  Durch die Bildung harter Silikate wird die Härte und damit auch die Verschleißbeständigkeit verbessert. In Verbindung mit einer verbesserten Härtbarkeit (s. u.) spielt das Silicium daher bei der Entwicklung der Werkzeugstähle eine bedeutende Rolle (z. B. 125CrSi 5 oder 45SiCrV6). Aufgrund des relativ niedrigen Preises wird Silicium in zunehmendem Maße als Ersatz für die höherwertigen Legierungszusätze (z. B. Wolfram und Vanadium) in Schnellarbeitsstählen eingesetzt.

- **Kritische Abkühlgeschwindigkeit und Einhärtungstiefe:**

  Silicium senkt die kritische Abkühlgeschwindigkeit deutlich und verbessert dadurch die Einhärtungstiefe (Kapitel 6.4.4.6).

- **Korrosionsbeständigkeit:**

  Unter atmosphärischen Bedingungen entsteht eine Schutzschicht aus Eisensilicaten und Oxiden, die das Korrosionsverhalten insbesondere in Säuren verbessert. So ist beispielsweise die gute Korrosionsbeständigkeit von Grauguss auf seinen erhöhten Siliciumgehalt zurückzuführen (Kapitel 6.6.3.3).

- **Zunderbeständigkeit:**

  Silicium verbessert die Zunderbeständigkeit durch Ausbildung siliciumreicher Oxidschichten. Durch die erhöhte Zunderbeständigkeit, insbesondere bei zusätzlicher Anwesenheit von Chrom und Aluminium, werden siliciumreiche Stähle für die Herstellung von hitzebeständigen Werkzeugen (z. B. Glühofenrollen aus X10CrSi6) oder hitzebeständigen Bauteilen (z. B. Ventile aus X45SiCr4) verwendet.

- **Elektrische Eigenschaften:**

  In Transformatorenblechen ist Silicium erwünscht und bis zu 4,3 % enthalten (z. B. 5Si17), da es den spezifischen elektrischen Widerstand des Eisens erhöht (reines Fe: $\varrho = 0{,}1\ \Omega \cdot mm^2 \cdot m^{-1}$; Fe mit 4 % Si: $\varrho = 0{,}6\ \Omega \cdot mm^2 \cdot m^{-1}$) und damit die Energieverluste aufgrund von Wirbelströmen deutlich verringert. Die Bearbeitung der Bleche wird jedoch mit steigendem Siliciumgehalt zunehmend schlechter.

- **Zerspanbarkeit:**

  Durch die steigende Festigkeit wird die Zerspanbarkeit siliciumhaltiger Stähle verschlechtert.

- **Verformbarkeit und Zähigkeit:**
  Durch das Silicium wird die Kalt- als auch die Warmumformbarkeit (Schmiedbarkeit) des Stahles, insbesondere bei höheren Konzentrationen, teilweise erheblich verschlechtert. Bei Siliciumgehalten über 3 % sind Stähle nicht mehr kaltumformbar und über 7 % nur noch schwer warmumformbar. Dann ist eine Formgebung nur noch durch Gießen möglich. Über 2 % Si fällt in Baustählen außerdem die Kerbschlagarbeit stark ab. Wird eine gute Verformbarkeit oder Tiefziehfähigkeit des Stahles verlangt, so sind erhöhte Siliciumgehalte zu vermeiden. Tiefziehbleche dürfen daher maximal 0,2 % Si aufweisen.

- **Schweißbarkeit:**
  Silicium verschlechtert die Schweißbarkeit, da die zähflüssige Haut aus Silikaten eine saubere metallische Verbindung der Teile verhindert.

6.3.1.3 Phosphor (P)

Phosphor gelangt ebenso wie Schwefel über das Erz und die Zuschläge (z. B. phosphorhaltiger Kalkstein) in das Roheisen und schließlich in den Stahl. Phosphor bildet mit Eisen Substitutionsmischkristalle und nimmt daher durch Mischkristallbildung Einfluss auf die Eigenschaften des Stahles. In Stählen bildet Phosphor im Allgemeinen keine separate Phase. Bei Grauguss tritt allerdings bei höheren Phosphorgehalten ein hartes, ternäres **Phosphideutektikum (Steadit)** an den Korngrenzen auf, und verbessert dadurch die Verschleißbeständigkeit (Kapitel 6.6.3.3).

> **Information**
> **Seigerung**
> Seiger (früher: Saiger) bedeutet in der Bergmannssprache senkrecht. Der Begriff wurde ursprünglich für Schwerkraftseigerungen verwendet. Heute bezeichnet man unter Seigerung jede Entmischung einer ursprünglich homogenen Schmelze.

Phosphor neigt ebenso wie Schwefel (Kapitel 6.3.1.4) aufgrund seiner geringen Diffusionsgeschwindigkeit im Eisen sowie der großen Temperaturdifferenz zwischen Solidus- und Liquiduslinie außerordentlich stark zur Bildung unerwünschter **Kristallseigerungen** (Kapitel 3.5.1.3). Dies führt dazu, dass die zuerst erstarrten Austenitkristalldendriten einen sehr geringen Phosphorgehalt (Konzentration c_1, Bild 1, Seite 186), die zuletzt erstarrte Restschmelze in den Restfeldern zwischen den Dendritenästen und -stämmen hingegen einen hohen Phosphorgehalt (Konzentration c_2, Bild 1, Seite 186) besitzt. Durch eine anschließende Warmformgebung werden diese Dendriten je nach Verformungsgrad mehr oder weniger stark gestreckt bzw. parallel ausgerichtet. Es entsteht das so genannte **Primärzeilengefüge** (Bild 1, Seite 186). Da Phosphor (wie auch Schwefel) die Kohlenstofflöslichkeit im Austenit vermindert, findet bereits im Austenit eine Kohlenstoffentmischung statt. Bei der anschließenden Abkühlung scheidet sich der (voreutektoide) Ferrit dann bevorzugt an den kohlenstoffarmen, d. h. phosphorreichen Stellen, aus und der zeitlich später kristallisierende Perlit in den kohlenstoffreichen, d. h. phosphorarmen Bereichen. Dadurch entsteht das für untereutektoiden Walz- und Schmiedestahl typische **Sekundärzeilengefüge**.

Das inhomogene Sekundärzeilengefüge führt zu anisotropen Werkstoffeigenschaften und ist daher unerwünscht. Außerdem haben auch die Gefügebereiche mit verschiedenem Phosphorgehalt unterschiedliche mechanische Eigenschaften (Festigkeit, Härte, Zähigkeit usw.). Dies kann zwischen den Gefügebereichen zu inneren Spannungen und schließlich sogar zum Aufreißen des Stahles führen **(Seigerungsrisse)**.

Außer an der Kristallseigerung und der (hier nicht besprochenen) **Gasblasenseigerung** nimmt Phosphor auch an der **Blockseigerung** (siehe auch Kapitel 4.1.2) teil. Bei der Erstarrung eines Gussblockes werden Legierungs- und Begleitelemente wie Phosphor von der Erstarrungsfront weggedrängt und reichern sich in der Restschmelze an. Daher kann der Kern bzw. der Kopf des Blockes zwei- bis dreimal phosphorreicher sein als der Rand bzw. der Fuß des Blockes (Bild 2, Seite 186). Ein Auswalzen des Blockes zu Profilstählen kann beim Schweißen zu erheblichen Problemen führen.

> **Information**
> **Kristallseigerung und Zonenmischkristall**
> Mit Hilfe eines Zustandsdiagrammes lässt sich leicht zeigen, dass die aus dem schmelzflüssigen Zustand zuerst erstarrten Kristalle einen sehr geringen, die zuletzt erstarrte Restschmelze jedoch einen sehr hohen Schwefel- bzw. Phosphorgehalt besitzen. Das Ergebnis sind schichtförmig aufgebaute Körner mit einem sich vom Kern zum Rand hin kontinuierlich verändernden Schwefel- bzw. Phosphorgehalt. Diese Erscheinung bezeichnet man als **Kristall-** oder **Mikroseigerung** und den dabei entstehenden Kristall als **Zonenmischkristall** (Kapitel 3.5.1.3).

Falls die Seigerungszone angeschmolzen wird und sich mit dem Schweißgut vermischt (Bild 1, Seite 187). Im Falle von Schwefelseigerungen ist primär mit Heißrissen und im Falle von Phosphorseigerungen mit einer Versprödung des Schweißgutes zu rechnen. Seit Mitte der achtziger Jahre werden Stähle nach dem Stranggussverfahren vergossen. Diese Stähle sind nicht mehr geseigert, da sie beruhigt vergossen werden müssen.

Da sich diese unerwünschten Seigerungen nur durch eine lange Diffusionsglühung dicht unterhalb der Solidustemperatur ausgleichen lassen, ist es erheblich wirtschaftlicher und technisch einfacher, den Phosphorgehalt im Stahl von vorne herein auf maximal 0,06 % zu beschränken.

Phosphor nimmt weiterhin Einfluss auf die folgenden Eigenschaften:

- **Festigkeit, Härte, Verschleißbeständigkeit**
  Phosphor erhöht die Festigkeit (Zugfestigkeit und Streck- bzw. Dehngrenze), die Härte und die Verschleißbeständigkeit. Erhöhte Phosphorgehalte werden daher beim Grauguss zur Verbesserung der Verschleißbeständigkeit eingesetzt (Phosphideutektikum, Kapitel 6.6.3.3).

- **Rostbeständigkeit**
  Phosphor verbessert bei gleichzeitiger Anwesenheit mit Kupfer die Rostbeständigkeit von Stahl an Luft um das Zwei- bis Dreifache.

- **Warmumformbarkeit**
  Stahl für Warmpressmuttern wird bewusst Phosphor bis etwa 0,3 % zugesetzt, da dies zu einer Verbesserung der Fließeigenschaften oberhalb von 1000 °C führt und beim Schneiden des Gewindes kein Schmieren auftritt. Zum Begriff „Schmieren" siehe Infokasten Seite 187.

- **Zerspanbarkeit**
  Ein erhöhter Phosphorgehalt vermindert bei der Zerspanung die Neigung zum Schmieren und verbessert dadurch die Oberflächenqualität.

- **Zähigkeit, Verformbarkeit und Kaltumformbarkeit**
  Trotz der genannten vorteilhaften Eigenschaften zählt der Phosphor ebenso wie der Schwefel zu den unerwünschten Begleitelementen im Stahl, da Phosphor (neben Zinn) die Zähigkeit des Stahles von allen Elementen am stärksten vermindert **(Kaltversprödung)**. Bereits bei Phosphorgehalten über etwa 0,09 % tritt Kaltbrüchigkeit ein, d. h. der Werkstoff ist nicht mehr kaltumformbar und daher als Konstruktionswerkstoff unbrauchbar (Korngrenzenbrüche). Außerdem fördert Phosphor eine Grobkornbildung.

- **Alterungsbeständigkeit und Anlassversprödung**
  Phosphor verstärkt die durch den Stickstoff verursachte **Alterungsanfälligkeit** (Kapitel 6.3.1.5) und verschiebt die Übergangstemperatur der Kerbschlagarbeit zu höheren Temperaturen.

Bild 1: Entstehung von Sekundärzeilengefüge durch Phosphorseigerungen

Bild 2: Blockseigerung in einem Stahlblock am Beispiel von Kohlenstoff und Schwefel

6.3 Eisenbegleiter und Legierungselemente

Auch an der **300 °C-Versprödung** sowie an der **Anlassversprödung** ist Phosphor mit beteiligt (Kapitel 6.4.5.3).

- **Viskosität von (Gusseisen-)Schmelzen**
  Phosphor erhöht die Viskosität von (Gusseisen-)Schmelzen. Phosphorzusätze werden daher beispielsweise zur Herstellung von Rohren aus Gusseisen nach dem Schleudergussverfahren verwendet.

6.3.1.4 Schwefel (S)

Schwefel gelangt über sulfidische Erze, Koks und eventuell durch schwefelhaltige Brenngase in das Roheisen und damit in den Stahl und bestimmt neben den P- und N-Gehalten den Reinheitsgrad, d. h. die Stahlqualität in entscheidender Weise (Kapitel 6.5.1.1). Der Schwefelgehalt in Stählen ist in der Regel auf maximal 0,050 %, bei hochwertigen Edelstählen sogar auf 0,020 % beschränkt. Durch verbesserte sekundärmetallurgische Maßnahmen ist es heute bei entsprechendem Aufwand möglich, den Schwefelgehalt bis auf 0,001 % zu senken und damit die Zähigkeit des Stahles deutlich zu verbessern (Bild 2).

Da die Schwefellöslichkeit im Ferrit sehr gering ist, bildet Schwefel mit dem Eisen eine zweite Phase und zwar in Form von nichtmetallischem Eisensulfid (FeS). Sofern keine besonderen Maßnahmen wie das Legieren mit Mn getroffen werden, bildet das FeS mit dem Eisen ein **entartetes Fe-FeS-Eutektikum** mit FeS an den Korngrenzen. Dies ist unerwünscht, da der niedrige Schmelzpunkt des FeS (985 °C) zur Heißrissbildung (z. B. nach dem Schweißen, Kapitel 6.3.1.1) oder zu Versprödungserscheinungen bei einer Warmumformung (Rot- oder Heißbruch) führen kann (Kapitel 6.3.1.1 und 6.5.13). Daher ist es erforderlich, Schwefel auch bei geringen Gehalten in eine ungefährliche Form zu überführen (Abbinden mit Mangan, Kapitel 6.3.1.1) oder bereits bei der Stahlherstellung zu entfernen.

Schwefel kann ebenso wie Phosphor zur Ausbildung eines Sekundärzeilengefüges (Kapitel 6.3.1.3) beitragen, da der voreutektoide Ferrit bevorzugt an die Mangansulfide ankristallisiert. Da Schwefel ähnlich stark seigert wie Phosphor (Bild 1, Seite 188), kommen Phosphor und Schwefel in denselben Zeilen vor.

Ebenso wie Phosphor neigt auch Schwefel zur Blockseigerung (Bild 2, Seite 186) mit den bereits in Kapitel 6.3.1.3 besprochenen Folgen für die Schweißbarkeit (Heißrissbildung). Bei einem beruhigt vergossenen Stahl tritt dieses Problem nicht in Erscheinung.

Bild 1: Aufschmelzen geseigerter Bereiche während des Schweißens

> ⓘ **Information**
>
> **Schmieren**
> Unter Schmieren versteht man beim Zerspanen eine Zusetzung der Spanräume (z. B. Schleifscheiben) sowie eine Aufbauschneidenbildung bei Werkzeugen mit geometrisch bestimmter Schneide.

> ⓘ **Information**
>
> **Phosphor (P)**
> **Vorteilhafte Eigenschaften:**
> - Verbessert Festigkeit, Härte und Verschleißbeständigkeit
> - Verbessert (mit Cu) die Rostbeständigkeit
> - Verbessert Zerspanbarkeit
> - Erhöht die Viskosität von (Gusseisen-)Schmelzen
>
> **Nachteilige Eigenschaften:**
> - Führt zu einer Kaltversprödung
> - Begünstigt Grobkornbildung
> - Verschlechtert Alterungsbeständigkeit
> - Begünstigt 300 °C- und Anlassversprödung
>
> **Verwendungsbeispiel:**
> - Grauguss

Bild 2: Zeitliche Entwicklung der erreichbaren Grenzgehalte für Schwefel und damit verbundene Zähigkeitsverbesserung von Stählen

Metallographisch können Schwefelseigerungen (Blockseigerungen) oder schwefelreiche Gebiete in einem Bauteil durch den **Baumann-Abdruck** nachgewiesen werden.

Schwefel beeinflusst darüber hinaus die folgenden Eigenschaften:

- **Zerspanbarkeit**
  Bei der automatischen Zerspanung von Stahl (z. B. in Drehautomaten) sind kurze, leicht abführbare Späne erwünscht, da sie den Produktionsprozess weniger behindern oder unterbrechen. Ein erhöhter Schwefelgehalt führt infolge Gefügeunterbrechungen durch Mangansulfide zu einer verminderten Festigkeit und trägt damit zur Bildung von kurzbrüchigen Spänen bei.

  Gleichzeitig wird dadurch der Werkzeugverschleiß vermindert bzw. es kann die Schnittgeschwindigkeit deutlich erhöht werden.

  Außerdem entstehen saubere und glatte Oberflächen. Dafür nimmt man die etwas schlechteren mechanischen Eigenschaften des schwefelhaltigen Stahles in Kauf.

  Automatenstähle setzt man daher bis zu 0,37 % Schwefel zu (Kapitel 6.5.13).

- **Festigkeit**
  Die nichtmetallischen Sulfideinschlüsse bewirken eine Gefügeunterbrechung und führen daher zu einer Verminderung der Festigkeit bei Knetwerkstoffen insbesondere quer zur Walzrichtung. Auch ein eventuell vorhandenes Sekundärzeilengefüge (s. o.) trägt zur Anisotropie der Werkstoffeigenschaften bei (Kapitel 6.3.1.3).

- **Verformbarkeit und Zähigkeit**
  Analog zur Festigkeit vermindern die Sulfideinschlüsse auch das plastische Verformungsvermögen sowie die Zähigkeit quer zur Walzrichtung. Falls Schwefel nicht durch Mangan abgebunden wird, ist bei der Warmumformung zusätzlich mit einem Rot- oder Heißbruch zu rechnen.

- **Schweißbarkeit**
  Die Anwesenheit von Schwefel verschlechtert die Schweißbarkeit (Bildung von Heiß- und Aufschmelzrissen).

- **Magnetische Eigenschaften**
  Wegen des sehr schlechten Einflusses des Schwefels auf die magnetischen Eigenschaften, soll bei Transformatorenstählen der Schwefelgehalt auf unter 0,01 % begrenzt werden.

Bild 1: Seigerungsneigung ausgewählter Elemente in Eisen

ⓘ Information

Seigerungskoeffizient
Verhältnis der Gehalte an Eisenbegleit- bzw. Legierungselementen in dem zuerst und in dem zuletzt erstarrten Eisen.

ⓘ Information

Schwefel
Vorteilhafte Eigenschaften:
- Verbessert die Zerspanbarkeit

Nachteilige Eigenschaften:
- Verschlechtert Festigkeit
- Verschlechtert Verformbarkeit und Zähigkeit
- Führt zu anisotropen Werkstoffeigenschaften
- Begünstigt Rot- und Heißbruch
- Verschlechtert Schweißbarkeit (begünstigt die Bildung von Heiß- und Aufschmelzrissen)
- Verschlechtert die magnetischen Eigenschaften

Verwendungsbeispiele:
- Automatenstähle

6.3.1.5 Stickstoff (N)

Stickstoff gelangte früher durch das Frischen mit Luft in den Stahl. Stähle, die nach anderen Verfahren (z. B. Sauerstoffaufblas- und Elektrostahlverfahren; Kapitel 5.2.3.1 und 5.2.3.2) erschmolzen wurden, haben daher geringere Stickstoffgehalte. Stickstoff führt in der Regel zu einer starken Verminderung der Zähigkeit des Stahles und ist daher ein guter Maßstab für die Beurteilung der Stahlqualität.

6.3 Eisenbegleiter und Legierungselemente

Stickstoff kann bei Raumtemperatur praktisch nicht im α-Eisen bzw. im Ferrit gelöst werden (Bild 1). Überschüssige Stickstoffatome werden daher bei der Abkühlung des Eisens in Form von sehr harten, spröden **Eisennitriden** (Fe$_4$N) ausgeschieden. Diese Eisennitride stellen die Hauptursache für die Veränderung der mechanischen Eigenschaften bei Anwesenheit von Stickstoff dar. Ebenso können weitere, zur Nitridbildung neigende Elemente wie Aluminium, Chrom, Niob, Titan und Vanadium, in Verbindung mit Stickstoff, harte und spröde Nitride bilden. Dennoch bleiben selbst bei langsamer Abkühlung des Stahles (beispielsweise nach der Erschmelzung) Stickstoffatome unter Bildung von Mischkristallen im Gitter zwangsgelöst. Diese Zwangslösung bildet die Hauptursache für die **Alterung** des Stahles.

Abschreckalterung

Selbst bei normalem Abkühlen des Stahles bleiben Stickstoffatome im Metallgitter zwangsgelöst. Durch ein nachträgliches Erwärmen auf höhere Temperaturen scheidet sich jedoch der Stickstoff in Form von nadelförmigen Eisennitriden (Fe$_4$N) aus und bewirkt die genannten Änderungen der Eigenschaften des Stahles, insbesondere jedoch eine starke Herabsetzung der Zähigkeit: der Stahl wird spröde. Je höher die Temperatur, desto schneller verändern sich dabei die Eigenschaften des Stahles.

Reckalterung

Eine plastische Verformung des Stahles ist an die Bildung und Bewegung von Versetzungen gebunden. Durch Kaltverformung entstehen eine Vielzahl von Versetzungen an die sich der im Metallgitter zwangsgelöste Stickstoff bevorzugt anlagert. Dadurch wird die Versetzung weitgehend bewegungsunfähig. Dies führt zwar zu einer Erhöhung von Streckgrenze und Zugfestigkeit, jedoch auch zu einer sehr gefährlichen Verminderung der Zähigkeit, der Stahl versprödet. Dieser Versprödungsvorgang tritt bei Raumtemperatur erst Wochen, Monate oder Jahre nach der Kaltverformung ein **(natürliche Alterung)**. Durch ein Erwärmen (200°C bis 300°C) wird dieser Alterungsvorgang jedoch stark beschleunigt und kann durch die erhöhte Diffusionsgeschwindigkeit der Stickstoffatome dann bereits nach wenigen Minuten eintreten **(künstliche Alterung)**. Kaltverformte Bleche und Profile aus stickstoffhaltigem Stahl verspröden durch eine Wärmeeinwirkung (z.B. Schweißen) an den verformten Stellen, abhängig vom Stickstoffgehalt des Stahles, mehr oder weniger stark (Bild 2). Durch Schrumpfspannungen kann an diesen Stellen bereits beim Abkühlen ein plötzlicher Sprödbruch eintreten.

> **ⓘ Information**
>
> **Alterung**
> Unter Alterung versteht man eine sehr langsame Verschlechterung der Eigenschaften, insbesondere der Zähigkeit des Stahles im Laufe der Zeit. Stickstoff bewirkt in besonderem Maße eine Alterung des Stahles. Man unterscheidet dabei die **Abschreckalterung** und die wesentlich gefährlichere **Reckalterung**.

Bild 1: Löslichkeit von α-Eisen für Stickstoff

Bild 2: Mechanismus der Reckalterung

Auch eine Umformung stickstoffhaltiger Stähle im Temperaturbereich zwischen 200 °C und 300 °C kann zu einem Bruch führen. Wegen der blauen Anlassfarbe der Bruchfläche in diesem Temperaturbereich spricht man vom **Blaubruch** bzw. von der **Blausprödigkeit**.

Bei höheren Glühtemperaturen, die zu einer Rekristallisation des Gefüges führen, sinkt infolge Kornneubildung die Anzahl der Versetzungen auf den Wert des unverformten Gefüges und der Stickstoff wird wieder gleichmäßig verteilt. Auf diese Weise kann eine bereits eingetretene Versprödung wieder beseitigt werden bzw. es muss nicht mehr mit einer Blausprödigkeit gerechnet werden. Eine Ausscheidung von Eisennitrid tritt im Laufe der Zeit allerdings dennoch wieder auf (vgl. Abschreckalterung).

Stickstoff kann durch Legieren mit Aluminium (> 0,02 %) in Form von AlN abgebunden werden (FeN + Al ⇒ AlN + Fe). Auch andere Elemente, die zum Stickstoff eine hohe Affinität haben, wie Titan, Niob oder Vanadium, kommen dabei in Frage. Man erhält dann **alterungsbeständige Stähle** mit entsprechend hoher Zähigkeit (Bild 1). Da heute im Rahmen der Stahlherstellung nicht mehr mit Luft, sondern mit technisch reinem Sauerstoff gefrischt wird, tritt das Problem der Alterung seltener auf.

Stickstoff besitzt nicht nur nachteilige Eigenschaften. Kohlenstoffarmen, **austenitischen Cr-Ni-Stählen** wird Stickstoff zur Erhöhung der Dehngrenze bewusst zulegiert (Kapitel 6.5.10.4).

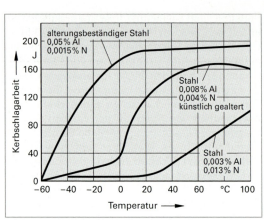

Bild 1: Kerbschlagarbeit-Temperaturkurven von Stählen mit unterschiedlichem Stickstoffgehalt

ⓘ Information

Stickstoff

Vorteilhafte Eigenschaften:
- Erhöht die Dehngrenze in kohlenstoffarmen, austenitischen Stählen

Nachteilige Eigenschaften:
- Verschlechtert die Zähigkeit
- Führt zu einer Alterung (Abschreck- und Reckalterung) und begünstigt die Blausprödigkeit

Verwendungsbeispiele:
- Austenitische Cr-Ni-Stähle

6.3.1.6 Sauerstoff (O)

Sauerstoff gelangt insbesondere bei der Stahlherstellung durch das Frischen in den Stahl und liegt dort nach der Erstarrung als kubisches FeO vor. Es wird metallographisch als Eisenoxidul, als Gefügebestandteil als **Wüstit** bezeichnet. FeO ist aus den folgenden Gründen unerwünscht:

1. FeO macht den Stahl, vergleichbar dem FeS, rotbrüchig. Zusammen mit FeS bildet sich außerdem ein niedrigschmelzendes (930 °C) Eutektikum (Bild 2), wodurch die versprödende Wirkung noch verstärkt wird.

2. FeO führt, vergleichbar dem Stickstoff oder dem Wasserstoff, bereits in geringen Mengen zu einer ausgeprägten Kaltversprödung des Stahles. Der Sauerstoffgehalt sollte deshalb auf 0,07 % begrenzt werden. Einen besonders hohen Sauerstoffgehalt weisen kohlenstoffarme Stähle auf, da in der Schmelze die Gesetzmäßigkeit C · O = konstant gilt (Bild 1, Seite 191).

Bild 2: Zustandsdiagramm FeS-FeO

Durch einen ausreichenden Manganzusatz wird sowohl der Schwefel zu MnS als auch der Sauerstoff zu MnO abgebunden und in eine unschädliche Form überführt. Eine weitere Desoxidation kann durch Legieren mit Silicium oder Aluminium erfolgen. Die dabei entstehenden Oxide (Al_2O_3 bzw. SiO_2) werden zum größten Teil in die Schlacke überführt. Ein kleiner Teil bleibt im Stahl zurück.

6.3 Eisenbegleiter und Legierungselemente

Sauerstoff kann auch bei höheren Temperaturen und langen Glühzeiten längs der Korngrenzen in den Stahl eindiffundieren und zu einer erheblichen Versprödung führen. Ein derartig **verbrannter Stahl** muss verschrottet werden.

6.3.1.7 Wasserstoff (H)

Im Zuge einer weltweit stärkeren Nutzung des Wasserstoffs als umweltverträglichen Energieträger für Heizzwecke und als Treibstoff für Land- und Luftfahrzeuge, kommt der Lagerung und dem Transport von Wasserstoff sowohl im flüssigen als auch im gasförmigen Zustand eine immer größer werdende Bedeutung zu.

Das Wasserstoffatom hat den kleinsten Atomdurchmesser überhaupt. Es kann daher in atomarer Form leicht in das Metallgitter eindringen und sich dort relativ schnell durch Diffusion fortbewegen. Bild 2 zeigt die Wasserstofflöslichkeit der verschiedenen Kristallgitter des Eisens in Abhängigkeit von der Temperatur. Die Diffusionsgeschwindigkeit von Wasserstoff ist dabei bereits bei Raumtemperatur größer als diejenige von Kohlenstoff dicht unterhalb der Solidustemperatur. Wasserstoff lässt sich daher nicht direkt im Gefüge nachweisen, sondern nur anhand seiner schädigenden Wirkung.

Durch Wasserstoff werden zwar die Festigkeitseigenschaften etwas erhöht, die Zähigkeit und Verformungsfähigkeit des Stahles wird jedoch stark herabgesetzt. Bei Temperaturen unter etwa 200 °C sind für die **Wasserstoffversprödung** des Stahles hauptsächlich drei Wirkmechanismen verantwortlich:

1. **Dekohäsionstheorie**
   Wasserstoff diffundiert in Gefügebereiche mit hoher Fehlstellendichte (z. B. Mikrorisse im Bereich von Einschlüssen) und reichert sich in den elastisch verformten Gitterbereichen vor der Rissspitze an. Durch Chemisorption wird die Trennfestigkeit zwischen den Gitteratomen vermindert und damit ein Risswachstum begünstigt. Voraussetzung für diesen Schädigungsmechanismus ist ein hinreichend defektreiches und wenig verformungsfähiges Gefüge (mehrachsiger Spannungszustand). Besonders betroffen sind demnach hochfeste oder martensitisch gehärtete Stähle. Es entstehen auf diese Weise **wasserstoffinduzierte Kaltrisse** (Kapitel 4.4.1.3)

   Eine Schädigung stellt sich jedoch nur ein, falls eine kritische Kombination von Wasserstoffgehalt und Beanspruchung vorliegt. Dementsprechend wird eine Schädigung weder bei hohen (> 50 °C) noch bei tiefen (< −30 °C) Temperaturen beobachtet, da sich bei hohen Temperaturen diffusionsbedingt keine kritische Wasserstoffkonzentration

Bild 1: Abhängigkeit zwischen Sauerstoff- und Kohlenstoffgehalt in einer Stahlschmelze

ⓘ Information

Sauerstoff
Sauerstoff ist in Stählen stets unerwünscht, da er zu einer ausgeprägten Versprödung des Stahles führt.

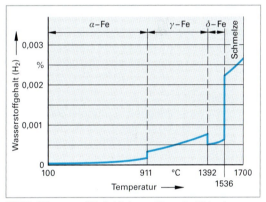

Bild 2: Wasserstofflöslichkeit von Eisen (bei 1 bar)

Bild 3: Mechanismen der Wasserstoffversprödung

einstellen kann und bei tiefen Temperaturen eine Diffusion kaum mehr möglich ist. Auch bei hohen Beanspruchungsgeschwindigkeiten tritt diese Form der Wasserstoffversprödung nicht auf, da der Bruch bereits einsetzt noch bevor eine kritische Wasserstoffkonzentration erreicht wird. Dementsprechend lässt sich eine Wasserstoffversprödung im Kerbschlagbiegeversuch nicht nachweisen. Geeignet sind Zugversuche mit gekerbten Proben bei sehr langsamer Belastungsgeschwindigkeit.

> **ⓘ Information**
>
> **Wasserstoff**
> Wasserstoff ist in Stählen stets unerwünscht, da er, analog zum Sauerstoff, zu einer ausgeprägten Versprödung des Stahles führt (wasserstoffinduzierte Kaltrisse). Wasserstoff ist auch für die Beizsprödigkeit und die Entstehung von Flockenrissen verantwortlich.

Durch Vakuumentgasen oder Glühen **(Effusionsglühen)** bei 200 °C...300 °C diffundiert der Wasserstoff wieder aus dem Gefüge heraus, bevor er im Bereich von Gitterdefekten eine kritische Konzentration erreichen kann. Mit einer Versprödung muss dann nicht mehr gerechnet werden.

2. Drucktheorie
Wasserstoff rekombiniert im Bereich von Einschlüssen und Poren (Entstehung von Wasserstoffgas aus zwei Wasserstoffatomen). Dadurch können Gasdrücke von mehreren 1000 bar entstehen, die zu einer Trennung der Metallbindung führen können.

3. Bildung von Metallhydriden
Wasserstoff bildet im Stahl mit bestimmten Legierungselementen (z. B. Titan, Zirkonium und Tantal) spröde **Hydridphasen** (Hydrid = Wasserstoff-Metallverbindung), die bei mechanischer Belastung leicht getrennt werden können.

Die genannten Versprödungsmechanismen können insbesondere bei zusätzlicher Anwesenheit von Zugspannungen zu einer ausgeprägten Werkstoffschädigung (Rissbildung) führen. Man spricht dann von **Wasserstoffversprödung** oder **wasserstoffinduzierter Spannungsrisskorrosion**.

Neben der Bildung wasserstoffinduzierter Kaltrisse kann die Anwesenheit von Wasserstoff weiterhin zur Beizsprödigkeit sowie zur Flockenrissbildung führen. Beide Schädigungen lassen sich mit der Drucktheorie erklären.

Beizsprödigkeit
Stahlblech wird häufig mit verdünnter Salz- oder Schwefelsäure gebeizt, um eine Zunderschicht zu entfernen. Nach Entfernen der Zunderschicht kann die verbliebene Säure mit dem Eisen reagieren (z. B. $Fe + H_2SO_4 \rightarrow FeSO_4 + 2H$). Dabei entsteht atomarer Wasserstoff, der größtenteils als H_2-Gas entweicht, zum Teil aber auch in das Kristallgitter diffundiert. Dabei kann der Stahl einerseits verspröden, andererseits kann der eingedrungene Wasserstoff an Fehlstellen, Hohlräumen oder Einschlüssen in der Nähe der Oberfläche rekombinieren und hohe Drücke erzeugen. Dies kann in zähen Stählen zu Aufwölbungen, den so genannten **Beizblasen** führen. Beizblasen lassen sich nachträglich nicht mehr entfernen. Um ihre Entstehung zu verhindern, werden der Säure Inhibitoren zugesetzt, die eine Reaktion der Säure mit dem Eisen unter Bildung von Wasserstoff verhindern. Auch die Verwendung schwefelarmer Stähle verringert die Gefahr der Beizblasenbildung, da schwefelhaltige Verbindungen als Katalysatoren wirken und die Entstehung von Wasserstoff beim Beizen fördern.

Flockenrisse
Bestimmte Legierungselemente, wie Mangan oder Nickel, fördern die Wasserstoffaufnahme bei höheren Temperaturen. Werden Schmiedestücke insbesondere aus Cr-Ni- oder Cr-Mn-Stählen nach der Warmumformung (Schmieden) im Temperaturbereich zwischen 200 °C und 300 °C zu schnell abgekühlt, dann kann der aufgenommene Wasserstoff nicht entweichen und bleibt zunächst übersättigt in Lösung. Im Werkstoffinnern kann er sich dann anreichern, infolge lokaler Druckerhöhung die Trennfestigkeit des Werkstoffs überschreiten und Risse bilden. In aufgebrochenen Werkstücken sind diese Risse als helle, mattglänzende, kreisrunde oder elliptische Stellen zu erkennen und werden als **Flockenrisse** oder **„Fischaugen"** bezeichnet. Begünstigt wird die Flockenrissbildung durch Spannungen (Abkühl-, Umwandlungs- oder Verformungsspannungen) sowie durch Seigerungen und Schlacken.

Bei Temperaturen oberhalb 200 °C und hohen Wasserstoffdrücken tritt eine völlig andere Schädigungsform auf. Unter diesen Bedingungen werden die im Stahl vorhandenen Carbide (z. B. Zementit) in Methan und Ferrit zersetzt (Entkohlung) und der Kornzusammenhalt im Gefüge vermindert. Da das Methan nicht aus dem Stahl herausdiffundiert, können hohe Drücke entstehen, die eine Rissbildung zusätzlich begünstigen (Kapitel 6.5.12).

6.3.1.8 Zusammenfassung der Wirkungsweisen von Begleitelementen in Stählen

Tabelle 1: Wirkungsweise von Kohlenstoff und Begleitelementen in Stählen

Eigenschaften	C	Mn	Si	P	S	N	O	H
Streckgrenze	↑↑	↑↑	↑↑	↑	↓	↑	0	0
Zugfestigkeit	↑↑	↑↑	↑↑	↑	↓	↑↑	0	0
Bruchdehnung	↓	0	0	↓↓	↓↓	↓↓	↓	↓↓
Härte	↑	↑	↑	↑	0	0	0	0
Verschleißbeständigkeit	↑	↑	↑↑	↑	0	0	0	0
Kerbschlagarbeit	↓	↓	↓↓	↓↓	↓↓	↓↓	↓↓	0
Schweißbarkeit	↓↓	↑	↓	↓↓	↓↓	↓	↓	↓↓
Rostbeständigkeit	0	0	↑	↑	0	0	0	0
Seigerungsneigung	↑	0	0	↓↓	↓↓	0	0	0
Zerspanbarkeit	↓	↓	↓	↑	↑↑	0	0	0
Sonstige	–	–	• Schwarzbruch • Randentkohlung • Grobkornbildung	• Sekundärzeilengefüge • Blockseigerungen	• Rotbruch • Heißbruch • Sekundärzeilengefüge • Blockseigerungen	• Abschreckalterung • Reckalterung • Blausprödigkeit	• Rotbruch	• Beizsprödigkeit • Flockenrisse

↑↑ Eigenschaft wird stark verbessert
↑ Eigenschaft wird etwas verbessert
0 Eigenschaft wird nicht verändert
↓ Eigenschaft wird etwas verschlechtert
↓↓ Eigenschaft wird stark verschlechtert

6.3.1.9 Nichtmetallische Einschlüsse

Stähle enthalten stets eine mehr oder weniger große Menge an Einschlüssen. Man spricht von **nichtmetallischen Einschlüssen** oder **Schlacken**, falls diese Phasen einen nichtmetallischen Charakter besitzen und von **metallischen Einschlüssen**, falls es sich um metallische Fremdphasen handelt. Weiterhin unterscheidet man exogene und endogene Einschlüsse.

Exogene Einschlüsse werden von außen in die Schmelze eingetragen, etwa durch abgeriebene Teilchen der feuerfesten Ofen- oder Pfannenausmauerung, aus Ofenschlacken die während der Stahlerzeugung das Schmelzbad abdecken und unerwünschte Bestandteile des Stahles aufnehmen sollen. Sie treten jedoch relativ selten auf.

Endogene Einschlüsse entstehen durch metallurgische Reaktionen beim Schmelzen oder Vergießen

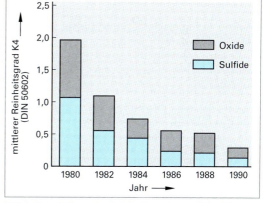

Bild 1: Entwicklung des Reinheitsgrades am Beispiel von Wälzlagerstahl (K = Verfahren K; 4 = Zählung von Einschlüssen ab Größenkennziffer 4 nach DIN 50602)

des Stahles in der Schmelze selbst. Typische Beispiele sind die Desoxidation des Stahles mit Silicium, Mangan und Aluminium oder das Entschwefeln des Stahles mit Calcium. Die dabei entstehenden Reaktionsprodukte werden in der Regel nicht vollständig von der Badschlacke abgebunden.

Endogene nichtmetallische Einschlüsse besitzen einen erheblichen Einfluss auf die Eigenschaften des Stahles. Durch gezielte metallurgische Maßnahmen, die hier nicht besprochen werden sollen, ist es jedoch in den letzten Jahren gelungen, die Reinheitsgrade der Stähle deutlich zu erhöhen (Bild 1).

Die Prüfung auf nichtmetallische Einschlüsse erfolgt an mindestens sechs Proben einer Schmelze am Metallmikroskop bei 100facher Vergrößerung und einem anschließenden Vergleich mit Bildreihen nach DIN 50 602.

Art, Zusammensetzung und Verteilung der nichtmetallischen Einschlüsse sind u. a. abhängig von:

- Stahlzusammensetzung
- Erschmelzungsverfahren
- Desoxidation
- Gießtechnik
- Formgebung

Bild 1: In Walzrichtung gestreckte Mangansulfide in einem Automatenstahl (9SMn28)

Die Zusammensetzung der oxidischen, sulfidischen oder silicatischen nichtmetallischen Einschlüsse ist meist sehr komplex. Reine chemische Verbindungen wie MnS, MnO, Al_2O_3, SiO_2, usw. gibt es streng genommen nicht, obwohl diese Bezeichnungen der Einfachheit halber häufig verwendet werden (auch im Rahmen dieses Buches).

Zumeist handelt es sich um:

- Mischkristalle (z. B. FeO-MnO)
- Eutektika (z. B. FeS + FeO; FeS + MnS)
- Komplexe Verbindungen der Kieselsäure SiO_2 (Silicate), der Tonerde Al_2O_3 (Spinelle) oder des Chromoxids Cr_2O_3 (Chromite).

Weiche nichtmetallische Einschlüsse, wie Sulfide (MnS, FeS) oder MnO, werden bei einer Umformung zu Zeilen ausgewalzt (Bild 1), während harte, spröde Einschlüsse, wie Al_2O_3, FeO oder TiN, zertrümmert werden.

Bild 2: Entstehung eines Terrassenbruches

Nichtmetallische Einschlüsse können sich je nach Art, Größe, Form und Verteilung unterschiedlich auf die Eigenschaften eines Stahles auswirken:

- Nichtmetallische Einschlüsse unterbrechen den metallischen Zusammenhang der Grundmasse und führen in der Regel zu einer Verschlechterung der Festigkeit und Zähigkeit.

- Harte und spröde Einschlüsse wie das Al_2O_3 können in größeren Mengen einen erheblichen Werkzeugverschleiß bei der spanenden Bearbeitung verursachen.

- Nichtmetallische Einschlüsse verschlechtern die Polierbarkeit eines Stahles, die beispielsweise für die Herstellung bestimmter Formwerkzeuge von Bedeutung ist.

Bild 3: Kerbschlagarbeit-Temperatur-Kurven in Abhängigkeit der Probenlage am Beispiel S355J0 mit 0,15 % S

6.3 Eisenbegleiter und Legierungselemente

- Nichtmetallische Einschlüsse können beim Schweißen zur Ausbildung von **Terrassenbrüchen** führen (Bild 2, Seite 194).

  Aufgrund einer verminderten Zähigkeit in Dickenrichtung können Schrumpfspannungen zur Ausbildung längerer, parallel zur Oberfläche verlaufender Risse beitragen, die von kurzen, nahezu senkrecht zu diesen verlaufenden Risssprüngen terrassenartig unterbrochen werden (siehe auch Kapitel 4.4.1.3).

- Zeilenförmig gestreckte Einschlüsse (z. B. MnS) führen zu einer mitunter starken Anisotropie der Werkstoffeigenschaften. Die zeilige Anordnung der Einschlüsse in Walzrichtung führt zu einer deutlichen Verschlechterung der Festigkeit und Zähigkeit quer zur Walzrichtung (Bild 3, Seite 194).

  Mitunter können zeilenförmig gestreckte Einschlüsse in Walzrichtung jedoch auch zu einer Erhöhung der Zähigkeit führen, da ein bereits entstandener Riss durch die Einschlüsse abgelenkt wird und an anderer Stelle neu entstehen muss. Die dafür erforderliche Energie wird der Schlagenergie entnommen (Bild 1).

Bild 1: Rissverlauf in Abwesenheit und bei Anwesenheit zeilenförmig gestreckter Einschlüsse

Sofern eine ausgeprägte Anisotropie unerwünscht ist (z. B. Druckbehälter oder Druckleitungen), kann eine Angleichung der Werkstoffeigenschaften durch Legieren mit schwefelaffinen Metallen (Me), wie Zirkonium, Titan oder Selten Erdmetalle (z. B. Cer), die das Mangan teilweise oder vollständig ersetzen können, erzielt werden.

Dadurch entstehen anstelle des MnS nahezu unverformbare Misch- oder Sondersulfide wie z. B. (Mn,Me)S und damit ein globulisiertes Einschlussbild (Bild 2).

Während Metalle wie Titan oder Zirkonium erst nach Überschreiten eines bestimmten Grenzgehaltes die Warmverformbarkeit der Sulfide vermindern, führen die Selten Erdmetalle bereits bei geringsten Zusätzen zu einer deutlichen Hemmung der Sulfidverformbarkeit (Bild 2a).

Auch die Anwesenheit von Sauerstoff, etwa bei unberuhigten Stählen, kann zur Ausbildung von Mischsulfiden wie z. B. (Mn,Fe)(S,O) mit geringerer Verformungsfähigkeit führen (Bild 2b).

Eine weitere Möglichkeit zur Verbesserung der Zähigkeit in Querrichtung ist eine konsequente Verringerung des Schwefelgehaltes (Bild 3). Bei entsprechendem Aufwand sind heute, wie bereits erwähnt, Schwefelgehalte von minimal 0,001 % erreichbar.

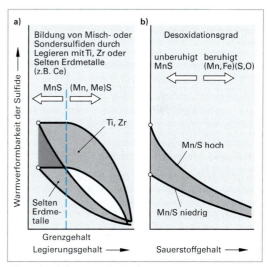

Bild 2: Beeinflussung der Verformbarkeit nichtmetallischer Sulfideinschlüsse

Bild 3: Zähigkeit in Längs- und Querrichtung in Abhängigkeit des Schwefelgehaltes

6.3.2 Legierungselemente

Am häufigsten werden unlegierte und darum preiswerte Massenstähle erzeugt, die aufgrund ihrer mechanischen und chemischen Eigenschaften unter normalen Betriebsbedingungen und unter normalem Klima als Konstruktionswerkstoffe eingesetzt werden können. Unlegierter Stahl besteht, abgesehen von Mangan sowie einer Reihe von Begleitelementen (z.B. S, P), im Wesentlichen aus den beiden Komponenten Eisen (Fe) und Kohlenstoff (C). Unlegierte Stähle haben jedoch Anwendungsgrenzen. Sie können unter den folgenden Bedingungen nur noch eingeschränkt oder überhaupt nicht mehr eingesetzt werden:

- Hohe Beanspruchungen (z. B. hochbeanspruchte Stahlkonstruktionen wie Brücken und Kräne, Druckbehälter)
- Tiefe Temperaturen in Verbindung mit der Forderung nach ausreichender Zähigkeit (z. B. Tanks für die Lagerung und den Transport von Flüssiggasen)
- Hohe Temperaturen (z. B. Druckbehälter und druckführende Rohrleitungen von Kraftwerksanlagen)
- Korrosive Umgebung (z. B. Chemieanlagen, Bauteile von Schiffen und Off-Shore-Strukturen, Geräte und Implantate in der Medizintechnik, Anlagen für die Verarbeitung und Lagerung von Lebensmitteln)

In den genannten Fällen müssen geeignete Legierungselemente in den entsprechenden Konzentrationen zugegeben werden, um ggf. mit einer auf die Legierungselemente abgestimmten Wärmebehandlung, den Stahl für die vorgesehene Anwendung brauchbar zu machen.

Von praktischem Interesse sind die Auswirkungen der Legierungselemente auf die:

- Mechanischen Eigenschaften, wie Festigkeit, Härte, Verschleißbeständigkeit, Verformbarkeit, Zähigkeit oder Alterungsbeständigkeit
- Elektrischen Eigenschaften, wie elektrische Leitfähigkeit oder magnetische Eigenschaften
- Chemischen Eigenschaften, wie Korrosionsbeständigkeit und Zunderbeständigkeit
- Thermischen Eigenschaften, wie Wärmeleitfähigkeit und Wärmedehnung
- Verarbeitungseigenschaften, wie Schweißeignung, Härtbarkeit, Zerspanbarkeit sowie Kalt- und Warmumformbarkeit

> **ⓘ Information**
>
> **Legierungselemente**
> Legierungselemente sind erwünscht und werden dem Stahl bewusst zugegeben, um bestimmte Eigenschaften gezielt zu verbessern (Erhöhung von Festigkeit, Härte, Verformbarkeit, Verbesserung der Anlassbeständigkeit usw.), neue Eigenschaften hervorzurufen (Korrosionsbeständigkeit, Kaltzähigkeit usw.) oder ungünstige Eigenschaften auszugleichen (Neigung zur Alterung, Kalt- und Heißrissbidung usw.). Durch Zugabe von Legierungselementen kann der Stahl damit optimal an den späteren Einsatzzweck angepasst werden. Bei keinem anderen Werkstoff lassen sich die Eigenschaften durch Legieren in einem so großen Umfang verändern wie bei Stahl.

Mitunter werden die legierten Stähle aus praktischen Gründen in niedriglegierte und hochlegierte Stähle eingeteilt. Von einem **niedriglegierten Stahl** spricht man, sofern keines seiner Legierungselemente einen Gehalt von 5 % überschreitet. Niedriglegierte Stähle haben häufig vergleichbare Eigenschaften wie unlegierte Stähle mit gleichem Kohlenstoffgehalt. Von einem **hochlegierten Stahl** spricht man, sofern mindestens eines seiner Legierungselemente einen Massenanteil von 5 % oder mehr aufweist. Durch den Legierungszusatz werden dem Stahl Sondereigenschaften verliehen, die bei den un- oder niedriglegierten Stählen nicht oder unzureichend vorhanden sind. Ein typisches Beispiel ist eine deutlich verbesserte Witterungs- und Korrosionsbeständigkeit bei Chromgehalten über 12 % (Kapitel 6.5.10).

6.3.2.1 Allgemeine Wirkungsweisen von Legierungselementen in Stählen

Legierungselemente können die Eigenschaften eines Stahles auf verschiedene Weisen beeinflussen. Zu den wichtigsten Wirkungsweisen gehören:

- Mischkristallbildung
- Bildung intermetallischer Phasen
- Bildung nichtmetallischer Einschlüsse
- Beeinflussung der Austenitumwandlung
- Verschiebung der Phasengrenzen im Eisen-Kohlenstoff-Diagramm
- Kornfeinung

a) Mischkristallbildung

Die Löslichkeit der Legierungselemente im Kristallgitter des Eisens ist sehr unterschiedlich und vom Verhältnis der Atomdurchmesser sowie vom Kristallgitter der beteiligten Atomsorten abhängig. Die Legierungselemente können daher in unterschiedlicher Form im Eisen bzw. Stahl vorliegen.

In elementarer Form (also nicht im Kristallgitter des Eisens gelöst) kommen in technischen Eisenlegierungen nur Blei und Kupfer vor. Blei bildet in Stählen eine eigenständige, niedrigschmelzende Phase (327 °C), die bei der Zerspanungstemperatur bereits flüssig wird. Das Blei übt eine Schmierwirkung aus und vermindert die Reibung zwischen Werkzeug und Werkstoff. Blei spielt in Automatenstählen (Kapitel 6.5.13) neben oder anstelle des Schwefels die bedeutendste Rolle.

Eine große Anzahl von Legierungselementen können sich im kubisch-raumzentrierten oder kubisch-flächenzentrierten Gitter des Eisens in mehr oder weniger großem Umfang lösen und **Mischkristalle** bilden (Kapitel 3.3.1). Diese Mischkristallbildung ist eine Ursache für die vielfältigen und unterschiedlichsten Eigenschaften der technischen Eisenlegierungen. Haben die Fremdatome einen gegenüber den Eisenatomen kleinen Atomdurchmesser, so können sie unter Bildung eines Einlagerungsmischkristalls auf Zwischengitterplätzen eingelagert werden (z. B. C, B). Haben die Fremdatome hingegen einen dem Eisenatom vergleichbaren Durchmesser und kristallisieren sie darüber hinaus in derselben Gitterstruktur wie das Wirtsgitter, so werden sie anstelle eines Eisenatoms auf regulären Gitterplätzen eingebaut (z. B. Mn, Cr, Ni, Mo, Si). Es entsteht dabei ein Substitutions- oder Austauschmischkristall (Kapitel 3.3.1).

Die eingelagerten Fremdatome verursachen eine Gitterverspannung und führen zu einer Behinderung der Versetzungsbewegung, die sich makroskopisch in einer Erhöhung der Festigkeit sowie der Härte bemerkbar macht (Bild 1). Man spricht daher auch von Mischkristallverfestigung (Kapitel 2.9.2). Während Legierungselemente, die zur Bildung von Substitutionsmischkristallen führen, die Festigkeitseigenschaften bei üblichem Legierungsgehalt (1 % ... 2 %) in der Regel nur unwesentlich erhöhen, führen Legierungselemente, die sich auf Zwischengitterplätzen in das Kristallgitter des Eisens einlagern (z. B. C, B) zu einer deutlichen Festigkeitssteigerung.

Durch die Mischkristallbildung erhöht sich zwar die Härte und die Festigkeit der Legierung, die plastische Verformbarkeit und die Zähigkeit der Legierung verschlechtert sich jedoch.

Bild 1: Festigkeitssteigerung des α-Eisens durch ausgewählte Fremdelemente

b) Bildung intermetallischer Phasen

Wird in Legierungssystemen mit beschränkter Löslichkeit über die Löslichkeitsgrenze hinaus legiert oder findet eine Entmischung infolge Abkühlung unter die Löslichkeitsgrenze statt, dann treten **intermetallische Phasen** auf, die sich zwischen oder in den (Wirts-) Mischkristallen ausscheiden können (siehe auch Kapitel 3.4.1). Intermetallische Phasen (mitunter auch als **Metallide** oder **intermediäre Phasen** bezeichnet) kristallisieren nicht mehr im Gittertyp einer der Komponenten, sondern sie besitzen ein eigenes für die jeweilige Verbindung charakteristisches Kristallgitter. Vorherrschender Bindungstyp ist die Metallbindung, jedoch mit Anteilen einer kovalenten Bindung oder einer Ionenbindung.

Die Bezeichnung intermetallische Phase wurde bislang nur verwendet, falls ausschließlich Metalle an der Verbindungsbildung teilnehmen (klassische intermetallische Phasen, s. u.). Verbindungen zwischen Metallen und Nichtmetallen werden zwischenzeitlich jedoch auch zu den intermetallischen Phasen gerechnet. Die Zusammensetzung der intermetallischen Phasen wird durch Formeln angegeben, wie sie für chemische Verbindungen bekannt sind (z. B. Fe_2W, Al_2Cu usw). Entgegen den Vorstellungen der Chemie für chemische Verbindungen, sind die intermetallischen Phasen jedoch nicht stöchiometrisch zusammengesetzt, sondern die Anteile der einzelnen Komponenten variieren innerhalb eines bestimmten Homogenitätsbereiches.

Die Formel hat also nur den Charakter eines Mittelwertes. Mitunter wird auch die Bezeichnung **intermetallische Verbindung** anstelle intermetallische Phase verwendet. Sie ist jedoch irreführend, da sie analog den chemischen Verbindungen eine streng stöchiometrische und wertigkeitsgerechte Zusammensetzung assoziiert.

Die Kristallstrukturen der intermetallischen Phasen ergeben sich aus der Größe und aus der Bindung der beteiligten Atome. Aufgrund der vielfältigen Bindungsmöglichkeiten und Atomgrößen wurden alleine von den aus zwei Atomen bestehenden intermetallischen Phasen bisher 5000 Verbindungen identifiziert.

> **ⓘ Information**
>
> **Intermetallische Phasen**
> Intermetallische Phasen lassen aufgrund ihres zumeist komplizierten Gitteraufbaus Versetzungsbewegungen nicht zu und sind daher meist sehr hart und spröde. Sie übertragen diese Eigenschaft bereits in sehr geringen Gehalten (weniger als 0,1 %) auf die gesamte Legierung. In Werkstoffen, die plastisch verformt werden sollen, darf ihr Anteil daher nicht zu groß sein. Intermetallische Phasen bewirken bei feindisperser Verteilung in den weicheren Mischkristallphasen eine Erhöhung der Festigkeit sowie der Verschleißbeständigkeit (z. B. Ausscheidungs- bzw. Sekundärhärtung, Kapitel 6.4.5.2).

Die intermetallischen Phasen werden in unterschiedliche Gruppen eingeteilt, zu den wichtigsten gehören:

- Einlagerungsphasen
- Klassische intermetallische Phasen (z. B. Laves-Phasen, Hume-Rothery-Phasen, s.u.)

Einlagerungsphasen

Die Übergangsmetalle, wie Fe, Cr, Mo, V, Nb, Ta, W, Ti, Zr und Hf, bilden mit Nichtmetallatomen, wie C, N oder B **Einlagerungsphasen,** die als **Carbide, Nitride, Carbonitride** oder **Boride** bezeichnet werden. Für die Stähle besitzen insbesondere die Carbide eine außerordentlich große Bedeutung. Verglichen mit den überwiegend ionischen Verbindungen (z. B. Mg_2C) oder den überwiegend kovalenten Verbindungen (z. B. SiC) besitzen die Einlagerungsphasen noch metallähnliche Eigenschaften wie metallischer Glanz oder elektrische Leitfähigkeit.

Bild 1: Einlagerungsphase vom Typ NaCl (z. B. TiC, TaC, TiN)

Bei Metallatomen mit großem Atomdurchmesser d_M, wie Mo, Ti, Nb, W, d.h. falls $d_X/d_M < 0{,}59$, stehen große Lücken im Kristallgitter des Metalls zur Verfügung, so dass die kleinen Nichtmetallatome (Atomdurchmesser d_X) dort eingelagert werden können. Im Unterschied zu den Einlagerungsmischkristallen entspricht das Matrixgitter dabei oft nicht dem Gitter der reinen Komponente. Es entstehen vielmehr relativ einfache Kristallstrukturen der Zusammensetzung MeX, Me_2X oder Me_4X (Me = Metallatom, X = Nichtmetallatom) mit kubisch-flächenzentriertem oder hexagonalem Kristallgitter. Die beschriebenen Verbindungen sind chemisch, thermisch und mechanisch sehr stabil, sie haben hohe Schmelzpunkte und eine teilweise gute Korrosionsbeständigkeit. Sie haben als Beschichtungswerkstoffe für Werkzeugstähle (z. B. TiC oder TiN, Bild 1) oder als Hartstoffphase in Hartmetallen und Cermets (z. B. WC, TiC, TaC, TiN) eine große technische Bedeutung. Auch das Eisennitrid Fe_4N (Bild 2), das beim Nitrieren von Stählen eine bedeutende Rolle spielt (Kapitel 6.4.6.3), gehört zu dieser Gruppe von Einlagerungsphasen.

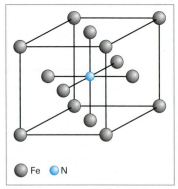

Bild 2: Elementarzelle des Fe_4N

Bei Metallen mit kleinerem Atomdurchmesser, d.h. falls $d_X/d_M < 0{,}59$ ist, stehen bedeutend kleinere Einlagerungslücken zur Verfügung. Fremdatome können über die Mischkristalllöslichkeit hinaus nicht aufgenommen werden. Es entstehen Verbindungen mit komplexem Kristallgitter, die jedoch eine geringere chemische und thermische Stabilität besitzen. Hierzu gehören beispielsweise die Carbide des Fe, Cr, Cu, Mn und Ni.

6.3 Eisenbegleiter und Legierungselemente

Die Neigung der Legierungselemente zur Bildung von **Carbiden** ist sehr unterschiedlich. Sie nimmt in folgender Reihenfolge zu:

Fe – Mn – Cr – Mo – W – Ta – V – Nb – Ti – Zr →
Zunehmende Neigung zur Carbidbildung

Mit der Neigung eines Legierungselementes zur Carbidbildung nimmt auch die thermodynamische und chemische Stabilität sowie die Härte der gebildeten Carbide zu:

Fe_3C – $Cr_{23}C_6$ bzw. Cr_7C_3 – Mo_2C bzw. MoC – W_2C bzw. WC – VC – NbC – TaC – TiC – ZrC →
Zunehmende thermodynamische und chemische Stabilität, zunehmende Härte der Carbide

Schwächere Carbidbildner, wie Mangan und Chrom, werden in Stählen im Allgemeinen vom Zementit (Fe_3C) aufgenommen, wobei **Mischcarbide** der Form $(Fe,Cr)_3C$ bzw. $(Fe,Mn)_3C$ entstehen. Starke Carbidbildner wie Ti oder V oder höhere Konzentrationen eines schwächeren Carbidbildners, wie Mn oder Cr, bilden im Allgemeinen **Sondercarbide** (z. B. Mo_2C, TiC, VC) mit einer von Fe_3C abweichenden Kristallstruktur und Zusammensetzung. Mitunter bilden sich auch **Doppelcarbide** (z. B. Fe_3W_3C). Durch die thermodynamische und chemische Stabilität sowie die hohe Härte, insbesondere der Sonder- und Doppelcarbide, werden die Verschleiß- und Festigkeitseigenschaften der Stähle vor allem bei höheren Temperaturen deutlich verbessert.

Je nach Zusammensetzung und Bildungstemperaturen können durch vielfältige Lösungs- und Austauschmöglichkeiten komplex zusammengesetzte Carbide entstehen, die häufig nur Übergangscharakter besitzen und nach längeren Glühzeiten bei den entsprechenden hohen Temperaturen in stabilere Carbidphasen übergehen. Häufig können sie den in Tabelle 1 zusammengestellten Carbidtypen zugeordnet werden.

Tabelle 1: Bedeutende Carbidtypen in Stählen

Carbidtyp[1]	Gittertyp	Beispiele
Me_3C	orthorhombisch	$(Fe,Cr)_3C$
Me_2C	hexagonal	$(Mo,W)_2C$
Me_7C_3	hexagonal	$Cr_3Fe_4C_3$ $Cr_5Fe_2C_3$ $(Cr,Fe)_7C_3$
$Me_{23}C_6$	kubisch	$Fe_{21}W_2C_6$ $Cr_{15}Fe_8C_6$ $(Mo,Fe)_{23}C_6$
Me_6C	kubisch	Fe_3W_3C Fe_2Mo_4C $(W,Fe)_6C$ $(Mo,W)_6C$
MeC	kubisch	(V,W)C (Ti,W)C (Ti,Nb,W)C (Ti,Zr)C

[1] Me = carbidbildendes Metallatom

Die harten **Nitride** (bis etwa 1200 HV) sind ebenfalls von großer Bedeutung. Sie werden beispielsweise beim Nitrieren der Stähle zur Erzeugung einer harten und verschleißbeständigen Oberfläche technisch genutzt (Kapitel 6.4.6.3). Die Neigung zur Nitridbildung nimmt in der folgenden Reihenfolge zu:

Fe – Mo – Al – Cr – Zr – Nb – V – Ti – Zr →
Zunehmende Neigung zur Nitridbildung

Analog zu den Carbiden nimmt dementsprechend auch die thermodynamische und chemische Stabilität sowie die Härte der gebildeten Nitride zu:

Fe_4N – Mo_4N – Ce_4N – AlN – NbN – VN – TaN – TiN – ZrN →
Zunehmende thermodynamische und chemische Stabilität, zunehmende Härte der Nitride

Klassische intermetallische Phasen

Als **klassische intermetallische Phasen** bezeichnet man solche, an deren Gitteraufbau nur Metallatome beteiligt sind. Intermetallische Phasen spielen beispielsweise bei den **hochwarmfesten Nickellegierungen** eine bedeutende Rolle. Diese Legierungen können durch Al- oder Ti-Zusätze ausgehärtet werden (**Ausscheidungshärtung**, Kapitel 7.1.5). Die entstehenden Phasen (Ni_3Al bzw. $Ni_3(AlTi)$) sind dabei für die außergewöhnliche Bedeutung dieser Werkstoffe als hochwarmfeste Legierungen verantwortlich. Auch das Aushärten von **Aluminiumlegierungen** (Kapitel 7.1.5) beruht auf der Wirkung dieser Phasen.

Bei den **aushärtbaren Cr-Ni-Stählen** mit niedrigem Ni- und C-Gehalt können durch Ausscheidung feindisperser intermetallischer Phasen deutlich höhere Dehngrenzen erzielt werden. Schließlich sind auch die besonderen mechanischen Eigenschaften der **martensitaushärtenden Chromstähle** auf intermetallische Phasen zurückzuführen (Kapitel 6.5.10.3). Intermetallische Phasen können aber auch zu einer unerwünschten Versprödung führen wie etwa die **σ-Phase** (FeCr) in Stählen mit hohem Cr-Gehalt (z. B. Cr- oder Cr-Ni-Stähle, Kapitel 6.5.10.2).

Die zahlenmäßig stärkste Gruppe der klassischen intermetallischen Phasen stellen mit einigen hundert Vertretern die **Laves-Phasen** dar. Laves-Phasen sind bei Raumtemperatur nicht plastisch verformbar, sie besitzen jedoch eine den Metallen vergleichbare hohe elektrische Leitfähigkeit. Auch die **Hume-Rothery-Phasen** gibt es häufig. Die Existenz dieser Phasen ist an ein bestimmtes Zahlenverhältnis von Valenzelektronen e zu Atomen a in der Elementarzelle geknüpft. Diese „magischen" Zahlenverhältnisse sind: $e/a = 3/2$ (= 21/14), $e/a = 21/13$ und $e/a = 7/4$ (= 21/12). Für jede dieser drei e/a-Verhältnisse ist eine bestimmte Gitterstruktur typisch. Beispiele sind das β-Messing (CuZn mit $e/a = 3/2$), das γ-Messing (Cu$_5$Zn$_8$ mit $e/a = 21/13$ und 52 Atomen in der kubischen Elementarzelle) sowie das ε-Messing (CuZn$_3$ mit $e/a = 7/4$). Hume-Rothery-Phasen sind nicht exakt an eine der chemischen Formel entsprechende Zusammensetzung gebunden.

c) Bildung nichtmetallischer Einschlüsse

Eine Reihe von Begleit- bzw. Legierungselementen bilden **nichtmetallische Einschlüsse**, deren Wirkungsweise bereits in Kapitel 6.3.1.9 besprochen wurde.

d) Beeinflussung der Austenitumwandlung

Eine der wichtigsten Wirkungsweisen der Legierungselemente vor allem in Zusammenhang mit einer Wärmebehandlung (z. B. Härten oder Vergüten), ist die Verringerung der Diffusionsgeschwindigkeit des Kohlenstoffs in den Kristallgittern des α- und γ-Eisens. Die Elemente nehmen daher einen direkten Einfluss auf das Umwandlungsverhalten des Stahles (Bild 1). Besonders wirksam sind dabei die Elemente:

Cr, Ni, Mo, Mn

Durch die Anwesenheit derartiger Legierungselemente wird die kritische Abkühlgeschwindigkeit deutlich herabgesetzt. Bei entsprechend hohen Legierungsgehalten wird somit einerseits die Einhärtbarkeit des Stahls verbessert, andererseits kann bereits eine Abkühlung an ruhender Luft genügen, um die Umwandlung in Perlit oder Bainit zu unterdrücken und ein martensitisches Härtegefüge zu erzeugen. Stähle die aufgrund ihrer Legierungszusammensetzung an Luft härtbar sind (Lufthärter) neigen dabei besonders wenig zu Verzug. Auf die angedeuteten Zusammenhänge wird in Kapitel 6.4.4.13 ausführlich eingegangen.

Bild 1: Einfluss ausgewählter Legierungselemente auf das Umwandlungsverhalten des Austenits (schematisch)

e) Verschiebung der Phasengrenzen im Eisen-Kohlenstoff-Diagramm

Wird Stahl legiert, dann ändert sich nicht nur dessen Schmelztemperatur, sondern es verschieben sich auch die Umwandlungspunkte im Eisen-Kohlenstoff-Diagramm in für die Art und Menge des Legierungselementes typischer Weise. Grundsätzlich bewirkt die Anwesenheit von Legierungselementen eine Verschiebung der A_3 und der A_4-Temperaturen sowie der Punkte S und E im Eisen-Kohlenstoff-Diagramm (Bild 1, Seite 201). So befindet sich in den unlegierten Stählen der eutektoide Punkt bei 0,8 % C, d.h. Stähle über 0,8 % C sind übereutektoid. Unter dem Einfluss eines Chromgehaltes von beispielsweise 9 % verschiebt sich der eutektoide Punkt zu etwa 0,3 % C, sodass Stähle mit Kohlenstoffgehalten über 0,3 % bereits übereutektoid sind (Bild 1b, Seite 201). Analog kann bei entsprechendem Legierungsgehalt (z.B. Cr) bereits bei relativ niedrigen C-Gehalten Ledeburit entstehen (Bild 1, Seite 201 und Bild 1, Seite 204).

6.3 Eisenbegleiter und Legierungselemente

Nach der Art der Beeinflussung lassen sich zwei Gruppen von Legierungselementen unterscheiden:

- Legierungselemente, die das Austenitgebiet erweitern oder öffnen.
- Legierungselemente, die das Austenitgebiet verengen bzw. abschnüren.

Elemente, die sich bevorzugt im Kristallgitter des γ-Eisens unter Substitution von Eisenatomen lösen, erniedrigen den A_3-Punkt und erhöhen den A_4-Punkt des Eisens mit zunehmender Konzentration und führen somit zu einer Erweiterung des Stabilitätsbereichs des γ-Eisens bzw. beim Stahl zu einer Erweiterung oder gar zu einer Öffnung des Austenitgebietes. Man nennt sie daher auch **Austenitbildner**.

Legierungselemente, die dabei im Kristallgitter des γ-Eisens vollkommen löslich sind, bewirken ein offenes γ-Feld, das sich bei genügend hohem Gehalt an diesen Legierungselementen bis zur Raumtemperatur und darunter ausdehnt (Bild 2a). Hierzu zählen insbesondere:

Ni, Co, Mn, Os, Ir, Pt

① Ferrit und Perlit
② Perlit und Sekundärzementit
③ Perlit, Ledeburit und Sekundärzementit

Bild 1: Verschiebung der Umwandlungspunkte im Eisen-Kohlenstoff-Diagramm durch Legierungselemente
a) Allgemeine Wirkung auf die Punkte A_3, A_4, S und E.
b) Verschiebung der Punkte S und E.

Bild 2: Einfluss von austenitstabilisierenden Legierungselementen auf die Lage der Umwandlungspunkte im Eisen-Kohlenstoff-Diagramm

Erweitert sich der Beständigkeitsbereich des Austenits durch entsprechende Legierungsgehalte bis hinab zur Raumtemperatur, dann findet die γ-α-Umwandlung nicht mehr statt. Es entstehen die technisch wichtigen **austenitischen Stähle** (Kapitel 6.5.10.4). Austenitische Stähle besitzen aufgrund ihres homogenen austenitischen Gefüges eine Reihe besonderer Eigenschaften (Tabelle 1, Seite 202).

Einige Elemente, die nur in begrenztem Umfang im γ-Eisen löslich sind, führen nicht zu einer Öffnung, sondern lediglich zu einer Erweiterung des Beständigkeitsgebiets des γ-Eisens bzw. des Austenitgebietes bei Stählen (Bild 2b). Zu ihnen gehören beispielsweise:

C, N, Cu, Zn, Au

Diese Legierungselemente führen zu Zustandsdiagrammen, die bei erhöhten Legierungskonzentrationen durch heterogene Zustandsfelder begrenzt werden. Das bekannteste Zustandsdiagramm dieser Art ist das Eisen-Kohlenstoff-Diagramm.

Legierungselemente, die sich bevorzugt im Kristallgitter des α-Eisens lösen, führen zu einer Erhöhung der A_3-Temperatur bzw. zu einer Verringerung der A_4-Temperatur und verringern somit den Stabilitätsbereich des γ-Eisens bzw. führen in Stählen zu einer Verengung oder gar zu einer Abschnürung des Austenitgebietes. Man nennt sie daher auch **Ferritbildner**.

Zu den wichtigsten Legierungselementen, die zu einer Abschnürung des γ-Feldes führen (Bild 1a), gehören:

Cr, Al, Ti, Si, V, Mo

Bild 1b zeigt, dass von bestimmten Legierungsgehalten an die α-Phase bei der Abkühlung keine Umwandlung mehr erfährt. Stähle, bei denen sich das krz-Kristallgitter im festen Zustand nicht mehr umwandelt, werden als **ferritische Stähle** bezeichnet. Von technischer Bedeutung sind dabei die **ferritischen Chromstähle** (Kapitel 6.5.10.2). Sie entstehen jedoch nur bei sehr niedrigen Kohlenstoffgehalten bzw. entsprechend hohen Chromgehalten. Bei höheren Kohlenstoffgehalten dehnt sich das Austenitgebiet aus, so dass neben Ferrit in zunehmendem Maße auch wieder Austenit im Gefüge erscheint. Dieser Austenit wandelt sich je nach Abkühlungsbedingungen in Perlit, Bainit oder Martensit um. Man erhält die umwandlungsfähigen **halbferritischen Chromstähle** (Kapitel 6.5.10.2). Ferritische Stähle haben, analog den austenitischen Stählen, ein charakteristisches Eigenschaftsprofil (Tabelle 1, Seite 203).

Zu den Legierungselementen, die lediglich zu einer Verengung des Austenitgebietes führen (Bild 1b), gehören beispielsweise:

Ta, B, S, Zr, Ce

In der Regel heben sich die ferrit- und austenitstabilisierenden Legierungselemente in der Beeinflussung der Gitterstruktur gegenseitig auf. Diese Regel gilt jedoch nicht allgemein. Ein wichtiges Beispiel sind die austenitischen Cr-Ni-Stähle. Während ein metastabil austenitisches Gefüge erst bei Nickelgehalten über 30 % erreicht wird, kann sich in Anwesenheit einer hinreichend hohen Menge von an sich ferritstabilisierendem Chrom (16 % ... 24 %) bereits bei Nickelgehalten von rund 8 % ... 12 % ein austenitisches Gefüge einstellen. Derartige Stahlsorten besitzen große technische Bedeutung, da sie die Vorteile eines austenitischen Gefüges (hohe Zähigkeit, Warmfestigkeit und Paramagnetismus) mit einer sehr hohen Witterungs- und Korrosionsbeständigkeit kombinieren (**nichtrostende austenitische Cr-Ni-Stähle**, Kapitel 6.5.10.4).

Tabelle 1: Eigenschaftsprofil der austenitschen Stähle

Eigenschaften/Stahlsorten	Ursachen/Bedeutung
Niedrige Streckgrenze bei hoher Zugfestigkeit	Für hohe Beanspruchungen nicht einsetzbar. Festigkeitssteigerung durch Aushärten oder Legieren mit Stickstoff möglich.
Hohe Zähigkeit und hervorragende plastische Verformbarkeit → **Kaltzähe Stähle**	kfz-Gitter haben maximale Gleitmöglichkeiten, daher hohe Bruchdehnungen und im Kerbschlagbiegeversuch teilweise kein Steilabfall.
Hohe Kaltverfestigung	Kaltumformen kann eine Umwandlung zu Martensit auslösen: steigende Umformkräfte, Abstumpfung von Zerspanungswerkzeugen.
Umwandlungsfrei → **Warmfeste Stähle** → **Hitzebeständige Stähle**	Stähle sind nicht härtbar, vergütbar oder normalisierbar. Einsatz jedoch für hohe Temperaturen geeignet, da keine Gefüge-/Volumenveränderungen.
Chemische Beständigkeit → **Nichtrostende Cr-Ni-Stähle**	Homogene Gefüge ohne unedle Phasen.
Paramagnetisch → **Nichtmagnetisierbare Stähle**	Vermeidung von Wirbelstromverlusten in magnetischen Wechselfeldern.

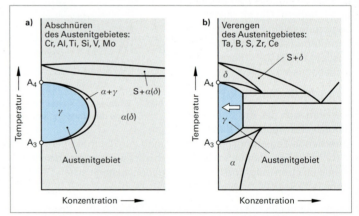

Bild 1: Einfluss von ferritstabilisierenden Legierungselementen auf die Lage der Umwandlungspunkte im Eisen-Kohlenstoff-Diagramm
a) Abschnüren des Austenitgebietes: Cr, Al, Ti, Si, V, Mo
b) Verengen des Austenitgebietes: Ta, B, S, Zr, Ce

f) Kornfeinung

Feinkörnige Stähle bzw. feinkörnige metallische Werkstoffe weisen im Vergleich zu den grobkörnigen bei gleicher chemischer Zusammensetzung eine höhere Festigkeit, eine bessere Verformbarkeit und eine verbesserte Zähigkeit auf. Legierungselemente können im Wesentlichen auf zwei Arten zu einer Kornfeinung beitragen:

1. Durch Zugabe von Aluminium bilden sich in der Stahlschmelze feinverteilte Kristallisationskeime, insbesondere Aluminiumoxide und ggf. Aluminiumnitride (beruhigter Stahl). Die Vielzahl dieser Keime bewirkt eine feinkörnige Erstarrung des Metalles. Außerdem wirkt das Aluminium im Verbund mit abgestimmten Stickstoffgehalten als Keimbildner einer α-γ-Umwandlung.

Tabelle 1: Eigenschaftsprofil ferritischer Stähle im Vergleich zu den austenitischen Stählen

Eigenschaft	Austenitischer Stahl	Ferritischer Stahl
Streckgrenze	niedrig	höher
Zugfestigkeit	hoch	hoch
Zähigkeit und Kaltumformbarkeit	hoch, aber stark verfestigend	mäßig, wenig verfestigend
Hitzebeständigkeit und Warmfestigkeit	hoch → Warmfeste Stähle → Hitzebeständige Stähle	
Korrosionsbeständigkeit[1]	anfällig gegenüber TK-SpRK	anfällig gegenüber IK
Schweißbarkeit	gut	schlecht[2]
Magnetische Eigenschaften	Paramagnetisch	Ferromagnetisch

[1] TK-SpRK = transkristalline Spannungsrisskorrosion
IK = Interkristalline Korrosion (Kornzerfall)
[2] Gefahr von interkristalliner Korrosion, σ-Phasenbildung, 475-°C-Versprödung und Grobkornbildung

2. Legierungselemente, wie Vanadium, Niob und Titan, aber auch das Aluminium, bilden feinverteilte Ausscheidungen in Form von Carbiden, Nitriden und Oxiden, die das Kristallwachstum im Austenitgebiet behindern und damit zu einem feinkörnigen Gefüge beitragen.

6.3.2.2 Wirkungsweisen ausgewählter Legierungselemente

Neben den beschriebenen allgemeinen Wirkungsweisen (Kapitel 6.3.2.1) haben Legierungselemente abhängig von Art und Menge auch besondere Wirkungsweisen, die nachfolgend für eine Reihe ausgewählter Elemente besprochen werden sollen.

a) Chrom (Cr)

Chrom gehört zu den wichtigsten Legierungselementen der Stähle. Das Legierungselement Chrom wird neben Mangan und Molybdän am häufigsten zur Verbesserung der Gebrauchseigenschaften von Maschinenbaustählen eingesetzt.

Chrom verändert die Eigenschaften des Stahles hauptsächlich durch die Bildung harter Chromcarbide und in untergeordnetem Maße auch durch die Mischkristallbildung. Weiterhin bewirkt Chrom in Gehalten über 12 % die Bildung submikroskopisch dünner, selbstheilender oxidischer Schutzschichten (Passivschichten) auf der Stahloberfläche und verbessert dabei die Korrosions- und Zunderbeständigkeit dieser Stähle erheblich.

Chrom verringert die Lösungsfähigkeit des Austenits für Kohlenstoff. Bereits geringere Chromgehalte führen dabei zu einer Verschiebung der Punkte S und E im EKD nach links, so dass, abhängig vom Chromgehalt, ein Stahl bereits bei Kohlenstoffgehalten unter 0,8 % übereutektoid ist und infolge der Chromcarbide eine höhere Verschleißbeständigkeit hat. Auch das Auftreten von Ledeburiteutektikum wird zu niedrigeren Kohlenstoffgehalten hin verschoben. So enthält ein Stahl mit etwa 10 % Cr bereits bei einem Kohlenstoffgehalt von rund 1 % Ledeburit (Bild 1, Seite 201 und Bild 1).

> **ⓘ Information**
>
> **Chrom (Cr)**
>
> **Vorteilhafte Eigenschaften:**
> - Verbessert Festigkeit (Zugfestigkeit und Streck-/Dehngrenze sowie die Warm- und Zeitstandfestigkeit
> - Verbessert die Korrosionsbeständigkeit erheblich
> - Verbessert die Zunderbeständigkeit
> - Senkt die kritische Abkühlgeschwindigkeit und erhöht dadurch die Einhärtungstiefe
>
> **Nachteilige Eigenschaften:**
> - Begünstigt interkristalline Korrosion
> - Begünstigt 475-°C-Versprödung
> - Führt zur Bildung spröder σ-Phase (FeCr)
>
> **Verwendungsbeispiele:**
> - Warmfeste Stähle
> - Nichtrostende Stähle
> - Zunderbeständige Stähle
> - Werkzeugstähle
> - Vergütungsstähle
> - Einsatzstähle
> - Nitrierstähle
> - Druckwasserstoffbeständige Stähle

Dies führt zu den **ledeburitischen Kaltarbeitsstählen** (Kapitel 6.5.16.5). Bei höheren Gehalten schnürt Chrom das Austenitgebiet ab. Von technischer Bedeutung sind dabei auch die **ferritischen** und **halbferritischen Chromstähle** (Kapitel 6.5.10.2).

In hochchromhaltigen Stählen führt Chrom jedoch auch zu einer Reihe unerwünschter Erscheinungen wie Begünstigung von interkristalliner Korrosion und 475 °C-Versprödung sowie zur Ausscheidung spröder, intermetallischer σ-Phase (Kapitel 6.5.10.2).

Bild 1: Gefügeausbildungen der Chromstähle

- **Festigkeit**

  Die Zugfestigkeit steigt um rund 90 MPa je 1 % Chrom und wird dadurch erheblich verbessert, bei einer nur geringen Verminderung der Verformbarkeit bzw. der Zähigkeit. Auch die Streck- bzw. Dehngrenze wird durch das Legierungselement Chrom erhöht.

- **Warm- und Zeitstandfestigkeit**

  Chrom bewirkt durch Mischkristallbildung und Carbidausscheidung eine erhebliche Verbesserung der Warm- und Zeitstandfestigkeit. Deshalb sind **warmfeste Stähle** auf Chrom-Molybdän-Basis aufgebaut (Kapitel 6.5.8).

- **Härte und Verschleißbeständigkeit**

  Chrom bildet in Verbindung mit Kohlenstoff feinverteilte, harte Chromcarbide und verbessert auf diese Weise die Härte und Verschleißbeständigkeit des Stahles. Auch die Härte von Nitrierschichten wird durch die Bildung von Chromnitriden verbessert. Chrom findet sich daher auch in **Nitrierstählen** (Kapitel 6.5.7).

- **Kritische Abkühlgeschwindigkeit und Einhärtungstiefe**

  Ebenso wie Mangan verringert Chrom die kritische Abkühlgeschwindigkeit erheblich und erhöht dadurch die Einhärtungstiefe (Kapitel 6.4.4.6). Bereits geringe Chromkonzentrationen reichen dabei aus, um eine tiefere Einhärtung zu erreichen. Chromlegierte Vergütungsstähle werden daher bis etwa 250 mm Dicke verwendet. Chrom ist deshalb ein wichtiges Legierungselement in **Vergütungsstählen** (Kapitel 6.5.5) und **Einsatzstählen** (Kapitel 6.5.6) sowie in **Werkzeugstählen** (Kapitel 6.5.16).

- **Korrosions- und Zunderbeständigkeit**

  Stähle mit einem Chromgehalt über 12 % sind in Verbindung mit einem niedrigem Kohlenstoffgehalt rost- und korrosionsbeständig (Bild 2). Chrom ist daher das wichtigste Legierungselement der **nichtrostenden Stähle** (Kapitel 6.5.10). Chrom verbessert außerdem die Zunderbeständigkeit des Stahles erheblich, insbesondere bei zusätzlicher Anwesenheit von Aluminium und Silicium. Chrom stellt dabei das wichtigste Legierungselement für **zunderbeständige Stähle** (Kapitel 6.5.11) dar.

- **Druckwasserstoffbeständigkeit**

  Chrom ist das wichtigste Legierungselement für **druckwasserstoffbeständige Stähle** (Kapitel 6.5.12). Bei höheren Temperaturen und Drücken diffundiert Wasserstoff in den Stahl und entkohlt ihn unter Bildung von Methan (CH_4). Methan lockert den Kornzusammenhang und führt insbesondere bei zusätzlicher Anwesenheit von Zugspannungen zu einer Zerstörung des Bauteils. In Anwesenheit von fein verteilten Chromcarbiden findet dieser Schädigungsmechanismus nicht mehr statt.

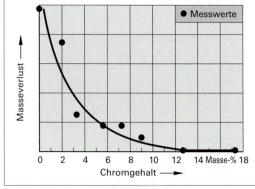

Bild 2: Korrosion chromlegierter Stähle in Industrieluft

b) Nickel (Ni)

Nickel neigt nicht zu einer Carbidbildung, daher sind diesbezügliche Veränderungen der mechanischen Eigenschaften nicht zu erwarten. Eine Veränderung der mechanischen Eigenschaften kann vorwiegend durch eine Mischkristallbildung erklärt werden.

Nickel erweitert das Austenitgebiet und führt bei höheren Konzentrationen zu einem austenitischen Gefüge bereits bei Raumtemperatur (Bild 2a, Seite 201). Die nickellegierten Stähle haben nur als nickellegierte perlitische Stähle (z. B. kaltzähe nickellegierte Stähle) und als austenitische Cr-Ni-Stähle eine Bedeutung (Bild 1). Martensitische Nickelstähle inden wegen der schwierigen Bearbeitung kaum Anwendung.

- **Festigkeit**

  Sowohl die Zugfestigkeit als auch die Streck- bzw. Dehngrenze wird durch das Legieren mit Nickel verbessert. Nickel steigert die Zugfestigkeit und die Streckgrenze um etwa 40 MPa je 1 % Ni. In gleichem Maße verbessert Nickel auch die Warmfestigkeit. Nickel ist daher neben Chrom und Molybdän ein weiteres wichtiges Legierungselement der **warmfesten Stähle** (Kapitel 6.5.8).

- **Verformbarkeit und Zähigkeit**

  Nickel verbessert die Verformbarkeit und Zähigkeit von Stahl. **Kaltzähe Stähle** sind daher stets nickellegiert. Für Einsatztemperaturen bis −200 °C können die **nickellegierten kaltzähen Stähle** mit perlitischem Gefüge und bis zu 9 % Nickel eingesetzt werden, unter −200 °C kommen die **kaltzähen, austenitischen Cr-Ni-Stähle** zum Einsatz (Kapitel 6.5.9).

> **ⓘ Information**
>
> **Nickel (Ni)**
>
> **Vorteilhafte Eigenschaften:**
> - Verbessert Festigkeit (Zugfestigkeit und Streck-/Dehngrenze sowie die Warmfestigkeit
> - Verbessert die Zähigkeit erheblich
> - Verbessert die Zunderbeständigkeit
> - Senkt die kritische Abkühlgeschwindigkeit und erhöht dadurch die Einhärtungstiefe
> - Verändert die Wärmedehnung erheblich
> - Erhöht den elektrischen Widerstand
>
> **Verwendungsbeispiele:**
> - Warmfeste Stähle
> - Kaltzähe Stähle
> - Nichtrostende Cr-Ni-Stähle
> - Werkzeugstähle
> - Vergütungsstähle
> - Einsatzstähle
> - „Invarstähle" (z. B. Thermo-Bimetalle)
> - Heizleiterdrähte

Bild 1: Gefügeausbildungen der Nickelstähle

- **Kritische Abkühlgeschwindigkeit und Einhärtungstiefe**

  Nickel verringert die kritische Abkühlgeschwindigkeit und erhöht damit die Einhärtungstiefe. Damit wird die Vergütbarkeit insbesondere größerer Bauteile verbessert.

  Stähle für große Schmiedestücke (bis etwa 250 mm Durchmesser) werden dabei bevorzugt auch mit Nickel legiert. Nickel findet sich daher ebenso wie Chrom in **Vergütungsstählen, Einsatzstählen** und **Werkzeugstählen.**

- **Wärmedehnung**

  Nickel hat den größten Einfluss auf die Wärmedehnung von Stählen. Bei einem Nickelgehalt von 36 % erreicht der lineare Wärmeausdehnungskoeffizient α mit $1{,}5 \cdot 10^{-6}$ K^{-1} seinen niedrigsten Wert. Derartige **Invarstähle** (*invariabilis,* lat.: unveränderlich) finden beispielsweise Verwendung in Thermo-Bimetallen.

- **Elektrische Leitfähigkeit**

  Nickel erhöht den elektrischen Widerstand von Stählen. Es wird daher u. a. als Legierungselement in Heizleiterdrähten eingesetzt.

c) Molybdän (Mo)

Molybdän wird häufig als Legierungselement für Stähle eingesetzt und entwickelt seine günstigen Eigenschaften durch Bildung von Sondercarbiden (Kapitel 6.3.2.1) meist gemeinsam mit Chrom, Vanadium und Wolfram. Weiterhin nimmt Molybdän auch durch Mischkristallbildung Einfluss auf die Eigenschaften der Stähle. Molybdän lässt sich mit einem hohen Wirkungsgrad aus Stahlschrott zurückgewinnen.

> **ⓘ Information**
>
> **Molybdän (Mo)**
>
> **Vorteilhafte Eigenschaften:**
> - Verbessert Festigkeit (Zugfestigkeit und Streck-/Dehngrenze sowie die Warm- und Zeitstandfestigkeit
> - Verbessert Härte und Verschleißbeständigkeit
> - Senkt die kritische Abkühlgeschwindigkeit und erhöht dadurch die Einhärtungstiefe
> - Verbessert die Anlassbeständigkeit
> - Erhöht die Korrosions- und Zunderbeständigkeit
>
> **Verwendungsbeispiele:**
> - Warmfeste Stähle
> - Werkzeugstähle
> - Vergütungsstähle
> - Nitrierstähle
> - Nichtrostende Cr-Ni-Stähle

- **Festigkeit**

    Durch die Bildung von Sondercarbiden sowie durch Mischkristallbildung wird die Festigkeit des Stahls erhöht ohne jedoch die Zähigkeit nachteilig zu beeinflussen.

- **Warm- und Zeitstandfestigkeit**

    Die Warm- und Zeitstandfestigkeit eines Stahles wird durch das Legieren mit Molybdän aufgrund der Sondercarbidbildung erheblich verbessert. **Warmfeste Stähle** sind daher auf Chrom-Molybdän-Basis aufgebaut.

- **Härte und Verschleißbeständigkeit**

    Die Härte und der Verschleißwiderstand werden durch die harten Sondercarbide deutlich verbessert. Molybdän findet sich daher häufig im Verbund mit Chrom, Vanadium und Wolfram in vielen **Werkzeugstählen**. In Schnellarbeitsstählen kann das Wolfram in seiner Wirkungsweise durch Molybdän ersetzt werden. Aufgrund der geringeren Dichte des Molybdäns (Mo: 10,22 g/cm^3; W: 19,26 g/cm^3) ist es bei gleichen Gewichtsanteilen, d.h. etwa doppeltem Volumen deutlich wirksamer im Vergleich zum Wolfram. Der erhöhte Molybdängehalt fördert außerdem die Entstehung feiner Carbide und verbessert dadurch die Zähigkeit. In **Nitrierstählen** erhöht Molybdän die Härte der Nitrierschicht durch Bildung von Mo-Nitriden.

- **Kritische Abkühlgeschwindigkeit und Einhärtungstiefe**

    Durch das Legieren mit Molybdän wird die kritische Abkühlgeschwindigkeit erniedrigt und damit die Einhärtungstiefe erhöht. Sofern Werkstücke mit größerer Wanddicke vergütet werden sollen, wird dem Stahl auch Molybdän zugesetzt. Eine Zugabe von 1 % Molybdän hat dabei denselben Einfluss wie das Legieren mit etwa 2 % Chrom. Molybdän findet sich daher häufig in **Vergütungsstählen** und **Werkzeugstählen**.

- **Anlassbeständigkeit**

    Cr-, Mn-, CrMn- und CrNi-haltige **Vergütungsstähle** neigen im Temperaturbereich um 500 °C zur Anlassversprödung. Bereits ein Molybdängehalt von 0,05 % ... 0,4 % bindet die hierfür verantwortlichen, schädlichen Elemente (P, S, Sb, As, Sn) und verhindert deren Anreicherung an den Korngrenzen. Molybdän ist daher das wirkungsvollste Legierungselement zur Beseitigung einer Anlassversprödung (Kapitel 6.4.5.3).

- **Korrosions- und Zunderbeständigkeit**

    Molybdängehalte bis etwa 5 % verbessern insbesondere bei den **nichtrostenden Cr-Ni-Stählen** die Beständigkeit gegenüber Lochkorrosion und transkristalliner Spannungsrisskorrosion in chloridhaltigen Medien, vor allem bei erhöhter Temperatur (Bild 1). Auch die Zunderbeständigkeit wird bei höheren Temperaturen durch die Anwesenheit von Molybdän verbessert.

Bild 1: Temperaturgrenze für das Auftreten transkristalliner Spannungsrisskorrosion (TK-SpRK) austenitischer Cr-Ni-Stähle (mit Beipielen)

6.3 Eisenbegleiter und Legierungselemente

d) Mangan (Mn)

Mangan hat auch als Legierungselement eine große Bedeutung für die Stähle. Ferrit kann bei Raumtemperatur bis zu 10 % Mangan lösen, so dass ein manganlegierter Stahl keine eigenständige Phase ausbildet und daher im Wesentlichen nur durch Mischkristallbildung eine Änderung seiner Eigenschaften bewirkt.

Mangan öffnet das Austenitgebiet (Bild 1), so dass Fe-Mn-Legierungen mit mehr als 35 % Mn bei Raumtemperatur nach sehr langsamer Abkühlung demnach rein austenitisch sein müssten. In Eisen-Mangan-Legierungen mit Mn > 5 % wandelt sich der Austenit bei üblicher Abkühlung allerdings nicht mehr in Ferrit um, sondern es erfolgt, in ähnlicher Weise wie beim Abschrecken von C-Stählen (Kapitel 6.4.4.5), eine diffusionslose Umwandlung in Martensit. Da keine C-Atome eingelagert sind, tritt der Martensit allerdings in kubischer und nicht in tetragonaler Form auf.

Einen groben Überblick über die Gefügeausbildungen in ternären Fe-Mn-C-Legierungen gibt das **Guillet-Diagramm** (Bild 2). Demnach lassen sich im Wesentlichen drei Gruppen von Manganstählen unterscheiden:

1. Perlitische Bau- und Werkzeugstähle mit geringem Mangangehalt (Mn < 4 %). Sie finden beispielsweise Anwendung als Einsatzstähle (z. B. 16MnCr4), Vergütungsstähle (z. B. 28Mn6) oder Werkzeugstähle für einfache Beanspruchung (z. B. 90MnV8).

2. Martensitische Manganstähle mit mittlerem Mangangehalt von 4 % ...12 %. Aufgrund ihrer Sprödigkeit sowie der schwierigen Bearbeitbarkeit finden diese Sorten praktisch keine Anwendung.

3. Austenitische Stähle bei hohem Mangangehalt. Der wichtigste austenitische Manganstahl ist der **Mangan-Hartstahl** mit einem Verhältnis Mn : C = 10 : 1 und 1,2 % ...1,4 % C sowie 12 % ... 20 % Mn. Durch Abschrecken von 950 °C ...1050 °C entsteht ein carbidfreies homogenes austenitisches Gefüge mit hoher Verformbarkeit (A = 50 % ... 80 %) und Zähigkeit. Es kann durch Kaltverformung sehr stark verfestigt werden. Die Festigkeit und Härte kann dabei infolge niedriger Stapelfehlerenergie und durch spannungsinduzierte Martensitbildung bis auf den dreifachen Wert steigen bei gleichzeitiger hoher Zähigkeit im Kern. Mangan-Hartstähle erreichen jedoch nur dann einen hohen Verschleißwiderstand, falls die Beanspruchung zu einer starken Verfestigung der Oberfläche führt.

ⓘ Information

Mangan (Mn)

Vorteilhafte Eigenschaften:
- Verbessert Festigkeit (Zugfestigkeit und Streck-/Dehngrenze) sowie die Warmfestigkeit
- Verbessert Härte und Verschleißbeständigkeit
- Verbessert die Warmumformbarkeit (Verhindert Rot- und Heißbrüchigkeit)
- Senkt die kritische Abkühlgeschwindigkeit und erhöht dadurch die Einhärtungstiefe

Nachteilige Eigenschaften:
- Verschlechtert die Zerspanbarkeit
- Führt zu anisotropen Werkstoffeigenschaften und verschlechtert insbesondere die Zähigkeit quer zur Walzrichtung
- Fördert die Grobkornbildung
- Fördert die Anlassversprödung

Verwendungsbeispiele:
- Mangan-Hartstähle
- Werkzeugstähle
- Vergütungsstähle

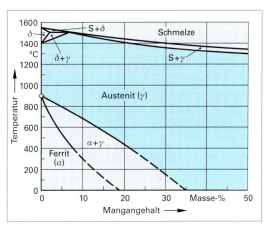

Bild 1: Zustandsdiagramm Eisen-Mangan (nur gültig für sehr langsame Abkühlung)

Bild 2: Gefüge der Manganstähle (Guillet-Diagramm)

Ein hochverschleißfester Vertreter dieser Gruppe ist der Stahl X120Mn12, der jedoch, wie alle Mangan-Hartstähle spanend nur sehr schwer zu bearbeiten ist. Formteile werden daher durch Gießen, Schmieden oder Brennschneiden hergestellt.

Anwendung finden diese Stähle bei hoher schlagartiger, drückender, rollender oder gleitender Beanspruchung, wie zum Beispiel Brecherbacken, Baggerzähne, Glieder für Fahrzeugketten, Herzstücke von Schienenkreuzungen oder Stahlhelme, die nach dem Tiefziehen eine gute Durchschusssicherheit aufweisen. Wegen seiner hohen Zähigkeit wird dieser Stahl auch für Panzerplatten in Geldschränken oder für Gitterstäbe eingesetzt.

Mangan nimmt außerdem Einfluss auf die folgenden Eigenschaften:

- **Festigkeit**

  Die Festigkeitssteigerung (Zugfestigkeit und Streckgrenze) beträgt infolge Mischkristallbildung etwa 100 MPa je 1 % Mn bei nur geringer Verminderung der Bruchdehnung.

- **Warmfestigkeit**

  Durch das Mangan wird die Warmfestigkeit verbessert.

- **Warmumformbarkeit**

  Durch die Abbindung von Schwefel (Bildung von MnS statt FeS) und Sauerstoff (Bildung von MnO oder $2\,MnO \cdot SiO_2$ statt FeO) erhöht Mangan indirekt die Warmumformbarkeit (Schmiedbarkeit) des Stahles durch Verhinderung von Rot- und Heißbrüchigkeit (Kapitel 6.3.1.1 und 6.5.13).

- **Schweißbarkeit**

  Auf die Schweißbarkeit von Stählen wirkt Mangan ebenfalls indirekt. Wird die erwünschte Festigkeit des Stahles durch Erhöhung des Mangangehaltes (1 %...2,5 % Mn) anstelle des Kohlenstoffgehaltes eingestellt, so erhält man höherfeste Stähle mit guter Schweißbarkeit (da niedriger C-Gehalt). Als Beispiel können die höherfesten Baustähle (z. B. S355J0 mit 1,60 % Mn und C ≤ 0,20 %) dienen. Mangan hebt die ungünstige Wirkung des Siliciums auf die Schweißbarkeit des Stahles auf.

- **Härte und Verschleißwiderstand**

  Die Härte und in besonderem Maße der Verschleißwiderstand werden durch das Legieren mit Mangan deutlich verbessert (siehe Mangan-Hartstahl).

- **Kritische Abkühlgeschwindigkeit und Einhärtungstiefe**

  Mangan ist eines der preiswertesten und wirkungsvollsten Legierungselemente zur Herabsetzung der kritischen Abkühlgeschwindigkeit und damit zur Verbesserung der Einhärtbarkeit. Manganlegierte Stähle werden daher bevorzugt für Vergütungsteile **(Vergütungsstähle)** bis etwa 250 mm Dicke verwendet (z. B. 30Mn5). Bei dünnen Abmessungen ist ein Stahl mit 2 % Mn bereits lufthärtend.

- **Zerspanbarkeit**

  Da die Zerspanbarkeit eng mit der Festigkeit zusammenhängt, verschlechtert sie sich mit zunehmendem Mangangehalt aufgrund der damit verbundenen Festigkeitssteigerung.

- **Zähigkeit**

  Mangan bindet Schwefel unter Bildung von Mangansulfiden, die beim Walzen zeilenförmig in Walzrichtung gestreckt werden und dabei insbesondere die Zähigkeitseigenschaften quer zur Walzrichtung verschlechtern. Diese Einschlüsse unterbrechen den metallischen Zusammenhang und bilden daher bei Belastung bevorzugt Ansatzpunkte für eine Rissbildung (Bild 1, Seite 195). Eine Ausnahme bilden die Mangan-Hartstähle mit austenitischem Gefüge und einer dementsprechend guten Zähigkeit.

6.3 Eisenbegleiter und Legierungselemente

- **Überhitzungsempfindlichkeit und Anlassbeständigkeit**
  Manganhaltige Stähle sind überhitzungsempfindlich (Grobkornbildung), da sich die $(Fe,Mn)_3C$-Mischcarbide schneller im Austenit lösen, als Zementit (Fe_3C). Mn-legierte Stähle neigen außerdem zur Anlassversprödung (Kapitel 6.4.5.3). Nach einer Wärmebehandlung sollte daher schnell abgekühlt werden.

e) Titan (Ti) und Niob (Nb)

Titan und Niob nehmen durch Mischkristallbildung Einfluss auf die Eigenschaften des Stahles. Die besondere Bedeutung dieser Legierungselemente liegt jedoch in ihrer sehr ausgeprägten Neigung zur Carbidbildung. Diese Eigenschaft wird insbesondere zur Verbesserung der Korrosionsbeständigkeit (interkristalline Korrosion) in Chrom- und Chrom-Nickel-Stählen ausgenutzt (s. u.). Niob und Titan werden in geringen Mengen auch den **Feinkornbaustählen** zur Kornfeinung (Mikrolegierungselemente) zugesetzt, da sie eine Rekristallisation sowie ein Austenitkornwachstum wirkungsvoll behindern und durch Fremdkeimbildung zu einer feinkörnigen Austenitumwandlung beim Abkühlen führen (Kapitel 6.4.4.14 und 6.5.3).

> **ⓘ Information**
>
> **Titan (Ti) und Niob (Nb)**
> **Vorteilhafte Eigenschaften:**
> - Verbessern Festigkeit (Zugfestigkeit und Streck-/Dehngrenze) sowie die Warmfestigkeit geringfügig
> - Verbessern die Schweißbarkeit durch desoxidierende und denitrierende Wirkung
> - Tragen zur Kornfeinung bei
> - Verbessern Beständigkeit gegenüber interkristalliner Korrosion bei hochlegierten Cr- und Cr-Ni-Stähle
>
> **Verwendungsbeispiele:**
> - Feinkornbaustähle
> - Hochlegierte Cr- und Cr-Ni-Stähle

Titan und Niob beeinflussen insbesondere die folgenden Eigenschaften:

- **Festigkeit und Warmfestigkeit**
  Titan und Niob bewirken eine geringe Steigerung der Festigkeitseigenschaften sowie der Warmfestigkeit ohne dabei die Zähigkeit negativ zu beeinflussen.

- **Schweißbarkeit**
  Durch Titan und Niob wird die Schweißbarkeit der Stähle günstig beeinflusst, da durch die desoxidierende (Bildung von Oxiden) und denitrierende (Bildung von Nitriden) Wirkung die Aufnahme von Sauerstoff und Stickstoff in die Schweißnähte unterdrückt wird. Titan ist daher ein häufig verwendetes Element in Schweißdrähten.

- **Korrosionsbeständigkeit**
  In hochlegierten **ferritischen Chromstählen** bzw. **austenitischen Chrom-Nickel-Stählen** (Kapitel 6.5.10) entstehen bei erhöhten Temperaturen (z. B. Schweißen) chromarme Zonen durch die Bildung von Chromcarbiden. Diese chromarmen Zonen haben eine wesentlich höhere Korrosionsanfälligkeit als die benachbarten chromreichen Werkstoffbereiche und sind daher anfällig gegenüber **interkristalliner Korrosion**. Durch das Zulegieren von Titan oder Niob in einem bestimmten Verhältnis zum Kohlenstoffgehalt (Ti $\geq 5 \cdot$ C bzw. Nb $\geq 10 \cdot$ C...12 $\cdot$ C) wird die Bildung und Ausscheidung dieser Chromcarbide vermieden, da Titan und Niob eine größere Affinität zum Kohlenstoff besitzen als das Chrom selbst. Daher reagiert der Kohlenstoff nicht mit dem Chrom, sondern mit Niob (NbC) oder Titan (TiC). Eine Bildung dieser Chromcarbide und damit die Entstehung chromarmer, korrosionsanfälliger Zonen findet nicht statt. Die Korrosionsbeständigkeit dieser Stähle wird dadurch verbessert (siehe auch Kapitel 4.4.1.3).

f) Wolfram (W)

Wolfram ist ein sehr starker Carbidbildner. Seine Wirkungsweise beruht auf der Bildung sehr harter Sondercarbide, die sich günstig auf die Festigkeit (Zugfestigkeit und Streck- bzw. Dehngrenze) sowie auf die Warmfestigkeit, aber auch auf die Härte, die Verschleißbeständigkeit und die Anlassbeständigkeit (Sekundärhärtung, Kapitel 6.4.5.2) auswirken. Wolfram bildet daher die Grundlage für viele **Werkzeugstähle**. Nachteilig wirkt sich das Wolfram auf die Zerspanbarkeit, die Verformbarkeit und die Schweißbarkeit aus.

g) Vanadium (V)

Vanadium ist ein relativ starker Carbidbildner und wirkt sich daher günstig auf die Festigkeit, Warmfestigkeit sowie auf die Härte und die Verschleißbeständigkeit aus. Vanadium verbessert durch Sekundärhärtung (V_4C_3) die Anlassbeständigkeit bis etwa 600 °C und hat eine kornfeinende Wirkung durch Hemmung des Kornwachstums im Austenitgebiet. Seine Wirkungsweise ist jedoch, verglichen mit Titan oder Niob deutlich geringer. Vanadium ist daher, ebenso wie das Wolfram ein wichtiges Legierungselement der **Werkzeugstähle**. Vanadium hat weiterhin eine größere Affinität zum Stickstoff als Eisen. Vanadiumlegierte Stähle sind daher alterungsbeständiger. Die Verformbarkeit und Schweißbarkeit wird durch das Vanadium verschlechtert. Aufgrund von Bearbeitungsproblemen (selbst beim Schleifen) sollte der Vanadiumgehalt 5 % nicht überschreiten.

h) Cobalt (Co)

Cobalt ist mit einem Legierungsanteil von bis zu 10 % ein wichtiges Legierungselement der **Schnellarbeitsstähle** (z. B. HS 10-4-3-10, Kapitel 6.5.16.7). Cobalt verbessert die Anlassbeständigkeit (Sekundärhärtemaximum wird zu höheren Temperaturen verschoben) und die Warmhärte durch eine erschwerte Koagulationsfähigkeit der Carbide (Behinderung der Diffusion des Kohlenstoffs und der Legierungselemente). Mit cobaltlegierten Schnellarbeitsstählen sind daher höhere Schnittgeschwindigkeiten möglich und sie sind für schwer zerspanbare Werkstoffe wie austenitische Chrom-Nickel-Stähle oder Ti-Legierungen geeignet. Allerdings führt Cobalt zu einer Verminderung der Zähigkeit (Entstehung von Eigenspannungen durch Ausscheidung von Co_7W_6).

i) Aluminium (Al)

Aluminium ist neben Silicium das wichtigste **Desoxidationsmittel** in Stählen. Es wird außerdem zur **Denitrierung** zugesetzt und verbessert dadurch die Alterungsbeständigkeit des Stahles. Beruhigt vergossene Stähle enthalten daher bis zu 0,02 % Aluminium (Tabelle 1, Seite 183). In **Feinkornbaustählen** wirkt Aluminium im Verbund mit abgestimmten Stickstoffgehalten als Keimbildner einer α-γ-Umwandlung und hemmt außerdem das Kornwachstum im Austenitgebiet. Hierdurch wird die Feinkörnigkeit dieser Stähle verbessert.

Weiterhin beeinflusst das Aluminium die folgenden Eigenschaften:

- **Korrosions- und Zunderbeständigkeit**

  In Gegenwart von Chrom und Silicium erfährt der Stahl durch die Anwesenheit des Aluminiums eine erhebliche Verbesserung der Korrosions- und Zunderbeständigkeit. Aluminium wird daher bis zu 1,5 % den **ferritischen Chromstählen** zur Erhöhung ihrer Zunderbeständigkeit zugesetzt.

- **Härte**

  Als starker Nitridbildner (AlN) verbessert das Aluminium in Nitrierstählen die Härte der Nitrierschicht (z. B. 34CrAlNi7).

- **Magnetische Eigenschaften**

  In **Dauermagnetlegierungen** ist Aluminium (neben Cobalt, Nickel und Kupfer) zur Verbesserung der magnetischen Eigenschaften mit bis zu 13 % enthalten.

j) Kupfer (Cu)

Kupfer wird vorwiegend durch Schrott und andere Beimengungen in das Stahlbad eingebracht und kann beim Frischvorgang nicht wieder entfernt werden, da Kupfer weniger als das Eisen oxidiert wird.

Die Lösungsfähigkeit von Eisen für Kupfer ist sehr gering (< 0,1 % bei 20 °C). Aufgrund von Ausscheidungsvorgängen kann durch die Zugabe von Kupfer bei beschleunigter Abkühlung die Festigkeit erhöht werden. Hiervon wird jedoch noch kaum Gebrauch gemacht.

In unlegierten Baustählen führt Kupfer in Verbindung mit Phosphor und ggf. Chrom zu einer Verbesserung der Witterungsbeständigkeit. Dabei wird nicht die Korrosionsbeständigkeit der Stähle erhöht, sondern es bildet sich eine kupferreiche Rostschicht aus, die dichter und festhaftender ist, als eine gewöhnliche braune Eisenrostschicht.

6.3 Eisenbegleiter und Legierungselemente

Zu erwähnen sind hierbei insbesondere die **wetterfesten Baustähle** nach DIN EN 10025-5 (z. B. S235J0**W** oder S355J0**WP**), die neben einem P-Gehalt von bis zu 0,15 % (zusätzlicher Kennbuchstabe **P** im Kurznamen) einen erhöhten Kupfergehalt von 0,25 %...0,55 % sowie einen erhöhten Chromgehalt von 0,30 % bis 1,25 % aufweisen.

Diese Stähle werden meist ohne zusätzliche Korrosionsschutzmaßnahmen eingesetzt.

Bei Kupfergehalten über 0,5 % erhöht sich bei Stählen die Gefahr einer **Lötbrüchigkeit** (Kapitel 4.4.2.4). Diese dem Rotbruch (Kapitel 6.3.1.1 und 6.5.13) vergleichbare Auflösung des Kristallzusammenhangs längs der Korngrenzen tritt auf, falls bei einer Warmumformung die Schmelztemperatur des Kupfers (1083 °C) überschritten wird.

6.3.2.3 Wirkungsweise mehrerer Legierungselemente im Stahl

Bei keinem anderen Werkstoff lassen sich die Eigenschaften durch Legieren in einem so großen Umfang ändern wie bei Stahl. Der legierte Stahl enthält außer Eisen und Kohlenstoff im Allgemeinen meist mehrere Legierungselemente.

In Ergänzung zu den besprochenen Wirkungsweisen der Legierungselemente muss jedoch stets berücksichtigt werden:

1. Die Eigenschaften eines Stahles ändern sich nicht proportional mit der Menge eines Legierungselementes. Häufig tritt die erwünschte Wirkung erst nach Überschreiten eines bestimmten Grenzgehaltes auf. Dies ist beispielsweise bei der korrosionshemmenden Wirkung des Chroms der Fall (Kapitel 6.3.2.2).

2. Bei Anwesenheit mehrerer Legierungselemente addieren sich die Wirkungsweisen der einzelnen Elemente in der Regel nicht. So müssen sich die Wirkungsweisen von Legierungselementen mit gegensätzlichen Eigenschaften nicht zwangsläufig aufheben, sondern man beobachtet mitunter eine gegenseitige Verstärkung ihrer Wirkungsweisen.

   Ein typisches Beispiel stellt die Beeinflussung der Austenitstabilität durch Chrom und Nickel dar (Bild 2, Seite 201 und Bild 1, Seite 202).

Aus den genannten Gründen ist eine quantitative Vorhersage über die zu erwartende Eigenschaftsänderung eines Stahles bei Zugabe von Legierungselementen niemals möglich, denn auch in den einfachsten Fällen handelt es sich um eine Legierung aus drei Stoffen:

Eisen – Kohlenstoff – Legierungselement.

Die Kenntnis von der Wirkung der Legierungselemente im Stahl erlaubt nur die Erwartung gewisser Eigenschaftsänderungen bei Anwesenheit bestimmter Legierungselemente.

Weiterhin ist zu berücksichtigen, dass eine Reihe von Legierungselementen im abgegossenen oder im gewalzten Zustand häufig nicht voll zur Wirkung kommen. Vielmehr sind die verbesserten Eigenschaften eines Stahles, der Legierungselemente enthält, häufig die Folge von Gefügeveränderungen (z. B. andere Korngröße, andere Zusammensetzung des Gefüges, neue Gefügebestandteile usw.).

Diese Gefügeveränderungen werden in der Regel erst durch eine auf die gewünschten Eigenschaften des Stahles bzw. die im Stahl enthaltenen Legierungselemente abgestimmte Wärmebehandlung hervorgerufen. Legierte Stähle werden daher fast nur wärmebehandelt verwendet.

6.4 Wärmebehandlung der Stähle

Die überragende technische Bedeutung der Stähle beruht unter anderem darauf, dass ihre Eigenschaften durch eine Wärmebehandlung in weiten Grenzen verändert und an die jeweiligen Betriebsbedingungen angepasst werden können.

> **ⓘ Information**
>
> **Wärmebehandlung**
> Durch eine **Wärmebehandlung** können die Eigenschaften metallischer Werkstoffe in weiten Grenzen so verändert werden, dass das wärmebehandelte Bauteil seine spätere Funktion optimal erfüllen kann. Durch eine Wärmebehandlung können die an ein Bauteil gestellten Aufgaben länger und besser erfüllt werden. Schließlich sind manche Werkstücke, wie z.B. Werkzeuge, überhaupt erst nach einer Wärmebehandlung (Härten) einsatzfähig.

Unter Wärmebehandlung versteht man nach DIN EN 10 052 Verfahren (oder Verfahrenskombinationen), bei denen Werkstücke oder Halbzeuge bestimmten Temperatur-Zeit-Folgen unterworfen werden, um eine Änderung ihres Gefüges und/oder ihrer Eigenschaften herbeizuführen. Bei einigen Verfahren wird während der Wärmebehandlung zusätzlich die chemische Zusammensetzung des Werkstoffs geändert.

Die Ziele einer Wärmebehandlung sind:

- Verbesserung der mechanischen Eigenschaften wie Festigkeit oder Zähigkeit und damit auch der Gebrauchseigenschaften (z. B. Normalglühen, durchgreifendes Härten, Vergüten),
- Verbesserung der Eigenschaften der Werkstückoberfläche im Hinblick auf Verschleiß-, Gleit- und Reibwiderstand (z. B. Einsatzhärten, Nitrieren, Flamm- oder Induktionshärten),
- Schaffung optimaler Bearbeitungsmöglichkeiten zur Zerspanung oder Kaltumformung (z. B. Weichglühen, Grobkornglühen),
- Abbau innerer Spannungen (z. B. Spannungsarmglühen),
- Beseitigung einer Kaltverfestigung (z. B. Rekristallisationsglühen),
- Beseitigung von Seigerungen (z. B. Diffusionsglühen),
- Legierungselemente zur Wirkung bringen.

6.4.1 Prinzip einer Wärmebehandlung

Die Behandlung eines Stahls bzw. eines metallischen Werkstoffs durch Wärme besteht in der Regel aus drei Schritten (Bild 1):

1. **Erwärmen** auf eine bestimmte Temperatur abhängig vom:
   - Wärmebehandlungsverfahren,
   - Kohlenstoffgehalt des Stahls,
   - Anwesenheit von Stahlbegleitern und Legierungselementen.

Diese Temperatur wird als Glühtemperatur (beim Glühen) bzw. Härtetemperatur (beim Härten bzw. beim Vergüten) bezeichnet. Die Zeitspanne vom Beginn des Erwärmens bis zum Erreichen der Glüh- bzw. Härtetemperatur an der Oberfläche des Werkstücks wird als **Anwärmzeit** bezeichnet. Die dann noch erforderliche Zeit bis zum Erreichen der Glüh- bzw. Härtetemperatur im Kern des Werkstücks bezeichnet man als **Durchwärmzeit**.

Bild 1: Temperatur-Zeit-Verlauf bei der Wärmebehandlung eines Stahls

6.4 Wärmebehandlung der Stähle

[1] *Durchgreifendes Härten* bedeutet, dass der Härtevorgang im gesamten Werkstücksquerschnitt abläuft.

[2] *Bainitisieren* wurde früher auch als **Zwischenstufenvergüten** bezeichnet.

[3] *Glühen 1. Art* bedeutet, dass es sich um ein **werkstoffunabhängiges Glühverfahren** handelt, d.h. unter den entsprechenden Voraussetzungen im allgemeinen bei allen Metallen bzw. Metalllegierungen angewandt werden kann.

[4] *Glühen 2. Art* bedeutet, dass das Glühverfahren ganz bestimmte Eigenschaften eines Metalls bzw. einer Metalllegierung ausnützt und damit **werkstoffabhängig** ist.

Bild 1: Einteilung der Wärmebehandlungsverfahren hinsichtlich der verfolgten Ziele

2. Halten der Temperatur für eine bestimmte Zeit. Die Dauer der **Haltezeit** ist vom Wärmebehandlungsverfahren abhängig. Bei einigen Verfahren, wie z. B. dem Normalglühen von Stählen (Kapitel 6.4.3.1) oder dem Härten (Kapitel 6.4.4), wird unmittelbar nach Erreichen der Glüh- bzw. Härtetemperatur (im Innern des Werkstücks) abgekühlt. Bei anderen Wärmebehandlungsverfahren, wie z. B. dem Weichglühen von Stählen (Kapitel 6.4.3.2), kann die Haltedauer auf Glühtemperatur bis zu 100 Stunden betragen.

3. **Abkühlen**. Das Abkühlen kann unterschiedlich schnell erfolgen. So wird bei allen Glühverfahren langsam abgekühlt (meist im Ofen), so dass keine unbeabsichtigte Veränderung des Glühergebnisses mehr eintritt. Beim Härten und Vergüten hingegen wird das Werkstück schnell abgekühlt (abgeschreckt).

6.4.2 Einteilung der Wärmebehandlungsverfahren

Heute finden eine Vielzahl verschiedener Wärmebehandlungsverfahren Anwendung. Die Verfahren lassen sich unter verschiedenen Gesichtspunkten einteilen. Bild 1, Seite 213, zeigt die Möglichkeit der Einteilung der Wärmebehandlungsverfahren hinsichtlich der verfolgten Ziele. Es werden in der Regel vier Hauptgruppen unterschieden:
- Glühen
- Härten (durchgreifendes Härten und Oberflächenhärteverfahren)
- Vergüten (Anlassvergüten), Bainitisieren und Perlitisieren
- Weitere Wärmebehandlungsverfahren (z. B. Ausscheidungshärten)

6.4.3 Glühen

Unter dem Begriff **Glühen** fasst man alle Verfahren der Wärmebehandlung zusammen, die das Erwärmen des Werkstücks auf eine bestimmte Temperatur (Glühtemperatur), das kurz- oder längerfristige Halten auf Glühtemperatur sowie schließlich die langsame Abkühlung zur Grundlage haben. Die einzelnen Glühverfahren unterscheiden sich im Wesentlichen hinsichtlich der Temperatur, auf die erwärmt wird, sowie in der Dauer des Haltens auf dieser Temperatur.

Das Ziel des Glühens besteht in der Veränderung der Werkstoffeigenschaften im gesamten Werkstückquerschnitt bzw. im Auslösen bestimmter Vorgänge im Gefüge, um nachteilige Eigenschaften des Werkstoffs zu beseitigen bzw. bestimmte Verarbeitungs- und Gebrauchseigenschaften herbeizuführen.

Beim Glühen werden die folgenden wichtigen Verfahren unterschieden:

Werkstoffunabhängige Glühverfahren (auch als **Glühen 1. Art** bezeichnet):
- Grobkornglühen (Hochglühen)
- Spannungsarmglühen
- Diffusionsglühen (Homogenisierungsglühen)
- Rekristallisationsglühen

Werkstoffabhängige Glühverfahren (auch als **Glühen 2. Art** bezeichnet):
- Normalglühen von Stählen
- Weichglühen von Stählen (Glühen auf kugelige Carbide)

Bild 1: Gefüge eines Baustahls im normalgeglühten Zustand (Beispiel: C45)

6.4.3.1 Normalglühen von Stählen

Das Normalglühen ist neben dem Spannungsarmglühen eines der wichtigsten Wärmebehandlungsverfahren für Stähle und Stahlguss.

Verfahren

Untereutektoide unlegierte Stähle werden beim Normalglühen vollständig austenitisiert, d. h. abhängig vom Kohlenstoffgehalt auf eine Glühtemperatur von 30 °C bis 50 °C oberhalb Ac_3 (Linie G-S) erwärmt (Bild 1, Seite 215). Untereutektoide legierte Stähle werden etwa 50 °C bis 100 °C über Ac_3 erwärmt.

> **ⓘ Information**
>
> **Normalglühen**
>
> Das **Normalglühen** hat die Bildung eines von der Vorbehandlung (Gießen, Schmieden, Härten, Überhitzen usw.) unabhängigen, gleichmäßigen und möglichst feinkörnigen Gefüges mit rundlichem Korn, d. h. das nach dem metastabilen System zu erwartende Gleichgewichtsgefüge, zum Ziel (Bild 1). Dieses Gefüge besitzt, zumindest bei den unlegierten Stählen, die beste Kombination von Festigkeits- und Zähigkeitseigenschaften. Dieser Normalzustand und damit verbunden die ursprüngliche Festigkeit und Zähigkeit des Stahls, lässt sich durch das Normalglühen immer wieder herstellen.

6.4 Wärmebehandlung der Stähle

Bild 1: Glühtemperaturen und Gefügeveränderungen beim Normalglühen am Beispiel zweier unlegierter, grobkörniger Stähle

Die erforderliche Haltedauer (in Minuten) beträgt beim Normalglühen etwa: 60 + maximaler Werkstückdurchmesser (in mm). Ist die Haltedauer zu kurz, dann werden die Gefügeunregelmäßigkeiten infolge einer unvollkommenen Gefügeneubildung nicht oder nur unvollständig beseitigt. Bei zu langer Haltedauer muss insbesondere bei unlegierten Stählen mit Grobkornbildung gerechnet werden. Die Abkühlung erfolgt beim Normalglühen mit Hilfe von Druckluft, an ruhender Luft oder im Ofen.

Bei der Erwärmung dieser Stähle wandelt sich mit Erreichen der Ac_1-Temperatur (Linie P-S-K) zunächst der Perlit in Austenit um. Die Korngrenzen zwischen den einzelnen Lamellen des Perlits stellen dabei Kristallisationskeime der Austenitkornbildung dar. Da im Perlit solche als Kristallisationskeime wirkenden Korngrenzen reichlich vorhanden sind, beginnt der Umwandlungsvorgang an sehr vielen Stellen gleichzeitig und führt schließlich zu einem feinkörnigen austenitischen Korn. Mit Erreichen der Glühtemperatur wenig oberhalb G-S (Ac_3-Temperatur) hat sich schließlich auch der Ferrit in feinkörnigen Austenit umgewandelt. Es liegt dann ein feinkörniges, ausschließlich austenitisches Gefüge vor.

Bei langsamer Abkühlung bildet sich nach Unterschreiten von G-S (Ar_3-Temperatur) ein feinmaschiges Ferritnetz auf den Grenzen der nunmehr reichlich vorhandenen Austenitkörner. Die Austenitkörner zerfallen schließlich mit Erreichen der Eutektoiden (Linie P-S-K) in Perlit. Bei Raumtemperatur liegt somit ein feinkörniges, ferritisch-perlitisches Gefüge vor (Bild 1).

Übereutektoide Stähle werden wegen der Gefahr des Grobkornwachstums nicht vollständig austenitisiert, d. h. auf Temperaturen oberhalb der Linie S-E erwärmt, sondern nur etwa 30 °C bis 60 °C über den Abschnitt S-K der Eutektoiden. Der Korngrenzenzementit bleibt dabei weitgehend erhalten, er wird lediglich eingeformt (Bild 1).

Anwendung

Das Normalglühen kann bei allen Stählen angewandt werden, die eine Ferrit-Austenit-Umwandlung aufweisen. Einige typische Anwendungsbeispiele für das Normalglühen sind (Bild 1, Seite 216):

1. Beseitigung eines kaltverformten Gefüges mit richtungsabhängigen mechanischen Eigenschaften (**Walztextur**). Diese teilweise unerwünschten Walzstrukturen können durch Walz-, Schmiede- oder Ziehvorgänge entstehen. Ein kaltverformtes Gefüge besitzt eine deutlich schlechtere Zähigkeit und Verformbarkeit sowie unterschiedliche mechanische Eigenschaften in Quer- und Längsrichtung (Anisotropie).

2. Beseitigung von grobkörnigem Gefüge mit seiner verminderten Festigkeit und Zähigkeit. Ein grobkörniges Gefüge kann entstehen durch:
- vorausgegangene Wärmeeinflüsse (z. B. Schweißen, Grobkornglühen),
- Kornwachstum eines kaltverformten Gefüges nach dem Rekristallisationsglühen.

3. Beseitigung von **Widmannstättenschem Gefüge,** wie es beispielsweise bei Stahlguss mit 0,15 % C bis 0,35 % C und erhöhten Abkühlgeschwindigkeiten nach dem Gießen oder im Bereich der Wärmeeinflusszonen (WEZ) von Schweißnähten auftreten kann. Beim Widmannstättenschen Gefüge, das nach dem österreichischen Naturforscher **A. Beck von Widmannstätten** (1753 … 1849) benannt wurde, scheidet sich der Ferrit beim Abkühlen des Stahles nicht nur an den Korngrenzen der Austenitkörner, sondern auch plattenförmig im Korninnern aus. Zwischen diesen Ferritplatten befindet sich (nach Abkühlung auf Raumtemperatur) Perlit. Stahlguss mit Widmannstättenschem Gefüge besitzt eine nachteilig schlechte Zähigkeit.

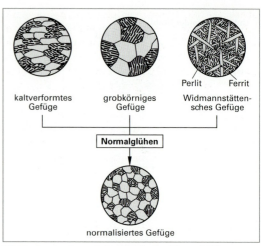

Bild 1: Anwendungsbeispiele für das Normalglühen

4. Verbesserung der Festigkeit und der Zähigkeit bei Baustählen (falls ein Vergüten nicht in Frage kommt).

Falls ein erstes Normalglühen nicht zum gewünschten Erfolg führt, ist auch ein zweites Normalisieren möglich. Dabei sollte jedoch, falls in Luft geglüht wird, die Gefahr einer **Randentkohlung** beachtet werden.

6.4.3.2 Weichglühen von Stählen (Glühen auf kugelige Carbide)

Verfahren

Stähle mit C < 0,8 % (untereutektoide Stähle) werden beim Weichglühen auf Temperaturen dicht unterhalb der Ac_1-Temperatur (Linie P-S) erwärmt. Stähle mit C > 0,8 % (übereutektoide Stähle) werden kurz oberhalb Ac_1 (Linie S-K) oder pendelnd um Ac_1 geglüht (Bild 1, Seite 223). Die Glühdauer beträgt bis zu 100 h. Eine signifikante Gefügeveränderung und damit eine Veränderung der Korngröße tritt beim Weichglühen infolge der niedrigen Glühtemperaturen nicht ein. Der Effekt des Weichglühens beruht vielmehr darauf, dass die im Perlit enthaltenen Zementitplatten bzw. bei übereutektoiden Stählen (C > 0,8 %) zusätzlich die Zementitausscheidungen an den Korngrenzen die Bestrebung haben, sich in die kugelige Form umzuwandeln. Dieses **Einformen** des Zementits führt zu einem insgesamt energetisch günstigeren Zustand des Gefüges (Bild 1 und 2, Seite 217).

> **ⓘ Information**
>
> **Weichglühen**
> Durch das **Weichglühen** soll der Stahl eine möglichst geringe Festigkeit und eine geringe Härte bei gleichzeitig hoher Verformbarkeit erhalten. Weichgeglühte Stähle lassen sich einfacher und wirtschaftlicher zerspanen und umformen. Außerdem lässt sich eine bessere Oberflächenqualität bei der Zerspanung erzielen. Durch das Weichglühen lässt sich auch ein für das nachfolgende Härten optimaler Gefügezustand einstellen.

Mit zunehmender Einformung sinkt die Festigkeit und die Härte, während die Verformbarkeit steigt (Tabelle 1, Seite 217). Durch ein Pendeln bei einer Glühtemperatur um Ac_1 wird bei den übereutektoiden Stählen die Einformung schneller erreicht und damit die Glühdauer deutlich reduziert. Bei untereutektoiden Stählen verzichtet man in der Regel auf das Pendeln um Ac_1 und glüht stattdessen dicht unterhalb dieser Temperatur. Bei diesen Stählen besteht sonst die Gefahr der Anlagerung von Zementit an den Ferritkorngrenzen und damit einer deutlichen Herabsetzung der Zähigkeit des Stahles.

6.4 Wärmebehandlung der Stähle

Übereutektoide Stähle werden vor dem Weichglühen häufig noch einer Normalglühung unterzogen, um ein gleichmäßiges Gefüge einzustellen und eine Auflösung des Schalenzementits zu erreichen. Andernfalls besteht die Gefahr, dass nach dem Weichglühen aus dem Schalenzementit grobe Carbidkörner oder -stäbchen, aus dem Zementit des Perlits hingegen feine Carbidkörner entstehen. Ein ungleichmäßiges Weichglühgefüge kann dann beim Härten zu einem spröden Gefüge führen, da die aus den groben Carbidkörnern bzw. -stäbchen entstandenen spröden Carbidadern die martensitische Grundmasse unterbrechen.

Anwendung
Weichglühen wird in folgenden Fällen angewandt:

1. Zur Herstellung eines günstigen Ausgangszustands für eine spanlose Weiterverarbeitung (Umformung), da das weichgeglühte Gefüge eine deutlich verbesserte Verformbarkeit bzw. Zähigkeit besitzt (Tabelle 1). Die Zementitteilchen wirken im eingeformten Zustand nicht mehr als bevorzugte Stellen einer Rissentstehung. Außerdem wird der Materialfluss von der weichen, ferritischen Grundmasse übernommen. Die Carbide behindern das Fließen kaum mehr.

2. Zur Verbesserung der Zerspanbarkeit, da die Werkzeugschneide nur noch den weichen Ferrit zu schneiden braucht (geringerer Werkzeugverschleiß). Die Zementitkörnchen werden hingegen zur Seite gedrückt oder herausgerissen, nicht aber zerschnitten. Für eine spanende Weiterverarbeitung werden allerdings nur Stähle mit Kohlenstoffgehalten über 0,5 % C weichgeglüht. Stähle mit geringeren Kohlenstoffgehalten würden nach dem Weichglühen bei einer Zerspanung schmieren (Zusetzen der Spanräume sowie Bildung von Aufbauschneiden) sowie unerwünschte Fließspäne bilden. Andererseits besteht die Gefahr, dass der Zementit während des Glühens an die Korngrenzen wandert, dort den Zusammenhalt der Körner beeinträchtigt und der Stahl damit versprödet. Für diese Stähle bietet sich das oben beschriebene Grobkornglühen an.

3. Zur Herstellung eines optimalen Gefügezustands für ein nachfolgendes Härten (bei Werkzeugstählen). Die fein verteilten Zementitkristalle des weichgeglühten Gefüges lösen sich bei Erreichen der Härtetemperatur aufgrund der großen Oberflächen schneller auf (Bild 1). Außerdem wirkt sich der nach dem Härten noch verbliebene (nicht aufgelöste) Zementit nicht nachteilig auf die Gebrauchseigenschaften der gehärteten Werkstücke aus.

Bild 1: Einformen des Zementits

Tabelle 1: Mechanische Eigenschaften eines Stahles am Beispiel von C80

Eigenschaft		Normalgeglüht (lamellarer Perlit)	Weichgeglüht (globularer Perlit)
R_e	in MPa	600	280
R_m	in MPa	1050	550
A	in %	8	25
Z	in %	15	60
Härte	in HB	300	155

Bild 2: Werkzeugstahl mit 1 % C im weichgeglühten Zustand

6.4.3.3 Spannungsarmglühen

Eigenspannungen

Eigenspannungen sind Spannungen, die ohne das Vorhandensein von äußeren Kräften oder Momenten im Innern eines Werkstücks oder Bauteils auftreten. Ein typisches Merkmal von Eigenspannungen ist, dass sie im Innern eines Werkstücks stets das Gleichgewicht halten. Zug- und Druckeigenspannungen treten deshalb immer gemeinsam auf. Hinsichtlich ihrer räumlichen Ausdehnung unterscheidet man Eigenspannungen erster, zweiter und dritter Art. Eigenspannungen (erster und zweiter Art) können auf unterschiedliche Weise entstehen:

- Ungleichmäßige Abkühlung und behinderte Schrumpfung nach dem Schweißen (Bild 1). Man spricht von **Wärmespannungen**,
- Bei der Abkühlung von Gussstücken infolge fester Schwindung **(Gusseigenspannungen)**,
- Kaltverformung, z. B. Biegen, Hämmern, Richten oder andere Arten der Kaltverformung,
- Spanabhebende Bearbeitung, z. B. Fräsen, Hobeln, Drehen **(Bearbeitungseigenspannungen)**,
- Gefügeumwandlung, die nicht in allen Bereichen des Werkstücks auftritt (z. B. beim Oberflächenhärten). Auch hier treten Wärmespannungen auf.

Eigenspannungen 1. Art (teilweise auch 2. Art) sind in der Regel aus folgenden Gründen unerwünscht:

1. Eigenspannungen können in ungünstigen Fällen die Höhe der Streck- bzw. Dehngrenze erreichen. Sie überlagern sich den Betriebskräften, so dass unter ungünstigen Umständen bereits bei verhältnismäßig niedrigen zusätzlichen äußeren Belastungen eine Rissbildung oder gar ein Bruch eintreten kann.

2. Eigenspannungen vermindern die plastischen Verformungsreserven eines Werkstoffs teilweise erheblich. Insbesondere kann sich im Bereich von Schweißnähten ein sprödbruchbegünstigender dreiachsiger Spannungszustand ausbilden.

3. Eigenspannungen können während einer spanenden Bearbeitung zu unerwünschten Maß- und Formänderungen und demzufolge zu einer teuren Nacharbeit führen. Da durch eine spanende Bearbeitung die Eigenspannungen nur teilweise beseitigt werden, wird das vorherige Gleichgewicht der Zug- und Druckspannungen zerstört.

Verfahren

Durch das Spannungsarmglühen sollen Eigenspannungen 1. Art und teilweise auch 2. Art weitgehend abgebaut oder zumindest vermindert werden.

> **ⓘ Information**
>
> **Spannungsarmglühen**
> Unter **Spannungsarmglühen** versteht man ein Glühen bei einer Temperatur unterhalb Ac_1 (Linie P-S-K im EKD) mit anschließender langsamer Abkühlung, zum Abbau innerer Spannungen (Eigenspannungen). Die übrigen Werkstoffeigenschaften sollen durch das Spannungsarmglühen möglichst unverändert bleiben.

Bild 1: Schrumpfvorgänge in einer Schweißverbindung

Tabelle 1: Glühtemperaturen für das Spannungsarmglühen

Werkstoff	Glühtemperatur in °C
Stähle (nicht warmfest)	600 ... 650
Warmfeste Stähle Mikrolegierte, thermomechanisch behandelte Feinkornbaustähle	< 580
Vergütete Stähle	< Anlasstemperatur
Gehärtete Stähle	Spannungsarmglühung nicht zulässig
Gusseisen	
unlegiert	500 ... 550[1] 570 ... 580[2]
niedrig legiert	560 ... 600
hoch legiert	600 ... 650[3]

[1] niedrigfeste Sorten [2] hochfeste Sorten
[3] z. B. austenitisches Gusseisen

6.4 Wärmebehandlung der Stähle

Beim Spannungsarmglühen von Stählen wird langsam auf Temperaturen zwischen 550°C und 650°C erwärmt (Tabelle 1, Seite 218) und diese Temperatur, abhängig von der Bauteildicke, 1…2 Stunden gehalten. Eine der wichtigsten Regeln für ein wirksames Spannungsarmglühen, insbesondere bei kompliziert geformten Bauteilen, besteht in der Wahl einer sehr geringen Wärm- und Abkühlgeschwindigkeit, so dass alle Bereiche des Werkstücks stets die gleiche Temperatur haben, damit keine neuen Eigenspannungen entstehen.

Die beim Spannungsarmglühen ablaufenden Vorgänge im Kristallgitter sind der Kristallerholung zuzuordnen (Kapitel 2.10.2.2). Gefügeveränderungen sind im Schliffbild noch nicht erkennbar.

Bild 1: Verteilung der Eigenspannungen in einer Schweißnaht vor und nach einer Spannungsarmglühung (Beispiel)

Anwendungsgrenzen

Durch das Spannungsarmglühen können Eigenspannungen erster Art nur bis zur Höhe der Warmstreck- bzw. Dehngrenze (Streck- bzw. Dehngrenze bei Glühtemperatur) abgebaut werden. Ein vollständiger Spannungsabbau ist nicht möglich. Die mitunter verwendete Bezeichnung **„Spannungsfreiglühen"** ist daher nicht korrekt. Bild 1 verdeutlicht diesen Effekt anhand zweier Stahlplatten, die mittels einer Schweißnaht gefügt wurden.

6.4.3.4 Rekristallisationsglühen

Wird ein metallischer Werkstoff kalt verformt (z. B. gewalzt, gebogen usw.), dann tritt in der Regel eine **Verformungsverfestigung (Kaltverfestigung)** ein (Kapitel 2.9.4). Die Verformungsverfestigung des Werkstoffs beruht auf der Erhöhung von Kristallfehlern (Versetzungen, Leerstellen usw.) und in der Veränderung der Kristallform. Eine Verformungsverfestigung äußert sich in einer Erhöhung der Festigkeit (Zugfestigkeit und Streck- bzw. Dehngrenze) und der Härte, sowie in einer Herabsetzung der Zähigkeit und

> **ⓘ Information**
>
> **Rekristallisationsglühen**
> **Rekristallisationsglühen** ist ein Glühen bei Temperaturen oberhalb der Rekristallisationstemperatur des betreffenden Werkstoffs (Kapitel 2.10.2.3), um die mit einer Kaltverformung einhergehende Kaltverfestigung ohne Phasenumwandlung zu beseitigen und damit die plastische Verformbarkeit wieder herzustellen.

der Verformbarkeit (Bruchdehnung und Brucheinschnürung). Auch die physikalischen Eigenschaften, wie zum Beispiel die elektrische Leitfähigkeit, ändern sich mit dem Umformgrad (Bild 1, Seite 57). Dieser Effekt ist aus der Praxis bekannt: Wird zum Beispiel ein Stück Blech oder ein Rohr aus Aluminium kalt gebogen, dann muss hierfür eine bestimmte Kraft aufgewandt werden. Soll das Blech bzw. das Rohr anschließend weiter verformt oder wieder in die Ausgangslage zurückgebogen werden, dann sind deutlich höhere Kräfte erforderlich. Die Festigkeit des Werkstoffs hat sich offensichtlich beim ersten Biegevorgang infolge einer Verformungsverfestigung erhöht. Die Zähigkeit und die Verformbarkeit des Werkstoffs wurde durch die Verformungsverfestigung allerdings deutlich vermindert. Bei weiterer Verformung ist daher mit Rissen oder gar mit einem Bruch zu rechnen.

Durch das Rekristallisationsglühen sollen die mit einer Verformungsverfestigung einhergehenden Veränderungen der Werkstoffeigenschaften beseitigt werden. Beim Rekristallisationsglühen entsteht ein völlig neues, ungestörtes Gefüge, das vergleichbare Eigenschaften (hinsichtlich Festigkeit, Härte, Verformbarkeit und Zähigkeit) besitzt, wie das ursprünglich unverformte Gefüge (Bild 1, Seite 57). Die bei einer Rekristallisation im Gefüge ablaufenden Vorgänge wurden bereits in Kapitel 2.10.2 besprochen.

Verfahren

Beim Rekristallisationsglühen muss das Metall bzw. die Legierung auf eine Temperatur oberhalb der Mindestrekristallisationstemperatur ϑ_{Rmin} (s. u.) erwärmt werden. So beträgt beispielsweise für un- und niedriglegierte Stähle die Rekristallisationstemperatur, abhängig von der vorangegangenen Kaltverformung und der chemischen Zusammensetzung des Stahles, 550 °C bis 700 °C (Bild 1)

Die Haltezeit ist im Wesentlichen abhängig von der Glühtemperatur und kann wenige Minuten bis zu einigen Stunden betragen. Abgekühlt wird, wie für das Glühen üblich, langsam.

Anwendung

Das Rekristallisationsglühen kann im Wesentlichen auf alle Metalle und Metalllegierungen angewandt werden, sofern das Gefüge im kaltverformten Zustand vorliegt. Bei Stählen ist zu beachten, dass verformte Carbide allerdings erst oberhalb von Ac_1 wieder ihre globulare Form erhalten. Diese Temperatur wird jedoch nicht erreicht. Eine Rekristallisationsglühung wird besonders in den folgenden Fällen durchgeführt:

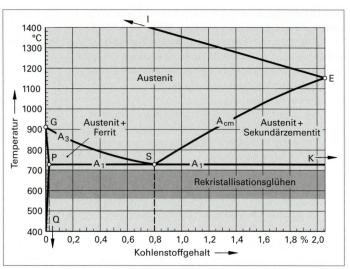

Bild 1: Temperaturbereich für das Rekristallisationsglühen von un- und niedriglegierten Stählen

1. Für Halbzeuge mit kleinen Querschnitten und engen Toleranzen, wie z. B. Feinblech, Draht, Präzisionsrohre usw., die durch Kaltverformung hergestellt werden müssen. Bei starker Umformung ist häufig die Fließfähigkeit des Werkstoffs erschöpft, ehe die Endabmessungen erreicht sind. Eine weitere Verformung würde infolge der deutlich verminderten Zähigkeit und Verformbarkeit des kaltverformten Gefüges zur Rissbildung oder zum Bruch führen. Daher wird zwischen den einzelnen Verformungsstufen sowie gegebenenfalls am Ende der Bearbeitung eine Rekristallisationsglühung durchgeführt, um die plastische Verformbarkeit wieder herzustellen.
2. Für Fertigteile, die durch Tiefziehen oder Massivumformung hergestellt werden, und im Anschluss an die Umformung wieder eine bestimmte plastische Verformbarkeit aufweisen sollen.
3. Zur Herstellung teilharter Zustände durch eine Teilrekristallisation (Kapitel 2.10.2.6)

Bei Stählen kann alternativ zum Rekristallisationsglühen auch das Normalglühen angewandt werden. Dabei ist jedoch zu berücksichtigen:

1. Stähle mit C ≤ 0,2 % weisen bei Umformgraden von 5...15 % nach dem Rekristallisationsglühen ein grobes Gefüge auf. Hier sollte das Normalglühen vorgezogen werden.
2. Das Rekristallisationsglühen hat gegenüber dem Normalglühen eine Reihe von Vorteilen:
   - Keine oder nur geringe Gefahr einer Verzunderung
   - Geringerer Energieverbrauch
   - Höhere Maßhaltigkeit der geglühten Teile, da keine Gefügeumwandlungen auftreten.

6.4.3.5 Diffusionsglühen (Homogenisierungsglühen)

Die Erstarrung eines technischen Metalles erfolgt in der Regel nicht unendlich langsam, sondern mit messbarer Abkühlgeschwindigkeit. Eine derartige gleichgewichtsferne (technische) Erstarrung führt dabei zu Konzentrationsunterschieden innerhalb der Kristalle. Es entstehen schichtförmig aufgebaute Körner mit einer sich vom Kern zum Rand hin kontinuierlich verändernden Zusammensetzung. Diese Erscheinung bezeichnet man als **Kristall-** oder **Mikroseigerung** und den dabei entstehenden Kristall als **Zonenmischkristall** (Kapitel 3.5.1.3 bzw. Bild 1, Seite 78).

> **(i) Information**
>
> **Diffusionsglühen**
>
> Unter **Diffusionsglühen** von Stählen versteht man ein Glühen bei hohen Temperaturen (im Bereich zwischen 1050 °C und 1300 °C) mit ausreichend langem Halten (bis zu 50 h), um örtliche Unterschiede der chemischen Zusammensetzung (Seigerungen) auszugleichen, lösliche, versprödend wirkende Phasen von der Korngrenze in das Korninnere zu transportieren und unlösliche Verbindungen in eine weniger schädliche, globulare Form zu überführen (Koagulation).

6.4 Wärmebehandlung der Stähle

Die Kristallseigerung ist umso ausgeprägter, je höher die Abkühlgeschwindigkeit, je kleiner die Diffusionsgeschwindigkeit der beteiligten Elemente und je ausgedehnter das Erstarrungsintervall der Legierung ist. Kristallseigerungen führen nach dem Walzen meist zu einem zeiligen Sekundärgefüge (Kapitel 6.3.1.3) und dadurch zu einer Reihe unerwünschter Eigenschaften des Stahles sowohl im Mikro- als auch im Makrobereich.

Mikrobereich:
- Beeinflussung des Kornwachstums,
- Veränderung der Umwandlungstemperaturen bei einer Wärmebehandlung,
- Beeinflussung des Aufschmelzverhaltens,
- Verschlechterung des Korrosionsverhaltens.

Makrobereich:
- Ausbildung eines Sekundärzeilengefüges mit anisotropen Werkstoffeigenschaften (Kapitel 6.3.1.3),
- Verschlechterung des Umformverhaltens (Rissbildung),
- Verschlechterung der statischen Festigkeit sowie der Schwingfestigkeit, insbesondere quer zur Verformungsrichtung,
- Veränderung des thermischen Ausdehnungsverhaltens und der Zerspanungseigenschaften.

Neben Kristallseigerungen treten nach dem Gießen auch **Block-** oder **Makroseigerungen** auf, die sich über einen Kristalliten (Korn) hinaus erstrecken. Sie führen zu Konzentrationsunterschieden zwischen unterschiedlichen Bereichen des Gussstückes (Bild 2, Seite 186). Zur Blockseigerung in Stählen neigt vor allem Schwefel, gefolgt von Phosphor, Kohlenstoff, Sauerstoff und Mangan (Bild 1, Seite 188). Besonders ausgeprägt waren Blockseigerungen beim heute nicht mehr angewandten unberuhigten Vergießen des Stahles. Blockseigerungen führen zu einer erheblichen Verschlechterung der Schweißbarkeit (Terrassenbrüche, Kapitel 6.3.1.9).

Verfahren

Das Diffusionsglühen von Stählen wird bei Temperaturen zwischen 1050 °C und 1300 °C durchgeführt (Bild 1, Seite 223). Die Glühtemperatur wird über eine längere Zeit (bis zu 50 h) gehalten. Anschließend wird langsam abgekühlt. Die notwendige Glühdauer hängt von den folgenden Faktoren ab:
- Seigerungsgrad
- Ertragbarer Restseigerungsgrad nach der Glühung.
- Diffusionsgeschwindigkeit der am Konzentrationsausgleich beteiligten Elemente. Lange Glühzeiten ergeben sich insbesondere bei diffusionsträgen Elementen wie z. B. Phosphor.
- Diffusionsweg und damit vom Verformungsgrad des Gefüges.

Bei der hohen Glühtemperatur des Diffusionsglühens liegt ein austenitisches Gefüge vor.

Das kubisch-flächenzentrierte Kristallgitter des Austenits kann Fremdatome nicht nur besser aufnehmen (lösen), auch deren Fortbewegung (Diffu-sion) ist dort deutlich erleichtert. Daher wandern die Fremdatome aus Bereichen mit hoher Konzentration in Bereiche mit niedriger Konzentration, wodurch die erwünschte gleichmäßige Verteilung über den Querschnitt eintritt.

Bild 1: Ausgleich von Gefügeinhomogenitäten durch das Diffusionsglühen am Beispiel eines Stahles mit 0,5 % C

Weiterhin diffundieren lösliche Gefügebestandteile in das Korninnere (Bild 1, Seite 221), während die unlöslichen Gefügebestandteile (Carbide, Nitride, Oxide) aufgrund der hohen Glühtemperatur in eine globulare Form überführt werden **(Koagulation)** (Bild 1, Seite 221). Auch die mechanischen Eigenschaften werden durch eine Diffusionsglühung verbessert. Inbesondere beobachtet man eine Angleichung der Rand- und Kerneigenschaften.

Anwendung

Diffusionsgeglüht werden in der Regel abgegossene oder warmgeformte Stahlblöcke, nicht die fertigen Bauteile. Dadurch ist es möglich, in nachfolgenden Bearbeitungsschritten die negativen Begleiterscheinungen des Diffusionsglühens (z. B. Verzunderung, Entkohlung der Oberfläche und Grobkornbildung) wieder zu beseitigen. Durch das Diffusionsglühen können nur Kristallseigerungen und Konzentrationsunterschiede von direkt benachbarten Kristallen ausgeglichen werden, dagegen ist die Beseitigung von Blockseigerungen aufgrund der großen Diffusionswege in wirtschaftlich tragbarer Zeit nicht möglich.

Das Diffusionsglühen ist teuer und wird daher in der Regel nur für hochwertige Bauteile und Werkstoffe angewandt, wie z. B. hoch beanspruchte legierte Stahlgussteile zur Verbesserung der Zähigkeit oder schwer zu homogenisierende, hochlegierte Werkzeugstähle.

6.4.3.6 Grobkornglühen (Hochglühen)

Das Grobkornglühen ist werkstoffunabhängig und kann damit im Prinzip auf alle Metalle bzw. Metalllegierungen angewandt werden. In der Regel werden jedoch nur un- und niedriglegierte Stähle mit Kohlenstoffgehalten unter 0,5 % (z. B. Baustähle oder Einsatzstähle) grobkorngeglüht. Diese Stähle zeichnen sich aufgrund ihres geringen Kohlenstoffgehaltes durch eine niedrige Festigkeit verbunden mit einer erhöhten Zähigkeit aus und können daher

Grobkornglühen

Das **Grobkornglühen** ist ein Glühverfahren, das vorzugsweise der Einstellung einer zerspanungstechnisch günstigen Gefügestruktur dient (Fein- oder Feinstbearbeitung).

bei der Zerspanung die genannten Probleme verursachen. Grobkorngeglühte Stähle finden auch als weichmagnetische Werkstoffe (z. B. Dynamoblech) in der Elektrotechnik Anwendung.

Stähle werden beim Grobkornglühen vollständig austenitisiert, d. h. im Mittel etwa 150 °C über Ac_3 erwärmt (Bild 1, Seite 223).

Die Glühtemperatur wird über mehrere Stunden (1 h ... 4 h) hinweg gehalten. Die anschließende Abkühlung erfolgt bis zum Umwandlungspunkt Ar_1 (723 °C) langsam, danach kann schneller abgekühlt werden.

Das Grobkornglühen ist aufgrund der hohen Glühtemperatur verhältnismäßig teuer. Da grobkorngeglühte Werkstoffe außerdem eine geringere Festigkeit und Zähigkeit sowie eine deutlich schlechtere Härtbarkeit aufweisen, wird das Verfahren relativ selten angewandt.

6.4.4 Härten

Unter **Härten** versteht man das Erwärmen auf Härtetemperatur (auch als Austenitisieren bezeichnet) und nachfolgendem Abkühlen mit solcher Geschwindigkeit, dass oberflächlich oder durchgreifend eine erhebliche Härtesteigerung durch Martensitbildung eintritt.

6.4.4.1 Geschichte der Stahlhärtung

Die Geschichte der Stahlhärtung ist bereits sehr alt. Heute nimmt man an, dass die Stahlhärtung bereits vor 3500 Jahren im Vorderen Orient praktiziert wurde. Es wurde bereits sehr früh erkannt und durch die Erfahrung vieler Generationen erweitert und verbessert, dass sich nur Eisen und sonst kein anderes Metall härten lässt.

Das Eisen musste außerdem eine bestimmte Menge an Kohlenstoff enthalten und aus der Rotglut in Wasser abgeschreckt werden. Kühlt man es langsamer ab, dann bleibt es weich.

6.4 Wärmebehandlung der Stähle

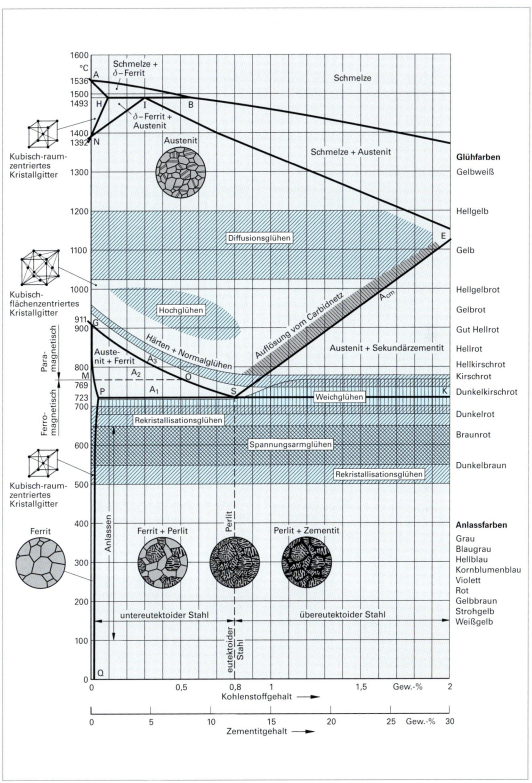

Bild 1: Eisen-Kohlenstoff-Zustandsdiagramm mit Glühtemperaturen wichtiger Glühverfahren

Die metallkundliche Erklärung des Härtungsprozesses ist angesichts der langen Geschichte der Stahlhärtung erst seit Beginn des 20. Jahrhunderts bekannt. Ein Problem war, dass die Kenntnis der Härtung von Waffen und Werkzeugen über Jahrhunderte hindurch von den jeweiligen Meistern als Arkanum (Geheimvorschriften) gehütet wurde.

Lange Zeit nahm man an, dass die Qualität des zum Abschrecken verwendeten Wassers einen entscheidenden Einfluss auf die zu erreichende Stahlhärte hat (Bild 1). Noch im 19. Jahrhundert transportierte daher ein Schiff eine Ladung Wasser aus Englands berühmtestem Stahlzentrum Sheffield nach Amerika. Die Auftraggeber glaubten, dass die Güte des Sheffielder Stahls vom dort verwendeten Wasser abhängig war. Heute weiß man jedoch, dass die Wasserqualität nur einen geringen Einfluss auf den Härteprozess besitzt.

Der Beginn der wissenschaftlichen Untersuchung der Stahlhärtung geht auf den Engländer *F. Osmond* zurück, der in den Jahren 1885 und 1887 zwei umfangreiche Arbeiten zur chemischen Zusammensetzung, Gefügeausbildung und zu den mechanischen Eigenschaften gehärteter Stähle veröffentlichte. Das bei der Stahlhärtung entstehende typische Gefüge wurde seinerzeit noch als **Hardenit** bezeichnet. Der heutige Name **Martensit** folgte erst später. Erst im Jahre 1922 wurde von *Westgren* und *Phragmen* mit Hilfe röntgenographischer Methoden der Modifikationswechsel des Eisens entdeckt.

1927 konnte dann nachgewiesen werden, dass Martensit ebenfalls kristallin aufgebaut ist. Weitere Untersuchungen von *Edgar C. Bain* (1924) sowie von *Kurdjumov* und *Sachs* (1930) führten schließlich zur Erstellung erster Modelle zur Kristallographie der martensitischen Umwandlung. Sie wurden später von *Nishijama* und *Schumann* noch weiter verfeinert. Die Stahlhärtung ist also heute kein Geheimnis mehr.

Heute haben martensitische Umwandlungen nicht nur in Fe-C-Legierungen, sondern auch in anderen Legierungssystemen wie der **Shape-Memory-Alloys (Formgedächtnis-Legierungen)** eine zunehmende Bedeutung. Mit Hilfe derartiger Legierungen ist es möglich, durch Rückumwandlung des martensitischen Gefüges bei bestimmten Temperaturen wieder die ursprünglich vorhandene Form einzunehmen. Solche Legierungen könnten im Automobilbau oder auch als Zahnersatz eine Bedeutung erlangen. Letztere nimmt bei Körpertemperatur die genau passende Form an, während es vorher aufgrund kleiner Abmessungen genau eingesetzt werden kann.

Bild 1: Prinzip des Härtens nach *Georgius Agricola* (1474 bis 1555). Aus: De Re Metallica

6.4.4.2 Ziele der Stahlhärtung

Das Härten ist ein bei Stählen weit verbreitetes Wärmebehandlungsverfahren. Es wird in der Regel in Verbindung mit einem nachfolgenden Wiedererwärmen, dem Anlassen (Kapitel 6.4.5), angewandt. Das Härten kann aus verschiedenen Gründen durchgeführt werden:

1. Bei Werkzeugstählen, durchhärtenden Wälzlagerstählen sowie anderen härtbaren Stählen, dient das Härten in Verbindung mit einem nachfolgenden Erwärmen (Anlassen) einer Erhöhung der Härte und Verschleißbeständigkeit des Stahles. Abhängig von der Stahlsorte erfolgt die Wiedererwärmung auf niedrige Temperaturen etwa zwischen 100 °C und 250 °C (Erhöhung der Zähigkeit und Abbau innerer Spannungen) oder auf höhere Temperaturen etwa zwischen 500 °C und 650 °C (Sekundärhärtung).

6.4 Wärmebehandlung der Stähle

2. Bei härtbaren bzw. vergütbaren Konstruktionsstählen dient das Härten in Verbindung mit einem nachfolgenden Erwärmen (Anlassen) auf höhere Temperaturen (zwischen 450 °C und 680 °C) einer Erhöhung der Festigkeit bei angemessener Zähigkeit bzw. der Einstellung eines vorgegebenen Verhältnisses von Zähigkeit und Festigkeit. Man spricht in diesem Fall vom Vergüten (Kapitel 6.4.5.4).

6.4.4.3 Verfahren

Der Härtevorgang eines Werkstücks lässt sich in drei verfahrenstechnische Schritte gliedern (Bild 1, Seite 212): Erwärmen auf Härtetemperatur, kurzes Halten (wenige Minuten bis etwa eine Stunde), Abschrecken mit einer Abkühlgeschwindigkeit, die größer ist als die kritische Abkühlgeschwindigkeit (Kapitel 6.4.4.6). Das Abschrecken aus der Härtetemperatur kann kontinuierlich oder zur Verminderung innerer Spannungen stufenweise erfolgen (Kapitel 6.4.4.11).

6.4.4.4 Härtetemperatur

Die erforderliche Härtetemperatur hängt in hohem Maße von der chemischen Zusammensetzung des Stahles, also von seinem Kohlenstoffgehalt sowie von Art und Menge eventuell vorhandener Legierungselemente ab.

Unlegierte, untereutektoide Stähle (C < 0,8 %) werden durch Erwärmen auf Temperaturen zwischen 30 °C bis 60 °C oberhalb G–S (Ac_3-Temperatur) vollständig austenitisiert, während die unlegierten, übereutektoiden Stähle (C > 0,8 %) auf etwa 780 °C bis 820 °C erwärmt werden (Bild 1). Die Härtetemperaturen der unlegierten Stähle entsprechen damit etwa den Glühtemperaturen beim Normalglühen (Bild 1, Seite 215).

Bild 1: Härtetemperaturen unlegierter Stähle sowie ausgewählter legierter Stähle (mit Beispielen)

Legierte Stahlsorten müssen, abhängig von Art und Menge der Legierungselemente, auf deutlich höhere Temperaturen erwärmt werden, um eine vollständige bzw. ausreichende Zementit- bzw. Carbidauflösung sicherzustellen und alle Legierungsbestandteile in Lösung zu bringen. Die in der Praxis bewährten Austenitisierungstemperaturen können in der Regel entsprechenden Normen oder Werkstoffdatenblättern entnommen werden (z. B. Vergütungsstähle: DIN EN 10083, Werkzeugstähle: DIN EN ISO 4957).

Die in Bild 1 angegebenen Temperaturen gelten nur bei langsamer Erwärmung (z. B. im Ofen). Bei erhöhter Erwärmungsgeschwindigkeit (z. B. induktive Erwärmung) verschieben sich die Umwandlungslinien (Ac_1, Ac_3 und Ac_{cm}) zu höheren Temperaturen, so dass in der Praxis durchschnittlich etwa 50 °C...100 °C höhere Austenitisierungstemperaturen angewandt werden müssen (Kapitel 6.4.4.14).

6.4.4.5 Abkühlgeschwindigkeit und Gefügeausbildung

Eisen ist das Basismetall der technisch wichtigsten Legierungen, der Stähle. Eisen ist ein polymorphes Metall, d. h. es kristallisiert, abhängig von der Temperatur, in unterschiedlichen Kristallgittern (Bild 2, Seite 167).

Kühlt man einen (unlegierten) Stahl aus dem Austenitgebiet ab, dann muss aufgrund der Polymorphie des Eisens eine Gitterumwandlung von kubisch-flächenzentriert nach raumzentriert stattfinden. Ob nun vor bzw. bei dieser Gitterumwandlung eine Diffusion von Eisen- bzw. Kohlenstoffatomen möglich ist, hängt in hohem Maße von der Abkühlgeschwindigkeit ab. Mit zunehmender Abkühlgeschwindigkeit steht für eine Diffusion weniger Zeit zur Verfügung, der Austenitkristall wird in zunehmendem Maße unterkühlt.

Die Umwandlung findet damit bei tieferen Temperaturen und unter zunehmend schlechteren Diffusionsbedingungen statt. Der Umwandlungsmechanismus und die sich ausbildenden Gefügeformen verändern sich (Bild 1).

Hinsichtlich des Umwandlungsmechanismus und der sich ausbildenden Gefügeformen unterscheidet man drei Umwandlungsstufen des unterkühlten Austenits:

- Bei langsamer Abkühlgeschwindigkeit: Umwandlungen in der **Perlitstufe**.
  – Diffusion von Kohlenstoffatomen möglich
  – Diffusion von Eisenatomen möglich
- Bei erhöhter Abkühlgeschwindigkeit: Umwandlungen in der **Bainitstufe**.
  – Diffusion von Kohlenstoffatomen erschwert
  – Diffusion von Eisenatomen nicht mehr möglich
- Bei hoher Abkühlgeschwindigkeit: Umwandlungen in der **Martensitstufe**.
  – Diffusion von Kohlenstoffatomen nicht mehr möglich
  – Diffusion von Eisenatomen nicht mehr möglich

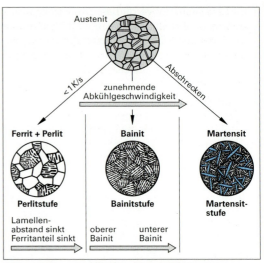

Bild 1: Einfluss der Abkühlgeschwindigkeit auf die Gefügeausbildungen am Beispiel von C45 (vereinfacht)

Umwandlungen in der Perlitstufe

Bei langsamer Abkühlung eines Stahls aus der Härtetemperatur bilden sich die bereits in Kapitel 6.2.2 beschriebenen Gefügeformen (Bild 2). Voraussetzung ist die Möglichkeit einer Diffusion der Eisen- und der Kohlenstoffatome. Bei langsamer Abkühlung (< 1 K/s) steht für die notwendigen Diffusionsvorgänge genügend Zeit zur Verfügung. Mit zunehmender Abkühlgeschwindigkeit, also mit zunehmender Entfernung vom Gleichgewicht, werden die aus dem Eisen-Kohlenstoff-Diagramm bekannten Umwandlungen zu tieferen Temperaturen verschoben, da die Zeit zum Ablauf aller notwendigen Diffusionsvorgänge nicht mehr zur Verfügung steht. Dabei treten beträchtliche Änderungen im Ablauf der Umwandlungen sowie in der Art, Menge und Verteilung der sich bildenden Gefügebestandteile bzw. Gefügearten auf. Das Eisen-Kohlenstoff-Zustandsdiagramm verliert zunehmend seine Aussagekraft.

Bei beschleunigter Abkühlung aus dem Austenitgebiet (z. B. durch Abkühlung an bewegter Luft) beobachtet man im Wesentlichen drei bedeutende Veränderungen im Eisen-Kohlenstoff-Zustandsdiagramm (Bild 1, Seite 227):

Bild 2: Umwandlung in der Perlitstufe am Beispiel eines unlegierten Stahles mit 0,5 % C

1. Die Ar_3-Temperatur (Linie G – S) und auch die Ar_1-Temperatur (Linie P – S) der Perlitbildung sinken mit zunehmender Abkühlgeschwindigkeit. Für Stähle mit Kohlenstoffgehalten über etwa 0,2 %...0,3 % findet bei beschleunigter Abkühlung (> 50 K/s) keine voreutektoide Ferritausscheidung mehr statt.

2. Der Perlitanteil nimmt stetig zu, da dem diffusionsgesteuerten Ferritkornwachstum im Temperaturbereich zwischen der Ar_3-Temperatur (Linie G – S) und der Ar_1-Temperatur (Linie P – S) in zunehmendem Maße weniger Zeit zur Verfügung steht. Außerdem nimmt die Keimbildungsgeschwindigkeit und damit die Anzahl der Kristallisationskeime der Perlitbildung zu.

6.4 Wärmebehandlung der Stähle

3. Die Lamellenbreite des Perlits nimmt stetig ab, da einerseits die Diffusionsgeschwindigkeit und damit der durch Diffusion zurücklegbare Weg mit zunehmender Abkühlgeschwindigkeit geringer wird und andererseits die Keimbildungsgeschwindigkeit, d. h. die Anzahl der Kristallisationskeime der Perlitbildung, zunimmt. Dieses feinlamellare perlitische Gefüge wurde früher auch als **Sorbit** bezeichnet (benannt nach dem englischen Naturforscher **Henry Clifton Sorby**, 1826 ... 1908) (Bild 2a). Neben dem feinstreifigen Sorbit unterscheidet man einen noch feinstreifigeren, meist rosettenförmig angeordneten Perlit, der nach dem Engländer **Louis-Joseph Troost** früher auch als **Troostit** bezeichnet wurde (Bild 2b). Diese Bezeichnungen sind heute nicht mehr gebräuchlich.

Bild 1: Einfluss der Abkühlgeschwindigkeit auf die Umwandlungslinien im EKD

Umwandlungen in der Bainitstufe

In der Bainitstufe ist aufgrund der bereits deutlich verminderten Umwandlungstemperatur nur noch eine beschränkte Diffusion der im Vergleich zu den Eisenatomen relativ kleinen Kohlenstoffatome möglich. Eisenatome können bei diesen relativ niedrigen Temperaturen praktisch nicht mehr diffundieren. Der bereits deutlich unterkühlte Austenit wandelt sich in den nach dem amerikanischen Metallkundler **Edgar C. Bain** benannten **Bainit** um.

Bainit wird im älteren Schrifttum als **Zwischenstufengefüge** bezeichnet. Entsprechend der Stellung der Bainitstufe zwischen der Perlit- und Martensitstufe, weist die Bainitbildung sowohl Merkmale der Perlitbildung (beschränkte Möglichkeit der Diffusion von Kohlenstoffatomen) als auch der Martensitstufe (diffusionsloses „Umklappen" des Austenitgitters) auf. Hinsichtlich der Bildungsmechanismen unterscheidet man zwischen dem **oberen Bainit** und dem **unteren Bainit**.

Das Gefüge des **oberen Bainits** ähnelt in seiner Erscheinungsform dem Perlit, hat jedoch eine weniger regelmäßige Anordnung. Oberer Bainit bildet sich im oberen Teil der Bainitstufe etwa zwischen 350 °C und 570 °C.

Bild 2: Feinstreifiger Perlit (früher: Sorbit) und feinstreifiger Perlit (früher: Troostit) in Restaustenit

> ⓘ **Information**
>
> Der obere und der untere Bainit gehören ebenso wie der hier nicht näher beschriebene **kohlenstoffarme Bainit** zur Gruppe des **nadeligen Bainits**, der sich sowohl bei isothermer Umwandlung als auch bei kontinuierlicher Abkühlung ausbildet. Daneben tritt im obersten Temperaturbereich der Bainitstufe und fast nur bei kontinuierlicher Abkühlung der hier nicht näher beschriebene **körnige Bainit** auf. Die Gefügeerscheinungen im Gebiet der Bainitstufe sind vielfältig und häufig nur mit elektronenmikroskopischen Untersuchungen eindeutig voneinander zu unterscheiden.

Der obere Bainit besteht aus bündelweise nebeneinander angeordneten, länglichen Platten aus bainitischem Ferrit. Typisch für den oberen Bainit sind die zwischen diesen Ferritplatten ausgeschiedenen stäbchenförmigen Zementitkristalle (Bild 2a, Seite 228).

Bei der Bildung des oberen Bainits wachsen lanzett- oder plattenförmige Bereiche aus Ferritkristallen, in der Regel nach einer von den Austenitkorngrenzen ausgehenden Keimbildung, nach und nach in den Austenitkristall hinein. Ein paralleles Wachstum mehrerer Ferritplatten führt schließlich dazu, dass Kohlenstoffatome vor der Phasengrenze Ferrit-Austenit immer weiter in die Bereiche zwischen den Ferritplatten hineindiffundieren und sich dort soweit anreichern, bis sich nach Übersättigung schließlich Zementitkristalle zwischen den Ferritplatten ausscheiden (Bild 1). Auf diese Weise entsteht letztlich ein hauptsächlich diffusionskontrolliertes, quasi perlitnahes Gefüge, der obere Bainit.

Das Gefüge des **unteren Bainits** (Bild 2b) hat sehr viel Ähnlichkeit mit dem Martensit (Bild 1, Seite 230). Er bildet sich im unteren Teil der Bainitstufe zwischen der Martensit-Starttemperatur M_S (Kapitel 6.4.4.8) und etwa 350 °C. Der untere Bainit besteht ebenfalls aus Ferritplatten, die überwiegend in Form verzweigter Gruppen unter bestimmten Winkeln zueinander angeordnet sind. Typisch für den unteren Bainit sind die stäbchenförmigen Zementitkristalle, die sich innerhalb der Ferritplatten unter einem Winkel von 50° bis 60° zur Hauptachse der Ferritnadeln ausscheiden.

Bild 1: Bainitbildung (schematisch)

Bei der Bildung des unteren Bainits findet in einem ersten Schritt ein „Umklappen" des Austenitgitters durch eine diffusionslose, gekoppelte, koordinierte Bewegung ganzer Gruppen von Eisenatomen im Kristallgitter des Austenits statt, wobei die Kohlenstoffatome zwangsgelöst bleiben. Da aber das krz-Kristallgitter des Ferrits im Vergleich zum kfz-Austenit bessere Diffusionsbedingungen für Kohlenstoffatome bietet, ist nach dem „Umklappen" des Austenitgitters die Kohlenstoffdiffusion in den krz-Ferritplatten wieder insoweit erleichtert, dass in einem zweiten Schritt die Kohlenstoffatome aus ihrer Zwangslösung im Kristallgitter der Ferritplatten entkommen und sich in fein verteilter Form innerhalb der Ferritmatrix ausscheiden können. Dabei bilden sich innerhalb der Ferritplatten die o. g. stäbchenförmigen Zementitkristalle.

Bild 2: Erscheinungsformen des oberen und des unteren Bainits

Das Gefüge der (unteren) Bainitstufe besitzt eine hohe Festigkeit bei gleichzeitig ausgezeichneter Zähigkeit und ist in seinen mechanischen Eigenschaften den Vergütungsgefügen (Bild 1, Seite 251) oftmals überlegen. Rein bainitische Gefüge können bei der als **Bainitisieren** bezeichneten Wärmebehandlung gezielt erzeugt werden (Kapitel 6.4.5.4). Als Gefügebestandteil kommt der Bainit sehr häufig auch im Kernbereich von gehärteten Werkstücken mit größerem Durchmesser vor, da dort die obere kritische Abkühlgeschwindigkeit, die zur vollständigen Martensitbildung erforderlich ist, nicht mehr überschritten wird (Kapitel 6.4.4.6).

Umwandlungen in der Martensitstufe

Die Martensitbildung liegt im untersten Temperaturbereich der Umwandlung des Austenits. Der noch verbliebene, nicht in Perlit oder Bainit umgewandelte und nunmehr stark unterkühlte Austenit wandelt sich bei Temperaturen unterhalb der Martensit-Starttemperatur (M_S-Temperatur, Kapitel 6.4.4.8) in den nach dem deutschen Metallforscher **Adolf Martens** (1850 … 1914) benannten **Martensit** um. Gefüge der Martensitstufe besitzen eine sehr hohe Härte und Festigkeit. Die Zähigkeit und Verformbarkeit ist demgegenüber jedoch äußerst gering. Es ist im Wesentlichen dieser äußerst harte und praktisch nicht mehr verformungsfähige Martensit, der für eine deutliche Härtesteigerung des Gefüges verantwortlich ist. Martensitische Gefüge werden beim Härten gezielt erzeugt.

Die Bildung des Martensits stellt einen besonderen Umwandlungstyp dar, der dadurch gekennzeichnet ist, dass sich das kfz-Austenitgitter durch eine diffusionslose, gekoppelte, koordinierte Bewegung ganzer Atomgruppen (und nicht durch Diffusion einzelner Atome!) in eine raumzentrierte Gitterstruktur umwandelt. Im Gegensatz zur Bainitbildung können die Kohlenstoffatome dabei das Kristallgitter nicht mehr rechtzeitig verlassen, sie bleiben in Zwangslösung und führen zu einer starken Übersättigung des nunmehr raumzentrierten Kristallgitters. Ein Verlassen dieses Zwangszustandes ist aufgrund der fehlenden Diffusionsmöglichkeit ebenfalls nicht mehr möglich. Diese zwangsgelösten Kohlenstoffatome führen zu einer hohen tetragonalen Gitterverspannung und zu einer hohen Gitterfehlerdichte (Bild 1).

6.4 Wärmebehandlung der Stähle

> ### ⓘ Information
>
> **Martensit**
> Im Martensitkristall sind Versetzungsbewegungen, die ja die Grundlage für eine plastische Verformbarkeit darstellen, nahezu unmöglich. Martensit besitzt daher eine außerordentlich hohe Härte und Festigkeit, andererseits ist der Martensitkristall jedoch auch sehr spröde und plastisch nicht mehr verformbar.

Im Wesentlichen können vier Ursachen für die Behinderung von Versetzungsbewegungen im Martensitkristall genannt werden:

- Hohe tetragonale Verzerrung durch zwangsgelöste Kohlenstoffatome, dadurch Aufbau starker Spannungsfelder im Kristall.
- Zwangsgelöster Kohlenstoff wirkt mischkristallverfestigend und führt dabei zu einer weiteren Verspannung des Kristallgitters.
- Infolge der Umwandlungsvorgänge entstehen, ähnlich einer Kaltverformung, sehr viele neue Gitterbaufehler, insbesondere Versetzungen.
- Bei der martensitischen Umwandlung entstehen eine Vielzahl neuer, innerer Grenzflächen, die ebenfalls Hindernisse für eine Versetzungsbewegung darstellen.

Abhängig vom Kohlenstoffgehalt des Stahls unterscheidet man zwei sich hinsichtlich Bildungsmechanismus und Erscheinungsform voneinander unterscheidende Martensitsorten, **Massivmartensit** (auch als Lanzett- bzw. früher Lattenmartensit bezeichnet) und **Plattenmartensit**. Massivmartensit bildet sich bei kohlenstoffarmen Stählen (C < 0,4 %), Plattenmartensit hingegen bei Kohlenstoffgehalten über 1,0 %. Zwischen etwa 0,4 % C und 1,0 % findet sich Massiv- und Plattenmartensit nebeneinander im Gefüge (Tabelle 1 und Bild 1, Seite 230).

Ursprünglich wurde die Bezeichnung Martensit nur für die sich in Eisen-Kohlenstoff-Legierungen (Stählen) bei hinreichend hohem Kohlenstoffgehalt und hinreichend hoher Abkühlgeschwindigkeit bildende, äußerst harte und spröde Phase benutzt.

Die Namensgebung erfolgte aufgrund eines von *F. Osmond* (1895) gemachten Vorschlags, das damals lichtmikroskopisch schon recht gut untersuchte Abschreckprodukt zu Ehren des deutschen Werkstoffforschers *Adolf Martens* als Martensit zu bezeichnen.

Heute weiß man, dass martensitische Umwandlungen (s. Folgeseite) nicht nur in Stählen, d. h. in Eisen-Kohlenstoff-Legierungen auftreten können, sondern auch in einer Vielzahl weiterer Eisenbasis-Legierungen (z. B. Fe-Co, Fe-Cr usw.).

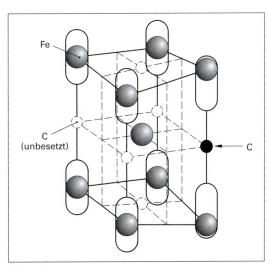

Bild 1: Tetragonal-raumzentrierte Elementarzelle des Martensits mit zwangsgelöstem Kohlenstoffatom (Verzerrungsdipol)

Tabelle 1: Vergleich von Massiv- und Plattenmartensit

Massivmartensit	Plattenmartensit
C < 0,4 %[1]	C > 1,0 %[1]
Kein Restaustenit im Gefüge	Restaustenit zwischen den Martensitplatten
• Bündel parallel angeordneter lattenförmiger Martensitkristalle. • Innerhalb der Bündel viele Zwillingskorngrenzen. • Lattenbreiten 0,1…0,5 μm bei einer Länge von mehreren μm.	• Linsenförmige Martensitplatten mit unterschiedlicher Größe. • Benachbarte Platten schließen häufig Winkel von 60° und 120° ein. • Zwischen den Platten Restaustenit.
Martensitische Umwandlung des gesamten Gefüges.	Martensitplatte wächst durch das Korn bis zur Korngrenze, kann diese jedoch nicht überwinden (Mittelrippe). Weitere Kristalle wachsen unter bestimmten Winkeln von der Mittelrippe zur Korngrenze, dadurch zunehmende Verfeinerung der Platten.

[1] Zwischen 0,4 % C und 1,0 % C findet sich Massiv- und Plattenmartensit nebeneinander im Gefüge

Auch bei einer Reihe Nichteisenmetall-Basislegierungen (z. B. Cu-Al, Cu-Sn, Au-Cd usw.) wurden martensitische Umwandlungen beobachtet. Man bezeichnet daher heute alle durch martensitische Umwandlungen entstandenen Tieftemperaturphasen, unabhängig vom speziellen Legierungssystem, als Martensite.

Die martensitische Umwandlung ist ein relativ komplexer Vorgang. Er wird am einfachsten verständlich, wenn man ihn in verschiedene Teilschritte zerlegt. Ein erster wichtiger Beitrag zum Verständnis der bei der Martensitbildung ablaufenden Vorgänge im Kristallgitter wurde bereits 1924 von *Edgar C. Bain* geleistet. Betrachtet man nämlich zwei kubisch-flächenzentrierte Elementarzellen des Austenits, dann ist ersichtlich, dass aus geometrischen Gründen das kubisch-flächenzentrierte Gitter des Austenits bereits eine tetragonal-raumzentrierte Elementarzelle (virtuelle Martensitelementarzelle) beinhaltet. Diese unterscheidet sich von der tetragonal-raumzentrierten Elementarzelle des Martensits nur durch die Gitterparameter, also die Abstände zwischen den Mittelpunkten der Eisenatome (Bild 2).

Zur Umwandlung des kubisch-flächenzentrierten Austenits in den tetragonal-raumzentrierten Martensit ist daher nur eine Stauchung in z-Richtung um etwa 20 % sowie eine Dehnung in x- und y-Richtung um rund 12 % erforderlich. Diese auch als **Bain-Deformation** bezeichnete Gitterumwandlung macht nur kleine Verformungen notwendig, um das kubisch-flächenzentrierte Kristallgitter des Austenits in das tetragonal-raumzentrierte Kristallgitter des Martensits zu überführen. Die Eisenatome müssen dabei in einer koordinierten Bewegung nur Wege zurücklegen, die kleiner als der Atomabstand sind, eine Diffusion ist also voraussetzungsgemäß nicht erforderlich.

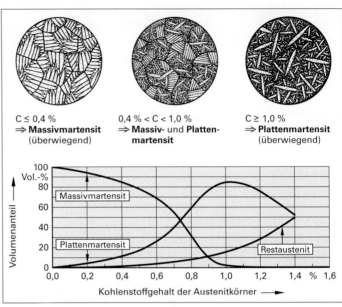

C ≤ 0,4 %
⇒ **Massivmartensit** (überwiegend)

0,4 % < C < 1,0 %
⇒ **Massiv-** und **Plattenmartensit**

C ≥ 1,0 %
⇒ **Plattenmartensit** (überwiegend)

Bild 1: **Morphologische Erscheinungsformen des Martensits**

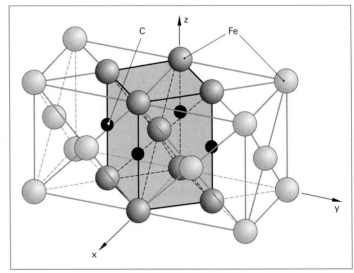

Bild 2: **kfz-Kristallgitter des Austenits und virtuelle Martensitelementarzelle**

Detaillierte mikroskopische Untersuchungen haben jedoch gezeigt, dass zwischen dem Austenitgitter und dem Martensitgitter eine gemeinsame Ebene existieren muss, die bei der Gitterumwandlung weder verformt noch gedreht wird. Die Existenz einer solchen gitterinvarianten Ebene, die als **Habitusebene** bezeichnet wird, führt bei der Umwandlung zu einer minimalen elastischen Gitterverzerrung. Die alleinige Bain-Deformation konnte die Existenz einer solchen Ebene nicht erklären. Es sind daher zusätzliche Umwandlungsschritte erforderlich.

6.4 Wärmebehandlung der Stähle

Bei einem solchen zweiten Umwandlungsschritt handelt es sich um eine Scherung. Durch Überlagerung der Bain-Deformation mit der Scherung ist es grundsätzlich denkbar, dass die durch die Bain-Deformation verursachte Verzerrung zumindest in einer Richtung wieder rückgängig gemacht werden kann. Dann entsteht die geforderte unverzerrte Ebene. Kristallographisch werden Scherungen durch Gleitung oder durch Zwillingsbildung erzeugt.

Schließlich ist ein dritter Umwandlungsschritt erforderlich, der das Kristallgitter (durch eine starre Drehung) so umformt, dass die durch die Bain-Deformation sowie durch die gitterinvariante Scherung unverzerrt gebliebene Ebene wieder in ihre ursprüngliche Lage gebracht wird.

Die geschilderte Theorie sagt nichts darüber aus, wie und in welcher Reihenfolge die einzelnen Umwandlungsschritte ablaufen. Sie trägt lediglich den gestellten Forderungen Rechnung:
1. Überführung vom kubisch-flächenzentrierten in das tetragonal-raumzentrierte Kristallgitter.
2. Vorhandensein einer kristallographisch unverzerrt und ungedreht bleibenden Ebene, damit minimale elastische Gitterverzerrungen.

Der beschriebene Umwandlungsmechanismus gilt für Plattenmartensit. Stähle mit niedrigem Kohlenstoffgehalt (C < 0,4 %) weisen Massivmartensit auf (s. o.). Ein Modell für die Entstehung von Massivmartensit konnte bislang allerdings noch nicht entwickelt werden.

Bild 1, Seite 231, zeigt abschließend die wichtigsten Veränderungen im Gefüge bei langsamer und schneller Abkühlung eines Stahles.

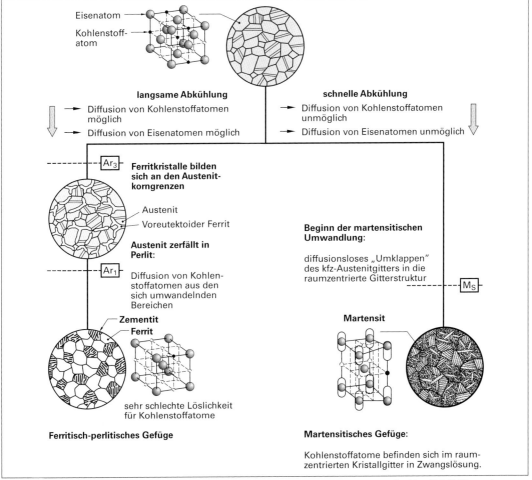

Bild 1: **Gefügeveränderungen bei langsamer und schneller Abkühlung eines unlegierten Stahles (0,5 % C) aus der Härtetemperatur**

6.4.4.6 Kritische Abkühlgeschwindigkeit

Nach Überschreiten der **unteren kritischen Abkühlgeschwindigkeit** (v_{uk}) tritt erstmals Martensit im Gefüge auf. Mit zunehmender Abkühlgeschwindigkeit nimmt der Martensitanteil stetig zu, bis letztlich nach Überschreiten der **oberen kritischen Abkühlgeschwindigkeit** (v_{ok}) das Gefüge vollständig aus Martensit besteht. Die untere und die obere kritische Abkühlgeschwindigkeit haben keine festen Werte, sondern sind in erster Linie vom Kohlenstoffgehalt des Stahls sowie von der Art und Konzentration eventuell im Stahl vorhandener Legierungselemente abhängig.

Unlegierte Stähle

Bild 1 zeigt die untere und die obere kritische Abkühlgeschwindigkeit in Abhängigkeit des Kohlenstoffgehalts eines unlegierten Stahls. Mit steigendem Kohlenstoffgehalt nimmt die kritische Abkühlgeschwindigkeit zunächst deutlich ab, da sich die Kohlenstoffatome in ihrer Diffusionsfähigkeit gegenseitig behindern. Die Abbildung verdeutlicht außerdem, dass bei (unlegierten) Stählen mit Kohlenstoffgehalten unter 0,2 % die kritische Abkühlgeschwindigkeit im praktischen Härtebetrieb nicht mehr oder nur noch mit sehr großem Aufwand realisiert werden kann. Hohe Abkühlgeschwindigkeiten können außerdem bei unsymmetrischen Werkstücken aufgrund eines ungenügenden Temperaturausgleichs zwischen Rand und Kern zu Maß- und Formänderungen (Verzug) oder gar zu Rissen führen. Der Kohlenstoffgehalt der härtbaren Stähle muss daher mehr als 0,2 % betragen.

Legierte Stähle

Bei legierten Stählen hängt die untere und die obere kritische Abkühlgeschwindigkeit nicht nur vom Kohlenstoffgehalt, sondern auch von der Art und Menge der Legierungszusätze ab. Legierungselemente, wie Chrom, Molybdän, Nickel oder Mangan, setzen sie teilweise deutlich herab, da sie die Diffusionsfähigkeit der Kohlenstoffatome hemmen. Mit derartigen Legierungszusätzen in den entsprechenden Konzentrationen kann bei nicht zu dickwandigen Bauteilen sogar mit Luft als Abschreckmittel eine vollkommene Durchhärtung erzielt werden.

Bild 1: Untere und obere kritische Abkühlgeschwindigkeit in Abhängigkeit des Kohlenstoffgehalts unlegierter Stähle

Um bei den unlegierten Stählen eine vollständige Martensitbildung zu erreichen, sind relativ hohe kritische Abkühlgeschwindigkeiten und dementsprechend schroffe Abkühlmedien (z. B. Wasser) erforderlich (Bild 2).

Bild 2: Einfluss von Legierungselementen auf den härtbaren Querschnitt

6.4 Wärmebehandlung der Stähle

Eine derart schroffe Abkühlung birgt jedoch die Gefahr des Verzugs oder gar der Rissbildung. Weiterhin verdeutlicht der eingezeichnete steile Temperaturgradient (linkes Teilbild), dass bereits wenig unterhalb der Oberfläche die Abkühlgeschwindigkeit unter dem kritischen Wert liegt und somit eine vollständige Martensitbildung nicht mehr möglich ist. Die Tiefe der vollmartensitischen Randschicht beträgt bei den unlegierten Stählen daher maximal 5 mm bis 7 mm.

Geeignete Legierungselemente vorausgesetzt (z. B. Cr, Ni, Mo oder Mn), weisen die legierten Stähle günstigere Verhältnisse auf. Da die Legierungselemente die kritische Abkühlgeschwindigkeit vermindern, kann bereits mit milderen Abschreckmitteln (z. B. Öl oder Luft) die kritische Abkühlgeschwindigkeit in großen Bereichen oder gar in der gesamten Querschnittsfläche überschritten werden. Die milderen Abschreckmittel führen außerdem zu einem geringeren Verzug bzw. verringern die Rissgefahr.

6.4.4.7 Kohlenstofflöslichkeit des Austenits

Bei übereutektoiden Stählen (C > 0,8 %) kann sich der Kohlenstoffgehalt des Stahls vom Kohlenstoffgehalt der in den Austenitkörnern gelöst ist, unterscheiden. Wird ein übereutektoider Stahl aus dem Gebiet des homogenen Austenits langsam abgekühlt, dann scheiden sich mit Erreichen der A_{cm}-Temperatur (Linie S-E im Eisen-Kohlenstoff-Zustandsdiagramm) Zementitkristalle an den Austenitkorngrenzen aus, da der Austenitkristall die Vielzahl der Kohlenstoffatome nicht mehr zu lösen vermag. Bei weiterer Abkühlung ändert sich der Kohlenstoffgehalt der Austenitkörner längs der Phasengrenze S-E. Die Phasengrenze S-E gibt also bei gegebener Temperatur die maximale Kohlenstofflöslichkeit des Austenits an. Diese Kohlenstoffmenge ist geringer im Vergleich zum Kohlenstoffgehalt des Stahles. Die Differenz zwischen dem Kohlenstoffgehalt des Stahles und der im Austenit gelösten Menge wird als Sekundärzementit ausgeschieden (Bild 1).

Damit ergibt sich eine wichtige Erkenntnis: Der in den Austenitkörnern übereutektoider Stähle bei Temperaturen zwischen A_1 und A_{cm} gelöste Kohlenstoff ist nur von der Temperatur und nicht vom Kohlenstoffgehalt des Stahls abhängig.

Beispiel:
Bei einem Stahl mit 1,55 % Kohlenstoff ist bei einer Temperatur von 1000 °C der gesamte Kohlenstoff (noch) im Austenit gelöst. Bei Abkühlung auf 900 °C sind im Austenitkristall noch etwa 1,2 % Kohlenstoff in Lösung. Der restliche Kohlenstoff (0,35 %) wurde als Sekundärzementit ausgeschieden. Bei einer Temperatur von 760 °C sind im Austenit noch etwa 0,9 % Kohlenstoff gelöst, während in den Zementitausscheidungen 0,65 % des Kohlenstoffs gebunden sind (Bild 1).

6.4.4.8 Temperaturbereich der Martensitbildung

Bild 1: Bestimmung des Kohlenstoffgehalts des Austenits übereutektoider Stähle

Die diffusionslose Umwandlung von Austenit zu Martensit erfolgt nicht bei einer festgelegten Temperatur, sondern aufgrund der unterschiedlichen Stabilität der einzelnen Austenitkörner über einen Temperaturbereich. Für unlegierte Stähle kann der Beginn und das Ende der Martensitbildung (M_s- bzw. M_f-Temperatur) aus Bild 1, Seite 234 abgeschätzt werden. Voraussetzung für die Anwendbarkeit dieses Bildes, ist eine Abkühlgeschwindigkeit die größer ist, als die obere kritische Abkühlgeschwindigkeit. Die Temperatur, bei der sich der Austenit in Martensit umzuwandeln beginnt, wird als **Martensit-Startpunkt** (M_s-Temperatur; s = start, engl.: Beginn) bezeichnet. Mit Erreichen des **Martensit-Endpunktes** (M_f-Temperatur; f = finish, engl.: Ende) hat sich der Austenit vollständig in Martensit umgewandelt. Bei höheren Kohlenstoffgehalten wandelt sich allerdings auch nach Unterschreiten der M_f-Temperatur der Austenit nicht mehr vollständig in Martensit um.

6.4.4.9 Restaustenit und Tiefkühlung

Haben die Austenitkörner unmittelbar vor dem Abschrecken einen Kohlenstoffgehalt von mehr als 0,6 %, dann ist die Martensitbildung mit Erreichen der Raumtemperatur noch nicht abgeschlossen, d. h. die M_f-Temperatur wurde noch nicht unterschritten (Bild 1). Diese Stähle enthalten daher bei Raumtemperatur noch eine bestimmte Menge an nicht umgewandeltem Austenit, den so genannten **Restaustenit** (Bild 2). Restaustenit ist sehr weich und gibt dem gesamten Gefüge eine insgesamt geringere Härte. Weiterhin kann sich der Restaustenit im Gefüge unter gewissen Bedingungen (tiefe Temperaturen, erhöhte Temperaturen über 150 °C, Druck oder Verformung) nachträglich in Martensit umwandeln und infolge des unterschiedlichen Volumens von Restaustenit und Martensit zu unerwünschten Spannungen sowie zu Maßänderungen führen. Restaustenit ist daher in der Regel unerwünscht. Eine Beseitigung des Restaustenits nach dem Härten ist erforderlich, falls:

Bild 1: Beginn und Ende der Martensitbildung sowie Restaustenitgehalt unlegierter Stähle

- höchste Härtewerte durch ein restaustenitfreies Gefüge gefordert werden (z. B. für Werkzeugschneiden),

- höchste Maßstabilität der gehärteten Werkstücke gefordert wird (z. B. für Messmittel).

Restaustenit im Gefüge kann weitgehend beseitigt, d. h. in Martensit umgewandelt werden, indem man den Stahl nach dem Abschrecken kurzzeitig auf Temperaturen unterhalb der Martensit-Endtemperatur (M_f-Temperatur) abkühlt. Das Tiefkühlen muss unmittelbar nach dem Abschrecken erfolgen, da ein längeres Verweilen auf Raumtemperatur (einige Stunden) zu einer Stabilisierung des Restaustenits führt und dann eine Umwandlung erschwert oder gar unmöglich macht. Die Abkühlgeschwindigkeit spielt dabei keine Rolle mehr, da der Kohlenstoff bei bzw. unterhalb Raumtemperatur sowieso nicht mehr diffusionsfähig ist.

Bild 2: Martensitnadeln (dunkel) in weichem Restaustenit (hell) am Beispiel von C80

Das **Tiefkühlen** kann in gewöhnlichen Tiefkühltruhen oder -schränken erfolgen (bis – 60 °C, in Sonderfällen bis – 140 °C). Für die Erzeugung tieferer Temperaturen (unter – 60 °C) muss auf spezielle Kältemischungen (z. B. Alkoholmischungen), Trockeneis oder auf flüssige Gase (z. B. flüssiger Stickstoff mit – 196 °C) zurückgegriffen werden.

6.4.4.10 Abschreckhärte

Martensit hat im Vergleich zu allen anderen Gefügebestandteilen die weitaus höchsten Härtewerte. Maßgebend für die Härte des Martensits ist ausschließlich die Menge des zwangsgelösten Kohlenstoffs und damit der Kohlenstoffgehalt der Austenitkörner unmittelbar vor dem Abschrecken. Dies ist leicht verständlich, da mit steigendem Kohlenstoffgehalt die mit einer Härtesteigerung einhergehende Verzerrung des Kristallgitters zunimmt (Bild 1, Seite 229).

Die bei härt- oder vergütbaren Stählen üblichen Legierungselemente (z. B. Cr, Ni, Mo, Mn) haben praktisch keinen Einfluss auf die Martensithärte, da sie sich auf regulären Gitterplätzen befinden und dort unter Bildung von Substitutionsmischkristallen zu relativ geringen Gitterverspannungen führen.

6.4 Wärmebehandlung der Stähle

Die durch Martensitbildung (100% Martensit) erreichbare Härte in Abhängigkeit des Kohlenstoffgehalts eines unlegierten Stahls ist in Bild 1 dargestellt. Die Abbildung zeigt, dass die Härte des Stahles mit zunehmendem Kohlenstoffgehalt, infolge einer zunehmenden tetragonalen Verzerrung des Martensits, kontinuierlich steigt.

Bei Stählen mit Kohlenstoffgehalten über 0,6% sind drei Härteverläufe möglich:

- **Kurve 1:**
  Abschrecken aus einer Temperatur oberhalb S-E auf Raumtemperatur führt zu einer kontinuierlich abnehmenden Härte. Die Gründe liegen in einem zunehmenden Restaustenitgehalt (Bild 1, Seite 234) sowie in einem die Restaustenitbildung begünstigenden groben Austenitkorn.

- **Kurve 2:**
  Abschrecken aus den üblichen Härtetemperaturen 30°C bis 50°C oberhalb G-S-K auf Raumtemperatur führt aufgrund einer gleichbleibenden Kohlenstoffmenge im Austenitkorn zu einer vom C-Gehalt des Stahles unabhängigen Härte.

- **Kurve 3:**
  Abschrecken aus einer Temperatur oberhalb S-E und anschließendes Tiefkühlen auf eine Temperatur unterhalb M_f ergibt die theoretisch maximal erreichbare Härte eines martensitischen Gefüges.

6.4.4.11 Härtespannungen

Das Härten stellt für den Stahl eine sehr hohe mechanische Belastung dar. Nach dem Abschrecken zeigen insbesondere Werkstücke mit unsymmetrischer Geometrie Maß- und Formänderungen (**Härteverzug**). Falls die inneren Spannungen gar die Kohäsionsfestigkeit des Stahles übersteigen, treten Risse auf (**Härterisse**). Für das Auftreten von Härteverzug oder Härterissen gibt es im Wesentlichen zwei Ursachen:

1. **Wärmespannungen** (thermische Spannungen):
   Während des Abschreckens kühlen die äußeren Bereiche des Werkstücks schneller ab als der Kern. Da das Schrumpfen der Randzone durch den noch heißen Kern behindert wird, können Risse in radialer Richtung entstehen (Bild 1a, Seite 236). Anschließend kühlt auch der Kern bei bereits erkalteter Oberfläche ab, wobei dessen Schrumpfung durch die kalten und damit bereits starren Oberflächenbereiche behindert wird und zu einer Rissbildung in Umfangsrichtung führen können (Bild 1b, Seite 236).

2. **Umwandlungsspannungen**
   Martensit hat mit seinem tetragonal-raumzentrierten Kristallgitter ein um etwa 1% größeres Volumen als der Austenit, aus dem er gebildet wird. Wird das Werkstück nicht vollständig durchgehärtet, dann tritt nur in den äußeren Bereichen des Werkstücks eine Volumenzunahme infolge Martensitbildung ein.

Tabelle 1: Vickers-Härten unterschiedlicher Gefügebestandteile eines unlegierten Stahls mit 0,45% C

Gefüge		Vickers-Härte
Perlit	groblamellar	200
	feinlamellar (Sorbit)	250
	feinstlamellar (Troostit)	350
Bainit	oberer	350 ... 450
	unterer	450 ... 550
Martensit		> 550

H = Härtetemperatur
A = Temperatur, auf die abgeschreckt wird

Bild 1: Durch Martensitbildung erreichbare Härte eines unlegierten Stahls

Die Nacharbeit eines gehärteten Werkstücks ist mit hohen Kosten verbunden, da ein martensitisches Gefüge in der Regel nur noch durch Schleifen bearbeitet werden kann. Eine wirtschaftliche Fertigung verlangt daher ein **verzugsarmes Härten**. Dies kann auf unterschiedliche Weise erreicht werden:

1. Verwendung von legierten Stählen in Verbindung mit milden Abschreckmitteln (Kapitel 6.4.4.6).

2. Richtiges Eintauchen des Werkstücks sowie richtiges Bewegen in der Abschreckflüssigkeit. Auf diese Weise kann eine rasche Ablösung der Dampfblasen auf der Werkstückoberfläche erreicht werden (Bild 1, Seite 237). Anhaftende Dampfblasen wirken wärmedämmend und verhindern dadurch eine gleichmäßige Abkühlung. Für das richtige Eintauchen in die Abschreckflüssigkeit gelten die folgenden Regeln (Bild 2):
   - Stabförmige Bauteile in Längsrichtung eintauchen,
   - Werkstücke mit dem größten Querschnitt voraus eintauchen,
   - Werkstücke mit Grundbohrungen müssen mit der Öffnung nach oben eingetaucht werden, damit die Dampfblasen entweichen können,
   - flache Werkstücke werden mit der schmalen Seite voraus eingetaucht.

3. Wahl eines geeigneten Härteverfahrens:
   Beim normalen Härten (auch als **kontinuierliches Härten, einfaches Härten** oder **direktes Härten** bezeichnet) wird das Werkstück aus der Abschrecktemperatur kontinuierlich abgekühlt (Bild 3a). Dabei können insbesondere bei hohen Abkühlgeschwindigkeiten durch einen unvollständigen Temperaturausgleich zwischen Rand und Kern des Werkstücks Wärmespannungen und damit Verformungen oder gar Risse (Härterisse) auftreten. Mit diesem Verfahren sollen daher nur geometrisch einfache Werkstücke gehärtet werden bzw. es muss auf legierte Stähle zurückgegriffen werden, da bei diesen Stählen die notwendige Abkühlgeschwindigkeit zur Martensitbildung niedriger ist.

Bild 1: Entstehung von Härterissen

Bild 2: Richtiges Eintauchen beim Abschrecken

Bild 3: Temperatur-Zeit-Verlauf unterschiedlicher Härteverfahren

6.4 Wärmebehandlung der Stähle

Beim **gebrochenen Härten** wird der Stahl zuerst schroff (meist in Wasser) abgeschreckt. Nach Erreichen einer bestimmten Abfangtemperatur (etwa 300 °C bis 400 °C) wird das Werkstück entnommen und in Öl weiter bis auf Raumtemperatur abgekühlt (Bild 3b, Seite 236). Das gebrochene Härten verbindet die Vorteile des schnellen Abkühlens (führt zu mehr oder weniger vollständiger Martensitbildung) mit einer geringen Verzugs- und Rissneigung, da unterhalb der Abfangtemperatur langsam abgekühlt wird und damit ein besserer Temperaturausgleich zwischen Rand und Kern stattfinden kann.

Beim **Warmbadhärten**, auch als **isothermes Härten** bezeichnet, wird der Stahl zunächst in einem Warmbad (Warmbadhärteöle, Salz- oder Metallschmelzen, Wirbelbetten), dessen Temperatur geringfügig über der Temperatur des Martensit-Startpunktes (M_S-Temperatur) liegt, abgeschreckt. Nach einer gewissen Haltezeit auf Badtemperatur, die dem Temperaturausgleich zwischen Rand und Kern des Werkstücks dient, erfolgt die mit einer Martensitbildung verbundene weitere Abkühlung an ruhender Luft oder in Öl bis auf Raumtemperatur (Bild 3c, Seite 236). Für das Warmbadhärten sind in der Regel nur Werkstücke mit kleinen Querschnitten geeignet, da das Warmbad dem Werkstück die Wärme wesentlich langsamer entzieht als beispielsweise Öl oder Wasser.

6.4.4.12 Abschrecken und Abschreckmittel

Nach dem Austenitisieren und einem zweckentsprechenden kurzen Halten wird das Werkstück mit einer für die geforderte Härtung entsprechenden Geschwindigkeit abgekühlt. Die Abkühlung muss dabei so erfolgen, dass die Perlit- und Bainitbildung unterdrückt wird und eine weitgehende Umwandlung des Austenits in der Martensitstufe erfolgt. Hierzu muss die Abkühlgeschwindigkeit in den betreffenden Bereichen des Werkstücks größer sein als die obere kritische Abkühlgeschwindigkeit (Kapitel 6.4.4.6). Erfolgt die Abkühlung schneller als an ruhender Luft, dann spricht man nach DIN EN 10 052 von **Abschrecken**.

Die am häufigsten verwendeten flüssigen Abschreckmittel (z. B. Wasser oder Öl) entziehen dem Bauteil die Wärme nicht gleichmäßig. In flüssigen Abschreckmitteln, deren Siedetemperatur unterhalb der Härtetemperatur liegt, läuft der Abkühlvorgang in drei Phasen ab (Bild 1):

1. Dampfhautphase: Unmittelbar nach dem Eintauchen bildet sich auf der Werkstückoberfläche ein wärmeisolierender Dampfmantel (**Leidenfrost-Phänomen**). Die Abkühlwirkung ist dementsprechend gering,
2. Kochphase,
3. Konvektionsphase.

Bild 2 zeigt, dass mit der Wahl des Abschreckmittels der Temperaturbereich der drei Abkühlphasen (Bild 1), insbesondere die Lage der maximalen Abschreckgeschwindigkeit, festgelegt wird. Mit Hilfe der verfügbaren Abschreckmittel (s. u.) können Abschreckgeschwindigkeiten im Bereich von etwa 2 K/s bis zu 3000 K/s nahezu beliebig eingestellt werden.

Bild 1: Abkühlphasen in flüssigen Abschreckmitteln

Bild 2: Vergleich der Abschreckwirkung flüssiger Abschreckmittel

Das optimale Abschreckmittel sollte bei Temperaturen im Bereich der Perlitstufe (etwa 450 °C bis 720 °C) die Wärme möglichst schnell abführen, im Bereich der Martensitstufe zur Verringerung der Härterissgefahr hingegen langsam.

Das Abschreckmittel ist der Werkstoffsorte und den Abmessungen des Werkstücks anzupassen. Als Abschreckmittel dienen gasförmige oder flüssige Medien. Üblicherweise verwendet man:

- **Wasser**: Mit Wasser als Abschreckmittel können sehr hohe Abkühlgeschwindigkeiten erzielt werden (Bild 2, Seite 237). Durch Zusätze (NaOH, NaCl usw.) lässt sich das Maximum der Abschreckwirkung verschieben oder erweitern. Mit Wasser als Abschreckmittel werden unlegierte Stähle (z. B. C80U) und eine Reihe legierter Stähle (z. B. 38Cr2) gehärtet bzw. vergütet. Ohne Zusätze wird Wasser bis zu einer Arbeitstemperatur von 25 °C eingesetzt, mit Zusätzen bis etwa 70 °C.
- **Wässrige Polymerlösungen** (z. B. Wasser mit Polyetherglykol) werden aufgrund einiger Vorteile in industriellen Wärmebehandlungsanlagen in zunehmendem Maße als Ersatz für Wasser oder Härteöle eingesetzt.
- **Härteöle**: Die Abschreckwirkung von Härteölen ist aufgrund ihrer verminderten Wärmeleitfähigkeit deutlich geringer im Vergleich zu Wasser. Das Maximum der Abkühlgeschwindigkeit liegt dabei etwa zwischen 400 °C und 500 °C. Mit Härteölen als Abschreckmittel werden überwiegend legierte Stähle (z. B. 60WCrV7, X32CrMoV3-3) gehärtet bzw. vergütet.
- **Salzschmelzen** bestehen aus geschmolzenen Salzen mit Badtemperaturen etwa zwischen 180 °C und 580 °C. Sie werden überwiegend für das Warmbadhärten von riss- oder verzugsempfindlichen Werkstücken verwendet.
- **Metallschmelzen** (z. B. Blei- oder Zinnschmelzen) werden neben Salzschmelzen bevorzugt beim Warmbadhärten eingesetzt. Sie besitzen zwar eine relativ hohe Wärmeleitfähigkeit (hohe Abschreckwirkung), verursachen jedoch deutlich geringere Umweltprobleme.
- **Wirbelbetten** arbeiten mit Aluminiumoxidteilchen, die mit dem einströmenden Gas (Luft oder Stickstoff) ein Fluid bilden und sich somit quasi wie eine Flüssigkeit verhalten. Durch Heizen des Gases können Wirbelbetten auch für das Warmbadhärten von Stählen mit mittleren bis hohen Legierungsgehalten verwendet werden. Die Arbeitstemperaturen betragen zwischen 20 °C bis über 600 °C. Gegenüber den Salzschmelzen kann mit dem Wirbelbettverfahren eine gleichmäßige Temperaturverteilung (gleichmäßige Abschreckwirkung) erzielt werden.
- **Gase** wie trockene oder feuchte Luft, Stickstoff oder Schutzgase (z. B. Helium), können ebenfalls zum Abschrecken verwendet werden. Wird mit Luft abgeschreckt, dann ist mit einer Verzunderung sowie einer geringfügigen Entkohlung der Randschicht zu rechnen. Mit Gasen (z. B. ruhende Luft) härtet man überwiegend bestimmte hochlegierte Stahlsorten (z. B. X38CrMoV5-3 oder HS18-1-2-5). Die Arbeitstemperaturen betragen in der Regel um 25 °C.

6.4.4.13 Zeit-Temperatur-Umwandlungsdiagramme (ZTU-Diagramme)

ZTU-Diagramme stellen ein wichtiges Hilfsmittel für die technische Durchführung von Wärmebehandlungen bei Stählen, insbesondere für die Stahlhärtung, dar. Mit Hilfe von ZTU-Diagrammen ist es möglich, die auftretenden Gefügebestandteile in Abhängigkeit des Temperatur-Zeit-Verlaufs beim Abkühlen eines bestimmten Stahls aus dem Austenitgebiet zu ermitteln. Aus den Diagrammen lassen sich in der Regel auch die Volumenanteile der auftretenden Gefügebestandteile sowie die Härte des Gefüges abschätzen.

Praktische Anforderungen führten zur Entwicklung zweier unterschiedlicher Diagrammformen:
- ZTU-Diagramme für kontinuierliche Abkühlung **(kontinuierliche ZTU-Diagramme)**
- ZTU-Diagramme für isotherme Umwandlung **(isotherme ZTU-Diagramme)**

a) Zustandsdiagramm der unlegierten Stähle
Stähle sind Mehrstofflegierungen, für die auch bei unendlich langsamer Abkühlung oder Erwärmung das Eisen-Kohlenstoff-Zustandsdiagramm (Bild 1, Seite 172) nur noch eine beschränkte Gültigkeit besitzt.

> **ⓘ Information**
>
> **ZTU-Diagramm**
> Ein ZTU-Diagramm hat nur für einen Stahl bestimmter Zusammensetzung Gültigkeit. Es werden also für jeden härtbaren Stahl gesonderte ZTU-Diagramme erstellt.

6.4 Wärmebehandlung der Stähle

Daher sollen an dieser Stelle die wichtigsten Veränderungen im **Zustandsdiagramm der unlegierten Stähle,** gegenüber den reinen Fe-Fe$_3$C-Legierungen besprochen werden. Außerdem soll künftig dort wo erforderlich von Carbiden anstelle von Zementit gesprochen werden, da auch bereits bei unlegierten Stählen zumindest die Carbid bildenden Legierungselemente (z. B. Mn, Cr usw.) im Zementit einen Teil der Eisenatome ersetzen (Kapitel 6.3.2.1).

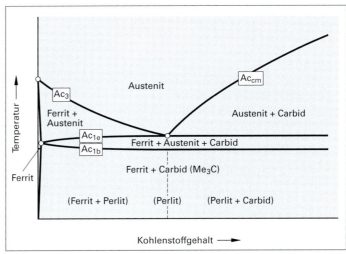

Bild 1: Zustandsdiagramm der unlegierten Stähle (Schnitt durch das Dreistoffsystem Fe-Me-C bei nicht zu hohem Legierungsgehalt Me (schematisch)

Im Mehrstoffsystem der unlegierten Stähle erfolgt der Übergang aus dem Zweiphasengebiet Ferrit und Carbid nach Ferrit und Austenit (bei den untereutektoiden Stählen) bzw. Austenit und Carbid (bei den übereutektoiden Stählen) nicht wie aus Bild 1, Seite 172, bekannt an der Eutektoiden P-S-K, sondern über ein Dreiphasengebiet Ferrit, Austenit und Carbid. Für niedrige Erwärmungs- bzw. Abkühlgeschwindigkeiten (unter etwa 3 K/s) und einen nicht zu hohen Legierungsgehalt zeigt Bild 1 das Zustandsdiagramm der unlegierten Stähle, d. h. einen Schnitt durch das Dreistoffsystem Fe-Me-C.

Mit Erreichen der Phasengrenze Ac_{1b} (b = Beginn der Austenitbildung) beginnt die Umwandlung der Ferritlamellen des Perlits in Austenit sowie die Auflösung der Carbidlamellen des Perlits. Mit Erreichen der Phasengrenze Ac_{1e} (e = Ende der Perlitumwandlung bzw. Ende der Carbidauflösung) ist bei den untereutektoiden Stählen die Carbidauflösung abgeschlossen, d.h. der gesamte Perlit hat sich zu Austenit umgewandelt, jedoch sind noch größere Mengen an Ferrit im Gefüge vorhanden. Oberhalb von Ac_{1e} sind daher die Phasen Ferrit und Austenit im Gleichgewicht. Bei den übereutektoiden Stählen hingegen hat sich mit Erreichen von Ac_{1e} der gesamte Ferrit in Austenit umgewandelt und ein Teil der Carbide ist aufgelöst. Oberhalb von A_{c1e} stehen Austenit und Carbide im Gleichgewicht. Alle weiteren Umwandlungsschritte verlaufen wie bereits in Kapitel 6.2.2.4 beschrieben.

b) Kontinuierliche ZTU-Diagramme

Kontinuierliche ZTU-Diagramme sind die Grundlage zur Beurteilung des von Temperatur und Zeit abhängigen Umwandlungsverhaltens von Stählen bei kontinuierlicher Abkühlung aus der Behandlungstemperatur (z.B. Härtetemperatur). Man kann sich ein kontinuierliches ZTU-Diagramm aus dem Eisen-Kohlenstoff-Zustandsdiagramm (EKD) entstanden denken, falls man Letzteres um eine Achse mit der Abkühlzeit erweitert (Bild 2).

Andererseits kann das EKD als Grenzfall eines ZTU-Diagrammes für unendlich langsame Abkühlung bzw. unendlich lange Haltedauer angesehen werden.

Bild 2: Zusammenhang zwischen ZTU-Diagramm und Eisen-Kohlenstoff-Zustandsdiagramm (EKD)

Auf der Abszisse der ZTU-Diagramme (Bild 1) ist die Zeit in logarithmischem Maßstab aufgetragen. Die Wahl eines logarithmischen Maßstabes ist erforderlich, da sich die Zeitpunkte für Beginn und Ende einer Gefügeumwandlung in der Regel um Größenordnungen unterscheiden. Damit lassen sich sowohl sehr langsame als auch sehr schnelle Vorgänge in einer Darstellung zusammenfassen. Auf der Ordinate wird die Temperatur in linearem Maßstab aufgetragen. Die im ZTU-Diagramm in der Regel breit gezeichneten Linien (Bild 1) kennzeichnen den Beginn und ggf. das Ende einer Umwandlung und werden als Umwandlungslinien bezeichnet. Die schmalen, als Abkühlkurven bezeichneten Linien, kennzeichnen unterschiedliche Temperatur-Zeit-Verläufe des Abkühlvorgangs. Entlang dieser Abkühlkurven lässt sich der Ablauf der Gefügeumwandlungen gut verfolgen. Die kontinuierlichen ZTU-Diagramme dürfen nur entlang der jeweils eingezeichneten Abkühlkurven gelesen werden!

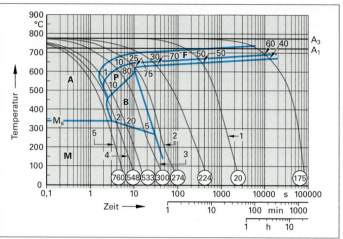

Bild 1: ZTU-Diagramm für kontinuierliche Abkühlung des unlegierten untereutektoiden Stahls C45E

- Austenitisierungstemperatur: 880 °C
- Aufheizdauer: 2 min
- Haltedauer: 10 min
- Härteangaben in HV10

A = Austenit
M = Martensit
B = Bainit
F = Ferrit
P = Perlit

Am Ende einer Abkühlkurve wird in der Regel ein Zahlenwert angegeben. Er kennzeichnet den nach der Abkühlung erreichten Härtewert (in der Regel Vickers-Härte HV1 bzw. HV10 oder Rockwell-Härte HRC). An den Kreuzungspunkten einer Abkühlkurve mit einer Umwandlungslinie sind mitunter ebenfalls Zahlenwerte eingetragen. Sie geben die Volumenanteile der jeweiligen Gefügebestandteile (Gefügemengen) an.

Ablesebeispiele:

Verfolgt man zunächst die in Bild 1 mit **Kurve 1** gekennzeichnete Abkühlkurve, so wird nach etwa 160 s bei einer Temperatur von rund 710 °C die erste Umwandlungslinie geschnitten (die Zeitzählung beginnt mitunter erst nachdem die entsprechenden Abkühlkurven die Ac_3-Temperatur durchlaufen haben). Es bilden sich Ferritkristalle (F) an den Austenitkorngrenzen. Nach insgesamt 300 s erreicht die Abkühlkurve den Bereich der Perlitbildung (P). Hier beginnt die Perlitbildung, nachdem sich zwischenzeitlich bereits 50 Vol.-% Ferrit gebildet hat. Nach 330 s ist die Perlitbildung abgeschlossen und es liegt ein Gefüge aus 50 Vol.-% Ferrit und 50 Vol.-% Perlit mit einer Härte von 200 HV10 vor.

Die mit **Kurve 2** bezeichnete Abkühlkurve kennzeichnet eine schnellere Abkühlung im Vergleich zu Kurve 1. Hier setzt bereits nach 4 s die voreutektoide Ferritbildung ein. Nach 8 s bildet sich Perlit und nach 10 s ist bei einer Temperatur von 620 °C die Umwandlung bereits abgeschlossen. Das Gefüge besteht dann aus 25 Vol.-% Ferrit und 75 Vol.-% Perlit. Die Härte beträgt 274 HV10.

Bei einer Abkühlung entsprechend **Kurve 4** setzt nach etwa 2,3 s bei einer Temperatur von 450 °C die Bainitbildung (B) ein. Nach 3,8 s ist die Bainitbildung abgeschlossen. Der noch vorhandene Austenit (A) wandelt sich in Martensit (M) um. Nach Abkühlung auf Raumtemperatur setzt sich das Gefüge aus 2 Vol.-% Bainit und 98 Vol.-% Martensit zusammen. Die Härte beträgt aufgrund des hohen Martensitanteils 548 HV10.

c) Isotherme ZTU-Diagramme

Isotherme ZTU-Diagramme sind die Grundlage zur Beurteilung des von Temperatur und Zeit abhängigen Umwandlungsverhaltens der Stähle bei schneller umwandlungsfreier Abkühlung aus der Behandlungstemperatur (z. B. Härtetemperatur) und anschließendem isothermem Halten zwischen etwa 300 °C und 700 °C.

6.4 Wärmebehandlung der Stähle

Bei isothermer Umwandlung laufen dieselben Vorgänge im Gefüge ab, wie bei einer kontinuierlichen Abkühlung. Lediglich die Temperaturen bei bzw. die Zeiten, nach denen ein bestimmter Umwandlungsvorgang stattfindet, sowie die Volumenanteile der dabei entstehenden Gefügebestandteile unterscheiden sich. In Bild 1 ist beispielhaft das isotherme ZTU-Diagramm des Stahls C45E dargestellt. Im Gegensatz zu den kontinuierlichen ZTU-Diagrammen werden die isothermen ZTU-Diagramme stets längs der Isothermen gelesen.

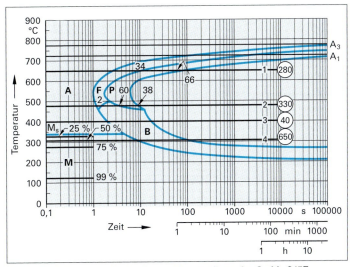

Bild 1: ZTU-Diagramm für isotherme Umwandlung des Stahls C45E
- Austenitisierungstemperatur: 850 °C
- Aufheizdauer: 1 min
- Haltedauer: 15 min
- Härteangaben in HV1

A = Austenit
M = Martensit
B = Bainit
F = Ferrit
P = Perlit

Ablesebeispiele:

Wird der in Bild 1 zugrunde liegende Stahl C45E aus der Austenitisierungstemperatur sehr schnell auf 660 °C abgeschreckt und anschließend bei dieser Temperatur gehalten, dann setzt nach etwa 2,5 s die Bildung von voreutektoidem Ferrit an den Austenitkorngrenzen ein. Nach 10 s beginnt und nach 70 s endet die Perlitbildung. Das entstandene ferritisch-perlitische Gefüge besteht dann zu 34 Vol.-% aus Ferrit und zu 66 Vol.-% aus Perlit. Die Härte des Gefüges beträgt 280 HV1.

Wird der gleiche Stahl aus der Austenitisierungstemperatur dagegen auf 400 °C abgeschreckt und anschließend auf dieser Temperatur gehalten, dann setzt nach etwa 2 s zunächst die Bainitbildung ein. Nach 18 s ist die Umwandlung abgeschlossen, es liegt ein rein bainitisches Gefüge mit einer Härte von 400 HV1 vor.

Abschrecken auf eine Temperatur von etwa 300 °C mit anschließendem isothermem Halten führt zur Bildung eines Gefüges mit 60 Vol.-% Martensit und 40 Vol.-% Bainit.

d) Einfluss von Legierungselementen auf die Austenitumwandlung

Die Beeinflussung des Umwandlungsverhaltens von Stählen durch Legierungselemente ist vielfältig. Sie hängt nicht nur vom Kohlenstoffgehalt des Stahles, sondern auch von der Anzahl, Art, Menge und Kombination eventuell vorhandener Legierungselemente ab. Eine Vielzahl kontinuierlicher und isothermer ZTU-Diagramme legierter Stähle sind in der Literatur zusammengestellt.

Gegenüber den ZTU-Diagrammen unlegierter Stähle zeigen die entsprechenden Diagramme der legierten Stähle die folgenden signifikanten Unterschiede (Bild 2):

Bild 2: Einfluss von Legierungselementen auf das Umwandlungsverhalten des Austenits am Beispiel eines (isothermen) ZTU-Diagrammes (vereinfacht)

1. Legierungselemente vermindern die Diffusionsfähigkeit des Kohlenstoffs und erhöhen damit die Austenitstabilität. Der Stahl wird umwandlungsträger (z. B. C, Cr, Mo, B, Ni, B, V und W), dadurch:
   - Verschiebung der Umwandlungslinien zu höheren Zeiten. Die kritische Abkühlgeschwindigkeit der Martensitbildung nimmt also ab.
   - Verschiebung der Umwandlungslinien zu tieferen Temperaturen.
   - Absenkung der M_s-Temperatur mit steigendem Kohlenstoff- und Legierungsgehalt (Ausnahme: Cobalt und Aluminium).
2. Carbidbildung (z. B. Cr, Mo, V, W, Nb, Ti). Dadurch Verschiebung des Bereichs der Perlitbildung zu längeren Zeiten, da ja gerade die Perlitbildung mit starker Carbidbildung einher geht.
3. Aufspaltung der Umwandlungsbereiche für die Perlit- und Bainitbildung bei sehr hohem Gehalt Carbid bildender Legierungselemente (umwandlungsträger Bereich).

Die o. g. Ausführungen zeigen, dass sich bei den unlegierten Stählen überwiegend nur ferritisch-perlitische oder martensitische Gefüge erzeugen lassen. Die Anteile an Bainit sind in der Regel gering. Bei Verwendung legierter Stähle können zusätzlich beliebige Anteile an Bainit, mit seinen zum Teil hervorragenden mechanischen Eigenschaften (Kapitel 6.4.4.5) erzeugt werden. Durch eine geeignete Temperaturführung kann also bei den legierten Stählen ein viel größeres Gefügespektrum erzeugt und ihre Eigenschaften damit optimal an die späteren Betriebsbedingungen angepasst werden.

6.4.4.14 Zeit-Temperatur-Austenitisierungsdiagramme (ZTA-Diagramme)

Eine Reihe wichtiger Wärmebehandlungsverfahren, wie das durchgreifende Härten (Kapitel 6.4.4), die Randschichthärteverfahren (Kapitel 6.4.6.2) oder das Normalglühen (Kapitel 6.4.3.1), erfordern eine Erwärmung des Stahles bis in das Austenitgebiet. Die Austenitbildung geht mit der Ferrit- und Carbidauflösung einher und benötigt wegen der zugrunde liegenden Diffusionsvorgänge eine gewisse Zeit. Da eine technische Erwärmung häufig mit erhöhter Geschwindigkeit abläuft, können sich die aus dem Zustandsdiagramm des Stahles bekannten Umwandlungstemperaturen zu höheren Temperaturen verschieben und damit das Ergebnis einer Wärmebehandlung erheblich beeinflussen. Die Kinetik der Austenitbildung kann unter diesen Bedingungen in **Zeit-Temperatur-Austenitisierungsdiagrammen (ZTA-Diagrammen)** dargestellt werden.

Entsprechend den in der Praxis durchgeführten Erwärmungsarten unterscheidet man:

- **Kontinuierliche ZTA-Diagramme** bei schneller, stetiger Temperaturerhöhung und unmittelbar nachfolgender Abkühlung, wie z. B. Erwärmung mittels Brenngas-Sauerstoff-Flamme beim Flammhärten, induktive Erwärmung beim Induktionshärten, Erwärmung mittels Laser- oder Elektronenstrahl beim Laser- oder Elektronenstrahlhärten (Kapitel 6.4.6.2), Erwärmen durch Schweißen usw.

- **Isotherme ZTA-Diagramme** bei Erwärmung auf eine vorgegebene Temperatur mit anschließendem Halten auf dieser Temperatur, wie z. B. Erwärmen in Salzbädern oder Erwärmung im Ofen beim Härten (Kapitel 6.4.4).

Im Rahmen dieses Buches soll beispielhaft nur das kontinuierliche ZTA-Diagramm der untereutektoiden Stähle besprochen werden.

> **Information**
>
> **Austenitisieren**
>
> Unter **Austenitisieren** versteht man nach DIN EN 10052 einen Einzelschritt einer Wärmebehandlung, in dessen Verlauf das Werkstück auf eine Temperatur gebracht wird, bei der die Matrix austenitisch wird. Sofern die Umwandlung von Ferrit bzw. Perlit in Austenit nicht vollständig erfolgt, wird von unvollständigem Austenitisieren gesprochen.

> **Information**
>
> **ZTA-Diagramme**
>
> Der Erfolg einer Wärmebehandlung hängt nicht nur von der Abkühlgeschwindigkeit sondern auch von der Erwärmung in das Austenitgebiet ab. Um in Abhängigkeit von Erwärmungsgeschwindigkeit und Haltedauer, Aufschluss über den Ablauf der Austenitbildung zu erhalten, wurden die **ZTA-Diagramme** entwickelt. ZTA-Diagramme sind mit den ZTU-Diagrammen vergleichbar, entgegen diesen gelten sie jedoch bei Erwärmung.
>
> ZTA-Diagramme zeigen abhängig von der Erwärmungsgeschwindigkeit (kontinuierliche ZTA-Diagramme) bzw. der Haltedauer bei einer vorgegebenen Temperatur (isotherme ZTA-Diagramme) die jeweils vorliegenden Phasen des Gefüges.

6.4 Wärmebehandlung der Stähle

Kontinuierliche ZTA-Diagramme untereutektoider Stähle

Die kontinuierlichen ZTA-Diagramme geben Aufschluss über den Ablauf des Austenitisierens bei schneller Erwärmung und unmittelbar anschließender Abkühlung (z. B. Erwärmung mittels Brenngas-Sauerstoff-Flamme, induktives Erwärmen, Erwärmung mittels Laser- oder Elektronenstrahl, Schweißen usw.) und stellen damit die Grundlage für die Ermittlung der optimalen Austenitisierungstemperatur, Abschreckhärte und Austenitkorngröße unter diesen Bedingungen dar. Man unterscheidet aufgrund der unterschiedlichen Temperaturbereiche für das Austenitisieren ZTA-Diagramme für unter- und übereutektoide Stähle. Analog den kontinuierlichen ZTU-Diagrammen werden die kontinuierlichen ZTA-Diagramme stets längs den (steil verlaufenden) Linien konstanter Erwärmungsgeschwindigkeit gelesen.

Die Austenitbildung der untereutektoiden Stähle (Bild 1) beginnt nach Überschreiten der Ac_{1b}-Umwandlungstemperatur. Nach einer Inkubationszeit entstehen Austenitkeime an der Grenzfläche zwischen Ferrit und Carbid (Bild 1, Teilbild 1). Der Austenitkeim enthält dabei mehr Kohlenstoff als das ursprüngliche Ferritgitter, da im α-Eisen bekanntlich weniger als 0,00001 % Kohlenstoff löslich ist. Das Wachsen der Austenitkeime in die umgebende ferritische Matrix, die weitere α-γ-Umwandlung also, erfordert, dass die notwendige Kohlenstoffmenge durch Diffusion an die Wachstumsfront des Austenitkeims gebracht wird (Bild 1, Teilbild 2). Die Austenitbildung beginnt daher zunächst dort, wo Ferrit und Carbide dicht beieinander liegen, die Diffusionswege also kurz sind. Bei einer Erwärmung findet deshalb zuerst die Umwandlung des Perlits statt. Da die Austenitkeimbildung an vielen Stellen gleichzeitig beginnt, entsteht ein feinkörniges, austenitisches Gefüge.

Mit Erreichen von Ac_{1e} ist (definitionsgemäß) die Carbidauflösung abgeschlossen bzw. sind Carbide metallographisch nicht mehr nachweisbar und das Gefüge besteht nur noch aus Ferrit und Austenit. Da die Carbidauflösung etwa die 100fache Zeit verglichen mit der Ferritumwandlung benötigt und zudem viele legierte Stähle Carbid bildende Legierungselemente wie Mn, Cr usw. (z. B. 34CrMo4, 15CrNi6) enthalten, weisen die Gefüge einer Reihe von Stählen auch oberhalb von Ac_{1e} noch Carbide im Gefüge auf.

Erst oberhalb von Ac_3 sind die Carbide dann metallographisch nicht mehr nachweisbar. In der Literatur sind dann zwei verschiedene Darstellungsarten üblich.

Bild 1: Kontinuierliches ZTA-Diagramm mit Veränderungen im Gefüge während der Erwärmung (Stahl 34CrMo4)

Entweder wird die Linie Ac_{1e} nicht mehr eingezeichnet (d. h. sie fällt mit Ac_3 zusammen) oder es werden auch im Gebiet zwischen Ac_{1e} und Ac_3 Carbide erwähnt. In diesem Fall soll die Linie Ac_{1b} dann nicht das (definitionsgemäße) Ende der Nachweisbarkeit von Carbiden, sondern die Auflösung von Ferrit-Carbid-Strukturen, die kennzeichnend für den Perlit sind, markieren. In Bild 1, Seite 243, wurde die letztgenannte Darstellungsart gewählt. Bei sehr schneller Erwärmungsgeschwindigkeit (> 1000 K/s) ist das Ende der Perlitumwandlung nicht mehr zu erfassen, so dass eine Trennung von Ac_{1b} und Ac_{1e} nicht mehr möglich ist.

Zwischen Ac_{1e} und Ac_3 erfolgt die Umwandlung des Ferrits in Austenit sowie die restliche Auflösung der Carbide (Bild 1, Seite 243, Teilbild 3). Oberhalb von Ac_3 hat sich der Ferrit vollständig in Austenit umgewandelt und auch die eventuell noch vorhandenen Carbide sind nunmehr vollständig in Lösung gegangen bzw. sie sind mikroskopisch nicht mehr nachweisbar. Der Kohlenstoff hat sich allerdings noch nicht gleichmäßig im Austenit verteilt, sondern ist an Stellen, an denen sich vormals die Carbide befanden, angereichert. Man spricht von **inhomogenem Austenit** (Bild 1, Seite 243, Teilbild 4). Erst oberhalb der in Bild 1, Seite 243, gestrichelt dargestellten Linie hat sich der Kohlenstoff gleichmäßig im Austenitgitter verteilt, so dass nunmehr ein **homogener Austenit** vorliegt (Bild 1, Seite 243, Teilbild 5).

Ein homogenes austenitisches Gefüge mit gleichmäßig verteiltem Kohlenstoff ist insbesondere beim Härten nicht immer erwünscht:

- Die Bildung von homogenem Austenit erfordert eine höhere Austenitisierungstemperatur und/oder -dauer und kann daher zu einem grobkörnigen Gefüge führen.
- Nicht vollständig aufgelöste Carbide üben eine verschleißhemmende Wirkung aus und sind damit beispielsweise bei Werkzeugstählen erwünscht.

Andererseits kann ein inhomogenes austenitisches Gefüge nach dem Härten zur **Weichfleckigkeit**, d. h. weicher Restaustenitinseln, in einer ansonsten martensitischen Matrix führen (siehe Infokasten).

Eingeformte Carbide, wie sie nach dem Weichglühen vorliegen (Kapitel 6.4.3.2), beschleunigen das beschriebene Umwandlungsverhalten aufgrund großer Carbidoberflächen. Legierungselemente hingegen verzögern die Umwandlung infolge Bildung thermisch beständiger Carbide.

Mit zunehmender Verweildauer im Austenitgebiet (z. B. bei langsamer Erwärmung oder längerer Haltedauer) findet ein Wachstum der Austenitkörner statt. Ein grobes Austenitkorn ist jedoch unerwünscht, da es beispielsweise beim Härten zu einem erhöhten Restaustenitgehalt führt oder die mit dem Normalglühen einhergehende Kornverfeinerung wieder zunichte machen kann. Die ZTA-Diagramme werden daher häufig durch **Korngrößenlinien** ergänzt (Bild 1, Seite 243). Man spricht dann auch von **ZTA-Austenitkorngrößen-Diagrammen**.

Stähle mit starker Neigung zum Kornwachstum werden als **überhitzungsempfindlich** bezeichnet. Ein unerwünschtes Wachstum der Austenitkörner kann durch Legieren mit geringen Mengen Al, Ti und teilweise auch Nb wirkungsvoll gehemmt werden, da diese Elemente mit dem Kohlenstoff und Stickstoff des Stahles thermisch beständige Phasen (Carbide, Nitride oder Carbonitride) bilden. Sie stellen Hindernisse für die Bewegung der Korngrenzen dar und hemmen auf diese Weise das Austenitkornwachstum (siehe Infokasten).

> **ⓘ Information**
>
> **Weichfleckigkeit**
> Eine inhomogene Kohlenstoffverteilung im Austenit (inhomogener Austenit) kann nach dem Härten zu einer **Weichfleckigkeit**, d.h. zu weichen Restaustenitinseln in einer harten Martensitmatrix führen. An Stellen lokaler Kohlenstoffanreicherung im inhomogenen Austenit kann die Martensit-Starttemperatur bzw. die Martensit-Endtemperatur so weit abgesenkt sein, dass beim Abschrecken auf Raumtemperatur noch keine martensitische Umwandlung des Austenits eintritt (Bild 1, S. 234).

> **ⓘ Information**
>
> **Hemmung des Austenitkornwachstums**
> AlN-Phasen können ein Wachstum des Austenitkorns bis zu einer Temperatur von etwa 1050 °C wirkungsvoll hemmen. Über 1050 °C koaguliert das AlN und löst sich schließlich auf, so dass seine Wirkung im Hinblick auf die Hemmung des Austenitkornwachstums verloren geht.
> TiN, TiC und Ti(C,N) bleiben hingegen bis zu einer Temperatur von etwa 1350 °C stabil, sie hemmen jedoch das Kornwachstum bei tieferen Temperaturen kaum. Am wirkungsvollsten ist daher die Kombination aus AlN mit TiN bzw. TiC oder Ti(C,N).
> Unlegierte Stähle, die zur Hemmung des Austenitkornwachstums mit Legierungselementen wie Ti, Nb, V oder Zr und Gehalten unter etwa 0,5 % legiert wurden (die Legierungselemente treten in der Kurzbezeichnung nicht in Erscheinung), werden als **mikrolegiert** bezeichnet.

6.4 Wärmebehandlung der Stähle

Praktische Hinweise für das Austenitisieren

Aus den ZTA-Diagrammen lassen sich eine Reihe praktischer Hinweise für ein werkstoffgerechtes und wirtschaftliches Austenitisieren ableiten:

- Je höher die Austenitisierungstemperatur über Ac_1 bzw. Ac_3 liegt, desto kürzer kann die Haltezeit gewählt werden, um das angestrebte Gefüge zu erhalten. Umgekehrt muss bei kurzer Haltedauer höher erwärmt werden.

- Wärmebehandlungen mit rascher Erwärmung auf Austenitisierungstemperatur und unmittelbar anschließendem Abschrecken (z. B. Flamm- und Induktionshärten, Schweißen usw.) benötigen höhere Austenitisierungstemperaturen, um die gewünschte Gefügezusammensetzung zu erhalten, da mit zunehmender Erwärmungsgeschwindigkeit die Phasenumwandlungen zu höheren Temperaturen verschoben werden.

> **ⓘ Information**
>
> **Härtefehler beim Austenitisieren**
> Bei zu hoher Glühtemperatur und/oder zu langer Glühdauer:
> - Grobes Austenitkorn, insbesondere bei unlegierten Stählen. Damit grobnadeliger Martensit mit erhöhtem Restaustenitanteil. Gefahr von Härterissen.
> - Gefahr einer Oberflächenentkohlung, sofern an Luft erwärmt wird. Damit geringere Oberflächenhärte.
>
> Bei zu niedriger Glühtemperatur und/oder zu kurzer Glühdauer:
> - Inhomogene Kohlenstoffverteilung im Austenit und damit Gefahr der Weichfleckigkeit nach dem Härten.
> - Neben Martensit können noch Bainit oder Perlit im Gefüge vorliegen und zusätzliche Spannungen verursachen, die durch das Anlassen nicht beseitigt werden können.

- Bei hoher Austenitisierungstemperatur und/oder langer Haltedauer ist insbesondere bei den unlegierten, untereutektoiden Stählen mit einem Kornwachstum zu rechnen. Ein grobes Korn führt zu einem erhöhten Restaustenitgehalt, der auch durch eine Tiefkühlung nicht vollständig beseitigt werden kann. Die maximal mögliche Härte wird nicht erreicht. Stähle, die mit Elementen wie Al oder Ti legiert sind (z. B. mikrolegierte Stähle), weisen eine deutlich geringere Neigung zum Kornwachstum auf.

- Der Temperaturbereich zwischen 680 °C und Ac_3 sollte mit möglichst hoher Erwärmungsgeschwindigkeit (> 4 K/s) durchlaufen werden, da sich dann ein besonders feines Austenitkorn bildet.

- Die Haltedauer auf Härtetemperatur sollte nur so lange erfolgen, bis der Ferrit vollständig aufgelöst ist. Entsprechend den (hier nicht besprochenen) isothermen ZTA-Diagrammen also wenige Sekunden bis etwa 30 min.

- Legierungselemente verzögern die Diffusionsvorgänge und erhöhen die Stabilität der Carbide. Legierte Stähle benötigen daher, im Vergleich zu den unlegierten Stählen, im Allgemeinen höhere Austenitisierungstemperaturen und/oder längere Haltezeiten.

- Für unlegierte, untereutektoide Stähle liegt die optimale Härtetemperatur etwa 30 °C bis 60 °C über Ac_3, für unlegierte übereutektoide Stähle zwischen 780 °C und 820 °C. Für legierte Stähle gelten abhängig von Art und Menge der Legierungselemente höhere Härtetemperaturen, die in der Regel entsprechenden Werkstoffnormen oder Werkstoffdatenblättern entnommen werden können.

6.4.5 Anlassen und Vergüten

Nach DIN EN 10 052 versteht man unter **Anlassen** das Erwärmen eines (in der Regel) martensitisch gehärteten Werkstücks auf eine Temperatur unter P-S-K (Ac_1-Temperatur), das Halten bei dieser Temperatur sowie das nachfolgende zweckentsprechende Abkühlen.

Das Anlassen kann aus verschiedenen Gründen durchgeführt werden. Hinsichtlich des späteren Verwendungszwecks des Werkstücks unterscheidet man (Bild 1, Seite 246):

1. Anlassen auf niedrige Temperaturen (etwa 100 °C bis 250 °C) mit dem Ziel der Verminderung der Sprödigkeit und dem Abbau innerer Spannungen. Behandelt werden auf diese Weise insbesondere:
    - gehärtete unlegierte und legierte Kaltarbeitsstähle,
    - gehärtete niedriglegierte Warmarbeitsstähle (NiCrMoV-Sorten),
    - Wälzlagerstähle (durchhärtende Sorten).

2. Anlassen auf höhere Temperaturen (etwa 500 °C bis 680 °C) mit dem Ziel der Verbesserung der Zähigkeit bzw. um ein gewünschtes Verhältnis zwischen Festigkeit und Zähigkeit einzustellen. Das Verfahren ist unter dem Begriff **Vergüten** bekannt. Behandelt werden auf diese Weise insbesondere:

- Bau- und Konstruktionsstähle (vergütbare Sorten),
- Wälzlagerstähle (vergütbare Sorten).

3. Anlassen auf höhere Temperaturen (etwa 500 °C bis 650 °C) mit dem Ziel der Verbesserung der Warmhärte bzw. Warmfestigkeit sowie der Verschleißbeständigkeit **(Sekundärhärtung)**. Behandelt werden auf diese Weise insbesondere:

Bild 1: Temperaturbereiche für das Anlassen von Stählen

- hochlegierte Warmarbeitsstähle (CrMoV-Sorten),
- Schnellarbeitsstähle,
- Wälzlagerstähle (warmharte Sorten).

6.4.5.1 Innere Vorgänge beim Anlassen

Die im Gefüge beim Anlassen ablaufenden Vorgänge hängen in erster Linie von der gewählten Anlasstemperatur ab, da mit steigender Temperatur die Beweglichkeit der (zunächst noch zwangsgelösten) Kohlenstoffatome sowie der Eisenatome zunimmt. Die Anlassdauer ist dabei von untergeordneter Bedeutung. Man unterscheidet vier Anlassstufen:

1. Anlassstufe (100 °C bis 200 °C)

Die erste Anlassstufe umfasst den Temperaturbereich etwa zwischen 100 °C und 200 °C. Bei Stählen mit Kohlenstoffgehalten über 0,2 % beginnen bei diesen Temperaturen bereits einzelne Kohlenstoffatome aus ihrer Zwangslösung im Martensit zu entweichen. Dabei geht die starke Verspannung des Martensitgitters zurück, das Kristallgitter entspannt sich in einem gewissen Umfang. Aus dem tetragonalen Martensit entsteht der weniger stark verzerrte **kubische Martensit**. Die aus der Zwangslösung entkommenen Kohlenstoffatome werden als feinste, nur elektronenmikroskopisch sichtbare Eisencarbidteilchen der Zusammensetzung Fe_xC mit $x \approx 2,4$ (**ε-Carbid**), die noch kohärent mit dem Kristallgitter verbunden sind, ausgeschieden. Bei Stählen mit höheren Kohlenstoffgehalten treten zusätzlich die Übergangscarbide Fe_2C (**η-Carbid**) und $Fe_{2,5}C$ (**χ-Carbid**) hinzu. Dabei können die beschriebenen Vorgänge bereits deutlich unter 100 °C ablaufen.

Bei Stählen mit Kohlenstoffgehalten unter 0,2 % findet im Temperaturbereich zwischen 100 °C und 200 °C die Bildung von ε-Carbid noch nicht statt, da der Aufenthalt der Kohlenstoffatome im verzerrten Kristallgitter in der Umgebung von Versetzungen noch immer energetisch günstiger ist, als die Bildung des ε-Carbids. Martensit mit Kohlenstoffgehalten unter 0,2 % ist außerdem nicht tetragonal verzerrt und wird daher beim Anlassen zunächst auch nicht verändert.

Durch ein Anlassen im Temperaturbereich der 1. Anlassstufe erhält der unmittelbar nach dem Härten äußerst spröde Stahl wieder einen Teil seiner ursprünglichen Zähigkeit und Verformbarkeit zurück. Die Härte bleibt weitgehend erhalten, die Rissgefahr infolge der hohen Spannungen wird jedoch erheblich vermindert und die Gebrauchseigenschaften des Stahles werden deutlich verbessert (die Glashärte wird in der 1. Anlassstufe beseitigt). Ein Anlassen in der ersten Anlassstufe ist besonders für unlegierte und egierte Kaltarbeitsstähle, für niedriglegierte Warmarbeitsstähle (NiCrMoV-Sorten) sowie für durchhärtende Wälzlagerstähle von Bedeutung.

6.4 Wärmebehandlung der Stähle

2. Anlassstufe (200 °C bis 320 °C)

Über 200 °C wird die Beweglichkeit der zwangsgelösten Kohlenstoffatome im Martensitkristall zunehmend größer, d.h. die Carbidbildung wird verstärkt und ein eventuell vorhandener Restaustenit zerfällt. Der Temperaturbereich zwischen 250 °C und 400 °C (obere 2. bzw. 3. Anlassstufe) wird in der Regel gemieden, da bei Stählen in diesem Temperaturbereich ausgeprägte Versprödungserscheinungen auftreten (300 °C-Versprödung, Kapitel 6.4.5.3).

3. Anlassstufe (320 °C bis 400 °C)

In dieser Stufe entweichen praktisch alle Kohlenstoffatome aus ihrer Zwangslösung. Der kubische Martensit verarmt zunehmend an Kohlenstoff und erreicht schließlich die Zusammensetzung des Ferrits. Der Stahl besteht letztlich nur noch aus Ferrit mit feinsten eingelagerten Zementitkörnchen (Fe_3C), die bereits im Lichtmikroskop sichtbar sind. Die vom Martensit herrührende nadelige Struktur des Gefüges bleibt (zumindest bei kurzen Anlasszeiten) noch erhalten. Auch in der oberen 3. Anlassstufe (bis hinein in den Bereich der 4. Anlassstufe) können bei bestimmten Stahlsorten Versprödungserscheinungen auftreten. Man spricht von der 500 °C-Versprödung oder Anlassversprödung (Kapitel 6.4.5.3).

4. Anlassstufe (400 °C bis Ac_1)

Der Temperaturbereich der 4. Anlassstufe ist bei den unlegierten Stählen nicht mehr mit signifikanten Gefügeveränderungen verbunden, die einer definierten Anlassstufe zugeordnet werden können. Die in der Ferritmatrix zunächst noch fein verteilten Zementitausscheidungen ballen sich zu größeren Körnchen zusammen. Das Gefüge nähert sich allmählich dem des weichgeglühten Zustands. Bei Temperaturen ab etwa 550 °C bis 600 °C wird schließlich durch Rekristallisation die nadelförmige, vom Martensit herrührende Struktur allmählich aufgelöst. Das Gefüge besteht letztlich aus einer ferritischen Grundmasse mit eingelagerten Carbiden (Bild 1, Seite 251). Bei den legierten Stählen wird das Anlassverhalten in charakteristischer Weise verändert (Kapitel 6.4.5.2).

6.4.5.2 Anlassen der legierten Stähle

Das Anlassen der legierten Stähle unterscheidet sich von den unlegierten Stählen aufgrund des Einflusses der Legierungselemente durch:

- Verschiebung der Temperaturlage der Anlassstufen,
- Verzögerung des Härteabfalls mit zunehmender Anlasstemperatur,
- Bildung von Sondercarbiden, die zu einer Härtesteigerung, der Sekundärhärtung (s. u.), führen können.

Bild 1: Einfluss von nicht Carbid bildenden Legierungselementen auf den Härteverlauf am Beispiel des Siliciums (Stahl mit etwa 0,5 % C)

Bild 2: Einfluss von Carbid bildenden Legierungselementen auf den Härteverlauf am Beispiel des Molybdäns (Stahl mit etwa 0,35 % C)

Das Verhalten der legierten Stähle beim Anlassen wird vorwiegend durch die Art der Legierungselemente bestimmt. Hinsichtlich der Wirkungsweise der Legierungselemente ist zu unterscheiden zwischen nicht Carbid bildenden und Carbid bildenden Legierungselementen.

Anlassen von Stählen mit nicht Carbid bildenden Elementen

Elemente wie Si, Ni oder Mn, die keine Sondercarbide bilden, verzögern lediglich den Härteabfall mit zunehmender Anlasstemperatur und erhöhen die Härte der ferritischen Grundmasse. Die Härte im abgeschreckten und nicht angelassenen Zustand wird durch diese Elemente nur unwesentlich verändert (Bild 1).

Anlassen von Stählen mit Carbid bildenden Elementen

Die Carbid bildenden Legierungselemente, wie Cr, Mo, V, Ti und W, verschieben einerseits den Festigkeitsabfall zu höheren Temperaturen und längeren Zeiten (analog den nicht Carbid bildenden Elementen), andererseits führen sie bei Anlasstemperaturen zwischen 400 °C und 600 °C zu einem Wiederanstieg der Festigkeit und der Härte. Dieser Effekt wird als **Sekundärhärtung** bezeichnet und beispielsweise bei den Schnellarbeitsstählen sowie bei vielen Warmarbeitsstählen, die bei Arbeitstemperaturen bis 600 °C noch nicht erweichen dürfen, genutzt (Bild 2, Seite 247).

Die Erscheinung der Sekundärhärtung beruht auf einer fein verteilten Ausscheidung von härtesteigernden und im Vergleich zum Eisencarbid Fe_3C thermisch wesentlich stabileren **Sondercarbiden**, wie z. B. Mo_2C, V_4C_3, TiC und W_2C. Um allerdings eine ausreichende Sekundärhärtung zu erhalten, bedarf es teilweise höherer Konzentrationen. So bewirkt das Molybdän in Gehalten von nur einigen Prozenten lediglich einen verzögerten Härteabfall. Eine nutzbare Sekundärhärtung tritt erst bei Molybdängehalten über 5 % auf (Bild 2, Seite 247).

6.4.5.3 Versprödungserscheinungen beim Anlassen von Stählen

Das Anlassen von gehärteten Stählen kann in bestimmten Temperaturbereichen zu ausgeprägten Versprödungserscheinungen führen. Man unterscheidet die:

- **300-°C-Versprödung** (im englischen Sprachgebrauch als **500-°F-embrittlement** bezeichnet) im Temperaturbereich etwa zwischen 250 °C und 400 °C (obere 2. bzw. 3. Anlassstufe)
- **500-°C-Versprödung** (auch als **Anlassversprödung** bzw. im englischen Sprachgebrauch als **temper embrittlement** bezeichnet) im Temperaturbereich etwa zwischen 370 °C und 500 °C (obere 3. bzw. untere 4. Anlassstufe).

Bild 1: Verminderung der Zähigkeit im Bereich der 300-°C-Versprödung (40NiCrMo6)

300-°C-Versprödung

Die 300-°C-Versprödung macht sich beim Anlassen im Temperaturbereich zwischen 250 °C und 400 °C (also in der oberen 2. bzw. in der 3. Anlassstufe) bei vielen Stählen durch eine deutliche Verminderung der Zähigkeit (Bild 1) sowie in einer Verschiebung der Übergangstemperatur der Kerbschlagarbeit zu höheren Temperaturen bemerkbar. Die 300-°C-Versprödung ist irreversibel und praktisch unabhängig von der Anlassdauer.

Während der Bereich der 300-°C-Versprödung durch einen signifikanten Zähigkeitsverlust gekennzeichnet ist, lassen die Zugversuchskennwerte (Zugfestigkeit, Dehngrenze, Bruchdehnung und Brucheinschnürung) keinerlei Unstetigkeiten in ihrer Abhängigkeit von der Anlasstemperatur erkennen. Auch die eng mit der Zugfestigkeit verknüpfte Härte fällt mit zunehmender Anlasstemperatur stetig ab (Bild 1).

Für die 300-°C-Versprödung gibt es eine Reihe unterschiedlicher Ursachen. Unter anderem wird eine starke Anreicherung versprödend wirkender Verunreinigungen, insbesondere Phosphor, Arsen, Antimon und Zinn, an den Korngrenzen angenommen.

Wenngleich die 300-°C-Versprödung durch Legieren beispielsweise mit Aluminium oder Nickel ggf. in Verbindung mit der Verringerung versprödend wirkender Elemente weitgehend vermieden werden kann, so wird der Temperaturbereich der 2. und 3. Anlassstufe in der Praxis dennoch gemieden.

500-°C-Versprödung (Anlassversprödung)

Beim Halten bzw. bei langsamer Abkühlung (z. B. im Ofen) tritt im Bereich der oberen 3. bzw. der unteren 4. Anlassstufe bei Temperaturen zwischen rund 370 °C und 500 °C (mitunter bis 570 °C) bei bestimmten anlassempfindlichen Stahlsorten die **500-°C-Versprödung**, die auch als **Anlassversprödung** bezeichnet wird, auf. Gefährdet sind insbesondere Cr-, Mn-, CrMn- und Cr-Ni-Stähle ohne einen bestimmten Zusatz an Molybdän, sofern sie im Gebiet der 500-°C-Versprödung angelassen werden oder bei Abkühlung dieses Gebiet langsam durchlaufen.

Auch die 500-°C-Versprödung macht sich in einer deutlichen Verringerung der Zähigkeit sowie in einer Verschiebung der Übergangstemperatur der Kerbschlagarbeit zu höheren Temperaturen bemerkbar. Die übrigen Kennwerte wie Zugfestigkeit, Dehngrenze oder Bruchdehnung zeigen hingegen keine Unstetigkeiten.

Als maßgebliche Ursache für die 500-°C- oder Anlassversprödung wird angenommen, dass Phosphor, Schwefel oder Spurenelemente wie Antimon, Arsen und Zinn zu den Korngrenzen diffundieren, sich dort anreichern und zu einer Herabsetzung der Kohäsionskräfte führen. So können bereits Phosphorgehalte von 0,008 % die Neigung zur Anlassversprödung deutlich erhöhen.

Die Anlassversprödung kann durch die folgenden Maßnahmen gemildert bzw. vermieden werden:

- Erhöhung des metallurgischen Reinheitsgrades, d.h. geringere Konzentration der schädlichen Elemente.
- Legieren mit Molybdän. Molybdän bindet den Phosphor und behindert die Diffusion der schädlichen Elemente zu den Korngrenzen. Bei Gehalten zwischen 0,2 % bis 0,6 % (und teilweise auch höher) kann die Anlassversprödung vollständig unterdrückt werden. Vergütungsstähle, die auf höhere Temperaturen angelassen werden, enthalten daher häufig Molybdängehalte zwischen 0,4 % bis über 1 % (z. B. 42CrMo4).
- Abschrecken nach dem Anlassen in Öl oder Wasser, so dass für die Diffusion des Phosphors und anderer versprödend wirkender Elemente im kritischen Temperaturbereich keine Zeit zur Verfügung steht. Bei großen Vergütungsquerschnitten reicht allerdings die Abkühlgeschwindigkeit im Kern nicht mehr aus, um die Anlassversprödung zu unterdrücken. Außerdem besteht die Gefahr der Entstehung von Eigenspannungen. In diesen Fällen ist auf molybdänlegierte Stähle wie z. B. 42CrMo4 zurückzugreifen.
- Kornverfeinerung (z.B. Legierungen mit Aluminium) wirkt der Anlassversprödung entgegen, da mit zunehmender Feinkörnigkeit die Kornoberfläche erhöht und damit die Anreicherung vermindert wird.

Da die Anlassversprödung reversibel ist, kann sie durch eine Glühung bei Temperaturen über 650 °C und eine anschließende schnelle Abkühlung im kritischen Temperaturbereich wieder beseitigt werden.

Bild 1: Temperatur-Zeit-Verlauf beim Vergüten sowie typische Gefügebilder

6.4.5.4 Vergüten

Vergüten ist ein kombiniertes Wärmebehandlungsverfahren aus Härten mit nachfolgendem Anlassen auf höhere Temperaturen (4. Anlassstufe zwischen etwa 450 °C bis 650 °C). Die Anlassdauer beträgt in der Regel 1 h bis 3 h. Bild 1 zeigt den Temperatur-Zeit-Verlauf während des Vergütens.

In Abhängigkeit des beim Härten verwendeten Abschreckmediums spricht man von **Wasser-, Öl-** oder **Luftvergütung**. Neben diesem früher auch als **Anlassvergüten** bezeichneten Verfahren unterscheidet man noch die Sonderformen **Bainitisieren** und **Patentieren** (s. u.).

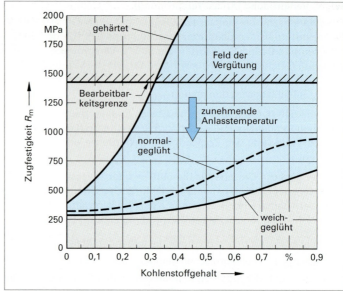

Bild 1: Veränderung der mechanischen Eigenschaften durch das Vergüten am Beispiel der Zugfestigkeit

a) Sinn und Zweck des Vergütens

Stähle werden aus den folgenden Gründen vergütet:

1. Das Vergüten führt bei entsprechender Wahl der Anlasstemperatur zu einer Erhöhung der Zähigkeit. Durch das Vergüten wird die Sicherheit gegen Sprödbruch, insbesondere bei tieferen Temperaturen, schlagartiger Beanspruchung oder ausgeprägter Kerbwirkung (z. B. Schweißnähte) deutlich erhöht.
2. Die Abwesenheit von voreutektoidem Ferrit verbessert die Schwingfestigkeit.
3. Sofern eine hohe Festigkeit gefordert wird, kann bei geeigneter Wahl der Anlasstemperatur die Festigkeit (insbesondere die Dehngrenze) deutlich erhöht werden.
4. Die Festigkeits- bzw. Verformbarkeits- und Zähigkeitskennwerte können durch entsprechende Wahl der Anlasstemperatur in weiten Grenzen, im Prinzip zwischen dem martensitischen und dem weichgeglühten Gefügezustand variiert und damit optimal an die jeweiligen betrieblichen Anforderungen angepasst werden (Bild 1).
5. Weitgehender Ausgleich der Werkstoffeigenschaften zwischen Rand und Kern.

b) Innere Vorgänge beim Vergüten

Durch das Härten wird zunächst ein martensitisches Gefüge (ggf. mit Anteilen von Restaustenit) erzeugt. Die Kohlenstoffatome befinden sich im tetragonal verzerrten Kristallgitter in Zwangslösung (Bild 1, Seite 251). Während des anschließenden Anlassens bei höheren Temperaturen (4. Anlassstufe) entweichen die Kohlenstoffatome aus ihrer Zwangslösung und es entstehen über verschiedene Zwischenstufen feindisperse Zementitausscheidungen, die sich schließlich zu größeren Körnchen zusammenballen. Aus dem tetragonal-raumzentrierten Martensit entsteht dadurch schließlich Ferrit. Nach der Anlassbehandlung liegt somit ein feinkörniges Gefüge mit mehr oder weniger fein verteilten Zementitausscheidungen in ferritischer Matrix vor (Bild 1, Seite 351). Die fein verteilten Zementitausscheidungen in einer ferritischen Matrix führen zu einer wirkungsvollen Behinderung der Versetzungsbewegung und erhöhen auf diese Weise die Festigkeit, insbesondere die Streck- bzw. Dehngrenze. Mit steigender Anlasstemperatur nimmt allerdings die Größe der Zementitteilchen zu und die Festigkeit sinkt (Bild 1, Seite 251).

Die verbesserte Zähigkeit eines Vergütungsgefüges lässt sich durch die feinkörnige, homogene ferritische Matrix erklären.

c) Vergütungstiefe

Die Tiefe des vergütbaren Querschnitts ist in der Regel größer als die vollmartensitische Werkstoffschicht unmittelbar nach dem Härten, da bereits das in tieferen Werkstoffschichten vorliegende bainitische Gefüge genügt, um nach dem Anlassen auf erhöhte Temperaturen ein ferritisches Gefüge mit feinverteilten Zementitausscheidungen zu erzeugen.

6.4 Wärmebehandlung der Stähle

Sogar die fein- bzw. feinststreifigen perlitischen Gefüge (früher: Sorbit und Troostit) zeigen nach dem Anlassen ebenfalls feinen, körnigen Zementit in ferritischer Grundmasse und sind in ihren Zähigkeitseigenschaften dem Anlassgefüge des Martensits bzw. Bainits ähnlich. Bei den legierten Stählen werden die mechanischen Eigenschaften im vergüteten Zustand bis zu einem Durchmesser von etwa 250 mm gewährleistet, obwohl bereits in einem Abstand von rund 50 mm von der abgeschreckten Oberfläche die Härte und damit der Martensitanteil stark abgefallen ist.

d) Anlassschaubilder für das Vergüten

Die große Bedeutung des Vergütens besteht darin, dass in Abhängigkeit der gewählten Anlasstemperatur die Festigkeits- und Verformbarkeitskennwerte in weiten Grenzen variiert und an die jeweiligen Anforderungen angepasst werden können (Bild 1, Seite 252).

Die Veränderung der mechanischen Kennwerte in Abhängigkeit von der Anlasstemperatur wird üblicherweise in **Anlassschaubildern** dargestellt. In Zusammenhang mit dem Vergüten spricht man mitunter auch von **Vergütungsschaubildern**. Anlassschaubilder finden sich u. a. in den Werkstoffdatenblättern der Stahlhersteller sowie in der zurückgezogenen DIN 17 200. Die Nachfolgenormenreihe DIN EN 10 083 enthält keine Anlassschaubilder mehr.

Jeder Werkstoff hat sein eigenes, typisches Anlassschaubild. Bild 1, Seite 252, zeigt beispielhaft das Anlassschaubild des Stahles C45E. Mit steigender Anlasstemperatur nimmt die Zähigkeit sowie die Verformbarkeit (Bruchdehnung A und Brucheinschnürung Z) zu, die Festigkeit (Zugfestigkeit R_m bzw. Dehngrenze $R_{p0,2}$) nimmt hingegen ab.

e) Vergütungsstähle

Vergütungsstähle sind un- und niedriglegierte Maschinenbaustähle mit Kohlenstoffgehalten zwischen 0,2 % und 0,7 %, die sich zum Härten eignen und im vergüteten Zustand eine gute Zähigkeit bei gegebener Zugfestigkeit bzw. eine deutlich erhöhte Festigkeit bei ausreichender Zähigkeit aufweisen.

Kohlenstoffgehalte über 0,7 % sind bei Vergütungsstählen nicht üblich, da der damit verbundene erhöhte Zementitanteil im Gefüge zu einer nachteiligen Verminderung der Zähigkeit führen würde. Ein großer Teil der Vergütungsstähle ist legiert, um u. a. bei größeren Werkstückquerschnitten eine Durchvergütung sicher zu stellen und die unerwünschte Anlassversprödung (Kapitel 6.4.5.3) zu vermeiden.

Zur Verminderung der Gefahr von Härterissen weisen die Vergütungsstähle eine hohe metallurgische Reinheit auf und werden daher als Qualitäts- oder als Edelstähle (Kapitel 6.5.1.1) erschmolzen.

Bild 1: Entstehung eines Vergütungsgefüges

Hinsichtlich der chemischen Zusammensetzung lassen sich fünf Vergütungsstahlgruppen unterscheiden:
- unlegierte Vergütungsstähle (z. B. C45)
- Mn-legierte Vergütungsstähle (z. B. 28Mn6)
- Cr-legierte Vergütungsstähle (z. B. 41Cr4)
- Cr-Mo-legierte Vergütungsstähle (z. B. 42CrMo4)
- Cr-Ni-Mo-legierte Vergütungsstähle (z. B. 34CrNiMo6)

Unlegierte Vergütungsstähle haben nur eine begrenzte Einhärtbarkeit und die Festigkeit (0,2-%-Dehngrenze) ist mit maximal etwa 600 MPa ebenfalls begrenzt.

Mn-legierte Vergütungsstähle weisen eine verbesserte Einhärtbarkeit auf, jedoch sind diese Sorten überhitzungsempfindlich d. h. sie neigen zur Grobkornbildung. Ein Wasserabschrecken kann außerdem zur Bildung von Härterissen führen.

Cr-legierte Vergütungsstähle weisen ebenfalls eine deutlich verbesserte Einhärtbarkeit auf, außerdem erreicht die 0,2-%-Dehngrenze im vergüteten Zustand bereits Werte von bis zu 800 MPa.

Durch das zusätzliche Legieren mit Molybdän besitzen die **Cr-Mo-Vergütungsstähle** eine nochmals deutlich verbesserte Einhärtbarkeit. Molybdän verbessert außerdem die Warmfestigkeit. Durch Abbindung von Phosphor sowie eine Behinderung der Diffusion versprödend wirkender Elemente (Pb, As oder Sn) zu den Korngrenzen verhindert das Molybdän außerdem eine Anlassversprödung. Gegenüber den Cr-legierten Sorten wird eine Steigerung der 0,2-%-Dehngrenze auf bis zu 900 MPa erreicht.

Durch das Legieren mit Nickel wird bei den **Cr-Ni-Mo-legierten Vergütungsstählen** eine weitere Verbesserung der Einhärtbarkeit sowie eine Verbesserung der Zähigkeit erreicht. Mit diesen Sorten können außerdem die höchsten Dehngrenzen innerhalb der Vergütungsstähle (bis etwa 1100 MPa) erreicht werden.

Vergütungsstähle werden im vergüteten Zustand überall dort eingesetzt, wo Bauteile höheren mechanischen und thermischen Beanspruchungen ausgesetzt sind und zudem hohe sicherheitstechnische Anforderungen gestellt werden. Einige Beispiele sind in Tabelle 1 zusammengestellt.

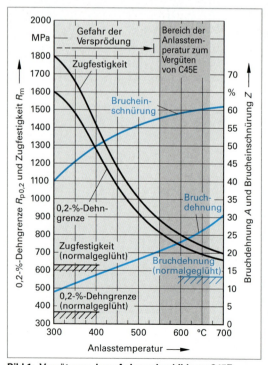

Bild 1: Vergütungs- bzw. Anlassschaubild von C45E

Tabelle 1: Verwendung von Vergütungsstählen

Gründe für den Einsatz von Vergütungsstählen	Beispiele für Bauteile und Werkstoffe
Hoch beanspruchte Bauteile → Materialeinsparung, → Sicherheit gegen Versagen	Schrauben, Radreifen, Gasflaschen, Hochdruckbehälter, Turbinenteile, Flugzeugteile z. B. C45, C56, 36Mn4, 20MnMoNi4-5, X41CrMoV5-1
Schlag- und stoßartig beanspruchte Bauteile → Sprödbruchsicherheit	Stanzwerkzeuge, Schneidwerkzeuge z. B. X35CrMo17, G47CrMn6
Kompliziert gestaltete Bauteile (technische Kerben) → Sprödbruchsicherheit	Kurbelwellen, Zahnräder, Ritzelwellen, Getriebeteile z. B. 34CrMo4, 41Cr4, 40NiMoCr10-5
Bauteile, die tiefen Temperaturen ausgesetzt sind → Sprödbruchsicherheit	Stahlkonstruktionen, Kälteanlagen z. B. S460QL, 26CrMo4, 12Ni19, X7Ni9
Schwingend beanspruchte Bauteile → Sicherheit gegen Schwingbruch	Federn, Federdrähte, Federbänder z. B. C55E, C60E, 38Si7, 51CrV4

6.4 Wärmebehandlung der Stähle

Vergütungsstähle finden sich in einer Vielzahl von Werkstoffnormen. Die bekannteste Norm ist DIN EN 10 083. Tabelle 1 zeigt eine Zusammenstellung der Wärmebehandlung sowie die im vergüteten Zustand erreichbaren mechanischen Eigenschaften dieser Stähle.

Neben den Vergütungsstählen nach DIN EN 10 083 werden auch viele andere Stahlsorten zur Verbesserung ihrer Gebrauchseigenschaften vergütet. So erhalten Federstähle teilweise erst durch eine Vergütung die für ihre Verwendung erforderlichen hohen Dehngrenzen (Kapitel 6.5.4). Bei den kaltzähen, nickellegierten Stählen kann durch eine Vergütung die Übergangstemperatur der Kerbschlagarbeit zu tieferen Temperaturen verschoben werden, so dass für einige Stahlsorten ein Einsatz bis etwa –200 °C möglich wird (Kapitel 6.5.9).

Die hochfesten, schweißgeeigneten Feinkornbaustähle erhalten durch eine Vergütung Dehngrenzen von bis zu 1000 MPa bei guter Zähigkeit (Kapitel 6.5.3).

Tabelle 1: Vergütungsstähle nach DIN EN 10 083-1 und -2 (Auswahl)

Stahlsorte		Wst.-Nr.	C-Gehalt in Masse-%	Vergüten		mech. Eigenschaften (vergütet) [1]				
Kurzname [2] neu	alt			Härten [3]	Anlassen [4] in °C	R_m in MPa	$R_{p0,2}$ in MPa	A in %	Z in %	KV [5] in J
Unlegierte Vergütungsstähle										
C22E	Ck22	1.1151	0,17 ... 0,24	860 ... 900 / W		500 ... 650	340	20	50	50
C25E	Ck25	1.1158	0,22 ... 0,29	860 ... 900 / W		550 ... 700	370	19	45	45
C30E	Ck30	1.1178	0,27 ... 0,34	850 ... 890 / W		600 ... 750	400	18	40	40
C35E	Ck35	1.1181	0,32 ... 0,39	840 ... 880 / W,Ö		630 ... 780	430	17	40	35
C40E	Ck40	1.1186	0,37 ... 0,44	830 ... 870 / W,Ö	550 ... 660	650 ... 800	460	16	35	30
C45E	Ck45	1.1191	0,42 ... 0,50	820 ... 860 / W,Ö		700 ... 850	490	14	35	25
C50E	Ck50	1.1206	0,47 ... 0,55	810 ... 850 / Ö,W		750 ... 900	520	13	30	–
C55E	Ck55	1.1203	0,52 ... 0,60	805 ... 845 / Ö,W		800 ... 950	550	12	30	–
C60E	Ck60	1.1221	0,57 ... 0,65	800 ... 840 / Ö,W		850 ... 1000	580	11	25	–
28Mn6		1.1170	0,25 ... 0,32	830 ... 870 / W,Ö	540 ... 680	800 ... 950	590	13	40	35
Legierte Vergütungsstähle										
38Cr2		1.7003	0,35 ... 0,42	830 ... 870 / Ö,W		800 ... 950	550	14	35	35
46Cr2		1.7006	0,42 ... 0,50	820 ... 860 / Ö,W		900 ... 1100	650	12	35	30
34Cr4		1.7033	0,30 ... 0,37	830 ... 870 / W,Ö		900 ... 1100	700	12	35	35
37Cr4		1.7034	0,34 ... 0,41	825 ... 865 / Ö,W		950 ... 1150	750	11	35	30
41Cr4		1.7035	0,38 ... 0,45	820 ... 860 / Ö,W	540 ... 680	1000 ... 1200	800	11	30	30
25CrMo4		1.7218	0,22 ... 0,29	840 ... 880 / W,Ö		900 ... 1100	700	12	50	45
34CrMo4		1.7220	0,30 ... 0,37	830 ... 870 / Ö,W		1000 ... 1200	800	11	45	35
42CrMo4		1.7225	0,38 ... 0,45	820 ... 860 / Ö,W		1100 ... 1300	900	10	40	30
50CrMo4		1.7228	0,46 ... 0,54	820 ... 860 / Ö		1100 ... 1300	900	9	40	30
36CrNiMo4		1.6511	0,32 ... 0,40	820 ... 850 / Ö,W		1100 ... 1300	900	10	45	35
34CrNiMo6		1.6582	0,30 ... 0,38	830 ... 860 / Ö	540 ... 660	1200 ... 1400	1000	9	40	35
30CrNiMo8		1.6580	0,26 ... 0,34	830 ... 860 / Ö		1250 ... 1450	1050	9	40	30
36NiCrMo16		1.6773	0,32 ... 0,39	865 ... 885 / L,Ö	550 ... 650	1250 ... 1450	1050	9	40	30
51CrV4		1.8159	0,47 ... 0,55	820 ... 860 / Ö	540 ... 680	1100 ... 1300	900	9	40	30

[1] Werte gültig für maßgebliche Wärmebehandlungsdurchmesser oder Nenndurchmesser d ≤ 16 mm. Bei Flacherzeugnissen für Blechdicken t ≤ 8 mm. Für größere Durchmesser gelten andere Werte (DIN EN 10083).

[2] Kurzname nach DIN EN 10027-1, Kurzname nach DIN 17006 (zurückgezogen). Die alten Kurznamen sind in der Tabelle noch aufgeführt, da sie in der Praxis, insbesondere in älteren Dokumenten, noch anzutreffen sind.

[3] W = Abschrecken in Wasser, Ö = Abschrecken in Härteöl, L = Abkühlung an Luft.

[4] Anlassdauer mindestens 60 min.

[5] Für ISO-Spitzkerbproben bei Raumtemperatur (Längsproben, Mittelwert aus 3 Einzelmessungen).

f) Sonderverfahren des Vergütens

Neben dem Anlassvergüten werden für bestimmte Anwendungen auch die Sonderverfahren Bainitisieren und Patentieren eingesetzt.

Das Gefüge des unteren Bainits hat eine große Ähnlichkeit mit einem Vergütungsgefüge (feine Zementitausscheidungen in ferritischer Matrix). Seine mechanischen Eigenschaften (hervorragende Zähigkeit bei guter Festigkeit) sind daher mit denen eines Vergütungsgefüges vergleichbar.

Es liegt daher nahe, alternativ zum normalen Vergüten, den Stahl so zu behandeln, dass sich ein rein bainitisches Gefüge ausbildet. Diese Sonderform des Vergütens bezeichnet man als **Bainitisieren** bzw. **isothermes Vergüten** (Bild 1). Früher wurde auch vom **Zwischenstufenvergüten** gesprochen.

Beim Bainitisieren wird der austenitisierte Stahl im Salz- oder Metallbad, dessen Temperatur T_B im Bereich der Bainitbildung liegt, abgeschreckt und dort bis zur vollständigen Umwandlung isothermisch gehalten.

Anschließend wird an Luft abgekühlt.

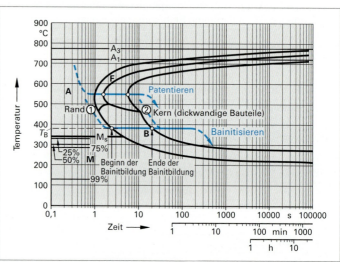

Bild 1: Temperaturführung beim Bainitisieren und beim Patentieren

Die Abkühlgeschwindigkeit von der Austenitisierungstemperatur auf die Bainitisiertemperatur T_B muss dabei so schnell erfolgen, dass sich der Austenit bis zum Erreichen von T_B noch nicht umwandelt (Kurve 1 in Bild 1).

Da bereits geringe Mengen von Ferrit, Perlit oder Martensit die Zähigkeitseigenschaften deutlich verschlechtern, ist das Bainitisieren nur dann erfolgreich, falls sich ein reines Bainitgefüge ausbildet. Ein rein bainitisches Gefüge kann aber nur durch eine isotherme und nicht durch eine kontinuierliche Temperaturführung eingestellt werden.

Mit zunehmender Bauteildicke kühlt der Kern langsamer ab, so dass vor Erreichen der Bainitisiertemperatur T_B eine teilweise Umwandlung in der Perlitstufe erfolgt (Kurve 2 in Bild 1).

Dadurch vermindert sich insgesamt die Zähigkeit des Bauteils. Das Bainitisieren wird daher nur für kleinere bzw. dünnwandige Werkstücke angewandt.

Das Bainitisieren bietet im Vergleich zum **Anlassvergüten** eine Reihe von Vorteilen, auf die jedoch nicht näher eingegangen werden soll.

Ziel des **Patentierens** ist es, ein sehr feinstreifiges perlitisches Gefüge (früher als Sorbit oder Troostit bezeichnet) zu erzeugen. Dieses Gefüge lässt sich sehr gut kalt verformen, weshalb das Patentieren fast ausschließlich bei der Federdrahtherstellung angewandt wird.

Der Ablauf des Patentierens ist dem Bainitisieren sehr ähnlich. Nach dem Austenitisieren wird der Werkstoff beim Patentieren entsprechend dem isothermen ZTU-Schaubild auf Temperaturen im Bereich der Perlitbildung (450 °C bis 600 °C) in Salz- oder Metallschmelzen abgeschreckt und bis zum vollständigen Ablauf der isothermen Umwandlung bei diesen Temperaturen gehalten (Bild 1).

Danach wird langsam abgekühlt. Nach dem anschließenden Kaltverformen durch Drahtziehen können die dabei entstehenden Drähte infolge Kaltverfestigung, je nach Werkstoff und Durchmesser, Zugfestigkeiten von 1000 MPa bis 3000 MPa erreichen.

Bei geringeren Drahtdurchmessern (< 12 mm) kann das Patentieren im Durchlaufverfahren angewandt werden.

6.4 Wärmebehandlung der Stähle

6.4.6 Verfahren des Oberflächenhärtens

Für eine große Zahl von Maschinenteilen werden vom Werkstoff widersprüchliche Eigenschaften gefordert:
- Hohe Härte der Oberfläche und damit gute Verschleißbeständigkeit.
- Hohe Zähigkeit im Kern, häufig in Verbindung mit guten Festigkeitseigenschaften.

Diese, insbesondere an hochwertige und hoch belastete Maschinenteile gestellten Forderungen, können nur durch die verschiedenen Verfahren des Oberflächenhärtens in befriedigender Weise gleichzeitig erfüllt werden. Beispiele derart beanspruchter Teile sind Kurbelwellen, Nocken- und Keilwellen, Zahnräder, Bolzen, Achsen, Kupplungsteile, Kettengetriebe, Seilrollen, Kurvenscheiben, Laufräder, Führungsbahnen, Umformgesenke usw.

> **ⓘ Information**
>
> **Oberflächenhärten**
> Sinn und Zweck aller Verfahren des Oberflächenhärtens ist es, Bauteilen oder Werkzeugen eine harte und verschleißbeständige Oberfläche zu verleihen, bei gleichzeitig hoher Festigkeit und Zähigkeit des Kerns. Durch die Oberflächenhärteverfahren, wie z.B. das Flamm- oder Induktionshärten, entstehen im Regelfall in der Randschicht zusätzlich Druckeigenspannungen, die sich günstig auf die Schwingfestigkeit auswirken.

6.4.6.1 Einteilung der Oberflächenhärteverfahren

Die Oberflächenhärteverfahren werden eingeteilt in (Bild 1):
- Randschichthärteverfahren
- Thermochemisches Behandeln

Bei den Verfahren der **Randschichthärtung** (Kapitel 6.4.6.2) wird die chemische Zusammensetzung der Randschicht nicht verändert, wohl aber der Werkstoffzustand, d.h. das oberflächennahe Gefüge (Martensitbildung).

Beim **thermochemischen Behandeln** (Kapitel 6.4.6.2) erfolgt ebenfalls eine Änderung des Werkstoffzustands in der Randschicht, jedoch unter gleichzeitiger Änderung der chemischen Zusammensetzung, mit oder ohne nachfolgende Wärmebehandlung.

6.4.6.2 Randschichthärteverfahren

Bei allen Verfahren des Randschichthärtens wird die oberflächennahe Schicht durch eine intensive Energieeinwirkung auf Härtetemperatur erwärmt (austenitisiert). Für die Verfahren des Randschichthärtens (außer dem Tauchhärten) ist es dabei kennzeichnend, dass mit hoher Geschwindigkeit erwärmt und unmittelbar anschließend abgeschreckt wird.

Um eine ausreichende Austenitisierung sicherzustellen, müssen daher gegenüber einer lang-

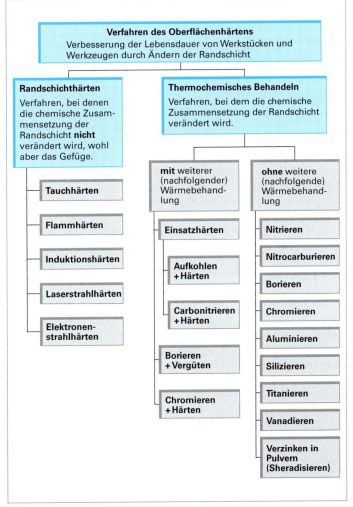

Bild 1: Einteilung der Oberflächenhärteverfahren

samen Erwärmung (z.B. im Ofen) die üblichen Härtetemperaturen um 50 °C bis 100 °C überschritten werden. Die unter diesen Bedingungen optimalen Härtetemperaturen können den **kontinuierlichen Zeit-Temperatur-Austenitisierungs-Diagrammen (ZTA-Diagrammen)** entnommen werden (Kapitel 6.4.4.14).

Nach dem angewandten Wärmverfahren unterscheidet man die folgenden Randschichthärteverfahren:
- **Tauchhärten**
- **Flammhärten**
- **Induktionshärten**
- **Laserstrahlhärten**
- **Elektronenstrahlhärten**

> **(i) Information**
>
> **Randschichthärten**
> Die Verfahren des Randschichthärtens haben alle das Ziel, dem Werkstoff eine harte und verschleißbeständige Oberfläche zu verleihen. Die chemische Zusammensetzung der Randschicht wird bei diesen Verfahren nicht verändert, wohl aber das Gefüge. Verfahrensweisen beim Randschichthärten und Hinweise zu deren Anwendung und Durchführung bei Werkstücken aus Stahl, Gusseisen oder Sinterteilen aus Stahlpulver sind in DIN 17022-5 zusammengestellt.

Weitere Verfahren des Randschichthärtens sind das **Konduktions-, Plasmastrahl-** und **Reibhärten**. Diese Verfahren sollen hier allerdings nicht besprochen werden.

Wesentlich für den Erfolg und die Dauer einer Randschichthärtung ist die Leistungsdichte des angewandten Wärmverfahrens (Anhaltswerte):
- durch Konvektion (Wärmeströmung) in Luft oder Gas: 0,5 W/cm^2
- durch Strahlung: 10 W/cm^2
- durch Konvektion in Salzschmelzen: 20 W/cm^2
- durch Kontakt (Wärmeleitung): 20 W/cm^2
- mittels Brennerflamme: 1000 ... 6 000 W/cm^2
- durch Induktion: 1000 ... 10 000 W/cm^2
- durch Laser- oder Elektronenstrahl: 1000 ... 10 000 W/cm^2
- durch Plasmastrahl: > 10 000 W/cm^2

a) Tauchhärten

Beim Tauchhärten wird die Randschicht des Werkstücks durch Eintauchen in ein Metallbad (Cu-Sn-Schmelze) oder Salzbad (BaCl$_2$, KCl) mit einer Temperatur von 1000 C bis 1250 °C rasch erwärmt und nach Tauchzeiten von 1 s bis 100 s abgeschreckt. Die Temperatur des Salzbades sollte dabei mindestens 100 °C höher sein, als die erforderliche Härtetemperatur. Die Randschichthärtungstiefe lässt sich je nach Stahlzusammensetzung, Badtemperatur und Tauchzeit variieren. Aufgrund der geringen Leistungsdichte (etwa 20 W/cm^2) hat sich das Verfahren in der Praxis nicht bewährt.

b) Flammhärten

Beim Flammhärten, dem ältesten noch heute angewandten Verfahren des Randschichthärtens, wird die oberflächennahe Schicht mittels einer Brenngas-Sauerstoff-Flamme kurzzeitig auf Härtetemperatur erwärmt. Als Brenngas wird Ethin (technische Bezeichnung: Acetylen), seltener Stadtgas, Methan oder Propan verwendet. Unmittelbar nach Erreichen der Härtetemperatur wird mit Hilfe einer Wasserbrause abgeschreckt, sodass sich die austenitisierte Randschicht weitgehend in Martensit umwandelt (Bild 1).

Bild 1: Prinzip des Flammhärtens nach dem Vorschubprinzip (Vorschub-Flammhärten)

Für das Abschrecken eignet sich Wasser mit einer Temperatur von 15 °C bis 40 °C (ggf. mit die Abschreckintensität mindernden Zusätzen). Abschrecköle sind aufgrund der damit verbundenen Brandgefahr schwieriger zu handhaben und können insbesondere für das Vorschub-Flammhärten nicht eingesetzt werden. Auch ruhende oder bewegte Luft oder Stickstoff können zum Abschrecken verwendet werden.

Nach dem Härten wird üblicherweise etwa 1 h auf Temperaturen zwischen 180 °C und 220 °C angelassen, um die Rissgefahr bei einem eventuellen Richten oder Schleifen zu vermindern. Das Anlassen erfolgt häufig in Öfen. Ein eventuell vorhandener Restaustenitgehalt kann durch ein nachfolgendes Tiefkühlen (Kapitel 6.4.4.9) oder Anlassen verringert werden.

6.4 Wärmebehandlung der Stähle

Beim Flammhärten können Randschichthärtungstiefen (Bild 1, Seite 259) von 1,5 mm bis 15 mm realisiert werden. Die maximale Randschichthärtungstiefe wird dabei nur durch das Einhärteverhalten des Werkstoffs begrenzt. Um eine optimale Härtung zu erreichen, sind Brenner und Abschreckbrause an die Werkstückform angepasst.

Hinsichtlich des örtlichen und zeitlichen Ablaufs können beim Flammhärten, das zu einem hohen Grad automatisierbar ist, unterschiedliche Arbeitsweisen angewandt werden. Grundsätzlich unterscheidet man zwischen dem **Vorschub-** oder **Linien-Flammhärten** und dem **Gesamtflächen-** oder **Stand-Flammhärten**.

c) Induktionshärten

Aus der Physik ist bekannt, dass ein zeitlich verändertes Magnetfeld **Wirbelstöme** in metallischen Werkstoffen induziert. Die von Wirbelströmen durchflossenen Bereiche des Werkstücks erwärmen sich dabei aufgrund ihres Ohm'schen Widerstands. Bei ferromagnetischen Metallen (z. B. Fe, Co, Ni unterhalb ihrer Curietemperatur) findet zusätzlich eine Erwärmung aufgrund von Hysteresisverlusten statt. Die Wirbelströme konzentrieren sich mit steigender Frequenz zunehmend auf die Leiteroberfläche. Diese Stromverdrängung wird als **Skineffekt** (*skin*, engl.: Haut) bezeichnet. Aufgrund des Skineffektes sowie der Tatsache, dass die Stärke des Magnetfeldes mit zunehmendem Abstand vom Induktor abnimmt, bleiben die Wirbelströme auf eine oberflächennahe Schicht beschränkt, daher wird beim Induktionshärten in der Regel nur die Randschicht des Werkstücks auf Härtetemperatur erwärmt.

Ein Hauptvorteil der induktiven Erwärmung besteht in der Möglichkeit, die Randschichthärtungstiefe (s. u.) über die Wahl der Frequenz zu beeinflussen. Mit steigender Frequenz des Wechselfeldes beschränken sich die Wirbelströme aufgrund des Skineffektes in zunehmendem Maße auf die oberflächennahen Bereiche des Werkstücks. Die Breite der erwärmten Randschicht und demzufolge die Randschichthärtungstiefe nehmen ab. Hinsichtlich der gewählten Frequenz unterscheidet man beim Induktionshärten das **Mittelfrequenz-** und **Hochfrequenzhärten** sowie das **Hochfrequenz-Impulshärten** (Tabelle 1).

Bild 1: Prinzip des Induktionshärtens (schematisch)

Tabelle 1: Untergruppen des Induktionshärtens

Untergruppe	Frequenzbereich in kHz	Randschichthärtungstiefe (SHD)[1] in mm
Mittelfrequenzhärten	3...10	2...8
Hochfrequenzhärten	400...2500	0,1...2
Hochfrequenz-Impulshärten	27000	0,05...0,5

[1] Bild 1, Seite 259

Bild 1 zeigt das Prinzip des Induktionshärtens. Nach der elektroinduktiven Erwärmung der Randschicht auf Härtetemperatur wird mit Hilfe einer Wasserbrause abgeschreckt oder das erwärmte Teil in ein geeignetes Abschreckmittel getaucht. Auch Öl oder Druckluft können zur Abschreckung verwendet werden. Beim Hochfrequenz-Impulshärten (s. o.) arbeitet man mit der **Eigen-** oder **Selbstabschreckung**, d. h. die Wärmeleitung zum kalten Kern ist ausreichend, um eine martensitische Umwandlung hervorzurufen. Mit Eigen- oder Selbstabschreckung kann grundsätzlich gearbeitet werden, sofern die Werkstückabmessungen (z. B. die Bauteildicke) etwa 10-mal größer sind im Vergleich zur Randschichthärtungstiefe. Im Anschluss an das Abschrecken wird üblicherweise noch auf Temperaturen zwischen 150 °C und 200 °C angelassen.

Das Induktionshärten ist verfahrenstechnisch mit dem Flammhärten vergleichbar, nur tritt anstelle des Brenners der **Induktor**. Der Induktor ist in der Regel ein kupferner, wassergekühlter Hohlkörper mit rechteckiger Querschnittsfläche. Seine Form wird der Größe und Gestalt der zu behandelnden Werkstücke angepasst (Bild 1). Das Induktionshärten kann ebenso wie das Flammhärten als Vorschub- oder als Gesamtflächenhärten durchgeführt werden.

Durch Induktion können sehr hohe Leistungen übertragen werden (bis 10 000 W/cm^2), da die Wärme dem Werkstück nicht von außen zugeführt, sondern in seinem Innern erzeugt wird. Im Gegensatz zum

Bild 1: Verschiedene Formen von Induktoren

Flammhärten kann daher beim Induktionshärten die angestrebte Härtetemperatur sehr viel schneller erreicht werden (beim Hochfrequenz-Impulshärten bereits innerhalb weniger Millisekunden!). Die Gefahr einer unerwünschten Grobkornbildung, einer Randentkohlung sowie einer zu starken Oxidation der Oberfläche (Verzunderung) tritt daher nicht auf. Aufgrund der schnellen Erwärmung müssen jedoch höhere Austenitisierungstemperaturen gewählt werden (Kapitel 6.4.4.14).

d) Laserstrahlhärten

Beim Laserstrahlhärten wird mittels eines Laser-Gerätes (**L**aser = **l**ight **a**mplification by **s**timulated **e**mission of **r**adiation) ein Laserstrahl mit einheitlicher Wellenlänge (monochromatisch) und konstanter Phasenbeziehung (Kohärenz) erzeugt und mit Hilfe eines optischen Strahlführungssystems (Fokussierlinse) auf die Werkstückoberfläche fokussiert. Durch den von der Randschicht absorbierten Anteil der Laserstrahlung wird eine etwa 10^{-6} bis 10^{-4} mm tiefe Schicht erwärmt. Tiefere Zonen werden durch Wärmeleitung austenitisiert (Bild 2). Da etwa 90 % der Strahlung reflektiert werden, müssen meist zusätzliche Absorptionsschichten auf die zu behandelnde Oberfläche aufgebracht werden. Üblicherweise geschieht dies durch Oxidieren, d. h. Glühen im Temperaturbereich zwischen 450 °C und 550 °C in Wasserdampf.

Auf ein dem Flamm- oder Induktionshärten vergleichbares Abschrecken kann verzichtet werden,

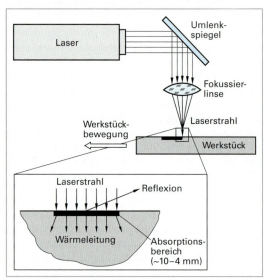

Bild 2: Prinzip des Laserstrahlhärtens

da die Wärmeleitung zum Kern ausreicht, um extrem hohe Abkühlgeschwindigkeiten (bis 10^6 K/s!) in der dünnen, austenitisierten Randschicht hervorzurufen (**Eigen-** oder **Selbstabschreckung**). Eine martensitische Umwandlung tritt hier selbst bei sehr niedrigem Kohlenstoffgehalt des Stahls ein (Bild 1, Seite 232).

Das Laserstrahlhärten arbeitet nach dem Vorschubprinzip, wobei sich durch spezielle Formung und/oder Oszillation des Laserstrahls Spurbreiten zwischen 1 mm und 20 mm erzeugen lassen. Zur Behandlung kleiner Flächen wird ein Impulsbetrieb des Lasers realisiert.

e) Elektronenstrahlhärten

Beim Elektronenstrahlhärten werden Elektronen in einem Strahlerzeugungssystem stark beschleunigt und prallen mit hoher kinetischer Energie auf die Werkstückoberfläche. Diese Energie wird dort in Wechselwirkung mit den Metallatomen teilweise in Wärme umgewandelt. Die Eindringtiefe der Elektronen beträgt nur etwa 0,01 mm bis 0,05 mm, sodass tiefere Werkstoffschichten auch hier durch Wärmeleitung austenitisiert werden.

6.4 Wärmebehandlung der Stähle

Beim Elektronenstrahlhärten wird ebenfalls nicht abgeschreckt, da auch hier die Wärmeleitung zum Kern so hoch ist, dass sich die austenitisierte Randschicht martensitisch umwandelt (Eigen- oder Selbstabschreckung).

Die Größe der härtbaren Werkstücke ist beim Elektronenstrahlhärten begrenzt, da sich das Werkstück oder zumindest die zu härtende Oberfläche im Vakuum befinden muss.

f) Oberflächenhärte und Einhärtungstiefe

Die wichtigsten Prüfgrößen nach erfolgter Randschichthärtung sind die:

- Oberflächenhärte
- Randschichthärtungstiefe

Die maximal erreichbare **Oberflächenhärte** ist im Wesentlichen nur von der Menge des im Austenit gelösten Kohlenstoffs, also vom Kohlenstoffgehalt des Stahls sowie von den Austenitisierungsbedingungen (Härtetemperatur und Aufheizgeschwindigkeit) abhängig (Kapitel 6.4.4.14).

Zur Bestimmung der **Randschichthärtungstiefe (SHD)**[1] ist an einem Querschliff eine Härteverlaufskurve aufzunehmen. Die Randschichthärtungstiefe ist nach DIN EN 10328 derjenige senkrechte Abstand von der Oberfläche, bei dem die gemessene Härte die **Grenzhärte** erreicht. Die Grenzhärte beträgt 80 % der in den Fertigungsunterlagen vorgeschriebenen Oberflächen-Mindesthärte und wird in der Regel als Vickershärte HV 1 (Kapitel 13.5.6.2) angegeben (Bild 1). Auf Vereinbarung kann auch HV 0,5 bis HV 5 angewandt werden.

Für die Gültigkeit muss die Randschichthärtungstiefe (SHD) mindestens 0,3 mm betragen und die Härte in einem Abstand von 3 · SHD mindestens 100 HV 1 niedriger sein als die Oberflächen-Mindesthärte. Werden diese Bedingungen nicht erfüllt, dann muss die Festlegung der Randschichthärtungstiefe separat vereinbart werden.

Bild 1: Ermittlung der Randschichthärtungstiefe (SHD) nach DIN EN 10328

Bild 2: Härteverlaufskurven von Vergütungsstählen mit annähernd gleichem Kohlenstoffgehalt

Im Gegensatz zur Oberflächenhärte, die im Wesentlichen von der Menge des im Austenit gelösten Kohlenstoffs abhängt, nimmt mit zunehmendem Gehalt bestimmter Legierungselemente, wie Mn, Cr, Mo, Ni und V, die Härte in einer bestimmten Tiefe, die Randschichthärtungstiefe zu. Bild 2 veranschaulicht diesen wichtigen Sachverhalt am Beispiel unlegierter und legierter Stähle mit annähernd gleichem Kohlenstoffgehalt.

g) Stähle und Eisengusswerkstoffe für das Randschichthärten

Das Randschichthärten kann prinzipiell auf alle Eisenwerkstoffe, die einen Mindestkohlenstoffgehalt von 0,2 % bis 0,3 % und eine γ-α-Umwandlung aufweisen, angewandt werden. Hierzu zählen beispielsweise die unlegierten Baustähle, Vergütungsstähle, Werkzeugstähle und der Stahlguss. Auch die verschiedenen Gusseisensorten, wie Temperguss und graues Gusseisen mit Lamellen- oder Kugelgrafit, können unter gewissen Voraussetzungen randschichtgehärtet werden. Der maximale Kohlenstoffgehalt sollte 0,75 % jedoch nicht überschreiten, da sonst die Rissneigung sowie die Gefahr der Bildung von Restaustenit zunimmt.

---

[1] SHD = Surface Hardening Depth. Alte Bezeichnungen: Einhärtungstiefe DS nach DIN EN 10328 bzw. Rht nach DIN 50190-2 (zurückgezogen).

Besonders geeignet für eine Randschichthärtung sind die folgenden Eisenwerkstoffe:
- In DIN EN 10083-1 und -2 genormte **Stähle für das Flamm- und Induktionshärten**
  Beispiele: C35E, C45E, C50E, C55E, 46Cr2, 50CrMo4
- In DIN EN ISO 683-17 als **induktionshärtende Wälzlagerstähle** bezeichnete Stähle
  Beispiele: C56E2, 56Mn4, 70Mn4, 43CrMo4
- Im Stahl-Eisen-Werkstoffblatt 835 (kurz: SEW 835) genormter **Stahlguss für Flamm- und Induktionshärtung.**
  Beispiele: GC45E, G42CrMo4, G50CrMo4
- In der Stahl-Eisen-Liste oder im Stahlschlüssel als oberflächen-, randschicht- oder induktionshärtbar gekennzeichnete Stähle.
  Beispiele: 40Mn4, 44Cr2, 48CrMo4, 37CrB1, 58CrV4

6.4.6.3 Thermochemisches Behandeln

Zu den wichtigsten Verfahren des thermochemischen Behandelns gehören das **Einsatzhärten** bzw. **Carbonitrieren** sowie das **Nitrieren** bzw. **Nitrocarburieren**. In untergeordnetem Maße werden auch das **Borieren** sowie eine Reihe von **Metall-Diffusionsverfahren** (Aluminieren, Chromieren, Silicieren oder Titanieren) angewandt. Das Borieren sowie die Metall-Diffusionsverfahren sollen nicht besprochen und stattdessen auf die Literatur verwiesen werden.

a) Einsatzhärten und Carbonitrieren

Kohlenstoffarme Stähle (C ≤ 0,25 %) sind zäh, gut zerspanbar und gut schweißbar, jedoch nicht (martensitisch) härtbar. Häufig wird aber von diesen Stählen zusätzlich eine harte und verschleißbeständige Oberfläche gefordert. Um diese eigentlich einander widersprechenden Forderungen nach harter Oberfläche aber festem und zähem Kern zu erfüllen, eignet sich das **Einsatzhärten** (Bild 1).

Durch das Einsatzhärten werden Werkstückeigenschaften erreicht, die keinem anderen Verfahren zugänglich sind. Das Einsatzhärten ist ein Wärmebehandlungsverfahren, um hochbeanspruchten Bauteilen (z. B. Zahnrädern) hervorragende Gebrauchseigenschaften zu verleihen. Das Einsatzhärten ist in DIN 17 022-3 genormt.

Das Einsatzhärten besteht in der Regel aus den in Bild 1, Seite 261, dargestellten Arbeitsschritten.

Beim **Aufkohlen** (früher als **Einsetzen** bezeichnet, daher der Begriff Einsatzhärten) wird das Werkstück

Bild 1: Veränderung der Werkstoffeigenschaften durch das Einsatzhärten (schematisch)

in kohlenstoffabgebender Umgebung längere Zeit (einige Stunden bis max. 200 h) bei Temperaturen oberhalb Ac_3 (vorzugsweise zwischen 850 °C und maximal 1050 °C) geglüht, da bei diesen Temperaturen der Stahl aufgrund seines austenitischen Gefüges erheblich mehr Kohlenstoffatome lösen kann. Bei unlegierten Stählen beträgt die maximale Kohlenstofflöslichkeit des Austenits zwischen 1,1 % (bei 850 °C) und 1,7 % (bei 1050 °C), wie längs der Linie S-E im Eisen-Kohlenstoff-Zustandsdiagramm abgelesen werden kann (Bild 2, Seite 178).

Während des Aufkohlens diffundiert Kohlenstoff aus dem umgebenden Medium in das Innere des Stahls. Der Kohlenstoffgehalt steigt dabei, zumindest in der Randschicht, von 0,1 %...0,25 % (Kohlenstoffgehalt der zum Einsatzhärten geeigneten Stähle) auf 0,7 %...0,9 % (optimaler Kohlenstoffgehalt der aufgekohlten Randschicht) kontinuierlich an. Bei Kohlenstoffgehalten unter 0,7 % verringert sich die Oberflächenhärte mit abnehmendem Kohlenstoffgehalt deutlich (Bild 1, Seite 235). Bei Kohlenstoffgehalten über 0,9 % kann hingegen bereits versprödend wirkender Sekundärzementit (Fe_3C) schalenförmig an den Korngrenzen auftreten.

6.4 Wärmebehandlung der Stähle

Durch das Aufkohlen wird die Randschicht gut härtbar, während der Kern aufgrund seines nach wie vor niedrigen Kohlenstoffgehalts zäh und verformungsfähig bleibt.

Das Aufkohlen kann in unterschiedlichen Medien erfolgen. Man unterscheidet daher verschiedene Aufkohlungsverfahren. Trotz des unterschiedlichen Aggregatzustandes der Aufkohlungsmittel erfolgt der Übergang der Kohlenstoffatome vom Aufkohlungsmittel auf die Randschicht des Werkstückes grundsätzlich über die Gasphase (**Boudouard-Reaktion**).

Bild 1: Arbeitsschritte beim Einsatzhärten bzw. Carbonitrieren

- **Aufkohlen in festen Aufkohlungsmitteln**

Historisch gesehen ist das **Aufkohlen in festen Aufkohlungsmitteln** das älteste Verfahren des Einsatzhärtens. Das Aufkohlen in festen Aufkohlungsmitteln erfolgt bei Temperaturen zwischen 870 °C und 930 °C. Als **Aufkohlungsmittel** dient eine Mischung aus einem **Kohlenstoffträger** (60 … 80 Vol.-%; Holzkohle oder bestimmte Kokssorten), einem **Aktivierungsmittel** zur Beschleunigung der Kohlenstoffaufnahme (10 … 15 Vol.-%, Alkali- oder Erdalkalicarbonate wie z. B. $BaCO_3$) sowie einem **Bindemittel** (wenige Vol.-%). Das Bindemittel soll eine Entmischung zwischen Kohlenstoffträger und Aktivierungsmittel beim Transport oder bei der betrieblichen Handhabung vermeiden. Alle drei Komponenten sind miteinander vermischt und zu feinkörnigen Stücken verpresst.

Die durch das Einsatzhärten zu behandelnden Werkstücke, die metallisch blank sein müssen, werden vollständig in das als Pulver oder Granulat zur Verfügung stehende Aufkohlungsmittel eingepackt und samt Einsetzkasten in den Ofen gestellt. Die aufzukohlenden Werkstücke sollten mit einer mindestens 10 mm dicken Pulver- bzw. Granulatschicht bedeckt bzw. umgeben sein (Bild 2).

Die Kohlungszeiten hängen überwiegend vom Werkstoff sowie vom verwendeten Kohlungsmittel ab. Als grober Erfahrungswert kann eine Aufkohlungstiefe von etwa 0,1 mm pro Stunde angesehen werden. Die Aufkohlungstiefe liegt in der Regel bei etwa 1 mm. Sie sollte einen Wert von 0,6 mm bis 0,8 mm jedoch nicht unterschreiten. Die gesamte Aufkohlungsdauer beträgt somit bei Verwendung von festen Aufkohlungsmitteln etwa 8 h bis 12 h.

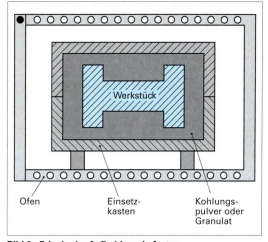

Bild 2: Prinzip der Aufkohlung in festen Aufkohlungsmedien (schematisch)

- **Aufkohlen in flüssigen Aufkohlungsmitteln (Salzschmelzen)**

Das Aufkohlen in flüssigen Medien erfolgt praktisch ausschließlich in Salzschmelzen, bevorzugt bei Temperaturen zwischen 900 °C und 930 °C (max. 950 °C). Bei höheren Temperaturen sollte auf Stähle zurückgegriffen werden, die mit Elementen legiert sind, die das Kornwachstum im Austenitgebiet hemmen. Bei den flüssigen Aufkohlungsmitteln dienen als Kohlenstofflieferant in der Regel Alkalicyanide wie z. B. Natriumcyanid (NaCN) oder seltener auch Kaliumcyanid (KCN). Als Aktivatoren zur Beschleunigung der Kohlenstoffaufnahme werden Erdalkalichloride (überwiegend $BaCl_2$ oder $SrCl_2$) zugesetzt.

Weitere Zusätze, wie z. B. Alkalichloride, dienen der Verbesserung des Schmelzverhaltens sowie der Viskosität. Salzschmelzen sind giftig.

Da der Wärmeübergang von einer Flüssigkeit (hier: Salzschmelze) auf einen Festkörper (Werkstück) wesentlich schneller erfolgt, als beispielsweise von einem Gas oder Pulver, erfordert das Aufkohlen in Salzschmelzen kürzere Aufkohlungszeiten. So wird beispielsweise der angestrebte Randkohlenstoffgehalt von rund 0,8 % bei einer Kohlungstemperatur von 950 °C bereits nach rund 3 h erreicht.

- **Aufkohlen in gasförmigen Aufkohlungsmitteln**

Beim Aufkohlen in gasförmigen Aufkohlungsmitteln kommen prinzipiell alle kohlenstoffhaltigen Gase in Frage. Auch Flüssigkeiten, die nach Verdampfung kohlenstoffhaltige Gase freisetzen, können zur Gasaufkohlung herangezogen werden. Seltener werden Granulate, die nach Erwärmung kohlenstoffhaltige Gase freisetzen, eingesetzt.

Bild 1: Prinzip der Aufkohlung in flüssigen Aufkohlungsmedien (schematisch)

Die Kohlungstemperaturen können bis zu 1050 °C betragen, sie liegen jedoch üblicherweise zwischen 850 °C und 950 °C. Aufkohlungsatmosphären bestehen im Wesentlichen aus den Bestandteilen Kohlenmonoxid (CO), Kohlendioxid (CO_2), Wasserstoff (H_2), Wasserdampf (H_2O), Sauerstoff (O_2) und ggf. Methan (CH_4) in sehr unterschiedlichen Konzentrationen.

Die Vorteile des Gasaufkohlens liegen in einem hohen Mechanisierungs- bzw. Automatisierungsgrad, einer schnellen Schichtbildung sowie günstigen Arbeitsbedingungen. Außerdem lässt sich der Aufkohlungsprozess (Kohlenstoffpegel) besser kontrollieren und regeln. Nachteilig sind allerdings die hen Anlagenkosten.

Beim **Carbonitrieren** wird das Werkstück längere Zeit bei Temperaturen oberhalb Ac_3 zum Teil auch unterhalb Ac_3 in Mitteln geglüht, die sowohl Kohlenstoff als auch Stickstoff abgeben können.

Beide Elemente diffundieren dabei gleichzeitig in die Randschicht des Werkstoffs ein und führen, je nach Behandlungstemperatur, nach einem anschließenden Härten zu einer harten und verschleißbeständigen Randschicht.

Das Carbonitrieren verläuft verfahrenstechnisch analog zum Aufkohlen. Als Behandlungsmittel kommen entweder Salzschmelzen oder Gasmischungen in Frage.

- Die Salzschmelzen beim Carbonitrieren unterscheiden sich nur unwesentlich von denjenigen beim Aufkohlen, sie sind lediglich weniger stark aktiviert und enthalten häufig höhere Cyanidgehalte (20 % bis 40 %), um die Stickstoffaufnahme zu verstärken.

- Die Gasatmosphären für das Carbonitrieren unterscheiden sich von denen für das Aufkohlen durch eine zusätzlich vorhandene Stickstoff abgebende Komponente. Sie bestehen in der Regel aus einem Trägergas (z. B. Methanol), einer kohlenstoffabgebenden Komponente (z. B. Erdgas, Methan, Propan, Butan) und einer stickstoffabgebenden Komponente, üblicherweise 0,7 bis 10 Vol.-% wasserfreies Ammoniak (NH_3). Das Ammoniak spaltet sich dabei in Stickstoff und Wasserstoff auf.

Im Anschluss an das Carbonitrieren wird zumindest die Randschicht des Werkstücks gehärtet. Als Härteverfahren kommt dabei nur das Direkthärten (Bild 2, Seite 263) in Betracht, um eine unkontrollierte Bildung von Nitriden und Carbonitriden bei langsamer Abkühlung zu vermeiden.

6.4 Wärmebehandlung der Stähle

Nach dem Aufkohlen bzw. Carbonitrieren besteht das Werkstück im Prinzip aus zwei Stählen mit unterschiedlichem Kohlenstoffgehalt:

- Der kohlenstoffreichen, aufgekohlten oder carbonitrierten Randschicht (C = 0,7 % ... 0,9 %).
- Der kohlenstoffarmen Kernzone (C ≤ 0,25 %).

Aufgrund des unterschiedlichen Kohlenstoffgehalts von Kernzone und Randschicht würde man grundsätzlich zwei unterschiedliche Härtetemperaturen benötigen, um gleichzeitig sowohl eine harte Randschicht, als auch verbesserte Gebrauchseigenschaften im Kern zu erhalten (Bild 1). Da das Werkstück jedoch nur auf *eine* Temperatur erwärmt werden kann, muss man beim Einsatzhärten grundsätzlich entscheiden, welchem Bauteilbereich Vorrang gegeben werden soll. Die Entscheidung hängt im Wesentlichen von der späteren Bauteilbeanspruchung ab.

Wird aus einer für den kohlenstoffarmen Kern optimalen Temperatur (geringfügig oberhalb G-S) abgeschreckt, dann spricht man vom **Kernhärten**. Das Kernhärten führt zu einer optimalen Härtung des Kerngefüges und damit zu einer deutlich verbesserten Kernfestigkeit. Andererseits ist die Härtetemperatur für die aufgekohlte Randschicht zu hoch, sie wird überhitzt gehärtet (Grobkornbildung). Dies führt zu erhöhten Restaustenitgehalten und dementsprechend zu geringeren Härtewerten der Randschicht.

Wird hingegen von der optimalen Härtetemperatur der aufgekohlten (oder carbonitrierten) Randschicht (geringfügig oberhalb P-S) abgeschreckt, dann spricht man vom **Randhärten**. Beim Randhärten wird aus einer für die (aufgekohlte) Randschicht optimalen Härtetemperatur (in der Regel 780 °C bis 820 °C) abgeschreckt. Gegenüber dem Kernhärten führt das Randhärten zu geringeren Restaustenitgehalten und einer dementsprechend höheren Härte der Randschicht. Das Kerngefüge wird dabei jedoch aus einer zu niedrigen Temperatur abgeschreckt. Dort findet daher eine unvollständige Martensitumwandlung statt, so dass mehr oder weniger große Mengen an weichem Ferrit im Gefüge auftreten. Das unterhärtete Kerngefüge besitzt außerdem schlechtere Festigkeitseigenschaften. Allerdings muss beim Randhärten weniger Wärme abgeführt werden, so dass die Verzugsgefahr im Vergleich zum Kernhärten geringer ist.

Bild 1: Eisen-Kohlenstoff-Zustandsdiagramm (Stahlseite) mit optimalen Härtetemperaturen von Kernzone und aufgekohlter Randschicht

Bild 2: Härteverfahren beim Einsatzhärten

Im Anschluss an das Aufkohlen bzw. Carbonitrieren wird so schnell abgekühlt, dass eine Härtung durch Martensitbildung eintritt. Da die Behandlungstemperatur bereits im Bereich der Härtetemperatur liegt, ist eine direkte Härtung aus der Kohlungstemperatur möglich (Bild 2). Dieses Verfahren wird daher als **Direkthärten** bezeichnet.

Wird direkt aus der Kohlungstemperatur abgeschreckt, dann ist für die aufgekohlte Randschicht jedoch eine Grobkornbildung mit erhöhten Restaustenitgehalten zu erwarten, während für den kohlenstoffarmen Kern optimale Härtebedingungen vorliegen. Ist dies unerwünscht, dann kann die Direkthärtung auch als Randhärten durchgeführt werden. Dabei wird das Werkstück erst langsam bis auf eine Temperatur wenig oberhalb P-S (Ac_3 der Randschicht) abgekühlt und dann abgeschreckt. Dadurch wird das Gefüge der Randschicht zwar optimal gehärtet, d.h. es ist mit deutlich geringeren Restaustenitgehalten als beim Kernhärten zu rechnen, im Kern findet jedoch nur eine unvollständige Martensitumwandlung statt.

Aufgrund der geschilderten Problematik wurden in der Praxis neben dem Direkthärten noch weitere Härteverfahren mit spezifischen Vorteilen entwickelt (Bild 2, Seite 263):

- Einfachhärten
- Härten nach isothermer Umwandlung
- Doppelhärten

In Tabelle 1 sind die Vor- und Nachteile der genannte Härteverfahren zusammengestellt.

Tabelle 1: Vergleich der Härteverfahren beim Einsatzhärten

Härteverfahren	Vor- und Nachteile
Direkthärten	+ Einfaches und schnelles Verfahren, geringer Energieaufwand. − Gefahr der Grobkornbildung mit einer Verschlechterung der Zähigkeit des Kerngefüges und der Bildung von grobnadeligem Martensit mit erhöhten Restaustenitgehalten. Vermeidung der Grobkornbildung durch Verwendung von Feinkornbaustählen. − Keine Möglichkeit der Kornfeinung.
Einfachhärten	+ Werkstück kann nach der ersten (langsamen) Abkühlung (noch kein Härten) bearbeitet (Abdrehen überkohlter oder oxidierter Randschichten, Einbringen von Gewinden usw.), gerichtet oder zwischengeglüht (Abbau von Eigenspannungen) werden. + Kornfeinung durch Wiedererwärmung auf die optimale Härtetemperatur des Kerns (Kernhärten) oder der aufgekohlten Randschicht (Randhärten). Dadurch erhöhte Zähigkeit des Kerns sowie feinnadeliger Martensit ohne Restaustenitgehalt in der Randschicht. − Erhöhter Zeit- und Energieaufwand. − Erhöhte Verzugs- oder Rissgefahr.
Härten nach isothermer Umwandlung	+ Abschrecken auf Badtemperatur (500 °C ... 650 °C, z.B. Salzbad) führt zur Verbesserung der Eigenschaften des Kerns durch Bildung von feinstreifigem Perlit (früher: Sorbit oder Troostit) oder oberem Bainit. + Geringere Verzugs- oder Rissgefahr. + Bildung feiner Zementitausscheidungen, die zu einer Erhöhung der Verschleißbeständigkeit sowie zu einem geringeren Restaustenitgehalt der Randschicht führen. − Erhöhter Zeitaufwand sowie Notwendigkeit der Einrichtung eines Warmbades.
Doppelhärten	+ Möglichkeit der Bearbeitung nach der ersten langsamen Abkühlung (siehe Einfachhärten). + Erste Wiedererwärmung auf optimale Härtetemperatur des Kerns, dadurch zunächst feinkörniges Kerngefüge mit hoher Zähigkeit (vgl. Effekt beim Normalglühen). Abschrecken führt zu einem relativ feinkörnigen (kohlenstoffarmen) Martensit im Kern, jedoch zu einer noch nicht optimal gehärteten Randschicht (unterhärtet). Zweite Wiedererwärmung auf optimale Härtetemperatur der aufgekohlten Randschicht führt zu einer Vergütung des Kerns (Anlassen auf höhere Temperaturen) mit einer Verbesserung der Festigkeit bzw. Zähigkeit (Kapitel 6.4.5.4) und in der Randschicht zu einem feinnadeligen Martensit ohne Restaustenit. − Erhöhte Verzugs- oder Rissgefahr. − Sehr hoher Zeit- und Energieaufwand, daher nur für hochwertige Werkstücke.

Das **Anlassen** ist der letzte Arbeitsschritt des Einsatzhärtens. Üblicherweise wird das Werkstück im Anschluss an das Härten (und ggf. Tiefkühlen) der Randschicht auf Temperaturen zwischen 150 °C und 180 °C (unlegierte Stähle) bzw. 160 °C und 200 °C (legierte Stähle) in Öl, Warmbädern oder erhitzter Luft angelassen. Die Vorgänge im Gefüge entsprechen dabei der ersten Anlassstufe (Kapitel 6.4.5.1). Die Anlassdauer beträgt mindestens 1 h, üblicherweise 2 h bis maximal 4 h.

6.4 Wärmebehandlung der Stähle

Das Anlassen hat zum Ziel:
- dem Stahl wieder einen Teil seiner ursprünglichen Zähigkeit zurückzugeben,
- die höchsten Spannungen im Gefüge zu reduzieren, ohne hingegen den Eigenspannungszustand oder die Härte in der Randschicht nennenswert abzubauen,
- den eventuell vorhandenen Restaustenitgehalt zu verringern und damit die Schleifrissempfindlich-keit zu vermindern, d.h. die Schleifbarkeit zu verbessern.

Die **Einsatzhärtungstiefe** (kurz: **CHD**)[1] ist eine wichtige Messgröße des einsatzgehärteten Zustandes. Zu ihrer Bestimmung wird an einem Querschliff zunächst eine Härteverlaufskurve aufgenommen.

Bild 1: Ermittlung der Einsatzhärtungstiefe (CHD) nach DIN EN ISO 2639

Die Einsatzhärtungstiefe ist nach DIN EN ISO 2639 derjenige senkrechte Abstand von der Oberfläche, bei dem die Härte auf einen Wert von 550 HV 1 (Grenzhärte) abgefallen ist (Bild 1). Dieses Kriterium ist nur anwendbar, sofern die Härte im dreifachen Abstand der Einsatzhärtungstiefe von der Probenoberfläche kleiner als 450 HV 1 ist. Wird dieses Kriterium nicht erfüllt, dann kann nach Vereinbarung eine Grenzhärte, die größer ist als 550 HV1 (in Stufen von 25 Einheiten) angewandt werden.

Die normgerechte Angabe der Einsatzhärtungstiefe z. B. in Fertigungsunterlagen besteht aus dem Kurzzeichen CHD und dem Betrag der Einhärtungstiefe in mm.

Einsatzstähle sind unlegierte oder legierte (hauptsächlich Cr, Ni, Mo, Mn) Maschinenbaustähle mit verhältnismäßig niedrigem Kohlenstoffgehalt (0,1% bis etwa 0,25%), deren Randschicht vor dem Härten aufgekohlt (0,7% bis 0,9% C) oder carbonitriert wird. Einsatzstähle sind im Wesentlichen in DIN EN 10084 genormt (Tabelle 1, Seite 266). Für einfache und mäßig beanspruchte Konstruktionsteile im Fahrzeug- und allgemeinen Maschinenbau (z.B. kleinere Zahnräder, Bolzen usw.) genügen unlegierte Einsatzstähle. Für kompliziert gestaltete, hoch beanspruchte Bauteile und große Werkstücke im Fahrzeug-, Flugzeug- oder Maschinenbau, die außerdem stoß- oder schlagartigen Beanspruchungen ausgesetzt sein können, ist auf legierte Einsatzstähle zurückzugreifen.

ⓘ Information

Bezeichnungsbeispiel zur Einsatzhärtungstiefe
(Grenzhärte 550 HV1)

$CHD = 0{,}8^{+0,4}_{0}$

Die Einsatzhärtungstiefe muss zwischen 0,8 mm und 1,2 mm liegen. Zweckmäßige Stufung der CHD-Werte und obere Grenzabweichung (hier: 0,4 mm) ist DIN ISO 15787 zu entnehmen.

ⓘ Information

Einsatzstähle
Einsatzstähle sind aufgrund ihres niedrigen Kohlenstoffgehaltes vor dem Einsatzhärten gut zerspanbar und gut schweißbar. Die Stähle weisen nach dem Einsatzhärten in der Randschicht eine relativ hohe Härte (etwa 610 HV bis 800 HV nach dem Anlassen) und eine hohe Verschleißbeständigkeit auf, während sich der Kern, abhängig vom gewählten Härteverfahren, durch eine gute Zähigkeit auszeichnet. Einsatzgehärtete Werkstücke besitzen außerdem eine verbesserte Schwingfestigkeit.

b) Nitrieren und Nitrocarburieren

Nitrieren ist eine thermochemische Behandlung eines Stahls in stickstoffabgebender Umgebung zur Erzeugung einer hochharten, verschleißbeständigen Randschicht. Beim Nitrieren werden die Werkstücke (Bauteile und Werkzeuge) in stickstoffabgebender Umgebung (im Nitriermittel) auf Temperaturen zwischen 500 °C und 550 °C erwärmt und wenige Minuten bis zu 100 h auf Temperatur gehalten. Anschließend wird langsam, bei unlegierten Stählen auch schnell abgekühlt.

Nitrocarburieren ist eine thermochemische Behandlung eines Stahls in stickstoff- und kohlenstoffabgebender Umgebung zur Erzeugung einer harten und verschleißbeständigen Oberfläche. Beim Nitrocarburieren werden die Werkstücke in stickstoff- und kohlenstoffabgebender Umgebung auf Temperaturen zwischen 500 °C und 590 °C erwärmt und wenige Minuten bis etwa 5 h (max. 10 h) gehalten.

---

[1] CHD = Case Hardening Depth. Alte Bezeichnung: Eht nach DIN 50190-1 (zurückgezogen).

Tabelle 1: Einsatzstähle nach DIN EN 10 084 (Auswahl)

Werkstoffbezeichnung		C-Gehalt (Schmelzenanalyse) in %	Wärmebehandlung		Härtewerte	
Kurzname	Werkstoff-Nr.		Aufkohlungstemperatur in °C	Anlasstemperatur in °C	weichgeglüht HB/HV 10	einsatzgehärtet[1] HRC/HV 10
C10E	1.1121	0,07 ... 0,13	880 ... 980	150 ... 200	131 / 138	–
C15E	1.1141	0,12 ... 0,18	880 ... 920	150 ... 200	143 / 150	–
17Cr3	1.7016	0,14 ... 0,20	880 ... 980	150 ... 200	174 / 183	39-47 / 382 ... 471
28Cr4	1.7030	0,24 ... 0,31	880 ... 980	150 ... 200	217 / 228	45-53 / 448 ... 560
16MnCr5	1.7139	0,14 ... 0,19	880 ... 980	150 ... 200	207 / 218	39-47 / 382 ... 471
20MnCr5	1.7147	0,17 ... 0,22	880 ... 980	150 ... 200	217 / 228	41-49 / 402 ... 499
18CrMo4	1.7243	0,15 ... 0,21	880 ... 980	150 ... 200	207 / 218	39-47 / 383 ... 471
20MoCr4	1.7321	0,17 ... 0,23	880 ... 980	150 ... 200	207 / 218	41-49 / 422 ... 499
16NiCr4	1.5714	0,13. .. 0,19	880 ... 980	150 ... 200	217 / 228	39-47 / 382 ... 471
18NiCr5-4	1.5810	0,16 ... 0,21	880 ... 980	150 ... 200	223 / 235	41-49 / 402 ... 499
14NiCrMo13-4	1.6667	0,11 ... 0,17	880 ... 980	150 ... 200	241 / 254	39-47 / 383 ... 471
20NiCrMo2-2	1.6523	0,17 ... 0,23	880 ... 980	150 ... 200	212 / 223	41-49 / 402 ... 499

Weitere zum Einsatzhärten geeignete Stähle finden sich in DIN EN ISO 683-17 (Werkzeugstähle), DIN EN 10263-3 (Kaltstauch- und Kaltfließpressstähle) und DIN EN 10 087 (Automatenstähle).

[1] Härtewerte an Stirnabschreckproben ermittelt. Härtemessung 1,5 mm von der abgeschreckten Stirnfläche.

Die Schichten bauen sich beim Nitrocarburieren, verglichen mit dem Nitrieren, in kürzerer Zeit auf und besitzen teilweise bessere Gleiteigenschaften, höhere Verschleißbeständigkeit, höhere Duktilität und damit geringere Neigung zum Abplatzen bei stoßartiger Beanspruchung sowie eine bessere Korrosionsbeständigkeit.

Beim Nitrieren diffundiert Stickstoff (und beim Nitrocarburieren zusätzlich Kohlenstoff) aus dem Behandlungsmittel in den Werkstoff. Dadurch bildet sich an der Werkstückoberfläche eine in der Regel aus zwei Teilschichten bestehende Nitrierschicht. Die äußere Schicht wird als Verbindungsschicht, die innere Schicht als Diffusionsschicht bezeichnet (Bild 1 und Bild 1, Seite 267).

Am äußersten, stickstoffreichen Rand des Werkstücks bildet sich eine geschlossene, sehr harte (aber auch spröde!) Schicht aus Eisennitriden oder Nitriden der Legierungselemente. Sie wird als **Verbindungsschicht** bezeichnet (Bild 1 und Bild 1, Seite 267). Abhängig von der Stahlsorte besteht die Verbindungsschicht aus unterschiedlichen Kristallphasen (Bild 2, Seite 267). Da die Diffusionsgeschwindigkeit der Stickstoffatome in der Verbindungsschicht etwa 60-mal geringer ist als im Kristallgitter des α-Eisens, beträgt ihre Dicke je nach Behandlungsdauer etwa 5 µm bis 30 µm. Die strukturlose Verbindungsschicht ist bei näherer Betrachtung nicht homogen aufgebaut, sondern an ihrer Oberfläche von zahlreichen Poren durchsetzt **(Porensaum)**.

An die Verbindungsschicht schließt sich, deutlich abgegrenzt, die **Diffusionsschicht** an (Bild 1 und Bild 1, Seite 267). Die in der Praxis übliche Bezeichnung Diffusionsschicht ist eigentlich nicht korrekt, da auch die Verbindungsschicht durch Diffusion zustande kommt. In der Diffusionsschicht ist ein Teil des Stickstoffs auf Zwischengitterplätzen in den Ferritkristall eingelagert.

VS = Verbindungsschicht (5 µm ... 30 µm)
DS = Diffusionsschicht (0,2 ... 1,5 mm)

Bild 1: Aufbau einer Nitrierschicht (schematisch)

6.4 Wärmebehandlung der Stähle

Aufgrund abnehmender Löslichkeit des Ferritkristalls beim Abkühlen aus der Nitrier- bzw. Nitrocarburiertemperatur wird ein weiterer Teil des Stickstoffs in Form von Nitriden in der Ferritgrundmasse sowie an den Korngrenzen ausgeschieden. Da die Nitridausscheidungen bei lichtmikroskopischer Betrachtung nadelförmig erscheinen, wird der Bereich der Diffusionsschicht mitunter auch als **Nadelschicht** bezeichnet. Die Art der sich bildenden Nitride hängt von der Zusammensetzung des Stahles sowie bei den unlegierten Stählen im Wesentlichen auch von der Abkühlgeschwindigkeit ab. Im Lehrbuch „Wärmebehandlung des Stahls"[1] wird hierauf ausführlich eingegangen.

Die Dicke der Diffusionsschicht beträgt, je nach Stahlsorte und Behandlungsdauer, zwischen wenigen 1/10 mm und etwa 1 mm (max. 1,5 mm). Ihr Stickstoffgehalt liegt zwischen 0,2 % und 5 % und nimmt zum Kern des Werkstücks hin stetig ab.

Die Härte sowie der Härteverlauf einer Nitrierschicht unterscheiden sich grundsätzlich von einer einsatzgehärteten Schicht (Bild 3). Charakteristisch für eine Nitrierschicht ist eine höhere Härte aber auch ein schroffer Härteabfall zum Kern. Damit neigt eine Nitrierschicht zum Abplatzen.

Die Härte der Verbindungsschicht wird von der Art und Menge der Nitride und Carbonitride bestimmt. Sie hängt demzufolge von der chemischen Zusammensetzung des Stahls, d. h. vom Kohlenstoffgehalt sowie von der Art und Menge der nitridbildenden Legierungselemente ab. Anhaltswerte für die Härte der Nitrierschicht sind:
- unlegierte Stähle: 700 bis 1000 HV 0,01
- legierte Stähle: 1000 bis 1500 HV 0,01

In der Diffusionsschicht sind die Stickstoffatome sowohl in das Gitter des Ferritkristalls eingelagert als auch in Form von Nitriden innerhalb der Ferritmatrix ausgeschieden. Die Härte der Diffusionsschicht wird im Wesentlichen hervorgerufen durch:
1. Lokale Gitterverzerrungen der auf Zwischengitterplätzen in den Ferritkristall eingelagerten Stickstoffatome (Mischkristallhärtung durch Behinderung der Versetzungsbewegungen).
2. In der Ferritmatrix ausgeschiedene Nitride (Nadelschicht). Diese Teilchen behindern die Versetzungsbewegungen und führen demzufolge zu einer Härtesteigerung (Ausscheidungshärtung).

Zur Bestimmung der **Nitrierhärtetiefe (NHD)**[2] wird an einem Querschliff eine Härteverlaufskurve aufgenommen. Die Nitrierhärtetiefe ist nach DIN 50 190-3 derjenige senkrechte Abstand vom Rand, bei dem die Härte die so genannte Grenzhärte (GH) erreicht.

Bild 1: Gefügeaufnahme einer Nitrierschicht (X40Cr13, satzbadnitriert, 90 min. bei 570 °C)
P: Porensaum
VS: Verbindungsschicht

Bild 2: Aufbau der Verbindungsschicht bei unlegierten und legierten Stählen

Bild 3: Härteverlaufskurven in der Randschicht nach dem Nitrieren und nach dem Einsatzhärten

---
[1] Läpple, V.: Wärmebehandlung des Stahls, Verlag Europa-Lehrmittel, 9. Auflage 2009
[2] NHD = Nitriding Hardness Depth. Alte Bezeichnung: Nht nach DIN 50190-3 (zurückgezogen).

Für die Grenzhärte gilt dabei: GH = Kernhärte + 50 HV 0,5. Als Kernhärte ist die etwa im Abstand der dreifachen Nitrierhärtetiefe gemessene Vickers-Härte (im Regelfall HV 0,5) einzusetzen (Bild 1).

> **ⓘ Information**
>
> **Bezeichnungsbeispiel zur Nitrierhärtetiefe**
> NHD = $0{,}4^{+0{,}2}_{0}$
>
> Die Nitrierhärtetiefe muss zwischen 0,4 mm und 0,6 mm liegen. Zweckmäßige Stufung der NHD-Werte und obere Grenzabweichung (hier: 0,2 mm) aus DIN ISO 15787.

Das **Nitrieren** erfolgt in der Regel in einer stickstoffhaltigen Gasatmosphäre. Man unterscheidet im Wesentlichen zwei Nitrierverfahren:
- Gasnitrieren
- Plasmanitrieren

Das **Gasnitrieren** wurde erstmals zu Beginn der 20er-Jahre zur Erhöhung der Festigkeit und Härte von Werkstückoberflächen angewandt. Beim Gasnitrieren wird das Werkstück im Ammoniak-Gasstrom (reines Ammoniak NH_3 oder NH_3 mit Inertgaszusätzen wie z.B. Stickstoff) bei Temperaturen zwischen 500 °C und 550 °C (je nach erforderlicher Dicke der Nitrierschicht) 4 h bis 100 h behandelt. Das Ammoniak wird an der Werkstückoberfläche thermisch zersetzt. Ein Teil des dabei frei werdenden Stickstoffs diffundiert in die Oberfläche des Werkstücks ein und baut die Nitrierschicht auf (Bild 2).

Bild 3 zeigt den Aufbau einer Anlage zum Gasnitrieren. Die Anlage besteht aus einem gasdichten Reaktionsraum (Nitriertopf) zur Aufnahme der Werkstücke, einem Gasumwälzer, einem Gasleitzylinder sowie einem elektrisch beheizten Schacht.

Die Nitrierhärtetiefe (s. o.) hängt neben der Nitriertemperatur im Wesentlichen von der Zusammensetzung des Werkstoffs und von der Behandlungsdauer ab. Das Gasnitrieren wird in der Regel nur für legierte Stähle angewandt, da sich bei unlegierten Stählen eine spröde, zum Abplatzen neigende Nitrierschicht bildet.

Beim **Plasmanitrieren**, das in den 30er-Jahren entwickelt wurde und heute eine breite Anwendung findet, werden meist geringe Mengen Stickstoffgas (N_2) in einen Vakuumreaktor eingeleitet und dort unter der Wirkung eines starken elektrischen Feldes ionisiert (Bild 1, Seite 269). Mehrere chemische und physikalische Vorgänge, die an dieser Stelle nicht näher beschrieben werden sollen, führen schließlich zu einer Stickstoffaufnahme der Werkstückoberfläche und damit zur Nitridbildung.

Bild 1: Prinzip der Bestimmung der Nitrierhärtetiefe (NHD) nach DIN 50 190-3

Bild 2: Entstehung einer Nitrierschicht beim Gasnitrieren mit NH_3 (schematisch)

Bild 3: Aufbau einer Gas-Nitrieranlage

6.4 Wärmebehandlung der Stähle

Die Behandlungstemperaturen des Plasmanitrierens können zwischen 350 °C und 660 °C (überwiegend 500 °C ... 550 °C) liegen. Die Nitrierdauer variiert zwischen wenigen Minuten und mehreren Stunden.

Das Plasmanitrieren bietet gegenüber anderen Nitrierverfahren eine Vielzahl von Vorteilen:

1. Große Variationsmöglichkeiten und kurze Behandlungsdauer machen das Verfahren insbesondere bei hohen Stückzahlen wirtschaftlich,
2. gezielter Schichtaufbau möglich,
3. umweltfreundliches, ungiftiges Verfahren, da die eingesetzten Gase und die erzeugten gasförmigen Verbindungen ungiftig sind,
4. praktisch alle Stähle und Gusseisenwerkstoffe können mit dieser Technik nitriert werden,
5. das Plasmanitrieren kann automatisiert und damit in Fertigungsstraßen integriert werden,
6. es können sehr kleine Teile (z. B. Kugelschreiberkugeln), aber auch sehr große Teile (derzeit bis zu 20 m Länge und einem Gewicht von über 20 t) plasmanitriert werden,
7. ein örtlich begrenztes Nitrieren ist möglich.

Bild 1: Aufbau einer Plasma-Nitrieranlage

Das **Nitrocarburieren** kann in festen, flüssigen oder gasförmigen Medien erfolgen. Dementsprechend unterscheidet man:

- Pulvernitrocarburieren
- Salzbadnitrocarburieren
- Gasnitrocarburieren
- Plasmanitrocarburieren

Das **Pulvernitrocarburieren** wurde in den 60er-Jahren eingeführt. Bei diesem Verfahren werden die Werkstücke, ähnlich dem Aufkohlen, in einen Kasten eingesetzt, der vollständig mit einem zum Nitrocarburieren geeigneten Pulver gefüllt ist (ähnlich Bild 2, Seite 261). Anschließend werden Kasten, Pulver und Werkstück in einem geeigneten Ofen auf Temperaturen zwischen 500 °C und 590 °C (vorzugsweise 570 °C) erwärmt. Die Behandlungsdauer beträgt etwa 4 h bis 5 h. Das Pulver ist eine Mischung aus stickstoff- und kohlenstoffabgebendem Calciumcyanamid ($CaCN_2$) und einem Aktivator zur Beeinflussung der Nitrocarburierwirkung. Durch thermischen Zerfall des Calciumcyanamids wird Kohlenstoff und Stickstoff freigesetzt, die dann in die Stahloberfläche eindiffundieren können.

Aufgrund einer Reihe von Nachteilen, wie aufwändiges Verpacken der Werkstücke, relativ hoher Energiebedarf und der Tatsache, dass das Pulver nur einmal verwendbar ist, d. h. große Abfallmengen entstehen, findet das Pulvernitrocarburieren kaum Anwendung.

Das **Salzbadnitrocarburieren** wird bereits seit 1929 erfolgreich zur Oberflächenbehandlung von Werkstücken eingesetzt. Im Vergleich zu den übrigen Nitrier- und Nitrocarburierverfahren wird das Salzbadnitrocarburieren heute am häufigsten angewandt.

Die zum Nitrocarburieren geeigneten Salzschmelzen enthalten giftige Cyanide (CN^-) und Cyanate (CNO^-), die bei der Behandlungstemperatur von rund 570 °C bis 580 °C über verschiedene Reaktionsschritte Stickstoff und Kohlenstoff abgeben (Bild 1, Seite 270). Die Salzbäder entsprechen prinzipiell denen des Aufkohlens, jedoch mit einem deutlich geringeren Cyanidgehalt. Inzwischen wird zu weitgehend cyanidfreien Salzschmelzen übergegangen. Die Behandlungszeiten betragen beim Salzbadnitrocarburieren je nach Werkstoff und erwünschter Schichtdicke etwa 1 h bis 3 h.

Die Werkstücke werden ähnlich dem Aufkohlen in das Salzbad eingebracht und zusätzlich Luftsauerstoff in die Schmelze eingeleitet (Bild 1, Seite 262 und Bild 2). Bei der Behandlungstemperatur von rund 570 °C bis 580 °C werden die Anionen (CN⁻ bzw. CNO⁻) aufgespalten und Stickstoff sowie Kohlenstoff freigesetzt (Bild 1).

Der Vorteil des Salzbadnitrocarburierens liegt in seiner Anwendbarkeit auf praktisch alle Eisenwerkstoffe sowie auf Sinterwerkstoffe. Nachteilig ist häufig die hohe Porosität der erzeugten Schichten von teilweise über 50 % der Verbindungsschichtdicke. Verbesserungsmöglichkeiten bieten hierbei alternative Verfahren, wie das Gas- oder Plasmanitrocarburieren.

Beim **Gasnitrocarburieren** wird das Werkstück in einer Gasmischung (z. B. NH_3 und CO_2), die Stickstoff und Kohlenstoff freisetzen kann, behandelt. Die Behandlung erfolgt bei 570 °C bis 580 °C und dauert rund 5 h. Das Gasnitrocarburieren stellt daher hinsichtlich der kurzen Behandlungsdauer eine Alternative zum Salzbadnitrocarburieren dar.

Verfahrenstechnisch ist das **Plasmanitrocarburieren** mit dem Plasmanitrieren (s.o.) vergleichbar, daher gilt das bereits dort Gesagte auch hier. Beim Plasmanitrocarburieren wird ein Gasgemisch aus Stickstoff (N_2) und Kohlendioxid (CO_2) oder einem gasförmigen Kohlenwasserstoff (meist Methan, CH_4) in einen Vakuumreaktor eingeleitet (vergleichbar Bild 3, Seite 268).

Das Nitrieren und Nitrocarburieren hat gegenüber dem Flamm- und Induktionshärten bzw. dem Einsatzhärten eine Reihe von Vorteilen:

1. Die Oberflächen nitrierter Bauteile weisen eine deutlich höhere Härte auf, da die Nitrierschicht härter ist als Martensit.
2. Nitrierschichten haben eine hohe Verschleißbeständigkeit, die jedoch nicht, wie man vermuten könnte, durch die hohe Härte, sondern in erster Linie durch einen niedrigen Reibungsbeiwert der Schicht sowie ihre geringe Neigung zur Adhäsion (Kaltverschweißung) hervorgerufen wird.
3. Nitrierschichten haben eine hohe Warmhärte, die bis nahe der Nitriertemperatur von etwa 500 °C erhalten bleibt.
4. Nitrierschichten tragen kaum auf. Daher können die Bauteile vor dem Nitrieren bereits weitgehend fertig bearbeitet werden.
5. Es treten keine nennenswerten Maß- oder Formänderungen auf, da die Werkstücke, zumindest bei Verwendung legierter Stähle, im Ofen langsam abgekühlt und nicht abgeschreckt werden. Aufgrund der niedrigen Behandlungstemperatur (< 600 °C) treten außerdem keine Gefügeumwandlungen auf.
6. Nitrierschichten haben eine gute Korrosionsbeständigkeit.

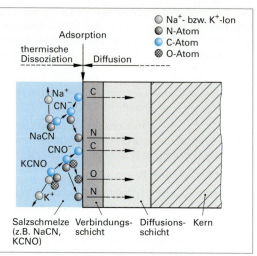

Bild 1: Entstehung einer Nitrierschicht beim Salzbadnitrocarburieren (schematisch)

① Vorwärmofen (z.T. mit Luftumwälzung)
② Nitrierofen mit Salzschmelze
③ Abkühlbad
④ Kaltwassertank
⑤ Warmwassertank
⑥ Kompressor
⑦ Luftmengenmesser
⑧ Manometer
⑨ Belüftungsrohr
⑩ Hebezug
⑪ Geschlossener Raum
⑫ Absauganlage

Bild 2: Anlage zum Salzbadnitrocarburieren

ⓘ Information

Verschleißbeständigkeit
Die Verschleißbeständigkeit ist, im Gegensatz zur Härte, keine Werkstoffeigenschaft, sondern eine Systemeigenschaft, an der u. a. die Werkstoffpaarung, das umgebende Medium, Art und Höhe der Belastung sowie der Schmierstoff beteiligt sind. Härtewerte alleine können deshalb die Verschleißbeständigkeit nicht ausreichend kennzeichnen.

6.4 Wärmebehandlung der Stähle

7. Nitrierschichten verbessern in der Regel die Schwingfestigkeit.

8. Aufgrund der niedrigen Behandlungstemperaturen (< 600 °C) ist ein geringerer Energieeinsatz erforderlich.

Den genannten Vorteilen stehen auch einige Nachteile gegenüber:

1. Der äußerste Teil der Nitrierschicht (Verbindungsschicht) ist verhältnismäßig spröde. Nitrierte oder nitrocarburierte Werkstücke können daher bei Überbeanspruchung (hohe Flächenpressung, schlagartige Beanspruchung) ohne nennenswerte Verformungen anreißen oder abplatzen.

2. Die teilweise langen Nitrierzeiten können erhebliche Kosten verursachen.

3. Die Schichtdicke kann kaum bzw. nur in engen Grenzen variiert werden.

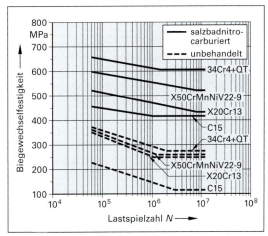

Bild 1: Wöhlerkurven für Umlaufbiegebeanspruchung unbehandelter sowie salzbadnitrocarburierter Stähle

Für das Nitrieren und Nitrocarburieren sind die **Nitrierstähle** besonders geeignet. Sie enthalten Legierungselemente wie Cr, Al, Mo, V, Ti und Nb, die besonders zur Nitridbildung neigen und außerdem Nitride mit hoher Härte bilden. Nitrierstähle sind vergütbare Stähle, sie gehören zu den legierten Edelstählen und sind in DIN EN 10 085 genormt.
In Tabelle 1 sind die wichtigsten Nitrierstähle nach DIN EN 10 085 zusammengestellt.

Tabelle 1: Härtewerte (weichgeglüht und nitriert bzw. nitrocarburiert) sowie Zugversuchskennwerte (im vergüteten Zustand) von Nitrierstählen (DIN EN 10085)

Stahlbezeichnung		Härte		Mechanische Eigenschaften[1]			
Kurzname	Werkstoff-nummer	weich-geglüht[2] HV 10	Rand-schicht[3] HV 1	R_m in MPa	$R_{p0,2}$ in MPa	A in %	KV[4] in %
24CrMo13-6	1.8516	261	–	1000 ... 1200	800	10	25
31CrMo12	1.8515	261	800	1030 ... 1230	835	10	25
31CrMoV9	1.8519	261	800	1100 ... 1300	900	9	25
32CrAlMo7-10	1.8505	261	–	1030 ... 1230	835	10	25
33CrMoV12-9	1.8522	261	–	1150 ... 1350	950	11	30
34CrAlMo5	1.8507	261	950	800 ... 1000	680	14	35
34CrAlNi7	1.8550	261	950	900 ... 1100	680	10	30
40CrMoV13-9	1.8523	261	–	950 ... 1150	750	11	25
41CrAlMo7-10	1.8509	261	950	950 ... 1150	750	11	25

[1] Zugversuchskennwerte gültig für den vergüteten Zustand und für einen Werkstückdurchmesser zwischen 16 mm und 40 mm.
[2] Maximale Härte im weichgeglühten Zustand.
[3] Anhaltswerte der Randschichthärte nach dem Nitrieren oder Nitrocarburieren. Die Werte sind abhängig vom gewählten Verfahren sowie ggf. einer vorausgegangenen Wärmebehandlung (z. B. Vergüten).
[4] ISO-Spitzkerbproben (Längsproben).

6.5 Eigenschaften und Verwendung von Stählen

Die überragende Bedeutung der Stähle als Konstruktionswerkstoffe beruht nicht nur auf der Tatsache, dass Eisen das vierthäufigste Element der Erdkruste darstellt und die Stahlherstellung einen vergleichsweise geringen Energieeinsatz erfordert, sondern vor allem auf der Möglichkeit, die Eigenschaften der Stähle in weiten Grenzen verändern zu können. Außerdem lassen sich die Stähle mit allen bekannten Fertigungsverfahren bearbeiten. Stähle werden daher auch in Zukunft die wichtigste Werkstoffgruppe darstellen.

6.5.1 Einteilung der Stähle

Aufgrund der Vielzahl verfügbarer Stähle ist eine ordnende Einteilung unverzichtbar. Stähle können nach verschiedenen Gesichtspunkten eingeteilt werden. Die beiden wichtigsten Einteilungsmöglichkeiten erfolgen nach:

- Hauptgüteklassen
- Verwendungszweck

Weitere, Einteilungsmöglichkeiten, erfolgen nach der Gefügeart oder nach der Herstellung wie zum Beispiel:

Gefügeart:
- Ferritische Stähle
- Ferritisch-perlitische Stähle
- Austenitische Stähle
- Austenitisch-ferritische Stähle
- Martensitische Stähle

Herstellung:
- Sauerstoff-Aufblas-Stähle
- Elektrostähle

6.5.1.1 Einteilung der Stähle nach Hauptgüteklassen

Nach DIN EN 10 020 werden die Stähle in die folgenden **Hauptgüteklassen** eingeteilt (Bild 1, Seite 273):
- Unlegierte Stähle (unlegierte Qualitäts- und Edelstähle)
- Nichtrostende Stähle
- Andere legierte Stähle (legierte Qualitäts- und Edelstähle)

Die Zuordnung eines Stahles zu einer der genannten Hauptgüteklassen hängt im Wesentlichen von bestimmten Kriterien, wie z. B. geforderte Gebrauchseigenschaften oder Verwendungszweck, ab.

a) Unlegierte Stähle
Nach DIN EN 10 020 werden Stähle als unlegiert bezeichnet, sofern die in Tabelle 1 genannten Konzentrationen von keinem der Elemente erreicht oder überschritten wird. Sofern jedoch mindestens eines der Elemente den angegebenen Grenzgehalt erreicht oder überschreitet, spricht man von einem legierten Stahl. Bei den unlegierten Stählen unterscheidet man unlegierte Qualitätsstähle und unlegierte Edelstähle.

(i) Information

Unter **Stahl** versteht man eine Legierung zwischen Eisen und Kohlenstoff mit einem Kohlenstoffgehalt von etwa 0,01 % bis 2,06 % (siehe auch Kapitel 6.2.2). Stahl enthält weiterhin Anteile an Mangan (etwa 0,5 % bis 1,80 %) sowie (unerwünschte) Begleitelemente wie zum Beispiel P, S, Si und ggf. N. Legierte Stähle enthalten außerdem entsprechende Mengen an Legierungselementen wie zum Beispiel Cr, Ni, Mo, usw. um bestimmte erwünschte Eigenschaften zu erzeugen.

Die Bezeichnung „Stahl" leitet sich aus dem mittelhochdeutschen Wort „stal" bzw. „stahel" ab und ist die Substantivierung eines Adjektivs mit der Bedeutung „fest, hart".

(i) Information

Auswahl einer Stahlsorte und Verfügbarkeit
Für die Auswahl eines geeigneten Stahls ist es von großer Bedeutung, seine Eigenschaften und Besonderheiten zu kennen, denn im Sinne eines marktfähigen Produktes gilt letztlich der Grundsatz: **Nicht der beste Werkstoff ist gut genug, sondern der ausreichende Werkstoff ist der Beste!**
Die Anzahl der verfügbaren Stahlsorten ist nahezu unüberschaubar. Es wird geschätzt, dass derzeit für den Konstrukteur eine Auswahl von rund 40.000 (!) metallischen Werkstoffen (und ebensoviele nicht metallische Werkstoffe) zur Verfügung stehen. Die Mehrzahl der metallischen Werkstoffe sind dabei Stähle.

Tabelle 1: Grenzgehalte für unlegierte Stähle nach DIN EN 10 020 (Schmelzenanalyse)

Elemente und Grenzgehalte in Masse-%			
Aluminium (Al)	0,30	Niob (Nb)	0,06
Bismut (Bi)	0,10	Nickel (Ni)	0,30
Bor (B)	0,0008	Selen (Se)	0,10
Blei (Pb)	0,40	Silicium (Si)	0,60
Cobalt (Co)	0,30	Tellur (Te)	0,10
Chrom (Cr)	0,30	Titan (Ti)	0,05
Kupfer (Cu)	0,40	Vanadium (V)	0,10
Lanthanoide[1]	0,10	Wolfram (W)	0,30
Mangan (Mn)	1,65	Zirkonium (Zr)	0,05
Molybdän (Mo)	0,08	Sonstige[2]	0,10

[1] Lanthanoide: Die auf das Lanthan folgenden 14 Elemente. Der Grenzgehalt bezieht sich auf jedes einzelne Element.
[2] Mit Ausnahme von C, P, S und N.

6.5 Eigenschaften und Verwendung von Stählen

Unlegierte Qualitätsstähle müssen im Allgemeinen bestimmte Anforderungen hinsichtlich Zähigkeit, Korngröße oder Umformbarkeit erfüllen. Die Anforderungen sind dabei anders, als bei den unlegierten Edelstählen (s. u.) und in der Regel in den entsprechenden Erzeugnisnormen oder Spezifikationen festgeschrieben.

Unlegierte Edelstähle haben hinsichtlich der nichtmetallischen Einschlüsse, wie MnS oder Al_2O_3, einen höheren Reinheitsgrad im Vergleich zu den unlegierten Qualitätsstählen. Sie sind in den meisten Fällen für eine Oberflächenhärtung (Kapitel 6.4.6) oder für das Vergüten (Kapitel 6.4.5.4) vorgesehen. Sie sprechen auf diese Behandlungen gleichmäßig an. An die unlegierten Edelstähle werden unter anderem eine oder mehrere der folgenden Anforderungen gestellt:

- Gehalt an S und P ≤ 0,020% (Schmelzanalyse).
- Kerbschlagarbeit > 27 J bei –50 °C (ISO-V-Längsproben).
- Festgelegter Wert für die Kerbschlagarbeit im vergüteten Zustand.
- Besonders niedrige Gehalte an nichtmetallischen Einschlüssen (Festlegung in den entsprechenden Erzeugnisnormen oder Spezifikationen).
- Anforderungen an die elektrische Leitfähigkeit.

Bild 1: Einteilung der Stähle nach Hauptgüteklassen (DIN EN 10020)

b) Nichtrostende Stähle

Zur Gruppe der nichtrostenden Stähle gehören Stahlsorten mit einem Chromgehalt von mindestens 10,5 % und höchstens 1,2 % Kohlenstoff (jeweils Masse-%). Sie werden weiter unterteilt nach dem Nickelgehalt (weniger oder mehr als 2,5 % Nickel) sowie nach ihren Haupteigenschaften (korrosionsbeständig, hitzebeständig oder warmfest).

c) Andere legierte Stähle

Zu den „anderen legierten Stählen" zählen Stahlsorten, die nicht der Definition für nichtrostende Stähle entsprechen und bei denen wenigstens einer der in Tabelle 1, Seite 272 festgelegten Grenzwerte überschritten wird. Die Gruppe wird in legierte Qualitätsstähle und legierte Edelstähle unterteilt.

Legierte Qualitätsstähle müssen analog den unlegierten Sorten bestimmte Anforderungen hinsichtlich Zähigkeit, Korngröße oder Umformbarkeit erfüllen. Sie sind in der Regel nicht für eine Oberflächenhärtung oder für das Vergüten vorgesehen. Zu den legierten Qualitätsstählen gehören:

- Schweißgeeignete Feinkornbaustähle
- Legierte Stähle für Schienen, Spundbohlen und Grubenausbau
- Legierte Stähle für warm- und kaltgewalzte Flacherzeugnisse
- Stähle in denen Kupfer das einzige festgelegte Legierungselement ist
- Legiertes Elektroblech und -band

Legierte Edelstähle sind, mit Ausnahme der nichtrostenden Stähle, alle Stahlsorten, die durch eine genaue Einstellung ihrer chemischen Zusammensetzung sowie durch besondere Herstell- und Prüfbedingungen gegenüber den legierten Qualitätsstählen verbesserte Eigenschaften besitzen und nicht zu den legierten Qualitätsstählen gehören bzw. nicht ihrer Definition entsprechen. Zu den legierten Edelstählen gehören:

- Legierte Maschinenbaustähle
- Legierte Stähle für Druckbehälter
- Wälzlagerstähle
- Werkzeugstähle (Kalt-, Warm- und Schnellarbeitsstähle)
- Stähle mit besonderen physikalischen Eigenschaften (z. B. kontrollierter Ausdehnungskoeffizient)
- Stähle mit besonderem elektrischem Widerstand

In der zurückgezogenen Ausgabe 09/1989 von DIN EN 10 020 war zusätzlich die Hauptgüteklasse der **Grundstähle** festgelegt, die jedoch nach der nachfolgenden Ausgabe von DIN EN 10 020 (07/2000) entfallen ist und mit den unlegierten Qualitätsstählen zusammengelegt wurde. Da jedoch in vielen noch gültigen Erzeugnisnormen oder Spezifikationen die Grundstähle aufgeführt sind, sollen ihre wesentlichen Charakteristiken kurz beschrieben werden. Grundstähle waren unlegierte Stähle, an die keine besonderen Anforderungen hinsichtlich der Gebrauchseigenschaften gestellt wurden.

Die mechanischen Eigenschaften der Grundstähle lag innerhalb bestimmter in Normen festgeschriebener Grenzwerte:

Zugfestigkeit $R_m \leq 690$ MPa

Streckgrenze $R_e \leq 360$ MPa

Bruchdehnung $A \leq 26\,\%$

Kerbschlagarbeit $K \leq 27$ J

Hinsichtlich ihrer chemischen Zusammensetzung galt für die Grundstähle (jeweils in Masse-%):

C $\geq 0,1\,\%$

S $\geq 0,045\,\%$

P $\geq 0,045\,\%$

Grundstähle waren nicht für eine Wärmebehandlung vorgesehen und zu ihrer Herstellung waren auch keine besonderen Maßnahmen erforderlich.

6.5.1.2 Einteilung der Stähle nach dem Verwendungszweck

Für den Konstrukteur ist häufig eine Stahleinteilung sinnvoll, aus der weitere, für ihn wichtige Eigenschaften entnommen werden können. Unter diesem Gesichtspunkt werden Stähle daher häufig nach ihrem Verwendungszweck in die beiden folgenden Hauptgruppen eingeteilt:

- **Bau- und Konstruktionsstähle:**

    Stähle, die bevorzugt im Maschinen-, Fahrzeug-, Stahlbau usw. eingesetzt werden.

- **Werkzeugstähle:**

    Stähle für die Herstellung von Hand- und Maschinenwerkzeugen, Umform- und Gießwerkzeugen.

Diese Hauptgruppen werden gemäß Bild 1 weiter unterteilt.

Die wichtigsten Stahlsorten aus beiden Hauptgruppen werden in den folgenden Kapiteln besprochen.

Bild 1: Einteilung der Stähle nach dem Verwendungszweck mit Auswahl wichtiger Normen (Technische Lieferbedingungen)

6.5 Eigenschaften und Verwendung von Stählen

6.5.2 Unlegierte Baustähle

Die unlegierten Baustähle (in der Praxis z. T. auch als „**Allgemeine Baustähle**" bezeichnet) nehmen mit einem Anteil von etwa 70 % an der Weltstahlproduktion den größten Umfang ein. Ihr Preis ist relativ niedrig, da keine teuren Legierungselemente eingesetzt werden. Sie werden überwiegend im kaltumgeformten Zustand oder in Verbindung mit einer Spannungsarmglühung im warmgeformten (warmgewalzten) Zustand angeboten.

6.5.2.1 Anwendung unlegierter Baustähle

Unlegierte Baustähle sind unlegierte Stähle mit ferritisch-perlitischem Gefüge.
Sie finden vielfältige Anwendungen im:
- Maschinenbau
- Fahrzeugbau
- Hoch-, Tief-, Brücken- und Hallenbau (Bild 1)
- Behälterbau
- Schiffs- und Offshoretechnik

Bild 1: Beispiel für die Verwendung unlegierter Baustähle

Sie werden in der Regel bei normalen Beanspruchungen und unter normalen klimatischen Bedingungen eingesetzt.
Beispiele (siehe auch Tabelle 1, Seite 276):
S185   Finden überwiegend in der Bauschlosserei Anwendung.
S235   Für Schweißkonstruktionen im Stahlbau, für Flansche und Armaturen.
S275 und **S355** Für Schweißkonstruktionen mit höheren Anforderungen an die Festigkeit im Stahl- und Fahrzeugbau sowie für Kräne und Maschinengestelle.
E295 bis **E360** Für Maschinenteile wie Wellen, Achsen, Bolzen, Hebel, Zahnräder und Stifte. Zum Schweißen ungeeignet (s. u.).

6.5.2.2 Normung und Gütegruppen unlegierter Baustähle

Die unlegierten Baustähle sind in DIN EN 10 025-2 genormt. Wetterfeste Sorten enthält DIN EN 10 025-5 (z. B. S235J2**W**). Die chemische Zusammensetzung sowie die mechanischen Eigenschaften der unlegierten Baustähle sind in Tabelle 1, Seite 276, zusammengestellt.

Die unlegierten Baustähle gehören zur Hauptgüteklasse der unlegierten Qualitätsstähle (Kapitel 6.5.1.1). Sie werden hinsichtlich ihrer Festigkeit bzw. Schweißeignung und Sprödbruchsicherheit ausgewählt. DIN EN 10 025-2 enthält die Stahlsorten S185, S235, S275, S355, S450 (neu), E295, E335 und E360, die sich u. a. in ihren mechanischen Eigenschaften unterscheiden (Tabelle 1, Seite 276).

Die Bezeichnung der Stähle erfolgt entsprechend der gewährleisteten Mindeststreckgrenze. Die Gütegruppen (J2, JR, J0, K2 usw.) kennzeichnen die Zähigkeit des betreffenden Baustahls. Es gilt die in Tabelle 1 aufgeführte Zuordnung (siehe auch Tabelle 1, Seite 427).

Beispiel:
Der Stahl S355**JR** weist bei + 20 °C eine Kerbschlagarbeit von mindestens 27 J auf, während die Stahlsorte S355**K2** bereits bei – 20 °C eine Kerbschlagarbeit von mindestens 40 J besitzt und damit deutlich zäher ist. Die Stahlsorte S355K2 ist dementsprechend besser schweißbar und besitzt eine höhere Sicherheit gegen Sprödbruch.

Tabelle 1: Gütegruppen der unlegierten Baustähle

Prüf- temperatur in °C	Kerbschlagarbeit		
	27 J	40 J	60 J
+ 20	JR	KR	LR
0	J0	K0	L0
– 20	J2	K2	L2
– 30	J3	K3	L3
– 40	J4	K4	L4
– 50	J5	K5	L5
– 60	J6	K6	L6

Tabelle 1: Unlegierte Baustähle nach DIN EN 10 025-2

Stahlsorte[1] Kurzname		Desoxidationsart[2]	Chemische Zusammensetzung C	Si	Mn	P	S	N in Masse-%[3]	Mechanische Kennwerte R_e[4] in MPa	R_m[5] in MPa	A[6] in %	KV[7] in J bei °C	
neu	alt												
S185	St33	–	–	–	–	–	–	–	185	290…510	17	–	
S235JR	RSt 37-2	FN	0,17	–	1,40	0,040	0,040	0,012	235	350…500	26	27	20
S235J0	St 37-3 U	FN	0,17	–	1,40	0,035	0,035	0,012				27	0
S235J2	–	FF	0,17	–	1,40	0,030	0,030	–			24	27	–20
S275JR	St 44-2	FN	0,21	–	1,50	0,040	0,040	0,012	275	400…540	23	27	20
S275J0	St 44-3 U	FN	0,18	–	1,50	0,035	0,035	0,012				27	0
S275J2	–	FF	0,18	–	1,50	0,030	0,030	–			21	27	–20
S355JR	–	FN	0,24	0,55	1,60	0,040	0,040	0,012	355	450…600	22	27	20
S355J0	St 52-3 U	FN	0,20	0,55	1,60	0,035	0,035	0,012				27	0
S355J2	–	FF	0,20	0,55	1,60	0,030	0,030	–				27	–20
S355K2	–	FF	0,20	0,55	1,60	0,030	0,030	–			20	40	–20
S450J0	–	FF	0,20	0,55	1,70	0,045	0,035	0,025	450	530…700	17	27	0
E295[8]	St 50-2	FN	–	–	–	0,045	0,045	0,012	295	470…610	19	–	
E335[8]	St 60-2	FN	–	–	–	0,045	0,045	0,012	335	570…710	15	–	
E360[8]	St 70-2	FN	–	–	–	0,045	0,045	0,012	360	670…830	10	–	

[1] Gegenüber Ausgabe 03/94 sind die Gütegruppen G3 (normalgeglüht) und G4 (Behandlungszustand nicht festgelegt) entfallen. Die alten Kurznamen nach der zurückgezogenen DIN 17 006 sind in der Tabelle noch aufgeführt, da sie in der Praxis, insbesondere in älteren Dokumenten, noch anzutreffen sind.
[2] FN = beruhigt vergossen; FF = vollberuhigt vergossen (mit stickstoffabbindenden Elementen wie Al).
[3] Schmelzenanalyse. Für Stückanalyse geringfügig höhere Werte zulässig (siehe DIN EN 10 025-2).
[4] Obere Streckgrenze. Werte gültig für Erzeugnisdicken ≤ 16 mm. Für dickere Erzeugnisse geringere Werte (siehe DIN EN 10 025-2).
[5] Zugfestigkeit. Werte gültig für Nenndicken 3 mm … 100 mm, für dickere Erzeugnisse geringere Werte (siehe DIN EN 10 025-2).
[6] Bruchdehnung. Für Nenndicken 3 mm … 40 mm. Werte gültig in Walzrichtung.
[7] Kerbschlagarbeit (ISO-Spitzkerbproben). Für Nenndicken 10 mm … 150 mm.
[8] Stahlerzeugnisse werden in der Regel nicht für Profilerzeugnisse (I-Stahl, Winkelstahl, U-Stahl usw.) verwendet.

Stähle der unterschiedlichen Gütegruppen unterscheiden sich voneinander in der Schweißeignung (s. u.) und in den Anforderungen an die Sprödbruchsicherheit. Eine hohe **Sprödbruchsicherheit** ist besonders wichtig bei:
- Mehrachsiger Beanspruchung (z. B. technische Kerben, Schweißnähte oder dickwandige Bauteile)
- Tieferen Temperaturen
- Schlagartiger Beanspruchung

6.5.2.3 Technologische Eigenschaften unlegierter Baustähle

Für die Verarbeitung der unlegierten Baustähle sind deren technologische Eigenschaften von besonderer Bedeutung.

Wärmebehandlung unlegierter Baustähle

Die unlegierten Baustähle sind nicht für eine Wärmebehandlung vorgesehen (Ausnahme: Spannungsarmglühen bis 650 °C und Normalglühen).

Kaltverformbarkeit unlegierter Baustähle

Die unlegierten Baustähle können in der Regel bei Raumtemperatur umgeformt (kaltverformt) werden. Übliche Umformverfahren sind beispielsweise Biegen, Abkanten, Börderln und Drücken. Nach einer stärkeren Kaltumformung kann zur Wiederherstellung der mechanischen Eigenschaften (Festigkeit, Verformbarkeit) eine Spannungsarmglühung notwendig werden.

6.5 Eigenschaften und Verwendung von Stählen

Warmverformbarkeit unlegierter Baustähle
Eine Warmumformung der unlegierten Baustähle ist möglich und erfolgt in der Regel bei Normalglühtemperatur (Kapitel 6.4.3.1).

Schweißeignung unlegierter Baustähle
Die unlegierten Baustähle haben aus verschiedenen Gründen (z. B. nicht festgelegte Desoxidationsart, nicht festgelegte chemische Zusammensetzung, hoher Kohlenstoffgehalt usw.) keine uneingeschränkte Schweißeignung. Die Schweißeignung der unlegierten Baustähle kann wie folgt eingeteilt werden:
- S185, E295, E335, E360: Nicht schweißgeeignet, da keine Anforderungen an die chemische Zusammensetzung bestehen (Tabelle 1, Seite 276). Der Stahl E295 kann jedoch mit Einschränkungen (Vorwärmen auf 150 °C) geschweißt werden.
- S235JR, S275JR, S355JR: Mit Einschränkungen schweißgeeignet, teilweise erhöhte Kohlenstoffgehalte sowie relativ geringe Zähigkeit (JR).
- S235J0, S275J0, S355J0, S450J0: Gute Schweißeignung, da beruhigt vergossen (FN) und gute Zähigkeit (J0).
- S235J2, S275J2, S355J2, S355J2, S355K2: Beste Schweißeignung, da besonders beruhigt vergossen (FF) und beste Zähigkeit (J2 und K2).

6.5.2.4 Werkstoffkundliche Besonderheiten unlegierter Baustähle
Die unlegierten Baustähle besitzen in der Regel ein ferritisch-perlitisches Gefüge. Die unterschiedlichen Festigkeiten der Stahlsorten S235 bis E360 (Tabelle 1, Seite 276) ergeben sich durch eine Kombination aus:
- steigendem Kohlenstoffgehalt, d.h. steigender Perlitgehalt,
- Mischkristallverfestigung (Kapitel 2.9.2), insbesondere durch Elemente wie P, S, Mn und Si,
- feinkörniges Gefüge. Ein feinkörniges Gefüge ergibt sich vor allem bei besonders beruhigtem Vergießen durch fein verteilte Ausscheidungen wie AlN.

6.5.3 Schweißgeeignete Feinkornbaustähle

Für viele Anforderungen im Maschinen- und Fahrzeugbau (z. B. Mobilkräne), im Hoch-, Tief-, Brücken- und Behälterbau (z. B. Druckbehälter für Flüssiggase) sowie in der Schiffs- und Off-Shore-Technik, reichen die Festigkeiten und zum Teil auch die Zähigkeiten der unlegierten Baustähle nach DIN EN 10 025-2 bzw. -5 nicht mehr aus. Höherfeste Stähle bieten die folgenden Vorteile:
- Geringeres Bauteilgewicht, dadurch Rohstoff- und Energieeinsparung sowie geringere Transportkosten.
- Geringere Wandstärken, dadurch geringere Eigenspannungen und höhere Sprödbruchsicherheit. Hierbei ist jedoch zu beachten, dass:
  - Sicherheitsreserven eingeplant werden müssen, da auch Materialverlust durch Korrosion eintreten kann.
  - Die Knickfestigkeit durch die höhere Festigkeit nicht verbessert wird, da diese nur von der Querschnittgeometrie und vom Elastizitätsmodul abhängt.

Bild 1: Mobilkran als Beispiel für die Verwendung schweißgeeigneter Feinkornbaustähle

Gegenüber den unlegierten Baustählen ist die Verwendung der Feinkornbaustähle aus wirtschaftlichen Gründen nur dort angebracht, wo eine höhere Festigkeit und eine höhere Sicherheit gegen Versagen verlangt wird. Die hochfesten, schweißgeeigneten Feinkornbaustähle sind nicht nur in der Herstellung teurer, sondern auch das Schweißen dieser Stähle erfordert besondere Kenntnisse und einen deutlich höheren Aufwand.

6.5.3.1 Werkstoffkundliche Grundlagen schweißgeeigneter Feinkornbaustähle

Für viele Anforderung reichen die Festigkeiten und zum Teil auch die Zähigkeiten der unlegierten Baustähle nach DIN EN 10 025-2 bzw. -5 nicht mehr aus. Eine Erhöhung der Festigkeit durch einen steigenden Kohlenstoffgehalt wie etwa bei den höherfesten unlegierten Baustählen E355 und E360 (Tabelle 1, Seite 276) scheidet bei den schweißgeeigneten Feinkornbaustählen aus, da durch die Forderung nach guter Schweißbarkeit der Kohlenstoffgehalt auf unter 0,20 % begrenzt werden muss (sonst Gefahr der Bildung von Aufhärtungsrissen, Kapitel 4.4.1.3). Außerdem führt ein steigender Kohlenstoffgehalt zu einer deutlichen Verschlechterung der Zähigkeit. Bei den schweißgeeigneten Feinkornbaustählen erreicht man eine Erhöhung der Festigkeit vielmehr durch die folgenden Maßnahmen:

- **Mischkristallverfestigung**
  Durch Legieren mit Mangan, Nickel, Chrom oder Silicium tritt eine Mischkristallverfestigung und damit eine Festigkeitssteigerung ein. Bei den schweißgeeigneten Feinkornbaustählen wird die Mischkristallverfestigung vorzugsweise durch Zusatz von Mangan (bis etwa 1,70 %) erreicht. Da diese Legierungselemente jedoch auch die kritische Abkühlgeschwindigkeit herabsetzen, führen sie beim Schweißen zur Bildung unerwünschter Aufhärtungsrisse (Kohlenstoffäquivalent beachten, Kapitel 4.4.1.3). Außerdem ist es durch eine Mischkristallverfestigung alleine nicht möglich, die gewünschten hohen Festigkeiten (Streckgrenzen) zu erzielen. Die Mischkristallverfestigung ist also für sich alleine genommen keine zielführende Maßnahme.

- **Kornfeinung** (Feinkornhärtung)
  Durch Zugabe bestimmter Legierungselemente, wie Al, Nb, V und Ti, bilden sich mit dem im Stahl immer vorhandenen Kohlenstoff und Stickstoff Carbide, Carbonitride oder Nitride. Werden die Stähle vor der Auslieferung normalgeglüht oder thermomechanisch behandelt (Kapitel 6.5.3.2), dann führen diese Ausscheidungen, soweit sie sich im Austenitkristall nicht lösen, zur Bildung eines feinkörnigen, ferritisch-perlitischen Gefüges mit erhöhter Festigkeit und einer verbesserten Zähigkeit und zwar durch:
  - Hemmung des Kornwachstums im Austenitgebiet
  - Behinderung der Rekristallisation
  - Fremdkeimbildung und damit feinkörnige Austenitumwandlung beim Abkühlen

  Das zur Kornfeinung wichtigste Legierungselement ist das Aluminium. Es wird daher den Feinkornbaustählen in Gehalten bis 0,02 % zugesetzt und bildet mit Stickstoff Aluminiumnitrid (AlN). Der Aluminiumgehalt muss dabei mindestens das Dreifache des Stickstoffgehaltes betragen (Al $\geq$ 3 · N). Falls weitere stickstoffaffine Elemente wie zum Beispiel Vanadium anwesend sind, kann der Aluminiumgehalt auch reduziert werden.

  Die Kornfeinung (Feinkornhärtung) ist die einzige festigkeitssteigernde Methode, die auch eine relativ gute Zähigkeit sicherstellt.

- **Ausscheidungshärtung** (Teilchenhärtung).
  Eine über die Kornfeinung hinaus gehende Erhöhung der Festigkeit (Streckgrenze) kann durch Ausscheidungshärtung erfolgen. Dies geschieht insbesondere durch Zugabe geringer Mengen (einige hundertstel bis zehntel Prozent) der Elemente Vanadium, Titan Niob oder Zirconium („Mikrolegieren"), Bild 1. Hierdurch bilden sich mit dem Kohlenstoff und Stickstoff des Stahles (letzterer wird auf maximal 0,008 % erhöht) fein verteilte Carbide, Nitride oder Carbonitride, die über ihre ebenfalls kornfeinende Wirkung hinaus (insbesondere durch Niob) nach einer Normalglühung oder thermomechanischen Behandlung (Kapitel 6.4.3.1 und 6.5.3.2) zu einer der Aushärtung von Aluminiumlegierungen (Kapitel 7.1.5) vergleichbaren Ausscheidungshärtung führen.

Bild 1: Einfluss verschiedener (Mikro-)Legierungselemente auf die Streckgrenzenerhöhung

6.5 Eigenschaften und Verwendung von Stählen

6.5.3.2 Stahlsorten und Gütegruppen

Hochfeste, schweißgeeignete Feinkornbaustähle werden in zwei Gruppen eingeteilt:
- Normalgeglühte und thermomechanisch behandelte Feinkornbaustähle (R_{eH} < 500 MPa)
- Wasservergütete, hochfeste Feinkornbaustähle (R_{eH} > 500 MPa)

a) Normalgeglühte und thermomechanisch behandelte (nicht vergütete) Feinkornbaustähle

Diese Stahlsorten haben ein ferritisch-perlitisches Gefüge (ähnlich Bild 1, Seite 214, jedoch mit geringerem Perlitanteil) und Streckgrenzen bis 460 MPa. Aufgrund der Forderung nach guter Schweißbarkeit besitzen die Stähle einen Kohlenstoffgehalt von unter 0,2 % sowie einen geringen Anteil versprödend wirkender Verunreinigungen wie P, S und N. Sie kommen im normalgeglühten bzw. normalisiert gewalzten Zustand (Gütegruppen N oder NL nach DIN EN 10 025-3) oder thermomechanisch gewalzten Zustand (Gütegruppen M oder ML nach DIN EN 10 025-4) zum Einsatz.

Die erhöhte Festigkeit (Streckgrenze) wird durch das Normalglühen auf die folgende Weise erreicht:

1. Durch das bei der Stahlherstellung zur Desoxidation beigegebene Aluminium (bis 0,02 %) wird beim Normalglühen (bei etwa 900 °C) Stickstoff abgebunden und in Form feinster Nitride ausgeschieden, die insbesondere zu einer Kornfeinung (s. o.) beitragen.
2. Die in geringen Mengen im Stahl enthaltenen Mikrolegierungselemente V, Nb, Ti und Zr wirken durch Bildung von Carbiden, Nitriden oder Carbonitriden ebenfalls kornfeinend. Aufgrund ihrer feindispersen Verteilung führen sie jedoch zusätzlich zu einer Festigkeitssteigerung durch Ausscheidungshärtung.

Da die bei der Normalglühung beschriebenen Vorgänge im Gefüge durch eine thermomechanische Behandlung (insbesondere durch die kontrollierte Temperaturführung) optimaler ablaufen können, ist es möglich, die Werkstoffeigenschaften der normalgeglühen Feinkornbaustähle **(Gütegruppen N und NL)** aufrecht zu erhalten, dabei jedoch den C-Gehalt auf deutlich unter 0,20 % abzusenken. Aufgrund des geringen C-Gehaltes (Tabelle 1, Seite 282) besitzen die thermomechanisch behandelten Stähle **(Gütegruppen M und ML)** daher kaum noch Perlit und weisen gegenüber den normalgeglühten Sorten eine deutlich verbesserte Kerbschlagarbeit und damit eine erhöhte Sprödbruchsicherheit sowie eine verbesserte Schweißbarkeit auf (Kohlenstoffäquivalent für thermomechanisch behandelte Stähle maximal 0,46 %, für normalgeglühte Sorten hingegen 0,52 %). Man spricht in diesem Fall auch von **perlitarmen, mikrolegierten Feinkornbaustählen** mit hervorragender Schweißbarkeit und Zähigkeit.

Die erzielbaren Werkstoffeigenschaften sind dabei in hohem Maße von bei der thermomechanischen Behandlung gewählten Prozessparametern wie Austenitisierungstemperatur, Abkühlgeschwindigkeit, Umformgrad und Walzend- bzw. Haspeltemperatur abhängig. Grundsätzlich ist zu beachten, dass der durch eine thermomechanische Behandlung eingestellte Gefügezustand durch eine Wärmebehandlung alleine nicht erreichbar ist und damit, sollte er bei der Verarbeitung negativ beeinflusst werden, auch nicht wieder einstellbar ist. Die durch eine thermomechanische Behandlung eingestellten Festigkeitseigenschaften werden bereits bei einer Erwärmung über 580 °C nachteilig beeinflusst.

Eine thermomechanische Behandlung (TMB) zur Auslösung der geschilderten metallurgischen und werkstofflichen Besonderheiten dieser Stähle erfordert eine genaue Verformungs- und Temperatur-Zeitfolge.

> **ⓘ Information**
>
> **Thermomechanisches Behandeln (TMB)**
> Unter thermomechanischem Behandeln versteht man eine Warmumformung, die durch eine gezielte Kontrolle der Temperatur und der Umformbedingungen, dem Endprodukt Werkstoffeigenschaften verleiht, die durch konventionelle Fertigungsschritte mit diesem Werkstoff nicht erreichbar wären.

Sie besteht im Wesentlichen aus den folgenden Schritten (Bild 1, Seite 280):

1. Erwärmen der Bramme im Stoßofen auf Temperaturen, die ein ausreichendes Lösen der Mikrolegierungselemente erlauben (1150 °C). Eine völlige Auflösung der Legierungselemente muss dabei vermieden werden, da dies zu einem raschen Austenitkornwachstum führen würde.
2. Vorwalzen bei Temperaturen über 950 °C. Bei diesen hohen Temperaturen ist die Ausscheidungsneigung gering, sodass eine gleichmäßige Rekristallisation des Gefüges stattfindet.

3. Fertigwalzen bei erhöhter Verformung und einer Temperatur (750 °C), die keine Rekristallation mehr zulässt. Die starke Gitterverzerrung des Austenits führt zu einer Erhöhung der die Austenitumwandlung begünstigenden Keime und damit bei weiterer langsamer Abkühlung (< 1 K/s) zu einem extrem feinkörnigen ferritisch-perlitischen Gefüge. Bei erhöhter Abkühlgeschwindigkeit durch Sprühkühlung (etwa 15 K/s) entsteht ein bainitisches Gefüge mit verbesserten mechanischen Eigenschaften.

4. Beschleunigtes Abkühlen auf Haspeltemperatur (550 °C ... 600 °C) führt zur Ausscheidung der Teilchen in der gewünschten Form, Größe und Verteilung, da aus den verfestigten Austenitkörnern sehr feine Ferritkörner gebildet werden. Außerdem werden die restlichen, noch gelösten Mikrolegierungselemente ausgeschieden, d. h. durch eine Ausscheidungshärtung eine weitere Festigkeitssteigerung erreicht.

Beispiel: Vorwalzen mit $h_0 = 18$ mm und $h_1 = 10$ mm
($\lambda = h_0/h_1 = 1{,}8$ bzw. $\varphi = \ln(h_0/h_1) = 0{,}59$)
Fertigwalzen mit $h_1 = 10$ mm und $h_2 = 2{,}5$ mm
($\lambda = h_0/h_1 = 4$ bzw. $\varphi = \ln(h_0/h_1) = 1{,}39$)
(φ = Umformgrad)

Bild 1: Prinzip der thermomechanischen Behandlung von Stahl

Zwischenzeitlich haben sich eine Vielzahl thermomechanischer Verfahren entwickelt. Grundsätzlich kann man die folgenden Verfahrensgruppen unterscheiden:

- **Umformung vor der Austenitumwandlung**
Eine Warmumformung im Bereich des metastabilen Austenits wird als **Austenitformhärten** oder **Ausforming** (engl.: *austenite forming*) bezeichnet und stellt eines der wirksamsten thermomechanischen Verfahren zur Festigkeitserhöhung dar. Hierbei wird der Stahl während der Abkühlung im umwandlungsträgen Bereich bei der Temperatur T_m zwischen der Perlit- und Bainitstufe abgefangen (Kurvenabschnitt 1 in Bild 2) und bei gleichbleibender Temperatur verformt (Kurvenabschnitt 2). Bei der anschließenden Abkühlung (Kurvenabschnitt 3) erfolgt die Umwandlung in Martensit. Während der Umformung des Austenits wird eine große Anzahl an Versetzungen gebildet. Da die Umformtemperatur T_m

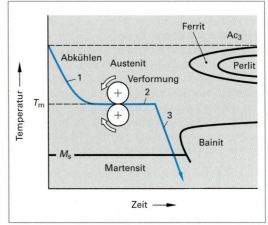

Bild 2: Prinzip des Austenitformhärtens als wichtiges Beispiel einer thermomechnanischen Behandlung mit Verformung vor der Austenitumwandlung

unter der Rekristallisationstemperatur liegt, ist eine Rekristallisation und damit ein Ausheilen der Versetzungen (Versetzungsannihilation) nicht möglich. Die während der Umformung erzeugten Versetzungen bleiben daher im Martensit erhalten und wirken als Keime für die nachfolgende martensitische Umwandlung. Dadurch entsteht ein extrem feinnadliger Martensit mit den entsprechend herausragenden mechanischen Gütewerten. Während und nach der Umformung können sich weiterhin mit den Legierungselementen wie Cr, Mo, V usw. Carbide bilden, die über eine Ausscheidungshärtung einen zusätzlichen Beitrag zur Festigkeitssteigerung leisten.

Mit Hilfe Austenitformhärtens erreicht man trotz sehr geringer C-Gehalte die höchsten Festigkeitswerte vielkristalliner Werkstoffe (Streckgrenzen bis 4000 MPa!). Voraussetzung für das Austenitformhärten ist allerdings ein genügend großer umwandlungsträger oder umwandlungsfreier Bereich. Die unlegierten Kohlenstoffstähle scheiden daher für diese Behandlung aus.

Neben dem Austenitformhärten gibt es noch eine Vielzahl weiterer thermomechanischer Verfahren, denen eine Umformung vor der Austenitumwandlung zugrunde legt. Hierauf soll jedoch nicht näher eingegangen werden.

6.5 Eigenschaften und Verwendung von Stählen

- **Umformung während der Austenitumwandlung**
Bei diesen Varianten der thermomechanischen Behandlung kann die Umformung während der Umwandlung in der Perlit-, Bainit- oder Martensitstufe erfolgen. Eine Umwandlung in der Perlitstufe (**Isoforming,** Bild 1) liefert beispielsweise ein Gefüge mit sehr feinen Ferritkörnern und eingeformten Carbiden. Es weist sehr gute Festigkeits- und Zähigkeitswerte auf. Weitere Varianten, bei denen eine Umformung während der Umwandlung in der Martensitstufe durchgeführt wird, sind ebenfalls üblich (z. B. **Zerorolling).**

Bild 1: Thermomechanische Behandlung mit Verformung während der Umwandlung des Austenits

- **Umformung nach der Austenitumwandlung**
Eine Umformung erfolgt bei diesen Varianten üblicherweise nach der Perlit- oder Bainitumwandlung (Kurve 1 in Bild 2) oder vor dem Anlassen eines martensitischen Gefüges (Kurve 2 in Bild 2). Umformung nach der Perlitumwandlung führt zu einem sehr feinkörnigen Gefüge mit eingeformtem Zementit. Das Gefüge lässt sich besser kaltumformen als ein weichgeglühtes Gefüge und dabei stark verfestigen. Das Verfahren findet beispielsweise Anwendung für die Herstellung von kaltstauchbaren Stählen oder Klaviersaitendrähten. Umformung vor dem Anlassen des Martensits (Kurve 2 in Bild 2) liefert ein Anlassgefüge mit feinstverteilten Carbiden.

Bild 2: Thermomechanische Behandlung mit Verformung nach der Umwandlung des Austenits

Bei der Verarbeitung der thermomechanisch behandelten Stähle durch Verfahren, die zu einer Erwärmung führen (z. B. Schweißen, Glühen), ist zu beachten, dass:
1. Die kornfeinenden Ausscheidungen bei hohen Temperaturen (> 1000 °C) in Lösung gehen, so dass mit einer kornfeinenden und das Austenitkornwachstum hemmenden Wirkung nicht mehr zu rechnen ist. Die Ausscheidungen dürfen sich daher nur in begrenztem Umfang im Austenit lösen, d. h. beim Schweißen muss die Wärmezufuhr begrenzt werden.
2. Eine thermomechanische Behandlung führt im Hinblick auf Festigkeit und Zähigkeit zu einem Werkstoffzustand, der durch eine alleinige Wärmebehandlung (z. B. Normalglühen) nicht erreicht werden kann. Werden diese Stähle im Rahmen der Bearbeitung auf Temperaturen über 580 °C erwärmt, dann muss mit einer Verschlechterung der mechanischen Eigenschaften gerechnet werden.

Wichtige normalgeglühte und thermomechanisch behandelte Feinkornbaustähle sind in DIN EN 10 025-3 und -4 genormt (Tabelle 1, Seite 282). Weitere Sorten finden sich in DIN EN 10 028-3 und -5 sowie DIN EN 10 149-2 und -3.

Die Gütegruppen NL bzw. ML (in Tabelle 1, Seite 282, nicht aufgeführt, siehe zitierte Norm) sind für den Einsatz bei tiefen Temperaturen vorgesehen. Bei diesen Sorten werden Zähigkeitswerte bis zu einer Temperatur von −50 °C gewährleistet. Gegenüber den Gütegruppen N bzw. M, deren Zähigkeit nur bis −20 °C garantiert ist, wird diese Eigenschaft insbesondere durch eine Verringerung der versprödend wirkenden Elemente S und P erreicht.

b) Vergütete Feinkornbaustähle
Durch Kornfeinung und Ausscheidungshärtung können bei den hochfesten Stählen Streckgrenzen bis etwa 500 MPa (bei den thermomechanisch gewalzten Stählen nach DIN EN 10 149-2 auch bis etwa 700 MPa) bei gleichzeitig hervorragender Schweißbarkeit (C < 0,12 %) erzielt werden. Eine weitere Festigkeitssteigerung ist mit einem ferritisch-perlitischen Gefüge nicht mehr möglich, sondern nur noch durch ein angelassenes martensitisch oder martensitisch-bainitisches Gefüge (Bild 1, Folgeseite).

Tabelle 1: Normalgeglühte (DIN EN 10 025-3) und thermomechanisch behandelte (DIN EN 10 025-4) Feinkornbaustähle

Stahlsorte Kurzname		Chemische Zusammensetzung						Mechanische Kennwerte			
neu	alt[1)]	C	Mn	Si	P	S	N	R_m [2)] in MPa	R_e [3)] in MPa	A [4)] in %	KV [5)] in °C
		in Masse-% [6)]									
S275N	StE 285	0,18	0,50…1,40	0,40	0,035	0,030	0,015	370…510	275	24	40
S275M	–	0,13	1,50	0,50	0,035	0,030	0,015	360…520			40
S355N	StE 355	0,20	0,90…1,65	0,40	0,035	0,030	0,015	470…630	355	22	40
S355M	StE 355TM	0,14	1,65	0,50	0,035	0,030	0,015	450…610			40
S420N	StE 420	0,20	1,00…1,70	0,50	0,035	0,030	0,025	520…680	420	19	40
S420M	StE 420TM	0,16	1,70	0,50	0,035	0,030	0,020	500…660			40
S460N	StE 460	0,20	1,00…1,70	0,60	0,035	0,030	0,025	550…720	460	17	40
S460M	StE 460TM	0,16	1,70	0,50	0,035	0,030	0,025	530…720			40

[1)] Die alten Kurznamen nach der zurückgezogenen DIN 17 006 sind in der Tabelle noch aufgeführt, da sie in der Praxis, insbesondere in älteren Dokumenten, noch anzutreffen sind.
[2)] Zugfestigkeit. Werte gültig für Nenndicken ≤ 63 mm, für dickere Erzeugnisse geringere Werte (siehe DIN EN 10 025-3 und -4).
[3)] Obere Streckgrenze. Werte gültig für Erzeugnisdicken ≤ 16 mm. Für größere Erzeugnisdicken höhere Gehalte (siehe DIN EN 10 025-3 und -4).
[4)] Bruchdehnung. Werte ermittelt an Längsproben nach DIN 50 125.
[5)] Kerbschlagarbeit (Zähigkeit). Werte ermittelt an ISO-V-Längsproben. Werte gültig für 20 °C
[6)] Maximalwerte nach Schmelzenanalyse. Al: 0,02 %; Ti: 0,03 % (Sorten N und NL) bzw. 0,05 % (Sorten M und ML).

Dies geschieht durch Abschrecken nach der Warmumformung aus der Walzhitze oder nach einer separaten Wiedererwärmung. Aufgrund des niedrigen Kohlenstoffgehalts (C < 0,22 %) der vergütbaren Feinkornbaustähle, liegt eine hohe Martensit-Starttemperatur (um 400 °C) vor (Bild 1, Seite 234). Der Martensit wird daher während seiner Abkühlung selbstangelassen und es entsteht eine dem Vergütungsgefüge ähnliche Gefügestruktur (feindispers verteilter Zementit in ferritischer Matrix) mit den entsprechend verbesserten mechanischen Eigenschaften.

Das fachgerechte Schweißen dieser hochfesten, vergüteten Feinkornbaustähle erfordert eine kontrollierte Wärmeführung, geschultes Schweiß- und Schweißaufsichtspersonal, einen hohen Prüfaufwand sowie die Beseitigung von Nahtüberhöhungen, Einbrandkerben usw.

Wichtige vergütete (Feinkorn)Stähle mit höherer Streckgrenze sind in DIN EN 10 025-6 genormt (Tabelle 1, Seite 283). Dort finden sich auch für den

Bild 1: Vergleich der mechanischen Eigenschaften von unlegierten Baustählen (schwarze Linien) und Feinkornbaustählen (blaue Linien)

Tieftemperatureinsatz geeignete Sorten mit einem Mindestwert der Kerbschlagarbeit von 30 J bei – 40 °C (Kennbuchstabe QL) bzw. – 60 °C (Kennbuchstabe QL1). Weitere vergütete Feinkornbaustähle für Druckbehälter sind in DIN EN 10 028-6 enthalten.

6.5.4 Federstähle

Federn im technischen Sinne sind Maschinenelemente, die durch Formgebung und Werkstoffwahl in der Lage sind, mechanische Arbeit aufzunehmen, sie als potenzielle Energie zu speichern und sie bei der Rückfederung wieder in mechanische Arbeit zurückzuwandeln. Federn erfüllen in der Technik vielfältige Aufgaben. In Bild 1, Seite 283, sind wichtige Metallfedern zusammengestellt.

6.5 Eigenschaften und Verwendung von Stählen

Tabelle 1: Vergütete (Feinkorn) Stähle mit höherer Streckgrenze nach DIN EN 10 025-6 (Auswahl)

Stahlsorte Kurzname[1]		Chemische Zusammensetzung					Mechanische Kennwerte			
		C	Mn	Si	P	S	N	R_m[2] in MPa	R_e[2] in MPa	A in %	KV[3] in J
neu	alt	in Masse-%[4]									
S460Q	–	0,20	1,70	0,80	0,025	0,015	0,015	550...720	460	17	27
S500Q	StE 500 V	0,20	1,70	0,80	0,025	0,015	0,015	590...770	500	17	27
S550Q	StE 520 V	0,20	1,70	0,80	0,025	0,015	0,015	640...820	550	16	27
S620Q	StE 620 V	0,20	1,70	0,80	0,025	0,015	0,015	700...890	620	15	27
S690Q	StE 690 V	0,20	1,70	0,80	0,025	0,015	0,015	770...940	690	14	27
S890Q	–	0,20	1,70	0,80	0,025	0,015	0,015	940...1100	890	11	27
S960Q	–	0,20	1,70	0,80	0,025	0,015	0,015	980...1150	960	10	27

[1] Kennbuchstabe Q: Vergütet. Maximale Nenndicken S890Q: 100 mm. Maximale Nenndicken S960Q: 50 mm. Die alten Kurznamen nach der zurückgezogenen DIN 17 006 sind in der Tabelle noch aufgeführt, da sie in der Praxis, insbesondere in älteren Dokumenten, noch anzutreffen sind.
[2] Für Nenndicken zwischen 3 mm und 50 mm (R_e) bzw. zwischen 3 mm und 100 mm (R_m).
[3] Kerbschlagarbeit (Zähigkeit). Werte ermittelt an ISO-Spitzkerbproben. Werte gültig für – 20 °C.
[4] Zulässige Maximalwerte nach der Stückanalyse. Weitere Legierungselemente siehe DIN EN 10 025-6.

6.5.4.1 Anforderungen an metallische Federwerkstoffe

Von einer Feder wird eine große Federkraft (Federmoment), ein hohes Energiespeichervermögen sowie eine hohe Sicherheit gegenüber Bruch bei Überbeanspruchung und zeitlich veränderlicher (schwingender) Belastung gefordert. Als Federwerkstoffe eignen sich die Stähle in besonderem Maße. Der überwiegende Anteil aller Federn wird daher aus Stahl hergestellt. Neben einer geeigneten konstruktiven Gestaltung werden an den Federwerkstoff eine Reihe von Anforderungen gestellt:

Bild 1: Einteilung von Metallfedern nach der Beanspruchung des Federwerkstoffs

1. Großer Bereich der elastischen Verformbarkeit d.h. hohe Streckengrenzen, da der Elastizitätsmodul E von Stählen durch Legieren oder Wärmebehandeln nur wenig verändert werden kann (E = 200 000 bis 210 000 MPa für ferritisch-perlitische Stähle und 190 000 ... 203 000 MPa für austenitische Stähle). Dies kann durch eine Kaltverfestigung, durch Vergüten und bei bestimmten Stählen durch eine Ausscheidungshärtung erreicht werden.
2. Plastische Verformungsreserven. Der Werkstoff muss die Fähigkeit besitzen, eine Überbeanspruchung (über die Elastizitätsgrenze hinaus) während des Betriebs sowie bei der Herstellung (z. B. durch Wickeln) durch eine plastische Verformung abzubauen. Die Bruchdehnungen A sollten daher ≥ 6 % sein.
3. Dauerfestigkeit. Federn werden häufig einer zeitlich veränderlichen Beanspruchung unterworfen und dürfen dabei nicht durch Schwingbruch versagen. Um dies zu vermeiden, müssen eine hohe Oberflächenrauigkeit, Riefen, Risse sowie Verzunderungen oder Randentkohlungen nach einer Wärmebehandlung soweit als möglich vermieden werden.

6.5.4.2 Federstahlsorten

Die genormten Stahlsorten zur Herstellung von Federn sind außerordentlich vielfältig und können an dieser Stelle nicht im Einzelnen besprochen werden. Tabelle 1, Seite 284, gibt einen Überblick über die gebräuchlichen Federstahlsorten. Weitere Informationen, z. B. über Anwendung und Eigenschaften, sind den genannten Normen zu entnehmen.

Tabelle 1: Einteilung der Federstähle

Federstahlsorte	Anwendung	Herstellung/Besonderheiten	Beispiele
Stähle für kaltgeformte Federn			
Unlegierter Walzdraht bzw. Kaltband DIN EN ISO 16120 DIN EN 10139	Federn für untergeordnete Zwecke und niedrige Beanspruchungen.	Halbzeuge (Drähte, Bänder) werden im kaltgezogenen oder kaltgewalzten Zustand angeliefert und beim Verarbeiter durch Kaltumformen (z. B. Kaltwickeln) zur Feder weiterverarbeitet.	C4D C42D C80D DC01 DC06
Patentiert-gezogener, unlegierter Federstahldraht DIN EN 10270-1	Federringe, Schraubenfedern (Zug-, Druck- und Drehfedern) und sonstige Drahtfedern.	Stahldraht wird nach dem Patentieren (Kapitel 6.4.5.4) kalt auf Maß gezogen.	SL, SM, SH, DM und DH
Ölschlussvergüteter Federdraht DIN EN 10270-2	Federn, die überwiegend auf Torsion beansprucht werden (z. B. Schraubenfedern).	Stahldraht wird nach dem Drahtziehen im Durchlaufverfahren vergütet und anschließend durch Kaltverformung zu den Federsorten umgeformt.	FDC, TDC, VDC, VDSiCr
Warmgewalzte Stähle für vergütbare Federn[1]			
Unlegierte Sorten DIN EN 10132-4	Federn mit niedriger Beanspruchung.	Unlegierte Vergütungsstähle mit C-Gehalten zwischen 0,4 % und 0,7 %.	C55S C125S
Si- und Si-Cr-Sorten DIN EN 10089 DIN EN 10132-4	Biegebeanspruchte Federn.	Silicium (1 % … 2 %) erhöht im vergüteten Zustand die Elastizitätsgrenze. Chrom (0,20 % … 0,40 %) wird zur Steigerung der Einhärtbarkeit und Anlassbeständigkeit (bis 300 °C) zulegiert.	38Si7 56Si7 61SiCr7
Mn-Sorten (keine Normung)	Blatt-, Teller-, Ringfedern im Fahrzeugbau (heute nur noch in geringem Umfang).	Die Mn-legierten Sorten sind überhitzungsempfindlich und damit rissanfällig.	50Mn7
Cr- und Cr-V-Sorten DIN EN 10089 DIN EN 10132-4	Dauerschwing- und torsionsbeanspruchte Schrauben- und Drehstabfedern, hochbeanspruchte Blatt- und Spiralfedern.	Die Stähle weisen durch das Chrom und ggf. das Vanadium eine gute und gleichmäßige Einhärtbarkeit auf.	55Cr3 60Cr3 51CrV4 80CrV2 125Cr2
Nickellegierte Federstähle DIN EN 10132-4	Schwere Schrauben- und Blattfedern.	Nickel verbessert die Einhärtbarkeit und Zähigkeit (auch bei tiefen Temperaturen).	75Ni8
Warmfeste Federstähle			
Cr-, Si-Cr- und Cr-V-Sorten DIN EN 10089 DIN EN 10132-4	Federn, die bei Betriebstemperaturen bis 300 °C eingesetzt werden sollen.	siehe Si- bzw. Si-Cr- und Cr- bzw. Cr-V-Sorten	
Cr-Mo-V-Sorten DIN EN 10089	Federn, die bei Betriebstemperaturen bis 450 °C eingesetzt werden sollen.	Bei Temperaturen über 450 °C muss auf hochwarmfeste Ni- oder Co-Basislegierungen (z. B. NiCr20TiAl) zurückgegriffen werden.	52CrMoV4

[1] Werden im endgeformten Zustand einer Vergütung unterzogen.

Tab.-fortsetzung siehe folgende Seite

6.5.5 Vergütungsstähle

Vergütungsstähle sind un- und niedriglegierte Maschinenbaustähle mit Kohlenstoffgehalten etwa zwischen 0,2 % und 0,7 %, die sich zum Härten eignen und im vergüteten Zustand eine gute Zähigkeit bei gegebener Zugfestigkeit bzw. eine deutlich erhöhte Festigkeit bei ausreichender Zähigkeit aufweisen. Sie werden in Kapitel 6.4.5.4 beschrieben.

6.5 Eigenschaften und Verwendung von Stählen

Fortsetzung von Seite 284, Tabelle 1: Einteilung der Federstähle

Federstahlsorte	Anwendung	Herstellung/Besonderheiten	Beispiele
Kaltzähe Federstähle			
Für kaltzähe Federstähle existiert keine eigenständige Norm. Abhängig von der tiefsten Einsatztemperatur kommen Ni-legierte Vergütungsstähle (s.o.) oder austenitische Federstähle (s.u.) zum Einsatz.			
Nichtrostende Federstähle			
Austenitische Federstähle[1] DIN EN 10 270-3 DIN EN 10 151	Federstahldraht (DIN EN 10 270-3) für die Herstellung von Federn oder federnden Teilen mit kreisförmigen Querschnitten bis Ø 10 mm, die einer Korrosionsbeanspruchung und mitunter leicht erhöhten Temperaturen ausgesetzt sind. Kaltband (DIN EN 10 151) für die Herstellung unterschiedlicher Federteile.	Können überwiegend nur durch Kaltziehen oder Kaltwalzen verfestigt werden, um sie dann als Federwerkstoffe einzusetzen. Einige austenitische Federstahlsorten sind ausscheidungshärtbar. Aufgrund ihrer hervorragenden Zähigkeit sind sie auch bei tiefen Temperaturen bis –200 °C und bei erhöhten Temperaturen bis etwa 300 °C einsetzbar.	X10CrNi18-8 X5CrNiMo17-12-2 X7CrNiAl17-7
Vergütbare, nichtrostende Federstähle DIN EN 10 088-2	Höher beanspruchte Federn und Federteile bei geringer bis mäßiger Korrosionsbeanspruchung.	Geringere Korrosionsbeständigkeit als die austenitischen Sorten, jedoch deutlich höhere Elastizitätsgrenzen und damit eine deutlich bessere Eignung als Federstähle.	X20Cr13

[1] Der Begriff austenitischer Stahl wird in Kapitel 6.5.10.4 erläutert.

6.5.6 Einsatzstähle

Einsatzstähle sind unlegierte oder legierte (hauptsächlich Cr, Ni, Mo, Mn) Maschinenbaustähle mit verhältnismäßig niedrigem Kohlenstoffgehalt (0,1 % bis etwa 0,25 %), deren Randschicht vor dem Härten aufgekohlt (0,7 % ... 0,9 % C) oder carbonitriert wird. Sie werden in Kapitel 6.4.6.3 beschrieben.

6.5.7 Nitrierstähle

Nitrierstähle sind legierte Stahlsorten, die sich zum Nitrieren und Nitrocarburieren besonders eignen. Sie enthalten Legierungselemente wie Cr, Al, Mo, V, Ti und Nb, die besonders zur Nitridbildung neigen und außerdem Nitride mit hoher Härte bilden. Sie werden in Kapitel 6.4.6.3 beschrieben.

6.5.8 Warmfeste Stähle

Warmfeste Stähle sind unlegierte und legierte Stahlsorten, die in der Regel bei Betriebstemperaturen über 400 °C bis maximal 750 °C eingesetzt werden. Bauteile, die derartigen thermischen und mechanischen Belastungen ausgesetzt sind, finden sich häufig im Bereich der Energiegewinnung und -umsetzung, so beispielsweise in der Kraftwerkstechnik (Dampfkessel und Rohrleitungen, Turbinenschaufeln, Turbinenwellen und Turbinengehäuse, Ventile, Armaturen, im Heißbereich eingesetzte Schrauben).

6.5.8.1 Anforderungen an warmfeste Stähle

Warmfeste Stähle müssen nicht nur eine ausreichende Warmfestigkeit bzw. Zeitstandfestigkeit aufweisen (Kapitel 13.5.9.2), sie müssen insbesondere bei hohen Betriebstemperaturen auch eine gute Zunder- und Korrosionsbeständigkeit besitzen und dürfen nicht zur Ausbildung versprödender Ausscheidungen neigen.

6.5.8.2 Werkstoffverhalten und Werkstoffkennwerte bei erhöhter Temperatur

Mit zunehmender Temperatur nimmt die Festigkeit aller metallischer Werkstoffe ab. Bei erhöhter Betriebstemperatur sind die bei Raumtemperatur ermittelten Festigkeitskennwerte (z. B. R_m und $R_{p0,2}$) als Dimensionierungsgrundlage nicht mehr verwendbar. Vielmehr müssen nunmehr die **Warmdehngrenze** $R_{p0,2}$ bzw. die **Warmzugfestigkeit** R_m herangezogen werden.

Diese Kennwerte werden im Warmzugversuch ermittelt und sind in den entsprechenden Normen für warmfeste Stähle zu entnehmen (Kapitel 13.5.1.5).

Bei längerfristig erhöhten Temperaturen über etwa 400 °C treten auch bei relativ niedriger Belastung zusätzlich irreversible plastische Verformungsprozesse auf, die als **Kriechen** (Kapitel 2.10.3) bezeichnet werden. Unterhalb von etwa 400 °C sind diese Vorgänge vernachlässigbar. Kriechen, ein thermisch aktivierter Vorgang, der im Wesentlichen auf die Selbstdiffusion von Gitteratomen sowie auf die Entstehung neuer Gleitsysteme zurückzuführen ist, führt zu einer stetig zunehmenden bleibenden Verformung und kann schließlich bis zum katastrophalen Bruch des Bauteils führen. Die hierbei maßgeblichen Langzeitkennwerte sind die **Zeitdehngrenze** $R_{p\varepsilon/t}$ und die **Zeitstandfestigkeit** $R_{m/t}$ (Kapitel 13.5.9.2).

6.5.8.3 Warmfeste Stahlsorten

Die warmfesten Stähle lassen sich in drei Gruppen einteilen. Der Forderung nach guter Schweißbarkeit wird bei allen Sorten durch Begrenzung des Kohlenstoffgehaltes auf 0,2 % bis 0,3 % sowie durch eine feinkörnige Erschmelzung Rechnung getragen.

a) Un- und niedriglegierte warmfeste Stähle
Die Warmfestigkeit der unlegierten Sorten (bis etwa 450 °C einsetzbar) wird durch eine feinkörnige Erschmelzung und geringe Mo-Gehalte erreicht. Die Warmfesigkeit der legierten Sorten (bis etwa 580 °C einsetzbar) erzielt man durch Legieren mit Cr, Mo, Ni, V, W und Nb (Summe ≤ 6 %), die zur Bildung feinstverteilter Sondercarbide führen. Un- und niedriglegierte warmfeste Stähle sind in DIN EN 10 028-2, Stahlguss für Druckbehälter in DIN EN 10213 genormt.

b) Warmfeste Chromstähle
Die warmfesten Chromstähle (DIN EN 10269) haben Chromgehalte zwischen 9 % und 12 % und damit eine deutlich höhere Zunderbeständigkeit im Vergleich zu den un- und niedriglegierten Sorten. Ihre maximale Einsatztemperatur liegt daher bei maximal 650 °C. Die warmfesten Chromstähle werden bevorzugt in der Papier-, Chemie- und Erdölindustrie sowie insbesondere für Turbinenläufer bzw. -schaufeln und Turbinengehäuse im Kraftwerksbereich eingesetzt. Über 650 °C sind die Korrosions- sowie die Warm- und Zeitfestigkeitseigenschaften dieser Stähle nicht mehr ausreichend.

c) Hochwarmfeste austenitische Stähle
Die hohe Warmfestigkeit der austenitischen Stähle (der Begriff austenitischer Stahl wird in Kapitel 6.5.10.4 erläutert), die bis 750 °C eingesetzt werden können, ist auf die stark verminderte Beweglichkeit der Gitteratome (durch Selbstdiffusion) im (kfz) austenitischen Gefüge sowie auf feindisperse Ausscheidung stabiler Sondercarbide zurückzuführen. Gegenüber nichtrostenden Cr-Ni-Stählen (Kapitel 6.5.10.4) besitzen die hochwarmfesten Sorten jedoch einen deutlich erhöhten Nickelgehalt von 13 % bis 16 % (kein δ-Ferrit im Gefüge, dadurch keine Bildung versprödender σ-Phase). Sie sind in DIN EN 10028-7, DIN EN 10216-5 und DIN EN 10222-5 genormt.

Tabelle 1: Anwendung warmfester Stähle (Beispiele)

Anwendungsbereich	Werkstoffbeispiele	Maximale Anwendungstemperatur in °C
Dampfleitungen	P235GH 19Mn5 16Mo3 13CrMo4-5 X3CrNiMoN17-13	480 480 520 540 620
Überhitzerrohre	16Mo3 13CrMo4-5 X8NiCrAlTi31-20	530 550 950
Turbinenschaufeln	X20Cr13 X22CrMoV12-1 X8CrNiMoNb16-16	470 550 700
Turbinenwellen	28CrMoNiV4-7 X12CrMoVNbN10-1	540 600
Schrauben	C35 25CrMoVB6-11	400 570
Große Schmiedestücke (bis 250 mm Wanddicke)	C35E 24CrMo5 21CrMoV5-11	390 480 530
Gussteile (z. B. Gehäuse)	GP240GH G17CrMoV5-10 GX17CrMoNiV12-1	470 550 580

Oberhalb von 750 °C (z.B. Laufschaufeln für Gasturbinen) sind Stähle grundsätzlich nicht mehr einsetzbar. Hier muss auf **Superlegierungen** auf Ni- oder Co-Basis zurückgegriffen werden, die bis 1100 °C eingesetzt werden können. Bei noch höheren Temperaturen kommen Legierungen der Metalle Molybdän und Niob (bis 1500 °C), Tantal (bis 2000 °C) oder Wolfram (bis 2500 °C) zum Einsatz.

Im Kraftwerksbau (z.B. Rotoren, Turbinenschaufeln usw.) werden dennoch die o. g. Stähle mit krz-Gitter bevorzugt, obwohl ihre Betriebstemperaturen mit maximal 650 °C tiefer liegen. Dies ist nicht nur auf den niedrigeren Preis, sondern vor allem auf ihre geringere Wärmedehnung und höhere Wärmeleitfähigkeit zurückzuführen.

6.5.9 Kaltzähe Stähle

Stähle müssen in vielen Bereichen der Technik bei tiefen Temperaturen, häufig im Bereich zwischen −10 °C und −200 °C, teilweise auch darunter, eingesetzt werden. Wichtige Anwendungsbeispiele sind Stahlkonstruktionen (Brücken, Kräne, Hallen), Schiffe und Off-Shore-Konstruktionen, Pipelines, Schienenfahrzeuge sowie Bauteile in der Luft- und Raumfahrt. Auch in der Kältetechnik werden kaltzähe Stähle für Anlagen zur Flüssiggasherstellung sowie zur Flüssiggasspeicherung und zum Transport benötigt (Bild 1).

6.5.9.1 Werkstoffverhalten und Kennwerte bei tiefen Temperaturen

Der Einsatz von Konstruktionswerkstoffen bei tiefen Temperaturen wird im Wesentlichen von der Zähigkeit (Kapitel 13.5.7.3) des Werkstoffs, d. h. von seiner Sprödbruchsicherheit, begrenzt. Während die Festigkeitskennwerte (R_m, $R_{p0,2}$), der Elastizitätsmodul und auch die Härte mit sinkender Temperatur steigen und damit kein Problem darstellen, kann sich die Zähigkeit, abhängig von der Werkstoffart, stark vermindern und die Auslösung eines trans- oder interkristallinen, verformungsarmen **Sprödbruches (Spaltbruch)** begünstigen (Bild 1, Seite 626). Dementsprechend ist die Zähigkeit für die Auswahl eines geeigneten Werkstoffs für tiefe Temperaturen maßgebend.

Das Zähigkeitsverhalten eines metallischen Werkstoffs wird primär von seinem Kristallgitter (kfz, krz oder hdp) bestimmt. Metalle mit kfz-Kristallgitter (z. B. Al, Cu, austenitische Stähle) zeigen nur eine geringe Abhängigkeit der Zähigkeit von der Temperatur (Bild 1, Seite 630, Typ 3), während Stähle mit ferritischem oder ferritisch-perlitischem Gefüge (z. B. unlegierte Baustähle) einen mehr oder weniger ausgeprägten Zähigkeitsverlust aufweisen (Bild 1, Seite 630, Typ 1). Das Zähigkeitsverhalten dieser Stähle ist gekennzeichnet durch einen Steilabfall der Kerbschlagarbeit-Temperatur-Kurve, der die Zähigkeitshochlage von der Zähigkeitstieflage trennt. Der sichere Einsatz dieser Stähle beschränkt sich daher im Wesentlichen auf den Temperaturbereich ihrer Zähigkeitshochlage. Die dritte Gruppe sind wiederum Werkstoffe, die nur eine geringe Abhängigkeit ihrer Zähigkeit von der Temperatur zeigen und in der Tieflage verbleiben, Bild 1, Seite 630, Typ 2 (z. B. Gläser, keramische Werkstoffe, martensitisch gehärtete Stähle oder duroplastische Kunststoffe).

Es muss an dieser Stelle nochmals erwähnt werden, dass die Sprödbruchneigung nicht nur von der Werkstoffart, sondern auch von Sprödbruch fördernden äußeren Bedingungen, wie z. B. Dehnungsbehinderung durch mehrachsige Spannungszustände (technische Kerben, dickwandige Bauteile oder Schweißnähte), sowie durch eine schlagartige Beanspruchung begünstigt werden (Kapitel 13.5.7.1).

6.5.9.2 Kaltzähe Stahlsorten

Als kaltzäh bezeichnet man Stähle, die bei −40 °C noch eine Kerbschlagarbeit von mindestens 27 J aufweisen (ISO-Spitzkerbprobe). Entsprechend dem Einsatzzweck unterscheidet man drei Gruppen kaltzäher Stähle.

a) Un- und niedriglegierte kaltzähe Stähle

Eine Erhöhung der Zähigkeit kann bei diesen Stählen durch ein feinkörniges Gefüge (Feinkornbaustähle), einen niedrigen Gehalt versprödend wirkender Elemente (S und P), eine Vergütung sowie durch andere Maßnahmen erreicht werden. Diese Stahlsorten können bis etwa −60 °C eingesetzt werden (Kerbschlagarbeit > 27J bei tiefster Einsatztemperatur). Die wichtigsten Sorten **(kaltzähe Reihen)** sind:

Bild 1: Anwendungsgrenzen kaltzäher Stähle

- Normalgeglühte Feinkornbaustähle nach DIN EN 10 025-3 (Kennzeichnung: NL, z. B. S355NL)
- Thermomechanisch gewalzte Feinkornbaustähle nach DIN EN 10 025-4 (Kennzeichnung: ML, z. B. S460ML)
- (Feinkorn)Stähle mit höherer Streckgrenze im vergüteten Zustand nach DIN EN 10 025-6 (Kennzeichnung: QL bis −40 °C bzw. QL1 bis −60 °C, z. B. S690QL1)

- Normalgeglühte, schweißgeeignete Feinkornbaustähle für Druckbehälter nach DIN EN 10 028-3 (Kennzeichnung: NL, z. B. S275 NL).
- Thermomechanisch gewalzte, schweißgeeignete Feinkornbaustähle für Druckbehälter nach DIN EN 10 028-5 (Kennzeichnung: ML bis $-40\,°C$ bzw. ML2 bis $-50\,°C$, z. B. P355ML2).

b) Nickellegierte, kaltzähe Stähle

Nickel ist eines der wirksamsten Elemente zur Verbesserung der Zähigkeit von krz-Stählen bei tiefen Temperaturen. Die nickellegierten kaltzähen Stähle nach DIN EN 10 028-4 (Tabelle 1) sowie DIN EN 10 222-3 enthalten Ni-Gehalte zwischen 1,5 % und 9 % und sind dementsprechend bis $-200\,°C$ einsetzbar. Sie finden insbesondere in der Flüssiggastechnik eine breite Verwendung.

Tabelle 1: Nickellegierte kaltzähe Stähle nach DIN EN 10 028-4 (Auswahl)

Stahlsorte Kurzname	Chemische Zusammensetzung		R_m [2] in MPa	R_e [2] in MPa	A in %	KV in J bei einer Temperatur in °C von: [3]					
	C	Ni				−60	−80	−100	−120	−150	−170	−196
	in Masse-% [1]											
11MnNi5-3	0,14	0,30...0,80	420...530	285	24	40	−	−	−	−	−	−
15NiMn6	0,18	1,30...1,70	490...460	355	22	50	40	−	−	−	−	−
12Ni14	0,15	3,25...3,75	490...640	355	22	50	45	40	−	−	−	−
X12Ni5	0,15	4,75...5,25	530...710	390	20	65	60	50	40	−	−	−
X7Ni9	0,10	8,50...10,0	680...820	585	18	120	120	120	120	120	110	100

[1] Schmelzenanalyse
[2] Für Nenndicken zwischen 3 mm und 50 mm (R_e) bzw. zwischen 3 mm und 100 mm (R_m).
[3] Kerbschlagarbeit (Zähigkeit). Werte ermittelt an ISO-Spitzkerbproben (Längsproben).

c) Kaltzähe austenitische Cr-Ni- oder Cr-Mn-Stähle

Bei Temperaturen unter $-200\,°C$ werden nahezu ausschließlich austenitische Stähle (kfz-Gitter) eingesetzt, die im Wesentlichen den nichtrostenden Cr-Ni-Stählen entsprechen (Kapitel 6.5.10.4). Eine ausreichend hohe Austenitstabilität wird durch einen entsprechend hohen Ni- und Cr-Gehalt sichergestellt. Für Temperaturen unter $-200\,°C$ muss gelten: Ni > 12 % und Cr > 21 %. Zur Einsparung von Nickel kommen auch austenitische Mn- und Cr-Mn-Stähle (z. B. X12MnCr18-12) zum Einsatz.

6.5.10 Nichtrostende Stähle

In vielen Industriezweigen, insbesondere in der Nahrungsmittel-, Textil-, Zellulose- und Papierindustrie, in der chemischen Industrie, in der Medizintechnik, im Fahrzeugbau sowie in der Meeres- und Offshore-Technik, werden nichtrostende Stähle benötigt. Die wichtigste Eigenschaft dieser Stähle ist ihre chemische Beständigkeit. Die mechanisch-technologischen Eigenschaften (z. B. Festigkeit, Zähigkeit) sind zweitrangig.

Vor mehr als 90 Jahren wurde entdeckt, dass Chrom ab einer bestimmten Konzentration im Stahl dessen Korrosionsbeständigkeit erheblich verbessert (Bild 2, Seite 204). Der erste nichtrostende Stahl mit 18 % Cr und 8 % Ni wurde im Jahre 1912 von **Maurer** und **Strauss** bei Krupp entwickelt und patentiert. Der ehemalige Markenname **V2A** ist heute noch geläufig.

Durch Zugabe weiterer Legierungselemente wurden rasch weitere nichtrostende Stahlsorten mit optimierten Eigenschaften entwickelt. Die Jahresproduktion der heute mehr als 100 verschiedenen Sorten beträgt alleine in Deutschland weit über 1,2 Mio. Tonnen.

Die nichtrostenden Stähle sind häufig unter Handels- oder Markenbezeichnungen, wie zum Beispiel **V4A**, **NIROSTA** oder **Chromargan**, bekannt. Die in der Praxis übliche Verwendung des Begriffes **Edelstahl** für die nichtrostenden Stähle ist nicht korrekt, da diese Bezeichnung nach DIN EN 10 020 eine Hauptgüteklasse kennzeichnet (Kapitel 6.5.1.1).

6.5 Eigenschaften und Verwendung von Stählen

Die gute chemische Beständigkeit der nichtrostenden Stähle ist auf die Anwesenheit einer dichten, zähen, festanhaftenden und sehr dünnen (etwa 1 nm bis 20 nm) Oxidschicht bzw. adsorptiv gebundenen Sauerstoffschicht auf der Stahloberfläche zurückzuführen. Sie bildet sich auf Stahloberflächen in Anwesenheit von Sauerstoff bei Chromgehalten über 12 % (**Resistenzgrenze**). Da diese Oxid- bzw. Sauerstoffschichten das in-Lösung-gehen der Metallionen verhindern, verhält sich der Stahl aus elektrochemischer Sicht passiv. Dementsprechend werden diese Schutzschichten auch als **Passivschichten** bezeichnet. Eine Verletzung führt in Anwesenheit von Sauerstoff praktisch sofort zur Ausheilung, man spricht von **Repassivierung**. Auch andere Metalle, wie Aluminium, Titan, Nickel, Chrom und teilweise auch Kupfer, bilden ähnliche, die chemische Beständigkeit deutlich verbessernde Schutzschichten aus.

Die nichtrostenden Stähle können unter bestimmten Voraussetzungen ihre chemische Beständigkeit und damit ihre Korrosionsresistenz verlieren. Dies ist beispielsweise der Fall:

- bei erhöhter Oberflächenrauigkeit, da sich keine geschlossene Passivschicht mehr ausbilden kann,
- falls das Chrom nicht mehr homogen im Kristallgitter des Eisens verteilt ist (z. B. durch Chromcarbidbildung nach dem Schweißen). In diesem Fall muss mit der besonders gefährlichen, auch als **Kornzerfall** bezeichneten, **interkristallinen Korrosion** gerechnet werden (Kapitel 4.4.1.3). Weitere gefährliche Korrosionsformen sind die **Lochkorrosion (Lochfraß)** sowie die **Spannungskorrosion** (s.u.).

6.5.10.1 Einteilung der nichtrostenden Stähle

Die nichtrostenden Stähle werden entsprechend ihres Gefügeaufbaus und damit ihrer Gebrauchseigenschaften in vier Hauptgruppen eingeteilt:

- Ferritische und halbferritische Chromstähle: C ≤ 0,1 %; 12% ... 30% Cr
- Martensitische Chromstähle: 0,15 % ... 1,2 % C; 12 % ... 8 % Cr
- Austenitische Chrom-Nickel-Stähle: C ≤ 0,15 %; 16 % ... 28 % Cr; 6 % ... 32 % Ni
- Austenitisch-ferritische Chrom-Nickel-Stähle: C ≤ 0,05 %; 21 % ... 29 % Cr; 4 % ... 7 % Ni

6.5.10.2 Ferritische und halbferritische Chromstähle

Chrom, das mit einem Anteil von 12 % bis über 30 % das wichtigste Legierungselement der nichtrostenden Stähle darstellt, ist ein Ferritbildner. Chrom bewirkt eine Abschnürung des Austenitgebiets (Bild 1). Es entstehen die umwandlungsfreien **ferritischen Chromstähle**.

Die rein ferritischen Chromstähle entstehen nur bei sehr niedrigen C-Gehalten bzw. entsprechend hohen Cr-Gehalten. Bei höheren Kohlenstoffgehalten (bzw. Stickstoffgehalten) dehnt sich das Austenitgebiet aus, so dass neben Ferrit in zunehmendem Maße auch Austenit im Gefüge in Erscheinung tritt (Bild 1, Seite 290). Der Austenit wandelt sich je nach Abkühlbedingungen in Perlit, Bainit oder Martensit um. Man erhält die umwandlungsfähigen (härt- und vergütbaren) **halbferritischen Chromstähle**. Abhängig von der vorausgegangenen Wärmebehandlung weisen diese Stähle neben Ferrit auch fein- oder feinststreifigen Perlit (früher als Sorbit bzw. Troostit bezeichnet) bzw. nach schneller Abkühlung Bainit oder Martensit auf. Durch eine Glühbehandlung bei 750 °C bis 900°C ist es jedoch möglich, einen quasi ferritischen Gefügezustand mit Carbidausscheidungen einzustellen.

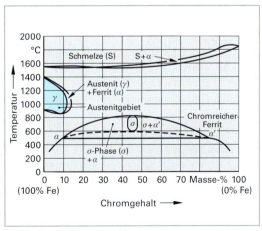

Bild 1: Zustandsschaubild Fe-Cr

a) Mechanische Eigenschaften ferritischer Chromstähle

Die ferritischen Chromstähle haben höhere Dehngrenzen (250 MPa ... 300 MPa) im Vergleich zu den austenitischen Stählen. Auch ihre Neigung zur Kaltverfestigung ist deutlich geringer ausgeprägt.

Die Verformbarkeit der ferritischen Chromstähle ist schlecht (krz-Gitter), außerdem erreicht ihre Zähigkeit nicht die Werte der austenitischen Cr-Ni-Stähle. Aufgrund ihrer schwierigen Verarbeitbarkeit ist ihre Verwendung daher stark eingeschränkt.

b) Korrosionsbeständigkeit ferritischer Chromstähle

Die Korrosionsbeständigkeit der ferritischen Chromstähle ist im Verhältnis zum Legierungsgehalt gut und steigt allgemein mit zunehmendem Cr-Gehalt und sinkendem C-Gehalt (da Kohlenstoff durch Carbidbildung der Grundmasse Chrom entzieht). Allerdings können eine Reihe unerwünschter Korrosionserscheinungen auftreten:

- **Lochkorrosion**

  Die Gefahr der Lochkorrosion besteht in halogenidhaltigen Lösungen (z. B. Brack- oder Meerwasser), insbesondere bei erhöhten Temperaturen. Verbesserung der Beständigkeit erfolgt durch Erhöhung des Cr-Gehaltes (bis 30 %) sowie durch Legieren mit Molybdän (bis 2,5 %).

- **Interkristalline Korrosion (Kornzerfall)**

  Aufgrund der hohen Diffusionsgeschwindigkeit des Kohlenstoffs im krz-Gitter (Bild 1) kann auch bei schneller Abkühlung (nach der Herstellung, nach einer Wärmebehandlung oder nach dem Schweißen) bei Temperaturen oberhalb 750 °C eine Chromcarbidbildung nicht vollständig vermieden werden, so dass die ferritischen und halbferritischen Chromstähle prinzipiell anfällig sind (Kapitel 4.4.1.3).

- **Spannungsrisskorrosion**

  Die ferritischen Chromstähle sind, im Gegensatz zu den austenitischen Cr-Ni-Stählen (s. u.), gegenüber Spannungsrisskorrosion, insbesondere unter dem Einfluss chloridhaltiger Medien, weitgehend beständig. Die Korrosionsbeständigkeit der ferritischen und halbferritischen Chromstähle

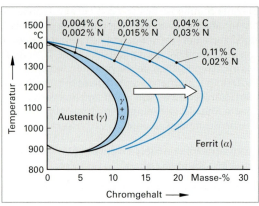

Bild 1: Verschiebung der (γ + α)/α- Grenzlinie durch steigenden Kohlenstoff- bzw. Stickstoffgehalt

ⓘ Information

Ferritische und halbferritische Chromstähle

Die Vorteile der ferritischen und halbferritischen Chromstähle im Vergleich zu den übrigen nichtrostenden Stahlgruppen sind ihre gute Korrosionsbeständigkeit gemessen am Legierungsaufwand und damit ihr relativ niedriger Preis.

Bild 2: Diffusionsgeschwindigkeit von Eisen und Kohlenstoff in den Kristallgittern des α- und γ-Eisens

wird nicht nur von der Legierungszusammensetzung bestimmt, sondern auch von der Oberflächenrauigkeit. Je geringer die Rautiefe, desto besser kann sich eine geschlossene Passivschicht ausbilden. Die ferritischen und halbferritischen Chromstähle sollten daher feinstgeschliffen, besser sogar poliert, zum Einsatz kommen. Zunderschichten und Anlassfarben, wie sie nach einer Wärmebehandlung oder nach dem Schweißen entstehen, verhindern die Ausbildung einer stabilen Passivschicht und verschlechtern die Korrosionsbeständigkeit. Derartige Schichten sollten durch Schleifen, Bürsten oder Beizen entfernt werden.

6.5 Eigenschaften und Verwendung von Stählen

c) Versprödungserscheinungen bei ferritischen Chromstählen

Die ferritischen Stähle sind thermisch labil, da die Diffusionsgeschwindigkeit des Eisens im krz-Gitter um mehr als einen Faktor 100 höher ist im Vergleich zum kfz-Gitter (Bild 2, Seite 290) und die geringe Löslichkeit des krz-Gitters für Fremdatome Entmischungs- oder Ausscheidungsvorgänge begünstigt. Die Betriebstemperatur von Bauteilen, die aus ferritischen oder halbferritischen Chromstählen hergestellt werden, muss daher auf 250 °C beschränkt werden. Im Wesentlichen beobachtet man abhängig von Höhe und Dauer der Temperatureinwirkung (z. B. Glühen, erhöhte Betriebstemperatur, Schweißen) die folgenden nachteiligen Erscheinungen:

- **Grobkornbildung** bei erhöhten Glühtemperaturen infolge hoher Diffusionsgeschwindigkeit des Eisens im krz-Gitter. Vermeidung von Grobkorn durch Legieren mit N, Ti, Ta oder Nb. Die genannten Elemente hemmen das Kornwachstum.

- **475-°C-Versprödung** bei langer Glühdauer im Temperaturbereich zwischen 400 °C und 550 °C. Die Ursache sind einphasige Entmischungen in eine Cr-reiche α'-Phase und eine Cr-arme α-Phase. Durch Erwärmung auf 650 °C bis 750 °C und eine nachfolgende schnelle Abkühlung kann die Versprödung beseitigt werden. Das Auftreten der 475-°C-Versprödung verschlechtert die Zähigkeit und auch die Korrosionsbeständigkeit (Bild 1, Seite 289).

- Bildung spröder, intermetallischer Fe-Cr-Phasen (**Sigma-Phase** = FeCr und **Chi-Phase** = $Fe_{36}Cr_{12}Mo_{10}$) durch Ferritzerfall bei Stählen mit Cr-Gehalten über 10 % und Temperaturen unter 800 °C. Die Möglichkeit der Erhöhung der Korrosionsbeständigkeit durch Steigerung des Cr-Gehaltes ist daher beschränkt. Mit der Bildung dieser Phasen ist bei langsamer Abkühlung oder längerem Glühen bei 600 °C bis 800 °C zu rechnen (Bild 1, Seite 289). Sie machen die Legierungen technisch unbrauchbar. Durch eine rasche Abkühlung kann die Ausbildung von Sigma- oder Chi-Phase unterdrückt werden, dementsprechend sind jedoch die Fertigungsquerschnitte beschränkt.

d) Schweißbarkeit ferritischer Chromstähle

Die Schweißeignung der ferritischen und halbferritischen Chromstähle ist relativ schlecht, da sie bei Wärmeeinwirkung eine ausgeprägte Grobkornbildung zeigen sowie zur Versprödung neigen (Bildung von Sigma-Phase und 475-°C-Versprödung allerdings erst bei längeren Glühzeiten, die bei fachgerechtem Schweißen in der Regel nicht erreicht werden). Die geringe Verformbarkeit der ferritischen und halbferritischen Chromstähle begünstigt außerdem die Rissbildung. Bei den nicht stabilisierten Sorten (z. B. X6Cr13) besteht beim Schweißen außerdem die Gefahr der Chromcarbidbildung mit der Folge von interkristalliner Korrosion (Kapitel 4.4.1.3).

e) Ferritische und halbferritische Chromstahlsorten

Die ferritischen und halbferritischen Chromstähle sind, wie auch die übrigen nichtrostenden Stahlsorten, in DIN EN 10 088 genormt. Auch viele andere Werkstoffnormen, wie DIN EN ISO 4957 (Werkzeugstähle), DIN EN 10 028-7 (Flacherzeugnisse aus Druckbehälterstählen), DIN EN 10151 (Federband aus nichtrostenden Stählen) oder SEW 400 (nichtrostende Walz- und Schmiedestähle), enthalten nichtrostende Stahlsorten. Korrosionsbeständiger Stahlguss ist in DIN EN 10283 bzw. SEW 410 genormt. In Tabelle 1, Seite 292, sind Anwendungsbeispiele für ferritische und halbferritische Chromstähle zusammengestellt.

6.5.10.3 Martensitische Chromstähle

Bei Kohlenstoffgehalten zwischen 0,15 % und 1,2 % entstehen die umwandlungsfähigen martensitischen, nichtrostenden Chromstähle (Bild 1, Seite 290).

Hinsichtlich des Gefügezustandes unterscheidet man die martensitischen Chromstähle im gehärteten und im vergüteten Zustand.

Im gehärteten Zustand werden die martensitischen Chromstähle überwiegend für verschleißbeanspruchte, nichtrostende Schneidwerkzeuge oder Messerklingen verarbeitet.

> **ⓘ Information**
>
> **Martensitische Chromstähle**
> Die Vorteile der martensitischen Chromstähle im Vergleich zu den übrigen nichtrostenden Stahlgruppen liegen in ihrer hohen Härte und Verschleißbeständigkeit (gehärteter Zustand) bzw. in ihrer hohen Festigkeit bei angemessener Zähigkeit (vergüteter Zustand).

Der Standardtyp der martensitischen Chromstähle ist der Messerstahl X46Cr13, der in großem Umfang in der Schneidwarenindustrie, aber auch bei der Herstellung von Nadelventilen, Düsen und Wälzlagern Anwendung findet. Nach dem Härten wird der Stahl lediglich noch bei Temperaturen von 150°C bis 200°C (maximal 300 °C) angelassen (entspannt). Das Gefüge besteht dementsprechend aus Ferrit und Martensit.

Im vergüteten Zustand werden die martensitischen Chromstähle für nichtrostende Maschinenbauteile, wie Wellen oder Spindeln, an die höhere Anforderungen hinsichtlich Festigkeit und Zähigkeit gestellt werden, eingesetzt. Der Stahl wird dabei nach dem Härten auf Temperaturen über 600 °C angelassen, um einen korrosionsbeständigen Zustand zu erreichen. Wichtige Sorten sind die Stähle X20Cr13 oder X20CrMoV12-1, die nach dem Vergüten Zugfestigkeiten von 1000 MPa bis 1500 MPa erreichen können.

Tabelle 1: Anwendungsbeispiele für ferritische und halbferritische Chromstähle nach DIN EN 10 088

Sorte/Gefüge	Charakteristische Eigenschaften	Anwendungsbeispiele
X6Cr13 ferritisch/halbferritisch	Preiswert, jedoch nur beständig gegenüber Wasser und Wasserdampf.	Allgemeine Verwendung im Haushaltsbereich (z. B. Spülen), Fahrzeug-Zierteile, Bleche im Architekturwesen, Bauteile in der Nahrungsmittelindustrie.
X6Cr17 ferritisch/halbferritisch	Bessere Korrosionsbeständigkeit als X6Cr13 durch erhöhten Cr-Gehalt.	Höherwertige Küchenausstattungen, Backöfen, Waschmaschinen, Teile im Fahrzeugbau.
X6CrMoS17 ferritisch/halbferritisch	Gute Zerspanbarkeit durch Schwefel (nichtrostender Automatenstahl), jedoch bei verminderter Korrosionsbeständigkeit (infolge Schwefel).	Drehteile aller Art, Zahnräder, Schrauben, Armaturen.
X3CrTi17 ferritisch	Gute Beständigkeit gegenüber interkristalliner Korrosion (durch Ti) sowie gute Schweißbarkeit durch Ti und geringen C-Gehalt, preisgünstiger als vergleichbare Cr-Ni-Stähle.	Geschweißte Teile aller Art. Bauteile und Behälter im Molkerei- und Brauereiwesen, der Seifen- und Salpetersäureindustrie.
X2CrMoTi18-2 ferritisch	Gute Beständigkeit gegenüber interkristalliner Korrosion (durch Ti) und Lochkorrosion (durch Mo), sowie gute Schweißbarkeit durch Ti und geringen C-Gehalt, preisgünstiger als vergleichbare Cr-Ni-Stähle.	Kühlsysteme für Flusswässer, für geschweißte und ungeschweißte Bauteile in der Textil- und Fettsäureindustrie.
X1CrNiMoNb28-4-2[1)] ferritisch	Hervorragende Beständigkeit gegenüber interkristalliner Korrosion (durch Ti) und Lochkorrosion (durch Mo) sowie gute Schweißbarkeit und gute Zähigkeit (Superferrit). Als Ersatz für vergleichbare Cr-Ni-Stähle oder Titanlegierungen einsetzbar.	Rohrwärmetauscher für korrosive Medien (z. B. Kondensatoren im Kraftwerksbau mit Meerwasserkühlung), hochwertige Behälter.

[1)] Nicht genormte Stahlsorte.

Da die martensitischen Chromstähle auch im Anlagen- oder Kraftwerksbau eingesetzt werden (z. B. für Wellen, Spindeln, Ventile, Armaturen, Dampfturbinenschaufeln), müssen sie häufig geschweißt werden. Das Schweißen der martensitischen Chromstähle ist jedoch sehr aufwändig und die Gefahr der Rissbildung sehr groß. Der Wunsch, die Schweißeignung der vergüteten martensitischen Chromstähle zu verbessern, führte zur Entwicklung der **nickelmartensitischen Chromstähle**. Durch Absenkung des C-Gehaltes auf etwa 0,05 % und Legieren mit 3 % bis 6 % Nickel, wird ein Gefüge aus zähem kubischem Martensit und nach Anlassen auf 500 °C bis 600 °C feindispers verteiltem Austenit erzeugt. Die Stähle haben, im Gegensatz zu den martensitischen Chromstählen, eine bemerkenswerte Zähigkeit bei guter Schweißbarkeit. Die Stahlsorten haben sich beim Bau von Wellen oder Schaufeln für Wasserturbinen sowie für Pumpengehäuse betrieblich bewährt.

Durch zusätzliches Legieren mit Titan, Aluminium, Kupfer, Niob und/oder Molybdän kann der Vergütungsbehandlung noch eine Ausscheidungshärtung überlagert werden. Die Ausscheidungshärtung beruht auf der Eignung der nickelmartensitischen Gefüge, bei Warmauslagerung zwischen 400 °C und 600 °C intermetallische Phasen auszuscheiden. Man spricht dann von **martensitaushärtenden Chromstählen** (z. B. X5CrNiCuNb15-5 oder X7CrNiMoAl15-7) mit hohen Festigkeiten (0,2 %-Dehngrenze: 1000 bis 1200 MPa, Zugfestigkeit: 1100 bis 1300 MPa) und guten Bruchdehnungen von etwa 10 %. Sie haben in der Luftfahrttechnik eine größere Bedeutung.

6.5 Eigenschaften und Verwendung von Stählen

6.5.10.4 Austenitische Chrom-Nickel-Stähle

Die austenitischen Cr-Ni-Stähle stellen mit einem Anteil von etwa 70 % am Gesamtverbrauch der nichtrostenden Stähle die größte Gruppe dar.

a) Werkstoffkundliche Grundlagen austenitischer Chrom-Nickel-Stähle

Der aus Gründen der Korrosionsbeständigkeit erforderliche Chromgehalt von über 12 % würde zu einem überwiegend ferritischen Gefüge führen (Bild 1, Seite 289). Zur Bildung eines austenitischen Gefüges mit seinen sich von den übrigen Stahlsorten stark unterscheidenden Eigenschaften müssen austenitstabilisierende Elemente geeigneter Art und Menge legiert werden. Nickel ist als starker Austenitbildner hierfür besonders gut geeignet (Bild 1). Durch Absenkung der Passivierungsstromdichte verbessert es zusätzlich die Korrosionsbeständigkeit gegenüber Säuren.

Im Bestreben, den zu erwartenden Gefügezustand der Cr-Ni-Stähle abschätzbar zu machen, wurde aufbauend auf einem Gefügediagramm von **Strauss** und **Maurer** im Jahre 1949 von **Anton Schaeffler** das nach ihm benannte **Schaeffler-Diagramm** entwickelt (Bild 2). Im Schaeffler-Diagramm wird der Einfluss der wichtigsten Ferrit stabilisierenden Elemente (Cr, Mo, Si, Nb) zu einem **Chromäquivalent** und alle Austenitbildner (Ni, C, N, Mn) zu einem **Nickeläquivalent** zusammengefasst. Da das Diagramm ursprünglich für niedergeschmolzenes Schweißgut von Cr-Ni-Stählen entwickelt wurde, beruht seine besondere Bedeutung allerdings darin, Gefüge von beliebigen Aufmischungen unterschiedlicher Stahlsorten im Schweißgut abschätzen zu können. Das Diagramm besitzt dementsprechend in der Schweißtechnik eine große Bedeutung.

Bild 1, Seite 294, zeigt das typische, polyedrische Gefüge eines austenitischen Cr-Ni-Stahls. Charakteristisch sind die Zwillingskorngrenzen innerhalb der einzelnen Körner.

b) Mechanische Eigenschaften austenitischer Chrom-Nickel-Stähle

> **Information**
>
> **Austenitische Cr-Ni-Stähle**
> Die Vorteile der austenitischen Cr-Ni-Stähle im Vergleich zu den übrigen nichtrostenden Stahlsorten, liegen in ihrer hervorragenden Korrosionsbeständigkeit (Ausnahme: Spannungsrisskorrosion), ihrer hervorragenden plastischen Verformbarkeit sowie ihrer guten Zähigkeit mitunter auch bei sehr tiefen Temperaturen.

Bild 1: Schnitte durch das Zustandsdiagramm Fe-Cr-Ni bei 70 Masse-% Fe und 60 Masse-% Fe

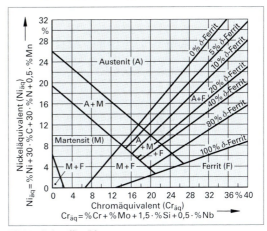

Bild 2: Schaeffler-Diagramm

Das austenitische Gefüge (kfz-Gitter) der Cr-Ni-Stähle besitzt eine sehr gute plastische Verformungsfähigkeit mit Bruchdehnungen bis zu 50 %. Sie liegen damit mindestens doppelt so hoch im Vergleich zu anderen Stahlsorten (Bild 2, Seite 598 und Tabelle 1, Seite 294).

Das kfz-Gitter der Cr-Ni-Stähle befindet sich nicht im thermodynamischen Gleichgewicht, da die Stähle zur Vermeidung von interkristalliner Korrosion im lösungsgeglühten und abgeschreckten Zustand eingesetzt werden. Neben diffusionsgesteuerten Vorgängen (Bildung von Carbiden, Nitriden, σ-Phase usw.) muss daher insbesondere bei einer Umformung bei Raumtemperatur bzw. tieferen Temperaturen mit einer unerwünschten Martensitbildung **(Verformungsmartensit)** gerechnet werden (Bild 2, Seite 294). Dieser so entstandene Martensit ist unerwünscht, da er bei der Umformung zur Rissbildung führen kann, die Korrosionsanfälligkeit erhöht und zu einer höheren Beanspruchung von Werkzeug und Maschine führt (siehe Praxisbeispiel im Infokasten auf Seite 295).

6 Eisenwerkstoffe

Tabelle 1: Mechanische Eigenschaften der austenitischen Cr-Ni-Stähle nach DIN EN 10 088

Sorte	Wärmebehand-lungszustand	0,2-%-Dehn-grenze[1] in MPa	Zugfestig-keit in MPa	Bruch-dehnung[2] in %	KV[3] in J
X5CrNi18-10	abgeschreckt	210	520 … 720	45	90
X5CrNiMo17-12-2	abgeschreckt	220	530 … 680	40	90
X6CrNiMoTi17-12-2	abgeschreckt	220	540 … 690	40	90
X2CrNi19-11	abgeschreckt	200	520 … 670	45	90
X2CrNiMo18-14-3	abgeschreckt	220	550 … 700	40	90
X2CrNiMoN17-13-5	abgeschreckt	270	580 … 780	35	90
X1CrNiMoCuN25-25-5	abgeschreckt	290	600 … 800	40	90

[1] Werte gültig für warmgewalztes Band.
[2] Für Erzeugnisdicken über 3 mm, kurzer Proportionalstab. Querproben.
[3] Kerbschlagarbeit. ISO-Spitzkerbproben, Längsrichtung.

Die austenitischen Cr-Ni-Stähle haben eine ausgezeichnete Zähigkeit, auch bei tiefen Temperaturen und bei schlagartiger Beanspruchung. Sie können dementsprechend bis etwa −200 °C eingesetzt werden. Bei Temperaturen unter −200 °C muss die Austenitstabilität durch Erhöhung des Cr- bzw. Ni-Gehaltes verbessert werden (siehe kaltzähe Stähle, Kapitel 6.5.9.2).

Austenitische Cr-Ni-Stähle haben niedrige Dehngrenzen (200 MPa … 300 MPa), jedoch infolge Mischkristallverfestigung hohe Zugfestigkeiten (500 MPa … 800 MPa) (Bild 2, Seite 598 und Tabelle 1). Die Festigkeit (insbesondere die Dehngrenze) lässt sich durch Kaltverformen sehr stark erhöhen (Kaltverfestigung und Bildung von Verformungsmartensit). Eine weitere Festigkeitssteigerung kann durch Legieren mit geeigneten Elementen erreicht werden. Insbesondere führt Stickstoff bereits in kleinen Mengen zu einer erheblichen Festigkeitssteigerung (Bild 1, Seite 295).

Die hohe Warmfestigkeit der austenitischen Cr-Ni-Stähle ist auf die stark verminderte Beweglichkeit der Gitteratome im kfz-Austenitgitter (Selbstdiffusion) zurückzuführen und wurde bereits in Kapitel 6.5.8.3 (hochwarmfeste austenitische Stähle) erläutert.

c) Physikalische Eigenschaften austenitischer Chrom-Nickel-Stähle

Das austenitische Gefüge der Cr-Ni-Stähle besitzt die geringste Wärmeleitfähigkeit aller Stähle (Tabelle 1, Seite 295). Daher ist es beispielsweise bei Kochtöpfen aus Cr-Ni-Stählen häufig nicht notwendig, die Henkel mit einer Wärmeisolation (z. B. Kunststoff oder Holz) auszustatten, da sie sich nur mäßig erwärmen.

Bild 1: Gefüge eines Cr-Ni-Stahls (X5CrNi18-9). Typisch ist eine polyedrische Kornform mit Zwillingskorngrenzen

Bild 2: Einfluss einer Kaltverformung auf die mechanischen Eigenschaften austenitischer Cr-Ni-Stähle

Gegenüber anderen Stahlsorten haben die Cr-Ni-Stähle eine um etwa 40 % erhöhte Wärmedehnung (Tabelle 1, Seite 295). Zur Vermeidung unzulässig hoher Wärmespannungen müssen daher geeignete Ausgleichsmaßnahmen wie Dehnfugen, Ausgleichsbögen in Rohrleitungen, Faltenbälge usw. vorgesehen werden.

6.5 Eigenschaften und Verwendung von Stählen

Das austenitische Gefüge der Cr-Ni-Stähle ist unmagnetisch (paramagnetisch). Sie finden daher auch als **nichtmagnetisierbare Stähle** in der Elektrotechnik Anwendung.

d) Wärmebehandlung austenitischer Chrom-Nickel-Stähle

Die austenitischen Cr-Ni-Stähle zeigen keine γ-α-Umwandlung. Daher sind Wärmebehandlungen, wie Normalglühen, Härten oder Vergüten, nicht möglich.

e) Korrosionsbeständigkeit austenitischer Chrom-Nickel-Stähle

Das Korrosionsverhalten der Cr-Ni-Stähle ist in hohem Maße abhängig von:
- Legierungszusammensetzung
- Werkstoffzustand
- Zusammensetzung des Korrosionsmediums
- Temperatur
- Vorhandensein von Zug(eigen)spannungen

Die Korrosionsbeständigkeit kann allgemein durch Erhöhung des Cr- und Ni-Gehaltes sowie durch Legieren mit Mo und Cu verbessert werden. Bei den austenitischen Cr-Ni-Stählen sind die folgenden Korrosionsarten von Bedeutung:

- **Lochkorrosion**

  In Anwesenheit halogenidhaltiger Lösungen (z. B. Salzwasser) oder bei unterschiedlicher Belüftung (z. B. enge Spalte) kann eine nadelstichartige lokale Korrosion (Lochkorrosion, Bild 2, Seite 547) auftreten. Ein erhöhter Cr-Gehalt sowie Legieren mit Molybdän (einige %) verbessert die Beständigkeit erheblich (Kapitel 6.3.2.2).

- **Interkristalline Korrosion (Kornzerfall)**

  Die austenitischen Cr-Ni-Stähle besitzen in der Regel eine gute Beständigkeit gegenüber interkristalliner Korrosion (Kapitel 4.4.1.3) sofern keine vorausgegangene Wärmezufuhr (z. B. Schweißen) zur Sensibilisierung (Bildung von Chromcarbiden) geführt hat. Eine Verbesserung der IK-Beständigkeit kann durch Verminderung des C-Gehaltes sowie durch Legieren mit starken Carbidbildnern, wie Ti, Ta oder Nb, erreicht werden (Kapitel 6.3.2.2).

- **Spannungsrisskorrosion (SpRK)**

Die austenitischen Cr-Ni-Stähle besitzen eine hohe Anfälligkeit gegenüber transkristalliner Spannungsrisskorrosion, insbesondere bei erhöhten Temperaturen bzw. Chloridgehalten sowie bei bereits vorhandener Lochkorrosion. Eine Verbesserung der Beständigkeit (z. B. für Meerwasserentsalzungsanlagen, Anlagen zur Gewinnung von Schwefelsäure usw.) kann durch Erhöhung des Ni- oder Cr-Gehaltes sowie durch Legieren mit Molybdän und Kupfer erreicht werden (z. B. X1NiCrMoCu31-27-4, Kapitel 6.3.2.2).

f) Austenitische Chrom-Nickel-Stahlsorten

In Tabelle 1, Seite 296, sind ausgewählte Cr-Ni-Stahlsorten sowie wichtige Anwendungen zusammengestellt.

> **ℹ Information**
>
> **Zerspanung austenitischer Cr-Ni-Stähle**
>
> **Praxisbeispiel:** Beim Bohren von austenitischen Cr-Ni-Stählen beobachtet man mitunter, insbesondere bei bereits abgestumpften Bohrwerkzeugen und dementsprechend erhöhten Vorschubkräften, eine sehr schnelle Abstumpfung und ggf. auch ein **„Ausglühen"** des Werkzeugs, da die mit den erhöhten Vorschubkräften einhergehende plastische Verformung vor der Bohrerspitze zur Bildung von schwer zerspanbarem (Verformungs-) Martensit führt.

Bild 1: Einfluss wichtiger Legierungselemente auf die 0,2-%-Dehngrenze von Stählen

Tabelle 1: Physikalische Eigenschaften verschiedener Stahlsorten

Stahlsorte	Wärmeleitfähigkeit λ in W/(m · K)	lin. Wärmeausdehnungskoeffizient α in 10^{-6} 1/K
unlegierter Stahl	50	10…12
ferritischer Stahl	30	10…12
austenitischer Cr-Ni-Stahl	15	16…19

Tabelle 1: Anwendungsbeispiele für austenitische Cr-Ni-Stähle nach DIN EN 10 088 (Auswahl)

Sorte	Anwendungsbeispiele
X5CrNi18-10	Bauteile im Fahrzeugbau, Haushaltsgeräte (Geschirrspülmaschinen, Kochtöpfe, Haushaltspülen, nichtschneidende Bestecke), Verbindungselemente (Schrauben).
X5CrNiMo17-12-2	Für säurebeständige Bauteile in der Textil-, Farben-, Fettsäure und Treibstoffindustrie, in der Medizintechnik und Bauindustrie. Fassadenteile (See- und Industrieluft).
X6CrNiMoTi17-12-2	Bauteile in der chemischen und pharmazeutischen Industrie, Industriefassaden.
X2CrNi19-11	Verwendung im Apparatebau und in der Behältertechnik, Verbindungselemente.
X2CrNiMo18-14-3	Verwendung beim Tankschiffbau, Bauteile, Rohrleitungen und Behälter in der chemischen Industrie.
X2CrNiMoN17-13-5	Bauteile, Rohrleitungen und Behälter in der chemischen Industrie wegen Beständigkeit gegen organische Säuren sowie gegenüber chloridhaltigen Medien.
X1CrNiMoCuN25-25-5	Bauteile und Behälter, die höchsten Korrosionsbeanspruchungen standhalten und eine gute Schweißbarkeit aufweisen müssen.

6.5.10.5 Schweißtechnische Verarbeitung nichtrostender Stähle

Die nichtrostenden Stähle lassen sich mit den üblichen Verfahren, insbesondere dem Metall-Inertgas-Schweißen (MIG), Metall-Aktivgas-Schweißen mit Mischgasen (MAGM), Wolfram-Inertgas-Schweißen (WIG), Plasmaschweißen und Unterpulverschweißen verarbeiten (Ausnahme: martensitische Chromstähle).

Für die fachgerechte Ausführung einer Schweißverbindung müssen, anhängig von der Stahlsorte, eine Reihe von legierungsspezifischen Besonderheiten, insbesondere die Entstehung von Ausscheidungen und intermetallischen Phasen beachtet werden, da sie die mechanischen und korrosionschemischen Eigenschaften dieser Stähle deutlich verschlechtern.

Tabelle 2 gibt einen Überblick über die wichtigsten Probleme die beim Schweißen der nichtrostenden Stähle auftreten können. Auf Einzelheiten kann im Rahmen dieses Buches allerdings nicht näher eingegangen werden.

Tabelle 2: Vergleich der Schweißeignung der nichtrostenden Stahlsorten

Problem \ Stahlsorte	Ferritisch/halbferritisch	Martensitisch	Austenitisch Labil[4]	Austenitisch Stabil[5]	Austenitisch-ferritisch
Interkristalline Korrosion[1]	↑↑		↑↑	↑↑	↑↑
Messerlinienkorrosion[2]	0		↑	↑	0
σ-Phasenbindung	(↑↑)	Schweißen sollte vermieden werden	(↑)	0	(↑↑)
475-°C-Versprödung	(↑↑)		(↑)[3]	0	(↑)
Grobkornbildung	↑↑		0	0	↑
Heißrissbildung	0		0	↑↑	0
Spannungsrisse, Verzug	0		↑	↑	0

↑↑ = Hohe Anfälligkeit   ↑ = anfällig bzw. mäßige Anfälligkeit bzw. stellt ein Problem dar.   0 = In der Regel nicht anfällig.
( ) = Problem tritt insbesondere bei längerer Wärmeeinwirkung auf (z. B. Glühen, hohe Betriebstemperatur).
[1] Bei nicht stabilisierten Sorten und/oder erhöhten C-Gehalten.
[2] Nur stabilisierte Sorten.
[3] Bei erhöhtem δ-Ferrit und erhöhten Cr-Gehalten.
[4] **labiler Austenit** enthält einen δ-Ferritanteil bis etwa 10 %.
[5] **stabiler Austenit (Vollaustenit)** besteht ausschließlich aus (kfz) γ-Mischkristallen

6.5 Eigenschaften und Verwendung von Stählen

6.5.11 Hitze- und zunderbeständige Stähle

Stähle gelten als hitze- und zunderbeständig, sofern sich bei Temperaturen oberhalb von 550 °C eine festhaftende Oxidschicht auf ihrer Oberfläche bildet, die gegen die werkstoffschädigende Einwirkung heißer Gase oder korrosiver Salz- und Metallschmelzen schützt. Die Stähle müssen außerdem ein ausreichendes Zeitstandverhalten und eine ausreichende Gefügestabilität aufweisen.

Hitzebeständige Stähle werden vor allem in der Chemietechnik, der Petrochemie, in der keramischen Industrie sowie bei der Abgasbehandlung benötigt. Typische Beispiele sind Stütz- und Tragteile in Öfen, Schutzrohre für Temperaturfühler, Heißentstaubungsanlagen, Förderbänder sowie Abgasanlagen für Kraftfahrzeuge.

Die Forderung nach ausreichender Zunderbeständigkeit bei einer gegebenen Temperatur ist erfüllt, sofern die abgezunderte Metallmasse bei dieser Temperatur etwa 1 g/(m² · h) und bei einer um 50 °C höheren Temperatur 2 g/(m² · h) nicht überschreitet. Bild 1 zeigt die Zunderbeständigkeit üblicher hitze- und zunderbeständiger Stähle.

Das wichtigste Legierungselement der zunderbeständigen Stähle ist Chrom. Es bildet auf der Stahloberfläche eine dichte, festanhaftende Oxidschicht, die eine Diffusion des umgebenden Mediums in das Werkstoffinnere verhindert oder hemmt. Die Zunderbeständigkeit nimmt mit steigendem Chromgehalt zu.

Die Wirkungsweise des Chroms wird durch die gleichzeitige Anwesenheit von Silicium, Aluminium und Titan verbessert. Diese Elemente ersetzen teilweise das Chrom in der Oxidschicht und erhöhen dabei ihre Stabilität. Die Haftfähigkeit der Oxidschicht kann durch Zugabe von Cer (Ce) deutlich verbessert werden. Grundsätzlich unterscheidet man ferritische zunderbeständige Stähle und austenitische zunderbeständige Stähle bzw. Nickel-Chrom-Legierungen.

Bild 1: Zunderverlustkurven hitzebeständiger Stähle an ruhender Luft

6.5.11.1 Ferritische zunderbeständige Stähle

Ferritische zunderbeständige Stähle kommen bei nicht zu hohen Anforderungen an die Eigenschaften zum Einsatz. Sie besitzen eine gute Beständigkeit unter oxidierenden Bedingungen an Luft und in schwefelhaltigen Gasen.

Abhängig von der Legierungszusammensetzung zeigen die ferritischen Stähle jedoch eine Reihe nachteiliger Eigenschaften:

- Begrenzte plastische Verformbarkeit (A = 10 % ... 15 %).
- Geringe Warmfestigkeit über 600 °C (Bild 2).
- Empfindlichkeit gegenüber 475-°C-Versprödung (Kapitel 6.5.10.2).
- Ausscheidung versprödender σ-Phase (Kapitel 6.5.10.2).
- Gefahr der Grobkornbildung (Kapitel 6.5.10.2).

Bild 2: Festigkeitseigenschaften hitzebeständiger Stähle in Abhängigkeit der Temperatur

- Der Einsatz unter aufkohlenden Bedingungen (z. B. Kohlenmonoxid- oder Methangas) sollte vermieden werden, da die gute Diffusionsfähigkeit des Kohlenstoffs im krz-Gitter (Bild 2, Seite 290) sehr schnell zur Ausscheidung von Chromcarbiden an den Korngrenzen führt. Dies führt einerseits zu einer Versprödung des Stahles und andererseits zu einer Verminderung seiner Korrosionsbeständigkeit.
- Einsatz unter aufstickenden Bedingungen (z. B. stickstoffhaltige Gase) begrenzt. Die guten Diffusionsbedingungen des Stickstoffs im krz-Gitter führen rasch zur Bildung von Aluminiumnitriden, die zu einem vorzeitigen Versagen der Zunderschicht (Zunderdurchbrüche) führen.
- Beachtung werkstoffspezifischer Besonderheiten beim Schweißen (Vorwärmung, begrenzte Wärmeeinbringung, geeigneter Schweißzusatzwerkstoff, Wärmenachbehandlung).

6.5.11.2 Austenitische zunderbeständige Stähle und Nickel-Chrom-Legierungen

Die austenitischen zunderbeständigen Stähle bzw. Nickel-Chrom-Legierungen besitzen günstigere Eigenschaften und werden daher bei höheren Anforderungen eingesetzt. Den verbesserten Eigenschaften stehen jedoch, bedingt durch den erhöhten Legierungsgehalt, höhere Werkstoffkosten gegenüber. Sie besitzen ein vollaustenitisches Gefüge ohne δ-Ferrit und zeichnen sich im Vergleich zu den ferritischen Stählen durch die folgenden Eigenschaften aus:

- gute plastische Verformbarkeit (A = 30 % ... 35 %),
- verbesserte Festigkeitseigenschaften bei Temperaturen oberhalb von 600 °C (Bild 2, Seite 297),
- verbessertes Zeitstandverhalten,
- gute Temperaturwechselfestigkeit (da geringere Wärmedehnung),
- geringere Versprödungsneigung (vollaustenitisches Gefüge, d. h. kein die Ausscheidung von σ-Phase begünstigender δ-Ferrit),
- hohe Beständigkeit gegenüber Aufkohlung und Aufstickung durch schlechtere Diffusionsbedingungen des Kohlenstoffs und des Stickstoffs im kfz-Gitter,
- gute Schweißbarkeit.

Wichtige hitzebeständige Stahlsorten sind in Tabelle 1 zusammengestellt.

Tabelle 1: Chemische Zusammensetzung und mechanische Eigenschaften hitzebeständiger Stähle

Sorte	Chemische Zusammensetzung Masse-%						Zunderbeständigkeit in °C[1]	Mechanische Eigenschaften[2]		
	C	Cr	Al	Ni	Si	Sonst.		$R_{p0,2}$ in MPa	R_m in MPa	A in %
Ferritische Stähle										
X10CrAl13	0,12	13,0	1,0	–	1,0	–	850	210...380	400...700	10...15
X10CrAl18	0,12	18,0	1,0	–	1,0	–	1000			
X10CrAl24	0,12	24,5	1,5	–	1,0	–	1150			
Austenitische Stähle										
X12CrNiTi18-9	0,12	18,0	–	10,0	1,0	Ti: 0,4	850	210...330	500...750	30...35
X15CrNiSi20-12	0,20	20,0	–	12,0	2,0	–	1000			
X12CrNi25-21	0,15	25,0	–	20,5	0,5	–	1100			
X15CrNiSi25-20	0,20	25,0	–	20,5	2,6	–	1150			
X10NiCrAlTi32-20	0,12	21,0	0,3	32,0	0,5	Ti: 0,4	1100			
Nichteisenmetall-Legierungen										
NiCr15Fe	0,12	15,5	–	75,0	–	Ti: 0,2	1150	≥ 175	490...640	≥ 35
CoCr28Fe	0,10	28,0	–	–	–	Co: 48	1250	≥ 350	650...900	≥ 5

[1] An Luft   [2] Bei Raumtemperatur

6.5 Eigenschaften und Verwendung von Stählen

6.5.12 Druckwasserstoffbeständige Stähle

Stähle gelten als druckwasserstoffbeständig, sofern sie die folgenden Eigenschaften besitzen:
- Beständigkeit gegenüber Versprödung und Korngrenzenrisse.
- Keine Entkohlung durch Wasserstoff bei höheren Drücken und höheren Temperaturen.

Wasserstoff kann aufgrund seines kleinen Atomradius in atomarer Form leicht in Stähle eindringen und dort zu erheblichen Werkstoffschädigungen führen. Bei Temperaturen unterhalb 200 °C treten hierbei insbesondere die bereits in Kapitel 6.3.1.7 beschriebene **Wasserstoffversprödung** bzw. **wasserstoffinduzierte Spannungsrisskorrosion** auf.

Bei Temperaturen oberhalb 200 °C wird ein völlig anderer Schädigungsmechanismus beobachtet. Bei hohen Wasserstoffdrücken werden die im Stahl vorhandenen Carbide (z. B. Zementit) in Methan und Ferrit zersetzt (Entkohlung) und dabei der Kornzusammenhalt im Gefüge gelockert. Da das Methan nicht aus dem Stahl diffundieren kann, können hohe Drücke entstehen, die eine Rissbildung zusätzlich begünstigen. Die mechanischen Eigenschaften, wie Festigkeit, Zähigkeit und Verformbarkeit des Stahles, werden dabei erheblich verschlechtert.

Erste Schäden, die auf diesem Mechanismus zurückzuführen sind, wurden bereits im Jahre 1911 beobachtet. Der erste großtechnische Versuch der Synthese von Ammoniak aus Stickstoff und Wasserstoff nach dem Haber-Bosch-Verfahren führte seinerzeit bereits nach 80 h bei einem Wasserstoffdruck von 200 bar und einer Temperatur von 500 °C bis 600 °C zum Bersten zweier Rohre aus unlegiertem Stahl.

Zur Vermeidung der beschriebenen Werkstoffschädigungen werden heute druckwasserstoffbeständige Stähle eingesetzt. Sie finden nicht nur in der chemischen Industrie Anwendung, auch in Dampferzeugern kann durch Reaktion von Wasser mit Stahl bei hohen Temperaturen eine derartige Werkstoffschädigung auftreten.

Möglichkeiten zur Vermeidung von Korngrenzenschädigungen durch Druckwasserstoff sind:
- Verminderung des Kohlenstoffgehalts (wird heute nicht mehr angewandt).
- Legieren des Stahls mit starken Carbidbildnern. Insbesondere bewirken Chrom, Molybdän und Wolfram eine deutliche Steigerung der Druckwasserstoffbeständigkeit (Bild 1), wobei das Molybdän etwa die vierfache Wirkung besitzt im Vergleich zum Chrom. Auch Elemente wie Vanadium, Zirkonium, Titan und Niob verbessern die Durckwasserstoffbeständigkeit. Da die Löslichkeit dieser Elemente im Eisencarbid (z. B. Zementit) gering ist, führen sie allerdings zu einer anfänglich geringen Steigerung der Beständigkeit. Erst nach Überschreiten eines bestimmten Gehaltes bilden sich Sondercarbide, die zu einer sprunghaften Erhöhung der Beständigkeit führen.

Die heute eingesetzten druckwasserstoffbeständigen Stähle sind vorzugsweise mit Chrom (1 % bis 10 %) und Molybdän (0,15 % bis 1 %) legiert. Tabelle 1, Seite 300, gibt einen Überblick. Für die Auswahl eines geeigneten Stahles bei bekanntem Wasserstoffpartialdruck und bekannter Wandtemperatur hat das **Nelson-Diagramm** (Bild 2) eine erhebliche Bedeutung erlangt.

Bild 1: Einfluss carbidbildender Legierungselemente auf die Druckwasserstoffbeständigkeit (Prüfdauer: 100 h, Wasserstoffdruck: 30 MPa)

Bild 2: Grenzen der Beständigkeit von unlegierten sowie von Mo- bzw. Cr-Mo-Stählen in Druckwasserstoff (Nelson-Diagramm)

Tabelle 1: Druckwasserstoffbeständige Stähle und Stahlguss

Sorte[1]	Chemische Zusammensetzung in Masse-%			Mechanische Eigenschaften[2]				Warm- streck- grenze[3] $R_{p0,2}$ in MPa min.	Zeitstand- festigkeit in MPa [4]
	C	Cr	Mo	$R_{p0,2}$ in MPa min.	R_m in MPa	A in % min.	KV in J min.	in MPa min.	in MPa [4]
25CrMo4	0,22…0,39	0,9…1,2	0,15…0,30	345	540…690	18	48	185	176
12CrMo9-10	0,10…0,15	2,0…2,5	0,90…1,10	355	540…690	20	64	275	191
12CrMo12-10	0,06…0,15	2,6…3,4	0,80…1,06	355	540…690	20	64	275	k. A.
12CrMo19-5	0,06…0,15	4,0…6,0	0,45…0,65	390	570…740	18	55	280	130
X12CrMo9-1	0,07…0,15	8,0…10,0	0,90…1,10	390	590…740	20	55	295	215
20CrMoV13-5	0,17…0,23	3,0…3,3	0,50…0,60	590	740…880	17	55	420	186
G12CrMo9-10	0,08…0,15	2,0…2,5	0,90…1,10	345	490…690	18	55	245	200
G12CrMo19-5	0,08…0,15	4,5…5,5	0,45…0,55	410	640…840	18	34	295	145
GX12CrMo10-1	0,08…0,15	9,01…0,0	1,10…1,40	410	640…840	18	27	295	175

[1] Druckwasserstoffbeständige Stähle nach Stahl-Eisen-Werstoffblatt 590 (zurückgezogen) und druckwasserstoffbeständiger Stahlguss nach Stahl-Eisen-Werkstoffblatt 595 (zurückgezogen).
[2] Kennwerte bei 20 °C. Bruchdehnung gültig für Längsproben. Kerbschlagarbeit (Mittelwert aus drei Proben), ISO-V-Längsproben bei Stählen bzw. DVM-Proben bei Stahlguss.
[3] Bei 450 °C.
[4] Zeitstandfestigkeit für 10^4 h bei 500 °C.
k.A. = keine Angabe.

6.5.13 Automatenstähle

Automatenstähle wurden für eine wirtschaftliche Zerspanung (Drehen, Fräsen usw.) auf schnelllaufenden Automaten entwickelt. Zur Beurteilung der Zerpanbarkeit dienen die vier Hauptbewertungsgrößen: Spanform, Oberflächengüte, Standzeit, Schnittkraft (Bild 1).

Im Sinne einer für die Serienfertigung notwendigen Automatisierbarkeit des Zerspanungsvorganges werden an die Automatenstähle vielfältige Anforderungen gestellt:
- Verminderter Werkzeugverschleiß (höhere Standzeit der Werkzeuge) bei möglichst hohen Schnittgeschwindigkeiten
- Geringe Schnittkräfte zur Verminderung von Werkzeugverschleiß und Leistungsaufnahme der Werkzeugmaschine
- Hohe Oberflächengüte
- Kurzbrüchige, gut schaufelbare Späne mit geringer Spanraumzahl
- Vermeidung einer Aufbauschneidenbildung

Bild 1: Definition des Begriffs Zerspanbarkeit

a) Werkstoffkundliche Grundlagen der Automatenstähle

Die gute Zerspanbarkeit der Automatenstähle ist auf die Anwesenheit einer oder mehrerer Einschlussarten geeigneter Größe, Form und Verteilung zurückzuführen, die auf die Spanbildung, den Spanbruch sowie auf die Kontaktreaktionen zwischen Werkzeug und ablaufendem Span (z. B. Verminderung der Reibung) Einfluss nehmen. Bereits um 1900 wurde die zerspanbarkeitsfördernde Wirkung einer erhöhten Anzahl von Sulfideinschlüssen erkannt. Dementsprechend bildet Schwefel auch heute noch die legierungstechnische Basis vieler (nicht aller) Automatenstähle. Weitere Legierungselemente sind Mangan, Blei und Tellur.

6.5 Eigenschaften und Verwendung von Stählen

Schwefel (0,1 % bis 0,4 %) ist das wichtigste Legierungselement der Automatenstähle. Da die Schwefellöslichkeit des α-Eisens sehr gering ist, bildet sich Eisensulfid (FeS), das mit dem Eisen des Stahls ein niedrigschmelzendes (985 °C) entartetes Eutektikum bildet. Die FeS-Komponente des entarteten FeS-Fe-Eutektikums bildet eine schalenartige Korngrenzensubstanz. FeS ist unerwünscht, da es im Temperaturbereich von 800 °C bis 1000 °C verspödet, so dass bei der Warmumformung des Stahls Risse an den Korngrenzen auftreten (**Warm-** oder **Rotbruch**). Oberhalb von 1200 °C schmilzt das Eisensulfid und hebt den Zusammenhalt zwischen den Austenitkörnern auf, so dass bei einer Warmumformung wiederum mit Rissbildungen zu rechnen ist (**Heißbruch,** Kapitel 6.3.1.1).

Zur Beseitigung der schädlichen Wirkung des Schwefels wurde den Automatenstählen etwa seit 1965 (Standardsorte bisher: 9S20) eine erhöhte Menge Mangan zulegiert (Mn : S ≥ 1,72; in der Praxis Mn : S bis 4,5). Aufgrund seiner höheren Affinität zum Schwefel bildet sich nichtmetallisches **Mangansulfid (MnS),** das erst bei 1610 °C schmilzt und sich bereits primär aus der flüssigen Schmelze ausscheidet (Kapitel 6.3.1.1).

Mangansulfid verbessert die Zerspanbarkeit, da es die innere Reibung in der primären Scherzone sowie die Reibung in der Kontaktzone zwischen Werkzeug und ablaufendem Span herabsetzt. Dies führt zu einer besseren Oberflächenqualität und zu einer höheren Standzeit des Werkzeugs. Die Gefügeunterbrechung durch die Mangansulfideinschlüsse vermindert außerdem die Zähigkeit des Stahls und fördert dadurch die Entstehung kurzbrüchiger Späne. Nachteilig ist allerdings, dass die Mangansulfide bei der Warmformgebung des Stahls in Walzrichtung gestreckt werden und zu einer starken Anisotropie der Werkstoffeigenschaften führen (Bild 3, Seite 194). Insbesondere wird die Zähigkeit in Querrichtung dadurch stark vermindert.

Blei (0,05 % und 0,40 %) spielt in den Automatenstählen neben oder anstelle des Schwefels die bedeutendste Rolle. Blei ist in Eisen (im Ferrit) unlöslich und bildet daher feindispers verteilte Einschlüsse (< 1 µm) oder **Bleizipfel** an den Mangansulfiden. Da das Blei bei der Zerspanungstemperatur bereits flüssig ist, übt es eine Schmierwirkung aus und vermindert die Reibung zwischen Werkzeug und Werkstoff (Verbesserung der Standzeit von bis zu 70 %). Blei begünstigt auch die Bildung kurzbrüchiger Späne, verbessert die Oberflächenqualität und vermindert die Schnittkräfte, den Leistungsbedarf der Maschine sowie die Zerspanungstemperatur. Aus Gründen des Gesundheitsschutzes ist der Einsatz bleihaltiger Legierungen jedoch rückläufig. Als Ersatz dienen Bor (einige 1/1000 %) oder Bismut (bis zu 0,2 %).

Tellur (bis 0,1 %) stabilisiert unter anderem die Sulfidform und verbessert dadurch die mechanischen Eigenschaften in Querrichtung (Bild 2, Seite 195). Vom Tellur geht allerdings auch eine stark toxische Wirkung aus.

b) Automatenstahlsorten

Automatenstähle sind in DIN EN 10 087 genormt und werden in drei Gruppen eingeteilt:

Automatenweichstähle stehen für die allgemeine Verwendung zur Verfügung. Ihre Zerspanbarkeit steigt mit zunehmendem Legierungsgehalt (Bild 1). Bei Automatenstählen, die mit Schwefel, Blei und Tellur legiert wurden, können die höchsten Zerspanungsleistungen erreicht werden (**Hochleistungs-Automatenstähle**).

Automateneinsatzstähle unterscheiden sich von den Automatenweichstählen im Wesentlichen durch einen geringeren C- und S-Gehalt.

Automatenvergütungsstähle besitzen aufgrund der Forderung nach Vergütbarkeit einen Kohlenstoffgehalt von mindestens 0,3 %, jedoch bei den Automateneinsatzstählen vergleichbaren geringen S-Gehalten.

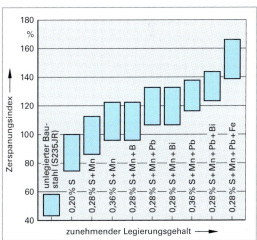

Bild 1: Zerspanbarkeit verschiedener Automatenweichstähle im Vergleich zu einem Baustahl
(Zerspanungsindex = bei einer Werkzeugstandzeit von 8 h zerspantes Volumen. Das zerspante Volumen des Stahls 9SMn28 wurde zu 100 % gewählt.)

Tabelle 1: Mechanische Eigenschaften und Wärmebehandlungsbedingungen der Automatenstähle nach DIN EN 10 087

Sorte	Streckgrenze (min.)[1] in MPa	Zugfestigkeit[1] in MPa	Bruchdehnung in %	Härtetemperatur in °C	Abschreckmedium	Anlassen (mind. 1 h) in °C
Automatenweichstähle (nicht für eine Wärmebehandlung bestimmt)						
11SMn30	–	380 ... 570	–	–	–	–
11SMnPb30	–	380 ... 570	–	–	–	–
11SMn37	–	380 ... 570	–	–	–	–
11SMnPb37	–	380 ... 570	–	–	–	–
Automateneinsatzstähle						
10S20	–	360 ... 530	–	780 ... 820[2] 880 ... 920[3]	Wasser, Öl Emulsion[4]	150 ... 200
10SPb20	–	360 ... 530	–	780 ... 820[2] 880 ... 920[3]	Wasser, Öl Emulsion[4]	150 ... 200
15SMn13	–	430 ... 600	–	780 ... 820[2] 880 ... 920[3]	Wasser, Öl Emulsion[4]	150 ... 200
Automatenvergütungsstähle						
35S20	430	630 ... 780	16	860 ... 890	Wasser oder Öl	540 ... 680
35SPb20	430	630 ... 780	16	860 ... 890	Wasser oder Öl	540 ... 680
36SMn14	460	700 ... 850	14	850 ... 880	Wasser oder Öl	540 ... 680
36SMnPb14	460	700 ... 850	14	850 ... 880	Wasser oder Öl	540 ... 680
38SMn28	460	700 ... 850	15	850 ... 880	Wasser oder Öl	540 ... 680
44SMn28	460	700 ... 850	15	850 ... 880	Wasser oder Öl	540 ... 680
38SMnPb28	480	700 ... 850	16	840 ... 870	Öl oder Wasser	540 ... 680
44SMnPb28	480	700 ... 850	16	840 ... 870	Öl oder Wasser	540 ... 680
46S20	490	700 ... 850	12	840 ... 870	Öl oder Wasser	540 ... 680
46SPb20	490	700 ... 850	12	840 ... 870	Öl oder Wasser	540 ... 680

[1] Für Automatenweich-, Automateneinsatz- und Automatenvergütungsstähle sind die Werte gültig für Durchmesser von 10 mm ... 16 mm. Für Automatenvergütungsstähle gelten die Kennwerte für den vergüteten Zustand.
[2] Kernhärtetemperatur. Aufkohlungstemperatur: 880 °C ... 980 °C.
[3] Randhärtetemperatur. Aufkohlungstemperatur: 880 °C ... 980 °C.
[4] Die Art des Abkühlmediums hängt u.a. von der Gestalt der Erzeugnisse ab.

6.5.14 Höherfeste Stähle für den Automobil-Leichtbau

Die Forderung des Automobilbaus nach Reduktion der Fahrzeugmasse führte in den letzten Jahren zur Entwicklung neuer Stahlsorten, die sich durch eine Kombination von hoher Festigkeit (Zugfestigkeit von bis zu 1200 MPa) bei gleichzeitig hervorragender Kaltumformbarkeit auszeichnen. Der Einsatz dieser Stähle ermöglicht eine deutliche Verminderung der Materialdicken und damit eine Senkung der Fahrzeugmasse, die letztlich zu einem verminderten Kraftstoffverbrauch und damit zu reduzierten Emissionen führt. Darüber hinaus können mit einigen dieser Stahlsorten (z. B. TWIP-Stähle, Kapitel 6.5.14.9) „intelligente" Knautschzonen realisiert werden. Im Crashfall verfestigt der Werkstoff mit zunehmender Umformung und kann somit die Fahrgastzelle besser schützen. Die Karosseriestrukturen moderner Fahrzeugmodelle bestehen heute schon zu mehr als 60 % aus höherfesten Stählen. Hiervon entfällt bereits die Hälfte auf die neu entwickelten Mehrphasenstähle. Berücksichtigt man, dass etwa ein Viertel der Fahrzeugmasse auf die Karosserie entfällt, dann wird deutlich, welches Einsparungspotenzial durch den Einsatz moderner Stahlkonzepte möglich ist.

Entsprechend ihrer Einsatzgebiete lassen sich die höherfesten Stähle für den Automobilbau wie folgt einteilen (Bild 1, Seite 303), siehe auch DIN EN 10 268 und DIN EN 10 346:

- **Mikrolegierte höherfeste Stähle**
  Beispiele: Struktur- und crashrelevante Teile wie Quer- oder Längsträger.

- **Phosphorlegierte Stähle**
  Beispiel: Bauteile die durch Umformen hergestellt werden und eine mittlere Festigkeit besitzen sollen, wie z. B. Radhaus.

6.5 Eigenschaften und Verwendung von Stählen

- **Bake-Hardening-Stähle**
  Beispiele: Komplexe Tiefziehteile im Außenhautbereich wie Türen, Dächer oder Motorhauben.

- **Dualphasen-Stähle (DP-Stähle)**
  Beispiele: Außenteile wie Türen, Fahrzeugdächer oder Kofferraumdeckel, die eine hohe Beulfestigkeit aufweisen müssen, sowie festigkeitsrelevante Strukturteile wie Felgen und crashrelevante Strukturelemente wie Längs- und Querträger.

- **Höherfeste IF-Stähle**
  Beispiele: Komplexe Tiefziehteile mit hohen Streck- und Tiefziehbeanspruchungen wie Türinnenbleche, Radhäuser oder Kotflügel.

- **Complex-Phasen-Stähle (CP-Stähle)**
  Beispiele: Festigkeits- und crashrelevante Bauteile wie A-, B- oder C-Säule, Stoßfänger oder Seitenaufprallträger.

- **Restaustenitstähle (RA- oder TRIP-Stähle)**
  Beispiele: Strukturteile mit hohem Energieaufnahmevermögen wie A-, B- oder C-Säulen sowie Längs- und Querträger.

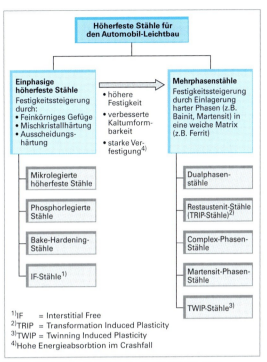

[1] IF = Interstitial Free
[2] TRIP = Transformation Induced Plasticity
[3] TWIP = Twinning Induced Plasticity
[4] Hohe Energieabsorption im Crashfall

Bild 1: Einteilung der höherfesten Stähle für den Automobil-Leichtbau

6.5.14.1 Mikrolegierte höherfeste Stähle

Bedingt durch ein feinkörniges Gefüge sowie eine Ausscheidungshärtung liegt die Festigkeit der **mikrolegierten Stähle,** bei dennoch guter Kaltumformbarkeit, höher im Vergleich zu den weichen, unlegierten Stählen zum Kaltumformen (z. B. DC05). Als Mikrolegierungselemente werden Ti und/oder Nb zugegeben. Eine zusätzliche Festigkeitssteigerung erfahren diese Stähle durch eine Ausscheidungshärtung (Bildung von NbN bzw. TiN), Kapitel 6.5.3.1.

6.5.14.2 Phosphorlegierte Stähle

Phosphorlegierte Stähle besitzen ein einphasiges, ferritisches Gefüge mit mischkristallverfestigenden Elementen wie P oder Mn. Sie sind durch Tiefziehen gut kaltumformbar und besitzen eine mittlere Festigkeit ($R_{p0,2}$ = 200 ... 300 MPa).

6.5.14.3 Bake-Hardening-Stähle

Bake-Hardening-Stähle zeichnen sich gegenüber den weichen, unlegierten Stahlsorten zum Kaltumformen, wie z. B. DC05, durch einen deutlich verbesserten Widerstand gegenüber bleibenden Verformungen (Beulfestigkeit) aus und finden daher im Automobilbau vielfältige Anwendungen im Außenhautbereich (z.B. Türen, Dächer oder Motorhauben).

Bake-Hardening-Stähle besitzen eine ferritische Matrix mit gelöstem Kohlenstoff sowie Legierungselemente wie Mn und P zur Festigkeitseinstellung durch Mischkristallhärtung.

Bild 2: Streckgrenzenerhöhung durch den „Bake-Hardening-Effekt" am Beispiel der Bake-Hardening- und Complexphasen-Stähle

Bake-Hardening-Stähle lassen sich durch Streck- und Tiefziehen gut verformen und erfahren durch das automobiltypische Lackeinbrennen nach der plastischen Verformung eine Erhöhung der Streckgrenze (Bild 2, Seite 303). Bei dieser als „Bake-Hardening" bezeichneten speziellen Form der Festigkeitssteigerung diffundieren Kohlenstoffatome zu den Versetzungen und blockieren diese (Alterungsverfestigung).

Der Bake-Hardening-Effekt wird nicht nur bei den namensgleichen Stählen genutzt, sondern verleiht auch den mehrphasigen Stählen (s. u.) eine zusätzliche Festigkeitssteigerung.

6.5.14.4 IF-Stähle

Bild 1: Ferritisches Gefüge eines IF-Stahls

IF-Stähle (Interstitial **F**ree) besitzen ein rein ferritisches Gefüge ohne interstitiell (auf Zwischengitterplätzen) gelöste Kohlenstoff- oder Stickstoffatome. Das Gefüge dieser Stähle besteht daher praktisch ausschließlich aus Ferrit (Bild 1). Die Abbindung von Kohlenstoff und Stickstoff erfolgt in der Regel durch Titan oder Niob. Aufgrund ihres Gefügeaufbaus besitzen die IF-Stähle eine niedrige Streckgrenze und daher eine extrem gute Umformbarkeit bei dennoch hoher Zugfestigkeit (starke Kaltverfestigung), Bild 1, Seite 305.

6.5.14.5 Dualphasen-Stähle (DP-Stähle)

Dualphasenstähle (DP-Stähle) sind untereutektoide Stähle mit einem Kohlenstoffgehalt von 0,02 % bis 0,1 %. Das Gefüge der Dualphasenstähle besteht aus einer ferritischen Grundmasse in die kleine Martensitinseln meist an den Tripelpunkten des Ferrits (10 Vol.-% ... 30 Vol.-%) gleichmäßig eingelagert sind (Bild 2). Die Martensitinseln haben zueinander keine Verbindung (keine netzartige Anordnung), da sonst die Verformbarkeit des Stahles herabgesetzt wäre. Neben Ferrit und Martensit können Dualphasenstähle außerdem noch geringe Mengen an Bainit und ggf. Restaustenit aufweisen.

Bild 2: Gefüge eines Dualphasenstahles (DP600)

Die Gefügeeinstellung der Dualphasenstähle erfolgt durch eine Glühung (Glühtemperatur ϑ_{DP}) im Zweiphasengebiet Austenit und Ferrit (zwischen A_1 und A_3) mit anschließendem Abschrecken. Dabei wandelt sich der Austenit in Martensit und ggf. Bainit um, während der Ferrit unbeeinflusst bleibt (Bild 3).

Die mechanischen Eigenschaften der Dualphasenstähle können einerseits über die Glühtemperatur (ϑ_{DP}) und damit die Menge an Austenit vor dem Abschrecken (Hebelgesetz) sowie über die Legierungszusammensetzung eingestellt werden. Je höher die Glühtemperatur (zwischen A_1 und A_3), umso höher der Anteil Austenit vor und damit auch der Martensitanteil nach dem Abschrecken. Die Zugfestigkeiten der Dualphasenstähle lassen sich somit zwischen etwa 400 MPa und 1000 MPa variieren.

Bild 3: Einstellung des Dualphasengefüges

6.5 Eigenschaften und Verwendung von Stählen

Die Bruchdehnungen der Dualphasenstähle sind mit 20 % bis 40 % mit denen der unlegierten Stähle niedriger Festigkeit vergleichbar, jedoch deutlich höher im Vergleich zu Feinkornbaustählen mit gleicher Zugfestigkeit (Bild 1).

Durch Legieren mit Mangan, Molybdän, Chrom oder Vanadium wird die kritische Abkühlgeschwindigkeit vermindert und damit eine Gefahr der Gefügeumwandlung in der Perlitstufe (Entstehung von Ferrit und Perlit anstelle von Martensit) vermieden. Die Ferritbildner Silicium und Phosphor beschleunigen die Diffusion von Kohlenstoff aus dem Ferrit in den Austenit und begünstigen damit ebenfalls das Umwandlungsverhalten.

Während der weiche Ferrit für die gute Verformbarkeit verantwortlich ist, steigert die hohe Härte des Martensits die Festigkeit des Dualphasenstahls. Die aufgrund der Martensitumwandlung entstehenden

Bild 1: Spannungs-Dehnungs-Verhalten von Dualphasenstählen

Eigenspannungen im Ferrit erzeugen dort (bewegliche) Versetzungen, die letztlich für das günstige Verformbarkeitsverhalten verantwortlich sind d.h. ein plastisches Fließen bereits bei niedrigen Spannungen (200 ... 500 MPa) erlauben. Andererseits besitzen die Dualphasenstähle ein starkes Verfestigungsvermögen d.h. einen hohen Verfestigungsexponenten, insbesondere bei niedrigen Umformgraden (< 5 %), sodass hohe Zugfestigkeiten erreicht werden (400 ... 1000 MPa), Bild 1. Hierdurch ist auch das extrem niedrige Streckgrenzenverhältnis ($R_{p0,2}/R_m$) der Dualphasenstähle von etwa 0,5, d. h. eine niedrige Dehngrenze bei relativ hoher Zugfestigkeit, zu erklären.

6.5.14.6 Stähle mit Restaustenit

TRIP-Stähle (**Tr**ansformation **I**nduced **P**lasticity) besitzen ein Gefüge aus Ferrit und Bainit mit definierten Anteilen an metastabilem Restaustenit (Bild 2). Wird ein TRIP-Stahl umgeformt, dann wandelt sich der Austenit in harten Verformungsmartensit um. TRIP-Stähle weisen eine gleichmäßige Verformbarkeit auf, da örtliche Verfestigungen durch Bildung von verformungsinduziertem Martensit abgebaut werden **(TRIP-Effekt)** und somit die bislang noch nicht verformten Bereiche weiter verformt werden können.

TRIP-Stähle haben sehr gute Festigkeitseigenschafen (R_m bis 800 MPa) bei gleichzeitig hervorragender plastischer Verformbarkeit (A bis 35 %; Bild 1, Seite 306).

Bild 2: Gefüge eines TRIP-Stahles (TRIP 700)

Die Herstellung der TRIP-Stähle erfolgt durch eine thermomechanische Behandlung indem ein metastabiles austenitisches Gefüge bei niedrigen Temperaturen, jedoch oberhalb der Martensitstarttemperatur für Verformungsmartensit (M_D), umgeformt und anschließend auf Raumtemperatur abgeschreckt wird.

6.5.14.7 Complexphasen-Stähle

Die **Complexphasen-Stähle (CP-Stähle)** stellen eine Weiterentwicklung der Dualphasenstähle, insbesondere im Hinblick auf die Festigkeit (R_m = 800 ... 950 MPa) dar. Das Gefüge der Complex-Phasen-Stähle besteht im wesentlichen aus sehr feinkörnigem Bainit und Martensit, mit geringen Anteilen an kohlenstoffarmem Ferrit. Zusätzlich finden sich im Gefüge sehr feine Carbid- und Nitridausscheidungen. Die Gefügebestandteile lassen sich nur noch elektronenmikroskopisch voneinander unterscheiden.

Neben ihrer hohen Festigkeit zeichnen sich die Complexphasen-Stähle durch eine gute Kaltumformbarkeit, eine gute Schweißbarkeit sowie ein sehr ausgeprägtes Verfestigungsverhalten aus.

Aufgrund ihrer mechanischen Eigenschaften werden die Complex-Phasen-Stähle bevorzugt für crashrelevante Bauteile wie Stoßfänger oder Türaufprallträger eingesetzt. Complexphasen-Stähle erfahren nicht nur eine Festigkeitssteigerung durch Kaltverfestigung beim Umformen, sondern zusätzlich eine deutliche Erhöhung der Dehngrenze beim Lackeinbrennen. Dieser bereits als Bake-Hardening beschriebene Effekt (Kapitel 6.5.14.3) wird, im Gegensatz zu den Bake-Hardening-Stähle, durch eine vorausgegangene Kaltverformung noch deutlich verstärkt (Bild 2, Seite 303).

Bild 1: Vergleich der Festigkeit und der plastischen Verformbarkeit unterschiedlicher Stahlsorten
IF: IF-Stähle
BH: Bake-Hardening-Stähle
DP: Dualphasen-Stähle
CP: Complexphasen-Stähle
MP: Martensitphasen-Stähle
HSD: High Strength and Ductiliy Steels
TRIP: TRIP-Stähle (Transformation Induced Ductility)
TWIP: TWIP-Stähle (Twinning Induced Plasticity)

6.5.14.8 Martensit-Phasen-Stähle

Martensit-Phasen-Stähle (MP-Stähle) haben im wesentlichen ein sehr feinkörniges, nur noch elektronenmikroskopisch differenzierbares martensitisches Gefüge mit geringen Ferritanteilen. Diese Stähle erreichen innerhalb der Gruppe der Mehrphasenstähle die höchsten Festigkeiten (R_m bis 1400 MPa). Martensit-Phasen-Stähle werden analog zu den Complexphasen-Stählen für Bauteile mit hoher Crashrelevanz eingesetzt.

6.5.14.9 TWIP-Stähle

Eine Weiterentwicklung der TRIP-Stähle stellen die sogenannten **TWIP-Stähle** (TWIP = **T**winning **I**nduced **P**lasticity) dar. Gemeinsam mit den oben beschriebenen TRIP-Stählen werden sie auch als **HSD-Stähle** (**H**igh **S**trength and **D**uctility) bezeichnet. Eine Umformung dieser Stähle führt zur Bildung von Zwillingskorngrenzen (Kapitel 2.5.2.3), die eine

Bild 2: HSD-Stahl mit TWIP-Eigenschaften

vorzeitige Verfestigung verhindern und damit Bruchdehnungen von bis zu 100 % (!) erlauben (Bild 1). Bild 2 zeigt eine Probe aus einem TWIP-Stahl, die in einem Torsionsversuch 5mal um die eigene Achse gedreht wurde (entsprechend einer Dehnung von 100 %). TWIP-Stähle enthalten hohe Mengen an Mangan (15 % ... 25 %) sowie Anteile an Silicium und Aluminium zur Verminderung der Dichte.

Die hervorragende plastische Verformbarkeit macht die TWIP-Stähle vorallem für den Fahrzeugbau interessant, da Karosseriebleche meist durch Tief- oder Streckziehen in die gewünschte Form gebracht werden. Über ihre gute Verformbarkeit hinaus weisen die TWIP-Stähle eine starke Verfestigung auf, so dass beispielsweise im Crashfall die Insassen dadurch geschützt werden.

TWIP-Stähle stehen voraussichtlich ab dem Jahr 2006 für die Automobilindustrie zur Verfügung und erlauben eine Gewichtsreduktion von bis zu 20 % bei gleichzeitig verbesserten Gesaltungsmöglichkeiten und erhöhter Insassensicherheit.

6.5.15 Höchstfeste Stähle

Stähle mit Dehngrenzen über 1200 MPa werden als **höchstfeste Stähle** bezeichnet. Sie finden Anwendung für hoch beanspruchte Bauteile in Fahrzeugbau, in der Luft- und Raumfahrt, sowie in der Kern- und Wehrtechnik. Auch für hoch beanspruchte Werkzeuge werden bisweilen höchstfeste Stähle eingesetzt.

6.5 Eigenschaften und Verwendung von Stählen

Die höchstfesten Stähle werden üblicherweise in zwei Gruppen eingeteilt:

- höchstfeste Vergütungsstähle
- martensitaushärtende Stähle (Maraging Steels)

6.5.15.1 Höchstfeste Vergütungsstähle

Durch Vergüten (Kapitel 6.4.5.4) kann die Festigkeit von Stählen teilweise beträchtlich erhöht werden. Um möglichst hohe Festigkeiten zu erreichen, wird die Anlasstemperatur allerdings nicht zu hoch gewählt (Bild 1, Seite 252), in der Regel etwa 200 °C bis 300 °C. Beispiele hierfür stellen die Stahlsorten 38NiCrMoV7-3 oder 41SiNiCrMoV7-6 dar (Tabelle 1).

Eine hohe Festigkeit kann bei geeigneten Vergütungsstählen (z. B. X32NiCoCrMo8-4 oder X41CrMoV5-1) auch durch eine Sekundärhärtung (Kapitel 6.4.5.2) erreicht werden. Werden diese Stähle nach der Härtung auf Temperaturen oberhalb von etwa 500°C angelassen, dann findet eine ausgeprägte Festigkeitssteigerung durch Carbidbildung statt (Bild 1).

Bild 1: Abhängigkeit der mechanischen Eigenschaften höchstfester Vergütungsstähle von der Anlasstemperatur

Tabelle 1: Wärmebehandlung und mechanische Eigenschaften ausgewählter höchstfester Vergütungsstähle

Werkstoff		Wärmebehandlung		mechanische Eigenschaften[1]				Anwendungsbeispiele
Kurzname	Wst.-Nr.	Härten	Anlassen	R_m MPa	$R_{p0,2}$ MPa	A %	KV J	
38NiCrMoV7-3	1.6926	850 ... 870 Öl	190 ... 210	1850	1550	8	35	Hoch beanspruchte Maschinenteile wie Kurbelwellen oder Schubstangen für Lokomotiven
41SiNiCrMoV7-6	1.6928	840 ... 910 Öl	280 ... 320	1950	1650	8	30	Höchst beanspruchte Maschinenteile wie Gesteinsbohrer, hochfeste Ketten, Panzerbleche
X32NiCoCrMo8-4	1.6974	840 ... 870 Öl oder Wasser	530 ... 570	1550	1350	10	50	Flugzeugteile
X41CrMoV5-1	1.7783	1000 ... 1020 Öl, Luft oder Warmbad	550 ... 630	1900	1600	8	30	Dynamisch hoch beanspruchte Maschinenteile wie Kurbelwellen, Druckgussformen, Schrauben, Ventile, Einspritzdüsen, Abschussrampen, Raketengehäuse

[1] Anhaltswerte. Die Eigenschaften sind abhängig von den Wärmebehandlungsparametern

6.5.15.2 Martensitaushärtende Stähle (Maraging Steels)

Martensitaushärtende Stähle erreichen sehr hohe Festigkeiten (R_m bis 2400 MPa) bei dennoch guter Zähigkeit. Neuere höchstfeste Stahlsorten erreichen bereits Zugfestigkeiten von mehr als 2800 MPa.

Martensitaushärtende Stähle haben niedrige Kohlenstoffgehalte (C ≤ 0,2 %) jedoch hohe Ni-Gehalte (bis 18 %) und weitere ausscheidungsfähige Legierungselemente wie Mo, Ti oder Al, die durch Bildung von intermetallischen Phasen eine Ausscheidungshärtung bewirken.

Bild 1: Zustandsdiagramm Eisen-Nickel mit Beginn und Ende der martensitischen Umwandlung bzw. der Austenitrückbildung

Bild 2: Festigkeitssteigerung durch Warmaushärtung in Abhängigkeit von Auslagerungsdauer und Temperatur martensitaushärtender Stähle

Bedingt durch den hohen Nickelgehalt dieser Stähle findet unabhängig von der Abkühlgeschwindigkeit aus dem Austenitgebiet (ca. 800 °C) bei einer Temperatur um 250 °C bis 450 °C eine martensitische Umwandlung statt (Bild 1). Aufgrund des geringen C-Gehaltes bildet sich jedoch nicht der tetragonal-raumzentrierte Fe-C-Martensit, sondern ein martensitisches Gefüge mit annähernd kubischer Struktur (Fe-N-Martensit). Im Vergleich zum relativ spröden Fe-C-Martensit besitzt der kohlenstoffarme Fe-N-Martensit eine gewisse Duktilität und wandelt sich außerdem erst oberhalb von etwa 500 °C bis 600 °C wieder in Austenit um **(Austenitrückbildung)**, Bild 1.

Aufgrund der geringen Diffusionsgeschwindigkeit können sich die Legierungselemente wie Ti, Mo oder Al bei der Abkühlung nicht mehr ausscheiden und liegen daher nach der Abkühlung in übersättigter Lösung vor. Erst eine nachfolgende Warmauslagerung des übersättigten Martensits (450 °C ... 500 °C) führt zu einer feindispersen Ausscheidung intermetallischer Phasen wie z. B. Ni_3Mo, Ni_3Ti, Fe_2Mo, $FeTi$ oder Fe_2Ti und damit zur eigentlichen Festigkeitssteigerung durch Ausscheidungshärtung. Lange Auslagerungszeiten bei

Tabelle 1: Wärmebehandlung und mechanische Eigenschaften ausgewählter martensitaushärtender Stähle

Werkstoff		Wärmebehandlung		mechanische Eigenschaften[1]				Anwendungsbeispiele
Kurzname	Wst.-Nr.	Lösungsglühen	Anlassen	R_m MPa	$R_{p0,2}$ MPa	A %	KV J	
X2NiCoMo18-8-5	1.6359	810 ... 860 Luft	450 ... 510 3h/Luft	1850	1750	8	35	Höchstfeste Schrauben, dünnwandige Hochdruckrohre, Fahrgestelle für Hubschrauber, Brennkammern für Raketen, Blechkörper für Geschosse, Gewehrläufe, Druckgießwerkzeuge, Schrottschermesser, Strangpresswerkzeuge
X2NiCoMo18-9-5	1.6358	820 ... 860 Luft	480 ... 500 3 ... 8h/Luft	2100	2000	7	25	
X2NiCoMoTi18-12-4	1.6356	800 ... 840 Luft	490 ... 510	2400	2300	6	15	
X1CrNiCo13-8-5	1.6360	800 ... 835 Wasser	480 6h/Luft	1650	1500	10	45	

[1] Anhaltswerte. Die Eigenschaften sind abhängig von den Wärmebehandlungsparametern

6.5 Eigenschaften und Verwendung von Stählen

höherer Temperatur führen jedoch, ähnlich der Warmaushärtung von Al-Legierungen (Kapitel 7.1.5), zu einer Überhärtung bzw. Austenitrückbildung mit deutlichem Festigkeitsverlust (Bild 2, Seite 308). Den martensitaushärtenden Stählen wird weiterhin Cobalt zulegiert, um u. a. eine möglichst feindisperse Verteilung der intermetallischen Phasen und damit eine maximal mögliche Verfestigung zu erhalten.

Gegenüber den höchstfesten Vergütungsstählen haben die martensitaushärtenden Stähle eine Reihe vorteilhafter Eigenschaften:

- Einfach und sichere Durchführbarkeit der Wärmebehandlung
- Gute Schweißbarkeit, da C < 0,2 %, (kein Vorwärmen, kein Spannungsarmglühen usw. erforderlich)
- Gute Kaltumformbarkeit

Nachteilig wirkt sich allerdings das hohe Streckgrenzenverhältnis ($R_{p0,2}/R_m \approx 0{,}94$) aus, sodass bei bereits geringfügiger überelastischer Beanspruchung mit einen Bruch zu rechnen ist.

6.5.16 Werkzeugstähle

Werkzeugstähle sind nach DIN EN ISO 4957 Stähle, die zur Herstellung von Werkzeugen für die Be- und Verarbeitung von metallischen und nichtmetallischen Werkstoffen sowie für das Handhaben und Messen von Werkstücken geeignet sind. Ihr Anteil an der gesamten Stahlerzeugung beträgt in Deutschland etwa 8 %. Hinsichtlich der chemischen Zusammensetzung besteht keine eindeutige Abgrenzung zwischen Konstruktions- und Werkzeugstählen. Die Zuordnung eines Stahles zur Gruppe der Werkzeugstähle erfolgt daher nur nach dem Verwendungszweck.

6.5.16.1 Anforderungen an Werkzeugstähle

An Werkzeuge werden entsprechend ihrem Verwendungszweck vielfältige Anforderungen gestellt:

- Hohe Härte, die ggf. auch bei erhöhten Arbeitstemperaturen erhalten bleiben soll
- Hoher Verschleißwiderstand, damit die Werkzeugoberfläche während der Verwendung möglichst lange unverändert bleibt und nicht vorzeitig abgetragen oder zerstört wird
- Gute Festigkeit bzw. gute Warmfestigkeit (bei der unter Umständen relativ hohen Arbeitstemperatur), damit das Werkzeug durch die bei der Zerspanung auftretenden Kräfte nicht bleibend (plastisch) verformt wird oder gar bricht
- Ausreichende Zähigkeit, damit das Werkzeug insbesondere bei stoßartiger Beanspruchung nicht bricht
- Gute Temperaturwechselbeständigkeit

6.5.16.2 Erschmelzung von Werkzeugstählen

Werkzeugstähle werden grundsätzlich als **Edelstähle** erschmolzen (Kapitel 6.5.1.1). Durch sekundärmetallurgische Maßnahmen, wie das **Elektroschlackeumschmelzen (ESU),** wird zusätzlich eine Verbesserung der Gefügeausbildung (Vermeidung von Blockseigerungen) sowie ein erhöhter mikroskopischer Reinheitsgrad erreicht.

6.5.16.3 Einteilung der Werkzeugstähle

Entsprechend den vielfältigen Verwendungszwecken und Anforderungen und der damit verbundenen großen Anzahl unterschiedlicher Werkzeugstähle, ist eine gewisse systematische Ordnung von großer Bedeutung. Üblicherweise werden die Werkzeugstähle nach ihrem Hauptanwendungsgebiet eingeteilt, wobei als charakteristisches Merkmal die maximale Arbeitstemperatur dient:

- **Unlegierte Kaltarbeitsstähle**
- **Legierte Kaltarbeitsstähle**
- **Warmarbeitsstähle**
- **Schnellarbeitsstähle**

6.5.16.4 Unlegierte Kaltarbeitsstähle

Unlegierte Kaltarbeitsstähle sind Werkzeugstähle, bei denen die Arbeitstemperatur im Allgemeinen unter 200 °C liegt. Bei höheren Temperaturen sinkt die Martensithärte dieser Stähle rasch ab, so dass sie als Werkzeuge unbrauchbar werden (Bild 1). Kaltarbeitsstähle werden daher bevorzugt für die Herstellung von Schnittwerkzeugen verwendet, die im Betrieb keiner allzu hohen Wärmebelastung ausgesetzt sind.

a) Wärmebehandlung unlegierter Kaltarbeitsstähle

Unlegierte Kaltarbeitsstähle werden nach dem Abgießen und der Warmumformung (Schmieden) in der Regel einer Normal- und anschließenden Weichglühung unterzogen (Anlieferungszustand). Zur Beseitigung von Bearbeitungsspannungen werden die Stähle vor dem Härten spannungsarmge-glüht. Beim Weich- und Spannungsarmglühen ist darauf zu achten, dass keine Verzunderung oder Entkohlung auftritt.

Bild 1: Härteverlust unlegierter Kaltarbeitsstähle in Abhängigkeit der Temperatur

Beim Härten wird das Werkstück zunächst langsam auf Temperaturen von 30 °C bis 50 °C über die Umwandlungstemperatur Ac_3 bzw. übereutektoide Stähle (C > 0,8 %) auf etwa 780 °C bis 800 °C erwärmt. Die Haltedauer beträgt etwa 10 min je 10 mm Werkstückdicke. Das Abschrecken erfolgt in Wasser. Zum Abbau von Umwandlungs- bzw. Wärmespannungen und zur Umwandlung von evtl. vorhandenem Restaustenit in Martensit erfolgt im Anschluss an das Härten ein Anlassen bei etwa 150 °C bis 200 °C (Bild 2). Da keine Legierungsele-

Bild 2: Wärmebehandlung eines unlegierten Kaltarbeitsstahles (Beispiel: Schneideisen aus C105U)

mente vorhanden sind, beträgt die Einhärtungstiefe der unlegierten Kaltarbeitsstähle nur 2,5 mm bis 5 mm (**Schalenhärter**). Sie sind verhältnismäßig unempfindlich gegenüber Biegung oder schlagartiger Beanspruchung (Druckeigenspannungen in der Randschicht), hohe Druckbeanspruchungen müssen jedoch aufgrund des weichen Kerns vermieden werden.

b) Unlegierte Kaltarbeitsstahlsorten

In Tabelle 1 sind wichtige unlegierte Kaltarbeitsstähle nach DIN EN ISO 4957 zusammengestellt.

Tabelle 1: Unlegierte Kaltarbeitsstähle nach DIN EN ISO 4957

Stahlsorte		C-Gehalt	Anwendungsbeispiele
neu[1]	alt[1]	in Masse-%	
C45U	C 45 W	0,42 ... 0,50	Handwerkzeuge (Hämmer, Beile, Äxte, Scheren, Schraubendreher, Meißel) und landwirtschaftliche Werkzeuge aller Art, Zangen.
C70U	C 70 W2	0,65 ... 0,70	Drucklufteinsteckwerkzeuge im Berg- und Straßenbau.
C80U	C 80 W1	0,75 ... 0,85	Gesenke mit flachen Gravuren, Messer, Spalteisen, Handmeißel.
C90U	–	0,85 ... 0,95	Kreissägeblätter und Sägeblätter zur Holzbearbeitung, Mähmaschinenmesser, Handsägen für die Forstwirtschaft.
C105U	C 105 W1	1,00 ... 1,10	Gewindeschneidwerkzeuge, Fließpress- und Prägewerkzeuge, Endmaße, Feilen, Schaber, Stichel, Papiermesser.
C120U	–	1,15 ... 1,25	Wie C105U

[1] Neue Bezeichnung nach DIN EN 10 027-1, alte Bezeichnung nach DIN 17 006 (zurückgezogen). Die alten Kurznamen sind in der Tabelle noch aufgeführt, da sie in der Praxis, insbesondere in älteren Dokumenten, noch anzutreffen sind.

6.5.16.5 Legierte Kaltarbeitsstähle

Die legierten Kaltarbeitsstähle sind durch Weiterentwicklung aus den unlegierten Sorten entstanden. Im Vergleich zu den unlegierten Sorten besitzen sie einen deutlich verbesserten Verschleißwiderstand, eine erhöhte Warmfestigkeit und eine höhere Einhärtetiefe, sie sind jedoch auch nur bis zu einer Arbeitstemperatur von rund 200 °C einsetzbar.

Bild 1: Härtevergleich zwischen Metallen, Carbiden und Mineralien

a) Legierungselemente in legierten Kaltarbeitsstähle

Legierte Kaltarbeitsstähle können Kohlenstoffgehalte zwischen 0,3 % und 2,9 % aufweisen. Sie sind damit gut härtbar und stellen ausreichend Kohlenstoff für die Carbidbildung zur Verfügung. Durch carbidbildende Legierungselemente wie V, Mo, W oder Cr bilden sich sehr harte und thermisch stabile Carbide, die zu einer deutlichen Verbesserung der Verschleißbeständigkeit führen (Bild 1). Der Carbidanteil kann bis zu 25 Vol.-% betragen.

Legierungselemente wie Mn, Cr, Mo und Ni vermindern außerdem die kritische Abkühlgeschwindigkeit und verbessern dabei die Durchhärtbarkeit.

b) Gefügeaufbau legierter Kaltarbeitsstähle

Entsprechend den aus der Legierungszusammensetzung resultierenden Gefügen unterscheidet man drei Gruppen von Kaltarbeitsstählen:

- **Untereutektoide Kaltarbeitsstähle** (C = 0,4 % ... 0,7 %, wie z. B. 45NiCrMo16)

  Die erzielbare Härte wird nur durch Martensitbildung erreicht und nimmt bis etwa 0,6 % mit steigendem C-Gehalt zu, um dann bei etwa 64 HRC ... 65 HRC konstant zu bleiben. Zu dieser Sorte zählt man auch die unlegierten Kaltarbeitsstähle (Kapitel 6.5.16.4).

- **Übereutektoide Kaltarbeitsstähle** (C = 0,8 % ... 1,5 %, wie z. B. 90MnCrV8)

  Der hohe Kohlenstoffgehalt ermöglicht einerseits die volle Martensithärte, andererseits tragen Sekundärcarbide zwischen Eisen, Kohlenstoff und den in geringeren Mengen vorhandenen carbidbildenden Legierungselementen mit einem Anteil von bis zu 10 Vol.-% zu einer deutlichen Verbesserung der Verschleißbeständigkeit bei.

- **Ledeburitische Kaltarbeitsstähle** (C = 1,5 % ... 2,9 %, wie z. B. X210Cr12)

  Neben einer verschleißbeständigen lederburitischen Matrix (durch Carbide des Ledeburiteutektikums) besitzt diese Stahlsorte einen Carbidanteil von bis zu 25 Vol.-% und dementsprechend eine hervorragende Verschleißbeständigkeit.

c) Wärmebehandlung legierter Kaltarbeitsstähle

Für die Wärmebehandlung der legierten Kaltarbeitsstähle gelten die bereits in Kapitel 6.5.16.4 (unlegierte Kaltarbeitsstähle) dargestellten Informationen. Im Unterschied dazu kommen als Abschreckmittel jedoch überwiegend Härteöle und mitunter auch Luft zum Einsatz.

d) Stahlsorten

Die legierten Kaltarbeitsstähle sind in Tabelle 1, Seite 312, zusammengestellt.

Tabelle 1: Wärmebehandlung, Härte und Anwendungsbeispiele für legierte Kaltarbeitsstähle nach DIN EN ISO 4957 (Auswahl)

Stahlsorte	Härtetemp. in °C (±10 °C)	Abschreckmittel	Härte HRC (min.)	Anwendungsbeispiele
105V	790	Wasser	61	Lehren, Dorne, Stempel, Holzbearbeitungswerkzeuge
60WCrV8	910	Öl	58	Scherenmesser zum Schneiden von Stahlblech bis 15 mm, Stempel, Industriemesser, Holzbearbeitungswerkzeuge, Zähne für Kettensägen.
102Cr6	840	Öl	60	Lehren, Dorne, Kaltwalzen, Holzbearbeitungswerkzeuge, Bördelrollen, Stempel.
21MnCr5	einsatzgehärtet auf 60 HRC			Werkzeuge für die Kunststoffverarbeitung, einsatzhärtbar.
90MnCrV8	790	Öl	60	Tiefziehwerkzeuge, Werkzeuge für die Kunststoffverarbeitung, Schneidwerkzeuge, Industriemesser, Messwerkzeuge.
X153CrMoV12	1020	Luft	61	Wie X210Cr12, jedoch erhöhte Zähigkeit, Scherenmesser zum Schneiden von Stahlblech bis 6 mm, Metallsägeblätter usw.
X210Cr12	970	Öl	62	Scherenmesser zum Schneiden von Stahlblech bis 3 mm, Räumnadeln, Fließpress- und Tiefziehwerkzeuge, Holzbearbeitungswerkzeuge, Gewindewalzwerkzeuge, Profilier- und Bördelrollen, Ziehkronen für Drähte, Sandstrahldüsen.
35CrMo7	vergütet auf 300 HB			Werkzeuge für die Kunststoffverarbeitung.
45NiCrMo16	850	Öl	52	Massivprägewerkzeuge, Besteckstanzen, Scherenmesser für dickes Schneidgut.
X40Cr14	1010	Öl	52	Werkzeuge für die Kunststoffverarbeitung, insbesondere bei Korrosionsbeanspruchung.
X38CrMo16	vergütet auf 300 HB			

6.5.16.6 Warmarbeitsstähle

Warmarbeitsstähle sind legierte Werkzeugstähle, die bevorzugt für die Herstellung von Werkzeugen für das Ur- und Umformen von Stählen, NE-Metallen oder keramischen Werkstoffen (z. B. Druckgussformen, Strangpresswerkzeuge oder Schmiedegesenke) bei Arbeitstemperaturen bis 600 °C eingesetzt werden. Sie eignen sich nicht für die spanabhebende Bearbeitung, da ihre Härte im Vergleich zu den Kalt- und Schnellarbeitsstählen deutlich geringer ist (Bild 1).

Entsprechend ihrer Verwendung wird von den Warmarbeitsstählen eine hohe Warmfestigkeit (bis etwa 600 °C), eine hohe Anlassbeständigkeit (Härte darf bis zur Arbeitstemperatur nur unwesentlich abfallen), ein angemessener Warmverschleißwiderstand sowie Unempfindlichkeit gegenüber Thermoschockbeanspruchung (**Brandrisse**) und Stößen gefordert.

Bild 1: Vergleich der Anlasskurven unterschiedlicher Werkzeugstahlgruppen

6.5 Eigenschaften und Verwendung von Stählen

a) Legierungselemente in Warmarbeitsstählen

Warmarbeitsstähle sind gut härtbar, da sie einen Kohlenstoffgehalt zwischen 0,4 % und 1,5 % haben. Im Vergleich zu den Kalt- und Schnellarbeitsstählen weisen die Warmarbeitsstähle eine relativ niedrige Ausgangshärte auf, die jedoch bis zur Arbeitstemperatur von bis zu 600 °C durch Sekundärhärtung (Kapitel 6.4.5.2) praktisch nicht abfällt (Bild 1, Seite 312).

Bild 1: Wärmebehandlung von Warmarbeitsstählen

b) Wärmebehandlung von Warmarbeitsstählen

Die Warmarbeitsstähle werden im weichgeglühten Zustand angeliefert. Nach der spanenden Bearbeitung und einer anschließenden Spannungsarmglühung zum Abbau von Bearbeitungsspannungen, wird das Werkzeug zwecks Temperaturausgleich (Vermeidung von Rissen) stufenweise auf Härtetemperatur (1000 °C bis 1180 °C; Tabelle 1) erwärmt. Ein Teil der Carbide (Typ Me23C6 und Me7C3; Me steht dabei stellvertretend für carbidbildende Legierungselemente wie Cr, Mo, W oder V) geht dabei in Lösung. Die Haltedauer beträgt etwa 10 min je 10 mm Werkstückdicke. Das Abschrecken erfolgt an Luft, in Öl oder im Warmbad. Moderne Vakuumöfen erlauben ein umweltfreundliches Gasabschrecken (N2). Um Härtespannungen zu vermindern, wird nicht auf Raumtemperatur, sondern auf eine Ausgleichstemperatur von 100 °C bis 150 °C abgeschreckt (Bild 1).

An das Härten schließt sich eine Anlassbehandlung an (550 °C bis 600 °C/1 h bis 2 h). Bei Warmarbeitsstählen mit einem höheren Gehalt an sondercarbidbildenden Legierungselementen wie Cr, W, Mo und V (z.B. X38CrMoV5-1), wird beim Anlassen eine Sekundärhärtung ausgelöst (Kapitel 6.4.5.2). Hierbei steigt die Härte durch Sondercarbidbildung (MeC bzw. Me2C) wieder an (Bild 1, Seite 312). Bei Warmarbeitsstählen mit geringerem Gehalt an carbidbildenden Legierungselementen (z. B. 55NiCrMoV6) tritt beim Anlassen hingegen keine Sekundärhärtung auf. Ihre Arbeitstemperaturen liegen dementsprechend deutlich niedriger (≤ 400 °C).

Hochwertige Werkzeuge werden mindestens zweimal angelassen, um sicherzustellen, dass eine ausreichende Carbidausscheidung stattgefunden hat und kein Restaustenit oder Martensit mehr vorliegt.

c) Warmarbeitsstahlsorten

Tabelle 1: Wärmebehandlung, Härte und Anwendungsbeispiele für Warmarbeitsstähle nach DIN EN ISO 4957 (Auswahl)

Stahlsorte	Härtetemp. °C (±10 °C)[1]	Anlassen °C (±10 °C)	Härte HRC (min.)	Anwendungsbeispiele
55NiCrMoV7	850	500	42	Hammergesenke, Matrizenhalter, Kunststoff-Spritzguss- und Blasformen, Pressstempel für Strangpressen
32CrMoV12-28	1040	550	46	Gesenkeinsätze, Werkzeuge für die Schrauben und Nietenfertigung, Druckgießformen für Messing und Leichtmetall, Strangpressmatrizen
X37CrMoV5-1	1020	550	48	Gesenke und Gesenkeinsätze, Druckgießformen, Strangpresswerkzeuge
50CrMoV13-15	1010	510	56	Warmwalzen
X30WCrV9-3	1150	600	48	Rohr- und Strangpresswerkzeuge, Druckgießformen
X35CrWMoV5	1020	550	48	Strangpress- und Schmiedewerkzeuge
38CrCoWV18-17-17	1120	600	48	Strangpress- und Schmiedewerkzeuge

[1] Abschrecken jeweils in Härteöl.

6.5.16.7 Schnellarbeitsstähle

Schnellarbeitsstähle (**HSS** = **H**igh **S**peed **S**teel) sind legierte Werkzeugstähle, die mit dem Ziel einer Erhöhung der Schnittgeschwindigkeit bei spanender Bearbeitung entwickelt wurden. Trotz ihrer im Vergleich zu anderen Schneidstoffen (z. B. Hartmetallen, Schneidkeramiken) geringeren Arbeitstemperatur (Bild 1) werden Schnellarbeitsstähle heute dennoch aufgrund ihrer guten Zähigkeit und den relativ geringeren Werkzeugkosten in erheblichem Umfang zur Herstellung von Zerspanungswerkzeugen und mitunter auch von Umformwerkzeugen eingesetzt.

Gegenüber den Kaltarbeitsstählen haben die Schnellarbeitsstähle eine höhere Warmhärte und Anlassbeständigkeit und können daher für Arbeitstemperaturen bis 600 °C (Dunkelrotglut) eingesetzt werden.

Aufgrund der hohen Arbeitstemperaturen werden die Schnellarbeitsstähle zur Herstellung von Hochleistungsschnittwerkzeugen für die rationelle spanabhebende Fertigung bei hohen Schnittgeschwindigkeiten eingesetzt. Die Schnittgeschwindigkeit dieser Werkzeuge beträgt im Vergleich zu den Kaltarbeitsstählen etwa das 5- bis 10-Fache, bei gleicher Standzeit.

a) Legierungselemente in Schnellarbeitsstählen

Schnellarbeitsstähle sind hochlegierte Stähle mit Kohlenstoffgehalten zwischen 0,6 % und 1,5 % Die wichtigsten Legierungselemente sind Wolfram (W), Molybdän (Mo), Vanadium (V), Cobalt (Co) und Chrom (Cr) (Bild 2). Der hohe Gehalt carbidbildender Legierungselemente sowie der hohe C-Gehalt der Schnellarbeitsstähle führen zu einem Carbidgehalt von bis zu 30 Vol.-% in der ansonsten metallischen Matrix.

b) Schmelzmetallurgische Herstellung und Wärmebehandlung von Schnellarbeitsstählen

Die schmelzmetallurgische Herstellung der Schnellarbeitsstähle beginnt mit dem Abgießen der Stahlschmelze (1550 °C) in Kokillen. Der Erstarrungsablauf und das Gefüge der Schnellarbeitsstähle ist komplex und kann sich in Abhängigkeit der Zusammensetzung verändern (Bild 3). Im Wesentlichen entsteht nach dem Abkühlen ein Ledeburiteutektikum aus Ferrit und Primärcarbiden (etwa 9 Vol.-% Me_6C oder Me_2C und 1 % MeC), das die Primärkorngrenzen netzartig umgibt (Bild 1, Seite 315).

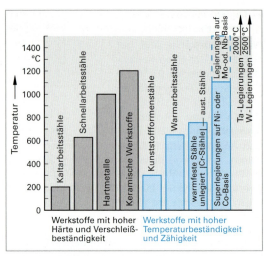

Bild 1: Vergleich der Arbeitstemperaturen verschiedener Schneidstoffe

Bild 2: Einfluss der wichtigsten Legierungselemente auf die Eigenschaften der Schnellarbeitsstähle

Bild 3: Fe-W-Cr-C-Zustandsdiagramm. Legierungsschnitt bei 18 % W und 4 % Cr

6.5 Eigenschaften und Verwendung von Stählen

Nach dem Vergießen folgt in der Regel eine **Blockglühung** bei etwa 900 °C zur Homogenisierung des Gefüges. Zur Erhöhung des Reinheitsgrades und damit zur Verbesserung der Zähigkeit, bietet sich ein anschließendes **Elektroschlackeumschmelzen (ESU)** an. Dies führt jedoch auch zu höheren Herstellungskosten.

Die Gebrauchseigenschaften der Schnellarbeitsstähle sind im Gusszustand infolge des spröden Ledeburiteutektikums schlecht. Eine anschließende Warmumformung durch Schmieden oder Walzen bei 900 °C bis 1100 °C führt zu einer Auflösung bzw. Zertrümmerung des Ledeburiteutektikums. Ein gut durchgekneteter Schnellarbeitsstahl sollte idealerweise nur noch eine geringe Carbidzeiligkeit oder eine völlig gleichmäßige Verteilung der Carbide aufweisen (Bild 2). Bei Abkühlung aus der Warmumformungstemperatur scheiden sich aus der austenitischen Grundmasse Sekundärcarbide vom Typ MeC, Me_6C und $Me_{23}C_6$ mit einem Volumenanteil von ebenfalls 10 % aus.

An die Warmumformung schließt sich ein **Weichglühen** bei etwa 800 °C an. Im weichgeglühten Zustand besteht das Gefüge der Schnellarbeitsstähle aus einer kohlenstoffarmen ferritischen Grundmasse (etwa 0,3 %) mit eingelagerten Primär- und Sekundärcarbiden unterschiedlicher Größe (Bild 3). Der Kohlenstoff des Stahls ist dabei fast ausschließlich an die carbidbildenden Elemente Cr, W, Mo und V gebunden (Carbidanteil an MeC, Me_6C und $Me_{23}C_6$: 25 Vol.-% bis 30 Vol.-%). Dem Weichglühen folgt die spanende Weiterverarbeitung zum betreffenden Werkzeug und eine anschließende **Spannungsarmglühen** bei 600°C bis 650°C zur Beseitigung eventuell vorhandener Bearbeitungsspannungen.

Die größte Bedeutung bei der Herstellung kommt dem **Härten** mit anschließendem mehrmaligen **Anlassen** zu (Bild 1, Seite 316). Bei Härtetemperatur werden nur die Sekundärcarbide gelöst. Die noch aus dem Ledeburiteutektikum stammenden Primärcarbide lösen sich nicht im Austenit und verhindern dadurch eine übermäßige Vergröberung des Austenitkorns. Schnellarbeitsstähle sind daher weitgehend überhitzungsunempfindlich.

Aufgrund der schlechten Wärmeleitfähigkeit muss das Erwärmen auf Härtetemperatur (1120 °C bis 1250 °C) stets sehr langsam und, um eine Rissbildung zu vermeiden, in mehreren Stufen in temperierten Salzbädern oder im Vakuum erfolgen. Abhängig von der Werkstückgröße beträgt die Haltedauer 80 s bis 400 s. Die Abkühlgeschwindigkeit wird bei den Schnellarbeitsstählen um 2 K/s gewählt.

sprödes Ledeburiteutektikum aus Ferrit und Primärcarbiden (Me_6C, Me_2C und MeC) an den Primärkorngrenzen — Zementit — Primäres Ferritkorn — 50 µm

Bild 1: Schnellarbeitsstahl im abgegossenen Zustand: sprödes Ledeburiteutektikum an den Primärkorngrenzen aus Ferrit und Primärcarbiden

„Zertrümmerte" und homogen verteilte Primärcarbide des Ledeburiteutektikums — Austenit — 10 µm

Bild 2: Schnellarbeitsstahl stark umgeformt: Homogene Verteilung der Primärcarbide des Ledeburiteutektikums in austenitischer Matrix

Primärcarbide (groß) — Ferrit — 10 µm
Sekundärcarbide (klein) vom Typ MeC, Me_2C, Me_6C und $Me_{23}C_6$

Bild 3: Schnellarbeitsstahl geschmiedet und weichgeglüht: ferritische Grundmasse mit Primärcarbiden (groß) und Sekundärcarbiden (klein)

Bild 1: Wärmebehandlung der Schnellarbeitsstähle

Abgeschreckt wird in der Regel in Härteölen bei 50°C bis 60°C. Druckluft ist aufgrund einer starken Verzunderung heute kaum noch gebräuchlich. Um einen Verzug möglichst gering zu halten und der Entstehung von Härterissen vorzubeugen, wird häufig auch in Warmbädern (Salz- oder Metallschmelzen) bei 500 °C bis 550 °C abgeschreckt, etwa 10 min. bis 20 min. gehalten (Temperaturausgleich) und dann an ruhender Luft weiter abgekühlt.

Das Gefüge der Schnellarbeitsstähle besteht nach dem Abschrecken aus 60 % bis 70 % Martensit mit 0,5 % bis 0,6 % C, etwa 20 % bis 30 % Restaustenit, 10 % bis 15 % nicht gelösten Primärcarbiden sowie aus dem Austenit ausgeschiedenen Korngrenzencarbiden (Bild 2).

Bild 2: Schnellarbeitsstahl, gehärtet: Martensit und Restaustenit sowie nicht gelöste Primärcarbide und Korngrenzencarbide

An das Abschrecken schließt sich ein in der Regel mehrmaliges Anlassen bei Temperaturen zwischen 540 °C und 600 °C (1 h bis 2 h) in Salzbädern oder Vakuumöfen an. Das Anlassen hat im Wesentlichen die folgenden Aufgaben:

1. Beseitigung des noch vorhandenen Restaustenits, da dieser zu einer relativ geringen Gesamthärte führt (61 HRC bis 63 HRC) und sich beim späteren Gebrauch der Werkzeuge in Martensit umwandeln kann. Dies kann zu unerwünschten Maßänderungen, zur Rissbildung oder gar zum Bruch der Werkzeuge führen.

2. Auslösung einer Sekundärhärtung durch Ausscheidung thermisch stabiler Sondercarbide (Kapitel 6.4.5.2).

Bild 3: Gefüge eines gehärteten und zweimal angelassenen Schnellarbeitsstahles: Primär- und Sondercarbide in feinnadeliger martensitischer Matrix

Der bei der ersten Anlassbehandlung in Martensit umgewandelte Restaustenit muss ebenfalls angelassen werden, so dass bei den Schnellarbeitsstählen mindestens eine zweite Anlassbehandlung erforderlich wird. Das Gefüge eines gehärteten und zweimal angelassenen Schnellarbeitsstahls besteht schließlich aus feinnadeligem Martensit ohne Korngrenzen mit feinen, gleichmäßig in der fast strukturlosen Grundmasse verteilten Carbiden (Bild 3).

c) Schnellarbeitsstahlsorten

Die Einteilung der Schnellarbeitsstähle erfolgt nach ihrem Wolfram- und Molybdängehalt in vier Legierungs- und Leistungsgruppen (Tabelle 1).

1. Wolframstähle mit 18 % W

Diese älteste Gruppe der Schnellarbeitsstähle mit dem Grundtyp HS18-0-1 (1.3355) wird seit etwa 1900 nahezu unverändert erschmolzen und ist für die Bearbeitung von Stahl bei mittlerer Beanspruchung geeignet. Zusätzliches Legieren mit Cobalt (z. B. HS18-1-2-5) verbessert die Warmhärte und die Anlassbeständigkeit und erlaubt die Zerspanung von Werkstoffen mit höherer Festigkeit, schwer bearbeitbaren Gusseisensorten, Nichteisenmetallen oder nichtmetallischen Werkstoffen.

Tabelle 1: Legierungs- und Leistungsgruppen von Schnellarbeitsstählen

Stahl-gruppe	Kurzname W-Mo-V-Co	Zur Bearbeitung von Stahl			
		bei mittlerer Beanspruchung		bei höchster Beanspruchung	
		< 850 MPa	> 850 MPa	Schruppen	Schlichten
18 % W	HS18-0-1	+	–	–	–
	HS18-1-2-5	–	–	+	–
12 % W	HS12-1-4-5	–	–	(+)	+
	HS10-4-3-10	–	–	(+)	+
6 % W + 5 % Mo	HS6-5-2	–	+	–	–
	HS6-5-3	–	–	(+)	+
	HS6-5-2-5	–	–	+	–
2 % W + 9 % Mo	HS2-9-1	+	–	–	–
	HS2-9-2	–	+	–	–
	HS2-9-1-8	–	–	+	–

+ geeignet
(+) bedingt geeignet
– ungeeignet

2. Wolframstähle mit 12 % W und etwa 4 % V

Durch partielle Substitution des Wolframs durch Vanadium erhält man Schnellarbeitsstähle, die sich durch eine verbesserte Wärmeleitfähigkeit und insbesondere eine erhöhte Verschleißbeständigkeit auszeichnen. Sie eignen sich für die Herstellung von Drehwerkzeugen und Formstählen aller Art, für Schlichtwerkzeuge sowie für Hochleistungsfräser.

3. Wolfram-Molybdän-Stähle mit etwa 6 % W und 5 % Mo

Die Gruppe stellt einen Kompromiss aus den reinen W- und Mo-W-Stählen dar. Zu dieser Gruppe gehört auch die Basislegierung HS6-5-2. Etwa 2/3 der Weltproduktion an Schnellarbeitsstählen basiert auf diesem Grundtyp. Aufgrund ihrer ausgewogenen Legierungszusammensetzung in Verbindung mit einer guten Zähigkeit und Verschleißbeständigkeit ist sie vielseitig zur Herstellung von Metallbearbeitungswerkzeugen zum Schruppen und Schlichten einsetzbar (z. B. Wendelbohrer, Fräser aller Art, Räumnadeln, Gewindebohrer oder Reibahlen).

4. Molybdän-Wolfram-Stähle

Wolfram kann in seiner Wirkungsweise durch Molybdän ersetzt werden. Aufgrund der geringeren Dichte des Molybdäns (Mo: 10,22 g/cm^3; W: 19,26 g/cm^3) ist es bei gleichen Gewichtsanteilen (d.h. etwa doppeltem Volumen) deutlich wirksamer und verbessert außerdem die Zähigkeit (feinere Carbide). Die Co-legierten Sorten aus dieser Gruppe (z. B. HS2-9-1-8) eignen sich für die Schruppbearbeitung schwer zerspanbarer Werkstoffe.

d) Oberflächenhärtung und Beschichtung von Schnellarbeitsstählen

Eine weitere Verbesserung der Verschleißbeständigkeit der Schnellarbeitsstähle kann durch eine Oberflächenhärtung oder durch eine Beschichtung erfolgen. Hierzu kommen insbesondere die folgenden Verfahren in Frage:

- **Nitrieren**

  Anreicherung der oberflächennahen Schneidstoffschicht mit Stickstoff bei Temperaturen zwischen 500 °C und 590 °C zur Bildung einer dünnen, verschleißbeständigen Nitrierschicht (Kapitel 6.4.6.3).

Tabelle 1: Wärmebehandlung, Härte und Anwendungsbeispiele für Schnellarbeitsstähle nach DIN EN ISO 4957

Stahlsorte	Werkstoff-Nr.	C-Gehalt in Masse-%	Härte weichgegl. HB (min.)	Härte gehärtet HRC (min.)	Anwendungen (Beispiele)
HS0-4-1	1.3325	0,77 ... 0,85	262	60	Gering beanspruchte Zerspanungswerkzeuge.
HS1-4-2	1.3326	0,85 ... 0,95	262	63	Wie HS0-4-1.
HS18-0-1	1.3355	0,73 ... 0,83	269	63	Kleine Wendelbohrer.
HS2-9-2	1.3348	0,95 ... 1,05	269	64	Wendel- und Gewindebohrer, Fräser, Reibahlen, Räumwerkzeuge.
HS1-8-1	1.3327	0,77 ... 0,87	262	63	Wie HS2-9-2, aber geringere Beanspruchung.
HS3-3-2	1.3333	0,95 ... 1,03	255	62	Sägeblätter für Metallhandsägen.
HS6-5-2	1.3339	0,80 ... 0,88	262	64	Standardstähle für alle Zerspanungswerkzeuge für Schrupp- und Schlichtbearbeitung.
HS6-5-3	1.3344	1,15 ... 1,25	269	64	Hochbeanspruchte Gewindebohrer und Reibahlen, Hochleistungsfräser, Wendelbohrer.
HS6-6-2	1.3350	1,00 ... 1,10	262	64	Wie HS6-5-3.
HS6-5-4	1.3351	1,25 ... 1,40	269	64	Wie HS6-5-3.
HS6-5-2-5	1.3243	0,87 ... 0,95	269	64	Hochleistungsfräs- und Bohrwerkzeuge.
HS6-5-3-8	1.3244	1,23 ... 1,33	302	65	Wie HS6-5-2-5.
HS10-4-3-10	1.3207	1,20 ... 1,35	302	66	Universeller Einsatz bei Schrupp- und Schlichtarbeiten.
HS2-9-1-8	1.3247	1,05 ... 1,15	277	66	Schaftfräser, Wendel- und Gewindebohrer, Drehwerkzeuge für Automatenarbeiten.

[1] Abschrecken in Luft, Gas oder Salzbad.

- **Verchromen**

    Abscheiden einer dünnen Chromschicht (5 μm bis 50 μm) auf der Schneidstoffoberfläche bei Temperaturen zwischen 50 °C bis 70 °C.

- **Hartstoffschichten**

    Seit den 60er-Jahren werden auch dünne Hartstoffschichten beispielsweise aus Titannitrid (TiN) oder Titanaluminiumnitrid (Ti,Al)N auf der Schneidstoffoberfläche abgeschieden. Die Verschleißbeständigkeit kann dabei deutlich erhöht werden. Die Beschichtung erfolgt aus der Dampfphase. Als Beschichtungsverfahren kommen in Frage (Kapitel 4.5.4):
    - **PVD-Verfahren** (PVD = Physical Vapour Deposition). Das Verfahren wird aufgrund der relativ niedrigen Beschichtungstemperaturen von 200 °C bis 500 °C überwiegend bei verzugsanfälligen Werkzeugen angewandt (z. B. TiN-Beschichtung von Wendelbohrer, Gewindebohrer, Schaftfräser und Verzahnungswerkzeuge).
    - **CVD-Verfahren** (CVD = Chemical Vapour Deposition). Aufgrund der höheren Beschichtungstemperaturen führt dieses Verfahren zu einer verbesserten Schichthaftung, außerdem wird eine Schattenwirkung vermieden und damit gleichmäßige Schichtdicken erzeugt. Es macht allerdings eine zusätzlich Wärmebehandlung nach dem Beschichten erforderlich. Das CVD-Verfahren wird insbesondere für die Beschichtung von Wendeschneidplatten angewandt.

e) Gesinterte Schnellarbeitsstähle

Schnellarbeitsstähle können auch auf pulvermetallurgischem Wege hergestellt werden (Bild 1), wobei der schmelzmetallurgischen Herstellung (s. o.) heute nach wie vor die größte wirtschaftliche Bedeutung zu kommt.

Bild 1: Verfahrensschritte bei der schmelz- (blau) und pulvermetallurgischen (grau) Herstellung von Schnellarbeitsstählen

Pulvermetallurgisch hergestellte Stähle **(PM-Stähle)** zeichnen sich durch ein homogenes Gefüge mit gleichmäßiger Verteilung feiner Carbide aus, das außerdem frei von Carbidseigerungen ist (Bild 2). Im Vergleich zu den schmelzmetallurgisch hergestellten Stählen haben die PM-Stähle in der Regel auch eine höhere Zähigkeit. Pulvermetallurgisch hergestellte Schnellarbeitsstähle sind bislang nicht genormt. Bild 3 zeigt Werkzeuge bzw. Werkstücke, die auf pulvermetallurgischem Weg hergestellt wurden.

Bild 2: Gefüge eines pulvermetallurgisch hergestellten Stahls

Bild 3: Werkzeuge bzw. Werkstücke aus pulvermetallurgisch hergestellten Stählen

Der Sintervorgang wird bei kaltisostatisch zu Halbzeugen gepressten Pulvern vor Erreichen der theoretischen Dichte (d. h. eines porenfreien Gefüges) abgebrochen. Die endgültige Verdichtung erfolgt beim nachfolgenden Schmieden. Formteile wie Wendeschneidplatten, die in Matrizenpressen geformt werden, werden hingegen bis zum Erreichen der theoretischen Dichte gesintert. Gasverdüstes Pulver wird durch heißisostatisches Pressen zu Formteilen (z. B. Werkzeugen) verarbeitet.

6.6 Eisengusswerkstoffe

Die Herstellung von Bauteilen durch Gießen ist gegenüber Schweiß- oder Schmiedekonstruktionen oft wirtschaftlicher. Der Werkstoff wird dabei im schmelzflüssigen Zustand in Formen gegossen und erhält, abgesehen von eventuellen Nachbearbeitungsschritten, bereits die Endform. Aufwändige Umformschritte sind nicht vorgesehen, die Fertigbearbeitung erfolgt in der Regel durch Zerspanung. Bei Beachtung einiger verfahrensspezifischer Grundsätze besitzt das Gießen eine Reihe von Vorteilen:

- Freizügigkeit des Gestaltens, wird mit keinem anderen Fertigungsverfahren erreicht (z. B. komplexe Gestaltung mit Hohlräumen),
- Möglichkeit der Herstellung endkonturnaher Werkstücke mit hoher Maßgenauigkeit,
- Herstellung von Integralgussteilen, dadurch Verringerung des Montageaufwandes,
- Materialeinsparung (keine Späne) und hohe Recyclingrate des Werkstoffs,
- geringer spezifischer Energieeinsatz bezogen auf die Festigkeit (beanspruchungsgerechte Bauteilgestaltung),
- Isotropie der Werkstoffeigenschaften (keine Texturen).

6.6.1 Einteilung der Eisengusswerkstoffe

Bei der Einteilung der Eisengusswerkstoffe (Bild 1) ist es zweckmäßig, zwischen dem metastabilen System Fe-Fe$_3$C und dem stabilen System Fe-C zu unterscheiden. Im metastabilen System wird der nicht mehr im Kristallgitter des Eisens lösbare Kohlenstoff als metastabile Verbindungsphase in Form von Carbid bzw. Zementit (Bild 1, Seite 170) ausgeschieden, im stabilen System hingegen als Graphit (Bild 2, Seite 170). Die Unterschiede im Zustandsdiagramm Eisen-Kohlenstoff bei metastabiler und stabiler Erstarrung zeigt Bild 1, Seite 172.

Bild 1: Einteilung der Eisengusswerkstoffe

6.6 Eisengusswerkstoffe

Eisenwerkstoffe des metastabilen Systems mit C < 2,06 % werden, sofern es sich um Knetwerkstoffe handelt, als **Stähle** (Walz- oder Schmiedestähle) bezeichnet (siehe auch Kapitel 6.2.2.3). Bei gießtechnischer Verarbeitung vergleichbarer Legierungen spricht man hingegen von **Stahlguss**.

Eisenwerkstoffe mit Kohlenstoffgehalten über 2,06 % sind nicht mehr plastisch verformbar, die Formgebung ist nur noch durch Gießen möglich. Diese Werkstoffgruppe wird daher als **Gusseisen** bezeichnet. Legierungselemente wie Si oder P können die Grenze zwischen Stahl bzw. Stahlguss und Gusseisen allerdings zu niedrigeren Kohlenstoffgehalten verschieben.

Die weitere Unterteilung der Gusseisenwerkstoffe erfolgt nach dem Bruchaussehen in **weißes Gusseisen** (Kohlenstoff liegt als Zementit vor; metastabiles System) und **graues Gusseisen** (Kohlenstoff liegt als Grafit vor; stabiles System). Eine weiße Erstarrung wird durch erhöhte Mn-Gehalte (auch Cr und andere carbidbildende Elemente) und eine zügige Abkühlung, eine graue Erstarrung hingegen durch erhöhte Si-Gehalte (auch P, Cu und Ni) und eine langsame Abkühlung begünstigt (Kapitel 6.6.3.2).

Weißes Gusseisen ist durch das Ledeburiteutektikum hart, spröde und schwer bearbeitbar. Mit Ausnahme von **perlitischem Hartguss** und **verschleißbeständigem Gusseisen** (Kurzzeichen: GJN, zur Normung von Gusseisenwerkstoffen siehe Kapitel 8.2) findet es in diesem Zustand kaum Verwendung. Durch eine nachträgliche Glühung der fertigen Bauteile in neutraler Atmosphäre zerfällt der Zementit in Ferrit und Grafit (Temperkohle) und es entsteht der **schwarze Temperguss** (Kurzzeichen: GJMB). Eine Glühung in oxidierender Atmosphäre führt zu einer Entkohlung und die Bruchfläche zeigt ein stahlähnliches, hellgraues Aussehen. Die Gusseisensorte wird daher als **weißer Temperguss** (Kurzzeichen: GJMW) bezeichnet.

Beim grauen Gusseisen liegt der überwiegende Teil des Kohlenstoffs als lamellar, vermikular (würmchenförmig) oder globular (kugelförmig) ausgebildeter Grafit vor. Entsprechend der geometrischen Gestalt der Grafitkristalle im Gefüge unterscheidet man zwischen:
- **Gusseisen mit Lamellengrafit,** auch als **Grauguss** bezeichnet (Kurzzeichen: GJL)
- **Gusseisen mit Vermikulargrafit** (Kurzzeichen: GJV)
- **Gusseisen mit Kugelgrafit** (Kurzzeichen: GJS)

6.6.2 Stahlguss

Stahlguss ist in Formen gegossener Stahl, der außer einer Zerspanung keinem nachträglichen Formgebungsverfahren unterzogen wird.

Stahlguss hat im Vergleich zu den Gusseisenwerkstoffen eine Reihe von Vorteilen:
- Höhere Festigkeit und Zähigkeit im Vergleich zu den Gusseisenwerkstoffen, wie Gusseisen mit Lamellen- bzw. Kugelgrafit oder Temperguss,
- aufgrund der guten Zähigkeit, vorteilhafte Verwendung von Stahlguss bei schwingender Beanspruchung, Stoß- und Schlagbeanspruchung,
- Stahlgusssorten haben, analog den Stählen, eine gute Schweißbarkeit,
- nahezu unbegrenzte Anwendbarkeit hinsichtlich Größe und Masse der Gussstücke (Bild 1),
- Werkstoffvielfalt. Es stehen unter anderem Sorten für tiefe Temperaturen (< – 10 °C), für hohe Temperaturen (> 300 °C), für korrosive Umgebung sowie für erhöhte Verschleißbeanspruchung zur Verfügung.

> (i) **Information**
>
> **Stahlguss**
> Die Anwendung von Stahlguss ist aufgrund seiner verhältnismäßig schlechten Gießbarkeit (s. u.) nur zweckmäßig, falls die geforderten Eigenschaften (z.B. Festigkeit, Zähigkeit, Schweißbarkeit) durch andere Gusswerkstoffe nicht erreicht werden können und alternative Fertigungsmethoden wie Umformen oder Zerspanen aufgrund komplexer Werkstückgeometrien oder aus Wirtschaftlichkeitsgründen nicht in Betracht kommen.

Bild 1: Lasthaken für einen Schiffskran (Tragfähigkeit etwa 4500 Tonnen) aus GX5CrNi13-4 (Masse: 92 t)

6.6.2.1 Gießbarkeit von Stahlguss

Stahlguss kann mit allen gebräuchlichen Gießverfahren verarbeitet werden. Typische Beispiele sind der Handform- und Maschinenformguss oder der Formmaskenguss. Auch Feinguss, Vollformguss oder Schleuderguss kommen zur Anwendung (Kapitel 5.5.1). Dennoch ist Stahl kein typischer Gusswerkstoff, da seine Gießbarkeit relativ schlecht ist:

- Hohe Gießtemperatur von 1500 °C bis 700 °C mit entsprechenden anlagentechnischen und energetischen Nachteilen.
- Erstarrung in einem Temperaturintervall, dadurch schlechtes Formfüllungs- und Fließvermögen, da ausgehend von der kalten Formwand dendritische Mischkristalle senkrecht in die Schmelze hineinwachsen und bei dünnen Querschnitten den Durchfluss sperren.
- Große Erstarrungsschwindung von etwa 2 % (Tabelle 1). Sie führt in Verbindung mit dem schlechten Formfüllungs- und Fließvermögen zur Bildung unerwünschter Warmrisse und Lunker.

Tabelle 1: Schwindmaße ausgewählter Gusswerkstoffe

Eisengusswerkstoff	Richt-wert in %	Streu-band in %
Graues Gusseisen		
• mit Lamellengrafit	1,0	0,5 ... 1,3
• mit Kugelgrafit	1,2	0,8 ... 1,6
Stahlguss	2,0	1,5 ... 2,5
Temperguss		
• weiß	1,6	1,0 ... 2,0
• schwarz	0,5	0,0 ... 1,5
Aluminium-Gusslegierungen[1]	1,2[2]	0,9 ... 1,5
Magnesium-Gusslegierungen[1]	1,2	1,0 ... 1,5
Kupfer-Gusslegierungen		
Unlegiertes Kupfer	1,9	1,5 ... 2,1
Cu-Sn (Bronze)	1,5	0,8 ... 2,0
Cu-Zn (Messing)	1,3	0,8 ... 1,6
Cu-Sn-Zn (Rotguss)	1,2	0,8 ... 1,8
Zinn-Gusslegierungen	1,3	1,1 ... 1,5

[1] Werte gültig für Sandguss. Bei Kokillen- oder Druckguss geringere Werte (starre Gussformen)
[2] Allgemeiner Richtwert

6.6.2.2 Wärmebehandlung von Stahlguss

Stahlguss wird, von wenigen Ausnahmen abgesehen, nach dem Gießen fast immer einer Wärmebehandlung unterzogen. Hauptziel einer Wärmebehandlung ist die Beseitigung von **Widmannstättenschem Gefüge**. Dieses grobnadelige ferritisch-perlitische Gefüge (Bild 1, Seite 216) ist unerwünscht, da es zu einer deutlichen Verminderung der plastischen Verformbarkeit führt. Stahlguss wird daher entweder normalgeglüht (Kapitel 6.4.3.1) oder vergütet (Kapitel 6.4.5.4).

6.6.2.3 Stahlgusssorten

Die Stahlgusssorten werden nach ihren mechanischen, technologischen oder chemischen Eigenschaften eingeteilt. Die Werkstoffpalette reicht dabei von unlegiert bis hochlegiert. Man unterscheidet üblicherweise die in Bild 1 dargestellten Gruppen. Die wichtigsten Sorten werden nachfolgend besprochen.

a) Stahlguss für allgemeine Verwendungszwecke

Stahlguss für allgemeine Verwendungszwecke ist in DIN EN 10293 und DIN EN 10213 (Stahlguss für Druckbehälter) genormt. Die Gruppe umfasst un-, niedrig- und hochlegierte Stahlsorten. Die mechanischen Eigenschaften ausgewählter Sorten sind in Tabelle 1, Seite 323 zusammengestellt. Stahlguss für allgemeine Verwendungszwecke wird, sofern die Festigkeits- und Zähigkeitseigenschaften ausreichend sind, im Temperaturbereich zwischen –10 °C und 300 °C eingesetzt. Die Bauteile dürfen außerdem nur geringen bis mittleren zeitlich veränderlichen oder schlagartigen Beanspruchungen ausgesetzt werden. Auch eine zu hohe Verschleißbeanspruchung muss vermieden werden.

Stahlguss

- **Stahlguss für allgemeine Verwendungszwecke** (DIN EN 10293)
  - mittlere bis hohe Beanspruchungen
  - Temperaturbereich –10°C ... 300°C
  - mäßige Verschleißbeanspruchung
- **Hochfester Stahlguss** (SEW 520)[1]
  - vorzugsweise für Schweißkonstruktionen
  - Festigkeitseigenschaften sind mit den Feinkornbaustählen vergleichbar
- **Vergütungsstahlguss** (DIN EN 10293)
  - für statisch u. dynamisch hoch beanspruchte Bauteile
  - Temperaturbereich bis 300°C
- **Warmfester Stahlguss** (DIN EN 10213)
  - bei statischer Beanspruchung bis 600°C einsetzbar
- **Kaltzäher Stahlguss** (DIN EN 10213, SEW 685)
  - Temperaturbereich –40°C ... –270°C (je nach Sorte)
- **Nicht rostender Stahlguss** (DIN EN 10283, SEW 410)
  - Anwendung bei erhöhter korrosiver Beanspruchung
  - Sorten:
    - Martensitischer Stahlguss
    - Austenitischer Stahlguss
    - Austenitisch-ferritischer Stahlguss
- **Hitzebeständiger Stahlguss**
  - Anwendung bei Temperaturen zwischen 600°C und 1150°C sowie ggf. zusätzlich gasförmige, korrosive Medien
- **Verschleißbeständiger Stahlguss**
  - Bei hoher Verschleißbeanspruchung
  - Sorten:
    - Manganhartstahlguss
    - Verschleißfester Chromhartguss
    - Stahlguss für das Einsatzhärten

[1] SEW = Stahl-Eisen-Werkstoffblatt

Bild 1: Einteilung der Stahlgusssorten

6.6 Eisengusswerkstoffe

Tabelle 1: Mechanische Eigenschaften der Stahlgusssorten für allgemeine Verwendungszwecke nach DIN EN 10293 (Auswahl)

Stahlgusssorte			Wärmebehandlung[2]	Wanddicke in mm	Mechanische Eigenschaften[3]			
neu[1]	alt[1]	Wst.-Nr.			$R_{p0,2}$ in MPa	R_m in MPa	A in %	KV[4] in J
GE200	GS-38	1.0420	N	≤ 300	200	380 – 530	25	35
GE240	GS-45	1.0446	N	≤ 100	240	450 – 600	22	27
GE300	GS-60	1.0558	N	≤ 30	300	600 – 750	15	27
G17Mn5	GS-16 Mn 5	1.1131	N	≤ 50	240	450 – 600	24	70
G20Mn5	GS-20 Mn 5	1.6220	V	≤ 100	300	500 – 50	22	60
G10MnMoV6-3	–	1.5410	V	≤ 50	500	600 – 50	18	60
G42CrMo4	GS-42CrMo4	1.7231	V	≤ 100	600	800 – 950	12	31
G30NiCrMo14	–	1.6771	V	≤ 50	1000	1100 – 1250	7	15
G35CrNiMo6-6	GS-34CrNiMo6	1.6579	V	≤ 100	800	900 – 1050	10	35
GX9Ni5	–	1.5681	V	≤ 30	380	550 – 700	18	100
GX4CrNi16-4	–	1.4421	V	≤ 300	830	1000 – 1200	10	27

[1] Neu nach DIN EN 10 027-1; alt nach DIN 17 006. Die alten Kurznamen sind in der Tabelle noch aufgeführt, da sie in der Praxis, insbesondere in älteren Dokumenten, noch anzutreffen sind.
[2] N = normalgeglüht; V = vergütet (Wasser oder Öl).
[3] Werte ermittelt bei Raumtemperatur. Jeweils Mindestwerte.
[4] ISO-Spitzkerbproben. Mittelwert aus drei Proben.

b) Hochfester Stahlguss

Der Wunsch nach Stahlguss mit den Feinkornbaustählen vergleichbaren Streck- bzw. Dehngrenzen bei gleichzeitig guter Schweißbarkeit und einer hohen Zähigkeit auch bei tiefen Temperaturen führte zur Entwicklung der hochfesten Stahlgusssorten. Sie werden vorzugsweise für Schweißverbundkonstruktionen mit Walz- und Schmiedestählen auf vielen Gebieten des Maschinenbaus, im Bergbau und Brückenbau für tragende Konstruktionen sowie im Fahrzeugbau für Schwertransport- und Schienenfahrzeuge, Hebe- und Erdbewegungsmaschinen eingesetzt. Auch im Schiffsbau und in der Offshore-Technik finden die hochfesten Stahlgusssorten Verwendung. Wichtige hochfeste Stahlgusssorten sind im Stahl-Eisen-Werkstoffblatt 520 (SEW 520) genormt.

Bild 1: Zahnkranz für einen Drehofen aus Vergütungsstahlguss G34CrMo4 (Durchmesser: 9,2 m; Masse: 70 t)

c) Vergütungsstahlguss

Vergütungsstahlguss nach DIN EN 10293 wird im vergüteten Zustand bevorzugt für statisch und dynamisch hoch beanspruchte Bauteile bei Betriebstemperaturen bis 300 °C eingesetzt (Bild 1). Um eine gute Durchvergütbarkeit auch bei größeren Wanddicken zu erreichen, sind die verfügbaren Sorten nach DIN EN 10293 legiert, wobei mit zunehmendem Legierungsgehalt die vergütbare Wanddicke steigt. Unlegierte Stahlgusssorten würden sich nur bis zu einer Wanddicke von etwa 20 mm durchvergüten lassen.

d) Warmfester Stahlguss

Warmfeste Stahlgusssorten nach DIN EN 10213 werden im Temperaturbereich zwischen 300 °C und 600 °C, vorzugsweise unter statischer Beanspruchung und meist im vergüteten Zustand, eingesetzt (Bild 2). Für das Werkstoffverhalten bei erhöhten Temperaturen gilt das bereits bei den warmfesten Stählen Gesagte (Kapitel 6.5.8).

Bild 2: Gehäuse einer Dampfturbine aus warmfestem Stahlguss (G17CrMo5-5) mit einer Masse von 80 t

e) Kaltzäher Stahlguss

Als kaltzäh bezeichnet man Stahlgusssorten, die bei Temperaturen unter –10 °C eingesetzt werden können und dabei noch ausreichende Zähigkeitseigenschaften, in der Regel eine Kerbschlagarbeit über 27 J, aufweisen. Abhängig von der Stahlgusssorte betragen die tiefsten Einsatztemperaturen der kaltzähen Stahlgusssorten – 40 °C bis – 270 °C. Die wichtigsten kaltzähen Stahlgusssorten sind im Stahl-Eisen-Werkstoffblatt 685 (SEW 685) und in DIN EN 10 213 genormt. Für das Werkstoffverhalten bei tiefen Temperaturen gilt das bereits bei den kaltzähen Stählen Gesagte (Kapitel 6.5.9).

Hauptanwendungsgebiet für den kaltzähen Stahlguss ist die industrielle Kältetechnik. Kaltzäher Stahlguss wird dort für Bauteile und Anlagen zur Verflüssigung und zum Fraktionieren von technischen Gasen, wie zum Beispiel Sauerstoff, Stickstoff, Wasserstoff oder Edelgase, eingesetzt. Auch im Schwerfahrzeugbau und im Flugzeugbau findet kaltzäher Stahlguss mitunter Verwendung.

f) Nichtrostender Stahlguss

Stahlguss gilt als nichtrostend, falls sein Cr-Gehalt die Resistenzgrenze von 12 % überschreitet (Kapitel 6.5.10). Die wichtigsten nichtrostenden Stahlgusssorten sind in DIN EN 10283 und im Stahl-Eisen-Werkstoffblatt 410 (SEW 410) genormt. Entsprechend ihres Gefügeaufbaus und damit ihrer Gebrauchseigenschaften unterscheidet man vier Hauptgruppen.

- **Ferritisch-carbidischer Chromstahlguss** eignet sich bevorzugt bei kombinierter Korrosions- und Verschleißbeanspruchung, sofern an die Zähigkeit der Bauteile keine allzu hohen Anforderungen gestellt werden. Aufgrund des hohen Chromgehaltes kann auch bei rauer Walzhaut mit guter Korrosionsbeständigkeit gerechnet werden. Die **nickelfreien ferritisch-carbidischen** Sorten (z. B. GX70Cr29, GX120Cr29 und GX120CrMo29-2) werden in der Nahrungsmittel- und chemischen Industrie sowie im Berg- und Schiffsbau eingesetzt, die **nickelhaltigen ferritisch-carbidischen Chromstahlgusssorten** (GX40CrNi27-4 und GX40CrNiMo27-5) eignen sich für formschwierige Gussstücke wie Pumpengehäuse und Laufräder für die chemische Industrie, im Kalibergbau sowie für Bauteile von Rauchgas-Entschwefelungsanlagen.

Bild 1: Schiffsschraube aus nichtrostendem, martensitischem Stahlguss
Masse: 44,3 t) Nabe: GX4CrNiMo16-5-2
Flügel: NiMo-haltiger 12 % Cr-Stahlguss

- **Martensitischer Stahlguss** (z. B. GX12Cr12, GX7CrNiMo12-1, GX4CrNi13-4, GX4CrNiMo16-5-2) besitzt einen Cr-Gehalt von etwa 12 % bis 17 %. Analog den martensitischen Chromstählen wandeln sich diese Stahlgusssorten bei Abkühlung aus der Austenitisierungstemperatur in der Martensitstufe um. Anwendungen finden sich im Wasserturbinenbau sowie für Pumpen- und Gebläseräder. Für chloridhaltige Medien kommen die Mo-legierten Qualitäten (z. B. GX4CrNiMo16-5-2) in Frage (Bild 1).

- **Austenitischer Stahlguss** (z. B. GX2CrNi19-11, GX5CrNiNb19-11, GX2CrNiMoN17-13-4) besitzt einen über das Cr-Ni-Verhältnis gezielt eingestellten Deltaferritgehalt von 5% bis 20%. Bei niedrigem Deltaferritgehalt wird die Empfindlichkeit für Erstarrungs- und Aufschmelzrisse (Kapitel 4.4.1.3) z.B. beim Schweißen reduziert, bei höherem Deltaferritgehalt wird hingegen die Dehngrenze verbessert. Die **vollaustenitischen Sorten** (z. B. GX2NiCrMoCuN29-25-5, GX2NiCrMo28-20-2) werden bei sehr hoher Korrosionsbeanspruchung eingesetzt. Zur Verbesserung der Schweißbarkeit und Erhöhung der Dehngrenze sind sie zum Teil mit Stickstoff legiert.

- **Austenitisch-ferritischer Stahlguss** oder **Duplex-Stahlguss** (z. B. GX6CrNiN26-7, GX2CrNiMoN25-6-3, GX2CrNiMoCuN25-6-3-3, GX2CrNiMoN26-7-4) hat ein Gefüge aus etwa 50 % Austenit und 50 % Ferrit. Gegenüber dem austenitischen Stahlguss hat Duplex-Stahlguss eine deutlich höhere Festigkeit (0,2-%-Dehngrenzen von 420 MPa bis 480 MPa), eine verbesserte Beständigkeit gegenüber transkristalliner Spannungsrisskorrosion sowie eine hervorragende Beständigkeit gegenüber Lochkorrosion (auch in Meerwasser) und interkristalliner Korrosion. Die Einsatztemperaturen liegen zwischen – 50 °C und + 300 °C.

g) Hitzebeständiger Stahlguss

Stahlguss wird als hitzebeständig bezeichnet, sofern er bei Temperaturen oberhalb 600 °C in verzundernd, d. h. oxidierend wirkenden Gasen nicht angegriffen wird. Hitzebeständige Stahlgusssorten werden für mechanisch und thermisch hoch beanspruchte Bauteile verwendet, die gasförmigen, korrosiven Medien bei Temperaturen zwischen 600 °C und 1150 °C ausgesetzt sind. Typische Einsatzgebiete sind Erzaufbereitungsanlagen (Röstöfen), Ofenanlagen in der Zement- und Erdölindustrie sowie in petrochemischen Betrieben. Die hitzebeständigen Stahlgusssorten sind in DIN EN 10295 sowie im Stahl-Eisen-Werkstoffblatt 595 (SEW 595, Norm zurückgezogen) genormt und können in drei Gruppen eingeteilt werden: ferritische und austenitisch-ferritische Sorten, austenitische Stahlgusssorten sowie Nickel- und Cobalt-Basislegierungen.

h) Verschleißbeständiger Stahlguss

Für Bauteile, die einer erhöhten Verschleißbeanspruchung ausgesetzt sind, stehen unterschiedliche verschleißbeständige Stahlgusssorten zur Verfügung.

- **Manganhartstahlguss** (C = 1,0 % ... 1,4 %) hat aufgrund seines hohen Mangangehaltes von bis zu 14 % ein austenitisches Gefüge bei Raumtemperatur und damit eine gute Zähigkeit. Optimale Härte (bis 550 HB) und Verschleißfestigkeit werden erst durch eine Kaltverformung der verschleißbeanspruchten Oberflächen während des Betriebs erreicht.

Bild 1: Kettenglied für ein Kettenfahrzeug aus Manganhartstahlguss (GX120Mn12)

Manganhartstahlguss wird bevorzugt für Bauteile verwendet, die während des Betriebs hohen Schlag- oder Stoßbeanspruchungen ausgesetzt sind. Beispiele sind Brechbacken, Hämmer, Auskleidungen von Brechern und Mühlen sowie Kettenglieder von Kettenfahrzeugen (Bild 1). Beim Fehlen von Schlag- oder Druckbeanspruchung erhöht sich die Verschleißrate von Manganhartstahlguss beträchtlich, da keine Kaltverfestigung auftritt.

- **Verschleißfester Chromhartguss** nach DIN EN 12513 besitzt von allen Stahlgusswerkstoffen die höchste Verschleißbeständigkeit und allerdings auch die geringste Zähigkeit. Die Stahlgusssorten mit Kohlenstoffgehalten von 2,5 % bis 3,5 % und Chromgehalten von 15 % bis 27 % erreichen ihre höchste Härte (62 HRC) und Verschleißbeständigkeit nach dem Härten (900 °C bis 1050 °C/Luft) durch einen erhöhten Gehalt an Chrommischcarbiden in weitgehend martensitischem Grundgefüge (Kapitel 6.6.3.9).

Bild 2: Zahnrad für einen Pressenantrieb (Ø 6 m, Masse: 70 t) aus einsatzhärtbarem Stahlguss (G34CrMo4)

- **Einsatzstahlguss** (z. B. GC16E, G16MnCr5, G25CrMo4, G17CrMnMo5-5, G22NiMoCr5-6) wird dort eingesetzt, wo ein zäher Kern bei gleichzeitig harter und verschleißbeständiger Oberfläche gefordert wird (z. B. für Zahnräder, Bild 2). Das Bauteil kann dabei eine hohe Verschleißbeanspruchung kombiniert mit Schlag- oder Biegebeanspruchungen ertragen.

Weitere verschleißbeständige Stahlgusssorten, die jedoch nicht näher besprochen werden sollen, sind:
- Martensitischer Stahlguss mit erhöhtem Carbidgehalt
- Stahlguss für das Nitrieren
- Stahlguss für das Flamm- und Induktionshärten

6.6.3 Gusseisenwerkstoffe

Unter Gusseisen versteht man Eisen-Kohlenstoff-Legierungen mit mehr als 2,06 % C (meist 2 % bis 5 %) und Siliciumgehalten mit bis zu 3 %. Auch der Phosphorgehalt ist bei einigen Sorten mit bis zu 2 % wesentlich höher im Vergleich zu den Stählen.

Gusseisenwerkstoffe zeichnen sich, im Gegensatz zu Stahlguss, durch eine teilweise hervorragende Gießbarkeit, d. h. dünnflüssige Schmelze, gutes Formfüllungsvermögen und geringe Schwindung aus (Tabelle 1, Seite 322). Im festen Zustand sind viele Gusseisensorten jedoch verhältnismäßig spröde, sodass die Formgebung deshalb meist nur durch Gießen und ggf. Zerspanen, nicht jedoch durch plastische Verformung erfolgt.

6.6.3.1 Erschmelzung von Gusseisenwerkstoffen

Gusseisen wird aus gut sortiertem Stahlschrott, Kreislaufmaterial, Roheisenmasseln (Gießerei- und Hämatit-Roheisen) oder Gussbruch erschmolzen. Heute wird aus Wirtschaftlichkeitsgründen in zunehmendem Maße Stahlschrott eingesetzt. Die Erschmelzung erfolgt in gas- oder koksbeheizten Kupolöfen, mitunter kommen auch Induktionstiegelöfen, seltener Drehtrommelöfen zum Einsatz (Bild 1). Hochwertige Sorten werden häufig zum Fertigschmelzen, Nachbehandeln oder ggf. Legieren aus dem Kupolofen in den Induktionstiegelofen umgefüllt (**Duplexverfahren**).

Bild 1: Verfahrensschritte bei der Erschmelzung von Gusseisen

6.6.3.2 Gusseisendiagramme

Die Gefügeausbildung und damit die Art des Gusseisens hängt ab von:

- Chemischer Zusammensetzung (insbesondere Kohlenstoff- und Siliciumgehalt).
- Abkühlgeschwindigkeit (Wanddicke und Gießart wie z. B. Sand- oder Kokillenguss).

Einen besonderen Einfluss auf die Gefügeausbildung des Gusseisens hat das Silicium, das neben Kohlenstoff das wichtigste Legierungselement für das Gusseisen darstellt. Höhere Siliciumgehalte fördern den Zerfall des Zementits, da es den Kohlenstoff im Zementit verdrängt:

$$Fe_3C + Si \rightarrow Fe_3Si + C$$

Der Einfluss des Kohlenstoff- und des Siliciumgehaltes auf die Gefügeausbildung kann in übersichtlicher Form dem **Gusseisendiagramm nach Maurer** entnommen werden (Bild 2). Man unterscheidet drei Gebiete:

Gebiet 1: Niedrige C- und Si-Gehalte begünstigen eine weiße Erstarrung, d. h. es tritt ein ledeburitisches Gefüge auf (weißes Gusseisen wie z. B. Temperguss oder perlitischer Hartguss).

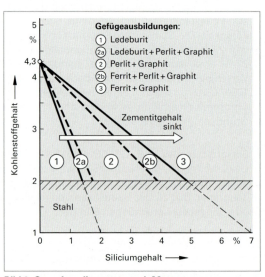

Bild 2: Gusseisendiagramm nach Maurer (Probestäbe mit Ø 30 mm, trockene Form)

Gebiet 2: Höhere Si-Gehalte begünstigen das stabile System, so dass in zunehmendem Maße ein perlitisches Gefüge mit eingelagerten Grafitlamellen entsteht (graues Gusseisen mit perlitischem Gefüge).

Gebiet 3: Bei sehr hohen Si-Gehalten entsteht schließlich ein ferritisches Gefüge mit eingelagerten Grafitlamellen (graues Gusseisen mit ferritischem Gefüge).

In der Übergangszone 2a liegt ein Gemisch aus weißem und grauem Gusseisen vor, es wird auch als **meliertes Gusseisen** (oder halbgraues Gusseisen) bezeichnet. Im Bereich 2b findet sich Gusseisen mit ferritisch-perlitischem Gefüge.

Neben dem C- bzw. Si-Gehalt hat auch die Abkühlgeschwindigkeit und damit die Wanddicke des Gussteils bzw. die Gießart (z. B. Sand- oder Kokillenguss) Einfluss auf die Gefügeausbildung. Die Zusammenhänge werden anschaulich im **Gusseisendiagramm nach Greiner-Klingenstein** dargestellt (Bild 1). Eine hohe Abkühlgeschwindigkeit (z. B. geringe Wanddicke oder Kokillenguss) begünstigt demnach die weiße Erstarrung (Zementit- statt Grafitbildung), eine langsame Abkühlung (große Wanddicken bzw. Sandguss) hingegen die graue Erstarrung (Grafit- statt Zementitbildung).

Da in der Praxis die Abkühlgeschwindigkeit durch die Wanddicke (Konstruktion) und die Gießart festgelegt sind, wird die gewünschte Gefügeausbildung durch die chemische Zusammensetzung (C- und Si-Gehalt) eingestellt.

Bild 1: Gusseisendiagramm nach Greiner-Klingenstein

Bild 2: Anteile der einzelnen Werkstoffgruppen an der Gesamtproduktion von Eisengusswerkstoffen

6.6.3.3 Gusseisen mit Lamellengrafit

Gusseisen mit Lamellengrafit (kurz: GJL), das in der Praxis auch als **Grauguss** bezeichnet wird, besitzt von allen Eisengusswerkstoffen die größte Bedeutung, wird jedoch zunehmend vom Gusseisen mit Kugelgrafit (Kapitel 6.6.3.4) verdrängt (Bild 2).

Gusseisen mit Lamellengrafit besitzt üblicherweise einen C-Gehalt von 2% bis 4% und einen Si-Gehalt von 0,8 % bis 3,0 %.

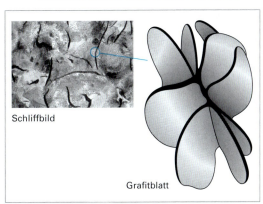

Bild 3: Modell der räumlichen Ausdehnung von Grafit in Grauguss (Grafitblätter)

a) Gefügeaufbau von Grauguss

Die Erstarrung einer Gusseisenschmelze beginnt mit der Bildung von Austenit- bzw. Grafitkristallen in der Schmelze.

Mit Erreichen der Eutektikalen bei 1153 °C (Bild 1, Seite 172) bilden sich aus der Restschmelze **eutektische Zellen** durch gleichzeitiges Wachstum von Grafit und Austenit mit eutektischer Zusammensetzung. Die Grafitkristalle bleiben an der Stelle des ursprünglichen Kristallisationskeimes räumlich miteinander verbunden und bilden **Grafitblätter**, die dann im Schliffbild als Grafitlamellen in der metallischen Matrix erscheinen (Bild 3).

Mit Erreichen der eutektoiden Temperatur (738 °C) zerfällt der Austenit in Perlit (siehe Austenitzerfall, Kapitel 6.2.2.5), wobei die Zementitplatten des Perlits dicht unterhalb von 738 °C weiter zu Ferrit und elementarem Kohlenstoff zerfallen. Der Kohlenstoff kristallisiert dabei an die bereits vorhandenen Grafitkristalle an. Das Ausmaß des Perlitzerfalls hängt von der chemischen Zusammensetzung und vor allem von der Abkühlgeschwindigkeit ab.

Bei sehr langsamer Abkühlung und eventuell begünstigt durch höhere Siliciumgehalte zerfällt der Zementit des Perlits vollständig und es entsteht ein ferritisches Gefüge mit groben Grafitkristallen (Bild 1a). Bei zügiger Abkühlung zerfällt der Zementit des Perlits nur in der Umgebung der Grafitkristalle und es entsteht ein Gefüge aus Grafitkristallen, die von Ferritsäumen umgeben sind (Bild 1b). Bei schneller Abkühlung findet schließlich kein Zerfall des Perlits mehr statt, sodass ein Gusseisen mit perlitischer Matrix und eingelagerten Grapitkristallen entsteht (Bild 1c). Demnach unterscheidet man zwischen:

- **ferritischem grauem Gusseisen**
- **ferritisch-perlitischem grauem Gusseisen**
- **perlitischem grauem Gusseisen**

Mit zunehmendem Perlitanteil steigen die Festigkeit, die Härte und auch die Verschleißbeständigkeit, während die plastische Verformbarkeit und die Zähigkeit sinken.

Bild 1: Gefügearten von Gusseisen mit Lamellengrafit

b) Eigenschaften von Grauguss

Aufgrund ihrer geringen Festigkeit sowie der Tatsache, dass zwischen den Grafitkristallen und der metallischen Matrix keine festen Bindungen bestehen, wirken die Grafitkristalle wie Hohlräume in der stahlähnlichen, ferritischen bis perlitischen Matrix. Aufgrund der geringen Dichte von Grafit (2,27 g/cm³) entspricht der übliche Grafitanteil von 3 % bis 4 % dabei einem Hohlraumanteil von bis zu 10 %. Die Grafitkristalle schwächen nicht nur den tragenden Querschnitt, sondern bewirken als innere Kerben auch eine Störung des Kraftflusses durch Spannungsüberhöhung im Kerbgrund (Bild 1, Seite 335). Die Zugfestigkeit von Gusseisen mit Lamellengrafit (Grauguss) ist daher im Vergleich zu anderen Gusseisensorten oder gar zu Stahl gering (R_m = 100 MPa bis 450 MPa).

Auch die praktisch nicht vorhandene plastische Verformbarkeit von Grauguss (Bruchdehnung < 1 %) lässt sich auf das stark heterogene Gefüge und die innere Kerbwirkung zurückführen. Grauguss sollte daher weder schlagartig noch auf Biegung beansprucht werden.

Die Festigkeit und auch die Härte von Grauguss ist, im Vergleich zu anderen metallischen Werkstoffen, in hohem Maße wanddickenabhängig (Bild 1, Seite 93). Die Festigkeitswerte in den Kurzbezeichnungen beziehen sich auf Proben mit einem Rohgussdurchmesser von 30 mm d.h. einer maßgebenden Wanddicke von 15 mm.

6.6 Eisengusswerkstoffe

Mit zunehmender Wanddicke nimmt die Festigkeit und die Härte grundsätzlich ab, da die Grafitlamellen gröber (stärkere Kerbwirkung) und die Matrix eher ferritisch wird (Bild 1, Seite 328). Eine zu geringe Wanddicke (z. B. Ecken, Rippen und Kanten von Gussteilen) führt andererseits zu sprödem Ledeburit im Gefüge (**Weißeinstrahlung**).

Im Gegensatz zur Zugfestigkeit nimmt die Druckfestigkeit von Grauguss eine Sonderstellung unter allen metallischen Konstruktionswerkstoffen ein. Sie liegt um den Faktor 3 bis 4,5 über der Zugfestigkeit, da die Grafitkristalle zwar keine Zugkräfte, jedoch aufgrund ihrer Inkompressibilität Druckkräfte übertragen können. Grauguss ist daher ein idealer Konstruktionswerkstoff falls das Bauteil überwiegend Druckspannungen aufnehmen muss (Bild 1).

Grauguss hat eine nur geringe **Kerbempfindlichkeit** gegenüber äußeren, konstruktiv bedingten Kerben. Da die Grafitkristalle bereits eine sehr starke innere Kerbwirkung verursachen, wirken sich zusätzliche äußere Kerben nicht mehr so stark auf das Schwingfestigkeitsverhalten aus (Tabelle 1, Bild 1, Seite 335).

Grauguss hat ein hervorragendes **Dämpfungsvermögen** für mechanische Schwingungen und damit auch für Schall (Grauguss klingt anders als Stahl). Im Vergleich zu Stahlguss klingen mechanische Schwingungen im Grauguss bereits nach einem Viertel der Zeit ab (Bild 2). Auch tritt bei längerfristiger Schwingungsbeanspruchung keine Ermüdung des Werkstoffs auf. Die Dämpfung ist eine Folge der inneren Reibung in den Grafitkristallen sowie elastisch-plastischer Verformungen durch Spannungsspitzen im Bereich der Enden der Grafitkristalle.

Die hervorragende Schwingungsdämpfung in Verbindung mit niedrigen Werkstoffkosten machen Grauguss daher zu einem idealen Konstruktionswerkstoff für Maschinenbetten (Bild 1, Seite 330), Fundamentplatten, Zylinderblöcke für Motoren (Bild 2, Seite 330) oder Getriebegehäuse.

Grauguss zeichnet sich aus den folgenden Gründen durch eine hervorragende Gießbarkeit aus:

1. Geringe Schwindung (etwa 1 %, Tabelle 1, Seite 322), die zu geringen Maßänderungen und Spannungen im Werkstück führt. Die Gefahr einer Rissbildung ist daher im Vergleich zu anderen Gusswerkstoffen deutlich geringer.

Bild 1: Beispiele für die konstruktive Gestaltung von Bauteilen aus Grauguss

Tabelle 1: Einfluss einer Kerbe auf die Zug-Druck-Wechselfestigkeit von Grauguss

Zugfestig-keit R_m in MPa	Ungekerbt σ_{zdW}[1] in MPa	Gekerbt Formzahl in α_K	Gekerbt σ_{zdW}[1] in MPa
138	63	1,00	63
172	82	1,04	79
205	103	1,10	94
232	122	1,15	106
252	134	1,20	112
394	161	1,26	128

[1] σ_{zdW} = Zug-Druck-Wechselfestigkeit

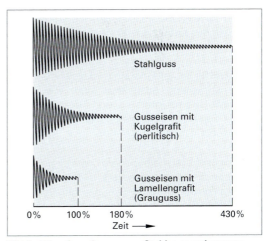

Bild 2: Dämpfungskurven von Stahlguss und grauem Gusseisen

2. Dünnflüssige, leicht gießbare Schmelze, die insbesondere bei eutektischer (4,3 %) oder leicht übereutektischer Zusammensetzung eine niedrige Gießtemperatur (etwa 1300 °C) und ein gutes Fließ- und Formfüllvermögen besitzt. Grauguss eignet sich daher ausgezeichnet zur Herstellung komplexer, multifunktionaler und verhältnismäßig dünnwandiger Bauteile.

Die Gießbarkeit kann durch Legieren mit Phosphor (0,6 % ... 1,8 %) verbessert werden. Phosphor bildet ein ternäres Phosphideutektikum (s. u.), das erst bei 950 °C aus der Restschmelze erstarrt und dadurch zu einer sehr dünnflüssigen Schmelze führt. Dies ist insbesondere für dünnwandige Bauteile von Bedeutung (Fein- und Kunstguss).

Grauguss hat gegenüber vielen wässrigen und atmosphärischen Medien eine gute Korrosionsbeständigkeit. Die Beständigkeit ist im Wesentlichen auf den erhöhten Siliciumgehalt zurückzuführen. Silicium bildet an der Bauteiloberfläche eine beständige Schicht aus Eisensilicaten und Oxiden. Diese **Gusshaut** sollte daher mechanisch möglichst nicht abgearbeitet werden. Ein Sonderfall der Korrosion von Grauguss ist die **Spongiose**.

Grauguss weist eine sehr gute Verschleißbeständigkeit auf. Die Grafitkristalle von Grauguss bewirken bei Reibbeanspruchung eine Selbstschmierung. Der Grafit wird bei Reibbeanspruchung in fein verteilter Form auf die Gleitflächen übertragen und vermindert eine adhäsive Verschleißbeanspruchung (Kaltverschweißung). Durch Aufbau eines Oberflächenfilms werden außerdem die Notlaufeigenschaften verbessert. Die an der Oberfläche durch Ausreibung des Grafits entstehenden feinen Vertiefungen dienen außerdem als Öl- oder Fettreservoire und verbessern insbesondere das Anlaufverhalten. Aufgrund des günstigen Verschleißverhaltens wird Grauguss daher häufig zur Herstellung von Gleitbahnen für Werkzeugmaschinen, für Kolbenringe oder Zylinderlaufbüchsen für Verbrennungsmotoren eingesetzt. In Verbindung mit seiner hohen Wärmeleitfähigkeit eignet sich Grauguss auch hervorragend für Bauteile, die einer lokalen hohen Wärmebeanspruchung ausgesetzt sind, wie Kupplungsteile, Bremstrommeln und Bremsscheiben (Bild 3). Die beste Verschleißbeständigkeit besitzt Gusseisen mit perlitischer Matrix.

Die Verschleißbeständigkeit wird durch Legieren mit Phosphor zusätzlich verbessert (Bild 4). Phosphor bildet an den Korngrenzen ein hartes, **ternäres Phosphideutektikum** (auch als **Steadit** bezeichnet) aus Austenit, Fe_3C und Fe_3P (Letzteres entstanden gemäß: $Fe_3C + P \rightarrow Fe_3P + C$). Bei hinreichend hohem Phosphorgehalt (> 0,4 %) bildet sich längs der Korngrenzen ein gleichmäßiges, engmaschiges Phosphidnetzwerk, das mit einer sehr guten Verschleißbeständigkeit einhergeht. Das Phosphideutektikum führt allerdings als zusammenhängendes Korngrenzennetzwerk auch zu einer deutlichen Verminderung der Zähigkeit.

Bild 1: Betten für Werkzeugmaschinen aus Grauguss (EN-GJL-250 und EN-GJL-300)

Bild 2: Zylinderblöcke aus EN-GJL-250 (niedriglegiert)

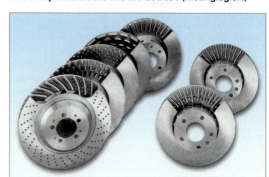

Bild 3: Kfz-Bremsscheiben aus un- und niedriglegiertem Grauguss

Bild 4: Verbesserung der Verschleißbeständigkeit von Grauguss durch Legieren mit Phosphor

6.6 Eisengusswerkstoffe

Für höher beanspruchte Gussteile, bei schlagartiger Beanspruchung oder Thermoschock, sollte daher auf phosphorfreie Sorten zurückgegriffen werden.

c) Legieren von Grauguss

Durch Legieren können die Eigenschaften von Grauguss in ähnlicher Weise wie bei Stahl verbessert werden. In Tabelle 1 sind die üblichen Legierungsgehalte zusammengestellt. Das Herstellungsverfahren sowie die chemische Zusammensetzung der legierten Graugusssorten bleiben dem Hersteller überlassen. Dieser muss nur sicherstellen, dass die genormten mechanischen und physikalischen Eigenschaften erfüllt werden.

Neben einer Verbesserung der Festigkeit und der Härte können mit Hilfe von Legierungselementen auch andere Eigenschaften von Grauguss wie die Härtbarkeit oder die Zunder- und die Korrosionsbeständigkeit verbessert werden.

Tabelle 2 gibt einen Überblick.

Tabelle 1: Durchschnittliche Legierungsgehalte von legiertem Grauguss

Element	Gehalt in Masse-%
Chrom	0,2 … 0,8
Kupfer	0,4 … 1,8
Molybdän	0,2 … 0,8
Nickel	0,5 … 2,0
Niob	bis 0,2
Phosphor	0,2 … 0,8
Stickstoff	bis 0,1
Titan	bis 0,1
Vanadium	bis 0,1
Zinn	0,03 … 0,1

Tabelle 2: Wirkungsweise von Legierungselementen in legiertem Grauguss

Ziel Verbesserung von:	Element	Wirkungsweise	Nachteilige Begleiterscheinungen
Festigkeit	Kupfer, Nickel	• Erhöhung des Perlitanteils • Perlitverfeinerung • Ferritverfestigung	keine
	Molybdän	• analog zu Cu und Ni	höhere Lunkerneigung
	Stickstoff	• analog zu Cu und Ni	Gasporosität
	Chrom	• Erhöhung des Perlitanteils • Ferritverfestigung	schwierigere Bearbeitung
	Zinn	• Erhöhung des Perlitanteils	Versprödung
Warmfestigkeit	Molybdän	s. o.	s. o.
Härte und Verschleißbeständigkeit	Kupfer, Nickel, Molybdän, Chrom	s. o.	s. o.
	Zinn	s. o.	Versprödung
	Phosphor	Bildung harter Phosphidphasen	• Versprödung • Bildung von Mikrolunkern
	Vanadium, Niob, Titan	• Erhöhung des Perlitanteils • Sondercarbidbildung	schwierigere Bearbeitung
Einhärtbarkeit	Kupfer, Nickel, Molybdän	Senkung der kritischen Abkühlgeschwindigkeit	keine
Gefügestabilität	Chrom	Carbidstabilisierung	schwierigere Bearbeitung
Zunderbeständigkeit	Chrom, Silicium	Deckschichtbildung	• schwierigere Bearbeitung • starke Ferritisierung
Korrosionsbeständigkeit	Kupfer, Nickel, Chrom	Deckschichtbildung	schwierigere Bearbeitung (durch das Chrom)

d) Wärmebehandlung von Grauguss

Durch eine Wärmebehandlung kann das Anwendungsgebiet der unlegierten und legierten Gusseisenwerkstoffe deutlich erweitert werden. Gusseisen mit Lamellengrafit kann zur Optimierung seiner Gebrauchs- oder Verarbeitungseigenschaften, von einigen Besonderheiten abgesehen, grundsätzlich wie Stahl wärmebehandelt werden. Tabelle 1, Seite 332, gibt einen Überblick über die üblichen Wärmebehandlungsverfahren für Grauguss. Auf Einzelheiten kann im Rahmen dieses Buches allerdings nicht eingegangen werden.

Tabelle 1: Die wichtigsten Wärmebehandlungsverfahren für Grauguss

Wärmebehand-lungsverfahren	Angestrebtes Ziel	Gusseisensorte	Glühtemperatur	Zeit[1]	Abkühlen
Spannungsarm-glühen	Verminderung von Eigenspannungen	unlegiert niedriglegiert	500 ... 550 °C 560 ... 600 °C	1 h + 1 h je 25 mm Wanddicke	Ofenabkühlung, 40 K/h bis 300 °C (bis 100 °C für komplizierte Teile)
Weichglühen[2] bei niedriger Temperatur	Ferritisches Gefüge, beste Zerspanbarkeit	unlegiert niedriglegiert	700 ... 760 °C	45 min bis 1 h je 25 mm Wanddicke	Ofenabkühlung, 55 K/h zwischen 540 °C und 300 °C
Weichglühen[2] bei mittlerer Temperatur	Ferritisches Gefüge, beste Zerspanbarkeit	niedriglegiert	790 ... 900 °C	> 45 min je 25 mm Wanddicke	Ofenabkühlung von Glühtemperatur bis 300 °C
Weichglühen[2] bei hoher Temperatur	Ferritisches Gefüge, beste Zerspanbarkeit	meliertes und weißes Gusseisen	900 ... 955 °C	1 h ... 3 h + 1 h je 25 mm Wanddicke	Ofenabkühlung von Glühtemperatur bis 300 °C
Weichglühen bei hoher Temperatur	Beseitigen von Carbideinschlüssen unter Beibehaltung maximaler Festigkeit und Härte	meliertes und weißes Gusseisen	900 ... 955 °C	1 h ... 3 h + 1 h je 25 mm Wanddicke[3]	Luftabkühlung bis 540 °C, dann Ofenabkühlung bis 300 °C
Perlitglühen	Perlitisches Gefüge, hohe Festigkeit	alle Sorten	850 ... 955 °C	1 h ... 3 h + 1 h je 25 mm Wanddicke	Luftabkühlung bis 540 °C, dann Ofenabkühlung bis 300 °C
Härten	Martensitisches Gefüge höchster Härte	alle Sorten	800 ... 955 °C	1 h + 1 h je 25 mm Wanddicke	Luft- oder Flüssigkeitsabschreckung auf < 200 °C
Vergüten (Härten mit nachfolgendem Anlassen)	Vermindern der Sprödigkeit des Martensits	alle Sorten	Anlasstemperatur: 150 ... 650 °C	1 h je 25 mm Wanddicke	Luft- oder Ofenabkühlung

[1] Kürzere Zeiten lassen sich bei Glühöfen mit Strahlungsbeheizung erreichen.
[2] Auch **Ferritglühen**, **Ferritisieren** oder **Grafitisieren** genannt.
[3] Die Carbide können häufig bereits in kürzerer Zeit abgebaut werden.

Erwähnenswert ist eine neue Variante des Randschichthärtens von Grauguss, das **ledeburitische Härten** oder **Umschmelzhärten**. Die Randschicht wird mit einem leistungsstarken (WIG-)Lichtbogen, einem Plasma-, Elektronen- oder Laserstrahl bis in eine Tiefe von 1 mm bis 2 mm aufgeschmolzen, wodurch der Kohlenstoff des Grafits in der Schmelze gelöst wird. Die anschließende schnelle Abkühlung durch Wärmeleitung zum kalten Kern (Selbstabschrecken) führt zu einer weißen Erstarrung, d. h. zur Ledeburitbildung der aufgeschmolzenen Randschichtbereiche, unabhängig von den ursprünglichen Erstarrungsbedingungen bei der Herstellung des Gussstücks. Die auf diese Weise entstehende feinkörnige Ledeburitschicht besitzt eine höhere Verschleißbeständigkeit als eine martensitisch gehärtete Randschicht (Bild 1).

Bild 1: Ledeburitisches Härten (Umschmelzhärten) der Nocken einer Nockenwelle aus EN-GJL-300 mittels Laser

e) Graugusssorten

Die mechanischen Eigenschaften von Gusseisen mit Lamellengrafit sind in Tabelle 1, Seite 333, zusammengestellt. Die Sorteneinteilung beruht entweder auf der Zugfestigkeit oder auf der Härte. Die Zweiteilung berücksichtigt, ob für die Weiterverarbeitung oder die Verwendung der Gussstücke die Zugfestigkeit oder die Härte von Bedeutung ist.

6.6 Eisengusswerkstoffe

Tabelle 1: Mechanische Eigenschaften von Gusseisen mit Lamellengrafit nach DIN EN 1561

Gusseisensorte				Mechanische Eigenschaften				
Bezeichnung nach DIN EN 1560		Bezeichnung nach DIN 17 006-4 bzw. DIN 17 007-3[1)]		R_m[2)] in MPa	Härte[3)] (max.) HB 30	Druck-festigkeit in MPa	A in %	E-Modul in GPa
Kurzzeichen	Wst.-Nr.	Kurzzeichen	Wst.-Nr.					
Kennzeichnendes Merkmal: Zugfestigkeit								
EN-GJL-100	5.1100	GG-10	0.6010	100 ... 200	–	–	–	–
EN-GJL-150	5.1200	GG-15	0.6015	150 ... 250	–	600	0,3 ... 0,8	78 ... 103
EN-GJL-200	5.1300	GG-20	0.6020	200 ... 300	–	720	0,3 ... 0,8	88 ... 113
EN-GJL-250	5.1301	GG-25	0.6025	250 ... 350	–	840	0,3 ... 0,8	103 ... 118
EN-GJL-300	5.1302	GG-30	0.6030	300 ... 400	–	960	0,3 ... 0,8	108 ... 137
EN-GJL-350	5.1303	GG-35	0.6035	350 ... 450	–	1080	0,3 ... 0,8	123 ... 143
Kennzeichnendes Merkmal: Brinell-Härte								
EN-GJL-HB155	5.1101	GG-150 HB	0.6012	–	155	–	–	–
EN-GJL-HB175	5.1201	GG-170 HB	0.6017	–	175	–	–	–
EN-GJL-HB195	5.1304	GG-190 HB	0.6022	–	195	–	–	–
EN-GJL-HB215	5.1305	GG-220 HB	0.6027	–	215	–	–	–
EN-GJL-HB235	5.1306	GG-240 HB	0.6032	–	235	–	–	–
EN-GJL-HB255	5.1307	GG-260 HB	0.6037	–	255	–	–	–

[1)] Normen zurückgezogen. Die alten Kurzzeichen und Werkstoffnummern sind in der Tabelle noch aufgeführt, da sie in der Praxis, insbesondere in älteren Dokumenten, noch anzutreffen sind.
[2)] Werte gültig für getrennt gegossene Probestücke mit einem Rohgussdurchmesser von 30 mm, entsprechend einer maßgebenden Wanddicke von 15 mm.
[3)] Werte gültig für eine maßgebende Wanddicke von 40 mm...80 mm

6.6.3.4 Gusseisen mit Kugelgrafit

Die Eigenschaften des grauen Gusseisens werden in erheblichem Maße von der Form, Orientierung, Größe und Verteilung der Grafitkristalle beeinflusst. Bereits in den 30er-Jahren wurden von verschiedenen Forschern die günstigen Eigenschaften eines Gusseisens mit möglichst kugeliger Grafitausbildung vorhergesagt. Die Erschmelzung gelang dann erstmals 1937. Die industrielle Fertigung von Gusseisen mit Kugelgrafit, das auch unter dem Begriff **Sphäroguss** bekannt ist und zu den **duktilen Gusseisensorten** gehört, begann Ende der 40er-Jahre in den USA und Kanada. Während 1949 erst 3500 Tonnen/Jahr Gusseisen mit Kugelgrafit hergestellt wurden, beträgt die Weltproduktion heute etwa 10 Mio. Tonnen, mit steigender Tendenz (Bild 2, Seite 327).

Bild 1: Gusseisen mit Kugelgrafit in perlitischer Grundmasse

a) Gefügeaufbau von Gusseisen mit Kugelgrafit

Gusseisen mit Kugelgrafit (kurz: GJS) besitzt einen C-Gehalt von 3,2 % bis 3,8 % und einen Si-Gehalt von 2,4 % bis 2,8 %. Der grundsätzliche Unterschied zwischen Gusseisen mit Lamellengrafit und Gusseisen mit Kugelgrafit besteht in der kugelförmigen Grafitausbildung in einer ferritischen, ferritisch-perlitischen oder perlitischen Matrix (Bild 1).

Die Einformung des Grafits (Bildung von **Sphärolithen**) wird erreicht durch:
- Verwendung spezieller Roheisensorten, die sich durch besonders niedrige Gehalte an Mn, P und S auszeichnen und außerdem nur geringe Mengen der Elemente Sb, Sn, Bi und Cr haben.

- **Mg-Behandlung** der Schmelze mit Mg-Vorlegierungen, wie FeSiMg oder NiMg, zumeist im **Übergieß-, Sandwich-** oder **Tundish-Cover-Verfahren** (Bild 1) bzw. von Reinmagnesium im **Konverter-Verfahren**, so dass ein Mg-Gehalt von 0,02 % bis 0,06 % in der Schmelze erzielt wird. Die Wirkungsweise des Mg (und auch anderer Elemente wie Calcium oder Seltenerdmetalle, wie Cer oder Yttrium) führen zu einer Herabsetzung der Oberflächenspannung des Grafits durch adsorbierte (Mg-)Atome sowie zu einer Blockierung des Grafitwachstums in Längsrichtung.

- **Impfen** der Schmelze im Anschluss an die Mg-Behandlung und unmittelbar vor dem Vergießen. Dadurch wird ein günstiger Keimzustand eingestellt und die Anzahl und Größe der Sphärolithen gesteuert sowie eine Verminderung der Carbidanteile im Gefüge herbeigeführt (Bild 2). Da das Magnesium carbidstabilisierend ist und zu unerwünschter Zementitbildung führen würde, muss der Impfstoff einen hohen Si-Gehalt (60 % ... 80 %) besitzen. Verwendet werden meist Impfmittel auf Ferrosilicium-Basis (z. B. FeSi75), die entweder in die Gießpfanne eingemischt **(Pfannenimpfung)** oder in den Gießstrahl eingebracht werden **(Gießstrahlimpfung)**. Bild 3 zeigt die Beeinflussung der Grafitform durch Mg und Si.

Bild 1: Prinzip des Sandwich-Verfahrens (links) sowie des Tundish-Cover-Verfahrens (rechts)

Bild 2: Impfverfahren vom Schmelzofen bis zur Form

b) Eigenschaften von Gusseisen mit Kugelgrafit

Der kugelig eingeformte Grafit führt nicht nur zu einer deutlich höheren Festigkeit (350 MPa bei überwiegend ferritischem Gefüge, bis 900 MPa bei perlitischem Gefüge), sondern auch zu einer guten plastischen Verformbarkeit (Duktilität) mit Bruchdehnungen bis 22 % und zu einer entsprechend hohen Zähigkeit. Gusseisen mit Kugelgrafit (GJS) hat dementsprechend stahlähnliche Eigenschaften. Die Ursache liegt, im Vergleich zu den Grafitlamellen, in einer deutlich geringeren inneren Kerbwirkung (Bild 1, Seite 335). GJS ist dementsprechend warm- und begrenzt kaltumformbar (Bild 2, Seite 335) und erträgt neben Schwing- und Biegebeanspruchungen auch stoßartige Belastungen.

Bild 3: Beeinflussung der Form der Grafitausscheidung durch Mg und Si

Graues Gusseisen mit Kugelgrafit dringt aufgrund seiner günstigen Werkstoffeigenschaften (Festigkeit und Zähigkeit) in Verbindung mit seiner hohen Wirtschaftlichkeit (geringe Werkstoffkosten, kostengünstige Bauteilfertigung durch Gießen) zunehmend in industrielle Bereiche vor, die früher anderen Werkstoffen (z. B. Stählen) oder Herstellungsverfahren (z. B. Gesenkschmieden) vorbehalten waren. Während beispielsweise Kurbelwellen lange Zeit ausschließlich aus Stahl geschmiedet wurden, betrug 1974 der Anteil an GJS-Kurbelwellen nur 10 %. 1990 wurden bereits 75 % aller Kurbelwellen aus GJS gegossen (Bild 3, Seite 335).

Aufgrund einer verminderten inneren Kerbwirkung ist die Kerbempfindlichkeit von GJS höher im Vergleich zu GJL.

Das Dämpfungsvermögen von GJS ist um etwa einen Faktor 2 geringer im Vergleich zum GJL (Bild 2, Seite 329). Maschinenbetten oder Zylinderblöcke werden daher bevorzugt aus GJL hergestellt.

Die Gießbarkeit von GJS ist gut.

Die Korrosionsbeständigkeit von GJS ist, ebenso wie die Zunder- und Verschleißbeständigkeit, besser im Vergleich zu GJL.

c) Wärmebehandlung von Gusseisen mit Kugelgrafit

Die bereits guten mechanischen Eigenschaften von GJS können durch eine Wärmebehandlung teilweise deutlich verbessert werden. Wärmebehandlungen an Gussstücken werden mit unterschiedlichen Zielsetzungen durchgeführt. Hierzu gehört die Einstellung der Werkstoffsorte, die Gewährleistung einer vorgegebenen Zähigkeit, das Erhöhen der Festigkeit oder Zähigkeit sowie die Verbesserung von Härte und Verschleißbeständigkeit. Durch eine Wärmebehandlung steigen allerdings auch die Herstellungskosten nicht unerheblich.

Bild 1: Vergleich der inneren Kerbwirkung
a) Gusseisen mit Lamellengrafit
b) Gusseisen mit Kugelgrafit

Wichtige Wärmebehandlungsverfahren sind:
- **Spannungsarmglühen** zur Verminderung der beim Gießen entstandenen inneren Spannungen (Eigenspannungen).
- **Austenitisieren** zur Herstellung eines kohlenstoffgesättigten Austenits als reproduzierbarer Ausgangszustand für eine weitere Wärmebehandlung.
- **Weichglühen** (auch **Ferritisieren, Ferritglühen oder Grafitisieren** genannt) führt zu einer beabsichtigten Zerlegung des Perlits, um ein weitgehend ferritisches Gefüge zu erhalten. Dadurch verbessert sich die Bearbeitbarkeit und insbesondere die Zähigkeit. Eine besondere technische Bedeutung hat das Weichglühen bei der Sorte EN-GJS-400-18.
- **Perlitglühen** (auch **Normalisieren** oder **Perlitisieren** genannt) dient, unabhängig vom Ausgangsgefüge, der Einstellung eines teilweise oder vollständig perlitischen Gefüges zur Erhöhung der Festigkeit oder zur Vereinheitlichung der Werkstoffeigenschaften in unterschiedlichen Wanddickenbereichen.
- **Vergüten** (Anlassvergüten) hat die Erhöhung der Festigkeit (800 MPa bis 1600 MPa) bei angemessener Zähigkeit und Verformbarkeit (1 % bis 6 %) zum Ziel. Es führt zu einem Vergütungsgefüge mit eingelagertem Kugelgrafit. Die Anlasstemperaturen nach dem Härten liegen zwischen 400 °C und 550 °C. Oberhalb 550 °C beginnt die mit einer unkontrollierbaren Härteabnahme verbundene, unerwünschte Ausscheidung von Tertiärsphärolithen.

Bild 2: Beispiel für die gute plastische Verformbarkeit von GJS. Der Flachstab wurde im *kalten* Zustand verformt

Bild 3: Kurbelwelle für einen 6-Zylinder-Ottomotor aus EN-GJS-600-3

- **Bainitisieren** (auch **Bainitvergüten** genannt) wird ebenfalls zur Verbesserung der mechanischen Eigenschaften (Festigkeit) angewandt. Gegenüber dem Anlassvergüten besteht jedoch eine geringere Verzugs- oder Rissgefahr, außerdem erfordert das Verfahren kürzere Behandlungszeiten (Kapitel 6.4.5.4).

- **Randschichthärten** führt zur Erhöhung der Verschleißbeständigkeit bei gleichzeitig unverändertem Gefüge im Kern. Wichtige Verfahren sind das martensitische und das ledeburitische Härten (Kapitel 6.6.3.3) sowie das Nitrieren (Kapitel 6.4.6.3), Bild 1.

Bild 1: Randschichthärteverfahren von Gusseisen mit Kugelgrafit

d) Gusseisensorten mit Kugelgrafit

Die mechanischen Eigenschaften von Gusseisen mit Kugelgrafit sind in Tabelle 1 zusammengestellt. Die Sorteneinteilung beruht auch hier entweder auf der Zugfestigkeit oder auf der Härte. Die nach der Härte benannten Sorten (EN-GJS-HB130 bis EN-GJS-HB330) sind in Tabelle 1 nicht aufgeführt (siehe dazu DIN EN 1563).

Tabelle 1: Mechanische Eigenschaften von Gusseisen mit Kugelgrafit nach DIN EN 1563

Gusseisensorte				Mechanische Eigenschaften[3]				
Bezeichnung nach DIN EN 1560		Bezeichnung nach DIN 17 006-4 bzw. DIN 17 007-3[1]		R_m	$R_{p0,2}$	Druckfestigkeit	A	E-Modul
Kurzzeichen	Wst.-Nr.	Kurzzeichen	Wst.-Nr.	in MPa	in MPa	in MPa	in %	in GPa
Kennzeichnendes Merkmal: Zugfestigkeit								
EN-GJS-350-22-LT[2]	5.3100	GGG-35.3	0.7033	350	220	–	22	–
EN-GJS-350-22-RT[2]	5.3101	–	–	350	220	–	22	–
EN-GJS-350-22	5.3102	–	–	350	220	–	22	169
EN-GJS-400-18-LT[2]	5.3103	GGG-40.3	0.7043	400	240	–	18	–
EN-GJS-400-18-RT[2]	5.3104	–	–	400	250	–	18	–
EN-GJS-400-18	5.3105	–	–	400	250	700	18	169
EN-GJS-400-15	5.3106	GGG-40	0.7040	400	250	–	15	–
EN-GJS-450-10	5.3107	–	–	450	310	700	10	169
EN-GJS-500-7	5.3200	GGG-50	0.7050	500	320	800	7	169
EN-GJS-600-3	5.3201	GGG-60	0.7060	600	370	870	8	174
EN-GJS-700-2	5.3300	GGG-70	0.7070	700	420	1000	2	176
EN-GJS-800-2	5.3301	GGG-80	0.7080	800	480	1150	2	176
EN-GJS-900-2	5.3302	–	–	900	600	–	2	176

[1] Norm zurückgezogen. Die alten Kurzzeichen und Werkstoffnummern sind in der Tabelle noch aufgeführt, da sie in der Praxis, insbesondere in älteren Dokumenten, noch anzutreffen sind.
[2] EN-GJS-350-22-LT: Schlagenergie 12 J bei (– 40 ± 2) °C. EN-GJS-400-22-LT: Schlagenergie 12 J bei (– 20 ± 2) °C (jeweils Mittelwerte aus drei Proben). EN-GJS-350-22-RT: Schlagenergie 17 J bei (23 ± 5) °C. EN-GJS-400-22-RT: Schlagenergie 14 J bei (23 ± 5) °C (jeweils Mittelwerte aus drei Proben).
[3] Jeweils geforderte Mindestwerte.

6.6.3.5 Ausferritisches Gusseisen mit Kugelgrafit

Ausferritisches Gusseisen mit Kugelgrafit nach DIN EN 1564 und ISO 17 804, im englischen Sprachgebrauch **Austempered Ductile Iron (ADI)**, weist ein feinkörniges austenitisch-ferritisches Grundgefüge mit kugelförmigen Grafitkristallen auf. Die frühere Bezeichnung „**bainitisches Gusseisen**" – wegen der augenscheinlichen Ähnlichkeit zum Bainit – ist aus metallkundlicher Sicht nicht korrekt, da sich die für das bainitische Gefüge charakteristischen feinen Zementitausscheidungen (Fe_3C) im Gefüge nicht nachweisen lassen.

6.6 Eisengusswerkstoffe

Ausferritisches Gusseisen mit Kugelgrafit weist gegenüber Gusseisen mit Kugelgrafit (DIN EN 1563) eine deutlich höhere Festigkeit (R_m bis 1400 MPa) bei guter Zähigkeit auf.

Die zäheren Sorten weisen außerdem gute Eigenschaften bei zeitlich veränderlicher Beanspruchung (Werkstoffermüdung) und die hochfesten Sorten eine gute Verschleißbeständigkeit auf.

Dementsprechend findet der Werkstoff insbesondere im Automobilbau eine zunehmende Verwendung. Typische Anwendungsbeispiele sind z. B. Steuerzahnräder im Motorenbau oder Fahrwerkteile, wie z. B. Achsschenkel und Radnaben.

Zur Einstellung des ausferritischen Gefüges werden die in der Regel bereits auf Maß bearbeiteten Werkstücke in einem Ofen unter Schutzgasatmosphäre zunächst bei Temperaturen von 850 °C bis 950 °C vollständig austenitisiert und anschließend in Salzbädern oder Heißölen auf 250 °C und 450 °C abgeschreckt.

Die Abkühlgeschwindigkeit muss dabei so hoch sein, dass keine Perlitbildung eintreten kann. Da die Abschrecktemperatur oberhalb der Martensit-Starttemperatur liegt, tritt auch keine Martensitbildung ein.

Beim mehrstündigen Halten auf Warmbadtemperatur bildet sich in der an Kohlenstoff übersättigten austenitischen Matrix nadelförmiger Ferrit. Die Wärmebehandlung wird abgebrochen, bevor eine Karbidbildung einsetzt, sich also „echter" Bainit bildet, da diese Carbide die Zähigkeitseigenschaften deutlich verschlechtern würden.

Bild 1: Temperaturführung bei der Wärmebehandlung von ausferritischem Gusseisen mit Kugelgrafit

Bild 2: Gefüge von ausferritischem Gusseisen mit Kugelgrafit. Grafitsphärolithen in ausferritischer Matrix (Ferritnadeln und Restaustenit)

Auf diese Weise bildet sich eine Gefügestruktur aus Ferritnadeln in einer kohlenstoffangereicherten austenitischen Matrix. Der Restaustenit ist aufgrund des hohen Kohlenstoffgehalts (1,8 % bis 2,2 %) nicht-mehr umwandlungsfähig.

Die isotherme Haltetemperatur (Umwandlungstemperatur) bestimmt das Verhältnis von Ferrit zu Austenit und somit die Festigkeits- und Zähigkeitseigenschaften des Werkstoffs.

Eine höhere Haltetemperatur führt aufgrund des höheren Austenitgehalts zu einer höheren Zähigkeit, während eine niedrigere Auslagerungstemperatur (geringerer Restaustenitgehalt) höherfeste Varianten erzeugt.

Von besonderer Bedeutung ist die (prozesssichere) Vermeidung der Perlitbildung. Daher können unlegierte Sorten nur für geringe Wanddicken bis etwa 12 mm eingesetzt werden.

Für größere Wanddicken verwendet man mit Mo, Ni, Mn oder Cu legierte Sorten, da diese Legierungselemente die Perlitumwandlung zu höheren Temperaturen und längeren Zeiten verschieben (Bild 1).

Tabelle 1: Mechanische Eigenschaften von ausferritischem Gusseisen nach DIN EN 1564 (Auswahl)

Werkstoffbezeichnung		Mechanische Eigenschaften[1]			
		R_m in MPa	$R_{p0,2}$ in MPa	A in %	Brinellhärte-bereich[2] HBW
Kurzzeichen	Wst.-Nr.				
EN-GJS-800-10	5.3400	800	500	10	250 ... 310
EN-GJS-1050-6	5.3403	1050	700	6	320 ... 380
EN-GJS-1200-3	5.3404	1200	850	3	340 ... 420
EN-GJS-1400-1	5.3405	1400	1100	1	380 ... 480

[1] R_m, $R_{p0,2}$ und A: Mindestwerte, die an gegossenen und mechanisch bearbeiteten Probestücken ermittelt wurden. Werte für maßgebende Wanddicken ≤ 30 mm
[2] Nur zur Information

6.6.3.6 Gusseisen mit Vermiculargrafit

Beim Gusseisen mit Vermiculargrafit (Würmchengrafit) scheidet sich der Grafit zwar in Lamellenform aus, jedoch sind die Enden der Grafitkristalle gegenüber Gusseisen mit Lamellengrafit (GJL) deutlich abgerundet, sodass eine geringere Kerbwirkung auftritt (Bild 1, Seite 338). Außerdem sind die Grafitkristalle deutlich kleiner im Vergleich zu GJL. Die Eigenschaften von Gusseisen mit Vermiculargrafit (GJV) liegen dementsprechend hinsichtlich Struktur und Eigenschaften zwischen denen des Gusseisens mit Kugelgrafit (GJS) und des Gusseisens mit Lamellengrafit (GJL). Gusseisen mit Vermiculargrafit schließt die Lücke zwischen Gusseisen mit Lamellengrafit (gute Gießbarkeit) und Gusseisen mit Kugelgrafit (gute mechanische Eigenschaften).

Die Herstellung von Gusseisen mit Vermiculargrafit (GJV) erfolgt durch eine Mg-Behandlung in ähnlicher Weise wie beim Gusseisen mit Kugelgrafit, jedoch mit einem geringeren Mg-Anteil (Bild 3, Seite 334). Die Herstellung ist demnach im Vergleich zum GJS kaum kostengünstiger. Das Grundgefüge von GJV kann analog zum GJL bzw. GJS ferritisch bis perlitisch sein.

Gegenüber GJL hat GJV eine höhere Festigkeit und Zähigkeit, eine verbesserte Dauerfestigkeit, eine erhöhte Oxidationsbeständigkeit und Temperaturwechselbeständigkeit sowie eine geringere Kerbempfindlichkeit. Gegenüber GJS weist GJV eine bessere Gießbarkeit sowie verbesserte Dämpfung und Zerspanbarkeit auf.

Gusseisen mit Lamellengrafit   Gusseisen mit Kugelgrafit   Gusseisen mit Vermiculargrafit

Bild 1: Grafitausbildung grauer Gusseisensorten

Tabelle 1: Mechanische Eigenschaften von Gusseisen mit Vermiculargrafit nach DIN EN 16079 (Auswahl)

Werkstoffbezeichnung		Mechanische Eigenschaften[1]				Typische Anwendungen (Beispiele)
Kurzzeichen	Wst.-Nr.	R_m MPa	$R_{p0,2}$ MPa	A %	Brinellhärteber.[2] HBW	
EN-GJV-300	5.2100	300	210	2,0	140 ... 210	Zylinderköpfe für Schiffsmotoren
EN-GJV-400	5.2201	400	280	1,0	180 ... 240	Motorblöcke u. Zylinderköpfe f. Fahrzeuge
EN-GJV-450	5.2300	450	315	1,0	200 ... 250	Zylinderbuchsen, Gehäuse f. Hydraulikpumpen
EN-GJV-500	5.2301	500	350	0,5	220 ... 260	Hochbeanspr. Motorblöcke, Zylinderbuchsen

[1] R_m, $R_{p0,2}$ und A: Mindestwerte, die an gegossenen und mechanisch bearbeiteten Probestücken ermittelt wurden. Werte für maßgebende Wanddicken ≤ 30 mm.
[2] Nur zur Information

6.6.3.7 Temperguss

Temperguss ist eine untereutektische Fe-C-Legierung, deren Kohlenstoff- und Siliciumgehalt so eingestellt ist, dass die Gussstücke grafitfrei also ledeburitisch erstarren, der nicht im Ferrit gelöste Kohlenstoff also vollständig im Zementit (Fe_3C) gebunden ist. Grafit ist im Temperguss unerwünscht, da er sich bei der nachträglichen Wärmebehandlung (Tempern, s.u.) nicht mehr verändert und zu einer verminderten Zähigkeit führt **(Faulbruch).**

Temperguss wird überwiegend für die Herstellung dünnwandiger und schwierig gießbarer Bauteile verwendet, für die Gusseisen mit Lamellengrafit wegen seiner Sprödigkeit und Stahlguss auf Grund seiner schlechten Gießbarkeit nicht in Frage kommen. Die Eigenschaften von Temperguss stehen hinsichtlich Festigkeit und Zähigkeit etwa zwischen Stahlguss und Grauguss mit Lamellengrafit. Gegenüber Gusseisen mit Kugelgrafit hat Temperguss geringfügig schlechtere mechanische Eigenschaften, er ist allerdings preiswerter.

a) Temperrohguss

Der Kohlenstoffgehalt von Temperrohguss zur Herstellung von weißem Temperguss beträgt 2,8 % bis 3,4 % bzw. für schwarzen Temperguss 2,4 % bis 2,8 %.

6.6 Eisengusswerkstoffe

Ein höherer C-Gehalt würde zwar die Gießbarkeit verbessern, jedoch müsste dann, um eine unerwünschte Grafitbildung zu vermeiden, der Si-Gehalt reduziert werden (Bild 2, Seite 326). Silicium seinerseits beschleunigt jedoch den Zerfall des Zementits beim Tempern und verbessert die Festigkeit. Sein Gehalt soll deshalb möglichst hoch sein (0,4 % bis 0,8 % bei weißem Temperguss und 0,9 % bis 1,4 % bei schwarzem Temperguss).

Die Forderung nach grafitfreier Erstarrung erfordert eine Begrenzung der Wanddicken auf etwa 40 mm. Bei größeren Wanddicken muss aufgrund der verminderten Abkühlgeschwindigkeit im Kern mit Grafitbildung gerechnet werden. Daher sind die Gussteilmassen im Vergleich zum Grauguss oder Stahlguss relativ gering (max. 100 kg). Die Haupt-

Bild 1: **Temperrohguss: Perlit in ledeburitischer Matrix**

menge der Tempergussteile haben Stückmassen bis etwa 1 kg. Um bei der nachfolgenden Wärmebehandlung eine möglichst gleichmäßige Gefügeausbildung sicherzustellen, sollten gleichbleibende Wanddicken der Gussteile konstruktiv vorgesehen werden.

Der Temperrohguss ist nach seiner Erstarrung aufgrund des vorhandenen Ledeburits hart und spröde (Bild 1) und erhält seine charakteristischen Eigenschaften erst durch eine als **Tempern** bezeichnete Wärmebehandlung, die beim Hersteller erfolgt. Der Gefügeaufbau und damit die Eigenschaften des Gussstückes hängen von der Zusammensetzung des Temperrohgusses sowie von der Temperaturführung während des Glühvorganges ab. Temperrohguss ist außerordentlich spröde und kann in diesem Zustand weder weiterverarbeitet noch eingesetzt werden.

Nach dem Bruchaussehen der getemperten Bauteile unterscheidet man den **weißen Temperguss** (weiße, metallisch glänzende Bruchfläche) und den **schwarzen Temperguss** (dunkelgraue, matte Bruchfläche).

b) Weißer Temperguss

Weißer Temperguss (GJMW) entsteht durch eine einstufige Glühbehandlung des Temperrohgusses in sauerstoffabgebenden Mitteln oder schwach oxidierenden Atmosphären bei 950 °C bis 1000 °C (Bild 1, Seite 340). Die Gussstücke werden dabei entweder in Tempertöpfen mit Fe_2O_3-Pulver (Roteisenstein) eingesetzt (veraltetes Verfahren) oder in gasdichten Öfen in einer CO/CO_2-Atmosphäre geglüht, die zur Regelung mit Luft, Wasserdampf und Wasserstoff versetzt wird. Die Glühdauer richtet sich nach der Wanddicke der Bauteile und beträgt etwa 2 bis 6 Tage. Durch das Glühen zerfällt zunächst der Zementit des Ledeburits bzw. Sekundärzementits in elementaren Kohlenstoff und Austenit:

$$Fe_3C \rightarrow 3\,\gamma\text{-Fe} + C$$

Der freigesetzte Kohlenstoff diffundiert zu Keimstellen und bildet dort rundliche, flockenförmige Grafitkristalle, die **Temperkohle**.

Im weiteren Verlauf des Glühvorganges findet unter Mitwirkung der entkohlenden Atmosphäre in der Randschicht des Gussteils eine Entkohlung statt:

$C + O_2 \rightarrow CO_2$ $\qquad$ $C + H_2O \rightarrow CO + H_2$
$C + CO_2 \rightarrow 2\,CO$ $\qquad$ $C + 2\,H_2 \rightarrow CH_4$

Das Gefüge von weißem Temperguss ist wanddickenabhängig. An die entkohlte, ferritische Randschicht (Dicke maximal 7 mm bis 8 mm) schließt sich eine Übergangszone an, die Ferrit, Perlit und ggf. bereits Temperkohle enthält. Der Kern besitzt schließlich ein weitgehend perlitisches Gefüge mit Temperkohlenestern (Bild 2, Seite 340). Hinweise auf die wanddickenabhängige Gefügeausbildung erhält man auch durch eine mit dem Gussstück gemeinsam getemperte **Gießkeilprobe** (Bild 2, Seite 341).

Weißer Temperguss ist zäh und schlagfest. Vorteilhaft ist eine mit sinkender Temperatur nur allmählich abfallende Bruchdehnung, d. h. kein Steilabfall. In vergleichbarer Weise verhält sich auch die Zähigkeit. Bauteile aus weißem Temperguss können bis etwa – 60 °C eingesetzt werden.

Beispiele sind tragende Teile von Kraftfahrzeugen oder Bauteile für den Gerüst- und Schalungsbau.

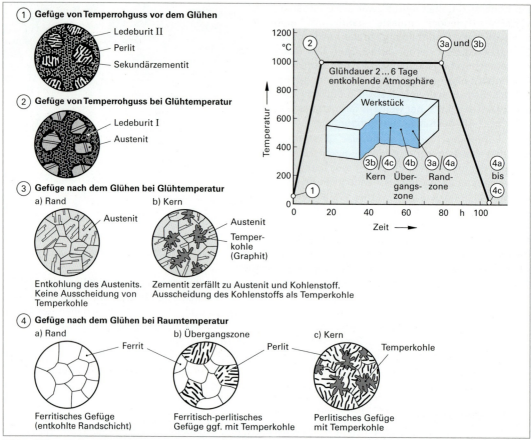

Bild 1: Wärmebehandlung zur Erzeugung von weißem Temperguss

Aufgrund der Wanddickenabhängigkeit des Gefüges (Bild 1 und Bild 2, Seite 341) sind auch die mechanischen Eigenschaften von weißem Temperguss wanddickenabhängig und werden durch die chemische Zusammensetzung sowie die Glühbehandlung eingestellt.

Die wichtigste Eigenschaft von weißem Temperguss ist seine teilweise gute Schweißbarkeit, die auf die entkohlte, ferritische Randschicht zurückzuführen ist. Eine besondere Bedeutung hat dabei die Sorte GJMW-360-12, die so legiert ist, dass sie tief entkohlt. Bild 4, Seite 341, zeigt eine hoch beanspruchte Schweißverbindung an einem Hinterachs-Schräglenker für einen Pkw der oberen Leistungsklasse. Die Lenkeraugen (links) und der Radträger (rechts) bestehen aus GJMW-360-12, die mit der Mittelschale aus Stahl verschweißt wurden.

Bild 2: Weißer Temperguss (EN-GJMW-400-5). Temperkohle (schwarz) mit Ferrithöfen (weiß) in perlitischer Matrix.

Weißer Temperguss (GJMW) enthält einen etwas höheren C-Gehalt im Vergleich zu schwarzem Temperguss (GJMB), da durch die entkohlende Glühung, zumindest im Bereich der Randschicht, eine Entkohlung eintritt. Dadurch ist die Gießbarkeit von GJMW besser im Vergleich zu GJMB.

6.6 Eisengusswerkstoffe

Bild 1: Schnitt durch ein Bauteil aus weißem Temperguss. Das von der Wanddicke abhängige Gefüge ist gut erkennbar.

Randzone: Ferrit
Übergangszone: Perlit + Ferrit + Temperkohle
Kernzone: Perlit + Temperkohle

Bild 2: Gießkeilprobe zur Beurteilung der Wanddickenabhängigkeit der Gefügeausbildung bei GJMW

In Bild 3 ist das Eigenschaftsprofil der verschiedenen weißen Tempergusssorten vergleichend zusammengestellt.

Weißer Temperguss wird bevorzugt verwendet:

- für kleine, dünnwandige Bauteile (bis etwa 25 mm), wie zum Beispiel Rohrverbinder (Bild 5)
- falls eine gute Schweißbarkeit gefordert wird (Sorten EN-GJMW-360-12 und EN-GJMW-400-5), beispielsweise Teile für Radaufhängungen (Bild 4),
- für Bauteile, die auch bei tieferen Temperaturen eingesetzt werden (bis –60 °C), beispielsweise tragende Teile von Kraftfahrzeugen oder Bauteile für den Gerüst- und Schalungsbau,
- falls eine gute Gießbarkeit gefordert wird,
- falls die Bauteile einer schlagartigen oder schwingenden Beanspruchung ausgesetzt sind (z. B. Pkw-Anhängerkupplung).

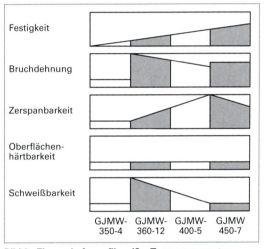

Bild 3: Eigenschaftsprofil weißer Tempergusssorten

Die wichtigsten weißen Tempergusssorten nach DIN EN 1562 sind in Tabelle 1, Seite 342, zusammengestellt.

Bild 4: Schweißverbindung von weißem Temperguss (EN-GJMW-360-12) und Stahl an einem hochbeanspruchten Hinterachs-Schräglenker eines Pkw

Bild 5: Rohrverbinder (Fittings) als typische Gussstücke aus weißem Temperguss (EN-GJMW-400-5)

Tabelle 1: Mechanische Eigenschaften von entkohlend geglühtem (weißem) Temperguss nach DIN EN 1562

Gusseisensorte				Mechanische Eigenschaften[2]			
Bezeichnung nach DIN EN 1560		Bezeichnung nach DIN 17 006-4 bzw. DIN 17 007-3[1]		R_m	$R_{p0,2}$	A	Härte[3]
Kurzzeichen	Wst.-Nr.	Kurzname	Wst.-Nr.	in MPa	in MPa	in %	in HB (max.)
EN-GJMW-350-4	5.4200	GTW-35-04	0.8035	350	–	4	230
EN-GJMW-360-12	5.4201	GTW-S38-12	0.8038	360	190	12	200
EN-GJMW-400-5	5.4202	GTW-40-05	0.8040	400	220	5	220
EN-GJMW-450-7	5.4203	GTW-45-07	0.8045	450	260	7	220
EN-GJMW-550-4	5.4204	–	–	550	340	4	250

[1] Norm zurückgezogen. Die alten Kurzzeichen und Werkstoffnummern sind in der Tabelle noch aufgeführt, da sie in der Praxis, insbesondere in älteren Dokumenten, noch anzutreffen sind.
[2] Für R_m, $R_{p0,2}$ und A jeweils geforderte Mindestwerte für Proben mit 12 mm Durchmesser.
[3] Nur zur Information

c) Schwarzer Temperguss

Schwarzer Temperguss wird durch eine zweistufige Glühbehandlung des entsprechenden Temperrohgusses in neutraler Atmosphäre hergestellt (Bild 1). Während die Rohgussstücke früher in Tempertöpfen mit Quarzsand geglüht wurden, erfolgt das Tempern heute in gasdichten Öfen unter Schutzgas (z. B. Stickstoff). Eine Entkohlung der Randschicht tritt dabei nicht auf.

In der ersten Glühstufe bei etwa 900 °C bis 950 °C zerfallen die Zementitkristalle des Ledeburiteutektikums in Austenit und elementaren Kohlenstoff (Temperkohle). Am Ende der ersten Glühstufe wird die Temperatur bis knapp über A_1 (Ar_1) abgesenkt. In der zweiten Glühstufe wird dann das Grundgefüge der Eisenmatrix und damit die mechanischen Eigenschaften (Festigkeit) des Gussteils eingestellt.

Bild 1: Wärmebehandlung zur Erzeugung von ferritischem, schwarzem Temperguss

6.6 Eisengusswerkstoffe

Bild 1: Wärmebehandlung zur Erzeugung von perlitischem, schwarzem Temperguss bzw. von Temperguss mit Vergütungsgefüge

Wird die Temperatur sehr langsam (3 K/h bis 5 K/h) unter A_1 abgesenkt (760 °C → 680 °C), dann wandelt sich der Austenit in Ferrit um, während der Kohlenstoff Grafitkristalle in Form von Temperkohle bildet. Die weitere Abkühlung auf Raumtemperatur kann dann beliebig erfolgen (Bild 1). Die Glühdauer beträgt einige Tage, ist jedoch aufgrund des höheren, die Grafitbildung begünstigenden Si-Gehaltes insgesamt kürzer im Vergleich zum GJMW. Am Ende der Glühbehandlung liegt ein über den Querschnitt gleichmäßiges ferritisches Gefüge mit Temperkohle vor. Es entstehen die niedrigfesten Sorten EN-GJMB-300-6 und EN-GJMB-350-10 (Tabelle 1, Seite 344).

Anstelle einer langsamen Abkühlung in der zweiten Glühstufe kann das Gussteil aus der ersten Glühstufe auch zügig an bewegter Luft oder in Öl abgekühlt werden (Bild 1). Der Austenit zerfällt dabei in Perlit. Es entsteht ein ferritisch-perlitisches oder perlitisches Gefüge mit Temperkohle, das gegenüber schwarzem Temperguss mit ferritischem Gefüge eine höhere Festigkeit und Verschleißbeständigkeit aufweist (Sorten EN-GJMB-450-6 bis EN-GJMB-650-2).

Bei sehr schneller Abkühlung (Abschrecken) findet die Austenitumwandlung in der Martensitstufe statt. Nachträgliches Anlassen bei erhöhter Temperatur führt zu einem Vergütungsgefüge mit hoher Festigkeit (Sorten EN-GJMB-700-2 und EN-GJMB-800-1). Durch entsprechende Wahl der Anlasstemperatur können die mechanischen Eigenschaften, analog dem Vergüten von Stählen (Kapitel 6.4.5.4), an die jeweiligen Betriebsbedingungen angepasst werden.

Die Festigkeit einer Reihe schwarzer Tempergusssorten ist höher im Vergleich zum weißen Temperguss (Tabelle 1, Seite 344).

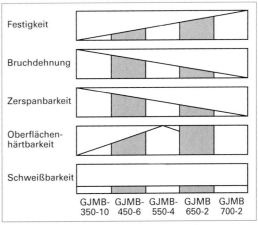

Bild 2: Eigenschaftsprofil schwarzer Tempergusssorten

Die unterschiedlichen Festigkeitsklassen der GJMB-Sorten werden über die chemische Zusammensetzung und die Wärmebehandlung (Tempern, s. o.) eingestellt. Die Schweißbarkeit von schwarzem Temperguss ist aufgrund seines erhöhten Kohlenstoffgehaltes nur bedingt möglich (Bild 2, Seite 343).

Schwarzer Temperguss wird bevorzugt verwendet:
- für dickwandige Bauteile,
- falls gleichbleibende mechanische Eigenschaften über der Wanddicke gefordert werden,
- für Gussstücke, bei denen eine erhöhte Verschleißbeständigkeit in Verbindung mit einer angemessenen Zähigkeit gefordert wird (perlitisches der vergütetes Gefüge),
- falls erhöhte Anforderungen an die Festigkeit gestellt werden (Vergütungsgefüge).

Typische Anwendungsbeispiele sind Kolben, Triebwerksteile, Transportkettenglieder, Kardangabelstücke, Pleuel, Kurbelwellen, Radnaben und Zahnräder.

Die wichtigsten schwarzen Tempergusssorten nach DIN EN 1562 sind in Tabelle 1 zusammengestellt.

Tabelle 1: Mechanische Eigenschaften von nichtentkohlend geglühtem (schwarzem) Temperguss nach DIN EN 1562

Gusseisensorte				Mechanische Eigenschaften[2]			
Bezeichnung nach DIN EN 1560		Bezeichnung nach DIN 17 006-4 bzw. DIN 17 007-3[1]		R_m	$R_{p0,2}$	A	Härte[3]
Kurzzeichen	Wst.-Nr	Kurzname	Wst.-Nr.	in MPa	in MPa	in %	in HBW
EN-GJMB-300-6	5.4100	–	–	300	–	6	≤ 150
EN-GJMB-350-10	5.4101	GTS-35-10	0.8045	350	200	10	≤ 150
EN-GJMB-450-6	5.4205	GTS-45-06	0.8145	450	270	6	150 … 200
EN-GJMB-500-5	5.4206	–	–	500	300	5	165 … 215
EN-GJMB-550-4	5.4207	GTS-55-04	0.8155	550	340	4	180 … 230
EN-GJMB-600-3	5.4208	–	–	600	390	3	195 … 245
EN-GJMB-650-2	5.4300	GTS-65-02	0.8165	650	430	2	210 … 260
EN-GJMB-700-2	5.4301	GTS-70-02	0.8170	700	530	2	240 … 290
EN-GJMB-800-1	5.4302	–	–	800	600	1	270 … 320

[1] Norm zurückgezogen. Die alten Kurzzeichen und Werkstoffnummern sind in der Tabelle noch aufgeführt, da sie in der Praxis, insbesondere in älteren Dokumenten, noch anzutreffen sind.
[2] Für R_m, $R_{p0,2}$ und A jeweils geforderte Mindestwerte von Proben mit 12 mm oder 15 mm Durchmesser.
[3] Nur zur Information

6.6.3.8 Perlitischer Hartguss

Perlitischer Hartguss (häufig auch als **Hartguss** bezeichnet) ist, analog zum Temperguss, ein weiß erstarrtes untereutektisches Gusseisen mit Kohlenstoffgehalten zwischen 2,4 % und 3,4 %. Damit die Gussstücke grafitfrei, also ledeburitisch erstarren, ist der Siliciumgehalt mit 0,3 % bis 1,5 % relativ niedrig eingestellt, dafür liegt jedoch ein die Carbidbildung begünstigender erhöhter Mangangehalt von bis zu 1,2 % vor. Im Gegensatz zum Temperguss wird Hartguss nicht geglüht. Bild 1 zeigt das Gefüge von Hartguss.

Bild 1: Gefüge von perlitischem Hartguss mit 3,6 % C: Primärdendriten (Perlit) und Eutektikum (Ledeburit)

Um eine vollständig weiße Erstarrung sicherzustellen, muss die Schmelze nach dem Gießen schnell abkühlen. Dies wird durch dünne Querschnitte und durch Gießen in Kokillen oder gegen eine Abschreckplatte erreicht. Das Gefüge von perlitischem Hartguss besteht im wesentlichen aus Perlit und Ledeburiteutektikum (Bild 1).

6.6 Eisengusswerkstoffe

Die Härte von perlitischem Hartguss nimmt mit zunehmendem Kohlenstoffgehalt, d. h. steigendem Zementitgehalt, zu. Der Anteil an Zementit (Fe_3C) im Grundgefüge von perlitischem Hartguss beträgt 30 Vol.-% bei 2,5 % C und 55 Vol.-% bei 3,5 % C, wobei 7 bis 12 Vol.-% Zementit im Perlit vorliegt. Mit zunehmendem Kohlenstoffgehalt und zunehmender Wanddicke nimmt allerdings auch die Neigung zur unerwünschten Grafitbildung, mit der Folge einer sich verschlechternden Zähigkeit, Festigkeit und Verschleißbeständigkeit, zu. Dem kann jedoch durch Absenken des Si-Gehaltes, Überhitzen der Schmelze oder Zugabe antigrafitisierender Elemente, vor allem Chrom, begegnet werden. Nach DIN EN 12 513 sind die perlitischen Hartgusssorten EN-GJN-HB340 und EN-GJN-HB400 genormt und werden als **Vollhartguss** oder als **Schalenhartguss** hergestellt (Tabelle 1, Seite 347).

Bild 1: Härteverlauf in einer Schalenhartgussplatte mit etwa 3,5 % C

Vollhartguss

Perlitischer Hartguss ist äußerst spröde, sehr stoß- und schlagempfindlich und nur schwer bearbeitbar. Gussteile, die über ihren gesamten Querschnitt weiß erstarrt sind (Vollhartguss), werden daher nur selten verwendet. Beispiele sind Scharspitzen für landwirtschaftliche Maschinen, Mahlkörper oder Gewichte.

Schalenhartguss

Schalenhartguss kann als Verbundguss zwischen weißem (carbidischem) und grauem (grafitischem) Gusseisen betrachtet werden. Beim Schalenhartguss nutzt man die Tatsache, dass die Wirkung einer Kokille oder einer Abschreckplatte nur bis in eine bestimmten Tiefe zu einer weißen Erstarrung führt. Der Kern oder die Rückseite des Gussstückes erstarrt aufgrund der geringeren Abkühlgeschwindigkeit grau und verleiht dem Bauteil damit eine gewisse Zähigkeit und Bruchsicherheit (Bild 1). Derartige Bauteile haben somit eine harte und verschleißbeständige Oberfläche bei relativ zähem Kern. Stoß- oder Schlagbeanspruchungen können damit in höherem Maße aufgefangen werden.

Die Anwendung von Schalenhartguss beschränkt sich nicht nur auf Mahlwalzen oder verschleißbeständige Auskleidungen, sondern auch auf komplex durch Metall-Metall-Verschleiß beanspruchte Bauteile wie Walzwerkwalzen, Nockenwellen (Bild 2) und Teile für Ventiltriebe in Verbrennungsmotoren.

Bild 2: Hohlgegossene Nockenwellen (geschnitten) aus Schalenhartguss für PKW-Motoren

6.6.3.9 Sondergusseisen

Höher liegerte Gusseisensorten zur Erzeugung besonderer Eigenschaften, wie erhöhte Verschleiß-, Hitze- oder Korrosionsbeständigkeit sowie zur Erstellung bestimmter Gefügeausbildungen (z. B. austenitisches Gefüge), werden häufig als **Sondergusseisen** bezeichnet. Sie können weiß oder grau erstarren.

a) Verschleißbeständiges Gusseisen

Die verschleißbeständigen Gusseisensorten basieren hinsichtlich ihrer chemischen Zusammensetzung und der Gefügeausbildung auf dem perlitischen Hartguss. Zwei wichtige Gusseisengruppen sind das nachfolgend zu besprechende verschleißbeständige Chrom-Nickel-Gusseisen sowie das verschleißbeständige Gusseisen mit hohem Chromgehalt.

- **Verschleißbeständiges Chrom-Nickel-Gusseisen**

Perlitischer Hartguss (Kapitel 6.6.3.8) hat aufgrund der niedrigen Festigkeit und Härte des Perlits eine relativ niedrige Verschleißbeständigkeit. Eine deutliche Steigerung der Verschleißbeständigkeit kann durch Martensit (statt Perlit) bei ansonsten gleicher Ledeburitstruktur erreicht werden. Auf Basis dieser Überlegungen wurde bereits in den 20er-Jahren ein mit Nickel und Chrom im Verhältnis 2 : 1 legiertes Gusseisen entwickelt, das unter den Handelsnamen **Ni-Hard 1** (EN-GJN-HB510 nach DIN EN 12 513) und **Ni-Hard 2** (EN-GJN-HB480 nach DIN EN 12 513) weltweit bekannt wurde. In Tabelle 1, Seite 347, sind einige verschleißbeständige Cr-Ni-Gusseisensorten nach DIN EN 12 513 zusammengestellt.

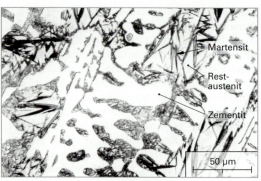

Bild 1: Gefüge von verschleißbeständigem Cr-Ni-Gusseisen (hier: EN-GJN-HB510)

Das Gefüge von verschleißbeständigem Cr-Ni-Gusseisen besteht überwiegend aus Martensit mit Anteilen an Restaustenit und ggf. Bainit sowie einfachen eutektischen Carbiden vom Typ M_3C (M = Fe, Cr) für die Sorten mit 4 % Ni und 2 % Cr bzw. komplexen eutektischen Carbiden (M_7C_3 und M_3C) für die Sorten mit 9 % Cr und 5 % Ni (Bild 1). Die Martensitbildung soll aus Wirtschaftlichkeitsgründen bereits bei der Abkühlung des Gussstücks in der Form eintreten.

Falls keine Kaltverfestigung auftritt, ist der Restaustenit relativ unschädlich. Bei höherer Flächenpressung oder schlagartiger Beanspruchung kann er aber unter Volumenzunahme in Martensit umwandeln und Spannungen erzeugen, die bis zum Zerbersten des Gussstücks führen können. In diesem Fall ist eine Wärmebehandlung zur Beseitigung des Restaustenits erforderlich. Für die Sorten mit 4 % Ni und 2 % Cr: 425 °C ... 475 °C/ 4 h ... 6 h/Luft- oder Ofenabkühlung und Wiederanlassen auf 250 °C ... 300 °C/ 8 h ... 16 h/Luft- oder Ofenabkühlung, für die Sorten mit 9 % Cr und 5 % Ni siehe DIN EN 12513.

Bild 2: Tresor aus stahlarmiertem verschleißbeständigem Cr-Ni-Gusseisen

Bild 3: Qualitativer Vergleich verschleißbeständiger Eisengusswerkstoffe

Anwendungsbeispiele für das verschleißbeständige Cr-Ni-Gusseisen sind Auskleidungen für Hammermühlen, Rollen zum Brechen von Hartgestein, Panzerplatten oder Mahlwalzen. Eine interessante Anwendung findet der Werkstoff als Verbundguss mit Stahlkernen. Dabei wird ein Stahlkern in die Form eingelegt und umgossen. Bild 2 zeigt einen Tresor aus stahlarmiertem Verbundguss. Ein metallischer Verbund ist dabei nicht zwangsläufig erforderlich.

- **Verschleißbeständiges Gusseisen mit hohem Chromgehalt**

Diese Gusseisensorten stehen in Konkurrenz zu den verschleißbeständigen Cr-Ni-Gusseisensorten (z. B. Ni-Hard 1 und Ni-Hard 2). Im Vergleich dazu hat das verschleißbeständige Gusseisen mit hohem Chromgehalt eine höhere Verschleißbeständigkeit. Bei seiner Verwendung müssen jedoch auch die deutlich höheren Kosten, ggf. eine relativ komplexe Wärmebehandlung und die nicht allzu hohe Bruchsicherheit berücksichtigt werden (Bild 3). In Tabelle 1, Seite 347, sind genormte Sorten nach DIN EN 12 513 zusammengestellt.

6.6 Eisengusswerkstoffe

Das Gefüge dieser Gusseisensorten besteht aus komplexen eutektischen und sekundären Carbiden vom Typ $(Fe,Cr)_7C_3$ und $(Fe,Cr)_{23}C_6$, die wechselnde Anteile an Fe, Cr, Mo, V und anderen carbidbildenden Elementen enthalten können und im gehärteten Zustand in eine überwiegend martensitische Matrix eingebettet sind, die noch Anteile an Restaustenit oder andere Umwandlungsprodukte des Austenits, wie z. B. Bainit, enthalten kann (Bild 1). Diese Carbide treten ab 5% Cr gemeinsam mit Zementit und bei 10% bis 12% Cr alleine im Gefüge auf. Um ein günstiges martensitisches Grundgefüge (ggf. mit Bainitanteilen) zu erhalten, wird eine auf den Werkstoff abgestimmte Wärmebehandlung (siehe DIN EN 12 513) bestehend aus Härten und Anlassen durchgeführt.

Anwendungsbeispiele sind Mahlkugeln für Kugelmühlen (Bild 2), Schlagleisten für die Gesteinsaufbereitung, verschleißbeständige Auskleidungen oder Mahlrollen.

Bild 1: GJN-HB555 (Ni-Hard 4) im gehärteten Zustand. Carbide (weiß) in einem Grundgefüge aus Martensit (dunkel) und Restaustenit (grau).

c) Korrosionsbeständiges Gusseisen

Graues Gusseisen hat gegenüber vielen wässrigen und atmosphärischen Medien eine gute Beständigkeit durch Ausbildung einer beständigen Gusshaut aus Eisensilicaten und Oxiden (Ausnahme: Spongiose von Grauguss). Eine Verbesserung der Korrosionsbeständigkeit, auch im Hinblick auf Spongiose (Kapitel 6.6.3.3), kann durch Legieren mit Nickel, Silicium und Chrom erreicht werden.

Bild 2: Mahlkugeln für Kugelmühlen aus verschleißbeständigem Gusseisen mit hohem Chromgehalt

Tabelle 1: Mechanische Eigenschaften von verschleißbeständigem Gusseisen nach DIN EN 12 513

Gusseisensorte				Mechanische Eigenschaften		
Bezeichnung nach DIN EN 1560		Bezeichnung nach DIN 17 006-4 bzw. DIN 17 007-3[1)]		R_m	E-Modul	Härte
Kurzzeichen	Wst.-Nr.	Kurzzeichen	Wst.-Nr.	in MPa	in GPa	
Un- bzw. niedrig legiertes verschleißbeständiges weißes Gusseisen (perlitischer Hartguss)						
EN-GJN-HB340	5.5600	–	–	280...460[5)]	207[5)]	k. A.
Verschleißbeständiges Chrom-Nickel-Gusseisen						
EN-GJN-HB480[2)]	5.5602	G-X 260 NiCr 4 2	0.9620	420...530[5)]	165...180[5)]	k. A.
EN-GJN-HB510[3)]	5.5604	G-X 330 NiCr 4 2	0.9625	350...420[5)]	165...180[5)]	k. A.
EN-GJN-HB555[4)]	5.5605	G-X 300 CrNiSi 9 5 2	0.9630	500...600[6)]	190...200[6)]	k. A.
Verschleißbeständiges Gusseisen mit hohem Chromgehalt						
EN-GJN-HB555(XCr11)	5.5607	–	–	k. A.	k. A.	≥ 600[8)]
EN-GJN-HB555(XCr14)	5.5608	G-X 300 CrMo 15 3 G-X 260 CrMoNi 15 2 1	0.9635 0.9640	600...1000[7)] 600...1000[7)]	158...190[7)] 158...190[7)]	≥ 600[8)]
EN-GJN-HB555(XCr18)	5.5609	G-X 260 CrMoNi 20 2 1	0.9645	600...1000[7)]	158...190[7)]	≥ 600[8)]
EN-GJN-HB555(XCr23)	5.5610	G-X 260 Cr 27 G-X 300 CrMo 27 1	0.9650 0.9655	600...1000[7)] k. A.	k. A. k. A.	≥ 600[8)]

[1)] Normen zurückgezogen. Die alten Kurzzeichen und Werkstoffnummern sind in der Tabelle noch aufgeführt, da sie in der Praxis, insbesondere in älteren Dokumenten, noch anzutreffen sind.
[2)] Markenbezeichnung: Ni-Hard 2.
[3)] Markenbezeichnung: Ni-Hard 1.
[4)] Markenbezeichnung: Ni-Hard 4.
[5)] Mechanische Eigenschaften für Kokillenguss. Sandguss liefert niedrigere Werte.
[6)] gehärtet
[7)] vergütet
[8)] gemäß DIN EN 12 513
k. A. = keine Angabe

d) Hitzebeständiges Gusseisen

Der Einsatz von Gusseisen mit Lamellengrafit ist nur bis etwa 350 °C, bei Gusseisen mit Kugelgrafit bis 450 °C (perlitische Grundmasse) bzw. 700 °C (ferritische Grundmasse) möglich. Bei erhöhter Temperatur sind die folgenden Besonderheiten zu beachten:

- Verschlechterung der mechanischen Eigenschaften, insbesondere der Festigkeit (Warmfestigkeit). Molybdän und Chrom verbessern die Warm- und Zeitstandfestigkeit.

- Veränderung des Gefüges. Perlit ist thermodynamisch nicht stabil und zerfällt bei höheren Temperaturen (> 400 °C) zu Ferrit und Grafit. Dadurch tritt ein deutlicher Verlust an Festigkeit und Härte ein, wobei der Härteverlust deutlich ausgeprägter ist. Der Perlitzerfall ist außerdem mit einer Volumenvergrößerung verbunden, die bis zu 8 % erreichen kann und als **Wachsen** bezeichnet wird. Das Wachsen kann zu einer unerwünschten Rissbildung führen. Chrom verzögert den Perlitzerfall.

- Verzunderung der Oberfläche. Die Bildung einer Schicht aus Oxidationsprodukten des Eisens, des Siliciums sowie der Begleit- und Legierungselemente kann bei Temperaturen über 500 °C zu erheblichen Werkstoffschädigungen führen. Besonders schädigend wirkt sich dabei die **innere Oxidation,** insbesondere bei erhöhtem Grafitgehalt bzw. gröberen Grafitkristallen aus, da die Oxidationsprodukte entlang der Kristalle in das Werkstoffinnere dringen und das Gefüge schwächen. Cr, Si und Al verbessern daher die Zunderbeständigkeit.

e) Austenitisches Gusseisen

Austenitisches Gusseisen hat eine Reihe von Eigenschaften, die es für vielfältige Anwendungen interessant machen. Zu den wichtigsten Eigenschaften gehören insbesondere:

- Korrosionsbeständigkeit gegenüber Meerwasser und alkalischen Medien,
- gute plastische Verformbarkeit und gute Zähigkeit, auch bei tiefen Temperaturen,
- hohe Warmfestigkeit,
- gute Zunderbeständigkeit,
- besonderes Wärmeausdehnungsverhalten,
- paramagnetisch, d. h. nicht magnetisierbar.

Austenitisches Gusseisen hat, wie der Name bereits besagt, ein austenitisches Gefüge mit eingelagertem lamellen- oder kugelförmigem Grafit. Gegenüber den nichtrostenden austenitischen Stählen (Kapitel 6.5.10.4) oder den nichtrostenden austenitischen Stahlgusssorten (Kapitel 6.6.2.3), weist austenitisches Gusseisen einen deutlich geringeren Chromgehalt auf (Cr < 5,5 %), da bei zu hohem Chromgehalt im grafitischen Gusseisen eine unerwünschte Carbidbildung eintreten würde. Zur Sicherstellung einer ausreichenden Austenitstabilität bei tiefen Temperaturen ist andererseits jedoch ein sehr hoher Nickelgehalt von bis zu 36 % erforderlich, da die stabilisierende Wirkung des Chroms fehlt.

Bild 1: Einfluss des Ni-Gehaltes auf den Längenausdehnungskoeffizienten α zwischen 100 °C und 400 °C

Nickel, das Hauptlegierungselement der austenitischen Gusseisensorten, hat eine besondere Auswirkung auf den thermischen Ausdehnungskoeffizienten (Bild 1). Während der Längenausdehnungskoeffizient α bei Ni-Gehalten um 20 % mit etwa $19 \cdot 10^{-6}$ 1/K am größten ist (unlegierter Stahl: $12 \cdot 10^{-6}$ 1/K), fällt er bei 35 % auf einen extrem niedrigen Wert von etwa $4 \cdot 10^{-6}$ 1/K. Damit ist es möglich, Gussteile herzustellen, bei denen Maßänderungen durch Wärmedehnung während des Betriebs unerwünscht sind. Hierzu gehören Bauteile von Werkzeugmaschinen, Pressformen für die Glas- und Kunststoffherstellung oder wissenschaftliche Instrumente.

Tabelle 1: Hitzebeständige Gusseisensorten mit Lamellen- und Kugelgrafit

Sorte	C in %	Si in %	Sonstige in Masse-%	Anwendungs-temperatur[1] in °C (max.)	Anwendungsbeispiele
Graues Gusseisen mit Lamellengrafit					
unlegiert	2,0...4,0	0,8...3,0	–	350[2]	Allgemeine Anwendungen
niedriglegiert (Cr, Mo)	2,8...3,4	1,5...3,6	Cr: 0,5...2 Mo: bis 1	750...(800)	Motorenteile, Kochplatten, Teile für Druckgießmaschinen, Ofenbauteile
Si-legiert	1,8...2,0	5,0...7,0	Cr: bis 2	800...(900)	Ofenbauteile, Teile für Röstöfen
Cr-legiert • perlitisch • ferritisch • austenitisch	2,0...3,0 1,0...2,5 1,0...2,5	0,4...2,0 1,0...2,0 1,0...2,0	Cr: 15...25 Cr: 29...35 Cr: 25...35 Ni: 12...16 Al: bis 1	900...(1000) 1050...(1150) 1050	Teile für Wärmetauscher. Armaturen, Rohre, Ofenbauteile. Wie austenitisches Gusseisen
Al-legiert • niedrig • hoch	2,5...3,5 0,8...2,0	1,5...3,0 max. 0,5	Al: 4...7 Cr: bis 2,5 Al: 22...30 Cr: bis 1,5	900 1200	Schmelztiegel, Heizplatten, Apparaturen zur Schwefelherstellung, Schmelzkessel für Al-Legierungen, Teile für Röstöfen
Austenitisches Gusseisen (DIN EN 13835)	3,0[3]	1,0...3,0	Ni: 12...17,5 Cr: bis 3,5	700...900 ...(1000)	Ofenbauteile, Armaturen für heiße und schwefelhaltige Gase, Ventile und Armaturen für Heißdampf, Turboladergehäuse
Graues Gusseisen mit Kugelgrafit					
unlegiert • perlitisch • ferritisch	3,2...3,8 3,2...3,8	2,4...2,8 2,4...2,8	– –	450 °C 700 °C	Allgemeine Anwendungen Wie niedriglegierte, ferritische Sorten
niedriglegiert • perlitisch		bis 2,5	Cr: 0,4 Mo: 0,35	600...(800)	Gesenke, Motorenteile, Teile für Dampfkraftanlagen
• ferritisch	3,2...3,5	3,2...3,8	Mn: 0,45...0,65 Mo: 0,35...0,55	700	Ofenbauteile, Gasgeneratoren, Gesenke, Kokillen und Formen
	2,8...3,2	bis 4	Mo: bis 2 Al: bis 1	820	Abgassammelleitungen, Gehäuse für Gasturbinen, Turboladergehäuse
Al-Si-legiert		bis 5	Cr: 2,5...3,0 Al: bis 2,5	900...1000	Ofenteile, Formen
Al-legiert	1,7...2,5	1,5...2,5	Mn: bis 0,6 Al: 20...23	1200	Ofenteile, Schmelztiegel, Teile für Röstöfen
Austenitisches Gusseisen (DIN EN 13835)	2,0...3,0[4]	1,0...6,0	Ni: 12...36 Cr: bis 5,5	800...(900)	Ofenbauteile, Abgasleitungen, Turboladergehäuse, Ventile, Gasturbinengehäuse, Brennerteile

[1] Eingeklammerte Werte gelten nur für Sonderfälle.
[2] Phosphorarme Sorten (P < 0,12 %).
[3] maximaler Kohlenstoffgehalt.
[4] maximale Kohlenstoffgehalte, sortenabhängig.

Austenitisches Gusseisen kann aufgrund seines austenitischen Gefüges auch bei tiefen Temperaturen eingesetzt werden. Besonders geeignet sind dabei die ohnehin relativ duktilen Sorten mit Kugelgrafit. Einige Sorten wie EN-GJSA-XNiMn23-4 zeigen auch noch bei rund −200 °C eine ausreichende Zähigkeit (Bild 1, Seite 350). Auch bei höheren Temperaturen kann austenitisches Gusseisen vorteilhaft eingesetzt werden, einige Sorten wie EN-GJSA-XNiCr30-3 bis etwa 800 °C.

Da der Chromgehalt von austenitischem Gusseisen aus den o. g. Gründen geringer ist als 12 % (Resistenzgrenze), bildet sich, im Unterschied zu den nichtrostenden Stählen, keine Passivschicht auf der Oberfläche. Die Korrosionsbeständigkeit beruht vielmehr auf der bereits relativ guten Beständigkeit der nickelhaltigen Grundmasse sowie der Bildung von Schutzschichten aus Korrosionsprodukten.

Bei atmosphärischer Korrosion ist das austenitische Gusseisen relativ gut beständig, obwohl es sich mit einer Rostschicht überzieht. Diese Schicht schützt jedoch, im Gegensatz zu unlegiertem Stahl oder Gusseisen, vor einem weiteren Korrosionsangriff. In Meerwasser und Salzlösungen ist die Korrosionsbeständigkeit von austenitischem Gusseisen deutlich besser im Vergleich zu den unlegierten Sorten. Die hervorragende Korrosionsbeständigkeit von nichtrostenden Stählen oder nichtrostenden Stahlgusssorten wird jedoch, insbesondere bei mittleren bis hohen Strömungsgeschwindigkeiten, nicht erreicht. Dennoch stellen Bauteile von Anlagen und Maschinen, die mit Meerwasser, verunreinigtem Süßwasser oder Salzlösungen in Berührung kommen (z. B. Gehäuse oder Leiträder von Meerwasserpumpen, Off-Shore-Anlagen), die wichtigste Anwendung für austenitisches Gusseisen dar (Bild 2).

Bild 1: Kerbschlagarbeit-Temperatur-Kurven unterschiedlicher austenitischer Gusseisensorten mit Kugelgrafit

Das Schweißen austenitischer Gusseisensorten ist unter Berücksichtigung werkstoffspezifischer Parameter sowie dem Einsatz geeigneter Schweißzusatzwerkstoffe als Fertigungs- und als Konstruktionsschweißung möglich. Übliche Verfahren sind das Lichtbogen-Handschweißen, das Wolfram-Inertgas-(WIG) und das Metall-Inertgasschweißen (MIG).

Austenitisches Gusseisen steht hinsichtlich der Anwendungsmöglichkeiten in Konkurrenz zu hitzebeständigen und nichtrostenden Stahlgusssorten (Kapitel 6.6.2.3). Im Gegensatz zu diesen ist jedoch die Fließfähigkeit und das Formfüllungsvermögen deutlich besser, so dass auch maßgenaue, kompliziert geformte und dünnwandige Gussstücke hergestellt werden können. Die deutlich verbesserte Gießbarkeit kommt außerdem in einer geringeren Rissgefahr zum Ausdruck. Gegenüber den unlegierten Gusseisensorten ist jedoch die erhöhte Schwindung von etwa 2,5 % ungünstig.

Bild 2: Gehäuseunterteil für eine Meerwasserpumpe aus EN-GJSA-NiCrNb20-2 (5.3502)

Austenitische Gusseisensorten werden zur Herstellung von Bauteilen für Anlagen und Maschinen, die mit Meerwasser, verunreinigtem Süßwasser oder Salzlösungen in Berührung kommen, eingesetzt (s. o.). Auch für Bauteile, die höheren Temperaturen bis 800 °C (Abgasleitungen, Kessel, Ventile, Turboladergehäuse, Teile für Industrieöfen, Gasturbinen-Gehäuseteile) und tiefen Temperaturen bis −200 °C (Gussstücke für die Kältetechnik) ausgesetzt sind, kann austenitisches Gusseisen vorteilhaft eingesetzt werden. Sorten mit Ni-Gehalten um 35 % (z. B EN-GJSA-XNi35) werden aufgrund ihres sehr niedrigen Wärmeausdehnungskoeffizienten (Bild 1, Seite 348) für die Herstellung maßgenauer Teile für Werkzeugmaschinen, Pressformen für die Glas- und Kunststoffherstellung sowie wissenschaftlicher Instrumente eingesetzt.

Nach DIN EN 13835 werden austenitische Gusseisensorten mit Lamellengrafit (2 Sorten) und mit Kugelgrafit (10 Sorten) unterschieden (Tabelle 1, Seite 351), wobei letztere infolge einer höheren Festigkeit und Zähigkeit (aber auch höheren Werkstoffkosten) eine größere Bedeutung besitzen.

6.6 Eisengusswerkstoffe

Tabelle 1: Chemische Zusammensetzung und mechanische Eigenschaften von austenitischem Gusseisen nach DIN EN 13835

Gusseisensorte Kurzname	Numerisch	C	Si	Ni	Cr	R_m	$R_{p0,2}$	A	$KV^{2)}$	Eigenschaften	Anwendungsbeispiele
Austenitisches Gusseisen mit Lamellengrafit											
EN-GJLA-XNiMn13-7	5.1501	≤ 3,0	1,5 … 3,0	12 … 14	≤ 0,2	140	–	–	–	• nicht magnetisierbar	Nicht magnetisierbare Gussstücke (z. B. Gehäuse für Schaltanlagen, Klemmen)
EN-GJLA-XNiCuCr15-6-2	5.1500	≤ 3,0	1,0 … 2,8	13,5 … 17,5	1,0 … 3,5	170	–	–	–	• gute Korrosionsbeständigkeit[3] • gute Hitzebeständigkeit • gute Gleiteigenschaften • nicht magnetisierbar[4]	Pumpen, Ventile, Buchsen, Kolbenringe für Leichtmetallkolben, nicht magnetisierbare Gussstücke
Austenitisches Gusseisen mit Kugelgrafit											
EN-GJSA-XNi22	5.3503	≤ 3,0	1,0 … 3,0	21 … 24	≤ 0,5	370	170	20	20	• sehr gute plastische Verformbarkeit • nicht magnetisierbar	Pumpen, Ventile, Buchsen, Abgaskrümmer, Turbolader-Gehäuse, nicht magnetisierbare Gussstücke
EN-GJSA-XNi35	5.3504	≤ 2,4	1,5 … 3,0	34 … 36	≤ 0,2	370	210	20	–	• geringste thermische Ausdehnung aller Gusseisensorten • gute Thermoschockbeständigkeit	Maßbeständige Bauteile für Werkzeugmaschinen, Glasformen, wissenschaftliche Instrumente
EN-GJSA-XNiMn13-7	5.3506	≤ 3,0	2,0 … 3,0	12 … 14	≤ 0,2	390	210	15	16	• nicht magnetisierbar	Nicht magnetisierbare Gussstücke (z. B. Gehäuse für Schaltanlagen, Klemmen)
EN-GJSA-XNiMn23-4	5.3501	≤ 2,6	1,5 … 2,5	22 … 24	≤ 0,2	440	210	25	24	• sehr gute plastische Verformbarkeit • Zähigkeit bis – 196 °C • nicht magnetisierbar	Gussstücke für die Kältetechnik (bis – 196 °C)
EN-GJSA-XNiCr20-2	5.3500	≤ 3,0	1,5 … 3,0	18 … 22	1,0 … 3,5	370	210	7	13	• gute Korrosionsbeständigkeit • gute Hitzebeständigkeit • gute Gleiteigenschaften • nicht magnetisierbar[4]	Pumpen, Ventile, Buchsen, Abgaskrümmer, Turbolader-Gehäuse, nicht magnetisierbare Gussstücke
EN-GJSA-XNiCr30-3	5.3507	≤ 2,6	1,5 … 3,0	28 … 32	2,5 … 3,5	370	210	7	–	• gute Korrosionsbeständigkeit[3] • gute Hitzebeständigkeit	Pumpen, Kessel, Ventile, Abgaskrümmer, Turbolader-Gehäuse
EN-GJSA-XNiCr35-3	5.3509	≤ 2,4	1,5 … 3,0	34 … 36	2,0 … 3,0	370	210	7	–	• geringste thermische Ausdehnung aller Gusseisensorten • gute Thermoschockbeständigkeit[5] • sehr gute Warmfestigkeit[5]	Gehäuseteile für Gasturbinen, Glasformen
EN-GJSA-XNiCrNb20-2	5.3502	≤ 3,0	1,5 … 2,4	18 … 22	1,0 … 3,5	370	210	7	13	• gute Schweißbarkeit • gute Korrosionsbeständigkeit[3] • gute Hitzebeständigkeit • gute Gleiteigenschaften • nicht magnetisierbar[4]	Pumpen, Ventile, Buchsen, Abgaskrümmer, Turbolader-Gehäuse, nicht magnetisierbare Gussstücke
EN-GJSA-XNiSiCr30-5-5	5.3508	≤ 2,6	5,0 … 6,0	28 … 32	4,5 … 5,5	390	240	–	–	• sehr hohe Korrosionsbeständigkeit • sehr gute Hitzebeständigkeit • gute Beständigkeit gegen Erosionskorrosion	Pumpen, Abgaskrümmer, Turboladergehäuse, Fittings
EN-GJSA-XNiSiCr35-5-2	5.3505	≤ 2,0	4,0 … 6,0	34 … 36	1,5 … 2,5	370	200	10	–	• sehr gute Hitzebeständigkeit • hohe Duktilität • gute Kriechbeständigkeit	Gehäuseteile für Gasturbinen, Abgaskrümmer, Turbolader-Gehäuse

[1] Mindestwerte. Mechanische Eigenschaften ermittelt an getrennt gegossenen Probestücken.
[2] ISO-V-Proben (Mittelwert aus 3 Versuchen)
[3] gegenüber Alkalien, verdünnten Säuren, Meerwasser und Salzlösungen
[4] bei niedrigem Chromgehalt
[5] bei Zugabe von 1 Masse-% Mo

7 Nichteisenmetalle

Kein einziges Metall hat bisher – und wird wahrscheinlich auch nicht zukünftig – die gleiche wirtschaftliche Bedeutung wie Eisen und Stahl erhalten. Aus diesem Grund ist die Zusammenfassung der übrigen Metalle als **Nichteisenmetalle (NE-Metalle)** üblich und sinnvoll. Bei den einzelnen Nichteisenmetallen gibt es nicht die große Vielfalt von Legierungen wie beim Eisen. Aufgrund bestimmter günstiger physikalischer Eigenschaften haben jedoch viele Nichteisenmetalle große technische Bedeutung erlangt.

Häufig werden die Nichteisenmetalle in **Leicht- und Schwermetalle** unterteilt. Dabei ist Titan mit einer Dichte von etwa 4,5 kg/dm^3 das Leichtmetall mit der größten Dichte, d. h. alle Metalle mit geringerer Dichte sind Leicht- und mit größerer Dichte sind Schwermetalle. Die technisch wichtigsten Leicht- und Schwermetalle sowie ausgewählte Verwendungsbeispiele sind in Tabelle 1 zusammengefasst.

Tabelle 1: Technisch wichtige Leicht- und Schwermetalle

Metall		Dichte kg/dm^3	Schmelz-temp. °C	Verwendungsbeispiele
Leichtmetalle ($\varrho \leq 4,5$ kg/dm^3)				
Lithium	Li	0,54	180	Legierungselement für Al- und Mg-Legierungen, Batteriewerkstoff
Kalium	K	0,86	63	Findet in der Technik kaum Verwendung
Natrium	Na	0,97	98	Legierungselement, Wärmeübertragermedium
Rubidium	Rb	1,52	39	Wärmeübertragermedium, Anwendung in der Halbleitertechnik
Calcium	Ca	1,54	840	Legierungselement, Trockenmittel
Magnesium	Mg	1,74	649	Motoren- und Getriebegehäusebau, Opferanoden, Kapitel 7.2
Beryllium	Be	1,85	1285	Ni-Be-Legierung für Membranen, Injektionskanülen
Cäsium	Cs	1,87	28	Antriebsstoff für Ionenstrahltriebwerke, Photokatoden
Silicium	Si	2,33	1411	Elektronik und Computertechnik, Legierungselement, Kapitel 7.4
Strontium	Sr	2,60	769	Geringe technische Bedeutung
Aluminium	Al	2,69	660	Basiswerkstoff (Al-Legierungen), Kapitel 7.1
Titan	Ti	4,50	1670	Turbinenteile, Konstruktionsteile im Flugkörperbau, Kapitel 7.3
Schwermetalle ($\varrho > 4,5$ kg/dm^3)				
Vanadium	V	6,10	1900	Legierungselement für Stähle und Titan, Katalysator (V_2O_3)
Zirconium	Zr	6,50	1852	Basiswerkstoff (Zr-Legierungen), Desoxidationsmittel
Antimon	Sb	6,68	630	Legierungselement für weiche Metalle wie Sn oder Pb
Zink	Zn	7,13	419	Beschichtungsmetall (Korrosionsschutz) für Stähle, Kapitel 7.7
Chrom	Cr	7,20	1860	Wichtigstes Legierungselemenent für Stähle
Zinn	Sn	7,31	232	Sn-Beschichtungen (z.B. Weißblech für Konservendosen), Kapitel 7.8
Mangan	Mn	7,44	1244	Legierungselement für Stähle, Desoxidationsmittel
Niob	Nb	8,55	2468	Legierungselement für Stähle, Basismetall für Nb-Legierungen
Nickel	Ni	8,90	1453	Legierungselement für Stähle, Basismetall für Ni-Legierungen, Kapitel 7.6
Cobalt	Co	8,90	1495	Legierungselement für Stähle, Basismetall für Co-Legierungen
Kupfer	Cu	8,94	1083	Basismetall (Cu-Legierungen), Legierungselement, Kapitel 7.5
Bismut	Bi	9,80	271	Legierungselement für Stähle, Schmelzlegierung (Feuerwarner)
Molybdän	Mo	10,23	2617	Legierungselement für Stähle, Basismetall für Mo-Legierungen
Blei	Pb	11,35	327	Basismetall für Pb-Legierungen Legierungselement, Kapitel 7.9
Silber	Ag	10,49	961	Ag-Cu-Legierungen für Münzen, Beschichtungen, Schmuck
Rhodium	Rh	12,40	1965	Thermoelemente, Drahtgitternetz für Katalysatoren, Kontakte
Tantal	Ta	16,66	2996	Legierungselement für Stähle, Gitter von Elektronenröhren
Wolfram	W	19,26	3410	Basismetall, Legierungselement für Stähle, Elektroden
Gold	Au	19,32	1063	Kontaktwerkstoff, Dentallegierungen, Schmuck
Platin	Pt	21,40	1770	Katalysatormetall, Laborgeräte, Zahnstifte, Korrosionsschutz
Iridium	Ir	22,40	2450	Katalysatormetall, Kontakte, Elektrodenwerkstoff (Pt-Ir)
Osmium	Os	22,45	3045	Federspitzen von Füllfederhaltern (Os-Ir), Kontakte (Os-Pt)

7.1 Aluminiumwerkstoffe

Das technisch wichtigste Metall nach Eisen ist Aluminium. Obwohl seine großtechnische Erzeugung erst Ende des 19. Jahrhunderts begann, hat das leichte Metall heute eine sehr große Bedeutung.

Aluminiumwerkstoffe werden in **Reinaluminium, Aluminiumlegierungen** und **Aluminium-Sinterwerkstoffe** eingeteilt. Innerhalb der Aluminiumlegierungen werden die **Knet- und Gusslegierungen** (Bild 1) unterschieden (Kap. 8.3). Knetlegierungen müssen gut verformbar sein. Gusslegierungen müssen gute Gießeigenschaften aufweisen, insbesondere ein gutes Fließ- und Formfüllungsvermögen. Gusslegierungen sind höher legiert (12 % bis 14 %) als Knetlegierungen (max. 4 % bis 5 % Legierungselemente).

Bild 1: Einteilung der Aluminium-Werkstoffe

7.1.1 Reinaluminium

Es ist erstaunlich, dass das mit 7,5 % Anteil in der Erdkruste dritthäufigste Element (Bild 1, Seite 166) erst so spät entdeckt wurde. Die Ursache liegt in der großen Affinität des Aluminiums zu Sauerstoff und den damit verbundenen Schwierigkeiten, Aluminium wirtschaftlich herzustellen. Aluminium kann nur über eine Schmelzflusselektrolyse aus Al_2O_3 gewonnen werden (Kap. 5.3.1).

In Tabelle 1 sind die wichtigsten physikalischen und mechanischen Eigenschaften des Aluminiums zusammengestellt. Von besonderer technischer Bedeutung sind die **geringe Dichte** und die **hohe elektrische Leitfähigkeit** des Aluminiums. Nicht erfasst in der Tabelle sind die **gute Korrosionsbeständigkeit** und die **hervorragende Umformbarkeit**. Die gute Korrosionsbeständigkeit des Aluminiums beruht auf der Bildung einer festhaftenden Aluminiumoxidschicht, die eine weitere Oxidation verhindert. Das kubisch-flächenzentrierte Kristallgitter des Aluminiums (Bild 1, Seite 354) und seine hohe Stapelfehlerenergie (Kap. 2.5.2) bewirken die gute Umformbarkeit.

Aluminium findet sowohl als reines Metall als auch in Legierungen Anwendung. Bild 2 gibt einen Überblick über Hauptanwendungsgebiete des Aluminiums.

Für den Einsatz von **Reinaluminium** (DIN EN 576) spielt die im Vergleich zu Eisen und Stahl geringere Festigkeit keine Rolle, wichtig sind vor allem die gute elektrische Leitfähigkeit (je reiner desto höher), die hohe Korrosionsbeständigkeit, die Oberflächengüte und die gute Verformbarkeit. Nach DIN EN 573-3 und -4 sind Aluminiumsorten von EN AW-Al 99,0 bis EN AW-Al 99,99 genormt.

Tabelle 1: Physikalische und mechanische Eigenschaften von Aluminium

Atomare Daten	
Ordnungszahl	13
Atommasse	26,98 u
Atomdurchmesser	$2,864 \cdot 10^{-10}$ m
Kristallgittertyp[1]	kfz
Physikalische Kennwerte (20 °C)	
Dichte ϱ	2,69 kg/dm³
Schmelztemperatur ϑ_S	660 °C
Wärmedehnung α	$23,8 \cdot 10^{-6}$ 1/K (bei 0 °C)
Wärmeleitfähigkeit λ	237 W/m · K
Elektr. Leitfähigkeit $\varkappa$	37,8 m/($\Omega \cdot$ mm²)
Mechanische Kennwerte[2]	
Zugfestigkeit R_m	60 … 230 MPa
Dehngrenze $R_{p0,2}$	20 … 30 MPa
Bruchdehnung A	max. 50 %
Elastizitätsmodul E	60 … 80 GPa

[1] kfz = kubisch-flächenzentriert
[2] Die Kennwerte sind von der chemischen Zusammensetzung (Reinheit) sowie vom Gefügezustand (z. B. geglüht, kaltverfestigt, usw.) abhängig. Die Angaben sind daher als Orientierungswerte zu verstehen.

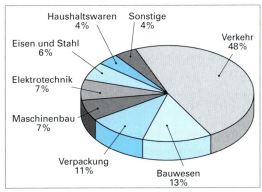

Bild 2: Hauptanwendungen von Aluminium in Deutschland (2015)

Für Sonderanwendungen in der Elektro-, Halbleiter- und Kryoelektrotechnik gibt es noch reineres Aluminium mit einem Aluminiumgehalt bis zu 99,9999 % **(Reinstaluminium)**. Bei in der Technik üblichem Reinaluminium liegt meist ein Aluminium-Gehalt von 99,95 % vor. Als Verunreinigungen finden sich hauptsächlich Silicium und Eisen, in geringerem Maße Kupfer, Titan, Mangan, Magnesium und Zink.

Die gute Kalt- und Warmverformbarkeit ermöglicht es, dass Aluminium zu extrem dünnen Folien gewalzt (genormt bis zu 0,007 mm), zu komplizierten Profilen in einem Arbeitsgang stranggepresst oder auch zu komplexen großen Teilen geschmiedet wird. In der Elektroindustrie wird Reinaluminium in großen Mengen zu Leitmaterial

Bild 1: Kristallgitter und Gefüge von Reinaluminium

(Freileitungsseile), aber auch zu Leitungsmänteln und Elektrolytkondensatoren (hier Reinstaluminium) verarbeitet. In der chemischen, pharmazeutischen und Lebensmittelindustrie wird Reinaluminium zum Behälter-, Geräte- und Apparatebau verwendet. Reinaluminium wird auch für Geschirr sowie im Bauwesen für Fensterrahmen, Fassadenbekleidungen und Dächer eingesetzt.

Ein sehr großes Einsatzgebiet für Aluminium sind Verpackungen. Neben dünnen Folien, die oft noch mit anderen Werkstoffen, hauptsächlich Kunststofffolien oder Papier kaschiert sind, bestehen Behälter aller Art, Dosen, Röhrchen, Tuben und sogar Fässer aus Reinaluminium. Dabei spielen drei Eigenschaften des Aluminiums eine wichtige Rolle: die gute Verformbarkeit, die geringe Dichte und die gute Korrosionsbeständigkeit.

Die gute Korrosionsbeständigkeit des Reinaluminiums ist zunächst ungewöhnlich, da Aluminium zu den unedlen Metallen gehört und an der Luft sofort oxidiert. Die Beständigkeit erklärt sich durch die Dichtheit der Oxidschicht, die nach ihrer Entstehung jeden weiteren Korrosionsangriff verhindert. Häufig wird diese Oxidschicht elektrolytisch verstärkt. Dieses Verfahren wird als **anodische Oxidation** (Eloxieren) bezeichnet. Die dabei erzeugten Schichten bieten einen noch besseren Korrosionsschutz als die natürlichen Oxidschichten und können zusätzlich eingefärbt werden (Kapitel 4.5.6.2).

7.1.2 Aluminium-Knetlegierungen

Aluminium-Knetlegierungen (Bild 2 sowie Tabelle 1, S. 356) sind in DIN EN 573 genormt. Während die deutsche Norm je nach Element Legierungsgehalte von 1 % bis 6 % enthielt, beinhaltet die europäische Norm mit der Legierung EN AW-Al Si10Mg und EN AW-Al Zn8MgCu sogar Legierungen mit bis zu 13 % Si bzw. bis zu 8 % Zn.

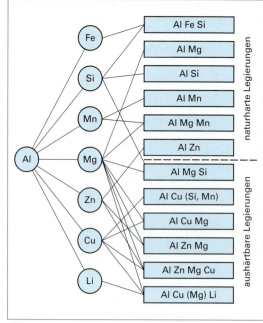

Bild 2: Knetlegierungen aus Aluminium

7.1 Aluminiumwerkstoffe

Die wichtigsten Legierungselemente des Aluminiums sind Kupfer, Mangan, Silicium, Magnesium und Zink sowie in geringerem Maße Eisen, Lithium sowie selten auch Zirconium (Bild 2, Seite 354).

Aluminium-Knetlegierungen werden vor allem durch Walzen, Strangpressen, Ziehen und Schmieden, also durch Umformen (= Kneten) zu Halbzeug oder Werkstücken verarbeitet.

In Bild 2, Seite 354, zeigt sich, dass die meisten Knetlegierungen mehrere Legierungselemente enthalten. Außerdem wird zwischen naturharten Legierungen und aushärtbaren Legierungen unterschieden. Die Erklärung liefert Kapitel 7.1.5.

Zu den **naturharten Legierungen** gehören **homogene Legierungen,** bei denen die Atome der Legierungselemente in das Kristallgitter des Aluminiums eingebaut werden, also Substitutionsmischkristalle bilden. Mischkristallbildung liegt meist nur bei geringen Legierungsgehalten vor, jedoch mit einer oft starken Temperaturabhängigkeit der Löslichkeit.

Homogene Aluminiumlegierungen liegen bei einem Gehalt von 0,5 % bis 5 % Magnesium und/oder 0,5 % bis 1 % Mangan vor.

Die Festigkeit der naturharten Legierungen kann durch Kaltverformen gesteigert werden. Daher haben diese Legierungen ähnliche Anwendungsgebiete wie Reinaluminium mit Ausnahme der Elektrotechnik infolge der schlechteren elektrischen Leitfähigkeit. Diese Werkstoffe erfüllen außerdem höchste Ansprüche in Bezug auf dekorative Wirkung und Reflexionsvermögen.

Aushärtbare Aluminiumlegierungen enthalten Zusätze an Magnesium + Silicium, Zink + Magnesium, Kupfer + Magnesium oder Zink + Magnesium + Kupfer. Neu entwickelte aushärtbare Aluminiumlegierungen enthalten Kupfer + Lithium + Magnesium + Zirkonium, wie z. B.: EN AW-Al Cu2Li2Mg1,5.

Ein Zusatz von 3 % Li bewirkt in Aluminiumlegierungen eine Reduzierung der Dichte um ca. 10 % und eine Steigerung des Elastizitätsmoduls um ca. 15 % und führt damit zu einer Gewichtseinsparung von 14 % im Vergleich zu konventionellen Legierungen mit gleicher Festigkeit.

Aushärtbare Legierungen haben ein **heterogenes Gefüge.** Dies führt zwar einerseits zu einer Festigkeitssteigerung, aber andererseits wird die Korrosionsbeständigkeit vermindert. Zwischen zwei verschiedenen Körnern besteht ein Potenzialunterschied, dies führt bei Anwesenheit eines Elektrolyten zu elektrochemischer Korrosion (Kapitel 11.2). Zum Schutz werden diese Legierungen mitunter mit Reinaluminium plattiert. Der Einsatz dieser Werkstoffe erfolgt hauptsächlich im ausgehärteten Zustand (Kapitel 7.1.5).

Die Festigkeit von Aluminiumwerkstoffen nimmt von etwa 60 MPa (AlZnMgCu-Legierungen, Bild 1) bis auf über 600 MPa zu (AlZnMgCu-Legierungen, Bild 1).

Die höchsten Festigkeitswerte bei aushärtbaren Aluminiumlegierungen werden bei AlZnMgCu-Knetlegierungen erreicht („hochfest"). Diese Legierungen haben auch immer einen geringen Chromzusatz und sind kalt- und warmaushärtbar.

Bild 1 zeigt den Einfluss von Zink und Magnesium auf die Festigkeit dieser Legierungen bei einem konstanten Gehalt von 1,5 % Cu, 0,2 % Mn und 0,2 % Cr im warmausgehärteten Zustand.

Aushärtbare Aluminiumlegierungen finden Verwendung im Fahrzeugbau (Bild 1, Seite 357), Architektur und Bauwesen, Schiffbau, Flugzeugbau, Maschinenbau u.a.

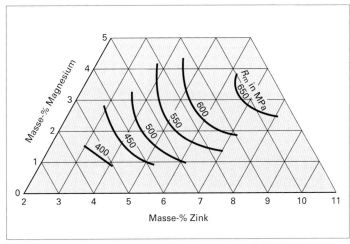

Bild 1: Einfluss von Zink und Magnesium auf die Festigkeit von AlZnMgCu-Legierungen, warmausgehärtet (1,5 % Cu, 0,2 % Mn, 0,2 % Cr)

Tabelle 1: Eigenschaften und Anwendungsbeispiele von Aluminium-Knetlegierungen

Legierungs-gruppe	Werkstoffbeispiele (DIN EN 573-3)	Wesentliche Legierungs-bestandteile in %	R_m in MPa	A in %	Korrosions-beständigk.	Schweiß-barkeit	Zerspan-barkeit	Aushärtbar-keit	Anwendungsbeispiele
AlMn (Serie 3000)	EN AW-Al Mn0,2 EN AW-Al Mn1	Mn: ≤ 1,5 %[2]	90…200	21…3	gut	sehr gut	bedingt	nein	Für Anwendungen, bei denen die Festigkeit von Reinaluminium nicht ausreicht, jedoch die gleiche chemische Beständigkeit und Verformbarkeit gefordert wird.
AlMg (Serie 5000)	EN AW-Al Mg1 EN AW-Al Mg2 EN AW-Al Mg5	Mg: 0,5 %…5,5 %	100…205 160…270 240…385	20…3 16…5 13…3	sehr gut, seewasserständig	gut	bedingt bis gut	nein	Vielseitig anwendbare Konstruktionslegierung für mechanisch mäßig beanspruchte Bauteile mit guter Korrosions- und Seewasserbeständigkeit. Beispiele: • Fassadenteile, Bedachungen, Möbel • Schiffsbau • Instrumente, Geräte • Metallwaren
AlMgMn (Serie 5000)	EN AW-Al Mg2Mn0,8 EN AW-Al Mg4,5Mn0,7	Mg: 0,5 %…5,5 % Mn: bis 1,1 %	190…305 275…420	12…4 11…3	gut, seewasserbeständig	gut bis sehr gut	bedingt	nein	Vielseitig anwendbare Konstruktionslegierung für Bauteile mit höherer mechanischer Beanspruchung bei guter Seewasser- und Witterungsbeständigkeit. Beispiele: • Apparatebau • Schiffsbau • Chemische Industrie, Salz- und Kaliindustrie • Verkleidungen für Fahrzeuge
AlMgSi (Serie 6000)	EN AW-Al MgSi EN AW-Al MgSiMn	Mg: 0,3 %…1,5 Si: 0,2 %…1,6 Mn: bis 1 % Cr: 0,35 %	≥ 215 ≥ 310	≥ 12 ≥ 10	gut bis sehr gut	gut bis sehr gut	mäßig bis ausreichend	meist warm bei (140 °C … 160 °C)	Am häufigsten eingesetzte aushärtbare Al-Knetlegierung. Für Al-Bauteile bei mittlerer Festigkeit und hoher Witterungsbeständigkeit. Beispiele: • Strangpressprofile aller Art • Baubeschläge • Fassaden-, Fenster-, Türprofile • Metallwaren • Pkw-Räder und Fahrwerkteile • Elektrotechnik: Drähte und Schienen
AlCuMg[3] (Serie 2000)	EN AW-Al Cu4MgSi EN AW-Al Cu4Mg1 EN AW-Al Cu4SiMg	Cu: 3,5 %…5,5 % Mg: 0,2 %…1,9 %	≥ 370 ≥ 420 ≥ 420	≥ 12 ≥ 10 ≥ 6	mäßig (Cu), schlechte Seewasserbeständigk.	gut bis sehr gut	mit Pb sehr gut zerspanbar	kalt oder warm	Vielseitige Anwendungen für Bauteile, die einer hohen mechanischen Beanspruchung unterliegen. • Drähte (< 14 mm), Niete, Schrauben • Bleche (< 25 mm) im Flugzeugbau
AlCuSiMg (Serie 2000)	EN AW-Al Cu4SiMg	Cu: 3,5 %…5,5 % Si: 0,5 %…1,2 % Mn: 0,2 %…0,8 %	≥ 450	≥ 7	mäßig (Cu)	nicht schweißbar	gut	kalt oder warm	Gesenk- und Freiformschmiedestücke für hohe mechanische Beanspruchung. Vielseitige Anwendungen im Fahrzeug-, Flugzeug- und Maschinenbau.
AlZnMg (Serie 7000)	EN AW-Al Zn4,5Mg1	Zn + Mg: 6 %…7 %	≥ 350	≥ 10	mäßig bis gut	gut	gut	kalt oder warm	Schweißkonstruktionen im Berg-, Fahrzeug- und Maschinenbau
AlZnMgCu[4] (Serie 7000)	EN AW-Al Zn5Mg3Cu EN AW-Al Zn5,5MgCu[5]	Cu: 0,5 %…2,0 % Zn + Mg: bis 9 % (Zn : Mg = 2 : 3)	≥ 470 ≥ 510 ≥ 540	≥ 8 ≥ 7 ≥ 7	mäßig (Cu)	z. T. nicht schweißbar	gut bis sehr gut	kalt oder warm bei (130 °C … 170 °C)[8]	Anwendung überall dort, wo höchste Festigkeit gefordert wird. Festigkeit übersteigt teilweise diejenige der unlegierten Baustähle.

[1] Für nicht aushärtbare Legierungen: Zugfestigkeit und Bruchdehnung hängen in hohem Maße von der Nenndicke sowie vom Werkstoffzustand (Kaltverformungsgrad) ab. Der linke Zahlenwert gibt jeweils den weichgeglühten Zustand, der rechte Zahlenwert den maximal kaltverfestigten Zustand an. Werte gültig für Bleche und Bänder (DIN EN 485-2) bei Blechdicken von 1,5…3 mm. Bruchdehnungswerte A_{50mm}. Für aushärtbare Legierungen: Mindestwerte für Zugfestigkeit und Bruchdehnung (A_5). Gültig für gezogene Rohre nach DIN EN 754-2 im kalt- oder warmausgehärteten Zustand, der jeweils zur höchsten Festigkeit führt.
[2] Über 1,5 % Mn: Bildung spröder Al₆Mn-Kristalle, daher Begrenzung des Mn-Gehaltes erforderlich.
[3] Auch als „Duraluminium" bezeichnet.
[4] Legierungstyp mit den höchsten erreichbaren Festigkeitswerten aller Al-Knetlegierungen.
[5] Kaltaushärtung liefert mittlere bis hohe Festigkeiten. Warmaushärtung führt zu höchsten Festigkeiten.

7.1 Aluminiumwerkstoffe

Da die Festigkeit von Aluminium-Legierungen mit steigender Temperatur rasch abnimmt, müssen ab 120 °C warmfeste Legierungen eingesetzt werden. Die **Warmfestigkeit** wird z. B. durch Kupfer verbessert. Auch in diesen Legierungen haben die Verunreinigungen, insbesondere Eisen, häufig einen ungünstigen Einfluss, sodass bestimmte Grenzwerte vorgeschrieben sind.

Die **Korrosionsbeständigkeit** von Aluminium ist umso höher, je reiner das Metall ist. Schädlich sind vor allem Beimengungen von (edlem) Kupfer, durch Bildung von Lokalelementen. Unbeständig ist die schützende Oxidhaut des Aluminiums gegen Basen, beispielsweise Natronlauge, und gegen Halogen-Wasserstoffsäuren wie Salzsäure. Eine hohe Seewasserbeständigkeit besitzen Aluminium-Magnesium-Legierungen.

7.1.3 Aluminium-Gusslegierungen

Gute Gießeigenschaften sind die Hauptforderungen, die an Gusslegierungen gestellt werden. Sie sind im Vergleich zu den Al-Knetlegierungen höher legiert. Die wichtigsten Legierungselemente der Aluminium-Gusslegierungen zeigt Bild 2. Genormt sind Aluminium-Gusslegierungen in DIN EN 1706. Besonders günstig lassen sich die Legierungen gießen, in denen die Legierungselemente in Form von Eutektika vorliegen. Außerdem wird die Legierungszusammensetzung auf das jeweilige Gießverfahren (Kapitel 5.5.1) abgestimmt.

Bild 1: Ganzaluminium-Karosserierahmen

Günstige Gießeigenschaften zeigen z. B. **Aluminium-Silicium-Legierungen,** da bei 12,5 % Si ein Eutektikum vorliegt (Bild 1, Seite 358). Insbesondere die eutektische Legierung EN AC-Al Si12 zeichnet sich durch sehr gute Gießbarkeit aus. Sie wird bevorzugt für dünnwandige, druck- und flüssigkeitsdichte Gussstücke im Maschinen- und Gerätebau eingesetzt. Weitere Merkmale sind eine gute Korrosionsbeständigkeit und eine hervorragende Schweißbarkeit. Silicium erhöht die Festigkeit von Aluminium beispielsweise bei der Legierung EN AC-Al Si12 auf 150 MPa bis 200 MPa. Diese Legierungen eignen sich daher zur Herstellung komplizierter, dünnwandiger und druckdichter Gussstücke.

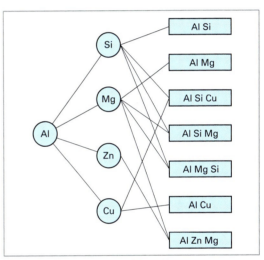

Bild 2: Gusslegierungen aus Aluminium

Eine langsame Abkühlung (z. B. Sandguss) führt bei Al-Si-Gusslegierungen zur Ausbildung eines versprödend wirkenden, **„entarteten" Al-Si-Eutektikums** mit eingelagerten, groben, platten- und nadelförmigen Si-Kristallen. Um die Ausbildung eines feinkörnigen, gleichmäßig verteilten Eutektikums (Bild 3) mit einer verbesserten Festigkeit und Zähigkeit zu erreichen, wird eine **„Veredelung"** mit geringen Natrium-, Strontium- oder Antimon-Zusätzen (bis 0,1 %) durchgeführt. Die Zugabe bewirkt eine Unterkühlung der Schmelze und Verschiebung der eutektischen Konzentration zu höheren Si-Gehalten. Durch Behinderung der Si-Diffusion und des Kristallwachstums bilden sich sehr feine, eher rundliche Kristalle.

Bild 3: Gefüge einer mit Strontium (0,041 %) veredelten Al-Gusslegierung (EN AC-Al Si10Mg)

Die Abschreckwirkung von in Kokillen vergossenen Legierungen verhindert weitgehend eine Entartung (nadelige Ausbildung) des Eutektikums, so dass durch eine Veredelung das Kokillengussgefüge nur unwesentlich feiner wird. Daher wird beim Kokillenguss teilweise auf eine Veredelung vderzichtet.

Der Eisengehalt der Al-Si-Legierungen sollte niedrig gehalten werden, da sich sonst nadelige Körner aus β-AlFeSi bilden, die Festigkeit und Plastizität vermindern.

In übereutektischen Al-Si-Gusslegierungen (max. 25 % Si) werden zur Kornfeinung der primär ausgeschiedenen Siliciumkristalle geringe Mengen von Phosphor zugesetzt. Diese Legierungen kommen vor allem als **Kolbenlegierungen** (Bild 2) zum Einsatz.

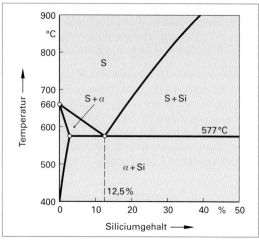

Bild 1: Zustandsdiagramm Al-Si (Al-Seite)
α: Al-Si-Mischkristalle
Si: Si-Kristalle
S: Schmelze

Untereutektische Al-Si-Legierungen werden durch Zusätze von 0,2 % bis 0,5 % Magnesium aushärtbar, der Silicium-Gehalt wird auf 10 % bzw. 5 % reduziert. Die Legierung EN AC-AlSi10Mg-T6 (warmaushärtend, s. Tabelle 1, Seite 437) erreicht eine Zugfestigkeit von 300 MPa. Genutzt wird sie beispielsweise für den Motorenbau. Untereutektische Aluminium-Silicium-Gusslegierungen mit Kupferzusätzen sind nicht aushärtbar, zeigen aber eine erhöhte Warmfestigkeit. Wird diesen Legierungen Magnesium (< 0,1 %) oder Zink (max. 3 %) beigefügt, so werden diese kaltaushärtbar (selbsthärtend).

Aluminium-Magnesium-Legierungen enthalten 3 % bis 12 % Magnesium (Eutektikum bei 34 % Mg) und sind schwieriger zu gießen als Aluminium-Silicium-Legierungen, haben dafür aber eine bessere Korrosionsbeständigkeit und sind anodisch oxidierbar. Bei Magnesium-Gehalten über 7 % wird eine Wärmebehandlung zur Homogenisierung des Gefüges durchgeführt, um dadurch auch die Festigkeits-

Bild 2: Gegossene Aluminium-Kolben aus einer übereutektischen Al-Si-Gusslegierung

eigenschaften zu verbessern. Diese Werkstoffe werden im Schiffbau sowie in der chemischen- und Nahrungsmittelindustrie eingesetzt. Geringe Siliciumzusätze sind insbesondere bei Legierungen mit Magnesium-Gehalten unter 5 % zur Verbesserung der Gießeigenschaften möglich und führen zur Aushärtbarkeit. Der Werkstoff EN AC-AlMg3Si erreicht warmausgehärtet eine Festigkeit von 200 bis 280 MPa.

Aluminium-Kupfer-Legierungen enthalten 3 % bis 10 % Kupfer und 0,1 % bis 0,3 % Titan zur Kornfeinung. Sie sind häufig nur warmaushärtbar, können aber durch Zusätze von Magnesium (> 0,5 %) kalt- bzw. selbstaushärtend werden. Diese Legierungen werden für hochbelastbare Teile des Flug- und Fahrzeugbaus eingesetzt. Legierungen des Typs AlZnMg sind gekennzeichnet durch die Möglichkeit der Kalt- und Warmaushärtung ohne vorhergehendes Lösungsglühen. Sie enthalten 4 % bis 7 % Zink und 0,3 % bis 0,7 % Magnesium. Bei höheren Magnesium-Gehalten verschlechtert sich die Bruchdehnung stark. Für Sonderanwendungen stehen noch weitere Aluminium-Gusslegierungen zur Verfügung, die hier nicht weiter besprochen werden sollten.

In Tabelle 1, Seite 359, sind Eigenschaften und Anwendungsbeispiele wichtiger Aluminium-Gusslegierungsgruppen zusammengestellt.

7.1 Aluminiumwerkstoffe

Tabelle 1: Eigenschaften und Anwendungsbeispiele von Aluminium-Gusslegierungen nach DIN EN 1706

Legierungsgruppe	Werkstoffbeispiele (DIN EN 1706)	Wesentliche Legierungsbestandteile in %	Eigenschaften[1] R_m in MPa	A_{50mm} in %	Gießverfahren[2]	Korrosionsbeständigk.	Schweißbarkeit	Aushärtbarkeit	Anwendungsbeispiele
AlSi	EN AC-Al Si11 EN AC-SI Si12	Si: 8 ... 13,5	150 (F) 170 (F) 150 (F)	6 (F) 7 (F) 5 (F)	S K S	mäßig bis gut	sehr gut bis gut[3] schlecht[4]	nein	Komplizierte und dünnwandige Gussteile aller Art, die auch einer stoßartigen oder schwingenden Beanspruchung ausgesetzt sein können
AlSiMg	EN AC-Al Si7Mg0,3 EN AC-Al Si9Mg EN AC-Al Si10Mg(Fe)	Si: 5 ... 7 Mg: 0,3 ... 0,5	230 (T6) 290 (T6) 230 (T6) 290 (T6) 220 (T6)	2 (T6) 4 (T6) 2 (T6) 4 (T6) 1 (T6)	S K S K S	gut	sehr gut bis gut[3] schlecht[4]	kalt oder warm	Komplizierte und dünnwandige Gussteile aller Art, die höchsten Beanspruchungen ausgesetzt sind. Beispiele: • Hochfeste Motorenteile (Kurbelgehäuse, Zylinderköpfe, Motorblöcke, Getriebegehäuse) • Fahrzeugbau (Radträger, Bremssättel, Hinterachslenker) • Druckgefäße
AlSiCu	EN AC-Al Si9Cu3(Fe) EN AC-Al Si9Cu1Mg	Si: 4 ... 10 Cu: 1 ... 4 Mg: bis 0,6 Mn: bis 0,6	240 (F) 275 (T6)	< 1 (F) 1,5 (T6)	D K	schlecht bis nicht empfehlenswert	mäßig bis gut[3] nicht empfehlenswert[4]	kalt oder warm	Gussteile aller Art (auch dünnwandig), für mittlere Beanspruchung und Temperaturen bis 200 °C. Beispiele: • Haushaltsgeräte • Motorenbau (Kurbel- und Getriebegehäuse, Zylinder, Zylinderköpfe, Einspritzpumpen, Bremsbacken)
AlMg	EN AC-Al Mg3 EN AC-Al Mg5 EN AC-Al Mg9	Mg: 3 ... 12 Si: bis 5[5]	150 (F) 160 (F) 180 (F) 200 (F)	5 (F) 3 (F) 4 (F) 1 (F)	K S K D	sehr gut (auch Seewasser und andere korrosive Medien)	mäßig	ja (mit Si-Zusatz)	Gussteile aller Art (auch dünnwandig), für mittlere Beanspruchungen. Die Legierungen sind besonders für Bauteile geeignet, die Seewasser oder anderen korrosiven Medien ausgesetzt werden. Beispiele: • Apparate- und Armaturenbau • Außen- und Innenarchitektur • Beschläge für Türen, Fenster und in der Kfz-Technik • Chemieanlagen und Nahrungsmittelindustrie • Hygienisch unbedenkliche Teile für die Nahrungsmittel- und Haushaltsgeräteindustrie • Schiffsaufbauten • Feuerlöschwesen
AlCu(Ti)	EN AC-Al Cu4Ti	Cu: 4 ... 5 Ti: 0,1 ... 0,3	300 (T6) 330 (T6)	3 (T6) 7 (T6)	S K	schlecht	schlecht	vorwiegend warm	Gusslegierungen mit der höchsten Festigkeit bei guter Zähigkeit und Verformbarkeit. Anwendungen im Fahrzeug- und Flugzeugbau. Beispiele: • Waggonrahmen und Fahrgestelle
AlZnMg	EN AC-Al Zn5Mg[6]	Zn: 4 ... 7 Mg: 0,3 ... 0,7	190 (T1) 210 (T1)	4 (T1) 4 (T1)	S K	gut	gut	kalt oder warm	Die kennzeichnende Eigenschaft dieser Legierungsgruppe ist die Fähigkeit zur Kalt- und Warmaushärtung im Gusszustand ohne vorausgehende Lösungsglühung (Selbstaushärtung). Bei nicht zu hohen Mg-Gehalten weisen diese Legierungen eine günstige Bruchdehnung auf.

[1] Die mechanischen Eigenschaften sind in hohem Maße vom Aushärtungszustand sowie vom Gießverfahren abhängig. Die Angaben in Klammern kennzeichnen den Werkstoffzustand nach DIN EN 1706 (F = Gusszustand; T1 = kontrollierte Abkühlung nach dem Guss und Kaltauslagerung; T6 = lösungsgeglüht und vollständig warmausgelagert.   [2] S = Sandguss; K = Kokillenguss; F = Feinguss; D = Druckguss
[3] für Sand-, Kokillen- und Feinguss   [4] für Druckguss   [5] für Mg-Gehalte über 5 %   [6] Legierung in DIN EN 1706 (ab Ausgabe 06/2011) nicht mehr enthalten

7.1.4 Aluminiumschäume

Im Zusammenhang mit neuen Leichtbaukonzepten ist ein verstärktes Interesse an Metallschäumen, insbesondere aus Aluminium und Aluminiumlegierungen, zu verzeichnen. Forschungen befassen sich auch mit Schäumen aus anderen Metallen, wie z.B. Magnesium, Eisen, Blei, Zink oder sogar Gold. Für die Entwicklung von Metallschäumen sprechen die zu erwartenden Eigenschaften, die denen natürlicher hochporöser Materialien entsprechen sollen (Bild 1). Beispielsweise liegt die Porosität von Holz oder Knochen oberhalb von 50 %, beide besitzen eine bekanntermaßen hohe Steifigkeit bei geringem spezifischen Gewicht und ein sehr gutes Energieabsorptionsvermögen.

Mittlerweile wurden verschiedene Aufschäumprozesse entwickelt, die es gestatten, ähnlich wie bei Kunststoffen auch aus Metallen einen hochporösen metallischen Werkstoff herzustellen. Dieser Werkstoff zeichnet sich durch gute mechanische Eigenschaften in Verbindung mit einem sehr niedrigen spezifischen Gewicht aus. Dennoch ist das Material aus Kostengründen noch wenig verbreitet.

7.1.4.1 Aufschäumprozesse

In den letzten 30 Jahren wurde eine Vielzahl von Schaumherstellungsverfahren entwickelt, bei denen entweder eine Aluminiumschmelze oder ein Aluminiumpulver zu Schaum verarbeitet wird.

a) Schmelzmetallurgische Verfahren

Schmelzmetallurgische Verfahren beginnen mit dem Erschmelzen einer Aluminiumlegierung. Anschließend werden 5 % bis 25 % Aluminiumoxid Al_2O_3 oder Siliciumcarbid SiC in die Schmelze eingerührt. Dadurch wird die Schmelze zähflüssig (Eindicken), d. h. die Viskosität wird erhöht. Anschließend wird, wie in Bild 2, gezeigt, ein Gas mit einem rotierenden Impeller in eine Aluminiumschmelze geblasen. Der entstehende Schaum wird z. B. mit Hilfe eines Förderbandes als Platte abgeschöpft. Eine kontinuierliche Fertigung ist damit möglich. Über die Gasmenge und die Impellerdrehzahl lässt sich die Porenstruktur des entstehenden Schaumes beeinflussen. Die Porosität ist im Bereich von 80 % bis 97 % variierbar.

b) Syntaktische Schäume

Syntaktische Schäume werden durch Umgießen von keramischen Hohlkugeln gefertigt (Bild 3). Das Verfahren hat für Aluminium eine geringere Bedeutung.

c) Pulvermetallurgische Verfahren

Die pulvermetallurgischen Verfahren arbeiten unter Verwendung eines Treibmittels, das sich bei Erwärmung unter Gasabspaltung zersetzt. Das Grundprinzip besteht darin, in ein Aluminiumpulver feinverteilt ein Treibmittel (z. B. Titandihydrid TiH_2) einzumischen (Bild 1, Seite 361).

> **ⓘ Information**
>
> **Aluminiumschäume**
> Aluminiumschäume vereinen geringes Gewicht mit hohem Elastizitätsmodul (hoher Steifigkeit).

Bild 1: Poröse Strukturen
a) Aus der Natur: Holz
b) Technisch erzeugt: Aluminiumschaum

Bild 2: Schmelzmetallurgische Schaumherstellung (schematisch)

Bild 3: Herstellung eines syntaktischen Schaumes durch Eingießen von Kugeln

7.1 Aluminiumwerkstoffe

Diese Mischung wird anschließend verdichtet (z. B. durch Heißpressen, Strangpressen oder kaltisostatisches Pressen). Es entsteht ein kompaktes Halbzeug, das äußerlich von massivem Aluminium nicht zu unterscheiden ist.

Wird dieses Material anschließend bis dicht über den Schmelzpunkt erwärmt, zerfällt das Treibmittel und setzt dabei Gase frei (z. B. im genannten Beispiel Wasserstoff H_2), die den Schäumprozess auslösen.

Durch Abkühlung unter den Schmelzpunkt wird der Schäumprozess bei der gewünschten Porosität wieder abgebrochen.

Das Ergebnis ist ein Schaum mit einer überwiegend geschlossenen Porosität und einer dichten Außenhaut.

Prinzipiell lässt sich jede Aluminiumlegierung nach diesen Verfahren schäumen, falls die jeweiligen Kompaktier- und Schäumparameter bekannt sind. Geschäumt werden z. B. Knetlegierungen der Serien 1000 (Reinaluminium), 2000 (Al-Cu) und 6000 (Al-Mg-Si) oder Gusslegierungen, wie beispielsweise EN AC-Al Si7 oder EN AC-Al Si12.

Formteile aus Metallschäumen lassen sich erzeugen, wenn ein expandierender Schaum (aus einem pulvermetallurgisch hergestellten Halbzeug mit Treibmittel) in eine bestimmte Form eingepresst wird (Bild 2). Vor dem Aufschäumen besteht zudem die Möglichkeit, das aufschäumbare Halbzeug umzuformen. Auf diese Weise sind eine Vielzahl von Formen herstellbar.

7.1.4.2 Eigenschaften von Aluminiumschäumen

Die hochporösen Aluminiumschäume vereinigen eine Vielzahl herausragender Eigenschaften (Tabelle 1).

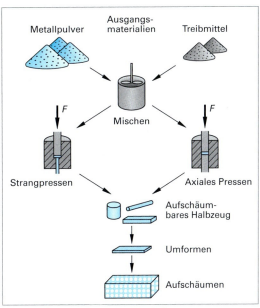

Bild 1: Pulvermetallurgische Herstellung von Metallschäumen

Bild 2: Herstellung von Aluminiumschaumformteilen über ein Gießverfahren

Tabelle 1: Werkstoffdaten von pulvermetallurgisch hergestellten Aluminiumschäumen (Zusammenstellung nach IFAM, Bremen und MEPURA, Österreich)

Legierung	Al99,5 massiv	Al99,5	EN AC-Al Si12	
Verwendetes Treibmittel	–	TiH_2	TiH_2	
Dichte in kg/dm³	2,7	0,4	0,54	0,84
Mittlerer Porendurchmesser in mm	–	4	–	–
Druckfestigkeit in MPa	–	3	7	15
Energieabsorption bei 30 % Stauchung in MJ/m	–	0,72	2	4
Elastizitätsmodul in GPa	6,7	2,4	5	14
Elektrische Leitfähigkeit in m/($\Omega \cdot mm^2$)	34	2,1	o. A.	o. A.
Thermische Leitfähigkeit in W/(m · K)	235	12	13	24
Thermischer Ausdehnungskoeffizient in 10^{-6} 1/K	23,6	23	o. A.	o. A.

o. A. = ohne Angabe

Aufgrund der geringen Dichten, die je nach Porosität im Bereich von 0,3 kg/dm³ bis 0,8 kg/dm³ (eine Dichte von 0,3 kg/dm³ entspricht einer Porosität von 90 %) liegen, schwimmen die Schaumkörper auf Wasser. Sie weisen eine reduzierte Leitfähigkeit auf, sowohl für Wärme als auch für den elektrischen Strom. Die Festigkeit von Aluminiumschäumen ist geringer als vom konventionellen Metall und fällt zudem mit abnehmender Dichte ab. Schäume zeigen eine gute Dämpfung von Schallwellen. Das Material hat eine hohe Formstabilität bis zum Schmelzpunkt. Es ist unbrennbar und nicht giftig. Durch die hohe thermische Formstabilität, Feuer- und Hitzebeständigkeit ist es den Kunststoffen in bestimmten Anwendungsfällen überlegen.

Bild 1: Typisches Verhalten eines Aluminiumschaumes im Druckversuch (schematisch)

Metallschäume weisen im Druckversuch eine typische Dreiteilung der Spannungs-Stauchungs-Kurve auf (Bild 1). Die Kurve zeigt folgende Besonderheiten:
- Eine nahezu elastische Gerade im Anfangsbereich.
- Ein Plateau nahezu konstanter Spannung mit zunehmender Dehnung (zurückzuführen auf starke plastische Verformung).
- Ein nachfolgender steiler Anstieg infolge der einsetzenden Verdichtung der Zellen mit Berührung einzelner Zellwände (Kollaps).

Durch diesen speziellen Verlauf der Spannungs-Stauchungs-Kurve, insbesondere durch das ausgeprägte Plateau, sind Metallschäume prädestiniert dafür, viel Energie auf einem im Vergleich zu massiven Metallen niedrigeren Spannungsniveau zu absorbieren.

Bild 2: Druckversuche an pulvermetallurgisch hergestellten Reinaluminium-Schaumproben (schematisch; Versuche der TU Wien)

In Abhängigkeit von ihrer Dichte und Zusammensetzung ist eine gewisse Variation der Kurvenverläufe möglich (Bild 2). Die Schaumproben weisen jeweils verschiedene mittlere Dichten auf, die entsprechend an den Kurven angegeben wurden. Die jeweilige Plateaulage beeinflusst dabei das Energieaufnahmevermögen.

Ein ähnlich gutes Verhalten zeigen mit Aluminiumschaum gefüllte **Sandwichbleche,** die z. B. über ein dem Walzplattieren ähnliches Verfahren hergestellt werden können.

Anwendungsmöglichkeiten für Aluminiumschäume bestehen in vielen Bereichen, insbesondere in der Automobilindustrie. Hier könnten mit Schaum gefüllte Rohre im Falle eines Crashs Energie absorbieren und so die Sicherheit der Insassen verbessern.

Bild 3: Vor- und Nachteile von Kunststoff- und Metallschäumen im Vergleich

Daneben ist Aluminiumschaum ein interessanter Werkstoff für die Luft- und Raumfahrttechnik, aber auch für den Maschinen- und Behälterbau, die Transporttechnik, für Filter und für das Bauwesen. Durch den Einsatz von Metallschaum unter wirtschaftlichen und ökologischen Gesichtspunkten können Forderungen verschiedenster Industriezweige nach Massereduzierung (Leichtbauweise) gelöst werden. Darüber hinaus ist das Material aufgrund seiner ästhetisch schönen Oberflächenstruktur auch für die Innenarchitektur und den Fassadenbau ein begehrter Werkstoff.

7.1 Aluminiumwerkstoffe

Für den Einsatz des Materials sprechen die im Vergleich zu massiven Metallen geringe Dichte, die für viele Anwendungen ausreichende Festigkeit sowie die guten physikalischen Eigenschaften (hohes Energieaufnahmevermögen, Schallabsorption). Auch gegenüber Kunststoffen haben Aluminiumschäume je nach Anwendungsfall viele Vorteile, wie aus Bild 3, Seite 362, ersichtlich ist.

Noch ist Aluminiumschaum ein relativ teurer Werkstoff. Die Schaumeigenschaften selbst eröffnen in ihrer Summe ein großes Konstruktionspotenzial, das aber nur sinnvoll einzusetzen ist, falls mehrere Eigenschaften gleichzeitig zum Tragen kommen. Dementsprechend wird weiter geforscht, z. B. zu mit Deckblechen plattierten Verbundschäumen.

7.1.5 Aushärten von Aluminiumlegierungen

Das auch als **Aushärten** bezeichnete **Ausscheidungshärten** stellt bei Nichteisenmetall-Legierungen die wichtigste Maßnahme zur Festigkeitssteigerung dar. Das Verfahren wird mittlerweile aber auch zur Herstellung hoch- und höchstfester Stähle genutzt, wie zum Beispiel den mikrolegierten Feinkornbaustählen (Kapitel 6.5.3.1) oder den martensitaushärtenden Stählen (Kapitel 6.5.15.2).

Der Aushärtungseffekt wurde erstmals im Jahre 1906 von **Alfred Wilm** an AlCuMg-Legierungen („**Duraluminium**") entdeckt und später von weiteren Forschern an vielen anderen Legierungen wie Kupfer, Titan oder Magnesium nachgewiesen und technisch genutzt.

Die Voraussetzungen für die Ausscheidungshärtung einer Metalllegierung sind:

1. Legierungselemente, die bei höherer Temperatur eine größere Löslichkeit im Kristallgitter des Matrixmetalls haben als bei niedrigen Temperaturen, d.h. Vorhandensein eines homogenen Mischkristalls bei höheren Temperaturen. Im Falle des Aluminiums sind diese Legierungselemente beispielsweise Kupfer, Magnesium oder Silicium.

2. Ausscheidung einer zweiten Phase bei langsamer Abkühlung aus der Glühtemperatur. Im Falle der Aluminiumlegierungen handelt es sich dabei um Al_2Cu bei Al-Cu-Legierungen, $MgSi_2$ bei Al-Mg-Si-Legierungen oder Mg_2Zn bei Al-Mg-Zn-Legierungen.

3. Abschreckbarkeit der Legierung d.h. Beibehaltung des homogenen Mischkristalls bei schneller Abkühlung aus der Glühtemperatur.

> **ⓘ Information**
>
> **Aushärten**
> Das Aushärten ist bei Nichteisenmetall-Legierungen das bedeutendste Verfahren zur Erzielung einer hohen Festigkeit dar. Im Vergleich zur Festigkeitssteigerung durch Kaltverformung ist der Verlust an Zähigkeit und Verformbarkeit deutlich geringer.
>
> Viele Nichteisenmetall-Legierungen, insbesondere Aluminiumlegierungen, hätten ohne die Möglichkeit des Aushärtens kaum eine Bedeutung als Konstruktionswerkstoffe. Die gesamte Flugzeugindustrie sowie die Raumfahrttechnik wären ohne diese Al-Legierungen nicht denkbar.

> **ⓘ Information**
>
> **Entdeckung des Aushärtungseffektes**
> Der Effekt des Aushärtens ist einem Zufall zu verdanken. *A. Wilm* hatte einen Laborpraktikanten beauftragt, die Festigkeitseigenschaften verschiedener AlCuMg-Legierungen zu prüfen. Da das Wochenende nahte, ließ der Praktikant die Proben bis zum Montag liegen. Als die Proben dann geprüft wurden, fand man eine ungewöhnlich hohe Festigkeit vor. Die Festigkeitssteigerung fand offensichtlich während der Lagerung bei Zimmertemperatur im Laufe des Wochenendes statt. Der Effekt wird heute als Kaltaushärtung (Kapitel 7.1.5.1) bezeichnet.

Das Vorgehen beim Ausscheidungshärten (Aushärten) soll nachfolgend beispielhaft an einer Al-Cu-Legierung beschrieben werden.

7.1.5.1 Verfahren

Der verfahrenstechnische Ablauf der Aushärtung besteht prinzipiell aus drei Schritten:
1. Lösungsglühen,
2. Abschrecken und
3. Auslagern (Kalt- oder Warmauslagern),

Im Zustandsdiagramm Al-Cu gibt es eine temperaturabhängige Phasengrenze $\alpha / Al_2Cu + \alpha$ (blaue Linien in Bild 1, Seite 364). Betrachtet man beispielsweise eine Al-Legierung die 4,3 % Cu enthält, dann liegen bei Raumtemperatur zwei verschiedene Phasen vor: Al-Cu-Mischkristalle (α-MK) sowie die intermetallische Al_2Cu-Verbindung (Θ-Phase, sprich: Theta-Phase).

Bild 1: Zustandsdiagramm Aluminium-Kupfer (Aluminium-Seite) und Prinzip der Aushärtung einer Aluminium-Legierung

Oberhalb einer Temperatur von 500 °C wird die Θ-Phase gelöst, es liegen nur noch homogene α-Mischkristalle vor. Eine Glühbehandlung in diesem homogenen Bereich wird als **Lösungsglühen** bezeichnet. Wird eine homogenisierte Legierung schnell abgekühlt (abgeschreckt), so reicht die Zeit zur Ausscheidung der Al_2Cu-Phase nicht aus. Es entsteht ein übersättigter Mischkristall, der eine höhere Härte und Festigkeit als die unbehandelte Legierung besitzt.

Nach einigen Tagen der Auslagerung nimmt die Festigkeit noch einmal deutlich zu. Es handelt sich um eine **Kaltaushärtung** (Bild 1a, Seite 365), falls die Auslagerung bei Temperaturen unter ca. 80 °C (für Aluminium-Legierungen) stattfindet.

Eine **Warmaushärtung** (Bild 1b, Seite 365) wird bei Temperaturen zwischen 120 °C und 250 °C durchführt. Die Warmaushärtung führt nach einer deutlich kürzeren Glühdauer zu einer Festigkeitssteigerung. Die Härte erreicht dabei in Abhängigkeit von Glühdauer und -temperatur ein Maximum und nimmt danach wieder ab (Überhärtung, s.u.).

7.1.5.2 Innere Vorgänge

Elektronenmikroskopische Untersuchungen zeigen, dass bei der Aushärtung (Bild 1a, Seite 365) keine zweite Phase entsteht, sondern nur eine Anreicherung von Kupferatomen in bestimmten Bereichen. Diese plättchen- oder nadelförmigen Bereiche heißen **Guinier-Preston-Zonen** oder **GP-Zonen,** benannt nach ihren Entdeckern *A. Guinier* und *G. P. Preston*.

Guinier-Preston-Zonen I (GP I, Bild 2b, Seite 365) entstehen bei der Kaltaushärtung als monoatomare Schichten aus Kupferatomen in den Aluminiummischkristallen mit einem Durchmesser von etwa 10 nm und einer Dicke von etwa 0,2 nm bis 0,5 nm, die noch kohärent mit dem Al-Wirtsgitter zusammenhängen. Der Anteil an Cu-Atomen beträgt rund 90 %. GPI-Zonen bilden sich aus dem übersättigten Al-Mischkristall im Temperaturbereich zwischen Raumtemperatur und etwa 150 °C. Die Festigkeitssteigerung bei der Kaltaushärtung beruht auf der Bildung von GPI, die ein dichtes Netz von Hindernissen für die Versetzungsbewegung darstellen. GPI-Zonen sind lichtmikroskopisch nicht und elektronenmikroskopisch nur mit besonderen Verfahren sichtbar.

Bei der Warmaushärtung werden bei Temperaturen zwischen 80 °C und 200 °C zunächst in einem Zwischenstadium mehrere Atomlagen dicke, plattenförmige Schichten, die **Guinier-Preston-Zonen-II** oder **GPII-Zonen** aus dem übersättigten Al-Mischkristall gebildet. Eventuell vorhandene GPI-Zonen werden bei Temperaturen über 150 °C wieder aufgelöst **(Rückbildung)**.

7.1 Aluminiumwerkstoffe

Bild 1: Aushärtungsverlauf bei der Kaltauslagerung einer AlCuMg-Legierung sowie bei der Warmauslagerung einer AlMgSi-Legierung

GPII-Zonen sind zwar ebenfalls noch kohärent mit dem Wirtsgitter verbunden, sie sind jedoch im Vergleich zu den GPI-Zonen größer (Durchmesser etwa 10 bis 70 nm, Dicke etwa 1 bis 5 nm).

Mit zunehmender Auslagerungstemperatur bzw. Auslagerungsdauer entsteht oberhalb von etwa 150 °C die metastabile, teilkohärente **Θ'-Phase** (Bild 2c). Die Θ'-Phase scheidet sich entweder aus den GPII-Zonen oder direkt aus dem übersättigten Mischkristall durch Keimbildung an Versetzungen aus. Die plättchenförmige Θ'-Phase besitzt einen Durchmesser von 0,02 µm bis µm und eine Dicke von etwa 3 nm bis 10 nm und ist bei Durchmessern über 1 µm bereits lichtmikroskopisch erkennbar. Das Auftreten von GPII-Zonen bzw. eines Gemisches aus GPII-Zonen und Θ'-Phase kennzeichnet bereits das Härtemaximum. Sobald jedoch nur noch Θ'-Teilchen vorliegen, ist eine **Überhärtung** (auch als **Überalterung** bezeichnet) erreicht. Die Überhärtung ist durch einen starken Verlust von Festigkeit und Plastizität bzw. Zähigkeit gekennzeichnet (Bild 1, Seite 366).

Mit zunehmender Glühtemperatur entstehen oberhalb von etwa 300 °C aus der Θ'-Phase oder durch direkte Ausscheidung aus der Matrix die inkoärente, d.h. vom Al-Gitter durch Korngrenzen getrennte, intermetallische **Gleichgewichtsphase Al$_2$Cu (Θ-Phase,** Bild 2d).

Bild 2: Anordnung und Verteilung von Fremdatomen bei Ausscheidungsvorgängen

Diese Teilchen sind mit einem Durchmesser von 0,1 μm bis 3 μm lichtmikroskopisch gut erkennbar.

Die beschriebenen Vorgänge werden als **Aushärtung, Ausscheidungshärtung, Teilchenverfestigung** oder **Dispersionsverfestigung** bezeichnet (Kapitel 2.9.3) und sind insbesondere bei Al-Legierungen von großer technischer Bedeutung. Meist enthalten die aushärtbaren Legierungen mehrere Legierungselemente, wodurch, wie Bild 2 zeigt, mitunter sehr hohe Festigkeiten erreicht werden.

Das Ausscheidungshärten (Aushärten) ist nicht nur auf Aluminium-Legierungen beschränkt, es müssen nur ähnliche Zustandsdiagramme vorliegen. Bekannt sind aushärtbare Kupfer-Legierungen und auch Stähle, die durch das gleiche Prinzip des Ausscheidungshärtens, jedoch bei anderen Temperaturen, sehr hohe Härte- und Festigkeitswerte erreichen. Da durch das Warmaushärten keine Maßänderung oder Verzug eintritt, können diese Werkstoffe im lösungsgeglühten Zustand spanend gut auf das Endmaß bearbeitet werden.

Bild 1: Struktur- und Festigkeitsänderung in Abhängigkeit von Auslagerungstemperatur und -dauer

7.1.6 Verarbeitung von Aluminiumwerkstoffen

Die wichtigsten Verarbeitungsverfahren für Aluminiumwerkstoffe sind das Gießen, Umformen, Zerspanen und Schweißen.

7.1.6.1 Gießen

Bei der Fertigung von Werkstücken durch Gießen (Formguss) werden Gusswerkstoffe aus dem flüssigen oder teilerstarrten Zustand mit Hilfe einer Gießform in ein Gussstück mit definierter Gestalt und endmaßnahen Abmessungen überführt. Der kurze und prozessstufenarme Weg sowie die relative Freiheit in der Werkstückgestaltung machen das Gießen zu einem wirtschaftlichen Fertigungsverfahren. Dies gilt insbesondere für Al-Gusswerkstoffe (Kapitel 7.1.3), die aufgrund ihrer relativ niedrigen Schmelztemperatur von etwa 660 °C (Eisen und Stahl: 1147 °C bzw. 1536 °C) den wirtschaftlichen Einsatz von Kokillen- und Druckgießverfahren erlauben (Kapitel 7.1.3). 86 % der gesamten deutschen Nichteisenmetallgussproduktion entfallen auf Aluminium. Al-Gusswerkstoffe können mit allen bekannten Gießverfahren verarbeitet werden.

Die Herstellung von Gussteilen geschieht im Druck-, Kokillen-, Sand- oder Feingussverfahren.

- **Sandguss** wird bei kleinen Stückzahlen, großen Gussteilen mit komplexen Hohlräumen oder bei Hinterschneidungen angewandt. Die Oberfläche ist häufig rau und die Maßgenauigkeit gering. Die langsame Erstarrung führt in der Regel zu einem groben Korn mit schlechteren mechanischen Eigenschaften, die zudem wanddickenabhängig sind. Die Mindestwanddicke beträgt 3 mm bis 5 mm.

- **Kokillenguss** in Dauerformen aus Stahl oder Gusseisen ist dem Sandgussverfahren bereits bei mittleren Stückzahlen wirtschaftlich überlegen. Kokillenguss liefert ein feinkörniges Gefüge mit höherer Festigkeit und Dichte sowie einer verbesserten Maßgenauigkeit und Oberflächenqualität. Die Mindestwanddicke beträgt 2,5 bis 3 mm.

Bild 2: Aushärtung von AlZnMgCu1,5

7.1 Aluminiumwerkstoffe

- **Druckguss** ist für hohe Stückzahlen das wirtschaftlichste Gießverfahren überhaupt. Etwa 70 % bis 80 % der Aluminium-Gusswerkstoffe werden nach diesem Verfahren verarbeitet. Da das Metall unter Druck in die Form gespritzt wird, enthalten die Gussstücke Luft- und Oxideinschlüsse, die sich zwar kaum auf die Festigkeit auswirken, eine anschließende Wärmebehandlung jedoch meist verbieten (Ausdehnen der Luftblasen bei Erwärmung). Das Verfahren eignet sich bereits für Wanddicken ab 1 mm.

- **Feinguss** (Wachsausschmelzverfahren) kann für Bauteile mit kleinsten Wanddicken (0,8 mm bis 1,5 mm) und bei Hinterschneidungen eingesetzt werden. Durch eine gesteuerte Abkühlung können die Gefüge und damit die Festigkeitseigenschaften gezielt eingestellt werden.

7.1.6.2 Umformen

Die hervorragende Kalt-, Halbwarm- und Warmumformbarkeit des Aluminiums liegt in seinem kfz-Gitter begründet und ermöglicht die wirtschaftliche Herstellung von Profilen und Rohren mit nahezu beliebig komplizierten Querschnittsformen (Tabelle 1).

Von der Gesamtproduktion an Al-Werkstoffen, die in der ersten Verarbeitungsstufe (vom Stranggussbarren zum Halbzeug) umgeformt werden, entfallen:

- 60 % bis 64 % auf das Walzen,
- 30 % bis 33 % auf des Strangpressen,
- 3 % bis 6 % auf das Schmieden (Freiform oder Gesenkschmieden, es kann bereits fertige Bauteile liefern).

In der zweiten Verarbeitungsstufe (Teilefertigung) wird unterschieden zwischen:

- Blechumformung (Tiefziehen, Streckziehen, Drücken, Profilieren, Abkanten, Biegen, usw.),
- Massivumformung (Fließpressen, Formstauchen, usw.).

Tabelle 1: Temperaturbereiche für das Umformen von Aluminium-Werkstoffen

Umformtemperatur[1]	Kennzeichen[2]	Qualität	
		IT[3]	Rz in µm[4]
kalt ($< 0,3\,\vartheta_s$)	• Verfestigung	(6) 9 ... 12	0,4 ... 1
halbwarm ($\approx \vartheta_R$)	• Verfestigung • statische und dynamische Erholung	10	1 ... 5
warm ($\geq \vartheta_R$)	• Verfestigung • statische und dynamische Entfestigung durch Erholung und Rekristallisation	12 ... 16	5 ... 50

[1] ϑ_s = Schmelztemperatur, ϑ_R = Rekristallisationstemperatur
[2] „dynamisch" = während der Umformung, „statisch" = nach der Umformung
[3] Grundtoleranzgrad nach DIN EN ISO 286-1
[4] Rz-Werte (früher: gemittelte Rautiefe)

7.1.6.3 Zerspanen

Aluminiumwerkstoffe lassen sich im Vergleich zu anderen metallischen Konstruktionswerkstoffen relativ leicht und wirtschaftlich zerspanen. Zur Beurteilung der Zerspanbarkeit dienen die vier Hauptbewertungsgrößen: Spanform, Oberflächengüte, Standzeit und Schnittkraft (Kapitel 4.3.2). Gegenüber Stählen gleicher Festigkeit sind die Schnittkräfte und die Schnittleistungen bei Al-Werkstoffen um ein Mehrfaches günstiger. Aluminiumwerkstoffe eigenen sich auch hervorragend für die **Hochgeschwindigkeitszerspanung** mit Schnittgeschwindigkeiten über 1000 m/min. Schnittgeschwindigkeiten unter 100 m/min sollten wegen der Gefahr der Bildung von **Aufbauschneiden** vermieden werden.

Die Technologie der Al-Zerspanung unterscheidet sich zunehmend von der konventionellen Zerspanungstechnik für Eisenwerkstoffe. Für ein optimales Ergebnis müssen alle am Zerspanungsvorgang beteiligten Einflussgrößen aufeinander abgestimmt werden. Wesentliches Kennzeichen der Al-Bearbeitung sind angepasste Werkzeuge (Schneidstoffe und Werkzeuggeometrie), Schnittdaten und Maschinenauslegungen (Leistung, Drehzahl, dynamische Steifigkeit) sowie eine an die Werkstoffeigenschaften angepasste Werkstückeinspannung und Kühlschmiertechnik.

Gebräuchliche Schneidstoffe für die Al-Bearbeitung sind heute Schnellarbeitsstähle, Hartmetalle und Diamant (monokristalline Diamantschneiden und Beschichtungen). Schneidkeramik und beschichtete Hartmetalle (HM) oder beschichtete Schnellarbeitsstähle (HSS) haben sich für die Al-Bearbeitung meist als ungeeignet erwiesen, da zwischen dem Werkstoff (Al) und einigen Komponenten des Beschichtungsstoffes (z. B. Ti bzw. TiC bei beschichtetem HSS bzw. Hartmetall) sowie dem Aluminiumoxid bei Schneidkeramiken, unerwünschte chemische Reaktionen ablaufen, die zu einem überproportionalen Verschleiß führen.

Die Eignung zur Zerspanung hängt von der jeweiligen Werkstoffgruppe ab:
- **Al-Knetwerkstoffe** bereiten im harten bzw. im ausgehärteten Zustand keine Probleme bei der Zerspanung sofern die Schnittparameter an den Werkstoff angepasst werden.
- **Al-Gusswerkstoffe** ohne Silicium sind hinsichtlich der Zerspanbarkeit mit den Al-Knetwerkstoffen vergleichbar.
- **AlSi-Gusslegierungen,** die eine große technische Bedeutung besitzen, führen zu einem mit zunehmendem Si-Gehalt steigenden Werkzeugverschleiß. Eine besonders hohe Verschleißbeanspruchung geht bei den übereutektischen Gusslegierungen (Si > 12%) von den harten Siliciumteilchen aus.
- **Reinaluminium** und aushärtbare Knetwerkstoffe im weichen Zustand bereiten im Hinblick auf die Oberflächengüte teilweise Schwierigkeiten. Sie müssen mit sehr scharfen Werkzeugen, hohen Schnittgeschwindigkeiten und ggf. Schmierstoff bearbeitet werden.
- **Automatenlegierungen** enthalten spanbrechende Zusätze wie Blei (derzeit noch), Bismut, Antimon oder Zinn in fein verteilter Form und lassen sich daher gut zerspanen. Selbst bei Schnittgeschwindigkeiten über 1 000 m/min können noch gute Standzeiten erreicht werden.

7.1.6.4 Schweißen

Alle üblichen Verfahren zum Stoffverbinden sind bei Aluminiumwerkstoffen anwendbar. Schmelzschweißen erfolgt aus Wirtschaftlichkeitsgründen meist unter einer Schutzgasatmosphäre.

7.2 Magnesiumwerkstoffe

Magnesium gehört mit einem Anteil von 1,9 % an der Erdrinde ebenfalls zu den sehr häufig vorkommenden Metallen (Bild 1, Seite 166). Als Rohstoff für die Magnesiumgewinnung dient sowohl Mg-haltiges Erz wie Carnallit als auch dem Meerwasser entzogenes Magnesiumchlorid.

7.2.1 Eigenschaften des Magnesiums

Magnesium ist noch unedler als Aluminium und wird daher ebenfalls durch Schmelzflusselektrolyse gewonnen. Die wichtigste Eigenschaft des Magnesiums ist seine geringe Dichte mit $\varrho = 1{,}74$ kg/dm³, Tabelle 1. Magnesium hat damit die niedrigste Dichte aller Gebrauchsmetalle.

Lithium besitzt zwar mit $\varrho = 0{,}534$ kg/dm³ die niedrigste Dichte aller Metalle, Werkstoffe auf Lithiumbasis gibt es aufgrund der hohen Reaktivität des Lithiums jedoch nicht.

Werkstoffe auf Magnesiumbasis sind gut gießbar und zerspanbar. Ungünstig wirkt sich die hohe Affinität des Magnesiums zu Sauerstoff aus. Die natürliche Oxidschicht reicht als Korrosionsschutz nicht aus. Darauf beruht auch die Gefahr zum Selbstentzünden (vgl. frühere Anwendung von Magnesium als Blitzlicht beim Fotografieren, bei dem Magnesiumstreifen verbrannt wurden), so dass besondere Schutzmaßnahmen beim Schmelzen, Gießen und Zerspanen getroffen werden müssen. Zum Kühlen oder Löschen von Magnesiumbränden darf **kein Wasser (!!!)** verwendet werden (Entstehung von H_2-Gas), notwendig sind spezielle Löschmittel. Die besonderen Schutzmaßnahmen, die die Hersteller angeben, sind aber gut wirksam und damit die Gefahren beherrschbar.

Tabelle 1: Physikalische und mechanische Eigenschaften von Magnesium

Atomare Daten	
Ordnungszahl	12
Atommasse	24,31 u
Atomdurchmesser	$3{,}209 \cdot 10^{-10}$ m
Kristallgittertyp[1]	hdP
Physikalische Kennwerte (20 °C)	
Dichte ϱ	1,74 kg/dm³
Schmelztemperatur ϑ_S	649 °C
Wärmedehnung α	$25 \cdot 10^{-6}$ 1/K (bei 0 °C)
Wärmeleitfähigkeit λ	156 W/(m · K)
Elektr. Leitfähigkeit $\varkappa$	22,5 m/(Ω · mm²)
Mechanische Kennwerte[2]	
Zugfestigkeit R_m	80 ... 180 MPa
Dehngrenze $R_{p0,2}$	–
Bruchdehnung A	max. 12 %
Elastizitätsmodul E	45 GPa

[1] hdP = hexagonales Gitter dichtester Packung
[2] Die Kennwerte sind von der chemischen Zusammensetzung (Reinheit) sowie vom Gefügezustand (z. B. geglüht, kaltverfestigt, usw.) abhängig. Die Angaben sind daher als Orientierungswerte zu verstehen.

Hexagonale Metalle, die technisch wichtigsten sind Titan, Zink und Magnesium, lassen sich praktisch nur warmverformen, Magnesium ab 225 °C. Magnesium wird nur in geringem Maße zu Blechen verarbeitet. Bedeutsamer ist die Umformung durch Strangpressen oder Gesenkschmieden sowie die Fertigung von Gusswerkstücken aus Magnesium.

7.2.2 Magnesiumlegierungen

Reines Magnesium hat, außer als Reduktionsmittel bei der Herstellung anderer Metalle (Ti, Cr, Ni, Cu, Zr und U) oder als Legierungselement (z. B. Al-Legierungen oder graues Gusseisen) aufgrund seiner geringen Festigkeit und Härte technisch praktisch keine Bedeutung. In der Regel wird es in Form von Legierungen weiter verarbeitet (Bild 1).

Tabelle 1: Verbesserung der Eigenschaften von Mg-Werkstoffen durch Legierungselemente

Legierungselement		Eigenschaftsverbesserung
Aluminium	Al	• Gießbarkeit • Festigkeit und Härte • Korrosionsbeständigkeit
Zink	Zn	• Gießbarkeit • Festigkeit • Korrosionsbeständigkeit • Kornfeinung
Mangan	Mn	• Festigkeit • Korrosionsbeständigkeit • Schweißeignung • Kornfeinung
Silicium	Si	• Festigkeit und Härte • E-Modul • Korrosionsbeständigkeit • Kriechbeständigkeit
Zirconium	Zr	• Verformbarkeit/Zähigkeit • Korrosionsbeständigkeit • Kornfeinung
Yttrium[1]	Y	• Korrosionsbeständigkeit • Kriechbeständigkeit
Silber	Ag	• Warmfestigkeit (Ag und RE) • Kriechbeständigkeit (Ag und RE)
Lithium	Li	• Dichte • Festigkeit • Verformbarkeit/Zähigkeit
Cer[1]	Ce	• Warmfestigkeit • Korrosionsbeständigkeit
Calcium	Ca	• Korrosionsbeständigkeit • Kornfeinung • Kriechbeständigkeit
Thorium[1]	Th	• Festigkeit • Warmfestigkeit • Kriechbeständigkeit • Korrosionsbeständigkeit
Scandium	Sc	• Festigkeit • Warmfestigkeit • Kriechbeständigkeit

[1] Zusammenfassend auch mit RE (Rare Earth = Seltenerdmetalle) bezeichnet.

Bild 1: Verwendung von Mg und Mg-Legierungen (weltweit, 2012)

Die Entwicklung der Magnesium-Legierungen erreichte bereits Ende der 30er-Jahre einen ersten Höhepunkt. Eine zweite Entwicklungswelle setzte in den 50er-Jahren ein. Danach wurde es um die Mg-Legierungsentwicklung wieder relativ ruhig. Erst Anfang der 90er-Jahre wurde insbesondere durch das Verlangen der Automobilindustrie nach innovativen Leichtbauwerkstoffen die intensive Entwicklung von Mg-Legierungen wieder aufgenommen.

Analog den Al-Legierungen werden auch die Mg-Legierungen in Knet- und Gusslegierungen eingeteilt. Hauptlegierungselemente sind Aluminium (4 bis 10 %, höhere Aluminiumgehalte verspröden allerdings die Legierung) sowie Zink (≤ 1 %) und Mangan (≤ 1,5 % bis 2 %). Die Verbesserung der Eigenschaften von Mg-Werkstoffen durch Legierungselemente ist in Tabelle 1 zusammengestellt. Die Legierungszusätze bilden Mischkristalle mit temperaturabhängiger Löslichkeit im festen Zustand. Magnesium-Legierungen können, analog zum Aluminium, teilweise auch ausgehärtet werden.

Bei Magnesium gibt es deutlich mehr Gusslegierungen als Knetlegierungen. Dies lässt sich durch die guten Gießeigenschaften des Magnesiums im Druckgussverfahren begründen, das eine wirtschaftliche Herstellung von Formgussteilen erlaubt. Umformverfahren wie Schmieden oder Strangpressen erlangten aufgrund der schlechten Verformbarkeit des Magnesiums bislang nur eine untergeordnete Bedeutung.

7.2.2.1 Magnesium-Gusslegierungen

Magnesium-Gusslegierungen sind hinsichtlich der Legierungszusammensetzung auf eine gute Gießbarkeit (insbesondere gutes Formfüllungsvermögen) hin optimiert. Der überwiegende Teil der Gusslegierungen wird im Druckgussverfahren bei Temperaturen zwischen 630 °C und 720 °C verarbeitet. In Bild 1 sind die technisch wichtigsten Mg-Gusslegierungsgruppen sowie deren Eigenschaften zusammengestellt.

Bild 2 zeigt das typische Gefüge einer Magnesium-Aluminium-Zink-Druckgusslegierung (EN-MCMg Al9Zn1 bzw. AZ91). Deutlich zu erkennen sind die dendritischen Primärmagnesiumkristalle sowie die $Mg_{11}Al_{12}$-Phasen.

Die größte technische Bedeutung besitzen die Mg-Al-Legierungen AZ91, AZ81 und AM60 (die Bezeichnungen werden in Kapitel 8.3.2 erläutert). Aluminium verbessert nicht nur die mechanischen Eigenschaften sowie die Korrosionsbeständigkeit, sondern auch die Gießbarkeit (Fließ- und Formfüllungsvermögen der Schmelze, Oberflächengüte; Tabelle 1, Seite 369). Nachteilig wirken sich Aluminium sowie Zink allerdings auf das Verformungsvermögen aus. Werden höhere Anforderungen an das Verformungsvermögen der Legierung gestellt, muss auf Zink verzichtet und der Al-Gehalt reduziert werden. Hierfür stehen dann die Mg-Al-Mn-Legierungen (AM20, AM50 und AM60) zur Verfügung, die allerdings geringere Festigkeitseigenschaften und eine verschlechterte Gießbarkeit aufweisen (Bild 1).

Zur Verbesserung der Warmfestigkeit und Kriechbeständigkeit wird der Al-Gehalt gesenkt und statt dessen Silicium legiert (z. B. AS21 oder AS41). Mg-Legierungen, die oberhalb von 200 °C eingesetzt werden sollen, werden Silber, Scandium oder Seltenerdmetalle (z. B. Yttrium, Cer oder Thorium) zulegiert. Die wichtigsten Legierungen sind ZE41, EZ33, EQ21, QE22, WE43 und WE54. Sie werden überwiegend durch Sand- oder Kokillenguss verarbeitet. Die Werkstoffkosten sind allerdings sehr hoch, sodass derzeit nur Anwendungen in der Luft- und Raumfahrttechnik in Frage kommen. Hochleistungslegierungen der WE-Reihe ermöglichen Einsatztemperaturen bis 300 °C und stellen das vorläufige Ende der Mg-Werkstoffentwicklung dar (Bild 1, Seite 374). In Tabelle 1, Seite 371, sind technisch bedeutsame Magnesium-Gusslegierungen sowie deren mechanische Eigenschaften (Anhaltswerte) zusammengestellt.

Bild 1: Technisch bedeutsame Mg-Gusslegierungen und deren Eigenschaften (RE = Seltenerdmetalle)

Bild 2: Gefüge einer Magnesium-Druckgusslegierung AZ91 (EN-MCMgAlZn1)

7.2.2.2 Magnesium-Knetlegierungen

Bei den Magnesium-Knetlegierungen stehen die Festigkeits- und Verformbarkeitseigenschaften im Vordergrund. Die höchste Festigkeitssteigerung wird dabei durch Legieren mit Aluminium und Zink erreicht (Bild 1, Seite 371).

7.2 Magnesiumwerkstoffe

Tabelle 1: Mechanische Eigenschaften wichtiger Magnesium-Gusslegierungen

Bezeichnung		Gießver- fahren[4]	Werkstoff- zustand[5]	Mechanische Eigenschaften[1]		
ASTM[2]	DIN EN 1754[3]			R_m in MPa	$R_{p0,2}$ in MPa	A in %
AZ81	EN-MCMgAl8Zn1	D, S, K, L	F	200 … 250	140 … 160	1 … 7
AZ91	EN-MCMgAl9Zn1	D, S, K, L	F	200 … 260	140 … 170	1 … 6
AM20	EN-MCMgAl2Mn	D	F	150 … 220	80 … 100	8 … 18
AM50	EN-MCMgAl5Mn	D	F	180 … 230	110 … 130	5 … 15
AM60	EN-MCMgAl6Mn	D	F	190 … 250	120 … 150	4 … 14
AS21	EN-MCMgAl2Si	D	F	170 … 230	110 … 130	4 … 14
AS41	EN-MCMgAl4Si	D	F	200 … 250	120 … 150	3 … 12
AE42	–	D	F	230	145	10
ZC63	EN-MCMgZn6Cu3Mn	S, K, L	T6	195	125	2
ZE41	EN-MCMgZn4RE1Zr	S, K, L	T5	200 … 210	135	2,5 … 3
EQ21	EN-MCMgRE2Ag1Zr	S, K, L	T6	240	175	2
EZ33	EN-MCMgRE3Zn2Zr	S, K, L	T5	140 … 145	95 … 100	2,5 … 3
QE22	EN-MCMgRE2Ag2Zr	S, K, L	T6	240	175	3
WE43	EN-MCMgY4RE3Zr	S, K, L	T6	220	170	2
WE54	EN-MCMgY5RE4Zr	S, K, L	T6	250	170	2

[1] Mechanische Eigenschaften für die Legierungen AZ81 bis AE42 gültig für das Druckgussverfahren, für die Legierungen ZC63 bis WE54 für das Sand- oder Kokillengussverfahren. Niedrigere Werte für Sandguss.
[2] Internationale Bezeichnung nach ASTM B 275.
[3] RE = Seltenerdmetalle (La, Ce, Nd, Y).
[4] Geeignete Gießverfahren. D = Druckguss; S = Sandguss; K = Kokillenguss; L = Feinguss.
[5] Werkstoffzustand: F = Herstellungszustand; O = weichgeglüht; H = kaltverfestigt; T5 = abgeschreckt aus der Warmumformungstemperatur und warmausgelagert, T6 = lösungsgeglüht und warmausgelagert.

Aufgrund des eingeschränkten Verformungsvermögens (hdP-Gitter) bilden die Knetlegierungen allerdings nur eine kleine Gruppe innerhalb der Magnesium-Legierungen (Bild 1, Seite 369).

Vier der heute üblichen Mg-Knetlegierungen sind in DIN 1729-1 genormt, einige weitere in ASTM-Normen. Die bedeutenste Rolle spielen dabei Mg-Al-Zn-Legierungen wie AZ31, AZ61 und AZ80 (Bild 1). Die übrigen Legierungen sind derzeit nur von untergeordneter Bedeutung.

Tabelle 1, Seite 372, gibt einen Überblick über die mechanischen Eigenschaften und die chemische Zusammensetzung technisch wichtiger Mg-Knetlegierungen. Hierbei ist zu berücksichtigen, dass die mechanischen Eigenschaften in hohem Maße vom

Bild 1: Mechanische Eigenschaften wichtiger Mg-Knetlegierungen

Behandlungszustand sowie vom Herstellungsverfahren (Walzen, Strangpressen, usw.) abhängig sind. Die Zahlenangaben sind daher nur als grobe Anhaltswerte zu verstehen. Insofern weichen die Tabellenwerte teilweise auch von Bild 1 ab.

Die spanlose Formgebung der Mg-Knetlegierungen erfolgt durch Warmumformung, wie z. B. Warmwalzen, Strangpressen oder Schmieden bei Temperaturen oberhalb 350 °C. Eine Kaltumformung wird lediglich zur Festigkeitssteigerung (Kaltverfestigung) angewandt, da bereits bei kleinen Umformgraden mit einer Rissbildung gerechnet werden muss.

Tabelle 1: Chemische Zusammensetzung und mechanische Eigenschaften wichtiger Magnesium-Knetlegierungen (Auswahl)

Bezeichnung		Chemische Zusammensetzung in Masse-%				Mechanische Eigenschaften[1]			Halb-zeug[4]
ASTM[3]	DIN[2]	Al	Zn	Mn	Sonstige	R_m in MPa	$R_{p0,2}$ in MPa	A in %	
M2	MgMn2	–	–	1,2 ... 2,0	–	200 ... 220	145 ... 165	2	R,S,SP
AZ31[5]	MgAl3Zn	2,5 ... 3,5	0,5 ... 1,5	0,05 ... 0,4	–	220 ... 275	140 ... 200	6 ... 12	R,S,SP,G
AZ61[5]	MgAl6Zn	5,5 ... 7,0	0,5 ... 1,5	0,15 ... 0,4	–	250 ... 270	175 ... 195	6 ... 10	R,S,SP,G
AZ80-T5	MgAl8Zn	7,8 ... 9,2	0,2 ... 0,8	0,12 ... 0,3	–	310 ... 330	205 ... 230	2 ... 4	S,SP,G
ZK60-T5	–	–	4,8 ... 6,2	–	Zr: 0,45	305 ... 315	230 ... 260	4	R,S
HM21-T5/T8	–	–	–	0,8	Th: 2,0	220 ... 230	145 ... 170	3 ... 6	B
HK31[5]	–	–	–	–	Th: 3,0/Zr: 1,0	205 ... 235	100 ... 180	4 ... 12	B
WE43	–	–	–	–	Y: 4,0/Nd: 4,0	k.A.	k.A.	k.A.	k.A.
WE54	–	–	–	–	Y: 5,25/Nd: 4,0	k.A.	k.A.	k.A.	k.A.

[1] Mindestwerte
[2] Kurznamen für Knetlegierungen noch nach DIN 1700 (zurückgezogen). Derzeit noch keine Benennung nach DIN EN 1754.
[3] Internationale Bezeichnung nach ASTM B 275. Werkstoffzustand: F = Herstellungszustand; O = weichgeglüht; H = kaltverfestigt; T5 = abgeschreckt aus der Warmumformungstemperatur und warmausgelagert, T8 = lösungsgeglüht, kaltumgeformt und warmausgelagert.
[4] R = Rohre/Hohlprofile; S = Stangen/Vollprofile; SP = Strangpressprofile; G = Gesenkschmiedestücke; B = Bleche/Bänder.
[5] Werkstoffzustand von weichgeglüht bis kaltverfestigt
k.A. = keine Angaben

7.2.3 Verarbeitung von Magnesiumlegierungen

Magnesiumlegierungen können durch Gießen und durch Umformen weiter verarbeitet werden. Das Umformen wird jedoch aufgrund der schlechten plastischen Verformbarkeit des Magnesiums und seiner Legierungen (hdP-Gitter) nur in beschränktem Umfang angewandt.

7.2.3.1 Gießen von Magnesiumlegierungen

Die wichtigsten Gießverfahren für Mg-Legierungen sind Druckguss, Sandguss, Kokillenguss und Fein.

Druckuss ist für Magnesium-Legierungen aus folgenden Gründen das mit Abstand wirtschaftlichste Formgebungsverfahren:
- Hohe Produktivität durch schnelle Schussfolge
- Doppelte Werkzeugstandzeit im Vergleich zu Aluminiumlegierungen
- Gute Oberflächenbeschaffenheit der Formgussteile

Die Verarbeitung kann nach dem Kalt- und Warmkammerverfahren erfolgen. Die wichtigsten Anwendungen für Mg-Druckgusslegierungen finden sich im Automobilbau und in der Elektro- bzw. Elektronikindustrie.

Anwendungsbeispiele:

AZ91:
- Schaltgetriebe
- Lenksäulenhalterung und Konsole
- Gehäuse für Kettensägen
- Gehäuse für Notebooks,
- Gehäuse für Handys und Videocameras

AM50:
- Instrumententafelträger
- Lenkrad

AM60:
- Tankabdeckung
- Sitzschalen
- Heckklappe

Bild 1: Magnesium-Druckgussteil

Beim **Sandgussverfahren** ist die Reaktion des Magnesiums mit dem Sauerstoff der Luft und mit der Feuchtigkeit des Formsandes zu verhindern. Aus diesem Grund müssen Schutzgase oder Schutzstoffe eingesetzt werden. Im Vergleich zum Sandguss erreicht man beim **Kokillenguss** eine feinkörnigere Erstarrung und dadurch eine etwas höhere Festigkeit bei gleicher Wandstärke. Diesen Vorteilen stehen jedoch höhere Werkzeugkosten gegenüber.

7.2.3.2 Umformen von Magnesiumlegierungen

Magnesium und seine Legierungen weisen aufgrund ihres hdP-Gitters eine schlechte Umformbarkeit bei Raumtemperatur auf.

Die Verwendung umgeformter Magnesium-Knetlegierungen beläuft sich daher weltweit nur auf einen geringen Anteil von nur 1% des gesamten Magnesiumbedarfs (in Bild 1, Seite 369 unter „Andere"). Aus diesem Grund gibt es deutlich weniger Magnesiumknetlegierungen als Gusslegierungen.

Größere Formänderungen lassen sich bei Magnesium erst oberhalb 225 °C erreichen, da sich dann das plastische Verformungsvermögen durch die Aktivierung weiterer Gleitebenen deutlich verbessert. Dies zeigen die Fließkurven im Bild 1: Bei höherer Umformtemperatur verkleinert sich der Formänderungswiderstand (Fließspannung) deutlich.

AZ31: Magnesium mit 3% Aluminium und 1% Zink
AZ61: Magnesium mit 6% Aluminium und 1% Zink

Bild 1: Fließkurven von AZ31 und AZ61 bei geringer Umformgeschwindigkeit

Magnesium wird daher ausschließlich warm umgeformt, insbesondere durch:
- Massivumformung (Schmieden, Walzen) und
- Strangpressen.

Strangpressprofile aus Magnesium gibt es bereits seit langem, beispielsweise zur Herstellung von Bleistiftanspitzern. Demgegenüber befindet sich industrielle Einsatz von Magnesiumknetlegierungen in Form von Blechen noch im Entwicklungsphase. Eine wirtschaftliche vertretbare Herstellung von Magnesiumblechen wurde erst mit der Entwicklung neuer Fertigungsverfahren wie das Gießwalzen bzw. das Strangpressen möglich.

7.2.4 Entwicklungstendenzen

Die Entwicklungstendenzen bei Mg-Legierungen gehen heute in drei Richtungen:
- Erhöhung der spezifischen Festigkeit d. h. des Verhältnisses von Festigkeit zu Dichte. Dies wird insbesondere durch Legieren mit Lithium erreicht. Bei den Magnesium-Knetlegierungen wird derzeit eine lithiumlegierte Variante erprobt (Mg-Li14Al1), deren Dichte nur noch 1,35 kg/dm^3 beträgt und die ein kubisch-raumzentriertes Gitter aufweist.
- Verbesserung der Warm- und Hochtemperaturfestigkeit bzw. Kriechbeständigkeit (Bild 1).
- Erhöhung des Elastizitätsmoduls. Die Erhöhung des E-Moduls erfolgt bei neuen Magnesium-Gusslegierungen durch eingelagerte Fasern oder Teilchen aus Siliciumcarbid (SiC) **(partikelverstärkte Mg-Matrix-Verbundwerkstoffe)**.

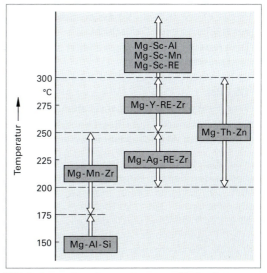

Bild 2: Anwendungstemperaturen von Mg-Legierungen

7.3 Titan und Titanlegierungen

Titan verdankt seinen Namen dem griechischen Göttergeschlecht der Titanen – völlig zu Recht, denn es ist ein Material mit außergewöhnlichen Eigenschaften. Doch Titan gilt trotz seines positiven Images als exotischer, teurer Werkstoff. Hinter dem hohen Preis steht aber keinesfalls extreme Seltenheit, er ist vielmehr auf nur wenige Produzenten und einen aufwändigen Herstellungsprozess zurückzuführen. Titanlegierungen wurden hauptsächlich als Luft- und Raumfahrtwerkstoffe mit extremen Qualitätsanforderungen entwickelt. Der dadurch hohe Preis ist auch der Grund dafür, warum sich Titan weniger in anderen Anwendungen findet.

Zudem ist darauf hinzuweisen, dass nur der kleinere Teil (5 % bis 6 %) der geförderten Erze zu Titanmetall verarbeitet wird. Der weitaus größte Teil der Bergwerksproduktion (ca. 95 %) von Titanerzkonzentraten wird in Form des Titanoxides für Weißpigmente (Titanweiß) eingesetzt; der verbleibende Rest findet Verwendung zur Herstellung von Metall oder Metalllegierungen.

Dabei ist erstaunlich, was metallisches Titan alles kann: Es ist hart wie fester Stahl und wiegt dennoch nur die Hälfte (Bild 1). Tabelle 1 zeigt die wichtigsten physikalischen und mechanischen Eigenschaften von reinem Titan. Allgemein gilt:

- Titan ist leichter als Stahl, hat eine hohe **Festigkeit** (500 bis 1500 MPa).
- Es weist mit einem Wert von 4,5 g/cm³ eine **geringe Dichte** auf.
- Titan hat eine deutlich **höhere Schmelztemperatur** als Aluminium (Schmelzpunkt: ca. 1670 °C, Siedepunkt: 3500 °C).
- Es hat eine exzellente **Korrosionsbeständigkeit** durch Bildung einer Oxidschicht.
- Titan hat eine gute **Biokompatibilität** (wichtig für medizinische Implantate).
- Es hat einen niedrigen **Elastizitätsmodul (rund 115 GPa)**.
- Titan besitzt gute **Dekoreigenschaften**.
- Es hat eine relativ gute **Bearbeitbarkeit** sowie einen **kleinen Wärmeausdehnungskoeffizienten**.

Etwas über 50 % der Titanmetall-Weltproduktion gehen in den Bereich Flugzeugbau (Bild 2). Titan findet sich aufgrund seiner interessanten spezifischen Festigkeit (Bild 1) im Triebwerk, im Fahrgestell, in den Tragflächen und in der Zelle. Auch künftig wird Flugzeugbau der größte Wachstumsmotor sein, trotz des Übergangs zu CFK-Bauweisen. Der Grund: Auch CFK-Teile brauchen eine metallische Trägerstruktur, für die sich nur Titan eignet.

Tabelle 1: Physikalische und mechanische Eigenschaften von Titan

Atomare Daten	
Ordnungszahl	22
Atommasse	47,88 u
Atomdurchmesser	$2{,}896 \cdot 10^{-10}$ m
Kristallgittertyp[1]	α-Ti (< 882 °C): hdP β-Ti (> 882 °C): krz
Physikalische Kennwerte (20 °C)	
Dichte ϱ	4,51 kg/dm³
Schmelztemperatur ϑ_S	1670 °C
Wärmedehnung α	$8{,}6 \cdot 10^{-6}$ 1/K (bei 0 °C)
Wärmeleitfähigkeit λ	22 W/(m · K)
Elektr. Leitfähigkeit $\varkappa$	2,4 m/(Ω · mm²)
Mechanische Kennwerte[2]	
Zugfestigkeit R_m	300 … 700 MPa
Dehngrenze $R_{p0{,}2}$	185 … 580 MPa
Bruchdehnung A	max. 30 %
Elastizitätsmodul E	112 … 130 GPa

[1] hdP = hexagonales Gitter dichtester Packung
krz = kubisch-raumzentriert
[2] Die Kennwerte sind von der chemischen Zusammensetzung (Reinheit) sowie vom Gefügezustand (z. B. geglüht, kaltverfestigt, usw.) abhängig. Die Angaben sind daher als Orientierungswerte zu verstehen.

Bild 1: Spezifische Festigkeit einiger Metalle und Legierungen im Vergleich

Bild 2: Marktentwicklung Titan

7.3 Titan und Titanlegierungen

Dies ist nicht allein auf das günstige Verhältnis von Festigkeit und Dichte zurückzuführen. Ein Flugzeug muss Temperaturschwankungen im Bereich von – 40 bis + 40 °C problemlos ertragen können. Ohne Spannungen ist dies nur möglich, wenn sich alle Komponenten gleichmäßig in der Wärme ausdehnen. Hier hat Aluminium mit seinem hohen Wärmeausdehnungskoeffizienten von ungefähr $23 \cdot 10^{-6}\,K^{-1}$ einen deutlichen Nachteil, denn CFK bringt es nur auf rund $9 \cdot 10^{-6}\,K^{-1}$. Dieser Wert entspricht in etwa dem von Titanlegierungen. Abgeschlagen ist damit auch Stahl mit Werten von rund $13 \cdot 10^{-6}\,K^{-1}$, dies zudem bei ungleich schlechterer Korrosionsbeständigkeit. Die Aussichten für Titan sind gut: Die weltweite Flotte aktiver Passagierflugzeuge (mehr als 30 Sitzplätze; mit Ausnahme der von Russland gebauten) lag bei 19 681 im Jahr 2006. Ende 2012 waren weltweit 20 310 Verkehrsflugzeuge unterwegs. Prognosen gehen davon aus, dass die Zahl bis 2025 auf rund 42 000 steigen wird.

Im Flugzeugbau ersetzt Titan Aluminiumteile bei der Ausrüstung von Passagierflugzeugen mit größeren und schwereren Motoren. Die Tragflächen müssen verstärkt und aerodynamisch überarbeitet werden. Weil zudem der Triebwerksstrahl heißer ist, werden Teile in Titan ausgeführt, für die bislang Aluminium ausreichend war. Experten erwarten, je größer die Flugzeuge werden, desto mehr Titan werden sie aufweisen müssen. Zum Vergleich:

- Ein heutiger Jumbo 747 benötigt etwa 40 t Titan im Anlieferungsgewicht (d.h. vor der Zerspanung).
- Für einen A380 werden 140 t Titan bestellt,
- für den Dreamliner 787 sind es 120 t Titan.

Aber auch in anderen Bereichen gewinnt Titan zunehmend an Bedeutung, z. B. im Automobilbau.

Bild 1: Titanschwamm

Hintergründe sind hier, wie auch beim Einsatz anderer Leichtmetalle, politische Vorgaben zur Reduzierung von Treibstoffverbrauch und Schadstoffemission. Dann können sich auch vermeintlich „teure" Titan-Lösungen rechnen. Daneben findet sich Titan in den Bereichen Medizintechnik, Maschinenbau, chemischer und verfahrenstechnischer Anlagenbau, Bauindustrie, Sportgeräte und auch Schmuck.

Titan kommt mit 0,57 % in der Erdrinde zwar recht häufig vor, meistens jedoch in geringen Konzentrationen. Bei der Gewinnung wirkt die chemische Reaktionsfreudigkeit bei hohen Temperaturen erschwerend, sodass der aus $TiCl_4$ gewonnene Titanschwamm (Bild 1) im Vakuum umgeschmolzen werden muss.

Titan besitzt bei Temperaturen oberhalb 882 °C eine kubisch-raumzentrierte Struktur (β-Phase) und darunter, also auch bei Raumtemperatur, eine hexagonale (α-Titan). Wegen des hexagonalen Gitters ist die Kalt- und wegen geringer Korrosionsbeständigkeit bei hohen Temperaturen ist die Warmformbarkeit erschwert. Aufgrund der dichteren Atompackung ist im hdp-α-Titan eine deutlich verlangsamte Diffusion zu verzeichnen, was sich z. B. in einer **höheren Kriechfestigkeit des α-Titans** zeigt.

Titan löst in beträchtlichem Maße Sauerstoff bei höheren Temperaturen, es entstehen Ti-O-Mischkristalle.

Tabelle 1: Titanlegierungen nach DIN 17 850 und 17 860

Kurzzeichen	Zugfestigkeit R_m in MPa	0,2-%-Dehngrenze $R_{p\,0,2}$ in MPa min.	Bruchdehnung A % in min.	Härte HB $\approx$	Gefüge	Eigenschaften, Verwendung
Ti1	290...410	180	30	120	α	Sehr beständig gegen oxidierende und chloridhaltige Medien. Beispiele: Tanks, Wärmetauscher, Entsalzungsanlagen, chemische und medizinische Apparate
Ti4	540...740	390	16	200	α	
Ti1Pd	290...410	180	30	120	α	
TiNi0,8Mo0,3	$\geq$ 480	345	18	170	α	
TiAl5Sn2,5	$\geq$ 830	780	10[3]	300	α	Warmfest, kaltzäh. Beispiel: Hydraulikrohre
TiAl6V4[1]	$\geq$ 920	840	8[3]	310	$\alpha + \beta$	Wärmebehandelbar
TiAl6V6Sn2[1]	$\geq$ 1070	920...1000	10[3]	320	$\alpha + \beta$	Wärmebehandelbar. Beispiel: verfahrenstechnische Apparate
TiV13Cr11Al3[2]	1350	1200	5	k. A.	β	Hochfeste Bauteile

[1] Werte gültig für Bleche bis 6 mm Dicke   [2] Nicht genormte Sorte   [3] $A_{50\,mm}$ k.A. = keine Angabe

Daraus folgt, dass entweder Wärmebehandlungen in einer sauerstofffreien Atmosphäre durchgeführt werden müssen oder aber die entstandene sauerstoffhaltige Schicht spanend entfernt werden muss, da diese versprödend wirkt.

Bei Raumtemperatur bildet sich auf Titan eine dünne Oxidschicht, die sehr korrosionsbeständig ist, so dass auch unlegiertes Titan ein technisch genutzter Werkstoff ist. In der Norm DIN 17 850 und DIN 17 860, eine europäische Norm liegt nicht vor, werden vier unlegierte Titansorten, Ti1 bis Ti4 (Ti > 99 %) mit zunehmendem Gehalt an Verunreinigungen (Eisen, Sauerstoff, Kohlenstoff und Wasserstoff) unterschieden. Mit steigendem Gehalt an Verunreinigungen nimmt die Festigkeit von mindestens 290 MPa auf höchstens 740 MPa zu und die Bruchdehnung von 30 % auf 16 % ab (Tabelle 1, S. 375). Diese Werkstoffe werden vor allem im chemischen Apparatebau eingesetzt, da sie sogar gegen Königswasser (HCl + HNO$_3$) beständig sind. Außerdem ist Titan ein wichtiges Legierungselement für Stahl (Kapitel 4.4.1.3 und Kapitel 6.5.10.4) und in geringerem Maße für Nickel und Zink.

Aufgrund der unterschiedlichen Kristallstruktur werden drei verschiedene Legierungstypen unterschieden: Die beiden einphasigen α- bzw. β-Legierungen und die zweiphasigen $\alpha + \beta$-Legierungen.

Die hexagonalen **α-Legierungen**, wie TiAl5Sn2,5, haben mit 900 MPa eine geringere Festigkeit als die β-Legierungen mit 1350 MPa (z. B. TiV13Cr11Al3). Sie sind jedoch sehr kriechbeständig bis über 500 °C (Bild 1) und bleiben im Gegensatz zu den kubischraumzentrierten β-Legierungen auch bei tiefen Temperaturen zäh. Die Warm- und Kaltformbarkeit der α-Titanlegierungen ist ungünstig, die Schweißbarkeit gut. Bei geringeren Legierungsgehalten, wie in

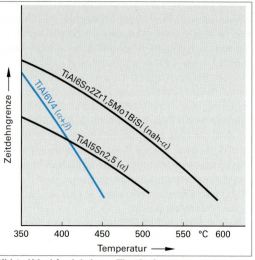

Bild 1: Kriechfestigkeit von Titanlegierungen

Bild 2: Gefüge der zweiphasigen Legierung TiAl6V4

ⓘ Information

Memory-Effekt

Beim bereits 1962 entdeckten **Memory-Effekt** werden durch Temperaturwechsel Strukturänderungen verursacht, die zwei verschiedene Formzustände bewirken. So wird z. B. eine bei Raumtemperatur erzeugte bleibende Verformung durch Erwärmung wieder abgebaut.

TiAl3V2,5, ist die plastische Verformbarkeit verbessert, sodass beispielsweise Hydraulikrohre aus diesem Werkstoff hergestellt werden.

Die α-Legierungen nehmen in geringerem Maße als β-Legierungen Wasserstoff, Sauerstoff, Stickstoff und Kohlenstoff auf, sodass α-Legierungen besser für Anwendungen bei höheren Temperaturen geeignet sind, besonders für Strahltriebwerke oder im Turbinenbau.

Einphasige **β-Legierungen** haben trotz guter Eigenschaften, wie hoher Festigkeit und guter plastischer Verformbarkeit, nur einen geringen Anwendungsbereich. Nachteilig wirkt sich die höhere Dichte, aufgrund der hohen Anteile an Vanadium und Chrom, sowie die Kaltsprödigkeit und geringe Kriechfestigkeit aus. Die β-Phase ist bei den technischen Titanlegierungen nur metastabil, d. h. die Legierungen können im lösungsgeglühten oder ausgehärtetem Zustand benutzt werden. Außerdem neigen sie dazu bei tiefen Temperaturen zu verspröden.

Der Einfluss von Wärmebehandlungen ist bei den **$\alpha + \beta$-Legierungen** noch größer. So kann man die wichtigste Legierung TiAl6V4 durch Wärmebehandlung dem Verwendungszweck gut anpassen, indem das Gefüge variiert wird. Sie hat mit 1100 MPa bereits eine recht hohe Festigkeit bei geringer Dichte. Eine mit 1200 MPa noch bessere Festigkeit besitzt die $\alpha + \beta$-Legierung TiAl6V6Sn2, die im Flugzeugbau eingesetzt wird. Auch die übrigen $\alpha + \beta$-Legierungen werden im Luft- und Raumfahrzeugbau, im chemischen und medizinischen Bereich sowie in der Verfahrenstechnik eingesetzt. Bild 2 zeigt das Gefüge der zweiphasigen-Titanlegierung TiAl6V4.

Die α-reichen heterogenen Titanlegierungen, wie beispielsweise TiAl6Sn2Zr1,5Mo1Bi0,35Si0,1, werden auch als **near-α** (**nah-α**) oder „**Super-α**" bezeichnet. Mit der genannten Legierung erschließt sich für Titanwerkstoffe ein Anwendungsbereich mit Dauertemperaturen von 600 °C. Eine als **Memory-Effekt** bezeichnete Besonderheit zeigt beispielsweise die intermetallische Verbindung NiTi55. Praktisch genutzt wird dieser Effekt bisher unter anderem in der Raumfahrt und in der Medizin (**Formgedächtnislegierung**).

7.4 Silicium

Silicium ist nach Sauerstoff das zweithäufigste Element und mit 23,5 % am Aufbau der Erdrinde beteiligt (Bild 1, Seite 166). Daher findet es sich auch als Verunreinigung in geringen Konzentrationen in vielen Legierungen.

In Tabelle 1 sind die wichtigsten physikalischen und mechanischen Eigenschaften des Siliciums zusammengestellt. Als Legierungselement wird es in Stählen sowie in Aluminium-, seltener in Kupfergusslegierungen eingesetzt. Bekannt sind siliciumhaltige Stähle, die als Dynamo- und Transformatorbleche Verwendung finden.

Die größte Bedeutung hat Silicium jedoch als Hauptwerkstoff der Halbleitertechnik erlangt.

Silicium wird hauptsächlich aus Quarzit (ca. 95 % SiO_2) gewonnen. Die Gewinnung von Rohsilicium erfolgt im Lichtbogenofen mit Koks als Reduktionsmittel:

$$SiO_2 + 2\,C \rightarrow Si + 2\,CO_2$$

Wenn ein höherer Reinheitsgrad erreicht werden soll, wird Aluminium als Reduktionsmittel eingesetzt:

$$3\,SiO_2 + 4\,Al \rightarrow 3\,Si + 2\,Al_2O_3$$

Tabelle 1: Physikalische und mechanische Eigenschaften von Silicium

Atomare Daten	
Ordnungszahl	14
Atommasse	28,09 u
Atomdurchmesser	$2,352 \cdot 10^{-10}$ m
Kristallgittertyp[1]	Diamantstruktur
Physikalische Kennwerte (20 °C)	
Dichte ϱ	2,33 kg/dm³
Schmelztemperatur ϑ_S	1411 °C
Wärmedehnung α	$2,5 \cdot 10^{-6}$ 1/K (bei 0 °C)
Wärmeleitfähigkeit λ	83,5 W/(m · K)
Elektr. Leitfähigkeit $\varkappa$	10 m/(Ω · mm²)
Mechanische Kennwerte[2]	
Zugfestigkeit R_m	–
Dehngrenze $R_{p0,2}$	–
Bruchdehnung A	–
Elastizitätsmodul E	110 GPa

[1] Weitere Modifikationen: β-Si bei Drücken über 13 000 MPa
[2] Die Kennwerte sind von der chemischen Zusammensetzung (Reinheit) sowie vom Gefügezustand (z.B. geglüht, kaltverfestigt, usw.) abhängig. Die Angaben sind daher als Orientierungswerte zu verstehen.

Technisches Silicium (metallurgical grade) wird mit einer Reinheit von 98,5 % bis 99,7 % gehandelt. In der Stahlindustrie wird zum Legieren Ferrosilicium mit einem Gehalt von 20 % bis 95 % Si eingesetzt.

Für die Halbleitertechnik wird höchstreines Silicium benötigt, sodass sich dem Gewinnungsprozess in diesem Fall sehr aufwändige und teure Raffinationsverfahren anschließen. Dieses Halbleitersilicium hat eine Reinheit über 99,999 %. Dafür wird Rohsilicium chloriert und aus den gasförmigen Chloriden hochreines Silicium abgeschieden (fraktionierte Destillation). Halbleiter werden mitunter wesentlich stärker als 99,999 % gereinigt, sodass auf 10^9 (1 Milliarde) oder mehr Siliciumatome nur ein Fremdatom kommt.

Das hochreine, aber immer noch polykristalline Silicium muss erneut aufgeschmolzen werden und erstarrt unter besonderen kontrollierten Bedingungen zu großen Einkristallen. Hier wird ein dünner Keim- oder Impfkristall in die Schmelze eingetaucht. Sobald die Bildung des Einkristalls begonnen hat, wird dieser langsam aus der Schmelze herausgezogen. Eine exakte Temperaturführung ist für diesen Kristallisationsvorgang erforderlich (Czochralski-Verfahren, Bild 1, Seite 94). In der Halbleiterindustrie werden Einkristalle benötigt, da Korngrenzen, deren Bildung somit vermieden wird, die Bewegung der Elektronen zu stark behindern würden.

Halbleiter leiten bei sehr tiefen Temperaturen ($\approx$ 0 K) den elektrischen Strom nicht, bei hohen Temperaturen dagegen recht gut. Siliciumatome besitzen vier Valenzelektronen und gehen mit vier Nachbaratomen Atombindungen (Kapitel 2.3.1.2) ein, sodass alle Außenelektronen fest gebunden sind (Bild 1 links, S. 378). Erst bei hoher Temperatur, also unter dem Einfluss von Energiezufuhr, können sich einzelne Elektronen ablösen und elektrische Leitfähigkeit bewirken (**Eigenleitung**, Bild 1 rechts, Seite 378).

Die elektrische Leitfähigkeit von Halbleitern wird beträchtlich erhöht durch gezieltes Einbringen (**Dotieren**) von Fremdatomen anderer Wertigkeit (**Störstellenleitung**). In Bild 2 ist das Prinzip des Dotierens dargestellt. Die nicht beschrifteten Kreise stellen die Elektronen dar.

Bild 1: Eigenleitung – bei 0 K keine freien Elektronen, bei erhöhter Temperatur freie Elektronen

Werden in das Kristallgitter gezielt fünfwertige Atome wie Arsen (As), Antimon (Sb) oder Phosphor (P) eingebracht (Bild 2a), so kann deren fünftes Valenzelektron keine Bindung eingehen und steht daher als Leitungselektron zur Verfügung. Die Leitfähigkeit des Halbleiters wird durch den Überschuss an freien Leitungselektronen beträchtlich erhöht, bezeichnet als **n-Leitung** (n = negativ).

Wird dagegen mit dreiwertigen Atomen wie Indium (In), Gallium (Ga) oder Bor (B) (Bild 2b) dotiert, entstehen Löcher oder Defektelektronen. Es entsteht ein **p-Leiter** mit umgekehrter Elektronenflussrichtung (p = positiv).

Bild 2: Störstellenleitung
a) n-Leitung, b) p-Leitung

Elektronen abgebende Fremdatome werden als **Donatoren** und Elektronen aufnehmende Fremdatome als **Akzeptoren** bezeichnet. Meistens wird eine Gasphasen-Diffusionsdotierung bei Temperaturen zwischen 800 °C und 1 250 °C vorgenommen, wobei aus einem inerten Gas wie Argon mit Dotierungsmittel einzelne Atome in den Halbleiter eindringen, sodass in der obersten Schicht des Halbleiters auf etwa 10^5 Gitteratome ein Fremdatom kommt.

n-dotierte Halbleiter haben eine größere Leitfähigkeit als p-dotierte Halbleiter. Die **Fremdleitung** ist erheblich höher als die Eigenleitung des Halbleiters bei erhöhten Temperaturen. Beide Halbleitertypen haben ein breites Anwendungsfeld in der Elektronik gefunden bzw. haben diese Entwicklung zum Teil erst ermöglicht. Die Verbindung zwischen n-Leiter und p-Leiter, ein pn-Übergang, stellt die Grundlage für viele Halbleiterbauelemente, wie Diode, Solarzellen u. a., dar.

Neben den Halbleitern auf Silicium-Basis gibt es solche aus dem vierwertigem Germanium sowie der Verbindung eines drei- mit einem fünfwertigen Element, wie Indiumantimonid (InSb) oder Galliumarsenid (GaAs). Auch bei diesen „Verbindungshalbleitern" sind im Mittel vier Valenzelektronen vorhanden, nämlich:

$$0{,}5 \cdot (3\{In\} + 5\{Sb\}) = 4$$

sodass auch in diesem Fall eine Atombindung entsteht. Eine Dotierung erfolgt durch einen geringen Überschuss von Indiumatomen (p-dotiert) oder Antimonatomen (n-dotiert). Die Herstellung dieser Verbindungshalbleiter ist jedoch teurer.

Weiterhin findet Silicium in Ferrolegierungen Verwendung. Das sind Legierungen eines Metalls mit Eisen als Trägermetall, die zur Verwendung als Legierungsmittel vorgesehen sind (Eisen-Vorlegierung). Ferrosilicium wird als Impfmittel bei der Erzeugung von Gusseisen mit Kugelgrafit eingesetzt (siehe Seite 334). Es gibt verschiedene Ferrosiliciumlegierungen, z. B. FeSi10, FeSi25 oder FeSi75. Die Zahl gibt nach DIN 17560 jeweils den mittleren Gehalt an Silicium an. Mit zunehmendem Si-Gehalt werden Dichte und Schmelzpunkt des Ferrosiliciums geringer.

7.5 Kupferwerkstoffe

Eines der ältesten und sehr vielfältig genutzten Schwermetalle ist Kupfer. Obwohl Kupfer nur zu ca. 0,01 % an der Erdrinde beteiligt ist, haben Kupfer und Kupferlegierungen schon seit der Kupfersteinzeit vor ca. 6000 Jahren große technische Bedeutung für den Menschen. Die Hauptanwendungsgebiete von Kupfer in Deutschland zeigt Bild 1.

7.5.1 Unlegiertes Kupfer

Unlegiertes Kupfer wird vor allem wegen seiner guten elektrischen und thermischen Leitfähigkeit eingesetzt, Kupferlegierungen wegen der guten Korrosionsbeständigkeit und mechanischen Eigenschaften, verbunden mit vielfältigen Verarbeitungsmöglichkeiten (Tabelle 1).

Kupfer hat ein kubisch-flächenzentriertes Gitter und lässt sich daher gut kalt- und warmverformen. Außerdem lösen sich im Kupfer viele andere Metalle im festen Zustand, sodass es eine große Vielfalt von Kupfer-Legierungen gibt.

Die Kupfervorkommen, die heute ausgebeutet werden, enthalten meist schwefelhaltige Kupfererze mit einem Kupfergehalt von nur 0,5 % bis 2 % Kupfer. Die Erze müssen zu Konzentraten aufgearbeitet werden, aus denen in mehreren Stufen durch Rösten und Verblasen im Konverter Rohkupfer, durch Umschmelzen, weitere Raffinationsverfahren und Nasselektrolyse schließlich technisch reines Kupfer gewonnen wird. Reste von Sauerstoff können durch weitere Raffination entfernt oder durch Desoxidation, z. B. mit Phosphor im schmelzflüssigen Zustand gebunden werden.

Die unlegierten Kupfersorten können nach unterschiedlichen Gesichtspunkten eingeteilt werden. Für den Anwender ist die Unterscheidung hinsichtlich der Behandlung des geschmolzenen Kupfers vor dem Vergießen von Bedeutung.

Es gibt:
- sauerstoffhaltiges (zähgepoltes) Kupfer,
- desoxidiertes Kupfer,
- sauerstofffreies Kupfer hoher Leitfähigkeit.

Die wichtigsten unlegierten Kupfersorten sowie deren Eigenschaften sind in Tabelle 1, Seite 380, zusammengestellt.

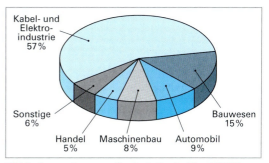

Bild 1: Anwendung von Kupfer in Deutschland (2015)

Tabelle 1: Physikalische und mechanische Eigenschaften von unlegiertem Kupfer

Atomare Daten	
Ordnungszahl	29
Atommasse	63,55 u
Atomdurchmesser	$2{,}556 \cdot 10^{-10}$ m
Kristallgittertyp[1]	kfz
Physikalische Kennwerte (20 °C)	
Dichte ϱ	8,94 kg/dm³
Schmelztemperatur ϑ_S	1083 °C
Wärmedehnung α	$16{,}5 \cdot 10^{-6}$ 1/K (bei 0 °C)
Wärmeleitfähigkeit λ	398 W/(m · K)
Elektr. Leitfähigkeit $\varkappa$	59,8 m/(Ω · mm²)
Mechanische Kennwerte[2]	
Zugfestigkeit R_m	200 … 250 MPa
Dehngrenze $R_{p0,2}$	40 … 80 MPa
Bruchdehnung A	max 60 %
Elastizitätsmodul E	110 … 130 GPa

[1] kfz = kubisch-flächenzentriert
[2] Die Kennwerte sind von der chemischen Zusammensetzung (Reinheit) sowie vom Gefügezustand (z. B. geglüht, kaltverfestigt, usw.) abhängig. Die Angaben sind daher als Orientierungswerte zu verstehen.

7.5.1.1 Sauerstoffhaltiges (zähgepoltes) Kupfer

Sauerstoffhaltiges (zähgepoltes) Kupfer enthält etwa 0,02 % bis 0,04 % Sauerstoff als Kupfer(I)oxid (Cu_2O, metallographisch Kupferoxydul) und bildet mit dem Kupfer ein die Kupferkristalle umgebendes Cu-Cu_2O-Eutektikum. Findet jedoch eine Kalt- oder Warmumformung statt, dann wird das Netz aus Eutektikum zunächst in Umformrichtung gestreckt. Mit zunehmendem Umformgrad wird das Netzwerk weiter aufgespalten, bis schließlich in dünnen Drähten oder Blechen die Cu_2O-Phasen gleichmäßig in der Kupfermatix verteilt vorliegen (Bild 1, Seite 380).

Bild 1: Sauerstoffhaltiges Kupfer nach hoher Umformung (Kupferdraht)

Bild 2: Kupfer mit hohem Sauerstoffgehalt im Gusszustand

Bei hohem Sauerstoffgehalt, d. h. in übereutektischen Kupfer-Sauerstoff-Legierungen (O > 0,39 %), scheiden sich zunächst primäre Dendriten aus Cu_2O aus, die in ein Cu-Cu_2O-Eutektikum eingebettet sind (Bild 2).

Tabelle 1: Unlegierte Kupfersorten

Unlegierte Kupfersorten				Mechanische Eigenschaften[1]			Physikalische Eigenschaften	
DIN EN 1976[2]		DIN 1708[3]		$R_{p0,2}$[4] in MPa	R_m in MPa min.	A[5] in % min.	Spezifische Leitfähigkeit[6] in MS/m min.	Wärmeleitfähigkeit in W/(m · K)
Kurzzeichen	Numerisch	Kurzname	Werkstoffnr.					
Sauerstoffhaltiges (zähgepoltes) Kupfer								
Cu-ETP	CW004A	E1-Cu58	2.0061	100 ... 320	200 ... 360	42	–	≥ 393
Cu-ETP1	CW003A	–	–	–	200 ... 360	33	51,8 ... 58	–
Cu-FRHC	CW005A	E2-Cu58	2.0062	180 ... 320	220 ... 360	42	56 ... 58	–
Cu-FRTP	CW006A	F-Cu	2.0080	100 ... 320	200 ... 360	42	–	–
Desoxidiertes Kupfer								
Cu-DLP	CW023A	SW-Cu	2.0076	100 ... 320	200 ... 360	42	–	≥ 364
Cu-DHP	CW024A	SF-Cu	2.0090	100 ... 320	200 ... 360	42	–	293 ... 364
Cu-PHC	CW020A	SE-Cu[7]	2.0070	180 ... 320	220 ... 360	42	56 ... 58	≥ 386
Cu-HCP	CW021A	SE-Cu[8]	2.0070	180 ... 320	220 ... 360	42	55 ... 57	≥ 386
Cu-PHCE	CW022A	–	–	–	–	...	58,6	–
Sauerstofffreies Kupfer hoher Leitfähigkeit								
Cu-OF	CW008A	OF-Cu	2.0040	100 ... 320	200 ... 360	42	–	–
Cu-OF1	CW007A	–	–	–	200 ... 360	33	51,8 ... 58	≥ 393
Cu-OFE	CW009A	–	–	–	–	–	58,0	–

[1] Für CW004A, CW006A, CW008A, CW023A und CW024A: Werkstoffkennwerte gültig für Platten, Bleche, Bänder und Streifen zur allgemeinen Verwendung nach DIN EN 1652. Für andere Halbzeugformen gelten andere Werte.
Für CW005A, CW020A und CW021A: Werkstoffkennwerte gültig für Platten, Bleche und Bänder für die Anwendung in der Elektrotechnik nach DIN EN 13599. Für andere Halbzeugformen gelten andere Werte.
Für CW003A und CW007A: Werkstoffkennwerte gültig für gezogenen Runddraht aus Kupfer zur Herstellung elektrischer Leiter nach DIN EN 13602 (einadriger Draht, nicht verzinkt, Werte abhängig vom Drahtdurchmesser).
Für CW009A und CW022A: Werkstoffkennwerte gültig für Produkte aus hoch leitfähigem Kupfer nach DIN EN 13604.
[2] Bezeichnung siehe Kapitel 8.3.3.   [3] Norm zurückgezogen (alte Werkstoffbezeichnungen).   [4] Nur zur Information
[5] Der angegebene Wert für die Bruchdehnung gilt für den Werkstoffzustand mit der geringsten Festigkeit. Mit zunehmender Festigkeit abnehmende Werte der Bruchdehnung.
[6] 1 MS/m = 1 m/($\Omega \cdot mm^2$)
[7] Falls die spezifische elektrische Leitfähigkeit mindestens 58 m/($\Omega \cdot mm^2$) beträgt, der Cu-Gehalt > 99,95 % ist und als Desoxidationsmittel Phosphor verwendet wurde.
[8] Falls der Cu-Gehalt > 99,95 % ist und als Desoxidationsmittel Phosphor verwendet wurde.

7.5 Kupferwerkstoffe

Sauerstoff hat in Konzentrationen unter 0,04 % kaum Einfluss auf die physikalischen (auch elektrischen) und mechanischen Eigenschaften. Im Gegenteil: Sauerstoff oxidiert die übrigen Verunreinigungen und beseitigt dabei deren schädliche Wirkung, insbesondere im Hinblick auf die Leitfähigkeit (Bild 1) und die Kaltumformbarkeit. Sauerstoffhaltiges Kupfer wird daher meist in der Elektrotechnik verwendet. Wird sauerstoffhaltiges Kupfer allerdings geschweißt, gelötet oder in reduzierender Atmosphäre geglüht, dann besteht die Gefahr einer **Wasserstoffversprödung**. Dabei scheidet sich Wasserdampf (gebildet aus dem im Kupfer enthaltenen Sauerstoff und Wasserstoff aus feuchter Umgebung) an den Korngrenzen aus und führt zu Rissen und Versprödung.

7.5.1.2 Desoxidiertes Kupfer

Desoxidiertes Kupfer ist durch Desoxidation sehr suaerstoffarm (z.T. auch Si, Li, Mg, B oder Ca). Wichtigstes Desoxidationsmittel ist Phosphor. Die zugesetzten Desoxidationsmittel bilden mit dem Sauerstoff in der Schmelze Oxide, die als Schlacke das Schmelzbad verlassen. Reste der Desoxidationsmittel verschlechtern die elektrische Leitfähigkeit und Wärmeleitfähigkeit. Desoxidiertes Kupfer wird daher vorzugsweise im Rohrleitungs- und Apparatebau sowie im Bauwesen eingesetzt.

7.5.1.3 Sauerstofffreies Kupfer hoher Leitfähigkeit

Nahezu völlige Sauerstofffreiheit (< 0,001 %) und höchste elektrische Leitfähigkeit erhält man durch Einschmelzen von Kupferkathoden in reduzierender Atmosphäre und Vergießen unter Schutzgas. Die Kupfersorten werden vorzugsweise in der Elektrotechnik und Elektronik eingesetzt.

a) Elektrische Leitfähigkeit

Die elektrische Leitfähigkeit von höchstreinem Kupfer ist mit 59,8 m/($\Omega \cdot mm^2$) nach Silber (63 m/($\Omega \cdot mm^2$)) die zweitbeste aller Metalle. Die Leitfähigkeit von elektrolytisch raffiniertem Kupfer hoher Reinheit (> 99,9 %) wird mit mindestens 58 m/($\Omega \cdot mm^2$) (Bezeichnung nach DIN EN 1976: Cu-ETP) angegeben. Kupfer wird daher in großem Maße als elektrisches Leitermaterial verwendet. Verunreinigungen oder Beimengungen senken bereits in geringen Mengen die Leitfähigkeit (Bild 1). Dabei wirken sich in Kupfer lösliche Stoffe wie Phosphor besonders ungünstig aus. Während 0,04 % Phosphor die Leitfähigkeit von Kupfer auf etwa 44 m/($\Omega \cdot mm^2$) reduziert, ist die gleiche Menge Silber oder Sauerstoff ohne Einfluss auf die elektrische Leitfähigkeit.

Ein hochreiner Kupferdraht mit einem Querschnitt von 1 mm^2 hat bei einer Länge von 60 m einen elektrischen Widerstand von 1 Ω. Nach einer Zugabe von 37 % Zink sinkt die Drahtlänge bei gleichem Widerstand auf 15 m. Die Festigkeit dieser als Messing bezeichneten Legierung steigt aber von 200 MPa bis 360 MPa auf Werte von 290 MPa bis 10 MPa. Genutzt wird Messing z. B. für Steckkontakte (Stecker für Steckdosen).

Die Leitfähigkeit wird auch durch eine Kaltumformung aufgrund der dann erhöhten Anzahl der Gitterfehler deutlich verschlechtert (Bild 2).

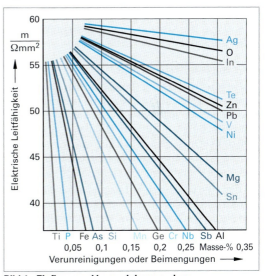

Bild 1: Einfluss von Verunreinigungen bzw. Beimengungen auf die Leitfähigkeit von Kupfer

Bild 2: Einfluss einer Kaltverformung auf die Leitfähigkeit und Festigkeit von unlegiertem Kupfer

Reines Kupfer enthält häufig noch Sauerstoff in Form von Kupferoxid (Cu_2O). Dies beeinflusst die Leitfähigkeit zwar nur geringfügig, aber in wasserstoffhaltiger Umgebung ist dies die Ursache für die bereits genannte **Wasserstoffkrankheit**.

Falls Wasserstoffbeständigkeit gefordert wird, muss entweder Cu-DHP (CW024A, DHP = **D**eoxidized **H**igh **P**hosphorus) oder Cu-OF (CW008A, OF-Cu = **O**xygen-**F**ree) eingesetzt werden. Cu-DHP wird durch Desoxidieren mit Phosphor gewonnen, dabei wird die Leitfähigkeit in Abhängigkeit des Phosphorgehaltes allerdings auf 35 m/($\Omega \cdot mm^2$) bis 53 m/($\Omega \cdot mm^2$) reduziert (Bild 1, Seite 381). Cu-OF wird nicht desoxidiert, ist daher frei von Desoxidationsresten und bei einer Leitfähigkeit von 58 m/($\Omega \cdot mm^2$) wasserstoffbeständig.

b) Wärmeleitfähigkeit

Kupfer leitet mit 380 W/(m · K) Wärme sehr gut. Durch Hinzufügen von Legierungselementen sinkt allerdings die Wärmeleitfähigkeit, die bei Cu-DHP je nach Phosphorgehalt nur noch 240 W/(m · K) bis 360 W/(m · K) beträgt. Die gute Wärmeleitfähigkeit des Kupfers wird beim Bau von Wärmetauschern, Kühlern, Stranggusskokillen, im Apparatebau und im Installations-, im Brennerei- und teils noch im Brauereigewerbe genutzt. Zu beachten ist aber: Da beim Wärmeübergang nicht nur die Wärmeleitfähigkeit der eigentlichen Trennwand, sondern auch die Beschaffenheit der Grenzflächen von Bedeutung ist, können beispielsweise Krusten- und Oxidbildung die auf der Wärmeleitfähigkeit des Kupfers beruhende gute Wärmeübertragung stark vermindern.

c) Chemische Beständigkeit

Kupfer (Cu^{2+}) gehört mit einem Normalpotenzial von + 0,35 V (Tabelle 1, Seite 542) zu den Edelmetallen und kommt in der Natur auch gediegen (elementar) vor. Kupfer hat daher eine gute chemische Beständigkeit. Es wird nur von oxidierenden Säuren, wie Salpetersäure (HNO_3) oder Essigsäure zusammen mit Luftsauerstoff (Bildung von giftigem **Grünspan**, d. h. Kupferacetat $Cu(CH_3COO)_2$), aber auch von Ammoniak (NH_3) angegriffen. In Salzsäure löst sich dagegen nur das Kupferoxid auf, das an der Oberfläche haftet (verkalkte Warmwasserrohre aus Kupfer können mit Salzsäure gereinigt werden!). Für die Verarbeitung und Lagerung (z. B. Konservendosen) von säurehaltigen Lebens- und Genussmitteln ist Kupfer daher ungeeignet.

An der Luft bildet sich auf Kupfer eine dünne Oxidschicht, so dass die rotbraune Farbe nur ein wenig dunkler wird. Beim Erhitzen entsteht schwarzes Kupferoxid. In feuchter Luft bildet sich nach längerer Zeit eine hellgrüne Schicht, die **Patina** (bekannt von grünen Kupferdächern) genannt wird. Im Binnenland besteht die Patina überwiegend aus basischem Kupfersulfat ($CuSO_4 \cdot 3\,Cu(OH)_2$)) mit meist geringen Anteilen (ca. 2 % bis 3 %) an Kupfercarbonat ($CuCO_3 \cdot Cu(OH)_2$). In Städten ist der Anteil an Kupfercarbonat höher (bis 25 %). In Meeresnähe besteht die Patina überwiegend aus basischen Kupferchloriden. Die Patina schützt vor weiterer Korrosion, so dass die Verwendung von Kupfer für Dächer oder Regenrinnen sinnvoll ist. Kupfer ist auch zum Plattieren unedler Metalle geeignet, wie beispielsweise von Stahl in Centmünzen.

d) Verarbeitung

Die Verarbeitung von Kupfer erfolgt durch Gießen und Umformen. Für die Erzeugung von Blechen und Bändern werden heute meistens Blöcke im Stranggussverfahren erzeugt. Die Drahtherstellung erfolgt über Drahtgießverfahren mit anschließendem Walzen und Ziehen.

Kupfer und auch die meisten Kupferlegierungen lassen sich aufgrund des kubisch-flächenzentrierten Gitters sehr gut warm- und kaltumformen. Durch Kaltumformen kann die relativ geringe Festigkeit von reinem Kupfer von 200 MPa auf über 400 MPa gesteigert werden. Bei Glühtemperaturen ab 150 °C tritt jedoch in Abhängigkeit vom Umformgrad, wieder Entfestigung ein (Bild 1, Rekristallisation).

Bild 1: Entfestigung von kaltverformtem Kupfer durch Rekristallisationsglühen (Glühdauer: 1h)

7.5.2 Niedriglegierte Kupferwerkstoffe

Kupfer lässt sich mit vielen anderen Metallen legieren. Bereits durch geringe Zusätze wie zum Beispiel Silber, Magnesium, Chrom, Eisen, Cobalt, Mangan, Silicium, Tellur, Beryllium, Nickel, Zinn oder Zirkonium (alleine oder in Kombination) können eine Reihe von Eigenschaften des unlegierten Kupfers (z.B. Festigkeit oder Zerspanbarkeit) deutlich verbessert werden. Kupferlegierungen mit niedrigen Gehalten dieser Elemente werden als **niedriglegierte Kupferwerkstoffe** bezeichnet.

Viele Kupferlegierungen sind homogen. Diese einphasigen Kupferlegierungen haben vor allem eine gute Verformbarkeit und Korrosionsbeständigkeit. Es bilden sich Mischkristalle, die Festigkeit steigt zwar merklich, aber nicht so ausgeprägt wie bei den zweiphasigen Legierungen (Tabelle 1).

Im Hinblick auf die elektrische Leitfähigkeit sind die Auswirkungen bei der Legierungsbildung umgekehrt: Die Bildung von Mischkristallen führt zu einer starken Abnahme der elektrischen Leitfähigkeit, das Vorhandensein einer zweiten Phase nur zu einer geringeren Verminderung. Durch die Ausscheidung einer zweiten Phase, beispielsweise durch einen Aushärtungsvorgang, kann eine hohe Festigkeit und Härte bei guter Leitfähigkeit erreicht werden. Für bestimmte Anwendungen, wie beispielsweise Fahrdrähte (Eisen- und Straßenbahnen), sind gerade eine gute Leitfähigkeit bei hoher Festigkeit erwünscht. Man setzt dort zwei- oder mehrphasige Legierungen ein. Zweiphasige Kupferlegierungen sind außerdem bis zu höheren Temperaturen beständiger als Reinkupfer.

Es treten wie im Fall von Cu-Cr bis 500 °C keine Festigkeitsverluste auf, falls die Glühzeiten festgelegte Grenzen nicht überschreiten. Dies ist wichtig beispielsweise für die Verarbeitung durch Löten.

Die handelsübliche Einteilung der niedriglegierten Kupferwerkstoffe erfolgt in **nicht aushärtbare Legierungen** und in **aushärtbare Legierungen**. Die Festigkeit der nicht aushärtbaren Sorten lässt sich nur durch eine Kaltumformung verbessern. Die legierten Kupfersorten werden einerseits in der Elektrotechnik (z. B. Kupfer-Silber, Kupfer-Tellur, Kupfer-Chrom-Zirkonium, usw.) und andererseits im Apparatebau (z. B. Kupfer-Arsen, Kupfer-Mangan, Kupfer-Silicium-Mangan, usw.) eingesetzt (Tabelle 1, Seite 384).

Tabelle 1: Eigenschaften von niedriglegierten Kupferwerkstoffen (Auswahl)

Legierungs-gruppe	Werkstoffbeispiel		Mechanische Eigenschaften[1]			Physikalische Eigenschaften	
	Kurzzeichen DIN EN 1976	Numerisch	$R_{p0,2}$ in MPa min.	R_m in MPa min.	A in %	Spez. Leit-fähigkeit in MS/m[2]	Wärmeleit-fähigkeit in W/(m · K)
Nicht aushärtbare (kaltverfestigende) niedriglegierte Kupferwerkstoffe							
Cu-S	CuSP	CW114C	180 ... 300	250 ... 360	7	54 ... 55	370 ... 375
Cu-Te	CuTeP	CW118C	180 ... 300	250 ... 360	7	≈ 54,5	≈ 368
Cu-Ag	CuAg0,10 CuAg0,10P	CW013A CW016A	180 ... 320	220 ... 360	42	55 ... 57 54 ... 56	≈ 385 ≈ 380
Cu-Cd	CuCd1	[3]	320 ... 380	340 ... 400	16	46 ... 53	314 ... 355
Cu-Mn	CuMn5	[3]	160	350	35	20	126
Cu-Si-Mn	CuSi3Mn1	CW116C	260 ... 890	380 ... 900[4]	50	3,8 ... 4	38
Aushärtbare niedriglegierte Kupferwerkstoffe							
Cu-Be	CuBe2	CW101C	1000 ... 1100	1150 ... 1300	2	8 ... 18	92 ... 125
Cu-Co-Be	CuCo2Be	CW104C	550 ... 610	680 ... 730	10	25 ... 32	192 ... 239
Cu-Cr	CuCr1	CW105C	200 ... 450	60 ... 360[4]	30	26 ... 47	167 ... 314
Cu-Cr-Zr	CuCr1Zr	CW106C	250 ... 420	370 ... 470	16	26 ... 48	167 ... 320
Cu-Ni-Si	CuNi2Si1	CW111C	430 ... 590	550 ... 640	15	10 ... 23	67 ... 120
Cu-Zr	CuZr	CW120C	170 ... 260	250 ... 350	20	26 ... 54	167 ... 330

[1] Für CW114C, CW118C: Stangen für die spanende Bearbeitung nach DIN EN 12164. Für andere Halbzeugformen gelten andere Werte.
Für CW101C, CW104C, CW106C, CW111C und CW120C: Werkstoffkennwerte gültig für Stangen zur allgemeinen Verwendung nach DIN EN 12163. CW105C und C116C: Werkstoffkennwerte nach DIN EN 12163:1998 (zurückgezogen). Für andere Halbzeugformen gelten andere Werte.
Für CW013C und CW016C: Werkstoffkennwerte gültig für Platten, Bleche und Bänder für die Anwendung in der Elektrotechnik nach DIN EN 13599. Für andere Halbzeugformen gelten andere Werte.
[2] 1 MS/m = 1 m/(Ω · mm²)   [3] Nicht genormte Legierung   [4] Nur zur Information

Tabelle 1: Anwendungsbeispiele von niedriglegierten Kupferwerkstoffen (Auswahl)

Legie-rungs-gruppe	Technologische Eigenschaften						Sonstige Eigenschaften[2]	Anwendungsbeispiele
	Umformen		S[1]	Löten		Zer-spa-nen		
	kalt	warm		weich	hart			
Nicht aushärtbare (kaltverfestigte) niedriglegierte Kupferwerkstoffe								
Cu-S	+	0	–[3]	+[3]	0[3]	++[3]	• ET > 300 °C • gute Korrosionsbeständigkeit	• Klemmen in der Elektronik • Automatendrehteile • Düsen für Schweiß- und Schneidbrenner
Cu-Te	+	++	+	+	+	++	• ET > 350 °C • gute Korrosionsbeständigkeit	• Basen für Dioden und Transistoren • Schrauben, Muttern • Schweißbrennerdüsen
Cu-Ag	++	+	++	++	++	–	• ET > 350 °C • hohe Zeitstandfestigkeit	• Kommutatorlamellen • Induktoren • PKW-Kühler • Druckplatten für das graph. Gewerbe
Cu-Cd	++	+	++[3]	+	+	0	• ET > 350 °C • ausreichende elektr. Leitfähigkeit • mittlere Festigkeit	• stromführende Freileitungen • Fahrdrähte
Cu-Mn	++	+	++	+	+	0	• ET > 400 °C ... 450 °C • geringe elektr. Leitfähigkeit • gute Festigkeit • bessere Korrosionsbeständig-keit[4]	• Bauteile im chem. Apparatebau • Widerstandswerkstoff (CuMn3)
Cu-Si-Mn	++	+	++	0	+	–	• geringe elektr. Leitfähigkeit • sehr hohe Festigkeit • bessere Korrosionsbeständig-keit[4]	• Bauteile im (chem.) Apparatebau[5] • Schrauben, Bolzen, Muttern • Flansche
Aushärtbare niedriglegierte Kupferwerkstoffe								
Cu-Be	+	+	+	+	+	0	• kaltzäh bis – 200 °C • ET > 350 °C • gute Korrosionsbeständigkeit • hohe Verschleißbeständigkeit	• technische Federn und Membranen • funkensichere Werkzeuge • Zahn- und Schneckenräder • Spritzgussformen
Cu-Co-Be	+	+	+	+	+	0	• hohe Aushärtungs-geschwindigkeit • ET > 500 °C • gute elektrische und thermische Leitfähigkeit	• stromführende Federn • Schweißelektroden
Cu-Cr	++	+	0	0	0	0	• ET > 475 °C • relativ hohe Kerbempfindlichkeit	• stromführende Federn • Stranggusskokillen • Elektrodenhalter und Einblasdüsen in Elektroöfen
Cu-Cr-Zr	+	+	0	+	0	0	• ET > 500 °C • gute Zeitstandfestigkeit	• stromführende Federn • Lagerbuchsen • höherfeste, korrosionsbest. Schrauben • Oberleitungen
Cu-Ni-Si	+	+	0	+	0	0	• ET > 450 °C • gute Festigkeit • gute Verschleißbeständigkeit • hohe Korrosionsbeständigkeit	• Klemmen für Freileitungen • Widerstandswerkstoff (CuMn3)
Cu-Zr	+	+	0	0	0	0	• hohe elektrische Leitfähigkeit nach Aushärtung • gute Zeitstandfestigkeit	• Kommutatorlamellen • Elektroden für Nahtschweißmaschinen

[1] Schutzgasschweißen
[2] ET = Entfestigungstemperatur
[3] giftige Dämpfe und Stäube
[4] im Vergleich zu unlegiertem Kupfer
[5] aufgrund guter Schweißbarkeit, hoher Festigkeit und guter Korrosionsbeständigkeit

Die Legierung CuAg0,10 (CW013A) hat eine verbesserte Zeitstandfestigkeit und Zugfestigkeit (> 300 MPa), eine elektrische Leitfähigkeit von 56 m/($\Omega \cdot$ mm^2) und wird bei Kommutatorlamellen in Elektromotoren und für Kontakte eingesetzt.

7.5.3 Kupfer-Zink-Legierungen (Messing)

Kupfer-Zink-Legierungen mit einem Zinkgehalt bis zu 44 % werden in der Praxis als **Messinge** bezeichnet (frühere Normbezeichnungen z. B. Ms72). Das vollständige Zustandsdiagramm Cu-Zn wurde bereits in Kapitel 3.5.4 dargestellt. Bild 1 zeigt nur die technisch wichtige Cu-Seite.

Bis zu einem Zn-Gehalt von etwa 37 % sind alle Legierungen einphasig (α-Phase = Kupfermischkristalle). Die α-Phase ist kubisch-flächenzentriert, analog zum Kupfer. Bei Gehalten über 37 % Zn sind die Cu-Zn-Legierungen zweiphasig ($\alpha + \beta$), die β-Phase ist kubisch-raumzentriert.

Die kfz-α-Phase lässt sich sehr gut kaltumformen. Derartige Messinge heißen daher **Kaltformmessing**.

Die β-Phase ist dagegen bei Raumtemperatur spröde, sie lässt sich jedoch gut warmumformen. Reine β-Messinge haben aufgrund der Sprödigkeit keine technische Bedeutung.

Bild 1: Zustandsdiagramm Kupfer-Zink (Cu-Ecke) mit technisch bedeutsamen Wärmebehandlungsverfahren

Vielfache Verwendung finden heterogene Legierungen ($\alpha + \beta$). Diese haben in Abhängigkeit vom Zink-Gehalt bzw. der β-Phase eine geringere Zähigkeit, aber eine größere Härte, was zu einer besseren Zerspanbarkeit führt **(Warmformmessing)**.

Zur Verbesserung der Zerspanbarkeit werden oft noch bis zu 3 % Blei zugefügt, dies hat jedoch aufgrund der Giftigkeit des Bleis stark abnehmende Bedeutung. Vorschriften wie die Trinkwasserrichtlinie, die RoHS-Verordnung oder die Altautoverordnung schreiben eine Begrenzung des Bleigehaltes vor.

Die Korrosionsbeständigkeit der Cu-Zn-Legierungen nimmt bei Gehalten über 15 % Zn ab. Neben einer erhöhten Anfälligkeit für gleichmäßige Flächenkorrosion treten Entzinkung und Spannungsrisskorrosion auf. Bei der **Entzinkung** werden unter bestimmten Bedingungen die α-Mischkristalle aufgelöst und Kupfer danach wieder abgeschieden. In zweiphasigen Legierungen werden zuerst die unedleren β-Kristalle angegriffen. Um die Entzinkung zu vermeiden, sind Sondermessinge mit Zusätzen von Zinn entwickelt worden. Zur Vermeidung von **Spannungsrisskorrosion** müssen Eigenspannungen vermieden bzw. durch Spannungsarmglühen bei 200 °C bis 300 °C abgebaut werden.

Neben der guten Umformbarkeit haben vor allem auch die Korrosionsbeständigkeit und die goldähnliche Farbe den Messingen einen breiten Anwendungsbereich beschert, wobei die Zusammensetzung der genormten reinen CuZn-Legierungen (DIN EN 12 163) von CuZn5 (CW500L) bis CuZn40 (CW509L) reicht. Die wichtigste Legierung ist CuZn37 (CW508L), das eine schöne gelbe Farbe hat. Dagegen haben die zweiphasigen Legierungen, wie CuZn40 und auch das früher so genannte **Tombak** (CuZn5) einen rötlichen Schimmer. Diese Eigenschaften sind Ursache für die Verwendung von Messingen in der Kunstgewerbe- und Schmuckindustrie, für Modeschmuck und auch als **Doublé**-Unterlagelegierungen.

Die einphasigen Messinge (Zn ≤ 37 %) sind für jede Art von Halbzeug, also für Bleche, Bänder, Stangen, Drähte und Rohre geeignet.

Messingwerkstoffe werden wie Kupfer warmgewalzt oder stranggepresst. Die Bleche können durch Kaltwalzen, Drücken, Treiben, Tiefziehen und Bördeln weiterverarbeitet und auf Stahlbleche (entsprechend auch Messingbänder auf Stahlbänder) aufgewalzt, also plattiert werden.

> ⓘ **Information**
>
> **Der Begriff Doublé**
>
> Als Doublé wird im Gegensatz zu Goldschmuck (aus Goldlegierungen) Schmuck bezeichnet, der nur mit einer dünnen Goldschicht durch Plattieren versehen ist. Dabei ist es wichtig, dass die Unterlagelegierung die gleiche Farbe wie die verwendete Goldlegierung besitzt. Wenn an einer Stelle die dünne Goldschicht verschlissen ist, dann ist dies kaum zu sehen.

Drähte, Stangen und Rohre werden durch Ziehen weiterverarbeitet. Bild 1 zeigt einige Anwendungsgebiete für Messinge. Eigenschaften und Anwendungsbeispiele technisch bedeutsamer Cu-Zn-Legierungen sind in Tabelle 1, Seite 392/393, zusammengestellt.

Die in Tabelle 1, Seite 392/393, zusammengestellten Kupfer-Zink-Knetlegierungen von CuZn5 (CW500L) bis CuZn37 (CW508L) sind einphasig (α) und nur die Legierung CuZn40 (CW509L) ist zweiphasig ($\alpha + \beta$). Manchmal tritt jedoch in der Legierung CuZn37 (CW508L) auch die β-Phase auf. Die Kaltverformbarkeit wird durch die β-Phase erheblich verschlechtert. Die β-Phase bildet sich bei dieser Legierung beim Glühen kaltverformten Materials im Zweiphasenbereich und die Umwandlung in das dem Gleichgewicht entsprechende homogene α-Gefüge unterbleibt bei zu schneller Abkühlung auf Raumtemperatur (vgl. Zustandsdiagramm, Bild 1, Seite 385). Die β-Phase in der Legierung CuZn40 (CW509L) bewirkt deren gute Eignung zum Drehen und Fräsen.

Die Legierung CuZn36Pb3 (CW603N) lässt sich bei geringfügig verschlechterter Kaltumformbarkeit sehr gut auf Drehautomaten verarbeiten. Als **Automatenmessing** oder **Uhrenmessing** wird die Legierung CuZn39Pb2 (CW612N) bezeichnet. Sie wird bei der Massenherstellung von Drehteilen, in der Feinmechanik, in der optischen- und Uhrenindustrie verwendet. Außerdem lässt sich dieser Werkstoff gut stanzen.

Messing mit dem höchsten Zink-Gehalt ist die Legierung CuZn44Pb2 (CW623N), die zur Herstellung dünnwandiger Strangpressprofile verwendet wird. Dieser Werkstoff lässt sich sehr gut zerspanen, jedoch nur noch warmumformen.

Gussmessinge haben verglichen mit den umgeformten Messingen (Knetlegierungen) eine geringere Festigkeit, aber verglichen mit anderen Gusslegierungen eine recht gute Zähigkeit. Prinzipiell können die gleichen Legierungen wie die Knetlegierungen verwendet werden, sie enthalten aber meist 36 % bis 43 % Zink und (noch) bis zu 3 % Blei (Spanbrecher). Diese Legierungen besitzen ein kleines Erstarrungsintervall, so dass die Gefahr von Kristallseigerungen (Kapitel 3.5.1.3) gering ist.

Cu-Zn-Gusslegierungen werden sowohl im Kokillenguss als auch im Druck- und Schleuderguss verarbeitet. Die Legierung CuZn37Pb2 (CW608N) wird z. B. zur Herstellung von Armaturen für Gas- und Wasserleitungen sowie für Beschläge und Teile in der Elektroindustrie benutzt

Zur Verbesserung der Eigenschaften von Messing, insbesondere der Korrosionsbeständigkeit und der Spanbarkeit (ohne Blei), sind **Sondermessinge** entwickelt worden. Sie enthalten neben Zink als wichtigste Legierungselemente Nickel, Zinn, Mangan, Silicium und/oder Aluminium. In Silicium- und Mangan-haltigen Messingen können diese Stoffe auch anstelle von Phosphor oder Lithium zum Desoxidieren benutzt werden. CuZn20Al2As (CW702R) ist seewasserbeständig und wird daher im Schiffbau, für Kühler und Kondensatoren verwendet.

a)

b)

Bild 1: Bauteile aus Messing
a) Stanzteile für die Elektroindustrie
b) Gussteile (Installationstechnik)

Auch die Legierungen CuZn35Ni3Mn2AlPb (CW710R) und CuZn39Sn1 (CW719R) finden aufgrund ihrer guten Korrosionsbeständigkeit und erhöhten Festigkeit Anwendung im Schiff- und Apparatebau. Zum Pressen oder Schmieden benutzt man die Legierung CuZn39Mn1AlPbSi (CW718R), um Wellen und Gleitlager herzustellen. Guss-Sondermessinge sind meistens mit Aluminium oder Mangan legiert. Aus dem Werkstoff CuZn35Mn2Al1Fe1-C (CC765S) werden Ventile und Steuerungsteile, aber auch Schiffsschrauben, Druckmuttern und Stopfbuchsen hergestellt. Höchste Festigkeitswerte mit 750 MPa erreicht die Legierung CuZn25Al5Mn4Fe3-C (CC762S), ein Werkstoff mit sehr hoher statischer Belastbarkeit, der für hoch beanspruchte Schneckenräder oder Lager bei geringer Umdrehungszahl verwendet wird.

7.5.4 Kupfer-Nickel-Zink-Legierungen (Neusilber)

Als **Neusilber** werden Cu-Ni-Zn-Legierungen (DIN EN 12 163) bezeichnet. Sie zählen nicht mehr zu den Sondermessingen, weil der Nickel-Gehalt mit 10 % bis 25 % zu hoch ist. Der Zink-Gehalt liegt zwischen 15 % und 42 %. Zur Verbesserung der Zerspanbarkeit können noch bis zu 2 % Blei zulegiert werden. Neusilber zeigt infolge des Nickel-Zusatzes in eine silberähnliche Farbe über. Aus Neusilber hergestellte Tafelgeräte oder Bestecke werden wegen ihrer Farbe häufig versilbert und dann auch als **Alpaka** bezeichnet (ähnlich wie Doublé, d.h. Gold auf Messing).

Neusilber-Legierungen zeigen verglichen mit den Messingen (Cu-Zn-Legierung) eine bessere Korrosionsbeständigkeit. Sie sind preiswerter als Kupfer-Nickel-Legierungen. Zum Tiefziehen wird CuNi12Zn24 (CW403J) benutzt, um Tafelgerät oder kunstgewerbliche Gegenstände herzustellen. Für die spanende Bearbeitung, zur Herstellung von feinmechanischen und optischen Bauteilen sowie von Schlüsseln wird die Legierung CuNi12Zn30Pb1 (CW406J) benutzt. Aus CuNi18Zn20 (CW409J) werden Federn und Reißverschlüsse hergestellt und die Legierung CuNi18Zn20 (CW409J) wird in der Innenarchitektur und im Apparatebau verwendet, da diese eine sehr hohe Anlaufbeständigkeit aufweist. Neusilber findet sich auch in Modellbahnschienen.

Cu-Ni-Zn-Legierungen werden hauptsächlich als Knetlegierungen, seltener als Gusslegierungen eingesetzt. Die Bedeutung von Cu-Ni-Zn-Legierungen ist jedoch rückläufig, anstelle dessen werden rostfreie Stähle und Nickel-Kupfer-Legierungen verwendet. Technisch bedeutsame Kupfer-Nickel-Zink-Legierungen sind in Tabelle 1, Seite 392/393, zusammengestellt.

7.5.5 Kupfer-Zinn-Legierungen (Bronzen)

Die ältesten Kupferlegierungen (mind. 60 % Cu) sind **Bronzen,** deren wesentliches Legierungselement Zinn ist. Bronzen, damals noch mit Arsen legiert, wurden bereits 2500 v. Chr. verwendet. Sie waren der erste metallische Werkstoff, der die Entwicklung der Menschheitsgeschichte stark beeinflusste. Dementsprechend wird eine ganze Zeitepoche als **Bronzezeit** bezeichnet.

Zinnbronzen (kein genormter Begriff) enthalten 2 % bis 8 % Zinn (z.B. DIN EN 12167) als Knetlegierungen und 2 % bis 14 % Zinn als Gusslegierungen (DIN EN 1982). Da sie in der Regel mit Phosphor desoxidiert werden, können sie auch bis zu 0,4 % Phosphor enthalten. Phosphor wirkt festigkeitssteigernd durch die Ausbildung einer Phase Cu_3P, was bei höheren Phosphorgehalten zu der Bezeichnung **Phosphorbronze** geführt hat. Durch Zusätze von Zink **(Rotguss)** wird die Gießbarkeit von Zinnbronzen verbessert und der Preis vermindert. Weitere Legierungselemente in diesen auch als Mehrstoff-Zinnbronzen bezeichneten Legierungen sind Nickel und Blei.

Eigenschaften und Anwendungen wichtiger Kupfer-Zinn-Knetlegierungen sind in Tabelle 1, Seite 392/393 zusammengestellt. Wie die Tabelle 1 zeigt, liegt die Zugfestigkeit von CuSn5 (CW451K) mit 330 MPa bis 540 MPa noch niedrig, erreicht aber bei CuSn8 (CW453K) bereits einen guten Wert von bis zu 620 MPa. Durch Kaltverfestigung kann die Zugfestigkeit auf über 800 MPa bei CuSn8 gesteigert werden (Bild 1, Seite 388). Auf der starken aber nicht versprödenden Verfestigung durch eine Kaltumformung beruht der Einsatz von Zinnbronzen als Federn aller Art, insbesondere im Bereich der Elektroindustrie (Bild 2a, Seite 388). Die Festigkeit der **Gussbronzen** liegt meist unter 300 MPa. Neben der phosphorhaltigen Phase im Primärgefüge wird infolge von Seigerungen und eutektoidem Zerfall die spröde δ-Phase gebildet. Um eine ausreichende Zähigkeit der Bronzen zu erzielen und die spröden Gefügebestandteile zu entfernen, bedarf es häufig einer Homogenisierungsglühung im α-Bereich (ca. 650 °C). In Gusslegierungen mit höheren Zinn-Gehalten kann trotz Glühung die spröde δ-Phase noch vorhanden sein.

Bild 1: Einfluss der Kaltverformung auf Härte, Festigkeit und Bruchdehnung bei CuSn8

Zinnbronzen werden auch in der chemischen- und Papierindustrie (Bild 2b) eingesetzt, als Siebdrähte und Membranen sowie als Holländermesser zum Zerkleinern von Papier. Die wichtigste Legierung ist CuSn6 (CW452K), die in sechs verschiedenen Festigkeitsstufen von 350 MPa bis 750 MPa bei guter Korrosionsbeständigkeit geliefert werden kann. Neben Bändern, Blechen und Drähten werden Zinnbronzen auch zu Rohren und Schlauchrohren sowie zu Stäben und Schrauben verarbeitet.

Bild 2: Bauteile aus Zinnbronze
a) Federnde Teile (Elektroindustrie)
b) Drahtgewebe (Papierindustrie)

Die günstigen Gleiteigenschaften und der geringe Gleitwiderstand von Zinnbronze wird für die Herstellung von hochbeanspruchten Gleitlagern ausgenutzt. Dabei werden vor allem **Gussbronzen** verwendet. Der Zinngehalt in Gussbronzen beträgt meistens 10 % bis 14 % (Tabelle 1, Seite 392/393), wie CuSn12-C (CC483K). Diese Legierungen erreichen im Gusszustand maximale Festigkeit bei ausreichender Zähigkeit, so dass sogar Zahnräder oder andere hochbeanspruchte Teile aus diesen Bronzen gegossen werden können. Die wichtigste Legierung für die Herstellung von Gleitlagern ist dabei der Werkstoff CuSn11Pb2-C (CC482K). Diese Legierung hat außerdem gute Notlaufeigenschaften und hohe Verschleißfestigkeit. Bronzen für Kunst- und **Glockenguss** enthalten 20 % bis 24 % Zinn und sind meist nicht genormt, wie die Legierung G-CuSn20. Sie zeichnen sich durch den typischen langanhaltenden Klang aus.

Viele Zinnbronzen sind meerwasserbeständig wie CuSn10-C (CC480K). Sie werden daher auch für die Herstellung von Lauf- und Leitschaufeln in Pumpen und Turbinen benutzt. Die Legierung CuSn5Zn5Pb5-C (CC491K) kann beispielsweise bis zu einer Temperatur von 225 °C in Wasser- und Dampfarmaturen eingesetzt werden.

Mehrstoffzinnbronzen enthalten als weitere Zusatzstoffe Zink (und Blei). Sie werden meist im Sandgussverfahren verarbeitet zur Herstellung von korrosionsbeanspruchten Maschinenteilen und Apparaturen sowie für Lagerschalen. Daneben gibt es noch den **Rotguss** mit Zinkgehalten zwischen 2 % und 7 % sowie zwischen 1 % und 6 % Blei.

Als **Sonderbronzen** werden Legierungen von Kupfer mit anderen Hauptlegierungselementen als Zinn, Zink oder Nickel bezeichnet. Die wichtigsten Legierungselemente sind Aluminium (siehe Kapitel 7.5.7).

7.5.6 Kupfer-Nickel-Legierungen

Kupfer und Nickel bilden in allen Konzentrationen (von 0 % bis 100 %) Mischkristalle (Kapitel 3.3.1), also einphasige Legierungen. Dies hat dazu geführt, dass es sowohl hoch Nickel-haltige (44 % Ni) Kupferlegierungen als auch hoch Kupfer-haltige (30 % Cu) Nickellegierungen gibt. Durch Legieren mit Nickel werden die Korrosionsbeständigkeit und die Festigkeit von Kupfer erheblich verbessert, die plastische Verformbarkeit verschlechtert sich hingegen (Bild 1).

Kupfer-Nickel-Knetlegierungen enthalten zwischen 5 % und 44 % Nickel und häufig 0,5 % bis 2 % Mangan, ohne dass der Mangan-Zusatz in der Normbezeichnung erscheint. Mangan verbessert vor allem die Gießbarkeit dieser Legierungen und wird häufig als Desoxidationsmittel den Schmelzen vor dem Abgießen zugesetzt, um die oxidischen Verunreinigungen der Legierungen zu reduzieren (und zu entfernen). Zusätzlich enthalten einige Kupfer-Nickel-Legierungen, wie CuNi10Fe1Mn (CW352H), auch etwa 1 % Eisen.

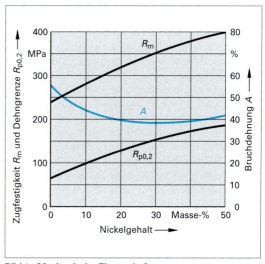

Bild 1: Mechanische Eigenschaften von Kupfer-Nickel-Legierungen in Abhängigkeit vom Nickelgehalt

Ab einem Nickelgehalt von etwa 15 % haben Cu-Ni-Legierungen eine silberweiße Farbe, die von der Münzlegierung CuNi25 (CW350H) her bekannt ist (z. B. silberner Teil einer Euromünze). Die Zugfestigkeit nimmt von 240 MPa (CuNi5) bis 420 MPa bei CuNi30Mn1Fe (CW354H) zu. Die gute Umformbarkeit der Kupfer-Nickel-Legierungen zeigt sich insbesondere bei der Legierung CuNi25 (CW350H), die sich ausgezeichnet tiefziehen lässt.

Die herausragende Eigenschaft der Kupfer-Nickel-Legierungen ist ihre chemische Beständigkeit. Insbesondere die Eisen- und Mangan-haltigen CuNi-Legierungen zeigen einen ausgezeichneten Widerstand gegen Korrosion, Erosion und Kavitation und sind sehr beständig gegen alle Wässer auch bei hoher Strömungsgeschwindigkeit und Temperatur.

Kupfer-Nickel-Legierungen werden vor allem im chemischen Apparatebau und Schiffbau sowie als Wärmetauscher, Kondensatoren und Kühler und in der Elektrotechnik eingesetzt.

Die Korrosionsbeständigkeit von Kupfer-Nickel-Legierungen ist den Kupfer-Zink-Nickel-Legierungen (Neusilber) überlegen, sodass diese immer häufiger durch Cu-Ni-Legierungen wegen der besseren Beständigkeit und des dekorativeren Aussehens ersetzt werden. Kupfer-Nickel-Legierungen haben ähnlich hohe Warmfestigkeitswerte wie nichtrostende Stähle.

CuNi44 (nicht genormt) ist als elektrische Widerstandslegierung **Konstantan** bekannt (Tabelle 1, Seite 391).

Die relativ geringe Temperaturabhängigkeit des elektrischen Widerstandes hat zu dem Namen Konstantan geführt.

Bild 2: Prinzip Thermoelement

Sie ermöglicht den Bau von elektrischen Widerständen. CuNi44 ist der Legierung CuMn12Ni hinsichtlich der Korrosionseigenschaften überlegen, insbesondere bei höheren Temperaturen.

Ein weiteres Anwendungsgebiet für CuNi44 ist die Verwendung als **Thermoelement** (Bild 2, Seite 389) in Kombination mit Eisen oder Kupfer. Die Thermopaare Fe-CuNi44 und Cu-CuNi44 haben eine relativ hohe Thermospannung (Bild 1). Diese beiden Thermopaare zeigen, verglichen mit den wichtigsten genormten anderen Thermopaaren, zwar relativ hohe Thermospannungen, sie können jedoch bei höheren Temperaturen vor allem wegen der ungünstigen Zunderbeständigkeit von Kupfer und Eisen nicht mehr eingesetzt werden. Diese Thermoelemente können vorteilhaft auch bei tiefen Temperaturen benutzt werden. Außerdem liefern Thermoelemente für die Steuer- und Regelungstechnik günstige elektrische Messwerte (Sensoren). Ausgesuchter sehr dünner Draht ($\varnothing \approx 20\ \mu m$) aus CuNi44 wird für den Bau von **Dehnungsmessstreifen** verwendet.

Bild 1: Kennlinien genormter Thermopaare

Beim Schweißen von Cu-Ni-Legierungen muss darauf geachtet werden, dass kein Wasser oder Wasserdampf anwesend ist, da sonst die Gefahr der Wasserstoffaufnahme besteht, was zu einer Porenbildung führt. Die Poren entstehen, da im flüssigen Schweißgut in Kupfer, in Nickel und auch beispielsweise in CuNi30Fe1Mn1NbSi-C (CC383H) Wasserstoff gelöst wird. Im festen Zustand wird jedoch erheblich weniger gelöst, sodass bei der Erstarrung der frei werdende Wasserstoff abgegeben wird und die Poren entstehen. Diese Probleme sind aber zu beherrschen, sodass Kupfer-Nickel-Legierungen trotzdem als gut schweißbar bezeichnet werden. Wichtige Kupfer-Nickel-Legierungen sind in Tabelle 1, Seite 394/395, zusammengestellt.

> **ⓘ Information**
>
> **Seebeck-Effekt**
> Durch Erwärmung der Verbindungsstellen (meist Lötstellen) zweier verschiedener metallischer Drähte auf unterschiedliche Temperaturen, entsteht ein von den Werkstoffpaarungen abhängiger Thermostrom (Seebeck-Effekt). Auf diesem Effekt beruht das Prinzip eines Thermoelementes (s. Bild 2, Seite 389).

7.5.7 Kupfer-Aluminium-Legierungen

Kupfer-Aluminium-Legierungen enthalten bis zu 12,5 % Aluminium und daneben zum Teil noch andere Zusätze wie Arsen, Eisen, Mangan oder Nickel. Bis zu einem Gehalt von 8 % Aluminium sind diese Werkstoffe einphasig. Insbesondere bei Zusätzen von Eisen oder Nickel und Aluminium-Gehalten über 9,5 % können die dann zweiphasigen Legierungen ausgehärtet werden. Kupfer-Aluminium-Legierungen haben neben einer hohen Festigkeit von 340 MPa bis 830 MPa eine gute Korrosionsbeständigkeit, da sich an der Luft eine festhaftende Oxidschicht bildet. Sie sind auch gegen Seewasser, Salzlösungen und Schwefelsäure beständig. Aus diesem Grund werden diese Legierungen in der chemischen Industrie und im Salzbergbau sowie für Teile von Meerwasserentsaltunganlagen eingesetzt. Die Legierung CuAl5As (CW300G) ist sogar gegen heiße Salzlösungen beständig.

Aushärtbar sind beispielsweise die Legierungen CuAl10Fe1 (CW305G), CuAl10Fe3Mn2 (CW306G), CuAl10Ni5Fe4 (CW307G) und CuAl11Fe6Ni6 (CW308G), die für Verschleißteile, höchstbelastbare Lagerteile, Wellen, Schrauben und Muttern sowie zunderbeständige Teile verwendet werden. Falls es bei Eisenwerkstoffen zu Problemen durch Abrieb und Aufschweißungen kommt, wie bei Laufrollen, Führungen und Werkzeugen, eignen sich diese aushärtbaren Legierungen hervorragend, um diese Probleme zu beherrschen.

Gegossene Kupfer-Aluminium-Legierungen enthalten 8 % bis 11 % Aluminium und Zusätze von Eisen, Nickel oder Mangan. Sie werden im Strang-, Kokillen- oder Schleuderguss verarbeitet. Die gute Korrosionsbeständigkeit der Nickel-haltigen Kupfer-Aluminium-Gusslegierungen, wie CuAl10Ni5Fe4 (CW307G), hat zu Anwendungen in der chemischen Industrie und im Schiffbau geführt. Da außerdem die Zugfestigkeit mit 600 MPa bis 700 MPa sowie die Schwingfestigkeit hoch sind, werden sogar Schiffspropeller aus diesem Werkstoff hergestellt. Bei noch höheren Anforderungen an die Kavitations- und Verschleißbeständigkeit, zur Herstellung von Turbinen- oder Pumpenlaufrädern, wird die Legierung CuAl11Fe6Ni6 (CW308G) empfohlen. Die Legierung CuAl8Mn zeichnet sich durch eine geringe Magnetisierbarkeit und Permeabilität sowie eine gute Korrosionsbeständigkeit aus.

Tabelle 1: Eigenschaften elektrischer Widerstandslegierungen

Legierung	Spezifischer elektrischer Widerstand in $\Omega \cdot mm^2/m$	Temperaturbeiwert in $10^{-6}/K$
Cu-ETP	≤ 0,0172	+ 3900
CuMn2	0,125	+ 300
CuMn12Ni	0,43	± 10
CuMn7Ge	0,43	± 5
CuNi30Mn	0,40	+ 130
CuNi44	0,49	– 80 ... + 130
NiCr20AlSi	1,32	± 50

In Tabelle 1, Seite 394/395, sind die Eigenschaften und Anwendungen technisch bedeutsamer Kupfer-Aluminium-Legierungen zusammengestellt.

7.5.8 Kupfer-Mangan-Legierungen (Manganbronzen)

Kupfer-Mangan-Legierungen werden hauptsächlich als Drähte für elektrische Widerstandslegierungen eingesetzt (Tabelle 1). So zeichnet sich die Legierung CuMn12Ni (nicht genormt), bekannt unter dem Namen **Manganin**, durch einen hohen spezifischen elektrischen Widerstand von 0,43 $\Omega \cdot mm^2/m$ bei sehr geringer Temperaturabhängigkeit (Temperaturbeiwert des elektrischen Widerstandes ≈ $10^{-5}/K$ = 10 ppm/K) aus, sodass daraus gewickelte Drahtwiderstände praktisch temperaturunabhängig sind. Einen noch geringeren Temperaturkoeffizienten des elektrischen Widerstands hat die Widerstandslegierung CuMn7Ge (nicht genormt).

Die homogenen Kupfer-Mangan-Legierungen sind gut warm- und kaltumformbar sowie korrosionsbeständig. Kupfer-Mangan-Gusslegierungen werden wegen der guten Seewasserbeständigkeit außerdem im Schiffbau, z. B. für kleinere Schiffspropeller, eingesetzt.

7.5.9 Kupfer-Blei-Legierungen (Bleibronzen)

Kupfer-Blei-Legierungen (**Bleibronzen**) enthalten bis zu 22 % Blei und meist auch Zinn bis maximal 10 %. Das Hauptanwendungsgebiet dieser Kupfer-Blei-Legierungen sind Gleitlager, bei denen hohe Flächendrücke bis 10 000 MPa auftreten können (CuSn10Pb10-C; CC495K). Diese Lager sollten als Verbundlager ausgebildet sein, d. h. es wird ein Verbundguss mit Stahl hergestellt, so dass die Bleibronze nur auf Druck bzw. Flächenpressung mechanisch beansprucht wird. Die Zugfestigkeit der CuPbSn-Legierungen ist mit 160 MPa bis 230 MPa relativ gering, so dass sich eine Biegebeanspruchung ungünstig auswirkt und im Verbundlager durch den Stahl aufgenommen werden muss. Die Korrosionsbeständigkeit der Kupfer-Blei-Legierungen ist gut. Beispielsweise ist die Legierung CuSn5Pb20-C (CC497K), ähnlich wie Blei, beständig gegen Schwefelsäure. Aber: Die Bedeutung dieser Werkstoffe ist stark rückläufig, da der Einsatz des toxischen Bleis, wie bereits gezeigt, durch gesetzliche Vorgaben starken Einschränkungen unterwerliegt.

7.5.10 Kupfer-Silicium-Legierungen

Kupfer-Silicium-Legierungen enthalten 0,8 % bis 4,2 % Si und oft noch 0,25 % bis 1,25 % Mangan. Sie werden als Knetlegierungen oder auch als korrosionsbeständige Gusslegierungen verwendet. Sie werden wegen der höheren Festigkeit und Korrosionsbeständigkeit anstelle von Kupfer-Zinn-Legierungen eingesetzt, z. B. für Ventil- und Pumpengehäuse, druckdichte Zylinder, Armaturen u. a. m.

Tabelle 1: Eigenschaften und Anwendungsbeispiele technisch bedeutsamer Kupferlegierungen (Auswahl)

Werkstoff		Mechanische Eigenschaften[1]			Physikalische Eigenschaften[2]		
Kurzzeichen	Numerisch	$R_{p0,2}$[3] in MPa	R_m in MPa min.	A % min.	κ in m/($\Omega \cdot$mm^2)	λ in W/(m·K)	α in % (min.)
Kupfer-Zink und Kupfer-Nickel-Zink-Legierungen							
CuZn5	CW500L	60 … 310	240 … 350	30	33,3	243	18,0
CuZn10	CW501L	80 … 350	270 … 380	28	24,7	184	18,2
CuZn15	CW502L	100 … 390	290 … 430	27	21,1	159	18,5
CuZn28	CW504L	120 … 420	310 … 460	27	16,5	130	19,7
CuZn37	CW508L	120 … 400	310 … 440	30	15,5	121	20,2
CuZn40	CW509L	260	340	25	15,0	117	20,3
CuNi12Zn24	CW403J	270 … 550	380 … 640	38	4,0	33	16,5
CuNi18Zn20	CW409J	280 … 580	400 … 650	35	3,5	27	17,0
Kupfer-Zinn-Legierungen							
CuSn5	CW451K	220 … 480	330 … 540	45	10	85	18,4
CuSn6	CW452K	230 … 500	340 … 550	45	9	75	18,5
CuSn8	CW453K	260 … 550	390 … 620	45	7,5	67	18,5
CuSn8P	CW459K	260 … 550	390 … 620	45	k.A.	k.A.	k.A.

[1] Werkstoffkennwerte gültig für Stangen für allgemeine Anwendungen nach DIN EN 12 163. Zahlenwerte sind abhängig vom Werkstoffzustand. Der angegebene Wert für die Bruchdehnung gilt für den Werkstoffzustand mit der geringsten Festigkeit. Mit zunehmender Festigkeit abnehmende Werte der Bruchdehnung.
[2] κ = spezifische elektrische Leitfähigkeit; λ = Wärmeleitfähigkeit; α = linearer Wärmeausdehnungskoeffizient   [3] Ungefähre Werte (zur Information)

7.5 Kupferwerkstoffe

Technologische Eigenschaften						Weitere Eigenschaften (Auswahl)	Anwendungsbeispiele
Umformen		S[3]	Löten		Zer-spa-nen		
kalt	warm		weich	hart			
+	0	+	++	++	–	• gute elektrische Leitfähigkeit • sehr gute Kaltumformbarkeit • gute Korrosionsbeständigkeit	• Metallwaren • Schmuck- und Uhrenindustrie • Installationsteile i. d. Elektrotechnik
+	0	+	++	++	–	• gute elektrische Leitfähigkeit • sehr gute Kaltumformbarkeit	• Metallwaren • Schmuck- und Uhrenindustrie • Geschosshülsen
+	0	+	++	++	0	• sehr gute Kaltumformbarkeit	• Metallwaren • Schmuckindustrie • Schilder, Metallschläuche
++	+	+	++	++	0	• sehr gute Kaltumformbarkeit • sehr gute Lötbarkeit	• Tiefziehteile aller Art • Autokühler, Federelemente • Musikinstrumente
++	+	0	++	+	0	• sehr gute Kaltumformbarkeit • sehr gute Löt- und Schweißbarkeit • gute Korrosionsbeständigkeit (Süßwasser)	• Metall- und Holzschrauben • Reißverschlüsse • Glühlampensockel, Kontaktfedern
0	++	0	++	+	0	• gute Warmumformbarkeit	• Warmpressteile • Beschläge und Schlösser • Kondensatorböden
++	0	++	++	++	0	• sehr gute Kaltumformbarkeit • gute Emaillierfähigkeit	• Tiefziehteile • Bestecke und Tafelgeräte • Kontaktfedern (Schwachstromtechnik)
++	0	++	++	++	0	• gute Kaltumformbarkeit • anlaufbeständig	• Brillenteile, Reissverschlüsse • Bestecke • Membranen u. Kontaktfedern
++	0	+	+	+	0	• mittlere Festigkeit • gute Korrosionsbeständigkeit	• Federn, Schrauben, Muttern • Rohre und Behälter für die chemische Industrie
++	0	+	+	+	0	• gute Festigkeit • gute Korrosionsbeständigkeit	• Blatt- und Spiralfedern • Bleche und Bänder für den Schiff-, Apparate- und Maschinenbau
++	0	+	+	+	0	• gute Kaltumformbarkeit • höhere Festigkeit als CuSn6 • sehr gute chemische Beständigkeit • höhere Korrosionsbeständigkeit als CuSn6	• Federn aller Art • Bolzen und Schrauben • hoch beanspruchte Zahnräder • Schneckengetriebe
+	0	0	+	+	0	• sehr gute Gleiteigenschaften • hohe Verschleißbeständigkeit • gute Dauerfestigkeit • gute Korrosionsbeständigkeit	• Gleitlager aller Art • kleine Schneckenräder • kleine Schneckenradkränze

Tabelle 1: Eigenschaften und Anwendungsbeispiele technisch bedeutsamer Kupferlegierungen (Auswahl)

Werkstoff		Mechanische Eigenschaften			Physikalische Eigenschaften[1]		
Kurzzeichen	Numerisch	$R_{p0,2}$[2] in MPa	R_m in MPa min.	A in % min.	κ in m/($\Omega \cdot$mm^2)	λ in W/(m·K)	α in % (min.)
Kupfer-Nickel-Legierungen							
CuNi10Fe1Mn	CW352H[4]	90 ... 150	280 ... 350	30	5,3	46	17,0
CuNi30Mn1Fe	CW354H[4]	120 ... 180	340 ... 420	30	2,7	29	16,0
CuNi9Sn2	CW351H[5]	250 ... 520	340 ... 560	40	6,4	48	17,6
CuNi25	CW350H[5]	100	290	k.A.	3,1	29	15,5
CuNi30Fe2Mn2	CW353H[6]	150	420	30	2,7	21	15
Kupfer-Aluminium-Legierungen							
CuAl5As	CW300G[5]	110	350	50	10	83	18,0
CuAl10Fe1	CW305G[4]	210 ... 480	420 ... 630	20	k.A.	k.A.	k.A.
CuAl8Fe3	CW303G[5]	210	480	30	6,5	54	17,0
CuAl10Fe3Mn2	CW306G[4]	330 ... 510	590 ... 690	12	7	57	17,0
CuAl10Ni5Fe4	CW307G[4]	480 ... 530	750 ... 830	10	6	50	17,0
CuAl11Fe6Ni6	CW308G[4]	450 ... 680	750 ... 830	10	5	40	17,0

[1] κ = Spezifische elektrische Leitfähigkeit; λ = Wärmeleitfähigkeit; α = linearer Wärmeausdehnungskoeffizient
[2] Ungefähre Werte (zur Information).
[3] Der angegebene Wert für die Bruchdehnung gilt für den Werkstoffzustand mit der geringsten Festigkeit. Mit zunehmender Festigkeit abnehmende Werte der Bruchdehnung.
[4] Werkstoffkennwerte gültig für Stangen für allgemeine Anwendungen nach DIN EN 12 163.

7.5 Kupferwerkstoffe

Technologische Eigenschaften						Weitere Eigenschaften (Auswahl)	Anwendungsbeispiele
Umformen		S[3]	Löten		Zer-spa-nen		
kalt	warm		weich	hart			
Kupfer-Nickel-Legierungen							
++	+	++	++	++	−	• sehr gute Korrosionsbeständigkeit • sehr gute Kavitationsbeständigkeit • gute Schweißbarkeit	• Meerwasserleitungen • Bremsleitungen • Bauteile für Wärmetauscher
+	+	++	++	++	0	wie CuNi10Fe1Mn, jedoch verbesserte Korrosionsbeständigkeit und Festigkeit	• Rohrleitungen im Schiffbau • Ölkühler • Entsalzungsanlagen
++	+	++	++	++	−	• sehr gute Kaltumformbarkeit • anlaufbeständig	• federnde Kontakte • Steckverbinder • Schalter
+	+	++	++	++	0	• silberweiße Farbe • hohe Verschleißbeständigkeit	• Münzlegierung • Plattierungswerkstoff
+	+	++	++	++	0	wie CuNi30Mn1Fe, jedoch verbesserte Korrosionsbeständigkeit und Festigkeit	• Kondensatorrohre
Kupfer-Aluminium-Legierungen							
+	−	0	−	−	0	sehr beständig gegen heiße Salzlösungen	Wärmetauscherrohre und Kondensatoren in der Kali-Industrie und chemischen Industrie
k.A.	k.A.	k.A.	k.A.	k.A.	k.A.	• aushärtbar • hohe Festigkeit • hohe Warmfestigkeit (bis 300 °C)	• Höchstbelastete Lagerteile • Verschleißteile • Wellen, Schrauben, Muttern
0	+	0	−	0	0	hohe Festigkeit, auch bei schlagartiger Beanspruchung	• Höchstbelastete Lagerteile • Getriebe und Schneckenräder • funkensichere Werkzeuge
−	+	0	−	0	0	• aushärtbar • hohe Festigkeit • hohe Warmfestigkeit (bis 300 °C) • hohe Korrosionsbeständigkeit	Für stoßartig, schwingend oder auf Verschleiß beanspruchte Bauteile im Motorenbau
−	+	0	−	0	0	• aushärtbar • hohe Festigkeit • hohe Warmfestigkeit (bis 300 °C) • hohe Korrosionsbeständigkeit	• Wärmeübertragerböden • Heißdampfarmaturen • Schrauben, Verschleißteile
−	+	+	−	0	0	• aushärtbar • sehr hohe Festigkeit • hohe Verschleißbeständigkeit • hohe Korrosionsbeständigkeit	• Höchstbelastete Lagerteile • Ventile und Ventilsitze • Matrizen für die Umformung

[5] Werkstoffkennwerte gültig für Platten, Bleche, Bänder, Streifen und Ronden zur allgemeinen Verwendung nach DIN EN 1652. Für andere Halbzeugformen (z. B. Bänder für Federn und Steckverbinder nach DIN EN 1654) gelten andere Werte (siehe jeweilige Norm).

[6] Werkstoffkennwerte gültig für nahtlose Rundrohre für Wärmetauscher nach DIN EN 12451

++ sehr gut
+ gut
0 mittel
− schlecht
k.A. keine Angabe

7.6 Nickel

Das erst 1751 entdeckte Metall **Nickel** ist eines der wichtigsten Legierungselemente für Stahl. Die Stahlindustrie nimmt mit ca. 55 % den größten Teil der Nickelproduktion auf. Nickel hat aber auch als reines Metall bzw. Basismetall für Legierungen (z.B. Kupferlegierungen) große technische Bedeutung.

Ein weiteres wichtiges Anwendungsgebiet des Nickels ist die Erzeugung galvanischer Überzüge, das **Vernickeln**. Nickel stellt den eigentlich wirksamen Korrosionsschutz unter Chromüberzügen dar.

7.6.1 Eigenschaften von Nickel

Nickel wird aus sulfidischen Erzen durch Rösten und Reduktion mit Koks sowie durch weitere Raffinationsverfahren gewonnen. Für die Stahlherstellung genügt meist die Aufarbeitung zu Ferronickel (FeNi25 oder FeNi55). Neben den komplizierten Trennvorgängen zur Herstellung von Reinnickel verursacht die hohe Affinität zu Schwefel und Wasserstoff zusätzliche Schwierigkeiten, die den hohen Preis von Nickel bedingen. Die Wasserstofflöslichkeit ist in schmelzflüssigem Nickel besonders hoch und muss auch beim Schweißen berücksichtigt werden.

In den Erzen kommt Nickel häufig „vergesellschaftet" mit Cobalt vor. Die beiden Metalle Nickel und Cobalt haben viele gemeinsame Eigenschaften, da sie im Periodensystem nebeneinander stehen (Tabelle 1). Der größte Unterschied zwischen Nickel und Cobalt ist die Kristallstruktur, Nickel hat ein kubisch-flächenzentriertes und Cobalt unterhalb von 417 °C ein hexagonales Gitter. Aus diesem Grund ist Nickel auch gut kaltumformbar. Allerdings verfestigt Nickel bei Kaltverformung sehr stark.

Die Kaltverfestigung lässt sich durch Rekristallisationsglühen leicht beseitigen, sodass Nickel dennoch gut kaltumformbar ist. Dies wird auch durch die hohe Bruchdehnung von 28 % bei Reinnickel und bis zu 60% für einige Nickellegierungen (z. B. NiMn3Si) belegt.

Durch Legierungsbildung wird die Stapelfehlerenergie (Kapitel 2.5.2.2) von Nickel stark erniedrigt, so dass Nickellegierungen wie NiW11AlCr eine sehr hohe Warmfestigkeit $R_{m/1000\,h/950\,°C}$ von 170 MPa zeigen ($R_{m/1000\,h/950\,°C}$ = Zeitstandfestigkeit, d.h. max. mögliche Beanspruchung über 1000 Stunden bei 950 °C; Kapitel 13.5.9.2).

Die sehr hohe Warmfestigkeit dieser Legierung (Tabelle 1, Seite 399, und Bild 1, Seite 398) wird jedoch erkauft mit einer schwierigen Warmumformbarkeit, wobei die Primärumformung aus dem Gusszustand besonders problematisch ist.

Nickel ist neben Eisen und Cobalt bei Raumtemperatur ferromagnetisch, d. h. es wird von Magneten angezogen (Bild 1). Bei der Curietemperatur von 360 °C (Übergang vom ferro- in den paramagnetischen Zustand) zeigen auch andere physikalische Eigenschaften wie die spezifische Wärmekapazität und der Ausdehnungskoeffizient unstete Werte (Bild 1). Das kubisch-flächenzentrierte Kristallgitter bleibt aber bis zum Schmelzpunkt erhalten.

Bild 1: Temperaturabhängigkeit physikalischer Eigenschaften von Nickel

Tabelle 1: Physikalische und mechanische Eigenschaften von Reinstnickel (99,99 %)

Atomare Daten	
Ordnungszahl	28
Atommasse	58,69 u
Atomdurchmesser	$2,492 \cdot 10^{-10}$ m
Kristallgittertyp[1]	kfz
Physikalische Kennwerte (20 °C)	
Dichte ϱ	8,90 kg/dm³
Schmelztemperatur ϑ_S	1453 °C
Wärmedehnung α	$13 \cdot 10^{-6}$ 1/K (bei 0 °C)
Wärmeleitfähigkeit λ	90,5 W/(m · K)
Elektr. Leitfähigkeit $\varkappa$	14,6 m/($\Omega \cdot$ mm²)
Mechanische Kennwerte[2]	
Zugfestigkeit R_m	330 MPa
Dehngrenze $R_{p0,2}$	70 MPa
Bruchdehnung A	28 %
Elastizitätsmodul E	197… 225 GPa

[1] kfz = kubisch-flächenzentriert
[2] Die Kennwerte sind von der chemischen Zusammensetzung (Reinheit) sowie vom Gefügezustand (z. B. geglüht, kaltverfestigt, usw.) abhängig. Die Angaben sind daher als Orientierungswerte zu verstehen.

Der Einsatz von reinem Nickel beruht auf den guten mechanischen Eigenschaften und der hervorragenden Korrosionsbeständigkeit. Reinnickel hat mit etwa 330 MPa (Tabelle 1, Seite 396) eine höhere Zugfestigkeit als reines Eisen und ist damit vergleichbar der unlegierten Baustahlsorte S235JR.

Reines Nickel wird im chemischen Apparatebau für Reaktoren und in Laboratorien für Tiegelzangen und Schmelztiegel verwendet. Bei großen Apparaten werden aus Preisgründen Stahlbehälter mit Nickel plattiert. Nickelüberzüge können auch durch Galvanisieren aufgebracht werden. Aus Nickel werden galvanisch auch Pressmatrizen für Vinylschallplatten hergestellt, die aktuell wieder viele Liebhaber finden (Bild 1).

Bild 1: Pressmatrize für eine Vinylschallplatte

7.6.2 Nickel-Legierungen und deren Anwendungen

Die wichtigsten Legierungsmetalle für Nickel sind Kupfer, Chrom, Eisen, Cobalt und Molybdän. Außerdem werden in geringeren Mengen noch Aluminium, Niob und Wolfram Nickel-Legierungen zugesetzt. Bei **Nickel-Legierungen** lassen sich vier Hauptanwendungsbereiche unterscheiden:

- Elektrotechnik: Widerstandslegierungen, Thermoelemente, magnetische Werkstoffe
- Wärmetechnik: Elektrische Heizleiterwerkstoffe
- Verfahrenstechnik: Korrosionsbeständige Legierungen
- Kraftwerksbau: Hochwarmfeste Legierungen

In der Elektrotechnik werden neben der Kupfer-Nickel-Legierung CuNi44 (Konstantan) vor allem Nickel-Chrom-Legierungen zur Herstellung von Präzisions- oder Messwiderständen (Tabelle 1, Seite 391, elektrische Widerstandslegierungen) benutzt. Legierungen auf der Basis NiCr20 haben, verglichen mit den CuMn- oder CuNi-Legierungen, mit 1,1 $\Omega \cdot mm^2/m$ bis 1,3 $\Omega \cdot mm^2/m$ einen höheren spezifischen elektrischen Widerstand und eine deutlich höhere Festigkeit, die meist über 1000 MPa liegt. Der größere Temperaturbeiwert des elektrischen Widerstandes der Legierung NiCr20 kann durch Zusätze, wie in den Legierungen NiCr20AlSi oder NiCr20Al3Cu2 geschehen, verkleinert werden, sodass für Präzisionswiderstände auch geeignete NiCr-Werkstoffe zur Verfügung stehen.

NiCr-Ni-Thermoelemente können bis zu 1000 °C eingesetzt werden und müssen nur bei noch höheren Temperaturen durch das Edelmetallthermoelement Platin-Rhodium-Platin (PtRh-Pt) ersetzt werden. Die Thermospannung von NiCr-Ni-Thermoelementen ist mit 40 µV/K nur wenig niedriger als die von Fe-Konstantan mit 53 µV/K.

Nickel-Eisen-Legierungen werden als **weichmagnetische Werkstoffe** eingesetzt. Sie lassen sich leicht, mitunter auch hoch magnetisieren und verlustarm ummagnetisieren (Bild 1, Seite 531). Daraus u.a. werden Relais, Messwandler, Abschirmungen, Fehlerstromschutzschalter hergestellt. Die Legierung FeNi75 hat die höchste relative **Permeabilität** und wird eingesetzt, wenn nur kleine magnetische Feldstärken zur Verfügung stehen.

Hartmagnetische Werkstoffe werden zur Erzeugung von Dauermagneten benutzt. Sie haben gegensätzliche Eigenschaften, geringe Permeabilität und hohe Koerzitivfeldstärke. Zum Einsatz kommen FeNiCo-Legierungen mit weiteren Zusätzen wie beispielsweise FeAlNiCo (25 % Co, 20 % Ni, 10 % Al, 4 % Cu, Rest Fe), aber auch oxidische Werkstoffe wie $BaO \cdot 6\ Fe_2O_3$ (Bariumferrit).

> **ⓘ Information**
>
> **Relative Permeabilität**
>
> Vergleicht man die magnetischen Kräfte im Inneren von stromdurchflossenen Spulen mit und ohne Kern, dann kennzeichnet die **relative Permeabilität** μ_r (auch als **Permeabilitätszahl** bezeichnet) denjenigen Faktor, um welchen die magnetische Flussdichte B im Inneren der Spule, bei gleicher magnetischer Feldstärke H, überhöht wird ($B = \mu_0 \cdot \mu_r \cdot H$).
>
> Anhand der relativen Permeabilität μ_r unterscheidet man zwischen ferro-, para- und diamagnetischen Stoffen:
>
> $\mu_r < 1$: **diamagnetische** Stoffe (z. B. Bismut, Blei, Kupfer)
>
> $\mu_r > 1$: **paramagnetische** Stoffe (z. B. Aluminium, Platin, Wolfram, Tantal)
>
> $\mu_r \gg 1$: **ferromagnetische** Stoffe (z. B. Eisen, Cobalt, Nickel)

Heizleiterwerkstoffe für die Wärmetechnik sind auch elektrische Widerstandswerkstoffe. Sie müssen jedoch zusätzlich zum hohen spezifischen elektrischen Widerstand (1,1 $\Omega \cdot mm^2/m$ bis 1,3 $\Omega \cdot mm^2/m$) eine gute **Zunderbeständigkeit** aufweisen. Tabelle 1 enthält die gebräuchlichsten Heizleiterwerkstoffe. Die Legierung NiCr20 erfüllt diese Bedingungen bereits recht gut und kann bis etwa 1 200 °C Anwendungstemperatur in elektrischen Widerstandsöfen verwendet werden.

Die Legierung FeNiCr25 20 ist zwar billiger, kann aber nur bis 1050 °C eingesetzt werden. Eine höhere Anwendungstemperatur von 1300 °C ermöglicht die Legierung FeCrAl25 5, die jedoch schwierig zu verarbeiten ist. Insbesondere wirkt die bei höherer Temperatur gebildete Schicht aus Aluminium- und Chromoxiden zwar korrosionshemmend, jedoch auch stark versprödend.

Korrosionsbeständige Nickellegierungen für den Bereich der Verfahrenstechnik enthalten hauptsächlich Kupfer, Chrom oder Molybdän, in geringen Mengen auch Aluminium, Eisen oder Niob. Die Legierung NiCu30, die auch geringe Anteile an Eisen enthalten kann, wird als **Monel** bezeichnet. Diese Legierung ist beständig gegen Salzlösungen und nicht oxidierenden Säuren wie Salzsäure, sodass sie für Rohre, Gefäße, Armaturen und Pumpen in der Meerestechnik, in der chemischen Industrie und Energieerzeugung eingesetzt wird. Die Zugfestigkeit von 550 MPa kann durch Zusätze von Aluminium im ausgehärteten Zustand bis auf 1000 MPa gesteigert werden. Dabei wird auch die Warmfestigkeit erhöht.

Nickel-Chrom-Legierungen sind korrosionsbeständiger als austenitische Stähle. Chrom erhöht die Schmelztemperatur, verbessert die Warmfestigkeit und Zunderbeständigkeit. Beispielsweise ist die Legierung NiCr22Mo9Nb nahezu gegen alle Säuren, also auch gegen Salpetersäure und Phosphorsäure, resistent. Das Hauptanwendungsgebiet ist der chemische Apparatebau. Bei der Verarbeitung ist zu beachten, dass kein Schwefel oder Wasserstoff in den Werkstoff eindringen darf.

Für den Kraftwerksbau muss neben der Korrosionsbeständigkeit auch die Festigkeit bei hohen Temperaturen, die Warmfestigkeit, gewährleistet sein. Zusätze aus Titan und Aluminium bilden mit Nickel intermetallische Phasen $Ni_3(Ti,Al)$, die bei entsprechender Wärmebehandlung auch die Nickel-Chrom-Legierungen aushärtbar machen und damit Festigkeit und Warmfestigkeit (Bild 1) erheblich steigern. Diese Phase ist auch für die Aushärtbarkeit einiger Stähle verantwortlich. Die Legierung NiCr20Ti kann in oxidierender und reduzierender Atmosphäre bis 1100 °C eingesetzt werden. Warmfeste und **hochwarmfeste Nickel-Chrom-Legierungen** werden zur Herstellung von Bauteilen für Wärmekraftmaschinen benutzt, die höchste Arbeitstemperaturen erreichen.

Die Steigerung der Arbeitstemperaturen in Wärmekraftmaschinen führt zu einer deutlichen Erhöhung des Wirkungsgrades und ist vom Einsatz geeigneter Werkstoffe abhängig. Gas- und Ölbrenner, aber auch Schaufeln von Gasturbinen werden daher aus Nickel-Chrom-Legierungen hergestellt.

Superlegierungen sind definiert als Legierungen, die bei höheren Einsatztemperaturen als Stahl eingesetzt werden können. Die heute eingesetzten Superlegierungen basieren nahezu alle auf Nickel (Tabelle 1, S. 399).

Tabelle 1: Heizleiterwerkstoffe

Legierung	Spezifischer elektrischer Widerstand in $\Omega \cdot mm^2/m$	Maximale Temperatur in °C
NiCr20	1,1	1200
NiCr25 20[1)]	1,2	1050
NiCr60 15[1)]	1,11	1075
NiCr80 20	1,3	1200
NiCr30 20[1)]	1,05	1100
CrAl 25 5[1)]	1,44	1300
SiC	nicht bekannt	1500
Platin	0,098	1600
Kohle	40 ... 100	2000
Wolfram	0,055	2560

[1)] Rest Fe; im Text z. B. als FeNiCr25 20 bezeichnet

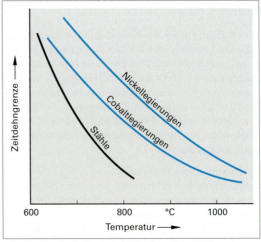

Bild 1: Warmfestigkeit von Legierungen auf Ni- und Co-Basis im Vergleich zu den Stählen (Superlegierungen)

7.6 Nickel

Tabelle 1: Superlegierungen, Eigenschaften und Anwendungen

Werkstoff	Zugfestigkeit[1] R_m in MPa	Bruchdehnung A in %	Zeitstandfestigkeit $R_{m/1000\,h/950°C}$ in MPa	Anwendungsbeispiele
Stähle				
X5NiCrTi26-15	1100	12	120 (750 °C)	
X10NiCrMo49-22-9	800	40	20	
Nickellegierungen				Bauteile für chemische und petrochemische Einrichtungen, für Gasturbinen und Triebwerke, Schaufeln, Düsen, Scheiben, Läufer und Wellen für Brennkammern und Nachbrenner, Warmarbeitswerkzeuge, Gasturbinen, Wärmebehandlungsanlagen.
NiCr20MoNb	720	10	60	
NiCr16MoAl	780	3	100	
NiW11AlCr	740	3	170	
NiCr23Co12Mo	> 700	35	10 bei 10^4 h, 1000 °C	
Cobaltlegierungen				
CoCr26Ni14Mo	840	3	70	
CoCr24Ni10W	800	4	100	

[1] bei Raumtemperatur

Außerdem enthalten Superlegierungen Zusätze von Fe, Cr, Mo, W, Re, Ru, Ta, Nb, Al, Ti, Mn, Zr, C und/oder B und haben somit komplexe Zusammensetzungen. Die Festigkeit ergibt sich durch eine Kombination von Mischkristall- und Ausscheidungshärtung. Daher sind die Werkstoffe zunder- und hochwarmfest. Werden vielkristalline Teile hergestellt, können diese bis zu ungefähr 80% des Schmelzpunktes eingesetzt werden. Einkristallin hergestellte Teile erreichen sogar ungefähr 90% des Schmelzpunktes.

Wie Bild 1, Seite 398 zeigt, übertreffen Nickel-Legierungen die anderen Legierungen hinsichtlich der Warmfestigkeit, sie sind jedoch am schwierigsten zu verarbeiten. Cobalt-Legierungen haben zwar eine geringere Oxidationsbeständigkeit, aber eine bessere Beständigkeit gegen Heißgaskorrosion in stationären Gasturbinen. Stähle sind vor allem billiger und einfacher zu verarbeiten.

Die höchste Zeitstandfestigkeit hat die Nickellegierung NiW11AlCr mit 170 MPa, hingegen darf die Eisenlegierung X10NiCrMo49-22-9 bei der gleichen Temperatur (950 °C) und Zeit (1000 h) mit maximal 20 MPa belastet werden. Der Stahl X5NiCrTi26-15 sollte Dauerbelastungen nur bis maximal 750 °C ausgesetzt werden. Auffällig ist die geringe Bruchdehnung der Nickel-Legierungen, die auch deren schlechte Umformbarkeit andeutet. Die höchste Zugfestigkeit bei Raumtemperatur zeigen die Stähle. Es gibt allerdings auch hochwarmfeste Nickel-Legierungen, die ausgehärtet eine Festigkeit von mindestens 1290 MPa erreichen, wie z. B. die Legierung NiCr20Co16AlTi.

Beim Einsatz hochwarmfester Legierungen ist neben der Betriebstemperatur noch die Betriebsdauer wichtig (Bild 1). Während im Kraftwerksbau 100000 Betriebsstunden (11,4 Jahre) für die Berechnung und Auswahl der Werkstoffe sinnvoll sind, genügen bei Strahltriebwerken eine Lebensdauer von einigen 100 Stunden und bei Raketen nur 1 oder 2 Stunden.

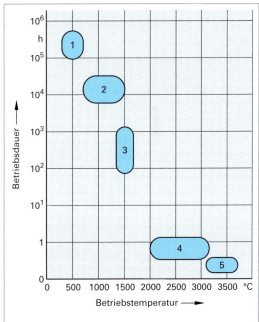

1: Kesseleinbauten in Kraftwerken
2: Hüllrohre von Brennelementen in Kraftwerken
3: Überschallflugzeuge
4: Raketen
5: Raketenstrahlaustritte

Bild 1: Betriebsdauer und Betriebstemperaturen von Bauteilen bei sehr hohen thermischen Beanspruchungen

Bei geringerer Betriebsdauer steigt die Belastbarkeit (höhere Betriebstemperatur und/oder Spannung). Eine weitere Verbesserung der Warmfestigkeit kann durch Aufbringen von nichtmetallischen Schichten erreicht werden, wie es von der Raumfahrt her bekannt ist.

Besonderheiten physikalischer Eigenschaften treten auch im Legierungssystem **Eisen-Nickel** auf. Obwohl beide Ausgangsstoffe, Eisen und Nickel, ferromagnetisch sind, ist die Legierung FeNi29 bei normalen Temperaturen nicht mehr ferro-, sondern nur noch paramagnetisch (d. h. wird nicht von Magneten angezogen). Dies erklärt sich dadurch, dass die Curie-Temperatur, unterhalb der eine Magnetisierung erfolgen kann, unter Raumtemperatur gesunken ist. Diese Legierung wird für Teile im Elektromaschinenbau verwendet, die nicht magnetisierbar sein dürfen. Die gleichen Eigenschaften besitzt auch die kostengünstigere Legierung FeNi9Mn8Cr4.

Außerdem steigt die Permeabilität von FeNi36 bei kleinen bis mittleren Feldstärken nur geringfügig an, sodass daraus verzerrungsarme Übertrager für elektroakustische Anwendungen hergestellt werden.

Der elektrische Widerstand dieser Legierungen ist besonders hoch, was beispielsweise zu geringen Wirbelstromverlusten bei Klappankern an Relais führt.

Die Kombination zweier Werkstoffe (dünne aufeinandergewalzte Blechstreifen) mit stark unterschiedlichem thermischem Ausdehnungskoeffizient wird als **Bimetall** (Bild 1) genutzt. Einen minimalen thermischen Ausdehnungskoeffizient ($1,5 \cdot 10^{-6}$ 1/K) besitzen Legierungen des Typs FeNi36 (**Invarstahl**). In Kombination mit anderen Werkstoffen, die einen großen Ausdehnungskoeffizienten aufweisen, wird diese Legierung zu Bimetallen verarbeitet und in der Mess- und Regeltechnik und zur Temperaturmessung eingesetzt.

Bild 1: Bimetallprinzip

Durch Legierungszusätze von Cobalt oder Chrom lässt sich der thermische Ausdehnungskoeffizient von Fe-Ni-Legierungen den entsprechenden Werten von Keramik- oder Glaswerkstoffen anpassen, sodass durch Einschmelzen von Invar in diese Werkstoffe sichere und dichte Metalleinführungen in Vakuumgefäßen aus Glas oder Keramik möglich sind.

Nickel und Nickel-Legierungen werden hauptsächlich als Knetlegierungen verwendet, da die Herstellung von Massengütern aus Nickel-Gusslegierungen aufgrund der bereits erwähnten großen Affinität flüssigen Nickels zu Schwefel und Wasserstoff schwierig ist, und besondere Schutzmaßnahmen erfordert.

Auch die Nickel-Gusslegierungen zeichnen sich durch hohe Korrosionsbeständigkeit und Festigkeit aus, so dass sie ebenfalls in der chemischen Industrie und für Bauteile in Wärmekraftwerken Verwendung finden.

So werden zum Beispiel Turbinenschaufeln aus Nickellegierungen durch besondere Maßnahmen bei der Erstarrung als Einkristalle hergestellt. Dazu wird eine homogene Nickel-Legierung in eine keramische Kokille gegossen, die am unteren Ende eine korkenzieherförmige Verengung besitzt, der sich die eigentliche Form der Turbinenschaufel anschließt (Bild 2, Seite 95).

Die Schmelze beginnt im unteren breiten Teil der Kokille zu erstarren und die Erstarrungsfront wächst langsam nach oben. Durch die Verengung kann nur *ein* Kristall durchwachsen, der dann darüber in der vollen Breite der Schaufel weiterwächst. Die Schaufel besteht dann quasi aus nur einem einzigen Kristall.

Durch diese Maßnahme wird insbesondere die Kriechfestigkeit (bei höheren Temperaturen) verbessert, denn das Kriechen beruht in starkem Maße auf dem Korngrenzengleiten, sodass beim Fehlen von Korngrenzen Kriechprozesse stark eingeschränkt werden.

Aufgrund der dann hohen Kriechbeständigkeit wird der Einsatz von Einkristall-Turbinenschaufeln auch bei hohen Temperaturen ermöglicht (siehe auch Kapitel 2.10.3).

7.7 Zinkwerkstoffe

Zink hat mit 419 °C sowohl einen niedrigen Schmelzpunkt als auch mit 906 °C einen für Metalle sehr niedrigen Siedepunkt (Tabelle 1). Die Hauptanwendungsgebiete von Zink in Deutschland zeigt Bild 2.

Tabelle 1: Physikalische und mechanische Eigenschaften von Zink

Atomare Daten	
Ordnungszahl	30
Atommasse	65,39 u
Atomdurchmesser	$2{,}665 \cdot 10^{-10}$ m
Kristallgittertyp[1]	hdP
Physikalische Kennwerte (20 °C)	
Dichte ϱ	7,13 kg/dm³
Schmelztemperatur ϑ_S	419 °C
Siedetemperatur	906 °C
Wärmedehnung α	$30 \cdot 10^{-6}$ 1/K (bei 0 °C)
Wärmeleitfähigkeit λ	121 W/(m · K)
Elektr. Leitfähigkeit $\varkappa$	16,9 m/($\Omega \cdot$ mm²)
Mechanische Kennwerte[2]	
Zugfestigkeit R_m	120 ... 160 MPa
Dehngrenze $R_{p0,2}$	–
Bruchdehnung A	max 60 %
Elastizitätsmodul E	95 GPa

[1] hdP = hexagonales Gitter dichtester Packung (gestreckt)
[2] Die Kennwerte sind von der chemischen Zusammensetzung (Reinheit) sowie vom Gefügezustand (z.B. geglüht, kaltverfestigt, usw.) abhängig. Die Angaben sind daher als Orientierungswerte zu verstehen.

Bild 1: Dacheindeckung aus Zink (ZnCuTi)

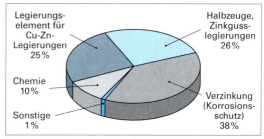

Bild 2: Hauptanwendungsgebiete für Zink in Deutschland (2015)

Zink ist unedler als Stahl. Das bedeutet in einem Elektrolyten wird Zink aufgelöst und infolgedessen Stahl geschützt (Kapitel 11.6.1.3). Hinzu kommt, dass Zink an der Luft eine dichte, festhaftende Schutzschicht aus Hydroxid und Carbonat bildet, die eine fortschreitende Korrosion verhindert. Bauteile aus Zink und auch verzinkte Stahlteile können daher ohne Korrosionsschutz der Witterung standhalten, wie man es von alten Regenrinnen her kennt. Zink ist ein recht preiswertes Metall. Dies ist auch ein Grund für den häufigen Einsatz als Korrosionsschutz für Eisen und Stahl. Das meiste Zink wird daher für das **Feuerverzinken** (Kapitel 4.5.1.1), ein Eintauchen der gereinigten Bauteile oder Halbzeuge aus Stahl in eine Zinkschmelze, verbraucht. Kleinere Teile werden elektrolytisch verzinkt. Zink hat gute **Gießeigenschaften** und wird daher in großem Maße durch Gießen, insbesondere auch im Druckgießverfahren zu Werkstücken vergossen (Tabelle 2).

Tabelle 2: Zink-Gusslegierungen nach DIN EN 12 844

Werkstoff				Mechanische Eigenschaften[2]			
Kurzzeichen	Kurzbezeichnung	Werkstoffnummer		R_m in MPa	$R_{p0,2}$ in MPa	A in %	Brinell-Härte in HB
		DIN EN 12844	DIN 1743-2[1]				
GD-ZnAl4	ZP0400	ZP3	2.2140.05	280	200	10	83
GD-ZnAl4Cu1	ZP0410	ZP5	2.2141.05	330	250	5	92
G-ZnAl6Cu3 GK-ZnAl4Cu3	ZP0430	ZP2	2.2143.01 2.2143.02	335	270	5	102
G-ZnAl6Cu1 GK-ZnAl6Cu1	ZP0610	ZP6	2.2161.01 2.2161.02	k.A.	k.A.	k.A.	k.A.
–	ZP0810	ZP8	–	370	220	8	100
–	ZP1110	ZP12	–	400	300	5	100
–	ZP2720	ZP27	–	425	370	2,5	120
–	ZP0010	ZP16	–	220	k.A.	k.A.	k.A.

[1] Norm zurückgezogen   [2] Die angegebenen Werte sind Mittelwerte und nur zur Information.   k.A. = keine Angabe

7.7.1 Zink-Knetlegierungen

Hinderlich für die **Umformung** von Zink ist das hexagonale Kristallgitter, so dass zur Erzeugung von Halbzeug eine Warmumformung durchgeführt werden muss. Dabei kann die Festigkeit um einen Faktor 3 bis 5 auf ca. 140 MPa gesteigert werden. Zink mit Walzgefüge kann ohne Erwärmung stark umgeformt werden. Diese Umformung wird begünstigt durch die entstehende Verformungswärme, die eine Erholung oder Rekristallisation (ab 50 °C) ermöglicht.

Aus Zinkblechen und -bändern werden Ätz- und Druckplatten für das grafische Gewerbe und in großem Maße Regenrinnen und -fallrohre, Dach- und Gesimsabdeckungen (Bild 1, Seite 401) für das Bauwesen gefertigt. Für diese Anwendung wurde eine ZnCuTi-Legierung entwickelt, die in großen Mengen durch **Bandgießen** und Walzen aus der Gießwärme zu 0,5 mm bis 1 mm dicken Bändern verarbeitet wird. Aus diesen Bändern werden durch Kaltumformung Regenrinnen und -rohre, aber auch Dachabdeckungen u. a. m. hergestellt. Außerdem weren auch heute noch vereinzelt Batteriebecher aus Zinkblech hergestellt.

7.7.2 Zink-Gusslegierungen

Als **Zink-Druckgusslegierungen** werden die Aluminium-haltigen Legierungen (DIN EN 12 844) GD-ZnAl4, GD-ZnAl4Cu1 und GD-ZnAl4Cu3 benutzt. Die Kupferzusätze bewirken eine Steigerung der Festigkeit von 280 MPa auf etwa 330 MPa (Tabelle 2, Seite 401). Dabei nimmt jedoch die Bruchdehnung von 10 % auf 5 % ab. Druckgussstücke aus GD-ZnAl4Cu3 besitzen mit HB102 die größte Härte. Zink-Legierungen sind am besten für das Druckgießverfahren geeignet, bei dem eine Metallschmelze unter hohem Druck und mit großer Geschwindigkeit in Dauerformen eingepresst wird.

Bild 1: Druckgussteil aus Zink

Zink-Legierungen werden im Warmkammerverfahren verarbeitet, bei dem der Druckzylinder sich im Schmelzbad befindet (Bild 1, Seite 157). Es werden weitgehend fehlerfreie Werkstücke erzeugt mit z. T. sehr geringen Wanddicken (0,6 mm bis 22 mm), hoher Maßgenauigkeit, hochgenauer Konturenwiedergabe und glatter Oberfläche in großen Serien bei minimaler Nachbearbeitung (Bild 1). Bei der Gussteilkonstruktion wird eine Überdimensionierung vermieden und der Gießwerkstoff wird optimal genutzt.

Zink-Druckgussteile werden eingesetzt in der Automobil- und optischen Industrie, es werden Griffe, Kurbeln und Scharniere, Teile von Büromaschinen, Elektromotoren, Haushalts- und Küchengeräte sowie Spielzeug, kunstgewerbliche Gegenstände und Modellautos hergestellt. Zinkdruckgussteile können auch gut und dekorativ mit farblichen oder metallischen Überzügen (galvanisiert) versehen werden. Auf Zink haften Farben und Lacke besser, sobald sich eine Schutzschicht gebildet hat (nach etwa zwei Jahren). Im Sand- oder Kokillenguss werden die gleichen Legierungen oder solche mit 3 % Kupfer und 4 % Aluminium verarbeitet.

7.8 Zinn

Auch das Schwermetall **Zinn** hat, wie die lateinische Bezeichnung **stannum** (daher das chemische Symbol Sn) vermuten lässt, schon eine lange Geschichte. Auch heute noch sind Zinn und Zinn-Legierungen von großer technischer Bedeutung.

7.8.1 Eigenschaften von Zinn

Das bei 232 °C schmelzende Schwermetall Zinn (Tabelle 1, Seite 403) bietet für Stahl einen noch besseren Korrosionsschutz als Zink, so dass große Mengen dieses Metalls zum Feuer- oder elektrolytischen Verzinnen von Stahl verwendet werden. Verzinntes Stahlblech wird auch als **Weißblech** bezeichnet. Die gute Korrosionsbeständigkeit und Ungiftigkeit der meisten Zinnverbindungen erlaubt die Verwendung von Weißblech in der Lebensmittelindustrie. Man kennt es von Konservendosen. Zinn ist edler als Eisen und Nickel, daher müssen Verletzungen der Zinnschicht vermieden werden, da sie in kürzester Zeit zur Rostbildung führen würden.

Der hohe Preis des Zinns (ca. das Zehnfache des Zinkpreises) hat das **galvanische** (elektrolytische) **Verzinnen** begünstigt, da auf diese Weise dünnere aber dichtere Schichten erzeugt werden können als durch Feuerverzinnen.

Zinn ist gut gießbar und auch gut umformbar, da bereits bei Raumtemperatur Rekristallisation stattfindet, sodass keine Kaltverfestigung erfolgt. Die schöne Farbe und die Korrosionsbeständigkeit sowie einfache Formgebungsverfahren sind die Hauptgründe für die Verwendung von Zinn in der Schmuck- und Kunstgewerbeindustrie. Die Verarbeitung erfolgt sowohl durch Gießen als auch durch Umformen, hauptsächlich Tiefziehen oder Drücken von Blechen oder Blechabschnitten zu Gefäßen.

Zinn kommt in zwei verschiedenen **Modifikationen** vor: α-Zinn mit Diamantgittertyp ($\leq$ 13,2 °C) und β-Zinn mit tetragonal-raumzentriertem Kristallgitter (a = 5,832 · 10^{-10} m und c = 3,182 · 10^{-10} m bei 20 °C). Die Umwandlungsgeschwindigkeit besitzt bei −40 °C ein Maximum. Allerdings können bereits kleine Mengen an Verunreinigung diese Umwandlung verzögern oder gar verhindern.

Tabelle 1: Physikalische und mechanische Eigenschaften von Zinn

Atomare Daten	
Ordnungszahl	50
Atommasse	118,71 u
Atomdurchmesser	3,022 · 10^{-10} m
Kristallgittertyp[1]	α-Sn (< 13,2 °C): Diamant β-Sn (> 13,2 °C): trz
Physikalische Kennwerte (20 °C)	
Dichte ϱ	7,31 kg/dm³
Schmelztemperatur ϑ_S	232 °C
Wärmedehnung α	27 · 10^{-6} 1/K (bei 0 °C)
Wärmeleitfähigkeit λ	67 W/(m · K)
Elektr. Leitfähigkeit $\varkappa$	8,8 m/(Ω · mm²)
Mechanische Kennwerte[2]	
Zugfestigkeit R_m	15 MPa
Dehngrenze $R_{p0,2}$	–
Bruchdehnung A	max 55 %
Elastizitätsmodul E	42,4 GPa

[1] trz = tetragonal-raumzentriert
[2] Die Kennwerte sind von der chemischen Zusammensetzung (Reinheit) sowie vom Gefügezustand (z. B. geglüht, kaltverfestigt, usw.) abhängig. Die Angaben sind daher als Orientierungswerte zu verstehen.

α-Zinn ist ein graues Pulver, sodass bei der Umwandlung von β-Zinn in α-Zinn bei 13,2 °C der Materialverbund verloren geht. Dieser Vorgang führte z. B. zum Zerfall von Orgelpfeifen. Er wird als **Zinnpest** bezeichnet. Durch Legierungszusätze von Antimon (Kaiser-Zinn) kann diese Umwandlung verhindert werden, durch Aluminium wird sie beschleunigt.

7.8.2 Weichlote

Die wichtigsten **Zinn-Legierungen** sind Weichlote und Lagermetalle. **Weichlote** (DIN EN ISO 9453) sind hauptsächlich Zinn-Blei-Legierungen, denen noch geringe Mengen an Antimon, Bismut, Cadmium, Kupfer oder Silber zugesetzt werden können (Kapitel 4.4.2.6). Der Zinngehalt liegt zwischen 2 % und 90 %.

Blei und Zinn bilden zusammen ein binäres eutektisches Phasendiagramm (Bild 2, Seite 81), wobei die eutektische Legierung mit 61,9 % Zinn bei 183 °C schmilzt. Diese Temperatur ist gleichzeitig die Solidus-Temperatur, d.h. die Temperatur der endenden Erstarrung (oder der Beginn des Aufschmelzens) für Lote mit einem Zinn-Gehalt zwischen 19,5 % und 97,5 %. Die Liquidus-Temperaturen, die Temperaturen der beginnenden Erstarrung, fallen von den Schmelztemperaturen der reinen Metalle in Abhängigkeit von der Zusammensetzung bis zur eutektischen Temperatur ab. Infolgedessen entstehen unterschiedlich große Erstarrungsintervalle. So hat das Lot S-Sn60Pb40 (60 % Sn) nur ein Intervall von 7 K und das Lot S-Pb60Sn40 (40 % Sn) dagegen von 52 K. Das nahezu eutektische Lot S-Sn63Pb37 hat eine Schmelztemperatur (Erstarrungsintervall = 0 K) wie ein reines Metall. Je kleiner die Erstarrungsintervalle sind, desto dünnflüssiger sind die Lote. Solche Lote wurden früher viel in der Elektronik eingesetzt, ihr Einsatz ist aber jetzt aufgrund der RoHS-Richtlinie (Einschränkung der Verwendung von Blei) stark begrenzt. Das Lot S-Pb70Sn30 wird für Klempnerarbeiten, Kabelmäntel und für großflächige Lötungen verwendet. In vielen Fällen, wie z. B. in der Lebensmittelindustrie müssen Lote mit hohem Zinn-Gehalt (ca. 90 %) verwendet werden, da diese nicht giftig sind.

Des Weiteren werden **Sonderweichlote** auf Aluminiumbasis für Leichtmetalle verwendet, die aus Korrosions- und Umweltschutzgründen frei von Schwermetallen und häufig eutektische Aluminium-Silicium-Legierungen sind. Sonderweichlote auf Zinn-, Calcium- oder Bleibasis sind für spezielle Anwendungen entwickelt worden, wie das niedrig schmelzende Lot S-In52Sn48 (Legierungsnummer 601 nach DIN EN ISO 9453) mit einem Schmelzintervall zwischen 117 °C und 125 °C.

7.8.3 Gleitlagerwerkstoffe

Gleitlagerwerkstoffe (DIN ISO 4381 bis DIN ISO 4383) sind Legierungen mit den Basismetallen Zinn, Blei, Kupfer oder Aluminium. Bild 1 zeigt schematisch den Aufbau von Lagerwerkstoffen: harte Körner in einer weichen, metallischen Matrix. Diese Bedingungen erfüllen Zinnlegierungen relativ gut, wobei sich in der weichen Zinngrundmasse harte intermetallische Phasen aus CuSn- und SbSn-Verbindungen bilden.

Blei-Zinn-Legierungen haben besonders gute Gleit- und Notlaufeigenschaften. Zinn-haltige Lagermetalle mit Zusätzen aus Kupfer oder Antimon, wie SnSb8Cu4, haben verglichen mit den bleihaltigen (z. B. PbSb10Sn6) eine bessere Korrosionsbeständigkeit, Gießbarkeit und Tragfähigkeit.

Lagerwerkstoffe mit hohem Blei-Gehalt sind vor allem preiswerter, haben aber den Nachteil, dass sie aufgrund des toxischen Bleis in vielen Fällen nicht mehr eingesetzt werden dürfen.

Bild 1: Schematischer Aufbau von Lagerwerkstoffen: Weiche Grundmasse mit harten Teilchen

Lagerwerkstoffe auf Kupferbasis (wie CuPb10Sn10) erhalten zur Verbesserung der Notlaufeigenschaften Zusätze an Blei, sodass ein umgekehrtes Bild entsteht: harte Grundmasse (Kupfer) mit weichen Bleieinschlüssen. Mit **Weißmetall** wurden früher Zinn- und Bleilegierungen bezeichnet, die als Lagermetalle verwendet wurden. In Lagern historischer Dampfloks haben sie noch heutzutage Bedeutung.

Da die Festigkeit der genannten Legierungen gering ist, werden meist nur Schichten von bis zu 3 mm Dicke auf Stahlkörper aufgegossen. Bei noch höheren Anforderungen werden sogar Dreischicht-Verbundlager (Bild 2) hergestellt, bei denen zwischen Laufschicht und Stützschicht noch eine Gleitzwischenschicht mit erhöhter Schwingfestigkeit aufgebracht wird. Aktuell gibt es viele neue bleifreie Entwicklungen.

7.9 Blei

Die Bedeutung von **Blei** und Bleilegierungen ist wegen deren Toxizität rückläufig vielfach bereits verboten.. Es wird vermutet, dass die Verwendung von Blei für Trinkwasserleitungen durch die Römer zu größeren Bleivergiftungen geführt und damit zum Untergang dieses Weltreiches beigetragen hat. Heute gibt es starke Einschränkungen für den Einsatz von Blei in nahezu allen Bereichen.

7.9.1 Gewinnung und Eigenschaften von Blei

Blei lässt sich leicht aus Erzen durch Rösten und Reduktion mit Koks gewinnen und wird daher schon lange genutzt. Da außerdem die meisten Bleierze auch Edelmetalle, vor allem Silber enthalten, wird die Bleigewinnung aus diesen Erzen erst durch die Abtrennung und anschließende Aufarbeitung von Edelmetallkonzentraten wirtschaftlich.

Aufgrund der kubisch-flächenzentrierten Kristallstruktur und des niedrigen Schmelzpunktes (Tabelle 1, Seite 405) lässt sich Blei ausgezeichnet durch Walzen, Pressen und Ziehen hauptsächlich zu Blechen, Bändern und Rohren sowie durch verschiedene Gießverfahren verarbeiten.

Infolge der ebenfalls niedrigen Rekristallisationstemperatur findet keine Kaltverfestigung statt. Daher braucht man nicht zu glühen, kann aber die geringe Festigkeit durch Legieren, häufig mit Antimon, auf bis zu 70 MPa steigern.

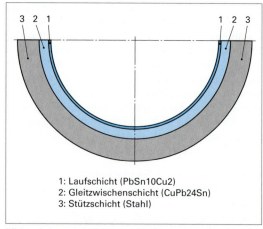

1: Laufschicht (PbSn10Cu2)
2: Gleitzwischenschicht (CuPb24Sn)
3: Stützschicht (Stahl)

Bild 2: Schema eines Dreischicht-Verbundlagers

7.9.2 Bleiwerkstoffe

Unlegiertes Blei wird als **Weichblei,** im engeren Sinne auch als **Feinblei** (99,99 %) bezeichnet. Es werden daraus meist Bleche und Rohre für die chemische Industrie und den Apparatebau hergestellt. Blei absorbiert gut Röntgen- bzw. Gammastrahlen und wird daher zum Strahlenschutz verwendet.

Drei Viertel des Bleis wird zur Herstellung von Akkumulatorenplatten verwendet (Bild 1). **Bleiakkumulatoren** sind trotz ihres hohen Gewichtes die am häufigsten eingesetzten Akkumulatoren. Sie besitzen eine lange Lebensdauer, sind leicht zu handhaben und gut zu recyceln. Bild 2, zeigt den Aufbau eines Bleiakkumulators. In einem Schwefelsäureelektrolyten (H_2SO_4) befinden sich eine Blei-(Pb) sowie eine Bleioxid(PbO_2)-Elektrode, die beim Entladevorgang eine Spannung von 2 Volt liefern:

Anode: $Pb + HSO_4^- \rightarrow PbSO_4 + H^+ + 2e^-$

Katode: $PbO_2 + HSO_4^- + 3H^+ + 2e^- \rightarrow PbSO_4 + 2H_2O$

Beim Ladevorgang wird elektrische Energie zugeführt, die chemische Reaktion kehrt sich dabei um, der Gesamtwirkungsgrad beträgt ca. 70 %:

Anode: $PbSO_4 + H^+ + 2e^- \rightarrow Pb + HSO_4^-$

Katode: $PbSO_4 + 2H_2O \rightarrow PbO_2 + HSO_4^- + 3H^+ + 2e^-$

Blei hat eine gute Korrosionsbeständigkeit durch die Bildung von Schutzschichten, die eine weitere Korrosion verhindern. Blei bildet mit Schwefelsäure eine dichte Bleisulfat- und mit Kohlensäure eine Bleicarbonatschicht. Da Bleiverbindungen giftig und schädlich sind, dürfen Bleirohre nicht mehr, wie früher üblich, für Trinkwasserleitungen benutzt werden.

Das wichtigste Legierungsmetall für Blei ist Antimon, das bis zu 13 % (eutektische Legierung) zugesetzt wird und als **Hartblei** bezeichnet wird. Wie der Name Hartblei andeutet, erhöht Antimon Festigkeit und Härte von Blei, wie beispielsweise in der Druckgusslegierung GD-Pb80SbSn auf R_m = 74 MPa. Die Verwendung von Blei-Zinn-Legierungen als Weichlote und Lagermetalle wurden bereits erwähnt. **Bleilagermetalle** (Bild 1, Seite 404) enthalten neben Zinn meistens auch Antimon und Blei-Alkali-Lagermetall neben Natrium (gelegentlich auch Barium), etwa 0,5 % Calcium, das diesen Werkstoff aushärtbar macht.

Als **Schriftmetall** werden Blei-Zinn-Legierungen unterschiedlicher Zusammensetzung bezeichnet, die früher im grafischen Gewerbe eingesetzt wurden. Aus Hartblei werden Rohre und Bleche für spezielle Installationen und Kabelmäntel sowie Schrot zum Jagen hergestellt.

Tabelle 1: Physikalische und mechanische Eigenschaften von Blei

Atomare Daten	
Ordnungszahl	82
Atommasse	207,19 u
Atomdurchmesser	$3,500 \cdot 10^{-10}$ m
Kristallgittertyp[1]	kfz
Physikalische Kennwerte (20 °C)	
Dichte ϱ	11,35 kg/dm³
Schmelztemperatur ϑ_S	327 °C
Wärmedehnung α	$29 \cdot 10^{-6}$ 1/K (bei 0 °C)
Wärmeleitfähigkeit λ	35,2 W/(m · K)
Elektr. Leitfähigkeit $\varkappa$	4,8 m/($\Omega \cdot$ mm²)
Mechanische Kennwerte[2]	
Zugfestigkeit R_m	10 … 15 MPa
Dehngrenze $R_{p0,2}$	7 … 8 MPa
Bruchdehnung A	max 50 %
Elastizitätsmodul E	17,5 GPa

[1] kfz = kubisch-flächenzentriert
[2] Die Kennwerte sind von der chemischen Zusammensetzung (Reinheit) sowie vom Gefügezustand (z. B. geglüht, kaltverfestigt, usw.) abhängig. Die Angaben sind daher als Orientierungswerte zu verstehen.

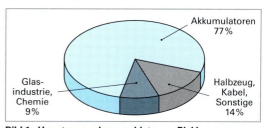

Bild 1: Hauptanwendungsgebiete von Blei in Deutschland (2015)

Bild 2: Aufbau und Vorgänge im Bleiakkumulator

7.10 Technisch weniger bedeutsame Metalle

Neben den bereits beschriebenen Metallen gibt es noch sehr viele Metalle, die geringe technische Bedeutung haben. Einteilung, Zusammenfassung und Klassifizierung dieser Metalle ist schwierig, da heute nicht absehbare technische Entwicklungen Änderungen heutiger Klassifizierungen erfordern könnten. In Anlehnung an die Chemie wird eine Besprechung entsprechend dem Periodensystem der Elemente (Bild 1, Seite 21) vorgenommen, da die Stoffe einer Gruppe ähnliche Eigenschaften aufweisen.

7.10.1 Alkali- und Erdalkalimetalle

Die **Alkalimetalle** (Tabelle 1) haben in ihren chemischen Verbindungen große und wegen ihrer großen chemischen Reaktionsfähigkeit (insbesondere mit Wasser) als metallische Werkstoffe nur sehr geringe technische und wirtschaftliche Bedeutung. **Lithium** dient vor allem als Desoxidationsmittel in Kupferschmelzen, wodurch zusätzlich auch Wasserstoff entfernt wird. Um metallische Werkstoffe mit noch niedrigerer Dichte für die Automobilindustrie, Flugzeugindustrie oder Raumfahrt zu erhalten, wird Lithium (die Dichte von Lithium beträgt 0,534 kg/dm^3), Aluminium oder Magnesium zulegiert.

Aluminium-Lithium-Legierungen mit 3 % Lithium bewirken eine Verminderung der Dichte um 10 % sowie eine Erhöhung des Elastizitätsmoduls um 15 %, so dass durch Ausnutzen beider Eigenschaften 14 % Gewicht eingespart werden könnte. Reine AlLi-Legierungen haben sich nicht bewährt, da Sprödigkeitsprobleme auftraten und auch der deutlich höhere Preis den Einsatz dieser Legierungen behinderte. Die heutigen AlLi-Legierungen sind Mehrstofflegierungen, die vor allem noch Kupfer (0,5 % bis 3 %), Magnesium, Zirkonium, Mangan oder Cadmium enthalten (z. B. AlLi3CuMgZr), Kapitel 7.1.2.

Tabelle 1: Eigenschaften der Alkalimetalle

Element	Symbol	Kristall-gittertyp	Dichte in kg/dm^3	Schmelz-temperatur in °C	E-Modul in GPa	Anwendungsbeispiele, Bemerkungen
Lithium	Li	krz[1] hdP[2]	0,534	180	11,7	Desoxidationsmittel, Legierungselement für Al-, Mg-, Ti-, Pb-, (Cu-) Legierungen
Natrium	Na	krz	0,97	98	9,1	Legierungselement für Al-Legierungen
Kalium	K	krz	0,86	63	3,6	Flüssiges Kalium für Wärmetauscher
Rubidium	Rb	krz	1,53	39	n. b.	(Fotozellen)
Caesium	Cs	krz	1,90	28	1,75	(Fotozellen)

[1] – 190 °C ... Schmelztemperatur [2] <–190°C n.b. = nicht bekannt

Eine **Magnesium-Lithium-Legierung** wie zum Beispiel MgLi14Al hat eine Dichte von 1,35 kg/dm^3 und ein kubisch-raumzentriertes Gitter und daher eine gegenüber dem reinem Magnesium verbesserte Verformbarkeit (Kapitel 7.2.4). Diese Legierung befindet sich noch in der Erprobungsphase, ebenso eine **Titan-Lithium-Legierung** mit 12 % Lithium.

Lithium hat große Bedeutung bei der Herstellung leistungsfähiger Batteriesysteme. **Lithium-Ionen-Akkus** haben die höchste Energiedichte aller Akkumulatoren, was zu einer stark zunehmenden Verwendung von Lithium geführt hat. Diese Akkus werden vor allem für tragbare Geräte mit hohem Energiebedarf eingesetzt.

Auch der Einsatz in Elektro- und Hybridfahrzeugen erfolgt bereits. Lithium-Batterien haben bei einer recht hohen Zellenspannung von 3 V auch eine hohe Energiedichte von 300 Wh/kg verbunden mit einer geringen Selbstentladungsrate sowie einer relativ kleinen Leistungsminderung bei tiefen Temperaturen. Aus diesen Gründen, hohe Kapazität bei geringem Gewicht, sind sie für elektrisch angetriebene Autos interessant.

Diese hohe Energiedichte wurde in der Praxis mit bisher 100 Wh/kg noch nicht erreicht, wobei diese Zahl bereits etwa viermal so hoch wie die von herkömmlichen Blei-Batterien (20 Wh/kg bis 40 Wh/kg) liegt.

Natrium wird als Veredelungsmittel für Aluminium-Silicium-Gusslegierungen verwendet (Kapitel 7.1.3). Durch einen solchen Zusatz wird die feinkristalline Erstarrung des eutektischen Siliciums erzwungen, Natrium wirkt in diesem Fall wie ein Kornfeinungsmittel.

7.10 Technisch weniger bedeutsame Metalle

Die Verwendung von Natriumdraht als elektrischer Leiterwerkstoff hat sich nicht durchsetzen können. Mögliche künftige Einsatzgebiete für flüssiges Natrium und auch **Kalium** könnte der Einsatz als Kühlmittel in Wärmetauschern bei hohen Temperaturen sein. Wichtige Verbindungen des Natriums sind Kochsalz (NaCl) und Soda (Na_2CO_3). Das Düngemittel Kali ist meist Kalialaun, ein wasserhaltiges Kalium-Aluminium-Sulfat, wobei der Kaligehalt der prozentuale Anteil an K_2O bedeutet.

Größeren technischen Anwendungen des Erdalkalimetalls **Beryllium** (Tabelle 1) stehen vor allem der hohe Preis und die hohe Toxizität (**Berylliose**) gegenüber. Beryllium zählt auch zu den krebserzeugenden Arbeitsstoffen. Bleche aus reinem Beryllium werden als Röntgenstrahlfenster verwendet, da diese eine gute Durchlässigkeit für weiche Röntgenstrahlen aufweisen. Außerdem kann Beryllium als Neutronenquelle dienen. Die erste Erzeugung von Neutronen erfolgte durch Beschuss von Beryllium mit α-Strahlen (Helium-Atomkerne), wobei Kohlenstoff und Neutronen gebildet werden:

$$^9Be + {}^4He^{++} \rightarrow {}^{12}C + {}^1n + \gamma$$

Im Vergleich zu dem in der selben Gruppe stehenden Magnesium hat Beryllium mit 1285 °C einen erheblich höheren Schmelzpunkt, mit 1,85 kg/dm³ eine ähnlich niedrige Dichte. Es überzieht sich ebenfalls mit einer dichten Oxidschicht an Luft. Beryllium wird für Flugzeugbauteile bei höheren Temperaturen zwischen 600 °C und 750 °C verwendet. Häufiger werden jedoch BeAl-Legierungen mit 24 % bis 38 % Al in der Luft- und Raumfahrttechnik sowie für Präzisionsinstrumente eingesetzt.

Der überwiegende Anteil des Berylliums wird als Legierungszusatz zu Kupfer-Legierungen verwendet. Für die Herstellung von CuBe-Legierungen mit einem Be-Gehalt von bis zu 3 % müssen strenge Arbeitsschutzvorschriften eingehalten werden. In der Metallurgie wird Beryllium auch als Desoxidationsmittel verwendet.

Tabelle 1: Eigenschaften der Erdalkalimetalle

Element	Symbol	Kristallgittertyp	Dichte in kg/dm³	Schmelztemperatur in °C	E-Modul in GPa[4]	Anwendungsbeispiele, Bemerkungen
Beryllium	Be	hdP[1]	1,85	1285	293	Be-Al-Legierung, Desoxidationsmittel, Al-, Mg-, Cu-Legierungen; toxisch
Magnesium	Mg	hdP	1,74	649	45	Druckgussteile (Kapitel 7.2.3.1)
Calcium	Ca	kfz[2]	1,56	840	20	Desoxidations- und Reduktionsmittel; Legierungselement für Pb, Mg
Strontium	Sr	kfz[3]	2,58	769	16	Legierungselement für Pb, Al
Barium	Ba	krz	3,58	725	9,8	Legierungselement für Pb

[1] α-Be (Niedertemperaturmodifikation) [2] < 350 °C [3] < 248 °C [4] GPa = Gigapascal = 10^9 Pa = 10^9 N/m²

Auch **Calcium** wird als Desoxidationsmittel für Kupfer-, Nickel-, Nickel-Chrom-Legierungen und einige Sonderstähle verwendet. Bei der Herstellung von Beryllium, Chrompulver, Zirkonium, Uran, Thorium und Titan dient Calcium als Reduktionsmittel. Als Legierungszusatz wird Calcium Blei- und Magnesium-Gusslegierungen zugesetzt. In wartungsfreien Akkumulatoren wird eine PbCaAl-Legierung verwendet. Auf die vielen bedeutsamen Calciumverbindungen, wie Kalk ($CaCO_3$), Gips ($CaSO_4$) oder Calciumcarbid (CaC_2) soll hier nicht eingegangen werden.

Noch geringere Bedeutung als Calcium haben die beiden übrigen Erdalkalimetalle Strontium und Barium. **Strontium** wird in geringen Mengen als Legierungselement in Bleiakkumulatoren und Aluminium-Silicium-Gusslegierungen zur Veredelung des Eutektikums eingesetzt. Bei der Kernspaltung (insbesondere bei der Explosion von Atombomben) gebildetes Sr 90-Isotop lagert sich anstelle von Calcium in den Knochen ab und kann zu einer Krebserkrankung führen. In der Pyrotechnik wird Strontiumnitrat als rotleuchtender Leuchtstoff für Feuerwerksraketen verwendet. **Barium** dient als Legierungsmetall in Bleilagermetallen (Bahnmetall). Wichtiger als das Metall sind die Verbindungen des Bariums, so als Oxid im ferrimagnetischen Werkstoff Bariumferrit ($BaFe_{12}O_{19}$) und Bariumtitanat ($BaTiO_3$), das den piezoelektrischen Effekt zeigt, also mechanische Schwingungen in elektrische Signale umwandeln kann und umgekehrt durch Anlegen einer Wechselspannung mechanische Schwingungen erzeugt (Kapitel 10.8.1.5).

Bariumtitanat wird auch in PTC-Thermistoren (PTC = **P**ositiver **T**emperatur **C**oeffizient) eingesetzt, die z. B. als thermischer Überlastungsschutz in Elektrogeräten verwendet werden (Kapitel 10.8.1.3). Das Sulfat $BaSO_4$, bekannt auch als Schwerspat, wird als Füllstoff oder Weißpigment in der Kunststoff-, Gummi- und Papierindustrie verwendet sowie als Kontrastmittel bei medizinischen Röntgenuntersuchungen.

Bariumcarbonat ($BaCO_3$) wird als Flussmittel in der Glas- und Keramikindustrie eingesetzt.

7.10.2 Erdmetalle oder die Bor-/Aluminium-Gruppe

Von den Erdmetallen Bor, Aluminium, Gallium, Indium und Thallium hat nur Aluminium (Kapitel 7.1) als reines Metall und in Form von Legierungen größere technische Bedeutung (Tabelle 1).

Tabelle 1: Eigenschaften der Erdmetalle (Bor-/Aluminium-Gruppe)

Element	Symbol	Kristallgittertyp[1]	Dichte kg/dm³	Schmelztemperatur in °C	E-Modul in GPa[2]	Anwendungsbeispiele, Bemerkungen
Bor	B	rhomboedrisch[1]	2,46	2300	400	Legierungselement für Stähle, Desoxidations- und Kornfeinungsmittel, Borieren, Hartstoffe wie CBN
Aluminium	Al	kfz	2,69	660	66	Knet- und Gusslegierungen, Kapitel 7.1
Gallium	Ga	orthorhombisch	5,91	30	10	Halbleiter (GaAs)
Indium	In	tetragonal	7,31	157	10,7	Niedrig schmelzende Legierungen, Pb-, Al-, Ti-, Au-Legierungen
Thallium	Tl	hexagonal	11,85	304	8,1	Niedrig schmelzende Legierungen (Tl-Hg: – 60 °C)

[1] Beständigste Modifikation [2] GPa = Gigapascal = 10^9 Pa = 10^9 N/m²

Bor wird meist als Halbmetall eingestuft. Metallischen Legierungen wie Stahl und Kupferlegierungen wird es nur in sehr geringen Mengen zur Desoxidation zugesetzt. In Aluminium-Legierungen dient es der Kornfeinung. Bor ist in Stahl bis zu 0,0006 % löslich. Es wirkt bereits in kleinsten Mengen kornfeinend und festigkeitssteigernd. Geringe Mengen von Bor werden zum Dotieren der Halbleiter Silicium und Germanium benötigt. Beim Borieren wird auf Stahl eine harte verschleißfeste Boridschicht erzeugt. Wegen des hohen Einfangquerschnitts für thermische Neutronen hat Bor in der Reaktortechnik (Borcarbid oder Kühlwasserzusatz, Borierung) eine gewisse Bedeutung. In Hartstoffen finden Borcarbid (B_4C) und kubisches Bornitrid (BN) Verwendung (Kapitel 10.7.3.3 und Kapitel 10.7.3.4).

Das Metall **Indium** wird hauptsächlich zur Herstellung niedrig schmelzender Legierungen (Tabelle 2, Seite 410) benutzt. Indium findet sich auch in Verbindungshalbleitern wie InSb (Indiumantimonid). Der explodierende Verbrauch von Indium in Indiumzinnoxid (ITO – **i**ndium **t**in**o**xide) in der Elektroindustrie hat zu einem hohen Bedarf an Indium geführt. Indiumzinnoxid ist ein transparentes und leitfähiges Oxid und wird in Flüssigkeitsbildschirmen (LCD), Leuchtdioden, Touchscreens und Solarzellen eingesetzt. Ebenso wird hochreines **Gallium** in der Halbleiterindustrie als GaAs (Galliumarsenid) verwendet.

7.10.3 Kohlenstoff-/Silicium-Gruppe

Die beiden schwersten Elemente dieser Gruppe (Tabelle 1, Seite 409), Zinn (Kapitel 7.8) und Blei (Kapitel 7.9), sind schon lange genutzte und auch heute noch häufig verwendete Metalle, die übrigen Elemente Kohlenstoff, Silicium (Kapitel 7.4) und Germanium sind dagegen keine typischen Metalle.

Das Element **Kohlenstoff** kommt in zwei Modifikationen als Diamant oder als Grafit und daher auch in zwei unterschiedlichen Kristallgittern vor (Bild 1 und 3, Seite 520). Aufgrund dieser Unterschiede, die auf den Bindungen im Kristallgitter beruhen, ergeben sich verschiedene, fast gegensätzliche Eigenschaften und Anwendungen.

Diamant ist der härteste Werkstoff und hat einen sehr hohen elektrischen Widerstand. Daher wird Diamant außer zu Schmuck hauptsächlich zum Trennen und Schleifen harter metallischer und keramischer Werkstoffe benutzt.

7.10 Technisch weniger bedeutsame Metalle

Tabelle 1: Eigenschaften der Elemente der Kohlenstoff/Silicium-Gruppe

Element	Symbol	Kristall-gitter-typ[1]	Dichte in kg/dm³	Schmelz-temperatur in °C	E-Modul in GPa[2]	Anwendungsbeispiele, Bemerkungen
Kohlenstoff	C	Hex. S.	2,27	3550		Grafit: Elektroden, Kontaktwerkstoff, Schmierstoff
		Diam.	3,51	[3]		Diamant: Hartstoff (Trennen, Schleifen)
Silicium	Si	Diam.	2,33	1411	115	Elektronikwerkstoff (Kapitel 7.4)
Germanium	Ge	Diam.	5,32	937	80	Halbleiter, Elektronikwerkstoff
Zinn	Sn	Tetrag.[4]	7,28	232	55	Knet- und Gusslegierungen (Kapitel 7.8)
Blei	Pb	kfz	11,34	327	16	Knet- und Gusslegierungen (Kapitel 7.9)

[1] Hex.S. = hexagonales Schichtgitter, Diam. = Diamantstruktur
[2] GPa = Gigapascal = 10^9 Pa = 10^9 N/m²
[3] Geht bei Erwärmung über 1500 °C (unter Luftabschluss) in Grafit über
[4] Tetragonal raumzentriert oberhalb 13,2 °C

Grafit wird vor allem für die Herstellung von Elektroden und elektrischen Kontaktwerkstoffen verwendet. Neben den Elektroden von Lichtbogenöfen oder bei der Schmelzflusselektrolyse von Aluminium werden auch Schmelztiegel, Formschwärze und Kokillenschlichte aus Grafit hergestellt. Außerdem ist Grafit ein geeigneter Festschmierstoff.

In speziellen Kohlewerkstoffen, wie Grafitfolien und in den **Kohlenstofffasern,** wird die Anisotropie der mechanischen Eigenschaften ausgenutzt. Die Faserrichtung ist parallel zu den Grafitschichten. Die Zugfestigkeit (R_m) der Kohlefasern liegt zwischen 2000 MPa und 3000 MPa, der Elastizitätsmodul zwischen 200 GPa und 400 GPa. Aufgrund der geringen Dichte von 1,80 kg/dm³ ergibt sich eine maximale **Reißlänge** von 170 km, die zehnmal größer ist als die von einem hochfesten Stahl mit R_m = 1300 MPa. Diese Fasern werden zu kohlefaserverstärkten Kunststoffen (CFK) verarbeitet und aufgrund ihres geringen Gewichtes u. a. in der Flugzeugindustrie (z. B. Boeing 787, Dreamliner) eingesetzt.

Neue Werkstoffe könnten auch auf der Basis der so genannten **Fullerene** entwickelt werden. Fullerene sind große Kohlenstoffmoleküle (Bild 1), die beispielsweise aus 60 C-Atomen (C_{60}) bestehen, die eine Kugeloberfläche bilden. Durch Anfüllen des Innenraums mit anderen Stoffen, lassen sich verschiedene interessante Eigenschaften erzielen.

Bild 1: Molekülstruktur von C_{60} (Fulleren)

ⓘ Information

Reißlänge
Die **Reißlänge** l_r ist ein in der Textil- und Fasertechnik verbreiteter Kennwert. Die Reißlänge ist das Verhältnis aus Festigkeit R_m und Wichte γ, wobei die Wichte γ das Produkt aus Dichte ϱ und Erdbeschleunigung g ist:
$l_r = R_m / \gamma$ in m mit $\gamma = \varrho \cdot g$ in N/m³ und R_m in N/m².
Die Reißlänge gibt also an, wie lang ein Strang aus dem betreffenden Werkstoff sein könnte, bis er unter seinem Eigengewicht reißen würde.

Der Halbleiter **Germanium** hat seine Bedeutung für Transistoren weitestgehend an **Silicium** abgeben müssen, da Siliciumhalbleiter bis 150 °C, Germaniumhalbleiter jedoch nur bis 75 °C eingesetzt werden können. Germaniumhalbleiter sind für hochfrequente (GHz- = 10^9 Hz-Bereich) Bauelemente günstig. Die hohe Durchlässigkeit für infrarotes Licht führte zu größeren Anwendungen im Bereich der Infraoptik (Spezialgläser für Nachtsichtgeräte, Filter, Linsen u. a.).

7.10.4 Metalle der 5. Hauptgruppe

Der metallische Charakter der Elemente dieser Gruppe (Tabelle 1) nimmt mit zunehmender Atommasse (oder Periode) zu. Stickstoff und Phosphor sind Nichtmetalle, Arsen wird zu den Halbmetallen, Antimon und Bismut zu den Metallen gerechnet.

Arsen hat im Halbleiter GaAs (Galliumarsenid) für Chips in Mobiltelefonen große Bedeutung erlangt. Arsen wird auch zum Dotieren von Halbleitern eingesetzt. Der Anteil von Arsen als Legierungsmetall in Kupferlegierungen ist gering. Hier verbessert es die Anlaufbeständigkeit.

Von großem Nachteil für die Verwendung von Arsen ist auch dessen hohe Toxizität, die insbesondere in der Verbindung Arsenwasserstoff schon in geringen Mengen stark gesundheitsschädigend wirkt.

Geringe Mengen von **Antimon** werden als Legierungselement in Blei-, Zinn- und Kupferlegierungen eingesetzt.

Tabelle 1: Eigenschaften der Metalle der 5. Hauptgruppe

Element	Symbol	Kristallgittertyp	Dichte in kg/dm^3	Schmelz-temperatur in °C	E-Modul in GPa[2]	Anwendungsbeispiele, Bemerkungen
Arsen	As	rhomboedrisch	5,73	815[1]	–	Halbmetall, toxisch Cu-, Pb-Legierungen
Antimon	Sb	rhomboedrisch	6,69	630	56	Cu-, Pb-, Sn-Legierungen
Bismut	Bi	rhomboedrisch	9,80	271	33	Schmelzlegierungen (niedrige Schmelztemperatur)

[1] Bei p = 2,9 MPa, Sublimationstemperatur: 633 °C. [2] GPa = Gigapascal = 10^9 Pa = 10^9 N/m^2

Bismut hat wegen seines Schmelz- und Erstarrungsverhaltens, insbesondere in Legierungen, eine gewisse Bedeutung erlangt. Man spricht daher auch von **Schmelzlegierungen**, wie **Woodsches Metall** (BiPb25Sn13Cd10), **Rosesches Metall** (BiPb28Sn22) u. a., deren Schmelztemperatur häufig unter 100 °C liegt, sodass sie von kochendem Wasser aufgeschmolzen werden können (Tabelle 2).

Tabelle 2: Zusammensetzung und Schmelzpunkte bismuthaltiger Schmelzlegierungen

Bezeichnung	Bi in %	Pb in %	Sn in %	Cd in %	Andere Metalle in %	Schmelztemperatur in °C
CdBi	60	–	–	40	–	144
InBi	33,7	–	–	–	In: 66,3	72
BiIn	67	–	–	–	In: 33	109
PbBi	56,5	43,5	–	–	–	125
BiSn	67	–	43	–	–	139
BiPbSn	52	32	16	–	–	96
BiPbCd	52	40	–	8	–	92
BiSnCd	54	–	26	20	–	102
BiSnZn	56	–	40	–	Zn: 4	130
BiSnIn	58	–	26	–	In: 16	79
BiPbTl	55,2	33,3	-	–	Tl: 11,5	91
BiPbSnCd	50	26,7	13,3	10	–	70
BiInPbSn	49,4	18	11,6	–	In: 21	57
BiSnCdTl	49,1	–	23,5	18,2	Tl: 9,2	94,6
BiPbInSnCd	44,7	22,6	8,3	5,3	In: 19,1	47

Außerdem sind Bismut (und seine Legierungen bis ca. 50 % Bi), Silicium und Wasser die einzigen Stoffe, deren Volumen beim Erstarren zunimmt. Bismut-Legierungen werden eingesetzt als Kerne für dünnwandige Rohre oder Formstücke, als Niedertemperaturlot (S-Bi57Sn43, 138 °C) oder zur Fixierung und Halterung unregelmäßig geformter Teile für die spanende Bearbeitung. Ein weiteres Anwendungsgebiet sind Schmelzsicherungen in Feuerwarngeräten und in automatischen Berieselungsanlagen. In neueren Aluminiumlagerwerkstoffen findet sich ebenfalls Bismut als Ersatz für das toxische Blei.

7.10.5 Metalle der 6. Hauptgruppe

Die Elemente dieser Gruppe des Periodischen Systems werden auch als **Chalkogene** (Erzbildner) bezeichnet, was insbesondere für die leichten Elemente Sauerstoff und Schwefel zutrifft. Diese werden zu den Nichtmetallen, Selen wird zu den Halbmetallen, Tellur und das radioaktive Polonium zu den Metallen gerechnet (Tabelle 1, Seite 411).

7.10 Technisch weniger bedeutsame Metalle

Tabelle 1: Eigenschaften der Metalle der 6. Hauptgruppe

Element	Symbol	Kristallgittertyp	Dichte in kg/dm³	Schmelztemperatur in °C	E-Modul in GPa[3]	Anwendungsbeispiele, Bemerkungen
Selen	Se	hexagonal	4,80	221[1]	53,8	Graues Se: Elektronikwerkstoff für Belichtungsmesser, Gleichrichter; Halbleiter
Tellur	Te	hexagonal	6,25	449	41,2	Legierungselement für Cu, Pb; Halbleiter
Polonium	Po	kubisch[2]	9,32	254	–	Radioaktiv

[1] Schmelztemperaturen: Graues Se: 221 °C, rotes Se: 180 °C   [2] α-Polonium, stabil bis 100°C   [3] GPa = Gigapascal = 10^9 Pa = 10^9 N/m²

Die Elemente der 6. Gruppe des Periodischen Systems **Selen** und **Tellur** sind aufgrund ihrer Eigenschaften den Halbleitern zuzurechnen. Tellur hat eine geringe Bedeutung als Legierungszusatz in Kupfer- und Bleilegierungen sowie zusammen mit Magnesium in grauem Gusseisen mit Kugelgrafit. In Kopiergeräten werden Selen, Selen-Tellur-Legierungen oder As_2Se_3 eingesetzt. Tellur verbessert die spanende Bearbeitbarkeit (Bleiersatz) von Legierungen (z. B. Cu-Te) und wird wartungsfreien Bleiakkumulatoren zugesetzt. Das leichtere Selen hat als Legierungszusatz noch geringere Bedeutung als Tellur. Größere Anwendung findet jedoch (graues) Selen als Halbleiter in Gleichrichtern und Fotoelementen, Belichtungsmessern und Lichtschranken. Solarzellen aus $CuInSe_2$ nutzen den roten Teil des Lichtspektrums besser aus als Siliciumzellen.

7.10.6 Silber und Gold

Alle **Edelmetalle** gehören zu den Schwermetallen. In der 1. Nebengruppe des Periodischen Systems stehen die Metalle Kupfer (Kapitel 7.5), Silber und Gold. Das technisch bedeutsamste Edelmetall ist **Silber**. Abgesehen von der Verwendung von Silber und Silberlegierungen in der Schmuck- und Kunstgewerbeindustrie, für Münzen oder als Tafelsilber wird Silber in der Elektroindustrie als Kontaktmaterial wegen seiner hohen elektrischen Leitfähigkeit, der besten aller Metalle, und guten Korrosionsbeständigkeit benutzt (Tabelle 2). Die Festigkeit, Beständigkeit und Abbrandfestigkeit wird durch Zusätze, wie Kupfer oder Nickel, beträchtlich erhöht. Silber überzieht sich an der Luft mit einer dünnen leitenden Oxidschicht. In schwefelhaltiger Atmosphäre bildet sich auf der Oberfläche eine Schicht aus schwarzem Silbersulfid, wie es von Silberbestecken als Anlaufen bekannt ist. Bei elektrischen Kontakten wird der elektrische Widerstand durch Silbersulfid erheblich erhöht.

Tabelle 2: Physikalische und mechanische Eigenschaften von Silber

Atomare Daten	
Ordnungszahl	47
Atommasse	107,87 u
Atomdurchmesser	$2,889 \cdot 10^{-10}$ m
Kristallgittertyp[1]	kfz
Physikalische Kennwerte (20 °C)	
Dichte ϱ	10,49 kg/dm³
Schmelztemperatur ϑ_S	961 °C
Wärmedehnung α	$19 \cdot 10^{-6}$ 1/K (bei 0 °C)
Wärmeleitfähigkeit λ	427 W/(m · K)
Elektr. Leitfähigkeit $\varkappa$	62,9 m/(Ω · mm²)
Mechanische Kennwerte[2]	
Zugfestigkeit R_m	300 MPa
Dehngrenze $R_{p0,2}$	55 MPa
Bruchdehnung A	max 60 %
Elastizitätsmodul E	72,4 GPa

[1] kfz = kubisch-flächenzentriert
[2] Die Kennwerte sind von der chemischen Zusammensetzung (Reinheit) sowie vom Gefügezustand (z. B. geglüht, kaltverfestigt, usw.) abhängig. Die Angaben sind daher als Orientierungswerte zu verstehen.

Neben Kupfer und Kupferlegierungen werden silberhaltige **Hartlote** (Kapitel 4.4.2.6), zum Löten von Schwermetallen verwendet. Diese **Silberlote** (Tabelle 1, Seite 118) werden vor allem zur Herstellung von Verbindungen (höhere Festigkeit als beim Weichlöten) bei Stählen, Kupfer- und Nickellegierungen verwendet.

Gold (Tabelle 1, Seite 412) ist weich und lässt sich zu sehr dünnen Folien **(Blattgold)** umformen. Für Schmuck-, Münz- und Dentallegierungen wird Gold legiert mit Kupfer, Silber oder Palladium (**Zahngold**). Der Goldgehalt von Schmucklegierungen wird als Feingold oder in **Karat** (100 % Au = 1 000 Teile Feingold = 24 Karat, 750 Teile = 18 Karat) angegeben.

Neben Silber werden auch Gold und die Platinmetalle als Kontaktwerkstoffe eingesetzt.

Treten, wie beispielsweise in der Nachrichtentechnik, nur geringe Schaltleistungen auf, muss die Kontaktfläche metallisch rein bleiben, es dürfen sich keine Korrosions- oder Fremdschichten bilden. Diese Eigenschaften erfüllen Edelmetalle und deren Legierungen, die aus Kostengründen oft nur als dünne Schichten aufgebracht werden.

7.10.7 Metalle der 2. Nebengruppe

In der gleichen Gruppe des Periodensystems wie Zink, stehen noch die Metalle Cadmium und Quecksilber (Tabelle 2). Beide sind toxisch (auch bei starken Rauchern können Cadmiumvergiftungen auftreten, da Tabak etwa 2 ppm Cd enthält). **Cadmium** besitzt ähnliche Eigenschaften wie das Metall Zink. Schützende Überzüge aus Cadmium auf Stahl und Eisen wurden früher durch Galvanisieren oder Plattieren aufgebracht. Die Anwendung ist heute auf wenige Spezialfälle beschränkt. Als Legierungsbestandteil wird Cadmium in Kupfer-, Silber-, Aluminium-, Zinn- und Bleilegierungen (siehe dort) eingesetzt.

Tabelle 1: Physikalische und mechanische Eigenschaften von Gold

Atomare Daten	
Ordnungszahl	79
Atommasse	196,97 u
Atomdurchmesser	$2{,}884 \cdot 10^{-10}$ m
Kristallgittertyp[1]	kfz
Physikalische Kennwerte (20 °C)	
Dichte ϱ	19,32 kg/dm³
Schmelztemperatur ϑ_S	1063 °C
Wärmedehnung α	$14 \cdot 10^{-6}$ 1/K (bei 0 °C)
Wärmeleitfähigkeit λ	315 W/(m · K)
Elektr. Leitfähigkeit $\varkappa$	42,6 m/($\Omega \cdot$ mm²)
Mechanische Kennwerte[2]	
Zugfestigkeit R_m	220 MPa
Dehngrenze $R_{p0,2}$	40 MPa
Bruchdehnung A	max 50 %
Elastizitätsmodul E	74,5 GPa

[1] kfz = kubisch-flächenzentriert
[2] Die Kennwerte sind von der chemischen Zusammensetzung (Reinheit) sowie vom Gefügezustand (z. B. geglüht, kaltverfestigt, usw.) abhängig. Die Angaben sind daher als Orientierungswerte zu verstehen.

Wiederaufladbare NiCd-Batterien hatten nach wie vor eine große technische Bedeutung, sind jedoch seit 2009 durch das Batteriegesetz (BattG) verboten. Ausnahmen gibt es nur noch für Alarm- und Notsysteme sowie für medizinische Ausrüstung.

Tabelle 2: Eigenschaften der Metalle der 2. Nebengruppe

Element	Symbol	Kristallgittertyp	Dichte in kg/dm³	Schmelztemperatur in °C	E-Modul in GPa[3]	Anwendungsbeispiele, Bemerkungen
Zink	Zn	hdP[1]	7,13	419	100	Guss- und Knetlegierungen (Kapitel 7.7)
Cadmium	Cd	hdP[1]	8,64	321	64	Cu-, Ag-, Al-, Sn-, Pb-Legierungen, Cadmieren, Reaktortechnik
Quecksilber	Hg	hdP[2]	13,55	−39	−	Amalgam (Hg-Legierungen), Thermometer, Schaltröhren

[1] Vom geometrisch gleichmäßigen Aufbau abweichend (gestreckt) [2] Von der geometrisch idealen Form abweichend
[3] GPa = Gigapascal = 10^9 Pa = 10^9 N/m²

In den Verbindungen CdS und CdSe stehen Halbleiter zur Verfügung, die als fotoelektrische Bauelemente Fotowiderstände u. Ä.) verwendet werden. Cadmium wirkt stark Neutronen absorbierend (sowohl als reines Metall als auch in Lösungen oder Legierungen) und wird daher auch zum Regeln oder Abschalten von Kernreaktoren eingesetzt. Eine neue Anwendung hat Cadmium als Bestandteil von Cadmiumtellurid für Dünnschichtsolarzellen gefunden.

Die frühere Bedeutung von **Quecksilber** beruhte vor allem auf seinem niedrigen Schmelzpunkt (− 39 °C). Es wurde in Thermometern und in Schaltröhren benutzt. Quecksilber löst viele Metalle, die entstehenden Legierungen werden **Amalgame** genannt. Silberamalgam wurde für Zahnfüllungen verwendet. Zinnamalgame dienen als Spiegelbelag. Aufgrund der Giftigkeit sind Quecksilberprodukte in vielen Ländern seit 2008/9 verboten.

7.10.8 Scandium, Yttrium und die Seltenerdmetalle

Die Elemente der 3. Nebengruppe (Tabelle 1, Seite 413), Scandium und Yttrium, werden auch als **Yttererden** bezeichnet. Im weiteren Sinn zählen sie zu den Seltenerdmetallen. Die Seltenerdmetalle werden auch **Lanthanoide** genannt und umfassen die Elemente mit den (chemischen) Ordnungszahlen 58 bis 71. **Scandium** hat als Legierungselement zum Aluminium (Aluminium-Scandium-Legierungen) eine gewisse technische Bedeutung.

Bei eventuell möglichen künftigen Anwendungen lässt es sich vermutlich durch das billigere **Yttrium** ersetzen. Yttrium ist nach Cer das zweithäufigste Seltenerdmetall. In keramischen Werkstoffen, insbesondere bei den so genannten **Sialon-Werkstoffen** (Silicium-Aluminium-Oxynitride), bewirken Zusätze von Yttriumoxid Steigerungen von Festigkeit und chemischer Beständigkeit.

Die technische Bedeutung der **Seltenerdmetalle** hat seit 1990 stark zugenommen. Neben den schon länger genutzten Metallen Cer und Lanthan haben besonders Neodym und Samarium wachsende Bedeutung zur Herstellung von Hochleistungsmagneten erlangt. **Cer** wird auch anstelle von Magnesium bei der Erschmelzung von grauem Gusseisen mit Kugelgrafit zugesetzt, um die Ausbildung von Grafitkugeln zu bewirken (Kapitel 6.6.3.4). In Aluminium- und Magnesium-Legierungen wirken Cerzusätze kornfeinend und damit festigkeitssteigernd. Zündmetalle für Feuerzeuge oder Gasanzünder enthalten etwa 74% Cermischmetall (Mischung von eltenerdmetallen mit ca. 50% Cer.

Als Oxide finden Seltenerdmetalle sowie Yttrium weitere Anwendungen, wie z.B. in Katalysatoren für die Erdölverarbeitung und für Automobile, in der Glas- und Metallindustrie, in Leuchtstoffen, für Akkumulatoren, in Permanentmagneten für Elektromotoren in Hybrid- und Elektroautomobilen und Windkraftanlagen.

Tabelle 1: Eigenschaften von Scandium, Yttrium und ausgewählten Seltenerdmetallen

Element	Symbol	Kristall-gittertyp	Dichte in kg/dm^3	Schmelz-temperatur in °C	E-Modul in GPa[3]	Anwendungen, Bemerkungen
Scandium	Sc	hdP[1]	2,99	1539	75,5	Legierungselement zum Aluminium
Yttrium	Y	hdP[2]	4,47	1523	63,6	Yttriumoxid in keramischen Werkstoffen
Lanthan	La	hdP[3]	6,16	920	38,4	–
Cer	Ce	kfz	6,77	798	30,6	Al-, Mg-Legierungen, Sphäroguss
Praseodym	Pr	hdP	6,47	935	[4]	Magnete, Glasindustrie
Neodym	Nd	hdP	7,00	1024	[4]	Magnete (NdFeB), Akkumulatoren
Dysprosium	Dy	hdP	8,56	1407	[4]	Magnete

[1] bis 1000 °C   [2] > 1478 °C: kfz   [3] GPa = Gigapascal = 10^9 Pa = 10^9 N/m^2 [4] keine Angabe

7.10.9 Metalle der 4. Nebengruppe

Die Metalle der 4. Nebengruppe (Tabelle 2) haben unterschiedliche technische Bedeutung. Das technisch wichtigste Metall Titan (Kapitel 7.3) ist noch ein Leichtmetall und das schwerere Zirconium (Zirkon ist der Name des Minerals ZrSiO$_4$) wird seit einigen Jahren in der Reaktortechnik als Hüllmaterial für Brennstäbe (Bild 1, Seite 414) eingesetzt. Hafnium hat bisher kaum technische Verwendung gefunden.

Tabelle 2: Eigenschaften der Metalle der 4. Nebengruppe

Element	Symbol	Kristallgittertyp	Dichte in kg/dm^3	Schmelz-temperatur in °C	E-Modul in GPa[1]	Anwendungsbeispiele, Bemerkungen
Titan	Ti	α-Ti (< 882 °C): hdP β-Ti (> 882 °C): krz	4,51	1670	111	Knetlegierungen (Kapitel 7.3)
Zirconium	Zr	α-Zr (< 862 °C): hdP β-Zr (> 862 °C): krz	6,41	1852	69,7	Reaktortechnik (Hüllmaterial für Brennstäbe)
Hafnium	Hf	α-Hf (< 1775 °C): krz	13,31	2227	141	(Reaktortechnik)

[1] GPa = Gigapascal = 10^9 Pa = 10^9 N/m^2

Zirconium, legiert als Werkstoff ZrSn1,5 (bekannt unter dem Namen **Zircaloy 2**), hat eine gute Durchlässigkeit für die beim Kernspaltungsprozess benötigten thermischen Neutronen, man spricht von einem kleinen Wirkungsquerschnitt. Zirconiumerze enthalten immer Hafnium, das einen fast 500fach größeren Wirkungsquerschnitt hat, und daher aus dem Zirconium entfernt werden muss. In anderen technischen Eigenschaften ist Zirconium dem Leichtmetall Titan sehr ähnlich und übertrifft dieses sogar noch in der Korrosionsbeständigkeit. Unlegiertes Zirconium (Hf-haltig) gelangt in der chemischen Verfahrenstechnik zum Einsatz, wenn Nickellegierungen, Titan oder rostfreie Stähle nicht mehr ausreichen.

> **ⓘ Information**
>
> **Wirkungsquerschnitt**
> Der **Wirkungsquerschnitt** ist ein Maß für die Wahrscheinlichkeit des Eintritts einer Kernreaktion und gibt den Querschnitt um einen Atomkern an, in dem ein Teilchen, hier ein thermisches (= langsames) Neutron, eine Reaktion auslöst. Er wird angegeben in 10^{-30} m^2.

Als keramischer Werkstoff kommt Zirconiumdioxid (ZrO_2) beispielsweise in Ziehringen und Strangpressmatrizen zum Einsatz (Kapitel 10.6.2).

Hafnium ist ein Abfallprodukt der Zirconiumgewinnung. Die Produktion von Hafnium übersteigt den Bedarf, da es kaum eine technische Bedeutung besitzt. Regel- oder Steuerstäbe aus Hafnium kommen in den Reaktoren von atomar angetriebenen U-Booten zum Einsatz. In Legierungen kann es andere Carbidbildner wie Tantal ersetzen (z. B. in Werkzeugstählen).

7.10.10 Metalle der 5. Nebengruppe

Die Metalle der 5. Nebengruppe (Tabelle 1), Vanadium, Niob und Tantal, haben vor allem als Legierungszusätze für Stähle Bedeutung. Sie sind kubisch-raumzentriert und bilden mit Kohlenstoff sehr stabile Carbide.

Vanadium wird als Legierungselement in geringen Mengen Gusseisen, Stahl sowie Titanlegierungen zugesetzt. Vanadiumcarbide verbessern insbesondere in Warm- und Schnellarbeitsstählen die Warmfestigkeit und vermindern den Verschleiß. Außerdem wirkt Vanadium in Stählen stark kornfeinend und wird deswegen auch in Feinkornbaustählen (Kapitel 6.5.3.1) verwendet. Vanadium begünstigt in Titanlegierungen die Ausbildung der kubisch-raumzentrierten Kristallstruktur (Werkstoffe TiV13Cr11Al13 oder TiAl6V4).

Auch **Niob** (engl. niobium, auch columbium) wirkt in Stählen kornfeinend und wird daher sowohl in Feinkornbaustählen (Kapitel 6.5.3.1) als auch in ferritischen und austenitischen Stählen als Stabilisator zur Vermeidung von interkristalliner Korrosion benutzt (Kapitel 4.4.1.3). In beiden Fällen beruht dies auf der starken Affinität zu Kohlenstoff und der hohen chemischen Beständigkeit der Carbide des Niobs. Geringere Bedeutung haben Niob und Nioblegierungen in der Elektronik, Luft- und Raumfahrttechnik sowie in der chemischen Industrie (säurebeständig). Die Bedeutung der intermetallischen Verbindungen Nb_3Sn oder Nb_3Ge als Supraleiter nimmt nach der Entdeckung der keramischen Hochtemperatursupraleiter ab.

Tantal wird unter anderem für elektronische Kondensatoren verwendet. Auch in der chemischen Industrie, in der Medizintechnik (Implantate u. Ä.) sowie in der Hochtemperaturtechnik kommt Tantal zum Einsatz.

Bild 1: Brennelement für Siedewasserreaktor
Verschweißte Hüllrohre und Abstandhalter aus Zircaloy

Tabelle 1: Eigenschaften der Metalle der 5. Nebengruppe

Element	Symbol	Kristallgittertyp	Dichte kg/dm³	Schmelztemperatur °C	E-Modul GPa	Anwendungsbeispiele, Bemerkungen
Vanadium	V	krz	6,09	1915[1]	130	Legierungselement für Stähle, Gusseisenwerkstoffe und Ti-Legierungen
Niob	Nb	krz	8,57	2468	160	Legierungselement für Stahl, Nb-Legierungen, Elektronik, Raumfahrt
Tantal	Ta	krz	16,68	2996	189	Legierungen für die Hochtemperaturtechnik

[1] Der Schmelzpunkt kann sich durch geringe Mengen von H, C, N oder O beträchtlich erhöhen

7.10.11 Metalle der 6. Nebengruppe

Die Metalle der 6. Nebengruppe (Tabelle 1, Seite 415), **Chrom**, **Molybdän** und **Wolfram**, sind kubisch-raumzentriert. Diese Metalle sind wichtige Legierungselemente für Stähle. Sie gehören zu den **Carbidbildnern**, d. h. sie bilden mit dem Kohlenstoff thermodynamisch stabilere Carbide als Eisen und erhöhen dadurch die Anlassbeständigkeit der Stähle (Kapitel 6.4.5.2). Sie finden sich aber auch in anderen technischen Anwendungen.

7.10 Technisch weniger bedeutsame Metalle

Tabelle 1: Eigenschaften der Metalle der 6. Nebengruppe

Element	Symbol	Gitter	Dichte in kg/dm³	Schmelztemperatur in °C	E-Modul in GPa[1]	Anwendungsbeispiele, Bemerkungen
Chrom	Cr	krz	7,21	1860	160	Legierungselement für Stähle, Gusseisenwerkstoffe sowie für Cu-, Ni- und Ti-Legierungen
Molybdän	Mo	krz	10,22	2617	336	Heizleiter, Hochtemperaturtechnik, Legierungselement für Stähle, Gusseisenwerkstoffe und Ni-Legierungen
Wolfram	W	krz	19,26	3410	415	Heizwendel (Glühlampen u. Ä.), Legierungselement für Stähle und Co-Legierungen

[1] GPa = Gigapascal = 10^9 Pa = 10^9 N/m²

Chrom wird hauptsächlich als Legierungsmetall für (nahezu alle legierten) Stähle und Gusseisenwerkstoffe sowie für Nickel-, Kupfer- und Titanlegierungen genutzt. In großem Maße wird Chrom elektrolytisch zum Oberflächenschutz von Stählen u. a. verwendet. Diese Überzüge sind hochglänzend, sehr hart (bis zu 70 HRC beim Hartverchromen) und äußerst korrosionsbeständig, da sie weder an Luft noch unter Wasser oxidieren. Das **Chromieren** ist ein Metall-Diffusionsverfahren zur Verbesserung der Korrosionsbeständigkeit sowie zum Teil auch der Härte und Verschleißbeständigkeit (Stähle mit höherem C-Gehalt). Hierbei diffundiert Chrom bei Temperaturen von 1000 °C bis 1150 °C für 6 h bis 12 h in die oberflächennahe Randschicht ein.

Molybdän wird hauptsächlich als Legierungsmetall für verschiedene Stähle und Gusseisen sowie für Nickellegierungen verwendet. In der Elektroindustrie wird Molybdändraht als Stützdraht in Glühlampen sowie Molybdänbleche in Elektronenröhren und als Kontaktmaterial eingesetzt. Der Einsatz von Molybdän als Heizleiter erfordert eine Schutzgasumgebung. Molybdän-Legierungen wie TZM (0,02 % C, 0,5 % Ti, 0,1 % Zr, Rest Mo) oder Molybdän-Wolfram übertreffen Formstähle bei Kokillen- und Druckgießformen hinsichtlich der Standzeit infolge der wesentlich höheren Warmfestigkeit. Auch andere hochtemperaturbeständige Teile aus Molybdän-Legierungen werden in der Flugzeug- und Raketenindustrie benutzt. Molybdändisulfid (MoS_2) hat große Bedeutung als Trockenschmiermittel.

Wolfram wird hauptsächlich für **Hartmetalle** oder **Cermets** (Kapitel 10.7.2.1 und Tabelle 2) verwendet, in denen Wolframcarbid (WC), in geringerem Maße auch TiC und/oder TaC, als Schneidwerkstoff genutzt werden.

Tabelle 2: Zusammensetzung und Eigenschaften (Anhaltswerte) von Hartmetallen nach DIN ISO 513

Anwendungsgruppe	Eigenschaften	Zusammensetzung[1]			Härte in HV	Biegefestigkeit in MPa	Druckfestigkeit in MPa	Dichte in kg/dm³
		WC in %	TiC +TaC in %	Co in %				
P01	Schnittgeschwindigkeit, Verschleißbeständigkeit ↑ / Zähigkeit, Vorschub ↓	33	59	8	1.650	800	5.100	k.A.
P10		55	36	9	1.600	1.300	5.200	10,6
P20		76	14	10	1.500	1.500	5.000	12,1
P30		82	8	10	1.450	1.800	4.800	13,0
P40		74	12	14	1.350	1.900	4.600	k.A.
P50		79,5	6,5	14	1.300	2.000	4.000	k.A.
M10		84	10	6	1.700	1.350	6.000	13,1
M15		81	12	7	1.550	1.550	5.500	13,3
M20		82	10	8	1.550	1.650	5.000	k.A.
M40		79	6	15	1.350	2.100	4.400	k.A.
K01		92	4	4	1.800	1.200	6.200	k.A.
K05		92	2	6	1.750	1.350	6.000	15,1
K10		92	2	6	1.650	1.500	5.800	14,9
K20		92	2	6	1.550	1.700	5.500	14,7
K30		92	0	7	1.400	2.000	4.600	14,5
K40		88	0	12	1.300	2.200	4.500	14,2

[1] Angaben in Masse-%   k.A. = keine Angabe

Der hohe Schmelzpunkt von 3410 °C erschließt für Wolfram Anwendungen im Hochtemperaturbereich. Am bekanntesten sind Drähte in herkömmlichen Glühlampen aus Wolfram. Aber auch Katoden- oder Anodenmaterial in Glühkatoden und Röntgenröhren, elektrische Kontakte und Schweißelektroden werden aus Wolfram hergestellt. Bei der Verwendung als Heizleiter gelten für Wolfram die gleichen Bedingungen (Schutzgas) wie für Molybdän. Sinterlegierungen auf Wolframbasis (meist mit Nickel oder Kupfer) haben ebenfalls hervorragende Warmfestigkeit und Temperaturwechselfestigkeit. Wolfram wird Stählen und Superlegierungen (Kapitel 7.6.2) bzw. Cobaltlegierungen (Stellite s. unten) als Legierungselement, bei Stählen meist in Form von Ferrowolfram, zugesetzt.

7.10.12 Mangan und Cobalt

Bei den verbliebenen restlichen Metallen wird von der Einteilung und Ordnung nach den Gruppen des Periodischen Systems abgegangen, um eine den Hauptanwendungen und Eigenschaften besser entsprechende Systematisierung zu erreichen. So hat das mit Mangan in der 7. Nebengruppe stehende Metall Rhenium mehr Ähnlichkeiten mit dem in der Periode benachbarten Element Osmium. Die mit Cobalt in einer Gruppe stehenden Metalle Rhodium und Iridium werden zu den Platinmetallen gerechnet.

Mangan (Tabelle 1) ist als so genannter Eisenbegleiter fast in allen Stählen vorhanden (Kapitel 6.2.1.2) und bildet mit Eisen Mischkristalle. Mangan verschiebt die Umwandlung $\gamma \leftrightarrows \alpha$ zu tieferen Temperaturen (austenitische Mangan-Hartstähle, Kapitel 6.3.2.2). Mangan ist auch ein wichtiges Legierungselement für Aluminium- und Kupferlegierungen. In der Stahlindustrie wird Mangan meist in Form von Ferromangan mit einem Mn-Gehalt von bis zu 90 % eingebracht. Daneben ist nur noch eine hoch manganhaltige (54 % Mn, 37 % Cu, u. a.) Gusslegierung bekannt, die sich durch ein hohes Dämpfungsvermögen auszeichnet und zur Herstellung von Schiffspropellern benutzt wird.

Tabelle 1: Eigenschaften von Mangan und Cobalt

Element	Symbol	Kristallgittertyp	Dichte in kg/dm^3	Schmelztemperatur in °C	E-Modul in GPa[1]	Anwendungsbeispiele, Bemerkungen
Mangan	Mn	α/β-Mn:[2] γ-Mn (1079 ... 1143 °C): kfz δ-Mn (1143 ... 1244 °C): krz	7,21	1244	162	Legierungselement für Stähle, Cu- und Al-Legierungen
Cobalt	Co	α-Co (< 417 °C): hdP β-Co (417 ... 1495 °C): kfz	8,90	1495	210	Legierungselement für Superlegierungen, Stellite, Hartmetalle und Sähle

[1] GPa = Gigapascal = 10^9 Pa = 10^9 N/m^2
[2] Kubisch verzerrt. α-Mn (< 710 °C) kubisch mit 58 Atomen je Elementarzelle bzw. β-Mn (710 °C ... 1079 °C) mit 20 Atomen je Elementarzelle

Cobalt (Tabelle 1) kommt meistens zusammen mit Nickel vor und hat viele ähnliche Eigenschaften. Der Hauptunterschied zwischen beiden Metallen besteht im Kristallaufbau, Nickel kristallisiert kubisch-flächenzentriert und Cobalt hexagonal (bei Temperaturen unter 417 °C). Cobalt wird hauptsächlich als Legierungszusatz in Stählen, insbesondere in Schnellarbeitsstählen (Kapitel 6.5.16.7) und korrosionsbeständigen Nickellegierungen (Kapitel 7.6.2) verwendet. Superlegierungen (Kapitel 7.6.2) auf Cobaltbasis, wie CoCr24Ni10W, werden eingesetzt, wenn Bauteile auf Heißgaskorrosion wie in Gasturbinen beansprucht werden.

Eine Gruppe von Hartlegierungen, die als **Stellite** bezeichnet werden, enthalten 20 % bis 68 % Co sowie hauptsächlich Chrom und Wolfram. Stellite behalten auch noch bei Rotglut ihre hohe Härte, so dass sie nur durch Gießen verarbeitet werden können.

In **Hartmetallen** (Tabelle 2, Seite 415) wird Cobalt als Bindemetall verwendet. Cobalt verleiht den Hartmetallen die notwendige Zähigkeit. Härte und Verschleißfestigkeit liefern die Hartstoffphasen Wolframcarbid (WC), Titancarbid (TiC) und Tantalcarbid (TaC). Der Anteil von WC kann dabei 90 % überschreiten . Die Sinterung von einem Gemisch, beispielsweise 90 % WC + 10 % Co, erfolgt bei ca. 1 400 °C, also unterhalb der Schmelztemperatur von reinem Cobalt. Da aber wie in einem eutektischen Zustandsdiagramm WC die Schmelztemperatur von Cobalt im Eutektikum um fast 200 K herabsetzt, wird ein geringer Teil des Wolframcarbids in der eutektischen Cobaltschmelze gelöst. Beim Erstarren entsteht eine γ-Phase (Cobaltmischkristalle) und an die noch vorhandenen Carbidkörner lagern sich weitere WC-Teilchen an, sodass zwischen den Carbidkörnern eine metallische Bindung entsteht. Die noch vorhandenen Poren können durch Heißpressen beseitigt werden.

7.10.13 Platinmetalle

Während Silber und Gold neben der sehr guten Korrosionsbeständigkeit auch eine hohe elektrische und thermische Leitfähigkeit aufweisen, verfügen die **Platinmetalle** (auch PGM-Platingruppenmetalle, Tabelle 1) Platin, Palladium, Ruthenium, Rhodium, Iridium und Osmium zusätzlich über einen hohen Schmelzpunkt, was deren Einsatzmöglichkeiten bei höheren Temperaturen ermöglicht, zumal auch meistens gute Warmfestigkeitseigenschaften vorliegen. Auch Dichte und Elastizitätsmodul sind zum Teil sehr hoch.

Tabelle 1: Eigenschaften der Platinmetalle

Element	Symbol	Kristallgittertyp	Dichte in kg/dm^3	Schmelztemperatur in °C	E-Modul in GPa[1]	Anwendungsbeispiele, Bemerkungen
Platin	Pt	kfz	21,48	1770	173	Schmuck- und chemische Industrie, Katalysatoren
Palladium	Pd	kfz	12,03	1554	123	Legierungselement für Ag-, Cu-, Au-Legierungen, Kontakte
Ruthenium	Ru	hdP	12,45	2310	440	Legierungselement für Platin und Palladium (Festigkeitserhöhung)
Rhodium	Rh	α-Rh (≤ 1030 °C) : krz β-Rh (> 1030 °C) : kfz	12,41	1965	386	Überzüge (Rhodinieren)
Iridium	Ir	kfz	22,40	2450	538	Schreibfedern
Osmium	Os	hdP	22,61	3045	570	Legierungselement für Wolfram

[1] GPa = Gigapascal = 10^9 Pa = 10^9 N/m^2

Das wichtigste und häufigste Platinmetall ist **Platin**. Die hervorragende Korrosionsbeständigkeit auch bei höheren Temperaturen ermöglicht die Verwendung für Laborgeräte und Schmuck. In Drähten und Drahtnetzen ist Platin häufig mit Rhodium, manchmal auch mit Iridium legiert, wie auch im Thermopaar Pt-PtRh. In vielen chemischen Prozessen sowie in den Autoabgasanlagen wird Platin als **Katalysator** eingesetzt. Platin und Palladium absorbieren bis zum Hundertfachen ihres Volumens Wasserstoff.

Palladium ist das preiswerteste Platinmetall und wird daher rein oder mit Silber oder Kupfer legiert als Kontaktwerkstoff in der Elektro- und Nachrichtentechnik eingesetzt. In der chemischen Industrie und auch in Autoabgasanlagen wird Palladium ebenfalls als Katalysator benutzt. **Iridium** wird legiert mit Osmium zu korrosions- und abriebfesten Schreibfederspitzen verarbeitet. Früher wurde auch **Osmium**, häufig legiert mit Wolfram, für Glühfäden in herkömmlichen Glühlampen eingesetzt). **Rhodium** wird galvanisch als sehr dünne hitze- und chemikalienbeständige Schicht **(Rhodinieren)** hauptsächlich auf Spiegeln, Reflektoren, Schmuck (Silber) und Kontakten aufgebracht. **Rhenium** ist eines der seltensten Metalle und hat als Legierungselement in Teilen von Strahltriebwerken von Flugzeugen Bedeutung.

7.10.14 Thorium und Uran

Die radioaktiven Metalle **Thorium** und **Uran** werden als Kernbrennstoffe meistens in Form ihrer Oxide, als Urandioxid oder Mischoxid eingesetzt, obwohl auch ein Einsatz in metallischer Form denkbar ist (Tabelle 2). Thorium hat neben der bisherigen Bedeutung für Brennelemente des Hochtemperaturreaktors im nichtnuklearen Bereich als Legierungselement in Heizdrähten und Elektroden für Gasentladungslampen Verwendung gefunden. In Magnesium-Gusslegierungen wie MgTh3Zn2Zr1 dient Thorium der Verbesserung der Warmfestigkeit und Kriechfestigkeit. Uran und die übrigen radioaktiven Metalle haben aufgrund der Radioaktivität keine nennenswerte technische Bedeutung als Metall erlangt.

Tabelle 2: Eigenschaften von Thorium und Uran

Element	Symbol	Kristallgittertyp	Dichte in kg/dm^3	Schmelztemperatur in °C	E-Modul in GPa[1]	Anwendungsbeispiele, Bemerkungen
Thorium	Th	kfz	11,72	1750	72,4	Legierungselement für Mg- und W-Legierungen, Kernbrennstoff
Uran	U	orthorhombisch	19,16	1133	2046	Kernbrennstoff

[1] GPa = Gigapascal = 10^9 Pa = 10^9 N/m^2

7.11 Verbundwerkstoffe

Unter Verbundwerkstoffen werden Kombinationen verschiedener Werkstoffgruppen, d. h. Metalle (einschließlich ihrer Legierungen), Kunststoffe (organische Werkstoffe) und Keramiken (anorganisch nichtmetallische Werkstoffe) verstanden (Bild 1). Durch eine solche Kombination lassen sich die für einen bestimmten Anwendungsfall vorteilhaften Eigenschaften der Verbundpartner kombinieren, beispielsweise kann einem niedrigfesten Metall wie Aluminium durch die Einlagerung härterer Fasern eine höhere Festigkeit verliehen werden.

7.11.1 Einteilung der Verbundwerkstoffe

Je nachdem, wie die Verbundpartner zueinander angeordnet sind, werden verschiedene Gruppen von Verbundwerkstoffen unterschieden (Bild 2):

- Bei **Schichtverbundwerkstoffen** liegen die einzelnen Werkstoffe schichtenförmig übereinander. Die Schichtdicke kann variabel sein. Werkstoffe dieser Gruppe werden mitunter auch als **Werkstoffverbunde** bezeichnet, um eine sprachliche Abgrenzung zu den drei anderen Verbundwerkstoffgruppen zu treffen. Im Gegensatz zu Schichtverbunden sind hierbei die einzelnen Verbundpartner jedoch nicht mit bloßem Auge zu erkennen, die Werkstoffe erscheinen makroskopisch homogen.

- Bei **Durchdringungsverbundwerkstoffen** haben die Verbundpartner einen gefügeähnlichen Zusammenhalt.

- Bei **Faserverbundwerkstoffen** werden einzelne Fasern der anderen Komponente in den Grundwerkstoff eingebracht. Hierbei können die Fasern kurz oder lang sein, sie können ausgerichtet oder regellos sein. Bild 3 zeigt einen typischen Faserverbundwerkstoff (Kohlefasern in Epoxidharzmatrix).

- Bei den **Teilchenverbundwerkstoffen** liegen Teilchen der zweiten Komponente im Grundwerkstoff vor. Je nach Teilchengröße und -verteilung sind Variationen möglich.

Es ist auch möglich, drei oder mehr Komponenten in einem Verbundwerkstoff zusammenzubringen.

Verbundwerkstoffe sind oft teurer im Vergleich zu konventionellen Werkstoffen, sie können aber dennoch in vielen Fällen der ideale Werkstoff sein, so dass sich die Anwendung dann auch unter wirtschaftlichen Gesichtspunkten rechtfertigen lässt. Immer zu beachten ist, dass das Recycling von Verbundwerkstoffen erschwert ist, da sich die einzelnen Komponenten oftmals nur schwer voneinander trennen lassen.

Nachfolgend sollen einige, insbesondere für den Maschinenbau wichtige Verbundwerkstoffe vorgestellt werden.

Bild 1: Möglichkeiten der Bildung von Verbundwerkstoffen (nach Hornbogen)

Bild 2: Einteilung von Verbundwerkstoffen
a) Schichtverbundwerkstoff
b) Durchdringungsverbundwerkstoff
c) Teilchenverbundwerkstoff
d) Faserverbundwerkstoff

Bild 3: Kohlefasern in Epoxidharzmatrix als Beispiel eines Faserverbundwerkstoffs

7.11.2 Metal Matrix Composites (MMC)

Der Begriff **MMC** hat sich auch im Deutschen für eine verhältnismäßig neue Verbundwerkstoffgruppe durchgesetzt. MMC steht für **Metal Matrix Composites**, d. h. Metall-Matrix-Verbundwerkstoffe. Sie gehören zu den Teilchen- oder Faserverbundwerkstoffen, bei denen Verstärkungskomponenten (von außen mit bloßem Auge nicht mehr sichtbar) in die metallische Grundsubstanz (z. B. Aluminium oder Magnesium) eingebracht werden.

> **ⓘ Information**
>
> **Metal Matrix Composites (MMC)**
> MMC, Metal Matrix Composites, sind Verbundwerkstoffe, basierend auf einem Metall, in das eine Verstärkungskomponente in feiner Verteilung eingebracht wurde.

Prinzipiell lassen sich MMC mit fast allen Metallen und ihren Legierungen herstellen. Am meisten durchsetzen konnte sich diese Werkstoffgruppe bisher aber für Aluminiumlegierungen und zunehmend auch für Magnesiumlegierungen. Insbesondere bei den Leichtmetallen Aluminium und Magnesium kann eine derartige Verstärkung sinnvoll sein, da die Festigkeit und Warmfestigkeit dieser Metalle positiv beeinflusst werden. In Abhängigkeit des jeweiligen Anwendungszwecks handelt es sich bei der Verstärkungskomponente um Teilchen, Kurzfasern, Langfasern oder Whisker, eine Reihenfolge, die gleichzeitig angibt, in welcher Richtung der Preis der eingelagerten Komponente steigt. Wenngleich Teilchen billiger sind, kann die Einlagerung von Fasern oder Whiskern sinnvoll sein, falls bestimmte Eigenschaften in definierten Richtungen gefördert werden.

Als **Einlagerungskomponenten** wurden eine Vielzahl von Verbindungen und auch Metallen geprüft, aus denen sich im Laufe der Zeit vor allem Al_2O_3 und SiC als Favoriten herauskristallisierten. Der Vorteil: Beide sind von hoher Festigkeit und verleihen somit auch dem Aluminium die gewünschten Eigenschaften, wie beispielsweise eine hohe Festigkeit, Warmfestigkeit oder Verschleißbeständigkeit. Weitere Verbesserungen lassen sich beim E-Modul, der Dichte oder beim thermischen Ausdehnungsverhalten erreichen.

7.11.2.1 Herstellung von MMC

Die Einlagerung der zweiten Komponente erfolgt in der Regel auf schmelz- oder pulvermetallurgischem Weg. Bei der **schmelzmetallurgischen Herstellung** werden die Verstärkungskomponenten in eine Schmelze eingerührt (Bild 1a) oder in Form eines Vorkörpers (Bild 1b) infiltriert. Um diesen Vorkörper herzustellen, können die Verstärkungsfasern je nach Länge miteinander verwoben oder verfilzt und dann in die gewünschte Form geschnitten werden. Das Infiltrieren von Vorkörpern hat zudem einen weiteren Vorteil: Es bietet die Möglichkeit des so genannten **lokalen Werkstoffengineering,** d. h. eine Verstärkungskomponente wird nur in den Bereichen eines Gussstückes eingebracht, in denen sie unbedingt notwendig ist. Bereits in Serie gefertigte Beispiele sind die Laufflächen bestimmter Al-Motorblöcke oder der Kolbenrand eines Zylinders für Dieselmotoren.

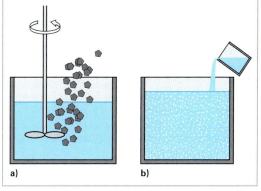

Bild 1: Schmelzmetallurgische Herstellung von MMC-Verbundwerkstoffen
 a) Einrühren von Verstärkungskomponenten (Teilchen) in eine Schmelze
 b) Infiltration eines vorgefertigten Faserkörpers

Bei **pulvermetallurgischer Herstellung** wird, wie aus Bild 1, Seite 420, ersichtlich, ein Metallpulver mit der jeweiligen Verstärkungskomponente gemischt und dann, wie in der Pulvermetallurgie üblich, gepresst und gesintert (wärmebehandelt). Dabei verschweißen die Metallteilchen und es entsteht ein kompakter Werkstoff.

Als Einlagerungskomponente eignen sich bei diesem Verfahrensweg Teilchen oder Kurzfasern, da sie unter der beim Pressen auftretenden Belastung nicht bzw. kaum brechen (Bild 2, Seite 420). Langfasern würden brechen, so dass ihr Einsatz nicht sinnvoll wäre. Aus demselben Grund können Werkstücke mit Teilchen oder Kurzfasern in gewissen Grenzen umgeformt werden, Verbundwerkstoffe mit Langfasern hingegen nicht.

Neben der schmelz- und pulvermetallurgischen Herstellung von MMC-Verbundwerkstoffen wurden eine Vielzahl weiterer Verfahrensvarianten entwickelt, von denen einige bereits serienreif sind, andere hingegen erprobt werden. Bei schmelzmetallurgischen Einrührvarianten besteht die Schwierigkeit, eine gleichmäßige Verteilung der Verstärkungskomponente zu erreichen. Daher ist das Verfahren genau auf den jeweiligen Anwendungsfall abzustimmen und in seinen Verfahrensparametern zu optimieren.

7.11.2.2 Eigenschaften von MMC

Im Falle der Leichtmetalle Aluminium und Magnesium lassen sich durch die Einlagerung keramischer Komponenten interessante Eigenschaften einstellen. Beispielsweise erreichen auf diese Weise hergestellte Aluminium-Basis-MMC bei Dichten von nur rund 3,0 kg/dm³ Festigkeitswerte, die denen von Titanlegierungen entsprechen, ein z. B. für Anwendungen in der Luft- und Raumfahrt wichtiges Argument.

Allgemein gilt bei Leichtmetallbasis-MMC: Der Elastizitätsmodul, die Festigkeit, Härte und die Warmfestigkeit werden durch den Zusatz der Verstärkungskomponenten erheblich gesteigert, insbesondere bei höheren Volumenanteilen (Bild 3 und Bild 1, Seite 421). Die Bruchdehnung nimmt jedoch dementsprechend ab. Auch wird die Bearbeitbarkeit (z. B. Zerspanen oder Umformen) der MMC-Verbundwerkstoffe mit zunehmendem Anteil der Verstärkungskomponente deutlich erschwert.

Neben dem Volumenanteil beeinflusst auch die Ausrichtung der Fasern die Eigenschaften. Beispielsweise ist es möglich, durch Ausrichtung der Fasern gerade in der jeweiligen Beanspruchungsrichtung eine besonders hohe Festigkeit einzustellen. Auch ist es auf diese Weise möglich, den E-Modul und damit die Steifigkeit der jeweiligen Beanspruchungsrichtung anzupassen.

Weiterhin wird mit zunehmendem Volumenanteil der Verstärkungskomponente eine deutliche Verbesserung des Ermüdungsverhaltens sowie des Verschleißwiderstandes erreicht. Auch das thermische Ausdehnungsverhalten wird durch den Zusatz deutlich verbessert. So erreichen SiC-verstärkte Aluminiumlegierungen Ausdehnungswerte, die im Bereich von Stählen liegen. Der elektrische Widerstand nimmt durch die Verstärkung zu, da die Fasern eine Reduzierung des leitenden Querschnitts bewirken.

Bild 1: Pulvermetallurgische Herstellung von MMC-Verbundwerkstoffen

Bild 2: Gefüge von MMC (schematisch)
a) Mit Teilchenverstärkung b) Mit Faserverstärkung

Bild 3: Mechanische Kennwerte von AlMg1SiCu in Abhängigkeit vom Volumenanteil SiC-Whisker (nach Mordike und Kainer)

Bei Aluminiumlegierungen ist insbesondere der starke Anstieg der Warmfestigkeit von besonderem Interesse, so dass diese Werkstoffe auch bei höheren Temperaturen eingesetzt werden können. Erst oberhalb von 300 °C ist, wie Bild 3 zeigt, mit einem deutlichen Abfall der Warmfestigkeit zu rechnen.

MMC sind, mit Ausnahme der erwähnten Anwendungen im Motorenbereich, für Serienanwendungen meist noch nicht geeignet. Jedoch gibt es viele interessante Prototypen wie z. B. die Verstärkung von Pistenraupenprofilen oder den Einsatz in stark beanspruchten Teilen von Textilmaschinen.

7.11.3 Werkstoffverbunde

Unter Werkstoffverbunden sind Erzeugnisse zu verstehen, bei denen Schichten verschiedener Werkstoffe (metallische, anorganische, organische) miteinander verbunden sind.

Innerhalb dieser Gruppe erfolgt eine weitere Unterscheidung in **Verbundhalbzeuge** (halbzeugähnlich, werden weiter verarbeitet) und **Verbundelemente** (fertige Bauteile). Eine klare Abgrenzung ist jedoch nicht in allen Fällen möglich.

Die bekanntesten Verbundhalbzeuge sind plattierte Werkstoffe, die über das **Walzplattieren** (Bild 2a) hergestellt werden. Hierbei werden Bänder verschiedener Metalle miteinander verwalzt, so dass ein fester Verbund entsteht. Derartige Werkstoffe haben bereits seit langer Zeit eine große Bedeutung, da sich auf diese Weise eine bessere Beständigkeit eines Grundmetalls erreichen lässt (z. B. in Euromünzen mit Nickelkern).

Bei großflächigen und dicken Materialien kann auch das **Sprengplattieren** Anwendung finden, bei dem die zu verbindenden Partner, wie z.B. Aluminium- und Stahlplatten, unter der Wirkung einer explodierenden Sprengladung miteinander verschweißt werden (Bild 2b). Die auf diese Weise verschweißten Bauteile werden zersägt und die einzelnen Stücke z. B. als Schweißverbinder oder Übergangsstücke für Deckaufbauten für Schiffe verwendet.

Eine weitere Verfahrensvariante zur Herstellung von Werkstoffverbunden ist das **Verbundstrangpressen,** bei dem gemäß Bild 3 ein anderer Werkstoff während des Strangpressens eines bestimmten Metalls zu einem Profil zugefügt wird.

Beispiele für mögliche Werkstoffverbunde auf Aluminiumbasis sowie einige Anwendungen zeigt Tabelle 1.

Bild 1: E-Modul von AlMg1SiCu in Abhängigkeit vom Volumenanteil SiC-Whisker (nach Mordike und Kainer)

Bild 2: Herstellung von flächenhaften Werkstoffverbunden (schematisch)
a) Walzplattieren   b) Sprengplattieren

Bild 3: Verbundstrangpressen zur Herstellung von Verbundprofilen und -halbzeugen

Tabelle 1: Beispiele für Werkstoffverbunde auf Aluminiumbasis

Kombination	Vorteile	Anwendung
Aluminiumlegierungen mit Reinaluminium	• Verbesserung des Korrosionsschutzes • Verbesserung der Haftfestigkeit bestimmter Beschichtungen (z. B. Email)	• Glänzwerkstoffe • Wärmeverdampfer
Aluminiumlegierungen mit Stahl	• Erhöhung der Festigkeit elektrischer Leitungen • Verbesserung der Korrosionsbeständigkeit	• Auspuffanlagen • Gleitlager • Wärmeausgleichsböden von Kochgeschirr • Hochspannungsleitungen
Aluminiumlegierungen mit Kupfer	• Kontaktwerkstoff	• Stromschienen • Kabel und Leitungen • Batterieanschlusskabel
Aluminiumlegierungen mit Cu-Zn-Legierungen (Messing)	• Höhere Oberflächenqualität	• Kunsthandwerk • Dekoration

8 Normung und Benennung metallischer Werkstoffe

Für die normgerechte Kennzeichnung metallischer Werkstoffe bedient man sich entweder **Kurznamen** oder **Werkstoffnummern,** die nach bestimmten festgelegten (genormten) Regeln gebildet werden. Während bei einer Bezeichnung durch Kurznamen alle wesentlichen Informationen über Art und Eigenschaften eines Werkstoffs entnommen werden können, ist eine Kennzeichnung durch Werkstoffnummern für die Bestellung und Lagerhaltung vor allem im Hinblick auf die digitale Datenverarbeitung vorteilhaft. Nachfolgend sollen beide Möglichkeiten besprochen werden.

Ohne Verwendung einer (genormten) Kurzbezeichnung würde die Werkstoffangabe in einer Stückliste, hier am Beispiel eines Stahles, wie folgt lauten:

> „Legierter Vergütungsstahl, normalgeglüht, mit einem Kohlenstoffgehalt von 0,34 %, 1,5 % Chrom sowie Anteile an Nickel und Molybdän."

Eine solche Angabe wäre nicht nur viel zu umfangreich, sondern auch unübersichtlich und würde daher leicht zu Fehlern bei der Informationsübermittlung führen. Unter Verwendung eines Kurznamens oder einer Werkstoffnummer ist es dagegen möglich, diese Information sehr viel einfacher und kürzer auszudrücken.

In obigem Beispiel würde der Kurzname lauten: 34CrNiMo6 + N

Die entsprechende Werkstoffnummer wäre: 1.6582

Sinn und Zweck einer Kurzbezeichnung ist eine klare, eindeutige Verständigung in kürzester Form zwischen dem Erzeuger, Handel und Verarbeiter. Die Kurzbezeichnung muss dabei alle Angaben enthalten, die über Art und Eigenschaften eines Werkstoffs Auskunft geben.

8.1 Stahlnormung

Die normgerechte Kennzeichnung von Stählen kann durch Kurznamen oder mit Hilfe von Werkstoffnummern erfolgen.

8.1.1 Stahlnormung durch Kurznamen

Die normgerechte Kennzeichnung von Eisen und Stahl durch Kurznamen geht im Wesentlichen auf die bereits 1949 ausgegebene DIN 17 006-1 bis DIN 17 006-3 mit dem Titel Eisen und Stahl – Systematische Benennung, zurück. Diese Norm reichte später jedoch nicht mehr aus, um alle genormten oder für eine Normung vorgesehenen Eisenwerkstoffe zu benennen. Sie wurde daher 1974 zurückgezogen.

Die 1974 als Europäische Norm unter dem Titel „Kurzbenennung von Stählen" veröffentlichte Euronorm 27-74 war die Grundlage der Bildung von Kurznamen für Stähle in Euronormen. Über DIN-EN-Normen gelangten eine Reihe von derartigen Kurznamen ins deutsche Regelwerk. Für die Bildung von Kurznamen in reinen DIN-Normen wurde EN 27-74 jedoch nicht angewandt.

Da EN 27-74 international nicht durchsetzbar war, hat sich ECISS (Europäisches Komitee für die Eisen- und Stahlnormung) 1992 dazu entschlossen, Kurznamen künftig nach DIN EN 10 027-1 zu bilden. Mit Hilfe dieser Norm ist jedoch nur eine grobe Kennzeichnung der Stähle hinsichtlich Verwendung, mechanischer bzw. physikalischer Eigenschaften oder chemischer Zusammensetzung möglich. Da die dort zur Verfügung stehenden Hauptsymbole für eine eindeutige Identifizierung der Stahlsorte oder des Stahlerzeugnisses nicht ausreichen, wurde in Deutschland zusätzlich DIN V 17 006-100 eingeführt, die auch alle notwendigen Zusatzsymbole enthält. DIN V 17006-100 wurde 2005 in die DIN EN 10027-1 integriert. Die normgerechte Bezeichnung von Eisen und Stahl durch Kurznamen erfolgt daher heute auf Basis von DIN EN 10 027-1.

Kurznamen, die nach der (zurückgezogenen) DIN 17 006 gebildet wurden, findet man jedoch auch heute noch in älteren Schriftstücken und Zeichnungen sowie in zur Zeit noch geltenden Technischen Lieferbedingungen. Auch in der Praxis wird diese Art der Stahlkennzeichnung noch vielfach angewandt. Im Rahmen dieses Lehrbuches soll hierauf jedoch nicht mehr eingegangen werden.

8.1 Stahlnormung

Nach dem Bezeichnungssystem für Stähle (DIN EN 10027-1) werden zwei verschiedene Kennzeichnungsarten unterschieden (Bild 1):

- Aufgrund der Verwendung und der mechanischen oder physikalischen Eigenschaften der Stähle gebildete Kurznamen für Stähle, die in der Regel nicht für eine Wärmebehandlung vorgesehen sind.
- Aufgrund der chemischen Zusammensetzung der Stähle gebildete Kurznamen für Stähle, die für eine Wärmebehandlung vorgesehen sind.

DIN EN 10027-1 wird voraussichtlich in 2016 neu erscheinen. Normenentwurf liegt bereits vor. Normänderungen werden deshalb nachfolgend noch nicht brücksichtigt.

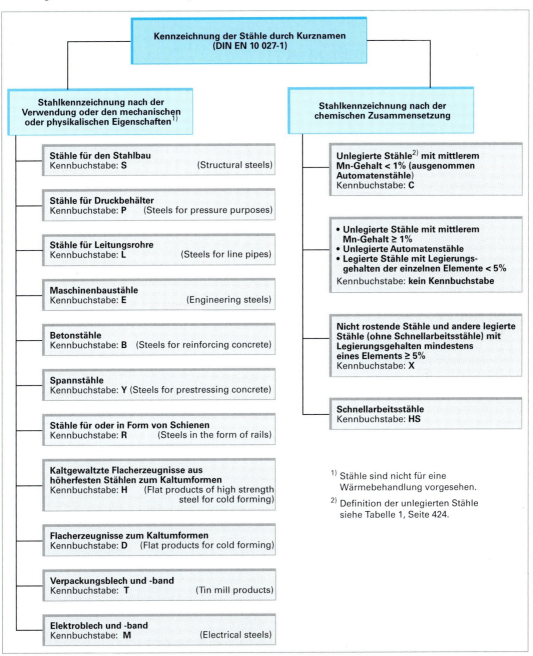

Bild 1: Zuordnung von Kennbuchstaben bei der Stahlnormung nach DIN EN 10 027-1

8.1.1.1 Kennzeichnung der Stähle nach der Verwendung oder den mechanischen oder physikalischen Eigenschaften

Nach der Verwendung, den mechanischen oder physikalischen Eigenschaften werden Stähle gekennzeichnet, die in der Regel nicht für eine Wärmebehandlung vorgesehen sind. Die Stahlkennzeichnung gibt Hinweise auf den Hauptanwendungsbereich und die wesentlichen Eigenschaften, Verwendungszwecke oder Anforderungen (Bild 1, Seite 423).

Die Stahlkennzeichnung besteht aus dem Kennbuchstaben (S, P, L, E, ...), gefolgt von einem Zahlenwert oder einer Kombination von Buchstaben und Zahlenwerten. Ferner können Zusatzsymbole für Stähle und Stahlerzeugnisse angehängt werden. Die einzelnen Symbole bzw. Ziffern werden ohne Leerzeichen hintereinander geschrieben. Die nachfolgenden Beispiele sollen diese Systematik verdeutlichen.

Bild 1: Stahlkennzeichnung nach der Verwendung oder den mechanischen oder physikalischen Eigenschaften (Beispiel).

Beispiele:
- **S355J0WP** Wetterfester Spundwandstahl für den Stahlbau, Mindeststreckgrenze 355 MPa, Kerbschlagarbeit mindestens 27 J bei 0 °C.
- **P355NH** Druckbehälterstahl, Mindeststreckgrenze 355 MPa, normalgeglüht, für Hochtemperatureinsatz.
- **Y1770C** Spannstahl in Form eines kaltgezogenen Drahtes mit einer Nennzugfestigkeit von 1770 MPa.
- **R0900Mn** Schienenstahl mit einer Mindestzugfestigkeit von 900 MPa mit Manganzusatz.
- **DX51D+Z** Flachstahl für die Kaltumformung, warm- oder kaltgewalzt und feuerverzinkt.

8.1.1.2 Kennzeichnung der Stähle nach der chemischen Zusammensetzung

Die Benennung nach der chemischen Zusammensetzung ist für Stähle vorgesehen, die in der Regel einer Wärmebehandlung unterzogen werden. Abhängig von der jeweiligen Stahlsorte werden vier verschiedene Kennzeichnungsarten unterschieden (Bild 1, Seite 423).

a) Unlegierte Stähle mit Mn < 1% (ausgenommen Automatenstähle)

Stähle werden im Sinne von DIN EN 10 020 als unlegiert bezeichnet, sofern der in Tabelle 1 angegebene Grenzgehalt von keinem Element überschritten wird.

Mit Ausnahme der Automatenstähle erfolgt die Kennzeichnung der unlegierten Stähle mit mittleren Mangangehalten unter 1 % durch den Kennbuchstaben „C", gefolgt von der Kohlenstoffkennziffer, die den 100-fachen Wert des mittleren prozentualen Kohlenstoffgehalts des vorgeschriebenen Bereichs angibt. Gegebenenfalls können Zusatzsymbole für Stähle oder Stahlerzeugnisse angehängt werden (Tabelle 1 bis 3, Seite 429).

Tabelle 1: Grenzgehalte für unlegierte Stähle nach DIN EN 10 020 (Schmelzanalyse)

Element und Grenzgehalt in Masse-%			
Aluminium (Al)	0,30	Niob (Nb)	0,06
Bismut (Bi)	0,10	Nickel (Ni)	0,30
Bor (B)	0,0008	Selen (Se)	0,10
Blei (Pb)	0,40	Silicium (Si)	0,60
Cobalt (Co)	0,30	Tellur (Te)	0,10
Chrom (Cr)	0,30	Titan (Ti)	0,05
Kupfer (Cu)	0,40	Vanadium (V)	0,10
Lanthanoide[1]	0,10	Wolfram (W)	0,30
Mangan (Mn)	1,65	Zirconium (Zr)	0,05
Molybdän (Mo)	0,08	Sonstige[2]	0,10

[1] Als Lanthanoide bezeichnet man die auf das Lanthan folgenden 14 Elemente. Der Grenzgehalt bezieht sich auf jedes einzelne Element.
[2] Mit Ausnahme von C, P, S und N.

8.1 Stahlnormung

Bild 1: Kennzeichnung unlegierter Stähle mit mittlerem Mn-Gehalt < 1 % (Beispiel)

Beispiele:
- **C35E** Unlegierter Stahl mit 0,35 % C und vorgeschriebenem maximalem Schwefelgehalt
- **C8E2W** Unlegierter Stahl mit 0,08 % C mit einem Schwefelgehalt von maximal 0,02 %, für Schweißdraht
- **GC25E** Unlegierter Stahlguss mit 0,25 % C und vorgeschriebenem maximalem Schwefelgehalt

b) Unlegierte Stähle mit mittlerem Mn-Gehalt ≥ 1 %, unlegierte Automatenstähle, legierte Stähle (ausgenommen Schnellarbeitsstähle) mit Legierungsgehalten der einzelnen Elemente < 5 %

Im Gegensatz zur bisherigen Systematik haben diese Stähle keinen vorangestellten Kennbuchstaben. Die Kurzbezeichnung beginnt mit der Kohlenstoffkennziffer, die ebenfalls den 100-fachen Wert des mittleren prozentualen Kohlenstoffgehalts des vorgeschriebenen Bereichs angibt. Der Kohlenstoffkennziffer folgen die chemischen Symbole der Hauptlegierungsbestandteile (geordnet nach abnehmendem Gehalt bzw. bei gleichem Gehalt in alphabetischer Reihenfolge). Und schließlich die mit bestimmten Faktoren multiplizierten

Bild 2: Kennzeichnung legierter Stähle u. a. mit Legierungsgehalten der einzelnen Elemente < 5 % (Beispiel)

Beispiele:
- **41CiMo4** Legierter Stahl mit 0,41 % C und 1 % Cr sowie Anteile an Mo
- **10MnMoCrV4-7** Legierter Stahl mit 0,10 % C und 1 % Mn, 0,7 % Mo sowie Anteile an Cr und V
- **15SPb22** Legierter Stahl mit 0,15 % C und 0,22 % S sowie Anteile an Pb
- **G12CrMo9-10** Legierter Stahlguss mit 0,12 % C und 2,25 % Cr sowie 1 % Mo

und durch Bindestriche voneinander getrennten Legierungskennzahlen. Sinn und Zweck der Multiplikation ist es, möglichst kleine, ganze Kennzahlen (also ohne Dezimalstellen) zu erhalten. Zusatzsymbole sind nur für die Stahlerzeugnisse, für die Stähle selbst jedoch nicht vorgesehen. Zwischen den einzelnen Buchstaben bzw. Ziffern ist kein Leerzeichen vorgesehen.

c) Legierte Stähle mit Legierungsgehalten mindestens eines Elements ≥ 5 %

Der Kurzname dieser mitunter auch als hochlegiert bezeichneten Stahlsorten beginnt stets mit dem Kennbuchstaben „X", gefolgt von der Kohlenstoffkennziffer (100-facher Wert des mittleren prozentualen Kohlenstoffgehalts des vorgeschriebenen Bereichs). Der Kohlenstoffkennziffer folgen auch hier die chemischen Symbole der Hauptlegierungsbestandteile (geordnet nach abnehmendem Gehalt bzw. bei gleichem Gehalt in alphabetischer Reihenfolge). Ihnen schließen sich die prozentualen Gehalte der einzelnen Legierungselemente an. Im Gegensatz zu den vorgenannten Stahlsorten handelt es sich jedoch um die tatsächlichen Gehalte (in Masse-%). Zusatzsymbole sind bei diesen Stahlsorten nur für die Stahlerzeugnisse, nicht jedoch für die Stähle vorgesehen. Zwischen den einzelnen Buchstaben bzw. Ziffern ist ebenfalls kein Leerzeichen vorgesehen. Das nachfolgende Beispiel soll diese Systematik verdeutlichen.

Bild 1: Kennzeichnung nichtrostender Stähle und anderer legierten Stähle (ausgenommen Schnellarbeitsstähle) mit mittlerem Legierungsgehalt mindestens eines Elements ≥ 5 %

Beispiele:
X2CrAlTi18-2   Legierter Stahl mit 0,02 % C, 18 % Cr, 2 % Al und Anteile an Ti
X12CrMnNiN17-7-5   Legierter Stahl mit 0,12 % C, 17 % Cr, 7 % Mn, 5 % Ni und N
GX2CrNiMnMoNNb21-16-5-3   Legierter Stahlguss mit 0,02 % C, 21 % Cr, 16 % Ni, 5 % Mn, 3 % Mo und Anteile an N und Nb

d) Schnellarbeitsstähle

Schnellarbeitsstähle sind legierte Werkzeugstähle, die aufgrund ihrer chemischen Zusammensetzung nach einer entsprechenden Wärmebehandlung eine sehr hohe Warmhärte und Anlassbeständigkeit aufweisen. Sie werden deshalb bevorzugt für die Herstellung von Zerspanungswerkzeugen verwendet, die bis zu einer Arbeitstemperatur von 600 °C eingesetzt werden können.

Die Bezeichnung der Schnellarbeitsstähle unterscheidet sich von der bislang besprochenen Systematik. Die Kurznamen der Schnellarbeitsstähle beginnen mit dem Kennbuchstaben „HS" gefolgt von den prozentualen Gehalten der Legierungselemente Wolfram, Molybdän, Vanadium und Cobalt (in der genannten Reihenfolge). Zusatzsymbole sind bei den Schnellarbeitsstählen nur für Stahlerzeugnisse vorgesehen.

Bild 2: Kennzeichnung von Schnellarbeitsstählen (Beispiel)

8.1 Stahlnormung

Tab. 1: Kennbuchstaben, Kennziffern und Zusatzsymbole zur Kennzeichnung der nach Verwendungszweck, physikalischen oder magnetischen Eigenschaften bezeichneten Stähle (DIN EN 10027-1)

Stahlsorte	Kennbuchstabe oder Kennziffer für die mechanischen oder physikalischen Eigenschaften	Zusatzsymbole für Stahl		Zusatzsymbole für Stahlerzeugnisse	Norm (Auswahl)/ Beispiele
		Gruppe 1	Gruppe 2 [2]		
Stähle für den Stahlbau Kennbuchstabe **S** Anmerkung: falls erforderlich, zusätzlich vorangestelltes **G** für Stahlguss	Festgelegte Mindeststreckgrenze R_e in MPa für den kleinsten Dickenbereich (dreistellige Ziffer)	Angabe der Kerbschlagarbeit: Kerbschlagarbeit (min.)[1] | Prüftemp. 27 J | 40 J | 60 J | °C JR | KR | LR | + 20 J0 | K0 | L0 | 0 J2 | K2 | L2 | – 20 J3 | K3 | L3 | – 30 J4 | K4 | L4 | – 40 J5 | K5 | L5 | – 50 J6 | K6 | L6 | – 60 **A** = Ausscheidungshärtend [4] **M** = Thermomechanisch gewalzt [4] **N** = Normalgeglüht oder normalisierend gewalzt [4] **Q** = Vergütet [4] **G** = Andere Merkmale (ggf. mit 1 oder 2 nachfolg. Ziffern)	**C** = Mit besonderer Kaltumformbarkeit **D** = Für Schmelztauchüberzüge **E** = Für Emaillierung **F** = Zum Schmieden **H** = Hohlprofile **L** = Für tiefe Temperaturen **M** = Thermomechanisch gewalzt **N** = Normalgeglüht oder normalisierend gewalzt **P** = Für Spundbohlen **Q** = Vergütet **S** = Für den Schiffsbau **T** = Für Rohre **W**= Wetterfest Chemische Symbole [3]	Tabellen 1 bis 3, Seite 429	DIN EN 10 025-2 DIN EN 10 025-6 DIN EN 10 149-2 DIN EN 10 149-3 DIN EN 10 210-1 DIN EN 10 248-1 Beispiele: S185 S235JRC S275ML S280GD+AS S355JR S355MC S355J0WP S350GD+Z100 S355J2H S355GP S690QL
Stähle für Druckbehälter Kennbuchstabe **P** Anmerkung: falls erforderlich, zusätzlich vorangestelltes **G** für Stahlguss	Festgelegte Mindeststreckgrenze R_e in MPa für den kleinsten Dickenbereich (dreistellige Ziffer)	**M** = Thermomechanisch gewalzt [4] **N** = Normalgeglüht oder normalisierend gewalzt [4] **Q** = Vergütet [4] **B** = Für Gasflaschen **S** = Für einfache Druckbehälter **T** = Für Rohre **G** = Andere Merkmale (ggf. mit 1 oder 2 nachfolg. Ziffern)	**H** = Hochtemperatur **L** = Tieftemperatur **R** = Raumtemperatur **X** = Hoch- und Tieftemperatur	Tabellen 1 bis 3, Seite 429	DIN EN 10 028-2 DIN EN 10 120 DIN EN 10 207 DIN EN 10 213 Beispiele: P265GH P355NH P265NB GP240GH P235S P355Q
Stähle für Leitungsrohre Kennbuchstabe **L**	Festgelegte Mindeststreckgrenze R_e in MPa für den kleinsten Dickenbereich (dreistellige Ziffer)	**M** = Thermomechanisch gewalzt **N** = Normalgeglüht oder normalisierend gewalzt **Q** = Vergütet **G** = Andere Merkmale (ggf. mit 1 oder 2 nachfolg. Ziffern)	Buchstabe (A oder B) zur Kennzeichnung der Anforderungsklasse (ggf. mit einer nachfolgenden Ziffer)	Tabellen 1 bis 3, Seite 429	DIN EN ISO 3183 Beispiel: L360QB L415MB
Maschinenbaustähle Kennbuchstabe **E** Anm.: falls erforderlich, zusätzlich vorangestelltes **G** für Stahlguss	Festgelegte Mindeststreckgrenze R_e in MPa für den kleinsten Dickenbereich (dreistellige Ziffer)	**G** = Andere Merkmale (ggf. mit 1 oder 2 nachfolg. Ziffern)	**C** = Eignung zum Kaltziehen	Tabelle 3, Seite 429	DIN EN 10 025-2 DIN EN 10 293 DIN EN 10 296-1 Beispiel: E295GC E360
Betonstähle Kennbuchstabe **B**	Charakteristischer Wert der Streckgrenze R_e in MPa für den kleinsten Abmessungsbereich	Buchstabe zur Kennzeichnung der Duktilitätsklasse (ggf. mit 1 oder 2 nachfolgenden Kennziffern)	–	Tabelle 3, Seite 429	Beispiele: B500A B500B

[1] Mindestwerte [2] An die Zusatzsymbole der Gruppe 2 können zur Unterscheidung zweier Stahlsorten ein oder zwei Ziffern angehängt werden.
[3] Für vorgeschriebene zusätzliche Elemente, z. B. Cu. Falls erforderlich mit einer einstelligen Zahl, die den mit 10 mulitplizierten Mittelwert der vorgeschriebenen Spanne des Gehalts des betreffenden Elements angibt. [4] Zusatzsymbole nur für Feinkornbaustähle.

Fortsetzung Tabelle 1, Seite 427:

Stahlsorte	Kennbuchstabe oder Kennziffer für die mechanischen oder physikalischen Eigenschaften	Zusatzsymbole für Stahl Gruppe 1[1]	Zusatzsymbole für Stahl Gruppe 2[2]	Zusatzsymbole für Stahlerzeugnisse	Norm (Auswahl)/ Beispiele
Spannstähle Kennbuchstabe Y	Zugfestigkeit R_m in MPa (vierstellige Ziffer, bei dreistelligen Angaben ist eine Null voranzustellen)	C = Kaltgezogener Draht H = Warmgeformte oder warmgewalzte und behandelte Stäbe Q = Vergüteter Draht S = Litze G = Andere Merkmale[3]	–	Tabelle 3, Seite 429	DIN EN 10 138-2 bis -4 Beispiel: Y1770C Y1770S7
Stähle für oder in Form von Schienen Kennbuchstabe R	Festgelegte Mindesthärte nach Brinell (HBW)	Mn = Hoher Mn-Gehalt Cr = Chromlegiert G = Andere Merkmale[3] Chemische Symbole[4]	HT = Wärmebehandelt LHT = niedrig legiert, wärmebehandelt Q = Vergütet	–	DIN EN 13 674-1 Beispiel: R220 R260Mn R320Cr R350LHT
Flacherzeugnisse aus höherfesten Stählen zum Kaltumformen Kennbuchstabe H	**C + Ziffern** = Kaltgewalzt + Mindeststreckgrenze in MPa **D + Ziffern** = Warmgewalzt, bestimmt für die unmittelbare Kaltumformung + Mindeststreckgrenze in MPa **X + Ziffern** = Art des Walzens (kalt oder warm) freigestellt + Mindeststreckgrenze in MPa **CT + Ziffern** = Kaltgewalzt + Mindestzugfestigkeit in MPa **DT + Ziffern** = Warmgewalzt, bestimmt für die unmittelbare Kaltumformung + Mindestzugfestigkeit in MPa **XT + Ziffern** = Art des Walzens (kalt oder warm) freigestellt + Mindestzugfestigkeit in MPa	B = Bake hardening C = Complexphasenstahl F = Ferritisch-bainitischer Stahl I = Isotroper Stahl LA = Niedrig legiert M = Martensitphasen-Stahl P = Phosphorlegiert T = TRIP-Stahl X = Dualphase Y = Interstitial free steel G = Andere Merkmale[3]	D = Für Schmelztauchüberzüge	Tabelle 2, Seite 429	DIN EN 10 268 DIN EN 10 346 Beispiel: HC180B HX260LAD+AS080 HDT580XD+Z275 HCT950CD+ZF120
Flacherzeugnisse zum Kaltumformen Kennbuchstabe D	**C + Ziffern** = Kaltgewalzt + zwei Kennziffern zur Unterscheidung **D + Ziffern** = Warmgewalzt, bestimmt für die unmittelbare Kaltformung + zwei Kennziffern zur Unterscheidung **X + Ziffern** = Art des Walzens (kalt oder warm) freigestellt + zwei Kennziffern zur Unterscheidung	D = Für Schmelztauchüberzüge ED = Für Direktemaillierung EK = Für konventionelle Emaillierung H = Für Hohlprofile T = Für Rohre G = Andere Merkmale[3] Chemische Symbole[4]	–	Tabellen 2 und 3, Seite 429	DIN EN 10 111 DIN EN 10 130 DIN EN 10 152 DIN EN 10 209 DIN EN 10 271 DIN EN 10 346 Beispiele: DC04 DC04EK DD14 DX56D+AS
Verpackungsblech und -band Kennbuchstabe T	Für kontinuierlich geglühte Sorten: Kennbuchst. H + Nennstreckgrenze R_e in MPa Für Losweise geglühte Sorten: Kennbuchst. S + Nennstreckgrenze R_e in MPa	–	–	Tabellen 2 und 3, Seite 429	DIN EN 10 202 Beispiele: TH550 TS550
Elektroblech und -band Kennbuchstabe M	Höchstzulässiger Ummagnetisierungsverlust in W/kg · 100 (vierstellige Ziffer) und durch Bindestrich getrennt 100 · Nenndicke in mm (zweistellige Ziffer)	Für eine magnetische Polarisation bei 50 Hz von 1,5 Tesla: A = Nicht kornorientiert D = Unlegiert (nicht schlussgeglüht) E = Legiert (nicht schlussgeglüht) Für eine magnetische Polarisation bei 50 Hz von 1,7 Tesla: P = Kornorientiert, mit hoher Permeabilität S = Konventionell kornorientiert			DIN EN 10 106 DIN EN 10 107 DIN EN 10 341 Beispiele: M400-50A M140-35S M450-65K

[1] Zur Unterscheidung zwischen zwei Stahlsorten können an die Zusatzsymbole ein oder zwei Ziffern angehängt werden; [2] Verwendung von Zusatzsymbolen der Gruppe 2 nur in Verbindung mit denen der Gruppe 1 und an diese anzuhängen; [3] Gegebenenfalls mit 1 oder 2 nachfolgenden Ziffern; [4] Chemische Symbole für vorgeschriebene zusätzliche Elemente. Falls erforderlich, ergänzt mit einer einstelligen Zahl, die das Zehnfache des Mittelwertes der vorgeschriebenen Spanne des Gehalts des betreffenden Elements angibt; [5] Bestimmt für die unmittelbare Kaltumformung.

8.1 Stahlnormung

Tabelle 1: Symbole für besondere Anforderungen (DIN EN 10027-1)[1]

Symbol	Bedeutung
+ H	Mit Härtbarkeit
+ CH	Mit Kernhärtbarkeit
+ Z15	Mindest-Brucheinschnürung senkrecht zur Oberfläche 15 %
+ Z25	Mindest-Brucheinschnürung senkrecht zur Oberfläche 25 %
+ Z35	Mindest-Brucheinschnürung senkrecht zur Oberfläche 35 %

Tabelle 2: Symbole für die Art des Überzuges (DIN EN 10027-1)[1]

Symbol[2]	Bedeutung
+ A	Feueraluminiert
+ AS	Mit einer Al-Si-Legierung überzogen
+ AZ	Mit einer Al-Zn-Legierung überzogen (> 50 % Al)
+ CE	Elektrolytisch spezialverchromt (ECCS)
+ CU	Mit Kupferüberzug
+ IC	Mit anorganischer Beschichtung
+ OC	Organisch beschichtet
+ S	Feuerverzinnt
+ SE	Elektrolytisch verzinnt
+T	Schmelztauchveredelt mit einer Blei-Zinn-Legierung (Terne)
+TE	Elektrolytisch mit einer Blei-Zinn-Legierung überzogen
+ Z	Feuerverzinkt
+ ZA	Mit einer Zn-Al-Legierung überzogen (> 50 % Zn)
+ ZE	Elektrolytisch verzinkt
+ ZF	Diffusionsgeglühte Zinküberzüge (galvannealed, mit diffundiertem Fe)
+ ZN	Zink-Nickel-Überzug (elektrolytisch)

Tabelle 3: Symbole für den Behandlungszustand (DIN EN 10027-1)[1]

Symbol[3]	Bedeutung
+ A	Weichgeglüht
+ AC	Geglüht zur Erzielung kugeliger Carbide
+ AR	Wie gewalzt, ohne besondere Walz- und/oder Wärmebehandlungsbedingungen
+ AT	Lösungsgeglüht
+ C	Kaltverfestigt (z. B. durch Walzen oder Ziehen)
+ C[4]	Kaltverfestigt auf die angegebene Mindestzugfestigkeit in MPa
+ CP[5]	Kaltverfestigt auf die angegebene Mindestdehngrenze (0,2 % Dehngrenze)
+ CR	Kaltgewalzt
+ DC	Lieferzustand dem Hersteller überlassen
+ FP	Behandelt auf Ferrit-Perlit-Gefüge und Härtespanne
+ HC	Warm-kalt-geformt
+ I	Isothermisch behandelt
+ LC	Leicht kalt nachgezogen bzw. leicht nachgewalzt (Skin passed)
+ M	Thermomechanisch umgeformt
+ N	Normalgeglüht oder normalisierend umgeformt
+ NT	Normalgeglüht oder angelassen
+ P	Ausscheidungsgehärtet
+ Q	Abgeschreckt
+ QA	Luftgehärtet
+ QO	Ölgehärtet
+ QT	Vergütet
+ QW	Wassergehärtet
+ RA	Rekristallisationsgeglüht
+ S	Behandelt auf Kaltscherbarkeit
+ SR	Spannungsarmgeglüht
+T	Angelassen
+TH	Behandelt auf Härtespanne
+ U	Unbehandelt
+ WW	Warmverfestigt

[1] Weitere Symbole sind den Technischen Lieferbedingungen für Stähle |zu entnehmen
[2] Um Verwechslungen zu vermeiden (Tabelle 1 und Tabelle 3), kann der Buchstabe **S** vorangestellt werden (z. B. + SA)
[3] Um Verwechslungen zu vermeiden (Tabelle 1 und Tabelle 2), kann der Buchstabe **T** vorangestellt werden (z. B. +TA)
[4] Mit nachfolgender dreistelliger Ziffer zur Kennzeichnung der Mindestzugfestigkeit
[5] Mit nachfolgender zweistelliger Ziffer zur Kennzeichnung der Mindestdehngrenze

8.1.2 Stahlnormung durch Werkstoffnummern

Die Kennzeichnung von Stählen durch Werkstoffnummern ist in DIN EN 10 027-2 festgelegt. Werkstoffnummern werden durch die Europäische Stahlregistratur vergeben. Die Systematik gilt für Knet- und Gusslegierungen. Nach DIN EN 10 027-2 erhält jede Stahlsorte eine Werkstoffnummer, deren Aufbau in Bild 1 dargestellt ist:

Bild 1: Prinzip der Stahlnormung durch Werkstoffnummern

Gegenüber der bereits 1992 zurückgezogenen DIN 17 007-1 und -2 unterscheidet sich die Stahlkennzeichnung durch Werkstoffnummern nach DIN EN 10 027-2 im Wesentlichen in den folgenden Punkten:

1. Für die Zählnummer werden (für einen möglichen künftigen Bedarf) vier Stellen vorgesehen.
2. Die in DIN 17 007-2 mitunter verwendeten Anhängezahlen zur Kennzeichnung des Stahlgewinnungsverfahrens bzw. des Behandlungszustandes entfallen.
3. Geringe Modifikationen im System der Stahlgruppennummern (Tabelle 1, Seite 460) wurden durchgeführt.

Beispiele zur Anwendung des Werkstoffsystems sind in Tabelle 1 zusammengestellt.

Tabelle 1: Beispiele für die Stahlnormung durch Werkstoffnummern

Werkstoffnummer DIN EN 10 027-2	Kurzname DIN EN 10 027-1	Eigenschaften / Zusammensetzung des Werkstoffs soweit aus der Werkstoffnummer zu entnehmen
1.0546	S355NL	Unlegierter Qualitätsstahl mit 0,25 % ≤ C < 0,55 % sowie einer Zugfestigkeit zwischen 500 MPa und 700 MPa
1.1181	C35E	Baustahl (unlegierter Edelstahl) mit C < 0,5 %
1.6582	34CrNiMo6	Cr-Ni-Mo-Stahl (legierter Edelstahl) mit Mo < 0,4 % und Ni ≤ 2 %
1.4465	X1CrNiMoN25-25-2	Nichtrostender Stahl (legierter Edelstahl) mit Ni ≥ 2,5 % und mit Zusätzen an Molybdän, ohne Niob und Titan
1.3265	HS18-1-2-10	Schnellarbeitsstahl mit Zusätzen an Cobalt

8.2 Stahlnormung durch Werkstoffnummern

Tabelle 1: Stahlgruppennummern nach DIN EN 10027-2

8.2 Normung von Gusseisenwerkstoffen

Die Normung von Gusseisenwerkstoffen durch Kurzzeichen und Werkstoffnummern erfolgt nach DIN EN 1560. Die Systematik nach DIN EN 1560 bezieht sich im Wesentlichen auf die verschiedenen Grauguss- und Tempergusssorten sowie auf Hartguss. Die Normung von Stahlguss wurde bereits in Kapitel 8.1 besprochen.

8.2.1 Normung durch Kurzzeichen

Die Benennung von Gusseisenwerkstoffen durch Kurzzeichen gemäß DIN EN 1560 erfolgt entweder durch eine Klassifizierung der mechanischen Eigenschaften (Bild 1) oder der chemischen Zusammensetzung (Bild 1, Seite 433).

Bild 1: Benennung von Gusseisenwerkstoffen durch Kurzzeichen nach DIN EN 1560 durch Klassifizierung der mechanischen Eigenschaften

8.3 Normung von Nichteisenmetallen (NE-Metalle)

Bild 1: Benennung von Gusseisenwerkstoffen durch Kurzzeichen nach DIN EN 1560 durch Klassifizierung der chemischen Zusammensetzung

8.2.2 Normung durch Werkstoffnummern

Die Systematik der Normung von Gusseisenwerkstoffen durch Werkstoffnummern nach DIN EN 1560 zeigt Bild 2. Das neue Werkstoffnummernsystem folgt dem Aufbau und den Regeln von DIN EN 10027-2.

Bild 2: Kennzeichnung von Gusseisenwerkstoffen durch Werkstoffnummern nach DIN EN 1560

8.3 Normung von Nichteisenmetallen (NE-Metalle)

Der nicht genormte Begriff **Nichteisenmetall (NE-Metall)** umfasst alle reinen Metalle außer Eisen sowie alle Metalllegierungen, deren Hauptbestandteil nicht das Eisen ist. In NE-Metalllegierungen kann Eisen in geringen Anteilen aus bestimmten Gründen, z. B. zur Eigenschaftsbeeinflussung, absichtlich zulegiert werden oder als Verunreinigung vorhanden sein.

Im Zuge der europäischen Harmonisierung wurde für NE-Metalle die Einführung eines europäischen Normensystems beschlossen. Diese Umstellung ist bei den meisten NE-Metallen relativ weit vorangeschritten, so dass nachfolgend nur auf die jetzt gültigen Normen Bezug genommen wird.

Mit dem (z. T. noch nicht abgeschlossenen) Übergang auf das europäische Normensystem ist das bisherige System der Bezeichnung mit Werkstoffnummern (DIN 17 007-3) ungültig. Ein direkter Vergleich der alten und neuen Bezeichnungen ist in der Regel nicht möglich. Zu beachten ist außerdem, dass zum Teil in der alten Norm enthaltene Legierungen in den europäischen Normen nicht mehr enthalten sind.

Bei den meisten NE-Metallen umfasst die europäische Normung sowohl die Bezeichnung nach der chemischen Zusammensetzung einer Legierung als auch deren Zustandsbezeichnungen. Unter Letzteren sind z. B. Wärmebehandlungs- oder Verfestigungszustände zu verstehen.

Die Normung wird zumeist auf bestimmte Erzeugnisformen bezogen, wie z. B. Gussstücke, Blockmetalle (Anoden), Vorlegierungen (Masseln) oder bestimmte Halbzeuge. Wie beispielsweise im Falle der Leichtmetalle Aluminium und Magnesium üblich, kann auch noch eine Unterscheidung in Guss-, Knet- und Vorlegierungen erfolgen (DIN EN 12 258-1):

- **Gusslegierungen.** Die Formgebung erfolgt hauptsächlich hier durch Gießen. Die Zusammensetzung liegt meist in der Nähe eines eutektischen Punktes.
- **Knetlegierungen.** Die Formgebung erfolgt hauptsächlich durch Warm- oder Kaltumformprozesse eines bestimmten Halbzeuges (Blech, Stangen, Strangpressbolzen). Die Legierungsgehalte sind zumeist geringer als bei Gusslegierungen.
- **Vorlegierungen.** Hierbei handelt es sich um Legierungen mit einem erhöhten Gehalt von Legierungselementen. Sie werden als Zusatz beim Zusammenschmelzen einer bestimmten Legierungszusammensetzung verwendet, um den gewünschten Legierungsgehalt einzustellen oder den Gehalt der Verunreinigungen abzusenken.

Bei den meisten NE-Metallen ist eine Unterscheidung in Primär- und Sekundärmetalle üblich. **Primärmetalle** (DIN EN 12 258-1) sind die direkt aus Erzen gewonnenen Metalle, **Sekundärmetalle** hingegen die aus Schrotten gewonnenen Metalle.

> **ⓘ Information**
>
> **Grundbegriffe**
> DIN EN 12258-1 definiert die folgenden Grundbegriffe:
> **Legierung:** Metallisches Material, makroskopisch gesehen homogen, das aus zwei oder mehreren Elementen so zusammengesetzt ist, dass diese nicht ohne weiteres wieder mit physikalischen Methoden getrennt werden können.
> **Legierungselement:** Metallisches oder nichtmetallisches Element, welches dem Basismetall absichtlich entweder zugesetzt wurde oder in ihm bereits enthalten ist. Sein Massenanteil liegt zwischen einer festgelegten oberen und unteren Grenze, um diesem Metall bestimmte besondere Eigenschaften zu verleihen.
> **Verunreinigung:** Metallisches oder nichtmetallisches Element, welches zwar im Metall vorhanden ist, diesem aber nicht absichtlich zugesetzt wurde und für welches keine untere Analysengrenze festgelegt ist.

8.3.1 Normung von Aluminiumwerkstoffen

Aluminiumwerkstoffe mit einer Dichte von ca. 2,70 kg/dm^3 gehören zur Gruppe der Leichtmetalle (Dichte unter 4,5 kg/dm^3). Aluminiumlegierungen werden üblicherweise in Reinst- und Reinaluminium sowie in Aluminiumlegierungen eingeteilt. Zusätzlich werden Aluminiumlegierungen noch in aushärtbare und nicht aushärtbare Legierungen unterschieden (Bild 1, Seite 353). Aluminiumwerkstoffe werden nach ihrer chemischen Zusammensetzung oder nach einem Nummernsystem bezeichnet.

> **ⓘ Information**
>
> **Reinstaluminium:** Unlegiertes Aluminium, das durch besondere Raffinationsverfahren (Reinigungsverfahren) auf einen Aluminiumgehalt von ≥ 99,99 % gebracht wurde.
> **Reinaluminium:** Nicht legiertes Aluminium mit Reinheitsgraden von 99,0 % bis 99,9 %.
> Bei **aushärtbaren Legierungen** lassen sich die Festigkeitseigenschaften durch eine entsprechende Wärmebehandlung steigern (DIN EN 12 258-1).
> Bei **nicht aushärtbaren Legierungen** wird eine Festigkeitssteigerung nur durch Kaltumformung, nicht aber durch eine Wärmebehandlung erreicht (DIN EN 12 258-1).

8.3 Normung von Nichteisenmetallen (NE-Metalle)

Die Bezeichnungen erhalten die Vorsilbe **EN** für **E**uropäische **N**orm gefolgt vom Buchstaben **A** für **A**luminium und von der Bezeichnung der Erzeugnisform (B, C, M oder W; Tabelle 1).

Tabelle 1: Kennbuchstaben zur Bezeichnung von Aluminiumlegierungen nach der Erzeugnisform

Kennbuchstaben	Norm[2]	Erzeugnisform	Hinweise/Beispiele
EN AB[1]	DIN EN 576	**B**lockmetall	Beispiel: EN AB-Al Si12CuMgNi
EN AC[1]	DIN EN 1706	Gusswerkstoffe bzw. Gussstücke (**C**astings)	Mitunter nachgesetzte Kurzzeichen zum Hinweis auf ein besonderes Gussverfahren, z. B.: **S** Sandguss **K** Kokillenguss **D** Druckguss **L** Feinguss Beispiel: EN AC-Al Si7Mg-K-T6
EN AM[1]	DIN EN 575	Vorlegierungen (**M**aster alloys)	Suffix am Ende der chemischen Bezeichnung: **(A)** für Vorlegierungen mit geringem Verunreinigungsgrad **(B)** für Vorlegierungen mit hohem Verunreinigungsgrad Beispiel: EN AM-Al Zr10(A)
EN AW	DIN EN 573	Knetwerkstoffe bzw. Knetlegierungen (**W**rought alloys)	Mitunter Vorsatzbuchstaben zum Hinweis auf eine besondere Verwendung, z. B.: **E** Elektrotechnische Anwendung **S** Schweißzusatzwerkstoff **L** Lot Beispiel: EN AW-EAl 99,5

[1] Numerisches Bezeichnungssystem und Bezeichnungssystem mit chemischen Symbolen gemäß DIN EN 1780-1 bis -3
[2] Spezifikation des Werkstoffs

8.3.1.1 Aluminiumknetwerkstoffe

Aluminiumknetwerkstoffe werden nach ihrer chemischen Zusammensetzung oder nach einem Nummernsystem bezeichnet.

a) Bezeichnungssystem mit chemischen Symbolen

Bei der Benennung nach der chemischen Zusammensetzung entsprechend DIN EN 573-2 folgt der Vorsilbe EN AW, mit Bindestrich getrennt, das Elementsymbol für Aluminium (Al).

Bei **Reinaluminium** folgt (nach einer Leerstelle) die Angabe des Aluminiumgehaltes mit Kommastellen (in Masse-%). Bild 1 verdeutlicht diese Systematik anhand eines Beispiels. Falls dem Reinaluminium ein Element mit geringem Masseanteil zulegiert wird, muss dessen chemisches Symbol dem Reinheitsgrad (ohne Leerzeichen) nachgestellt werden.

Bild 1: Bezeichnung von Reinaluminium nach der chemischen Zusammensetzung nach DIN EN 573-2 (Beispiel)

Bild 2: Bezeichnung von Aluminium-Knetlegierungen nach der chemischen Zusammensetzung nach DIN EN 573-2 (Beispiel)

Beispiel:
EN AW-Al 99,0Cu Reinaluminium-Knetwerkstoff mit einem Aluminiumgehalt von 99,0 % und Kupferanteilen

Bei **Aluminiumlegierungen** werden nach DIN EN 573-2 die einzelnen chemischen Elemente angegeben, wobei hinter dem Elementsymbol der jeweilige Legierungsgehalt in Masse-% steht. Die chemischen Symbole sind auf vier Elemente begrenzt. Bild 2 verdeutlicht diese Systematik.

Beispiele:

EN AW-Al Zn4,5Mg1 Aluminiumknetlegierung mit 4,5 % Zink und 1 % Magnesium

EN AW-Al Si1,5Mn Aluminiumknetlegierung mit 1,5 % Silicium und Anteilen an Mangan (Mangangehalt nicht angegeben)

b) Numerisches Bezeichnungssystem

Mit dem Übergang zur europäischen Norm DIN EN 573 für Aluminiumknetlegierungen wurde auch das System der vierstelligen Nummernkombinationen nach ISO (International Organization for Standardization) und AA (Aluminum Association = nationales amerikanisches System) übernommen.

> **ⓘ Information**
>
> Eine Legierung, die sowohl in der alten Normung enthalten war, als auch in der neuen Normung enthalten ist, muss nicht zwangsläufig dasselbe Kurzzeichen für die chemische Zusammensetzung aufweisen.
>
> Beispiel:
>
> | | alt
DIN EN 1712-3[1] | neu
DIN EN 573-3 |
> |---|---|---|
> | chemisch | AlCuMg1 | EN AW-AlCu4MgSi(A) |
> | numerisch | 3.1315 | EN AW-2017A |
>
> [1] Norm zurückgezogen

Bei dieser numerischen Bezeichnung folgen der Vorsilbe EN AW, durch einen Bindestrich getrennt, vier Ziffern zur Charakterisierung der Sorte. Ihre Bedeutung ist Tabelle 1 zu entnehmen. Eventuell folgende Buchstaben (A bis X) kennzeichnen nationale Varianten, wie z. B. 2017**A**. Bild 1 verdeutlicht die Systematik der numerischen Bezeichnung von Al-Knetlegierungen.

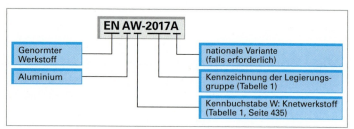

Bild 1: Numerische Bezeichnung von Aluminium-Knetwerkstoffen nach DIN EN 573-1 (Beispiele)

Aus Tabelle 1 ist ersichtlich, dass aus der numerischen Legierungsbezeichnung nicht die Legierungszusammensetzung sondern die Legierungsgruppe hervorgeht. Jedoch gibt auch die chemische Kurzbezeichnung nur einen groben Anhaltspunkt für die tatsächliche Zusammensetzung. Die genaue Zusammensetzung muss DIN EN 573-3 entnommen werden.

Tabelle 1: Ziffern zur numerischen Kennzeichnung von Al-Knetwerkstoffen nach DIN EN 573-1

1. Ziffer		2. Ziffer	3. und 4. Ziffer
1xxx (Serie 1000)	Reinaluminium mit Al > 99,00%	Bezeichnet Modifikationen der Verunreinigungsgrenzen oder auch besondere Verunreinigungen oder Legierungselemente.	Die beiden letzten Ziffern entsprechen den beiden Dezimalen nach der Kommastelle, falls der Mindestanteil an Aluminium auf 0,01% angegeben wird.
2xxx (Serie 2000)	Al-Cu	Bezeichnet Legierungsabwandlungen. Ist die zweite Ziffer eine Null, dann handelt es sich um eine Originallegierung. Die Ziffern 1 bis 9 kennzeichnen Legierungsabwandlungen.	Die beiden letzten Ziffern haben keine besondere Bedeutung, sie dienen lediglich der Bezeichnung der verschiedenen Al-Legierungen in der Serie.
3xxx (Serie 3000)	Al-Mn		
4xxx (Serie 4000)	Al-Si		
5xxx (Serie 5000)	Al-Mg		
6xxx (Serie 6000)	Al-Mg-Si		
7xxx (Serie 7000)	Al-Zn		
8xxx (Serie 8000)	sonstige		
9xxx (Serie 9000)	nicht verwendet		

c) Kennzeichnung des Werkstoffzustandes

Der Werkstoffzustand von Aluminiumknetlegierungen wird nach DIN EN 515 durch eine Kombination von einem (Groß-)Buchstaben mit Ziffern zur näheren Beschreibung bezeichnet. Diese Kombination wird, durch einen Bindestrich getrennt, an die Legierungsbezeichnung (numerisch oder mit chemischen Elementsymbolen) angehängt. Damit entfallen die bisher nach DIN 17 007 üblichen Bezeichnungen, wie z. B.

8.3 Normung von Nichteisenmetallen (NE-Metalle)

F25 wa, ka usw. Nach DIN EN 515 werden mehr als 100 verschiedene Werkstoffzustände bzw. deren Varianten unterschieden. In Tabelle 1 sind die gebräuchlichen Zustände zusammengestellt und erläutert.

Beispiele:
- **EN AW-Al Cu4SiMg – T6** Aluminiumknetlegierung mit 4% Kupfer und Anteilen an Silicium und Magnesium, lösungsgeglüht und warm ausgelagert
- **EN AW-2014 – T6** Aluminium-Kupfer-Knetlegierung, lösungsgeglüht und warm ausgelagert

Tabelle 1: Zustandsbezeichnungen für Aluminiumlegierungen nach DIN EN 515

	Zustand	Beschreibung / Eigenschaften
F	Herstellungszustand	Für Erzeugnisse aus Umformverfahren, bei denen die Kaltverfestigung oder die thermischen Bedingungen keiner speziellen Kontrolle unterliegen
O	Weichgeglüht	Für Erzeugnisse, die geglüht werden, um eine möglichst geringe Festigkeit zu erlangen O1: bei hoher Temperatur geglüht und langsam abgekühlt O2: thermomechanisch behandelt O3: homogenisiert
H	Kaltverfestigt	Für Erzeugnisse, die zur Sicherstellung festgelegter mechanischer Eigenschaften nach dem Weichglühen oder Warmumformen einer Kaltumformung oder Kombination aus Kaltumformung und Erholungsglühen bzw. Stabilisieren unterzogen werden. Erste Ziffer nach dem H: Kennzeichnet die Kombination der Basisarbeitsgänge. H1x: nur kaltverfestigt H2x: kaltverfestigt und rückgeglüht (auf die gewünschte Festigkeit) H3x: kaltverfestigt und stabilisiert (damit bei Lagerung bei Raumtemperatur keine Entfestigung eintritt) H4x: kaltverfestigt und einbrennlackiert (teilweise Entfestigung beim Einbrennen) Zweite Ziffer nach dem H: Gibt den endgültigen Grad der Kaltverfestigung an, der durch den Mindestwert der Zugfestigkeit gekennzeichnet ist. Die Zahl „8" (Hx8) gibt den härtesten, üblicherweise herstellbaren Zustand an. Die Erhöhung der Zugfestigkeit auf Zustand Hx8 kann in Abhängigkeit der Mindestzugfestigkeit im weichgeglühten Zustand aus Bild 1, Seite 438, entnommen werden. Die Zustände zwischen O (weichgeglüht) und Hx8 werden mit den Ziffern 1 bis 7 (Hx1 bis Hx7) gekennzeichnet. Dritte Ziffer nach dem H: Kennzeichnet, nur falls erforderlich, die Variante eines Zustandes mit zwei Ziffern. Mögliche Ziffern und ihre Bedeutung sind DIN EN 515 zu entnehmen. (z.B. H424).
W	Lösungsgeglüht	Kennzeichnet einen instabilen Zustand und gilt nur für Aluminiumlegierungen, die nach dem Lösungsglühen bei Raumtemperatur spontan aushärten. Der Eindeutigkeit halber wird der Bezeichnung die Zeitspanne des Kaltauslagerns nachgestellt (z. B. W 1/2h).
T	Wärmebehandelt auf andere Zustände als F, O oder H	Die Bezeichnung wird für Erzeugnisse verwendet, die zur Erzielung stabiler Zustände wärmebehandelt werden. An den Kennbuchstaben „T" schließen sich eine oder mehrere Ziffern an. T1: Abgeschreckt aus der Warmumformungstemperatur und kaltausgelagert auf einen weitgehend stabilen Zustand T2: Abgeschreckt aus der Warmumformungstemperatur, kaltumgeformt und kaltausgelagert auf einen weitgehend stabilen Zustand T3: Lösungsgeglüht, kaltumgeformt und kaltausgelagert auf einen weitgehend stabilen Zustand T4: Lösungsgeglüht und kaltausgelagert auf einen weitgehend stabilen Zustand T5: Abgeschreckt aus der Warmumformungstemperatur und warmausgelagert T6: Lösungsgeglüht und warmausgelagert T7: Lösungsgeglüht und überhärtet/stabilisiert T8: Lösungsgelüht, kaltumgeformt und warmausgelagert T9: Lösungsgelüht, warmausgelagert und kaltumgeformt Den Bezeichnungen T1 bis T9 können weitere Ziffern hinzugefügt werden, um eine Behandlungsvariante zu kennzeichnen, welche die Merkmale des Erzeugnisses im Vergleich zum ursprünglichen Zustand nicht unerheblich verändert. Für eine Reihe von Behandlungen sind weitere Ziffern bereits fest vergeben (siehe DIN EN 515).

8 Normung und Benennung metallischer Werkstoffe

Die numerische Bezeichnung von Reinaluminium-Knetwerkstoffen (Serie 1000) beinhaltet eine Besonderheit, da die beiden letzten Ziffern den beiden Dezimalen nach der Kommastelle entsprechen, falls der Mindestanteil an Aluminium auf 0,01 % angegeben wird.

Beispiel: **EN AW-1085**   Reinaluminium-Knetwerkstoff mit einem Aluminiumgehalt von 99,85 %

Die Bezeichnung nach der chemischen Zusammensetzung (Bild 2, Seite 435) stellt eine Ausnahme dar. Üblicherweise sollte dem numerischen Bezeichnungssystem der Vorrang gegeben werden. Ist die Angabe der chemischen Zusammensetzung dennoch erforderlich, dann wird sie mit eckigen Klammern dem numerischen Bezeichnungssystem nachgestellt. Fall ausnahmsweise nur die Bezeichnung nach der chemischen Zusammensetzung verwendet wird, muss vor die Bezeichnung der Ausdruck „EN AW-" gesetzt werden.

Beispiel: üblich: EN AW-5052 [Al Mg2,5]
            Ausnahme: EN AW-Al Mg2,5

Von besonderer praktischer Bedeutung sind die Werkstoffzustände „H" und „T". Sie sollen daher nachfolgend detaillierter beschrieben werden.

Werkstoffzustand „H"

Eine Kaltverformung führt bei metallischen Werkstoffen zu einer Festigkeitssteigerung bei gleichzeitigem Verlust der plastischen Verformbarkeit (Kaltverfestigung, Kapitel 2.9.4). Werden Halbzeuge wie zum Beispiel Bleche durch eine Kaltverformung (z. B. Kaltwalzen) hergestellt, dann führt dies zwar einerseits zu verbesserten Festigkeitseigenschaften, andererseits jedoch zu einer Verschlechterung der Verformbarkeit (Bild 1).

Um das Ausmaß einer vorangegangenen Kaltverfestigung kenntlich zu machen, die dabei eingestellten mechanischen Eigenschaften abzuschätzen sowie die Möglichkeiten der Weiterverarbeitung beurteilen zu können, dient der Werkstoffzustand „H", gefolgt von zwei oder drei weiteren Ziffern. Die Zahl „8" (Hx8) gibt den Zustand mit der höchten, üblicherweise herstellbaren Festigkeit (Härte) an. Die Erhöhung der Zugfestigkeit (R_m) auf Zustand Hx8 kann in Abhängigkeit der Mindestzugfestigkeit im weichgeglühten Zustand aus Bild 1 entnommen werden. Die Zustände zwischen O (weichgeglüht) und Hx8 (maximale Festigkeit) werden dementsprechend mit den Ziffern 1 bis 7 (Hx1 bis Hx7) gekennzeichnet. So liegt die Zugfestigkeit des Zustandes Hx4 also in der Mitte zwischen den Zuständen „O" und „Hx8".

Die erste Ziffer nach dem Kennbuchstaben „H" (Platzhalter „x") kennzeichnet die Basisarbeitsgänge bzw. deren Kombination (siehe Tabelle 1, Seite 437).

Bild 1: Bedeutung der Zustandsbezeichnung „H" (kaltverfestigt)

Werkstoffzustand „T"

Durch eine Wärmebehandlung können die Eigenschaften metallischer Werkstoffe in weiten Grenzen verändert werden. Von besonderer Bedeutung für Aluminiumwerkstoffe sind dabei die mit „T" bezeichneten Werkstoffzustände, da mittels geeigneter Wärmebehandlung die Eigenschaften wie zum Beispiel Festigkeit, Korrosionsbeständigkeit, usw., geeignete Al-Werkstoffe vorausgesetzt, verändert und an die jeweiligen Betriebsbedingungen angepasst werden können.

Bild 1: Übersicht der wärmebehandelten Zustände aushärtbarer Aluminiumlegierungen

Üblicherweise folgen auf den Buchstaben „T" bis zu drei nachfolgende Ziffern, deren Bedeutung Tabelle 1, Seite 437, bzw. DIN EN 515 entnommen werden kann. Bild 1 zeigt eine Übersicht der wärmebehandelten Zustände „T-Zustände" aushärtbarer Aluminiumlegierungen.

8.3.1.2 Aluminiumgusswerkstoffe

Analog zu den Aluminiumknetlegierungen kann die Legierungszusammensetzung von Aluminiumgusslegierungen ebenfalls nach der chemischen Zusammensetzung oder einer Nummernkombination erfolgen. In jedem Fall erhalten alle Bezeichnungen die Vorsilbe EN AC (**E**uropäische **N**orm **A**luminium **C**astings/Gussstücke).

a) Bezeichnungssystem mit chemischen Symbolen

Nach der Benennung entsprechend der chemischen Zusammensetzung (DIN EN 1780-2) werden die Legierungsbezeichnungen aus dem Elementsymbol für Aluminium mit den jeweiligen Hauptlegierungselementen gebildet, wobei der Legierungsgehalt des wichtigsten Legierungselementes (in Masse-%) angegeben wird. Bild 2 verdeutlicht diese Systematik anhand eines Beispiels.

Beispiel: **EN AC-Al Si10MgCu**

Aluminiumgusslegierung mit 10 % Silicium (Hauptlegierungselement). Weitere Legierungselemente sind Magnesium und Kupfer.

Bild 2: Bezeichnung von Aluminium-Gusslegierungen nach der chemischen Zusammensetzung nach DIN EN 1780-2 (Beispiel)

b) Numerisches Bezeichnungssystem

Die numerische Bezeichnung nach DIN EN 1780-1 sieht neben dem Vorsatz EN AC durch einen Bindestrich getrennt, eine fünfstellige Nummernkombination vor. Bild 3 verdeutlicht diese Systematik anhand eines Beispiels.

Bild 3: Numerische Bezeichnung von Aluminium-Gusslegierungen nach DIN EN 1780-1 (Beispiel)
Die Bedeutung der fünfstelligen Nummernkombination kann Tabelle 1, Seite 440, entnommen werden

Tabelle 1: Numerische Bezeichnung von Aluminiumgusswerkstoffen nach DIN EN 1780-1

Ziffer an Stelle	Bedeutung	
	Bei Reinaluminium (Al ≥ 99,0 %)	Bei Aluminiumlegierungen
1	Bei Reinaluminium: 1	Legierungsgruppe: 21 Al Cu 41 Al SiMgTi 42 Al Si7Mg 43 Al Si10Mg 44 Al Si 45 Al Si5Cu
2	Bei Reinaluminium: 0	46 Al Si9Cu 47 AlSi (Cu) 48 Al SiCuNiMg 51 Al Mg 71 Al ZnMg
3	Angabe der letzten beiden Ziffern des Mindestanteils an Aluminium in % falls dieser auf 0,01 % genau ausgedrückt wird, z. B. 98 für 99,98 %	Laufende Nummer ohne Bedeutung
4		Im Allgemeinen 0
5	0 für unlegiertes Aluminium in Masseln, siehe DIN EN 576, Tabelle für allgemeine Anwendungen 1, 2 ... für unlegiertes Aluminium in Masseln, siehe DIN EN 576, Tabelle für besondere Anwendungen	0 für allgemeine Anwendung 1, 2 ... bei Legierungen für die Luft- und Raumfahrt

c) Kennzeichnung des Werkstoffzustandes

Die Kennzeichnung des Werkstoffzustandes von Gusslegierungen erfolgt nach DIN EN 1706 analog den Knetlegierungen. Es bedeuten:

F   Gusszustand (Herstellungszustand)
O   weichgeglüht
T1   kontrollierte Abkühlung nach dem Guss und kaltausgelagert
T4   lösungsgeglüht und kaltausgelagert, wo anwendbar
T5   kontrollierte Abkühlung nach dem Guss und warmausgelagert oder überaltert
T6   lösungsgeglüht und vollständig warmausgelagert
T64 lösungsgeglüht und nicht vollständig warmausgelagert, Überalterung
T7   lösungsgeglüht und überhärtet (warmausgelagert), stabilisierter Zustand

Nach der zurückgezogenen DIN 1725-2 und DIN 1725-5 wurde der Werkstoffzustand von Gusslegierungen durch an das Kurzzeichen angehängte Kleinbuchstaben bezeichnet:

g   geglüht und abgeschreckt (z. B. G-AlSi12g, G-AlSi11g)
ho   homogenisiert (z. B. G-AlMg10ho)
ka   kaltausgehärtet (z. B. G-AlSi5Mgka; G-AlCu4Tika, G-AlCu4TiMgka)
wa   warmausgehärtet (z. B. G-AlSi10Mgwa; G-AlSi7Mgwa)
ta   teilausgehärtet (z. B. G-AlCu4Tita)

8.3.2 Normung von Magnesiumwerkstoffen

Die Benennung von Magnesiumwerkstoffen erfolgt nach DIN EN 1754. In der Praxis ist diese Bezeichnung jedoch kaum verbreitet, vielmehr findet dort eine Benennung entsprechend der amerikanischen Norm ASTM B 275 Anwendung. Beide Möglichkeiten sollen nachfolgend besprochen werden.

8.3.2.1 Normung von Magnesiumwerkstoffen nach DIN EN 1754

Die Bezeichnung von Magnesiumwerkstoffen nach DIN EN 1754 (Magnesium und Magnesiumlegierungen – Gussanoden, Blockmetalle und Gussstücke) ähnelt im Wesentlichen der von Aluminiumlegierungen. Sie erfolgt ebenfalls durch Nummern oder durch Kurzzeichen entsprechend der chemischen Zusammensetzung.

8.3 Normung von Nichteisenmetallen (NE-Metalle)

Die Bezeichnung durch Kurzzeichen beginnt mit der Vorsilbe **EN** für **E**uropäische **N**orm gefolgt vom Buchstaben **M** für **M**agnesium (durch einen Bindestrich von der Vorsilbe EN getrennt) und der Kennzeichnung der Produktform (Tabelle 1).

Tabelle 1: Kennbuchstaben zur Bezeichnung von Magnesiumlegierungen nach der Erzeugnisform

Kennbuchstaben	Produktform
EN-MA	**A**noden (gegossen)
EN-MB	**B**lockmetalle (Master alloys)
EN-MC	Gusswerkstoffe bzw. Gussstücke (**C**astings)

a) Bezeichnungssystem durch Kurzzeichen

Bei der Benennung durch Kurzzeichen schließt sich an die Vorsilbe mit Bindestrich getrennt, das Elementsymbol für Magnesium (Mg) an.

Bei **Reinmagnesium** folgt, ohne Leerstelle, die Angabe des Magnesiumgehaltes (in Masse-%) mit Kommastellen. Bild 1 verdeutlicht diese Systematik anhand eines Beispiels.

Bild 1: Bezeichnung von Reinmagnesium nach der chemischen Zusammensetzung nach DIN EN 1754 (Beispiel)

Bei **Magnesiumlegierungen** werden die chemischen Symbole der Hauptelemente angegeben, wobei hinter dem Elementsymbol der jeweilige Legierungsgehalt in Masse-% steht. Bild 2 zeigt diese Systematik.

Beispiel:

EN-MBMgAl5Mn
Magnesiumlegierung (Blockmetall), Hauptlegierungselement Aluminium mit einem Gehalt von 5 % und Anteilen von Mangan

Bild 2: Bezeichnung von Magnesiumlegierungen nach der chemischen Zusammensetzung nach DIN EN 1754 (Beispiel)

b) Numerisches Bezeichnungssystem

Das Bezeichnungssystem mit Nummern ist auf Grundlage von DIN EN 10027-2 aufgebaut und besteht aus einer codierten Ziffernfolge. Die Bedeutung der einzelnen Ziffern ist Bild 3 zu entnehmen.

Bild 3: Numerische Bezeichnung von Magnesiumwerkstoffen nach DIN EN 1754 (Beispiel)

8.3.2.2 Normung von Magnesiumwerkstoffen nach ASTM

Die Bezeichnung nach DIN EN 1754 ist wenig verbreitet. Vielmehr wird das aus der amerikanischen Norm ASTM B275 (Practise for Codification of Certain Nonferrous Metals and Alloys, Cast and Wrought) stammende System weltweit verwendet. Hierbei werden die einzelne Hauptlegierungselemente lediglich durch Großbuchstaben entsprechend Tabelle 1 gekennzeichnet.

In nachfolgenden Zahlen werden die mittleren Legierungsgehalte der betreffenden Elemente in Masse-% abgegeben. Null steht für Gehalte unter 1 %, die aber dennoch eigenschaftsbeeinflussend sind.

Beispiel
AZ91 Magnesium-Legierung mit etwa 9 % Aluminium und etwa 1 % Zink

Nachgestellt können Buchstaben folgen (A, B, C, D usw.), die verschiedene Entwicklungsstufen der Legierungen kennzeichnen. Diese Buchstaben stellen meist eine Kennzeichnung des Gehaltes an Verunreinigungen dar. So kennzeichnet der Buchstabe X eine Experimentallegierung. Die Gehalte von Fe, Cu und Ni sind streng limitiert, da sie die Korrosionsbeständigkeit stark herabsetzen.

Weitere Beispiele:
AM60   6 % Al, Mn < 1 %
AM50   5 % Al, Mn < 1 %
AM20   2 % Al, Mn < 1 %
AS41   4 % Al, 1 % Si
AS21   2 % Al, 1 % Si
AE42   4 % Al, 2 % Seltene Erdmetalle
ZC63   6 % Zn, 3 % Cu

Tabelle 1: Gebräuchliche Buchstabenbezeichnungen von Magnesiumlegierungen nach ASTM B 275

Buchstabe	Element
A	Aluminium
B	Bismut (engl. Bismuth)
C	Kupfer (engl. Copper)
E	Seltene Erdmetalle[1]
F	Eisen (lat. Ferrum)
K	Zirconium
L	Lithium
M	Mangan
N	Nickel
P	Blei (lat. Plumbum)
Q	Silber
S	Silicium
T	Zinn (engl. Tin)
W	Yttrium
Y	Antimon
Z	Zink

[1] Siehe Bild 3, Seite 441

8.3.3 Normung von Kupferwerkstoffen

Im Gegensatz zur Normung von Aluminium- und Magnesiumwerkstoffen zeigt das Bezeichnungssystem für Kupfer und seiner Legierungen erhebliche Abweichungen vom Bezeichnungssystem anderer NE-Metalle, sowohl bei den chemischen Werkstoffsymbolen als auch bei der numerischen Bezeichnung.

Im Hinblick auf die Normung ist zunächst zu unterscheiden zwischen unlegiertem Kupfer und Kupferlegierungen.

8.3.3.1 Unlegiertes Kupfer

Die Bezeichnung von unlegiertem Kupfer erfolgt nach ISO 1190-1 und DIN EN 1976. Bild 1, Seite 443, gibt einen Überblick über die Einteilung, Eigenschaften und Bezeichnung der unlegierten Kupfersorten.

8.3.3.2 Kupferlegierungen

Die normgerechte Bezeichnung von Kupferlegierungen kann, analog zu den Aluminiumlegierungen, nach ihrer chemischen Zusammensetzung oder nach einem Nummernsystem erfolgen.

a) Bezeichnungssystem mit chemischen Symbolen

Die Bezeichnung von Kupferlegierungen mit chemischen Symbolen erfolgt nach ISO 1190-1. Die Bezeichnung beginnt mit dem chemischen Symbol Cu für Kupfer. Gusswerkstoffe werden zusätzlich durch den vorangestellten Buchstaben G ggf. gefolgt von einem weiteren Buchstaben für die Art des Gusses (S, M, Z, C oder P) gekennzeichnet. Dem chemischen Symbol für Kupfer folgen in abwechselnder Reihenfolge die chemischen Symbole der Hauptlegierungselemente sowie ggf. ihre auf ganze Zahlen gerundeten Massengehalte in %.

8.3 Normung von Nichteisenmetallen (NE-Metalle)

Bild 1: Einteilung, Eigenschaften und Bezeichnung von unlegiertem Kupfer

Es gelten dabei die folgenden Regeln:

- Die Legierungselemente werden nach abnehmendem Gehalt sortiert (Ausnahme: falls ein Legierungselement die Eigenschaften des Cu-Werkstoffs maßgebend beeinflusst, wird sein chemisches Symbol, unabhängig von seinem Massengehalt, an die erste Stelle nach dem chemischen Symbol für Kupfer gesetzt). Es sollen maximal drei Hauptlegierungselemente genannt werden (z.B. CuZn36Pb3).

Bild 2: Bezeichnung von Knet- und Gusswerkstoffen aus Kupfer und Kupferlegierungen nach der chemischen Zusammensetzung nach ISO 1190-1 (Beispiel)

- Bei gleicher chemischer Zusammensetzung erfolgt die Ordnung in alphabetischer Reihenfolge (z.B. CuAl10Fe5Ni5).

Bild 2 verdeutlicht anhand eines Beispiels die Systematik der Benennung mit chemischen Symbolen.

b) Numerisches Bezeichnungssystem

Das numerische Bezeichnungssystem nach DIN EN 1412 (Europäisches Werkstoffnummernsystem) gilt für Knet- und Gusswerkstoffe aus unlegiertem Kupfer und Kupferlegierungen. Die Werkstoffnummer muss aus sechs Zeichen bestehen, deren Bedeutung das nachfolgende Beispiel zeigt (Bild 1, Seite 444).

Bild 1: Numerische Bezeichnung von Knet- und Gusswerkstoffen aus unlegiertem Kupfer und Kupferlegierungen nach DIN EN 1412 (Beispiel)

c) Zustandsbezeichnungen

Für die Zustandsbezeichnung von Kupfergussstücken und Kupferhalbzeug gilt DIN EN 1173 (Kupfer und Kupferlegierungen, Zustandsbezeichnungen).

Zur Kennzeichnung einer verbindlichen Eigenschaft, der Höhe der Anforderung an diese Eigenschaft und ggf. einer zusätzlichen Behandlung stehen weitere Buchstaben und Ziffern zur Verfügung, die der Werkstoffbezeichnung mit chemischen Symbolen (ISO 1190-1), durch einen Bindestrich getrennt, nachgestellt wird.

Die Zustandsbezeichnung besteht im Normalfall aus vier Zeichen (außer D, G und M), wobei an erster Stelle ein Buchstabe und an den Stellen 2 bis 4 eine Ziffer stehen muss, deren Bedeutung aus Tabelle 1 entnommen werden kann. Die Bezeichnung kann für Knet- und Gusswerkstoffe aus Kupfer und Kupferlegierungen angewandt werden (außer Blockmetalle).

Beispiele:
CuZn39Pb3-R490 Kupferlegierung mit 39 % Zink und 3 % Blei, verbindliche Zugfestigkeit von 490 MPa
Cu-OF-A006 Sauerstofffreies Kupfer hoher Leitfähigkeit, verbindliche Bruchdehnung von 6 %

Tabelle 1: Zustandsbezeichnungen für Knet- und Gusswerkstoffe aus Kupfer und Kupferlegierungen (DIN EN 1173)

	Position 1 Verbindliche Eigenschaft	Positionen 2 bis 4[1)] Wert der Eigenschaft	Beispiele
A	Bruchdehnung	Zahlenwert in %[3)]	Cu-OF-A007
B	Federbiegegrenze	Zahlenwert in MPa[2) 3)]	Cu-Sn2-B350
D	Gezogen, ohne vorgeschriebene mechanische Eigenschaften	keine weiteren Zeichen	Cu-FRTP-D
G	Korngröße	Zahlenwert in µm	CuZn37-G025
H	Härte (Brinell oder Vickers)	Zahlenwert in HB oder HV[3)]	CuZn37-H180
M	Wie gefertigt, ohne vorgeschriebene mechanische Eigenschaften	keine weiteren Zeichen	CuZn39Pb3-M
R	Zugfestigkeit	Zahlenwert in MPa[2) 3)]	CuBe-R1200
Y	0,2-%-Dehngrenze	Zahlenwert in MPa[2) 3)]	CuZn30-Y460

[1)] Falls Werte nur aus einer oder zwei Ziffern bestehen, ist an Positionen 2 und 3 bzw. an der Position 2 eine Null vor dem festgelegten Wert anzugeben.
[2)] Falls eine hohe Zugfestigkeit (über 1000 MPa) angegeben werden muss, kann auch Position 5 belegt werden. Beispiel: CuBe-R1200
[3)] In der Regel Mindestwert. In der entsprechenden Werkstoff- bzw. Produktnorm spezifiziert.

9 Kunststoffe

Als **Kunststoffe** werden in der Natur nicht vorkommende, sondern durch den Menschen, auf der Basis der Elemente Kohlenstoff und Silicium, künstlich hergestellte nichtmetallische organische Werkstoffe bezeichnet.

Das wichtigste chemische Element beim Aufbau der Kunststoffe ist der **Kohlenstoff,** daneben sind es **Wasserstoff, Stickstoff, Sauerstoff** und die **Halogene.** Das sind genau die Elemente, die für organische Verbindungen charakteristisch sind. Im Gegensatz zu vielen anderen Stoffen, wie Metallen, Salzen oder einfachen Verbindungen, bestehen Kunststoffverbindungen aus Riesenmolekülen, den Makromolekülen. Ihre Molekülmasse liegt in der Regel zwischen 10^4 und 10^6 u (1 u ist die Atommasseneinheit und entspricht 1/12 der Masse eines Kohlenstoffatoms ^{12}C. So beträgt z. B. die Molekülmasse von Wasser 18 u.

> **(i) Information**
>
> **Kunststoffe**
> Kunststoffe sind künstlich hergestellte, nichtmetallisch-organische, makromolekulare Substanzen.

9.1 Bedeutung der Kunststoffe

In vielen Bereichen der Technik, der Landwirtschaft, des Bauwesens, des Haushalts u. a. haben Kunststoffe oft Naturprodukte wie Holz, Metalle und Wolle aus ihren Anwendungsbereichen verdrängt. Die Einsatzmöglichkeiten von Kunststoffen in Deutschland zeigt Bild 1.

Eine Einordnung der Kunststoffe in die Reihe der gesamten Werkstoffe kann wie in Kapitel 1 (Bild 1, Seite 14) vorgenommen werden.

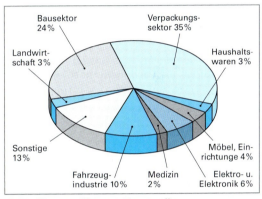

Bild 1: Einsatzgebiete von Kunststoffen in Deutschland (2013)

9.2 Allgemeine Eigenschaften

Gegenüber anderen Werkstoffen haben Kunststoffe eine Fülle von **Vorteilen,** die bei den unterschiedlichen Arten mehr oder weniger ausgeprägt sind. Beispiele sind:

- geringe Dichte (zwischen 0,9 und 2,2 kg/dm³),
- ausgezeichnete Beständigkeit gegenüber vielen Chemikalien,
- Korrosionsbeständigkeit,
- gute Formbarkeit,
- hervorragende elektrische Isolierwirkung,
- geringe Wärmeleitfähigkeit,
- gute Wärmedämmung (Bild 2).

Nachteilig, in Bezug auf ihre universelle Anwendung, sind folgende Eigenschaften von Kunststoffen:

- geringe Temperaturbeständigkeit, verbunden mit einem merklichen Abfall der Festigkeit mit steigender Temperatur,
- niedrige Dauergebrauchstemperatur (Bild 1, Seite 446),
- starke Wärmeausdehnung,

Bild 2: Wärmeleitfähigkeit von ausgewählten Kunststoffen und Metallen

- geringe Festigkeit (unverstärkte Kunststoffe),
- Neigung zum Verspröden bei tiefen Temperaturen,
- Brennbarkeit,
- Neigung zum Quellen bei bestimmten Chemikalien,
- Unbeständigkeit gegenüber bestimmten Lösungsmitteln,
- Empfindlichkeit gegenüber UV-Licht,
- geringe Härte.

9.3 Geschichtliche Entwicklung

1908 gelang es Baekeland, den ersten vollsynthetischen Kunststoff zu entwickeln. Er stellte aus Formaldehyd und Phenol ein Harz her, das als Werkstoff verarbeitet werden konnte: **Bakelit**. Im Ersten Weltkrieg nahm die Kunststoffentwicklung und -produktion mit der Herstellung von Synthesekautschuk einen ersten Aufschwung. In den 30er Jahren wurden die auch heute noch wichtigsten Kunststoffe entwickelt:

- 1933 war die Geburtsstunde des Polyethylens, das sechs Jahre später großtechnisch hergestellt wurde.
- 1934 wurde in Deutschland als erste vollsynthetische Faser eine Kunstfaser aus PVC entwickelt.
- 1938 kamen die Polyamidfasern Nylon (von Carothers aus den USA) und Perlon (von Schlack in Deutschland entdeckt) auf den Markt. Im gleichen Jahr gab es bereits die ersten Perlonstrümpfe zu kaufen.

Nach dem 2. Weltkrieg kam als dritte wichtige vollsynthetische Faser Dralon hinzu. Besonders seit der Zeit nach dem 2. Weltkrieg hat die Chemie der Kunststoffe eine gewaltige Entwicklung genommen (Bild 3). Entsprechend stellt die herstellende und verarbeitende Kunststoffindustrie einen herausragenden Wirtschaftsfaktor dar und ist weiterhin in Expansion begriffen. Es werden ständig neue und verbesserte Kunststoffe für spezielle Verwendungszwecke erforscht und ein Ende der Entwicklung ist nicht abzusehen.

Die Vielseitigkeit in der Verarbeitung und Verwendung der Kunststoffe ist darauf zurückzuführen, dass man ganz bestimmte

Bild 1: Vergleich der Dauergebrauchstemperaturen von Kunststoffen (ohne mechanische Beanspruchung) und Metallen

Bild 2: Zugfestigkeit einiger Kunststoff- und Metallgruppen (20 °C)

Bild 3: Entwicklung der Kunststoffproduktion (einschließlich Leime, Lacke, Dispersionen, Fasern usw.)

9.4 Herstellung der Kunststoffe

Eigenschaftskombinationen herstellen kann (**maßgeschneiderte Werkstoffe**). Zudem ist ihre Herstellung relativ preisgünstig und in weitem Umfang automatisierbar. So ist der Siegeszug der Kunststoffe in alle Lebensbereiche zwangsläufig.

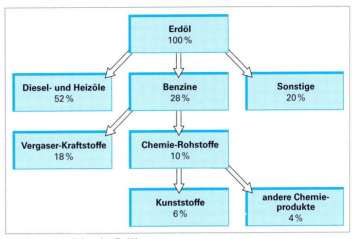

Bild 1: Produktlinien des Erdöls

9.4 Herstellung der Kunststoffe

Ausgangsbasis für die Herstellung von Kunststoffen sind Kohle, Erdgas und vor allem Erdöl, das ein vielfältiges Gemisch zahlreicher Kohlenstoffverbindungen darstellt. Durch petrochemische Verfahren gewinnt man daraus die Grundsubstanzen zur Synthese von Kunststoffen. Gleichzeitig stellt Erdöl eine wichtige Quelle zur Energiegewinnung dar, wobei durch Verbrennung des Erdöls zu Kohlenstoffdioxid und Wasser Wärme erzeugt wird.

Zur Zeit werden etwa 90 % des Erdöls zur Energiegewinnung genutzt, lediglich 10 % dienen zur Herstellung von Chemieprodukten (Bild 1). Umstritten ist, wann die weltweiten Erdölreserven erschöpft sind und der „Peak Oil", der Zeitpunkt der maximalen Fördermenge an Rohöl, erreicht ist.

Bild 2: Tetraederstruktur des Methans (CH_4)

9.4.1 Ausgangsstoffe zur Kunststoffherstellung

An den **Kohlenwasserstoffen,** Verbindungen, die nur aus den Elementen Kohlenstoff und Wasserstoff bestehen, kann man das Charakteristische von organischen Verbindungen erkennen:

1. Das Kohlenstoffatom ist vierbindig, d. h. es kann maximal vier Partner binden. Die kovalenten Bindungen sind geometrisch ausgerichtet. Beim **Methan** CH_4 ist das zentrale Kohlenstoffatom tetraedisch von vier Wasserstoffatomen umgeben (Bild 2).

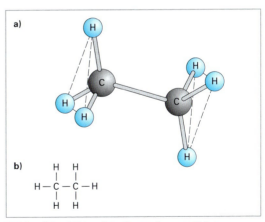

Bild 3: a) Zwei Tetraeder mit gemeinsamer Ecke: Modell des Ethanmoleküls
b) Strukturformel des Ethans

Einer der Bindungspartner kann natürlich auch wieder ein Kohlenstoffatom sein, so dass man **Ethan** C_2H_6 erhält (Bild 3).

Ersetzt man formal immer weiter ein Wasserstoffatom durch eine CH_3-Gruppe, erhält man eine homologe Reihe, die **Alkane.**

2. Das Kohlenstoffatom kann unter Bindung von insgesamt weniger Atomen mit weiteren Kohlenstoffatomen eine **Doppelbindung** oder eine **Dreifachbindung** ausbilden.

Ethen (ältere und technische Bezeichnung Ethylen)

$$\begin{matrix} H \\ H \end{matrix} C = C \begin{matrix} H \\ H \end{matrix}$$

Propen (Propylen)

$$\begin{matrix} H \\ H \end{matrix} C = C \begin{matrix} H \\ CH_3 \end{matrix}$$

Ethin (Acetylen)

$$H - C \equiv C - H$$

Diese Mehrfachbindungen sind besonders reaktionsfreudig.

3. Werden weitere chemische Elemente in die Molekülarchitektur eingebaut, erhält man die unterschiedlichen Stoffklassen. Beispiele sind in Tabelle 1 aufgeführt.

Tabelle 1: Beispiele für Verbindungen der verschiedenen Stoffklassen

Chem. Formel	Name
$C_2H_5 - OH$	Ethanol
$H_3C - COOH$	Essigsäure
$H_3C - C\begin{smallmatrix}O\\OC_2H_5\end{smallmatrix}$	Essigsäureethylester
$H_3C - NH_2$	Methylamin
⌬—NH_2	Anilin
$C_2H_5 - Cl$	Chlorethan
⌬—$C\begin{smallmatrix}O\\H\end{smallmatrix}$	Benzaldehyd
⌬—OH	Phenol

ⓘ Information

Benzol
Eine Besonderheit stellt das Benzol dar. In seinem Molekül sind sechs Kohlenstoffatome zu einem ebenen sechseckigen Ring verknüpft. Zusätzlich sind die Einfachbindungen im Kohlenstoffring noch von drei Doppelbindungen überlagert, die nicht einzelnen C-Atomen zugeordnet werden können (Bild a und b), sondern über das ganze Ringsystem verteilt (delokalisiert) sind (Bild c). An jedem einzelnen C-Atom ist nach außen jeweils ein Wasserstoffatom gebunden, das man in der Regel beim Schreiben der Formel weglässt.

a)   b)   c)

Verbindungen, die den Benzolrest im Molekül aufweisen, werden **aromatische Verbindungen** genannt.

Die Herstellung von Kunststoffen gelingt durch Verbindung geeigneter reaktionsfähiger Ausgangsstoffe, der **Monomere** (monos, griech.: allein). Es werden Makromoleküle, **Polymere** (poly, griech.: viel) hergestellt. Dabei ist zu beachten, dass in Monomeren die Anzahl der Atome im Molekül genau festgelegt ist; bei Polymeren schwankt die Anzahl der Atome in einer gewissen Bandbreite. Man hat es also in der Praxis bei einem Kunststoff mit einem Gemisch von Substanzen gleicher Struktur aber unterschiedlicher Kettenlänge und Molekülmasse zu tun. Durch den **Polymerisationsgrad** wird die Anzahl der Grundbausteine angegeben.

9.4.2 Prinzipien der Kunststoffherstellung

Je nach Art der Verknüpfungsreaktion der Monomeren unterscheidet man die **Polymerisation,** die **Polykondensation** und die **Polyaddition**, die drei Grundreaktionen zur Kunststoffherstellung.

9.4.2.1 Polymerisation und Polymerisate

Die für die Polymerisation geeigneten Monomere besitzen eine Kohlenstoff-Kohlenstoff-Doppelbindung und leiten sich formal von Ethen ab. Die Doppelbindungen innerhalb der einzelnen Monomeren werden aktiviert und verknüpfen im Produkt die Einzelbausteine miteinander:

$$\begin{matrix}H\\H\end{matrix}C=C\begin{matrix}H\\H\end{matrix} + \begin{matrix}H\\H\end{matrix}C=C\begin{matrix}H\\H\end{matrix} + \begin{matrix}H\\H\end{matrix}C=C\begin{matrix}H\\H\end{matrix} \longrightarrow -\overset{H}{\underset{H}{C}}-\overset{H}{\underset{H}{C}}-\overset{H}{\underset{H}{C}}-\overset{H}{\underset{H}{C}}-\overset{H}{\underset{H}{C}}-\overset{H}{\underset{H}{C}}-$$

9.4 Herstellung der Kunststoffe

Schematisch:

[Schema: drei Monomere mit Doppelbindungen → Polymerkette]

Zum Aufbrechen der Doppelbindungen müssen diese durch Zufuhr von Energie aktiviert bzw. gespalten werden. Dies gelingt bei der Polymerisation von Ethen bereits durch Wärme- oder Lichteinwirkung, bei anderen Stoffen durch Zugabe einer Startersubstanz oder eines Katalysators.

Bei der **radikalischen Polymerisation** wählt man als Startersubstanz eine Verbindung, die leicht in zwei Bruchstücke mit jeweils einem freien Elektron, in Radikale, zerfällt, wie zum Beispiel:

[Reaktionsschema: Dibenzoylperoxid → 2 Benzoylperoxidradikal]

Radikalbildung (in der Folge mit R • bezeichnet)

Dibenzoylperoxid   Benzoylperoxidradikal

Radikale sind sehr reaktiv und können mit einer Doppelbindung unter Bildung eines neuen Radikals reagieren:

$$R\bullet + {>}C=C{<} \longrightarrow R-C-C\bullet$$

Kettenstart

Nach dem Kettenstart reagiert das gebildete Radikal weiter und die Kohlenstoffkette wächst beträchtlich an:

$$R-C-C\bullet + n({>}C=C{<}) \longrightarrow R{-}(C-C)_n{-}C-C\bullet$$

Kettenwachstum

In der Regel erfolgt ein geradliniges Anwachsen der Kohlenstoffkette und es bilden sich fadenförmige Moleküle.

Für die Beendigung der Kettenfortpflanzung bestehen verschiedene Möglichkeiten, z. B. die Kombination zweier Radikalketten:

$$R{-}(C-C)_n{-}C\bullet + \bullet C{-}(C-C)_m{-}R \longrightarrow R{-}(C-C)_n{-}C-C{-}(C-C)_m{-}R$$

Kettenabbruch

Auch durch die Zugabe von Reglermolekülen kann die Kettenlänge beeinflusst werden.

Eine Auswahl technisch wichtiger Polymerisationskunststoffe enthält Tabelle 1 auf Seite 450 (siehe auch Kapitel 9.7).

> **ⓘ Information**
>
> **Polymerisation**
> Unter Polymerisation versteht man die Verknüpfung von Monomeren mit einer Doppelbindung zu einem Makromolekül.

a) Polymerisationsverfahren

Je nach der technischen Durchführung unterscheidet man folgende Polymerisationsverfahren:

- Bei der **Blockpolymerisation** (Polymerisation in Substanz) verwendet man nur das reine Monomer und einen darin löslichen Starter, ohne jeglichen Zusatz von Lösungsmitteln. Es entstehen reine und einheitliche Polymerisate, jedoch ist aufgrund der Reaktionswärme die Kontrolle der Reaktion schwierig.

- Die **Lösungspolymerisation** erfolgt in einem Lösungsmittel, in dem sowohl das Monomer als auch das Polymer löslich sind. Das Lösungsmittel dient zum Abführen der Reaktionswärme, so dass auch größere Ansätze möglich sind. Die Produkte sind allerdings nie ganz lösungsmittelfrei und finden deshalb Verwendung in der Klebstoff- und Lackindustrie.

- Die **Fällungspolymerisation** wird ebenfalls in Gegenwart von Lösungsmitteln durchgeführt, in denen aber nur das Monomere löslich, das Polymerisat dagegen unlöslich ist. Es bildet einen Niederschlag. Dieser kann durch Filtration abgetrennt werden.

- Bei der **Emulsionspolymerisation** arbeitet man in einem Zweiphasensystem. Mit Hilfe von seifenähnlichen Substanzen, den Emulgatoren, werden die wasserunlöslichen Monomere in Wasser sehr fein verteilt. Dabei bilden sich Tröpfchen aus, in denen Monomermoleküle durch Emulgatormoleküle umhüllt werden (Bild 1). Durch Zugabe von wasserlöslichen Startersubstanzen erfolgt die Reaktion zu kleinen, in Wasser verteilten festen Polymerteilchen; es entsteht eine Kunststoffdispersion.

Bild 1: Prinzip der Emulsionspolymerisation

- Die **Suspensionspolymerisation** verläuft analog zur Emulsionspolymerisation, aber ohne Verwendung von Emulgatoren. Die feine Verteilung der Monomere in Wasser erfolgt durch sehr kräftiges Rühren.

Tabelle 1: Technisch wichtige Polymerisationskunststoffe

Name	Kurzzeichen (DIN EN ISO 1043-1)	Handelsnamen (Beispiele)	Wiederholungseinheit in Polymeren (in Klammer)	Monomer Formel und Name
Polyacrylnitril	PAN	Dralon® Dolan® Orlon®	~CH(CN)—CH$_2$—CH(CN)—CH$_2$~	H$_2$C=CH—CN Acrylnitril
Polyethylen	PE	Baylon® Hostalen® Lupolen® Vestolen A®	~CH$_2$—CH$_2$—CH$_2$—CH$_2$~	H$_2$C=CH$_2$ Ethen
Polymethylmethacrylat	PMMA	Plexiglas® Degalan® Resartglas®	~CH—C(CH$_3$)(COOCH$_3$)—CH$_2$—C(CH$_3$)(COOCH$_3$)~	H$_2$C=C(CH$_3$)(COOCH$_3$) Methacrylsäuremethylester
Polypropylen	PP	Hostalen PP® Vestolen P® Luparen® Novolen®	~CH$_2$—CH(CH$_3$)—CH$_2$—CH(CH$_3$)~	H$_2$C=CH—CH$_3$ Propen
Polystyrol	PS	Styropor® Styrodur® Hostyren® Polystyrol® Vestyron®	~CH$_2$—CH(C$_6$H$_5$)—CH$_2$—CH(C$_6$H$_5$)~	H$_2$C=CH—C$_6$H$_5$ Styrol
Polytetrafluorethylen	PTFE	Hostaflon® Teflon® Hostaflon TF®	~CF$_2$—CF$_2$—CF$_2$—CF$_2$~	F$_2$C=CF$_2$ Tetrafluorethen
Polyvinylchlorid	PVC	Astralon® Hostalit® Vestolit® Vinnolit® Vinoflex® Duraflex®	~CH$_2$—CH(Cl)—CH$_2$—CH(Cl)~	H$_2$C=CH—Cl Vinylchlorid

b) Taktizität

Mit Ausnahme des Polyethylens und des Polytetrafluorethylens besitzen die verschiedenen Polymerisate unterschiedliche Seitengruppen im Molekül. Bei **isotaktischer** Struktur zeigen alle Seitengruppen in dieselbe Richtung. Bei völlig unregelmäßiger Anordnung spricht man von **ataktischer** Struktur. Wechselt die Reihenfolge regelmäßig alternierend ab, handelt es sich um eine **syndiotaktische** Anordnung (Bild 1).

Bild 1: Konfigurationen von ataktischem, isotaktischem und syndiotaktischem Polymer

Je nach Ordnung der Seitengruppen ergeben sich für die Kunststoffe unterschiedliche Eigenschaften: Allgemein kann man sagen, je regelmäßiger der Aufbau ist, desto höher ist die Kristallinität und damit die Härte und Festigkeit. Je unregelmäßiger der Aufbau ist, desto geringer ist die Kristallinität und desto weicher ist das Produkt.

c) Technisch bedeutsame Polymerisate

Nachfolgend werden technische bedeutsame Kunststoffe vorgestellt, welche durch Polymerisation hergestellt werden.

Polyacrylnitril (PAN)

```
     H   H   H   H   H   H   H   H   H   H   H   H   H   H   H   H   H   H   H   H
     |   |   |   |   |   |   |   |   |   |   |   |   |   |   |   |   |   |   |   |
----C — C — C — C — C — C — C — C — C — C — C — C — C — C — C — C — C — C — C — C----
     |   |   |   |   |   |   |   |   |   |   |   |   |   |   |   |   |   |   |   |
     H  CN   H  CN   H  CN   H  CN   H  CN   H  CN   H  CN   H  CN   H  CN   H  CN
```

Polyacrylnitril wird durch Fällungspolymerisation in wässriger Lösung hergestellt. Der Beginn der großtechnischen Produktion lag im Jahre 1940. Da es vor seiner Erweichungstemperatur zersetzt wird, spielt es zur Herstellung von Kunststoffteilen keine Rolle, wohl aber als Textilfaser. Dazu wird Polyacrylnitril in Dimethylformamid gelöst und kann dann aus dieser Lösung versponnen werden. Die erhaltenen Synthesefasern sind am wollähnlichsten, besitzen hervorragende Licht-, Wetter- und Chemikalienbeständigkeit, sind leicht waschbar und knitterfrei.

Polyethylen (PE)

```
     H   H   H   H   H   H   H   H   H   H   H   H   H   H   H   H   H   H   H   H
     |   |   |   |   |   |   |   |   |   |   |   |   |   |   |   |   |   |   |   |
----C — C — C — C — C — C — C — C — C — C — C — C — C — C — C — C — C — C — C — C----
     |   |   |   |   |   |   |   |   |   |   |   |   |   |   |   |   |   |   |   |
     H   H   H   H   H   H   H   H   H   H   H   H   H   H   H   H   H   H   H   H
```

Die häufigsten Verfahren zur Herstellung von Polyethylen sind das **Hochdruckverfahren** und das **Niederdruckverfahren**. Beim Hochdruckverfahren (Beginn der technischen Produktion 1936) wird sehr reines Ethen bei Drücken von 100 bis 300 MPa und Temperaturen von 150 bis 275 °C zu Polyethylen polymerisiert, unter Anwesenheit von 0,05 bis 0,1% Sauerstoff als Radikalbildner. Man erhält ein Weich-Polyethylen (PE-LD), dessen Moleküle aus langen verzweigten Ketten bestehen und eine mittlere Molekülmasse $\overline{M}$ von 600 000 g/mol bzw. 600 000 u aufweisen.

Beim Niederdruckpolyethylen (1953) wird unter Luftausschluss mit Hilfe von Katalysatoren Ethen bei Drücken von 0,1 bis 5 MPa und Temperaturen zwischen 20 °C und 150 °C zu Polyethylen umgesetzt. Die Makromoleküle des erhaltenen Hart-Polyethylens (PE-HD) bilden eine lineare Kette fast ohne Verzweigungen und haben eine mittlere Molekülmasse $\overline{M}$ > 200 000 u und 400 000 u.

Die Unterschiede in der Molekülstruktur von Niederdruck- und Hochdruckpolyethylen zeigt schematisch Bild 1, in dem nur der Verlauf der Kohlenstoffkette angedeutet ist. In Tabelle 1 ist der Einfluss der Molekülstruktur auf die Eigenschaften zusammengefasst.

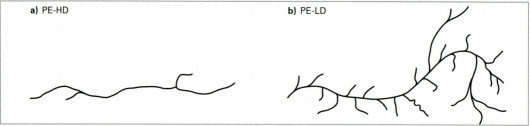

Bild 1: Molekülstruktur von a) Nieder- und b) Hochdruckpolyethylen

Tabelle 1: Einfluss der Molekülstruktur auf Eigenschaften von PE

Polyethylenart	Verzweigungsgrad (Zahl der Verzweigungen auf 1000 C-Atome)	Kristallinität in %	Rohdichte in kg/dm³	Streck-spannung in MPa	Kristallit-schmelz-temperatur in °C	Maximale Gebrauchs-temperatur in °C
Niederdruck-PE (PE-HD)	ca. 3 gering	ca. 60 ... 80 hoch	0,94 ... 0,96 höher	18 ... 30 höher	130 ... 135 höher	70 ... 80[1] 90 ... 120[2] höher
Hochdruck-PE (PE-LD)	ca. 30 hoch	ca. 40 ... 50 niedrig	0,92 ... 0,94 niedriger	8 ... 16 geringer	105 ... 110 niedriger	60 ... 75[1] 80 ... 90[2] niedriger

[1] langzeitig, ohne mechanische Belastung, in Luft   [2] kurzzeitig, ohne mechanische Belastung, in Luft

Polyethylen hat eine wachsartige Oberfläche, ist sehr beständig gegen Säuren und Laugen, unbeständig gegenüber Kohlenwasserstoffen, ist schweißbar und schlecht klebbar. Durch Licht und Sauerstoff können Abbaureaktionen ausgelöst werden, die zur Versprödung führen. Polyethylen ist der wichtigste Massenkunststoff (Marktanteil ca. 34 %) mit einer Weltproduktion von 76 Millionen Tonnen (2011) und findet vielseitige Verwendung: Behälter für Haushalt und Labor, Formteile, Folien, Isoliermaterial für elektrische Geräte und Kabel, Verpackungsfolien, Trinkwasserdruckrohre und Abwasserrohre (Bild 2).

Bild 2: Produkte aus PE

ⓘ Information

Schaffung verbesserter Eigenschaften
Eine Verbesserung der anwendungstechnischen Eigenschaften erzielt man durch Copolymerisation von Ethen mit längerkettigen Monomeren: **PE-LLD** (linear low density). Es zeichnet sich durch einen höheren E-Modul und eine höhere Zugfestigkeit bei geringer Dichte aus und findet besonders Verwendung für die Herstellung von Folien und großen Formteilen (große Hohlkörper, Surfbretter).

Polymethylmethacrylat (PMMA)

$$----\underset{H}{\overset{H}{C}}-\underset{COOCH_3}{\overset{CH_3}{C}}-\underset{H}{\overset{H}{C}}-\underset{COOCH_3}{\overset{CH_3}{C}}-\underset{H}{\overset{H}{C}}-\underset{COOCH_3}{\overset{CH_3}{C}}-\underset{H}{\overset{H}{C}}-\underset{COOCH_3}{\overset{CH_3}{C}}-\underset{H}{\overset{H}{C}}-\underset{COOCH_3}{\overset{CH_3}{C}}-\underset{H}{\overset{H}{C}}-\underset{COOCH_3}{\overset{CH_3}{C}}-\underset{H}{\overset{H}{C}}----$$

9.4 Herstellung der Kunststoffe

1928 gelang die wirtschaftlich verwertbare Polymerisation von Acrylsäuremethylester zu Polymethylmethacrylat (Plexiglas®), einem amorphen Kunststoff, dessen mittlere Molekülmasse je nach Herstellungsbedingungen bis zu $\overline{M}$ = 3 000 000 u betragen kann.

Polymethylmethacrylat ist glasklar, hat eine niedrige Dichte, ist bruchfest, besitzt gute Witterungsbeständigkeit, ist beständig gegen Säuren und Laugen, allerdings unbeständig gegen einige polare Lösungsmittel, wie Ester, Ketone und Chlorkohlenwasserstoffe und ist schweiß- und klebbar.

Bild 1: Produkte aus PMMA

In Form von Tafeln, Blöcken und Stäben findet Polymethylmethacrylat für viele Produkte Verwendung: Schutzscheiben, Verglasungen, Kleinmöbel, Leuchten, Lichtleitfasern und im Sanitärbereich (Bild 1). Mit einer Weltproduktion (2011) von 1,6 Millionen Tonnen gehört Polymethylmethacrylat zu den Spezialkunststoffen.

Polypropylen (PP)

Der größte Teil des Polypropylens wird unter Verwendung von Katalysatoren durch das Niederdruckverfahren (seit 1956) analog zum Polyethylen hergestellt. Die Makromoleküle des erhaltenen Produkts sind isotaktisch aufgebaut, der Polymerisationsgrad (Kapitel 9.4.1) beträgt 3500 bis 35 000, die mittlere Molekülmasse $\overline{M}$ liegt zwischen 150 000 u und 1 500 000 u. Die Kristallit-Schmelztemperatur liegt bei 160 °C bis 65 °C.

Eine durch einen radikalischen Mechanismus gesteuerte Synthese liefert ataktisches Polypropylen, das weitgehend amorph ist und eine Erweichungstemperatur von 128 °C besitzt.

Bild 2: Produkte aus PP

Polypropylen hat die geringste Dichte aller Kunststoffe, verfügt über gute mechanische Eigenschaften und eine große Härte. Die Beständigkeit ähnelt der des Polyethylens, Polypropylen ist jedoch gegen Witterungseinflüsse weniger resistent, Härte- und Wärmeformbeständigkeit sind höher.

Die Hauptverwendung liegt in der Herstellung von Folien, Fasern für Taue sowie von hochbeanspruchten technischen Teilen und Verpackungen (Bild 2). Mit einer Weltproduktion von 53 Millionen Tonnen (2011) ist Polypropylen ein Massenkunststoff.

Polystyrol (PS)

Im Werk Ludwigshafen der IG Farbenindustrie AG wurde 1930 die Produktion von Polystyrol, dem ältesten Polymerisationskunststoff, aufgenommen. Durch Temperaturerhöhung oder durch Zugabe von Startersubstanzen wird die Polymerisation von Styrol zu Polystyrol eingeleitet. Es entstehen weitgehend unverzweigte Makromolekülketten mit ataktischer Anordnung der Phenylreste. Der Polymerisationsgrad liegt zwischen 1500 und 4000, die mittlere Molekülmasse $\overline{M}$ zwischen 160 000 u und 400 000 u.

Polystyrol ist glasklar, hart, spröde, leicht brennbar und schlagempfindlich. Gegen Säuren, Laugen und Alkohol ist Polystyrol beständig, gegenüber vielen organischen Lösungsmitteln jedoch unbeständig. Außerdem ist es schweiß- und klebbar. Seine Licht- und Wetterbeständigkeit ist gering.

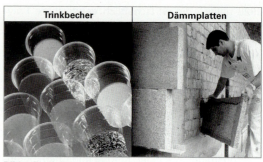

Bild 1: Produkte aus PS

Es wird für Folien, Gehäuse, Haushaltsgegenstände und Massenartikel verwendet (Bild 1). Durch Zumischen eines niedrigsiedenden Treibmittels kann es zu Styropor® verarbeitet werden, das als Verpackungsmaterial und zur Wärme- und Schalldämmung dient. Im Jahre 2011 betrug die Produktion 11,2 Millionen Tonnen.

Polytetrafluorethylen (PTFE)

Das Monomer (Tetrafluorethen) wird unter Druck in wässriger Phase bei 20 °C bis 80 °C mit Peroxiden als Starter polymerisiert. Der völlig symmetrische Aufbau des Makromoleküls führt zu einem hohen Kristallisationsgrad. Die Folgen sind große Temperaturbeständigkeit (erst oberhalb 400 °C Zersetzung) und hohe Erweichungstemperatur, weshalb Polytetrafluorethylen plastisch nicht verformbar ist. Sein Einsatzbereich reicht von – 200 °C bis + 250 °C, kurzfristig sogar bis 300 °C.

PTFE ist unbrennbar, absolut wetterfest, lichtbeständig, in allen Lösungsmitteln unlöslich und nur

Bild 2: Produkte aus PTFE

bedingt schweißbar. Außerdem gilt es als gesundheitlich unbedenklich. Seine herausragende Eigenschaft ist ein ausgeprägt antiadhäsives Verhalten (klebwidrig) und sein sehr niedriger Reibungskoeffizient. Mit einem Produktionsanteil von unter 0,1 % ist Polytetrafluorethylen ein Spezialkunststoff zur Herstellung von Beschichtungen, schmierungsfreien Gleitlagern, Dichtungen, Laborgeräten, Kabelisolierungen und für Spezialanwendungen in der Luft- und Raumfahrttechnik (Bild 2).

Polyvinylchlorid (PVC)

Die Verarbeitung des Monomeren muss unter besonderen Sicherheitsvorkehrungen erfolgen, da Vinylchlorid schwere Gesundheitsschäden hervorruft. Die radikalische Polymerisation (zwischen 1930 bis 1935 zur Produktionsreife entwickelt) erfolgt in geschlossenen Druckapparaturen bei 1 MPa und in einem Temperaturbereich von 40 °C bis 80 °C. Die Makromolekülketten sind wenig verzweigt, die Anordnung der Chloratome ist ataktisch. Bei einem Polymerisationsgrad von 650 bis 2500 liegt die mittlere Molekülmasse $\overline{M}$ zwischen 40 000 u und 150 000 u.

9.4 Herstellung der Kunststoffe

Polyvinylchlorid hat eine gute Festigkeit und zeigt gegenüber Chemikalien eine gute Beständigkeit, es ist schwer entflammbar, schweiß- und klebbar. Die Verwendung erfolgt in Form von Folien, Tafeln und Rohren für vielfältigste Anwendungen in Industrie und Haushalten. Durch Einarbeiten von **Weichmachern** (z. B. Dioctylphthalat) wird die Härte herabgesetzt, aber hohe Flexibilität und Dehnbarkeit bleiben erhalten.

Bild 1: Produkte aus PVC

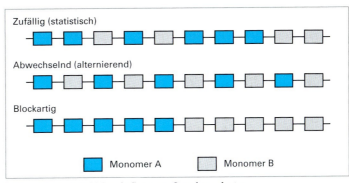

Dioctylphthalat

Je nach Weichmacherzusatz ist Weich-PVC hartelastisch bis weichgummiähnlich. Verwendung: Schläuche, Folien, Bahnen für Kabelisolierungen, Verpackungen, Fußbodenbeläge (Bild 1).

Die Weltproduktion von Polyvinylchlorid lag 2011 bei 36,2 Millionen Tonnen.

d) Copolymerisate

Bei der Copolymerisation (Mischpolymerisation) polymerisiert man ein Gemisch aus zwei oder mehreren Monomer-Arten gemeinsam, um gezielt Stoffe mit ganz bestimmten, günstigen Eigenschaften herzustellen (in gewisser Weise kann man es mit der Legierungsherstellung bei den Metallen vergleichen). Dabei kann die Reihenfolge der Monomere wie in Bild 2 sein.

Bild 2: Unterschiedlicher Aufbau von Copolymerisaten

Mischt man beispielsweise Styrol mit Acrylnitril im Verhältnis 70 : 30, so entstehen **SAN**-Copolymere (**S**tyrol-**A**cryl**n**itril). Im Makromolekül sind die Monomere statistisch verteilt, die Seitengruppen ataktisch angeordnet. SAN ist ein amorpher Thermoplast, der sich gegenüber Polystyrol durch erhöhte Festigkeit und Dauergebrauchstemperatur auszeichnet.

ABS-Kunststoffe, die durch Copolymerisation von **A**crylnitril, **B**utadien und **S**tyrol erhalten werden, verbinden eine hohe Schlagzähigkeit und chemische Beständigkeit mit guter Wärmebeständigkeit und Reißfestigkeit. Zudem eignen sie sich besonders gut zur Metallbeschichtung durch Galvanisieren. Verwendet wird ABS z. B. für Haushaltsgeräte, Gehäuse von audio-visuellen Geräten, Möbelteile, Sitzmöbel, Sicherheitshelme, Sanitärarmaturen (Bild 3).

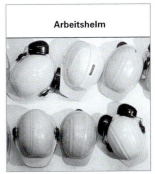

Bild 3: Produkte aus ABS

9.4.2.2 Polykondensation und Polykondensate

Bei Polykondensationen reagieren zwei Arten von Monomeren zu dem Polykondensat unter Abspaltung eines kleinen Moleküls (z. B. H_2O, HCl). Zurückführen kann man die Polykondensation auf die Modellreaktion der Esterbildung: Dabei reagiert ein Alkohol mit einer Carbonsäure zu Ester und Wasser. Am Beispiel des Essigsäureethylesters sei das Reaktionsschema erläutert:

$$H_3C-CH_2-OH + H_3C-C\underset{OH}{\overset{O}{\lessgtr}} \rightleftharpoons H_3C-\overset{O}{\overset{\|}{C}}-O-CH_2-CH_3 + H_2O$$

| Ethanol | Ethansäure (Essigsäure) | Essigsäureethylester | Wasser |

Wählt man einen zweiwertigen Alkohol, d. h. eine Verbindung, die über zwei alkoholische OH-Gruppe verfügt, und eine Dicarbonsäure, d. h. eine Verbindung, die an Kopf und Schwanz eine COOH-Gruppe trägt, kann man durch eine analoge Kondensationsreaktion einen funktionellen Ester herstellen:

$$HO-CH_2-CH_2-OH + \underset{HO}{\overset{O}{\lessgtr}}C-CH_2-C\underset{OH}{\overset{O}{\lessgtr}} \rightleftharpoons HO-CH_2-CH_2-O-\overset{O}{\overset{\|}{C}}-CH_2-C\underset{OH}{\overset{O}{\lessgtr}} + H_2O$$

Ethylenglycol   Malonsäure

Das entstandene Molekül besitzt jetzt an jedem Ende wieder eine reaktive Stelle, die jeweils mit einem weiteren Alkohol bzw. einer weiteren Carbonsäure weiterreagiert und so fort. Das erhaltene Produkt ist ein **Polyester**.

Nach dem gleichen Prinzip reagieren Diamine und Dicarbonsäuren zu **Polyamiden** und Phenole und Formaldehyd zu **Phenoplasten**.

> ### ⓘ Information
>
> **Polykondensation**
> Bei der Polykondensation erfolgt die Verknüpfung von Monomeren zu Makromolekülen unter Abspaltung eines niedermolekularen Stoffes.

Schematisch:

Die meisten Polykondensate werden großtechnisch durch Schmelzkondensation hergestellt. Dabei werden die sehr reinen Ausgangsstoffe unter Zusatz von Katalysatoren oberhalb der Schmelztemperatur der niedermolekularen Ausgangsstoffe bzw. der entstehenden Polykondensate umgesetzt.

9.4 Herstellung der Kunststoffe

a) Technisch bedeutsame Polykondensate

Tabelle 1 gibt zunächst einen Überblick über technisch wichtige Polykondensationskunststoffe.

Tabelle 1: Technisch wichtige Polykondensationskunststoffe

Gruppenbe-zeichnung und Name	Kurzzeichen (DIN EN ISO 1043-1)	Handelsna-men (Beispiele)	Wiederholungseinheit im Makromolekül	Beispiele für Monomere Formel und Name
Aminoplaste	UF (Harnstoff-Formaldehyd-Kunststoffe) weitere Sorten: MF und MP[4]	Resopal® Duropal® Cibamin® Bakelite UF®	$-CH_2-N-CH_2-N-$ $\quad\quad\quad\quad C=O$ $-CH_2-N-CH_2-N-$	$H_2N-\overset{O}{\overset{\|}{C}}-NH_2$ Harnstoff $H_2C=O$ Formaldehyd
Phenoplaste	PF (Phenol-Formaldehyd-Kunststoffe)	Bakelit® Genal®	(Phenol-Formaldehyd-Struktur mit OH-Gruppen und CH₂-Brücken)	Phenol (OH-Ring) $H_2C=O$ Formaldehyd
Polyamide	PA (Polyamide)	Grilamid® [1] DurethanB® [2] Perlon® [2] Nylon® [3] Ultramid A® [3]	$\left[-N-(CH_2)_x-N-\overset{O}{\overset{\|}{C}}-(CH_2)_y-\overset{O}{\overset{\|}{C}}-\right]$ mit H an N	$H_2N-(CH_2)_6-NH_2$ Hexamethylendiamin $HOOC-(CH_2)_4-COOH$ Adipinsäure
Polyester	PET (Polyethylen-terephthalat)	Rynite® Hostaphan® Hostandur E®	$\left[-\overset{O}{\overset{\|}{C}}-\text{C}_6\text{H}_4-\overset{O}{\overset{\|}{C}}-O-(CH_2)_2-O-\right]_n$	$HO-CH_2-CH_2-OH$ Ethylenglycol $COOH-\text{C}_6\text{H}_4-COOH$ Terephthalsäure

[1] PA [2] PA6 [3] PA66 [4] MF = Melamin-Formaldehyd-Harz   MP = Melamin-Phenol-Harz

Aminoplaste (MF, MP, UF)

Unter **Aminoplasten** versteht man Polykondensate, die insbesondere aus Formaldehyd und Verbindungen mit NH-Gruppen hergestellt werden und die häufig als **Harze** bezeichnet werden, wie z. B. das nachfolgend dargestellte **Harnstoffharz (UF)**.

(Strukturformel des Harnstoffharz-Netzwerks mit C-N-Verknüpfungen und C=O Gruppen)

Bei der Reaktion von Formaldehyd mit Harnstoff entsteht zunächst Dimethylolharnstoff:

$$\begin{array}{c} H \\ \diagdown \\ C=O \\ \diagup \\ H \end{array} \quad + \quad \begin{array}{c} H_2N \\ \diagdown \\ C=O \\ \diagup \\ H_2N \end{array} \quad \longrightarrow \quad \begin{array}{c} H-N-CH_2OH \\ | \\ C=O \\ | \\ H-N-CH_2OH \end{array}$$

Formaldehyd + Harnstoff → Dimethylolharnstoff

Durch Abspaltung von zwei Wassermolekülen bei der Kondensation von zwei Dimethylolharnstoffmolekülen entsteht ein Dimeres:

$$\begin{array}{c}\text{HN}-\text{CH}_2\text{OH}\\|\\\text{C}=\text{O}\\|\\\text{HN}-\text{CH}_2\text{OH}\end{array} + \begin{array}{c}\text{HN}-\text{CH}_2\text{OH}\\|\\\text{C}=\text{O}\\|\\\text{HN}-\text{CH}_2\text{OH}\end{array} \longrightarrow \begin{array}{c}\text{HN}-\text{CH}_2-\text{N}-\text{CH}_2\text{OH}\\|\qquad\qquad|\\\text{C}=\text{O}\qquad\text{C}=\text{O}\\|\qquad\qquad|\\\text{HN}-\text{CH}_2-\text{N}-\text{CH}_2\text{OH}\end{array} + 2\,\text{H}_2\text{O}$$

Durch weitere Abspaltung von Wassermolekülen findet beim Erwärmen eine Kondenstation zu einem dreidimensional vernetzten Harz statt.

Das erhaltene Harnstoffharz ist beständig gegenüber vielen organischen Lösungsmitteln, kaltem Wasser und schwachen Säuren, unbeständig gegenüber starken Säuren, Laugen und kochendem Wasser. Aminoplaste sind farblos und erleiden unter Einwirkung von Licht oder Wärme keine Verfärbung. Man verwendet sie beispielsweise zur Herstellung von Lacken, als Bindemittel für Pressmassen, für Holzwerkstoffe (Bild 1) und Holzleime, für Teile der Elektroinstallation (Schalter, Steckdosen, Leuchtensockel) sowie für Kunststoffgeschirr (Bild 1).

Bild 1: Produkte aus Aminoplasten

Phenoplaste (PF)

Bei der Polykondensation von Phenol mit Aldehyden erhält man Phenoplaste, die auch als **Phenolharze** bezeichnet werden.

Den ersten vollsynthetischen Kunststoff stellte 1912 der belgische Chemiker **Leo Hendrik Baekeland** (1863... 1944) durch Reaktion von Formaldehyd mit Phenol her. In einem ersten Schritt entsteht Methylolphenol.

Phenol + Formaldehyd → Methylolphenol

Zwei Methylolphenolmoleküle kondensieren unter Abspaltung eines Wassermoleküls zu einem Dimeren.

9.4 Herstellung der Kunststoffe

Durch analoge Reaktion weiterer Methylolphenolmoleküle erhält man als Vorkondensat **Resol,** ein sehr schwach vernetztes Makromolekül, das beim Erwärmen weiterreagiert zu **Resitol,** das aus verzweigten, schwach vernetzten Molekülen besteht und schließlich zu **Resit** führt, einem räumlich vollkommen vernetzten Makromolekül.

Resole sind wegen ihres geringen Vernetzungsgrades schmelzbar und löslich. Resitole sind schmelzbar und unlöslich und in der Wärme noch formbar.

Resit ist unschmelzbar und unlöslich, gelb gefärbt und dunkelt nach. Gegenüber verdünnten Säuren und Laugen sowie vielen organischen Lösungsmitteln ist Resit beständig. Es ist unbeständig gegenüber kochendem Wasser sowie konzentrierten Säuren und Laugen. Die Verwendung liegt in ähnlichen Bereichen wie bei den Aminoplasten.

Polyamide (PA)

$$----N-(CH_2)_x-\underset{H}{N}-\underset{\parallel}{\overset{}{C}}-(CH_2)_y-\underset{\parallel}{\overset{}{C}}-\underset{H}{N}-(CH_2)_x-\underset{\parallel}{\overset{}{N}}-\underset{\parallel}{\overset{}{C}}-(CH_2)_y-\underset{\parallel}{\overset{}{C}}----$$

$$x, y = 4 \ldots 13$$

Entsprechend der Vielzahl der möglichen Ausgangsverbindungen (**Dicarbonsäuren, Diamine** und **Aminocarbonsäuren,** Tabelle 1) sind die Variationsmöglichkeiten bei der Polyamidherstellung groß. Die technisch wichtigsten Polyamide, Nylon® und Perlon® gehen von Monomeren mit sechs Kohlenstoffatomen aus.

Die Polyamide bestehen aus linearen Kettenmolekülen mit einer mittleren Molekülmasse $\overline{M}$ von 10 000 bis 20 000 u. Ihre Benennung erfolgt nach der Anzahl der Kohlenstoffatome links und rechts der NH-Gruppe, z. B. Polyamid 66.

Tabelle 1: Beispiele für Edukte (Ausgangsverbindungen) bei der Herstellung von Polyamiden

Ausgangsverbindungen	Chemische Formel
Dicarbonsäuren	
Adipinsäure	HOOC-$(CH_2)_4$-COOH
Pimelinsäure	HOOC-$(CH_2)_5$-COOH
Korksäure	HOOC-$(CH_2)_6$-COOH
Sebacinsäure	HOOC-$(CH_2)_8$-COOH
Diamine	
Tetramethylendiamin	H_2N-$(CH_2)_4$-NH_2
Pentamethylendiamin	H_2N-$(CH_2)_5$-NH_2
Hexamethylendiamin	H_2N-$(CH_2)_6$-NH_2
Aminocarbonsäuren	
Aminocapronsäure	H_2N-$(CH_2)_5$-COOH
Aminononansäure	H_2N-$(CH_2)_8$-COOH
Aminoundecansäure	H_2N-$(CH_2)_{10}$-COOH

$$----N-(CH_2)_6-\underset{H}{N}-\underset{\parallel}{\overset{}{C}}-(CH_2)_4-\underset{\parallel}{\overset{}{C}}-\underset{H}{N}----$$

Das wesentliche Charakteristikum der Polyamide ist das Strukturelement: $-\underset{H}{N}-\underset{\parallel O}{\overset{}{C}}-$

Diese Gruppe ist auch in der Peptidbindung von Eiweißmolekülen zu finden.

Wegen ihres hohen kristallinen Anteils besitzen die Polyamide hervorragende mechanische Eigenschaften. Sie sind zäh, hart und reißfest. Außerdem sind sie schweiß- und klebbar sowie gegenüber vielen Lösungsmitteln beständig.

Bild 1: Produkte aus Polyamiden (Dübel, Zahnräder)

Von konzentrierten Säuren werden sie angegriffen und bei höheren Temperaturen sind sie oxidationsempfindlich.

Polyamide werden beispielsweise zur Herstellung von Kunststoffteilen wie Rädern, Zahnrädern, Maschinenteilen und -gehäusen oder Dübeln verwendet (Bild 1, Seite 459). Ein weiteres großes Einsatzgebiet liegt in der Faserherstellung für Textilfasern, Taue, Borsten u. a.

Polyester

$$\cdots C-R-C-O-(CH_2)_x-O-C-R-C-O-(CH_2)_x-O-C-R-C-O-(CH_2)_x-O\cdots$$

$$R = \bigcirc \text{ oder } (CH_2)_y$$

Durch Kondensation von Dicarbonsäuren und zweiwertigen Alkoholen entstehen die linearen (thermoplastischen) Polyester. Entsprechend der großen Anzahl der verfügbaren Dicarbonsäuren und mehrwertigen Alkoholen (Tabelle 1) existiert eine große Fülle von Variationsmöglichkeiten zur Herstellung von Polyestern.

Die größte wirtschaftliche und technische Bedeutung kommt dem Polyester zu, der durch Umsetzung von Ethylenglycol mit Terephthalsäure entsteht, dem **Polyethylenterephthalat** (PET). Bei einer mittleren Festigkeit besitzt das PET eine hohe Abriebfestigkeit und Härte sowie eine gute Chemikalienbeständigkeit (unbeständig gegen Laugen). Seine Schlagzähigkeit ist niedrig.

Die wichtigsten Verwendungsbereiche sind Folien (Schrumpffolien, Trägermaterial für Magnetbänder), Maschinenteile, Möbelbeschläge, Flaschen, Textilfasern u. a. (Bild 1, Seite 461).

Setzt man zur Synthese Alkohole mit drei oder mehr OH-Gruppen ein, bilden sich vernetzte Makromoleküle, die in der Wärme nicht mehr plastisch verformbar sind. Diese **Alkydharze** kommen meist in flüchtigen Lösungsmitteln gelöst als Lacke zur Anwendung.

Geht man bei der Herstellung von Polyestern von ungesättigten Dicarbonsäuren aus, erhält man Makromoleküle, die über reaktionsfähige Doppelbindungen verfügen: Man spricht von einem **ungesättigten Polyester** oder **UP-Harz**. Durch Polykondensation von z. B. Maleinsäure und Ethylenglycol entsteht folgendes UP-Harz:

Tabelle 1: Beispiele für Edukte bei der Herstellung von Polyestern

Gesättigte Dicarbonsäuren	
Adipinsäure	$HOOC-(CH_2)_4-COOH$
Sebacinsäure	$HOOC-(CH_2)_8-COOH$
Phthalsäure	Benzolring mit 2 COOH (ortho)
Terephthalsäure	Benzolring mit 2 COOH (para)
Ungesättigte Dicarbonsäuren	
Maleinsäure	$\underset{H}{\overset{HOOC}{>}}C=C\underset{H}{\overset{COOH}{<}}$
Fumarsäure	$\underset{H}{\overset{HOOC}{>}}C=C\underset{COOH}{\overset{H}{<}}$
Itakonsäure	$H_2C=C\underset{CH_2-COOH}{\overset{COOH}{<}}$
Mehrwertige Alkohole	
Ethylenglycol	$HO-CH_2-CH_2-OH$
Glycerin	$HO-CH_2-CH_2-CH_2-OH$ mit OH an mittlerem C
1,4-Butandiol	$HO-CH_2-CH_2-CH_2-CH_2-OH$
Pentaerythritol	$HO-CH_2-C(CH_2OH)_2-CH_2-OH$

9.4 Herstellung der Kunststoffe

$$---O-CH_2-CH_2-O-C-C=C-C-O-CH_2-CH_2-O-C-C=C-C-O-CH_2-CH_2-O---$$
$$\overset{\|}{O}\overset{\|}{O}\overset{\|}{O}\overset{\|}{O}$$

Die UP-Harze werden relativ kurzkettig hergestellt. Die mittlere Molekülmasse liegt zwischen $\overline{M}$: 2000 u und 5000 u. UP-Harze sind daher weich (Handelsnamen: Leguval®, Palatal®, Vestopal®). Zur Vernetzung werden sie in geeigneten Monomeren (z. B. Styrol) gelöst. Eine Vernetzung tritt durch Erwärmen oder durch Zugabe von Peroxidkatalysatoren (Härter) ein und beruht auf der Polymerisation zwischen dem ungesättigten Polyester und Styrol. Zur Anwendung werden der in Styrol gelöste Polyester einerseits und Härter andererseits getrennt konfektioniert und dann zum Gebrauch gemischt. Anschließend steht nur noch eine begrenzte Zeitspanne, die **Topfzeit**, zur Verarbeitung des Ansatzes zur Verfügung.

Die Produkte sind nach dem Aushärten spröde, hart und plastisch nicht mehr verformbar. Sie finden Verwendung als schnellhärtende Lacke und Gießharze.

Bild 1: Produkte aus PET

9.4.2.3 Polyaddition und Polyaddukte

Das Prinzip der Polyaddition lässt sich an einer einfachen Additionsreaktion erkennen, bei der ein Alkohol mit einem Isocyanat zu einem Urethan reagiert:

$$R-OH \quad + \quad O=C=N-R \quad \longrightarrow \quad R-O-\overset{\overset{O}{\|}}{C}-\overset{\overset{H}{|}}{N}-R$$

Alkoholgruppe   Isocyanatgruppe   Urethangruppe

Dabei fällt auf, dass ein Wasserstoffatom vom Sauerstoffatom der Alkoholgruppe auf das Stickstoffatom der Isocyanatgruppe übertragen wird und kein kleineres Molekül abgespalten wird.

Bei der Reaktion von Alkoholen und Isocyanaten mit jeweils zwei reaktiven Gruppen kann an dem jeweiligen Molekülende eine Reaktion stattfinden: Man erhält ein Polyurethan.

Schematisch:

Der bedeutendste Kunststoff, der durch Polyaddition hergestellt wird, ist **Polyurethan**. In Abhängigkeit von der Anzahl der reaktionsfähigen Gruppen der Reaktionspartner erhält man lineare oder vernetzte Additionspunkte.

Wählt man als Ausgangsstoffe Diisocyanate und zweiwertige Alkohole (Glykole), entstehen linear gebaute Makromoleküle, die unter den Handelsnamen Durethan U oder Perlon U vertrieben werden. Diese Kunststoffe sind beständig gegenüber Kohlenwasserstoffen und Mineralöl, unbeständig gegenüber Säuren, Laugen und organischen Lösungsmitteln.

> **ⓘ Information**
>
> **Polyaddition**
> Unter Polyaddition versteht man die Verknüpfung von Molekülen ohne Abspaltung eines niedermolekularen Stoffes, wobei die Reaktion unter Wanderung eines Wasserstoffatoms erfolgt. Dabei erhält man kettenförmige oder auch räumlich vernetzte Produkte.

U. a. werden die Kunststoffe aus linearen Polyurethanketten zur Herstellung von Schlechtwetterkleidung, Skischuhen oder Schuhsohlen verwendet.

Werden Diisocyanate mit mehr als zwei OH-Gruppen (Polyole) umgesetzt, erhält man Polyurethanmakromoleküle, die räumlich vernetzt sind. Diese eignen sich hervorragend zur Herstellung von Schaumstoffen, die unter dem Namen Moltopren® im Handel sind (Bild 1). Als Treibmittel verwendet man entweder Wasser, das mit Isocyanaten zu Kohlenstoffdioxid reagiert und damit das Polyurethan aufschäumt, oder ein leichtsiedendes Treibmittel (früher: FCKW!), das bei den Arbeitstemperaturen verdampft und somit die zum Schäumen notwendigen Gase liefert.

Bild 1: Schnitt durch geschlossenzelligen Schaumstoff (vergrößert)

Polyurethanschaumstoffe sind beständig gegenüber Waschmittellösungen, verdünnten Säuren und Laugen, Kohlenwasserstoffen und Mineralölen. Sie sind unbeständig gegenüber konzentrierten Säuren und Laugen sowie organischen Lösungsmitteln.

In Abhängigkeit von ihrem Porengehalt und Vernetzungsgrad unterscheidet man Weich- und Hartschaumstoffe.

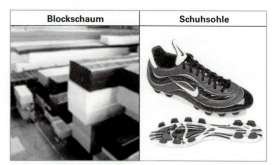

Bild 2: Produkte aus PUR

Weichschaumstoffe werden für Matratzen, Polstermöbel oder als Verpackungsmaterial verwendet. **Hartschaumstoffe** werden im Bauwesen zur Wärme- und Schalldämmung, in Fertigteilen oder zur Hohlraumausschäumung und für Bauteile im Fahrzeug- und Bootsbau sowie für Kühlgeräte eingesetzt (Bild 2).

9.4.3 Spezialkunststoffe

Zu den Spezialkunststoffen zählt man solche Kunststoffe, die in relativ geringen Mengen produziert werden, wie z. B. Silicone (auch: Silikone) oder elektrisch leitende Kunststoffe.

a) Silicone
Die langen Molekülketten der Silicone werden durch fortlaufende Verknüpfung von Silicium- und Sauerstoffatomen gebildet. Das Kohlenstoffatom ist bei den Siliconen durch das ebenfalls vierwertige Silicium ersetzt. Seitenketten bilden organische Reste, z. B. R=CH$_3$

$$----\underset{R}{\overset{R}{Si}}-O-\underset{R}{\overset{R}{Si}}-O-\underset{R}{\overset{R}{Si}}-O-\underset{R}{\overset{R}{Si}}-O-\underset{R}{\overset{R}{Si}}-O-\underset{R}{\overset{R}{Si}}-O-\underset{R}{\overset{R}{Si}}-O-\underset{R}{\overset{R}{Si}}-O-\underset{R}{\overset{R}{Si}}-O-\underset{R}{\overset{R}{Si}}-O-\underset{R}{\overset{R}{Si}}-O----$$

Je nach Molekülmasse und Vernetzungsgrad bilden Silicone viskose Öle, Pasten oder kautschukähnliche Massen. Sie verfügen über eine hohe Wärme- und Chemikalienbeständigkeit und sind wasserabweisend.

Silicon-Harze werden verwendet als Imprägniermittel und für Schutzanstriche, Silicon-Pasten als Abdichtmaterial und als Kautschuk für Dichtungen oder Elektroisolationen (Bild 1, Seite 463).

b) Elektrisch leitende Kunststoffe
Obwohl es eine der herausragenden Eigenschaften der Kunststoffe ist, dass sie als elektrische Isolatoren wirken (daher Verwendung für Kabelisolierungen, Steckdosen usw.), ist es gelungen, Kunststoffe herzustellen, die den elektrischen Strom leiten können.

9.4 Herstellung der Kunststoffe

Die elektrische Leitfähigkeit eines Stoffes beruht auf seiner Fähigkeit, einen Elektronentransport zu ermöglichen, wie es die Metalle hervorragend können. Aber auch Grafit, eine Modifikation des Kohlenstoffs, leitet aufgrund seines Kristallaufbaus den elektrischen Strom.

Bei der Planung von Kunststoffen mit elektrischer Leitfähigkeit müsste ein Molekül konstruiert werden, das über leicht bewegliche Elektronen verfügt (also das Prinzip des Grafits aufnimmt). Die Entdeckung eines solchen Makromoleküls, des Polyacetylens, gelang 1977 und wurde mit dem Chemie-Nobelpreis 2000 gewürdigt:

$$----CH=CH-CH=CH-CH=CH----$$

Wegen seiner Unbeständigkeit ist es allerdings für eine technische Anwendung nicht geeignet.

Die Entwicklung weiterer elektrisch leitender Polymere führte schon zu praktischer Nutzung für elektrische Bauteile, zur Herstellung von Displays und zur Erzeugung antistatischer Beschichtungen.

9.4.4 Faserverstärkte Kunststoffe

Zur Verbesserung der mechanischen Eigenschaften wie Zug- und Biegefestigkeit (Tabelle 1, Seite 464) oder Schlagzähigkeit werden Kunststoffen Verstärkungsstoffe zugesetzt, die überwiegend Faserstruktur haben, insbesondere Glasfasern (Bild 2) und Kohlenstofffasern (Bild 3).

Für spezielle Anwendungen setzt man eine besondere Polyamidfaser (Aramidfaser Kevlar®) ein und in sehr begrenztem Umfang werden Bor- und Siliciumcarbidfasern verwendet. Man erhält einen Verbundwerkstoff, in dem die günstigen Eigenschaften beider Komponenten vereint sind. Die Wirkung der eingelagerten Fasern macht sich besonders durch die Aufnahme der von außen angreifenden Kräfte bemerkbar (Bild 4). Die Verstärkungswirkung ist umso größer, je höher der Elastizitätsmodul und die Zugfestigkeit der Verstärkungsfasern sind. Außerdem sind die Form (Faser, Matte, Gewebe, Roving – das sind Stränge aus einer großen Anzahl von Einzelfäden) und die Ausrichtung der Fasern von Bedeutung. Der Verbundwerkstoff hat seine höchste Festigkeit in Richtung der Verstärkungsfasern. Bekannte Bindemittel für faserverstärkte Kunststoffe sind ungesättigte Polyesterharze (UP), daneben Epoxid- und Phenolharze.

Die Produkte sind ungewöhnlich stoß- und schlagfest. Schadhafte Stellen können unter Verwendung desselben Materials ausgebessert werden, allerdings unter Reduktion der bisherigen mechanischen Eigenschaften.

Bild 1: Anwendungsbeispiele für Silicone

Bild 2: Herstellung von glasfaserverstärktem Kunststoff (GFK)

Bild 3: Mikroschliff eines kohlefaserverstärkten Kunststoffs (CFK)

Bild 4: Abhängigkeit des Schubmoduls von der Temperatur bei verstärktem und unverstärktem Polyamid

Weitere Vorteile sind geringes Gewicht, Verschleißfestigkeit, hohe Steifigkeit, hervorragendes Ermüdungs- und Dämpfungsverhalten sowie Wetter- und Korrosionsbeständigkeit. Der Anwendungsbereich von glasfaserverstärkten UP-Kunststoffen ist sehr vielfältig: Behälter, Silos, Wasserbecken, Bauteile für Fahrzeuge, Bauelemente für den Hochbau, die Sanitär- und Beleuchtungstechnik, Sportgeräte. Neue Anwendungsgebiete für hochbeanspruchte Teile eröffnen sich durch Werkstoffe, bei denen Kohlenstofffasern zur Verstärkung verwendet werden; so werden bereits Leitwerke von Flugzeugen aus kohlenstoffverstärkten Kunststoffen hergestellt. Beim Flugzeugtyp von Boeing (B787, DREAMLINER) besteht der Rumpf vollständig aus Kohlefaser-Verbundwerkstoffen und die übrigen Strukturelemente zu etwa 50 %.

Tabelle 1: Vergleich der Zugfestigkeitswerte ausgewählter Werkstoffe

Bindemittel	Verstärkung	Zugfestigkeit MPa
UP	–	30 ... 50
Phenolharz	Glasfaserverstärkung	35 ... 420
UP	Glasfaserverstärkung	110 ... 1180
Epoxidharz	Glasfaserverstärkung	870 ... 1560
Gusseisen mit Lamellengrafit	–	100 ... 300
Baustähle	–	330 ... 850
Vergütungsstähle	–	800 ... 1400
Höchstfeste Stähle	–	bis 4000

Zur Herstellung und Verarbeitung von Faserverbundwerkstoffen kommen vor allem zwei Verfahren zum Einsatz: Das **Direktverfahren** und das **Halbzeugverfahren**. Zu den Direktverfahren zählen das Wickeln, das Strangziehen, die Harzinjektionstechnik und das Handlaminieren. Dabei muss das eingesetzte Kunststoffmaterial eine geringe Viskosität besitzen, um das Tränken der Faser zu ermöglichen. Bild 1 zeigt Bauteile aus glasfaserverstärkten Kunststoffen und ihre Verwendung. Bei der Halbzeugtechnik kommen ausschließlich faserverstärkte Plastomere zum Einsatz, z. B. kurzfaserverstärkte Granulate für den Spritzguss und die Extrusion (Kapitel 9.9.2.3).

Bild 1: Bauteile aus GFK und ihre Herstellung

9.5 Einteilung und struktureller Aufbau der Kunststoffe

In den vorangegangenen Kapiteln wurden die Kunststoffe nach ihren Bildungsreaktionen in Polymerisate, Polykondensate und Polyaddukte eingeteilt. Da sich abhängig von der Molekülstruktur (lineare unvernetzte Ketten, weitmaschig vernetzte Ketten oder stark vernetzte räumliche Strukturen) sehr unterschiedliche Anwendungs- und Verarbeitungseigenschaften ergeben, ist es in der Technik üblich, die Kunststoffe nach ihrem mechanisch-thermischen Verhalten wie folgt einzuteilen:

- Thermoplaste (Plastomere)
- Duroplaste (Duromere)
- Elastomere
- Thermoplastische Elastomere

9.5 Einteilung und struktureller Aufbau der Kunststoffe

Das unterschiedliche mechanisch-thermische Verhalten der Kunststoffe ist in ihrem strukturellen Aufbau begründet, der nachfolgend für die genannten Kunststoffgruppen beschrieben werden soll.
Bild 1 gibt zunächst einen umfassenden Überblick über die Möglichkeit der Einteilung von Kunststoffen einschließlich einiger typischer Beispiele.

Bild 1: Einteilung der Kunststoffe mit ausgewählten Beispielen (ISO-Kurzzeichen siehe Tabelle 1, Seite 486)

9.5.1 Thermoplaste (Plastomere)

Thermoplaste (Plastomere) bestehen aus linearen oder verzweigten Molekülketten (Bild 1, Seite 452), die miteinander nicht vernetzt sind. Der Zusammenhalt zwischen den Molekülen erfolgt, abgesehen von Molekülverschlaufungen, durch sekundäre chemische Bindungen, siehe Kapitel 2.3.2).
Das typische Durchmesser-Längen-Verhältnis der Molekülketten beträgt etwa 1:10000, d. h. ein auf den Durchmesser von 1 cm vergrößertes Kettenmolekül hätte eine Länge von rund 100 m. Hinsichtlich der räumlichen Anordnung der Molekülketten unterscheidet man amorphe und teilkristalline Thermoplaste.

9.5.1.1 Amorphe Thermoplaste

Die amorphen Thermoplaste bestehen aus regellos ineinander verschlauften und verknäuelten Makromolekülen ohne regelmäßige Anordnung und Orientierung (Bild 1a, Seite 466). Es fehlt jede Art von Nahordnung d. h. eine über den nächsten Nachbarn hinausgehende Ordnung der Makromoleküle bezüglich Abstand, Anordnung und Orientierung. Der Zusammenhalt zwischen den Molekülketten erfolgt durch mechanische Verschlaufungen und Verhakungen sowie durch sekundäre chemische Bindungskräfte (Nebenvalenzbindungen).

9.5.1.2 Teilkristalline Thermoplaste

Teilkristalline Themoplaste enthalten neben amorphen Bereichen auch Zonen mit einer mehr oder weniger starken Ausrichtung der Makromoleküle, die kristallinen Bereiche. Das Vorhandensein kristallartig geordneter Bereiche führte zunächst zu der Vorstellung, dass innerhalb des teilkristallinen Kunststoffs Bereiche hoher Ordnung (Kristallite) in eine Matrix aus ungeordneten (amorphen) Molekülketten eingebettet sind (Bild 1b).

Bild 1: Struktur amorpher und teilkristalliner Thermoplaste (vereinfachte Modelle)

Das einfache sogenannte **Fransenmizellen-Modell** der teilkristallinen Thermoplaste (Bild 1b) entspricht nicht der beobachteten Realität. Bei normaler Erstarrung der Schmelze entstehen durch Kettenfaltungen geordnete Molekülbereiche, die von einem gemeinsamen Kristallisationszentrum ausgehend sich in einer Art Überstruktur zusammenfügen.

Der komplexe strukturelle Aufbau teilkristalliner Thermoplaste von der Molekülkette bis zum Formteil soll in Bild 1, Seite 467, am Beispiel des Polyethylens (PE) erläutert werden.

Die in der Ebene „zick-zack-förmig" gefalteten PE-Ketten ordnen sich zunächst so an, dass jede beliebige Kette von vier gleich weit entfernten Ketten umgeben ist. Es entstehen Kristallblöcke, deren Dicke der Faltungslänge entspricht und im Allgemeinen etwa 5 nm bis 60 nm beträgt. Die Kristallblöcke tragen an ihren beiden Deckflächen die Schlaufen. Die beiden Deckflächen sind daher mit einer Schicht amorphen Materials aus Schlaufen, Kettenenden, Verzweigungsstellen und ungeordnet durchlaufenden Molekülketten aufgebaut.

Der Zusammenhalt zwischen den einzelnen Kristallblöcken erfolgt sowohl durch Verschlaufungen als auch durch ungeordnet durchlaufende Ketten, den sogenannten **„tie-Molekülen"**. Letztere können sich über bis zu 15 Kristallblöcke erstrecken.

Diese amorphe Grenzschicht stellt zwar hinsichtlich Festigkeit und Steifigkeit eine Schwachstelle im Gefüge dar, ohne sie wären die teilkristallinen Thermoplaste allerdings spröde.

In teilkristallinen Thermoplasten können diese Kristallblöcke geordnete Überstrukturen, bei normaler Erstarrung aus dem schmelzflüssigen Zustand meist sogenannte Sphärolithe, bilden. Die Kristallisation beginnt dabei in der Regel an Kristallisationskeimen (in handelsüblichen Polymeren meist Verunreinigungen wie z. B. Verarbeitungshilfsmittel, Farbstoffe, Füllstoffe, usw.).

Durch ein bevorzugtes Wachstum der Kristallblöcke bzw. Pakete vom Kristallisationskeim weg, entstehen leicht gekrümmte Kristall-Lamellen. Durch die kugelförmige Ausbreitung dieser Kristall-Lamellen entsteht schließlich ein **Sphärolith**.

Sobald der radial wachsende Sphärolith mit benachbarten Sphärolithen zusammenstößt, entsteht die aus mikroskopischen Untersuchungen bekannte polyedrische Struktur. Die Primär- oder Hauptkristallisation ist damit abgeschlossen.

Ähnlich der Korngröße bei den Metallen sind große Sphärolithe bei den Kunststoffen ebenfalls unerwünscht. Man versucht durch Impfen der Schmelze oder durch rasche Abkühlung (Unterkühlung) möglichst viele Fremdkeime zu erzeugen, so dass viele Sphärolithe gleichzeitig wachsen.

Weitere Einzelheiten über den strukturellen Aufbau der Thermoplaste sind der weiterführenden Literatur zu entnehmen.

9.5 Einteilung und struktureller Aufbau der Kunststoffe

Neben der Ausbildung der beschriebenen Sphärolithen beobachtet man bei teilkristalline Thermoplasten auch andere Kristallisationsformen:

- **Einkristalle**
  Bei einer Kristallisation in verdünnten Lösungen tritt keine gegenseitige Beeinflussung bzw. Behinderung der kristallisierenden Makromoleküle auf. Es können daher plättchenförmige, dünne Kristalle mit einheitlicher Höhe heranwachsen, die durch lamellenartige Hin- und Herfaltungen der Kettenmoleküle entstehen. Man spricht von Einkristallen.

- **Verstreckungsgefüge**
  Durch gerichtete viskos-plastische Deformationen oberhalb der Glastemperatur während der Verarbeitung (bei amorphen Thermoplasten: $T_g + 20K ... 40K$, bei teilkristallinen Thermoplasten: $T_m - 10 ... 20 K^{1)}$) kann ein orientierter Molekülzustand erreicht werden. Man spricht von **Verstrecken**. Es erfolgt eine bevorzugte Ausrichtung der Molekülketten in ein oder zwei Richtungen. Die Eigenschaften des Bauteils werden dann richtungsabhängig (**Anisotropie**). So beobachtet man in Streckrichtung eine beträchtliche Erhöhung der Zugfestigkeit und auch eine Erhöhung der Schlagzähigkeit. Bei teilkristallinen Thermoplasten sind dabei die erreichbaren Festigkeitssteigerungen um einen Faktor 3 bis 4 höher im Vergleich zu den amorphen Thermoplasten. Das Verstrecken wird häufig bei der Herstellung von Fasern oder Bändern angewandt.

Durch das Verstrecken wird bei den teilkristallinen Thermoplasten die Sphärolithstruktur zerstört. Es findet eine Neuordnung (Ausrichtung) der kristallinen Bereiche in Verformungsrichtung statt.

Bild 1: Struktureller Aufbau teilkristalliner Thermoplaste am Beispiel von Polyethylen (PE)

---

[1] T_g = Glastemperatur in K (Kapitel 9.6.1.3). T_m = Kristallitschmelztemperatur in K (Kapitel 9.6.3)

Hierbei lösen sich einzelne Blöcke aus den Kristalllamellen und orientieren sich in Streckrichtung. Die einzelnen Blöcke werden durch eine hohe Anzahl von „tie-Molekülen" miteinander verbunden. Es entsteht eine mikrofibrilläre Struktur mit entsprechend verbesserten Eigenschaften in Verformungsrichtung (Bild 1).

- **Andere Überstrukturen**
Abhängig von den Abkühlbedingungen können sich anstelle der beschriebenen Sphärolithe auch andere Überstrukturen ausbilden. Ist die Schmelze bei der Abkühlung beispielsweise einer Scherung unterworfen, dann entstehen anstelle von Plättchen und Bändern, wie sie in den Sphärolithen zu finden sind, Strukturen die als **Shish-Kebab-Strukturen** oder **Schaschlik-Strukturen** bezeichnet werden. Sie bestehen aus einem Stab (Whisker) und runden Scheiben (Bild 2). Liegen diese Strukturen gleichgerichtet vor, dann legen sich die Scheiben und Mulden ineinander, so dass sich in Längsrichtung hohe Festigkeiten ergeben.

Bild 1: Verstreckung eines teilkristallinen Thermoplasten

Bild 2: Shish-Kebab-Struktur (Schaschlik-Struktur)

Von besonderer Bedeutung für die Eigenschaften der teilkristallinen Thermoplaste ist der **Kristallinitätsgrad**. Er hängt nicht nur vom Aufbau und der Länge der Makromoleküle, d. h. von der Kunststoffsorte, sondern auch von der Keimbildungs- und Kristallwachstumsgeschwindigkeit während der Herstellung ab. Die Kristallinität wird erhöht durch:

- Kurze Molekülketten
- Symmetrischer Molekülbau, d. h. keine Verzweigungen
- Isotaktischer Bau der Makromoleküle
- Langsame Abkühlung der Schmelze
- Verstrecken

Durch eine Erhöhung der Kristallinität nehmen die zwischenmolekularen Kräfte zu. Damit steigen:
- Festigkeit
- Elastizitätsmodul
- Dichte

Hingegen nehmen ab:
- Verformungsvermögen
- Transparenz (amorphe Themoplaste ohne Farb- und Füllstoffe sind glasklar!)

Kristallinitätsgrade über 80 % können selbst unter idealen Bedingungen nicht erreicht werden, da die Kristallisationsfähigkeit von Makromolekülen, bedingt durch ihre Größe und die Anordnung ihrer Atome bzw. Atomgruppen, im Vergleich zu niedermolekularen Substanzen erheblichen kinetischen Einschränkungen unterliegt. Beschränkungen zu niedrigen Kristallinitätsgraden bis hin zum amorphen Zustand bestehen hingegen praktisch kaum. In Tabelle 1 sind die Kristallinitätsgrade ausgewählter teilkristalliner Thermoplaste zusammengestellt.

Tabelle 1: Kristallinitätsgrade ausgewählter teilkristalliner Thermoplaste

Kunststoff		$K^{1)}$
Polyethylen, linear	PE-HD	70 … 80
Polyoxymethylen	POM	70 … 80
Polytetrafluorethylen	PTFE	60 … 80
Polypropylen, isotaktisch[2)]	PP	70 … 80
Polypropylen[3)]	PP	50 … 60
Polybutylenterephthalat	PBT	bis 50
Polyethylen, verzweigt	PE-LD	45 … 55
Polyamide	PA	bis 60

[1)] erreichbarer Kristallinitätsgrad
[2)] überwiegender Anteil isotaktischer Ketten
[3)] größerer Anteil ataktischer Ketten

9.5 Einteilung und struktureller Aufbau der Kunststoffe

Kristalline Anteile treten überwiegend bei den (teilkristallinen) Thermoplasten auf. Auch bei den weitmaschig vernetzten Elastomeren (Kapitel 9.5.3) kann mitunter zwischen den Vernetzungspunkten eine Kristallisation auftreten. Dort ist sie jedoch wegen der damit einher gehenden Versprödung unerwünscht. Die engmaschig, räumlich vernetzten Duroplaste weisen keine Kristallinität auf.

9.5.2 Duroplaste (Duromere)

Duroplaste bestehen aus engmaschig, räumlich vernetzten Makromolekülen (Bild 1). Im Gegensatz zu den Thermoplasten kann man nicht mehr von Molekülketten sprechen, da das räumliche Netzwerk das gesamte Bauteil durchzieht. Die räumlichen Netzwerke können durch Synthese aus entsprechenden Monomeren oder durch Vernetzen bestehender Ketten entstehen.

Nach der Vernetzung sind die Duroplaste:
- nicht warmverformbar
- nicht schmelzbar
- nicht schweißbar

Der entscheidende, das Strukturverhalten bestimmende Parameter ist der **Vernetzungsgrad**. Er ist definiert, als das Verhältnis vernetzter Grundbausteine zu den insgesamt vorhandenen Grundbausteinen. Mit zunehmendem Vernetzungsgrad steigen die:
- Festigkeit und Härte
- Elastizitätsmodul
- Wärme(form)beständigkeit

Ein zu hoher Vernetzungsgrad würde aufgrund einer stark eingeschränkten elastischen Verformbarkeit allerdings zu einer unerwünschten Versprödung der Kunststoffe führen.

Bild 1: Molekülstruktur eines Duroplasten
a) Räumlich eng vernetzte „Einzelbausteine"
b) Quervernetzung linearer oder verzweigter Ketten

9.5.3 Elastomere

Elastomere bestehen aus Molekülketten, die untereinander nur schwach (weitmaschig) vernetzt sind (Bild 2). Die Molekülketten können bei relativ geringen äußeren Kräften gegeneinander abgleiten, sie bleiben jedoch durch die chemischen Vernetzungsstellen miteinander verbunden (Bild 1, Seite 470). Aufgrund ihrer Wärmebewegung sind die Molekülketten bestrebt, den Zustand größter Unordnung (Knäuelform) und damit größter Entropie wieder einzunehmen. Dadurch entsteht eine elastische Rückstellkraft. Wirkt die äußere Kraft nicht mehr, dann nehmen die Molekülketten also wieder ihren ursprünglichen (verknäuelten) Zustand ein. Makroskopisch verhalten sich die Elastomere daher bei Raumtemperatur und höherer Temperatur entropieelastisch („gummi-elastisch").

Bild 2: Molekülstruktur eines elastomeren Kunststoffs (Elastomer)

9.5.4 Thermoplastische Elastomere

Thermoplastische Elastomere (TPE), die Ende der siebziger Jahre auf den Markt kamen, sind eine eigenständige Kunststoffgruppe und weisen im festen Zustand die Eigenschaften von Elastomeren auf. In der Wärme sind sie jedoch analog den Thermoplasten, schmelzbar, schweißbar und nach allen gebräuchlichen Methoden plastisch verformbar.

Weitere Vorteile gegenüber den Elastomeren sind die Wiederverwendbarkeit von Produktionsrückständen, keine Vernetzungszeit, d. h. wesentlich kürzere Verarbeitungszeiten und damit ein geringerer Energieverbrauch.

Wesentliche Grundlage für die Herstellung der TPE ist die Blockcopolymerisationstechnik. Die Blockcopolymere (Kapitel 9.4.2.1) bestehen innerhalb einer Kette aus alternierenden und hinreichend langen Segmenten aus „harten" Thermoplasten (amorph oder kristallin) und „weichen" Elastomeren (Bild 2). Die thermoplastischen Kettenteile bilden durch Verschlaufungen und Nebenvalenzbindungen physikalische Vernetzungsstellen, die bei höherer Temperatur gelöst werden.

Zu den wichtigsten Gruppen der thermoplastischen Elastomere zählen:

- polyolefinische Elastomere
- Polyester-Elastomere
- Polyurethan-Elastomere
- Polyamid-Elastomere
- TPE auf Basis Styrol/Butadien

9.6 Mechanisch-thermisches Verhalten der Kunststoffe

Im Gegensatz zu den Metallen oder den keramischen Werkstoffen (Kapitel 10) hängen die mechanischen und physikalischen Eigenschaften der Kunststoffe sehr stark von der Temperatur ab. Die Eigenschaften sind nur innerhalb bestimmter Zustandsbereiche hinreichend konstant. Der Übergang zwischen den verschiedenen Bereichen ist durch eine starke Änderung der Eigenschaften gekennzeichnet und kann dementsprechend durch verschiedene Methoden ermittelt werden (Messung des Schubmoduls, der spezifischen Wärme, des spezifischen Volumens, der thermischen Ausdehnung, usw.). Bei Kenntnis der Zustandsbereiche ist es möglich, die Eigenschaften verschiedener Kunststoffe miteinander zu vergleichen, den Gebrauchsbereich festzulegen und Anwendungsgrenzen zu erkennen.

9.6.1 Charakterisierung der Zustandsbereiche

Zur Charakterisierung der Zustandsbereiche des thermisch-mechanischen Verhaltens der Kunststoffe wird auf der Ordinate der entsprechenden Diagramme (z. B. Bild 3) üblicherweise der (dynamische) Schubmodul G aufgetragen, da sich diese

Bild 1: Längenänderung eines Elastomers unter Einwirkung einer Zugspannung

Bild 2: Struktur thermoplastischer Elastomere
ϑ_g = Glastemperatur
ϑ_m = Schmelztemperatur

Bild 3: Charakterisierung der Zustandsbereiche von Kunststoffen am Beispiel amorpher Thermoplaste
NEB = Nebenerweichungsbereich
HEB = Haupterweichungsbereich
ϑ_g = Glastemperatur
ϑ_f = Fließtemperatur
ϑ_z = Zersetzungstemperatur

9.6 Mechanisch-thermisches Verhalten der Kunststoffe

Größe im Torsionsschwingversuch nach DIN EN ISO 6721-2 relativ einfach ermitteln lässt. Mitunter werden jedoch auch der Elastizitätsmodul oder die Festigkeit (ermittelt im Zugversuch nach DIN EN ISO 527-1) aufgetragen.

Die Charkterisierung der Zustandsbereiche soll zunächst am Beispiel der amorphen Thermoplaste erfolgen (Bild 3, Seite 470).

9.6.1.1 Energieelastischer Bereich

Energieelastisches („stahl-elastisches") Verformungsvermögen ist gekennzeichnet durch eine nicht zeitlich verzögerte Verformung unter Einwirkung einer Kraft. Bei Entlastung ist die Verformung vollständig reversibel. Die Verformungsarbeit wird als potenzielle Energie gespeichert, indem die Atomabstände und Bindungswinkel verändert werden (Bild 1). Bei nicht allzu großen Dehnungen (bis etwa 1 %) gilt bei vielen Polymeren im energieelastischen Bereich zwischen Kraft (Spannung) und Verformung (Dehnung) das Hookesche Gesetz ($\sigma = E \cdot \varepsilon$), Kapitel 13.5.1.4. Die Schubmodule liegen etwa zwischen 500 MPa und 10 000 MPa (die Elastizitätsmodule etwa zwischen 20 000 MPa und 50 000 MPa), die reversiblen Dehnungen betragen in der Regel 0,01 % bis 1 %.

Bild 1: Energieelastische Formänderung. Reversible Veränderung der Atomabstände und Bindungswinkel (vergleichbar einer Feder)

Im energieelastischen Bereich sind Translationsbewegungen (Verschiebungen) der Molekülketten unmöglich, die Kettenbeweglichkeit ist also „eingefroren". Lediglich Kettensegmente, Kettenenden und Seitengruppen können (oberhalb des Nebenerweichungsbereiches) Rotationsbewegungen ausführen.

Der energieelastische Bereich entspricht dem Gebrauchsbereich der amorphen Thermoplaste. Allerdings führen Temperaturen unterhalb des Nebenerweichungsbereiches zu einer starken Versprödung.

9.6.1.2 Nebenerweichungsbereich (NEB)

Bereits bei tiefen Temperaturen können Kettensegmente oder Seitengruppen beweglich werden, d. h. Rotationsbewegungen ausführen (Bild 2). Zwar sind die Veränderungen der Eigenschaften insgesamt gering, jedoch ermöglichen es die Platzwechselvorgänge, Spannungsspitzen bei schlagartiger Beanspruchung abzubauen. Ein Unterschreiten des Nebenerweichungsbereiches geht daher mit einer starken Versprödung des Kunststoffs einher. Der **Nebenerweichungsbereich** findet sich meist innerhalb des energieelastischen Bereichs. Abhängig vom Aufbau der Kunststoffe können auch mehrere Nebenerweichungsbereiche auftreten.

Bild 2: Rotation von Kettensegmenten im entropieelastischen Bereich

9.6.1.3 Haupterweichungsbereich (HEB)

Der **Haupterweichungsbereich** kennzeichnet den Übergang vom energieelastischen in den entropieelastischen Zustand. Er existiert nur bei den amorphen Phasen und wird durch die **Glastemperatur** ϑ_g (auch Glasübergangstemperatur oder Einfriertemperatur bezeichnet) charakterisiert. Der HEB liegt je nach Kunststoffsorte zwischen – 100 °C und + 200 °C, bei den amorphen Thermoplasten in der Regel über 0 °C (Tabelle 1, Seite 472).

Die Beschreibung der Erweichung erfolgt heute nach der Theorie des freien Volumens. Die Molekülketten in Kunststoffen sind aufgrund von Kettenenden, Faltungen, Verschlaufungen, usw. nie dichtest möglich gepackt, es sind stets Leerstellen von der Größe kleiner Atome oder Moleküle vorhanden. Die Leerstellendichte steigt dabei mit der Temperatur. Erreicht das Leerstellenvolumen einen Anteil von etwa 2,5 % am Gesamtvolumen, dann können einzelne Kettensegmente neben Schwingungs- auch Rotationsbewegungen ausführen (Bild 2, Seite 471). Mit zunehmender Beweglichkeit und damit zunehmendem Schwingungsvolumen nehmen die zwischenmolekularen Bindungskräfte ab, bis die Molekülketten schließlich gegeneinander abgleiten können. Die bisher „eingefrorenen" amorphen Bereiche „tauen" auf.

Tabelle 1: Glas- (ϑ_g) und Fließtemperaturen (ϑ_f) amorpher Thermoplaste (Anhaltswerte)

Sorte	ϑ_g in °C	ϑ_f in °C
PS	90 ... 100	180
PVC-U	70 ... 90	150
PVC-P	70 ... 0	
PMMA	70 ... 120	180
PC	145 ... 160	230

9.6.1.4 Entropieelastischer Bereich

Der **entropieelastische** („gummi-elastische") **Bereich** schließt sich an den Haupterweichungsbereich an. Im entropieelastischen Bereich sind die zwischenmolekularen Anziehungskräfte (Nebenvalenzbindungen) so weit gelockert, dass Translationsbewegungen der Molekülketten einfach möglich sind. Unter Einwirkung einer Kraft werden nicht nur die Atomabstände und die Bindungswinkel verändert, sondern die Moleküle können nunmehr auch in Kraftrichtung gestreckt werden (Bild 1). Aufgrund ihrer Wärmebewegung sind die Molekülketten jedoch bestrebt den Zustand größter Unordnung (Knäuelform) und damit größter Entropie wieder einzunehmen. Dadurch entsteht eine elastische Rückstellkraft. Ein vollständiges Abgleiten der Molekülketten ist aufgrund der Kettenverschlaufungen und Verhakungen (Bild 1a, Seite 466) jedoch noch nicht möglich.

Bild 1: Entropieelastische Formänderung: Zusammenwirken von Translationsbewegungen der Molekülketten und elastischen Rückstellkräften (Feder-Dämpfer-System)

Ein rein entropieelastisches Verformungsvermögen ist gekennzeichnet durch eine zeitlich verzögerte Verformung unter Einwirkung einer Kraft (die zeitliche Verzögerung kann jedoch im µs-Bereich liegen) und ist vollständig reversibel. Bei realen Körpern tritt jedoch nach der Entlastung immer ein bleibender Verformungsanteil auf.

Im Gegensatz zum energieelastischen Zustand sind im entropieelastischen Zustand wesentlich höhere Dehnungen (bis 1000 % und mehr) möglich, der Elastizitätsmodul liegt hingegen um Größenordnungen niedriger.

9.6.1.5 Fließbereich

Oberhalb des entropieelastischen Bereiches beginnt mit Erreichen der **Fließtemperatur** ϑ_f der Fließbereich. Die zunehmende Schwingungsenergie ermöglicht jetzt ein Lösen der Verhakungen und Verschlaufungen und damit ein vollständiges Abgleiten der Molekülketten, sofern keine chemischen Vernetzungsstellen (vgl. Elastomere oder Duroplaste) dies verhindern (Bild 2). Der Kunststoff wird flüssig und lässt sich in diesem Zustand Urformen (z. B. Spritzgiessen, Extrudieren) oder Schweißen.

Bild 2: Fließbereich: Vollständiges Lösen der Verschlaufungen und Verhakungen ermöglicht ein freies Abgleiten der Molekülketten

9.6 Mechanisch-thermisches Verhalten der Kunststoffe

Mit steigender Molekülmasse, d. h. Kettenlänge, erhöht sich aufgrund zunehmender Nebenvalenzkräfte auch die Fließtemperatur der amorphen Thermoplaste (vgl. Bild 3, Seite 470).

Bei weiterer Erwärmung wird schließlich die **Zersetzungstemperatur** ϑ_z erreicht. Die Molekülketten zerfallen und der Kunststoff wird irreparabel zerstört.

9.6.2 Amorphe Thermoplaste

Die Veränderungen der Eigenschaften amorpher Thermoplaste mit steigender Temperatur sowie ihre charakteristischen Zustandsbereiche wurden bereits im vorangegangenen Abschnitt beschrieben (Bild 3, Seite 470).

9.6.3 Teilkristalline Thermoplaste

Teilkristalline Thermoplaste bestehen aus amorphen und kristallinen Phasen (Bild 1b, Seite 466). Das mechanisch-thermische Verhalten der amorphen Phasen wurde im vorangegangenen Abschnitt bereits beschrieben. Ein ausschließlich kristallin aufgebauter Kunststoff würde sich wegen der hohen zwischenmolekularen Kräfte innerhalb der Kristallite bis zu seiner (Kristallit-)Schmelztemperatur ϑ_m bzw. bis zum Erreichen seines Schmelzbereiches (SB) energieelastisch verhalten (Bild 1). Ein Neben- und Haupterweichungsbereich tritt dabei ebenso wenig auf, wie ein entropieelastisches Verhalten. Das thermische Verhalten der teilkristallinen Thermoplaste kann man sich dementsprechend als Superposition des Verhaltens der amorphen und der kristallinen Phasen denken. Die Veränderung der Eigenschaften mit steigender Temperatur hängen bei den teilkristallinen Thermoplasten dementsprechend stark von Kristallinitätsgrad ab. In Bild 1 sind mögliche Kurvenverläufe für unterschiedliche Kristallinitätsgrade dargestellt.

Bild 1: Mechanisch-thermisches Verhalten (Zustandsbereiche) der teilkristallinen Thermoplaste
NEB = Nebenerweichungsbereich
HEB = Haupterweichungsbereich
SB = Schmelzbereich
ϑ_{ga} = Glastemperatur des amorphen Thermoplasten
ϑ_{gk} = Glastemperatur des teilkristallinen Thermoplasten
ϑ_m = Kristallitschmelztemperatur
ϑ_z = Zersetzungstemperatur

Tabelle 1: Glas- (ϑ_{gk}) und Kristallitschmelztemperaturen (ϑ_m) teilkristalliner Thermoplaste (Anhaltswerte)

Sorte	ϑ_{gk} in °C	ϑ_m in °C
PE	−110 ... −20	105 ... 110
PP	−25 ... −5	160 ... 165
PA6	40 ... 75[1]	215 ... 225

[1] Abhängig vom Feuchtegehalt

Während die kristallinen Phasen nahezu bis zum Erreichen der **Kristallitschmelztemperatur** (ϑ_m) energieelastisch bleiben, zeigen die amorphen Phasen mit Überschreiten ihres HEB ein entropieelastisches Verhalten. Diese Kombination aus weichen amorphen und harten kristallinen Bereichen ergibt eine gute Zähigkeit, weshalb diese Kunststoffsorten häufig auch das Prädikat „unzerbrechlich" tragen.

Der Gebrauchsbereich der teilkristallinen Thermoplaste liegt dementsprechend zwischen der Glastemperatur ϑ_{gk}, die, von einigen Ausnahmen abgesehen, in der Regel unter 0 °C liegt, und dem Schmelzbereich (SB) (Tabelle 1).

Wegen der uneinheitlichen Größe der Kristallblöcke gibt es keine eindeutige Schmelztemperatur sondern einen eng begrenzten Schmelzbereich (SB). Vereinfacht wird dennoch von einer Schmelztemperatur (ϑ_m) gesprochen. Ein Schmelzbereich (SB) tritt nur bei den teilkristallinen Thermoplasten auf.

Mit Erreichen der **Zersetzungstemperatur (ϑ_z)** setzt schließlich auch bei den teilkristallinen Thermoplasten der Zerfall der Molekülketten ein.

In Tabelle 1, Seite 476, sind wichtige Werkstoffeigenschaften und Anwendungsbeispiele ausgewählter thermoplastischer Kunststoffe zusammengestellt.

9.6.4 Duroplaste

Das mechanisch-thermische Verhalten der Duroplaste unterscheidet sich aufgrund der engmaschigen räumlichen Vernetzung (Bild 1, Seite 469) grundlegend von dem der Thermoplaste.

Bis zum Erreichen der Glastemperatur (ϑ_g), die bei den Duroplasten infolge der engmaschigen Vernetzung in der Regel zwischen 50 °C und 200 °C liegt (Tabelle 1), verhält sich diese Kunststoffgruppe energieelastisch (stahl-elastisch).

Mit Erreichen des HEB sind eingeschränkte Bewegungen (Rotationen) von Kettensegmenten möglich. Der Schubmodul (bzw. der Elastizitätsmodul oder die Festigkeit) sinkt. Die Veränderung der Eigenschaften beim Übergang vom energie- in den entropieleastischen Zustand sind bei den Duroplasten weitaus weniger ausgeprägt als bei den thermoplastischen Kunststoffen. Mitunter treten nur derart kleine Änderungen auf, dass eine Glastemperatur (ϑ_g) überhaupt nicht angegeben wird.

Ein Fließ- oder Schmelzbereich tritt, da die Ketten nicht gegeneinander abgleiten können, bei den Duroplasten nicht auf, sodass sie nach der Formgebung (Vernetzung) nicht mehr plastisch verformbar oder schmelz- bzw. schweißbar sind.

Der Gebrauchsbereich der Duroplaste erstreckt sich im Prinzip bis in die Nähe der Zersetzungstemperatur (ϑ_z), real aber unterhalb der Glastemperatur (ϑ_g). Mit abnehmender Temperatur ist im energieelastischen Zustand jedoch mit einer zunehmenden Versprödung zu rechnen.

9.6.5 Elastomere

Elastomere verhalten sich im Gebrauchsbereich entropieleastisch. Der Schubmodul G (bzw. der Elastizitätsmodul oder die Festigkeit) sind verhältnismäßig niedrig (Bild 2). Mit Unterschreiten der Glastemperatur (ϑ_g), die bei den Elastomeren in der Regel unter 0 °C liegt (Tabelle 2), beobachtet man im energie-elastischen Bereich eine ausgeprägte Versprödung.

Dort sind diese Kunststoffe technisch nicht mehr nutzbar. Aufgrund der chemischen Vernetzungsstellen (Bild 2, Seite 469) ist, im Gegensatz zu den amorphen Thermoplasten, kein freies Abgleiten der Molekülketten und damit auch kein Fließen möglich.

Analog zu den Duroplasten sind auch die Elastomere nach der Formgebung (Vernetzung) weder umformbar noch schmelz- bzw. schweißbar.

Bild 1: Mechanisch-thermisches Verhalten (Zustandsbereiche) der Duroplaste

Tabelle 1: Glas- (ϑ_g) und Zersetzungstemperaturen (ϑ_z) von Duroplasten (Anhaltswerte)

Sorte	ϑ_g in °C	ϑ_z in °C
UP	100	> 250
EP	120	> 250
PF	150	> 250

Bild 2: Mechanisch-thermisches Verhalten (Zustandsbereiche) der Elastomere

Tabelle 2: Glas- (ϑ_g) und Zersetzungstemperaturen (ϑ_z) von Elastomeren (Anhaltswerte)

Sorte	ϑ_g in °C	ϑ_z in °C
SBR	−50	> 150
NBR	−40	> 180
CR	−40	> 150
IIR	−40	> 150
ACM	−20	> 200

Kennzeichnend für viele Elastomere ist ein mit steigender Temperatur zunehmender Schub- oder Elastizitätsmodul (bis in die Nähe der Zersetzungstemperatur ϑ_z, siehe Bild 2 auf S. 474). Diese Beobachtung lässt sich durch eine mit steigender Temperatur zunehmende Wärmeschwingung der Molekülketten erklären.

Durch diese Wärmeschwingung ist bei gleicher Beanspruchung eine mehr oder weniger vollständige Streckung der Ketten nicht mehr möglich (Schwingungsbehinderung).

9.6.6 Thermoplastische Elastomere

Thermoplastische Elastomere (TPE) sind Blockcopolymerisate aus unterschiedlichen Monomerarten (Kapitel 9.4.2.1). Kennzeichnend für diese Kunststoffgruppe sind zwei Haupterweichungsbereiche bei unterschiedlichen Temperaturen (Bild 1). Der erste Haupterweichungsbereich (HEB$_W$), der in der Regel unter 0°C liegt und durch die Glastemperatur der Weichsegmente (ϑ_{gW}) gekennzeichnet ist, ermöglicht das Abgleiten der Weichsegmente, die sich oberhalb von HEB$_W$ im entropieelastischen Zustand befinden. Die thermoplastischen Hartsegmente befinden sich hingegen noch im energieelastischen Zustand und verhindern, analog den chemischen Vernetzungsstellen der Elastomere, ein freies Abgleiten der Molekülketten („physikalische" Vernetzungsstellen). Mit Überschreiten des Haupterweichungsbereichs der thermoplastischen Hartsegmente, gekennzeichnet durch die meist weit oberhalb von 0 °C liegende Glastemperatur der Hartsegmente (ϑ_{gH}), zeigt der Kunststoff ein vollständig entropieelastisches Verhalten. Oberhalb von HEB$_H$ sind die zwischenmolekularen Anziehungskräfte dann so weit gelockert, dass ausgeprägte Translationsbewegungen der Molekülketten möglich sind.

Bild 1: Mechanisch-thermisches Verhalten (Zustandsbereiche) der thermoplastischen Elastomere (TPE)
HEB$_W$ = Haupterweichungsbereich der Weichsegmente
HEB$_H$ = Haupterweichungsbereich der Hartsegmente
SB = Schmelzbereich
ϑ_{gW} = Glastemperatur der Weichsegmente
ϑ_{gH} = Glastemperatur der Hartsegmente
ϑ_m = Schmelztemperatur
ϑ_z = Zersetzungstemperatur

Ein vollständiges Abgleiten der Ketten ist dennoch aufgrund von Kettenverschlaufungen und Verhakungen (amorphe Phasen) bzw. Nebenvalenzbindungen (kristalline Phasen) der Hartsegmente noch nicht möglich. Erst mit Erreichen der Schmelztemperatur (ϑ_m) tritt die Verflüssigung des Kunststoffs ein.

Der Gebrauchsbereich der TPE befindet sich zwischen HEB$_W$ und der Fließ- bzw. Schmelztemperatur. Er dehnt sich im Vergleich zu anderen Kunststoffgruppen über einen sehr großen Temperaturbereich aus. Innerhalb des Gebrauchsbereichs zeigen die TPE ein den Elastomeren vergleichbares mechanisches Verhalten.

9.7 Kennwerte, Eigenschaften und Anwendungen ausgewählter Kunststoffe

Für die in den vorangegangenen Kapitel bereits beschriebenen Kunststoffe sind in den nachfolgenden Tabellen die wichtigsten Kennwerte, typische Eigenschaften sowie Anwendungsbeispiele zusammengestellt (Tabelle 1, Seite 476, bis Tabelle 1, Seite 484).

Tabelle 1, Seite 485, gibt einen Überblick über die Chemikalienbeständigkeit ausgewählter Kunststoffe in unterschiedlichen Medien. Eine ausführliche Beschreibung der Eigenschaften der in den Tabellen genannten Kunststoffe findet sich in der einschlägigen Literatur.

Tabelle 1: Typische Eigenschaften (Anhaltswerte) und Anwendungen ausgewählter Thermoplaste[1)]

Sorte und Strukturformel	ISO-Kurzzeichen	Dichte in kg/dm³	Festigkeit[2)] in MPa	Dehnung[3)] in %	Charpy-Schlagzähigkeit[4)] in kJ/m²	Kugeldruckhärte in MPa	Charakt. Temperaturen in °C[5)]
Teilkristalline Thermoplaste							
Polyethylen[8)] (Polyethen) Strukturformel PE	PE-LD	0,92 ... 0,94	σ_y: 8 ... 15	ε_y: 20 ε_B: ≈ 600	k. Br.	≈ 15[9a)]	ϑ_{gK}: –110 ... –20 ϑ_m: 105 ... 110
	PE-HD	0,94 ... 0,96	σ_y: 20 ... 30	ε_y: 8 ... 10 ε_B: 400...800	6 ... k. Br.	≈ 50[9a)]	ϑ_{gK}: –110 ... –20 ϑ_m: 130 ... 135
Polypropylen (Polypropen) Strukturformel PP	PP	0,90 ... 0,92	σ_y: 20 ... 35 σ_B: 40	ε_y: 10 ... 20 ε_B: 800	4 ... 12	65 ... 85[9a)]	ϑ_{gK}: –25 ... –5 ϑ_m: 160 ... 170
Polytetrafluorethylen Strukturformel PTFE	PTFE	2,15 ... 2,20	σ_y: 10 σ_B: 20 ... 40	ε_B: 350...550	13 ... 16	25 ... 30	ϑ_{gK}: –150 ... –110 ϑ_m: 327 ... 330
Polyamid[12)] Strukturformel PA-x PA6: x= 5 PA11: x=10 PA12: x=11 PA6, PA11, PA12	PA6	1,13	σ_y: 35 ... 90[13)]	ε_y: 6 ... 20[14)] ε_B: 25 ... 50[15)]	25 ... k. Br.[14)]	70[9b)]	ϑ_{gK}: 40 ... 75[16)] ϑ_m: 215 ... 225
	PA12	1,02	σ_y: 35 ... 50[13)]	ε_y: 8 ... 28[14)] ε_B: 40 ... 45[15)]	10 ... k. Br.[14)]	70[9b)]	ϑ_{gK}: ≈ 40[16)] ϑ_m: 175 ...185
	PA66	1,14	σ_y: 55 ... 90[13)]	ε_y: 5 ... 20[14)] ε_B: 25 ... 50[15)]	3 ... 20[14)]	90[9b)]	ϑ_{gK}: 35 ... 90[16)] ϑ_m: 250 ... 265
Polyethylenterephthalat Strukturformel PET	PET	1,38	σ_y: 50 ... 75	ε_y: 3 ... 4	3	150[9a)]	ϑ_{gK}: 60 ... 90 ϑ_m: 255 ... 265

[1)] Zahlenwerte sind abhängig von Art und Menge des Füll- und ggf. Verstärkungsstoffes   k.Br. = kein Bruch
[2)] σ_y: Streckspannung; σ_M: Zugfestigkeit; σ_B: Bruchspannung (Kapitel 13.7.1)
[3)] ε_y: Streckdehnung; ε_M: Dehnung bei Zugfestigkeit; ε_B: Bruchdehnung (Kapitel 13.7.1)
[4)] nach DIN EN ISO 179-1 bei 20 °C; k. Br. = kein Bruch
[5)] ϑ_{gK}: Glasübergangstemperatur des teilkristallinen Thermoplasten; ϑ_m: Schmelztemperatur bzw. -bereich
[6)] Linearer Wärmeausdehnungskoeffizient zwischen 20 °C und 80 °C
[7)] Chemikalienbeständigkeit siehe Tabelle 1, Seite 485
[8)] weitere Sorten: PE-LLD, PE-X, PE-HD-UHMW
[9a)] 30s-Wert   [9b)] 60s-Wert

9.7 Kennwerte, Eigenschaften und Anwendungen ausgewählter Kunststoffe 477

Gebrauchs-temperatur in °C (max)	Längendehnung[6] in 10^{-6} 1/K	Wärmeleitfähigkeit in W/(m·K)	Typische Eigenschaften[7]	Handelsnamen (Beispiele)	Anwendungsbeispiele
	Teilkristalline Thermoplaste				
60 ... 75[10] 80 ... 90[11]	170	≈ 0,35	• niedrige Dichte • hohe Zähigkeit • gute Beständigkeit gegenüber verdünnten Säuren, Laugen, Salzlösungen und Benzin (nur PE-HD) • gute Chemikalienbeständigkeit • sehr gutes elektr. Isolationsvermögen • sehr geringe Wasseraufnahme • gute Ver- und Bearbeitbarkeit • relativ preiswert	• Baylon® • Hostalen® • Lupolen® • Vestolen A®	• Folien • Sektkorken • Kabelisolation • Eimer und Fässer
70 ... 80[10] 90 ... 120[11]	200	≈ 0,43			• Kraftstofftanks • Surfbretter • Abwasserrohre • Trinkwasserdruckrohre
100[10] 140[11]	100 ... 200	≈ 0,22	• höhere Festigkeit und Härte als PE • höhere Wärmeformbeständigk. als PE • niedrigste Dichte aller Kunststoffe • gute Beständigkeit gegenüber schwachen anorganischen Säuren und Laugen, Alkohol und einigen Ölen • gutes elektrisches Isolationsvermögen	• Hostalen PP® • Vestolen P® • Luparen® • Novolen®	• Heißwasserbehälter • Infusionsbehälter • Abwasserrohre • Einweggeschirr • Faservliese • künstlicher Rasen • Folien und Säcke • Leitungen für Fußbodenheizungen • Batteriegehäuse
250[10] 300[11]	100	≈ 0,25	• beständig gegenüber nahezu allen Chemikalien • unlöslich in allen bekannten Lösungsmitteln (< 300°C) • geringe Adhäsionsneigung und niedriger Reibungskoeffizient • hohe Wärmeformbeständigkeit • kaltzäh (bis −270°C einsetzbar) • gute Witterungsbeständigkeit • sehr gutes elektr. Isolationsvermögen	• Teflon® • Hostaflon TF®	• Kolbenringe • Kabelummantelungen • Auskleidungen • plattenförmige Gleitlager • Faltenbälge • Dichtungen • Wälzlagerkäfige • wasserabweisende Beschichtungen
80 ... 100[10] 140 ... 180[11]	80	0,29	• hohe Festigkeit und Härte • hoher E-Modul • hohe Beständigkeit gegenüber Lösemitteln, Kraftstoffen und Schmiermitteln • hohe Verschleißbeständigkeit, gute Gleit- und Notlaufeigenschaften • gute Wärmeformbeständigkeit • gutes elektrisches Isolationsvermögen • gesundheitlich unbedenklich	• Ultramid B® • Durethan B®	• Zahnräder • Wälzlagerkäfige • Gleitlager und Lagerbuchsen • Schrauben • Beschichtungen • Motorradhelme • Radblenden • Angelschnüre, Seile, Fasern
70 ... 80[10] 140 ... 150[1]	150	0,23		• Grilamid® • Vestamid®	
80 ... 120[10] 170 ... 200[11]	80	0,23		• Nylon® • Perlon® • Ultramid A®	
100[10] 200[11]	70	0,29	• hohe Festigkeit • hoher E-Modul • harte, polierfähige Oberfläche • günstiges Gleit- und Verschleißverhalten • gutes elektrisches Isolationsvermögen • hohe Chemikalienbeständigkeit • hohe Transparenz[17] • hohe Zähigkeit[17]	• Rynite® • Hostaphan®[18] • Hostadur E®	• Laufrollen • Gleitlager • Zahnräder • Steuer- und Kurvenscheiben • Bügeleisengriffe • glasklare Getränkeflaschen • Gehäuse für Küchengeräte

[10] dauernd, an Luft, 20 °C
[11] kurzzeitig, an Luft, 20 °C
[12] weitere Sorten: PA64; PA69; PA610; PA612; PA11
[13] luftfeucht ... trocken
[14] trocken ... luftfeucht
[15] trocken
[16] abhängig vom Feuchtegehalt
[17] durch Einbau comonomerer Bausteine (Senkung des Kristallinitätsgrades)
[18] Folien

Strukturformel PA-xy

Beispiele:
PA46: x=4, y=4
PA66: x=6, y=4
PA610: x=6, y=8
PA612: x=6, y=10

PA46, PA66, PA610, PA612

Fortsetzung Tabelle 1: Typische Eigenschaften (Anhaltswerte) und Anwendungen ausgewählter Thermoplaste [1]

Sorte und Strukturformel	ISO-Kurzzeichen	Dichte in kg/dm^3	Festigkeit[2] in MPa	Dehnung[3] in %	Charpy-Schlagzähigkeit[4] in kJ/m^2	Kugeldruckhärte in MPa	Charakt. Temperaturen in °C [5]
Polyoximethylen (Polyacetal) Strukturformel POM	POM	1,41 ... 1,43	σ_y: 65 ... 70	ε_y: 8 ... 15	kein Bruch	145 [9a]	ϑ_{gK}: −85 ... −50 ϑ_m: 175
Polyaryletherketone Strukturformel PEEK	PEEK[12]	1,26 ... 1,32[13]	σ_B: ≈ 100[14] σ_B: ≈ 240[15]	ε_B: > 50[14] ε_B: 1,5 ... 2,0[15]	k.A.	k.A.	ϑ_{gK}: 143 ϑ_m: 340
Amorphe Thermoplaste							
Styrol-Acrylnitril-Copolymerisat Strukturformel SAN Styrol Acrylnitril (25 ... 30%)	SAN	1,08	σ_B: 70 ... 80	ε_B: 5	2 ... 3,5	160 ... 170	ϑ_g: 105
Polyimide Strukturformel PI	PI[18]	1,43	σ_B: 75 ... 100	ε_B: 2	3,8 ... 7,6	—	ϑ_g: 200 ... 220 (PEI) 275 (PAI)
Polysulfone Strukturformel PESU	PESU[19]	1,37	σ_y: 90	ε_y: 5 ... 6	4 ... 5	155	ϑ_g: 210 ... 230

[1] Zahlenwerte sind abhängig von Art und Menge des Füll- und ggf. Verstärkungsstoffes
[2] σ_y: Streckspannung; σ_M: Zugfestigkeit; σ_B: Bruchspannung (Kapitel 13.7.1)
[3] ε_y: Streckdehnung; ε_M: Dehnung bei Zugfestigkeit ε_B: Bruchdehnung (Kapitel 13.7.1)
[4] nach DIN EN ISO 179-1 bei 20 °C; k. Br. = kein Bruch
[5] ϑ_g: Glasübergangstemperatur
[6] Linearer Wärmeausdehnungskoeffizient zwischen 20 °C und 80 °C
[7] Chemikalienbeständigkeit siehe Tabelle 1, Seite 485
[8] POM ist geeignet zur Herstellung von kleinen Teilen mit engen Toleranzen (Präzisionsteile)
[9a] 30s-Wert

9.7 Kennwerte, Eigenschaften und Anwendungen ausgewählter Kunststoffe

Gebrauchs-temperatur in °C (max)	Längen-dehnung[6] in 10^{-6} 1/K	Wärmeleit-fähigkeit in W/(m · K)	Typische Eigenschaften[7]	Handels-namen (Beispiele)	Anwendungsbeispiele
90 … 110[10] 110 … 140[11]	90	0,80	• hohe Festigkeit und Härte • kaltzäh (bis – 40 °C) • hohe Wärmeformbeständigkeit • gutes Gleit- und Verschleißverhalten • gutes elektrisches Isolationsvermögen • hohe Lösemittelbeständigkeit • einfache Verarbeitbarkeit, insbesondere durch Spritzgießen • hohe Maßhaltigkeit	• Delrin® • Ultraform®	Bauteile in der Feinwerktechnik[8] • Zahnräder, Lager, Gleitelemente • Reißverschlüsse • Wälzlagerkäfige • Clipse • Tür- und Fenstergriffe
260[10]	47	0,25	• hohe Zug- und Biegefestigkeit • hohe Schlagzähigkeit • hohe Schwingfestigkeit • gutes elektrisches Isolationsvermögen • hohe Chemikalien- u. UV-Beständigkeit • hohe Wärmeformbeständigkeit • gutes Gleit- und Verschleißverhalten • einfache Verarbeitbarkeit	• Declar® • Kadel® • Victrex PEEK®	Bauteile für außergewöhnlich hohe thermische, mechanische und chemische Beanspruchung[16] • Hitzeschilde • Gleitlager • Hüftgelenkprothesen (in Erprobung)
85 … 95[10]	60 … 80	0,15 … 0,17	• hohe Festigkeit und Härte[17] • hohe Kratzfestigkeit[17] • hoher E-Modul[17] • hohe Zähigkeit[17] • hohe Beständigkeit gegenüber Ölen und Fetten[17] • glasklar, hoher Oberflächenglanz • sehr gutes elektr. Isolationsvermögen	• Luran® • Vestyron®	Hochwertige, transparente technische Bauteile • Schaugläser • glasklare Verpackungen • Mixbecher • Warndreiecke • Toilettensitze
260[10] 400[11]	50 … 63	0,29 … 0,35	• hohe Festigkeit und Härte • hohe Wärmeformbeständigkeit (kurzzeitig bis 400 °C) • günstiges Gleit- und Verschleißverhalten • hohe UV-Beständigkeit • gutes elektrisches Isolationsvermögen	• Vespel (PI)® • Torlon (PAI)®	Für Bauteile, die bei hohen Temperaturen gute mech. und elektr. Eigenschaften besitzen müssen • Kolbenringe • Ventilsitze • Lager • Dichtungen
200[10] 260[11]	55 … 60	0,18	• hohe Festigkeit und Härte • hoher E-Modul • hohe Kaltzähigkeit • günstiges Gleit- und Verschleißverhalten • hohe Wärmeformbeständigkeit (kurzzeitig bis 260 °C) • gute Chemikalien- und UV-Beständigkeit • gute Verarbeitbarkeit • transparent	• Radel A® • Ultrason E® • Victrex®	Für (transparente) Bauteile hoher mechanischer, thermischer und elektrischer Beanspruchung • Lampenfassungen • Zahnräder • Innenausstattung im Flugzeugbau[20]

[10] dauernd, an Luft, 20 °C
[11] kurzzeitig, an Luft, 20 °C
[12] PEEK: Polyetheretherketon. Weitere Sorte: Polyetherketon (PEK)
[13] amorph … teilkristallin. Verstärkt bis 1,49 g/cm³
[14] unverstärkt
[15] verstärkt
[16] Verwendung vielfach in der Luft- und Raumfahrttechnik sowie in der Elektronik und Automobilindustrie als Ersatz für metallische Werkstoffe
[17] höher bzw. besser im Vergleich zu Polystyrol (PS)
[18] PI: Polyarylimid. Weitere Sorten: Polymethacrylimid (PMI), Polyetherimid (PEI), Polyamidimid (PAI)
[19] PESU: Polyethersulfon (auch: PES). Weitere Sorten: Polysulfon (PSU) und Polyphenylensulfon (PPSU)
[20] geringe Rauchgasentwicklung

k.A. = keine Angabe

Fortsetzung Tabelle 1: Typische Eigenschaften (Anhaltswerte) und Anwendungen ausgewählter Thermoplaste[1)]

Sorte und Strukturformel	ISO-Kurz-zeichen	Dichte in kg/dm³	Festigkeit[2)] in MPa	Dehnung[3)] in %	Charpy-Schlag-zähigkeit[4)] in kJ/m²	Kugel-druck-härte in MPa	Charakt. Temperaturen in °C[5)]
Polyvinylchlorid Strukturformel PVC	PVC-U	1,38 ... 1,40	σ_M: 50 ... 60	ε_B: 10 ... 50	2 ... 5	100 ... 130[9a)]	ϑ_g: 70 ... 90
	PVC-P[8)]	1,20 ... 1,39	σ_B: 15 ... 35	ε_B: 190 .. 375	–	100 ... 130[9a)]	ϑ_g: 70 ... 90
Polystyrol Strukturformel PS	PS	1,05	σ_B: 45 ... 65	ε_B: 3 ... 4	2 ... 3	100 ... 130[9a)]	ϑ_g: 70 ... 90
Polymethylmethacrylat Strukturformel PMMA	PMMA Spritz-guss-typen	1,18	σ_M: 70 ... 75	ε_B: 3 ... 4,5	2	180 ... 200[9d)]	ϑ_g: 70 ... 120
	PMMA glasklar	1,12 ... 1,17	σ_M: 20 ... 55	ε_B: 20 ... 50	2 ... 7	40 ... 125[9d)]	–
Polycarbonat Strukturformel PC	PC	1,20	σ_Y: 45 ... 70	ε_Y: 6 ε_B: 110	> 30	110[9d)]	ϑ_g: 145 ... 160
Acrylnitril-Butadien-Styrol Strukturformel ABS Acrylnitril + Butadien + Styrol	ABS	1,03 ... 1,07	σ_Y: 45	ε_Y: 2 ... 3 ε_B: 10 ... 25	kein Bruch	60 ... 135	ϑ_g: 105 ... 125

[1)] Zahlenwerte sind abhängig von Art und Menge des Füll- und ggf. Verstärkungsstoffes
[2)] σ_Y: Streckspannung; σ_M: Zugfestigkeit; σ_B: Bruchspannung (Kapitel 13.7.1)
[3)] ε_Y: Streckdehnung; ε_M: Dehnung bei Zugfestigkeit; ε_B: Bruchdehnung (Kapitel 13.7.1)
[4)] nach DIN EN ISO 179-1 bei 20°C; k. Br. = kein Bruch
[5)] ϑ_g: Glasübergangstemperatur
[6)] Linearer Wärmeausdehnungskoeffizient zwischen 20 °C und 80 °C

9.7 Kennwerte, Eigenschaften und Anwendungen ausgewählter Kunststoffe

Gebrauchstemperatur in °C (max)	Längendehnung[6] in 10^{-6} / K	Wärmeleitfähigkeit in W/(m·K)	Typische Eigenschaften[7]	Handelsnamen (Beispiele)	Anwendungsbeispiele
$65^{10)}$ $75^{11)}$	70 ... 80	0,17	• hohe Festigkeit und Härte • gutes elektrisches Isolationsvermögen (Niederspannungsbereich) • hohe Chemikalienbeständigkeit • selbstlöschend	• Astralon® • Hostalit® • Vestolit® • Vinnolit® • Vinoflex® • Duraflex®	• Fenster- und Türrahmen • Dachrinnen • Rolladenstäbe • Schallplatten
50 ... $60^{10)}$	180 ... 210	0,12 ... 0,15	• gute UV-/Witterungsbeständigkeit • gutes elektrisches Isolationsvermögen (Niederspannungsbereich) • teilweise gute Chemikalienbeständigkeit • Flexibilität einstellbar		• Kabelummantelungen/ Drahtisolation • Schlauchboote • Bodenbeläge • Schuhsohlen
60 ... $80^{10)}$ 75 ... $90^{11)}$	70	0,18	• hohe Festigkeit und Härte • sehr gutes elektr. Isolationsvermögen • hoher Oberflächenglanz • glasklar (Achtung: Vergilbung!) • geringe Wasseraufnahme • sehr gute Verarbeitbarkeit • sehr schlag- und kerbempfindlich[12] • nicht UV-beständig	• Styropor® • Styrodur® • Hostyren® • Polystyrol® • Vestyron®	• Spielzeug (z. B. LEGO-Steine) • Duschkabinen • Trinkbecher • Dämmplatten • Schaugläser • Einmalspritzen • Leuchten mit Kristallglaseffekt
80 ... $100^{10)}$ 90 ... $110^{11)}$	70	0,19	• hohe Festigkeit und Härte • kratzfeste, glänzende Oberfläche • helle Transparenz und hohe optische Qualität • hohe Wärmeformbeständigkeit • gutes elektrisches Isolationsvermögen • hohe Witterungsbeständigkeit • beständig gegen Fette, Öle, unpolare Lösungsmittel, schwache Säuren und Laugen	• Plexiglas® • Degalan® • Resartglas®	• optische Linsen/Brillengläser • Lichtleitfasern • Schaumodelle • Lichtkuppeln • Flugzeugkanzeln • Schüsseln, Becher • KFZ-Rückleuchten
68 ... $95^{10)}$ 75 ... $100^{11)}$	90	0,10			
$150^{10)}$	65	0,21	• hohe Festigkeit und Härte • kaltzäh bis – 150 °C • hoher E-Modul • niedrige Dichte • glasklar, hoher Oberflächenglanz • gutes elektrisches Isolationsvermögen • hohe UV- und Witterungsbeständigkeit • selbstlöschend • begrenzte Chemikalienbeständigkeit	• Makrolon® • Durolon® • Lexan®	• Schalt- und Sicherungskästen • Flaschen • Ampullen • Schaugläser • Sicherheitsverglasungen • Visiere • Schutzhelme und Schutzbrillen
< $100^{10)}$	85 ... 100	0,15 ... 0,17	• hohe Festigkeit und Härte • hohe Kratzfestigkeit • hohe Kaltzähigkeit • hohe Wärmeformbeständigkeit • gute Beständigkeit gegenüber Benzin, Mineralölen, verdünnten Säuren und Laugen, wässrigen Salzlösungen • nicht witterungsbeständig	• Terluran® • Lubrilon® • Elacalite®	• Sitzschalen, Stühle, Hocker, Armlehnen • Schutzhelme • Surfbretter • Batteriekästen • Kofferschalen • Telefonkarten

[7] Chemikalienbeständigkeit siehe Tabelle 1, Seite 485
[8] Eigenschaften stark abhängig von Art und Menge (20 % ... 50 %) des Weichmachers
[9a] 10s-Wert   [9b] Shore A   [9c] 100s-Wert   [9d] 30s-Wert
[10] dauernd, an Luft, 20 °C
[11] kurzzeitig, an Luft, 20 °C
[12] Ausnahme: schlagzäh modifizierte Sorten wie z. B. SB

Tabelle 1: Typische Eigenschaften (Anhaltswerte) und Anwendungen ausgewählter Duroplaste[1)]

Sorte und Strukturformel	ISO-Kurzzeichen	Dichte in kg/dm³	Zugfestigkeit in MPa	Bruchdehnung [3)] in %	Charpy-Schlagzähigkeit [2)] in kJ/m²	E-Modul (Biegung) in MPa	Kugeldruckhärte in MPa
Phenoplaste (Phenolharze) Strukturformel PF	PF	1,4 ... 1,9	20 ... 25	0,4 ... 0.8	1,5 ... 15	4 ... 16	160 ... 380[4)]
Melaminharze Strukturformel MF	MF	1,50 ... 1,55	30 ... 50	0,6 ... 0,9	1,5 ... 6	6 ... 10	230 ... 320
Melamin-Phenol-Harze	MP	1,5	30 ... 50	k.A.	1,5	7 ... 10	230 ... 290
Harnstoffharze Strukturformel UF	UF	1,5	30 ... 50	0,5 ... 1,0	1,5	6 ... 11	215 ... 350
Ungesättigte Polyesterharze Strukturformel UP (mit Styrol vernetzt)	UP Gießharze	1,2	30 ... 55	2	1,5 ... 2,5	3,5	–
	UP verstärkte Formmassen[10)]	1,8 ... 2,1	40 ... 100 bis 1000[11)]	0,6	3 ... 22 bis 60[11)]	10 ... 15	220 ... 400
Epoxidharze	EP[10)]	1,8 ... 1,9	25 ... 80 bis 1000[11)]	2 ... 5	1,5 ... 15 bis 60[11)]	12 ... 25	150 ... 340

[1)] Zahlenwerte sind abhängig von Art und Menge des Füll- und ggf. Verstärkungsstoffes
[2)] nach DIN EN ISO 179-1 bei 23 °C
[3)] Chemikalienbeständigkeit siehe Tabelle 1, Seite 485
[4)] Sonderformmassen; 450 MPa ... 700 MPa
[5)] Sonderformmassen, dauernd: 160 °C ... 180 °C; kurzzeitig: 260 °C ... 280 °C
[6)] dauernd, ohne mechanische Belastung, in Luft
[7)] kurzzeitig, ohne mechanische Belastung, in Luft

9.7 Kennwerte, Eigenschaften und Anwendungen ausgewählter Kunststoffe

Gebrauchs-temperatur in °C (max)	Längen-dehnung[6] in 10^{-6} 1/K	Wärme-leitfähig-keit in W/(m·K)	Typische Eigenschaften[3]	Handels-namen (Beispiele)	Anwendungs-beispiele
100...150[5)6] 130...170[5)7]	15...50	0,30...0,80	• hohe Festigkeit und Härte • gute Wärmeformbeständigkeit • schwer entflammbar • relativ preiswert • dunkle Eigenfarbe • Lebensmittelkontakt nicht zugelassen	• Bakelite® • Genal®	• Steckdosen • Pfannengriffe • Zahnräder • Lagerschalen • Spulenkörper • Klemmbretter • Stuhlsitze
80[6] 120[7] 250[8]	30...60	0,40...0,50	• hohe Oberflächenhärte und Kratzfestigkeit • hoher Oberflächenglanz • gute Wärmeformbeständigkeit • schwer entflammbar, selbstverlöschend • helle Eigenfarbe • keine Verfärbung (lichtecht) • Lebensmittelkontakt nicht zugelassen • beständig gegenüber Wasser, organischen Lösungsmitteln, Ölen, Fetten, Benzin und Alkohol	• Bakelite MF® • Supraplast® • Ultrapas®	• Hellfarbiges Elektro-installationsmaterial wie Schalter, Stecker, Klemmen usw. • Griffe für Bestecke sowie für Kochtöpfe, Grills, Waffeleisen usw. • Gehäuse für Haus- und Küchengeräte
80[6] 120[7]	15...60	0,40		• Bakelite MP® • Supraplast®	
70[6] 100[7]	40...60	0,40	• hohe Festigkeit und Oberflächenhärte • hoher E-Modul • hohe Beständigkeit gegen Lösemittel, Öle, Fette, schwache Säuren und Laugen • hoher Oberflächenglanz • gutes elektrisches Isolationsvermögen • Lebensmittelkontakt nicht zugelassen • schwer entflammbar, selbstverlöschend	• Resopal® • Duropal®[9] • Cibamin® • Bakelite UF®	• Steckdosen • Schaltergehäuse • Toilettensitze • Haartrocknerhauben • Geschirr • Spanplatten
120...140[6] 160...180[7]	60...80	k.A.	• hohe Festigkeit und Härte (verstärkt) • hohe Wärmeformbeständigkeit • gutes elektrisches Isolationsvermögen • gute Witterungsbeständigkeit • durchscheinend bzw. transparent (unverstärkt) • relativ niedriger Preis	• Bakelite UP® • Vestopal® • Palatal®	• Bootskörper • Lichtkuppeln • Badewannen • KFZ-Karosserien • Verteilerkappen
150...160[6] 200[7]	10...50	0,4...0,8			
130[6] 180[7] 250[12]	15...35	0,6	• hohe Festigkeit und Härte (verstärkt) • gute Verschleißbeständigkeit • gutes elektrisches Isolationsvermögen • gute Wärmeformbeständigkeit • günstiges Alterungsverhalten • geruchs- und geschmacksneutral • gute Witterungs- und UV-Beständigkeit	• Epikote®[13] • Araldit®[13] • Duralit®	• Ski und Angelruten • Hochsprungstäbe • Flugmodelle • Höhen- und Seitenruder, Triebwerkverkleidungen • Bootsrümpfe

[8] Sonderformmassen, kurzzeitig
[9] Schichtpressstoff
[10] Verstärkt mit Glasfasern (kurz oder lang) bzw. Gesteinsmehl
[11] Laminate
[12] Spezialsorten
[13] Gießharz
k.A. = keine Angaben

Tabelle 1: Eigenschaften und Anwendungen ausgewählter Elastomere

Kunststoff (Elastomer)	ISO-Kurzzeichen	Gebrauchstemperaturbereich in °C	Typische Eigenschaften	Anwendungsbeispiele
Naturkautschuk (Isoprenkautschuk, natürlich)	NR	– 40 ... + 80	• gute Abriebfestigkeit • hohe Elastizität • schlechte Witterungsbeständigkeit • quillt in Mineralölen, Fetten und Treibstoffen	• LKW-Reifen • Motorlager • Gummifedern
Acrylnitril-Butadien-Kautschuk	NBR	– 30 ... + 100	• gute Abriebfestigkeit • gute Alterungsbeständigkeit • sehr hohe Beständigkeit gegen Treibstoffe, Öle und Fette • unbeständig gegenüber Bremsflüssigkeit	• Wellendichtringe • Kraftstoffschläuche
Styrol-Butadien-Kautschuk	SBR	– 50 ... + 100	• sehr gute Abriebfestigkeit • ausreichende Witterungsbeständigkeit • geringere Elastizität im Vergleich zu NR • quillt in Mineralölen, Fetten und Treibstoffen	• PKW-Reifen • Kabelisolation • Förderbänder
Chloropren-Kautschuk	CR	– 30 ... + 100	• gute Witterungsbeständigkeit • ausreichende Beständigkeit gegen Öle und Fette • unbeständig gegen heißes Wasser • Versprödung bei niedrigen Temperaturen	• Bautenabdichtungen • Kabelummantelungen • Beschichtungen für textile Gewebe
Ethylen-Propylen-Dien-Kautschuk	EPDM	– 40 ... + 80	• gute Witterungsbeständigkeit • gute Alterungsbeständigkeit • beständig gegen heißes Wasser und schwache Laugen • quillt in Mineralölen, Fetten und Treibstoffen	• Fensterdichtungen • Kühlwasser- und Heizungsschläuche für PKW • Dichtungen und Schläuche für Waschmaschinen, Trockner und Geschirrspülmaschinen
Methyl-Vinyl-Kautschuk Fluor-Silicon-Kautschuk	VMQ FMQ	– 50 ... + 120	• sehr gute UV-Beständigkeit • sehr gute Beständigkeit bei hohen/tiefen Temperaturen • keine Quellung in Ölen und Fetten • gesundheitlich unbedenklich • sehr gutes elektisches Isolationsvermögen	• künstliche Herzklappen und Adern • Membranen für künstliche Nieren • Isolation für Zündkabel

9.7 Kennwerte, Eigenschaften und Anwendungen ausgewählter Kunststoffe

Tabelle 1: Chemikalienbeständigkeit ausgewählter Kunststoffe in unterschiedlichen Medien (Anhaltswerte)

Kunst-stoff[1]	Wasser kalt	Wasser heiß	Säuren schwach[2]	Säuren stark[3]	Säuren oxidierend[4]	Laugen organisch[5]	Laugen schwach	Laugen stark	Alkohol[6]	Benzin	Mineralöle Mineralfette	Speiseöle und -fette	Wasseraufnahme (%)[7]
Teilkristalline Thermoplaste													
PE-LD	●	●	●	◐	○	●	●	●	◐	○	◐	◐	0,002
PE-HD	●	●	●	●	○	●	●	●	●	◐	●	●	0,002
PP	●	●	●	◐	○	●	●	●	●	◐	●	●	0,1
PTFE	●	●	●	●	●	●	●	●	●	●	●	●	0
PA6	◐	◐	○	○	○	◐	●	◐	●	●	●	●	2,5…3,2
PA66	◐	◐	○	○	○	◐	●	◐	●	●	●	●	2,5…3,0
PA12	●	◐	●	○	○	●	●	◐	●	●	●	●	0,8…1,1
PET	●	◐	●	○	◐	●	●	○	●	●	●	●	0,1
POM	●	●	◐	○	◐	●	●	●	●	●	●	●	0,2…0,3
Amorphe Thermoplaste													
SAN	●	●	●	◐	●	●	●	○	●	●	●	●	0,2…0,3
PI	●	●	●	○	●	○	●	○	●	◐	●	●	1,25
PESU	●	●	●	◐	●	●	●	●	●	◐	●	●	0,7
PVC-U	●	◐	●	●	◐	◐	●	●	●	●	●	◐	0,03
PVC-P	●	◐	●	○	◐	◐	●	●	◐	●	●	●	0,15…0,75
PS	●	●	●	◐	◐	○	●	●	●	●	●	●	0,1
PMMA	●	●	◐	○	○	○	●	●	●	●	●	●	0,2…0,4
PC	●	◐	◐	○	◐	○	◐	○	◐	◐	●	●	0,3…0,4
ABS	●	●	◐	○	●	○	●	●	●	●	●	●	0,3…0,4
Duroplaste													
PF	●	◐	○	○	○	◐	●	○	●	●	●	●	0,1…0,2
MF	●	◐	○	○	○	◐	●	○	●	●	●	●	0,3…0,7
MP	●	◐	○	○	○	◐	●	○	●	●	●	●	0,2…1,2
UF	●	◐	◐	○	○	◐	●	○	●	●	●	●	0,4…0,8
UP	●	◐	◐	○	○	◐	◐	○	●	●	●	●	0,2…0,6
EP	●	●	●	○	●	●	●	◐	●	●	●	●	0,1…0,5

[1] Kurzzeichen nach DIN EN ISO 1043-1 [2] z. B. Essigsäure [3] z. B. HCl [4] z. B. HNO$_3$ oder H$_2$SO$_4$ [5] z. B. Essigsäure [6] Ethylalkohol [7] bei Sättigung unter Normalklima (23 °C/50 % relative Luftfeuchtigkeit)

● = beständig ◐ = mäßig beständig ○ = unbeständig

9.8 Normung und Bezeichnung von Kunststoffen

Die Normbezeichnung der Kunststoffe basiert im wesentlichen auf den folgenden Normen:
DIN EN ISO 1043: Kunststoffe – Kennbuchstaben und Kurzzeichen (4 Teile)
DIN EN ISO 1872-1: Kunststoffe – Polyethylen(PE)-Formmassen
DIN EN ISO 1873-1: Kunststoffe – Polypropylen(PP)-Formmassen
DIN EN ISO 1874-1: Kunststoffe – Polyamid(PA)-Formmassen
DIN EN ISO 14526-1: Kunststoffe – Rieselfähige Phenol-Formmassen (PF-PMC)
DIN EN ISO 14528-1: Kunststoffe – Rieselfähige Melamin-Formaldehyd-Formmassen (MF-PMC)
DIN EN ISO 14530-1: Kunststoffe – Rieselfähige ungesättigte Polyester-Formmassen (UP-PMC)
DIN EN ISO 3672-1: Kunststoffe – Ungesättigte Polyesterharze (UP-R)
DIN ISO 1629: Kautschuk und Latices – Einteilung, Kurzzeichen

9.8.1 Allgemeine Kennzeichnung von Kunststoffen

Hinsichtlich der allgemeinen Kennzeichnung von Kunststoffen ist zwischen Homopolymeren bzw. chemisch modifizierten polymeren Naturstoffen und den Copolymerisaten zu unterscheiden.

9.8.1.1 Kurzzeichen für Homopolymere und chemisch modifizierte polymere Naturstoffe

Homopolymere und chemisch modifizierte polymere Naturstoffe werden nach DIN EN ISO 1043-1 durch Kurzzeichen gekennzeichnet (Tabelle 1). Die Kurzzeichen können für eine einfache Benennung von Formmassen in Halbzeugen und Formteilen dienen (z. B. ABS-Formmassen, PVC-Rohre, usw.).

Tabelle 1: Kurzzeichen für Homopolymere und chemisch modifizierte polymere Naturstoffe nach DIN EN ISO 1043-1 (Auswahl)

Kurzzeichen[1]	Bedeutung	Kurzzeichen[1]	Bedeutung
AB	Acrylnitril-Butadien (Kunststoff)	PF	Phenol-Formaldehyd
ABS	Acrylnitril-Butadien-Styrol (Kunststoff)	PI	Polyimid
AMMA	Acrylnitril-Methylmethacrylat (Kunststoff)	PIB	Polyisobuten
ASA	Acrylnitril-Styrol-Acrylat (Kunststoff)	PIR	Polyisocyanurat
CA	Celluloseacetat	PMI	Polymethacrylimid
CAB	Celluloseacetatbutyrat	PMMA	Polymethylmethacrylat
CAP	Celluloseacetatpropionat	PMP	Poly-4-methylpenten-(1)
CEF	Cellulose-Formaldehyd (Harz)	PMS	Poly-α-Methylstyrol
CF	Cresol-Formaldehyd (Harz)	POM	Polyoximethylen[2]
CMC	Carboxymethylcellulose	PP	Polypropylen
CN	Cellulosenitrat	PPE	Polyphenylenether
CP	Cellulosepropionat	PPOX	Polypropylenoxid
CTA	Cellulosetriacetat	PPS	Polyphenylensulfid
EC	Ethylcellulose	PPSU	Polyphenylensulfon
EP	Epoxid Harz	PS	Polystyrol
MC	Methylcellulose	PSU	Polysulfon
MF	Melamin-Formaldehyd	PTFE	Polytetrafluorethylen
PA[1]	Polyamid	PUR	Polyurethan
PAI	Polyamidimid	PVAC	Polyvinylacetat
PAN	Polyacrylnitril	PVAL	Polyvinylalkohol
PB	Polybuten	PVB	Polyvinylbutyrat
PBAK	Polybutylacrylat	PVC	Polyvinylchlorid
PBT	Polybutylenterephthalat	PVDC	Polyvinylidenchlorid
PC	Polycarbonat	PVDF	Polyvinylidenfluorid

9.8 Normung und Bezeichnung von Kunststoffen

Fortsetzung Tabelle 1, Seite 486

Kurzzeichen[1]	Bedeutung	Kurzzeichen[1]	Bedeutung
PCTFE	Polychlortrifluorethylen	PVF	Polyvinylfluorid
PDAP	Polydiallylphthalat	PVFM	Polyvinylformaldehyd
PE	Polyethylen	SAN	Styrol-Acrylnitril (Kunststoff)
PEI	Polyetherimid	SB	Styrol-Butadien (Kunststoff)
PEOX	Polyethylenoxid	SI	Silicon (Kunststoff)
PEEK	Polyetheretherketon	UF	Urea-Formaldehyd (Harz)
PESU	Polyethersulfon	UP	Ungesättigtes Polyester (Harz)
PET	Polyethylenterephthalat	VCE	Vinylchlorid-Ethylen (Kunststoff)

[1] Zahlenangaben in der Kurzbezeichnung des Polymeren weisen auf verschiedene Ausgangsprodukte bei Herstellung hin. Von wirtschaftlicher Bedeutung derart bezeichneter Kunststoffe sind die Polyamide (z. B. PA 66 oder PA 610). [2] Andere Bezeichnung: Polyformaldehyd

Für die Kennzeichnung von Polymeren, die aus verschiedenen Kondensationseinheiten hergestellt sind, werden Zahlen bzw. Buchstaben dem Kurzzeichen nachgestellt. Bei den Polyamiden (PA) kennzeichnet die erste Ziffer die Anzahl der C-Atome in der Monomereinheit (z. B. PA6). Falls zwei Monomere vorliegen, bezieht sich die erste Ziffer auf die Anzahl der C-Atome im Amin und die zweite Ziffer auf die Anzahl der C-Atome in der Säure (z. B. PA610), (Kapitel 9.4.2.2).

9.8.1.2 Copolymere und Polymergemische

Bei **Copolymerisaten** (Kapitel 9.4.2.1) werden die Kurzzeichen aus den Angaben der monomeren Komponenten (Tabelle 1, Seite 486/487) von links nach rechts in der Regel in der Reihenfolge abnehmender Massenanteile aufgebaut. Die Kurzzeichen können durch einen Schrägstrich getrennt werden, falls das Weglassen zu Verwechslungen führen würde.

Beispiel: **E/P** für Ethylen-Propylen (Kunststoff)

Der Schrägstrich ist im Beispiel erforderlich, da sonst Verwechslungsgefahr mit EP (Epoxidharz) besteht. Besteht keine Verwechslungsgefahr, dann kann der Schrägstrich entfallen.

Beispiel: **AMMA** für Acrylnitril-Methylmethacrylat (Kunststoff)

Für **Polymergemische** oder **Polymerblends** werden die Kurzzeichen der Basis-Polymere durch einen Schrägstrich (ohne Leerstelle) getrennt. Die Hauptkomponente steht dabei an erster Stelle.

Beispiele:
- **PMMA/ABS** Polymergemisch aus Polymethylmethacrylat und Acrylnitril-Butadien-Styrol
- **PBT/PC** Polymergemisch aus Polybutylenterephthalat und Polycarbonat
- **PPE/SB** Polymergemisch aus Polyphenylenether und Styrol-Butadien (Kunststoff)

9.8.1.3 Kennzeichnung besonderer Eigenschaften

In Verbindung mit dem Kurzzeichen des Basispolymeren nach Tabelle 1, Seite 486/487, können nach DIN EN ISO 1043-1 wesentliche Eigenschaften mit Buchstaben gekennzeichnet werden (Tabelle 1, Seite 487).

Tabelle 1: Kennbuchstaben für besondere Eigenschaften nach DIN EN ISO 1043-1

Zeichen	Bedeutung(en)
A	Säure (modifiziert), amorph, ataktisch, adipat
B	biaxial, Block, bromiert
C	chloriert, kristallin, isotaktisch
D	Dichte
E	verschäumt, verschäumbar, epoxidiert
F	flexibel, flüssig, fluoriert
H	hoch
I	schlagzäh
L	linear, niedrig
M	mittel, molekular
N	normal, Novolak
O	orientiert
P	weichmacherhaltig, thermoplastisch
R	erhöht, random, Resol, hart
S	gesättigt, duroplastisch, sulfoniert, syndiotaktisch
T	Temperatur (beständig), schlagzäh modifiziert
U	ultra, weichmacherfrei, ungesättigt
V	sehr
W	Gewicht
X	vernetzt, vernetzbar

Die Buchstaben sollen dem Kurzzeichen mit Bindestrich (ohne Leerzeichen) nachgestellt werden.
Beispiele:

PVC-C	Polyvinylchlorid, chloriert (auch: CPVC)
PVC-U	Polyvinylchlorid, weichmacherfrei (auch: UPVC)
PS-HI	Polystyrol, hochschlagzäh (auch: HIPS)
PE-LLD	Polyethylen, linear, niedriger Dichte (auch: LLDPE)
PE-UHMW	Polyethylen, ultrahohe Molmasse (auch: UHMWPE)
PE-X	Polyethylen, vernetzt

9.8.1.4 Kennzeichnung von Zusatzstoffen

Zur Verbesserung der Eigenschaften werden Kunststoffe mit Zusätzen versehen. Die Bezeichnung des Zusatzes wird dem Kurzzeichen des Basispolymers nach Tabelle 1, Seite 486/487, mit Bindestrich nachgestellt. Mögliche Bezeichnungen nach DIN EN ISO 1043-2 sind in Tabelle 1 zusammengestellt.
Beispiele:

UP-GF
Glasfaserverstärkter ungesättigter Polyester

PP-MD20
Polypropylen mit 20 % Mineralstoffpulver

POM-GB30
Polyoximethylen mit 30 % Glaskugeln

PA610-(GF30 + MD15)
Polyamid 610 mit Gemisch aus 30 % Glasfasern und 15 % Mineralstoffpulver

PA610-(GF + MD)45
Polyamid 610 mit einem Gemisch aus Glasfasern und Mineralstoffpulver. Gesamtmenge 45 %.

9.8.2 Kennzeichnung thermoplastischer Formmassen

Damit ein Kunststoffrohstoff verarbeitet werden kann, muss er zu einer **Kunststoff-Formmasse** aufbereitet werden.

Hierfür werden dem Kunststoffrohstoff unterschiedliche Zusatzstoffe (z. B. Weichmacher, Haftvermittler, Verdünner, Gleitmittel, Verstärkungsstoffe usw.) zugegeben.

Die Normbezeichnung von thermoplastischen Formmassen sind zwar lang und unübersichtlich, sie erlauben jedoch eine verhältnismäßig genaue Beschreibung der Formmasse.

Tabelle 1: Kennbuchstaben und Kennziffern für Art, Form bzw. Struktur der Füll- und Verstärkungsstoffe nach DIN EN ISO 1043-2

	Art		Form und Struktur
A	Aramid	B	Kugeln, Perlen, Bällchen
B	Bor	C	Schnitzel, Chips
C	Kohlenstoff	CM	Schnittmatte
D	Aluminiumtrihydrat	D	Feinstoff, Pulver
E	Ton	EM	Endlosmatte
F	–	F	Fasern
G	Glas	G	Mahlgut
H	–	H	Whisker
J	–	J	–
K	Calciumcarbonat (Kreide)	K	Wirkwaren
L	Cellulose	L	Lagen
M	Mineral	LF	Langfasern
ME	Metall[1]	M	Matte (dick)
N	organische Naturstoffe[2]	NF	Nanofaser
N	Faservlies (dünn)	NT	Nanoröhrchen
P	Glimmer	P	Papier
Q	Silikat	Q	–
R	–	R	Roving
S	synthetische org. Stoffe[3]	S	Flocken
T	Talk	T	Cord, Röhrchen, gedrehtes oder geflochtenes Garn
U	–	U	–
V	–	VV	Furnier
W	Holz	W	Gewebe
X	nicht festgelegt	X	nicht festgelegt
Y	–	Y	Garn
Z	andere[4]	Z	andere[4]

[1] Die Art des Metalls muss durch das chemische Symbol angegeben werden.
[2] z. B. Baumwolle, Flachs usw.   [3] z. B. fein verteiltes PTFE
[4] sollten genauer angegeben werden

9.8 Normung und Bezeichnung von Kunststoffen

Die Bezeichnung erfolgt nach einem Blocksystem, das aus einem Benennungsblock und einem Identifizierungsblock besteht. Der Identifizierungsblock setzt sich seinerseits wieder aus dem internationalen Normnummerblock und Merkmaldatenblöcken zusammen (Bild 1).

Datenblock 1 enthält das Kurzzeichen des Basiskunststoffs (bzw. die Kurzzeichen bei Polymergemischen) nach DIN EN ISO 1043-1 (Tabelle 1, Seite 486/487), von der internationalen Norm-Nummer mit Bindestrich getrennt. Gegebenenfalls können, ebenfalls durch Bindestrich getrennt, Kennbuchstaben für besondere Eigenschaften nach DIN EN ISO 1043-1 (Tabelle 1, Seite 487) nachgestellt werden (z. B. PA6-HI).

Bild 1: Bezeichnungssystem für thermoplastische Formmassen mit Beispiel

Datenblock 2 enthält an Position 1 Informationen über die vorgesehene Anwendung bzw. das Verarbeitungsverfahren. An Position 2 bis 8 werden wesentliche Eigenschaften, Additive, usw. genannt. Die Bedeutung ist den entsprechenden Formmassennormen (z. B. DIN EN ISO 1874-1 für PA-Formmassen) zu entnehmen. Die Bezeichnungen sind bei allen thermoplastischen Formmassennormen identisch.

Datenblock 3 enthält quantitative Eigenschaftsangaben wie Dichte, E-Modul (bei Zugbeanspruchung), Kerbschlagzähigkeit, Viskositätszahl oder Schmelze-Massenflussrate. Die Bedeutung sowie die Quantifizierung ist den jeweiligen Formmassennormen (z. B. DIN EN ISO 1874-1 für PA-Formmassen) zu entnehmen.

Datenblock 4 enthält an Position 1 und 2 Angaben über Art und Form von Füll- und Verstärkungsstoffen entsprechend DIN EN ISO 1043-2 (Tabelle 1, Seite 488) und an Position 3 und 4 ggf. den Massengehalt. Die Zuordnung der Codenummern zum Massegehalt ist den jeweiligen Formmassennormen wie z. B. DIN EN ISO 1874-1 für PA-Formmassen, zu entnehmen.

Datenblock 5 (in obigem Beispiel nicht vorhanden) kann zusätzliche, freiwillige Anforderungen enthalten.

9.8.3 Kennzeichnung von Duroplasten

In Analogie zur Kennzeichnung thermoplastischer Formmassen (Kapitel 9.8.2), erfolgt auch die Kennzeichnung von Duroplasten nach einem Blocksystem.

Das Bezeichnungssystem für Duroplaste besteht ebenfalls aus einem Benennungs- und einem Identifizierungsblock.

Der Identifizierungsblock setzt sich seinerseits aus einem Normnummernblock und einem Merkmaldatenblock zusammen (Bild 2).

Bild 2: Bezeichnungssystem für duroplastische Formmassen mit Beispiel

Benennungsblock:	PMC:	Rieselfähige Spritzgießmasse (engl.: Pourable Moulding Compound)
(Beispiele)	SMC:	Mattenförmige (vorimprägnierte) Prepregs (engl.: Sheet Moulding Compounds)
	BMC:	Pressmassen mit geschnittenem Textilglas (engl.: Bulk Moulding Compound)
	DMC:	Pressmassen mit Stapelfasern (engl.: Dough Moulding Compound)
	R:	Harz

Datenblock 1 enthält an Position 1, von der internationalen Norm-Nummer mit Bindestrich getrennt, das Kurzzeichen des Basiskunststoffs nach DIN EN ISO 1043-1 (Tabelle 1, Seite 486/487). Der Buchstabe an Position 2 kennzeichnet die Art des Füll- und Verstärkungsstoffes, ggf. ergänzt um weitere Kennzeichen (Tabelle 1, Seite 488). Position 3 kennzeichnet die Form bzw. Struktur des Füll- und Verstärkungsstoffes (Tabelle 1, Seite 488). Die Zahl (Codenummer) an Position 4 kennzeichnet schließlich den Massengehalt des Füll- und Verstärkungsstoffes. Die Zuordnung der Codenummern zum jeweiligen Massegehalt ist den entsprechenden Formmassenormen zu entnehmen (z. B. DIN EN ISO 14 530-1 für UP-Formmassen). Ihre Bedeutung ist für alle duroplastischen Formmassen identisch.

Datenblock 2 enthält Codebuchstaben über das Verarbeitungsverfahren der duroplastischen Massen. Die Bedeutung ist den entsprechenden Formmassenormen zu entnehmen (z. B. DIN EN ISO 14 530-1 für UP-Formmassen). Die Bedeutung der Buchstaben ist für alle duroplastischen Formmassen identisch.

Datenblock 3 enthält an Position 1 Angaben über qualitative Eigenschaften (für alle duroplastischen Formmassen identisch) und an Position 2 und 3 Angaben über quantitative Eigenschaften in Form von Codenummern (z. B. Schlagzähigkeit und Formbeständigkeitstemperatur). Die Bedeutung ist den jeweiligen Formmassennormen zu entnehmen.

Datenblock 4 (in obigem Beispiel nicht vorhanden) kann Hinweise auf weitere, nationale oder internationale Normen oder Werksnormen enthalten.

Datenblock 5 (in obigem Beispiel nicht vorhanden) kann zusätzliche, freiwillige Anforderungen enthalten.

9.8.4 Kennzeichnung von Elastomeren

Elastomere werden nach DIN ISO 1629 bezeichnet. Dem Bezeichnungssystem liegt die Kennzeichnung der chemischen Zusammensetzung der Polymerkette zugrunde. Die Bezeichnung gilt sowohl für die festen Kautschuke als auch für Latices (wässrige Dispersionen). Der letzte Buchstabe gilt als Gruppenkennzeichen (M-Gruppe, O-Gruppe, usw.) und kennzeichnet die chemische Zusammensetzung der Polymerkette. Die vorangestellten Buchstaben kennzeichnen hingegen die Monomere, die den Kautschuk aufbauen. Je weiter links der Buchstabe dabei steht, desto geringer ist sein Anteil am gesamten Elastomer. Tabelle 1 stellt die wichtigsten Kautschukgruppen zusammen. Weitere, hier nicht aufgeführte Gruppen sind die T-Gruppe (Kautschuke mit Schwefel in der Polymerkette) und die Z-Gruppe (Kautschuke mit Phosphor und Stickstoff in der Polymerkette).

Tabelle 1: Bezeichnung der wichtigsten Kautschukgruppen nach DIN ISO 1629 (Auswahl)

M-Gruppe (Kautschuke mit einer gesättigten Kette vom Polymethylen-Typ)	
ACM	Copolymer aus Ethylacrylat und einem die Vulkanisation erleichterndem Monomer
ANM	Copolymer aus Ethylacrylat und Acrylnitril
CM	chloriertes Polyethylen [1]
CFM	Polychlortrifluorethylen
EPDM	Terpolymer aus Ethylen, Propylen und einem Dien (ungesättigter Teil des Diens in der Seitenkette)
EAM	Ethylen-Vinylacetat-Copolymer [2]
EPM	Ethylen-Propylen-Copolymer
IM	Polyisobuten [3]
O-Gruppe (Kautschuke mit Sauerstoff in der Polymerkette)	
CO	Epichlorhydrin-Kautschuk
ECO	Epichlorhydrin-Ethylenoxid-Copolymer

Fortsetzung Tabelle 1: Bezeichnung der wichtigsten Kautschukgruppen nach DIN ISO 1629 (Auswahl)

	R-Gruppe (Kautschuke mit einer ungesättigten Kohlenstoffkette)
ABR	Acrylat-Butadien-Kautschuk
BR	Butadien-Kautschuk
CR	Chloropren-Kautschuk
IR	Isopren-Kautschuk (synthetisch)
NBR	Acrylnitril-Butadien-Kautschuk (Nitrilkautschuk)
NR	Isoprenkautschuk (natürlich) oder Naturkautschuk
PBR	Vinylpyridin-Butadien-Kautschuk
SBR	Styrol-Butadien-Kautschuk
SIR	Styrol-Isopren-Kautschuk
	Q-Gruppe (Kautschuke mit Siloxangruppen in der Polymerkette)
VMQ	Silikonkautschuk mit Methyl- und Vinyl-Gruppen an der Polymerkette
FMQ	Silikonkautschuk mit Methyl- und Fluor-Gruppen an der Polymerkette
PMQ	Silikonkautschuk mit Methyl- und Phenyl-Gruppen an der Polymerkette
	U-Gruppe (Kautschuke mit Kohlenstoff, Sauerstoff und Stickstoff in der Polymerkette)
AU	Polyesterurethan
EU	Polyetherurethan

[1] in DIN EN ISO 1043-1 als PE-C bezeichnet
[2] in DIN EN ISO 1043-1 als E/VAC bezeichnet
[3] in DIN EN ISO 1043-1 als PIB bezeichnet

Die Kennzeichnung der thermoplastischen Elastomere (TPE) erfolgt nur teilweise nach DIN ISO 1629. Mit dieser Norm können nicht alle Gruppen erfasst werden, so dass die TPE künftig eine eigenständige Norm erhalten sollen.

9.9 Verarbeitung von Kunststoffen

Kunststoffe finden als Werkstoffe eine breite Verwendung. Je nach Verwendungszweck und den Eigenschaften des eingesetzten Kunststoffes wird die dafür am besten geeignete Verarbeitungslösung gewählt. Im Folgenden können die wichtigsten Verarbeitungsverfahren nur allgemein behandelt werden.

9.9.1 Zuschlagstoffe

Vor der eigentlichen Verarbeitung wird das Kunststoffmaterial mit diversen Zusätzen (Additive) gemischt. Um die Kunststoffprodukte gegen Angriffe von Wärme, Licht oder Sauerstoff zu schützen, werden **Stabilisatoren** zugesetzt. **Gleitmittel** werden zugemischt, um eine einwandfreie Füllung komplizierter Formen bei der Verarbeitung zu gewährleisten. Meist handelt es sich um feste Wachse, die bei höherer (Verarbeitungs-)Temperatur flüssig werden und dadurch die Gleitfähigkeit der Kunststoffmasse erhöhen. Zur Einfärbung der Kunststoffe in praktisch jedem gewünschten Farbton werden feinkörnige **Pigmente** (das sind feste Farbpartikel) in die Kunststoffmasse eingebracht. **Füll- und Verstärkungsstoffe** (Holzmehl, Gesteinsmehl, Kreide, Ruß, Glasfasern u. a.) dienen der Verbesserung der mechanischen Eigenschaften, wie Erhöhung der Festigkeit und des Elastizitätsmoduls, sowie Verminderung der Sprödigkeit.
Alle diese Additive können in fast beliebiger Mischung dem Kunststoff zugesetzt werden, um dadurch gezielt Eigenschaften des Produktes für vielfältige Anwendungen zu optimieren.

9.9.2 Urformen und Umformen

Bei der Verarbeitung von Kunststoffen unterscheidet man, analog zu den metallischen Werkstoffen u. a. das **Urformen** und das **Umformen**. Urformen ist das Fertigen von festen Körpern aus formlosem Stoff durch Schaffen eines Zusammenhalts. Umformen ist die Weiterverarbeitung von Halbzeug zu Formteilen. Entscheidend für die Verarbeitungsmöglichkeiten von Kunststoffen ist ihr Verhalten beim Erwärmen (Kapitel 9.6).

9.9.2.1 Formpressen

Vom konstruktiven Aufwand her ist das Pressen das einfachste Verfahren zum Urformen von Kunststoffen. Dabei wird das zu verarbeitende Kunststoffmaterial in eine beheizbare zweiteilige Form eingebracht. Thermoplaste (Plastomere) werden in der Regel in Form von Pulver oder Granulat in abgewogener Menge eingefüllt, in der Form erwärmt und unter Druck verformt. Das Fertigteil wird ausgeworfen oder entnommen (Bild 1).

Bild 1: Prinzip des Formpressens

Besonders häufig wird das Formpressen auch zur Formgebung von Duroplasten (Duromeren) benutzt. Dabei werden die Pressmassen in das Werkzeug eingefüllt, wo sie dann unter Druck- und Temperatureinwirkung aufschmelzen, vernetzen und aushärten.

Bei den folgenden beschriebenen Verfahren erfolgt die Plastifizierung (Aufschmelzung) und die Formgebung in getrennten Maschinenteilen.

Strangpressen

Das am häufigsten eingesetzte Maschinenteil zur Plastifizierung von Thermoplasten ist die Strangpresse (ein Zylinderraum mit Schnecke, Bild 2). Über einen Einfülltrichter wird das Plastomergranulat eingebracht, durch die Schnecke transportiert, erwärmt, homogenisiert, plastifiziert und über eine Düse aus dem Spritzkopf gepresst. Durch die Verminderung des Gangvolumens der Schnecke wird eine Verdichtung der Formmasse erreicht und Druck aufgebaut.

Bild 2: Strangpresse mit gangprogressiver Schnecke

9.9.2.2 Spritzgießen

DIN 8550 definiert das Spritzgießen als Urformen aus dem plastischen Zustand. Beim Spritzgießen wird die in einem Massezylinder für mehr als einen Spritzvorgang enthaltene Masse unter Wärmeeinwirkung plastisch erweicht und unter Druck durch eine Düse in den Hohlraum eines vorher geschlossenen Werkzeuges eingespritzt. Früher setzte man zum Vortrieb der plastifizierten Kunststoffmasse Kolbenmaschinen ein, heute sind es Schneckenmaschinen. Dabei dient die Schnecke sowohl zum Einziehen, Fördern, Erwärmen und Plastifizieren des Kunststoffes als auch zum Ausspritzen der im Schneckenvorraum angesammelten plastischen Kunststoffmasse.

Das Verfahren arbeitet diskontinuierlich, wobei die Kunststoffmasse aus dem Vorratsraum über eine Düse in die nachgeschaltete Form eingespritzt wird. Die verschließbare stählerne Form ist zweiteilig und besteht aus Gesenk und Kern.

Durch den Einspritzdruck verteilt sich die zähflüssige Masse vollständig in dem zur Verfügung stehenden Hohlraum der geschlossenen Form. Während das Formteil abkühlt, fördert die Schnecke den Kunststoff für das nächste Spritzgussteil in den Vorratsraum vor die Schneckenspitze. Durch Öffnen der Form kann das fertige Werkstück entnommen werden (Bild 3).

Bild 3: Spritzgießen

9.9 Verarbeitung von Kunststoffen

Das Spritzgießen ist das bedeutendste Verfahren zur Herstellung von Formteilen aus Thermoplasten, aber auch für Duroplaste und Elastomere wird es gleichermaßen eingesetzt. Bei Thermoplasten wird das Werkzeug in der Regel gekühlt. Für die Verarbeitung von Duroplasten und Elastomeren wird das Werkzeug beheizt, um die Aushärtung des Materials in der Form zu ermöglichen. Tabelle 1 gibt eine Übersicht über wichtige im Spritzgießverfahren verarbeitbare Kunststoffe und Verarbeitungskenndaten (Anhaltswerte).

Tabelle 1: Übersicht über die im Spritzgießverfahren verarbeitbaren Kunststoffe

	Formmasse	Kurzzeichen	Verarbeitungstemperatur in °C	Werkzeugtemperatur in °C	Schwindung in %	Einspritzdruck in MPa
Plastomere	Polystyrol	PS	180...280	10...40	0,3...0,6	100...130
	LD-Polyethylen	PE-LD	160...260	50...70	1,5...5,0	100...120
	HD-Polyethylen	PE-HD	260...300	30...70	1,5...3,0	
	Polypropylen	PP	250...270	50...75	1,0...2,5	
	Polypropylen GF	PP-GF	260...280	50...80	0,5...1,2	
	Polymethylmethacrylat	PMMA	210...240	50...70	0,1...0,8	120...150
	Polyethylenterephthalat	PET	260...290	140	1,2...2,0	
	Polyamid 6	PA 6	240...260	70...120	0,5...2,2	110...140
	Polyamid 6-GF	PA 6-GF	270...290	70...120	0,3...1,0	
	Thermoplastisches Polyurethan	PUR	195...230	20...40	0,9	
Duromere	Phenolharze	PF	60...80	170...190	1,2	140...175
	Melaminharze	MF	70...80	150...165	1,2...2,0	
	Polyesterharze	UP	40...60	150...170	0,5...0,8	
	Epoxidharze	EP	ca. 70	160...170	0,2	

Durch Gestaltung der eingesetzten Formen sind praktisch alle Größen und Formen von Spritzgussteilen produzierbar, wie zum Beispiel Gehäuse von Elektrogeräten, Tassen, Becher, Schüsseln, Spielzeuge, Compact Discs, Schalter, Zahnräder usw.

9.9.2.3 Extrudieren

Das Extrudieren arbeitet kontinuierlich. Dabei fördert die Schnecke der Plastifiziereinheit die Kunststoffmasse direkt zur Spritzdüse, über die sie in das formgebende Werkzeug gelangt. Aus diesem tritt das abgekühlte Fertigprodukt als Endlosstrang aus (Bild 1). Je nach eingesetzter Form erhält man verschiedene Produkte (Tabelle 2).

Bild 1: Extrudieren

Tabelle 2: Produkte beim Extrudieren

Formgebendes Werkzeug	Produkte (Beispiele)
Breitschlitzdüse	Folien, Tafeln
Lochdüse	Stangen, Stäbe
Ringdüse	Schlauchfolien, Rohre, Schläuche
Profildüse	Profile

9.9.2.4 Kalandrieren

Kontinuierlich gelangt die zähe Kunststoffschmelze aus dem Extruder auf eine temperierte Walzenanlage. Am gebräuchlichsten sind Einheiten mit vier Walzen, die je nach ihrer Anordnung als I-, F-, Z- oder S-Kalander (Bild 1, Seite 494) bezeichnet werden. Die Walzen dienen gleichzeitig als Druckgeber, Transportmittel und formende Oberfläche. Produkte sind je nach Einstellung der Walzenspalten des Kalanders Platten, Tafeln oder Folien.

9.9.2.5 Umformen

Beim Umformen von thermoplastischen Halbzeug geht man z. B. von Tafeln oder Rohren aus, die durch Einfluss von Wärme erweichen, d. h. in den thermoplastischen Zustand gebracht und dann einer Formgebung unterworfen werden **(Warmformung)**. Zur Formung ist meist nur ein Halbwerkzeug (eine Halbform) erforderlich. Beim Verwenden einer Positivform wird das erwärmte Halbzeug, z. B. eine Kunststofftafel, in einer Halterung fixiert und durch Einwirkung der Positivform in die fertige Gestalt gebracht. Nach dem Abkühlen erfolgt die Entnahme des Fertigteils (Bild 2).

Beim **Vakuumformen** arbeitet man mit einer Negativform (Hohlform), in die durch Anlegen eines Unterdrucks das erweichte Kunststoffmaterial eingesogen wird (Bild 3). Bekannte Kunststoffteile, die durch Vakuumformen hergestellt werden, sind Lebensmittelverpackungen, Trinkbecher, Schubkasteneinsätze u. a.

Zur Herstellung von z. T. kompliziert geformten Hohlkörpern (Flaschen, Kraftstofftanks) eignet sich das **Blasformen**. Der aus einem Extruder gelangende, warme Schlauch wird in eine geöffnete zweiteilige Form geleitet und abgeschnitten. Nach dem Schließen der Form wird der plastische Kunststoffschlauch durch Druckluft über einen Blasdorn an die Innenfläche der Form gelegt, dort ausgeformt und abgekühlt. Durch Öffnen der Form wird das Fertigteil ausgeworfen (Bild 1, Seite 495). Die Kühlung ist notwendig, damit das Produkt seine Form nicht verliert.

9.9.3 Mechanische Bearbeitung

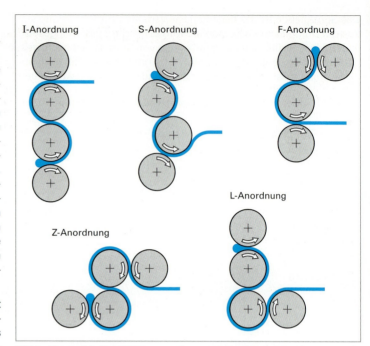

Bild 1: Unterschiedliche Walzenanordnungen beim Kalandrieren

Bild 2: Arbeitsgänge beim Warmformen

Bild 3: Prinzip des Vakuumformens

Der große Vorteil bei der Herstellung von Kunststoffprodukten besteht darin, dass durch die einzelnen formgebenden Verfahren das Endprodukt praktisch ohne weitere Bearbeitung direkt verwendet werden kann. Häufig ist es aber doch notwendig, Kunststoffteile oder -halbzeug mechanisch zu bearbeiten. Die Arbeitsgänge ähneln den im Metall- und Holzbereich gängigen Verfahren:

9.9 Verarbeitung von Kunststoffen

- **Trennen:** Bohren, Drehen, Fräsen, Sägen, usw.
- **Zerteilen:** Schneiden, Stanzen
- **Oberflächenbearbeitung:** Schleifen, Polieren
- **Fügen:** Kleben, Schweißen.

Bei den **trennenden** und **zerteilenden Verfahren** muss das Werkzeug sehr scharf sein, da sonst der Kunststoff durch Reibungswärme plastisch verformt werden kann.

Beim **Schleifen** und **Polieren** kommt es neben einem abtragenden Effekt von Unebenheiten auf dem Kunststoffteil zu einer glättenden Wirkung durch kurzzeitige Plastifizierung und Zerfließen der Unebenheiten durch örtliche Erwärmung.

Da viele für die Teileherstellung verwendeten Kunststoffe selbst Grundlage für Klebstoffe sind, genügt es beim **Kleben** häufig, die Klebestellen durch schnell wirkende Lösungsmittel anzulösen. Die plastisch gewordenen Klebeflächen fügt man durch Druck aneinander. Nach dem Verdunsten des Lösungsmittels erhält man eine in der Regel sehr feste Verbindung. Wichtig ist die Wahl des geeigneten Lösungsmittels, das den Klebstoff lösen kann, aber nicht mit den zu fügenden Teilen reagiert.

Voraussetzung für das **Schweißen** ist die Schweißbarkeit des Werkstoffs. Unter den Kunststoffen erfüllen nur die Thermoplaste diese Bedingung. Sie werden bei Anwendung von Wärme plastisch und können durch Aneinanderpressen miteinander verbunden werden. Dabei verbinden sich die Kunststoffteile durch gegenseitige Diffusionsprozesse der Makromoleküle. Je nach Art der Wärmezufuhr unterscheidet man:
- Warmgasschweißen
- Direktes Erwärmen auf einem Heizelement (z. B. Kunststofffolien auf Heizdraht)
- Ultraschallschweißen

Bild 1: Arbeitsgänge beim Blasformen

Bild 2: Arbeitsgänge beim Warmgasschweißen

- Hochfrequenzschweißen
- Reibschweißen

Beim Warmgasschweißen (Bild 2, Seite 495) leitet man durch eine Düse Warmgas auf die zu fügenden Flächen und den Schweißdraht aus dem gleichen Plastomer. Durch Einwirken von Druck zerfließen die plastisch gewordenen Kunststoffe ineinander und bewirken nach dem Abkühlen die Fügung.

Beim Heizelementschweißen (Bild 1) werden die zu fügenden Teile durch Anlegen an ein Heizelement so weit erwärmt, dass der Kunststoff plastisch wird. Das Heizelement wird entfernt und die Teile werden sofort zum Verschweißen aneinandergepresst.

Ultraschall- und Hochfrequenzschweißen werden vorwiegend zum Schweißen von Folien und Bahnen eingesetzt. Die notwendige Erwärmung wird dabei einmal durch energiereiche Ultraschallwellen, zum anderen durch Anlegen eines elektrischen Hochfrequenzfeldes erreicht (Bild 2).

Durch Reibschweißen werden Rohre und Stangen verbunden (Bild 3). Dabei wird ein Rohrteil fest eingespannt, das andere Fügeteil wird in einer Halterung befestigt, die in Rotation versetzt werden kann. Sobald durch die entstehende Reibungswärme an den Berührungsflächen die Schweißtemperatur erreicht ist, wird das rotierende Rohrstück rasch abgebremst und weiter an das stillstehende Fügeteil gepresst, bis die Schweißverbindung erfolgt ist.

Bild 1: Heizelementschweißen

Bild 2: a) Hochfrequenzschweißen b) Ultraschallschweißen

Bild 3: Reibschweißen

9.9.4 Verarbeitung aus Lösungen und Dispersionen

Bedeutende Anwendungsgebiete für die Verarbeitung von Kunststoffen in gelöster oder dispergierter Form sind **Lacke** und **Klebstoffe**. Für beide Verwendungszwecke ist es nötig, dass die eingesetzten Kunststoffe in der Lage sind, eine zusammenhängende dünne Schicht, d. h. einen Film zu bilden (Bild 1, Seite 497).

Während es bei der Verwendung als Lack darauf ankommt, Oberflächenschutz mit Ästhetik zu kombinieren, ist es bei der Verwendung als Klebstoff nötig, zwei Körper über ihre Oberfläche dauerhaft miteinander zu verbinden.

9.9 Verarbeitung von Kunststoffen

Bild 1: **Physikalische Stoffbildung:** Vorgang der Filmbildung aus Lösungen, Dispersionen (schematische Darstellung)

Zur Bereitung von Lösungen eignen sich insbesondere unvernetzte Kunststoffe, wobei mit steigender Moleküllänge der Makromoleküle die Löslichkeit abnimmt. Bei einer Dispersion wird der Kunststoff in kleinste, möglichst gleichmäßige Teilchen zerteilt und in Wasser feinst verteilt.

9.9.4.1 Lacke

Zur Herstellung von Lacken wird der Kunststoff (das Bindemittel) mit Füllstoffen und Pigmenten gemischt und in einem geeigneten organischen Lösungsmittel gelöst oder in Wasser dispergiert. Prinzipiell lassen sich mit Lacklösungen dünnere Schichten erzielen als mit Dispersionslacken. Außerdem ist die erzielte Dicke der Lackschicht abhängig vom Anteil der gelösten Bestandteile im Lösungsmittel. Nach dem Verdunsten des Lösungs- bzw. Dispergiermittels bildet sich der Lackfilm auf der Oberfläche aus (Bild 1). Bei der Gruppe der Duroplaste kommt es neben dem Trocknen zu einer Vernetzung der Makromoleküle untereinander (Aushärtung). In der Tabelle 1 sind die wichtigsten zur Lackherstellung verwendeten Kunststoffe zusammengefasst.

Tabelle 1: **Kunststoffe für die Lackherstellung**

Name	Anwendungsform
Alkydharze	aus Lösung
Aminoplaste	aus Lösung
Epoxidharze	aus Lösung
Phenolharze	aus Lösung
Polyacrylate	aus Dispersion und Lösung
Polyamide	hauptsächlich aus Lösung
Polyester	aus Lösung
Polyurethane	aus Lösung

9.9.4.2 Klebstoffe

Als Ausgangsstoffe für die Herstellung von Klebstoffen kann man neben natürlichen Materialien (Casein, Stärke usw.) synthetische Produkte, d. h. Polymere, verwenden (Tabelle 1, Seite 498).

Für eine dauerhafte Verklebung muss der Klebstoff das Material gut benetzen und dann aushärten. Dabei bildet sich ein makromolekularer Klebstofffilm, der die zu fügenden Teile durch **Oberflächenhaftung (Adhäsion)** und **innere Festigkeit (Kohäsion)** zusammenhält (Bild 2). Das Entstehen des Klebstofffilms und die Aushärtung können durch **physikalisches** oder **chemisches Binden** erfolgen.

$$CH_2 - CH - CH_2 - CH - CH_2 - CH - CH_2 - CH -$$
$$||||$$
$$OOOO$$
$$||||$$
$$O=C-CH_3 \quad O=C-CH_3 \quad O=C-CH_3 \quad O=C-CH_3$$

Polyvinylacetat

Bild 2: **Kräfte beim Kleben**

Bei physikalischem Binden kann die Bildung des Kunststofffilms durch Verdampfen des Lösungsmittels erfolgen, in dem der Klebstoff bereits als Makromolekül vorliegt, oder durch Abkühlen einer Schmelze. Zur ersten Gruppe gehören z. B. **Alleskleber** (Polyvinylacetat in Aceton oder Essigester gelöst) oder die **Haft-** und **Kontaktkleber,** bei denen das Lösungsmittel vor der Verklebung verdampft und der Klebevorgang durch Druck bewirkt wird.

Tabelle 1: Auswahl von Kunststoffen, die als Basis für Klebstoffe dienen

Name	Art der Verfestigung	Verwendung
Copolymerisate des Butadiens mit Acrylnitril und Styrol	durch Trocknen	Kontaktkleber
Polyacrylate		Dispersionskleber
Polyester		Dispersionskleber
Polyvinylacetat		Alleskleber
Ethencopolymerisate	durch Abkühlen	Schmelzkleber
Polyamide		Schmelzkleber
Aminoplaste	durch chemische Reaktion	Spanplattenherstellung
Cyanacrylate		Sekundenkleber
Epoxidharze		Metallklebstoffe, Zweikomponentenkleber
Phenoplaste		Holzklebstoffe
Polyurethane		Zweikomponentenkleber
Silicone		für hochelastische und wärmebeständige Verklebungen

Schmelzkleber werden durch Erwärmen erweicht und verfestigen sich wieder beim Abkühlen.

Beim chemischen Binden bilden und vernetzen sich Makromoleküle erst während des Härtens aus Monomeren in einer Polymerisation und bilden dann den Haftfilm. Die chemisch bindenden Klebstoffe heißen auch **Reaktionsklebstoffe.** Sie besitzen z. T. außerordentliche Klebeleistungen:

- Bei Zweikomponentenklebern reagieren durch die Polyadditions- oder Polykondensationsreaktion zwei Komponenten zu einem dreidimensionalen Netzwerk, das weder löslich noch schmelzbar ist. Vor Gebrauch wird der eigentliche Klebstoff durch Mischen zweier Substanzen hergestellt und steht dann für eine kurze Zeitspanne (Topfzeit) zum Gebrauch zur Verfügung.

- Ein hervorragender Einkomponentenklebstoff ist das Cyanacrylat (Sekundenkleber). Die Polymerisation der Ausgangssubstanz Cyanacrylsäuremethylester wird durch die Feuchtigkeit der Luft in Gang gesetzt.

$$H_2C = C \begin{cases} CN \\ COOCH_3 \end{cases}$$ Cyanacrylsäuremethylester

9.10 Kunststoffe und Umwelt

Umweltprobleme können bei der Herstellung, der Verwendung und der Entsorgung von Kunststoffen auftreten.

Umweltprobleme bei der Kunststoffherstellung

Eine ganze Reihe von Monomeren, die für die Kunststoffherstellung benötigt werden, sind giftig oder krebserregend. Die Tabelle 1, Seite 499, enthält eine Auswahl technisch bedeutender Monomere.

9.10 Kunststoffe und Umwelt

Tabelle 1: Auswahl problematischer Ausgangsstoffe für die Kunststoffherstellung

Monomer	Toxikologische Bewertung	Emissionen bei der Herstellung des Polymeren
Vinylchlorid	giftig, krebserregend	0,1 ... 0,5 kg Vinylchlorid/t PVC Abwasser: 0,1 ... 2 kg/t PVC
Acrylnitril	giftig, krebserregend	k. A.
Formaldehyd	giftig, Verdacht: krebserregend	k. A.
Methacrylsäuremethylester	giftig	k. A.
Phenol	giftig, Verdacht: krebserregend	k. A.
Styrol	gesundheitsschädlich, Verdacht: krebserregend	0,05 ... 0,2 kg Styrol/t Polystyrol

Bevor die Gefährlichkeit dieser Stoffe bekannt war, wurden bei der Kunststoffproduktion große Mengen von ihnen frei: Noch 1974 wurden bei der Produktion von einer Tonne PVC 25 kg Vinylchlorid in die Luft abgegeben. Durch Verfahrensänderungen, Arbeiten in geschlossenen Kreisläufen und Verwendung von Filtern ist es gelungen, die Gefährdung für die Beschäftigten und die Umweltbelastungen deutlich herabzusetzen. Um darüber hinaus den Anteil an gelöstem Vinylchlorid (Rest-VC) im fertigen PVC zu senken, wurde eine Intensiventgasung entwickelt. Nach der alten Verfahrenstechnik hergestelltes PVC enthielt bis zu 0,01 % Vinylchlorid. Heute ist es möglich, den Anteil an Rest-VC im Fertigprodukt auf 0,0001 % zu senken.

Umweltprobleme bei der Verwendung von Kunststoffen

Die zu Gebrauchsgegenständen verarbeiteten Kunststoffe enthalten neben Restmonomeren auch Weichmacher, Stabilisatoren und andere Zusatzstoffe, die gesundheitsschädlich sein können. Bei Lebensmittelverpackungen und -behältern können Schadstoffe in die Lebensmittel eindringen.

Baumaterialien, die unter Verwendung von Kunststoffen gefertigt sind, geben geringe Mengen von Monomeren an die Luft ab. So ist die Belastung von Innenräumen durch Formaldehyd aus Spanplatten bekannt geworden, in denen Formaldehydharze als Bindemittel verwendet wurden. Durch die Schaffung von Grenzwerten soll eine gesundheitliche Beeinträchtigung des Menschen vermieden werden.

Umweltprobleme bei der Entsorgung von Kunststoffen

Durch die immer vielfältigeren Verwendungsmöglichkeiten der Kunststoffe im täglichen Leben und die Zunahme im Verpackungsbereich, steigt ihr Anteil an Müll stark an und liegt in der Bundesrepublik Deutschland bei etwa 1 Million t pro Jahr. Hierbei treten zwei Probleme auf: zum einen fallen große Mengen an, zum anderen haben die Abfälle ganz unterschiedliche Zusammensetzungen. Daneben ergeben sich zusätzlich Schwierigkeiten aus der Tatsache, dass die Kunststoffe eine große Beständigkeit besitzen, die entweder grundsätzlich vorhanden ist oder durch die Verwendung von Stabilisatoren erreicht wird. Die Anforderungen an Kunststoffe (Beständigkeit gegen Licht, Feuchtigkeit und mikrobiellen Abbau) stehen damit einer einfachen Beseitigung der Kunststoffabfälle entgegen.

Für die meisten Kunststoffe ist die Verbrennung in einer Müllverbrennungsanlage die einzig wirksame Art der Beseitigung. Neben Wasser und Kohlenstoffdioxid treten in den Verbrennungsgasen jedoch z. T. giftige Verbindungen auf. Wichtiger Bestandteil einer modernen Müllverbrennungsanlage ist daher eine Rauchgasreinigung, in der die Abluft wirkungsvoll entgiftet wird. Trotz der gewonnenen Heizenergie ist die Müllverbrennung eine teure Beseitigung des Kunststoffmülls.

Zur Wiederverwertung (Recycling) sind zwei Verfahren besonders wichtig: das **Umschmelzen** und die **Pyrolyse**. Zum Umschmelzen sind alle Thermoplaste geeignet, sofern sie sortenrein und in größerer Menge anfallen. Das ist praktisch nur bei Abfällen aus Kunststoffherstellungs- und Fertigungsbetrieben gegeben. Je unsortierter und damit unreiner das Kunststoffgemisch ist, umso minderwertiger ist das erhaltene Produkt. Bei der Pyrolyse werden die Kunststoffe durch Erhitzen in Abwesenheit von Sauerstoff in ihre chemischen Bausteine zerlegt. Dabei entstehen flüssige und gasförmige Pyrolyseprodukte, die als Brennstoffe oder als Chemierohstoffe verwendet werden können.

10 Keramische Werkstoffe

Der Begriff **Keramik** ist eine Ableitung aus dem griechischen Wort „*keramos*" und bedeutet so viel wie Ton oder Töpferware. Keramische Werkstoffe sind die ältesten von Menschen erzeugten und genutzten Werkstoffe. Sie wurden bereits vor etwa 15 000 Jahren zur Herstellung von Nutzgefäßen und figürlichen Darstellungen und vor etwa 10 000 Jahren zur Herstellung von Ziegelsteinen verwendet. Der Ursprung der Keramik reicht damit weit vor die Nutzbarmachung von Kupfer (vor etwa 9000 Jahren) oder Bronze (vor etwa 5000 Jahren) zurück. Obwohl Keramik der älteste von Menschenhand geschaffene synthetische Werkstoff ist, fand er zu Beginn nur in Form von Bau- und Gebrauchskeramiken eine breite Anwendung. Erst gegen Ende des 19. Jahrhunderts führten Fortschritte in der Werkstoffwissenschaft zu ersten technischen Anwendungen, wie zum Beispiel Isolatoren für Strom- und Telegrafenleitungen.

Keramiken können die herkömmlichen Werkstoffe wie etwa die Metalle oder die Kunststoffe nicht verdrängen. Durch den sinnvollen Einsatz von Keramiken ist es jedoch möglich, maßgeschneiderte Produkte herzustellen, die völlig neue Problemlösungen ermöglichen.

> **ⓘ Information**
>
> **Einsatz von Keramiken**
>
> Der Einsatz keramischer Werkstoffe hat sich heute bereits in einer Vielzahl von Anwendungen gerade dort bewährt, wo eine hohe Härte, große Verschleißbeständigkeit, hohe Korrosionsresistenz und gute Temperaturbeständigkeit bei geringem Gewicht gefordert werden. Voraussetzung für den erfolgreichen Einsatz von Keramiken ist allerdings eine werkstoffgerechte Konstruktion und Fertigung sowie eine keramikgerechte Anwendung.

10.1 Einordnung keramischer Werkstoffe

Keramiken gehören zur Gruppe der nichtmetallisch-anorganischen Werkstoffe (Bild 1). Sie haben ein meist heterogenes, polykristallines Gefüge, das gewisse amorphe Anteile als bindende Phase aufweist. Der kristalline Anteil beträgt mindestens 30 %. Keramische Werkstoffe sind durch Atombindungen und/oder Ionenbindungen gekennzeichnet. Im englischen Sprachgebrauch umfasst der Begriff **ceramics** zusätzlich auch Glas, Glaskeramik und anorganische Bindemittel (Zement, Kalk, Gips).

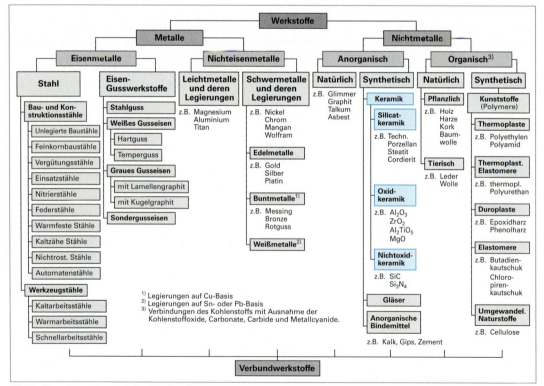

Bild 1: Einordnung keramischer Werkstoffe

10.2 Eigenschaften keramischer Werkstoffe

Die Eigenschaften der keramischen Werkstoffe und damit ihre Verwendung, unterscheiden sich grundlegend von anderen Werkstoffgruppen, wie etwa den Metallen oder den Kunststoffen. Nachfolgend sollen die Besonderheiten im Eigenschaftsprofil der keramischen Werkstoffe herausgestellt werden.

10.2.1 Allgemeine Eigenschaften

Keramische Werkstoffe haben gegenüber anderen Werkstoffgruppen eine Reihe vorteilhafter Eigenschaften. Zu ihnen gehören:
- Hohe Härte
- Hohe Verschleißbeständigkeit
- Hochtemperaturfestigkeit
- Hohe Beständigkeit gegen korrosive Medien
- Hohe Temperaturbeständigkeit
- Teilweise geringes spezifisches Gewicht
- Geringe thermische Ausdehnung
- Hoher Elastizitätsmodul
  (Ausnahme: Silicatkeramiken und Aluminiumtitanat)

Bild 1: Vergleich der Eigenschaften keramischer und metallischer Werkstoffe

Nachteilige Eigenschaften der keramischen Werkstoffe sind:
- Keine plastische Verformbarkeit
- Teilweise hohe Fertigungskosten

Bild 1 zeigt einen qualitativen Vergleich der Eigenschaften keramischer und metallischer Werkstoffe.

Keramische Werkstoffe haben vielfältige Eigenschaften, die man sich für zahlreiche technische Anwendungen zunutze macht. Anwendungsrelevante Eigenschaften der keramischen Werkstoffe sind in Tabelle 1 zusammengestellt.

Bild 2: Dichten unterschiedlicher Werkstoffe (Anhaltswerte)

Tabelle 1: Anwendungsrelevante Eigenschaften keramischer Werkstoffe

Anwendung	Relevante Eigenschaft
Mechanisch	Festigkeit, Härte, Verschleißbeständigkeit, Dichte, Steifigkeit (E-Modul). *Beispiele:* Wendeschneidplatten, Gleit- und Wälzlager, Schleif- und Poliermittel
Thermisch	Wärmeausdehnung, Temperaturwechselbeständigkeit, Hochtemperaturbeständigkeit, Alterungsbeständigkeit. *Beispiele:* Schweiß- und Brennerdüsen, Kolbenböden
Chemisch Biologisch	Korrosionsbeständigkeit, Biokompatibilität, Inertheit. *Beispiele:* Implantate und Prothesen
Elektrisch	Elektrischer Widerstand, Durchschlagfestigkeit, dielektrische Eigenschaften. *Beispiele:* Zündkerzen, Langstabisolatoren
Elektromechanisch	Piezoeffekt. *Beispiele:* Tongeber, Schwingquarze
Elektrochemisch	Ionenleitfähigkeit. *Beispiele:* Lambda-Sonde, Sauerstoffmesssonden
Kerntechnisch	Strahlungsresistenz. *Beispiel:* Absorberwerkstoff in der Kerntechnik

10.2.2 Physikalische Eigenschaften

Die Dichte vieler keramischer Werkstoffe beträgt etwa 20 % bis 70 % der Dichte von Stahl (Bild 2, Seite 501). Durch den Einsatz keramischer Werkstoffe besteht damit die Möglichkeit zur Massereduktion. Dies ist sowohl für bewegte Teile im Maschinenbau, insbesondere aber auch im Fahrzeugbau sowie in der Luft- und Raumfahrttechnik von großem Interesse (z. B. Treibstoffeinsparung).

10.2.3 Mechanische Eigenschaften

Zu den wichtigsten mechanischen Eigenschaften keramischer Werkstoffe gehören die Festigkeit und Härte, die mitunter bis in den Bereich hoher Temperaturen erhalten bleiben. Charakteristisch ist jedoch auch eine sehr hohe Sprödigkeit.

10.2.3.1 Festigkeit und Hochtemperaturfestigkeit

Die Festigkeit der Keramiken ist eine Größe, die im Gegensatz zu den Metallen einerseits sehr großen Streuungen unterliegt (Bild 1) und andererseits in hohem Maße von vielfältigen Einflussgrößen abhängt, die ihrerseits wieder vom Herstellungsverfahren und von den Fertigungsbedingungen beeinflusst werden. In der Regel steigt die Festigkeit mit
- steigendem Kristallinitätsgrad,
- zunehmender Kornfeinheit.

Hingegen sinkt die Festigkeit mit
- zunehmendem Glasgehalt,
- Poren im Gefüge,
- Mikrorissen im Gefüge.

Bild 1: Wahrscheinlichkeistverteilung der Festigkeit metallischer und keramischer Werkstoffe

Bild 2: Temperaturabhängigkeit der Festigkeit ausgewählter Konstruktionswerkstoffe

Unter Zugbeanspruchung ist die Festigkeit zahlreicher keramischer Werkstoffe mit den Stählen vergleichbar. Herausragend ist jedoch ihre hervorragende Druckfestigkeit, die ein Vielfaches der Zugfestigkeit erreichen kann, sowie ihre sehr gute Hochtemperaturfestigkeit (Bild 2).

*Bei Metallen und Kunststoffen Zugfestigkeit, bei Keramiken Biegefestigkeit

Bild 3: Vergleich der Festigkeiten unterschiedlicher Werkstoffe (Anhaltswerte)

10.2 Eigenschaften keramischer Werkstoffe

Aufgrund ihrer Hochtemperaturfestigkeit sind die keramischen Werkstoffe für den Einsatz bei hohen Temperaturen geradezu prädestiniert. Dennoch muss bei den keramischen Werkstoffen beachtet werden, dass die Festigkeit mit der Temperatur sinkt, jedoch nicht in gleichem Ausmaß, verglichen mit vielen metallischen Werkstoffen wie z. B. den Stählen. Unter dem Einfluss von Zug- oder Scherspannungen sowie durch das Vorhandensein der in der Regel ungeordneten (amorphen) Korngrenzensubstanz, kann ein Festigkeitsverlust allerdings bereits bei Temperaturen deutlich unterhalb der maximalen Anwendungstemperatur eintreten. Einen Festigkeitsvergleich zeigt Bild 3, Seite 502.

10.2.3.2 Härte

Die Härte keramischer Werkstoffe wird häufig nach Vickers (Mikrohärte) gemessen. Während bei metallischen Werkstoffen die Härte in der Regel durch Ausmessen eines bleibenden Eindrucks ermittelt wird (Kapitel 13.5.6.2), treten bei keramischen Werkstoffen bei Raumtemperatur allerdings keine plastischen Verformungen auf. Dennoch ergibt sich bei der Härteprüfung an Keramiken ein messbarer Eindruck, der jedoch von einer starken Rissbildung in radialer und lateraler Richtung sowie in die Tiefe begleitet wird (Bild 1).

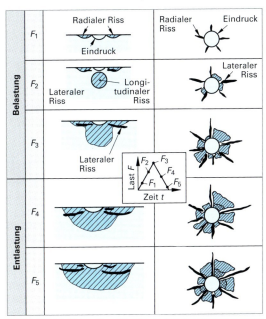

Bild 1: Entstehung eines Eindrucks bei der Härtemessung an Keramiken

Verglichen mit anderen Werkstoffgruppen haben viele Keramiken eine außerordentlich hohe Härte, die primär von der Art des Werkstoffs sowie von dessen Gefüge bestimmt wird.

Bild 2: Vickers-Härte unterschiedlicher Werkstoffe (Anhaltswerte)

Da eine hohe Härte in der Regel auch zu einem günstigen Verschleißwiderstand führt, können viele keramische Werkstoffe vorteilhaft unter Reibungs- und Verschleißbedingungen eingesetzt werden. Allerdings ist es bislang noch nicht gelungen, einen Zusammenhang der Werkstoffeigenschaft Härte mit der Systemeigenschaft Verschleißbeständigkeit zu finden. Bild 2, Seite 503, zeigt die Härte technisch wichtiger Keramiken im Vergleich zu anderen Werkstoffgruppen.

Bild 1: Vergleich der Spannungs-Dehnungs-Diagramme keramischer Werkstoffe mit Metallen und Kunststoffen

10.2.3.3 Verformbarkeit und Zähigkeit

Die plastische Verformbarkeit eines Werkstoffs ist an die Bewegung von Versetzungen gebunden. Da keramische Werkstoffe im Vergleich zu den Metallen nur sehr wenige Versetzungen mit darüber hinaus beschränkten Gleitmöglichkeiten aufweisen (z. B. Al_2O_3: $10^2 ... 10^4/cm^2$, Stahl: $10^5 ... 10^{12}/cm^2$), zeigen keramische Werkstoffe eine ausgeprägte Sprödbruchneigung. Eine den metallischen Werkstoffen vergleichbare Umformung ist daher nicht möglich. Dieses spröde Werkstoffverhalten wird besonders beim Vergleich der Spannungs-Dehnungs-Diagramme keramischer Werkstoffe mit Metallen deutlich (Bild 1).

Unter punkt- oder linienförmiger Druckkrafteinleitung entstehen unterhalb der Bauteiloberfläche Risse, die bei genügend großen Kräften zu Abplatzungen oder zum Bruch führen können. Ausgangspunkte für die Rissentstehung in keramischen Werkstoffen sind in der Regel kleine Defekte wie Poren, Verunreinigungen oder Mikrorisse. Unter mechanischer Beanspruchung beobachtet man an diesen inneren Kerbstellen eine starke Spannungsüberhöhung (Kerbwirkung), die zu einem Aufbrechen der chemischen Bindungen führen kann. Es entsteht ein Riss, der sich sehr schnell durch die Keramik hindurch ausbreiten und einen Bruch auslösen kann. Bei den duktilen Metallen findet hingegen an diesen hoch beanspruchten Stellen ein Abbau der Spannungsspitzen durch mikroplastische Verformung statt (Kapitel 13.5.7.2). Auch die Schlag- und Stoßempfindlichkeit der keramischen Werkstoffe ist eine Folge der mangelnden Duktilität.

10.2.4 Thermische Eigenschaften

Zu den wichtigsten thermischen Eigenschaften keramischer Werkstoffe gehören die Wärmeausdehnung, die Temperaturwechselbeständigkeit und die Wärmeleitfähigkeit.

10.2.4.1 Wärmeausdehnung und Temperaturwechselbeständigkeit

Die Ursache der Wärmedehnung ist eine mit steigender Temperatur zunehmende Oszillation der Atome um ihre Ruhelage. Die Wärmeausdehnung der keramischen Werkstoffe ist mit Ausnahme von Zirconiumdioxid (ZrO_2) und Magnesiumoxid (MgO) geringer im Vergleich zu Stahl oder grauem Gusseisen (Bild 2).

Bild 2: Linearer Wärmeausdehnungskoeffizient verschiedener Werkstoffe (Anhaltswerte)
Metalle: Werte gültig für 20°
Kunststoffe: Mittelwerte zwischen 23°C und 55°C
Silicatkeramiken: Mittelwerte zwischen 30°C und 600°C
Übrige Keramiken: Mittelwerte zwischen 30°C und 1000°C

10.2 Eigenschaften keramischer Werkstoffe

Eine geringe Wärmeausdehnung begünstigt die Temperaturwechselbeständigkeit, also die Widerstandsfähigkeit gegenüber schnellen und großen Temperaturänderungen. Die Temperaturwechselbeständigkeit ist jedoch keine Werkstoffeigenschaft, da sie unter anderem in hohem Maße von der Bauteilgröße und von der Bauteilgeometrie abhängt.

10.2.4.2 Wärmeleitfähigkeit

Wärmeleitung erfolgt sowohl durch freie Elektronen als auch durch Gitterschwingungen. Während die gute Leitfähigkeit der Metalle auf das Vorhandensein von freien Elektronen zurückzuführen ist (Metallbindung, Kapitel 2.3.1.3), kann in nichtmetallischen Werkstoffen die Wärmeleitung nur durch Gitterschwingungen erfolgen. Nichtmetallische Werkstoffe, und damit auch die Keramiken, sind daher in der Regel schlechte Wärmeleiter. Die Wärmeleitfähigkeit keramischer Werkstoffe ist im Allgemeinen geringer im Vergleich zu Stahl, Aluminium- oder Kupferwerkstoffen (Bild 1). Eine Ausnahme stellt beispielsweise das Aluminiumnitrid (AlN) dar, welches u. a. für Wärmeleitzwecke in der Elektronik oder in der Computertechnik eingesetzt wird. Auch das Siliciumcarbid weist relativ hohe Wärmeleitfähigkeit auf.

Die Wärmeleitfähigkeit hängt von verschiedenen Faktoren ab. In der Regel sinkt sie mit

- steigender Temperatur,
- zunehmender Atommasse,
- zunehmendem Porenanteil im Gefüge.

Zahlenwerte zur Wärmeleitfähigkeit sind daher nur in engen Temperaturintervallen hinreichend konstant. Bei Angabe von Zahlenwerten muss bei keramischen Werkstoffen stets auch der Temperaturbereich für deren Gültigkeit mit angegeben werden.

10.2.5 Elektrische und magnetische Eigenschaften

Die elektrischen und die magnetischen Eigenschaften der keramischen Werkstoffe hängen in erster Linie von deren Kristallstruktur sowie vom Gefügeaufbau ab. Von besonderem Interesse für den Einsatz keramischer Werkstoffe in der Elektrotechnik, in der Elektronik und in der Computertechnik sind:

Bild 1: Wärmeleitfähigkeiten unterschiedlicher Werkstoffe (Anhaltswerte zwischen 30 °C und 100 °C)

[1] in der Schichtebene

Bild 2: Spezifischer elektrischer Widerstand keramischer Werkstoffe

- Elektrische Leitfähigkeit
- Dielektrisches Verhalten
- Magnetisches Verhalten
- Besondere Eigenschaften wie Supraleitung oder Piezoelektrizität

10.2.5.1 Elektrische Leitfähigkeit

Ursache für die gute elektrische Leitfähigkeit eines Stoffes ist die Verschiebbarkeit freier Ladungsträger unter der Wirkung eines äußeren elektrischen Feldes. Aufgrund der kovalenten und/oder ionischen Bindungsverhältnisse haben die meisten Keramiken selbst bei hohen Temperaturen jedoch keine freien Ladungsträger und sind daher Isolatoren für den elektrischen Strom. Ihr spezifischer elektrischer Widerstand ist (bei Raumtemperatur) größer als 10^6 Ωcm (Bild 2, Seite 505).

> **ⓘ Information**
>
> **Halbleiter**
> Halbleiter sind kristalline Festkörper, deren spezifischer elektrischer Widerstand bei Raumtemperatur zwischen 10^{-3} und 10^6 (bis 10^9) Ωcm liegt. Eine Reihe keramischer Werkstoffe, wie etwa das Siliciumcarbid (SiC), zeigen unter bestimmten Voraussetzungen Halbleitereigenschaften (1 Ωcm = 10^4 Ωmm²/m).

10.2.5.2 Dielektrisches Verhalten

Die Kapazität eines Kondensators, also seine Fähigkeit elektrische Ladungen zu speichern, hängt nicht nur von seiner Geometrie (Plattengröße und Plattenabstand), sondern auch vom Medium zwischen den Kondensatorplatten ab. Für die Kapazität eines Kondensators gilt die Beziehung:

> **ⓘ Information**
>
> **Permittivitätszahl und Dielektrikum**
> Der Medieneinfluss zwischen den Kondensatorplatten wird durch die **Permittivitätszahl** ε_r (früher **Dielektrizitätszahl**) quantitativ erfasst. **Dielektrika** sind dabei Materialien mit geringer elektrischer Leitfähigkeit (spezifischer elektrischer Widerstand > 10^8 Ωm), die zwischen den Platten eines Kondensators angeordnet werden, um dessen Kapazität zu erhöhen. Je größer die Permittivitätszahl, desto kleiner können die Abmessungen eines Kondensators bei gleicher Kapazität gewählt werden.

$$C: \varepsilon_0 \cdot \varepsilon_r \cdot \frac{A}{d}$$

C: Kapazität
ε_0: Permittivitätszahl des Vakuums
ε_r: Permittivitätszahl des Mediums zwischen den Kondensatorplatten
A: Plattenfläche
d: Plattenabstand

Beim Anlegen eines elektrischen Feldes an einen Kondensator tritt keine Wanderung von Elektronen, sondern eine Verschiebung von Ladungen ein **(Polarisation)**. Diese Polarisation umfasst hauptsächlich die Verschiebung von Elektronen **(Elektronenpolarisation)** oder von Ionen **(Ionenpolarisation)**. Bei den Keramiken spielt die Ionenpolarisation die wichtigste Rolle. Um die Abmessungen eines Kondensators bei gleichbleibender Kapazität reduzieren zu können, ist man bestrebt, zwischen den Kondensatorplatten ein Dielektrikum mit möglichst hoher Permittivitätszahl anzubringen. Aus der Werkstoffgruppe der Keramiken zeigen dabei insbesondere die Titanate ($MeTiO_3$ mit Me = Ba, Ca, Sr) die höchsten Werte (Tabelle 1, Seite 529).

10.2.6 Chemische Eigenschaften

Keramische Werkstoffe haben allgemein eine gute chemische Beständigkeit gegenüber vielen sauren und alkalischen Medien, die bis zu hohen Temperaturen hin erhalten bleibt. Tabelle 1, Seite 507, gibt einen Überblick über die Beständigkeit keramischer Werkstoffe in einer Reihe unterschiedlicher Medien. Grundsätzlich hängt die Beständigkeit der Keramiken in hohem Maße vom Medium, von der Temperatur, von der Art der Keramik sowie von der Porosität des Gefüges und damit auch von der Herstellungsart ab. Mit zunehmender Porosität und damit erhöhter spezifischer Oberfläche sinkt grundsätzlich die Beständigkeit.

Tabelle 1: Chemische Beständigkeit keramischer Werkstoffe (nach Brevier Technische Keramik)

Medium		Silicatkeramik			Oxidkeramik		Nichtoxidkeramik			
		Hart-porzellan	Steinzeug	Steatit	Al_2O_3	ZrO_2	Siliciumcarbid		Siliciumnitrid	
							SSiC	RBSiSiC	SSN	HPSN
Salzsäure HCl	verd.	+[1]	+[1]	+[1]	+[1]	–	+	+ (100)	+[1]	k. A.
	konz.	+[1]	+[1]	+[1]	+[1]	○	+[1]	+	–	+
Salpetersäure HNO_3	verd.	+[1]	+[1]	+[1]	+	k. A.	+	+[1]	+[1]	+
	konz.	+	+	+	+[1]	○	+[1]	+[1]	k. A.	k. A.
Schwefelsäure H_2SO_4	verd.	+[1]	+[1]	+[1]	+	k. A.	+[1]	+ (100)	+	k. A.
	konz.	+[1]	+[1]	+[1]	+[1]	–[1]	k. A.	+	k. A.	k. A.
Phosphorsäure	H_3PO_4	+[1][2]	+[1][2]	+[1][2]	+ (20)	○[1]	– (250)	+	○	+
Flusssäure	HF	–	–	–	–	– (20)	+	+	–	–
Natronlauge	NaOH	–[1]	–[1]	–[1]	○[1]	k. A.	+[1]	○ (100)	+	+
Kalilauge	KOH	k. A.	k. A.	k. A.	+[1]	+[1]	+[1]	○ (80)	+[1]	+
Natriumchlorid	NaCl	+[1]	+[1]	+[1]	+[1]	k. A.	k. A.	+	k. A.	k. A.
Kaliumchlorid	KCl	+	k. A.	k. A.	k. A.	k. A.	k. A.	+	k. A.	k. A.
Kupferchlorid	$CuCl_2$	+	+	+	k. A.	k. A.	k. A.	k. A.	k. A.	k. A.

+ beständig ggf. nur bis zur angegebenen Temperatur (in °C) ○ keine Reaktion [1] in siedender Lösung [2] beständig bis 80% H_3PO_4
– unbeständig ggf. oberhalb der angegebenen Temperatur (in °C) k.A. keine Angabe

10.3 Einteilung keramischer Werkstoffe

Die keramischen Werkstoffe können nach unterschiedlichen Gesichtspunkten eingeteilt werden.

Unter anwendungstechnischen Gesichtspunkten lassen sich die Keramiken in die folgenden Hauptgruppen einteilen (Bild 1):
- Gebrauchskeramik
- Baukeramik
- Technische Keramik

Anstelle des Begriffs **Technische Keramik** werden mitunter auch die Bezeichnungen **Ingenieurkeramik** oder **Hochleistungskeramik** verwendet.

Bild 1: Einteilungsmöglichkeit keramischer Werkstoffe nach anwendungstechnischen Gesichtspunkten

Da sich die in Bild 1 genannten Begriffe teilweise stark überschneiden, d. h. dieselbe Keramik mehreren Gruppen zugeordnet werden kann, ist eine eindeutige Klassifizierung danach nicht sinnvoll.

Vorteilhafter ist eine Einteilung der Keramiken entsprechend ihrer mineralogischen bzw. chemischen Zusammensetzung (Bild 1, Seite 508) in:
- Silicatkeramische Werkstoffe
- Oxidkeramische Werkstoffe
- Nichtoxidkeramische Werkstoffe

Eine weitere Unterteilung erfolgt dann häufig noch in **Grobkeramik** und **Feinkeramik**. Als Unterscheidungsmerkmal dient die Größe der Körner, Poren oder Kristalle. Sind sie größer als 0,2 mm, dann spricht man von Grobkeramik, andernfalls von Feinkeramik.

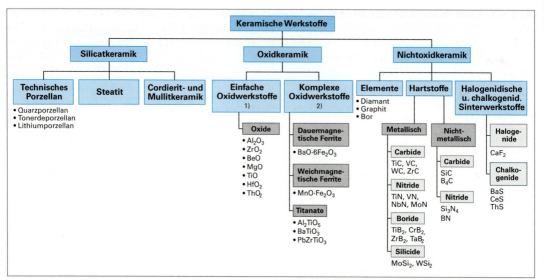

Bild 1: Einteilung der keramischen Werkstoffe gemäß ihrer mineralogischen bzw. chemischen Zusammensetzung (mit Beispielen)

[1] Basieren auf dem Oxid eines einzigen Elementes.
[2] Enthalten in ihrem Kristallgitter neben Sauerstoffionen auch Kationen verschiedener Elemente.

10.4 Innere Struktur und Gefüge keramischer Werkstoffe

Die charakteristischen Eigenschaften eines keramischen Werkstoffs werden einerseits von seiner Struktur (auf atomarer Ebene) und andererseits von seinem Gefüge (Art und Größe der Körner, Porenanteil) bestimmt. Auf atomarer Ebene treten bei den Keramiken zwei Bindungsarten auf: die **Ionenbindung** (Kapitel 2.3.1.1) und die **Atombindung** (Kapitel 2.3.1.2), wobei in der Regel Mischformen beider Bindungsarten vorliegen.

Unabhängig davon, welche Bindungsart vorherrscht, können sich die Teilchen auf regelmäßige Weise anordnen. Diese Regelmäßigkeit setzt sich häufig über größere Bereiche fort, so dass ein **Kristallgitter** entsteht (Bild 2). Zeigt die Atomanordnung hingegen keine Regelmäßigkeit über größere Bereiche (Fernordnung), dann liegt eine **amorphe Netzwerkstruktur** vor (Bild 3).

Bild 2: Kristallgitter von SiO_2

Bei den nichtmetallisch-anorganischen Werkstoffen können dieselben Atomkombinationen vielfach eine kristalline oder eine amorphe Struktur ausbilden, je nachdem, ob während der Abkühlung nach der Erschmelzung genügend Zeit für eine periodische Anordnung zur Verfügung steht. Daher findet man in vielen keramischen Werkstoffen kristalline und amorphe Bereiche (teilkristalline Struktur). Wird beispielsweise Siliciumdioxid (SiO_2) nach der Erschmelzung langsam abgekühlt, dann können die Silicium- bzw. Sauerstoffionen ein Kristallgitter ausbilden (Bild 2). Wird dagegen rasch abgekühlt, dann steht nicht mehr genügend Zeit zum Aufbau eines Kristallgitters zur Verfügung. Die SiO_2-Moleküle werden in einer unregelmäßigen Anordnung „eingefroren" und es entsteht eine amorphe Substanz, das **Glas** (Bild 3).

Bild 3: Amorphe Struktur von SiO_2 (Glas)

10.5 Silikatkeramische Werkstoffe

Die Bindungsverhältnisse in keramischen Werkstoffen, insbesondere der kovalente Bindungsanteil, verleiht den Keramiken zwar eine hohe Festigkeit und Härte, verhindert jedoch auch, dass sich die ohnehin wenigen Versetzungen durch das Kristallgitter bewegen können. Keramische Werkstoffe lassen sich daher durch äußere Kräfte nicht (plastisch) verformen, sondern bewahren ihre Form, bis nach Überschreiten der Festigkeitsgrenze ein Sprödbruch eintritt (Bild 1, Seite 504).

Bei keramischen Gefügen wird zwischen einphasigen und mehrphasigen (polykristallinen) Gefügen unterschieden, wobei die mehrphasigen Gefüge dominieren. Typische Erscheinungsformen keramischer Gefüge zeigt Bild 1.

Bild 1: Gefügearten keramischer Werkstoffe (Auswahl) mit Beispielen

10.5 Silicatkeramische Werkstoffe

Die Silicatkeramiken sind die älteste Keramikgruppe. Während für die Herstellung von oxid- und nichtoxidkeramischen Werkstoffen synthetisch hergestellte, hochreine Ausgangsstoffe mit genau festgelegter chemischer Zusammensetzung und Teilchengröße Verwendung finden, werden Silicatkeramiken in der Regel aus aufbereiteten Naturstoffen wie Quarzsand, Ton, Kaolin, Feldspat, Speckstein, Talk usw. hergestellt. Dementsprechend sind die chemische Zusammensetzung, die Reinheit und die Teilchengröße nicht konstant. Aufgrund der relativ niedrigen Sintertemperatur, der guten Beherrschbarkeit des Herstellungsprozesses sowie der guten Verfügbarkeit der natürlichen Rohstoffe, sind die Silicatkeramiken wesentlich kostengünstiger im Vergleich zur Oxid- und Nichtoxidkeramik. Silicatkeramiken haben mehrphasige, komplexe Gefüge mit einem hohen Anteil amorpher (Glas-)Phase (meist SiO_2).

Zur den in der Technik genutzten Silicatkeramiken zählt man im Wesentlichen:
- Technisches Porzellan
- Steatit
- Cordieritkeramik
- Mullitkeramik

Die silicatkeramischen Werkstoffe lassen sich entsprechend Bild 2 einteilen.

Bild 2: Einteilung der silicatkeramischen Werkstoffe für technische Anwendungen

10.5.1 Technisches Porzellan

Technisches Porzellan, das bereits Mitte des 19. Jahrhunderts zur Isolation von Telegrafenleitungen eingesetzt wurde, ist ein dichtgebrannter, keramischer, **alkali-aluminiumsilicatischer Werkstoff** der Gruppe C 100 (nach DIN EN 60 672-1). Technische Porzellane gehören rohstoffseitig in das Dreistoffsystem Ton/Kaolin – Feldspat ($K_2O \cdot Al_2O_3 \cdot 6\ SiO_2$) – Quarz ($SiO_2$) und chemisch in das System K_2O – Al_2O_3 – SiO_2. Lithiumporzellane (s.u.) gehören zum System Li_2O – SiO_2 – Al_2O_3.

Technische Porzellane haben die folgenden herausragenden Eigenschaften (Tabelle 1, Seite 511):

- gute mechanische Festigkeit,
- sehr gutes Isolationsvermögen,
- sehr gute chemische Beständigkeit.

Aufgrund ihres hervorragenden Isolationsvermögens haben die (technischen) Porzellane vielfältige Anwendungen in der Elektrotechnik, besonders in der Herstellung von Isolatoren.

Bei den technischen Porzellanen unterscheidet man hinsichtlich mechanischer und chemischer Gesichtspunkte im Wesentlichen:

- Tonerdeporzellan
- Quarzporzellan
- Lithiumporzellan

ⓘ Information

Ton und Kaolin
Ton entsteht als Verwitterungsprodukt über einen sehr langen Zeitraum (mehrere Millionen Jahre) aus feldspathaltigem Urgestein (Granit, Gneis, Quarzporphyr) unter dem Einfluss von Wasser und Kohlendioxid. Der Unterschied zwischen Ton und Kaolin besteht darin, dass sich Kaolinvorkommen noch am Ort ihrer Entstehung (Primärlagerstätte) befinden. Von Tonen spricht man dagegen, wenn die Kaoline aus ihrer Primärlagerstätte durch Wasser forttransportiert und durch Sedimentation an einer anderen Stelle (Sekundärlager) wieder abgesetzt wurden. Bei ihrem Transport zum Sekundärlager nehmen die Tone dabei häufig Eisenoxide (Fe_2O_3), Titandioxid (TiO_2) oder andere Verunreinigungen auf, die beim Brennen bestimmte Färbungen (braun, gelb, rot oder grau) erzeugen. Die Teilchengröße von Tonen ist meist geringer als die von Kaolinen.

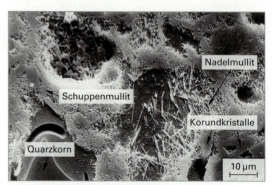

Bild 1: Gefüge von Tonerdeporzellan (Mullit = $3Al_2O_3 \cdot 2SiO_2$)

Quarzporzellane sind kostengünstige, technische Porzellane, die insbesondere aufgrund ihres guten elektrischen Isolationsvermögens sowie der guten chemischen Beständigkeit Anwendung finden. Die mechanische Beanspruchbarkeit der Quarzporzellane ist jedoch begrenzt.

Tonerdeporzellane haben im Vergleich zu den Quarzporzellanen einen höheren Anteil des teureren Rohstoffs Al_2O_3, dementsprechend sind die Werkstoffkosten der Tonerdeporzellane höher. Im Gegensatz zu den Quarzporzellanen haben die Tonerdeporzellane eine deutlich verbesserte Festigkeit auch bei hohen und tiefen Temperaturen sowie bei Thermoschockbeanspruchung. Darüber hinaus zeichnen sich die Tonerdeporzellane durch eine verbesserte chemische Beständigkeit, insbesondere Alterungsbeständigkeit aus. Ein typisches Anwendungsbeispiel für Tonerdeporzellane sind Langstabisolatoren für Freileitungen (Bild 2).

Lithiumporzellane enthalten im **Versatz** (Rohstoffmischung vor dem Brennen bzw. Sintern) Lithium anstelle anderer Alkalimetalle (wie z. B. Kalium). Lithiumporzellane zeichnen sich durch eine geringere Dichte und insbesondere durch eine sehr geringe Wärmedehnung (Tabelle 1, Seite 511) aus. Damit haben Lithiumporzellane eine hohe Thermoschock- und Temperaturwechselbeständigkeit. Sie werden daher als elektrische Isolationswerkstoffe insbesondere dort eingesetzt, wo schnelle Temperaturänderungen zu erwarten sind.

Bild 2: Langstabisolatoren aus Tonerdeporzellan

10.5 Silicatkeramische Werkstoffe

10.5.2 Steatit

Die seit den 60er-Jahren eingesetzten Steatite gehören zu den **magnesiumsilicatischen Werkstoffen** der Gruppe C 200 (DIN EN 60 672-1). Steatit setzt sich etwa aus 60% bis 65% SiO_2, 30% MgO und 5% bis 10% Al_2O_3 zusammen. Rohstoff für die Herstellung von Steatit ist das Magnesiumhydrosilicat (3 MgO · 4 SiO_2 · H_2O bzw. $Mg_3(OH)_2(Si_4O_{10})$), das sich in der Natur in Form von Talk oder Speckstein findet. Mischt man es mit 5% bis 10% Ton (als Bindemittel) und 5% bis 10% Feldspat (als Flussmittel), dann entsteht eine Masse, die sich für eine Formgebung mittels Trockenpressen (Kapitel 10.9.3) besonders eignet. Während des Brennens (Sintern) bei 1 300 °C bis 1 400 °C bilden sich Magnesiumsilicatkristalle ($MgSiO_3$), die in eine Glasphase eingebettet sind.

Ersetzt man den Feldspat durch Bariumcarbonat ($BaCO_3$), dann entsteht der **Barium-** oder **Sondersteatit,** der im Vergleich zum **Normalsteatit** eine höhere Festigkeit und bessere elektrische Eigenschaften besitzt und heute fast ausschließlich eingesetzt wird.

Bild 1: Werkstücke aus Steatit

Steatit wird wegen seines hervorragenden elektrischen Isolationsvermögens bevorzugt in der Elektrotechnik und Elektronik beispielsweise für Grundplatten, Sockel oder allgemeine Isolationsteile eingesetzt (Bild 1) und steht dort in direkter Konkurrenz zum Porzellan. Aufgrund seiner geringen Schwindung beim Brand dient der Steatit auch zur Herstellung von Bauteilen mit engen Toleranzen.

10.5.3 Cordieritkeramik

Cordierit ist ein **magnesium-aluminiumsilicatischer Werkstoff** der Gruppe C 400 (DIN EN 60 672-1) mit einer Zusammensetzung von etwa 55 bis 60 % SiO_2, 10 bis 20 % MgO und 20 bis 35 % Al_2O_3. Ein Versatz von Speckstein und Ton oder Kaolin führt beim Sintern zur Bildung von Cordierit (2 MgO · 2 Al_2O_3 · 5 SiO_2) als vorherrschende Kristallphase im festen Werkstoff.

Bild 2: Isolierrohre aus Cordieritkeramik für Durchlauferhitzer

Cordieritkeramik hat aufgrund ihres niedrigen Wärmeausdehnungskoeffizienten eine gute Temperaturwechselbeständigkeit und wird daher in vielfältiger Weise in der Wärmetechnik beispielsweise für die

Tabelle 1: Mechanische und physikalische Eigenschaften silicatkeramischer Werkstoffe
(Quelle: Brevier Technische Keramik)

Eigenschaften		Technische Porzellane			Steatit	Cordierit-Keramik
		Quarz-Porzellan	Tonerde-Porzellan	Lithium-Porzellan		
Bezeichnung nach DIN EN 60672-1		C110	C130	C140	C220	C520
Offene Porosität	Vol-%	0,0	0,0	0,5	0,0	20
Dichte	kg/dm³	2,2	2,4	**2,0**	2,6	**1,9**
Biegefestigkeit σ_{bB}[1]	MPa	60	**160**	60	120	30
Elastizitätsmodul E	GPa	60	100	k. A.	80	k. A.
Wärmedehnung[2]	10^{-6} 1/K	4,0 ... 7,0	5,0 ... 7,0	**1,0 ... 3,0**	7,0 ... 9,0	**2,0 ... 4,0**
Wärmeleitfähigkeit[3]	W/(m · K)	1,0 ... 2,5	1,5 ... 4,0	1,0 ... 2,5	2,0 ... 3,0	1,3 ... 1,8
spez. elektr. Widerstand[4]	Ωcm	10^{12}	10^{13}	10^{13}	10^{13}	k. A.

[1] Dreipunktbiegefestigkeit, glasiert   [2] Mittelwert zwischen 30 °C und 600 °C   [3] Mittelwert zwischen 30 °C und 100 °C
[4] Bei 20 °C   k. A. = keine Angabe

Herstellung von Gasbrennereinsätzen, Heizleiterrohren oder Isolierrohren für elektrische Durchlauferhitzer eingesetzt (Bild 2, Seite 511). In der Fahrzeugtechnik verwendet man Cordierit als Katalysatorträger für PKW. Cordieritkeramik stellt auch die Grundlage für flammfestes und temperaturwechselbeständiges Geschirr dar. Wichtige mechanische und physikalische Eigenschaften ausgewählter Silicatkeramiken zeigt Tabelle 1, Seite 511. Die herausragenden Eigenschaften sind fett gedruckt.

10.6 Oxidkeramische Werkstoffe

Oxidkeramische Werkstoffe sind im Gegensatz zu den Silicatkeramiken (z. B. Porzellan oder Steatit) nahezu oder gar völlig frei von SiO_2 und bestehen im Wesentlichen nur aus einem Metalloxid. Außerdem dominiert bei den **Oxidkeramiken** die kristalline Phase. So beträgt beim Aluminiumoxid (Al_2O_3) der kristalline Anteil zwischen 80 % und 99 %. Oxidkeramische Werkstoffe werden ausschließlich aus synthetischen Rohstoffen hergestellt.

Die oxidkeramischen Werkstoffe zeigen allgemein die folgenden vorteilhaften Eigenschaften:
- Hohe Festigkeit
- Hohe Temperaturbeständigkeit
- Hohe Härte und Verschleißbeständigkeit
- Chemische Resistenz
- Gute elektrische Isolationsfähigkeit

10.6.1 Aluminiumoxid (Al_2O_3)

Aluminiumoxid ist aufgrund seiner universellen Eigenschaften und seines guten Preis-Leistungsverhältnisses der technisch wichtigste oxidkeramische Werkstoff. Bei den Aluminiumoxiden unterscheidet man nach DIN EN 60 672-1 vier genormte Werkstoffgruppen:

C 780: 80 ... 86 % Al_2O_3
C 786: 86 ... 95 % Al_2O_3
C 795: 95 ... 99 % Al_2O_3
C 799: > 99 % Al_2O_3

Festigkeit steigt, Wärmeleitfähigkeit steigt

Der Rest sind Verunreinigungen wie SiO_2, Fe_2O_3 und Na_2O. Weitere, nicht genormte Al_2O_3-Werkstoffe sind verfügbar.

Bild 1: Gefüge von Aluminiumoxid

Zur Herstellung von Bauteilen aus Aluminiumoxid wird das entsprechende Al_2O_3-Pulver mit geeigneten Plastifizierungsmitteln wie Ton bzw. Kaolin bei niedrigem und Mg-Verbindungen bei hohem Al_2O_3-Gehalt sowie mit Sinterhilfsmitteln (zur Verringerung der Porosität) versetzt. Nach der Formgebung erfolgt dann bei 1500 °C bis 1700 °C die Sinterung.

Aluminiumoxid-Keramiken haben üblicherweise ein einphasiges Gefüge mit Korngrößen von 10 µm bis 30 µm (Bild 1). Durch Verringerung der Korngröße auf 1 µm bis 3 µm kann eine deutliche Festigkeitssteigerung (z. B. Biegefestigkeit σ_{bB} von unter 300 MPa auf bis zu 800 MPa) erreicht werden.

Dicht gesintertes Aluminiumoxid hat eine Reihe vorteilhafter Eigenschaften (Tabelle 1, Seite 513):
- Hohe Festigkeit und Härte, die über einen großen Temperaturbereich annähernd konstant bleibt (Bild 2, Seite 502)
- Gute Temperaturbeständigkeit (z.T. bis 1950 °C). Damit 3- bis 10-fach höher im Vergleich zu den Fe- und Ni-Basiswerkstoffen

Bild 2: Kugelkopf und Pfanneninsert aus Al_2O_3 einer Hüftgelenkprothese

10.6 Oxidkeramische Werkstoffe

- Hohe Wärmeleitfähigkeit
- Hohe Verschleißbeständigkeit. Daher beispielsweise Anwendung als Kugelkopf und Pfanneninsert für Hüftgelenkprothesen (Bild 2, Seite 512), anstelle von verschleißanfälligem Polyethylen (PE-UHMW)
- Gute Korrosionsbeständigkeit (Tabelle 1, Seite 507)
- Günstige elektrische Eigenschaften wie hohe Durchschlagfestigkeit (20 ... 30 kV/mm) und sehr niedrige dielektrische Verlustfaktoren bei Wechselspannung
- Metallisier- und damit lötbar

Nachteilig ist die mäßige Temperaturwechselbeständigkeit und damit die Rissempfindlichkeit bei Thermoschockbeanspruchung.

Die Eigenschaften von Aluminiumoxid-Keramiken sind in hohem Maße vom Reinheitsgrad sowie vom Gefügeaufbau, insbesondere von der Korngröße sowie vom Anteil an Glasphase ahängig.

Tabelle 1: Mechanische und physikalische Eigenschaften von Aluminiumoxid
(Quelle: Brevier Technische Keramik)

Eigenschaften		Aluminiumoxid (Al_2O_3)			
		80 % ... 86 %	86 % ... 95 %	95 % ... 99 %	> 99 %
Bezeichnung nach DIN EN 60672-1		C780	C786	C795	C799
Offene Porosität (max.)	Vol.-%	0	0	0	0
Dichte	kg/dm³	3,2	3,4	3,5	3,7
Biegefestigkeit σ_{bB}[1]	MPa	200	250	280	300
Elastizitätsmodul E	GPa	200	220	280	300
Wärmedehnung[2]	10^{-6} 1/K	6,0 ... 8,0	6,0 ... 8,0	6,0 ... 8,0	7,0 ... 8,0
Wärmeleitfähigkeit[3]	W/(m · K)	10 ... 16	14 ... 24	16 ... 28	19 ... 30
spez. elektr. Widerstand[4]	Ωcm	10^{14}	10^{14}	10^{14}	10^{14}
Max. Anwendungstemperatur	°C	1200 ... 1400	1400	1400 ... 1500	1400 ... 1700

[1] Vierpunktbiegefestigkeit [2] Mittelwert zwischen 30 °C und 600 °C [3] Mittelwert zwischen 30 °C und 100 °C [4] Bei 20 °C k. A. = keine Angabe

Aluminiumoxid findet in der Technik vielfältige Anwendungen:

- Elektrotechnik: Isolationsteile aller Art, Zündkerzen
- Elektronik: Substratwerkstoff bei der Herstellung hybrider Schaltkreise
- Maschinen- und Anlagenbau: Verschleißschutzteile, Teile die hohen Temperaturen ausgesetzt sind
- Chemische Industrie: Korrosionsfeste Bauteile (auch bei hohen Temperaturen)
- Medizintechnik: Implantate
- Hochtemperaturtechnik: Brennerdüsen und Schutzrohre
- Zerspanungstechnik: Schneidwerkzeuge (z. B. Wendeschneidplatten) für Schnittgeschwindigkeiten bis zu 500 m/min (Bild 1)

Bild 1: Wendeschneidplatten aus Al_2O_3

Die Eigenschaften der Aluminiumoxidkeramik lassen sich durch Einlagerung von teilchen- und/oder faserförmigen Hilfswerkstoffen verbessern. Die auf diese Weise entstehenden Kompositwerkstoffe gewinnen zunehmend an Bedeutung. Besonders zu erwähnen ist das **zirconiumverstärkte Aluminiumoxid (ZTA** = Zirconia Toughened Aluminia), welches durch Zugabe von Zirconiumdioxid (ZrO_2) zur Aluminiumoxidmatrix (Al_2O_3) entsteht.

Bild 2: Gefüge von zirconiumverstärktem Aluminiumoxid (ZTA)

Da das tetragonale ZrO_2 während der Abkühlung bei etwa 1150 °C eine mit einer Volumenzunahme einhergehende Gitterumwandlung in die monokline Phase erfährt, entstehen im Gefüge Druckspannungen, die eine weitere Gitterumwandlung hemmen. Entfallen jedoch diese Druckspannungen z. B. an der Spitze eines Risses, dann findet eine weitere Umwandlung des tetragonalen ZrO_2 in die monokline Phase und damit eine Volumenvergrößerung statt. Hierbei werden Risse geschlossen, verlangsamt oder verzweigt und dem keramischen Werkstoff somit eine höhere Festigkeit und Zähigkeit verliehen (Kapitel 10.6.2). ZTA-Werkstoffe werden derzeit vorzugsweise als Schneidkörper in der Zerspanungstechnik eingesetzt. Bild 2, Seite 513, zeigt das Gefüge einer ZTA-Keramik.

10.6.2 Zirconiumdioxid (ZrO_2)

Das **Zirconiumdioxid**, mitunter auch als **Zirconoxid** bezeichnet, hat aufgrund seiner vielfältigen, hervorragenden Eigenschaften in den letzten Jahren zunehmend an Bedeutung gewonnen. ZrO_2 hat gegenüber anderen Oxidkeramiken die Eigenschaft, dass es abhängig von der Temperatur in drei unterschiedlichen Gittermodifikationen auftritt:

ZrO_2 (monoklin) ⟷ 1150 °C ZrO_2 (tetragonal) ⟷ 2350 °C ZrO_2 (kubisch)

Für den technischen Einsatz ist allerdings die mit der martensitischen Umwandlung von der tetragonalen in die monokline Gittermodifikation einhergehende Volumenzunahme (etwa 3 % ... 5 %) nachteilig, da sie einen Sinterkörper aus reinem ZrO_2 zerstören würde (Bild 1). Man versucht daher die sonst nur oberhalb 2350 °C existierende kubische Modifikation durch Zugabe von MgO, CaO, Y_2O_3 oder CeO zu stabilisieren.

In Abhängigkeit von Art und Menge der stabilisierenden Elemente unterscheidet man die folgenden ZrO_2-Keramiken:

- Vollstabilisiertes ZrO_2 (CSZ = **C**ubic **S**tabilized **Z**irconia)
- Teilstabilisiertes ZrO_2 (PSZ = **P**artially **S**tabilized **Z**irconia)
- Polykristallines tetragonales ZrO_2 (TZP = **T**etragonal **Z**irconia **P**olycrystal)

Vollstabilisiertes ZrO_2 (CSZ)

Durch Zusätze wie zum Beispiel CaO oder MgO wird durch Mischkristallbildung der Existenzbereich der kubischen Phase erweitert. Bild 2 zeigt am Beispiel des binären Zustandsdiagrammes ZrO_2-CaO, dass bei CaO-Gehalten über etwa 20 % die kubische Phase erhalten bleibt. Zwar müsste mit Unterschreiten der Eutektoiden bei 1140 °C eine Umwandlung in einen tetragonalen ZrO_2-CaO-Mischkristall und die Verbindung $CaZr_4O_9$ erfolgen, diese Umwandlung unterbleibt jedoch aufgrund der sehr niedrigen Umwandlungsgeschwindigkeit, so dass die kubische Phase auch bei Raumtemperatur vorliegt.

Bild 1, Seite 515 (linkes Teilbild), zeigt die Struktur der kubischen Modifikation des ZrO_2-Kristallgitters. Die Zirconiumionen (Zr^{4+}) bilden dabei ein kubisch-flächenzentriertes Kristallgitter (Zr^{4+}-Kationenteilgitter), in das ein kubisch-primitives Gitter aus

Bild 1: Dilatometerkurven von ZrO_2

Bild 2: Zustandsdiagramm ZrO_2 – CaO

10.6 Oxidkeramische Werkstoffe

Sauerstoffionen (O^{2-}-Anionenteilgitter) hineingestellt ist. Da die zwei- oder dreiwertigen Kationen der zur Stabilisierung zugegebenen Oxide (z. B. Mg^{2+}, Ca^{2+}, Y^{3+}, Ce^{2+}) weniger Sauerstoff binden als das vierwertige Zr^{4+}, entstehen aufgrund der Einhaltung der Elektroneutralität im Anionenteilgitter Leerstellen (Bild 1, rechtes Teilbild). Diese Leerstellen führen auch dazu, dass abhängig vom Sauerstoffpartialdruck der Umgebung, Sauerstoffionen aufgenommen oder abgegeben werden. Dies wiederum führt zu messbaren Veränderungen der **Sauerstoffionenleitfähigkeit,** so dass man das kubisch stabilisierte ZrO_2 zur Messung von Sauerstoffpartialdrücken (z. B. **Y_2O_3-stabilisiertes ZrO_2 für Lamda-Sonden** für die Abgasregelung von Ottomotoren) einsetzt.

Bild 1: Kristallgitter des kubischen ZrO_2

Teilstabilisiertes ZrO_2 (PSZ)

Geringe Gehalte stabilisierender Elemente und (am Beispiel des CaO-stabilisierten ZrO_2) eine Anlassbehandlung im Zweiphasengebiet ZrO_2-CaO kubisch/ZrO_2-CaO tetragonal (z. B. Punkt P in Bild 2, Seite 514) führt zu tetragonalen Ausscheidungen in der kubischen Matrix. Die mit der Abkühlung einhergehende Umwandlung der tetragonalen in die monokline Phase und die damit verbundene Volumenvergrößerung führt zum Aufbau von Druckeigenspannungen. Diese Druckeigenspannungen hemmen die weitere Umwandlung, so dass die tetragonale Phase im metastabilen Zustand erhalten bleibt. Entfallen jedoch diese Druckspannungen z. B. an der Spitze eines Risses oder werden sie durch Zugbeanspruchung kompensiert, dann tritt an diesen Stellen die martensitische Umwandlung in die monokline Phase ein. Die hierdurch verursachte Volumenzunahme kann vorhandene Risse schließen, verlangsamen oder verzweigen, so dass PSZ-Keramiken eine deutlich höhere Festigkeit und vor allem eine gewisse Zähigkeit aufweisen. Der beschriebene Effekt wird als **Umwandlungs-** oder **Transformationsverfestigung** bezeichnet (Bild 2).

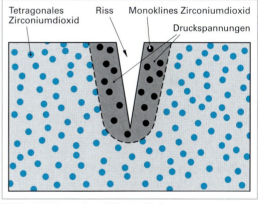

Bild 2: Erhöhung der Zähigkeit durch Transformationsverfestigung (schematisch)

Lagert man tetragonale ZrO_2-Partikel in die Matrix einer anderen Keramiksorte wie zum Beispiel Al_2O_3 ein, dann führt die beschriebene Transformationsverfestigung auch dort zu einer deutlichen Verbesserung der Zähigkeit und der Festigkeit. Ein typisches Beispiel stellt das **zirconiumverstärkte Aluminiumoxid** (ZTA), Kapitel 10.6.1, dar.

Polykristallines tetragonales ZrO_2 (TZP)

Für die Herstellung von TZP-Keramiken werden sehr feinkörnige ZrO_2-Pulver verwendet und niedrige Sintertemperaturen angewandt. TZP-Keramiken besitzen ein feinkörniges (Korngröße < 100 µm, Bild 3) metastabiles Gefüge und dementsprechend, analog zum PSZ, eine außerordentlich hohe Festigkeit und eine gewisse Zähigkeit (Tabelle 1, Seite 517).

Herausragende Eigenschaften von Zirconiumdioxid sind (Tabelle 1, Seite 517):

Bild 3: Gefüge von polykristallinem, tetragonalem Zirconiumdioxid (TZP)

- Höchste Zug- und Biegefestigkeit (PSZ und TZP)
- Hohe Bruchzähigkeit (PSZ und TZP)
- Hohe Verschleißbeständigkeit
- Hohe Korrosionsbeständigkeit
- Geringe Wärmeleitfähigkeit
- Mit Metallen vergleichbare Wärmeausdehnung
- Sehr gute tribologische Eigenschaften (z. B. für Gleitpaarungen)
- Leitfähigkeit für Sauerstoffionen (CSZ)

Bild 1: Drahtziehkonen aus ZrO_2

Bild 2: Schweißrollen zum Längsnahtschweißen von Rohren mit induktiver Erwärmung
Hell: ZrO
Dunkel: Si_3N_4

Zirconiumdioxid wird aufgrund seiner Eigenschaften in der Technik für eine Reihe wichtiger Anwendungen eingesetzt:

- Teilstabilisierte ZrO_2-Keramiken werden aufgrund ihrer hohen Festigkeit, ihrer hohen Verschleißbeständigkeit, ihrer geringen Wärmeleitfähigkeit in Verbindung mit ihrer den Metallen ähnlichen Wärmeausdehnung häufig im Verbund mit Metallen eingesetzt. Anwendungsbeispiele sind Zylinderkopfplatten und Kolbenböden (zur Wärmeisolation), Zylinderlaufbuchsen und Ventilsitzringe (als Verschleißschutz) sowie Hitzeschutzschilde (z. B. Raumfähren).
- Aufgrund seiner hohen Verschleißfestigkeit findet ZrO_2 für Drahtziehkonen (Bild 1), Schweißrollen (Bild 2), Fadenführungen in der Textilindustrie (Bild 3), Schneidwerkzeuge (Bild 4), Mahlkörper sowie für Inlays und Kronen (Bild 5) in der Zahnmedizin eine breite Anwendung.
- Die gute Sauerstoffionenleitfähigkeit des Y_2O_3-stabilisierten Zirconiumdioxids wird in Sonden zur Bestimmung des Sauerstoffpartialdruckes genutzt (z. B. Lambda-Sonden für die Abgasregelung von Ottomotoren sowie für Sonden zur Regelung der Gaszusammensetzung in Wärmebehandlungsöfen).

Bild 3: Fadenführungen aus ZrO_2-Schneiden

10.6.3 Aluminiumtitanat (Al_2TiO_5)

Aluminiumtitanat (Al_2TiO_5) ist eine Mischkeramik aus Aluminiumoxid (Al_2O_3) und Titandioxid (TiO_2), die in zunehmendem Maße technische Anwendungen findet. Damit es nach dem Sinterprozess während des Abkühlens im Temperaturbereich zwischen 800 °C und 1300 °C nicht in die Ausgangskomponenten (Al_2O_3 und TiO_2) zerfällt, muss es durch geeignete Zugaben wie MgO oder SiO_2 stabilisiert werden.

Bild 4: Messer mit ZrO_2-Schneide

Aluminiumtitanat hat eine ausgeprägte Anisotropie der Wärmedehnung, also unterschiedliche (positive und negative) Wärmeausdehnungskoeffizienten in den drei Kristallachsen. Dies führt bei Temperaturänderungen zu Spannungen im Gefüge und damit zu Riss- und Porenbildung (Bild 6). Dieses ausgeprägte Rissgefüge verleiht dem Aluminiumtitanat einen niedrigen Elastizitätsmodul und damit eine für keramische Werkstoffe hohe Elastizität **(Quasi-Elastizität)**, da bei Wärmeausdehnung zuerst die Risse geschlossen werden.

Bild 5: Zahnbrücke aus ZrO_2-Keramik

Bild 6: Gefüge von Aluminiumtitanat

Herausragende Eigenschaften von Aluminiumtitanat sind (Tabelle 1, Seite 517):
- Niedriger Elastizitätsmodul (Quasi-Elastizität)
- Hohe Einsatztemperatur
- Niedrige Wärmeleitfähigkeit, d. h. sehr gute Wärmeisolation

10.6 Oxidkeramische Werkstoffe

- Sehr niedriger Wärmeausdehnungskoeffizient und damit sehr gute Temperaturwechselbeständigkeit
- Gute Korrosionsbeständigkeit gegenüber metallischen Schmelzen

Aufgrund seiner Eigenschaften hat das Aluminiumtitanat eine Reihe wichtiger Anwendungen:
- Komponenten im Automobilbau zur Wärmeisolation heißer Motorbereiche. Wegen der geringen mechanischen Festigkeit des Aluminiumtitanats allerdings nur im Verbund mit Metallen (z. B. Auskleidung des Auslasskanals im Zylinderkopf)
- Bauteile für die Förderung, den Transport und zum Gießen von Metallschmelzen (z. B. für Aluminiumschmelzen, Bild 1)
- Ofenschieber

Bild 1: Al_2TiO_5-Bauteile für die Al-Druckgusstechnik Größenvergleich: PKW-Felge

10.6.4 Magnesiumoxid (MgO)

Die besonderen Eigenschaften des Magnesiumoxids (Periklas) sind einerseits seine hohe Schmelztemperatur (2840 °C), die Anwendungen bis rund 2400 °C zulässt, sowie andererseits der relativ hohe spezifische elektrische Widerstand (Tabelle 1). Keramische Werkstoffe auf MgO-Basis finden daher in Form von Magnesia- oder Chrommagnesiasteinen als feuerfestes Material Verwendung. Feinkeramische Werkstoffe mit MgO-Gehalten zwischen 98 % und 99 % finden in der Hochtemperatur- und Labortechnik sowie aufgrund des hohen spezifischen elektrischen Widerstandes auch in der Elektrotechnik Anwendung (Bild 2).

Bild 2: MgO-Heizleiterrohre (z. B. für Tauchsieder)

Tabelle 1: Mechanische und physikalische Eigenschaften von Zirconiumdioxid, Aluminiumtitanat und Magnesiumoxid (Quelle: Brevier Technische Keramik und andere)

Eigenschaften		Zirconiumdioxid (ZrO_2)		Aluminiumtitanat (Al_2TiO_5)	Magnesiumoxid (MgO)[2]
		PSZ[1]	TZP[1]		
Bezeichnung nach DIN EN 60672-1		nicht genormt		nicht genormt	nicht genormt
Offene Porosität (max.)	in Vol.-%	0,0		10 ... 16	0,0
Dichte	in kg/dm³	5,8	5,9 ... 6,1	3,0 ... 3,7	3,4
Biegefestigkeit σ_{bB}[3]	in MPa	300 ... 800	900 ... 1500	15 ... 100	165
Elastizitätsmodul E	in GPa	100 ... 200	140 ... 200	10 ... 50	250
Wärmedehnung[4]	in 10^{-6} 1/K	9,0 ... 10,6	10,0 ... 11,0	0,5 ... 2,0	13,5
Wärmeleitfähigkeit[5]	in W/(m·K)	1,5 ... 3,0		1,5 ... 3,0	711
spez. elektr. Widerstand[6]	in Ω cm	$10^{15}/10^{11}$	k. A.	$10^{16}/10^{11}$	$10^{16}/10^{11}$
max. Anwendungstemperatur	in °C	800 ... 1600	k. A.	900 ... 1600	2400 [7]

[1] PSZ = teilstabilisiertes ZrO_2; TZP = polykristallines, tetragonales ZrO_2
[2] dichtes Gefüge
[3] Vierpunktbiegung
[4] Mittelwert zwischen 30 °C und 1000 °C
[5] Mittelwert zwischen 30 °C und 100 °C
[6] erste Zahlenangabe für 20 °C, zweite Zahlenangabe für 600 °C
[7] Schmelztemperatur bei 2840 °C
k. A. = keine Angabe

10.6.5 Weitere oxidkeramische Werkstoffe

Neben den genannten oxidkeramischen Werkstoffen gibt es noch eine Reihe weiterer Oxidkeramiken, die jedoch nur für spezielle Anwendungen zum Einsatz kommen. Tabelle 1, Seite 518, gibt einen Überblick.

Tabelle 1: Besondere Eigenschaften und Anwendungen weiterer oxidkeramischer Werkstoffe

Oxidkeramik	Eigenschaften	Anwendungen
Berylliumoxid (BeO) (Kapitel 10.8.1.1)	• Niedrige Dichte (3,01 kg/dm³) • Gute Wärmeleitfähigkeit (210 W/(m · K) bei 100 °C) • Gute Temperaturwechselbeständigkeit • Hoher elektrischer Widerstand (10^{14} Ωcm bei 225 °C) • Toxisch (Lungen- und Herzschädigung). MAK: 0,002 mg/m³	• Diverse Anwendungen in der Elektronik • Moderatorwerkstoff in der Kerntechnik
Yttriumoxid (Y_2O_3)	Lässt sich porenfrei Sintern. Damit steht eine transparente Keramik zur Verfügung	Aus Kostengründen noch keine technischen Anwendungen
Hafniumdioxid (HfO_2)	HfO_2 zeigt, vergleichbar dem Zirconiumdioxid (ZrO_2), bei einer Temperatur von 1540 °C bis 1650 °C eine Gitterumwandlung von der monoklinen in die tetragonale Gittermodifikation	Als Verstärkungskomponente für andere Keramiken (analog zum ZrO_2)
Thoriumdioxid (ThO_2)	• Zeigt Anionenleitfähigkeit (vergleichbar ZrO_2) • Höchste Schmelztemperatur aller Oxidkeramiken (3220 °C)	• Festkörperbrennstoffzellen • Hochtemperaturwerkstoff

10.7 Nichtoxidkeramische Werkstoffe

Die Nichtoxidkeramiken werden üblicherweise in drei Gruppen eingeteilt:
- Keramische Werkstoffe aus elementaren Stoffen (Grafit, Diamant und Bor)
- Hartstoffe (metallisch und nichtmetallisch)
- Salzartige Halogenide und Chalkogenide

Bild 1: Einteilung der Nichtoxidkeramiken, technisch bedeutende Keramiksorten sowie typische Anwendungsbeispiele

10.7 Nichtoxidkeramische Werkstoffe

Die Entwicklung der nichtoxidkeramischen Werkstoffe wurde in den vergangenen Jahren sehr stark vorangetrieben. In dieser Stoffklasse existiert zwar eine große Anzahl von Verbindungen, allerdings haben nur diejenigen eine technische Anwendung gefunden, die sich durch besondere Eigenschaften wie Hochtemperaturfestigkeit oder hohe Härte auszeichnen. Hierbei handelt es sich insbesondere um die Carbide und Nitride. Nachfolgend sollen nur die technisch bedeutsamen Stoffe näher beschrieben werden.

Analog zu den Oxidkeramiken werden auch die nichtoxidkeramischen Werkstoffe aus synthetischen Rohstoffen gefertigt. Die Rohstoffe müssen zum Teil extrem fein gemahlen werden und der Sinterprozess erfordert eine absolut sauerstofffreie Atmosphäre (Vakuum oder Inertgas). Die anfänglichen Schwierigkeiten, insbesondere aus Carbid- oder Nitridpulvern durch Sintern dichte Keramiken herzustellen, haben gerade in der letzten Zeit zur Entwicklung innovativer Sintertechniken geführt.

Die Einteilung technisch bedeutender nichtoxidkeramischer Werkstoffe sowie einige charakteristische Anwendungsbeispiele zeigt Bild 1, Seite 518. In Tabelle 1 sind die mechanischen und physikalischen Eigenschaften technisch bedeutender Nichtoxidkeramiken zusammengefasst.

Tabelle 1: Mechanische und physikalische Eigenschaften nichtoxidkeramischer Werkstoffe (Anhaltswerte)

Nichtoxid-keramik	Schmelz-temperatur in °C	Dichte[1] in kg/dm³	E-Modul[1] in GPa	Wärmedeh-nung[2] in 10^{-6} 1/K	Wärmeleit-fähigkeit[1] in W/(m·K)	spez. elektr. Widerstand[1] in Ωcm	Härte[3] in HV
Elemente							
Diamant	3800 (subl.)	3,5	900 … 1200	1,0	138	10^{12}	10 000
Grafit[4]	3800 (subl.)	2,2	1000	– 1,5	> 400	$5 \cdot 10^{-5}$	k.A.
Bor	2150	2,3	k. A.	1,5 … 8,0	k. A.	k. A.	> 2000
Metallische Hartstoffe							
TiC	3140	14,9	300 … 450	7,5	20 … 35	$7 \cdot 10^{-5}$	3200
TaC	3880	14,5	290	6,3	21	$3 \cdot 10^{-5}$	1790
WC	2780	15,8	730	4,0 … 7,0	120	$2 \cdot 10^{-5}$	2180
HfC	3890	12,3	400	6,4	13	$4 \cdot 10^{-5}$	k.A.
ZrC	3420	6,6	390	6,7	19	$6 \cdot 10^{-5}$	3000
TiN	2950	5,4	260	9,4	20 … 40	$3 \cdot 10^{-5}$	2000
ZrN	2980	7,3	k. A.	6,5 … 7,0	19	$2 \cdot 10^{-5}$	1500
AlN	1000[5]	3,0 … 3,3	320	4,5 … 5,6	180 … 220	10^{15}–10^{16}	1100
TiB$_2$	2900	4,5	370 … 540	7,4	27 … 80	10^{-5}	3500
ZrB$_2$	2990	6,1	350	6,8	23	10^{-5}	2200
MoSi$_2$	2030	6,2	380	5,0 … 8,5	30 … 50	$2 \cdot 10^{-5}$	1500
Nichtmetallische Hartstoffe							
SiC	2300 (Zers.)	siehe Tabelle 1, Seite 524				10^3 … 10^6	Tab. 1, S. 524
Si$_3$N$_4$	1900 (subl.)	siehe Tabelle 1, Seite 526				10^{13} … 10^{15}	Tab. 1, S. 526
B$_4$C	2450	2,5	390 … 440	6,0	20 … 30	10^2 … 10^4 [6]	5500
BN (hex.)	2730	2,0 … 2,1	30 … 90	2,2 … 4,4	0,7 … 1,0	10^9	5500
BN (kub.)	3300	3,5	590	0,5 … 1,5	k. A.	10^{15}	9000
Halogenide und Chalkogenide							
CaF$_2$	1360	3,2	150	25	8	>10^{15}	1500
BaS	> 2200	4,3	k. A.	12	k. A.	10^6	k. A.
CeS	2450	5,9	k. A.	k. A.	20	$6 \cdot 10^{-5}$	k. A.

[1] Bei 20 °C
[2] Mittelwert zwischen 30 °C und 1000 °C
[3] Vickers-Mikrohärte
[4] Eigenschaften in der Schichtebene
[5] Maximale Anwendungstemperatur. Zersetzung bei 2300 °C
[6] Werte stark schwankend zwischen 1 Ωcm und 10^{10} Ωcm
k. A. = keine Angabe

10.7.1 Keramische Werkstoffe aus elementaren Stoffen

Unter den elementaren keramischen Werkstoffen haben nur Kohlenstoff (in den beiden kristallinen Modifikationen Grafit und natürlicher oder synthetischer Diamant) sowie Bor eine technische Bedeutung.

Grafit ist die unter Normalbedingungen vorliegende stabile Phase. Grafit kristallisiert in einem hexagonalen Schichtgitter (Bild 1). Innerhalb einer Schicht ist jedes Kohlenstoffatom durch kovalente Bindungen mit seinen jeweils drei Nachbarn verbunden, während zwischen den Schichten nur schwache Bindungen herrschen.

Die technischen Anwendungen des Grafits sind vielfältig:
- Elektrodenwerkstoff für elektrothermische und elektrochemische Verfahren (z. B. Elektroden für die Schmelzflusselektrolyse bei der Aluminiumerschmelzung, Elektroden für Lichtbogenöfen bei der Stahlerzeugung)
- Kohlenstoff-Feuerfestkeramik (Kohlenstoff- und Feuerfeststeine) für die feuerfeste Ausmauerung von Hochöfen
- Kontaktwerkstoff für elektrische oder mechanische Schleifkontakte (Bürsten, Kolbenringe, Gleitringe usw.)
- Kohlefasern in kohlefaserverstärkten Kunststoffen (CFK)
- Moderatorwerkstoffe in Kernreaktoren

Bild 1: Hexagonales Schichtgitter von Grafit

Diamant ist im Vergleich zum Grafit metastabil und kann aus diesem bei einem Druck über 6000 MPa (60 000 bar), einer Temperatur von 1400 °C bis 1500 °C (Bild 2) und Zusätzen von Metallkatalysatoren synthetisch hergestellt werden. Diamant bildet ein kubisch-flächenzentriertes Kristallgitter, wobei vier weitere Kohlenstoffatome je Elementarzelle abwechselnd die Tetraederlücken (d. h. die Mitten der Achtelwürfel) besetzen. Jedes Kohlenstoffatom wird damit tetraedrisch von vier nächsten Nachbarn umgeben. Zwischen den Kohlenstoffatomen herrscht eine reine kovalente Bindung, die für die hohe Härte des Diamants verantwortlich ist (Bild 3).

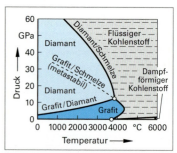

Bild 2: Zustandsdiagramm des Kohlenstoffs

Als technischer Stoff hat Diamant aufgrund seiner sehr hohen Härte als Polier-, Schleif- und Schneidstoff eine große Bedeutung erlangt (Bild 4).

Bor hat nur in der kristallinen Modifikation als Verstärkungswerkstoff (Bor-Fäden) eine nennenswerte technische Bedeutung.

10.7.2 Metallische Hartstoffe

Die Hartstoffe bilden keine einheitliche Werkstoffgruppe, aber dennoch besitzen sie eine Reihe gemeinsamer charakteristischer Eigenschaften. Die charakteristischen Eigenschaften wie hohe Schmelztemperatur, hoher Elastizitätsmodul und hohe Härte, resultieren aus der überwiegend kovalenten Bindung und dem Vorhandensein mindestens eines Elementes mit einem kleinen Atomdurch-

Bild 3: Kristallgitter von Diamant

Bild 4: Industriediamant in Cobaltbindung

(i) Information

Diamantwerkzeuge
Diamantwerkzeuge können nicht für die Zerspanung von Stählen und Gusseisenwerkstoffen verwendet werden. Aufgrund der bei der Zerspanung auftretenden hohen Temperaturen würde sich der Diamant in Grafit umwandeln und mit dem Eisen reagieren. Die Folge wäre ein sehr hoher Werkzeugverschleiß.

10.7 Nichtoxidkeramische Werkstoffe

messer wie B, C, N oder S (hohe Bindungsenergie). Charakteristisch für die Hartstoffe ist aber auch ein niedriger Wärmeausdehnungskoeffizient und eine ausgeprägte Sprödigkeit. Neben der kovalenten Bindung treten außerdem metallische und ionische Bindungsanteile auf, die letztlich für die Variation der Eigenschaften verantwortlich sind. Da ein Teil der Hartstoffe aufgrund ihrer metallischen Bindungsanteile metallische Eigenschaften haben, hat man zwischen metallischen und nichtmetallischen Hartstoffen unterschieden, obwohl es nicht möglich ist, scharfe Grenzen zu ziehen.

Bild 1: Gefüge von Hartmetallen

Die Gruppe der **metallischen Hartstoffe** umfasst eine Vielzahl von Carbiden, Nitriden, Boriden und Siliciden der Übergangsmetalle (Ti, V, W, Zr, Hf, Nb, Ta, Cr, Mo), wobei nur eine relativ kleine Anzahl für technische Anwendungen von Interesse sind.

Zu ihnen gehören die:
- Carbide
- Nitride
- Boride
- Silicide

Bild 2: Bruchbild eines WC-Co-Hartmetalls

10.7.2.1 Carbide

TiC, VC, WC, TaC, ZrC, HfC, NbC, Cr_3C_2 sowie Mischcarbide. Besonderes Merkmal dieser Keramikgruppe sind sehr hohe Schmelztemperaturen sowie die große Härte (Tabelle 1, Seite 519). Carbide finden eine weit verbreitete Verwendung:

- als Bestandteile von Metall-Hartstoff-Kompositen wie **Hartmetallen** oder **Cermets** (Cermet = **Cer**amic **met**als). Dort kommen insbesondere WC, TiC und TaC zum Einsatz (Bild 1 und Bild 2).

- für Hochtemperatur-, Korrosions- und Verschleißschutzschichten.

Bild 3: Gefüge von Cermets mit typischer Kern-Mantel-Struktur

10.7.2.2 Nitride

TiN, ZrN, NbN, MoN und VN. Die Eigenschaften der Nitride sind mit denen der Carbide vergleichbar. Die Nitride sind bei hohen Temperaturen im Allgemeinen weniger beständig im Vergleich zu den Carbiden. Auch ist ihre Oxidationsbeständigkeit nicht sehr hoch. Bei TiN und ZrN tritt bei tiefen Temperaturen Supraleitung auf. Die Sprungtemperatur liegt bei 15 K (TiN) bzw. 5 K (ZrN).

Von besonderer Bedeutung in der Zerspanungstechnik ist das **Titannitrid** (TiN). Es ist ein wichtiger Bestandteil der Cermets (Bild 3) und bestimmt in besonderem Maße deren Eigenschaften. Gegenüber den Carbiden wie WC, TiC und TaC ist die Löslichkeit und damit auch die Diffusionsneigung des TiN im zu bearbeitenden Werkstoff gering. TiN wird außerdem zur Beschichtung von Schnellarbeitsstählen und Hartmetallen verwendet (Bild 4).

Bild 4: TiN-beschichtete Werkzeuge

10.7.2.3 Boride

TiB2, CrB2, ZrB2, TaB2, NbB2 und HfB2. Von den Metallboriden haben nur die Diboride der Übergangsmetalle eine technische Bedeutung. Ihre charakteristischen Eigenschaften sind eine hohe Schmelztemperatur, eine gute elektrische Leitfähigkeit sowie eine hervorragende Korrosionsbeständigkeit gegenüber Aluminiumschmelzen. Sinterkörper aus Titanborid (TiB2) finden daher ein steigendes Interesse als Katodenwerkstoff bei der Schmelzflusselektrolyse des Aluminiums.

10.7.2.4 Silicide

Von Bedeutung sind die Disilicide MoSi$_2$ und WSi$_2$, da sie eine gute chemische Beständigkeit, eine hohe Wärmeleitfähigkeit und eine gute Temperaturwechselbeständigkeit haben. Die größte technische Bedeutung besitzt das MoSi$_2$ als Werkstoff für Hochtemperaturheizleiter.

10.7.3 Nichtmetallische Hartstoffe

Nichtmetallische Hartstoffe, insbesondere Verbindungen der Halbmetalle Bor und Silicium mit den Nichtmetallen Kohlenstoff und Stickstoff, haben als Werkstoffe für Sinterprodukte, als Bestandteile von Metall-Hartmetall-Kompositen (z. B. Hartmetalle), als Hochtemperatur-, Korrosions- und Verschleißschutzschichten sowie als Werkstoffe für Schleifmittel und Schleifkörper eine große technische Bedeutung. Die wichtigsten nichtmetallischen Hartstoffe sind:

- Siliciumcarbid (SiC)
- Siliciumnitrid (Si$_3$N$_4$)
- Bornitrid (BN)
- Borcarbid (B$_4$C)

10.7.3.1 Siliciumcarbid (SiC)

Keramiken auf Basis von Siliciumcarbid sind die mit Abstand wichtigsten carbidischen Keramiken. Siliciumcarbid wurde erst in jüngster Zeit als Konstruktionswerkstoff für den Maschinenbau und für Anwendungen in der Energietechnik entdeckt, obwohl es in der Feuerfestindustrie (z. B. als Brennhilfsmittel) und in der Elektroindustrie (z. B. als Heizleiter) schon lange bekannt war.

Bild 1: Einteilung der SiC-Keramiken

SiC-Werkstoffe haben die folgenden herausragenden Eigenschaften:

- Hohe Festigkeit
- Hohe Wärmeleitfähigkeit (bei Raumtemperatur bis zu zweimal höher als Stahl!)
- Geringe Wärmedehnung und damit gute Temperaturwechselbeständigkeit
- Sehr gute Korrosionsbeständigkeit

Aufgrund dieses Eigenschaftsprofils ist das SiC ein idealer Werkstoff für thermisch und chemisch hoch beanspruchte Bauteile und gewinnt daher für Hochtemperaturanwendungen eine immer größere Bedeutung.

Bild 2: Abhängigkeit der Eigenschaften von SiC von den Herstellungsbedingungen am Beispiel der Biegefestigkeit

Die Einteilung der SiC-Keramiken erfolgt üblicherweise entsprechend dem Gefüge (offenporös oder dicht) und der Bindungsart zwischen den SiC-Körnern (arteigen oder artfremd gebunden). Bild 1 gibt einen Überblick.

Wenngleich das Siliciumcarbid die einzige Verbindung im System Silicium-Kohlenstoff ist, so unterscheidet man aufgrund der unterschiedlichen Herstellungsarten verschiedene SiC-Varianten, die aufgrund ihres unterschiedlichen SiC-Gehalts und der variierenden Porosität jeweils andere Eigenschaften besitzen (Bild 2). Die technisch wichtigsten SiC-Sorten sollen nachfolgend besprochen werden.

a) Silicatisch gebundenes SiC

Silicatisch gebundene SiC-Keramiken sind aufgrund ihrer hohen Feuerbeständigkeit, der hohen Härte sowie der guten Wärmeleitfähigkeit und Temperaturwechselbeständigkeit wichtige Werkstoffe

Bild 3: Silicatisch gebundenes SiC

10.7 Nichtoxidkeramische Werkstoffe

in der Feuerfesttechnik. Man verwendet sie als Brennhilfsmittel (Ausmauerungen), Brennerteile, Schmelztiegel, Verschleißteile und Heizstäbe. Silicatisch gebundenes SiC besteht aus SiC-Körnern, die in eine aluminosilicatische Bindematrix (Ton) eingelagert sind (Bild 3, Seite 522). Zur Herstellung dieses Werkstoffs wird gewöhnlich eine Mischung aus SiC und Ton (5 ... 20 Masse-%) zu Formkörpern verarbeitet und bei etwa 1400 °C gebrannt.

Bild 1: Gefüge von RSiC

b) Rekristallisiertes Siliciumcarbid (RSiC)
RSiC ist ein reiner SiC-Werkstoff mit einem Porenvolumen von 10 % ... 15 % (Bild 1). Bei der Herstellung von Bauteilen aus RSiC tritt praktisch keine Schwindung auf, so dass sich auch große Werkstücke herstellen lassen. Durch seine offene Porosität hat das RSiC im Vergleich zu den dichtgesinterten Varianten (SSIC, HPSiC, HIPSiC) eine geringere Festigkeit (Tabelle 1, Seite 524) und ist nicht dauerhaft oxidationsbeständig. RSiC wird vorwiegend als Brennhilfsmittel (z. B. Ofenrollen) mit Anwendungstemperaturen bis etwa 1650 °C eingesetzt.

Bild 2: Gefüge von SSiC

c) Nitridgebundenes Siliciumcarbid (NSiC)
Bei der Herstellung von NSiC werden SiC-Körner und Si-Metallpulver in einer Stickstoffatmosphäre gesintert. Das metallische Si-Pulver wandelt sich dabei zu Siliciumnitrid (Si_3N_4) um und bildet auf diese Weise die Bindematrix zu den SiC-Körnern. NSiC hat ein feinporöses Gefüge mit einem Porenanteil von 10 % bis 15 %. Aufgrund der geringen Porengröße hat das NSiC im Vergleich zum RSiC eine höhere Festigkeit und eine verbesserte Oxidationbeständigkeit. NSiC wird analog zum RSiC als Brennhilfsmittel mit Anwendungstemperaturen bis 1450 °C eingesetzt.

d) Drucklos gesintertes SiC (SSiC)
SSiC wird aus SiC-Feinstpulver mit Zusätzen von Sinteradditiven (Bor, Kohlenstoff) bei Temperaturen zwischen 2000 °C und 2200 °C im Schutzgas gesintert (Kapitel 10.9.6). Das Gefüge von SSiC zeigt ein einheitliches Erscheinungsbild mit einem geringen Porenanteil (Bild 2). SSiC zeichnet sich durch eine Reihe hervorragender Eigenschaften aus:

- Hohe Festigkeit, die auch bei hohen Temperaturen (1600 °C) nahezu konstant bleibt (Bild 2, Seite 522)
- Sehr hohe Korrosionsbeständigkeit in sauren und alkalischen Medien (Tabelle 1, Seite 507)
- Hohe Härte (diamantähnliche) und Verschleißbeständigkeit

Das SSiC ist für extreme Beanspruchungen wie Gleitringdichtungen in Laugenpumpen für Gleitlager, Hochtemperaturbrennerdüsen oder Brennhilfsmittel für sehr hohe Temperaturen geeignet.

Bild 3: Gefüge von SiSiC

e) Heiß gepresstes Siliciumcarbid (HPSiC) und heiß isostatisch gepresstes Siliciumcarbid (HIPSiC)
Gegenüber dem drucklos gesinterten SSiC werden die Bauteile beim HPSiC bzw. HIPSiC bei Drücken von bis zu 100 MPa nahezu porenfrei gesintert (Kapitel 10.9.6). Dadurch können die ohnehin schon hervorragenden mechanischen Kennwerte des SSiC noch weiter verbessert werden. Aufgrund der hohen Schwindung während des Sinterns (18 % ... 20 %) können im Bauteil Spannungen entstehen, so dass bei diesem Verfahren die Bauteilgröße begrenzt werden muss. Die Anwendung von HPSiC bzw. HIPSiC ist dem SSiC vergleichbar, beschränkt sich allerdings auf kleine und geometrisch einfache Bauteile.

f) Reaktionsgebundenes siliciuminfiltriertes Siliciumcarbid (SiSiC)
Zur Herstellung von Bauteilen aus SiSiC wird zunächst SiC- und Grafitpulver gemischt. Unter Zugabe formgebungsspezifischer organischer Sinteradditive wird der Festkörper z. B. durch Trockenpressen, isostatisches Pressen, Extrudieren, Schlickergießen oder Spritzgießen (Kapitel 10.9) hergestellt.

Bild 4: Gleitringe und Gleitlager aus SiSiC

Nach dem Ausheizen der organischen Additive wird dem Grünkörper metallisches Silicium über die flüssige oder über die Gasphase zugeführt (**Silicieren**). Das Silicium dringt in den noch porösen Formkörper ein und wandelt sich mit dem Kohlenstoff des Grafitpulvers in **sekundäres SiC** um. Die verbleibenden Poren füllen sich schließlich mit metallischem Silicium, so dass ein zweiphasiger Werkstoff entsteht, der zu 85 % bis 94 % aus SiC und zu 6 % bis 15 % aus metallischem Silicium besteht (Bild 3, Seite 523).

Das Gefüge des SiSiC zeichnet sich dadurch aus, dass durch das Silicieren das Porenvolumen mit sekundärem SiC bzw. mit metallischem Silicium ausgefüllt wird, so dass praktisch keine bzw. nur eine sehr geringe Schwindung auftritt. SiSiC wird daher bevorzugt zur Herstellung maßgenauer Bauteile mit geringem Nachbearbeitungsaufwand eingesetzt. Die Schmelztemperatur des metallischen Siliciums (1380 °C) begrenzt jedoch die Anwendung dieser SiC-Variante.

Technisch wichtige Anwendungen für SiSiC sind:
- Gleitringdichtungen für rotierende Wellen (Bild 4, Seite 523)
- Pumpenlager
- Verschleißbeanspruchte Bauteile im Motorenbau wie z. B. Ventilstößel, Schwing- und Kipphebel, Nocken und Lager (derzeit in Erprobung)
- Keramische Wärmetauscher in Brennwertheizsystemen für Einfamilienhäuser

g) Flüssigphasen gesintertes Siliciumcarbid (LPSiC)

LPSiC (**L**iquid **P**hase **S**intered **S**ilicon **C**arbide, auch LPS-SiC) ist eine relativ neue SiC-Keramiksorte. Ihr Hauptvorteil besteht in der Beibehaltung der sehr guten Eigenschaften der SiC-Keramiken (hohe Festigkeit und Härte, hervorragende Korrosions- und Temperaturwechselbeständigkeit sowie relativ geringe Werkstoffkosten) bei gleichzeitig deutlicher Verbesserung der Bruchzähigkeit (SiC-Keramiken sind gewöhnlich sehr spröde).

Bild 1: Gefüge von Flüssigphasen gesintertem Siliciumcarbid (LPSiC)

Die Herstellung von LPSiC erfolgt durch Sinterung von SiC-Pulver mit oxidkeramischen Pulvern auf Al_2O_3-Basis bei 2000 °C und 20 bis 30 MPa. Hierdurch entsteht ein feinkörniges (< 2 μm), porenfreies Gefüge mit SiC-Kern, umgeben von einer SiC-Mischphase und einer oxidischen Sekundärphase (Bild 1). LPSiC hat derzeit noch keine nennenswerten technischen Anwendungen.

Tabelle 1: Mechanische und physikalische Eigenschaften von SiC-Werkstoffen

SiC-Keramik	Dichte in kg/dm³	Porosität in Vol.-%	Härte (HV10) in GPa	E-Modul in GPa	Biegefestigkeit[1] in MPa	Wärmedehnung[2] in 10⁻⁶ 1/K	Wärmeleitfähigkeit[3] in W/(m · K)
offenporöses SiC							
SiC 75...90 %	2,6	15...18	k. A.	k. A.	150	4,0...6,0	10
SiC 90 %[5]	2,5	18...25	k. A.	100	80...100	4,5	10...20
SiC 95...98 %[5]	2,6	15...20	k. A.	90...240	50...100	4,5	15
RSiC	2,70...2,82	10...15	k. A.	230...280	80...120	4,7...4,8	14...15
NSiC	2,60...2,80	10...15	[4]	150...240	180...200	4,5	14...15
dichtes SiC							
SSiC	3,08...3,15	0	23...26	350...450	260...500	4,0...4,8	40...120
HPSiC	3,0	0	23...26	440...450	500...800	3,9...4,8	80...145
HIPSiC	3,0	0	23...26	440...450	640	3,5	80...145
SiSiC	3,05...3,12	0	14...15	270...400	180...450	4,0...4,8	100...160
LPSiC	3,20...3,24	< 1	22	420	600	4,1	100

[1] Vierpunktbiegung (Vierpunktbiegefestigkeit bei 20 °C) [2] Mittelwert zwischen 30 °C und 1000 °C [3] Mittelwert zwischen 30 °C und 100 °C
[4] Angabe nicht üblich [5] silicatisch gebundenes SiC k.A. = keine Angabe

10.7.3.2 Siliciumnitrid (Si₃N₄)

Unter den Nitridkeramiken besitzt das Siliciumnitrid (Si₃N₄) derzeit die dominierende Rolle. Siliciumnitrid verfügt über eine von anderen Keramiksorten bislang unerreichte Kombination hervorragender Werkstoffeigenschaften und wird daher den extremsten thermischen und mechanischen Einsatzbedingungen gerecht.

Bild 1: Gefüge von Si₃N₄ (gasdruckgesintert)

Zu den herausragenden Eigenschaften der Si₃N₄-Keramiken gehören:
- Hohe chemische Beständigkeit gegenüber Säuren und NE-Metallschmelzen
- Niedriger Wärmeausdehnungskoeffizient und damit hohe Temperaturwechselbeständigkeit
- Gute Zeitstandfestigkeit
- Hohe Festigkeit, die bis etwa 800 °C erhalten bleibt
- Hohe Härte und hoher Verschleißwiderstand
- Niedriger Reibbeiwert (μ = 0,1 ... 0,2)

Siliciumnitrid findet aufgrund seiner Eigenschaften vielfältige Anwendungen vor allem dort, wo hochwarmfeste metallische Legierungen bei den erforderlichen Betriebstemperaturen an der Grenze ihrer Leistungsfähigkeit angelangt sind oder wo eine hohe Wärmebeständigkeit und chemische Resistenz gefordert wird.

Bild 2: Motorenbauteile aus Si₃N₄

Die Herstellung von Festkörpern aus Siliciumnitrid kann grundsätzlich auf zwei verschiedene Arten erfolgen:
- Sintern von Si₃N₄-Pulvern **(SSN, GPSSN, HPSN, und HIPSN)**
- Reaktionssintern von Si-Pulvern in N₂- oder NH₃-Atmosphäre **(RBSN)**

Bild 3: Wälzkörper für Kugellager aus Si₃N₄

Die erste Herstellungsvariante geht von einem sehr feinen Si₃N₄-Pulver aus, welches zunächst mit Sinteradditiven (Al₂O₃, Y₂O₃ oder MgO) vermischt und bei Temperaturen von 1750 °C bis 1950 °C gesintert wird. Um der Zersetzung des Si₃N₄ zu Si und N₂ bei Temperaturen oberhalb etwa 1700 °C entgegenzuwirken, muss während des Sinterns ein zusätzlicher Druck (10 MPa bis 100 MPa) auf das Bauteil aufgebracht werden.

Vergleichbar dem Siliciumcarbid hängen die Eigenschaften des Siliciumnitrids in hohem Maße vom Sinterverfahren, d.h. von der Dichte bzw. Porosität des Sinterteils ab. Im Wesentlichen unterscheidet man (Kapitel 10.9):

- **Normal-** oder **niederdruckgesintertes Siliciumnitrid (SSN)**. Das Niederdrucksintern liefert preisgünstige Siliciumnitrid-Keramiken mit mittlerer Festigkeit.
- **Gasdruckgesintertes Siliciumnitrid (GPSSN)**. Das Si₃N₄-Pulver wird bei N₂-Überdrücken bis 10 MPa gesintert und führt gegenüber der SSN-Keramik zu einer höheren Festigkeit. Bild 1 zeigt das Gefüge von GPSSN.
- **Heißgepresstes Siliciumnitrid (HPSN)** und **heißisostatisch gepresstes Siliciumnitrid (HIPSN)**. Der Sintervorgang des Si₃N₄-Pulvers erfolgt bei N₂-Drücken bis 200 MPa und liefert nahezu porenfreie Gefüge. HPSN bzw. HIPSN haben gegenüber dem GPSSN eine erhöhte Festigkeit.

Wichtige technische Anwendungen sind:
- gesinterte Formteile wie:
  – Thermoelementschutzrohre bei der Aluminiumerschmelzung
  – Motoren- und Gasturbinenteile (Bild 2)
  – Gleit- und Wälzlager (Bild 3)
  – Schweiß- und Brennerdüsen
  – Schneidstoff, bevorzugt für die Zerspanung von grauem Gusseisen und Nickelbasislegierungen
  – Hochtemperaturschutzschichten

Anwendungen für den Bau von Industrie-, Fahrzeug- und Flugzeugturbinen (z. B. Turbinenschaufeln) befinden sich derzeit noch im Entwicklungsstadium. So kann im Gasturbinenbau durch eine Erhöhung der Betriebstemperatur (1400 °C anstelle von etwa 1050 °C bei metallischen Bauteilen) der Wirkungsgrad deutlich erhöht werden. Dennoch ist derzeit eine Serienfertigung nicht nur wegen der noch nachteilig hohen Sprödigkeit, sondern auch infolge der noch unzureichend reproduzierbaren Eigenschaften und der noch verbesserungsbedürftigen zerstörungsfreien Prüfverfahren zur Qualitätsüberwachung, nicht möglich.

Nach einer völlig anderen Herstellungsvariante wird das **reaktionsgesinterte** (oder **reaktionsgebundene**) **Siliciumnitrid (RBSN)** hergestellt. Beim Reaktionssintern wird das preiswerte Si-Pulver (anstelle des teuren Si_3N_4-Pulvers) nach einem der üblichen Verfahren (Trockenpressen, Strangpressen, isostatisches Pressen oder Schlickerguss; Kapitel 10.9.3) geformt und anschließend in einer N_2- oder NH_3-Atmosphäre bei etwa 1200 °C bis 1400 °C und einem Druck von etwa 10 MPa (Normalsintern) bzw. bis zu 100 MPa (Heißpressen oder isostatischem Heißpressen) schwindungsfrei zu Si_3N_4-Formkörper gesintert. Hierdurch entsteht eine Keramik mit hervorragenden mechanischen Eigenschaften, deren Porosität jedoch nachteilig sein kann (z. B. Hochtemperaturoxidation).

RBSN-Keramiken werden vorzugsweise für die Herstellung von Brennhilfsmitteln und Schmelztiegeln verwendet.

Tabelle 1: Mechanische und physikalische Eigenschaften von Si_3N_4-Werkstoffen
(Quelle: Brevier Technische Keramik)

Si_3N_4-Keramiken	Dichte in kg/dm³	Porosität in Vol.-%	Härte (HV10) in GPa	E-Modul in GPa	Biegefestigkeit[1] in MPa	Wärmedehnung[2] in 10⁻⁶ 1/K	Wärmeleitfähigkeit[3] in W/(m · K)
SSN	3,2 ... 3,3	k. A.	14 ... 16	290 ... 330	700 ... 1000	2,5 ... 3,5	15 ... 40
HIPSN	3,2 ... 3,3	0	15 ... 17	290 ... 330	800 ... 1100	3,1 ... 3,3	15 ... 50
RBSN	1,9 ... 2,5	k. A.	8 ... 10	80 ... 180	200 ... 300	2,1 ... 3,0	4 ... 15

[1] Vierpunktbiegung (Vierpunktbiegefestigkeit bei 20 °C)   [2] Mittelwert zwischen 30 °C und 1000 °C   [3] Mittelwert zwischen 30 °C und 100 °C
k.A. = keine Angabe

10.7.3.3 Bornitrid (BN)

Bornitrid, die einzige Verbindung im System B-N, tritt in drei unterschiedlichen Modifikationen auf: als hexagonales Bornitrid mit Grafit bzw. Wurtzit-Struktur und als kubisches Bornitrid (Bild 1).

a) Hexagonales Bornitrid mit Grafitstruktur

Das durch Umsetzung von B_2O_3 mit gasförmigem NH_3 oder organischen Stickstoffverbindungen (z. B. Harnsäure) leicht herstellbare hexagonale Bornitrid besitzt Grafitstruktur (Bild 1, Seite 520) und ähnelt dementsprechend in seinen mechanischen und thermischen Eigenschaften dem Grafit (Kapitel 10.7.1). Wegen seiner hervorragenden Beständigkeit gegenüber korrosiven Schmelzen, seiner hohen Oxidationsbeständigkeit sowie seiner sehr guten elektrischen Isolationseigenschaften, wird das hexagonale Bornitrid zur Herstellung von Tiegeln, Ofenbauteilen und Schutzrohren in der Hochtemperaturtechnik, als Dielektrikum in Kondensatoren, als Isolatorwerkstoff in der Elektrotechnik sowie als Neutronenabsorber in der Kerntechnik eingesetzt.

Bild 1: Phasendiagramm von Bornitrid

b) Hexagonales Bornitrid mit Wurtzitstruktur

Das Wurtzit-Gitter ist ein Kristallgitter mit hexagonaler Symmetrie, jedoch anderer Atomanordnung im Vergleich zum Grafitgitter. Die Eigenschaften dieser BN-Modifikation liegen zwischen denen des hexagonalen BN mit Grafitstruktur und des kubischen Bornitrids. Technische Anwendungen sind bislang nicht bekannt.

c) Kubisches Bornitrid

Kubisches Bornitrid (CBN) lässt sich, vergleichbar dem Diamant, bei sehr hohen Temperaturen und hohen Drücken synthetisch herstellen (Bild 1, Seite 526). Seine Herstellung gelang allerdings erst im Jahre 1957. Nach Diamant ist das kubische Bornitrid der härteste bekannte Stoff überhaupt und wird dementsprechend als **hochharter Schneidstoff** in loser und gebundener Form eingesetzt. Zwar erreicht das Bornitrid nicht die Härte von Diamant, in seiner chemischen Beständigkeit ist es diesem jedoch weit überlegen. Es ist bis rund 2000 °C stabil, während bei Diamant eine Grafitisierung bereits bei etwa 900 °C eintritt.

Bild 1: Wendeschneidplatten

In gebundener Form wird das kubische Bornitrid häufig in Form von Wendeschneidplatten (Bild 1) bevorzugt für die Zerspanung von gehärtetem (> 45 HRC) und vergütetem Stahl, Schnellarbeitsstählen sowie hochwarmfesten Nickel- und Cobalt-Basislegierungen eingesetzt. Diese Werkstoffe lassen sich mit Hartmetallen nur sehr schwer, mit Diamantschneidstoffen dagegen überhaupt nicht bearbeiten. Werkstoffe, die als Gefügebestandteile Ferrit oder Austenit enthalten, können allerdings nicht bearbeitet werden.

10.7.3.4 Borcarbid (B_4C)

Die mechanischen Eigenschaften des Borcarbid entsprechen etwa denen von Siliciumcarbid. Borcarbid ist nach Diamant und kubischem Bornitrid der härteste bisher bekannte Stoff. Herausragend ist daher die sehr hohe Härte und die damit einhergehende hohe Verschleißbeständigkeit sowie die für keramische Werkstoffe geringe Dichte.

Aufgrund seiner besonderen Eigenschaften findet das Borcarbid technische Anwendungen als:
- Schleif- und Poliermittel (Ersatz für Diamant)
- Gesinterte Formkörper für Verschleißteile (z. B. Sandstrahldüsen, Abrichtwerkzeuge, Auskleidungen von schusssicheren Westen)
- Absorberwerkstoff in der Kerntechnik
- Verschleißschutzschichten

Borcarbid-Keramiken werden, ähnlich den SiC-Keramiken, aus einem sehr feinen B_4C-Pulver unter Inertgasatmosphäre bei Temperaturen über 2000 °C verarbeitet. Man unterscheidet dementsprechend die folgenden Borcarbid-Keramiken:
- Drucklos gesintertes Borcarbid (SBC)
- Heißgepresstes Borcarbid (HPBC)
- Heißisostatisch gepresstes Borcarbid (HIPBC)

10.8 Elektro- und Magnetokeramik

Elektro- und Magnetokeramiken lassen sich im Wesentlichen der Oxidkeramik zuordnen. Aufgrund ihrer speziellen Anwendungen, vorwiegend in der Elektrotechnik, der Elektronik und der Computertechnik, sollen sie jedoch in einem separaten Kapitel besprochen werden. Um den Rahmen dieses Kapitels nicht zu sprengen, soll auf die Deutung der physikalischen Effekte wie Piezoelektrizität oder Supraleitung an dieser Stelle weitgehend verzichtet werden.

Die elektrischen, dielektrischen und magnetischen Eigenschaften von keramischen Werkstoffen werden von ihrer Struktur und von ihrem Gefüge bestimmt. Aufgrund der vielfältigen Variationsmöglichkeiten dieser beiden Größen konnte eine Vielzahl neuer keramischer Werkstoffe mit breitem Anwendungsfeld entwickelt werden. Die Einteilungsmöglichkeiten für die wichtigsten elektro- und magnetokeramischen Werkstoffe zeigt Bild 1, Seite 528.

10.8.1 Elektrokeramik

Elektrokeramiken werden überwiegend in der Elektrotechnik und Elektronik eingesetzt und wie nachfolgend beschrieben differenziert.

10.8.1.1 Trägerkörper

In der Elektronik und in der Computertechnik verwendet man Trägerkörper einerseits als Substrate (Platinen) und andererseits als Gehäuse für Integrierte Schaltungen (Chipgehäuse).

An die zum Einsatz kommenden Werkstoffe werden die folgenden Anforderungen gestellt:
- Hohe Wärmeleitfähigkeit (damit keine Überhitzung der Schaltung eintritt)
- Geringer Wärmeausdehnungskoeffizient und damit gute Temperaturwechselbeständigkeit
- Hervorragendes elektrisches Isolationsvermögen
- Gute mechanische Eigenschaften
- Gute Verbindung mit Metallen
- Chemische Resistenz

Unter den keramischen Werkstoffen erfüllen insbesondere **Berylliumoxid (BeO,** Kapitel 10.6.5) und **Aluminiumnitrid (AlN)** die geforderten Eigenschaften. Die herausragende Eigenschaft des Aluminiumnitrids ist seine sehr hohe Wärmeleitfähigkeit von über 100 W/(m · K) (Bild 2) und sein sehr hohes

Bild 1: Einteilungsmöglichkeit elektro- und magnetokeramischer Werkstoffe

elektrisches Isolationsvermögen von bis zu 10^{10} Ωcm. Außerdem entspricht seine Wärmedehnung etwa derjenigen des Siliciums. Daher ergeben sich bei festen AlN-Si-Verbindungen nur sehr geringe mechanische Spannungen. AlN wird daher bevorzugt als Substratwerkstoff für Halbleiterbauelemente sowie für Gehäuse und Kühlkörper in der Leistungselektronik eingesetzt. Nachteilig ist allerdings, analog dem BeO, sein sehr hoher Preis. Als Alternative, insbesondere für einfache Anwendungen, verwendet man daher häufig Kunststoffe, bei höheren technischen Anforderungen jedoch auch Aluminiumoxid (Al_2O_3).

Bild 2: Eigenschaften und Kosten von Trägerwerkstoffen für Elektronik und Computertechnik (Anhaltswerte)

10.8.1.2 Dielektrische keramische Werkstoffe

Aus Kapitel 10.2.5.2 ist bereits bekannt, dass die Kapazität eines Kondensators einerseits von seiner Geometrie, andererseits vom Medium zwischen den Kondensatorplatten abhängt. Um bei gleichbleibender Kapazität möglichst kleine Kondensatoren bauen zu können, muss zwischen den Kondensatorplatten eine Isolierschicht mit möglichst hoher Permittivitätszahl eingebracht werden.

Sehr hohe Permittivitätszahlen ε_r lassen sich mit **Titanatkeramiken** ($MeTiO_3$ mit Me = Ba, Ca, Sr) erreichen (Tabelle 1, Seite 529).

10.8 Elektro- und Magnetokeramik

Dabei ist allerdings zu beachten, dass die Permittivitätszahl ε_r eine ausgeprägte Temperaturabhängigkeit aufweist. Durch geeignete Maßnahmen, wie Verminderung der Korngröße oder Zugabe anderer Stoffe wie Eisen- oder Nickeloxid, kann diese unerwünschte Temperaturabhängigkeit vermindert werden. Andererseits steigt ε_r mit steigender Frequenz der angelegten Spannung.

10.8.1.3 Kaltleiter
Kaltleiter sind elektrische Widerstände mit einem positiven Temperaturkoeffizienten (**PTC-Widerstände**). Der Widerstand eines Kaltleiters ist bis zu einer bestimmten Temperatur, der **Curietemperatur** ϑ_C, konstant und steigt dann relativ rasch um mehrere Zehnerpotenzen an (Bild 1).

Als keramischer Kaltleiterwerkstoff dient häufig Bariumtitanat ($BaTiO_3$), dessen Barium- oder Titan-Ionen teilweise durch höherwertige Ionen wie Sb, Nb, oder La ersetzt sind (etwa 0,1 Masse-%). PTC-Widerstände werden u.a. als Temperaturfühler oder Temperaturregler eingesetzt.

10.8.1.4 Heißleiter
Heißleiter sind Widerstände mit negativem Temperaturkoeffizienten (**NTC-Widerstände**) (Bild 1). Da mit Hilfe von NTC-Widerständen Temperaturen schnell und genau gemessen werden können, setzt man sie vorteilhaft als Temperaturfühler ein. Heißleiter sind vorwiegend aus Übergangsmetalloxiden aufgebaut, wobei meistens eine Komponente Eisen-, Cobalt-, Nickel- oder Manganoxid ist. Anwendung finden aber auch NTC-Widerstände auf Al_2O_3/Cu_2O-Basis, da sie aus relativ billigen Rohstoffen hergestellt werden können.

10.8.1.5 Piezokeramik
Werden piezokeramische Werkstoffe, die beidseitig mit einer leitenden Metallschicht versehen wurden, mechanisch verformt, dann treten an ihrer Oberfläche messbare elektrische Ladungen auf. Diese bereits 1883 von *P. Curie* entdeckte Erscheinung wird als **direkter piezoelektrischer Effekt** (*piezein* [griech.] = drücken) bezeichnet (Bild 1, Seite 530). Umgekehrt bewirkt das Anlegen einer elektrischen Spannung an einen **Piezokristall** eine Längenänderung. Man spricht vom **umgekehrten** (oder **reziproken**) **piezoelektrischen Effekt** (Bild 2, Seite 530).

Der direkte piezoelektrische Effekt wird unter Verwendung der entsprechenden Werkstoffe (s. u.) zur Umwandlung von mechanischen Schwingungen in elektrische Signale (z. B. in Tonabnehmern, Ultraschallprüfköpfen zum Empfang von Ultraschallwellen, Mikrofonen und Beschleunigungsmessern) genutzt.

Tabelle 1: Permittivitätszahlen ausgewählter Stoffe

Werkstoffe		Permittivitätszahl ε_r [2]
Keramiken [1]		
Porzellan	C110, C112, C130, C140	5 ... 7,5
Steatit	C210, C220, C221	6
Cordieritkeramik	C410	5
Al_2O_3	C780, C786, C795, C799	8 ... 9
BeO	C810	7
MgO	C820	10
Si_3N_4	C935	8 ... 12
ZrO_2 (PSZ) [3]		22
TiO_2	C310	40 ... 100
$MgTiO_3$	C320	12 ... 40
$MeO/Bi_2O_3/TiO_2$ [4]	C340	100 ... 700
$BaTiO_3$	C350	350 ... 3000
	C351	> 3000
Andere Stoffe (zum Vergleich)		
Glas		5 ... 16
Kunststoffe, unpolar (z. B. PE, PS, PTFE)		2,0 ... 2,5
Kunststoffe, polar (z. B. PA, PVC)		2,5 ... 6,0
Isolieröle		2,0 ... 2,8
Luft (Normalbedingungen)		1,00058
Wasser		≈ 80

[1] Benennung nach DIN EN 60 672-1
[2] Bei 48 ... 62 Hz
[3] Teilstabilisiert
[4] Me = Sr oder Ca

Bild 1: Widerstands-Temperatur-Kennlinien von Kalt- und Heißleitern

Eine weitere Anwendung findet der piezoelektrische Effekt zum Zünden von Gasgemischen z. B. in Verbrennungsmotoren. Werden beispielsweise Stäbchen aus Bariumtitanat (s. u.) entsprechend hohen Drücken ausgesetzt, dann können dabei Spannungen von bis zu 20 kV erzeugt werden.

Wichtige technische Anwendungen des umgekehrten piezoelektrischen Effekts sind die Erzeugung von Ultraschallwellen bei der zerstörungsfreien Werkstoffprüfung (Kapitel 13.4.3) als Tongeber, Stellglieder oder Schwingquarze (z. B. in Quarzuhren).

Als piezoelektrische Keramiken verwendet man heute vorwiegend:

- Bariumtitanat ($BaTiO_3$)
- Bleititanat ($PbTiO_3$)
- Blei-Zirconat-Titanat-Mischkeramiken ($PbZrTiO_3$). Letztere werden auch als **PZT-Keramiken** bezeichnet. Sie stellen eine feste Lösung zu fast gleichen Anteilen aus $PbZrO_3$ und $PbTiO_3$ dar.

Die genannten Piezokeramiken haben die früher verwendeten Quarze (SiO_2) abgelöst, da sie in beliebiger Form hergestellt werden können und zudem bessere Eigenschaften haben.

Bild 1: Direkter piezoelektrischer Effekt

Bild 2: Umgekehrter piezoelektrischer Effekt

10.8.1.6 Keramische Supraleiter

Der Stromtransport in einem elektrischen Leiter ist an die Bewegung von Elektronen gebunden. Die Wechselwirkung der Elektronen mit dem Kristallgitter (Kollisionen) äußert sich dabei insgesamt als elektrischer Widerstand. Bei tiefen Temperaturen beobachtet man jedoch eine verlustfreie Leitung des elektrischen Stromes, man spricht von **Supraleitung**. Supraleitung findet erst unterhalb der **Sprungtemperatur T_S** statt (Tabelle 1, Seite 531).

Die Sprungtemperaturen der klassischen **metallischen Supraleiter (MSL)** wie NbTi oder Nb_3Sn liegen im Bereich des flüssigen Heliums (Siedetemperatur 4,2 K). Die Erzeugung und Aufrechterhaltung derart niedriger Temperaturen erfordert einen hohen technischen Aufwand und dementsprechend hohe Kosten. Die Materialforschung bemüht sich daher bereits seit längerem um die Entwicklung von Werkstoffen mit höheren Sprungtemperaturen, den **Hochtemperatur-Supraleitern (HTSL)**. Aus dem Bereich der Keramiken wurden solche Werkstoffe 1986 und 1988 entdeckt (Bild 3). Diese Hochtemperatur-Supraleiter ermöglichen einen praktisch verlustfreien Transport des elektrischen Stroms bereits bei der Temperatur des flüssigen Stickstoffs (77 K). Auf diese Weise können nicht nur die Anlagenkosten, sondern auch die Kühlmittelkosten erheblich gesenkt werden. Erst dadurch kann die Supraleitung auf breitem Gebiet wirtschaftlich eingesetzt werden.

Heute kennt man über 100 HTSL-Verbindungen. Hauptvertreter der HTSL-Keramiken ist das **Yttrium-Barium-Kupferoxid** ($YBa_2Cu_3O_{7-x}$ mit x = Sauerstoffdefizit). Das Yttrium (Y) kann auch durch Lanthan (La), Bismut (Bi) oder Thallium (Tl), das Barium (Ba) durch Strontium (Sr) oder Calcium (Ca) vertreten sein. Die am weitesten verbreiteten keramischen Supraleiter sind in Tabelle 1, Seite 531, zusammengestellt.

Der Einsatz von Supraleitung führt ganz allgemein zu einer starken Verringerung von Baugrößen, Gewichten und Verlusten bei elektrischen Betriebsmitteln (z. B. Kabel, Elektromotoren, Generatoren, Transformatoren usw.).

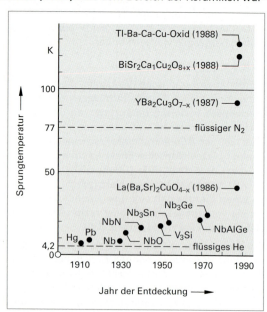

Bild 3: Jahr der Entdeckung und Sprungtemperaturen supraleitender Materialien

10.8 Elektro- und Magnetokeramik

Supraleiter, insbesondere HTSL-Keramiken, finden heute die folgenden Anwendungen:

- Supraleitende Beschichtungen (Dicke nur etwa 0,01 μm) auf Substrat (z.B. Silicium) finden bei der Herstellung elektrischer Schaltungen in der Elektronik und in der Computertechnik (schnelle Rechner) Anwendung.
- Magnetschwebebahnen und magnetische Lager. Bringt man einen Supraleiter bei einer Temperatur unterhalb der Sprungtemperatur in ein magnetisches Feld, dessen magnetische Induktion B kleiner ist als die kritische Induktion B_k (hier verschwindet die Supraleitung wieder), dann treten an der Oberfläche des Supraleiters Abschirmströme auf, die das Magnetfeld im Innern des Supraleiters kompensieren. Diese als **Meissner-Ochsenfeld-Effekt** bekannte Erscheinung führt zu einer abstoßenden Kraft zwischen Supraleiter und Magnet (Schwebeeffekt), die beispielsweise für Magnetschwebebahnen oder für magnetische Lager genutzt werden kann.
- HTSL-Energiekabel als Ersatz konventioneller Kupferkabelstrecken. Dabei muss allerdings berücksichtigt werden, dass die Stromtragfähigkeit der Keramik begrenzt ist. Bei zu hoher Stromdichte verliert die Keramik ihre supraleitende Eigenschaft und kehrt zur Normalleitung mit dem entsprechenden elektrischen Widerstand zurück.
- HTSL-Motoren: Anstelle der konventionellen Kupferwicklungen verwendet man HTSL-Spulen. Auf diese Weise kann die Baugröße und das Gewicht des Motors reduziert und sein Wirkungsgrad deutlich gesteigert werden.
- HTSL-Generatoren und HTSL-Transformatoren: Auch bei Generatoren und Transformatoren kann durch Einsatz von Hochtemperatur-Supraleitern anstelle von Kupfer der Wirkungsgrad gesteigert sowie Baugröße und Gewicht reduziert werden.

10.8.2 Magnetokeramik

Bei den magnetokeramischen Werkstoffen unterscheidet man zwei Gruppen:
- Dauermagnetische Ferrite (Hartferrite)
- Weichmagnetische Ferrite

10.8.2.1 Dauermagnetische Ferrite (Hartferrite)

Dauer- oder Permanentmagnete werden in der Elektrotechnik in vielfältiger Weise eingesetzt, beispielsweise in Elektromotoren, Kleingeneratoren und Messwerken. Dauermagnetwerkstoffe sollen nach ihrer Magnetisierung im Luftspalt ihres Magnetsystems eine hohe bleibende magnetische Flussdichte aufweisen, die gegen äußere, entmagnetisierende Felder beständig ist. Erwünscht ist also eine möglichst hohe **Remanenzflussdichte** B_r sowie eine hohe **Koerzitivfeldstärke** H_c. Dauermagnetwerkstoffe haben entsprechend ihrer Koerzitivfeldstärke eine breite **Hysteresekurve** (Bild 1, Seite 531).

Tabelle 1: Keramische Supraleiter

Keramische Supraleiter	T_s in K[1]
$YBa_2Cu_3O_{7-x}$	92
$BiSr_2Ca_1Cu_2O_{8+x}$	120
$(Bi, Pb)_2Sr_2Ca_2Cu_3O_{10+x}$	125
$La(Ba, Sr)_2CuO_{4-x}$	30 ... 50
Tl-Ba-Ca-Cu-Oxid	128
$LaSr_2Cu_2O_7$	156
La-Sr-Nb-Oxid	255

[1] Sprungtemperatur

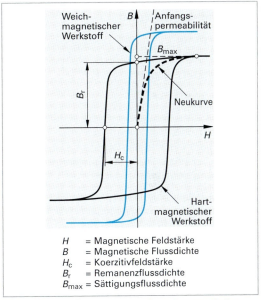

H = Magnetische Feldstärke
B = Magnetische Flussdichte
H_c = Koerzitivfeldstärke
B_r = Remanenzflussdichte
B_{max} = Sättigungsflussdichte

Bild 1: Hysteresekurven hart- und weichmagnetischer Werkstoffe

ⓘ Information

Remanenzflussdichte und Koerzitivfeldstärke
Verringert sich die magnetische Feldstärke H und erreicht schließlich den Wert Null (z. B. Ausschalten des Erregerstromes), dann kann im Magnetwerkstoff dennoch ein magnetisches Feld zurückbleiben. Diese Erscheinung nennt man **Remanenz** (*remanere* [lat.] = zurückbleiben). Die dabei messbare Flussdichte B des Magnetfeldes bezeichnet man als **Remanenzflussdichte** B_r. Die Einheit der magnetischen Flussdichte ist das Tesla T ($1 T = 1 Vs/m^2$).
Die zur völligen Aufhebung der Magnetisierung erforderliche, der Magnetisierungsrichtung entgegengesetzte magnetische Feldstärke H nennt man **Koerzitivfeldstärke** H_c (*coercere* [lat.] = in Schranken halten, zusammenhalten). Je größer die Koerzitivfeldstärke, desto schlechter kann ein Dauermagnet durch äußere Einflüsse entmagnetisiert werden. Die Einheit der magnetischen Feldstärke H ist A/m bzw. kA/m (oder A/cm).

Neben metallischen, hartmagnetischen Werkstoffen wie Aluminium-Nickel-Cobalt-Magnete (AlNiCo), Platin-Cobalt-Magnete (PtCo) und Eisen-Cobalt-Vanadium-Chrom-Magnetwerkstoffe (FeCoVCr) sowie Seltenerdemetall-Magnete (SmCo- und NdFeB-Legierungen) kommen in zunehmendem Maße auch keramische, hartmagnetische Werkstoffe, die **Hartferrite,** zum Einsatz.

Grundlage der keramischen, hartmagnetischen Werkstoffe bilden die **Ferrite,** die sich vom $BaO \cdot Fe_2O_3$ ableiten (Ba-Ferrite).

Bevorzugte Anwendung finden:

- $BaO \cdot 6\,Fe_2O_3$
- $BaO \cdot 2\,MeO \cdot 8\,Fe_2O_3$
- $BaO \cdot 2\,MeO \cdot 12\,Fe_2O_3$
- $2\,BaO \cdot 2\,MeO \cdot 6\,Fe_2O_3$

Das Symbol Me steht dabei für die Metalle Mn, Ni, Zn, Co, Cu und Mg. Hauptbestandteil der keramischen hartmagnetischen Werkstoffe ist mit bis zu 80 % das Eisenoxid Fe_2O_3 (daher stammt auch die Bezeichnung Hartferrit).

Hartferrite haben hohe Koerzitivfeldstärken H_c und sind daher sehr beständig gegenüber magnetischen Fremdfeldern. Weitere Vorteile der Hartferrite gegenüber den metallischen Dauermagneten ist die deutlich geringere Dichte von etwa 5 kg/dm³ sowie die preisgünstige Herstellung. Die wichtigsten Eigenschaften der Hartferrite sind in Tabelle 1 zusammengestellt.

Nachteilig ist das stark temperaturabhängige magnetische Verhalten sowie die für keramische Werkstoffe übliche hohe Sprödigkeit (bei den gesinterten Hartferriten). Die gegenüber den Seltenerdemetall-Magneten niedrigere Remanenzflussdichte B_r bedingt außerdem größere Polflächen.

Hartferrite werden insbesondere für Magnetsysteme für Kleinmotoren (Stator, Rotor, Magnetringe für Schrittmotoren), Fahrraddynamos, Relais, Lautsprechermagnete, Impulsgeber zur Drehzahlbestimmung sowie als Haftmagnete eingesetzt.

10.8.2.2 Weichmagnetische Ferrite

Werden Magnetwerkstoffe fortwährend ummagnetisiert (z. B. in Transformatoren oder in umlaufenden elektrischen Maschinen), dann treten **Ummagnetisierungsverluste** auf, die zu einer unerwünschten Erwärmung führen und durch eine erhöhte Leistungsaufnahme gedeckt werden müssen. Ummagnetisierungsverluste setzen sich aus Hystereseverlusten und Wirbelstromverlusten zusammen.

Tabelle 1: Magnetische Eigenschaften hartmagnetischer Werkstoffe (Permanentmagnete)

Werkstoffe	Remanenzflussdichte B_r in T	Koerzitivfeldstärke H_c in kA/m
Metallische hartmagnetische Werkstoffe		
AlNiCo[1]		
– isotrop[2]	0,55 ... 0,65	44 ... 85
– anisotrop[2]	0,65 ... 1,25	45 ... 140
– kunststoffgebunden	0,28 ... 0,38	37 ... 78
PtCo[3]	0,60 ... 0,64	350 ... 400
FeCoVCr[4]	0,80 ... 1,00	5 ... 26
FeCoV[5]	0,80 ... 1,20	9 ... 30
FeCrCo[6]	0,80 ... 1,30	32 ... 60
Seltenerdemetall-Magnete		
SmCo-Legierungen[7]	0,80 ... 1,10	450 ... 700
NdFeB-Legierungen[8]	1,10 ... 1,30	750 ... 900
SmCo und NdFeB kunststoffgebunden	0,45 ... 0,65	320 ... 500
Keramische hartmagnetische Werkstoffe		
isotrop	0,2	130
isotrop, kunststoffgeb.	0,15	90
anisotrop	0,35 ... 0,38	170 ... 330
anisotrop, kunststoffgeb.	0,20 ... 0,28	150 ... 175

[1] 6 ... 13 % Al, 13 ... 20 % Ni, 15 ... 40 % Co, 0 ... 8 % Ti
[2] Dauermagnete, die ohne magnetische Vorzugsrichtung, also isotrop, hergestellt werden, haben eine frei wählbare Magnetisierungsrichtung. Anisotrope Magnetwerkstoffe werden mit magnetischer Vorzugsrichtung hergestellt und in dieser Richtung auch magnetisiert.
[3] Etwa 78 % Pt, Rest Co
[4] 51 ... 54 % Co, 3 ...15 % V, 4 ... 6 % Cr, Rest Fe
[5] 50 ... 52 % Co, 8 ...15 % V, Rest Fe
[6] 10 ... 30 % Cr, 10 ... 15 % Co, Rest Fe
[7] Etwa 25 % Sm (Samarium), 50 % Co, 15 % Fe, Cu und Zr
[8] 30 ... 35 % Nd (Neodym), 1 % B, Rest Fe

Tabelle 2: Eigenschaften von metallischen und keramischen weichmagnetischen Ferriten

Spezifischer elektrischer Widerstand Ωcm	Sättigungsflussdichte[1] B_{max} in T	Curietemperatur in °C
Keramische weichmagnetische Ferrite		
$10^2 ... 10^7$	0,2 ... 0,5	100 ... 500
Weichmagnetische Metalle und Legierungen		
$10^{-5} ... 10^{-4}$	0,6 ... 2,4	250 ... 950

[1] Eine Steigerung der magnetischen Feldstärke H führt nur noch zu einer geringfügigen Zunahme der magnetischen Flussdichte B. Sie nähert sich der Sättigungsflussdichte B_{max}

10.8 Elektro- und Magnetokeramik

Als weichmagnetische metallische Werkstoffe werden neben dem reinem Eisen (Magnetreineisen mit Fe > 99,95 %), Eisen-Silicium-, Eisen-Cobalt- und Eisen-Nickel-Legierungen eingesetzt. Eine große Bedeutung besitzen aber auch die weichmagnetischen Ferrite, das sind oxidkeramische Werkstoffe, die allgemein durch die Formel MeO · Fe_2O_3 (worin Me eines oder mehrere der Metalle Mn, Ni, Zn, Co, Cu und Mg bedeutet) beschrieben werden können.

Weichmagnetische Ferrite bestehen also aus Mischkristallen oder Verbindungen von Eisenoxid (Fe_2O_3) mit einem oder mehreren Oxiden zweiwertiger Metalle (z. B. MnO, NiO, ZnO, CoO, CuO oder MgO).

Bevorzugte Anwendung finden:
- Mangan-Zink-Ferrite mit der ungefähren Zusammensetzung ($Mn_{0,6}Zn_{0,35}Fe_{0,05}^{2+}$) · $Fe_2^{3+}O_4$
- Nickel-Zink-Ferrite (Ni_xZn_{1-x}) · Fe_2O_4
- Mangan-Magnesium-Ferrite

Kennzeichnend für einen guten weichmagnetischen Werkstoff sind:
- Schmale Hystereseschleife
- Hoher spezifischer elektrischer Widerstand
- Niedrige Koerzitivfeldstärke H_c
- Hohe Anfangspermeabilität μ_A (gemäß $B = \mu \cdot H$ ist μ_A die Steigung der Tangente an die Neukurve im Koordinatenursprung, siehe Bild 1, Seite 531)

Gegenüber den metallischen weichmagnetischen Werkstoffen besitzen die weichmagnetischen Ferrite einen etwa um 10 Zehnerpotenzen (!) höheren spezifischen elektrischen Widerstand. Dadurch bleiben die (mit dem Quadrat der Frequenz ansteigenden) Wirbelstomverluste so klein, dass sie bis zu hohen Frequenzen hin vernachlässigt werden können. Weichmagnetische Ferrite verwendet man daher in der Hochfrequenztechnik, der Nachrichtentechnik und in der Unterhaltungselektronik z. B. für Übertrager, Impulstransformatoren, Bandfilter und Antennen.

achteilig gegenüber den metallischen weichmagnetischen Werkstoffen ist jedoch die niedrige Curie-temperatur (Verlust der magnetischen Eigenschaften) sowie die geringere Sättigungsflussdichte B_{max} (Tabelle 2, Seite 532 und Bild 1, Seite 531). Die wichtigsten Eigenschaften der Mn-Zn- und der Mn-Mg-Ferrite sind in Tabelle 1 zusammengestellt.

Weichmagnetische Ferrite werden durch Sintern hergestellt. Die magnetischen Eigenschaften lassen sich je nach Mischung der Metalloxide und Höhe der Sintertemperatur (1100 °C ... 1400 °C) verändern.

Tabelle 1: Eigenschaften von Magnetokeramiken (nach Petzold)

Eigenschaften		Weichmagnetische Ferrite		Hartmagnetische Ferrite
		Mn-Zn-Ferrite	Mn-Mg-Ferrite	Ba-Ferrite
Dichte	kg/dm³	3,8 ... 5,0		4,5 ... 5,0
Elastizitätsmodul E	GPa	140		k. A.
Zugfestigkeit	MPa	10 ... 20		k. A.
Druckfestigkeit	MPa	50 ... 80		k. A.
Wärmedehnung[1]	10^{-6} 1/K	6,0		9,0 ... 12,0
Wärmeleitfähigkeit[2]	W/(m · K)	6,0	k. A.	k. A.
spez. elektr. Widerstand[2]	Ωcm	$10^2 ... 10^3$	10^7	$10^3 ... 10^8$
Curietemperatur[3]	°C	100 ... 150	> 300	450
Anfangspermeabilität μ_A		500 ... 20 000	50 ... 2000	k. A.
Sättigungsflussdichte B_{max}	T	< 0,5	0,2	k. A.
Remanenzflussdichte B_r	T	k. A.	k. A.	0,15 ... 0,38
Koerzitivfeldstärke H_c	kA/m	0,01 ... 0,1	0,05 ... 0,1	90 ... 330

[1] Zwischen 25 °C und 1000 °C   [2] Bei 20 °C   [3] Verlust der magnetischen Eigenschaften   k.A. = keine Angabe

10.9 Herstellungs- und Bearbeitungsverfahren für keramische Werkstoffe

Bild 1: Herstellungs- und Bearbeitungsverfahren für keramische Werkstoffe

10.9 Herstellungs- und Bearbeitungsverfahren für keramische Werkstoffe

Die Eigenschaften eines keramischen Bauteils werden in hohem Maße von den ausgewählten Rohstoffen (chemische Zusammensetzung, mineralogischer Aufbau, Reinheit, Korngröße usw.) und dem Herstellungsverfahren beeinflusst. Der Herstellungprozess für keramische Bauteile ist in Bild 1, Seite 534, wiedergegeben.

10.9.1 Rohstoffgewinnung

Die Rohstoffe zur Herstellung von Keramiken werden entweder aus Naturstoffen (z. B. Ton, Kaolin, Feldspat, Sand, Talk, Speckstein usw.) durch Aufbereitungsprozesse oder als Synthesestoffe (z. B. Aluminiumoxid, Zirconiumdioxid, Siliciumcarbid, Siliciumnitrid usw.) durch chemische Verfahren gewonnen und meist in Pulverform zur Weiterverarbeitung zur Verfügung gestellt. In den letzten Jahren hat sich der Trend hin zu immer feineren (bis in den nm-Bereich) und reineren Pulvern verstärkt.

10.9.2 Massenaufbereitung

Für die unterschiedlichen Formgebungsverfahren (Kapitel 10.9.3) müssen spezifische Ausgangsmassen bereitgestellt werden:
- Suspensionen für das Gießen
- Bildsame Massen für das Extrudieren
- Granulate bzw. Pulver für das Pressen

Zur Massenaufbereitung zählt man bei der Keramikherstellung alle Verfahren, die zwischen der Rohstoffgewinnung und der Formgebung liegen. Im Wesentlichen sind dies:

- **Grobzerkleinerung**
  Eine Grobzerkleinerung ist erforderlich, um die Rohstoffe in eine für die Weiterverarbeitung günstige Korngröße zu bringen.
- **Feinzerkleinerung**
  Eine Feinzerkleinerung ist erforderlich, da die Qualität einer Keramik in hohem Maße von der Korngröße der eingesetzten Rohstoffe abhängt. Man unterscheidet mitunter:
  – Grobkeramik: Körner, Poren oder Kristalle > 0,1 … 0,2 mm
  – Feinkeramik: Körner, Poren oder Kristalle < 0,1 … 0,2 mm
- **Reinigung** zur Entfernung von eisenhaltigem Abrieb (üblicherweise durch Magnetabscheidung)
- **Trocknung**
  Eine Trocknung wird erforderlich, falls eine Formgebung durch Verdichten vorgesehen ist. Dies geschieht entweder als Gefriertrocknung (das feuchte Gut wird tiefgefroren, anschließend findet unter Vakuum eine Sublimation des Eises statt) oder als Sprühtrocknung (das in einer Flüssigkeit suspendierte Pulver wird versprüht und dabei in einem heißen Luftstrom getrocknet). Die Sprühtrocknung liefert besonders feinkörnige und homogene Pulver.
- **Plastifizierung**
  Mischung der keramischen Rohstoffe mit Wasser oder organischen Plastifizierungsmitteln (z. B. Thermoplaste), so dass eine plastische Masse entsteht.

10.9.3 Formgebung

Bei der Formgebung werden die Pulverteilchen verdichtet und in eine zusammenhängende Form gebracht. Das bei der Formgebung entstehende, noch ungebrannte (ungesinterte) Teil bezeichnet man als **Grünling** oder **Grünkörper** (Bild 1).

Die Auswahl eines geeigneten Fomgebungsverfahrens richtet sich im Wesentlichen nach:
- Art und Zusammensetzung der keramischen Masse
- Größe und Geometrie des zu formenden Bauteils
- Stückzahl (Einzelstücke oder Großserie)

Bild 1: Fertigungsstadien eines Hüftgelenkkugelkopfs
Links: Grünling
Mitte: gesinterter Kugelkopf
Rechts: Kugelkopf nach der Hartbearbeitung

Zu den wichtigsten Formgebungsverfahren gehören:

- **Schlickerguss:**
  Eine Aufschlämmung keramischer Komponenten in wässriger Suspension (30 bis 35 % H_2O), der **Schlicker,** wird in eine Gipsform vergossen. Die Gipsform entzieht der Suspension das Wasser, so dass sich der Feststoffanteil der Suspension an der Wandung der Gipsform niederschlägt. Die Gipsform kann nach dem Entformen und Trocknen wieder verwendet werden.

- **Folienguss**
  Beim Folienguss wird der Schlicker auf ein horizontal umlaufendes, endloses Band (meist poliertes Stahlblech) gegossen und mittels eines engen Spaltes gleichmäßig auf dem Band verteilt. Durch Variation der Spalthöhe können Dicken zwischen 0,2 mm und 1,5 mm eingestellt werden. Während des Transports zum anderen Ende des Gießbandes strömt warme Luft über die Folie hinweg, die am Ende des Bandes abgezogen und aufgewickelt werden kann.

- **Spritzguss**
  Das keramische Pulver wird bis zu 20 % mit organischen Plastifizierungsmitteln angereichert und anschließend durch das aus der Kunststoffindustrie bekannte Spritzgießen (Kapitel 9.9.2.2) verarbeitet (Bild 1). Der Kunststoff wird nach dem Spritzgießen durch sehr langsames Hochheizen wieder ausgetrieben. Geformt werden auf diese Weise sowohl Oxid- als auch Nichtoxidkeramiken.

- **Strangpressen (Extrudieren)**
  Beim Strangpressen wird die plastische Masse (etwa 20 % H_2O sowie diverse organische Binde- und Gleitmittel) durch eine Form (Matrize) hindurchgedrückt. Auf diese Weise können unterschiedliche Profile wie Rohre, Stäbe oder Wabenkörper hergestellt werden. Durch anschließendes Walzen ist auch die Herstellung von Platten möglich.

- **Nasspressen**
  Beim Nasspressen wird ein Überschuss an plastischer Masse (8 % bis 12 % H_2O) in die Form gefüllt und auf hydraulischen Pressen bei Drücken zwischen 1 MPa und 20 MPa in die Form gepresst.

- **Trockenpressen**
  Beim Trockenpressen wird ein rieselfähiges, feines Pulver im Presswerkzeug bei etwa 30 MPa soweit verdichtet, dass das Korn zerdrückt und eine Volumenminderung um mehr als 50 % eintritt. Um eine gleichmäßige Verdichtung zu erhalten, muss jeder unterschiedliche Querschnitt durch einen beweglichen Stempel geformt werden (Bild 2).

Bild 1: Spritzgießen keramischer Bauteile

Bild 2: Trockenpressverfahren

Bild 3: Beispiel einer Vorrichtung für das isostatische Pressen

10.9 Herstellungs- und Bearbeitungsverfahren für keramische Werkstoffe

● **Isostatisches Pressen**

Zur Herstellung von gleichmäßig verdichteten Rohlingen sowie von geometrisch einfachen keramischen Großkörpern eignet sich das isostatische Pressen. Beim isostatischen Pressen wird das zu verdichtende Granulat von einer elastischen Form umhüllt, auf die von außen über eine Flüssigkeit ein hydrostatischer Druck von bis zu 400 MPa aufgebracht wird. Bild 3, Seite 536, zeigt eine Vorrichtung für das isostatische Pressen.

● **Heißpressen und heißisostatisches Pressen**

Das Heißpressen (HP) sowie das heißisostatische Pressen (HIP) nehmen bei den Formgebungsverfahren eine Sonderstellung ein, da sie die beiden Herstellungsschritte Formgebung und Sintern in einem Arbeitsschritt vereinigen.

Das uni- oder biaxiale **Heißpressen** (auch als **Drucksintern** bezeichnet) wird je nach Art der Keramik bei einer Temperatur von 500 °C bis 1800 °C und Drücken von bis zu 170 MPa durchgeführt (Bild 1).

Durch die Kombination von Druck und Temperatur werden die Sinterzeiten stark verkürzt. Dies hat den Vorteil, dass während des Sinterns ein nur geringes Kornwachstum auftritt und die entsprechenden feinkörnigen Keramiken daher eine gute Festigkeit aufweisen. Mit Hilfe des Heißpressens können allerdings nur einfache Geometrien hergestellt werden.

Bild 1: Prinzip des Heißpressens

Vergleich der wichtigsten Formgebungsverfahren für keramische Werkstoffe
(nach Brevier Technische Keramik)

Formgebungsverfahren und Anwendungsbeispiele	Vorteile	Nachteile
Schlickerguss Geschirr und Sanitärwaren sowie allgemein für Bauteile mit komplexer Geometrie	● Für kompliziert geformte Bauteile (dünnwandig, unsymmetrisch) ● Geringer Materialaufwand	● Raue Oberflächen ● Schwierige Formenherstellung ● Eingeschränkte Formtoleranz ● Für Massenfertigung ungeeignet
Folienguss Substrate und Vielschichtkondensatoren	● Kontinuierliche Produktion ● Dünne Schichten herstellbar ● Gute Maßhaltigkeit ● Hohe Fertigungskapazität	● Beschränkte Bauteilgeometrie ● Hohe Investitionskosten ● Notwendigkeit der Trocknung
Spritzguss Feinkeramische Kleinteile und Fadenführer in der Textilindustrie	● Komplexe Geometrien realisierbar ● Kleine Toleranzen realisierbar ● Gute Reproduzierbarkeit ● Hohe Oberflächengüte ● Konturschärfe ● Geeignet für hohe Stückzahlen	● Hohe Werkzeugkosten ● Hoher Werkzeugverschleiß ● Begrenzte Bauteilgröße ● Aufwändiges Entbinden/Ausbrennen ● Vorhandensein von Dichtegradienten
Strangpressen (Extrudieren) Rohre, Stäbe, Vollteile und Wabenkörper, Hohllochziegel	● Kontinuierliche Produktion ● Hohe Fertigungskapazität ● Große Bauteillängen realisierbar ● Preiswerte Herstellung	● Ausgeprägte Texturen ● Notwendigkeit der Trocknung
Nasspressen Komplizierte Bauteilgeometrien[1], aufgrund des relativ guten Fließverhaltens der Formmasse	● Gleichmäßige Dichteverteilung ● Komplexe Bauteilgeometrien realisierbar[1]	● Notwendigkeit der Trocknung ● Geringere Maßhaltigkeit
Trockenpressen (uni- u. biaxial) Teile mit einfacher Geometrie	● Gute Automatisierbarkeit ● Gute Reproduzierbarkeit ● Gute Maßhaltigkeit ● Geeignet für große Stückzahlen	● Beschränkungen bei der Bauteilgeometrie ● Mögliche Dichtegradienten ● Teurere Werkzeuge ● Aufwändige Pulveraufbereitung
Isostatisches Pressen Zündkerzen, Mahlkugeln, kleinere Kolben und Schweißdüsen	● Hohe Dichte ohne Textur (gleichmäßige Verdichtung) ● Innengewinde und Hinterstiche herstellbar ● Für dünnwandige Formteile geeignet ● Gleichmäßigere Schwindung und geringere Rissgefahr beim anschließenden Sintern	● Hohe Kosten

[1] Im Vergleich zum Trockenpressen

Beim **heißisostatischen Pressen** (HIP) wird das Pulver in eine dehnfähige und druckbeständige Hülle eingebracht, in einen Autoklaven (beheizbarer Druckbehälter) eingeschlossen und bei Temperaturen bis zu 2000 °C und Drücken von bis zu 300 MPa gesintert. Zur Druckübertragung können Edelgase dienen. Neben einer ebenfalls kurzen Sinterzeit hat das HIP außerdem den Vorteil, dass auch komplexe Geometrien hergestellt werden können. Diesen Vorteilen stehen jedoch hohe Anlagenkosten gegenüber.

Die üblichen Verfahren der Formgebung keramischer Werkstoffe sowie ihre Vor- und Nachteile sind in Tabelle 1, Seite 537, zusammengestellt. Tabelle 1 vergleicht die Charakteristiken einiger Formgebungsverfahren.

Tabelle 1: Vergleich wichtiger Formgebungsverfahren

Verfahren	Komplexität der Bauteile[1]	Oberflächenqualität[2]	Textur[1]	Serientauglichkeit[2]	Werkzeugkosten[1]
Schlickerguss	◑	○	◑	○	○
Spritzguss	●	●	◐	◕	●
Folienguss	◔	◐	◔	◔	◐
Strangpressen	○	◕	●	●	◕
Isostatisches Pressen	◔	○	○	○	○

[1] ○ = gering, ● = hoch   [2] ○ = sehr schlecht, ● = sehr gut

10.9.4 Trocknen und Ausheizen

Der nach einem der genannten formgebenden Verfahren hergestellte Grünkörper enthält, abgesehen von der Pulvermischung sowie permanenten Additiven, noch Feuchte und zumeist auch organische Verflüssigungs-, Plastifizierungs- und Bindemittel oder Hilfsstoffe. Aufgabe der Brandvorbereitung (Trocknen und Ausheizen) ist es, alle flüchtigen oder verbrennenden Anteile vor dem Brennen aus dem Grünkörper zu entfernen, um Risse während des Sinterns (Brennen) durch plötzliches Verdampfen zu vermeiden.

10.9.5 Grün- und Weißbearbeitung, Vorbrand

Die Grün- und die Weißbearbeitung dienen der Erzeugung komplexer, endformnaher Werkstücke aus einfachen Vorkörpern, die mit den genannten Formgebungsverfahren hergestellt wurden.

Während die **Grünbearbeitung** unmittelbar im Anschluss an die Formgebung und zwar am getrockneten aber noch organische Hilfsstoffe enthaltenden Bauteil erfolgt, versteht man unter der **Weißbearbeitung** die Bearbeitung eines nach dem Vorbrand verfestigten Bauteils, dessen Brennschwindung noch nicht abgeschlossen ist (Bild 1).

Bild 1: Einordnung der Grün- und Weißbearbeitung in den Produktionsablauf für Keramiken

Ziel der Grün- sowie der Weißbearbeitung ist es, möglichst endformnahe Konturen zu erzeugen. In der Regel weisen die Rohlinge nach der Formgebung, abhängig vom gewählten Formgebungsverfahren, Toleranzen zwischen ±1 % und 5 % (mit Präzisionsverfahren etwa ± 0,5 % bis 1,5 %) auf. Nach der Bearbeitung betragen die Toleranzen noch ca. ± 3 % (mit Präzisionsverfahren ±1 %). Die Angaben beziehen sich auf das fertige, gebrannte Teil.

10.9.6 Sintern (Brennen)

Von wenigen Ausnahmen abgesehen, entsteht ein keramisches Gefüge (Bild 1, Seite 509) und damit der eigentliche keramische Werkstoff durch einen Sinterprozess. Dieser Vorgang hat von allen Prozessschritten den größten Einfluss auf die späteren Eigenschaften des Bauteils und muss dementsprechend mit der größten Sorgfalt durchgeführt werden.

Die Vorgänge beim Sintern keramischer Körper sind komplex und laufen je nach Reinheit und Korngröße der Ausgangsstoffe, der gewählten Sinterparameter (Temperatur und ggf. Druck) sowie der Art des Umgebungsmediums (Brennatmosphäre) unterschiedlich ab. Im Wesentlichen unterscheidet man die folgenden Verfahren:

- Sintern fester Phasen (Festphasensintern)
- Sintern mit flüssiger Phase (Flüssigphasensintern)

> **ⓘ Information**
>
> **Sintern**
> Unter Sintern versteht man ein Verfahren, bei dem ein aus pulvrigem oder körnigem Material hergestellter, stark poriger Körper unter dem Einfluss von erhöhter Temperatur und ggf. Druck zu einem festen, kompakten Körper umgewandelt wird.

Sintern fester Phasen

Der üblicherweise bei oxidkeramischen Werkstoffen angewandte Sinterprozess von festen Phasen (**Festphasensintern**), der bei einphasigen Substanzen üblicherweise bei etwa $0{,}8 \cdot T_m$ (T_m = Schmelztemperatur in K) abläuft, wurde bereits in Kapitel 2.10.4.1 besprochen.

Durch die Vorgänge beim Sintern (Brennen) findet eine Verfestigung und Verdichtung und damit auch eine Abnahme der Porosität statt. Das ursprüngliche Porenvolumen von etwa 40 % geht dabei auf eine Restporosität von 5 % bis 10 % zurück. Günstige mechanische Eigenschaften erhält man bei feinkörnigen, porenarmen Gefügen. Porengehalte unter 5 % können jedoch nur durch Anwendung besonderer Maßnahmen erreicht werden. Hierzu gehören:

- Sintern unter Vakuum
- Verwendung von Sinterhilfsmitteln
- Einsatz feinkörniger Rohstoffe
- Flüssigphasensintern (s. u.)
- Heißpressen oder heißisostatisches Pressen

Dem Sinterprozess liegt als treibende Kraft eine Verringerung der freien Enthalpie des Phasensystems zugrunde (Erzielung eines Energieminimums). Die Enthalpieverminderung resultiert dabei vorwiegend aus einer Verminderung der Oberfläche der Pulverteilchen sowie aus einer Verringerung der Gitterdefekte.

Tabelle 1: Sintertemperaturen

Keramik	Sintertemperatur in °C
Tonerdeporzellan	1250
Quarzporzellan	1300
Steatit	1300
Cordierit	1350 … 1450
Al_2O_3	1600 … 1800
SSiC	1900 … 2000
RSiC	2300 … 2500
Si_3N_4	1700

Tabelle 2: Schwindmaße

Keramiken	
Tonerdeporzellan	13 % … 16 %
Cordierit (porös)	3 %
Aluminiumoxid	18 %
Zirconiumdioxid	25 %
Siliciumcarbid[1]	18 % … 20 %
Siliciumcarbid[2]	≈ 0 %
Metalle (Auswahl)	
Grauguss	0,5 % … 1,0 %
Stahlguss	1,5 % … 2,5 %
Al-Gusslegierungen	0,8 % … 1,5 %
Mg-Gusslegierungen	1,0 % … 1,5 %
Cu-Sn (Bronzen)	0,8 % … 2,0 %

[1] Drucklos gesintert (SSiC)
[2] Reaktionsgebunden, siliciuminfiltriert (SiSiC) bzw. rekristallisiert (RSiC)

Sintern mit flüssiger Phase

Bei einigen keramischen Systemen tritt während des Sinterns eine flüssige Phase auf (**Flüssigphasensintern**), die meist durch eine Phasenreaktion, seltener durch Aufschmelzen einer Komponente entsteht. Beim Sintern mit flüssiger Phase liegen dem Sinterprozess viskose Teilchenumlagerungen, Lösungs- und Wiederausscheidungsvorgänge an der Grenzfläche flüssig/fest sowie Eindringvorgänge der flüssigen Phase in den Porenraum (Kapillarwirkung) zugrunde (Kapitel 2.10.4.3). Das Sintern in flüssiger Phase unterscheidet sich damit hinsichtlich des Mechanismus grundsätzlich vom Festkörpersintern.

Vor dem Hintergrund des beschriebenen Mechanismus ist es auch verständlich, dass Sintern mit flüssiger Phase eine kürzere Sinterdauer und niedrigere Sintertemperaturen erfordert und auch zu porenärmeren Gefügen führt (insbesondere bei kleinem Korn und hohem Anteil an flüssiger Phase). Derartige Sinterbedingungen liegen beispielsweise bei den Silicatkeramiken vor. In Tabelle 1, Seite 539, sind die Sintertemperaturen einiger Keramiken zusammengestellt.

Reaktionssintern

Das Reaktionssintern wird für Keramiksysteme angewandt, die unter normalen Sinterbedingungen keine dichten Gefüge bilden. Beim Reaktionssintern entsteht die keramische Substanz erst während des Sintervorgangs durch eine chemische Reaktion (Kapitel 2.10.4.4).

Typische Beispiele für das Reaktionssintern sind die Herstellung von reaktionsgebundenem, siliciuminfiltriertem Siliciumcarbid (SiSiC) und reaktionsgesintertem Siliciumnitrid (RBSN). Die Verfahren wurden am Beispiel des SiC bereits in Kapitel 10.7.3.1 erläutert.

Die Herstellung keramischer Bauteile ist mit einer unerwünschten, jedoch meist unvermeidlichen Volumenabnahme **(Schwindung)** verbunden (Tabelle 2, Seite 539). Die Formgebungswerkzeuge müssen daher mit einem Aufmaß gegenüber der endgültigen Bauteilgeometrie versehen werden, um die Bauteilschwindung zu kompensieren.

10.9.7 Endbearbeitung (Hartbearbeitung)

Nach Möglichkeit sollte das Bauteil durch die Formgebung sowie durch die Grün- oder Weißbearbeitung möglichst nahe an die Endabmessungen herangeführt werden.

Durch die meist unvermeidliche Schwindung beim Sintern, sowie mitunter durch die Forderung nach engen Toleranzen, ist jedoch eine auch als **Hartbearbeitung** bezeichnete Endbearbeitung nicht immer zu umgehen. Infolge der hohen Härt der keramischen Werkstoffe kommen allerdings nur teure Diamantwerkzeuge (mit losem oder mit gebundenem Korn) zum Einsatz. Die Hartbearbeitung verursacht etwa 60 % bis 70 % der gesamten Herstellungskosten.

Übliche Endbearbeitungsverfahren für keramische Werkstoffe sowie die dabei erreichbaren Toleranzen und Oberflächengüten sind in Tabelle 1 zusammengestellt.

Tabelle 1: Hartbearbeitungsverfahren für Keramiken, erreichbare Toleranzen und Oberflächengüten

Verfahren	Toleranz	Oberflächengüte (Ra-Wert)
Nach dem Sintern	± 1,0 ... 5,0 % ± 0,5 ... 1,5 %[1)]	1 ... 5 µm
Grün- oder Weißbearbeitung	3 % 1 %[1)]	1 ... 5 µm
Sägen	± 2 ... 10 µm	–
Schleifen	± 1 ... 20 µm	0,2 ... 4 µm
Honen	± 2 ... 10 µm	0,3 ... 1 µm
Läppen	± 1 ... 5 µm	0,02 ... 0,5 µm
Polieren	–	< 0,05 µm
Funkenerosion	–	< 2 µm
Laser-Trennen[2)]	10 ... 30 µm	–

[1)] Mit Präzisionsverfahren [2)] CO_2-Laser

10.10 Künftige Entwicklungen

Für künftige Entwicklungen sind die **Nanokeramiken** von Interesse. Bei den Nanokeramiken haben die Grundstoffe eine Korngröße im Nanometer-Bereich (anstatt im Mikrometer-Bereich, 1 nm = 10^{-9} m). Nanokeramiken bieten den Vorteil, dass sie bereits bei niedrigen Temperaturen (um 180 °C) formbar sind, eine Eigenschaft, die gewöhnliche Keramiken erst in der Nähe ihres Schmelzpunktes besitzen. Durch Verwendung von Nanokeramiken könnte künftig eine Verarbeitung in Strangpressen möglich sein. Auch ein Ausrollen oder Auswalzen zu Platten könnte mit Hilfe dieser neuartigen Keramiken möglich werden. Die Herstellung von Nanokeramiken befindet sich jedoch derzeit noch im Stadium der Grundlagenforschung.

11 Korrosion und Korrosionsschutz metallischer Werkstoffe

Unter Korrosion versteht man den Vorgang, durch den ein Metall aus dem Zwangszustand, in den ihn der Mensch gebracht hat, in seinen in der Natur vorhandenen Ausgangszustand zurückkehrt. Korrosionsvorgänge folgen dem Naturgesetz, dass Zustände niedriger Energie angestrebt werden. Sie sind daher immer mit Energieabgabe verbunden. Der Angriff auf den Werkstoff erfolgt durch Reaktion mit der Umgebung, durch den die für den Menschen sinnvollen Werkstoffeigenschaften gemindert werden.

> **ⓘ Information**
>
> **Korrosion**
> Unter Korrosion versteht man nach DIN EN ISO 8044 die physikochemische Wechselwirkung zwischen einem Metall und seiner Umgebung, die zu einer Veränderung der Eigenschaften des Metalls führt und die zu einer erheblichen Beeinträchtigung der Funktion des Metalles, der Umgebung oder des technischen Systems, von dem diese einen Teil bildet, führen kann.
> Diese Wechselwirkung ist in den meisten Fällen elektrochemischer Art, mitunter handelt es sich aber auch um eine chemische oder physikalische Korrosionsvorgänge.

Die Definition nach DIN EN ISO 8044 ist zunächst auf metallische Werkstoffe begrenzt, doch kann man auch nichtmetallische Werkstoffe wie Glas, Keramik und Kunststoffe mit einbeziehen.
Für die Metalle bedeutet dies, dass sie durch die Einflüsse aus ihrer Umgebung oxidiert, in Metallverbindungen umgewandelt und dadurch als Werkstoff zerstört werden.
Der volkswirtschaftliche Schaden durch Reibung, Verschleiß und Korrosion ist enorm und beträgt alleine für Deutschland pro Jahr zwischen 40 und 45 Milliarden Euro.

11.1 Einteilung und Übersicht

In Abhängigkeit von Werkstoffart sowie Art des Korrosionsmediums können Korrosionsvorgänge in verschiedene Gruppen eingeteilt werden. Bild 1 gibt einen Überblick. Die Mehrzahl der Korrosionsvorgänge sind elektrochemischer Art. Sie sollen daher in Kapitel 11.2 ausführlicher besprochen werden.

Bild 1: Einteilungsmöglichkeit der Korrosion in Abhängigkeit von Werkstoff und Korrosionsmedium

11.2 Elektrochemische Korrosion

Die Mehrzahl der Korrosionsvorgänge findet unter Beteiligung von wässrigen Lösungen statt. Es dominieren dann elektrochemische Vorgänge unter Bildung galvanischer Elemente (Kapitel 11.2.2). Zum besseren Verständnis der bei der elektrochemischen Korrosion stattfindenden Vorgänge werden zunächst elektrochemische Grundlagen und Begriffserklärungen behandelt.

11.2.1 Lösungstension

Taucht man ein Metall (z. B. Eisen) in eine wässrige Lösung **(Elektrolyt)**, dann haben die Metall-Ionen (Me) das Bestreben, das Metallgitter zu verlassen und in Lösung zu gehen. Dieser Metallauflösungsprozess ist die **anodische Teilreaktion** der elektrochemischen Korrosion und wird als **Lösungstension** bezeichnet (Bild 1).

Die Ionen verschiedener Metalle haben eine unterschiedliche Tendenz in Lösung zu gehen d. h. eine unterschiedliche Lösungstension.

Durch das In-Lösung-Gehen positiver Metall-Ionen bleibt eine äquivalente Anzahl Elektronen im Metallgitter zurück. Das Metall lädt sich zunehmend negativ auf. Aufgrund elektrostatischer Anziehungskräfte zwischen Metallgitter und positiv geladenen Metall-Ionen können jedoch zunehmend weniger Ionen das Gitter verlassen. Gleichzeitig scheiden sich auf der Metalloberfläche in zunehmendem Maße Metall-Ionen aus der Lösung wieder ab, so dass sich letztlich zwischen diesen beiden Vorgängen ein **dynamisches Gleichgewicht** einstellt (Bild 1):

$$Me \rightarrow Me^{z+} + z \cdot e^-$$
Beispiel: $Fe \rightarrow Fe^{2+} + 2 \cdot e^-$

Der anodische Teilstrom der Metallauflösung, d. h. der Oxidationsreaktion (I_A), entspricht dem katodischen Teilstrom (I_K) aus der Reduktionsreaktion.

Durch die im Mittel im Kristallgitter verbleibenden Elektronen lädt sich das Metall negativ auf. Dieses Gleichgewichtspotenzial lässt sich messen. Hierzu verbindet man die Probe (Arbeitselektrode) über ein Voltmeter mit einem Prüfnormal. Das **Gleichgewichtspotenzial** lässt sich dann als Potenzialdifferenz (Spannung) zu diesem Prüfnormal ermitteln. Um die Messungen zu standardisieren, verwendet man als Prüfnormal in der Regel eine **Normalwasserstoffelektrode** (mit Wasserstoffgas umspültes Platinblech (Bild 2). Der dort ablaufenden Reaktion:

$$2 H_2O + H_2 \rightarrow H_3O^+ + 2 e^-$$

hat man aus praktischen Gründen willkürlich das **Normal-** oder **Standardpotenzial** $E° = 0\,V$ zugeordnet.

11.2.2 Elektrochemische Spannungsreihe

Bild 1: Anodische Teilreaktion (Metallauflösung) der elektrochemischen Korrosion

Bild 2: Prinzip der Messung von Gleichgewichtspotenzialen mit Hilfe einer Normalwasserstoffelektrode

Führt man die beschriebene Messung des Normalpotenzials mit vielen Metallen durch und ordnet die gegen Normalwasserstoffelektrode ermittelten Potenzialdifferenzen der Größe nach, dann erhält man die **elektrochemische Spannungsreihe der Metalle** (Tabelle 1, Seite 543). Sie hat eine große Bedeutung für das Verständnis und die Vorhersage von Korrosionsprozessen. Je höher das Normalpotential eines Metalls, desto edler ist es, desto weniger unterliegt es der Korrosion.

Alle Metalle mit negativem Normalpotenzial werden als unedel, diejenigen mit positivem Normalpotenzial werden als edel bezeichnet.

11.2 Elektrochemische Korrosion

Tabelle 1: Elektrochemische Spannungsreihe der Metalle (1 bar, 25 °C, Lösung des Metallsalzes mit einer Konzentration von 1 mol/l)

Element	Reaktionsgleichung	Normal-potential $E°$ in V[1]	Element	Reaktionsgleichung	Normal-potential $E°$ in V[1]	
Lithium	$Li \rightleftharpoons Li^+ + e^-$	−3,04	Cadmium	$Cd \rightleftharpoons Cd^{2+} + 2\,e^-$	−0,40	
Cäsium	$Cs \rightleftharpoons Cs^+ + e^-$	−2,92	Cobalt	$Co \rightleftharpoons Co^{2+} + 2\,e^-$	−0,28	
Barium	$Ba \rightleftharpoons Ba^{2+} + 2\,e^-$	−2,92	Nickel	$Ni \rightleftharpoons Ni^{2+} + 2\,e^-$	−0,23	unedel
Calcium	$Ca \rightleftharpoons Ca^{2+} + 2\,e^-$	−2,90	Zinn	$Sn \rightleftharpoons Sn^{2+} + 2\,e^-$	−0,14	
Natrium	$Na \rightleftharpoons Na^+ + e^-$	−2,71	Blei	$Pb \rightleftharpoons Pb^{2+} + 2\,e^-$	−0,13	
Magnesium	$Mg \rightleftharpoons Mg^{2+} + 2\,e^-$	−2,40	Wasserstoff	$H_2 \rightleftharpoons 2\,H^+ + 2\,e^-$	0,00	
Aluminium	$Al \rightleftharpoons Al^{3+} + 3\,e^-$	−1,69	Kupfer	$Cu \rightleftharpoons Cu^{2+} + 2\,e^-$	+0,35	
Titan	$Ti \rightleftharpoons Ti^{2+} + 2\,e^-$	−1,63	Silber	$Ag \rightleftharpoons Ag^+ + e^-$	+0,80	
Mangan	$Mn \rightleftharpoons Mn^{2+} + 2\,e^-$	−1,18	Quecksilber	$Hg \rightleftharpoons Hg^{2+} + 2\,e^-$	+0,81	
Zink	$Zn \rightleftharpoons Zn^{2+} + 2\,e^-$	−0,76	Fe^{2+}/Fe^{3+}	$Fe^{2+} \rightleftharpoons Fe^{3+} + 2\,e^-$	+0,77	edel
Chrom	$Cr \rightleftharpoons Cr^{2+} + 2\,e^-$	−0,56	Gold	$Au \rightleftharpoons Au^{3+} + 3\,e^-$	+1,38	
Eisen	$Fe \rightleftharpoons Fe^{2+} + 2\,e^-$	−0,44	Platin	$Pt \rightleftharpoons Pt^{2+} + 2\,e^-$	+1,60	

1) gegen Normalwasserstoffelektrode (NHE) gemessen

Interpretiert man die Normalpotenziale, so bedeutet: Je negativer ein Normalpotenzial ist, desto eher ist dieses Metall bereit, bei einer chemischen Reaktion Elektronen abzugeben d. h. als Reduktionsmittel zu wirken. Umgekehrt ist ein Metallion mit positiverem Standardpotenzial in der Lage, Elektronen aufzunehmen, also als Oxidationsmittel zu wirken.

> ⓘ **Information**
>
> Unter einer **Oxidation** versteht man allgemein die Elektronenabgabe eines Atoms, Ions oder Moleküls. An Oxidationsreaktionen müssen nicht zwangsläufig Sauerstoff oder Sauerstoff abspaltbare Stoffe beteiligt sein. **Oxidationsmittel** sind dementsprechend Stoffe (Atome, Ionen, Moleküle), die Elektronen aufnehmen und daher andere Stoffe oxidieren.
>
> Unter einer **Reduktion** versteht man die Elektronenaufnahme eines Atoms, Ions oder Moleküls. Eine Reduktionsreaktion muss zwangsläufig nicht mit der Abspaltung von Sauerstoff einher gehen. **Reduktionsmittel** sind dementsprechend Stoffe (Atome, Ionen, Moleküle), die Elektronen abgeben oder denen Elektronen entzogen werden können.

Beispiele zur Anwendung der elektrochemischen Spannungsreihe:

1. Taucht man ein Zinkblech in eine Kupfersalzlösung ein, werden entsprechend der Voraussage der elektrochemischen Spannungsreihe, bei der Oxidationsreaktion des Zinks Elektronen frei: $Zn \rightarrow Zn^{2+} + 2\,e^-$

   Die freigesetzten Elektronen werden von den Kupferionen der Lösung aufgenommen und bewirken die Reduktion zu elementarem Kupfer, gemäß: $Cu^{2+} + 2\,e^- \rightarrow Cu$

2. Taucht man ein Kupferblech in eine Eisen(II)salzlösung ein, müssten folgende Reaktionen ablaufen, die zur Bildung von elementarem Eisen führen:

   $Cu \rightarrow Cu^{2+} + 2\,e^-$ und $Fe^{2+} + 2\,e^- \rightarrow Fe$

   Aus der elektrochemischen Spannungsreihe kann man entnehmen, dass die entsprechenden Reaktionen nicht ablaufen werden. Ein System kann nur dann reduzierend wirken, wenn sein Potenzial negativer ist als das des Reaktionspartners. Bei Kenntnis der Normalpotenziale kann man also für ein beliebiges Redoxsystem die Wahrscheinlichkeit der Reaktionsrichtung abschätzen.

> ⓘ **Information**
>
> **Rost ist edler als Kupfer**
>
> Mit dieser Überschrift soll zum Ausdruck kommen, dass das Normalpotenzial von Fe^{2+}/Fe^{3+} einen höheren positiven Wert als das des Cu/Cu^{2+} aufweist (siehe Tabelle 1): $Fe^{2+} \rightarrow Fe^{3+} + e^-$ ($E° = +0{,}77\,V$)
>
> Für die Praxis bedeutet dies:
> - Kommt elementares Eisen mit metallischem Kupfer (unter Einfluss von Feuchtigkeit) in Berührung, bildet sich zunächst verstärkt Rost, der Fe^{3+}-Ionen enthält. In einer Folgereaktion bewirkt dann der entstandene Rost die Korrosion des Kupfers. Beispiele: Eisennagel auf Kupferdach; Heizungsrohre (Kupfer) und Leitungswasserrohre (Eisen), die sich nach der Installation berühren.
> - Nutzbar macht man sich diese Reaktion beim „Entwickeln" von Leiterplatinen in der Elektroindustrie. Dabei verwendet man eine Eisen(III)chloridlösung als Oxidationsmittel für Kupfer.

Kombiniert man bewusst zwei Metalle, die in der Spannungsreihe weit auseinander stehen (z. B. Zn und Cu), kann man das zur Stromerzeugung nutzen. Eine mögliche Versuchsanordnung eines solchen **galvanischen Elements** zeigt Bild 1.

Ein Kupferblech (bildet die Katode) taucht in eine Kupfersulfatlösung und ein Zinkblech (Anode) taucht in eine Zinksulfatlösung. Die Salzlösungen werden als Elektrolyte bezeichnet, die einen Ladungstransport über Ionen ermöglichen. Durch eine poröse Wand sind die Elektrolyte der beiden Halbzellen verbunden, durch die die Ionen wandern können. Bei Verbindung der Metallelektroden über einen Draht fließt ein elektrischer Strom, der dadurch erzeugt wird, dass sich die Zinkelektrode allmählich auflöst: $Zn \rightarrow Zn^{2+} + 2\,e^-$

An der Katode erfolgt die Reduktion, d. h. am Kupferblech schlägt sich metallisches Kupfer aus der Kupfersulfatlösung nieder: $Cu^{2+} + 2\,e^- \rightarrow Cu$
Die dazu nötigen Elektronen liefert das Zink über den Verbindungsdraht.

In der Praxis kommt es häufig zur unerwünschten Bildung von galvanischen Elementen, die man dann **Lokalelement** oder **Korrosionselement** nennt.

Treten in Verbindung mit einem natürlichen Elektrolyten (wässrige Lösung) zwei verschiedene Metalle Me_1 und Me_2 (Me_1 unedler als Me_2) in Kontakt, dann treten infolge ihrer unterschiedlichen Stellung in der elektrochemischen Spannungsreihe elektrische Spannungen auf, die zu Reaktionen, wie in Bild 2, führen können. Das unedle Metall (Me_1) wird hierbei rasch aufgelöst. Man spricht von **Kontaktkorrosion**.

11.2.3 Stromdichte-Potenzial-Kurven

Stromdichte-Potenzial-Kurven[1] beinhalten wichtige Informationen über das Korrosionsverhalten metallischer Werkstoffe in wässrigen Medien.

Zur Messung von Stromdichte-Potenzial-Kurven verbindet man eine in einem Elektrolyten befindliche Elektrode (Probe bzw. Arbeitselektrode) mit einer Gleichspannungsquelle, deren Spannung sich variabel einstellen lässt (Bild 3) und **polarisiert** auf diese Weise die Probe.

Betrachtet man gemäß Bild 4 zunächst eine metallische Einzelelektrode an der nur die Metallauflösung gemäß $Me \rightarrow Me^{z+} + z \cdot e^-$ bzw. die Abscheidung der Metallionen gemäß $Me^{z+} + z \cdot e^- \rightarrow Me$ ablaufen kann, dann wird infolge der Polarisierung das in Kapitel 11.2.1 beschriebene dynamische Gleichgewicht zwischen Metallauflösung und Metallabscheidung gestört.

---
[1] **Stromdichte** = auf die Elektrodenfläche bezogene Stromstärke

Bild 1: Galvanisches Element

Bild 2: Lokalelement mit Wasserstoffkorrosion

Bild 3: Versuchsanordnung zur Messung von Stromdichte-Potenzial-Kurven

Bild 4: Stromdichte-Potenzial-Kurve (Überspannungskurve) einer nicht passivierbaren Metallelektrode (Einfachelektrode)

11.2 Elektrochemische Korrosion

Mit zunehmend positiver Polarisierung gehen mehr Metall-Ionen in Lösung im Vergleich zur Anzahl an Metall-Ionen, die sich zeitgleich auf der Metalloberfläche wieder abscheiden. Dies führt zu einer allmählichen Auflösung der Elektrode (Korrosion). Mit zunehmend negativer Polarisierung scheiden sich hingegen mehr Metall-Ionen auf der Metalloberfläche ab, im Vergleich zur Anzahl an Metall-Ionen, die zeitgleich in Lösung gehen. Die Überlagerung der beiden **Teilstromdichte-Potenzial-Kurven** ergibt die **Summenstromdichte-Potenzial-Kurve (Überspannungskurve)** der Einzelelektrode (Bild 4, Seite 544).

Voraussetzung für das Vorhandensein der katodischen Teilstromdichte-Potenzial-Kurve und damit des katodischen Astes der Summenstromdichte-Potenzial-Kurve ist allerdings eine ausreichende Konzentration reduzierbarer Metall-Kationen (Me^{z+}). Dies ist in realen Elektrolyten in der Regel nicht der Fall. Allerdings laufen bei realen Korrosionsprozessen eine Reihe von **katodischen Teilreaktionen** an der Metalloberfläche ab, bei denen Elektronen in den Elektrolyten übertreten und damit ebenfalls reduzierend wirken. Hierbei handelt es sich im Wesentlichen um:

- **Wasserstoffreduktion** (Wasserstoffkorrosion) in sauren Elektrolyten,
- **Sauerstoffreduktion** (Sauerstoffkorrosion) bei Anwesenheit sauerstoffhaltiger Elektrolyte.

11.2.4 Wasserstoffkorrosion

Saure Lösungen enthalten Wasserstoffionen (H_3O^+-Ionen). Im sauren Bereich nehmen diese Ionen an der Metalloberfläche ein Elektron auf und werden zu elementarem Wasserstoff reduziert. Die Summengleichung dieser Reaktion lautet für pH < 7:

$$2\,H_3O^+ + 2\,e^- \rightarrow 2\,H + 2\,H_2O \rightarrow H_2 + 2\,H_2O$$

Bild 1 zeigt die entsprechenden katodischen Teilstromdichte-Potenzial-Kurven der Wasserstoffreduktion. Überlagert man ihnen die anodischen Teilstromdichte-Potenzial-Kurven der Metallauflösung (Bild 4, Seite 544), dann erhält man die (messbaren) Summenstromdichte-Potenzial-Kurven der Wasserstoffkorrosion. Die anodische Stromdichte entspricht dabei der Metallauflösung **(Korrosionsstromdichte)**.

Bild 1: Stromdichte-Potenzial-Kurven der Wasserstoffkorrosion

Am Schnittpunkt der Summenstromdichte-Potenzial-Kurven mit der Abszisse liegt ein Gleichgewichtszustand zwischen dem anodischen und dem katodischen Teilstrom vor. Das zugehörige Potenzial wird bei homogenen Elektrodenverhältnissen als **Ruhepotenzial** U_R bezeichnet. Es ist das **freie Korrosionspotenzial**, das sich in einem Korrosionselement einstellt.

Bei Verringerung des pH-Wertes wird die katodische Teilstromdichte-Potenzial-Kurve zu höheren Potenzialen verschoben. In diesem Fall können auch noch edlere Metalle korrodiert werden. Bei pH > 5 fließt hingegen nur noch ein sehr geringer Katodenstrom **(Diffusionsgrenzstrom)**. Es ist dann keine nennenswerte Metallauflösung (Korrosion) mehr beobachtbar. Eine zusätzliche Schädigung des Werkstoffs kann jedoch durch Eindiffundieren des entstehenden Wasserstoff in das Kristallgitter des Werkstoffs eintreten (**Wasserstoffversprödung**, Kapitel 6.3.1.7).

11.2.5 Sauerstoffkorrosion

In allen wässrigen Medien, die mit der Atmosphäre in Verbindung stehen, löst sich Sauerstoff aus der Luft (etwa 8 mg je Liter Wasser bei 20 °C) und wird an der Metalloberfläche zu Hydroxid-Ionen (OH^-) reduziert **(Sauerstoffreduktion)**. Die Summenformel dieser Reaktion lautet:

$$O_2 + 2\,H_2O + 4\,e^- \rightarrow 4\,OH^- \quad \text{(für pH} \geq 7\text{) bzw.}$$
$$O_2 + 4\,H^+ + 4\,e^- \rightarrow 2\,H_2O \quad \text{(für pH} < 7\text{)}$$

Auffallend ist hierbei, dass die katodischen Teilströme vom vorhandenen Sauerstoffgehalt abhängen und über einen weiten Potenzialbereich nahezu konstant sind (Bild 1, Seite 546). Dies hat zur Folge, dass mit einer großen Anzahl metallischer Werkstoffe freie Korrosionspotenziale ausgebildet und dadurch sogar edle Metalle wie das Kupfer korrodiert werden können.

Aus Bild 1 entnimmt man auch, dass mit zunehmendem Sauerstoffgehalt der anodische Teilstrom und damit die Metallauflösung (Korrosionsstromdichte) zunimmt. Aus diesem Grund versucht man beispielsweise Kraftwerke mit einem möglichst sauerstoffarmen Prozesswasser zu betreiben.

Ändert sich die Sauerstoffkonzentration, dann kommt es (auch bereits bei Metallen mit homogener Zusammensetzung) zur Ausbildung von Konzentrationselementen. Zwei anschauliche Beispiele sind die Korrosion von Stahl unter einem Wassertropfen sowie die **Spaltkorrosion**. Am sauerstoffreichen Rand des Wassertropfens bzw. des Spaltes findet die katodische Teilreaktion der Sauerstoffreduktion statt, während im sauerstoffarmen Innern des Tropfens bzw. des Spalts die anodische Teilreaktion (Korrosion) stattfindet.

Bild 1: Stromdichte-Potenzial-Kurve der Sauerstoffkorrosion

Bild 2: Korrosion von Stahl unter einem Wassertropfen

Bild 3: Spaltkorrosion am Beispiel zweier Stahlbleche

11.3 Rost

Das quantitativ bedeutsamste Korrosionsprodukt ist der braune Eisenrost. Rosten ist eine typische Folge der Sauerstoffkorrosion an Eisenwerkstoffen und gehört zur Flächenkorrosion (Kapitel 11.4).

Die chemische Zusammensetzung von Rost variiert je nach den Bedingungen unter denen er entstanden ist. Es sind jedoch immer dreiwertige Eisenionen, Sauerstoffionen und unterschiedlich viel Wasser enthalten, sodass man Rost allgemein als wasserhaltiges Eisenoxid ($Fe_2O_3 \cdot n\,H_2O$) bezeichnen kann. Bild 4 verdeutlicht die Entstehung von braunem Eisenrost.

Aus der chemischen Analyse ergeben sich zwangsläufig die Bedingungen für Rostbildung: Eisen, Sauerstoff bzw. Luft und Wasser. An trockener Luft findet praktisch keine Rostbildung statt. So hat man nahezu unversehrte Eisenwerkzeuge aus dem alten Ägypten gefunden, die in der trockenen Atmosphäre der Pharaonengräber nicht rosteten.

Eine Verbesserung der Beständigkeit kann man bei Eisenwerkstoffen durch Legieren mit Kupfer, Phosphor, Chrom oder Nickel erreichen.

Bild 4: Prinzip der Entstehung von braunem Eisenrost

Tabelle 1: Materialabtrag von Stahl in unterschiedlichen Medien

Medium	Abtragungsrate in µm/Jahr
Innenräume[1]	≦ 0
Landluft	4 ... 60
Stadtluft	30 ... 70
Industrieluft	40 ... 160
Meeresluft	60 ... 230
1) relative Luftfeuchtigkeit < 60 %	

11.4 Erscheinungsformen der Korrosion

In Dehli steht eine etwa 1600 Jahre alte Eisensäule, die durch erhöhte Gehalte insbesondere an Cu und P keine nennenswerte Korrosion aufweist. Genauso wenig entsteht Rost in sauerstofffreiem Wasser (praktisch keine Rostbildung in abgeschlossenen Zentralheizungsrohren). Stark gefördert wird die Rostbildung durch den Gehalt an Verunreinigungen in der Luft (Tabelle 1, Seite 546) oder durch im Elektrolyt gelöste Ionen, die den Stromtransport in der Lösung erleichtern (Meerwasser, Salzstreuen im Winter).

Auch Begleitelemente des Stahls beeinflussen die Korrosionsgeschwindigkeit. Im Stahl vorhandener Schwefel wirkt korrosionsfördernd, dagegen wirkt Chrom bei einem Massenanteil > 12 % ausgesprochen rosthemmend (nichtrostende Stähle, Kapitel 6.5.10) durch Bildung einer dichten Passivschicht aus Eisenchromoxiden.

Rost ist porös, platzt von der Oberfläche ab und ermöglicht so ein Fortschreiten der Korrosion in tiefe Bereiche des Werkstücks.

Bild 1: Flächen- und Muldenkorrosion

Bild 2: Korrosion an Cr-Ni-Stählen

11.4 Erscheinungsformen der Korrosion

Korrosion kann in verschiedenen Erscheinungsformen auftreten. Findet eine ebenmäßige Korrosion parallel zur Oberfläche des Werkstoffs statt, spricht man von **Flächenkorrosion**. Schreitet die Oberflächenkorrosion ungleichmäßig fort, kommt es zu muldenförmigen Vertiefungen **(Muldenkorrosion)**. Beide Korrosionsformen (Bild 1) sind verhältnismäßig harmlos, da sie leicht erkennbar und kontrollierbar sind und ihnen durch entsprechende Dimensionierung der korrosionsgefährdeten Bauteile begegnet werden kann.

Eine lokalisierte Korrosion, die u.a. durch Verletzung einer Schutzschicht wirksam werden kann, führt zur **Lochkorrosion** (Lochfraß), einem tiefen Eindringen der Korrosion in das Werkstück. Sie ist charakterisiert durch eine tiefe Abtragung mit steilen Rändern und Unterhöhlungen, die zu Durchbrüchen im Werkstück führen können.

Lochkorrosion beobachtet man beispielsweise bei einer Reihe nichtrostender Stähle oder Aluminiumlegierungen in chloridhaltigen Medien. Chloride führen zur Zerstörung vorhandener Schutzschichten und hemmen die Repassivierung (Bildung neuer Schutzschichten). Der Wirkungsmechanismus ist noch nicht vollständig geklärt. In Bild 2 sind zwei unterschiedliche Cr-Ni-Stahlrohre abgebildet, von denen das rechte Lochkorrosion zeigt, das linke nicht.

Bild 3: Interkristalline Korrosion an Titan

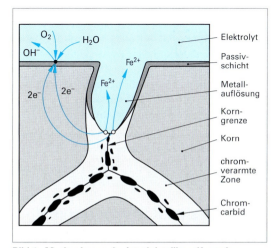

Bild 4: Mechanismus der interkristallinen Korrosion hochlegierter Cr- und Cr-Ni-Stähle

Der Unterschied resultiert aus einem zusätzlichen Molybdängehalt im Falle der linken Legierung, der die Beständigkeit gegen Lochkorrosion deutlich verbessert (Kapitel 6.3.2.2).

Eine weitere Korrosionsart stellt die **interkristalline Korrosion** dar, die entlang der Korngrenzen der Kristallite verläuft. In Bild 3, Seite 547, ist ein Beispiel interkristalliner Korrosion an einer Titanprobe dokumentiert, die einem salzsauren Lösungsmittel ausgesetzt war. Man erkennt deutlich die korrodierten Korngrenzen. Die Verhältnisse bei einem chromlegierten Stahl zeigt schematisch Bild 4, Seite 547, in dem der Fortschritt der interkristallinen Korrosion ausgehend von der schützenden Deckschicht dargestellt ist. Unter Wärmeeinwirkung (z. B. Schweißen) kommt es zur Ausscheidung chromreicher Sondercarbide, bevorzugt entlang der Korngrenzen und damit zu einer Chromverarmung in der Nachbarschaft. Der Korngrenzenbereich wird unedler im Vergleich zum Korn selbst. Unter Einwirkung eines Elektrolyten beobachtet man eine selektive Auflösung der Korngrenzen und damit kommt es zur Ausbildung sehr feiner Korrosionsrisse, die in relativ kurzer Zeit zum Bruch führen können. Da sich die interkristalline Korrosion der Beurteilung von außen entzieht, stellt sie eine sehr gefährliche Art der Korrosion dar (Kapitel 4.4.1.3).

Eine besondere Gefährdung eines Werkstoffs ergibt sich, wenn korrodierende Wirkungen gemeinsam mit mechanischer Belastung auftreten und diese sich gegenseitig unterstützen. Hierzu zählen insbesondere die Spannungsrisskorrosion sowie die Schwingungsrisskorrosion.

Die **Spannungsrisskorrosion** (SpRK) verläuft unter Rissbildung meistens interkristallin entlang der Korngrenzen, seltener transkristallin durch die Kristallite hindurch (Bild 1) und betrifft beispielsweise austenitische Stähle in chloridhaltigen (und damit fast allen) Wässern. Ausgelöst wird sie durch Zugspannung aufgrund der Einwirkung äußerer Kräfte oder durch Eigenspannungen, die durch plastische Verformung oder nach dem Schweißen entstehen.

Schwingbeanspruchungen können in Verbindung mit normalerweise nur schwach korrodierend wirkenden Bedingungen zur gefährlichen **Schwingungsrisskorrosion** (SwRK) führen, die bei fast allen

Bild 1: Transkristalliner Bruch infolge Spannungsrisskorrosion

metallischen Werkstoffen auftreten kann. Besonders betroffen sind Bauteile, die gleichzeitig einer zeitlich veränderlichen Beanspruchung und Korrosion ausgesetzt sind, wie zum Beispiel Wellen, Achsen, Federn, Flugzeug- und Automobilteile.

11.5 Korrosionsschutz

Wegen des hohen volkswirtschaftlichen Schadens durch Korrosionsvorgänge, ist es dringend nötig, Korrosion zu vermeiden bzw. zu verringern. Dazu dient der **Korrosionsschutz**. Unter Korrosionsschutz versteht man Maßnahmen mit dem Ziel, Korrosionsschäden zu vermeiden:

- Durch Beeinflussung der Eigenschaften der Reaktionspartner und/oder durch Änderung der Reaktionsbedingungen.
- Durch Trennung des metallischen Werkstoffs vom korrosiven Mittel mit Hilfe aufgebrachter Schutzschichten.
- Durch elektrochemische Maßnahmen.

Eine andere Art der Einteilung von Korrosionsschutzmaßnahmen unterscheidet aktiven und passiven Korrosionsschutz (Bild 1, Seite 549).

Je nach Einsatzgebiet und Verwendungszweck der Metalle kommen unterschiedliche, auch kombinierte Verfahren des Korrosionsschutzes in Betracht.

11.5.1 Passiver Korrosionsschutz

Durch Trennung des Werkstoffs und des Korrosionsmittels voneinander durch Überzüge bzw. Deckschichten, die den unmittelbaren Kontakt der Reaktionspartner verhindern, erzielt man einen **passiven Korrosionsschutz**.

11.5 Korrosionsschutz

Bild 1: Übersicht wichtiger Korrosionsschutzmaßnahmen

Dazu ist zunächst eine Vorbehandlung und Reinigung der Oberfläche notwendig. Durch mechanische Verfahren wie Bürsten, Schleifen usw., werden Fremdpartikel sowie die Oxide des Metalles entfernt. Um eine hohe Haftfähigkeit der Überzugsschicht zu ermöglichen, ist zudem meistens noch ein Entfetten der Oberfläche durch Behandeln mit organischen Lösungsmitteln erforderlich.

11.5.1.1 Überzüge mit Metalloxiden

Einige Metalle (Chrom oder Aluminium) umgeben sich mit einer dichten Oxidschicht (Passivierung), die das darunterliegende Metall vor weiterer Zersetzung schützt. Bei der **anodischen Oxidation** von Aluminium wird die vorhandene Aluminiumoxidschicht elektrochemisch verstärkt (Kapitel 4.5.6.2). So wird ihre Schutzwirkung erhöht.

Beim **Brünieren** werden Eisenwerkstoffe in stark oxidierende Lösungen getaucht. Dadurch entsteht eine sehr dünne (≈ 1 µm) aber dichte Eisenoxidschicht (z.B. Fe_3O_4), die zu einer Verbesserung der Korrosionsbeständigkeit führt (Kapitel 4.5.6.5).

Beim **Phosphatieren** wird das Werkstück mit einer Lösung von Phosphaten und Metallsalzen (z.B. Zn oder Mn, Tabelle 1, Seite 128) in verdünnter Phosphorsäure behandelt. Dabei wird durch eine Beizreaktion die Metalloberfläche insbesondere an den Korngrenzen angegriffen (Bild 2). Durch die Reaktion des gebildeten Fe^{2+}-Ions mit den Phosphationen und den zugesetzten Me^{2+}-Ionen (hier Zn^{2+}) bildet sich ein gemischtes Phosphat, das schwer löslich ist und zu einer dünnen (1 bis 30 µm) Schicht an der Grundmetalloberfläche aufwächst (Bild 1, Seite 550). Die gebildete Schicht bewirkt einen gewissen Korrosionsschutz und begünstigt durch ihre Porosität das Haftungsvermögen für Korrosionsschutzöle bzw. aufzubringende Lacküberzüge. Außerdem verbessert eine Phosphatschicht die Gleiteigenschaft bei schweren Umformvorgängen (Kapitel 4.5.6.3).

Der während des Beizvorgangs gebildete elementare Wasserstoff (H_2) bleibt zum Teil in Form von Gasblasen auf der Metalloberfläche haften und würde durch Verminderung der Reaktionsgeschwindigkeit den Aufbau der schützenden Phosphatschicht stören.

Bild 2: Chemische Prozesse bei der Zinkphosphatierung von Stahl

Bild 1: Phosphatierung von Stahl (REM-Aufnahmen)

Bild 2: Phosphatierung von Karosserien (Tauchverfahren)

Durch Zusatz von Oxidationsmitteln (z. B. Nitrite bzw. Nitrate in Form ihrer Natriumsalze oder organische Stickstoffverbindungen) wird die Oberfläche des Grundwerkstoffs depolarisiert und damit die störende Wasserstoffbildung unterdrückt bzw. gebildeter gasförmiger Wasserstoff sofort entfernt. In Bild 2 ist das Phosphatieren einer PKW-Karosserie schematisch dargestellt.

11.5.1.2 Überzüge mit edleren Metallen

Aufgrund der höheren Korrosionsbeständigkeit erscheinen edlere Metalle geeignet, in Form dünner Überzüge als Schutzschicht zu dienen. Verfahren des Aufbringens sind Galvanisieren und Plattieren mit z. B. Kupfer, Nickel, Chrom, Silber oder Zinn.

Bild 3: Verkupfern

Beim **Galvanisieren** wird das blanke Werkstück nach sorgfältiger Vorreinigung in eine Salzlösung des aufzubringenden Metalls gehängt und über eine äußere Gleichspannungsquelle als Katode geschaltet. Als Anode wird entweder eine unlösliche oder eine lösliche Elektrode aus dem abzuscheidenden Metall verwendet (Bild 3). Um glänzende, glatte Schichten zu erzielen, muss das auf der Katode aufwachsende Metall möglichst feinkörnig sein, was man durch verschiedene Zusätze und Verfahrenstechniken anstrebt. Um die Schutzwirkung zu verbessern und für eine bessere Haftung zu sorgen, werden in der Praxis oft mehrere Schichten aus verschiedenen Metallen nacheinander aufgebracht: z. B. wird auf dem Grundmetall Eisen (Stahl) galvanisch Kupfer abgeschieden, dann folgt eine Nickelschicht und schließlich Chrom (siehe auch Kapitel 4.5.5.1).

Beim **Plattieren** (Kapitel 4.5.6.1) werden auf das zu schützende Grundmetall dünne Bleche des Überzugsmaterials unter Druck warm aufgewalzt und dadurch fest verbunden (beim Sprengplattieren mit Titan nutzt man die hohen Drücke einer Explosion für die Verbindung mit dem Grundmetall, Bild 1, Seite 127).

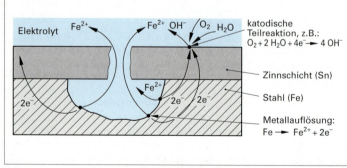

Bild 4: Korrosion an einem verzinnten Stahlblech

11.5 Korrosionsschutz

Der Schutz durch das edlere Metall besteht aber nur so lange, wie die Schicht unversehrt ist. Wird die Schicht mechanisch verletzt, chemisch durchbrochen oder ist sie bereits beim Aufwachsen örtlich gestört, führt dies zur beschleunigten Korrosion. In dem dabei ausgebildeten Lokalelement wirkt das edlere Metall als Katode, und das Grundmetall wird anodisch oxidiert (Bild 4, Seite 550).

11.5.1.3 Überzüge mit unedleren Metallen

Insbesondere Zink wird als geeignete unedle Schicht auf Eisenwerkstücken eingesetzt. Durch Bedampfen mit Zink oder durch Eintauchen in eine Zinkschmelze (**Feuerverzinken,** Bild 1 und Kapitel 4.5.1.1) erzeugt man die gewünschte Schutzschicht in entsprechenden Dicken. Beim Verletzen der Schutzschicht wird das Grundmetall vor weiterer Korrosion geschützt, weil hier das unedlere Schutzmetall die Anode bildet (Bild 2). Der Korrosionsschutz von Stahl durch Zink wird verbessert, wenn die Zinkschicht elektrolytisch aufgebracht wird, was aber erheblich teurer ist.

Bild 1: Feuerverzinken durch Tauchen in eine Zinkschmelze

Bild 2: Korrosion an einem verzinkten Stahlblech

11.5.1.4 Überzüge mit Nichtmetallen

Überzüge aus keramischen Werkstoffen, Kunststoffen, Ölfarben und Lacken schützen die Metalle gut vor Korrosion, da ein direkter Kontakt mit Wasser oder Luft verhindert wird.

- **Email** ist eine keramische bzw. glasartige Masse, die aus Metallsilicaten und Aluminiumoxid besteht. Die Einbrenntemperaturen liegen bei 780 °C bis 900 °C. Deckschichten aus Email sind im sauren und neutralen Bereich sowie gegen organische Stoffe, Lösungsmittel u.a. sehr beständig. Nachteilig sind die Schlagempfindlichkeit und die Empfindlichkeit gegen Temperaturwechsel (Kapitel 4.5.1.2).
- Ein Verfahren zum Aufbringen von **Kunststoffüberzügen** auf Metalle ist das Wirbelsintern. Dabei wird das heiße Metallteil in Kunststoffpulver eingetaucht, das durch eingeblasene Luft verwirbelt ist (Kapitel 4.5.2.1).
- **Lacke** und **Ölfarben** bestehen aus einem Bindemittel und Pigmenten (Farbteilchen) sowie gegebenenfalls einem Lösungsmittel. Der Überzug ist aus mehreren Schichten aufgebaut: Grundschicht und Deckschicht. Der Grundlack übernimmt die Hauptrolle des Korrosionsschutzes durch die Pigmente Mennige, Chromate, Zinkoxide und -phosphate, die als Passivatoren dienen. Die Deckschicht schließt durch ihre glatte Oberfläche nach außen porenfrei ab und besitzt dazu dekorative Funktion durch ihre farbgebenden Pigmente. Der Auftrag der Schichten kann durch Pinsel, Spritzen, Tauchen oder Kataphorese (das Werkstück wird als Katode geschaltet, an die die positiven Lackteilchen im Farbbad wandern) erfolgen (Kapitel 4.5.1.3).

11.5.2 Aktiver Korrosionsschutz

Unter aktivem Korrosionsschutz versteht man Änderungen vom Werkstoff und/oder Korrosionsmittel, katodischen Korrosionsschutz sowie konstruktive Vorbeugemaßnahmen. Möglichkeiten für **aktiven Korrosionsschutz** sind:

Tabelle 1: Korrosionsverhalten metallischer Werkstoffe

Werkstoffe	Korrosionsverhalten	Einsatz/Beispiele
Unlegierte und niedriglegierte Stähle	Wenig korrosionsbeständig	In Innenräumen mit weniger als 65 % Luftfeuchtigkeit. Für Außenanwendungen zusätzlicher Korrosionsschutz notwendig
Nichtrostende Stähle	Bei Cr-Gehalten über 12 % in Reinluftgebieten korrosionsbeständig. Erhöhte Korrosionsbeständigkeit durch Zusatz von Molybdän für Einsatz in Industrie- oder Meerluft. Gefahr der interkristallinen Korrosion nach Wärmeeinwirkung. Abhilfe durch Verminderung des C-Gehaltes (<0,03%) und/oder Legieren mit Ti oder Nb.	X6Cr13: Essbestecke X6Cr17: Waschmaschinen X6CrNiTi18-10: Chem. Apparate X6CrMo17: Kfz-Teile wie Zierleisten
Aluminium und Aluminiumlegierungen	Gute Korrosionsbeständigkeit, die durch anodische Oxidation noch verbessert wird.	Auch in Industrie- und Meerluft einsetzbar (außer Cu-haltige Al-Legierungen)
Kupfer und Kupferlegierungen	Gegenüber atmosphärischen Einflüssen gute Korrosionsbeständigkeit. Im Laufe der Zeit Schutzschichtbildung (Patina) auf der Oberfläche. Cu-Ni-Legierungen besonders korrosionsfest.	Elektrotechnikteile, Bauprofile
Zink	An der Atmosphäre auf der Oberfläche Bildung einer schützenden Schicht aus Zinkcarbonat (aber unbeständig gegen sauren Regen).	Schutzüberzug für Stahlbauteile, Dachrinnen
Chrom	An der Atmosphäre Bildung einer harten, blanken Schutzschicht.	Legierungselement für Stähle, Schutzüberzüge (Verchromen)

- Wahl des Werkstoffs, der für den gewünschten Verwendungszweck auf Grund seines Korrosionsverhaltens am besten geeignet ist. Tabelle 1 gibt einen Überblick über ausgewählte metallische Werkstoffe, ihr Korrosionsverhalten und mögliche Anwendungen.

- Durch **Legierungsbildung** werden gezielt bestimmte Werkstoffe für besondere Verwendungszwecke hergestellt. Durch Legieren von Eisen mit passiven Metallen wie Chrom kann eine Übertragung der Passivität der Legierungsbestandteile auf die Gesamtlegierung erfolgen. Das erklärt den hohen Anteil von Chrom (> 12 %) in den nichtrostenden Cr- und Cr-Ni-Stählen. Um der Gefahr der interkristallinen Korrosion vorzubeugen, können Cr-Stählen stabilisierende Elemente wie Titan, Niob oder Tantal zulegiert werden (Kapitel 6.3.2.2) oder der C-Gehalt auf unter 0,03 % (extra low carbon) abgesenkt werden (Bild 1, Seite 111). Zur Vermeidung der Spannungsrisskorrosion versucht man u. a. innere Spannungen möglichst klein zu halten bzw. durch eine auf die Stahlsorte abgestimmte Wärmebehandlung abzubauen.

- Veränderungen am **Korrosionsmittel** sind nur bedingt möglich. Durch Zugabe geringer Mengen von **Inhibitoren** (Hemmstoffe) gelingt es jedoch, die Korrosionsreaktion zu verlangsamen. Inhibitoren lagern sich bevorzugt an der Grenzfläche Metall-Korrosionsmittel an und behindern dadurch Grenzflächenvorgänge. Für neutrale Lösungen (Wasser, Kühlmittel) werden Natriumbenzoat, Thioharnstoff, Phosphate, Silikate u. a. eingesetzt. Inhibitoren für alkalische Lösungen sind Natriumnitrit und Trinatriumphosphat. Für nichtwässrige Systeme (Kraftstoffe, Schmiermittel, Lösungsmittel) wirken Carbonsäureamide oder Carbonsäureester korrosionshemmend.

- Bei **katodischem Korrosionsschutz** wird das zu schützende Werkstück elektrisch so geschaltet, dass es zur Katode wird und damit geschützt bleibt. Man kann hierzu elektrische Eigenspannungen oder Fremdspannungen verwenden:

Bild 1: Opferanode aus Magnesium an einer Stahlbrücke (schematisch)

11.5 Korrosionsschutz

Elektrische Eigenspannung

Durch Bildung eines künstlichen Lokalelementes aus zu schützendem Metall (Katode) und einem unedleren Partner (Zink, Magnesium) als Anode erzwingt man eine elektrochemische Oxidation des bewusst zugesetzten Partners, der im Interesse der Erhaltung des Bauteils geopfert wird. Durch den Einsatz solcher **„Opferanoden"** werden z. B. Brücken oder Schiffe geschützt (Bild 1, Seite 552).

Elektrische Fremdspannung

Durch Anlegen einer Gleichspannung mit Hilfe einer äußeren Gleichstromquelle macht man das zu schützende Objekt zur Katode und schützt es somit vor Korrosion, während die Anode aus Eisenschrott oder einem sich nicht auflösenden Material (z. B. Grafit) besteht. Dieses Verfahren wird zum Schutz von Hafenanlagen, unterirdischen Rohrleitungen oder Tanks verwendet (Bild 1).

Bild 1: Katodischer Korrosionsschutz mit Spannungsquelle

Bild 2: Beispiel der Isolierung einer Schraubenverbindung

11.5.3 Konstruktive Maßnahmen

Besondere Bedeutung für den Korrosionsschutz kommt auch konstruktiven Maßnahmen bei der Gestaltung und Herstellung von Geräten und Produkten zu. Ist es beispielsweise notwendig, Werkstoffe zu kombinieren, die unterschiedliche elektrochemische Eigenschaften haben, unterbindet eine wirksame Isolierung die Bildung eines Lokalelementes. In Bild 2 ist die Schutzwirkung einer Kunststoffisolierung dargestellt, die die Metalle Stahl und Aluminium wirksam voneinander trennt und so eine Lokalelementbildung verhindert.

Beim Fertigen von z. B. Fahrzeugteilen ist darauf zu achten, dass Spalte vermieden werden, in die Feuchtigkeit eindringen kann und die Korrosion ermöglicht (Bild 3a).

Bild 3: Vermeiden von Spalten

Bild 4: Verschiedene Fügetechniken

Korrosion kann weiterhin durch eine geeignete Anordnung von Profilen sicher vermieden werden (Bild 3b, Seite 553).

Weitere Beispiele für konstruktiven Korrosionsschutz stellen geeignete Fügetechniken dar (Bild 4, Seite 553).

Durch die Gestaltung von Böden kann der Ansammlung von Feuchtigkeit und Schlamm dadurch wirksam begegnet werden, dass ein optimaler Ablauf konstruktiv eingeplant wird (Bild 1).

Bild 1: Flüssigkeitsablauf zur Vermeidung von Wasser- und Schlammansammlungen

Tabelle 1: Normen bezüglich der Korrosion metallischer Werkstoffe (Auswahl)

Norm	Erläuterung
DIN 50 018	Prüfung im Kondenswasser-Wechselklima mit schwefeldioxidhaltiger Atmosphäre
DIN 50 900-2	Korrosion der Metalle – Elektrochemische Begriffe
DIN 50 905-1 bis -4	Korrosion der Metalle – Korrosionsuntersuchungen
DIN 50 916-/-2	Prüfung von Kupferlegierungen; Spannungsrisskorrosionsversuch mit Ammoniak
DIN 50 918	Korrosion der Metalle – Elektrochemische Korrosionsuntersuchungen
DIN 50 919	Korrosion der Metalle – Korrosionsuntersuchungen der Bimetallkorrosion in Elektrolytlösungen
DIN 50 920-1	Korrosion der Metalle – Korrosionsprüfung in strömenden Flüssigkeiten
DIN EN ISO 196	Kupfer und Kupferlegierungen. Auffinden von Restspannungen. Quecksilber(I)nitratversuch
DIN EN ISO 3651-1/-2	Ermittlung der Beständigkeit nichtrostender Stähle gegen interkristalline Korrosion
DIN EN ISO 6270-1/-2	Beschichtungsstoffe – Bestimmung der Beständigkeit gegen Feuchtigkeit
DIN EN ISO 8044	Korrosion von Metallen und Legierungen – Grundbegriffe
DIN EN ISO 8565	Metalle und Legierungen – Korrosionsversuche in der Atmosphäre – Allg. Anforderungen
DIN EN ISO 9227	Korrosionsprüfungen in künstlichen Atmosphären – Salzsprühnebelprüfungen
DIN EN ISO 11306	Korrosion von Metallen und Legierungen – Richtlinien für die Auslagerung von Metallen und Legierungen in oberflächennahem Meerwasser und für die Auswertung

12 Tribologie

Durch Reibung, Verschleiß und Korrosion entstehen Verluste an Rohstoffen und Energie, die in den Industrieländern rund 4,2 % des Bruttosozialprodukts betragen. Bezogen auf Deutschland bedeutet dies einen jährlichen volkswirtschaftlichen Verlust von rund 40 bis 45 Mrd. €. Die Zahlen verdeutlichen, welches enorme Einsparungspotenzial durch eine intensive Forschung auf dem Gebiet der Tribologie und durch die konsequente Anwendung tribologischer Erkenntnisse möglich ist.

> **ⓘ Information**
>
> **Tribologie**
> Tribologie ist die Wissenschaft, die sich mit Reibung und Verschleiß (mit oder ohne Schmierung) von gegeneinander bewegten Körpern beschäftigt. Hierzu zählen auch die entsprechenden Wechselwirkungen von Grenzflächen sowohl zwischen Festkörpern als auch zwischen Festkörpern und Flüssigkeiten oder Gasen. Das Wissensgebiet der Tribologie leistet einen wichtigen Beitrag zur Verminderung reibungs- und verschleißbedingter Energie- und Stoffverluste.

Der Begriff **Tribologie** (griech.: Reibungslehre) wurde erstmalig 1966 vom britischen Erziehungsministerium in einem Bericht unter dem Titel „Lubrication (Tribology)" benutzt und hat sich inzwischen weltweit durchgesetzt. Tribologie steht heute als Oberbegriff für das Gesamtgebiet Reibung – Schmierung – Verschleiß.

12.1 Tribosysteme

Zur Untersuchung eines technischen Systems in dem Reibungs- und Verschleißprozesse ablaufen und zur Ordnung der relevanten Einflussgrößen, grenzt man die zu untersuchenden Bauteile einer Maschine oder Anlage räumlich von den anderen Bauteilen ab. Dazu legt man in geeigneter Weise eine Einhüllende um die zu untersuchenden Bauteile und um die anderen am Vorgang beteiligten Partner (z. B. Schmierstoff). Diese abgegrenzten Bauteile einschließlich der stofflichen Partner bezeichnet man als **Tribosystem**.

Ziele einer tribologischen Betrachtungsweise eines Systems sind:
- Verminderung von Reibung und Verschleiß
- Senkung des Schmiermittelverbrauchs
- Bauteile von Maschinen und Anlagen möglichst so zu konstruieren, dass sie im Betrieb einem möglichst geringen Verschleiß unterliegen

12.1.1 Aufbau eines Tribosystems

Bild 1 zeigt den Aufbau eines Tribosystems: Die von außen auf die Struktur des Tribosystems einwirkenden Eingangsgrößen (das Beanspruchungskollektiv) werden über die Struktur in Nutzgrößen umgewandelt. Als Verlustgrößen treten dabei Reibung, Verschleiß, Temperaturerhöhung usw. auf.

Bild 1: Aufbau eines Tribosystems (nach *Czichos* und *Habig*)

12.1.2 Funktion eines Tribosystems

Tribosysteme werden in der Technik zur Verwirklichung unterschiedlicher Funktionen eingesetzt. Entsprechend ihrer hauptsächlichen Funktion unterscheidet man energiedeterminierte, stoffdeterminierte und informationsdeterminierte Systeme. In Tabelle 1 sind wichtige Funktionsbereiche von Tribosystemen gemeinsam mit einigen technischen Anwendungsbeispielen zusammengestellt. Die Anwendungsbeispiele verdeutlichen, dass zahlreiche Funktionen nur durch aufeinander einwirkende und gegeneinander bewegte Oberflächen, also durch Tribosysteme, ausgeführt werden können.

Tabelle 1: Beispiele für Tribosysteme in der Technik

Tribosystem	Hauptfunktion	Beispiele
Energiedeterminiert	Bewegungsübertragung	Getriebe, Riementrieb, Führungen, Gleitlager, Wälzlager
	Bewegungshemmung	Bremsen, Stoßdämpfer
	Kraftübertragung	Kupplungen
Stoffdeterminiert	Urformen von Bauteilen	Gieß-, Press-, Extrudierwerkzeuge
	Materialumformung	Biege-, Walz-, Schmiede-, Ziehwerkzeuge
	Materialtrennung	Bohr-, Dreh-, Fräs-, Schleifwerkzeuge
	Materialzerkleinerung	Kugelmühle, Drucklufthammer, Schredderanlage
	Aufbringen von Beschichtungen	Spritzdüsen
	Materialtransport	Rad und Schiene, Reifen und Straße, Förderband, Pipeline, Materialrutsche
	Fügen von Bauteilen	Passungen, Reibschweißen
Informationsdeterminiert	Informationsspeicherung	Plattenspieler, Diskette
	Informationsübertragung	Relais
	Informationsausgabe	Drucker, Audio/Video-Abtast-/Leseköpfe

12.2 Hauptgebiete der Tribologie

Die Hauptgebiete der Tribologie sind:
- Reibung
- Schmierung
- Verschleiß

Verschleiß und Reibung können durch Schmierung vermindert werden. Während eine Verschleißminderung meist immer erstrebenswert ist, ist eine niedrige Reibung häufig nicht erwünscht oder zulässig (z. B. Bremsen). Es muss dann ein bestimmter Verschleiß zugelassen werden, der jedoch durch geeignete konstruktive oder werkstofftechnische Maßnahmen in Grenzen gehalten werden muss.

12.2.1 Reibung

Reibung ist eine Wechselwirkung zwischen sich berührenden Stoffbereichen von Körpern. Sie verhindert entweder eine Relativbewegung (Haftreibung oder statische Reibung) oder sie wirkt einer Relativbewegung entgegen (Bewegungsreibung oder dynamische Reibung). Eine Möglichkeit für die Einteilung der Reibungsbegriffe zeigt Bild 1.

Bild 1: Möglichkeit der Einteilung der Reibungsbegriffe

12.2 Hauptgebiete der Tribologie

Um den Rahmen dieses Kapitels nicht zu sprengen, sollen nachfolgend neben einem kurzen Überblick über die unterschiedlichen Reibungsarten nur die technisch wichtigsten Zusammenhänge der Reibung, nämlich die Reibungsmechanismen bei Festkörperreibung und die Reibungszustände in geschmierten Gleitpaarungen erläutert werden.

12.2.1.1 Reibungsarten

Für tribotechnische Anwendungen ist eine Unterteilung der Reibung nach der Kinematik gebräuchlich. In Abhängigkeit von der Art der Relativbewegung der Reibpartner unterscheidet man die Hauptreibungsarten:

- **Gleitreibung**
- **Rollreibung**
- **Bohrreibung**

Außerdem wurde in der zurückgezogenen DIN 50 323-3 noch die Stoßreibung erwähnt. In technischen Anwendungen finden sich außerdem Überlagerungen dieser drei Hauptreibungsarten, die in grafischer Form in einem Reibungsdreieck dargestellt werden können (Bild 1).

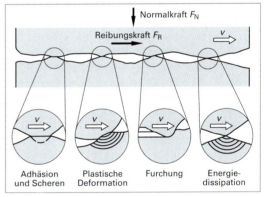

Bild 1: Einteilung der Reibungsarten sowie Beispiele für tribotechnische Maschinenelemente (nach *Czichos* und *Habig*)

12.2.1.2 Reibungsmechanismen bei Festkörperreibung

Im Kontaktbereich eines tribologischen Systems treten bewegungshemmende, energiedissipierende Prozesse auf. Die Reibungsmechanismen bei Festkörperreibung (also ohne Schmierung) sollen am Beispiel einer Gleitpaarung erläutert werden, da in der Technik die Gleitreibung für die Funktion zahlreicher tribotechnischer Systeme (z.B. Radial- oder Axialgleitlager, Schubführung oder Drehgelenk) von grundlegender Bedeutung ist. Der Festkörperreibung von Gleitpaarungen liegen die folgenden Reibungsmechanismen zugrunde (Bild 2):

Bild 2: Grundlegende Reibungsmechanismen bei Festkörperreibung (vereinfacht)

- **Adhäsion und Scheren:**
An den Kontaktflächen der Reibpartner kann es nach der Zerstörung der an der Oberfläche haftenden Adsorptions-, Oxid- oder Reaktionsschichten zu einem atomaren Kontakt der beiden Körper und damit zur Ausbildung chemischer Bindungen kommen (Kapitel 12.2.3.1). Physikalische Ursache der Adhäsionskomponente der Reibung ist im Falle der Trockenreibung das Zerstören dieser chemischen Bindungen (Abscheren) in der wahren Kontaktfläche bzw. in den angrenzenden Oberflächenbereichen (Bild 3, Seite 563). Bei Grenzreibung erfolgt die Abscherung in den adsorbierten Schmierstoffmolekülen.

- **Plastische Deformation:**
Eine tangentiale Relativbewegung sich berührender Körper ist stets mit der plastischen Deformation von „Rauheitshügeln" verbunden.

- **Furchung:**
Besitzen die Reibpartner eine unterschiedliche Härte, dann dringen die härteren Rauheitshügel in die weichere Oberfläche des Gegenkörpers ein. Die Furchungskomponente der Reibung entsteht nunmehr durch den Widerstand des weicheren Materials gegenüber der Furchung durch den härteren Gegenkörper bei einer Tangentialverschiebung. Man spricht in diesem Fall auch von **Gegenkörperfurchung**. Wird die Furchung dagegen durch eingebettete härtere Verschleißpartikel verursacht, dann spricht man von **Teilchenfurchung**.

- **Energiedissipation:**
Die physikalischen Prozesse der reibungsbedingten Energiedissipation sind komplex. Im Wesentlichen handelt es sich dabei um die Erzeugung von Gitterschwingungen, reibungsbedingte Schallemission, Photonenemission (Tribolumineszenz) sowie einer Ionen- und Elektronenemission. Eine detaillierte Beschreibung der dabei ablaufenden Prozesse sei der Fachliteratur vorbehalten.

Die genannten Prozesse gehen von den örtlich und zeitlich stochastisch verteilten Mikrokontaktflächen aus. Da mit zunehmender Normalkraft F_N die Anzahl der Mikrokontaktstellen und damit die Reibungskraft F_R etwa linear zunimmt, gilt: Normalkraft F_N ~ Anzahl der Mikrokontaktstellen ~ Reibungskraft F_R. Hieraus resultiert das für Festkörperreibung bekannte Reibungsgesetz nach **Amontons-Coulomb (Guillaume Amontons,** 1663 bis 1705; **Charles August Columb,** 1736 bis 1806): $F_R = f \cdot F_N$

Tabelle 1: Reibungszahl für unterschiedliche Reibungsarten und -zustände

Reibungsart	Reibungszustand[1]	Reibungszahl f
Gleitreibung	Festkörperreibung	0,1 > 1,0
	Grenzreibung	0,01 ... 0,2
	Mischreibung	0,01 ... 0,1
	Flüssigkeitsreibung	0,001 ... 0,01
	Gasreibung	0,0001
Rollreibung	Mischreibung	0,001 ... 0,005

[1] Erklärung der Begriffe siehe Kapitel 12.2.1.3

Der Proportionalitätsfaktor f wird als **Reibungszahl** oder **Reibungsbeiwert** bezeichnet. Die Größe der Reibungszahl hängt wesentlich von der Art der Relativbewegung der Reibpartner (d. h. von der Reibungsart) sowie vom Aggregatzustand der beteiligten Stoffbereiche (d. h. vom Reibungszustand) ab. Tabelle 1 gibt für einige ausgewählte Reibungsarten und Reibungszustände einen Überblick über die Größenordnung der Reibungszahlen.

12.2.1.3 Reibungszustände in geschmierten Gleitpaarungen

Durch Verwendung von Schmierstoffen wird der unmittelbare Kontakt zwischen Grund- und Gegenkörper unterbrochen. Reibung und Verschleiß können dadurch stark vermindert, die Lebensdauer der Reibpartner erhöht und die Energieverluste gesenkt werden. Eine große technische Bedeutung besitzen dabei Gleitpaarungen, die durch flüssige Schmierstoffe geschmiert werden.

Zur Beschreibung des Reibungs- und Verschleißverhaltens von geschmierten Gleitpaarungen hat die **Stribeck-Kurve (Richard Stribeck,** dt. Ingenieur, 1861 bis 1950) eine grundlegende Bedeutung (Bild 1). In ihr ist der Reibungskoeffizient (d. h. das Verhältnis aus Reibungs- zu Normalkraft) über einer Parameterkombination aus Viskosität, Gleitgeschwindigkeit und Normalkraft aufgetragen. Der Stribeck-Kurve liegt ein Gleitsystem zugrunde, das aus einem Grund- und Gegenkörper mit (messbarer) Oberflächenrauigkeit und einem flüssigen Schmierstoff (Schmieröl) besteht. Außerdem muss die Anordnung der Kontaktpartner einen sich in Strömungsrichtung verengenden Schmierspalt zulassen. Die Stribeck-Kurve unterscheidet die Reibungszustände der Grenz-, der Misch- und der Flüssigkeitsreibung:

Bild 1: Stribeck-Kurve (nach *Czichos* und *Habig*)

- **Flüssigkeitsreibung**
Im Zustand der Flüssigkeitsreibung ist die Summe der Rautiefe von Grund- und Gegenkörper kleiner als die Schmierfilmdicke. Die Kontaktpartner sind also vollständig durch einen Flüssigkeitsfilm getrennt. Um Grund- und Gegenkörper voneinander zu trennen, muss im Schmierfilm ein bestimmter Druck herrschen der über die Fläche der Gleitkörper eine der Normalkraft entgegenwirkende Kraft erzeugt. Der Druckaufbau kann entweder durch eine äußere Druckpumpe oder durch einen sich in Strömungsrichtung verengenden Schmierspalt erfolgen. Im ersten Fall spricht man von einem **hydrostatischen Schmierfilm** im zweiten Fall von einer **hydrodynamischen Schmierung.**

Eine hydrodynamische Schmierung kann nur bei bei hohen Gleitgeschwindigkeiten, hoher Viskosität des Schmierstoffs und niedriger Normalkraft realisiert werden. Außerdem müssen Grund- und Gegenkörper konstruktiv so gestaltet werden, dass sich der bereits erwähnte, verengende Schmierspalt ausbildet. Im Zustand der Flüssigkeitsreibung ist die äußere Reibung zwischen den Gleitpartnern aufgehoben, d. h. in den Schmierstoff verlegt. Reibung findet also nur im Innern dieses Schmierstoffs statt.

In geschmierten Gleitlagern lässt sich durch einen die Gleitpartner vollständig voneinander trennenden hydrostatischen oder hydrodynamischen Schmierfilm der Verschleiß nahezu vollständig vermeiden, da die Mechanismen der Adhäsion und der Abrasion sowie tribochemische Reaktionen (Kapitel 12.2.3.1) völlig ausgeschaltet werden. Allerdings zeigt die Stribeck-Kurve auch, dass im Falle der hydrodynamischen Schmierung beim Anfahren und auch beim Auslauf, infolge der geringen Gleitgeschwindigkeit, die Gebiete der Misch- und Grenzreibung (s. u.) durchlaufen werden müssen, so dass letztlich auch in derart geschmierten Gleitlagern mit Verschleiß zu rechnen ist.

- **Mischreibung**
Verringert sich mit abnehmender Gleitgeschwindigkeit oder mit zunehmender Normalkraft die Dicke des Schmierfilms soweit, dass die Gesamtrautiefe von Grund- und Gegenkörper erreicht wird, dann wird die Belastung nicht mehr vollständig durch den Schmierfilm aufgenommen, sondern auch durch unmittelbaren Kontakt der Rauheitshügel der Gleitpartner. Es tritt jetzt sowohl Flüssigkeits- als auch Festkörperreibung (Grenzreibung), die so genannte **Mischreibung,** in Erscheinung. Diese Form der Reibung macht sich in einem kontinuierlichen Anstieg des Reibungskoeffizienten bemerkbar und ist durch einen merklichen Verschleiß der Gleitpartner gekennzeichnet.

- **Grenzreibung**
Verschwindet schließlich der hydrodynamische Traganteil, dann gelangt man in das Gebiet der **Grenzreibung**. Die Grenzreibung ist ein Sonderfall der Festkörperreibung. Bei Grenzreibung wird die Belastung vollständig von den kontaktierenden Rauheitshügeln aufgenommen, die Scherung erfolgt aber überwiegend in den adsorbierten Schmierstoffmolekülen und nicht in den an die Kontaktflächen angrenzenden Werkstoffbereichen, wie dies bei der Trockenreibung der Fall ist. Unter Grenzreibung ist zwar die Schmierstoffviskosität bedeutungslos, adsorbierte Schmierstoffmoleküle üben aber dennoch eine reibungs- und verschleißmindernde Wirkung aus.

12.2.2 Schmierung und Schmierstoffe

Von allen Möglichkeiten, die zu einer Verminderung des Verschleißes führen, steht an erster Stelle die Schmierung. Schmierung vermindert nicht nur den Verschleiß, sondern sie führt auch zu einer Verminderung der Reibung und den damit verbundenen Energieverlusten. Werden von der Funktion des Tribosystems allerdings hohe Reibungskräfte gefordert (z. B. Bremsen oder kraftschlüssige Kupplungen), dann ist von einer Schmierung abzusehen. In diesen Fällen kann der Verschleiß nur durch konstruktive oder werkstofftechnische Maßnahmen in Grenzen gehalten werden.

Schmierstoffe haben die Aufgabe, den Reibungswiderstand zwischen den reibenden Flächen herabzusetzen und dadurch Material- und Energieverluste zu vermindern. Schmierstoffe können flüssig, fest oder plastisch verformbar sein. Bei den Schmierstoffen unterscheidet man im Wesentlichen **Schmieröle**, **Schmierfette** und **Festschmierstoffe**. Gelegentlich werden auch Wasser, flüssige Metalle oder Gase als Schmierstoffe eingesetzt. Bild 1 zeigt die Einsatzbereiche der verschiedenen Schmierstoffe in Abhängigkeit von der Belastung und der Relativbewegung der Gleitpartner.

Bild 1: Einsatzbereiche unterschiedlicher Schmierstoffe

12.2.2.1 Schmieröle

Schmieröle werden in der Regel zur Schmierung von Maschinenteilen in geschlossenen Gehäusen eingesetzt. Zur Abführung der Reibungswärme werden sie meist im Umlauf geführt und gegebenenfalls gekühlt. Anforderungen an Schmieröle sind:
- gleichbleibendes Viskositäts-Temperatur-Verhalten
- ausreichende Fließfähigkeit bei tiefen Temperaturen
- ausreichende Schmierfähigkeit

- keine Verdampfung bei höheren Temperaturen (besonders niedermolekularer Bestandteile)
- geringe Oxidationsneigung bei höheren Temperaturen (durch Oxidation bilden sich korrosiv wirkende Säuren)
- geringe Korrosionswirkung auf die zu schmierenden Bauteile

Bei den Schmierölen unterscheidet man die **mineralischen Schmieröle** (Mineralöle), die **synthetischen Schmieröle** (Syntheseöle) sowie die **tierischen** und **pflanzlichen Öle**.

Mineralöle sind die am häufigsten verwendeten Schmieröle. Vereinfacht handelt es sich dabei um Kohlenwasserstoffverbindungen unterschiedlicher Molekülform und -länge, die überwiegend aus Erdöl durch Destillation und Reinigung gewonnen werden. Syntheseöle sind auf chemischem Wege erzeugte Flüssigkeiten mit Schmierstoffeigenschaften. Da Syntheseöle relativ teuer sind, werden sie in der Regel nur dort eingesetzt, wo Mineralöle nicht mehr verwendbar sind (z. B. hohe oder tiefe Temperaturen, hohe Verschleißbeanspruchung oder spezielle Anforderungen wie schwere Entflammbarkeit).

Damit die Schmieröle über einen längeren Zeitraum unter hohen komplexen Beanspruchungen ihre Funktion sicher erfüllen können, werden ihnen **Additive** zugesetzt. Als Additive kennt man Reibungsminderer (vermindern die Gleitreibungszahl), Detergentien (verhindern Ablagerungen auf Werkstoffoberflächen), Korrosionsinhibitoren (schränken die Korrosion metallischer Werkstoffe ein), Oxidationsinhibitoren (vermindern die Oxidationsneigung der Schmierstoffe) u.a.

Die Kennzeichnung der Schmieröle erfolgt nach DIN 51 502 durch:

- Einen Buchstaben zur Kennzeichnung der Schmierölsorte (Tabelle 1) ggf. ergänzt durch einen oder mehrere Zusatz-Kennbuchstaben (Tabelle 1, Seite 561).
- Bei Synthese- oder Teilsyntheseölen werden zusätzlich Buchstaben zur Kennzeichnung der Art des Syntheseöls angehängt (Tabelle 1).
- Eine Ziffer zur Kennzeichnung der ISO-Viskositätsklasse[1].
- Mineralische Schmieröle erhalten als Symbol ein Quadrat, synthetische Schmieröle dagegen ein Quadrat mit Querstrich (Tabelle 1).

Tabelle 1: Kennbuchstaben zur Kennzeichnung der Schmieröle nach DIN 51 502 (Auswahl)

Art des Schmieröls	Kennbuchstabe	Symbol
Mineralöle		
Normalschmieröle	AN	
ATF-Öle (Automatic Transmission Fluid)	ATF	
Bitumenhaltige Schmieröle, bevorzugt für offene Schmierstellen	B	
Umlaufschmieröle	C	
Schmieröle für druckluftgetriebene Maschinen und Werkzeuge	D	
Luftfilteröle	F	
Formen-Trennöle	FS	
Hydrauliköle	H, HV	
Motoren-Schmieröle	HD	
Schmieröle für KFZ-Getriebe	HYP	
Isolieröle (elektrisch)	J	
Kältemaschinen-Schmieröle	K	
Härte- und Vergüteöle	L	
Wärmeträgeröle	Q	
Korrosionsschutzöle	R	
Kühlschmieröle (nicht wassermischbar)	S	
Schmier- und Regleröle	TD	
Luftverdichter-Schmieröle	V	
Walzöle	W	
Dampfzylinderöle	Z	
Schwer entflammbare Hydraulikflüssigkeiten		
Öl-in-Wasser-Emulsionen	HFA	
Wasser-in-Öl-Emulsionen	HFB	
Wässrige Polymerlösungen	HFC	
Wasserfreie Flüssigkeiten	HFD	
Synthese- oder Teilsyntheseöle Die Bezeichnung erfolgt analog den Schmierölen auf Mineralölbasis jedoch durch Ergänzung der folgenden Kennbuchstaben:		
Ester, organisch	E	
Perfluor-Flüssigkeiten	FK	
Synthetische Kohlenwasserstoffe	HC	
Ester der Phosphorsäure	PH	
Polyglykolöle	PG	
Silikonöle	SI	
Sonstige	X	

---

[1] Die ISO-Viskositätsklasse gibt die (kinematische) Viskosität des Schmieröls bei 40 °C an. Die Viskositätsklassen sind gestuft und reichen von 2 (wasserähnliche Viskosität) bis 1500 (honigartige Viskosität).

12.2 Hauptgebiete der Tribologie

- Für die Kennzeichnung von Schmierölen für Verbrennungsmotoren und Kraftfahrzeuggetriebe gelten andere Grundsätze, die ebenfalls in DIN 51 502 beschrieben werden. Hierauf soll jedoch nicht näher eingegangen werden.

Beispiele:

HLP 320
- Schmieröl auf Mineralölbasis (Hydrauliköl).
- Mit Wirkstoffen zum Erhöhen des Korrosionsschutzes und/oder der Alterungsbeständigkeit.
- Mit Wirkstoffen zur Herabsetzung der Reibung und des Verschleißes im Mischreibungsgebiet und/oder zur Erhöhung der Belastbarkeit.
- ISO-Viskositätsklasse 320, d. h. kinematische Viskosität[1] von 320 mm^2/s bei 40 °C.

CLP PG 320
- Synthetisches Schmieröl auf Polyglykolbasis (Umlaufschmieröl).
- Mit Wirkstoffen zum Erhöhen des Korrosionsschutzes und/oder der Alterungsbeständigkeit.
- Mit Wirkstoffen zur Herabsetzung der Reibung und des Verschleißes im Mischreibungsgebiet und/oder zur Erhöhung der Belastbarkeit.
- ISO-Viskositätsklasse 320, d. h. kinematische Viskosität[1] von 320 mm^2/s bei 40 °C.

12.2.2.2 Schmierfette

Im Gegensatz zu den Schmierölen werden Schmierfette in der Regel überall dort eingesetzt, wo kein Schmierkanalsystem vorhanden ist (z.B. für die Schmierung einfacher Lagerstellen sowie von Wälz- und Gleitlager). Außerdem dienen sie häufig auch der Abdichtung gegen Wasser und Fremdpartikel.

Schmierfette sind Schmierstoffe, die bei Raumtemperatur eine pastöse Beschaffenheit besitzen. Sie bestehen im Wesentlichen aus einem Mineral- oder Syntheseöl (mit oder ohne Additive) und einem Dickungsmittel. Das Dickungsmittel liegt in der Regel faserförmig als Gerüst vor, in dem dann das Schmieröl festgehalten wird. Nach der Art des Dickungsmittels unterscheidet man zwischen Natrium-, Lithium-, Calcium-, Aluminium-, Barium- und Komplexfetten. Für Sonderanwendungen stehen außerdem Fette mit organischen, aschehaltigen Eindickern (organische Bentonite) und aschefreie Polyharnstoffe zur Verfügung.

Tabelle 1: Zusatz-Kennbuchstaben für Schmieröle und Schmierfette nach DIN 51 502

Zusatz-Kennbuchstabe	Bedeutung
D	Für Schmieröle mit detergierenden Zusätzen
E	Für Schmieröle, die in Mischung mit Wasser zum Einsatz kommen (z. B. Kühlschmierstoffe)
F	Für Schmierstoffe mit Festschmierstoff-Zusatz (z.B. Grafit, Molybdändisulfid)
L	Für Schmieröle mit Wirkstoffen zum Erhöhen des Korrosionsschutzes und/oder der Alterungsbeständigkeit
M	Für wassermischbare Kühlschmierstoffe mit Mineralölanteilen
S	Für wassermischbare Kühlschmierstoffe auf synthetischer Basis
P	Für Schmierstoffe mit Wirkstoffen zum Herabsetzen der Reibung und des Verschleißes im Mischreibungsgebiet und/oder zur Erhöhung der Belastbarkeit
V	Für Schmierstoffe, die mit Lösemitteln verdünnt sind

Tabelle 2: Kennbuchstaben zur Kennzeichnung der Schmierfette nach DIN 51 502

Art des Schmierfetts	Kennbuchstabe	Symbol[1]
Schmierfette auf Mineralölbasis		
Schmierfette für Wälzlager, Gleitlager und Gleitflächen	K	
Schmierfette für geschlossene Getriebe	G	△
Schmierfette für offene Getriebe, Verzahnungen (Haftschmierstoffe ohne Bitumen)	CG	
Schmierfette für Gleitlager und Dichtungen[2]	M	
Schmierfette auf Syntheseölbasis Die Bezeichnung erfolgt analog den Schmierfetten auf Mineralölbasis jedoch unter Hinzufügung der folgenden Kennbuchstaben:		
Ester, organisch	E	
Perfluor-Flüssigkeiten	FK	
Synthetische Kohlenwasserstoffe	HC	◇
Ester der Phosphorsäure	PH	
Polyglykolöle	PG	
Silikonöle	SI	
Sonstige	X	

---

[1] Die Viskosität ist ein Maß für die innere Reibung des Schmierstoffs. Man unterscheidet die **dynamische Viskosität** η (Einheit Pa · s) und die **kinematische Viskosität** ν (Einheit mm^2/s). Die kinematische Viskosität ν ist der Quotient aus dynamischer Viskosität η und Dichte ϱ, also $\nu = \eta / \varrho$.

[1] Schmierfette auf Mineralölbasis erhalten als Symbol ein Dreieck, solche auf Syntheseölbasis einen Rhombus.
[2] Geringere Anforderungen im Vergleich zu Schmierfetten der Gruppe K.

Während des Betriebs erwärmt sich die Schmierstelle und damit auch das an der Schmierstelle befindliche Schmierfett. Dadurch tritt Schmieröl aus dem Schmierfett aus und sorgt auf diese Weise für die Schmierung der Lagerstelle.

Die Kennzeichnung der Schmierfette erfolgt ebenfalls nach DIN 51 502 durch:
- Einen Kennbuchstaben entsprechend Tabelle 2, Seite 561, ggf. ergänzt durch einen oder mehrere Zusatz-Kennbuchstaben (Tabelle 1, Seite 561).
- Bei Schmierfetten auf Syntheseölbasis werden zusätzlich Buchstaben zur Kennzeichnung der Art des Syntheseöls angehängt (Tabelle 2, Seite 561).
- Eine Konsistenzkennzahl nach Tabelle 1 (NLGI-Klasse; NLGI = **N**ational **L**ubrication **G**rease **I**nstitute).
- Einen Zusatz-Kennbuchstaben (C ... U) zur Kennzeichnung der oberen Gebrauchstemperatur sowie des Verhaltens gegenüber Wasser (Bedeutung siehe DIN 51 502).
- Einer Ziffer zur Kennzeichnung der unteren Gebrauchstemperatur (Tabelle 2).

Tabelle 1: Konsistenzkennzahlen nach DIN 51 502

Konsistenz-kennzahl	Konsistenzbeschreibung (Verformbarkeit)
000	sehr weich
00	salbenartig weich
0	salbenartig
1	salbenartig fest
...	...
5	zähpastös
6	hartpastös

Tabelle 2: Kennzeichnung der unteren Gebrauchstemperatur von Schmierfetten nach DIN 51 502

Kennziffer	Untere Gebrauchstemperatur
– 10	– 10 °C
– 20	– 20 °C
– 30	– 30 °C
– 40	– 40 °C
– 50	– 50 °C
– 60	– 60 °C

Beispiele:

- Schmierfett auf Mineralölbasis für Wälzlager, Gleitlager und Gleitflächen
- Konsistenzkennzahl 3
- Obere Gebrauchstemperatur + 140 °C (siehe DIN 51 502)
- Untere Gebrauchstemperatur – 20 °C

- Schmierfett auf Syntheseölbasis (Silikonölbasis) für Wälzlager, Gleitlager und Gleitflächen
- Konsistenzkennzahl 3
- Obere Gebrauchstemperatur + 180 °C (siehe DIN 51 502)
- Untere Gebrauchstemperatur – 30 °C

12.2.2.3 Festschmierstoffe

Festschmierstoffe werden vor allem dort eingesetzt, wo hohe oder tiefe Temperaturen, aggressive Medien oder die Forderung nach Ölfreiheit den Einsatz von Schmierfetten oder Schmierölen verbietet (z.B. Auspuffanlagen, Maschinen und Anlagen in der Lebensmittelindustrie usw.). Auch im Gebiet der Grenz- und Mischreibung, z. B. bei kleinen Gleitgeschwindigkeiten oder häufigem Anfahren unter Belastung, lassen sich Festschmierstoffe vorteilhaft verwenden. Festschmierstoffe können in die folgenden Gruppen eingeteilt werden:

- Verbindungen mit Schichtgitterstruktur, z. B. Molybdändisulfid (MoS_2), Grafit.
- Oxidische und fluoridische Verbindungen der Übergangs- und Erdalkalimetalle, z. B. Bleioxid, Molybdänoxid, Wolframoxid, Zinkoxid, Cadmiumoxid, Kupferoxid, Titandioxid, Calciumfluorid.
- Weiche Metalle, z. B. Blei, Indium, Silber
- Polymere, z. B. Polytetrafluorethylen (PTFE), Polyimide u. a.

Die Schmierwirkung von Festschmierstoffen soll am Beispiel der Verbindungen mit Schichtgitterstruktur (Molybdändisulfid, Grafit u. a.) erläutert werden. Das gute Schmiervermögen der Schmierstoffe mit Schichtgitterstruktur liegt in ihrem Molekülgitter begründet: Durch den schichtartigen Aufbau, d. h. kleine Atomabstände und damit hohe Anziehungskräfte innerhalb der Schichten (Basisflächen) bzw. große Abstände und damit schwache Kräfte zwischen den Schichten führen

Bild 1: Schichtgitter von Grafit

12.2 Hauptgebiete der Tribologie

zu einem leichten Abgleiten (Abscheren) der Basisflächen. Die abgescherten Teilchen glätten außerdem die Oberfläche und verhindern die Bildung von Mikrokontakten. Bild 1, Seite 562, veranschaulicht diesen Sachverhalt am Beispiel des Kristallgitters von Grafit.

12.2.3 Verschleiß

Unter Verschleiß versteht man den fortschreitenden Materialverlust aus der Oberfläche eines festen Körpers, hervorgerufen durch mechanische Ursachen, d.h. Kontakt und Relativbewegung eines festen, flüssigen oder gasförmigen Gegenkörpers. Verschleiß ist somit ein Zerstörungsvorgang, der die Oberflächen von Werkstoffen angreift. Verschleiß ist in der Regel unerwünscht, da er die Funktionsfähigkeit von Bauteilen herabsetzt und insgesamt zu einer Wertminderung führen kann. Nur in wenigen Ausnahmefällen, wie beispielsweise bei Einlaufvorgängen, üben Verschleißvorgänge erwünschte Wirkungen aus.

Bearbeitungsvorgänge gelten nicht als Verschleiß, obwohl im Bereich der Grenzfläche zwischen Werkzeug und Werkstück tribologische Vorgänge ablaufen. Verschleiß und Bearbeitung unterscheiden sich dadurch, dass letzterer nicht zu einer Herabsetzung der Funktionsfähigkeit des Bauteils führt.

Der Verschleißvorgang und das Verschleißergebnis werden als gemeinsame Wirkung von fünf Einflussgrößen betrachtet (Bild 1):
- Grundkörper
- Gegenkörper bzw. Gegenstoff
- Zwischenstoff
- Umgebungsmedium
- Beanspruchungskollektiv (Belastung, Bewegung)

Bild 1: Einflussgrößen beim Verschleißvorgang nach DIN 50 320 (zurückgezogen)

12.2.3.1 Verschleißmechanismen

Als Verschleißmechanismen werden die im Kontaktbereich eines tribologischen Systems auftretenden physikalischen und chemischen Elementarprozesse bezeichnet, die zu Stoff- und Formänderungen der Kontaktpartner führen. Heute unterscheidet man in der Regel vier verschiedene Mechanismen des Festkörperverschleißes (Bild 2):
- Adhäsionsverschleiß (Haft- oder fressender Verschleiß)
- Tribochemische Reaktionen
- Abrasivverschleiß (Furchungsverschleiß)
- Oberflächenzerrüttung

Welche Verschleißmechanismen auftreten, hängt vom Beanspruchungskollektiv und den Eigenschaften aller am Verschleiß beteiligten Elemente ab.

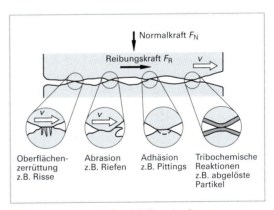

Bild 2: Grundlegende Verschleißmechanismen

a) Adhäsionsverschleiß

Die Oberflächen von Werkstoffen sind nie vollkommen eben, sondern sie weisen, selbst in poliertem Zustand, immer eine gewisse Rauigkeit auf. Die eigentliche Berührung der Werkstücke erfolgt daher nicht großflächig, sondern nur an diesen **Mikrokontaktflächen**. Unter Einwirkung äußerer Kräfte treten im Bereich dieser Mikrokontaktflächen erhebliche mechanische Spannungen auf, die durch tangentiale Relativbewegungen noch verstärkt werden.

Bild 3: Modell der Adhäsionskomponente des Verschleißes

Dadurch können die auf den Oberflächen haftenden Adsorptions- und Oxid- oder Reaktionsschichten zerstört werden. Dies führt zu einem atomaren Kontakt zwischen den beiden Körpern und damit zur Ausbildung chemischer Bindungen[1], also zu einem örtlichen **Verschweißen (Kaltverschweißung)** der Kontaktflächen.

Bewegen sich diese an den Mikrokontaktstellen verschweißten Werkstücke relativ zueinander, dann müssen die atomaren Bindungen wieder gelöst werden. Für den Verschleiß ist es nun von Bedeutung, dass die Abscherung nicht immer in den ursprünglichen Mikrokontaktflächen, sondern auch in den angrenzenden Oberflächenbereichen der Kontaktpartner stattfinden kann. Auf diese Weise kann Werkstoff von einem Partner auf den anderen übertragen werden. Man spricht von **Materialübertragung**, die in der Regel vom weichen auf den harten Partner erfolgt (Bild 3, Seite 563). Im Verlauf des Verschleißvorgangs werden diese aufgetragenen Materialpartikel nunmehr stärker belastet, so dass sie schließlich abgetrennt werden können.

Adhäsiver Verschleiß tritt häufig auf bei:
- Gleit- oder Wälzpaarungen (z. B. Gleitlager, Getriebe, Kolben/Zylinder), die nicht geschmiert wurden oder bei denen der Schmierfilm infolge Überbelastung unterbrochen wurde.
- Elektrischen Kontakten.
- Aufbauschneiden bei Zerspanungswerkzeugen.

Um adhäsiven Verschleiß zu vermeiden, sind folgende Gegenmaßnahmen denkbar:
- Vermeidung mechanischer und thermischer Überbeanspruchungen der Oberflächenbereiche der Kontaktpartner.
- Trennung der Kontaktpartner durch einen Schmierfilm zur Verminderung der Reibung (nur möglich, falls eine niedrige Reibung erwünscht ist).
- Vermeidung metallischer Werkstoffpaarungen, insbesondere solche mit kubisch-flächenzentriertem Kristallgitter (austenitische Stähle). Artfremde Paarungen wie Metall/Keramik oder Metall/Kunststoff sollten bevorzugt werden.
- Verwendung von Schmierstoffen mit Additiven welche den Aufbau schützender Adsorptions- oder Reaktionsschichten fördern.

Bild 1: Aufbau der Randschicht metallischer Werkstoffe

b) Tribochemische Reaktionen

Grundkörper, Gegenkörper, Zwischenstoff und Umgebungsmedium können miteinander chemische Reaktionen eingehen. Durch tribochemische Reaktionen werden Aufbau und Eigenschaften der äußeren Grenzschicht (Bild 1) der Oberfläche verändert.

Infolge thermischer und mechanischer Aktivierung besitzen die an diese Mikrokontaktstellen angrenzenden Oberflächenbereiche eine erhöhte chemische Reaktionsbereitschaft, so dass chemische Reaktionen bevorzugt dort ablaufen. Es bilden sich Reaktionsschichten, die, abhängig von Schichtdicke und Härte, eine verschleißsteigernde oder auch eine schützende Wirkung haben können (Bild 2).

Bild 2: Modell der tribochemischen Komponente des Verschleißes

---

[1] Hierbei kann es sich, abhängig von der Art der Kontaktpartner, um starke **Hauptvalenzbindungen** (Ionenbindung, Atombindung, Metallbindung) oder um schwache **Nebenvalenzbindungen** (Van-der-Waals-Bindungen) handeln.

12.2 Hauptgebiete der Tribologie

Eine schützende Wirkung ist vor allem dann zu erwarten, falls die Schichten auf einem harten Untergrund (z. B. auf einer borierten Stahloberfläche) aufwachsen, der verhindert, dass die Reaktionsschichten bei der tribologischen Beanspruchung eingedrückt und damit zerstört werden.

Eine Erhöhung des Verschleißes durch tribochemisch gebildete Reaktionsschichten ist dann gegeben, falls die Schichten aufgrund ihrer Sprödigkeit abplatzen und harte Oxidpartikel, die ihrerseits abrasiv wirken, gebildet werden. Außerdem kann an den dabei freigelegten Oberflächen adhäsiver Verschleiß auftreten.

Tribochemische Reaktionen machen sich auf den Oberflächen von Eisenwerkstoffen durch eine rotbraune (α-Hämatit) oder schwarze Schicht (Magnetit) bemerkbar. Sie sind an der Bildung von **Reib-** oder **Passungsrost** beteiligt, der insbesondere bei Gleitlagern das Lagerspiel vermindern und somit einen Totalausfall des Lagers herbeiführen kann. Maßnahmen zur Einschränkung tribochemischer Reaktionen sind nicht immer sinnvoll, da in vielen Fällen die Reaktionsprodukte den Verschleiß erheblich mindern können. Tribochemische Reaktionen müssen jedoch unterbunden werden, falls durch die Reaktionsprodukte Lagerspiele verkleinert oder völlig zugesetzt werden, so dass der Bewegungsablauf behindert wird. Ebenso dürfen auf Kontakten keine isolierenden Deckschichten gebildet werden. Zu den wichtigsten Maßnahmen zur Verhinderung tribochemischer Reaktionen gehören:

- Vermeidung metallischer Werkstoffe durch Verwendung von Keramik oder hochpolymeren Werkstoffen.
- Einsatz von Edelmetallen, die keine Reaktionsschichten bilden (z. B. Vergolden elektrischer Kontakte).
- Verwendung von Umgebungsmedien, die mit den übrigen stofflichen Elementen des Tribosystems keine störenden Reaktionen eingehen.
- Hydrodynamische Schmierung, sofern eine niedrige Reibung zulässig ist (Kapitel 12.2.1.3).

c) Abrasion

Der abrasive Verschleiß tritt auf, wenn Rauigkeitshügel des Gegenkörpers oder Partikel aus dem Zwischenstoff bzw. dem Gegenkörper in die Oberfläche des Grundkörpers eindringen und gleichzeitig eine Tangentialbewegung ausführen, so dass Riefen oder Mikrospäne gebildet werden. Voraussetzung ist dabei, dass der Abrasivstoff eine im Vergleich zum Grundkörper höhere Härte aufweist.

Die Abrasion kann zu einem sehr großen Verschleiß führen und tritt besonders bei der Gewinnung, Förderung und Verarbeitung von Rohstoffen (z.B. Zerkleinerungs-, Misch- und Transportprozesse, Erdbewegungen usw.) als beträchtlicher Kostenfaktor in Erscheinung. Auch beim Eindringen von Sand- oder Staubpartikel in Gleit- oder Wälzflächen von Bauteilpaarungen ist, wie die Erfahrung lehrt, mit einem erheblichen abrasiven Verschleiß zu rechnen. Das mikroskopische Erscheinungsbild der Abrasion ist durch Krater, Riefen und Mulden gekennzeichnet, in denen sich vielfach Mikrospäne befinden. Bei spröden Werkstoffen kommen außerdem Ausbröckelungen hinzu. Mögliche Schädigungsmechanismen des Werkstoffs beim Abrasivverschleiß zeigt Bild 1. Demnach kann man unterscheiden zwischen:

- **Mikropflügen:**
  Beim Mikropflügen tritt in der Ritzfurche eine plastische Verformung verbunden mit der Ausbildung seitlicher Verformungswälle auf. Ein Materialverlust ist hierbei nicht zu beobachten. Mikropflügen tritt bei duktilen Werkstoffen auf.

- **Mikrospanen:**
  Wird durch das Eindringen des Abrasivstoffs das Verformungsvermögen des Werkstoffs überschritten, dann beobachtet man die Bildung eines Mikrospanes, dessen Volumen idealerweise gleich dem Volumen der entstehenden Verschleißfurche ist.

Bild 1: **Mechanismen der Werkstoffschädigung beim Abrasivverschleiß**
a) Mikropflügen b) Mikrospanen c) Mikroermüden d) Mikrobrechen

- **Mikroermüden:**
Unterliegen die verformten Bereiche einer wiederholten Abrasivbeanspruchung, dann ist ein Materialabtrag infolge Ermüdung des Werkstoffes zu beobachten. Dieser Teilprozess ist eigentlich der Oberflächenzerrüttung zuzuordnen.

- **Mikrobrechen:**
Vorzugsweise bei spröden Werkstoffen beobachtet man muldenförmige Ausbrüche entlang der Ritzspur. Diese Erscheinung wird als Mikrobrechen bezeichnet und führt ebenso wie das Mikrospanen bzw. das Mikroermüden zu unerwünschten Verschleißteilchen.

Wenngleich für manche Werkstoffgruppen eine lineare Beziehung zwischen Härte und Abrasivverschleiß besteht, so darf die Härte keinesfalls als Maß für den Abrasivverschleiß dienen. Werkstoffe können durchaus dieselbe Härte besitzen (z. B. ein vergüteter und ein kaltverformter Stahl), aufgrund der unterschiedlichen Gefügestruktur aber einen völlig unterschiedlichen Widerstand gegen abrasiven Verschleiß aufweisen.

Um den Abrasionsverschleiß möglichst niedrig zu halten, sind die folgenden Maßnahmen denkbar:

- Verwendung von Werkstoffen die härter sind als der Abrasivstoff bzw. der tribologisch beanspruchte Gegenkörper.
- Einsatz gummielastischer Werkstoffe bei Spül- und Strahlverschleiß mit überwiegendem Prallstrahlanteil.

d) Oberflächenzerrüttung

Tribologische Beanspruchungen sind meist mit einer Kräfteübertragung an den Mikrokontaktstellen (bei Trocken-, Grenz- und Mischreibung) bzw. über den Schmierfilm (bei Flüssigkeitsreibung) und somit mit der Erzeugung zeitlich und örtlich wechselnder mechanischer Spannungen in den oberflächennahen Werkstoffschichten verbunden. Dort laufen dann prinzipiell der Werkstoffermüdung (Kapitel 13.5.8.1) vergleichbare Vorgänge ab. Diese Erscheinungsform des Verschleißes wird als Oberflächenzerrüttung bezeichnet.

Die Oberflächenzerrüttung weist gewisse Ähnlichkeiten mit der volumenbezogenen Ermüdung von Massivmaterialien auf. Sie äußert sich in einem allmählichen Entstehen und Wachsen von Rissen, die schließlich zum Abtrennen ganzer Partikel aus den beanspruchten Oberflächenbereichen führen. Es entstehen Grübchen oder Löcher.

Bild 1: Modell der Oberflächenzerrüttungskomponente des Verschleißes

Die Oberflächenzerrüttung kann prinzipiell an allen Werkstoffen auftreten. Besonders Wälzlager und Zahnräder unterliegen diesem Verschleißmechanismus (Grübchenbildung) und werden dadurch in ihrer Gebrauchsdauer begrenzt.

Die Oberflächenzerrüttung kann auch bei hydrodynamisch geschmierten Gleitlagern zum Schaden führen, da mechanische Spannungen wechselnder Größe auch durch den Schmierfilm übertragen werden können.

Maßnahmen zur Einschränkung der Oberflächenzerrüttung sind:

- Verwendung von Werkstoffen mit hoher Härte und großer Zähigkeit. Da mit steigender Werkstoffhärte die Zähigkeit aber in aller Regel abnimmt, ist man auf einen Kompromiss angewiesen.
- Verwendung möglichst homogener Werkstoffe bzw. heterogener Werkstoffe sofern sie feinkörnige und fein verteilte Phasen enthalten.
- Einbringung von Druckeigenspannungen (z. B. durch Aufkohlen, Nitrieren oder Kaltverfestigung). Dadurch kann der Widerstand gegen Werkstoffzerrüttung erhöht werden.
- Vermeidung inhomogener Spannungsverteilungen (z. B. durch Einschlüsse oder innere Kerben) sowie Realisierung möglichst geringer Oberflächenrauigkeiten.

12.2 Hauptgebiete der Tribologie

Tabelle 1: Wichtige Verschleißarten in Abhängigkeit der tribologischen Beanspruchung
(nach *Czichos* und *Habig*)

Verschleißpartner	Verschleißart	Beanspruchung	Wirksame Verschleißmechanismen				Beispiele
			Adhäsion	Abrasion	Oberflächenzerrütt.	Tribochem. Reakt.	
Festkörper auf Festkörper mit vollständiger Filmtrennung	—		0	0	1/2	1/2	• Gleitlager • Führungsbahnen
Festkörper auf Festkörper bei Trockenreibung, Grenzreibung o. Mischreibung	Gleitverschleiß		1/4	1/4	1/4	1/4	• Gleitlager • Drehmeißel • Führungsbahnen
	Wälzverschleiß Rollverschleiß[1]		1/4	1/4	3/4	1/4	• Wälzlager • Zahnflanken
	Prallverschleiß Stoßverschleiß		1/4	1/4	1/4	1/4	• Stanzwerkzeuge • Stößel
	Schwingungsverschleiß		1/4	1/4	1/4	1/4	• Fügeverbindungen, die locker sitzen
Festkörper und Festkörper mit Partikeln	Korngleitverschleiß		1/4	3/4	0	1/4	• Schmutzpartikel an Gleitlagerstellen
	Kornwälzverschleiß		1/4	1/4	1/2	1/4	• Laufflächen von Schienenfahrzeugen
Festkörper und Flüssigkeit mit Partikeln	Spülverschleiß (Erosionsverschleiß)		0	3/4	1/4	1/4	• Hydraul. Förderung von Feststoffen
Festkörper und Gas mit Partikeln	Gleitstrahlverschleiß		0	3/4	1/4	1/4	• Pneum. Förderung von Feststoffen • Sandstrahlen • Glasperlenstrahlen
	Schrägstrahlverschleiß		1/4	1/4	1/4	1/4	
	Prallstrahlverschleiß		0	1/4	3/4	1/4	
Festkörper und Flüssigkeit	Flüssigkeitserosionsverschleiß Kavitationsverschleiß		0	0	3/4	1/4	• Antriebsschrauben von Wasserfahrzeugen
	Tropfenschlagverschleiß		0	0	3/4	1/4	—
Festkörper und Gas	Gaserosion		Tribosublimation[2]				—

[1] Gegenüber dem Wälzverschleiß tritt beim Rollverschleiß Schlupf auf
[2] Unter Tribosublimationen versteht man die Ablösung von Atomen oder Molekülen aus der Werkstoffoberfläche. Die Tribosublimation tritt in nennenswertem Umfang erst dann auf, wenn die Oberflächentemperatur erheblich ansteigt (z.B. Eintritt eines Flugkörpers in die Erdatmosphäre).

Anteiliges Auftreten: ○ 0% ● 100%

12.2.3.2 Verschleißarten

In Abhängigkeit des zeitlichen Verlaufs der äußeren Belastung sowie der zwischen den Verschleißpartnern auftretenden Relativbewegungen werden üblicherweise die in Tabelle 1, Seite 567, zusammengestellten Verschleißarten unterschieden. Bei den meisten Verschleißarten können mehrere Verschleißmechanismen gleichzeitig wirksam werden. Da mehrere Verschleißarten nebeneinander auftreten und außerdem innerhalb einer Verschleißart unterschiedliche Verschleißmechanismen aktiv sein können, ist in der Praxis die eindeutige Zuordnung eines bestimmten Erscheinungs- oder Schadensbildes zu einer Verschleißart häufig schwierig.

12.3 Verschleißbeständige (tribotechnische) Werkstoffe

Bereits zu Beginn dieses Kapitels wurde auf die enormen volkswirtschaftlichen Verluste durch Reibung, Verschleiß und Korrosion hingewiesen. Diese Verluste können unter anderem durch Verwendung verschleißbeständiger (tribotechnischer) Werkstoffe vermindert werden. Nachfolgend werden eine Reihe ausgewählter verschleißbeständiger Werkstoffe bzw. Maßnahmen zur Verbesserung der Verschleißbeständigkeit vorgestellt.

12.3.1 Verwendung von Stählen bzw. Stahlguss mit hoher Verschleißbeständigkeit

Stähle bilden in der Technik die wichtigste Werkstoffgruppe. Ihre Eigenschaften hängen im Wesentlichen vom Kohlenstoffgehalt, von der Art und Menge der Legierungselemente sowie vom Gefüge ab. Das Gefüge kann dabei durch eine Wärmebehandlung gezielt verändert werden. Der Verschleißwiderstand von Stählen wird dabei entscheidend von der Art und vom Gehalt an Carbiden geprägt.

Durch das Legieren mit carbidbildenden Legierungselementen wie Chrom, Molybdän, Wolfram und Vanadium kann bei entsprechender Erhöhung des Kohlenstoffgehalts über die Steigerung der Carbidhärte und der Carbidmenge der Verschleiß des Werkstoffs deutlich vermindert werden. In Tabelle 1 sind eine Reihe technisch wichtiger, verschleißbeständiger Stähle und Stahlgusssorten zusammengestellt.

Tabelle 1: Zusammenstellung technisch wichtiger, verschleißbeständiger Stähle und Stahlgusssorten

Werkstoff	Beispiele	Anwendung
Vergütungsstahl bzw. Vergütungsstahlguss	34CrNiMo6 42CrMo4 50Mn7	• Schmirgelnder Verschleiß • Mittlere Schlagbeanspruchung
Höherfeste Stähle bzw. Stahlguss	22NiMoCr5-6 G22NiMoCr5-6	• Schmirgelnder Verschleiß • Mittlere Schlagbeanspruchung
Legierte Kaltarbeitsstähle	145V33 X38CrMoV5-1 X40CrMoV5-1 X155CrVMo12-1 X165CrMoV12	• Schmirgelnder Verschleiß • Mittlere Schlagbeanspruchung
Warmarbeitsstähle	56NiCrMoV7	• Schmirgelnder Verschleiß • Mittlere Schlagbeanspruchung
Schnellarbeitsstähle	HS12-1-4-5 HS10-4-3-10	• Schmirgelnder Verschleiß • Mittlere Schlagbeanspruchung
Manganhartstähle	X120 Mn12 X110 Mn14 X90 Mn18	• Geringer schmirgelnder Verschleiß • Hohe Druck- und Schlagbeanspruchung

Bild 1, Seite 569, zeigt den Zusammenhang zwischen Verschleiß und Carbidmenge am Beispiel verschiedener Stähle im gehärteten Zustand. Nicht nur die Art und die Menge der Carbide hat einen Einfluss auf das Verschleißverhalten des Werkstoffs, sondern auch deren Verteilung und Größe.

Zunehmende Abstände zwischen den Carbiden sowie eine fallende Carbidgröße verschlechtern dabei den Verschleißwiderstand.

12.3.2 Oberflächenschutzschichten

Tribologische Beanspruchungen werden primär in den Oberflächenbereichen von Werkstoffen wirksam, daher kommt den Oberflächenschutzschichten zur Verminderung von Reibung und Verschleiß eine große Bedeutung zu.

Zur Erzeugung von Oberflächenschutzschichten stehen eine große Anzahl unterschiedlicher Verfahren zur Verfügung, die in Tabelle 1, Seite 570, zusammenfassend dargestellt sind.

Voraussetzung für eine Verbesserung des Verschleißwiderstandes ist allerdings die Verwendung von für das jeweilige Verfahren geeigneter Werkstoffe (Bild 1).

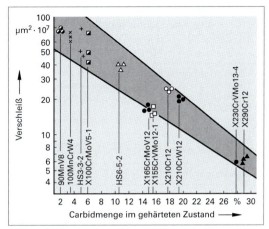

Bild 1: Abhängigkeit von Verschleiß und Carbidmenge ausgewählter Stähle im gehärteten Zustand

Bild 2 zeigt den prinzipiellen Aufbau von beschichteten Werkstoffen. Die äußere Grenzschicht wird durch eine nur wenige nm dicke Adsorptionsschicht sowie durch eine Oxid- oder Reaktionsschicht gebildet. Ihnen schließt sich die eigentliche Oberflächenschutzschicht und letztlich der durch die Beschichtung beeinflusste Bereich des Grundwerkstoffs an.

Die Dicke der Oberflächenschutzschichten reicht, je nach Verfahren, von 0,01 µm beim Ionenimplantieren, bis in den Bereich einiger Zentimeter beim Auftragschweißen oder Plattieren.

Die Härte einer Oberflächenschutzschicht (Tabelle 1, Seite 570) wird vielfach als eine wichtige Größe zur Beurteilung von deren Verhalten unter tribologischer Beanspruchung herangezogen, obwohl zwischen Härte und Verschleißwiderstand kein allgemeingültiger Zusammenhang besteht.

Bild 3 verdeutlicht am Beispiel einer unbehandelten, einer einsatzgehärteten und einer nitrierten Stahloberfläche die mögliche Verbesserung der Verschleißbeständigkeit (hier: Abrasivverschleiß) durch eine Oberflächenschutzschicht.

Im Hinblick auf eine Erhöhung des Verschleißwiderstandes haben in den vergangenen Jahren insbesondere CVD- und PVD-Verfahren (Kapitel 4.5.4) ein große Bedeutung gewonnen (Tabelle 1, Seite 570).

Bei Werkzeugen lassen sich durch diese Verfahren die Standzeiten vervielfachen. Durch die CVD- bzw. PVD-Verfahren werden dünne Hartstoffschichten (unter 10 µm) bevorzugt aus Titannitrid (TiN), Titancarbid (TiC) aber auch anderen Carbiden, Nitriden, Carbonitriden, Boriden, Oxiden und auch reinen Metallen auf den verschleißgefährdeten Oberflächen abgeschieden.

Bild 2: Aufbau eines beschichteten Werkstoffs

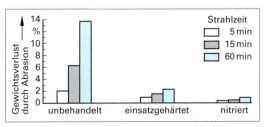

Bild 3: Gewichtsverlust durch Abrasivverschleiß (Stahlkiesbestrahlung)

Tabelle 1: Wichtige Verfahren zum Aufbringen von Oberflächenschutzschichten sowie qualitative Bewertung ihres funktionellen Verhaltens (nach *Czichos* und *Habig*)

Verfahren	Funktionelles Verhalten	Art/Erzeugung der Schutzschicht	Härte der Schutzschichten[1]
Mechanische Oberflächenverfestigung • Strahlen • Festwalzen • Druckpolieren	Einlaufverschleiß ↓ Schwingfestigkeit ↑	Gefügemäßige Veränderung der Eigenschaften der Oberflächenbereiche.	–
Randschichthärten: • Flammhärten • Induktionshärten • Elektronenstrahlhärten • Laserstrahlhärten	Abrasion ↓ Schwingfestigkeit ↑		750 ... 1200
Randschichtumschmelzen: • Lichtbogenumschmelzen • Elektronenstrahlumschmelzen • Laserstrahlumschmelzen	Oberflächenzerrüttung ↓ Abrasion ↓ Adhäsion ↓		1000 ... 1900
Ionenimplantieren	Oberflächenzerrüttung ↓ Adhäsion ↓ Korrosion ↓ Schwingfestigkeit ↑	Bildung von Oberflächenschutzschichten, die aus Bestandteilen des Behandlungsmediums und des Grundwerkstoffs zusammengesetzt sind.	–
Thermochemische Verfahren: • Einsatzhärten • Borieren • Nitrieren • Chromieren • Vanadisieren • Titanieren	Je nach Verfahren: Verschleiß ↓ Korrosion ↓ Schwingfestigkeit ↑		1000 ... 1900
Physikalische Abscheidung aus der Gasphase (PVD-Verfahren)	Je nach Schicht: Reibung ↓ Abrasion ↓ Adhäsion ↓ Oxidation ↓		1700 ... 3500
Chemische Abscheidung aus der Gasphase (CVD-Verfahren)	Je nach Schicht: Reibung ↓ Abrasion ↓ Adhäsion ↓ Oxidation ↓		1800 ... 3500
Beschichten aus dem ionisierten Zustand: • Galvanisches Beschichten • Chemisches Beschichten	Je nach Schicht: Abrasion ↓ Adhäsion ↓ Korrosion ↓ Schwingfestigkeit ↓	Bildung artfremder Schichten.	500 ... 1200 600 ... 1000
Schmelztauchen	Korrosion ↓		–
Aufgießen Aufsintern	Bei Gleitlagern: Notlaufverhalten ↑		–
Thermisches Spritzen: • Flammspritzen • Lichtbogenspritzen • Plasmaspritzen • Detonationsspritzen	Je nach Schicht: Verschleiß ↓ Korrosion ↓ Hochtemperaturoxidat. ↓		Keramik: 800 ... 1700 Metalle: 500 ... 1100
Auftragschweißen/Schweißplattieren	Abrasion ↓ Korrosion ↓		800 ... 1800
Plattieren: • Walzplattieren • Sprengplattieren	Abrasion ↓ Korrosion ↓		–

[1] HK 0,025 = Knoop-Härte mit einer Prüfkraft von 0,245 N   ↑ Zunahme / Erhöhung   ↓ Abnahme/Verminderung

12.3.3 Verwendung verschleißbeständiger Werkstoffe

Sofern der Einsatz von Stählen bzw. Stahlguss aus werkstofftechnischen, fertigungstechnischen oder wirtschaftlichen Gründen nicht möglich ist (Kapitel 12.3.1), kann auf eine Reihe weiterer „tribotechnischer" Werkstoffe zurückgegriffen werden. Wichtige Werkstoffsorten sind in Tabelle 1 zusammengestellt.

Tabelle 1: Zusammenstellung wichtiger, verschleißbeständiger (tribotechnischer) Werkstoffe

Werkstoff/Beispiele	Anwendung	Bemerkungen
Gusseisenwerkstoffe		
Gusseisen mit Lamellengrafit z. B. EN-GJL-250 EN-GJL-350	• Günstiges Verschleißverhalten bei Gleitbeanspruchung	Grafitlamellen wirken als Festschmierstoff. Grauguss wird daher u.a. für Zylinderlaufbahnen von Verbrennungsmotoren oder für Führungen von Werkzeugmaschinen vorteilhaft eingesetzt.
Perlitischer Hartguss z. B. EN-GJN-350	• Schmirgelnder Verschleiß • Geringe bis mäßige Druck- und Schlagbeanspruchung	Perlitischer Hartguss besitzt aufgrund seines hohen Zementitanteils eine relativ hohe Verschleißbeständigkeit aber auch eine nachteilige Stoß- und Schlagempfindlichkeit. Hartguss verwendet man für Bauteile, die bei hohem Druck auf Reibung beansprucht werden, z. B. für Sandstrahldüsen, Verschleißplatten in Mahlwerken, Walzenwerkstoff zum Walzen und Richten von Flacherzeugnissen und zum Walzen von Draht.
Ledeburitisch-martensitisches Gusseisen z. B. EN-GJN-HV550 Chrom- und Chrom-Molybdän-Gusseisen z. B. EN-GJN-HV600 (XCr23)	• Starker schmirgelnder Verschleiß • Geringe Druck- und Schlagbeanspruchung	Durch Zusatz von Legierungselementen wie Cr, Ni oder Mo ergibt sich eine Verfeinerung des Perlits, der schließlich ganz durch Martensit ersetzt wird. Beim Cr- bzw. Cr-Mo-Gusseisen sind in die martensitische Matrix zudem harte Carbide eingelagert. Die Gusseisensorten besitzen einen außerordentlich hohen Verschleißwiderstand bei mahlender Beanspruchung. Sie werden daher in Mühlen bei der Zerkleinerung mineralischer Stoffe aber auch für Baggerzähne, Backenbrecher und Rutschenauskleidungen vorteilhaft eingesetzt.
Hartmetalle		
WC-6Co WC-15Co WC-0,5Co-6Ni	• Starker schmirgelnder Verschleiß • Mittlere Druckbeanspruchung • Geringe Schlagbeanspruchung	Hartmetalle sind Verbundwerkstoffe aus Hartstoffen und Bindemetallen. Für technische Anwendungen werden als Hartstoffe meist Carbide der Übergangsmetalle der Nebengruppen IV bis VI (Ti, V, W, ...), insbesondere Wolframcarbid (WC) verwendet. Als Bindemittel dienen die Metalle der Nebengruppe VIII (Co, Ni, ...), insbesondere Cobalt. Hartmetalle werden für Zerspanungs- und Umformwerkzeuge, aber auch für tribologisch hoch beanspruchte Bauteile wie Lagerschalen, Dichtringe, Ventilkörper, Führungsbuchsen, Zylinder und Kolben in Hochdruckpumpen usw. eingesetzt.
Keramische Werkstoffe		
Aluminiumoxid (Al_2O_3) Zirconiumdioxid (ZrO_2) Siliciumcarbid (SiC) Siliciumnitrid (Si_3N_4) Titandioxid (TiO_2)	• Schmirgelnder Verschleiß • Hohe Druckbeanspruchung • Geringe Schlagbeanspruchung	Keramische Werkstoffe auf Basis von Aluminiumoxid, Zirconiumdioxid, Siliciumcarbid- und -nitrid besitzen eine hohe Verschleißbeständigkeit. Sie werden daher für tribologisch hoch beanspruchte Werkzeuge (z. B. Wendeschneidplatten, Schleifscheiben, Pressmatrizen) und Bauteile (z. B. Düsen, Gleitlager, Hüftgelenkprothesen, Ventilführungen, Nocken, Kolbenringe, Pleuellager usw.) eingesetzt.

13 Werkstoffprüfung

Die Werkstoffprüfung ist ein wichtiges Teilgebiet der Werkstoffkunde. In den nachfolgenden Kapiteln sollen die wichtigsten mechanischen und zerstörungsfreien Prüfverfahren für metallische Werkstoffe besprochen werden. Aufgrund der zunehmenden Bedeutung von Kunststoffen werden weiterhin ausgewählte mechanische Verfahren der Kunststoffprüfung vorgestellt. Das Kapitel schließt mit einer Einführung in die metallographischen Untersuchungsmethoden ab.

13.1 Einführung

Seit Menschengedenken prüft jeder Handwerker den zu verarbeitenden Werkstoff (Stein, Holz, Leder, Metall usw.), ob sich das Material für den vorgesehenen Zweck eignet und wie es sich verarbeiten lässt.

Mit Beginn der industriellen Produktion Anfang des 19. Jh. stiegen die Anforderungen an die Werkstoffprüfung deutlich. So erforderte beispielsweise die Entwicklung der Dampfmaschine genauere Kenntnisse über das Festigkeits- und Verformungsverhalten der eingesetzten Werkstoffe. Die Bedeutung der Werkstoffprüfung nahm rasch zu. Aus dem ursprünglichen Probieren entwickelte sich eine Vielzahl praktischer Versuche, die nicht selten Einzug in die Normung fanden und häufig auf eine wissenschaftliche Basis gestellt wurden.

In der zweiten Hälfte des 19. Jh. entstanden die ersten Materialprüfungsanstalten. So wurde bereits 1871 von **Johann Bauschinger** an der Technischen Hochschule in München die erste deutsche Materialprüfungsanstalt gegründet. Im gleichen Jahr gründete **Adolf Martens** in Berlin-Dahlem das Materialprüfungsamt, aus dem später die heutige Bundesanstalt für Materialforschung und -prüfung (BAM) hervorging. Weitere Materialprüfungsanstalten, wie die 1884 von **Carl von Bach** an der Technischen Hochschule in Stuttgart gegründete Staatliche Materialprüfungsanstalt Stuttgart folgten.

Im Jahr 1898 veröffentlichte *Adolf Martens* das **Handbuch der Materialienkunde für den Maschinenbau**. In diesem Buch wurde erstmals der zum damaligen Zeitpunkt erreichte Wissensstand in der Werkstoffprüfung zusammenfassend dokumentiert.

Neben der Durchführung von mechanischen oder zerstörungsfreien Prüfverfahren zur Ermittlung von Werkstoffkennwerten, ist es in der modernen Werkstoffprüfung heute üblich, Funktions- bzw. Belastungsprüfungen am kompletten, montierten System vorzunehmen. Als Beispiel sind Fahrwerksprüfstände in der Automobilindustrie zu nennen. Mit diesen Prüfanlagen können Betriebsbeanspruchungen wirklichkeitsnah simuliert werden und man erhält Auskunft über das Verhalten des Systems im Ganzen. Computersimulationen wie zum Beispiel Festigkeits- und Verformungsanalysen an Bauteilen oder ganzen Systemen, beispielsweise mit Hilfe der Methode der Finiten-Elemente (FEM), tragen heute dazu bei, die Anzahl teurer und aufwändiger Prüfungen zu reduzieren.

13.2 Aufgaben der Werkstoffprüfung

Das Prüfen von Werkstoffen und Bauteilen hat eine große Bedeutung für die Werkstoffentwicklung, für die Optimierung der Werkstoffeigenschaften, für den rationellen Einsatz von Werkstoffen und nicht zuletzt auch für die Sicherheit und Zuverlässigkeit der Produkte. Im Allgemeinen genügt nicht die reine Beobachtung, sondern es sind experimentelle Messungen durchzuführen, um objektive Kenngrößen zu ermitteln.

Die wichtigsten Aufgaben der heutigen Werkstoffprüfung sind:
- Ermittlung von Werkstoffkennwerten,
- Regelmäßige Überwachung von Bauteilen und Anlagen,
- Gütekontrolle und Gütesteigerung im Rahmen der Qualitätssicherung,
- Klärung von Schadensfällen,
- Entscheidung der Einsatzfähigkeit eines bestimmten Werkstoffs.

Die bei der Werkstoffprüfung eingesetzten Prüfverfahren sollen einerseits möglichst einfach durchführbar sein, andererseits aber den Betriebsbedingungen weitgehend entsprechen. Zwischen diesen Grenzen muss ein Kompromiss gefunden werden, der von den Herstellern, den Verarbeitern und den Anwendern in gleichem Maße getragen wird.

13.3 Einteilung der Werkstoffprüfverfahren

An die Ergebnisse, die ein Werkstoffprüfverfahren liefert, werden grundsätzlich drei Forderungen gestellt. Sie müssen übertragbar, reproduzierbar und repräsentativ sein. Übertragbarkeit bedeutet, dass mehrere Versuche, die beispielsweise an unterschiedlichen Werkstoffen durchgeführt wurden, zu vergleichbaren Ergebnissen führen müssen. Reproduzierbarkeit beinhaltet die Forderung, dass die gleiche Prüfung zu einem späteren Zeitpunkt zum gleichen Ergebnis führen muss. Repräsentativ bedeutet, dass die Ergebnisse für das gesamte Werkstück gelten müssen.

13.3 Einteilung der Werkstoffprüfverfahren

Nach den zu ermittelnden Eigenschaften des Werkstoffs bzw. den bei der Prüfung angewandten Methoden, können die Werkstoffprüfverfahren in verschiedene Gruppen eingeteilt werden (Bild 1).

Bild 1: Einteilung der Werkstoffprüfverfahren

13.4 Zerstörungsfreie Werkstoffprüfverfahren

Die zerstörungsfreien Werkstoffprüfverfahren sind aus der modernen Technik nicht mehr wegzudenken. Man findet sie nahezu überall in der industriellen Fertigung, sowohl im Fahrzeug-, Schiffs- und Flugzeugbau wie auch im Behälter-, Rohrleitungs- und Kraftwerksbau. Auch im Hoch- und Tiefbau sind sie in sicherheitstechnischer Hinsicht unverzichtbare Bestandteile. Die zerstörungsfreien Werkstoffprüfverfahren eignen sich zur Überwachung von Maschinen, Anlagen und Bauteilen, die sich in Betrieb befinden sowie zur Überwachung des Fertigungsprozesses. Ohne diese Verfahren wäre weder eine Qualitätssicherung noch eine Produkthaftung möglich. Die zerstörungsfreien Werkstoffprüfverfahren haben den Vorteil, dass keine Proben entnommen werden müssen, eine Beschädigung des Prüflings also nicht auftritt. Für eine umfassende Beurteilung des Zustands eines Prüflings müssen häufig verschiedene Prüfverfahren miteinander kombiniert werden.

Die Einteilung der zerstörungsfreien Werkstoffprüfverfahren kann entsprechend Bild 1 erfolgen.

Bild 1: Einteilung der zerstörungsfreien Werkstoffprüfverfahren mit Beispielen

13.4.1 Eindringprüfung

Bauteile, die einer längeren Betriebsbeanspruchung ausgesetzt sind, können im Laufe der Zeit Risse an der Oberfläche aufweisen. Für die Entstehung derartiger Risse gibt es verschiedene Ursachen. Im Falle einer rotierenden Welle können sie durch Materialermüdung infolge einer Schwingbeanspruchung entstehen. Bei mediumsberührten, druckführenden Bauteilen wie Druckbehälter und Rohrleitungen in der Kraftwerkstechnik ist eine Rissentstehung unter der Mitwirkung eines korrosiven Mediums möglich. Oberflächenrisse können außerdem bereits während der Herstellung durch Schweißen, Härten oder Kaltverformen entstehen.

> ⓘ **Information**
>
> **Eindringprüfung**
> Die Eindringprüfung ist ein weit verbreitetes, einfaches und wirtschaftliches, zerstörungsfreies Werkstoffprüfverfahren zum Nachweis von zur Bauteiloberfläche hin geöffneten Fehlstellen im Werkstoff. Je nach Oberflächenrauigkeit des Prüflings können unter günstigen Bedingungen mit diesem Verfahren Oberflächenfehler mit einer Rissöffnung von 0,1 µm ... 1 µm noch nachgewiesen werden.

a) Historisches

Der Ursprung der Eindringprüfung liegt bereits mehr als 70 Jahre zurück. Seinerzeit wurde überwiegend die **Ölkochprobe** in Gießereien zum Nachweis von Gussfehlern angewandt. Bei diesem Vorläufer der heutigen Eindringprüfung wurden die Werkstücke etwa 10 min bis 20 min in heißes Öl von ca. 150 °C getaucht, wobei das dünnflüssige Öl in vorhandene Oberflächenfehler eindringen konnte. Die so behandelten Teile wurden anschließend gereinigt und in eine Aufschlämmung von Kreide und Spiritus getaucht. Nach rascher Verdunstung des Spiritus blieb auf der Oberfläche eine weiße Kreideschicht zurück, die das in den Fehlern befindliche Öl aufsog. Im Bereich von Oberflächenfehlern bildeten sich dunkle Linien oder Flächen auf der ansonsten weißen Kreideschicht. Risse in der Bauteiloberfläche wurden dadurch sichtbar. Dieses aufwändige und wenig empfindliche Verfahren wird heute nicht mehr angewandt, zeigt aber die wesentlichen Merkmale der heutigen Eindringprüfung.

b) Prinzip der Eindringprüfung

Die heutige Vorgehensweise bei der Bauteilprüfung mit Hilfe des Eindringverfahrens ist in DIN EN ISO 3452-1 genormt und besteht aus mehreren Arbeitsschritten (Bild 1, Seite 575).

13.4 Zerstörungsfreie Werkstoffprüfverfahren

1. Vorreinigung und Trocknung der zu prüfenden Oberflächen:
Durch die Vorreinigung soll erreicht werden, dass das Eindringmittel in eventuell vorhandene Fehler eindringen kann. Verunreinigungen wie z.B. Rost oder galvanische Schichten, Farbanstriche, Öl- und Fettfilme müssen dabei sorgfältig entfernt werden. Die Vorreinigung kann mechanisch (Schmirgeln, Schleifen), chemisch (mit Löse- oder Beizmitteln) oder mittels Heißdampfentfettung erfolgen.

2. Aufbringen des Eindringmittels:
Auf die gereinigte, zu prüfende Oberfläche wird ein geeignetes, stark färbendes oder fluoreszierendes Eindringmittel aufgetragen (z. B. durch Sprühen, Streichen oder Spülen). Aufgrund der Kapillarwirkung dringt diese Flüssigkeit innerhalb kurzer Zeit (5 min. – 30 min.) in eventuell vorhandene Fehler ein und verbleibt dort. Bei den Eindringmitteln unterscheidet man:
- **Farbeindringmittel:** Beinhalten bei Tageslicht sichtbare, meist rote Farbstoffe.
- **Fluoreszierende Eindringmittel:** Beinhalten unter UV-Licht sichtbare, fluoreszierende Farbstoffe.
- **Fluoreszierende Farbeindringmittel:** Besitzen Zusätze, die unter UV-Licht als auch bei Tageslicht sichtbare Farbstoffe enthalten.

3. Zwischenreinigung und Trocknung:
Nach Abschluss des Eindringvorgangs wird das überschüssige Prüfmittel entfernt. Die Zwischenreinigung ist sorgfältig durchzuführen, so dass das eingedrungene Prüfmittel keinesfalls wieder herausgewaschen wird (Gefahr bei flachen, breiten Fehlern).

4. Entwicklungsvorgang:
Nach Zwischenreinigung und Trocknung wird ein **Entwickler** aufgetragen. Bei den Farbeindringmitteln besitzt dieser (mit dem Farbeindringmittel kontrastierende) Entwickler die Eigenschaft, das in den Oberflächenfehlern befindliche Eindringmittel herauszusaugen. Auf der Oberfläche des Prüflings entsteht dadurch eine stark vergrößerte Farbanzeige, die auch feine Risse sichtbar macht. Bei den fluoreszierenden Eindringmitteln dient der Entwickler der verbesserten Sichtbarmachung der fluoreszierenden Anzeige. Als Entwickler dienen Nass- oder Trockenentwickler.

Nassentwickler sind Pulverpartikel, die in einer Trägerflüssigkeit auf Wasser- oder Lösemittelbasis aufgeschwemmt sind und durch Sprühen oder Tauchen aufgebracht werden. Sie kommen bei Farb- und fluoreszierenden Eindringmitteln zum Einsatz.

Trockenentwickler sind Pulverpartikel, die durch gleichmäßiges Aufstäuben auf die Oberfläche aufgebracht werden. Das trockene Pulver bleibt bevorzugt an Fehlstellen haften, da dort das bereits herausgetretene Eindringmittel einen Feuchtigkeitsfilm bildet. Die Fehlerstelle wird gut sichtbar. Trockenentwickler kommen nur bei fluoreszierenden Eindringmitteln zum Einsatz.

5. Inspektion:
Die Inspektion sollte unmittelbar nach Ablauf der Entwicklungsdauer (etwa 10 min. … 30 min.) erfolgen. Bei Farbeindringmitteln unter hellem, weißem Licht, bei fluoreszierenden Eindringmitteln unter UV-Licht.

Bild 1: Prinzip der Eindringprüfung

c) Vor- und Nachteile der Eindringprüfung

Vorteile:
- einfache Anwendung und preiswertes Verfahren
- unabhängig von Größe und Geometrie des Werkstücks
- vollständige Bauteilprüfung möglich
- Fehler sind direkt sichtbar
- Verfahren ist automatisierbar (dann jedoch teuer)
- niedriger Schulungsaufwand und kurze Einarbeitung des Prüfpersonals

Nachteile:
- nur offene Oberflächenfehler auffindbar und Prüfbereich muss zugänglich sein
- Abschätzung der Fehlertiefe kaum möglich
- zeitintensiv (Personalkosten)

13.4.2 Magnetische und induktive Prüfverfahren

Zum wirtschaftlichen Nachweis von Fehlstellen an oder unmittelbar unterhalb der Bauteiloberfläche können magnetische oder induktive Prüfverfahren eingesetzt werden. Zu ihnen zählt man die magnetischen Streuflussverfahren und die Wirbelstromverfahren.

13.4.2.1 Magnetische Streuflussverfahren

Die zerstörungsfreie Werkstoffprüfung mit Hilfe magnetischer Streuflussverfahren ist eine einfache und wirtschaftliche zerstörungsfreie Werkstoffprüfung zum Nachweis von Rissen an oder dicht unterhalb der Bauteiloberfläche.

a) Prinzip und physikalische Grundlagen

Bei den magnetischen Streuflussverfahren wird der Prüfling von einem starken Magnetfeld durchsetzt oder von einem starken Strom durchflossen (das Magnetfeld wird dann innerhalb des Prüfkörpers erzeugt). Durch Risse, Lunker, Schlackeneinschlüsse, Bindefehler o. Ä. an oder dicht unterhalb der Oberfläche des Prüflings (2 bis 3 mm) werden die magnetischen Feldlinien (Kraftlinien) gebrochen und können aus dem Werkstück austreten. Es entstehen **magnetische Streufelder** (Bild 1).

Bild 1: Erzeugung eines magnetischen Streufeldes durch Fehlstellen an oder dicht unterhalb der Werkstückoberfläche am Beispiel eines Risses
 a) Oberflächenriss senkrecht zur Magnetfeldrichtung (gut nachweisbar)
 b) Riss unterhalb der Oberfläche senkrecht zur Magnetfeldrichtung (nachweisbar)
 c) Riss unterhalb der Oberfläche parallel zur Magnetfeldrichtung (nicht nachweisbar)

b) Nachweis magnetischer Streufelder

Eine Nachweismöglichkeit für magnetische Streufelder besteht darin, die Bauteiloberfläche mittels **Magnetfeldsensoren** abzutasten (DIN 54 136-1). Sehr empfindliche Messgeräte sind die an dieser Stelle nicht näher beschriebenen Differenzsonden.

Das in der Praxis mit Abstand am häufigsten eingesetzte Verfahren zum Streufeldnachweis ist das **Magnetpulverprüfung** (DIN EN ISO 9934-1 bis -3). Die Streufelder werden in diesem Fall durch feine ferromagnetische Partikel, wie zum Beispiel Eisenoxid-Teilchen (Fe_2O_3 oder Fe_3O_4) nachgewiesen, die auf die Oberfläche des Prüfkörpers aufgebracht werden. In der Nähe von Fehlstellen sammelt sich dabei das Magnetpulver in Form von Pulverraupen, d. h. die Pulverteilchen ordnen sich längs der austretenden Feldlinien an und zeichnen dadurch ein Bild des Fehlers. Da Streufluss und Pulverraupe breiter sind als die Rissoberkante, entsteht eine für das menschliche Auge sichtbare Rissanzeige (Bild 2).

Für eine hohe Nachweisempfindlichkeit werden mitunter eingefärbte Pulver verwendet, d. h. die Teilchen bestehen aus einem ferromagnetischen Kern mit einer farbigen, z. T. auch fluoreszierenden Umhüllung. Beim Betrachten mit ultraviolettem Licht heben sich die Risse als leuchtende Konturen deutlich ab.

Bild 2: Nachweis eines magnetischen Streufeldes auf der Werkstückoberfläche mithilfe ferromagnetischer Partikel

(i) Information

Magnetpulverprüfung (DIN EN ISO 9934-1 bis -3)
Mit der Magnetpulverprüfung können sehr feine Oberflächenrisse mit Tiefen im µm-Bereich noch sicher angezeigt werden, selbst dann noch, wenn sie mit Öl, Schmutz oder Korrosionsprodukten gefüllt sind. Mit der Methode können auch Risse dicht unterhalb der Oberfläche oder unter einer dünnen Lack- oder Galvanikschicht nachgewiesen werden. Das Verfahren ist allerdings auf ferromagnetische Werkstoffe wie z. B. Stahl (außer austenitischer Stahl), Nickel oder Cobalt beschränkt.

13.4 Zerstörungsfreie Werkstoffprüfverfahren

Das über einem Riss entstehende magnetische Streufeld kann auch indirekt abgetastet werden, indem man ein Magnetband auf die Oberfläche des Prüflings legt, man spricht dann von **Magnetographie**. Anschließend wird das Magnetband durch Magnetköpfe (ähnlich einem Tonbandgerät oder einem Videorecorder) abgetastet und mögliche Risse auf einem Bildschirm dargestellt.

c) Magnetisierungsmethoden

Die Nachweisbarkeit einer Fehlstelle hängt von ihrer Lage in Bezug auf die Magnetfeldrichtung ab (Bild 1). Sofern die Feldlinien senkrecht zur Fehlstelle verlaufen, lassen sich mithilfe des Magnetpulververfahrens Risse bis zu einer Breite von 1 µm und einer Tiefe von 10 µm noch nachweisen (sofern die Risstiefe groß gegenüber der Rautiefe der Oberfläche ist). Man unterscheidet verschiedene Magnetisierungsmethoden.

Bei der **Jochmagnetisierung** wird der Prüfling mit den Polen eines Elektromagneten in Berührung gebracht. Der Prüfling ist damit ein Teil des magnetischen Kreises. Die magnetischen Feldlinien verlaufen in Längsrichtung des Werkstücks und erzeugen ein axiales Magnetfeld. Fehler im Werkstoff, die quer zur Magnetisierungsrichtung liegen, erzeugen dabei ein gut nachweisbares Streufeld. Mit diesem Verfahren lassen sich daher bevorzugt Fehlstellen quer zur Feldrichtung (z. B. Querrisse) sichtbar machen (Bild 2).

Bei der **Spulenmagnetisierung** wird der Prüfling von einem starken Magnetfeld durchsetzt, das in der Regel von einer stromdurchflossenen Spule erzeugt wird. Auch bei diesem Verfahren laufen die magnetischen Feldlinien in Längsrichtung des Werkstücks, so dass sich bevorzugt Fehlstellen quer zur Magnetfeldrichtung sichtbar machen lassen (Bild 3).

13.4.2.2 Wirbelstromprüfung

Die **Wirbelstromprüfung** nach DIN EN ISO 15549 und DIN 54140-3 gehört neben der Magnetpulver-, der Durchstrahlungs- und der Ultraschallprüfung zu dem am häufigsten eingesetzten Verfahren der zerstörungsfreien Werkstoffprüfung. Das Wirbelstromverfahren lässt sich nicht nur zur Fehlererkennung (Inhomogenitäten, Werkstofftrennungen), sondern auch zur Werkstoffcharakterisierung für alle leitfähigen Werkstoffe, zur Schichtdickenmessung und zur Feststellung von Formabweichungen und Abmessungen einsetzen. Außerdem ist das Verfahren gut automatisierbar.

Bild 1: Nachweisbarkeit einer Fehlstelle

Bild 2: Jochmagnetisierung zum Nachweis von Querfehlern

Bild 3: Spulenmagnetisierung zum Nachweis von Querfehlern

a) Physikalische Grundlagen

Beim Wirbelstromverfahren wird der (elektrisch leitfähige) Prüfling in ein von einer Erregerspule erzeugtes magnetisches Wechselfeld (H_0) gebracht. Hierdurch werden im Prüfling Wirbelströme induziert, die ihrerseits wieder ein dem Erregerfeld entgegen gerichtetes magnetisches Wechselfeld (H_W) zur Folge haben. In einer zur Erregerspule koaxial angeordneten Prüfspule wird dann eine der Differenz beider Magnetfelder proportionale Messspannung (U_m) induziert (Bild 1 und 2, Seite 578).

Ändert sich die Leitfähigkeit des Prüflings, beispielsweise durch das Vorhandensein eines oberflächennahen Risses, dann verändert sich auch die Intensität der Wirbelströme und damit die in der Empfängerspule induzierte Messspannung (U_m).

b) Messverfahren

Beim **Tastspulverfahren** wird eine sehr kleine Prüfspule über die Oberfläche des Prüflings bewegt und die Veränderung der Messspannung ermittelt. Wurde das Gesamtsystem beispielsweise mit einem fehlerfreien Werkstück kalibriert, so kann man Aussagen über spezielle Werkstoffeigenschaften oder Fehler im Werkstück machen (Bild 1). Das Verfahren eignet sich besonders für ebene Werkstücke. Mit dem Tastspulverfahren ist auch eine Schichtdickenmessung möglich: Ändert sich der Abstand der Tastspule zur Werkstückoberfläche (bedingt durch eine veränderliche Schichtdicke), dann ändert sich ebenfalls die Messspannung in der Prüfspule.

Das **Durchlaufspulverfahren** eignet sich insbesondere für die Durchlaufprüfung langgestreckter Teile wie Wellen, Rohre usw. Bei diesem Verfahren wird der Prüfling durch eine Prüfspule bewegt. Ändern sich die Eigenschaften des Prüflings (z. B. durch innere Fehler), dann liefert die Prüfspule eine Messspannung (Bild 2).

Bild 1: Prinzip des Tastspulverfahrens

Bild 2: Prinzip des Durchlaufspulverfahrens

13.4.3 Ultraschallprüfungen

Die Ultraschallprüfung ist ein zerstörungsfreies Werkstoffprüfverfahren, um Bauteile aus schallleitfähigen Werkstoffen (z.B. Metall, Kunststoff, Keramik oder Beton) auf innere und äußere Fehler sowie Inhomogenitäten aller Art (Risse, Schlackeneinschlüsse, Lunker, Dopplungen usw.) zu untersuchen. Auch Wanddickenmessungen können mit diesem Verfahren durchgeführt werden. Voraussetzung für die Prüfbarkeit ist lediglich eine ausreichende Transparenz des jeweiligen Werkstoffs für Ultraschall.

Aufgrund der einfachen und universellen Anwendbarkeit sowie der Tatsache, dass für das Prüfpersonal keine Strahlenbelastung entsteht, sind die Ultraschallprüfverfahren die am häufigsten eingesetzten zerstörungsfreien Werkstoffprüfverfahren. Die Ultraschallprüfung wird unter anderem in der Normenreihe DIN EN 10160, DIN EN IS 16810 und DIN EN ISO 17 640 beschrieben. Für besondere Anwendungen stehen noch eine Reihe weiterer Normen zur Verfügung.

a) Historisches

Bereits im Jahre 1883 wurde durch **P. Curie** der für die Ultraschallprüfung wichtige piezoelektrische Effekt (s.u.) entdeckt. Die erste praktische Anwendung von Ultraschall wurde von **Richardson** (1912) zur Früherkennung von Eisbergen vorgeschlagen, jedoch erst einige Jahre später von **Chilkowsky** und **Langevin** zur Ortung von U-Booten eingesetzt. In den Jahren nach dem Ersten Weltkrieg wurde diese Ortungstechnik zur Beschreibung der Meerestopologie weiterentwickelt. Erst im Jahre 1928 schlug der Russe **Sokolow** erstmals vor, Ultraschall zur Werkstoffprüfung einzusetzen. In den Jahren zwischen 1940 und 1943 wurde dann die Ultraschallprüfung in den USA von **Firestone,** in Deutschland von **Trost** und in England von **Sproule** zum Nachweis von Dopplungen in Panzerplatten (Werkstofftrennung in Blechen, die durch Auswalzen eines Lunkers entsteht) sowie von feinen Lunkern in Halbzeugen eingesetzt. Diese Prüfprobleme waren bis dahin mit keinem bekannten zerstörungsfreien Werkstoffprüfverfahren lösbar. Ende der vierziger Jahre begann die Entwicklung von Ultraschallprüfgeräten. Die Entwicklung der Prüfverfahren dauert bis heute an.

13.4 Zerstörungsfreie Werkstoffprüfverfahren

b) Ultraschall

Schall ist die mechanische Bewegung von Materie. Ohne Materie gibt es keinen Schall. Die Schallausbreitung erfolgt in Form einer elastischen Welle, die im Gegensatz zu elektromagnetischen Wellen (z. B. sichtbares Licht), an das Vorhandensein von Materie gebunden ist. Es kann sich dabei um einen festen, flüssigen oder gasförmigen Stoff handeln.

Bei der Schallausbreitung wird keine Materie transportiert, vielmehr schwingen die Materieteilchen (Atome, Ionen oder Moleküle) des jeweiligen Ausbreitungsmediums an ihrem Aufenthaltsort periodisch um ihre Ruhelage und übertragen dabei ihre Bewegung auf benachbarte Teilchen. Auf diese Weise breitet sich der Schwingungsvorgang mit einer für das Ausbreitungsmedium charakteristischen **Schallgeschwindigkeit** c aus (Tabelle 1).

Für das ungeschädigte menschliche Ohr sind bestenfalls Frequenzen zwischen 16 Hz und 20 kHz wahrnehmbar. Dieser Frequenzbereich wird als **Hörschall** bezeichnet. Schall mit Frequenzen über 20 kHz nennt man **Ultraschall**, unterhalb 16 Hz spricht man von **Infraschall** (Bild 1). Für das menschliche Ohr sind weder Ultra- noch Infraschall wahrnehmbar.

Der kleinste, mittels der Ultraschallprüfung noch nachweisbare Fehler liegt in der Größenordnung der Wellenlänge des verwendeten Schalls. Als „Faustformel" für den Zusammenhang zwischen Prüffrequenz f, Schallgeschwindigkeit c und dem kleinsten noch nachweisbaren Fehlerdurchmesser d_{min} (Fehlergröße) findet man: $f > c / 4 \cdot d_{min}$. Bei einer Schallgeschwindigkeit c von etwa 6000 m/s für Stahl sind mit üblichen Prüffrequenzen von einigen wenigen MHz damit Fehler im mm-Bereich noch nachweisbar. Mit steigender Prüffrequenz können kleinere Fehler nachgewiesen werden.

c) Erzeugung von Ultraschall

Die Erzeugung von Ultraschall kann auf unterschiedliche Weise erfolgen. In der zerstörungsfreien Werkstoffprüfung benutzt man vorwiegend den piezoelektrischen Effekt, in untergeordnetem Maße auch den (hier nicht besprochenen) magnetostriktiven Effekt.

Werden bestimmte Kristalle beidseitig mit einer Metallschicht versehen und auf Zug oder Druck beansprucht, dann werden an ihrer Oberfläche messbare elektrische Ladungen influenziert. Diese 1883 von P. Curie entdeckte Erscheinung wird als **direkter piezoelektrischer Effekt** bezeichnet (*piezein*, griech.: drücken).

Tabelle 1: Schallausbreitungsgeschwindigkeiten in ausgewählten Medien

Medium und Schallgeschwindigkeit $c^{1)}$ in m/s	
Kohlendioxid (0 °C)	259
Luft (0 °C)	331
Helium (0 °C, trocken)	965
Benzin (17 °C)	1.166
Wasser, destilliert (25 °C)	1.497
Biologisches Gewebe	1.450 … 1.750
Thermoplastische Kunststoffe	1.800 … 2.700
Gips	2.310
Beton	3.000 … 4.830
Holz (Faserrichtung)	4.100 … 5.400
Glas	4.200 … 5.900
Graues Gusseisen	3.500 … 5.800
Stahl	5.500 … 6.200
Aluminium	6.200 … 6.400
Titancarbid	8.270
Aluminiumoxid	9.000 … 11.000
Diamant	17.500

[1)] Schallgeschwindigkeit einer Longitudinalwelle. Transversalwellen haben geringere Ausbreitungsgeschwindigkeiten.

ⓘ Information

Ultraschall
Unter Ultraschall versteht man elastische Schwingungen von Materieteilchen mit Frequenzen oberhalb von 20 kHz. Ultraschall kann mit dem menschlichen Ohr nicht mehr wahrgenommen werden. Für die Werkstoffprüfung mit Ultraschall kommt der Frequenzbereich zwischen 0,5 MHz und 15 MHz in Frage. Für konventionelle Prüfungen, z. B. an Schweißnähten, wählt man üblicherweise Frequenzen zwischen 2 MHz und 5 MHz. Bei grobkörnigen Gefügen sind auch niedrigere Frequenzen üblich. So verwendet man beispielsweise bei der Prüfung von Beton Frequenzen um 100 kHz.

Bild 1: Frequenzbereiche für die Werkstoffprüfung mit Ultraschall

Der piezoelektrische Effekt (Bild 1) ist umkehrbar: Bringt man eine elektrische Ladung auf die Kristalloberfläche auf, dann dehnt sich der Kristall aus oder er zieht sich zusammen, je nach Vorzeichen der Ladung. Eine elektrische Wechselspannung an den Kristalloberflächen erzeugt dementsprechend eine mechanische Schwingung des Kristalls. Diese Erscheinung wird als **umgekehrter** (oder reziproker) **piezoelektrischer Effekt** bezeichnet (Bild 2).

Bild 1: Direkter piezoelektrischer Effekt

Nach dem Prinzip des umgekehrten piezoelektrischen Effektes können Ultraschallwellen erzeugt und nach dem piezoelektrischen Effekt wieder empfangen werden.

Den piezoelektrischen Effekt zeigen nicht nur natürliche Mineralien wie Quarz oder Turmalin, sondern auch Sinterkeramiken wie Bariumtitanat, Lithiumsulfat, Bleizirconat-Titanat und Bleimetaniobat nach einer entsprechenden Behandlung (Abkühlen von einer hohen Temperatur unter Anlegen einer hohen elektrischen Spannung). Letztere besitzen gegenüber den natürlichen Mineralien eine wesentlich größere technische Bedeutung (Kapitel 10.8.1.5).

Bei Überschreiten einer materialabhängigen Grenztemperatur, der **Curie-Temperatur,** geht der piezoelektrische Effekt jedoch verloren.

Bild 2: Umgekehrter piezoelektrischer Effekt

Die Ursache der **Piezoelektrizität** liegt, wie sich am Beispiel eines Quarzkristalls anschaulich zeigen lässt, in der Asymmetrie des Kristallaufbaus. Das Kristallgitter des Quarzes (SiO_2) besteht aus positiv geladenen Silicium-Ionen (Si^{4+}) und negativ geladenen Sauerstoff-Ionen (O^{2-}). Solange der Quarz unbelastet ist, fallen die Ladungsschwerpunkte aus Symmetriegründen zusammen. Die Influenzwirkungen der positiv und negativ geladenen Ionen auf der metallisierten Plattenoberfläche neutralisieren sich (Bild 3a).

Übt man jedoch eine Druckkraft auf den Quarz aus, dann wird das Kristallgitter so deformiert, dass sich (im dargestellten Beispiel) die positiven Ionen der unteren Elektrode und die negativen Ionen der oberen Elektrode nähern. Aufgrund der nunmehr unsymmetrischen Ladungsverteilung werden auf der metallisierten Plattenoberfläche Ladungen influenziert, die sich als messbare elektrische Spannung abgreifen lassen (Bild 3b).

Bei Zugbelastung kehren sich die Verhältnisse um: Jetzt nähern sich die negativen Ionen der unteren Elektrode und die positiven Ionen der oberen Elektrode und influenzieren entsprechend gleiche Ladungen in der Plattenoberfläche. Die zwischen den Platten abgreifbare Spannung ändert ihr Vorzeichen (Bild 3c).

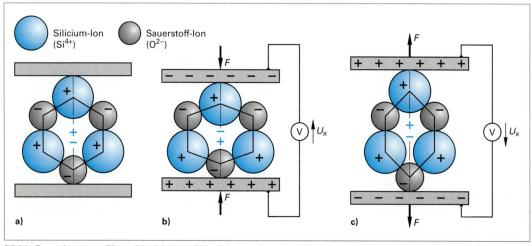

Bild 3: Entstehung von Piezoelektrizität am Beispiel eines Quarzkristalls (vereinfacht)
a) Kristall unbelastet: Keine influenzierten Ladungen, da symmetrische Ladungsverteilung
b) Kristall unter Druckbelastung: Ladungen werden auf den Plattenoberflächen influenziert.
c) Kristall unter Zugbelastung: Influenzierte Ladungen kehren ihr Vorzeichen um.

13.4 Zerstörungsfreie Werkstoffprüfverfahren

d) Ultraschallprüfköpfe

Die in der Praxis der zerstörungsfreien Werkstoffprüfung verwendeten Ultraschallprüfköpfe arbeiten alle nach dem piezoelektrischen Effekt. Der Prüfkopf kann daher als Sender und als Empfänger für Ultraschallwellen dienen. Kernstück eines Ultraschallprüfkopfes ist der als **Schwinger** bezeichnete piezoelektrische Kristall, an dessen Oberfläche Metallelektroden aufgedampft sind, die ihrerseits an ein Ultraschallgerät angekoppelt werden. Der Schwingkristall erhält einen kurzen elektrischen Impuls und schwingt dann, ähnlich einer kurz angeschlagenen Glocke, langsam aus. Der Schwinger selbst ist auf einen **Dämpfungskörper** aufgeklebt, der die angeregten Schwingungen nach möglichst kurzer Zeit wieder zum Abklingen bringen soll. Die Anschlussdrähte der metallisierten Schwingerplatten führen über eine elektronische Anpassung (Spule) zum Ultraschallgerät. Schwinger und Dämpfungskörper sind zusammen im **Prüfkopfgehäuse** untergebracht. Der Ultraschall muss über ein **Kopplungsmedium**, üblicherweise Wasser oder Öl, in den Prüfling eingeleitet werden, da bereits ein sehr schmaler Luftspalt den Ultraschall nahezu nicht mehr durchlässt.

Bild 1: Aufbau eines Senkrechtprüfkopfes

Bild 2: Aufbau eines Winkelprüfkopfes

In der Praxis verwendet man je nach Anwendungsfall unterschiedliche Prüfköpfe:

- **Normal- oder Senkrechtprüfkopf:**
  Für Prüfungen, die ein senkrechtes Einleiten der Schallwellen in den Prüfling erfordern (z. B. zum Nachweis von Dopplungen in Blechen), (Bild 1).
- **Winkelprüfkopf:**
  Für besondere Prüfzwecke wie z. B. Schweißnahtprüfungen (Stumpfnähte) verwendet man Winkelprüfköpfe. Mit ihrer Hilfe ist die Einschallung unter einem bestimmten Winkel (in der Regel 45° bis 70°) möglich (Bild 2).
- **Sende-Empfangs-Prüfkopf:**
  Zum Nachweis von Fehlern, die dicht unterhalb der Oberfläche liegen, sind Normalprüfköpfe ungeeignet, weil das Ultraschallgerät eine gewisse Zeit benötigt, um von Sendebetrieb auf Empfangsbetrieb umzuschalten. In diesem Fall verwendet man Sende-Empfangs-Prüfköpfe (S-E-Prüfkopf, schematisch) mit einem Piezoschwinger für die Schallerzeugung und einem zweiten für den Schallempfang (Bild 3).

Bild 3: Aufbau eines Sende-Empfangs-Prüfkopfes

e) Ultraschallprüfverfahren

Ultraschallwellen breiten sich geradlinig aus. Treffen sie aber beim Durchgang durch den Prüfling auf Grenzflächen (z. B. Poren, Lunker, Risse oder Schlackeneinschlüsse), dann gehen sie über diese Fehlstelle nicht einfach hinweg, sondern werden an ihnen mehr oder weniger stark reflektiert. Dadurch tritt eine Verminderung der Schallintensität ein.

Das Prinzip der Ultraschallprüfung beruht darauf, dass entweder der durchgelassene oder der reflektierte Schallanteil gemessen wird. Daraus ergeben sich unterschiedliche Prüfverfahren, das:

- **Durchschallungsverfahren**
- **Reflexions-** oder **Echo-Verfahren** (Impuls-Echo-Verfahren)

Weitere Prüfverfahren wie das **Resonanzverfahren** sowie das **Frequenz-Modulationsverfahren** sollen hier nicht angesprochen werden.

Beim **Durchschallungsverfahren** leitet man mit Hilfe des Prüfkopfes auf einer Seite des Prüflings Ultraschallwellen ein. Auf der gegenüberliegenden Seite misst man mittels eines baugleichen Schallempfängers die ankommende Schallintensität. Bei Vorhandensein eines inneren Fehlers werden die Schallwellen teilweise oder vollständig reflektiert. Der Empfänger registriert dann nur noch ein geschwächtes oder überhaupt kein Signal mehr (Bild 1).

Das Durchschallungsverfahren hat eine Reihe von Nachteilen (s. u.) aufgrund derer es gegenüber dem Impuls-Echo-Verfahren nur selten eingesetzt wird. Der einzige Vorteil des Durchschallungsverfahrens besteht darin, dass nur der einfache Schallweg zurückzulegen ist und somit unter Umständen auch ein Prüfen stark schallschwächender Materialien ermöglicht wird.

Das **Reflexions-** oder **Echo-Verfahren** (die Bezeichnung **Impuls-Echo-Verfahren** ist überflüssig, da alle Ultraschall-Prüfgeräte mit Schallimpulsen arbeiten) arbeitet nur mit einem Prüfkopf, der sowohl als Schallsender als auch als Empfänger dient. Der Prüfkopf arbeitet zunächst im Sendebetrieb und sendet etwa 50-mal je Sekunde kurzzeitig (1 μs ... 10 μs) eine Ultraschallwelle in den Prüfling. Sobald die Schallwelle auf eine Grenzfläche trifft, wird sie teilweise reflektiert. Sowohl die Rückwand, als auch ein innerer Fehler können eine solche, den Ultraschall reflektierende Grenzfläche darstellen. Während sich die Ultraschallwelle im Werkstück ausbreitet, wird der Prüfkopf auf „Empfangsbetrieb" umgeschaltet und registriert nach einer gewissen Zeit den an der Rückwand sowie gegebenenfalls an einem inneren Fehler reflektierten Schallanteil. Diese elektrischen Impulse können schließlich auf einem Bildschirm sichtbar gemacht werden und man erhält ein **Rückwandecho** sowie ggf. ein **Fehlerecho** (Bild 2).

Aus der Dicke des Prüflings und der Schallausbreitungsgeschwindigkeit des Materials lässt sich errechnen, nach welcher Zeit das an der Rückwand des Prüflings reflektierte Schallsignal (Rückwandecho) zu erwarten ist. Registriert der Sender bereits nach kürzerer Zeit ein Signal, so kann dies nur von einer Reflexion an einem inneren Fehler stammen. Das Fehlerecho liegt zeitlich zwischen Sendeimpuls und Rückwandecho. Je nach Zeitdauer zwischen Sendeimpuls und Fehlersignal kann die Tiefenlage des Fehlers ermittelt werden. Die vom Fehler oder von der Rückwand zurücklaufende Schallwelle wird jedoch an der Grenzfläche Werkstück-Prüfkopf nicht vollständig in elektrische Energie umgewandelt, sondern es findet eine erneute Reflexion statt, so dass ein kleiner Schallanteil das Werkstück ein zweites Mal usw. durchläuft. Auf diese Weise beobachtet man in der Praxis daher eine mehrfache Echofolge.

Bild 1: Durchschallungsverfahren mit Bildschirmanzeige eines fehlerfreien bzw. fehlerbehafteten Werkstücks

Bild 2: Reflexions- oder Echo-Verfahren mit Bildschirmanzeige eines fehlerfreien bzw. fehlerbehafteten Werkstücks

ⓘ Information

Reflexions- oder Echo-Verfahren

Das Reflexions- oder Echo-Verfahren ist aufgrund einer Reihe bedeutender Vorteile das mit Abstand am häufigsten eingesetzte Ultraschallprüfverfahren. Die wichtigsten **Vorteile** sind:
- Tiefenlage des Fehlers kann ermittelt werden.
- Das zu prüfende Bauteil muss nur von einer Seite zugänglich sein.
- Exakte Ausrichtung zwischen Sender und Empfänger entfällt, da nur eine Ankoppelungsfläche erforderlich.
- Bessere Nachweisempfindlichkeit für kleine Fehler.

13.4 Zerstörungsfreie Werkstoffprüfverfahren

Die Ultraschallprüfung liefert im Vergleich zu anderen zerstörungsfreien Werkstoffprüfverfahren (z. B. Durchschallungs- oder Eindringprüfung) keine Prüfergebnisse, die einen direkten Rückschluss auf die Form und Größe des Fehlers zulassen. Vielmehr erscheint auf dem Leuchtschirm ein noch interpretationsbedürftiger Impuls, der entsprechend Amplitude, Form und Lage im Vergleich zum Sendeimpuls, gewisse Informationen über Größe, Form, Oberflächenbeschaffenheit und gegebenenfalls Tiefenlage des Fehlers zulässt.

f) Reflexionsverhalten eines Fehlers

Das Reflexionsverhalten eines Fehlers hängt in hohem Maße von dessen Oberflächenform sowie von seiner Lage relativ zur Schallausbreitungsrichtung ab. Bild 1 zeigt vereinfacht eine Reihe typischer Fehlerlagen samt den zugehörigen Bildschirmanzeigen im Vergleich zu einer fehlerfreien Prüfstelle.

1. Fehler mit glatten, geraden oder gekrümmten Oberflächen rufen regelmäßig ausgebildete Echos hervor (Bild 1b und 1c), eine zerklüftete Fehleroberfläche erzeugt hingegen unregelmäßig ausgebildete Fehlerechos (Bild 1d und 1e).

2. Mehrere, eng beieinander liegende, kleine Fehlstellen führen zu unregelmäßigen Fehleranzeigen (Bild 1f).

3. Fehler in Schallausbreitungsrichtung liefern kein Echosignal (Bild 1g). Um eine derartige Fehlerlage auszuschließen, sollte, falls es die Werkstückgeometrie zulässt, eine Messung von mehreren Seiten aus durchgeführt werden.

4. Große, schräg zur Schallausbreitungsrichtung liegende Fehler reflektieren den Schall zur Seite weg. Bei glatter Oberfläche des Fehlers liefern sie weder ein Fehler-, noch ein Rückwandecho (Bild 1h), bei zerklüfteter Oberfläche ein unregelmäßiges Fehlerecho (Bild 1i).

5. Kleine, schräg zur Schallausbreitungsrichtung liegende Fehler mit glatter Oberfläche reflektieren nur einen Teil des Schalls zur Seite weg. Sie liefern kein Fehler-, sondern nur ein Rückwandecho mit verringerter Amplitude (Bild 1k). Bei zerklüfteter Fehleroberfläche wird zusätzlich ein unregelmäßiges Fehlerecho sichtbar (Bild 1l).

g) Prüfung von Schweißnähten mit Ultraschall

Die Prüfung von Schweißnähten ist eine der wichtigsten Aufgaben der Ultraschallprüftechnik. Charakteristische Fehlstellen in Schweißnähten sind Risse (z. B. Aufhärtungsrisse, Heißrisse), Bindefehler, ungenügende Durchschweißung sowie Hohlräume (z.B. Gasblasen und Poren).

Bei der Schweißnahtprüfung (Stumpfnähte) verwendet man Winkelprüfköpfe (Bild 2). Je nach Blechdicke sind Einschallwinkel zwischen 45° und 70° üblich.

Bild 1: Reflexionsverhalten eines Fehlers in Abhängigkeit von dessen Lage und Oberflächenform (vereinfacht)

Bild 2: Mindest-Verschiebebereich des Prüfkopfes bei Schweißnahtprüfung (Beispiel: V-Naht mit WEZ)

Normalprüfköpfe zur senkrechten Einschallung können wegen der Nahtüberhöhung nicht eingesetzt werden. Trifft die Schallwelle auf einen Schweißfehler, dann wird dort ein Teil reflektiert, zum Prüfkopf zurückgeworfen und registriert.

Um alle Tiefenbereiche der Schweißnaht und ggf. auch der Wärmeeinflusszone (WEZ) zu erfassen, muss der Prüfkopf um einen Mindestverschiebeweg amin bewegt werden. Der Mindestverschiebeweg ist von der zu prüfenden Nahtform abhängig. Bild 2, Seite 583, zeigt die Zusammenhänge am Beispiel einer V-Naht, einschließlich ihrer WEZ. Zur Prüfung der gesamten Nahtlänge führt man den Prüfkopf auf einer „Zickzackbahn" innerhalb des Verschiebebereichs entlang der Schweißnaht. In der Praxis hat es sich dabei bewährt, gleichzeitig kleine Schwenkbewegungen auszuführen, um auch schräg liegende Fehler besser orten zu können. Die Gesamtbewegung des Prüfkopfes bei der Schweißnahtprüfung veranschaulicht Bild 1. Um auch Querrisse zu detektieren, ist eine Einschallung in Richtung des Schweißnahtverlaufes empfehlenswert.

Schweißnähte von un- und niedriglegierten Stählen sind gut prüfbar, während bei austenitischen Stählen Probleme auftreten. Der Grund liegt einerseits im grobkörnigen Gefüge und andererseits in den zum Teil unterschiedlichen Schallimpedanzen zwischen Schweißgut und Grundwerkstoff. Dadurch kommt es an den Nahtflanken zu unerwünschten Schallreflexionen.

Bild 1: Gesamtbewegung des Prüfkopfes bei der Schweißnahtprüfung zum Nachweis von Längsrissen

Bild 2: Nachweis von Querfehlern bei der Schweißnahtprüfung

h) Vor- und Nachteile der Ultraschallprüfung

Die Vor- und Nachteile der Ultraschallprüfung im Vergleich zu anderen zerstörungsfreien Werkstoffprüfverfahren sind in Tabelle 1 zusammengestellt.

Tabelle 1: Vor- und Nachteile der Ultraschallprüfung im Vergleich zu anderen zerstörungsfreien Werkstoffprüfverfahren (nach *Deutsch*)

Vergleich mit	Vorteile der Ultraschallprüfung	Nachteile der Ultraschallprüfung
Eindringverfahren	• Deutlich bessere Automatisierbarkeit • Gleichmäßige Prüfung der Gesamtdicke • Fehleranzeige auch bei geschlossenen und/oder korrodierten Oberflächenfehlern	• Starke Abhängigkeit von der Prüflingsgeometrie (Nahtgeometrie kann stören) • Weniger empfindlich
Magnetpulverprüfung	• Deutlich bessere Automatisierbarkeit • Gleichmäßige Prüfung der Gesamtdicke • Nicht auf ferromagnetische Metalle beschränkt	• Starke Abhängigkeit von der Prüflingsgeometrie (Nahtgeometrie kann stören) • Weniger empfindlich
Wirbelstromverfahren	• Erfassung des gesamten Prüflingsquerschnitts	• Ankopplung (Kopplungsmittel) erforderlich • geringere Durchsatzleistung
Durchstrahlungsverfahren	• Kein Strahlenschutz notwendig • Zugänglichkeit nur von einer Seite • Bessere Anzeige von Rissen, sehr schmale Risse und Dopplungen in Blechen sind nachweisbar • Schnelle Vorprüfung möglich	• Schlechtere Erkennung von Lunkern und Einschlüssen • Größere subjektive Einflüsse bei Wiederholungsprüfungen

13.4.4 Durchstrahlungsverfahren

Durchstrahlungsverfahren sind zerstörungsfreie Werkstoffprüfverfahren, die sich zur Prüfung von Werkstücken und Bauteilen auf Risse, Poren, Lunker, Einschlüsse sowie Bindefehler in Schweißnähten eignen. Haarrisse an der Oberfläche sind mit diesem Verfahren jedoch nicht nachweisbar. Bei der Durchstrahlungsprüfung metallischer Werkstoffe verwendet man überwiegend Röntgen- oder Gammastrahlen. Zur Durchstrahlung von Keramiken und Kunststoffen finden auch Mikrowellen Anwendung.

Das Prüfverfahren, die Auswertung der Durchstrahlungsbilder, die Festlegung der Bildgüte sowie die zugehörigen Filmsysteme und Betrachtungsgeräte sind in ISO 5655, DIN EN ISO 5579, DIN EN ISO 17636-1 und -2, DIN EN ISO 19232-1, DIN EN 12 681, DIN EN 25 580 sowie DIN EN ISO 11 699-1 und -2 festgelegt.

13.4.4.1 Werkstoffprüfung mit Röntgenstrahlen

Die Werkstoffprüfung mit Röntgenstahlen ist bei metallischen Bauteilen sehr weit verbreitet und erlaubt die Erkennung und Dokumentation von Fehlern auch bei größeren Werkstückdicken.

a) Historisches

Röntgenstrahlen wurden bereits 1895 von dem deutschen Physiker **Wilhelm Conrad Röntgen** (1845 ... 1923, Nobelpreis 1909) in Würzburg bei der Untersuchung von Gasentladungen entdeckt und von ihm selbst als **X-Strahlen** bezeichnet. *Röntgen* beschrieb in drei grundlegenden Mitteilungen zwischen 1895 und 1897 nahezu alle für die Durchstrahlungstechnik wesentlichen Eigenschaften der Röntgenstrahlung. Er stellte dabei auch die ersten medizinischen und technischen Durchstrahlungsbilder her.

Während die Röntgenstrahlen in der Medizin sehr bald Eingang fanden, gab es dagegen zunächst kaum technische Anwendungen. Erst die Entwicklung der Schweißtechnik gab den hierfür erforderlichen Anstoß. Untersuchungen der Grundlagen der technischen Röntgendurchstrahlung erfolgten in den Jahren 1930 durch **Respondek, Glocker** und **Berthold.** Im gleichen Zeitraum begann auch die Deutsche Reichsbahn, zunächst zögernd, dann aber immer intensiver mit der Durchstrahlung von Schweißverbindungen. Die erste genietete Kesseltrommel wurde 1931 von **Berthold** und **Kolb** durchstrahlt und leitete den endgültigen Durchbruch zur zerstörungsfreien Werkstoffprüfung mit Röntgenstrahlen ein.

b) Eigenschaften von Röntgenstrahlen

Röntgenstrahlen sind, physikalisch betrachtet, elektromagnetische Wellen im Wellenlängenbereich zwischen 10^{-5} nm und 10 nm. Gegenüber dem sichtbaren Licht (390 nm bis 790 nm) besitzen Röntgenstrahlen also wesentlich geringere Wellenlängen (Bild 1).

Aufgrund ihrer geringen Wellenlänge besitzen Röntgenstrahlen (ebenso wie die Gammastrahlen, s.u.) die Fähigkeit, praktisch alle Stoffe zu durchdringen. Mit sinkender Wellenlänge und dementsprechend steigender Energie nimmt die Durchstrahlungsfähigkeit dieser Strahlen zu.

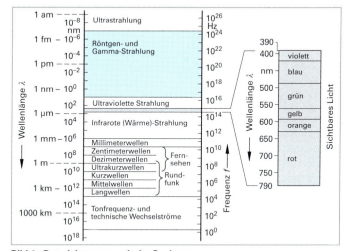

Bild 1: Das elektromagnetische Spektrum

Leichtmetalle, Kunststoffe, organische Stoffe, Beton usw. sind sehr leicht, Stoffe mit höherem Atomgewicht wie beispielsweise Blei sind dagegen schwer zu durchstrahlen.

c) Erzeugung von Röntgenstrahlen

Röntgenstrahlen werden in einer **Röntgenröhre** erzeugt. Eine Röntgenröhre ist im Prinzip ein Vakuumgefäß, in dem ein stromdurchflossener, erhitzter Heizfaden Elektronen emittiert. Zwischen Heizfaden (Katode) und einer gegenüberliegenden Anode wird eine sehr hohe elektrische Gleichspannung angelegt.

Im elektrischen Feld zwischen (dem negativ gepolten) Heizfaden und der (positiv gepolten) Anode werden die (negativ geladenen) Elektronen sehr stark beschleunigt und prallen daher mit hoher Geschwindigkeit auf die Anode. In der Elektronenhülle der Anodenatome (z.B. Wolfram) werden die Elektronen stark abgebremst (Bild 1 und Bild 2).

Neben einer erheblichen Wärmeentwicklung (etwa 99 % der kinetischen Energie der Elektronen wird in Wärme umgewandelt!) entsteht dabei unter anderem die für die Röntgenprüfung wichtige, als **Röntgenstrahlung** bezeichnete Bremsstrahlung. Je höher die Spannung zwischen Heizfaden und Anode gewählt wird, desto stärker werden die Elektronen beschleunigt und desto schneller treffen sie auf die Anode. Die Wellenlänge der dabei entstehenden Röntgenstrahlung sinkt, man sagt, die Strahlung wird härter. Durch entsprechende Wahl der Beschleunigungsspannung U_B (Röhrenspannung) können also Röntgenstrahlen unterschiedlicher Wellenlänge erzeugt und damit optimal an die jeweiligen Prüfbedingungen angepasst werden.

Bild 1: Prinzip der Erzeugung von Röntgenstrahlen in der Röntgenröhre

Je kleiner die Wellenlänge λ, desto besser können die Röntgenstrahlen in den Werkstoff eindringen, desto größer wird die prüfbare Werkstückdicke. Allerdings nimmt mit kleiner werdender Wellenlänge auch der Kontrast der Röntgenaufnahmen ab, so dass kleinere Fehler zunehmend schwieriger erkennbar werden. Die Beschleunigungsspannungen können je nach Prüfgerät zwischen 50 kV und 500 kV betragen. Durch die Regelung der Beschleunigungsspannung U_B kann die Wellenlänge der Röntgenstrahlung und durch die Regelung der Heizspannung, deren Intensität variiert und somit an die jeweiligen Prüfbedingungen (Dicke und Werkstoff des Prüflings) angepasst werden.

Bild 2: Prinzipieller Aufbau eines Röntgenprüfgerätes (Gleichspannungsgerät)

Während die Röntgenbremsstrahlung in der Materialprüfung für **Grobstrukturuntersuchungen** (z.B. Fehlersuche im Bauteilinnern) herangezogen wird, nutzt man die **charakteristische Röntgenstrahlung** (entsteht dadurch, dass ein von der Katode ausgesandtes, schnelles Elektron auf ein kernnahes Elektron des Anodenmaterials trifft) für **Feinstrukturuntersuchungen** wie zum Beispiel der Bestimmung von Größe und Gestalt von Kristallgittern, zum Nachweis von Texturen im Werkstoff oder zur Messung von Eigenspannungen. Auch zur Stoffanalyse zieht man das charakteristische Röntgenspektrum heran.

d) Prinzip der Röntgenprüfung

Das Prinzip der Röntgenprüfung sowie die Entstehung eines Durchstrahlungsbildes ist vereinfacht in Bild 3 dargestellt. Demnach befindet sich die Strahlenquelle auf der einen Seite des Prüflings, ein Detektor (häufig ein fotografischer Film) auf der Gegenseite. Die durch das Werkstück hindurchtretende Strahlung trifft auf den Detektor.

Bild 3: Prinzip der Entstehung eines Durchstrahlungsbildes

13.4 Zerstörungsfreie Werkstoffprüfverfahren

Abhängig von der Schwächung der Strahlung auf ihrem Weg durch das Werkstück, kommt sie dort mit mehr oder weniger großer Intensität an und erzeugt ein Intensitätsrelief. Handelt es sich bei den Detektoren um fotografische Filme, dann erkennt man diese Intensitätsunterschiede nach der Filmentwicklung als mehr oder weniger dunkle Strukturen (Bild 3, Seite 586). Enthält das Werkstück eine Fehlstelle mit einer die Strahlung geringer schwächenden Substanz (eine Pore oder einen Riss mit einer gewissen Ausdehnung in Strahlenrichtung), dann werden die Röntgenstrahlen beim Durchgang weniger stark geschwächt, die Schwärzung des Filmes ist an dieser Stelle dementsprechend höher. Umgekehrt führt beispielsweise ein Schwermetalleinschluss in einem Grundmetall mit geringerer Dichte zu einer geringeren Schwärzung des Filmes.

e) Röntgenprüfgeräte

Bei den Röntgengeräten unterscheidet man zwischen Wechsel- und Gleichspannungsgeräten.

Wechselspannunungsgeräte wurden für die radiographische Prüfung von Schweißnähten im Schiffs-, Rohrleitungs-, Behälter- und Stahlbau entwickelt. Diese Geräte sind für den mobilen Einsatz gedacht. Wechselspannungsgeräte bestehen aus einer Hochspannungsquelle und einer Röntgenröhre, die zumeist in einem gemeinsamen Strahlenschutzgehäuse, der Strahlereinheit, untergebracht sind. Die Strahlereinheit ist über ein längeres Niederspannungskabel mit dem Schaltkoffer (zur Einstellung von Röhrenspannung, Röhrenstrom und Strahlzeit) verbunden. Hochspannungskabel mit den entsprechenden Steckverbindungen entfallen bei dieser Geräteart. Die kompakte Bauweise macht eine Kühlung der Geräte schwierig, so dass Wechselspannungsgeräte jeweils nur über kürzere Zeitabschnitte in Betrieb sind.

Gleichspannungsgeräte sind für den Dauerbetrieb bei überwiegend stationärem Einsatz gedacht (Bild 2, Seite 586 und Bild 1). Bei diesen Geräten sind Röntgenröhre und Hochspannungstransformator zwei getrennte Einheiten, die über ein Hochspannungskabel miteinander verbunden sind. Die Geräte werden, da sie für den Dauerbetrieb konzipiert sind, mit Wasser oder Isolieröl gekühlt, so dass zusätzliche Kühleinrichtungen erforderlich sind. Für kleinere Leistungen ist auch Luftkühlung ausreichend. Ebenso wie die Wechselspannungsgeräte sind auch die Gleichspannungs-Röntgengeräte mit einer Schalteinheit zur Einstellung der Prüfparameter ausgestattet. Da Röntgenröhre und Gleichspannungstransformator getrennt sind, haben die Gleichspannungsgeräte den Vorteil, dass sie relativ klein sind und daher auch an schwer zugänglichen Stellen eingesetzt werden können.

Bild 1: Tragbare, luftgekühlte Gleichspannungs-Röntgenprüfgeräte

13.4.4.2 Werkstoffprüfung mit Gammastrahlen

Neben Röntgenstrahlen kommen bei der Durchstrahlungsprüfung für bestimmte Prüfaufgaben auch Gammastrahlen zum Einsatz.

a) Historisches

Gammastrahlen wurden bereits 1896 von **Henri Antoine Becquerel** (1852 ... 1908, Nobelpreis 1903) entdeckt. Er stellte fest, dass Uranerze in der Nähe befindliche Fotoplatten schwärzen können und zwar auch dann, wenn sich zwischen Fotoplatte und Uranerz Papier oder eine dünne Metallfolie befindet. Er stellte weiterhin fest, dass sich dickere Metallgegenstände zunehmend heller auf der Fotoplatte abzeichnen. Weiterführende Untersuchungen u. a. von **Marie Sklodowska-Curie** (1867 ... 1934, Nobelpreis 1903) zeigten, dass es sich bei der bislang nicht bekannten Strahlungsart um eine Strahlung aus dem Atomkern handelt.

b) Entstehung von Gammastrahlung

Anstelle der Durchstrahlung von Werkstücken mit Röntgen(brems)strahlen (Kapitel 13.4.4.1) können auch **Gammastrahlen (γ-Strahlen)** eingesetzt werden. Zwischen Röntgen- und Gammastrahlen besteht physikalisch kein Unterschied, die Eigenschaften beider Strahlenarten sind identisch. Der Unterschied besteht lediglich in der Entstehung der jeweiligen Strahlung: während die Röntgenbremsstrahlung in der Atomhülle durch Abbremsen schneller Elektronen entstehen, handelt es sich bei der γ-Strahlung um eine Strahlung aus dem Atomkern.

Gammastrahlung entsteht beim Zerfall radioaktiver Isotope bestimmter Elemente. Bei diesem radioaktiven Zerfall wird entweder **α-Strahlung** oder **β-Strahlung** emittiert. Der dabei entstehende Folgekern geht unter Aussendung der für die Werkstoffprüfung nutzbaren **γ-Strahlung** vom angeregten in einen metastabilen Zustand oder direkt in den Grundzustand über. Die γ-Strahlung tritt immer nur zusammen mit oder unmittelbar nach einer α- oder β-Emission auf.

Für die Durchstrahlungsprüfung benötigt man möglichst langlebige Isotope (Tabelle 1). Dabei handelt es sich in der Regel um β-Strahler.

Beispiel Cobalt-60 (^{60}Co):

Die Erzeugung von Cobalt-60 erfolgt, wie auch die übrigen bei der Durchstrahlungsprüfung eingesetzten radioaktiven Isotope (mit Ausnahme von Cäsium-137), in einem Kernreaktor durch Bestrahlung mit Neutronen. Wird natürliches, stabiles Cobalt-59 (27 Protonen und 32 Neutronen) mit Neutronen beschossen, dann entsteht das instabile Isotop Cobalt-60 (Bild 1):

$$^{59}_{27}\text{Co} + ^{1}_{0}\text{n} \rightarrow ^{60}_{27}\text{Co} \qquad (13.2)$$

Cobalt-60 ist infolge des Neutronenüberschusses instabil geworden. Aus energetischen Gründen kann aber im Allgemeinen das überschüssige Kernteilchen (Neutron) nicht einfach wieder abgespalten werden, sondern vielmehr wandelt es sich in ein Proton um, indem es ein Elektron abspaltet und als β-Teilchen aus dem Kern schleudert. Das Radioisotop Cobalt-60 geht dabei unter Aussendung von γ-Strahlung in das Nickelisotop Ni-60 über:

$$^{60}_{27}\text{Co} \rightarrow ^{60}_{28}\text{Ni} + ^{0}_{-1}\text{e} + \Delta E \, (\gamma\text{-Stahlung}) \qquad (13.3)$$

Die γ-Strahlung des Co-60 entspricht (bezüglich der Wellenlänge) einer Röntgenröhre mit einer Röhrenspannung von etwa 1,33 MV. Im Gegensatz zur Röntgenbremsstrahlung, die sich aus unterschiedlichen Wellenlängen zusammensetzt, besitzen γ-Strahlen diskrete Wellenlängen.

Die Eigenschaften der bei der Durchstrahlungsprüfung bevorzugt verwendeten Isotope sind in Tabelle 1 zusammengestellt. Überwiegend finden die Isotope Cobalt-60 und Iridium-192 Anwendung.

e) Werkstoffprüfung mit Gammastrahlen

Im Gegensatz zu einer Röntgenröhre (Bild 2, Seite 586) können γ-Strahler nicht abgeschaltet werden. Gammageräte unterscheiden sich daher in ihrem konstruktiven Aufbau grundlegend von den Röntgenröhren.

> **Information**
>
> **α-Strahlung und β-Strahlung**
>
> α-Strahlung besteht aus Teilchen mit zwei positiven Elementarladungen und der 4-fachen Masse des Wasserstoffatoms, genau wie die Kerne des Heliums. Sie werden mit Geschwindigkeiten in der Größenordnung von 10^7 m/s ausgestoßen.
>
> **β-Strahlung** besteht aus schnellen Elektronen mit Geschwindigkeiten von etwa 10^8 m/s (≈ 99,9 % der Lichtgeschwindigkeit).
>
> Bei der Emission von α-Teilchen verringert sich die Masse des Atomkerns um 2 Protonenmassen und 2 Neutronenmassen und seine positive Ladung um zwei Elementarladungen. Bei der Emission von β-Teilchen bleibt die Masse des Atomkerns praktisch konstant, seine positive Ladung erhöht sich jedoch um eine Elementarladung.

Bild 1: Prinzip der Entstehung von γ-Strahlung am Beispiel des Zerfalls des radioaktiven Isotops Cobalt-60

Tabelle 1: Eigenschaften der wichtigsten künstlichen Isotope der Durchstrahlungsprüfung

Isotop	Kurzzeichen	Halbwertszeit	Photonenenergie in MeV	Dicke[1] in mm
Cobalt-60	^{60}Co	5,26 Jahre	1,17 und 1,33	50 … 160
Tantal-182	^{182}Ta	117 Tage	0,046 bis 1,22	40 … 125
Cäsium-137	^{137}Cs	30 Jahre	0,66	30 … 100
Europium-154	^{154}Eu	16 Jahre	0,336 bis 1,116	20 … 90
Iridium-192	^{192}Ir	74,5 Tage	0,137 bis 1,06	8 … 50
Ytterbium-168	^{168}Yb	32 Tage	0,063 bis 0,308	1 … 20
Thulium-170	^{170}Tm	127 Tage	0,084	bis 4

[1] Durchstrahlbare Dicke bei Eisenwerkstoffen (Anhaltswerte)

13.4 Zerstörungsfreie Werkstoffprüfverfahren

Ein Gammagerät besteht üblicherweise aus einer **Strahlerkapsel,** einem **Quellenhalter** zur Aufnahme der Strahlerkapsel sowie einem **strahlendichten Behälter.** Die Strahlenquelle ist in der Regel ein sehr kleiner Zylinder (im mm-Bereich), der fest in die Strahlenkapsel integriert ist. Durch den dahinter befindlichen Uran- oder Wolframstift soll eine rückwärtige Strahlung gegen das Bedienpersonal abgeschwächt werden. Die Strahlerhülse ist fest mit dem strahlendichten Behälter verbunden.

Aufgrund der vielfältigen Anwendungsaufgaben wurden eine ganze Reihe unterschiedlicher Gammageräte entwickelt (Bild 1). Das Öffnen und gegebenenfalls das Ausfahren der Strahlerkapsel kann, je nach Gerätetyp, manuell oder mittels Fernsteuerung erfolgen. Gammastrahler sind im Vergleich zu Röntgenröhren (Bild 1, Seite 587) relativ kleine Geräte. Die Durchstrahlungsprüfung mittels Gammastrahlung wird daher bevorzugt an Stellen eingesetzt, bei denen der Aufbau einer Röntgengeräte schwer oder überhaupt nicht möglich ist.

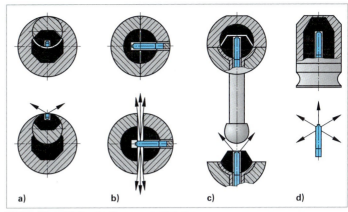

Bild 1: Die wichtigsten Gammagerätetypen
a) Exzentergerät
b) Gerät für ringförmige Abstrahlung
c) Doppelkonuskeule
d) Topfbehälter
▨ Wolfram- oder Uranabschirmung
■ Bleiabschirmung

13.4.4.3 Nachweis von Röntgen- und Gammastrahlung

Zum Nachweis von Röntgen- und Gammastrahlung verwendet man die folgenden Detektoren:
- Fotografische Filme
- Leuchtschirme und Röntgenbildverstärker
- Zählrohre

Fotografische Filme

Fotografische Filme sind die am häufigsten verwendeten Detektoren für Röntgen- und Gammastrahlung. Die Fotoschicht eines Röntgenfilms besteht aus Silberbromid-Kristallen (AgBr), die in Gelatine suspendiert sind. Trifft ein Röntgen- oder γ-Quant auf einen solchen Kristall, dann wird von den betroffenen Br^--Ionen des AgBr-Kristalls ein Elektron abgespalten, das seinerseits im Kristall weitere sekundäre Elektronen freisetzen kann. Diese sekundären Elektronen können an Fehlstellen im AgBr-Kristall Silberkeime ($Ag^+ + e^- \rightarrow Ag$) erzeugen. Beim Entwicklungsvorgang des Filmes wirken diese Silberkeime als Katalysatoren, so dass dort die Bildung von metallischem Silber um Größenordnungen schneller abläuft als an den unbelichteten Stellen. Dementsprechend ist an diesen, durch ein Röntgen- oder Gammaquant getroffenen Stellen, eine erheblich stärkere Schwärzung des Filmes zu beobachten.

Bild 2: Aufbau eines Röntgenfilms und Prinzip der Filmbelichtung (schematisch)

Je mehr Röntgenquanten an einer Stelle auf den Film treffen, desto größer ist die beim Entwicklungsvorgang gebildete Silbermenge und damit die Schwärzung des Filmes (Bild 2, Seite 589). Die nicht von der Strahlung getroffenen AgBr-Körner werden im Zuge der Entwicklung des Filmes durch das Fixierbad entfernt. Röntgenfilme sind, im Gegensatz zu Filmen für die Lichtfotografie, beidseitig mit einer Fotoschicht versehen. Da die vordere Fotoschicht sowie die Trägerfolie die Strahlung kaum absorbieren, sind die Bilder auf der Vorder- und Rückseite des Filmes nahezu identisch. Da sich die Schwärzungen und Kontraste durch diese Maßnahme jedoch addieren, wird die Bildqualität deutlich verbessert. Je höher der **Kontrast** (Differenz zweier benachbarter Schwärzungen), desto stärker unterscheiden sich zwei benachbarte Schwärzungen, desto besser können sie voneinander unterschieden werden. Die Fehlererkennbarkeit steigt.

> **ⓘ Information**
>
> **Vorteil von Röntgenfilmen**
> Der Vorteil von fotografischen Filmen besteht in der Möglichkeit einer präzisen Auswertung. Außerdem sind Röntgenfilme einfacher zu handhaben und stellen Dokumente dar, die aufbewahrt werden können. Nachteilig sind die relativ hohen Kosten für das Filmmaterial bei umfangreichen Prüfungen, die schlechte Automatisierbarkeit sowie der Umgang mit Chemikalien bei der Entwicklung.

Leuchtschirme und Röntgenbildverstärker
Leuchtschirme werden überwiegend bei der Durchstrahlungsprüfung mit Röntgenstrahlen eingesetzt. Die nach Durchdringung des Prüflings auf den Leuchtschirm treffenden Strahlen regen dort, je nach Strahlungsintensität, bestimmte Kristalle zur Aussendung von sichtbarem Licht an. Es entsteht ein Fluoreszenzbild auf dem Leuchtschirm. Leuchtschirme sind billig und erlauben eine schnelle Auswertung. Man benötigt außerdem keine Dunkelkammer. Leuchtschirme sind jedoch nur bei kleinen durchstrahlten Probendicken einsetzbar und erreichen noch nicht die Bildgüte fotografischer Filme.

Zählrohre
In Zählrohren werden durch die einfallenden Röntgen- oder γ-Quanten Entladungsvorgänge ausgelöst, die als Stromimpulse registriert werden. Zählrohre werden in der Regel zum Auffinden gröberer Fehler sowie zur Wanddickenmessung eingesetzt. Sie werden auch dort verwendet, wo aus wirtschaftlichen Gründen der Einsatz von Röntgenfilmen oder Leuchtschirmen nicht in Frage kommt.

13.4.4.4 Prüfbare Probendicken
Röntgen- und γ-Strahlen können mit kleiner werdender Wellenlänge besser in den Werkstoff eindringen (Kapitel 13.4.4.1). Bild 1 zeigt am Beispiel von Stahl die durchstrahlbare Werkstoffdicke bei vorgegebener Strahlungsenergie bzw. Wellenlänge.

Bei der Durchstrahlungsprüfung mit Röntgenstrahlen sind Stahlteile bis zu einer Wandstärke von etwa 100 mm noch prüfbar. Beim Einsatz von Gammastrahlen können Wandstärken bis zu 200 mm noch durchstrahlt werden.

Mit kleiner werdender Wellenlänge steigt die prüfbare Probendicke, der Kontrast und damit die Fehlererkennbarkeit sinkt jedoch.

Um die Bildqualität zu überprüfen, verwendet man **Bildgüteprüfkörper** nach DIN EN ISO 19232-1. Hierbei handelt es sich um Drähte mit Durchmessern zwischen 0,05 mm und 3,2 mm, die auf der filmfernen Seite des Prüflings angebracht werden. In der Regel sind jeweils 7 Drähte in einem Prüfkörper vereinigt (in Kunststoff eingegossen). Der dünnste, auf dem Röntgenfilm gerade noch erkennbare Draht legt dabei die Bildgüte **(Bildgütezahl)** und damit auch den kleinsten noch erkennbaren Fehler fest.

Bild 1: Prüfbare Wanddicke für Stahl
1 = **Hundertstelwertsdicke** (Strahlungsintensität auf 1 % gesunken)
2 = **Zehntelwertsdicke** (Strahlungsintensität auf 10 % gesunken)
3 = **Halbwertsdicke** (Strahlungsintensität auf 50 % gesunken)
▨ Durchstrahlbarer Wandstärkenbereich bei Stahl

13.4 Zerstörungsfreie Werkstoffprüfverfahren

13.4.4.5 Vergleich zwischen Röntgen- und Gammastrahlen

Tabelle 1 zeigt einen Vergleich der zerstörungsfreien Werkstoffprüfung mit Röntgen- und Gammastrahlen.

Tabelle 1: Vergleich zwischen Röntgen- und Gammastrahlen

Röntgenstrahlen	Gammastrahlen
• Röntgenstrahlen können durch Regelung der Röhrenspannung optimal an die Arbeitsbedingungen angepasst werden. Durch Abschalten der Röhrenspannung kann die Röntgenstrahlung abgestellt werden. • Die Werkstoffprüfung mit Röntgenstrahlen erfordert kürzere Belichtungszeiten (nur wenige Minuten) im Vergleich zur Prüfung mit γ-Strahlen (bis zu einigen Stunden bei kleineren Präparaten).	• Gammastrahlen stammen aus dem Atomkern und sind daher weder regel- noch abstellbar. Sie können lediglich abgeschirmt werden. • Gammastrahlen haben eine geringere Wellenlänge, sie sind energiereicher und können daher den Werkstoff besser durchdringen (Bild 1, Seite 590). Mit γ-Strahlen können daher dickere Bauteile durchstrahlt werden. Sie liefern aber kontrastärmere Bilder und erfordern aufgrund der geringen Strahlungsintensität längere Belichtungszeiten (häufig bis zu einige Stunden). • Gammastrahler sind im Vergleich zu Röntgenröhren relativ kleine Geräte (Kapitel 13.4.4.2). Die Durchstrahlungsprüfung mittels γ-Strahlung wird daher bevorzugt an Stellen eingesetzt, bei denen der Aufbau der Röntgengeräte schwer oder überhaupt nicht möglich ist. • Gammageräte sind, im Vergleich zu Röntgengeräten, günstiger anzuschaffen und einfacher zu handhaben.

13.4.5 Vergleich der zerstörungsfreien Werkstoffprüfverfahren

Ein Vergleich der zerstörungsfreien Werkstoffprüfverfahren zeigt, dass kein Verfahren durch ein anderes völlig ersetzt werden kann, da selbst bei genau gleicher Prüfaufgabe der Informationsgehalt der Anzeigen von verschiedenen Fehlern nicht immer gleich ist. Aus diesem Grund werden heute häufig mehrere Verfahren nebeneinander eingesetzt. So ist es beispielsweise in der Schweißnahtprüfung üblich, durch eine Vorprüfung mit Hilfe von Ultraschall einen fehlerhaften Zustand festzustellen und nach der Fehlerbeseitigung mit Hilfe der Durchstrahlungsprüfung zu dokumentieren. Bei rissanfälligen Werkstoffen wird häufig noch eine Magnetpulverprüfung zum Nachweis von Oberflächenfehlern durchgeführt.

Tabelle 2: Vergleich der Verfahren der zerstörungsfreien Werkstoffprüfung (nach *Deutsch*)

Prüfverfahren	Physikalischer Effekt	Einsetzbar für die Bestimmung von:				
		Fehlern	Fehlerlage	Fehlergröße	Werkstoffeigenschaften	Dimensionen
Eindringverfahren	Kapillarwirkung	ja	nur an der Oberfläche	an der Oberfläche, begrenzt in der Risstiefe	nein	nein
Magnetpulverprüfung	Messung des magnetischen Streuflusses	ja	nur an der Oberfläche	an der Oberfläche, begrenzt in der Risstiefe	nein	nein
Wirbelstromverfahren	Veränderung und Störung von Wirbelstromfeldern	ja	ja	nur an der Oberfläche	Leitfähigkeit Permeabilität	Schichtdicken
Ultraschallprüfung (Reflexions-Verfahren)	Reflexion von Ultraschallwellen an Grenzflächen	ja	ja	nur im Vergleich zu anderen Reflektoren (Fehlern)	Schallgeschwindigkeit c Elastizitätsmodul E	Entfernungen Wanddicken
Durchstrahlungsverfahren	unterschiedliche Absorption in verschiedenen Werkstoffen	ja	nur in der Filmebene, nicht in Strahlrichtung	in Filmebene, begrenzt in Strahlrichtung	nur mit Feinstruktur-Geräten	Dickenmessung von Bändern und Folien

Tabelle 1: Gegenüberstellung der Anwendbarkeit verschiedener zerstörungsfreier Werkstoffprüfverfahren (nach *Deutsch*)

Prüfverfahren	Anwendungsbeispiele/besondere Eignung	Automatisierbar	Vorteile[1]	Grenzen des Verfahrens/Nachteile	Kosten[2]		
					A	G	D
Eindringverfahren	Oberflächenrisse und Poren	begrenzt	• keine Apparatur notwendig • unabhängig von der Geometrie des Prüflings	• Fehlstellen müssen zur Oberfläche hin offen sein • ungeeignet für poröse Werkstoffe	2	2	3
Magnetpulverprüfung	• Oberflächenrisse • Risse direkt unterhalb der Oberfläche • Risse unter dünnen Farb- und Galvanikschichten	nein[3]	• Risslage und Risslänge deutlich sichtbar • leicht auswertbar • geringer Einfluss der Werkstückgeometrie und der Oberflächenstruktur • hohe Empfindlichkeit	nur bei ferromagnetischen Werkstoffen anwendbar	4	5	5
Wirbelstromverfahren	Oberflächenrisse	ja[4]	Rissnachweis in NE-Metallen	nur bei elektrisch leitenden Werkstoffen anwendbar	7	4	6
	Schichtdickenmessung	ja	kein Koppelmittel erforderlich		2	1	1
Ultraschallprüfung (Reflexions-Verfahren)	• Nachweis von flächigen und voluminösen Innenfehlern sowie von Oberflächenfehlern • Messung von Restwanddicken	ja	• große Reichweite (keine Beschränkung durch Werkstückdicke) • vielfältige Anwendung	Fehlergröße nur im Vergleich abschätzbar, die Deutung ist schwierig	10	9	8
Durchstrahlung mit Röntgenstrahlen	Nachweis von voluminösen Innenfehlern z. B. bei: • Schweißnahtprüfung an Druckbehältern, Schiffsrümpfen und Stahlkonstruktionen • Prüfung von Turbinenschaufeln auf Risse und Korrosion • Überwachung von Triebwerken hinsichtlich Verformungen, Beschädigungen, Rissen oder gar fehlenden Teilen	nein[3]	• Dokumentation des realen Fehlerbildes auf einem Film • Verfahren eignen sich besonders für größere Fehler wie Poren, Einschlüsse, Warmrisse und Schweißfehler • Größe und Form des Fehlers ist feststellbar • Prüfbereich muss nicht direkt zugänglich sein • bei Röntgenstrahlen: bessere Detailerkennbarkeit als mit Gammastrahlen	• Fehlertiefenbestimmung ist schwierig • Fehler mit geringer Ausdehnung in Strahlrichtung sind nur schwierig oder überhaupt nicht auffindbar • hoher zeitlicher und apparativer Aufwand, daher relativ teures Verfahren • Strahlenbelastung des Prüfpersonals • Beachtung von Strahlenschutzvorschriften und intensive Schulung des Prüfpersonals erforderlich	9	8	10
Durchstrahlung mit Gammastrahlen		nein[3]	• bei Gammastrahlen: größere Werkstückdicken prüfbar als mit Röntgenstrahlen		8	7	9

[1] Besondere Vorteile gegenüber anderen, ebenfalls geeigneten Verfahren sowie allgemeine Vorteile.
[2] Relative Bewertung von 1 (niedrig) bis 10 (hoch)
   A = Prüferausbildung
   G = Prüfmittel und Geräte
   D = Durchführung der Prüfung
[3] In Zukunft möglich
[4] Hohe Prüfgeschwindigkeiten realisierbar

13.5 Mechanische Werkstoffprüfverfahren

In der technischen Praxis werden Kennwerte zur quantitativen Beurteilung des Werkstoffverhaltens unter den verschiedensten äußeren Einflüssen (hohe oder tiefe Temperaturen, ruhende, zügige, schwingende oder schlagartige Beanspruchung usw.) benötigt. Von besonderem Interesse sind dabei die mechanischen Eigenschaften des Werkstoffs wie Festigkeit, Härte, Verformbarkeit usw. Zu ihrer Ermittlung wurden unterschiedliche **mechanische Werkstoffprüfverfahren** entwickelt.

Um die mit Hilfe der mechanischen Werkstoffprüfverfahren gewonnenen Werkstoffkennwerte miteinander vergleichen zu können, müssen die Versuche unter definierten und reproduzierbaren Bedingungen hinsichtlich Temperatur, Belastungsart- und Belastungsgeschwindigkeit sowie Form der Prüfkörper durchgeführt werden. Eine Vielzahl der Prüfverfahren wurde daher genormt. Die mit Hilfe der mechanischen Werkstoffprüfung ermittelten Werkstoffkennwerte dienen zur:
- Charakterisierung des Werkstoffs
- Werkstoffkontrolle
- Auswahl eines geeigneten Werkstoffs
- Werkstoffentwicklung
- Bauteildimensionierung

Die mechanischen Prüfverfahren können hinsichtlich des zeitlichen Verlaufs der Belastung wie folgt eingeteilt werden:

Bild 1: Einteilungsmöglichkeit der mechanischen Werkstoffprüfverfahren mit Beispielen

Die Kennwerte aus den Prüfverfahren gemäß Bild 1 sind jedoch nur mit Einschränkungen dazu geeignet, das tatsächliche Betriebsverhalten komplex gestalteter und beanspruchter Bauteile zu beurteilen. Daher sind nicht nur die mechanischen Werkstoffprüfverfahren, sondern auch Prüfverfahren am fertigen Bauteil unter betriebsähnlichen Beanspruchungen wie zum Beispiel Betriebsfestigkeitsversuche schwingend beanspruchter Komponenten von großer Bedeutung.

13.5.1 Zugversuch

Der Zugversuch nach DIN EN ISO 6892-1 (bei Raumtemperatur), DIN EN ISO 6892-2 (bei erhöhter Temperatur) sowie DIN EN ISO 6892-3 (bei tiefen Temperaturen) ist einer der wichtigsten Versuche der mechanischen Werkstoffprüfung. Mit seiner Hilfe kann das Werkstoffverhalten unter einachsiger Zugbeanspruchung ermittelt werden. Er liefert wichtige Festigkeits- und Verformungskennwerte für den Werkstoffvergleich sowie für die Bauteildimensionierung bei statischer Beanspruchung.

13.5.1.1 Historisches

Die Prüfung der Festigkeit von Werkstoffen reicht nachweislich bis in das 15. Jahrhundert zurück. Damals beschrieb bereits **Leonardo da Vinci** (1452 bis 1519) die Prüfung der Festigkeit von Draht. Auch in späteren Jahren beschäftigten sich unterschiedliche Forscher immer wieder mit der Festigkeit von Werkstoffen oder dem Zusammenhang zwischen Kraft und Verlängerung. Von **Galileo Galilei** (1564 bis 1642) ist bekannt, dass er unter anderem die Biegefestigkeit von Holzbalken untersuchte. **Robert Hooke** (1635 bis 1703) beschrieb 1678 nach Beobachtungen an Uhrfedern den proportionalen Zusammenhang zwischen Kraft und Verlängerung „ut tensio, sic vis" (wie die Streckung, so die Kraft) und schuf damit das nach ihm benannte **Hooke'sche Gesetz** (Kapitel 13.5.1.4). Er erkannte allerdings noch nicht, dass es nur für den Bereich der elastischen Verformung des Werkstoffs gilt.

Wird die Kraft jedoch über einen bestimmten Punkt hinaus erhöht, dann verformt sich der Werkstoff plastisch, d.h. der Prüfling nimmt nach der Entlastung nicht mehr seine ursprüngliche Gestalt an. In der zweiten Hälfte des 19. Jahrhunderts entstanden dann die ersten Maschinen zur systematischen Prüfung der Festigkeit verschiedener Werkstoffe (z. B. Fa. Krupp 1863, Fa. Mohr & Federhaff 1870). Häufig handelte es sich dabei um **Universalprüfmaschinen** mit denen nicht nur reine Zug-, sondern auch Druck- und Biegebeanspruchungen realisiert werden konnten.

13.5.1.2 Versuchsdurchführung

Im Zugversuch wird eine in der Regel genormte, Probe des zu prüfenden Werkstoffs in eine mechanisch oder hydraulisch arbeitende Zugprüfmaschine nach DIN EN ISO 7500-1 eingespannt und mit zunehmender Zugkraft so lange verformt, bis der Bruch der Probe eintritt (Bild 1). Die erforderliche Zugkraft F wird in Abhängigkeit der Probenverlängerung ΔL kontinuierlich registriert. Man erhält das **Kraft-Verlängerungs-Diagramm**.

Sowohl die Zugkraft als auch die Probenverlängerung ist von der Abmessung der Probe abhängig. Das Kraft-Verlängerungs-Diagramm liefert daher keine Werkstoffkennwerte mit dessen Hilfe ein quantitativer Werkstoffvergleich möglich wäre.

Bild 1: Zugversuch und Zugprüfmaschine nach DIN EN ISO 7500-1

Um von der Probengeometrie unabhängige Kenngrößen zu erhalten, bezieht man die Zugkraft F daher auf die Querschnittsfläche S_0 der Probe vor der Prüfung und spricht von der (mechanischen) Spannung σ.

$$\sigma = \frac{F}{S_0}$$

σ = (Normal-) Spannung oder technische Spannung in MPa
F = Zugkraft in N (13.4)
S_0 = Anfangsquerschnittsfläche der Probe vor der Prüfungin in mm²

In analoger Weise geht man von der Probenverlängerung ΔL auf die von der Probengröße (Messlänge) ebenfalls unabhängige Dehnung ε über:

$$\varepsilon = \frac{\Delta L}{L_0}$$

ε = Dehnung dimensionslos oder in % bzw. in ‰
ΔL = Verlängerung der Probe in mm (13.5)
L_0 = Anfangsmesslänge der Probe vor der Prüfung in mm

Auf diese Weise erhält man das sich vom Kraft-Verlängerungsdiagramm nur durch die Achsenmaßstäbe unterscheidende **Spannungs-Dehnungs-Diagramm,** mit dessen Hilfe wichtige Festigkeits- und Verformungskenngrößen des Werkstoffs ermittelt werden können. Sie sind Grundlage für die Berechnung und Dimensionierung statisch beanspruchter Bauteile und Konstruktionen.

13.5.1.3 Probengeometrie

Unter einer Probe versteht man denjenigen Teil des Halbzeugs oder Werkstücks, der eine festgelegte Form und Größe besitzt und zur Durchführung des Versuchs dient. Form und Maße der Proben hängen vom Erzeugnis ab, aus denen die Proben herausgearbeitet werden sollen. Die Proben können kreisrunde, quadratische, rechteckige oder ringförmige Querschnitte besitzen. Zur Prüfung metallischer Werkstoffe verwendet man überwiegend Rundzugproben (kreisrunde Querschnittsfläche), seltener Flachzugproben (rechteckige Querschnittsfläche).

Bild 1, Seite 595, zeigt verschiedene, für den Zugversuch geeignete Proben nach DIN 50 125. Weitere Probengeometrien werden auch in der internationalen Norm DIN EN ISO 6892-1 bis -3 beschrieben. Sehr häufig finden Rundzugproben mit Gewindeköpfen (Form B) und einem Messlängenverhältnis $L_0/d_0 = 5$ (kurze Proportionalstäbe, Kapitel 13.5.1.5) Anwendung. In Tabelle 1, Seite 595, sind Abmessungsbeispiele dieser Proben zusammengestellt.

13.5 Mechanische Werkstoffprüfverfahren

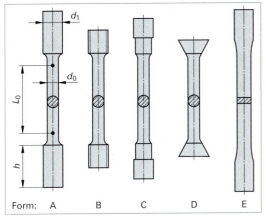

Bild 1: Zugproben nach DIN 50 125
Form A: Rundprobe mit glatten Zylinderköpfen zum Einspannen in Spannkeile
Form B: Rundprobe mit Gewindeköpfen
Form C: Rundprobe mit Schulterköpfen
Form D: Rundprobe mit Kegelköpfen
Form E: Flachprobe mit Köpfen für Spannkeile
Nicht dargestellt: Form F, G und H

Tabelle 1: Rundzugproben mit Gewindeköpfen (Form B nach DIN 50 125, Auswahl)

d_0 in mm	L_0 in mm	d_1 (min.) in mm	h (min.) in mm
5	25	M 8	7
10	50	M 16	12
25	125	M 33	30

ⓘ Information

Symbole, die beim Zugversuch Anwendung finden
Die internationale Norm DIN EN ISO 6892-1 und -2 verwendet beim Zugversuch andere Symbole als in Deutschland üblich:

Bezeichnung	Symbol nach DIN EN ISO 6892-1/-2	Deutsches Symbol	Anglo-amerikanisches Symbol	Einheit
Spannung bzw. Nennspannung	R	σ	S	MPa
Dehnung	$e^{1)}$	ε	e	%
Wahre Spannung	σ	φ	σ oder R	MPa
Wahre Dehnung bzw. Umformgrad	ε	k_f	ε	–

[1)] In DIN EN ISO 6892-1 und -2 als **Extensometer-Dehnung** bezeichnet.

Da die Symbole nach DIN EN ISO 6892-1 und -2 in Deutschland (noch) nicht üblich sind, werden nachfolgend bis auf Weiteres die deutschen Symbole verwendet.

Die normgerechte Bezeichnung von Zugproben nach DIN 50 125 lautet:

Beispiel: DIN 50 125 – B 12 × 60

Zur Prüfung bestimmter Werkstoffe (z. B. Gusseisen mit Lamellengrafit) sowie von Schweiß- oder Lötverbindungen wurden besondere Probenformen entwickelt, die u. a. in folgenden Normen beschrieben werden:

DIN EN 1561	Zugproben aus Gusseisen mit Lamellengrafit
DIN EN 1562	Zugproben aus Temperguss
DIN EN 1563	Zugproben aus Gusseisen mit Kugelgrafhit
DIN EN 1564	Zugproben aus ausferritischem Gusseisen
DIN 50148	Zugproben für Druckguss aus Nichteisenmetallen
DIN EN ISO 4136	Zugproben zur Prüfung von Schweißverbindungen metallischer Werkstoffe
DIN ISO 12797	Zugproben zur Prüfung von Hartlötverbindungen
DIN EN ISO 4136	Zugproben zur Prüfung schmelzgeschweißter Stumpfnähte

13.5.1.4 Spannungs-Dehnungs-Diagramme

Spannungs-Dehnungs-Diagramme beinhalten grundlegende Informationen über das Festigkeits-, Verformungs- und Elastizitätsverhalten des geprüften Werkstoffs. Sie können sich, abhängig von der Werkstoffart und vom Werkstoffzustand, grundlegend voneinander unterscheiden.

a) Hookesches Gesetz, Elastizitätsmodul und Querkontraktionszahl
Bei vielen metallischen Werkstoffen ist mit zunehmender Belastung zunächst eine lineare Spannungs-Dehnungs-Abhängigkeit zu beobachten, die sich im Spannungs-Dehnungs-Diagramm als **Hookeschen Gerade** darstellt (Bild 1, Seite 597). In diesem Bereich verformt sich die Probe elastisch und würde nach Entlastung wieder die Anfangslänge annehmen (elastische Rückverformung). Spannung σ und Dehnung ε sind proportional zueinander, es gilt das **Hookesche Gesetz**:

$$\sigma = E \cdot \varepsilon \quad \text{Hookesches Gesetz (bei einachsiger Beanspruchung)} \tag{13.6}$$

Der Proportionalitätsfaktor E wird als **Elastizitätsmodul** bezeichnet. Er ist ein Maß für den Widerstand, den ein Werkstoff seiner elastischen Verformung entgegensetzt und kann beispielsweise aus der Steigung der Hooke'schen Geraden ermittelt werden. Je größer der Elastizitätsmodul E, desto geringer ist die elastische Verformung der Probe bzw. des Bauteils unter Krafteinwirkung (Tab. 1).

Das Hookesche Gesetz gilt nicht für alle Werkstoffe. Bei einigen Metallen (z. B. Kupfer, Reinaluminium, Grauguss oder Baustählen bei erhöhten Temperaturen) sowie bei Kunststoffen beobachtet man nicht lineare Elastizitätserscheinungen. Wichtigstes Beispiel für **nichtlineare Elastizität** bei Metallen ist das graue Gusseisen mit Lamellengrafit (E = 80000 bis 130000 MPa). Unter Zugbeanspruchung wird der Elastizitätsmodul mit steigender Spannung zunehmend kleiner, da die an den Enden der Grafitkristalle auftretenden Spannungsspitzen ein lokales plastisches Fließen des Werkstoffs hervorrufen. Unter Druckbeanspruchung ist der Elastizitätsmodul dagegen über einen weiten Spannungsbereich nahezu konstant. Als Maß für den Elastizitätsmodul wird bei nicht linearer Elastizität entweder die Anfangssteigung oder die jeweilige Steigung $d\sigma/d\varepsilon$ in einem Kurvenpunkt angegeben (Bild 1).

Mit der Längsdehnung ε_l des Zugstabes geht im elastischen Bereich eine Querschnittsverminderung (oder Querkontraktion) einher. Für Proben mit kreisrundem Querschnitt gilt zwischen Querkontraktion ε_q und der Längsdehnung ε_l das **Poissonsche Gesetz** (benannt nach dem frz. Mathematiker *Siméon Denis Poisson*, 1781 bis 1840):

$\varepsilon_q = -\mu \cdot \varepsilon_l$ Poissonsches Gesetz   (13.7)

Der Proportionalitätsfaktor μ wird als **Querkontraktionszahl**, der Kehrwert $m = 1/\mu$ als **Poisson-Zahl** bezeichnet (Tabelle 1). Der Hookesche Bereich und damit das linear-elastische Werkstoffverhalten endet mit Erreichen der **Proportionalitätsgrenze** σ_p. Das Spannungs-Dehnungs-Diagramm weicht zunehmend von der Hookeschen Geraden ab (Bild 1, Seite 597). Mit Erreichen der Elastizitätsgrenze σ_E endet schließlich das elastische Werkstoffverhalten. Entlastet man die Probe bei einer bestimmten Spannung oberhalb der **Elastizitätsgrenze**, dann würde sie ihre ursprüngliche Gestalt nicht mehr annehmen, sie hat sich plastisch (bleibend) verformt.

Tabelle 1: Elastizitätsmodul E und Querkontraktionszahl μ ausgewählter Werkstoffe (Anhaltswerte)

	Werkstoff	Elastizitätsmodul E in MPa	Querkontraktionszahl μ
Metalle	Osmium	570 000	k.A.
	Wolfram	415 000	0,35
	Molybdän	336 000	k.A.
	Nickel	213 000	0,31
	Eisen	210 000	0,29
	ferrit.-perl. Stahl	200 000 ... 216 000	0,30
	austenitischer Stahl	190 000 ... 203 000	0,30
	Gusseisen mit Kugelgrafit	169 000 ... 176 000	0,275
	Gusseisen mit Lamellengrafit	78 000 ... 143 000	0,26
	Kupfer (unlegiert)	125 000	0,34
	Cu-Sn-Legierungen	110 000 ... 125 000	0,35
	Cu-Zn-Legierungen	80 000 ... 125 000	0,35
	Titanlegierungen	112 000 ... 130 000	0,32 ... 0,38
	Aluminiumlegierungen	60 000 ... 80 000	0,33
	Magnesiumlegierungen	40 000 ... 45 000	0,30
	Blei	17 500	0,42
Kunststoffe	Duroplaste	3 000 ... 10 000[1]	k.A.
	Thermoplaste	100 ... 4 500[1]	k.A.
	Elastomere	10 ... 100[2]	0,47 ... 0,50
Sonstige	Diamant	1 000 000	k.A.
	Wolframcarbid	450 000 ... 650 000	k.A.
	Glas	70 000 ... 80 000	0,17
	Beton	25 000 ... 30 000	k.A.
	Holz[3]	9 000 ... 16 000	0,33

[1] Bei verstärkten Kunststoffen auch höher
[2] Im entropieelastischen Bereich
[3] Parallel zur Faserrichtung
k.A. = keine Angabe

Bild 1: Nicht lineare Elastizität am Beispiel von Gusseisen mit Lamellengrafit (Grauguss)

13.5 Mechanische Werkstoffprüfverfahren

b) Grundtypen von Spannungs-Dehnungs-Diagrammen

Der Verlauf des Spannungs-Dehnungs-Diagramms oberhalb der Elastizitätsgrenze hängt im Wesentlichen von der Art des Werkstoffs sowie vom Werkstoffzustand ab. Die drei wichtigsten Diagrammtypen sind in den Bildern 1 und 2 sowie Bild 1, Seite 598, zusammengestellt. Die Erläuterung der Formelzeichen (z.B. $R_{p0,2}$; R_m; A usw.) erfolgt in Kapitel 13.5.1.5.

Die Mehrzahl der metallischen Werkstoffe zeigt einen **Spannungs-Dehnungs-Verlauf ohne ausgeprägte Streckgrenze** (Bild 1). Er ist gekennzeichnet durch einen kontinuierlichen Übergang zwischen elastischer und plastischer Verformung. Oberhalb der Elastizitätsgrenze σ_E beobachtet man eine zunehmende Abweichung des Spannungs-Dehnungs-Diagrammes von der Hookeschen Geraden. Im Werkstoff tritt eine makroskopisch plastische Verformung auf. In Ebenen mit der größten Schubspannung (bei einachsiger Zugbeanspruchung unter 45° zur Belastungsrichtung) finden ausgeprägte Versetzungsbewegungen statt (Kapitel 2.8.2).

Mit der plastischen Verformung geht eine Erhöhung der Versetzungsdichte einher (Kapitel 2.9.4). Durch Überlagerung ihrer Spannungsfelder behindern sich die Versetzungen in ihrer Bewegung gegenseitig. Für die Aufrechterhaltung der Versetzungsbewegung, d. h. für eine weitere plastische Verformung ist eine zunehmende Spannung erforderlich. Der Werkstoff verfestigt sich (Kaltverfestigung, Kapitel 2.9.4).

Mit steigender Belastung wird der Kurvenverlauf zunehmend flacher. In Abhängigkeit des Verformungsverhaltens des Werkstoffs tritt nach einer mehr oder weniger ausgeprägten plastischen Verformung der Bruch ein. Bei stark verformungsfähigen Metallen (z. B. Reinaluminium, Baustähle) beobachtet man ein Spannungsmaximum im Spannungs-Dehnungs-Diagramm (Stelle 4 in Bild 1). Nach Überschreiten des Spannungsmaximums schnürt sich die Probe an der zufällig schwächsten Stelle innerhalb der Messlänge ein und bricht anschließend relativ rasch. Mit Beginn der Einschnürung konzentriert sich die gesamte Probendehnung auf die Einschnürstelle.

Einige Legierungen, insbesondere normalgeglühte Stähle mit niedrigem bis mittlerem Kohlenstoffgehalt (z. B. viele unlegierte Baustähle wie S235JR), besitzen ein **Spannungs-Dehnungs-Diagramm mit ausgeprägter Streckgrenze**.

Mit zunehmender Belastung verhalten sich Spannung und Dehnung zunächst entsprechend dem Hookeschen Gesetz proportional zueinander. Unmittelbar oberhalb der Elastizitätsgrenze beobachtet man jedoch einen mehr oder weniger stark ausgeprägten Kraft- bzw. Spannungsabfall mit anschließender plastischer Dehnungszunahme ε_L bei konstanter Nennspannung. Die Dehnung ε_L wird als **Lüdersdehnung** bezeichnet. Sie ist u.a. von der Werkstoffart und vom Werkstoffzustand abhängig und kann Werte zwischen etwa 0,5 % und 4 % annehmen.

Bild 1: Spannungs-Dehnungs-Diagramm ohne ausgeprägte Streckgrenze

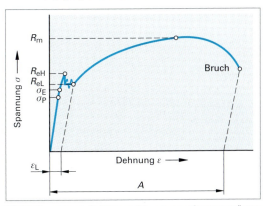

Bild 2: Spannungs-Dehnungs-Diagramm mit ausgeprägter Streckgrenze

Bei Werkstoffen, deren Spannungs-Dehnungs-Diagramm eine ausgeprägte Streckgrenze aufweist, unterscheidet man eine **obere Streckgrenze** R_{eH} (R = résistance, e = écoulement, H = higher) und eine **untere Streckgrenze** R_{eL} (L = lower). Bei heterogenen Gefügen mit weichen und harten Gefügebestandteilen können im Bereich der Lüdersdehnung Kraftschwankungen auftreten, die sich dann abhängig von der Steifigkeit der Prüfmaschine als Einschwingvorgang im Spannungs-Dehnungs-Diagramm abzeichnen können.

Um die Probe am Ende der Lüdersdehnung weiter zu verformen, ist eine zunehmende Kraft bzw. Spannung erforderlich, da sich der Werkstoff verfestigt. Der Kurvenverlauf wird jedoch, analog den Werkstoffen ohne ausgeprägte Streckgrenze, zunehmend flacher und strebt einem Maximum zu. Nach Überschreitung der Höchstlast beginnt sich die Probe ebenfalls einzuschnüren und bricht wenig später.

Spröde Werkstoffe wie Gusseisen mit Lamellengrafit, martensitisch gehärtete Stähle oder keramische Werkstoffe (Kapitel 10) zeigen **Spannungs-Dehnungs-Diagramme ohne (nennenswertes) plastisches Verformungsvermögen**. Die Spannungs-Dehnungs-Kurve weicht nicht oder nur geringfügig von der Hooke'schen Geraden ab (Bild 1). Die Proben brechen bei sehr niedriger Bruchdehnung und praktisch ohne Brucheinschnürung. Eine makroskopisch plastische Verformung ist bei diesen Werkstoffen kaum oder überhaupt nicht zu beobachten. Eine Streck- bzw. Dehngrenze wird bei diesen Werkstoffen nicht angegeben.

Bild 1: Spannungs-Dehnungs-Diagramm mit eingeschränktem plastischem Verformungsvermögen

Die spezifischen Eigenschaften eines Werkstoffs kommen also im Zugversuch in Form des Spannungs-Dehnungs-Diagramms zum Ausdruck. In ihm spiegelt sich der Einfluss der Werkstoffeigenart auf die Form des Diagramms wider.

Werkstoff	R_m in MPa	R_e bzw. $R_{p0,2}$ in MPa	A in %
38Si7[1]	1350	1030	6
25CrMo4[1]	950	720	14
S460M	680	460	18
S235JR	390	235	26
X2CrNi18-9	180	620	48

Werkstoff	R_m in MPa	R_e bzw. $R_{p0,2}$ in MPa	A in %
EN AW-Al 99,5	20	90	38
EN AW-Al Cu4SiMg-T4	480	290	8
EN-GJS-500-7	500	320	7
EN-GJL-300	350	–	0

[1] Im vergüteten Zustand

Bild 2: Spannungs-Dehnungs-Diagramme ausgewählter Metalle bzw. Metalllegierungen (mit Beispielen)

13.5 Mechanische Werkstoffprüfverfahren

Bild 2, Seite 598, zeigt Spannungs-Dehnungs-Diagramme unterschiedlicher Metalle bzw. Metalllegierungen. Kennzeichnend ist dabei, dass mit steigender Festigkeit das plastische Verformungsvermögen abnimmt. Eine Ausnahme hiervon bilden die austenitischen Cr-Ni-Stähle, die zwar eine niedrige Dehngrenze, jedoch eine relativ hohe Zugfestigkeit und ein sehr starkes Verfestigungs- und Verformungsvermögen besitzen.

13.5.1.5 Ermittlung von Werkstoffkennwerten im Zugversuch

Aus den Spannungs-Dehnungs-Diagrammen können wichtige Werkstoffkennwerte ermittelt werden:
- Dehngrenze R_p bei Werkstoffen ohne ausgeprägte Streckgrenze
- Streckgrenze R_e (meist R_{eH}) bei Werkstoffen mit ausgeprägter Streckgrenze
- Zugfestigkeit R_m
- Bruchdehnung A und Brucheinschnürung Z (die Brucheinschnürung lässt sich allerdings nicht aus dem Spannungs-Dehnungsdiagramm ermitteln, s. u.)
- Elastizitätsmodul E
- Querkontraktionszahl μ. Die Bestimmung der Querkontraktionszahl ist nur mittels spezieller Messtechnik (z.B. Querdehnungsaufnehmern) möglich.

> **(i) Information**
>
> **Dehngrenze**
> Spannungen, die eine bestimmte bleibende Verformung hervorrufen (z. B. 0,01 % oder 0,2 %), werden allgemein als Dehngrenzen R_p bezeichnet. Die Dehngrenze R_p ist demzufolge der Werkstoffwiderstand gegen das Überschreiten einer bestimmten plastischen Verformung.

a) Dehngrenze

Die in DIN EN ISO 6892-1 nicht enthaltene Proportionalitätsgrenze σ_p und Elastizitätsgrenze σ_E (Kapitel 13.5.1.4) liegen in der Regel dicht beieinander oder fallen zusammen und sind messtechnisch nicht exakt erfassbar. Ersatzweise wird daher anstelle der Elastizitätsgrenze diejenige Spannung ermittelt, die nach einer Entlastung eine bleibende (nichtproportionale) Dehnung von 0,01 % hervorruft. Sie wird als **technische Elastizitätsgrenze** oder **0,01-%-Dehngrenze $R_{p0,01}$** bezeichnet und kennzeichnet den Übergang von der Mikroplastizität zum makroskopischen Fließen des Werkstoffs.

Bei Werkstoffen ohne ausgeprägte Streckgrenze bestimmt man außerdem diejenige Spannung, die eine bleibende Verformung von 0,2 % hervorruft. Man bezeichnet sie als **0,2-%-Dehngrenze $R_{p0,2}$** bzw. mitunter auch als **Ersatzstreckgrenze**. Sie dient im Maschinen- und Anlagenbau in der Regel als Berechnungsgrundlage. Im Druckbehälter- und Apparatebau ist für die austenitischen Cr-Ni-Stähle die **1-%-Dehngrenze R_{p1}** eingeführt worden, um im Sinne einer besseren Werkstoffausnutzung dem großen plastischen Verformungsvermögen dieser wichtigen Werkstoffgruppe Rechnung zu tragen.

Das übliche Spannungs-Dehnungs-Diagramm ist zur Bestimmung von Dehngrenzen bzw. der Streckgrenze zu ungenau, da die Plastifizierung bereits bei Dehnungen von wenigen 1/10 Prozenten eintritt. Für die exakte Bestimmung dieser Kennwerte muss daher eine **Feindehnungsmessung** durchgeführt werden. Mit Hilfe einer geeigneten Messeinrichtung wird dabei die Probendehnung zu Beginn des Versuchs genau ermittelt. Trägt man die zu den jeweiligen Dehnungswerten gehörenden Spannungen über einem möglichst weit aufgespreizten Dehnungsmaßstab auf, dann erhält man das **Feindehnungsdiagramm**.

Um die Dehngrenze zu ermitteln, konstruiert man ausgehend von einer bestimmten bleibenden Dehnung (z. B. 0,01 % oder 0,2 %) eine Parallele zur Hookeschen Geraden. Ihr Schnittpunkt mit der Spannungs-Dehnungs-Kurve ist dann die gesuchte Dehngrenze (z. B. $R_{p0,01}$ oder $R_{p0,2}$; Bild 1).

Bild 1: Ermittlung von Dehngrenzen

Bild 2: Mechanisches Feindehnungsmessgerät

Für die Feindehnungsmessung wurden unterschiedliche Verfahren entwickelt. Bild 1, Seite 599, zeigt beispielhaft eine Messeinrichtung die nach dem mechanischen Prinzip arbeitet: die Probendehnung wird über Hartmetallschneiden auf zwei Messuhren übertragen (zwei Messuhren sind erforderlich, um einen eventuellen Biegeanteil zu korrigieren). Die Messgenauigkeit beträgt etwa 1 µm.

b) Streckgrenze

Bei Werkstoffen mit ausgeprägter unterer und oberer Streckgrenze zeigt sich ein unstetiger Übergang vom elastischen zum elastisch-plastischen Werkstoffverhalten (Bild 2, Seite 597). Bei diesen Werkstoffen wird eine Streckgrenze R_e anstelle einer Dehngrenze R_p bestimmt. Die Streckgrenze R_e ist diejenige Spannung, bei der mit zunehmender Verlängerung der Probe die Zugkraft erstmals konstant bleibt oder abfällt. Im zweiten Fall ist zwischen einer oberen Streckgrenze R_{eH} und einer unteren Streckgrenze R_{eL} zu unterscheiden. Die obere Streckgrenze ist dabei diejenige Spannung, bei der ein erster deutlicher Kraftabfall eintritt, die untere Streckgrenze ist die kleinste Spannung im Fließbereich (Einschwingerscheinungen bleiben unberücksichtigt). Technisch gebräuchlich ist die obere Streckgrenze R_{eH}, sie entspricht etwa der 0,2-%-Dehngrenze. Es bleibt allerdings anzumerken, dass die obere Streckgrenze wesentlich stärker als die anderen im Zugversuch ermittelten Kennwerte von den Versuchsbedingungen, der Probenform sowie von der Steifigkeit der Prüfmaschine abhängt.

> **ⓘ Information**
>
> **Streckgrenze**
> Die Streckgrenze ist der Werkstoffwiderstand gegen einsetzende plastische Verformung, d.h. diejenige Spannung bei der trotz zunehmender Verlängerung der Probe die Zugkraft gleich bleibt oder abfällt.

Das Vorhandensein einer oberen und einer unteren Streckgrenze (z. B. unlegierte Baustähle) beruht nach **A.H. Cottrell** auf der Blockierung von Versetzungen durch interstitiell (auf Zwischengitterplätzen) gelösten Fremdatomen, die sich in Form einer **Cottrell-Wolke** bevorzugt im Verzerrungsfeld einer Stufenversetzung ansammeln (Bild 1). Das elastisch verzerrte Kristallgitter bietet dort energetisch günstigere Aufenthaltsorte. Im Falle der Stähle handelt es sich dabei um Kohlenstoff- oder Stickstoffatome. Da das Lösen der Stufenversetzung aus ihrer Cottrell-Wolke eine höhere Spannung benötigt als das Weitergleiten, tritt im Spannungs-Dehnungs-Diagramm eine obere Streckgrenze R_{eH} (Lösen) und eine untere Streckgrenze R_{eL} (Gleiten) in Erscheinung.

Das Lösen der Versetzungen aus ihren Cottrell-Wolken beginnt zuerst in Bereichen lokaler Spannungsüberhöhung (z. B. Mikro- oder Makrodefekte). Ein Aufstau dieser Versetzungen an Hindernissen, insbesondere Korngrenzen, führt erneut zu einer Spannungskonzentration, die im Nachbarkorn weitere Versetzungsbewegungen aktiviert. Auf diese Weise breitet sich der Bereich der plastischen Verformung zunächst über den Probenquerschnitt in Richtung der maximalen Schubspannung (bei einachsiger Zugbeanspruchung also unter 45°) aus. Dieser lokal begrenzte Bereich plastischer Verformung wird als **Lüdersband** bezeichnet und ist auf einer polierten Probenoberfläche gut sichtbar. Durch das Vorhandensein des ersten Lüdersbandes ist in den noch elastisch beanspruchten Nachbarbereichen die Lösung weiterer Versetzungen aus ihren Cottrell-Wolken erleichtert, so dass sich der Bereich der Lüdersdehnung bei konstanter Spannung (R_{eL}) allmählich über das gesamte Probenvolumen ausbreitet (Bild 2).

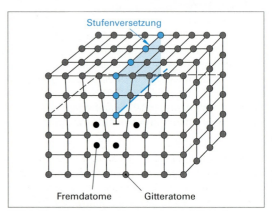

Bild 1: Blockierung einer Versetzung durch Fremdatome (Cottrell-Wolke)

Bild 2: Probenverformung bei einachsiger Zugbeanspruchung durch Ausbildung von Lüdersbändern

Die Lüdersdehnung ε_L, d. h. der im Spannungs-Dehnungs-Diagramm sichtbare Streckgrenzendehnbereich, kann Werte zwischen 0,5 % und 4 % annehmen. Nachdem die Verformung schließlich das gesamte Probenvolumen erfasst hat, erfolgt eine homogene Verfestigung des Werkstoffs.

Das Auftreten der Lüdersbänder ist bei der Metallumformung unerwünscht, da sie das Aussehen der Oberfläche negativ beeinträchtigen. Durch eine der Umformung vorausgehende Kaltverformung kann die Lüdersdehnung jedoch unterdrückt werden. Das Verformungsvermögen des Werkstoffs wird dabei jedoch vermindert (Kaltverfestigung).

Die Höhe der Streck- bzw. Dehngrenze hängt in hohem Maße von der Art des Werkstoffs ab und kann bei metallischen Werkstoffen zwischen 20 MPa und etwa 1200 MPa liegen (Bild 1). Durch Kaltverformung oder durch Legieren ggf. in Verbindung mit einer Wärmebehandlung kann die Streck- oder Dehngrenze erhöht werden.

c) Zugfestigkeit

Als Zugfestigkeit R_m bezeichnet man das Spannungsmaximum im Spannungs-Dehnungs-Diagramm, d. h. die Höchstzugkraft bezogen auf den Anfangsquerschnitt S_0. Nach Überschreiten der Zugfestigkeit erfolgt der Bruch der Probe. Abhängig von Werkstoffart oder Werkstoffzustand unterscheidet man verschiedene Bruchformen (Kapitel 13.5.1.6).

d) Bruchdehnung

Unter der Bruchdehnung A versteht man die bleibende Dehnung der Probe nach dem Bruch. Zu ihrer Bestimmung werden die beiden Probenhälften nach dem Bruch sorgfältig zusammengesetzt und der Abstand L_u von Messmarken (Markierungen) ausgemessen, die vor dem Versuch im Abstand L_0 in die Probenoberfläche eingeritzt oder mit Lackstreifen auf die Oberfläche der Zugprobe aufgebracht wurden (Bild 1, Seite 597 und Bild 1, Seite 603). Die Bruchdehnung errechnet sich dann aus:

$$A = \frac{L_u - L_0}{L_0} \cdot 100 \% \qquad (13.8)$$

A = Bruchdehnung in %
L_u = Messlänge nach dem Bruch in mm
L_0 = Anfangsmesslänge in mm

Die Bruchdehnung kann auch aus dem Spannungs-Dehnungs-Diagramm ermittelt werden, indem man eine Parallele zur Hookeschen Geraden durch denjenigen Kurvenpunkt konstruiert, der den Probenbruch kennzeichnet. Die Bruchdehnung, also die bleibende Dehnung nach dem Bruch der Probe, kann dann im Schnittpunkt dieser Parallelen mit der Abszisse abgelesen werden (Bild 2).

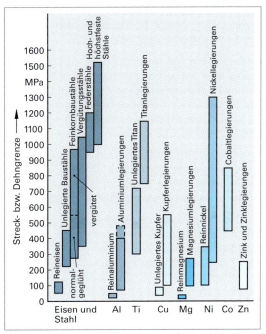

Bild 1: Streck- und Dehngrenzen verschiedener Metalle und Metalllegierungen

ⓘ Information

Zugfestigkeit
Als Zugfestigkeit (R_m) bezeichnet man das Spannungsmaximum im Spannungs-Dehnungs-Diagramm, d.h. die Höchstzugkraft bezogen auf den Anfangsquerschnitt S_0.

Bild 2: Bestimmung der Bruchdehnung A
A_g: Gleichmaßdehnung (plastische Extensometer-Dehnung bei Höchstzugkraft)

ⓘ Information

Bruchdehnung
Unter der Bruchdehnung A versteht man die bleibende Dehnung der Probe nach dem Bruch.

Die Bruchdehnung A ist abhängig von der Probengeometrie. Bruchdehnungen, die an verschiedenen Proben aus gleichem Werkstoff ermittelt wurden, können nur unter bestimmten Voraussetzungen miteinander verglichen werden.

Im Bereich der Gleichmaßdehnung, also bis zum Erreichen der Zugfestigkeit, dehnt sich die Probe gleichmäßig über die gesamte Messlänge, d. h. alle Probenbereiche werden in gleichem Maße gedehnt. Die Probe wird gleichmäßig dünner und länger, Probenverlängerung (ΔL) und Anfangsmesslänge (L_0) verhalten sich proportional zueinander. Die Gleichmaßdehnung A_g ist damit unabhängig von der Anfangsmesslänge L_0. Schnürt sich die Probe nach Überschreiten der Zugfestigkeit innerhalb der Messlänge jedoch ein, dann findet eine weitere Längenänderung der Probe nur noch im Bereich der Probeneinschnürung statt.

Während die Gleichmaßdehnung A_g für alle Messlängen gleich ist, nimmt die Einschnürverlängerung (ΔL_e) einen bestimmten Wert an, der unabhängig von der Messlänge der Probe ist. Bezieht man die Einschnürverlängerung auf die verschiedenen Messlängen (errechnet also den Quotienten $\Delta L_e/L_0$), dann erhält man mit zunehmender Messlänge kleinere Werte für den Quotienten $\Delta L_e/L_0$.

Bild 1 veranschaulicht diesen Effekt: Mit zunehmender Anfangsmesslänge L_0 aber gleichbleibendem Probendurchmesser d_0, d. h. mit steigendem Messlängenverhältnis L_0/d_0 erhält man kleinere Werte für die Bruchdehnung A, da der Anteil die Gleichmaßdehnung A_g zwar konstant, der Quotient $\Delta L_e/L_0$ jedoch mit steigender Anfangsmesslänge bzw. Messlängenverhältnis sinkt. Das Gesagte gilt nicht nur für die Bruchdehnung A, sondern für jede beliebige Dehnung im Bereich der Probeneinschnürung.

Bild 1: Spannungs-Dehnungs-Diagramme bei verschiedenen Anfangsmesslängen L_0

Für den Quotienten $\Delta L_e/L_0$ ergeben sich immer dann gleiche Werte, falls sich die Messlänge L_0 und die Quadratwurzel der Querschnittsfläche $\sqrt{S_0}$ proportional zueinander verhalten, also $L_0 \sim \sqrt{S_0}$. Um eine weitgehende Vergleichbarkeit der Versuchsergebnisse sicherzustellen, verwendet man daher bei der Prüfung metallischer Werkstoffe in der Regel **proportionale Proben,** also Proben, bei denen das Verhältnis von Anfangsmesslänge L_0 und Anfangsquerschnittsfläche S_0 durch die Gleichung $L_0 = k \cdot \sqrt{S_0}$ ausgedrückt wird. Die Querschnittsfläche der Probe kann dabei grundsätzlich beliebig sein (z. B. rund, oval, quadratisch, rechteckig, ringförmig). Mit Proben gleichen Werkstoffs, welche diese Bedingung erfüllen, erhält man gleiche Bruchdehnungen A. Der international festgelegte Wert für den Proportionalitätsfaktor k ist 5,65. Rundzugproben, welche diese Bedingung erfüllen, wurden früher auch als **kurze Proportionalstäbe** bezeichnet. Bei kreisförmigem Querschnitt ist dann $L_0 = 5 \cdot d_0$ (Tabelle 1, Seite 595). Bei Proben, die diesen Bedingungen nicht gehorchen ($k \neq 5{,}65$), muss nach DIN EN ISO 6892-1 der Proportionalitätsfaktor k als Index dem Formelzeichen A der Bruchdehnung angehängt werden, also A_k. Dies ist beispielsweise bei den ebenfalls häufig verwendeten und früher auch als **lange Proportionalstäbe** bezeichneten Proben mit $L_0 = 11{,}3 \cdot \sqrt{S_0}$ (entsprechend $L_0 = 10 \cdot d_0$ bei kreisförmigem Querschnitt) der Fall. Als Formelzeichen der Bruchdehnung verwendet man in diesem Fall also $A_{11,3}$. Zwischen der Bruchdehnung A (kurzer Proportionalstab) und $A_{11,3}$ (langer Proportionalstab) besteht näherungsweise der Zusammenhang: $A = 1{,}2 \ldots 1{,}5 \cdot A_{11,3}$.

Beispiele:

1. Rundzugprobe mit $L_0 = 50$ mm, $d_0 = 10$ mm, $L_u = 58$ mm: $\dfrac{L_0}{\sqrt{S_0}} = 5{,}65$ (kurzer Proportionalstab)

Berechnung der Bruchdehnung: $\dfrac{L_u - L_0}{L_0} \cdot 100\ \% = \dfrac{58\ \text{mm} - 50\ \text{mm}}{50\ \text{mm}} \cdot 100\ \% = 16\ \%$

Angabe des Ergebnisses: $A = 16\ \%$

13.5 Mechanische Werkstoffprüfverfahren

2. Rundzugprobe mit $L_0 = 100$ mm, $d_0 = 10$ mm, $L_u = 112$ mm: $\frac{L_0}{\sqrt{S_0}} = 11{,}3$ (langer Proportionalstab)

Berechnung der Bruchdehnung: $\frac{L_u - L_0}{L_0} \cdot 100\,\% = \frac{112\text{ mm} - 100\text{ mm}}{100\text{ mm}} \cdot 100\,\% = 12\,\%$

Angabe des Ergebnisses: $A_{11,3} = 12\,\%$

Bei Verwendung von nicht proportionalen Proben wird die Anfangsmesslänge L_0 unabhängig vom Anfangsquerschnitt S_0 gewählt. Das Formelzeichen der Bruchdehnung wird in diesem Fall ebenfalls durch einen Index ergänzt, der die zugrundeliegende Anfangsmesslänge L_0 in mm angibt. Es werden hierbei nach DIN EN ISO 6892-1 drei verschiedene Probengeometrien unterschieden: $L_0 = 50$ mm und Probenbreite $b_0 = 12{,}5$ mm, $L_0 = 80$ mm und $b_0 = 20$ mm sowie $L_0 = 50$ mm und $b_0 = 25$ mm (JIS Z 2205-Probe).

Beispiel: $A_{80\text{mm}}$ = Formelzeichen der Bruchdehnung bei Verwendung einer nicht proportionalen Probe mit einer Anfangsmesslänge von $L_0 = 80$ mm

e) Brucheinschnürung

Die Brucheinschnürung Z ist die größte bleibende Querschnittsänderung nach dem Bruch der Probe. Bei Verwendung einer Rundzugprobe beobachtet man nach Überschreiten der Höchstlast eine Einschnürung im Bereich der zufällig schwächsten Stelle innerhalb der Messlänge (Bild 1). Die Brucheinschnürung lässt sich nach dem Bruch der Probe einfach ermitteln aus:

$$Z = \frac{S_0 - S_u}{S_0} \cdot 100\,\% \qquad (13.9)$$

Bild 1: Ermittlung der Brucheinschnürung (Rundzugprobe)

Z = Brucheinschnürung in %
S_u = Querschnittsfläche (kleinster Querschnitt) nach dem Bruch der Probe an der Bruchstelle in mm²
S_0 = Anfangsquerschnittsfläche der Probe in mm²

Die Brucheinschnürung lässt sich nicht direkt aus dem Spannungs-Dehnungs-Diagramm entnehmen. Zu ihrer Bestimmung muss die Querschnittsfläche der Probe vor der Prüfung ($S_0 = \pi/4 \cdot d_0^2$) sowie nach ihrem Bruch ($S_u = \pi/4 \cdot d_u^2$) ermittelt werden. Das Einschnürverhalten metallischer Werkstoffe ist unterschiedlich (Kapitel 13.5.1.6), dementsprechend betragen die Brucheinschnürungen zwischen 0 % und etwa 80 %. Die Brucheinschnürung Z geht ebensowenig wie die Bruchdehnung A in eine Festigkeitsrechnung ein. Beide Kennwerte kennzeichnen jedoch die Verformungseigenschaften eines Werkstoffs.

f) Elastizitätsmodul

Zu Beginn der Probenbelastung zeigt sich bei vielen metallischen Werkstoffen ein linearer Zusammenhang zwischen Spannung σ und Dehnung ε also $\sigma = E \cdot \varepsilon$ (Hookesches Gesetz). Der Proportionalitätsfaktor E wird als Elastizitätsmodul bezeichnet und stellt ein Maß für den Widerstand dar, den ein Werkstoff seiner elastischen Verformung entgegensetzt (Kapitel 13.5.1.4).

13.5.1.6 Bruchvorgänge, Bruchformen und Bruchflächen

Die Bruchform und das Bruchaussehen einer im Zugversuch geprüften Probe richten sich nach der Art des Werkstoffs und seiner Verformungsfähigkeit. Man unterscheidet bei den Gewaltbrüchen grundsätzlich (Bild 2):
- Zäher Gewaltbruch (Gleitbruch)
- Spröder Gewaltbruch (Spaltbruch)

Bild 2 Spannungs-Dehnungs-Diagramme und typische Bruchformen verschiedener metallischer Werkstoffe

a) Spröder Gewaltbruch (Spaltbruch)

Ein spröder Gewaltbruch oder Spaltbruch (früher auch als **Trennbruch** bezeichnet) ist charakteristisch für Werkstoffe oder Werkstoffzustände mit geringem oder fehlendem plastischem Verformungsvermögen wie z. B. keramische Werkstoffe, martensitisch gehärtete Stähle oder Gusseisen mit Lamellengrafit.

Das Auslösen eines spröden Gewaltbruches hängt aber auch noch von weiteren Faktoren ab:
- Spannungszustand. Ein mehrachsiger Spannungszustand (z. B. dickwandige Bauteile, Kerben) kann infolge einer Dehnungsbehinderung einen Spaltbruch begünstigen.
- Temperatur. Mit abnehmender Temperatur sinkt die Verformungsfähigkeit vieler metallischer Werkstoffe, wie zum Beispiel der ferritisch-perlitischen Stähle
- Hohe Beanspruchungsgeschwindigkeit. Die notwendigen Versetzungsbewegungen können mit zunehmender Beanspruchungsgeschwindigkeit nicht mehr vollständig ablaufen.

Ein Spaltbruch tritt auf, sobald die größte Zugnormalspannung die Trennfestigkeit σ_T des Werkstoffs übersteigt. Da im einachsigen Zugversuch die größte Normalspannung in Zugrichtung wirkt, tritt der Spaltbruch dort senkrecht zur Zugrichtung auf (Bild 1). Spaltbrüche entstehen an Stellen im Gefüge an denen die Versetzungsbewegung oder die Zwillingsbildung

Bild 1: Spannungsverteilung und Mohrscher Spannungskreis[1] eines Spaltbruchs bei einachsiger Zugbeanspruchung

Bild 2: Spröde Gewaltbrüche
a) transkristallin b) interkristallin

blockiert ist. Die hierbei erzeugte Spannungskonzentration und die daraus resultierende Gitteraufweitung vor dem Hindernis kann als Keim eines Spaltrisses wirken. Der Riss breitet sich dann mit hoher Geschwindigkeit (bis Schallgeschwindigkeit) durch das Gefüge aus. Da die Rissspitze nicht abstumpfen kann, die lokale Spannungsüberhöhung also erhalten bleibt, tritt kein Rissstopp auf. Auch bei duktilen Werkstoffen mit spröden Phasen oder Fehlstellen (z. B. Grafitkristalle beim Gusseisen mit Lamellengrafit) treten Spaltbrüche auf. Zwar wird die Rissausbreitungsgeschwindigkeit in der duktilen Matrix durch Abrundung der Rissspitze (verminderte Kerbwirkung) verzögert, sobald sie jedoch auf ein sprödes Teilchen oder eine Fehlstelle trifft, erfolgt eine erneute Erhöhung der Rissfortschrittsgeschwindigkeit.

In spröden Metallen kann die Rissausbreitung transkristallin oder interkristallin erfolgen. **Transkristalline Spaltbrüche** weisen im Bereich der Körner glatte Bruchflächen (Spaltflächen) auf. Der Riss folgt kristallographischen Ebenen mit der geringsten Oberflächenspannung. Spaltbrüche verlaufen auf mehreren Spaltflächen, die durch Stege miteinander verbunden und durch Abscheren entstanden sind (Bild 2a). In kfz-Metallen tritt, bedingt durch die gute Verformungsfähigkeit kein Spaltbruch auf.

Interkristalline Spaltbrüche verlaufen längs der Kornflächen und werden in allen Metallen beobachtet, falls die Kohäsionsfestigkeit zwischen den Körnern z. B. durch Fremdatome oder Ausscheidung spröder Phasen vermindert ist (Bild 2b).

b) Zäher Gewaltbruch (Gleitbruch)

Zähe Gewaltbrüche oder Gleitbrüche treten grundsätzlich nur bei duktilen Metallen auf. Als Reaktion auf eine äußere Belastung treten im Innern des Bauteils Normal- und Schubspannungen auf. In Ebenen mit maximaler Schubspannung werden Versetzungsbewegungen ausgelöst, die zu einer plastischen Verformung führen. Da bei einachsiger Zugbeanspruchung die größten Schubspannungen unter 45° zur Zugrichtung auftreten, findet in diesen Ebenen eine ausgeprägte Versetzungsbewegung statt, die zu einem scheibenförmigen Abgleiten der Werkstoffbereiche führt. Ist das Verformungsvermögen schließlich erschöpft, dann tritt in diesen Richtungen auch der Bruch auf (Bild 1, Seite 605).

---

[1] Zum Mohrschen Spannungskreis siehe Literatur zu Festigkeitslehre.

13.5 Mechanische Werkstoffprüfverfahren

Ein Zähbruch kann in Abhängigkeit der Verformungsfähigkeit des Metalls (z. B. Reinheit) oder des Spannungszustandes (z. B. Probengeometrie) makroskopisch unterschiedliche Erscheinungsformen ausbilden. Man unterscheidet:

- Einschnürbruch
- Scherbruch durch Zugkräfte
- Trichter-Kegel-Bruch

Bild 1: Mechanismus der Ausbildung eines Scherbruches durch Zugkräfte

Einschnürbruch: Ein reiner Einschnürbruch wird nur bei sehr reinen Metallen oder bei Einkristallen beobachtet. Da die Versetzungsbewegungen nahezu ungehindert ablaufen können, verformt sich die Einschnürzone so stark, dass sich eine feine Spitze ausbildet (Bild 2, Seite 603, Stahl X2CrNi19-11).

Scherbruch: Bei Vorhandensein eines polykristallinen Gefüges sowie von Verunreinigungen (z. B. nichtmetallische Einschlüsse, Ausscheidungen an den Korngrenzen) ist eine freie Bewegung der Versetzungen durch den gesamten Querschnitt hindurch nicht möglich. Da außerdem unterschiedliche Gleitsysteme für die Versetzungsbewegung betätigt werden, kreuzen sich die Gleitbänder, sodass auch hierdurch die freie Versetzungsbewegung behindert wird. Durch Aufstau der Versetzungen im Bereich der Einschlüsse bzw. Ausscheidungen oder durch Aufreißen der metallischen Matrix durch Versetzungsaufstau an sich kreuzenden Gleitbändern, bilden sich lange vor dem Eintritt des Bruches Mikroporen im Werkstoff, die sich mit zunehmender Belastung vergrößern. Durch Abscheren der Werkstoffbereiche zwischen den Hohlräumen tritt schließlich der Bruch ein (Bild 1). Die Bruchfläche des Scherbruches zeigt daher eine typische Wabenstruktur. Innerhalb der Waben sind die Einschlüsse bzw. Ausscheidungen vielfach noch zu erkennen (Bild 1, Seite 606). Scherbrüche beobachtet man insbesondere bei Vergütungsstählen und Aluminiumlegierungen wie AlMg, AlCu, AlCuMgPb und AlZnMg sowie bei dünnen Flachzugproben.

Trichter-Kegel-Bruch: Schnürt die (Rundzug)Probe vor dem Bruch mehr oder weniger stark ein, dann beobachtet man einen Trichter-Kegel-Bruch.

Mit zunehmender Zugbeanspruchung schnürt die Probe bzw. das Bauteil an der zufällig schwächsten Stelle zunächst ein. Im Einschnürbereich beobachtet man eine Ablösung der metallischen Matrix von Einschlüssen, Ausscheidungen oder anderen Gefügeinhomogenitäten sobald ein kritischer Verformungsgrad überschritten wird (Versetzungsaufstau). Diese Ablösungen finden auf den am stärksten betätigten Gleitebenen (bei einachsiger Zugbeanspruchung unter 45° zur Zugkraft) statt (Scherflächen). Dies geschieht zuerst im Probeninnern, da der plastische Verformungsgrad dort am größten ist (Bild 1, Seite 606, oberes Teilbild).

Die zwischen den entstandenen Hohlräumen verbleibenden Wände werden unter der Wirkung der äußeren Zugbeanspruchung zu gratartigen Stegen ausgezogen. Die Stege scheren schließlich ab und bilden hierdurch die charakteristischen Waben. Durch Vereinigung mehrerer Waben entstehen kurze Risse auf den Scherflächen (z. B. 45° zur Zugkraft, bei einachsiger Zugbeanspruchung).

Diese kurzen Risse folgen zunächst den Scherflächen. Da sie hierdurch jedoch rasch in Bereiche mit geringerem plastischem Verformungsgrad und damit geringerer Vorschädigung gelangen, ändern sie ihre Richtung und bewegen sich auf um 90° gedrehten Scherebenen wieder in den Bereich mit dem engsten Querschnitt zurück. Durch Aneinanderreihung der jeweils unter 45° geneigten Rissfortschrittsebenen entsteht näherungsweise eine makroskopisch ebene Fläche in der Mitte des Stabes (Bild 1).

Je weiter sich der Riss von der Proben- bzw. Bauteilmitte her radial ausbreitet, umso mehr sinkt der Grad an Vorschädigung aufgrund eines geringeren plastischen Verformungsgrades. Damit ist die Richtung des weiteren Rissforschritts nicht mehr vorgeprägt. Weiterhin wird der Spannungszustand aufgrund einer lastfreien Bauteil- und Rissoberfläche nunmehr näherungsweise zweiachsig. Der Bruch verläuft daher in den Randbereichen längs den Gleitebenen mit der größten Schubspannung. Bei einachsiger Zugbeanspruchung beobachtet man deshalb in den Randbereichen einen Scherbruch unter 45° zur Beanspruchungsrichtung.

Bild 1: Mechanismus der Ausbildung eines Trichter-Kegel-Bruchs

13.5.2 Druckversuch

Der Druckversuch hat eine besondere Bedeutung für die Prüfung von Baustoffen wie Beton, Holz, Ziegel, usw. Auch metallische Werkstoffe werden im Druckversuch geprüft (DIN 50 106), überwiegend jedoch nur spröde (z. B. Gusseisen mit Lamellengrafit) oder auf Druck beanspruchte Metalle (z. B. Lagermetalle). Für Kunststoffe hat der Druckversuch dagegen kaum Bedeutung.

a) Versuchsdurchführung und Probengeometrie

Beim Druckversuch wird die Probe mit einer stetig zunehmenden Druckkraft solange belastet, bis ein Anriss bzw. Bruch eintritt oder eine bestimmte Stauchung (z. B. 10 % bei Baustoffen, 50 % bei Lagermetallen) erreicht wird. Die Probe kann sich dabei zur Seite hin frei ausdehnen. Metalle werden in der Regel in Universalprüfmaschinen (mit denen auch Zug- und Biegeversuche durchgeführt werden können), Baustoffe dagegen in besonderen mechanischen oder hydraulischen Druckpressen geprüft.

Zur Prüfung metallischer Werkstoffe verwendet man in der Regel zylindrische Proben mit einem Durchmesser von 10 bis 30 mm (bei Lagermetallen 20 mm). Wegen der Gefahr des Ausknickens sollte für das Verhältnis von Höhe h_0 und Durchmesser d_0 der Druckprobe gelten: $1 \leq h_0/d_0 \leq 2$ (Stähle $h_0/d_0 = 1{,}5$, Lagermetalle $h_0/d_0 = 1$). Für die Baustoffprüfung sind würfelförmige oder prismatische Proben üblich (Bild 1, Seite 607).

b) Werkstoffverhalten im Druckversuch

Bei verformungsfähigen Werkstoffen wird aufgrund der Reibung zwischen der Probe und ihren Auflageflächen die Querdehnung behindert und damit die Ausbildung eines mehrachsigen Spannungszustandes mit inhomogener Spannungsverteilung begünstigt. Bei duktilen Werkstoffen beobachtet man daher eine tonnenförmige Ausbauchung der Probe. Die plastische Verformung in einem gestauchten Zylinder kann in drei Bereiche mit unterschiedlichen Spannungs- bzw. Verformungszuständen eingeteilt werden (Bild 2, Seite 607):

13.5 Mechanische Werkstoffprüfverfahren

- **Bereich I:**
  Durch Reibung zwischen den Stirnflächen der Probe und den Auflageplatten wird die radiale Ausbreitung der Probe behindert. Diese Dehnungsbehinderung überträgt sich in das Innere der Probe und bildet dort im Bereich I so genannte **Druckkegel,** innerhalb derer nur geringe Verformungen auftreten.
- **Bereich II:**
  Im Bereich der seitlichen Ausbauchung der Probe beobachtet man mäßige tangentiale Zugspannungen.
- **Bereich III:**
  Der mittlere, auch als **Schmiedekreuz** bezeichnete Bereich der Druckprobe ist durch das Auftreten hoher Schubbeanspruchungen gekennzeichnet.

An der Oberfläche duktiler Druckproben kann man als Folge der tangentialen Zugspannungen parallel zur Probenachse verlaufende Anrisse beobachten. Ansonsten wird eine duktile Probe im Druckversuch flachgedrückt. Ein Bruch erfolgt jedoch nicht.

Die Versuchsergebnisse aus geometrisch ähnlichen Proben sind aufgrund von Reibungseinflüssen nur bei gleicher Beschaffenheit der Auflageflächen und bei gleichen Schmierungsverhältnissen miteinander vergleichbar. Die Reibung und damit auch die Ausbauchung der Probe kann jedoch vermindert werden, falls die Stirnflächen der Probe und die Auflageflächen geschmiert werden (z. B. Grafit, Talg, Öl bzw. Zwischenlagen aus Blei- oder Kunststoff).

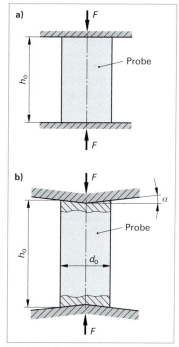

Bild 1: Druckproben
a) mit ebenen Auflageflächen
b) kegelförmigen Auflageflächen

Durch in die Probenstirnflächen eingedrehte konzentrische Rillen oder durch grobes Schleifen kann die Schmierung ebenfalls verbessert werden (bessere Schmiermittelaufnahme). Der Einfluss der Reibung an den Auflageflächen kann auch durch konische Ausbildung der Stirnflächen ($\alpha = 3 \ldots 5°$) vermindert werden (Bild 1b). Man spricht dann vom **Kegelstauchverfahren.** Das Verfahren hat jedoch, bedingt durch das Aufkommen geeigneter Schmiermittel und nicht zuletzt aufgrund der aufwändigen Probenherstellung, gegenüber dem Druckversuch an zylindrischen Proben **(Zylinderstauchversuch)** stark an Bedeutung verloren.

Im elastischen Bereich stimmen die Spannungs-Dehnungs- bzw. die Druckspannungs-Stauchungs-Kurven weitgehend überein. Mit Erreichen der Proportionalitätsgrenze σ_{dP} endet das linearelastische Werkstoffverhalten und es treten erhebliche Unterschiede im Kurvenverlauf auf. Bedingt durch den mit abnehmender Höhe immer größer werdenden Durchmesser der Probe steigt die Druckspannungs-Stauchungs-Kurve des duktilen Werkstoffs stetig an, ohne dass ein Bruch eintritt

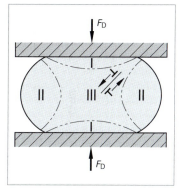

Bild 2: Verformung einer druckbeanspruchten Probe

(Probe wird flachgedrückt). Zähe Werkstoffe werden im Druckversuch in der Regel nur bis über die Stauchgrenze $\sigma_{d0,2}$ (bzw. Quetschgrenze σ_{dF}) bzw. bis zum Auftreten des ersten Anrisses geprüft.

Spröde Werkstoffe erfahren keine Schubverformung. Bei ihnen beobachtet man einen Bruch durch Abgleiten unter 45° zur Druckachse oder durch Absprengen der zugbeanspruchten Zonen ohne nennenswerte Ausbauchung der Probe. Auch bei spröden Werkstoffen wird die radiale Ausbreitung der Probe an ihren Stirnflächen durch die Reibung an den Druckplatten behindert und in das Innere der Probe übertragen. Daher bilden sich ebenfalls die in Bild 2, dargestellten Druckkegel aus, die sich bei spröden Proben häufig in den Bruchstücken der Probe finden lassen.

Spröde Werkstoffe können unter Druckbeanspruchung in der Regel weit höhere Belastungen ertragen als unter Zuglast. Dieses Verhalten ist beim Gusseisen mit Lamellengrafit (Grauguss) besonders ausgeprägt.

Die Druckfestigkeit σ_{dB} kann bis zum Vierfachen der Zugfestigkeit R_m betragen (Bild 1b und Tabelle 1), so dass dieser Werkstoff eine Sonderstellung unter allen metallischen Konstruktionswerkstoffen einnimmt. Grauguss ist daher ein idealer Konstruktionswerkstoff falls das Bauteil überwiegend Druckspannungen aufnehmen muss. Im Sinne eines werkstoffgerechten Konstruierens müssen Bauteile aus Grauguss in den versagensgefährdeten Querschnitten überwiegend auf Druck beansprucht werden (Bild 2).

c) Werkstoffkennwerte

Vergleichbar dem Zugversuch kann man beim Druckversuch eine dem Spannungs-Dehnungs-Diagramm vergleichbare **Druckspannungs-Stauchungs-Kurve** aufnehmen (Bild 1). Als Kennwerte bestimmt man die:

- Druckfestigkeit σ_{dB}
- Quetschgrenze (Druckfließgrenze) σ_{dF}
- Stauchgrenze $\sigma_{d0,2}$ oder σ_{d2}
- Bruchstauchung ε_{dB}
- relative Bruchquerschnittsvergrößerung ψ_{dB}

Die Ermittlung der Werkstoffkennwerte wird in DIN 50 106 näher beschrieben.

13.5.3 Biegeversuch

Wird ein Stab auf Biegung beansprucht, dann treten in Längsrichtung Zug- bzw. Druckspannungen auf, die ausgehend von der spannungsfreien **neutralen Faser** zum Probenrand hin kontinuierlich auf einen Höchstwert ansteigen (Bild 1, Seite 609). Die Spannungsverteilung muss jedoch nicht zwangsläufig linear verlaufen. So zeigt beispielsweise Grauguss aufgrund des spannungsabhängigen Elastizitätsmoduls (Kapitel 13.5.1.4) einen nicht linearen Spannungsverlauf. Außerdem beobachtet man bei diesem Werkstoff eine Verschiebung der neutralen Faser zur Druckseite hin, da der Elastizitätsmodul bei Druckbeanspruchung größer ist als bei Zugbeanspruchung (Bild 1, Seite 609). Sobald die maximale Spannung σ_b am Probenrand die Höhe der Streck-/Dehngrenze bzw. die Quetsch-/Stauchgrenze erreicht hat, beginnt ein zäher Werkstoff zu fließen. Auf der Zugseite beobachtet man plastische Dehnungen, auf der Druckseite dagegen plastische Stauchungen. Bei weiterer Biegebelastung könnte man zunächst annehmen, dass die Probe bricht, sobald die Biegespannung σ_b am zugseitigen Probenrand die Zugfestigkeit erreicht. Zähe Werkstoffe brechen jedoch unter Biegebeanspruchung meist nicht (Kapitel 13.6.3, Falt- oder technologischer Biegeversuch), spröde Werkstoffe brechen in der Regel erst bei weit höheren Spannungen als der Zugfestigkeit.

Bild 1: Spannungs-Dehnungs- und Druckspannungs-Stauchungs-Kurven
a) Baustahl b) Gusseisen mit Lamellengrafit

Tabelle 1: Zug- und Druckfestigkeit von Gusseisen mit Lamellengrafit

Benennung		Zug-festigkeit[1] in MPa	Druck-festigkeit[2] in MPa
Kurzzeichen	Nummer		
EN-GJL-150	5.1200	110 ... 135	600
EN-GJL-200	5.1300	145 ... 180	720
EN-GJL-250	5.1301	185 ... 225	840
EN-GJL-300	5.1302	220 ... 270	960
EN-GJL-350	5.1303	260 ... 320	1080

[1] Erwartete Mindestwerte in Abhängigkeit der Wanddicke [2] Anhaltswerte

Bild 2: Beispiele für die konstruktive Gestaltung von Bauteilen aus Grauguss

13.5 Mechanische Werkstoffprüfverfahren

Maßgeblicher Werkstoffkennwert ist die **Biegefestigkeit** σ_{bB}:

$$\sigma_{bB} = \frac{M_{bB}}{W_b} \qquad (13.10)$$

mit: σ_{bB} = Biegefestigkeit in MPa
M_{bB} = max. Biegemoment beim Bruch in Nmm
W_b = axiales Widerstandsmoment der Querschnittsfläche in mm³
 – bei rechteckigem Probenquerschnitt: $W_b = b \cdot h^2/6$ (h = Höhe, b = Breite, Biegung um die Schmalseite h)
 – bei Rundproben: $W_b = \pi \cdot d^3/32$

Gleichung 13.10 gilt nur unter der Voraussetzung, dass die Dehnungen proportional zum Abstand von der neutralen Faser sind (Querschnitte also eben bleiben), das Hookesche Gesetz Gültigkeit hat und das Werkstoffverhalten unter Zug- und Druckbelastung gleich ist. Sind diese Voraussetzungen nicht erfüllt (z. B. Grauguss), dann ist die Biegefestigkeit σ_{bB} eine reine Rechengröße. Sie entspricht dann in keiner Weise der in der Probe auftretenden maximalen Spannung und ist dementsprechend als Werkstoffkennwert nur stark eingeschränkt auf Bauteile übertragbar (Bild 1).

Der Biegeversuch hat für zähe Werkstoffe keine praktische Bedeutung, zumal sich die Kennwerte für den Beginn einer plastischen Verformung hinreichend genau aus dem Zugversuch ermitteln lassen. Der Biegeversuch wird somit in der Regel nur an spröden Werkstoffen wie Grauguss, gehärteten Stählen, gesinterten Hartmetallen, Glas oder Keramik durchgeführt. Lediglich beim Falt- oder technologischen Biegeversuch (Kapitel 13.6.3) werden zähe Werkstoffe unter Biegebeanspruchung geprüft. Hierbei werden jedoch keine Werkstoffkennwerte ermittelt.

Bild 1: Spannungsverteilung in Biegeproben

Bild 2: Biegeversuch bei Drei- und Vierpunktbiegung

Beim Biegeversuch unterscheidet man verschiedene Versuchsanordnungen: Die für die Prüfung von Gusseisen mit Lamellengrafit bevorzugte **Dreipunktbiegung** und die bei Glas und Keramik häufig angewandte **Vierpunktbiegung** (Bild 2). Während bei der Dreipunktbiegung das größte Biegemoment in der Probenmitte auftritt, bleibt das Biegemoment im Falle der Vierpunktbiegung zwischen den beiden Krafteinleitungsstellen konstant. Wegen der großen Streuung der Versuchsergebnisse müssen mindestens 10 Proben und falls eine statistische Auswertung vorgesehen ist, mindestens 30 Proben geprüft werden.

13.5.4 Torsions- oder Verdrehversuch

Beim nicht genormten Torsions- oder Verdrehversuch, der hauptsächlich zur Prüfung von Werkstoffen für Wellen, Rohre, Drähte usw. dient, wird eine meist zylindrische Probe ($L_0 = 5 \cdot d_0 \ldots 10 \cdot d_0$) durch ein um die Probenlängsachse wirkendes Torsionsmoment M_t verdreht, bis der Werkstoff zu fließen beginnt bzw. bis die Probe bricht (Bild 1, Seite 610). Ausgehend von der Stabmitte nimmt die Schubspannung dabei zum Rand hin kontinuierlich zu und ist dort am größten. Als Versagensart kommen bei zähen Werkstoffen das Fließen und der Bruch, bei spröden Werkstoffen nur der Bruch in Betracht.

Als Werkstoffkennwerte können im Torsionsversuch die **Torsionsfließgrenze** τ_{tF} und die **Torsionsfestigkeit** τ_{tB} ermittelt werden.

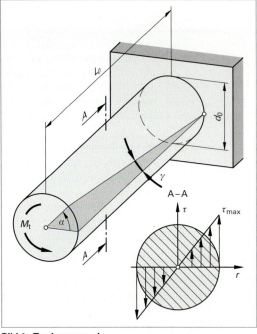

Bild 1: Torsionsversuch

Bild 2: Fließkurve am Beispiel von Kupfer (Torsionsversuch)

Torsionsfließgrenze: $\quad \tau_{tF} = \dfrac{M_{tF}}{W_t} \quad$ (13.11)

Torsionsfestigkeit: $\quad \tau_{tB} = \dfrac{M_{tB}}{W_t} \quad$ (13.12)

τ_{tF} bzw. τ_{tB} = Torsionsfließgrenze bzw. Torsionsfestigkeit in MPa
M_{tF} bzw. M_{tB} = Torsionsmoment bei Fließbeginn bzw. beim Bruch der Probe in Nmm
W_t = polares Widerstandsmoment in mm³, z. B. $W_t = \pi/16 \cdot d^3$ für Vollkreisquerschnitte

Der Torsionsversuch eignet sich auch zur Aufnahme von **Fließkurven**, da mit seiner Hilfe sehr hohe Umformgrade (bis $\varphi_{max} \approx 7{,}0$) erreicht werden können. Bild 2 zeigt die Fließkurve von Kupfer.

13.5.5 Scherversuch

Der Scherversuch nach DIN 50 141 (Norm ersatzlos zurückgezogen) dient zur Ermittlung der **Scherfestigkeit τ_{aB}** metallischer Werkstoffe bis zu einer Zugfestigkeit von maximal 1300 MPa. Beim Scherversuch werden genormte zylindrische Proben mit Durchmesser d_0 und einer Mindestlänge (Maße siehe DIN 50 141) in einem Schergerät nach Bild 3 zügig belastet, bis die Probe zweischnittig abschert. Das Schergerät kann beispielsweise in eine Zug- oder Universalprüfmaschine eingebaut werden. Beim Scherversuch treten neben reinen Schubspannungen zusätzlich Spannungen durch Biegung und Flächenpressung auf.

Da kein eindeutiger Spannungszustand zu erreichen ist, wird im **Scherversuch** im Allgemeinen nur die zum Abscheren erforderliche Höchstkraft F_m ermittelt, auf den Ausgangsquerschnitt S_0 der Probe bezogen und auf diese Weise die Scherfestigkeit τ_{aB} ermittelt:

$\tau_{aB} = \dfrac{F_m}{2 \cdot S_0} = \dfrac{2 \cdot F_m}{\pi \cdot d_0^2} \quad$ Scherfestigkeit $\quad$ (13.13)

F_m = Höchstkraft beim Abscheren der Probe in N
S_0 = Anfangsquerschnitt der Probe in mm²
d_0 = Anfangsdurchmesser der Probe in mm

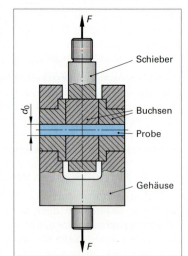

Bild 3: Schergerät für Zugprüfmaschinen nach DIN 50 141 (Norm ersatzlos zurückgezogen)

13.5.6 Härteprüfungen

Der Begriff Härte entspringt nicht wissenschaftlichen Überlegungen, sondern er war zunächst eine Erfahrungsgröße im Umgang mit Gegenständen aus dem täglichen Leben. So kann ein Körper durch Berührung mit der Hand als hart oder weich eingestuft werden, je nachdem welchen Widerstand er der Verformung entgegensetzt. Im Hinblick auf eine quantitative Bewertung der Härte wurde erstmals von **Mohs** (1822) eine 10-stufige Ritzhärteskala aufgestellt. Mohs bediente sich dabei zehn Mineralien von unterschiedlicher Härte. Das Ordnungskriterium für die **Mohssche Härteskala** war der Umstand, ob ein Mineral durch das jeweils andere geritzt werden konnte. Dem weichsten Mineral (Talk) wurde der Wert 1, dem härtesten Mineral (Diamant) der Wert 10 zugeordnet.

Gegen Ende des 19. Jahrhunderts stiegen die Anforderungen an die Produkte in zunehmendem Maße und mit ihnen auch die Prüfbedürfnisse. Neue, bessere Prüfprinzipien wurden erforderlich und auch entwickelt. Um 1900 wurde von **Brinell** ein Prüfverfahren vorgestellt, das für die Härtebeurteilung nicht mehr ritzend, sondern vertikal eindrückend arbeitete. Dieses Prinzip spiegelt sich unter anderem in den heute gebräuchlichen und genormten Härteprüfverfahren nach Brinell, Vickers oder Rockwell wider. Entsprechend diesem Prüfprinzip wird der Begriff **Härte,** wie bereits von *Adolf Martens* 1896 vorgeschlagen, wie folgt definiert:

Härte ist der Widerstand, den ein Körper aus einem bestimmten Werkstoff gegen das Eindringen eines Körpers aus einem anderen (härteren) Werkstoff entgegensetzt.

Härteprüfungen haben aus folgenden Gründen in der Werkstoffprüfung eine große Bedeutung:
- Sie sind einfach und schnell durchführbar (in der Regel keine Probenentnahme) und erfordern keinen hohen apparativen Aufwand.
- Das Werkstück oder Bauteil wird durch die Prüfung in der Regel nicht unbrauchbar. Man spricht daher auch von einem **teilzerstörenden** oder **zerstörungsarmen Werkstoffprüfverfahren**.
- Sie lassen Rückschlüsse auf den Behandlungszustand des Werkstücks (z. B. Kaltverfestigung oder Wärmebehandlung) zu.
- Durch die Härtewerte können andere mechanische Kenngrößen wie Zugfestigkeit, Streckgrenze oder Verschleißwiderstand abgeschätzt werden.
- Nur mit Hilfe der Härteprüfverfahren können die mechanischen Eigenschaften einzelner Gefügebestandteile oder dünner Schichten bestimmt bzw. abgeschätzt werden.

13.5.6.1 Einteilung der Härteprüfverfahren

Die Geschwindigkeit, mit der ein Prüfkörper in den zu prüfenden Werkstoff eindringt, ist von großer Bedeutung für den Härtewert. Diese Tatsache ist aus eigener Erfahrung bekannt: taucht man die Hand langsam in Wasser ein, so erscheint es (unendlich) weich, während es bei einem stoßartigen Aufprall als hart empfunden wird.

Im Sinne einer systematischen Ordnung werden die Härteprüfverfahren daher hinsichtlich der Geschwindigkeit der Kraftaufbringung eingeteilt in (Bild 1, Seite 612):
- **Statische Härteprüfverfahren:**
  Die Prüfkraft wird stoßfrei und sehr langsam innerhalb eines bestimmten Zeitintervalls auf den Eindringkörper aufgebracht.
- **Dynamische Härteprüfverfahren:**
  Der Eindringkörper wirkt stoßartig auf den Prüfling ein. Dies kann entweder durch Einschlagen auf einen auf der Probenoberfläche ruhenden Eindringkörper (z. B. mittels Hammer) oder durch Aufprallen lassen eines Eindringkörpers auf den Prüfling geschehen.

Große technische Bedeutung besitzen die Härteprüfverfahren bei denen der Prüfkörper unter statischer Belastung in den Prüfling eindringt. Der Prüfkörper wird dabei mit einer definierten Kraft in die Oberfläche des Prüflings eingedrückt und entweder die Größe des Eindrucks oder die Eindringtiefe gemessen. Zu den wichtigsten nach diesem Prinzip arbeitenden Härteprüfverfahren gehören:
- Härteprüfung nach Brinell (DIN EN ISO 6506-1 bis -4)
- Härteprüfung nach Rockwell (DIN EN ISO 6508-1 bis -3 und DIN 50103-3)
- Härteprüfung nach Vickers (DIN EN ISO 6507-1 bis 4)

Bild 1: Übersicht und Einteilung der wichtigsten Härteprüfverfahren mit Beispielen

13.5.6.2 Statische Härteprüfverfahren

Bei allen statischen Härteprüfverfahren wird die Prüfkraft stoßfrei und sehr langsam innerhalb eines bestimmten Zeitintervalls auf den Eindringkörper aufgebracht.

a) Härteprüfverfahren nach Brinell

Im Jahre 1900 führte der Schwede **Johann August Brinell** (1849 bis 925) auf der Pariser Weltausstellung ein neues Härteprüfverfahren, die **Brinell-Härteprüfung,** erstmals vor.

Heute ist das Verfahren für metallische Werkstoffe in DIN EN ISO 6506-1 bis -4 und für metallische Sinterwerkstoffe in DIN EN ISO 4498 genormt. Auf die Härteprüfung an Sintermetallen soll hier nicht näher eingegangen werden.

Bei der Härteprüfung nach Brinell wird eine Hartmetallkugel (Durchmesser 1; 2,5; 5 und 10 mm) mit einer bestimmten Prüfkraft F senkrecht in die glatte, gereinigte Probenoberfläche eingedrückt (Bild 2).

Bild 2: Prinzip der Härteprüfung nach Brinell

Dadurch entsteht an der Probenoberfläche ein meist ovaler Eindruck. Anschließend werden die beiden Durchmesser des Eindrucks (d_1 und d_2) beispielsweise mit Hilfe eines Messmikroskops ausgemessen und der mittlere Durchmesser d mit $d = 1/2 \cdot (d_1 + d_2)$ errechnet.

Die Brinellhärte ergibt sich dann als Quotient aus Prüfkraft F und der Eindruckoberfläche A (Kugelkalotte). Sie kann mit Hilfe der nachstehenden Formel errechnet oder direkt aus entsprechenden Tabellen in DIN EN ISO 6506-4 entnommen werden.

$$\text{HBW} = 0{,}102 \cdot \frac{F}{A} = 0{,}102 \cdot \frac{2F}{\pi \cdot D \cdot (D - \sqrt{D^2 - d^2})} \tag{13.14}$$

Hierin bedeuten:

- HBW = Härtewert nach Brinell (Hartmetallkugel)
- F = Prüfkraft in N
- A = Eindruckoberfläche in mm²
- D = Durchmesser der Prüfkugel in mm
- d = Mittlerer Eindruckdurchmesser in mm

13.5 Mechanische Werkstoffprüfverfahren

Bei der Auswahl geeigneter Prüfparameter wird wie folgt vorgegangen:

1. Da das Brinell-Verfahren bei sehr kleinen bzw. bei sehr großen Eindringtiefen der Messkugel ungenau wird, muss die Prüfkraft so gewählt werden, dass für den mittleren Eindruckdurchmesser d gilt:

   $0{,}24 \cdot D < d < 0{,}6 \cdot D$. Um diese Grenzen einzuhalten, muss zunächst, abhängig von der Werkstoffgruppe des zu prüfenden Werkstoffs, ein geeigneter **Beanspruchungsgrad** B ($B = 0{,}102 \cdot F/D^2$) entsprechend Tabelle 1 gewählt werden.

2. Ist der Beanspruchungsgrad B festgelegt, dann kann eine geeignete Kombination aus Prüfkraft (F) und Kugeldurchmesser (D) entsprechend ermittelt werden (Tabelle 1). Prinzipiell sollte der Kugeldurchmesser dabei so groß wie möglich gewählt werden (vorzugsweise 10 mm), um einen möglichst repräsentativen Bereich der Probenoberfläche zu erfassen.

3. Bei der Durchführung der Prüfung sind die in Bild 1, Seite 614, zusammengestellten Randbedingungen (Abstände der Prüfeindrücke zueinander bzw. zum Probenrand, Probendicke und Prüftemperatur) einzuhalten.

Tabelle 1: Geeigneter Beanspruchungsgrad und erfassbarer Härtebereich für verschiedene Werkstoffgruppen beim Härteprüfverfahren nach Brinell

Werkstoff	Beanspruchungsgrad B $B = 0{,}102 \cdot F/D^2$ in N/mm²	Kugeldurchmesser D in mm	Prüfkraft F in N	Erfassbarer Härtebereich[1] in HBW
Stahl und Stahlguss Nickel- und Titanlegierungen Gusseisen ≥ 140 HBW[2] Cu- und Cu-Legierungen ≥ 200 HBW	30	1 2,5 5 10	294,2 1839 7355 29420	95 ... 650
Leichtmetalle und ihre Legierungen ≥ 35 HBW	15	1 2,5 5 10	– – – 14710	48 ... 327
Gusseisen < 140 HBW[2] Cu- und Cu-Legierungen 35 ... 200 HBW Leichtmetalle und ihre Legierungen ≥ 35 HBW	10	1 2,5 5 10	98,07 612,9 2452 9807	32 ... 218
Cu- und Cu-Legierungen < 35 HBW Leichtmetalle und ihre Legierungen mit 35 < HBW < 80	5	1 2,5 5 10	49,03 306,5 1226 4903	16 ... 109
Leichtmetalle und ihre Legierungen < 35 HBW	2,5	1 2,5 5 10	24,52 153,2 612,9 2452	8 ... 55
Blei und Zinn	1	1 2,5 5 10	9,807 61,29 245,2 980,7	3 ... 22

[1] Nach DIN EN ISO 6506
[2] Für die Prüfung von Gusseisen dürfen nur Kugeldurchmesser von 2,5; 5 oder 10 mm verwendet werden.

Die in der zurückgezogenen DIN EN 10 003 noch enthaltenen Stahlkugeln (Kurzzeichen: HBS oder HB) sowie der Kugeldurchmesser 2 mm sind in DIN EN ISO 6506 nicht mehr vorgesehen.

Das Ergebnis einer Härteprüfung nach Brinell zeigt Bild 2, Seite 614.

Bild 1: Randbedingungen bei der Härtung nach Brinell nach DIN EN ISO 6506-1

Bild 2: Normgerechte Angabe eines Brinell-Härtewertes nach DIN EN ISO 6506-1 (Beispiel)

Beim Vergleich von Härtewerten ist zu beachten, dass:
- die nach unterschiedlichen Verfahren an demselben Werkstoff ermittelten Härtewerte numerisch nicht übereinstimmen. So entspricht ein nach dem Brinell-Härteprüfverfahren ermittelter Härtewert von z. B. 185 nicht einem Härtewert von 185, der nach einem anderen Härteprüfverfahren (z. B. nach Vickers) bestimmt wurde,
- die mit verschiedenen großen Kugeln (D) bei gleichem Belastungsgrad (B) ermittelten Härtewerte nur bedingt miteinander vergleichbar sind,
- die mit gleich großen Kugeln aber unterschiedlichen Belastungsgraden (B) ermittelten Härtewerte grundsätzlich nicht miteinander vergleichbar sind.

Bei der Angabe eines Härtewerts müssen daher stets auch das Prüfverfahren sowie die Prüfparameter (Prüfkraft, Einwirkungsdauer der Prüfkraft usw.) mit angegeben werden.

Die Härteprüfung nach dem Brinell-Verfahren geschieht mit Hilfe eines Härteprüfgerätes (Bild 1). Diese Härteprüfgeräte können häufig auch für die Prüfung nach anderen Verfahren (z. B. nach Vickers oder Knoop) eingesetzt werden.

Während die Prüfkraft früher durch geeichte Scheibenmassen über ein Hebelsystem auf den Eindringkörper übertragen wurde, geschieht dies heute überwiegend durch elektromechanische Antriebe. Die Kraftmessung erfolgt mit Hilfe einer Kraftmesszelle und wird von der Prüfsoftware entsprechend geregelt. Die Lastaufbringung muss dabei stoßfrei innerhalb eines bestimmten Zeitintervalls (2 s bis 8 s) erfolgen. Nach einer bestimmten Einwirkdauer, die beim Brinell- und beim Vickers-Verfahren in der Regel zwischen 10 und 15 s liegt, wird entlastet und der Prüfkörper zugunsten des Objektivs weggeschwenkt. Über ein Spiegelsystem wurde der Eindruck früher auf eine Mattscheibe projiziert und dort vermessen. Moderne Härteprüfgeräte verfügen allerdings meist über eine Digitalkamera, so dass der Prüfeindruck direkt an einen Rechner übertragen und dort mit Hilfe der entsprechenden Prüfsoftware ausgewertet werden kann.

Bild 1: Prüfgerät für die Härtemessung nach Brinell, Vickers und Knoop

13.5 Mechanische Werkstoffprüfverfahren

b) Härteprüfverfahren nach Vickers

Ausschlaggebend für die Entwicklung des Vickers-Verfahrens war der Umstand, dass das Brinell-Verfahren für die Prüfung harter Werkstoffe (> 350 HBS) aufgrund der Abplattung der verwendeten Stahlkugeln nicht mehr geeignet war. Hartmetallkugeln standen seinerzeit noch nicht zur Verfügung. Basierend auf Ideen von **Smith** und **Sandland** wurde 1925 in den englischen Vickers-Werken ein Härteprüfverfahren entwickelt, bei dem eine Diamantpyramide (anstelle einer Stahlkugel) als Eindringkörper verwendet wird. Dieses ansonsten dem Brinell-Verfahren sehr ähnliche Härteprüfverfahren ist in DIN EN ISO 6507-1 bis -4 genormt.

Bei der Härteprüfung nach Vickers wird als Eindringkörper eine regelmäßige vierseitige Diamantpyramide mit einem Flächenwinkel von 136° mit einer bestimmten Prüfkraft (0,098 N ... 980,7 N) senkrecht in die vorzugsweise polierte Oberfläche des Prüflings eingedrückt (Bild 1). Nach einer bestimmten Einwirk-

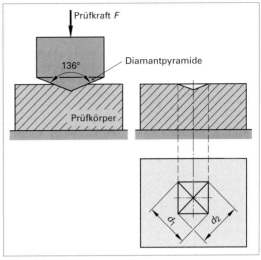

Bild 1: Härteprüfung nach Vickers

dauer wird der Prüfkörper wieder entfernt und die beiden Diagonalen des Eindrucks (d_1 und d_2) beispielsweise mit Hilfe eines Messmikroskops ausgemessen. Anschließend wird die mittlere Länge der Eindruckdiagonalen mit $d = \frac{1}{2} \cdot (d_1 + d_2)$ errechnet.

Die Vickershärte wird dann, ebenso wie die Brinellhärte, als Quotient aus Prüfkraft F und Eindruckoberfläche A (Pyramide mit quadratischer Grundfläche und einem dem Eindringkörper entsprechenden Spitzenwinkel) errechnet. Die Berechnungsformel lautet:

$$HV = 0{,}102 \cdot \frac{F}{A} = 0{,}102 \cdot \frac{2 \cdot F \cdot \sin\left(\frac{136°}{2}\right)}{d^2} = 0{,}1891 \cdot \frac{F}{d^2}$$

Hierin bedeuten: (13.15)
- HV = Härtewert nach Vickers
- F = Prüfkraft in N
- A = Eindruckoberfläche in mm²
- d = Mittlere Länge der Eindruckdiagonalen in mm

Alternativ zu Gleichung 13.15 können zur Bestimmung der Härtewerte auch die in DIN EN ISO 6507-4 enthaltenen Tabellen verwendet werden. Die bei der Durchführung der Härteprüfung zu berücksichtigenden Randbedingungen (Prüftemperatur, Mindestprobendicke und Abstände der Härteeindrücke untereinander und zum Probenrand) sind Bild 2 zu entnehmen.

Der pyramidenförmige Eindringkörper mit quadratischer Grundfläche und einem Flächenwinkel von 136° hat einen besonderen Vorteil. Es gilt das **Gesetz der proportionalen Widerstände**. Dies besagt, dass Prüfkraft und Eindruckoberfläche zueinander proportional sind und damit der Härtewert nach Vickers grundsätzlich von der gewählten Prüfkraft unabhängig ist. Für kleine Prüfkräfte tritt aufgrund anderer Ursachen dennoch eine Prüfkraftabhängigkeit ein (Bild 1, Seite 616).

Bild 2: Randbedingungen bei der Härteprüfung nach Vickers nach DIN EN ISO 6507-1

Abhängig von der Prüfkraft unterscheidet man zwischen drei verschiedenen Prüfkraftbereichen:
- Konventioneller Härtebereich (Makrohärtebereich)
- Kleinkraftbereich
- Mikrohärtebereich

Tabelle 1: Einteilung der Vickers-Härteprüfung in Härtebereiche

Härtebereich	Empfohlene Prüfkräfte in N[1]	Bezeichnung des Härtewerts	Anwendungsbeispiele
Konventioneller Härtebereich (Makrohärtebereich)	980,70 490,30 294,20 196,10 98,67 49,03	HV 100 HV 50 HV 30 HV 20 HV 10 HV 5	Allgemeine Härteprüfungen an relativ dicken Bauteilen
Kleinkraftbereich	29,42 19,61 9,807 4,903 2,942 1,961	HV 3 HV 2 HV 1 HV 0,5 HV 0,3 HV 0,2	Härteprüfungen an dünnen Werkstücken, dünnen Oberflächenschichten und Folien
Mikrohärtebereich	0,981 0,490 0,245 0,196 0,098	HV 0,1 HV 0,05 HV 0,025 HV 0,02 HV 0,01	Härtemessungen an einzelnen Gefügebestandteilen

[1] Auch Prüfkräfte über 980,70 N dürfen angewandt werden.

Im Bereich der Makrohärte, also für Prüfkräfte zwischen 49,03 N und 980,70 N, sind Prüfkraft und Eindruckoberfläche zueinander proportional, der Härtewert also unabhängig von der Prüfkraft. Jedoch bereits im Kleinkraftbereich wird für Prüfkräfte < 5 N der Härtewert von der Prüfkraft abhängig, man erhält mit abnehmender Prüfkraft in der Regel zunehmende Härtewerte. Im Bereich der Mikrohärte wird dieser Effekt besonders ausgeprägt (Bild 1). Dort sind Härtewerte, die mit unterschiedlichen Prüfkräften an ein und demselben Werkstoff ermittelt wurden, nicht mehr miteinander vergleichbar.

Das Ergebnis einer Härteprüfung nach Vickers wird wie folgt angegeben:

c) Härteprüfverfahren nach Rockwell

Schon 1907 veröffentlichte **Ludwik** den Vorschlag, die Eindringtiefe eines Diamantkegels zur Beurteilung der Härte eines Werkstoffs heranzuziehen. Weiterhin sollte durch das Aufbringen einer Prüfvorkraft der Einfluss der Probenoberfläche ausgeschaltet werden. Erst im Jahre 1922 gelang es dem Amerikaner **Rockwell**, aufbauend auf der Idee von Ludwik, ein brauchbares Härteprüfverfahren zu entwickeln. Wegen der Einfachheit in der Durchführung fand die Rockwell-Härteprüfung schnell Eingang in die Industrie. Das Verfahren ist heute in DIN EN ISO 6508-1 bis -4 bzw. für Prüfungen an Feinblechen aus Stahl in DIN 50103-3 genormt.

Bild 1: Abhängigkeit des Vickers-Härtewertes von der Prüfkraft (mit Anwendungsbeispielen)

Bild 2: Normgerechte Angabe eines Vickers-Härtewertes nach DIN EN ISO 6507-1 (Beispiel)

13.5 Mechanische Werkstoffprüfverfahren

Das Härteprüfverfahren nach Rockwell unterscheidet sich hinsichtlich des Prüfablaufs von den bereits besprochenen Verfahren nach Brinell und Vickers. Als Eindringkörper stehen bei der Härteprüfung nach Rockwell zwei gehärtete Stahlkugeln (Durchmesser $^1/_{16}$ Zoll = 1,5875 mm oder $^1/_8$ Zoll = 3,175 mm) oder ein Diamantkegel mit einem Spitzenwinkel von 120° zur Verfügung. Stahlkugeln dürfen nur noch angewandt werden, falls dies in der Erzeugnisspezifikation gefordert oder gesondert vereinbart wird. Falls gefordert oder vereinbart, dürfen auch Hartmetallkugeln von 6,356 mm und 12,70 mm angewandt werden.

Bild 1: Eindringkörper beim Härteprüfverfahren nach Rockwell

Im Gegensatz zu den Härteprüfverfahren nach Brinell und Vickers wird beim Härteprüfverfahren nach Rockwell nicht die Größe des Eindrucks, sondern die bleibende Eindringtiefe gemessen. Die Härteprüfung nach Rockwell besteht dementsprechend aus drei Arbeitsschritten (Bild 2):

1. Der Eindringkörper wird zunächst mit einer bestimmten Vorlast F_0 in die Oberfläche des Prüflings eingedrückt. Dadurch sollen Einflüsse der Oberfläche auf den Härtewert wie z. B. Zunderschichten, Aufhärtungen usw. ausgeschlossen werden.

Bild 2: Härteprüfung nach dem Rockwell-Verfahren

Unter dieser Vorlast dringt der Prüfkörper zunächst um die Strecke t_0 in den Prüfling ein. Zum Aufbringen der Prüfvorkraft wird der Prüfling in der Regel gegen den Eindringkörper gedrückt bis die erforderliche Prüfvorkraft anliegt.

2. In einem zweiten Schritt wird die Prüfzusatzkraft F_1 aufgebracht. Der Prüfkörper dringt jetzt um einen weiteren Betrag Δt in die Probe ein. Die Prüfzusatzkraft F_1 ist dabei (ausgehend von der Vorlast) stoß- und erschütterungsfrei und ohne Überschwingen innerhalb eines Zeitraumes von 2 s bis 8 s aufzubringen und für 4 ± 2 s konstant zu halten.

3. In einem dritten Schritt wird wieder bis auf die Vorlast F_0 entlastet. Dabei bewegt sich der Eindringkörper um den elastischen Anteil der Verformung t_{el} nach oben zurück, so dass die bleibende Eindringtiefe t_{bl} ist.

Der Härtewert wird entweder direkt am Härteprüfgerät angezeigt oder er kann aus der gemessenen Eindringtiefe errechnet werden. Es gilt dabei:

$$\text{HR} = Z - \frac{t_{bl}}{\text{Skt.}} \qquad (13.16)$$

HR = Härtewert nach Rockwell
Z = Zahlenwert, der vom jeweils gewählten Rockwell-Verfahren abhängt (Tabelle 1, Seite 618)
t_{bl} = Bleibende Eindringtiefe in mm
Skt. = Skalenteilung in mm, die ebenfalls vom gewählten Rockwell-Verfahren abhängt (Tabelle 1, Seite 618)

Beispiel: Beim Rockwell-C-Verfahren ist Z = 100 und die Skalenteilung Skt. = 0,002 mm (Tabelle 1). Wird eine bleibende Eindringtiefe von 0,12 mm gemessen, dann beträgt die Rockwell-C-Härte:

$$\text{HRC} = 100 - \frac{0,12 \text{ mm}}{0,002 \text{ mm}} = 100 - 60 = 40$$

Die bei der Durchführung der Härteprüfung zu berücksichtigenden Randbedingungen (Mindestprobendicke, Abstände der Härteeindrücke untereinander und zum Probenrand) sind DIN EN ISO 6508-1 zu entnehmen.

Um einen möglichst breiten Anwendungsbereich zu erhalten, wurden mehrere Rockwell-Verfahren entwickelt, die sich hinsichtlich Prüfkörper, Prüfvor- und Prüfzusatzkraft voneinander unterscheiden. Die Kennzeichnung der jeweiligen Verfahren erfolgt durch einen Großbuchstaben, der dem Kurzzeichen HR angehängt wird. Nach der heute gültigen DIN EN ISO 6508 werden 15 verschiedene Rockwell-Härteprüfverfahren unterschieden. Für die Prüfung von Feinblechen aus Stahl stehen außerdem zwei modifizierte Verfahren zur Verfügung, die in DIN 50 103-3 genormt sind (Tabelle 1).

Tabelle 1: Rockwellskalen

Härteskala (Kurzzeichen)	Art des Eindringkörpers[1]	Prüfvorkraft F_0	Prüfzusatzkraft F_1	Anwendungsbereich	Z	Skt. in mm	Anwendungsbeispiele
HRA	Diamant	98,07 N	490,3 N	20 bis 88 HRA[2]	100	0,002	• wie HRC (dünnere Proben) • Sinter-Hartmetalle
HRB	Kugel, klein		882,6 N	20 bis 100 HRB[3]	130		• weicher bis mittelharter Stahl • Cu-Sn- und Cu-Zn-Legierungen • Aluminiumlegierungen
HRC	Diamant		1373,0 N	20 bis 70 HRC[4]	100		• gehärteter od. vergüteteter Stahl • verschleißfestes Gusseisen • höherfeste Baustähle
HRD	Diamant		882,6 N	40 bis 77 HRD	100		• dünne Stahlbleche • mittelharte Einsatzschichten
HRE	Kugel, groß		882,6 N	70 bis 100 HRE	130		• Gusseisen, Lagermetalle • Aluminiumlegierungen
HRF	Kugel, klein		490,3 N	60 bis 100 HRF	130		• Feinbleche aus Stahl • geglühte Cu-Legierungen
HRG	Kugel, klein		1.373,0 N	30 bis 94 HRG			• harte Cu-Sn-Legierungen • harte NE-Metalllegierungen
HRH	Kugel, groß		490,3 N	80 bis 100 HRH			• Aluminium, Zink, Blei
HRK	Kugel, groß		1.373,0 N	40 bis 100 HRK			• weiche (Lager-)metalle • dünne Proben
HR 15N	Diamant	29,42 N	117,7 N	70 bis 94 HR 15N	100	0,001	wie HRC und HRA, jedoch bei dünnen und kleinen Proben
HR 30N	Diamant		264,8 N	42 bis 86 HR 30N			
HR 45N	Diamant		411,9 N	20 bis 77 HR 45N			
HR 15T	Kugel, klein		117,7 N	67 bis 93 HR 15T			wie HRB und HRF, jedoch bei dünnen und kleinen Proben
HR 30T	Kugel, klein		264,8 N	29 bis 82 HR 30T			
HR 45T	Kugel, klein		411,9 N	10 bis 72 HR 45T			
HR Bm	Hartmetall	98,07 N	882,6 N	50 bis 100 HR Bm	130	0,002	[5]
HR Fm	Hartmetall		490,3 N	60 bis 115 HR Fm			

[1] Diamant = Diamantkegel; Kugel, klein = Hartmetallkugel mit Ø 1,5875 mm; Kugel, groß = Hartmetallkugel mit Ø 3,175 mm; Eindringkörper mit einem Durchmesser von 6,350 mm oder 12,70 mm dürfen ebenfalls verwendet werden, falls dies in der Erzeugnisspezifikation gefordert oder gesondert vereinbart wird. Stahlkugeln dürfen nur noch angewandt werden, falls in der Erzeugnisform festgelegt oder gesondert vereinbart.
[2] Anwendungsbereich bis 94 HRA für die Prüfung von Hartmetallen möglich.
[3] Anwendungsbereich um 10 HRB erweiterbar, falls in Erzeugnisspezifikation gefordert oder gesondert vereinbart wird.
[4] Anwendungsbereich kann um 10 HRC erweitert werden, falls der Eindringkörper die erforderlichen Abmessungen aufweist.
[5] Diese modifizierten Verfahren werden angewandt, sofern die Proben so dünn sind, dass bei den Rockwell-Verfahren B und F sichtbare Verformungen an der Auflagefläche der Probe auftreten.

Die Härteprüfung nach dem Rockwell-C- sowie dem Rockwell-B-Verfahren wird am weitaus häufigsten angewandt. Das Rockwell-B-Verfahren kann jedoch nur für weiche bis mittelharte Werkstoffe eingesetzt werden, da sich bei härteren Werkstoffen der Prüfkörper unzulässig verformen (abplatten) würde.

13.5 Mechanische Werkstoffprüfverfahren

Die Angabe des Prüfergebnisses nach den Härteskalen A, B, C, D, E, F, G, H, K, N und T zeigt Bild 1. Zur Angabe des Prüfergebnisses nach den Härteskalen Bm und Fm siehe DIN EN ISO 6508.

Bild 1: Normgerechte Angabe eines Rockwell-Härtewertes nach DIN EN ISO 6508-1 (Beispiel)

d) Härteprüfverfahren nach Knoop

Das 1939 von **Knoop, Emerson** und **Peters** entwickelte Knoop-Härteprüfverfahren ist der Vickers-Härteprüfung sehr ähnlich. Beim Härteprüfverfahren nach Knoop wird eine rhombische Diamantpyramide (Längskantenwinkel 172,5°, Querkantenwinkel 130°) mit einer bestimmten Prüfkraft in die Werkstückoberfläche gedrückt. Die Prüfkraft (etwa 0,01 N bis 1 N im Mikrobereich bzw. etwa 2 N bis 10 N im Kleinlastbereich) muss innerhalb eines bestimmten Zeitintervalls (2 ... 10 s) stoß- und erschütterungsfrei aufgebracht und 10 s bis 15 s konstant gehalten werden. Dann wird der Prüfling entlastet, der Prüfkörper weggeschwenkt und die lange Diagonale d_1 des Eindrucks ausgemessen (Bild 2). Das Verfahren ist heute in DIN EN ISO 4545-1 bis -4 genormt.

Im Gegensatz zur Vickers-Härteprüfung errechnet sich die Knoop-Härte als Quotient aus Prüfkraft und Projektionsfläche des Eindrucks:

$$HK = 0{,}102 \cdot \frac{F}{A_P} = 0{,}102 \cdot \frac{2\,F \cdot \tan\left(\frac{172{,}5°}{2}\right)}{d_1^{\,2} \cdot \tan\left(\frac{130°}{2}\right)} \approx 1{,}451 \cdot \frac{F}{d_1^{\,2}} \quad (13.17)$$

Hierin bedeuten:
HK = Härtewert nach Knoop
F = Prüfkraft in N
A_P = Projektionsfläche des Eindrucks in mm²
d_1 = Länge der langen Eindruckdiagonalen in mm

Das Knoop-Härteprüfverfahren wird nur im Kleinkraft- und Mikrohärtebereich angewandt. Das Ergebnis einer Härteprüfung nach Knoop zeigt Bild 3.

Bild 2: Härteprüfeindruck nach Knoop

Bild 3: Normgerechte Angabe eines Knoop-Härtewertes (Beispiel)

e) Martenshärte

Die Härteprüfverfahren nach Vickers, Brinell und Rockwell sind alle vor 1930 bzw. vor 1940 (Knoop) entstanden. Sie wurden auf Basis der damaligen messtechnischen Möglichkeiten entwickelt und haben sich bis heute nicht wesentlich verändert. Zur Definition des Härtewertes benutzen alle diese Verfahren nur die plastische Deformation des Werkstoffs. Sie sind daher nur für Werkstoffe mit genügend großer Plastizität geeignet und erfüllen nicht die Definition der technischen Härte als Widerstand gegen das Eindringen eines härteren Körpers, da sie die elastische Verformung des Prüfkörpers nicht berücksichtigen.

Beispiel: Würde man mit einem der beschriebenen Härteprüfverfahren (Brinell, Vickers, Rockwell oder Knoop) die Härte von Gummi prüfen, so gäbe es praktisch keinen bleibenden Eindruck bzw. die bleibende Eindringtiefe wäre Null, da sich der Werkstoff aufgrund seines niedrigen Elastizitätsmoduls überwiegend elastisch verformen würde. Demzufolge wäre nach diesen Verfahren die Härte von Gummi unendlich.

Bei der Messung der Martenshärte umgeht man dieses Problem, indem man die Eindringtiefe h des Eindringkörpers unter der Prüfkraft misst. Die Martenshärte wird mittels instrumentierter Eindringsprüfung nach DIN EN ISO 14 577-1 bis -4 ermittelt. Der Messwert berücksichtigt damit die plastische und die elastische Verformung des Werkstoffs. Es ist damit erstmals in der Geschichte der Härteprüfung möglich, die Härte aller Werkstoffgruppen mit einem Verfahren zu messen und miteinander zu vergleichen (Bild 1). Das Verfahren ist derzeit im industriellen Einsatz allerdings noch wenig verbreitet. Sein Stellenwert wird jedoch in den kommenden Jahren, insbesondere durch die bessere Vergleichbarkeit unterschiedlicher Härtewerte, deutlich zunehmen.

Als Eindringkörper verwendet man u.a. die bereits vom Vickers-Härteprüfverfahren her bekannte quadratische Diamantpyramide mit einem Flächenwinkel von 136°. Sie erfüllt das Gesetz der proportionalen Widerstände, d.h. der Härtewert ist unabhängig von der Prüfkraft. Die Prüfkräfte betragen 0,01 N bis 1000 N. Neben der Diamantpyramide können auch andere Eindringskörper (siehe DIN EN ISO 14 577-1) verwendet werden.

Die Martenshärte HM ist definiert als Quotient aus Prüfkraft F und der aus der Eindringtiefe h berechneten Oberfläche A_S des Eindringkörpers. Für einen Vickers-Eindringkörper gilt:

$$\text{HM} = \frac{F}{A_S} = \frac{F}{26{,}43 \cdot h^2} \qquad (13.18)$$

HM = Martenshärte in MPa
F = Prüfkraft in N
A_S = Eindruckoberfläche in mm^2
h = Eindringtiefe der Diamantspitze in mm unter der wirkenden Prüfkraft F

Bild 1 zeigt den Zusammenhang zwischen Eindringtiefe h, Prüfkraft F und der Martenshärte HM. Mit eingetragen sind weiterhin die Härtewerte typischer Werkstoffgruppen.

Bild 1: Zusammenhang zwischen Eindringtiefe, Prüfkraft und Martenshärte

f) Umwertung von Härtewerten

Häufig besteht der Wunsch oder die Notwendigkeit, Härtewerte, die mit unterschiedlichen Verfahren (z. B. Brinell, Vickers oder Rockwell) ermittelt wurden, miteinander zu vergleichen oder einen vorhandenen Härtewert eines bestimmten Prüfverfahrens in einen Härtewert eines anderen Prüfverfahrens zu überführen, d. h. umzuwerten. Darüber hinaus ist es mitunter auch erforderlich, aus einem Härtewert die Zugfestigkeit des Werkstoffs abzuschätzen, falls beispielsweise dem Bauteil keine Zugprobe entnommen werden kann oder falls es sich um dünne Schichten handelt. Zwischen den Härteskalen nach Brinell, Vickers und Rockwell sowie zwischen Härte und Zugfestigkeit bestehen empirische Umwertbeziehungen.

In der Fachliteratur finden sich für unterschiedliche Werkstoffgruppen (z. B. Stähle und Stahlguss, Cu- und Cu-Legierungen, Al und Al-Legierungen) Umwertbeziehungen in Tabellen- oder Gleichungsform, die auf Basis einer großen Anzahl von Untersuchungen abgeleitet wurden. Allgemeingültige Umwertbeziehungen gibt es allerdings nicht.

Zwischen den Härteskalen nach Brinell (HB), Vickers (HV), Knoop (HK) und Rockwell-B bzw. Rockwell-C (HRB bzw. HRC) sind die folgenden Umwertbeziehungen bekannt:

HB $\leftrightarrow$ HV:
$$\text{HB} \approx 0{,}95 \cdot \text{HV} \qquad (13.19)$$

HRB $\leftrightarrow$ HB:
$$\text{HRB} \approx 176 - \frac{1165}{\sqrt{\text{HB}}} \qquad (13.20)$$

HRC $\leftrightarrow$ HV:
$$\text{HRC} \approx 116 - \frac{1500}{\sqrt{\text{HV}}} \qquad (13.21)$$

HV $\leftrightarrow$ HK:
$$\text{HV} \approx \text{HK} \quad \text{(im Kleinkraftbereich)} \qquad (13.22)$$

13.5 Mechanische Werkstoffprüfverfahren

Zur Abschätzung der Zugfestigkeit R_m aus der Vickers- oder Brinellhärte wird häufig die folgende Beziehung angewandt:

$R_m \approx c \cdot HB$ (oder HV)   mit: $c \approx 3{,}5$ für un- und niedriglegierte Stähle und Stahlguss   (13.23)
$c \approx 3{,}7$ für Al und Al-Legierungen
$c \approx 4{,}0$ für Cu und Cu-Legierungen, kaltverformt
$c \approx 5{,}5$ für Cu und Cu-Legierungen, geglüht

Während bereits die Umwertung von Härtewerten untereinander große Streuungen und systematische Abweichungen mit sich bringen kann, muss bei der Umwertung zwischen Härte- und Zugfestigkeitswerten mit noch größeren Streuungen gerechnet werden. Ursache sind unter anderem der unterschiedliche Spannungszustand sowie die unterschiedliche Verformungsgeschwindigkeit bei Härtemessungen und im Zugversuch. Es muss daher an dieser Stelle ausdrücklich darauf hingewiesen werden, dass eine Umwertung bestenfalls eine Abschätzung darstellt, jedoch den Zugversuch oder das Zielhärteprüfverfahren keinesfalls ersetzen kann. Es wird außerdem empfohlen, die Gültigkeit der gewählten Umwertung anhand einiger Versuche zu kontrollieren. Durch Umwerten gewonnene Kennwerte müssen ausdrücklich als solche gekennzeichnet und gegeben falls durch Begleitversuche überprüft werden. Bild 1 zeigt beispielhaft für un- und niedriglegierte Stähle und Stahlguss die Umwertung zwischen den Härteprüfverfahren sowie zwischen Härtewert und Zugfestigkeit nach DIN EN ISO 18 265. Weitere Umwertetabellen sind in der genannten Norm für Vergütungs-, Kalt- und Schnellarbeitsstähle sowie für verschiedene Hartmetallsorten und Nichteisenmetalle bzw. deren Legierungen verfügbar.

Bild 1: Vergleich von Härtewerten für un- und niedriglegierte Stähle sowie Stahlguss nach DIN EN ISO 18 265 sowie Umwertung in die Zugfestigkeit

g) Vergleich der statischen Härteprüfverfahren

Tabelle 1: Vergleich der statischen Härteprüfverfahren

Verfahren	Vorteile	Nachteile
Brinell	• Aufgrund der großen Prüfeindrücke geeignet zur Messung von Werkstoffen mit unterschiedlich harten Gefügebestandteilen. • Prüfung (großer) Guss- und Schmiedeteile sowie Rohteile möglich. • Einfacher und robuster Prüfkörper, daher geeignet für den rauen Werkstattbetrieb. • Geringe Kosten für die Prüfkugeln.	• Nur für weiche bis mittelharte Werkstoffe (< 650 HBW). • Messung kleiner und dünner Proben nicht möglich. • Relativ große Probenbeschädigung durch Prüfeindruck. • Relativ großer Aufwand für die Vorbereitung der Prüffläche und das Ausmessen der Eindruckdurchmesser.
Vickers	• Prüfung aller Werkstoffe unabhängig von deren Härte möglich. • Dünne Bauteile und dünne Galvanik- oder Härteschichten sowie Folien einzelne Gefügebestandteile prüfbar. • Sehr geringe Beschädigung der Oberfläche. • Unabhängigkeit des Härtewertes von der Prüfkraft im Makrobereich ($F \geq 49{,}03$ N).	• Härtewert ist von der Prüfkraft abhängig (im Kleinkraft- und Mikrobereich). • Relativ großer Aufwand für die Vorbereitung der Prüffläche und das Ausmessen der Eindruckdiagonalen. • Empfindlich gegenüber Erschütterungen und Stößen.
Rockwell	Schnelle und preiswerte Prüfung da: • keine aufwändige Probenvorbereitung • Direktanzeige des Härtewertes • Preiswertes Prüfgerät, da lediglich ein Längenmessgerät erforderlich ist (keine teure Optik) • Verfahren ist automatisierbar	• Ungenau, durch bleibende Verformung der Probe und anderer im Kraftfluss liegender Bauteile (Streuung der Messergebnisse). • Schlechte Differenzierung der Härte. • Empfindlichkeit des Diamant-Eindringkörpers.

Verfahren	Vorteile	Nachteile
Knoop	• Im Vergleich zum Härteprüfverfahren nach Vickers lassen sich mit dem Knoopverfahren deutlich dünnere Schichten und dünnere Folien prüfen, da die Eindringtiefe des Knoop-Diamanten in den Werkstoff außerordentlich gering ist. • Möglichkeit zur Erkennung von Werkstoffanisotropien, da die Knoop-Härte in diesen Fällen von der gewählten Richtung der langen Diagonalen abhängt. • Geringere Verletzung der Oberfläche. • Besonders geeignet für die Härteprüfung spröder Werkstoffe (geringere Neigung zur Rissbildung). • Alle Metalle sind prüfbar, insbesondere gute Eignung für spröde Werkstoffe wegen geringerer Rissanfälligkeit.	• Härtewerte sind von der Prüfkraft abhängig. • Diamant-Eindringkörper gegen Beschädigungen empfindlich. • Erheblicher Aufwand für die Prüfflächenvorbereitung und die Ausmessung der Eindruckdiagonalen (aufwändiges Ausrichten der Prüffläche zum Erreichen symmetrischer Prüfeindrücke).
Martenshärte	• Auf alle Werkstoffe (z. B. Metalle, Kunststoffe usw.) anwendbar, da der Härtewert aus elastischer und plastischer Deformation bestimmt wird. • Das Verfahren liefert einen physikalisch sinnvollen Härtewert, der für Eindringtiefen über 10 µm unabhängig von der Prüfkraft ist. Stark unterschiedliche Härtewerte können damit deutlich besser miteinander verglichen werden. • Einfache Automatisierbarkeit, da die Eindringtiefe gemessen wird. • Härtemessung dünner Bleche, dünner Schichten, kleiner Proben und dünnwandiger Rohre möglich. • Durch Messung von Kraft-Eindringtiefen-Kurven erhält man zusätzliche Informationen über den Werkstoff.	• Steigende Anforderungen an die Probenoberfläche mit kleiner werdender Prüfkraft und damit kleiner werdenden Eindrücken (Eindringtiefe < 20 · arithmetischer Mittenrauwert). • Anfällig gegenüber Erschütterungen, insbesondere bei kleinen Prüfkräften (bei Eindringtiefen unter 15 µm). • Messfehler durch elastische und bleibende Verformung der Probe und der im Kraftfluss liegenden Bauteile während der Messung.

13.5.6.3 Dynamische Härteprüfverfahren

Bei den dynamischen Härteprüfverfahren wirkt der Prüfkörper stoßartig auf die Werkstückoberfläche ein. Dies kann geschehen durch:

- Aufprallen lassen eines mit dem Prüfkörper verbundenen Fallgewichts auf die Probenoberfläche und Messung der Rücksprunghöhe (**Shore**-Härteprüfverfahren) oder des Verhältnisses von Rückprall- und Aufprallgeschwindigkeit (**EQUOTIP**-Verfahren). Man spricht von Prüfverfahren mit **Energiemessung**.
- Einschlagen auf einen auf der Probenoberfläche ruhenden Prüfkörper und anschließendes Ausmessen des bleibenden Eindrucks (**Poldihütten-Verfahren, Härteprüfung nach Ernst** und **Härteprüfung nach Baumann-Steinrück**). Man spricht von Prüfverfahren mit **Verformungsmessung**.

a) Härteprüfverfahren nach Shore

Beim Shore-Härteprüfverfahren, das 1907 von **A. F. Shore** entwickelt wurde, lässt man einen Fallhammer mit einer bestimmten Masse m aus einer bestimmten Höhe h auf die Probenoberfläche fallen. Der Fallhammer trägt an seiner Spitze als Eindringkörper einen Naturdiamanten. Nach dem Aufprall auf die Probenoberfläche springt der Hammer (samt Eindringkörper) auf eine Höhe $h_1 < h$ zurück. Diese Höhe wird gemessen und stellt ein Maß für die Shore-Härte dar (Bild 1). Je härter der zu prüfende Werkstoff ist, desto weniger Energie wird zur Verformung der Werkstückoberfläche benötigt, desto größer ist die Rücksprunghöhe. Die Rückprall- oder Rücksprunghärtemessgeräte nach dem Fallhammer-Prinzip nach Shore werden auch als **Shore-Skleroskope** (*skleros* = hart) bezeichnet.

Bild 1: Shore-Härteprüfung

13.5 Mechanische Werkstoffprüfverfahren

Man unterscheidet zwei verschiedene Modelle von Skleroskopen:
Modell C: Hammergewicht: 2,3 g, Fallhöhe: 251 mm
Modell D: Hammergewicht: 36 g, Fallhöhe: 17,9 mm

Die Härteskala wurde so gewählt, dass der Rücksprunghöhe auf einem glashart gehärteten und nicht angelassenen, perlitischen Stahl (C = 0,8 %) der Wert 100 zugeordnet wird. Die Skala wird in gleiche Teile unterteilt. Für größere Rücksprunghöhen wird beim Modell C die Skala im gleichen Teilungsmaßstab bis 140 und beim Modell D bis 120 weitergeführt. Ein Härtewert von z. B. 70 HS besagt, dass der Fallhammer nach der Prüfung auf 70 % der Höhe zurückgesprungen ist, die er auf einem gehärteten und nicht angelassenen Stahl erreicht hätte.

b) Poldihütten-Verfahren

Das **Poldihütten-Verfahren** wurde auf der Poldihütte in Kladno bei Prag entwickelt. Beim Poldi-Härteprüfverfahren wird eine gehärtete Stahlkugel mit einem Durchmesser von 10 mm gleichzeitig in die zu prüfende Oberfläche und in einen Vergleichsstab mit quadratischem Querschnitt und bekannter (statischer) Brinell-Härte (in der Regel 208 HB) eingeschlagen. Zum Einschlagen verwendet man einen Handhammer mit einer Masse von ca. 1000 g. Beide Eindringdurchmesser werden anschließend ausgemessen, miteinander verglichen und in die Brinellhärte umgewertet (Bild 1). Die Umwertung kann mit Hilfe einer Tabelle oder einer Formel erfolgen. Das Poldihütten-Verfahren liefert also keinen eigenen Härtewert, sondern es wird auf die statische Brinellhärte zurückgeschlossen. Da das Poldihütten-Verfahren nach dem Prinzip der Vergleichshärteprüfung arbeitet, d. h. nur die Eindruckdurchmesser miteinander verglichen werden, ist das Ergebnis praktisch unabhängig von der Stärke des Hammerschlages (Bild 1).

Bild 1: Poldihütten-Verfahren

c) Härteprüfverfahren nach Ernst

Beim Härteprüfverfahren nach **Ernst** wird der Eindringkörper (Kugelkalotte mit einem Radius von 3,58 mm) durch einen Hammerschlag ein Stück weit in den Prüfkörper eingeschlagen. Um eine definierte Schlagkraft zu gewährleisten, wird der Hammerschlag nicht direkt auf den Eindringkörper übertragen, sondern es wird ein Scherstift durch Abscheren zu Bruch gebracht. Die Scherstifte sind so bemessen, dass sie bei einer statischen Belastung von rund 15 500 N brechen. Für jede Prüfung ist ein neuer Scherstift erforderlich (Bild 2). Der Eindruckdurchmesser wird nach der Prüfung ausgemessen und in die Brinell-Härte umgewertet.

Bild 2: Härteprüfung nach *Ernst*

d) ärteprüfverfahren nach Baumann-Steinrück

Beim Härteprüfverfahren nach **Baumann-Steinrück** wird der an der Spitze eines Schlagbolzens befestigte Eindringkörper (Stahlkugel mit einem Durchmesser von 5 mm oder 10 mm) mittels einer gespannten Druckfeder in die Probenoberfläche eingeschlagen. Auf diese Weise kann eine stets gleich große Schlagenergie eingehalten werden. Durch das Aufdrücken des Prüfgeräts **(Baumann-Hammer)** auf die Probenoberfläche wird die Feder gespannt und nach Erreichen einer bestimmten Endstellung automatisch ausgelöst. Es stehen am Gerät zwei einstellbare Schlagstufen (halbe und volle Schlagkraft) zur Verfügung. Der Prüfeindruck wird mit Hilfe einer Lupe ausgemessen und mittels eines empirisch entwickelten Zusammenhangs in die Brinell-Härte umgewertet (Bild 3). Die Vor- und Nachteile des Verfahrens sind mit denen des Poldihütten-Verfahrens vergleichbar.

Bild 3: Härteprüfung nach *Baumann-Steinrück*

Die Zähigkeit eines Werkstoffs oder eines Bauteils wird häufig entsprechend dem mikroskopischen oder makroskopischen Bruchbefund definiert. Ein Zähbruch unterscheidet sich hinsichtlich Entstehung und Erscheinungsbild grundlegend von einem Sprödbruch (Kapitel 13.5.7.3).

Im Sinne der Sicherheitsrelevanz (Kapitel 13.5.7.2) ist jedoch letztlich die Reaktion des Bauteiles auf die Belastung bis zum Bruch entscheidend, die besonders aus dem Last-Verformungs-Diagramm des Bauteils deutlich wird. Zur Definition und Quantifizierung der Zähigkeit eines Werkstoffs bzw. eines Bauteils werden daher auch, abhängig von Belastungsart und Gefährdungspotenzial, unterschiedliche Kriterien wie Energieaufnahmevermögen bis zum Bruch oder Rissstoppvermögen herangezogen.

13.5.7.2 Sicherheitsrelevanz der Zähigkeit

Eine hohe Zähigkeit des Werkstoffs bzw. ein zähes Bauteilverhalten hat aus sicherheitstechnischer Sicht größte Bedeutung:

1. Nur zähe Werkstoffe haben die Fähigkeit, eine lokale Überbeanspruchung durch plastische Verformung an den höchstbeanspruchten Stellen (Schweißnähte, abrupte Querschnittsveränderungen usw.) abzubauen. Bild 1 veranschaulicht diesen Sachverhalt anhand der Spannungs-Dehnungs-Diagramme eines spröden und eines zähen Werkstoffs:

   Wird ein Bauteil aus zähem Werkstoff über den Auslegungspunkt A hinaus belastet (z.B. durch stoßartige Beanspruchung), dann tritt an der höchstbeanspruchten Stelle eine plastische Verformung ein. Die Spannungsspitze wird durch lokale Plastifizierung abgebaut. Ein Anriss tritt nicht auf. Spröde Werkstoffe besitzen diese Eigenschaft nicht, bei ihnen besteht unter diesen Bedingungen die Gefahr einer Rissbildung bzw. eines Bruches. Eine ausreichende Zähigkeit stellt somit eine Sicherheitsreserve gegen Sprödbruch dar.

2. Ein Bruch tritt erst nach deutlicher plastischer Verformung ein. Damit ist eine Art „Vorwarnung" gegeben.

3. Bei schlagartiger Beanspruchung wird die kinetische Energie in plastische Verformungsarbeit umgewandelt, ohne dass ein Riss entsteht.

4. Ein sich bereits ausbreitender Riss kann im zähen Werkstoff wieder gestoppt werden, ohne dass eine vollständige Auftrennung des Bauteils eintritt (Rissauffangversuche, Kapitel 13.5.7.5).

Bild 1: Verformungs- und Bruchverhalten zäher und spröder Werkstoffe

13.5.7.3 Spröder und zäher Gewaltbruch

Bei Gewaltbrüchen unterscheidet man hinsichtlich Versagensmechanismus und mikroskopischem Erscheinungsbild der Bruchfläche zwischen einem **spröden Gewaltbruch (Spaltbruch)** und einem **zähen Gewaltbruch (Gleitbruch)**. Auch Übergangsformen, die **Mischbrüche**, werden mitunter beobachtet.

Spröder Gewaltbruch

Die Voraussetzungen für die Entstehung eines spröden Gewaltbruchs (Spaltbruchs) sowie der Versagensmechanismus wurden bereits in Kapitel 13.5.1.6 beschrieben. Makroskopisch verläuft ein Spaltbruch entweder innerhalb eines Korns entlang bestimmter kristallographischer Ebenen (transkristalliner Spaltbruch, Bild 1a, Seite 626) oder der Riss folgt den Korngrenzen (interkristalliner Spaltbruch, Bild 1b, Seite 626).

Transkristalline Spaltbrüche finden sich nur bei krz- und hdP-Metallen sowie bei einer Reihe intermetallischer Phasen. Kubisch-flächenzentrierte Metalle wie z. B. Kupfer weisen, bedingt durch ihre gute plastische Verformungsfähigkeit, in der Regel keine transkristallinen Spaltbrüche auf.

Transkristalline Spaltbrüche zeigen glatte Bruchflächen. Die Risse verlaufen hierbei in mehreren parallelen Ebenen, die als **Spaltstufen** bzw. **Spaltebenen** oder **Flussmuster** bezeichnet werden (Bild 2). Sie entstehen:

- durch Zusammenlaufen von Rissen,
- falls ein Riss eine Korngrenze mit geringer Orientierungsdifferenz zwischen den Körnern **(Drehgrenze)** überschreitet,
- durch Schneiden von Spaltebenen mit Schraubenversetzungen.

Die Spaltstufen sind durch Stege miteinander verbunden, die durch Abscherung des Werkstoffs zwischen den Stufen entstehen.

Überschreitet die Rissfront eine **Kippgrenze**, dann folgt sie derjenigen Spaltebene mit der kleinsten Winkeldifferenz zur makroskopischen Bruchebene (Bild 2).

Im Unterschied zum Gleitbruch breitet sich ein Spaltbruch nacheinander von einem Korn zum Nachbarkorn durch den gesamten Querschnitt hindurch aus. Beim Gleitbruch bilden sich hingegen im Innern gleichzeitig einzelne Hohlräume nebeneinander, die sich anschließend zu einem Riss vereinigen (Bild 1, Seite 605).

Interkristalline Spaltbrüche verlaufen längs der Korngrenzen und werden in allen Metallen (kfz, krz und hdP) beobachtet.

Interkristalline Gewaltbrüche entstehen, falls die Korngrenzen durch Ausscheidungen wie zum Beispiel σ-Phase bei nicht rostenden Cr- und Cr-Ni-Stählen oder Carbidausscheidungen überhitzt gehärteter niedrig legierter Stähle, versprödet sind. Auch andere Verunreinigungen an der Korngrenze wie Seigerungen oder Korngrenzenfilme können zu einem interkristallinen Spaltbruch führen.

Damit interkristalline Spaltbrüche überhaupt entstehen können, muss die Grenzflächenenergie an der Phasengrenze zwischen Korn und Ausscheidung wesentlich kleiner sein, im Vergleich zur Oberflächenenergie der Ausscheidung.

Bild 1: Spröde Gewaltbrüche a) transkristallin b) interkristallin

Bild 2: Typische mikrofraktographische Merkmale eines spröden Gewaltbruchs

Bild 3: Zäher Gewaltbruch mit Verformungswaben

Zäher Gewaltbruch

Der Versagensablauf zähen Gewaltbruchs (Gleitbruch) ist durch das plastische Verformungsvermögen des Werkstoffs gekennzeichnet und unterscheidet sich grundsätzlich vom Sprödbruch. Der Versagensmechanismus wurde bereits ausführlich in Kapitel 13.5.1.6 beschrieben und führt zu der in Bild 3 dargestellten typischen Wabenstruktur.

13.5.7.4 Einflussfaktoren auf die Zähigkeit

Unabhängig von der jeweiligen Definition ist die Zähigkeit keine Werkstoffeigenschaft, da sie nicht nur von Art und Zustand eines Werkstoffs abhängt. Auch eine Reihe nicht werkstoffspezifischer Eigenschaften können zu einer Verminderung der Zähigkeit führen, d. h. einen Sprödbruch begünstigen.

13.5 Mechanische Werkstoffprüfverfahren

Hierzu zählen:
- Werkstoffzustand
- Temperatur
- Bauteilgeometrie (Spannungszustand)
- Beanspruchungsgeschwindigkeit

Werkstoffzustand

Zähe Werkstoffe verformen sich plastisch. Voraussetzung für eine plastische Verformung ist eine weitgehend ungehinderte Versetzungsbewegung. Durch eine Wärmebehandlung, durch Alterungsvorgänge, Kaltverformung, Neutronenbestrahlung oder durch eine ungeeignete Erschmelzung (Bildung von Seigerungen) kann sich der Werkstoffzustand derart verändern, dass die Versetzungsbewegungen bzw. die Gleitvorgänge im Werkstoff deutlich erschwert oder gar blockiert werden. Unter diesen Bedingungen kann keine plastische Verformung mehr stattfinden und es tritt ein spröder Trennbruch ein.

Temperatur

Werkstoffe mit kubisch-raumzentriertem (krz) Kristallgitter (z. B. unlegierte und legierte Stähle mit ferritisch-perlitischem Gefüge) zeigen bei hohen Temperaturen eine relativ hohe Zähigkeit, bei tiefen Temperaturen versproden sie hingegen. Man spricht von **Temperaturversprödung**. Die Ursache liegt in einer mit sinkender Temperatur zunehmenden Blockierung der Versetzungsbewegungen auf den ohnehin wenigen Gleitebenen des krz-Kristallgitters.

Bauteilgeometrie (Spannungszustand)

Im Bereich von Kerben oder Rissen wird die freie Verformung des Werkstoffs in Ebenen senkrecht zur Belastungsrichtung eingeschränkt, man spricht von **Querdehnungsbehinderung**. Dies führt zur Ausbildung eines mehrachsigen Spannungszustandes. Eine plastische Verformung kann dann nicht mehr oder nur noch eingeschränkt stattfinden. Der Werkstoff bricht spröde (**Spannungsversprödung**).

Beanspruchungsgeschwindigkeit

Für den Ablauf von Versetzungsbewegungen ist eine bestimmte Zeit erforderlich, die mit zunehmender Beanspruchungsgeschwindigkeit jedoch nicht mehr zur Verfügung steht. Eine zügige oder gar schlagartige Belastung kann daher auch bei einem eigentlich zähen Werkstoff die Auslösung eines Sprödbruchs begünstigen. Sehr hohe Beanspruchungsgeschwindigkeiten führen gar zu einem völligen Verschwinden des plastischen Bereichs. Mitunter wird dieses Verhalten auch als **Schlagversprödung** bezeichnet.

> **ⓘ Information**
>
> **Einflüsse auf die Zähigkeit**
>
> Die Zähigkeit ist keine Werkstoffeigenschaft vergleichbar der Festigkeit, der Härte usw., da sie nicht nur vom Werkstoff bzw. Werkstoffzustand, sondern auch von nicht werkstoffspezifischen Eigenschaften wie der Temperatur, der Beanspruchungsgeschwindigkeit oder der Bauteilgeometrie (Spannungszustand) abhängt. Ein Werkstoff ist daher nicht „zäh" oder „spröde", sondern er verhält sich „zäh" oder „spröde".
>
> Die verschiedenen Zähigkeitsprüfverfahren (s.u.) liefern unter anderem deshalb keine für die Bauteilberechnung geeigneten Kennwerte, sondern sie erlauben lediglich eine Abschätzung der Sprödbruchneigung. Allerdings hängen die Berechnungsvorschriften oftmals davon ab, ob ein zähes oder sprödes Werkstoffverhalten vorliegt (z. B. bei der Wahl der Festigkeitshypothese in der Festigkeitsrechnung).

13.5.7.5 Verfahren der Zähigkeitsprüfung

Für die Beurteilung der Sprödbruchsicherheit müssen Prüfbedingungen gewählt werden, die einen spröden Anriss auslösen können. Solche Bedingungen sind:

- Tiefe Temperaturen (Temperaturversprödung)
- Hohe Beanspruchungsgeschwindigkeiten (Schlagversprödung)
- Mehrachsige Spannungszustände (Spannungsversprödung)
- Werkstoffbereiche, die einen spröden Riss initiieren können (z. B. ungünstige Gefügezustände oder Eigenspannungen in Schweißnahtbereichen)

Diese Prüfbedingungen (oder zumindest ein Teil davon) können durch eine Vielzahl unterschiedlicher Prüfverfahren und Probengeometrien realisiert werden. Dementsprechend wurden für die Prüfung der Sprödbruchsicherheit bzw. der Werkstoffzähigkeit verschiedene Verfahren entwickelt.

Zu den wichtigsten Prüfverfahren gehören:
- Kerbzugversuch
- Kerbschlagbiegeversuch nach Charpy (DIN EN ISO 148-1)
- Pellini-Versuch (Stahl-Eisen-Prüfblatt 1325)
- Robertson-Versuch

a) Kerbzugversuch

Beim nicht genormten Kerbzugversuch wird eine gekerbte Flach- oder Rundzugprobe, vergleichbar dem Zugversuch, mit stetig ansteigender Kraft F bis zum Bruch belastet. Im Kerbgrund bildet sich ein mehrachsiger Spannungszustand mit Spannungsspitze aus (Bild 1). Im Kerbzugversuch ermittelt man die Höchstlast F_{max} beim Bruch der Probe und errechnet daraus die **Kerbzugfestigkeit R_{mK}** zu:

$$R_{mK} = \frac{F_{max}}{A_K} \qquad (13.26)$$

Während bei ideal-spröden Werkstoffen (z. B. martensitisch gehärtete Stähle, Keramiken) die Kerbzugfestigkeit R_{mK} deutlich kleiner ist als die im Zugversuch ermittelte Zugfestigkeit R_m, kann bei sehr zähen Werkstoffen die Kerbzugfestigkeit R_{mK} sogar deutlich über der Zugfestigkeit R_m liegen. Das Verhältnis R_{mK}/R_m kann daher als Maß für die Zähigkeit eines Werkstoffs herangezogen werden.

Bild 1: Spannungsverlauf in einer Kerbzugprobe

b) Kerbschlagbiegeversuch nach Charpy

Der Kerbschlagbiegeversuch nach **Charpy** (DIN EN ISO 148-1) ist nicht nur wegen seiner einfachen und kostengünstigen Versuchsdurchführung von großer Bedeutung, sondern vor allem wegen der Erfassung der wichtigsten zähigkeitsrelevanten Parameter (mehrachsiger Spannungszustand, Temperatur, Beanspruchungsgeschwindigkeit). Wird ein **instrumentierter Kerbschlagbiegeversuch** durchgeführt (s. u.), dann gewinnt man zusätzliche Informationen über Bruchkraft, Bruchverformung, Brucharbeit, insbesondere aber auch über das Rissstoppverhalten.

Neben dem Zugversuch ist der Kerbschlagbiegeversuch der am häufigsten durchgeführte Versuch der mechanischen Werkstoffprüfung. Er wird sowohl zur Prüfung metallischer Werkstoffe als auch schlagzäher Kunststoffe eingesetzt. Bei der Werkstoff- und Bauteilabnahme werden neben Zugversuchen fast immer auch Kerbschlagbiegeversuche durchgeführt. Auch in Normenwerken finden sich neben Mindestanforderungen an die Festigkeit in der Regel auch Mindestwerte für die Zähigkeit (verbrauchte Schlagenergie).

Beim Kerbschlagbiegeversuch wird mit Hilfe eines Pendelschlagwerks (Bild 2) in der Regel eine gekerbte Normprobe zerschlagen. Die Probe wird dabei mit der Kerbseite lose an zwei Widerlager angelegt (**Charpy-Anordnung,** Bild 3).

Der Pendelhammer des Schlagwerks wird zunächst auf eine bestimmte Höhe H angehoben und anschließend ausgeklinkt. Er fällt dabei mit vorgegebener kinetischer Energie auf die der Kerbe gegenüberliegende Seite der Probe.

Bild 2: Pendelschlagwerk zur Durchführung eines Kerbschlagbiegeversuchs

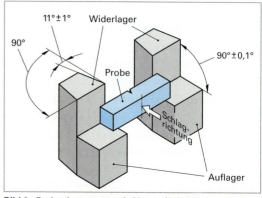

Bild 3: Probenlagerung nach Charpy (DIN EN ISO 148-1)

13.5 Mechanische Werkstoffprüfverfahren

In Abhängigkeit der Zähigkeit des Werkstoffs wird die nur lose an die Widerlager angelegte Probe zerschlagen oder durch die Widerlager hindurchgedrückt. Da ein Teil der kinetischen Energie des Pendelhammers zur Probenverformung aufgebracht werden muss, erreicht der Pendelhammer nach dem Schlag nur noch eine Höhe $h < H$. Mit Hilfe eines Schleppzeigers oder einer anderen geeigneten Messeinrichtung an der Prüfmaschine kann der Ausschlagwinkel α des Pendelhammers und damit die Steighöhe h nach dem Schlag einfach ermittelt werden.

Die Auftreffgeschwindigkeit des Pendelhammers auf die Probe beträgt bei metallischen Werkstoffen rund 5 m/s bis 5,5 m/s. Die üblicherweise zum Einsatz kommenden Pendelschlagwerke haben ein Arbeitsvermögen von 300 J ± 10 J. Der Radius der Hammerfinne kann 2 mm oder 8 mm betragen und ist entsprechend den Vorgaben in der Produktspezifikation zu wählen. Bei Verwendung des 2-mm-Hammers können höhere Werte im Vergleich zum 8-mm-Hammer ermittelt werden. Zur Prüfung von Kunststoffen kommen Pendelschlagwerke mit deutlich verminderter Hammermasse und Fallhöhe zum Einsatz. Ihr Arbeitsvermögen beträgt zwischen 4 J und 20 J. Die Prüftemperatur beträgt 23 °C ± 5 °C.

Als Maß für die Zähigkeit des zu prüfenden Werkstoffs bzw. Werkstoffzustandes wird beim Kerbschlagbiegeversuch diejenige Arbeit angesehen, die zum Zerschlagen der Probe bzw. zum Hindurchdrücken durch die Widerlager erforderlich ist. Man bezeichnet sie als **verbrauchte Schlagenergie** (früher: **Kerbschlagarbeit**; Einheit: Joule J). Sie ist ein Maß für die Widerstandsfähigkeit des Werkstoffs bei zügiger bis schlagartiger Beanspruchung.

Versuchstechnisch ergibt sich die Kerbschlagarbeit K als Differenz der potenziellen Energien des Pendelhammers (Masse m) vor und nach dem Schlag (Reibungseffekte vernachlässigt):

$$KV = m \cdot g \cdot (H - h) \tag{13.27}$$

- KV = verbrauchte Schlagenergie in J
- m = Masse des Pendelhammers in kg
- g = Erdbeschleunigung ($g = 9{,}807$ m/s^2)
- H = Fallhöhe des Pendelhammers vor dem Schlag in m
- h = Steighöhe des Pendelhammers nach dem Schlag in m

Die früher gebräuchliche **Kerbschlagzähigkeit** wird heute nicht mehr verwendet. Sie war definiert als verbrauchte Schlagenergie KV, dividiert durch die Querschnittsfläche der Probe in der Kerbebene. Die Kerbschlagzähigkeit hatte dementsprechend die Dimension J/cm^2.

Für die Zähigkeitsprüfung duktiler metallischer Werkstoffe verwendet man stets gekerbte Proben (Bild 1), da glatte Proben durch den Pendelhammer erst bei sehr tiefen Temperaturen gebrochen werden. Damit wäre der Nachweis der Versprödungsneigung des Werkstoffs erschwert. Die Kerbe fördert die Sprödbruchneigung in zweierlei Hinsicht:

1. Sie behindert die Querkontraktion des Werkstoffs und führt zum Aufbau eines mehrachsigen Spannungszustandes.
2. Die Verformung konzentriert sich auf den Kerbgrund, so dass dort örtlich hohe Dehngeschwindigkeiten erreicht werden.

Die Bezeichnungen und Abmessungen der wichtigsten **Kerbschlagbiegeproben** sind in Tabelle 1 zusammengestellt.

Bild 1: Gebräuchliche genormte Kerbschlagbiegeproben

Tabelle 1: Bezeichnungen und Abmessungen wichtiger metallischer Kerbschlagbiegeproben

Probenform	Norm	Länge l in mm	Höhe h in mm	Höhe im Kerbgrund in mm	Breite b in mm	Kerbwinkel	Kerbradius in mm
Normalprobe mit V-Kerb	DIN EN ISO 148-1	55	10	8	10[1]	45°	0,25
Normalprobe mit U-Kerb		55	10	5	10	–	1,00
DVM-Probe	DIN 50 115[2]	55	10	7	10	–	1,00
DVMK-Probe		44	6	4	6	–	0,75
Kleinstprobe		27	4	3	3	60°	0,10

[1] Falls erforderlich, sind auch **Untermaßproben** mit einer Breite von 7,5 mm, 5 mm und 2,5 mm möglich.   [2] Norm ersatzlos zurückgezogen.

Das Prüfergebnis des Kerbschlagbiegeversuchs wird wie folgt angegeben:

Beispiel: KV_2 150/7,5 = 83 J

Beim Bruch der Probe verbrauchte Schlagenergie (J).

Probenbreite. Angabe nur, falls abweichend von der Norm.

Nennarbeitsvermögen des Pendelschlagwerks. Angabe ist nur erforderlich, falls keine Normalprobe.

Radius der Hammerfinne (KV_2 bzw. KV_8 oder KU_2 bzw. KU_8)

Kurzzeichen der verbrauchten Schlagenergie
KV: Probe mit V-Kerb
KU: Probe mit U-Kerb
Für DVM-, DMVK- und Kleinstproben nach DIN 50 115 (Norm zurückgezogen) existiert keine Normbezeichnung

Wird bei einem Versuch die Probe nicht vollständig gebrochen, dann ist es zulässig, die verbrauchte Schlagenergie in die Auswertung mit einzubeziehen oder bei der Mittelwertbildung gemeinsam mit vollständig gebrochenen Proben mit einzubeziehen.

Die Kerbschlagarbeit eines Werkstoffs kann mitunter stark von der Temperatur abhängen (s. o.). Zum Nachweis einer Sprödbruchneigung wird der Kerbschlagbiegeversuch daher häufig an gleichartigen Proben bei unterschiedlichen Prüftemperaturen durchgeführt. Die Proben werden hierzu erwärmt bzw. abgekühlt und anschließend sofort zerschlagen. Trägt man die Werte der Kerbschlagarbeit über der Prüftemperatur auf, dann erhält man die **Schlagenergie-Temperatur-Kurve** (KV-T-Kurve, früher auch **Kerbschlagarbeit-Temperatur-Kurve**) des Werkstoffs. Man unterscheidet zwischen drei charakteristischen Kurventypen (Bild 1).

Stähle mit ferritisch-perlitischem Gefüge (un- und niedriglegierte Stähle) sowie andere Metalle bzw. Legierungen mit krz-Gitter zeigen bei hohen Temperaturen relativ hohe verbrauchte Schlagenergien (man spricht auch von der **Hochlage** der Schlagenergie-Temperatur-Kurve), bei tiefen Temperaturen dagegen niedrige verbrauchte Schlagenergien **(Tieflage)**. Die Ursache liegt in einer mit sinkender Temperatur zunehmenden Blockierung der Versetzungsbewegungen auf den ohnehin wenigen Gleitebenen des krz-Gitters. Zwischen Hoch- und Tieflage liegt der Übergangsbereich **(Steilabfall)**. Dort streuen die Messwerte mitunter sehr stark, so dass mehrere Proben bei derselben Temperatur geprüft werden sollten. Bei Temperaturen im Bereich der Hochlage der verbrauchten Schlagenergie beobachtet man Zähbrüche.

Bild 1: Typische Schlagenergie-Temperatur-Kurven

Zur Werkstoffauswahl und zum Vergleich von Werkstoffen und Werkstoffzuständen dient die **Übergangstemperatur T_t** (Temperatur des Steilabfalls). Sie kann auf unterschiedliche Weise definiert sein, u. a. als diejenige Temperatur bei der:

- die verbrauchte Schlagenergie einen bestimmten Wert annimmt (z. B. KV_8 = 27 J),
- ein bestimmter Prozentsatz der verbrauchten Schlagenergie im Bereich der Hochlage erreicht wird (z. B. 50 %),
- ein bestimmter Anteil der Bruchfläche einen Gleitbruch aufweist (z. B. 50 %),
- ein bestimmter Anteil der seitlichen Breitung erreicht ist (z. B. 0,8 mm).

Die Übergangstemperatur T_t der verbrauchten Schlagenergie darf nicht mit der tiefsten Einsatztemperatur des Werkstoffs gleichgesetzt werden, da die Sprödbruchsicherheit realer Bauteile auch von nicht werkstoffspezifischen Einflussfaktoren, wie der Beanspruchungsgeschwindigkeit oder der Bauteilgeometrie (Risse, Querschnittsveränderungen) abhängt.

13.5 Mechanische Werkstoffprüfverfahren

Übergangstemperaturen dürfen nur dann als Kriterium für die Werkstoffauswahl bei tiefen Temperaturen dienen, falls vom Werkstoff bereits betriebliche Erfahrungen unter den geforderten Einsatzbedingungen vorliegen.

Spröde Werkstoffe wie Gusseisen mit Lamellengraphit (Grauguss) oder martensitisch gehärtete Stähle, aber auch Gläser und keramische Werkstoffe zeigen Schlagenergie-Temperatur-Kurven vom Typ 2, die selbst bei hohen Temperaturen eine relativ niedrige verbrauchte Schlagenergie aufweisen.

Kubisch-flächenzentrierte Metalle (z. B. Al, Cu, Ni) und ihre homogenen Legierungen sowie die austenitischen Stähle, weisen keinen signifikanten Zähigkeitsabfall aufgrund der vielfältigen Gleitmöglichkeiten im Kristallgitter auf. Der absolute Betrag der verbrauchten Schlagenergie hängt jedoch in hohem Maße von der Werkstoffart ab. Während die austenitischen Cr-Ni-Stähle relativ hohe Werte aufweisen, zeigen beispielsweise Aluminiumwerkstoffe eine deutlich geringere verbrauchte Schlagenergie.

Aufgrund der insgesamt fehlenden Versprödung, können kfz-Metalle u. a. in der Luft- und Raumfahrt (z. B. Aluminiumlegierungen) sowie in der Tieftemperaturtechnik (z. B. austenitische Cr-Ni-Stähle) sicher eingesetzt werden.

Der Absolutwert der verbrauchten Schlagenergie sowie die Übergangstemperatur werden von einer Reihe versuchs- und werkstoffbedingter Faktoren beeinflusst, die in Bild 1 zusammenfassend dargestellt sind.

Bild 1: Einflüsse auf die Lage von Kerbschlagarbeit-Temperatur-Kurven von Stählen

Bild 2: Kraft-Weg (Durchbiegungs)-Diagramme des instrumentierten Kerbschlagbiegeversuchs

Beim **instrumentierten Kerbschlagbiegeversuch** (Bild 2) wird die Kraft an der Schlagfinne des Pendelhammers über dem Pendelweg aufgezeichnet und man erhält dadurch zusätzliche Informationen über:
- Bruch- bzw. Maximalkraft (F_B bzw. F_{max})
- Bruchverformung
- Brucharbeit A_B
- Rissstoppverhalten

c) Versuche mit bauteilähnlichen Proben (Rissauffangversuche)

Der Kerbschlagbiegeversuch ermöglicht es nicht, das Sprödbruchverhalten eines realen Bauteils unter Betriebsbeanspruchung exakt zu erfassen, da, wie eingangs bereits erwähnt, die Zähigkeit auch von nicht werkstoffspezifischen Eigenschaften wie etwa der Bauteilgeometrie und der Beanspruchungsgeschwindigkeit abhängt. Er erlaubt lediglich eine qualitative Klassifizierung der Werkstoffe, da die Rissausbreitung in großen Bauteilen und Konstruktionen durch die kleinen Kerbschlagbiegeproben nur ungenügend simuliert werden kann. Aus Gründen der besseren Übertragbarkeit versucht man daher möglichst große, bauteilähnliche Proben zu prüfen, um die tatsächlichen Verhältnisse im rissbehafteten Bauteil wirklichkeitsnah zu simulieren.

Sofern Versuche an kompletten Bauteilen oder Konstruktionen aus technischen Gründen oder aus Kostengründen ausscheiden, ist man wenigstens bestrebt, Großproben mit bauteilähnlichen Abmessungen zu prüfen, die zudem mit einer scharfen Kerbe oder einem Anriss versehen sind. Um die Verhältnisse im Bauteil annähernd zu erfassen, um aber auch die Fähigkeit des Werkstoffs zu prüfen, einen eingeleiteten Riss wieder aufzufangen, wurden eine Vielzahl unterschiedlicher Verfahren entwickelt.

Zu den gebräuchlichsten Prüfverfahren zählen der **Pellini-Versuch** und der **Robertson-Versuch**.

Beim **Fallgewichtsversuch nach Pellini** (Stahl-Eisen-Prüfblatt 1325) soll die niedrigste Temperatur ermittelt werden, bei der sich ein zunächst instabil ausbreitender Riss von einem unter Zugspannungen stehenden Werkstoff gerade noch aufgefangen wird. Der Versuch dient zur vergleichenden Beurteilung des Rissauffangverhaltens.

Bild 1: Fallgewichtsverlust nach *Pellini*

Beim Pellini-Versuch werden plattenförmige Proben (bis 360 mm × 90 mm × 25 mm) in einer Versuchsanordnung gemäß Bild 1 mittels eines Fallgewichts (Masse zwischen 25 kg und 50 kg, Fallhöhe bis 3,60 m) verformt. Auf die Proben wird zur Auslösung eines Sprödbruchs zuvor eine Schweißraupe aufgebracht und mittig gekerbt. Die Durchbiegung und damit die Spannungen in der Probe werden durch eine Aufnahmevorrichtung (Widerlager) auf Werte unterhalb der Streck- bzw. Dehngrenze begrenzt. Durch die schlagartige Belastung auf die der Schweißraupe abgewandte Probenseite wird im relativ spröden Schweißgut ein Riss initiiert, der in den Grundwerkstoff eindringt und dort, je nach Zähigkeit des Werkstoffs, entweder abgefangen wird oder zum Bruch der Probe führt.

Der Pellini-Versuch wird an mehreren gleichartigen Proben jedoch bei abnehmender Temperatur durchgeführt. Von besonderem Interesse ist dabei diejenige Temperatur, bei der die Probe völlig durchbricht, jedoch zwei weitere Proben bei einer um 5 K höheren Prüftemperatur nicht mehr brechen. Diese für den Pellini-Versuch kennzeichnende kritische Temperatur wird als **NDT-Temperatur** (Nil-Ductility-Transition-Temperatur = Nullzähigkeits-Temperatur) bezeichnet.

Beim **Robertson-Versuch** (nach *T.S. Robertson*) wird eine Großprobe mit einer der Bauteildicke entsprechenden Probendicke auf etwa 60 % bis 70 % der Streck- bzw. Dehngrenze des Werkstoffs statisch vorgespannt. Die Probe ist einseitig mit einer Bohrung und einem Sägekerb versehen (Bild 2). Die Bohrungsseite der Probe wird tiefgekühlt (z. B. mit flüssigem Stickstoff), während die Gegenseite erwärmt werden kann (z. B. mit Hilfe eines Gasbrenners), so dass sich ein Temperaturgradient einstellt (max. 5 K/cm).

Bild 2: Probenform und Prüfprinzip des Robertson-Versuchs

Durch einen Schlag auf die tiefgekühlte Bohrungsseite der Probe wird ein sich zunächst instabil in Richtung ansteigender Temperatur ausbreitender Riss erzeugt. Durch die mit der Temperatur zunehmende Werkstoffzähigkeit kommt der Riss nach einer bestimmten Strecke zum Stillstand. Die mittels Thermoelementen erfasste Temperatur am Ort des Rissstopps wird als **Crack-Arrest-Temperature** (Rissstopp-Temperatur) bezeichnet. Sie ist der kennzeichnende Parameter des Robertson-Versuchs.

13.5.8 Schwingfestigkeitsversuche

Nahezu alle technischen Konstruktionen unterliegen während ihres Einsatzes zeitlich veränderlichen Beanspruchungen. Die Kenntnis des Werkstoffverhaltens ist dabei von besonderer Bedeutung für die Werkstofftechnik, da Festigkeitskennwerte, die durch statische Versuche (z. B. Zugversuch) ermittelt wurden, das Werkstoffverhalten unter diesen Bedingungen nicht oder nur unzureichend beschreiben können.

Wie die Erfahrung zeigt, können Bauteile unter zeitlich veränderlicher Beanspruchung bereits bei geringeren Belastungen als der rein statisch ermittelten Zugfestigkeit zu Bruch gehen. Man spricht dann von einem **Schwingbruch** oder **Ermüdungsbruch**.

13.5 Mechanische Werkstoffprüfverfahren

Werkstoffkennwerte die mit rein statischen Prüfverfahren ermittelt wurden, dürfen daher keinesfalls zur Dimensionierung zeitlich veränderlich beanspruchter Bauteile herangezogen werden. Derart beanspruchte Bauteile müssen aus Sicherheitsgründen zusätzlich auf ihre Ermüdungsfestigkeit hin untersucht werden. Bei einem Festigkeitsnachweis muss daher zwischen statischer Beanspruchung und zeitlich veränderlicher Beanspruchung unterschieden werden (Bild 1).

Die an Maschinenteilen oder Bauwerken auftretenden Schwingungen können im Frequenzbereich von 10^{-5} Hz (Temperaturschwankungen) bis 10^4 Hz (Resonanzschwingungen) liegen (Bild 2).

Im Gegensatz zu einem Gewaltbruch, der bei einer einmaligen Überbeanspruchung auftreten kann, ist es für den Schwingbruch kennzeichnend, dass er im Laufe der Zeit unter zeitlich veränderlicher Betriebsbeanspruchung entsteht. Die Zeit, die das Bauteil unter Schwingungsbeanspruchung bis zum Bruch erträgt, wird als **Lebensdauer** bezeichnet.

Ermüdungsrisse werden häufig erst sehr spät oder überhaupt nicht entdeckt. Brüche treten daher meist unerwartet und überraschend ein und können häufig katastrophale Folgen nach sich ziehen.

Schadensfälle, die durch Werkstoffermüdung ausgelöst wurden, reichen weit in das 19. Jahrhundert zurück. Die ersten folgenschweren Ermüdungsbrüche traten an Rädern und Achsen von Eisenbahnen auf. So wird beispielsweise von Eisenbahnunglücken am 5. und 30. November 1831 auf der Strecke Liverpool – Manchester berichtet, die durch plötzliche Achsbrüche, verursacht durch Werkstoffermüdung, ausgelöst wurden. Am 8. Mai 1842 ereignete sich auf der Versailler Bahn ein weiterer schwerer Eisenbahnunfall, ausgelöst durch einen Bruch der vorderen Achse der Lokomotive.

Einige weitere, bekannt gewordene und auf Werkstoffermüdung zurückzuführende Schadensfälle sind in Tabelle 1 zusammengestellt.

Bild 1: Festigkeitsnachweis für metallische Werkstoffe in Abhängigkeit von Beanspruchungsart und Temperatur

Bild 2: Frequenzbereiche schwingbruchgefährdeter Maschinenteile und Bauwerke (nach *Jacoby*)

Tabelle 1: Beispiele für katastrophale Schadensfälle infolge Materialermüdung

1927	Auf der Fahrt nach den USA fallen am Luftschiff LZ 127 („Graf Zeppelin") innerhalb von nur wenigen Stunden vier der fünf Motoren aus. Nur durch den fünften, noch intakten Motor gelingt es, Luftschiff und Passagiere zu retten. **Ursache:** Torsionsschwingungen führen zu Schwingbrüchen an den Kurbelwellen.
10.01.1954 08.04.1954	Abstürze von Passagierflugzeugen des Typs „De Havilland Comet". **Ursache:** Druckwechsel in der Flugzeugkabine während der Start- und Landephasen führten u.a. in den eingenieteten Versteifungsrahmen für die Radiokompassfenster auf der Rumpfoberseite zu Ermüdungsrissen und schließlich zu einem schlagartigen Aufreißen der Rumpfbeplankung und zum Auseinanderbrechen des Flugzeugs.
27.03.1980	Kentern der halbtauchenden, erst 1976 gebauten Bohrplattform „Alexander L. Kielland". **Ursache:** Ermüdungsbruch einer Querstrebe zwischen den Pontonsäulen, ausgehend von einem eingeschweißten Hydrophonstutzen infolge Einwirkung der Wellenbelastung.

Bild 1 zeigt eine Statistik aus rund 1000 ausgewerteten Schadensfällen. Demnach ist eine erhebliche Anzahl von Schäden auf Werkstoffermüdung zurückzuführen. Die zeitlich veränderliche Beanspruchung kann zusätzlich mit korrosionschemischer Belastung kombiniert sein, man spricht dann von **Schwingungsrisskorrosion** oder **Korrosionsermüdung**.

13.5.8.1 Entstehung von Schwingrissen

Bei erhöhter Beanspruchung treten im Werkstoff plastische Verformungen auf. Aber auch bereits relativ niedrige Belastungen, die makroskopisch lediglich zu einer elastischen Verformung führen, können im Mikrobereich irreversible Abgleitungen durch Versetzungsbewegungen auslösen und dabei mikroplastische Verformungen hervorrufen. Die Versetzungen können an die Oberfläche austreten und dort z. B. während der ersten Zugphase eine Gleitstufe erzeugen. Bei der Umkehrung der Belastungsrichtung werden in diesem Bereich erneut Versetzungsbewegungen ausgelöst, die jedoch in der Regel auf anderen Gleitebenen ablaufen. Auf diese Weise bilden sich an der Proben- oder Bauteiloberfläche **Extrusionen** und **Intrusionen** (Bild 2).

Mit steigender Schwingspielzahl entstehen mehrere μm breite **Ermüdungsgleitbänder,** die aus Extrusionen bzw. Intrusionen bestehen (Bild 3).

Intrusionen können nach einer ausreichenden Schwingspielzahl Risskeime, also Ausgangspunkte für eine Rissentstehung darstellen. Bei fortwährender Ermüdungsbeanspruchung kann sich aus diesen Risskeimen ein wachstumsfähiger Riss entwickeln, der bis zum Bruch führen kann. Ermüdungsrisse breiten sich zunächst entlang der Gleitebene aus. Stoßen sie auf ein Hindernis (in der Regel eine Korngrenze), dann erfolgt die Rissausbreitung senkrecht zur größten Normalspannung. Bei jedem Lastwechsel schreitet der Riss dann um einen bestimmten Betrag voran (Bild 3).

Da Ermüdungsrisse in der Regel an Intrusionen entstehen, gehen sie häufig von der Oberfläche aus. Auch nichtmetallische Einschlüsse (z. B. MnS, Al_2O_3), Ausscheidungen, Korngrenzen, Zwillingsgrenzen und ggf. Phasengrenzen können eine Ermüdungsrissbildung begünstigen. In diesem Fall können Risse auch unter der Oberfläche entstehen.

Betrachtet man die Zeitspannen bis zum Ermüdungsbruch, dann entfallen etwa 60 % bis 90 % der Lebensdauer auf das Wachstum des Mikrorisses, während die Zeitdauer für das Wachstum des Makrorisses (Risslänge > 1 mm) nur noch einen relativ geringen Anteil an der gesamten Lebensdauer einnimmt (Bild 3). Diese Beobachtung ist insofern von Bedeutung, als ein bereits vorhandener Riss, wie er zum Beispiel beim Schweißen entstehen kann (z. B. Aufhärtungsriss, Kapitel 4.4.1.3), die Lebensdauer eines Bauteils erheblich reduziert.

Bild 1: Ergebnis einer statistischen Auswertung von 1002 Schadensfällen nach *Hagn* und *Schüller*. Versagensfälle infolge Werkstoffermüdung sind dunkelgrau gekennzeichnet.

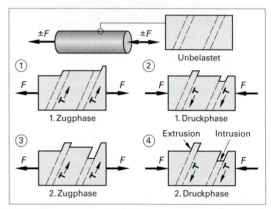

Bild 2: Mechanismus der Entstehung von Extrusionen und Intrusionen

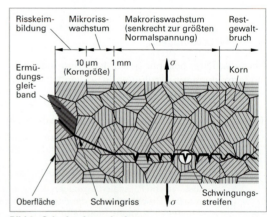

Bild 3: Schwingrissausbreitung

13.5 Mechanische Werkstoffprüfverfahren

13.5.8.2 Ermüdungsbruchflächen

Schwingrisse breiten sich transkristallin (durch das Korn hindurch) aus. In der Regel erfolgt der Rissfortschritt jedoch nicht in einer Ebene, sondern aufgrund des vielkristallinen Gefüges entlang von parallel verlaufenden **Bruchbahnen** (Bild 1a). Bei mikroskopischer Betrachtung erkennt man auf der Ermüdungsbruchfläche feine, parallel zueinander verlaufende Riefen, die **Schwingungsstreifen** (Bild 1b). Anhand dieser Schwingungsstreifen können Ermüdungsbrüche in der Regel eindeutig identifiziert werden.

Bild 1: Ermüdungsbruchflächen
a) schematische Darstellung
b) Bruchfläche mit deutlich sichtbaren Schwingungsstreifen

13.5.8.3 Versuche zum Ermüdungsverhalten

Zur Untersuchung des Ermüdungsverhaltens von Werkstoffen, Maschinenteilen aber auch von kompletten Maschinen und Anlagen unter zeitlich veränderlicher Beanspruchung werden **Schwingfestigkeitsversuche** oder **Ermüdungsversuche** durchgeführt.

Sie dienen:
- zur Ermittlung von Werkstoffkennwerten unter zeitlich veränderlicher Beanspruchung,
- zur Untersuchung der Schädigungsmechanismen bei zeitlich veränderlicher Beanspruchung,
- zum Nachweis der Haltbarkeit bei vorgegebener Betriebsdauer und einer der Betriebsbelastung mehr oder weniger vergleichbaren Beanspruchung,
- zum Auffinden von konstruktions- oder werkstoffbedingten Schwachstellen.

Entsprechend der den Versuchen zugrunde liegenden Beanspruchungs-Zeit-Funktion (BZF) können Ermüdungsversuche wie in Bild 2 dargestellt, eingeteilt werden.

[1] mit deterministischer (analytisch beschreibbarer) Beanspruchungs-Zeit-Funktion
[2] mit stochastischer (zufallsartiger) Beanspruchungs-Zeit-Funktion

Bild 2: Einteilungsmöglichkeit von Schwingfestigkeits- bzw. Ermüdungsversuchen nach der zugrunde liegenden Beanspruchungs-Zeit-Funktion

13.5.8.4 Einstufige Schwingfestigkeitsversuche (Wöhlerversuche)

Versuche mit periodischer Beanspruchung und über die gesamte Versuchsdauer konstant gehaltener Last- bzw. Spannungsamplitude bezeichnet man als **einstufige Schwingfestigkeitsversuche** (kurz: Einstufenversuche). Auch die Bezeichnung **Wöhlerversuche** (benannt nach *August Wöhler* (1819 ... 1914) ist gebräuchlich. Üblicherweise wird eine sinusförmige Schwingungsbeanspruchung gewählt, jedoch werden bisweilen auch Versuche mit dreieckigem oder trapezförmigem Belastungsverlauf durchgeführt.

a) Versuchsdurchführung

Beim Wöhlerversuch nach DIN 50 100 werden meist 6 bis 10 hinsichtlich Werkstoff, Geometrie und Bearbeitung gleichwertige Proben nacheinander, mit (für alle Proben) gleicher Mittelspannung σ_m und jeweils gestaffelter Spannungsamplitude σ_a (Bild 1) solange einer schwingenden Beanspruchung unterworfen, bis der Bruch eintritt. Mitunter werden Wöhlerversuche auch mit konstantem Spannungsverhältnis $R = \sigma_u / \sigma_o$ und gestufter Schwingbreite $\Delta\sigma = 2 \cdot \sigma_a$ durchgeführt. Sofern große Streuungen zu erwarten sind, werden in der Praxis im Hinblick auf eine statistische Auswertung der Ergebnisse (s. u.) mitunter auch deutlich mehr Proben (bis zu 200 Stück) geprüft.

Werden die jeweiligen Spannungsamplituden σ_a über der bis zum Bruch ertragbaren Schwingspielzahl N_B in einem Diagramm aufgetragen und eine ausreichende Anzahl von Messpunkten miteinander verbunden, dann erhält man eine Kurve, die als **Wöhlerkurve** (oder **Wöhlerlinie**) bezeichnet wird.

Anstelle der Spannungsamplitude können auch andere Belastungsgrößen wie Kraft- oder Druckamplituden aufgetragen werden. Üblicherweise trägt man den Zeitmaßstab und auch die Beanspruchungsamplitude logarithmisch auf (doppeltlogarithmische Darstellung). Eine einfachlogarithmische Auftragung (Schwingspielzahl logarithmisch, Beanspruchungsamplitude linear) ist jedoch ebenfalls möglich.

Bild 1: Ermittlung einer Wöhlerkurve am Beispiel konstanter Mittelspannung σ_m

Bild 2: Wöhlerkurven verschiedener Werkstoffgruppen (N_G = Grenzschwingspielzahl; siehe Tabelle 1, Seite 637)

Mit abnehmender Belastung kann, abhängig vom Werkstoff bzw. Werkstoffzustand, zwischen zwei Kurvenverläufen unterschieden werden:

1. Bei ferritisch-perlitischen Stählen (z. B. Baustählen) und Titanlegierungen geht unterhalb einer bestimmten Spannungsamplitude σ_{AD} die Wöhlerlinie bei etwa 10^6 bis 10^7 Schwingspielen annähernd in eine Parallele zur Abszisse über. Spannungsamplituden kleiner als σ_{AD} können demnach beliebig oft ertragen werden, ohne dass ein Bruch eintritt. Die Wöhlerkurve hat das Gebiet der **Dauerfestigkeit** erreicht. Dieser Kurvenverlauf wird auch als **Wöhler-Kurventyp I** bezeichnet (Bild 2).

2. Kubisch-flächenzentrierte Metalle wie Aluminium oder Kupfer sowie die meisten ihrer Legierungen, austenitische Stähle aber auch gehärtete Stähle sowie Werkstoffe in korrosiver Umgebung oder bei erhöhten Temperaturen weisen keine ausgeprägte (echte) Dauerschwingfestigkeit auf. Die Wöhlerkurve geht auch bei sehr niedrigen Spannungsamplituden nicht mehr in eine horizontale Linie (Dauerfestigkeit) über, sondern fällt stetig ab. Die ertragbare Schwingspielzahl bleibt von der Spannungsamplitude abhängig. Man spricht auch vom **Wöhler-Kurventyp II** (Bild 2).

13.5 Mechanische Werkstoffprüfverfahren

b) Werkstoffkennwerte

Die Dauerschwingfestigkeit σ_{AD} ist ein wichtiger Werkstoffkennwert, der jedoch u. a. von der Höhe der Mittelspannung σ_m abhängig ist. Mit zunehmender Mittelspannung (Vorspannung) sinkt die dauernd ertragbare Spannungsamplitude. In Werkstofftabellen findet man in der Regel nur einen Sonderfall der Dauerschwingfestigkeit, die **Wechselfestigkeit** σ_W. Eine reine Wechselbeanspruchung tritt beispielsweise bei auf Biegung beanspruchten umlaufenden Wellen auf.

Zur Bestimmung der Wechselfestigkeit wird eine Reihe von Wöhlerversuchen mit unterschiedlich hoher Spannungsamplitude σ_a aber mit Mittelspannung $\sigma_m = 0$ durchgeführt (Bild 1). Diejenige Spannungsamplitude, die unendlich oft, d. h. praktisch bis zur Grenzschwingspielzahl N_G (Tabelle 1) ohne Bruch ertragen werden kann, nennt man Wechselfestigkeit σ_W ($\sigma_W = \sigma_{AD}$ für $\sigma_m = 0$).

Die Wechselfestigkeit kann unter Zug-Druck-, Biegeoder Torsionsbeanspruchung ermittelt werden. Dementsprechend unterscheidet man die **Zug-Druck-Wechselfestigkeit** σ_{zdW}, die **Biegewechselfestigkeit** σ_{bW} oder die **Torsionswechselfestigkeit** τ_{tW}. Wechselfestigkeitskennwerte bei Zug-Druck-, Biege- und Torsionsbeanspruchung für unterschiedliche Werkstoffgruppen sind in Abhängigkeit der Zugfestigkeit in Bild 2 zusammengestellt.

Der aufwändige und teure Wöhlerversuch liefert jeweils nur für einen Beanspruchungsfall (z. B. für eine Mittelspannung σ_m) einen Werkstoffkennwert für die dauernd ertragbare Spannungsamplitude σ_{AD} (Dauerschwingfestigkeit). In der Regel handelt es sich hierbei um die Wechselfestigkeit (Bild 2). In der Praxis liegt häufig keine rein wechselnde Beanspruchung vor, sodass die Werkstoffkennwerte aus Bild 2, nicht direkt verwendet werden können. In diesem Fall ist es jedoch möglich, mit Hilfe eines **Dauerfestigkeitsschaubildes** die dauernd ertragbare Spannungsamplitude σ_{AD} für jede beliebige Mittelspannung σ_m abzuschätzen.

Information

Wechselfestigkeit

Die Wechselfestigkeit σ_W ist diejenige Spannungsamplitude σ_{AD}, die bei der Mittelspannung $\sigma_m = 0$ unendlich oft, d. h. praktisch bis zur Grenzschwingspielzahl N_G ohne Bruch ertragen werden kann. Es gilt also $\sigma_W = \pm \sigma_{AD}$ für $\sigma_m = 0$.

Bild 1: Prinzip der Bestimmung der Wechselfestigkeit σ_W im Wöhlerversuch

Tabelle 1: Grenzschwingspielzahlen

Medium	Werkstoff	Grenzschwingspielzahl N_G
Luft oder inerte Umgebung	• Ferritisch-perl. Stähle • Heterogene Nichteisenlegierungen	10^7
	• Austenitische Stähle • Aluminium und Aluminiumlegierungen	$10^7 \ldots 10^8$
	Kupfer und Kupferlegierungen	$5 \cdot 10^7$

Bild 2: Zug-Druck-Wechselfestigkeit σ_{zdW}, Biegewechselfestigkeit σ_{bW} und Torsionswechselfestigkeit τ_{tW} verschiedener Werkstoffe (Anhaltswerte für eine polierte Oberfläche)
GJL = Grauguss; GJS = Gusseisen mit Kugelgrafit; GS = Stahlguss

Das Dauerfestigkeitsschaubild ist die bildliche Darstellung aller aus einer Anzahl von Wöhlerkurven gewonnenen Werte der Dauerschwingfestigkeit. Es lässt auf besonders anschauliche Weise die Zusammenhänge zwischen Mittelspannung σ_m und der dauernd ertragbaren Spannungsamplitude σ_{AD} erkennen. Mit Hilfe eines Dauerfestigkeitsschaubildes ist es möglich, die dauernd ertragbare Spannungsamplitude σ_{AD} für beliebige Mittelspannungen (oder für beliebige Unterspannungen bzw. Spannungsverhältnisse) abzuschätzen.

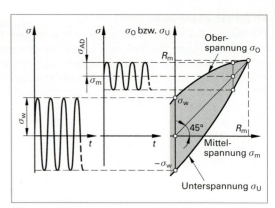

Eine besondere Bedeutung haben drei Darstellungsarten von Dauerfestigkeitsschaubildern erlangt:

- Dauerfestigkeitsschaubild nach **Smith** (Bild 1)
- Dauerfestigkeitsschaubild nach **Haigh**
- Dauerfestigkeitsschaubild nach **FKM-Richtlinie**

Bild 1: Dauerfestigkeitsschaubild nach *Smith* für einen duktilen Werkstoff
σ_W = Wechselfestigkeit
σ_{AD} = Dauerschwingfestigkeit
σ_m = Mittelspannung

Hierauf sollte jedoch nicht näher eingegangen und statt dessen auf die Literatur zur Festigkeitslehre verwiesen werden.

c) Statistische Auswertung von Wöhlerversuchen

Die praktische Durchführung von Wöhlerversuchen zeigt, dass die Bruchschwingspielzahlen im Zeitfestigkeitsgebiet, auch unter genau definierten Prüfbedingungen, erheblichen Streuungen unterliegen. Auch am Übergang zur Dauerfestigkeit beobachtet man mit sinkender Belastung keinen abrupter Wechsel von 100 % Brüchen zu 100 % Durchläufern. Vielmehr nimmt die Anzahl der Durchläufer stetig zu, bis schließlich alle geprüften Proben oder Bauteile die Grenzschwingspielzahl N_G (Tabelle 1, Seite 637) ohne Bruch erreichen (Bild 1, Seite 639).

Die Ursachen für diese Streuungen liegen einerseits in einer unvermeidlichen, zufälligen Abweichung der Prüfstücke untereinander (z. B. unterschiedliche Oberflächenrauigkeiten, Riefen, Werkstoffinhomogenitäten usw.) und andererseits in gewissen Ungenauigkeiten bei der Lastaufbringung (z. B. Einspannung und Lastregelung). Dies bedeutet, dass die Schwankungen der Versuchsergebnisse nicht das Resultat einer einzigen Veränderlichen, sondern vielmehr das Produkt einer Vielzahl von Zufallsvariablen ist, deren Beitrag zur resultierenden Streuung von Fall zu Fall sehr verschieden sein kann.

Früher entsprach es dem Stand der Technik, die Versuchsergebnisse durch eine sie mittelnde Kurve anzugeben und man versuchte, die Unsicherheiten durch Sicherheitsfaktoren abzudecken. Je nach Auswertemethodik kann es dabei zu sehr unterschiedlichen Einschätzungen des Kurvenverlaufs und damit letztlich auch der Versuchsergebnisse kommen. Diese Vorgehensweise ist heute nicht mehr üblich. Um der wachsenden Forderung nach zuverlässigen Unterlagen für die sichere Bemessung tragender Bauteile gerecht zu werden, wurden von einer Reihe von Forschern wie z. B. *W. Weibull* etwa ab 1950 statistische Verfahren für die Auswertung der Versuchsergebnisse eingeführt.

Um die Ergebnisse einer statistischen Auswertung nach Mittelwert und Streubreite unterziehen zu können, ist man zunächst gezwungen, eine Mindestanzahl gleicher Proben unter gleichen Bedingungen (z. B. gleicher Belastungshorizont) zu prüfen. Heute prüft man je Spannungshorizont etwa 10 bis 20 Proben, d. h. 100 bis 200 Proben für den gesamten Wöhlerversuch (DIN 50 100 fordert dagegen nur 6 bis 10 Proben für den gesamten Wöhlerversuch). Führt man mit den erhaltenen experimentellen Ergebnissen eine statistische Auswertung durch, dann gewinnt man Erkenntnisse über den prozentualen Anteil der Proben, die bei konstanten Bedingungen eine bestimmte Schwingspielzahl mindestens ertragen, man nennt sie die **Überlebenswahrscheinlichkeit** $P_Ü$ des geprüften Bauteils, den dazu komplementären Prozentsatz bezeichnet man als **Bruch-** oder **Ausfallwahrscheinlichkeit** P_A.

Es ist heute Stand der Technik, Wöhlerversuche statistisch auszuwerten und den Ergebnissen durch Angabe der Überlebenswahrscheinlichkeit $P_Ü$ (oder der Ausfallwahrscheinlichkeit $P_A = 100\ \% - P_Ü$) eine größere Aussagefähigkeit zu verleihen. Es hat sich eingebürgert, eine Ausfallwahrscheinlichkeit von 10 % als untere Streugrenze und eine Ausfallwahrscheinlichkeit von 90 % als obere Streugrenze anzugeben.

13.5 Mechanische Werkstoffprüfverfahren

Eine entsprechende Wöhlerkurve, die durch Angabe der Ausfallwahrscheinlichkeiten (10 %, 50 % und 90 %) ergänzt ist, zeigt Bild 1. Demzufolge erreichen beispielsweise bei der Spannungsamplitude σ_1, 90 % aller Prüflinge N_1 Schwingspiele, mit einer Wahrscheinlichkeit von 50 % können N_2 Schwingspiele ertragen werden und N_3 Lastwechsel werden bei dieser Belastungsamplitude nur noch von 10 % aller Prüflinge erreicht oder überschritten, d. h. bereits 90 % der Proben sind bis dahin gebrochen. Fehlt die Angabe der Ausfall- oder Überlebenswahrscheinlichkeit bei einer Wöhlerkurve (z. B. in älteren Veröffentlichungen), dann kann bestenfalls mit einer Überlebenswahrscheinlichkeit von 50 % gerechnet werden.

Bild 1: Statistisch ausgewertete Wöhlerkurve

Mit sinkender Spannungsamplitude beobachtet man, dass nicht mehr alle Proben brechen, sondern in zunehmendem Maße auch Durch- bzw. Dauerläufer auftreten. Die Angabe einer Wahrscheinlichkeit hat am Übergang zur Dauerfestigkeit eine völlig andere Bedeutung. Während die prozentuale Angabe im Bereich der Zeitfestigkeit die Ausfall- oder Überlebenswahrscheinlichkeit bei einer bestimmten Schwingspielzahl kennzeichnet (das statistische Merkmal ist dort also die Bruchschwingspielzahl), gibt die Prozentzahl im Übergangsgebiet die Häufigkeit des Auftretens von Brüchen bei einem bestimmten Belastungsniveau an (als statistisches Merkmal dient hier also das Verhältnis der Anzahl der Brüche je Lastebene zur Gesamtzahl der Prüfkörper auf dieser Lastebene).

d) Anwendung des Wöhlerversuchs

Der Wöhlerversuch ist ein Schwingfestigkeitsversuch mit der einfachsten Form einer Schwingungsbeanspruchung. Er findet vorzugsweise in den folgenden Fällen Anwendung:

- Ermittlung der Zeit- und Dauerfestigkeit von Werkstoffen
- Untersuchung der Schädigungsmechanismen bei schwingender Beanspruchung
- Dimensionierung von Bauteilen nach Zeit- oder Dauerfestigkeitswerten
- Vergleich von Bauteilvarianten hinsichtlich Werkstoff oder Konstruktion
- Ermittlung von Wöhlerkurven für Schädigungsrechnungen auf Basis von Schadensakkumulationshypothesen
- Schaffung einer Datenbasis zum Ansatz von Betriebsfestigkeitsversuchen

Als Grundlage des Betriebsfestigkeitsnachweises, also des Nachweises der Ermüdungsfestigkeit bei variabler Amplitude, eignet sich der Wöhlerversuch nicht, da er den Höchstwert der Beanspruchung über die gesamte Versuchsdauer beibehält, die meisten technischen Konstruktionen jedoch während ihres Einsatzes Beanspruchungen unterschiedlicher Größe und Häufigkeit ausgesetzt sind. Eine Bauteildimensionierung nach dem Wöhlerversuch bedeutet zwar einerseits eine auf der sicheren Seite liegende Bemessung, sie führt andererseits jedoch zu einer deutlichen Überdimensionierung und wäre daher heute mit den Grundsätzen eines wirtschaftlichen Leichtbaus nicht mehr vereinbar.

13.5.8.5 Betriebsfestigkeitsversuche

Viele technische Konstruktionen sind während ihres Einsatzes Belastungen ausgesetzt, deren Größe sich mit der Zeit in der Regel zufallsartig ändert. Das bereits von *Wöhler* eingeführte Bemessungskriterium, dass die höchste im Betrieb auftretende Spannungsamplitude unterhalb der Dauerfestigkeit des Bauteils liegen muss, eine Bauteilauslegung auf Grundlage der wenigen Spitzenwerte also, erwies sich zuerst im Flugzeugbau als nicht realisierbar. Abgesehen von einer unwirtschaftlichen Werkstoffverwendung hätten derart dauerfest ausgelegte Flugzeuge kaum noch Nutzlast tragen können.

Eine Bauteildimensionierung nach dem Wöhlerversuch führt daher zu einer erheblichen Überdimensionierung und wäre daher, wie bereits oben erwähnt, mit den Grundsätzen eines wirtschaftlichen Leichtbaus nicht vereinbar. Eine **statische Bauteilauslegung** führte andererseits jedoch zu einer Reihe katastrophaler Versagensfälle, so dass diese Art der Bauteilauslegung ein unzulässig hohes Risiko beinhaltet. Es musste deshalb ein Weg gefunden werden, Bauteile so auszulegen, dass innerhalb einer endlichen Betriebszeit ein Bauteilversagen mit Sicherheit auszuschließen, d.h. über die Gebrauchsdauer ein sicherer Betrieb gewährleistet ist.

> **ⓘ Information**
>
> **Statische Bauteilauslegung**
> Statische Auslegung bedeutet, dass das Bauteil einer im Betrieb zu erwartenden höchsten Belastung noch widerstehen kann. Die Auslegung berücksichtigt jedoch nicht, dass wiederholt auftretende Kräfte, die weit unterhalb der statisch ertragbaren Höchstlast liegen, bereits zu einem Werkstoffversagen (Schwingbruch) führen können.

Bild 1, veranschaulicht diesen Grundgedanken einer betriebsfesten Auslegung. Bei einstufiger Schwingbeanspruchung tritt der Bruch entsprechend der Wöhlerkurve (mit einer Wahrscheinlichkeit von z. B. 50 %) bereits nach N_1 Schwingspielen ein. Unter der Wirkung der tatsächlichen, zumeist zufallsartigen Betriebsbeanspruchung kann die ertragbare Schwingspielzahl N_2 bis zum Bruch (die **Betriebslebensdauer**) die Bruchschwingspielzahl des Wöhlerversuchs N_1 mitunter um mehrere Größenordnungen übersteigen.

Eine **betriebsfeste Bauteilauslegung** wird sowohl dem Streben nach Sicherheit als auch Wirtschaftlichkeit gerecht. Hier liegt die Einsicht zugrunde, dass einerseits viele Konstruktionen nur über einen begrenzten Zeitraum und nicht auf Dauer haltbar sein müssen und andererseits die Höhe der Beanspruchung in der Regel nicht konstant, sondern zeitlich veränderlich ist. Mit Hilfe der Betriebsfestigkeitsversuche und unter Anwendung eines geeigneten Festigkeitskonzeptes ist heute nicht nur eine wirklichkeitsgetreue Prüfung schwingend beanspruchter Bauteile, sondern auch eine im Sinne wirtschaftlichen Leichtbaus sichere Auslegung schwingbruchgefährdeter Bauteile möglich.

Bild 1: Grundgedanke einer betriebsfesten Bauteilauslegung (Beispiel)

Zur betriebsfesten Bauteilauslegung wurden eine Reihe von **Betriebsfestigkeitsversuchen,** also Versuchen, bei denen die Höhe der Beanspruchung nach einem bestimmten Programm oder zufallsartig verändert wird, entwickelt. Die wichtigsten Betriebsfestigkeitsversuche sollen nachfolgend kurz besprochen werden.

a) Blockprogrammversuche

Blockprogrammversuche waren die ersten Betriebsfestigkeitsversuche und wurden 1936 von **E. Gassner** am Institut für Festigkeit der Deutschen Versuchsanstalt für Luftfahrt in Berlin durchgeführt.

Der Blockprogrammversuch besteht aus einer Folge aneinander gereihter Einstufenversuche mit unterschiedlicher Beanspruchungsamplitude und Lastspielzahl. Die Mittelspannung bleibt in der Regel konstant (Bild 1). Der Blockprogrammversuch stellt einen Kompromiss zwischen dem die tatsächlichen Betriebsverhältnisse teilweise zu stark vereinfachenden Wöhlerversuch und den teuren und maschinentechnisch aufwändigen Random-Versuchen (Zufallslastenversuchen) dar.

> **ⓘ Information**
>
> **Betriebsfestigkeitsversuche**
> Betriebsfestigkeitsversuche sind allgemein Versuche, bei denen die Höhe der Beanspruchung nach einem bestimmten Programm oder zufallsartig verändert wird.

13.5 Mechanische Werkstoffprüfverfahren

b) Randomversuche (Zufallslastenversuche)

Neben Größe und Häufigkeit nimmt auch die Reihenfolge der Beanspruchungsschwankungen Einfluss auf die Lebensdauer eines Bauteils. Da bei den Blockprogrammversuchen unter anderem dieser Parameter unberücksichtigt bleibt und außerdem festgestellt wurde, dass die Lebensdauer durch den Blockprogrammversuch in der Regel überschätzt wird, muss auf dem Gebiet des Leichtbaus häufig auf andere Versuchsprinzipien, die zu einer besseren Lebensdauerabschätzung führen, ausgewichen werden. Dies führte zur Entwicklung von Versuchen mit regelloser Beanspruchung, d. h. mit stochastischer (zufallsartiger) Änderung der Spannungsamplitude und der Mittelspannung, den Random- oder Zufallslastenversuchen.

Bild 1: Blockprogrammversuch (Beispiel): mehrstufige Teilfolge von Spannungsamplituden, die bis zum Versagen des Bauteils wiederholt wird (nach *Gassner*)

Randomversuch ist eine Sammelbezeichnung für eine Reihe verschiedener Versuche. Zu den wichtigsten gehören:

- Betriebslasten-Nachfahrversuch
- Randomisierter Programmversuch
- Random-Prozess-Versuch
- Versuch mit standardisierter Zufallslastfolge

Auf die Beschreibung der einzelnen Randomversuche kann im Rahmen dieses Buches nicht eingegangen werden. Es muss daher an dieser Stelle auf die entsprechende Literatur zur Schwing-, Ermüdungs- bzw. Betriebsfestigkeit verwiesen werden.

13.5.8.6 Schwingprüfmaschinen

Seit Beginn der systematischen Untersuchung des Ermüdungsverhaltens von Werkstoffen etwa Mitte des 19. Jahrhunderts wurden vielzählige Schwingprüfmaschinen entwickelt. Eine Einteilung der Maschinen kann nach unterschiedlichen Gesichtspunkten erfolgen. Hinsichtlich der Art der Krafterzeugung unterscheidet man im Wesentlichen:

- Schwingprüfmaschinen mit Resonanzantrieb
- Servohydraulische Schwingprüfmaschinen

a) Prüfmaschinen mit Resonanzantrieb

Schwingprüfmaschinen mit Resonanzantrieb bestehen im Wesentlichen aus einer Schwingmasse, die mittels einer Feder elastisch an die Probe angekoppelt ist. Die Erregung des Systems kann durch eine Fliehkraftmasse, auf elektromagnetische oder elektrohydraulische Weise erfolgen (Bild 2). In jüngerer Zeit wurden außerdem servohydraulische Resonanzmaschinen mit einem oder zwei Zylindern eingeführt. Schwingprüfmaschinen mit Resonanzantrieb zeichnen sich durch hohe Prüffrequenzen und niedrigen Energieverbrauch aus. Sie besitzen eine große Bedeutung bei der Durchführung von Einstufenversuchen (Wöhlerversuche).

Bild 2: Funktionsprinzip von Schwingprüfmaschinen mit Resonanzantrieb
 a) Mit Fliehkrafterregung
 b) Mit elektromagnetischer Erregung
 c) Mit elektrohydraulischer Erregung

b) Servohydraulische Schwingprüfmaschinen

Mit servohydraulischen Schwingprüfmaschinen, die in den sechziger Jahren entwickelt wurden, lassen sich praktisch beliebige zeitliche Prüfkraftverläufe realisieren.

Bei diesen Schwingprüfmaschinen wird der Arbeitszylinder über ein Servoventil gesteuert. Das elektrohydraulische Servoventil regelt den hohen, vom Pumpenaggregat gelieferten Druck so auf die beiden Zylinderkammern, dass die auf den Prüfling übertragenen und mittels einer Kraftmessdose gemessenen Zugkräfte der Sollwertvorgabe entsprechen.

Ein Regelverstärker vergleicht das Sollwertsignal mit dem von der Kraftmesseinrichtung gelieferten Istwert. Bei einer Abweichung wird ein Steuersignal an das Servoventil gegeben und dadurch der Öldruck in den beiden Zylinderkammern so eingestellt, dass sich die Differenz zwischen Sollwert und Istwert der Prüfkraft am Versuchskörper ausgleicht (Bild 1).

Bild 1: Servohydraulische Schwingprüfmaschine

Der Nachteil der servohydraulisch betriebenen Schwingprüfmaschinen besteht in einem hohen Energieverbrauch, der überwiegend in Wärme umgesetzt und durch Kühlung abgeführt werden muss (nahezu die gesamte zugeführte Energie wird in Wärme umgewandelt).

Servohydraulische Prüfmaschinen sind hinsichtlich Anschaffung und Unterhaltung verhältnismäßig teuer. Mit ihrer Hilfe kann jedoch auch die höchstmögliche Aussagegenauigkeit der Versuche erzielt werden.

Neben Schwingprüfmaschinen mit Resonanzantrieb sowie den servohydraulischen Schwingprüfmaschinen finden mitunter auch die hier nicht näher beschriebenen **hydraulischen Schwingprüfmaschinen** Anwendung.

13.5.9 Zeitstandversuch

Technische Konstruktionen, die längerfristig erhöhten Temperaturen ausgesetzt sind, unterliegen auch bei relativ niedriger Belastung irreversiblen, als **Kriechen** bezeichneten Verformungsprozessen (Kapitel 2.10.3).

Diese Kriechvorgänge führen zu einer stetig zunehmenden bleibenden (plastischen) Verformung, die schließlich bis zum Bruch des Bauteils führen kann. Bauteile, die derartigen thermischen und mechanischen Belastungen ausgesetzt sind, finden sich häufig im Bereich der Energiegewinnung und -umsetzung, so beispielsweise in der Kraftwerkstechnik. Die dort eingesetzten Werkstoffe werden teilweise über mehrere Jahrzehnte hinweg mit hohen Drücken und Temperaturen von nicht selten über 600 °C beaufschlagt. Typische Bauteile sind unter anderem Dampfkessel und Rohrleitungen, Turbinenwellen und Turbinengehäuse, Ventile, Armaturen und nicht zuletzt auch die im Heißbereich eingesetzten Schrauben. Auch für Flugtriebwerke und im Chemieanlagenbau sind Werkstoffe erforderlich, die über längere Zeiträume Temperaturen von bis zu 1100 °C standhalten können. Ein vorzeitiges Werkstoffversagen hätte katastrophale Folgen und ist durch entsprechende Werkstoffwahl und Dimensionierung auszuschließen.

> **ⓘ Information**
>
> **Kriechen**
>
> Unter Kriechen versteht man irreversible (plastische) Verformungsprozesse unter konstanter äußerer Belastung, die bis zum Bruch des Bauteils führen können. Kriechvorgänge sind in hohem Maße von der Temperatur abhängig.
>
> Kriechen ist ein kontinuierlicher, zeitabhängiger Vorgang: Die Dehnung ε, die üblicherweise nur von der Spannung σ abhängt, ist im Bereich des Kriechens auch eine Funktion der Zeit t und der Temperatur ϑ, also $\varepsilon = f(\sigma, t, \vartheta)$.

13.5.9.1 Durchführung von Zeitstandversuchen

Im einachsigen **Zeitstandversuch** unter Zugbeanspruchung nach DIN EN ISO 204 wird das mechanische Verhalten metallischer Werkstoffe bei konstanter Belastung und erhöhter Temperatur, das **Zeitstandverhalten**, untersucht. Der Zeitstandversuch liefert wichtige Werkstoffkennwerte zur Auslegung von Bauteilen, die einer längerfristigen Belastung bei höheren Temperaturen ausgesetzt sind. Im Zeitstandversuch soll sichergestellt werden, dass der Werkstoff bei der vorgesehenen Betriebstemperatur während der Betriebszeit nicht durch einen Kriechbruch versagt.

Betriebsdauer und Betriebstemperaturen hoch beanspruchter Bauteile können sich, je nach Anwendungsgebiet, deutlich voneinander unterscheiden. Bild 1 zeigt, dass beispielsweise Bauteile von Flugzeugen oder Raketen nur relativ kurze Zeit im Einsatz sind, sie können daher thermisch und mechanisch hoch beansprucht werden. Kraftwerksstähle müssen hingegen über mehrere Jahrzehnte einen sicheren Betrieb ermöglichen. Betriebstemperaturen und Betriebsdauer sind für diese Werkstoffe daher deutlich geringer. Um letztlich jedoch die Eignung eines Werkstoffs für den vorgesehenen Anwendungsfall zu prüfen, müssen Zeitstandversuche durchgeführt werden, die mitunter in **Kurzzeitversuche** mit einer Versuchsdauer unter 100 h und **Langzeitversuche** mit einer Versuchsdauer von mehr als 1000 h unterteilt werden.

Zur Durchführung eines Zeitstandversuchs werden in der Regel zylindrische Proportionalproben (Probengeometrie nach DIN EN ISO 204) mit Gewindeköpfen an beiden Enden bei konstanter Temperatur einer zeitlich konstanten Zugkraft ausgesetzt. Die Belastung wird üblicherweise durch Massestücke ggf. in Verbindung mit einer Hebelübersetzung aufgebracht (Bild 2). Die Prüfmaschinen sind nach DIN EN ISO 7500-2 genormt. Zeitstandversuche können auch bei Druck-, Innendruck-, Biege- und Torsionsbelastung durchgeführt werden.

Bild 1: Betriebsdauer und Betriebstemperaturen hoch beanspruchter Bauteile

Bild 2: Versuchsanordnung beim Zeitstandversuch (DIN EN ISO 7500-2)

Die Belastungsdauer hängt vom jeweiligen Anwendungsgebiet des zu prüfenden Werkstoffs ab (Bild 1). Sie kann bis zu 100 000 h ($\approx$ 11,4 Jahre), in Einzelfällen auch mehr betragen.

Unter den Bedingungen des Zeitstandversuchs beobachtet man im Laufe der Zeit eine stetige plastische Verformung der Probe (Kriechen), die in bestimmten Zeitabständen oder auch stetig gemessen wird. Man unterscheidet dementsprechend zwischen dem nicht unterbrochenen und dem unterbrochenen Versuch:

- Beim **nicht unterbrochenen Versuch** wird ein Messgestänge an der Probe angebracht und aus dem Ofen herausgeführt. Die Probenverlängerung kann dann mit Hilfe eines Wegaufnehmers kontinuierlich verfolgt werden. Man misst in diesem Fall die Gesamtdehnung (elastischer und plastischer Anteil).

- Beim **unterbrochenen Versuch** wird die Probe dagegen in bestimmten Zeitabständen ausgebaut und im erkalteten Zustand vermessen. Hierbei ist es erforderlich, vor Beginn des Versuchs Messmarken (z. B in Form von Härteeindrücken) innerhalb der Messlänge der Probe anzubringen. Beim unterbrochenen Versuch misst man nur die plastische Dehnung.

Trägt man für eine Reihe von Versuchen, die bei gleicher Temperatur aber mit unterschiedlich hoch belasteten Proben durchgeführt wurden, die bleibende Dehnung der Probe über der Versuchsdauer auf, dann erhält man **Zeitdehnkurven (Kriechkurven)**. Das zugehörige Diagramm wird als **Zeitdehnschaubild** bezeichnet.

Von großer praktischer Bedeutung ist das aus dem Zeitdehnschaubild konstruierbare **Zeitstandschaubild**. Dieser Darstellung kann auf einfache Weise diejenige Belastungsdauer entnommen werden, die bei einer vorgegebenen Spannung σ zu einer bestimmten bleibenden Dehnung (z. B. 1 %) oder zum Bruch führt. Die entsprechenden Zeiten können an der **1-%-Zeitdehngrenzkurve** bzw. an der **Zeitbruchkurve** des Zeitstandschaubildes abgelesen werden.

Um die Zeitbruchkurve des Zeitstandschaubilds zu konstruieren, entnimmt man aus der Zeitdehnkurvenschar für jede Spannung (σ_1 ... σ_7) die Zeitdauer bis zum Bruch (Bild 1a) und überträgt die Wertepaare in der dargestellten Weise in ein Spannungs-Belastungsdauer-Diagramm (Bild 1b). Durch Verbinden der entsprechenden Punkte erhält man die Zeitbruchkurve. Auf ähnliche Weise wird auch die Zeitdehngrenzkurve konstruiert. Hierzu entnimmt man

Bild 1: Ermittlung des Zeitstandschaubildes aus experimentell ermittelten Kriechkurven (Zeitdehnlinien)

den Zeitdehnkurven für jeden Spannungshorizont (σ_1 ... σ_7) die bis zum Erreichen einer bestimmten bleibenden Dehnung (z.B. 1%) verstrichene Zeit (Bild 1a) und trägt die Wertepaare (Spannung und Zeit) ebenfalls im Zeitstandschaubild (Bild 1b) auf. Durch Verbinden der entsprechenden Punkte erhält man die Zeitdehngrenzkurve.

13.5.9.2 Werkstoffkennwerte

Aus dem Zugversuch ist bereits bekannt, dass mit steigender Temperatur die Festigkeit abnimmt, die Verformungsfähigkeit des Werkstoffs hingegen steigt. Oberhalb der Kristallerholungstemperatur, insbesondere aber oberhalb der Rekristallisationstemperatur, ist mit einem ausgeprägten Kriechen des Werkstoffs zu rechnen. Wurde der Werkstoff dabei einmal zum Fließen gebracht, dann kann sich dieser Kriechvorgang so lange fortsetzen, bis die Probe oder das Bauteil bricht.

Festigkeitskennwerte wie die Warmdehngrenze $R_{p0,2/\vartheta}$ bzw. die Warmzugfestigkeit $R_{m/\vartheta}$, die aus dem kurzzeitigen Zugversuch nach DIN EN ISO 6892-1 gewonnen wurden, dürfen bei diesen Temperaturen nicht mehr als Grundlage einer Festigkeitsbetrachtung verwendet werden. Vielmehr müssen im Langzeitversuch neue Werkstoffkennwerte ermittelt werden, die dem Einfluss der Belastungsdauer auf das Festigkeitsverhalten Rechnung tragen. Diese neuen Werkstoffkennwerte sind die **Zeitdehngrenze** und die **Zeitstandfestigkeit** (Bild 1).

Zeitdehngrenze
Die Zeitdehngrenze $R_{p\varepsilon/t/\vartheta}$ ist diejenige Spannung, die bei vorgegebener Temperatur ϑ nach einer bestimmten Beanspruchungsdauer t_{px} eine vorgegebene plastische Dehnung (x) in Prozent hervorruft.

Beispiel: $R_{p1/10^5/350\,°C}$ = 130 MPa bedeutet: Eine Spannung von 130 MPa verursacht nach 10^5 Stunden (= 11,4 Jahre) bei einer Temperatur von 350 °C eine bleibende Dehnung von 1 %.

Zeitstandfestigkeit
Die Zeitstandfestigkeit $R_{u/t/\vartheta}$ ist diejenige Spannung, die bei vorgegebener Temperatur ϑ nach einer bestimmten Beanspruchungsdauer t_u zum Bruch der Probe führt.

Beispiel: $R_{u/10^5/350\,°C}$ = 250 MPa bedeutet: Bei einer Spannung von 250 MPa ist nach 10^5 Stunden bei einer Temperatur von 350 °C mit dem Bruch der Probe zu rechnen.

Für die Auslegung von Bauteilen, die niedrigen Betriebstemperaturen ausgesetzt sind, verwendet man in der Regel die Warmdehngrenze als Berechnungskennwert. Für Bauteile, die dagegen bei höheren Betriebstemperaturen eingesetzt werden, sind Zeitdehngrenze und Zeitstandfestigkeit von primärer Bedeutung. Als Grenztemperatur, ab der man von der Warmdehngrenze auf Langzeitwerte übergeht, hat sich bei Stählen aus Erfahrung der Schnittpunkt der Kurve der Warmdehngrenze mit der 100000-h-Zeitstandfestigkeit ergeben (Bild 1).

13.5.9.3 Spannungsrelaxation

Unter Zeitstandbeanspruchung nimmt bei höheren Temperaturen die Dehnung der Probe oder des Bauteils mit der Zeit kontinuierlich zu. Umgekehrt bewirken Kriechvorgänge, dass Bauteile, die zu Beginn ihres Einsatzes mit einer bestimmten plastischen Dehnung vorgespannt wurden, ihre Vorspannung allmählich verlieren. Man spricht von **Spannungsrelaxation**. Die Spannungsrelaxation ist beispielsweise der Grund dafür, weshalb Schrauben regelmäßig nachgezogen werden müssen.

Bild 2 zeigt, wie sich bei konstant gehaltener Gesamtdehnung die anfänglich rein elastische Dehnung (Vorspannung) aufgrund von Kriechvorgängen mit der Zeit in eine plastische Dehnung umwandelt. Die Spannung im vorgespannten Bauteil nimmt dabei kontinuierlich mit der Zeit ab. Die Spannungsrelaxation wird im Relaxationsversuch (Entspannungsversuch) gemessen. Dieser Versuch hat insbesondere bei der Prüfung von Kunststoffen Bedeutung und war dort in DIN 53 441 genormt (Norm ersatzlos zurückgezogen).

Bild 1: Temperaturabhängigkeit der 0,2-%-Warmdehngrenze, der 1-%-Zeitdehngrenze (100 000 h) sowie der Zeitstandfestigkeit (100 000 h) unlegierter und legierter Stähle

Bild 2: Zeitabhängige Umwandlung von elastischer in plastische Dehnung durch Kriechvorgänge

13.6 Technologische Prüfungen

Unter technologischen Prüfungen versteht man Prüfverfahren, die schnell und meist mit einfachen Mitteln (ohne teure Vorrichtungen und Messgeräte) durchführbar sind und Aufschluss geben über:

- die Eigenschaften und das Verarbeitungsverhalten des Werkstoffs (z. B. die Umformeigenschaften)
- das spätere Betriebsverhalten des aus dem Werkstoff gefertigten Werkstücks
- die Anwendbarkeit von Fertigungsverfahren

Bei den technologischen Prüfungen wird auf eine zahlenmäßige Feststellung bestimmter Eigenschaften des Werkstoffs weitgehend verzichtet. In der einfachsten Form stellen technologische Prüfungen lediglich eine Brauchbarkeitsprüfung dar. Um den Anforderungen der verschiedensten Fertigungsverfahren gerecht zu werden, wurden unterschiedliche technologische Prüfverfahren entwickelt und teilweise auch genormt. Bild 1, Seite 646, gibt einen Überblick über die Vielfalt dieser Verfahren. Die wichtigsten Prüfverfahren werden nachfolgend beschrieben.

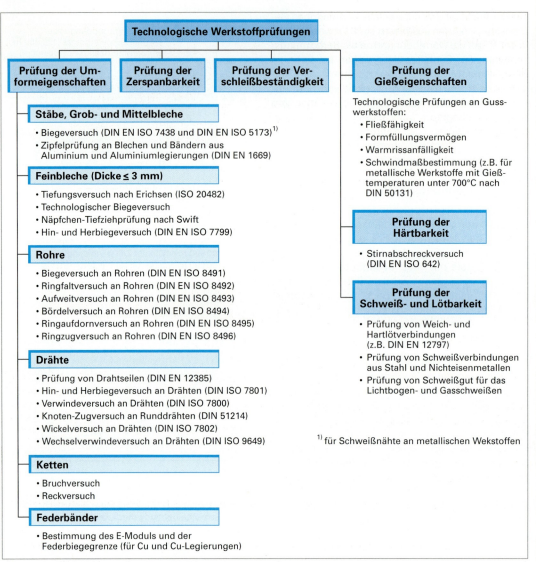

Bild 1: Einteilungsmöglichkeit und Beispiele technologischer Werkstoffprüfverfahren

13.6.1 Tiefungsversuch nach Erichsen

Der bereits 1914 von **A. M. Erichsen** entwickelte Tiefungsversuch ist wohl das älteste und am weitesten verbreitete Verfahren zur Prüfung der Umformbarkeit von Blechen und Bändern. Der Versuch ist für Bleche bzw. Bänder mit einer Dicke von 0,1 mm bis 2 mm in ISO 20 482 genormt.

Beim Tiefungsversuch nach Erichsen werden streifenförmige, runde oder quadratische Blechproben zwischen einer Matrize und einem Blechhalter fest eingespannt und ein kugelförmiger, eingefetteter Stempel (⌀ 20 mm) so lange eingedrückt, bis ein durch die gesamte Probendicke gehender Riss zu beobachten ist. Die Blechhaltekraft muss dabei so groß sein, dass ein Nachfließen des eingespannten Probenmaterials gehemmt wird (etwa 10 kN). In der Regel werden nacheinander drei Prüfungen an einem Blechstreifen durchgeführt.

13.6 Technologische Prüfungen

Beim Tiefungsversuch nach Erichsen erfolgt (im Gegensatz zur Näpfchen-Tiefziehprüfung nach Kapitel 13.6.2) das Umformen aus der Blechdicke heraus. Umgeformt wird nur das Zentrum des Prüflings, während die Randbezirke, bedingt durch die feste Einspannung, unverformt bleiben (Bild 1).

Das Verfahren simuliert dementsprechend eine reine Zugumformung, also im Wesentlichen einen zweiachsigen Zugspannungszustand.

Der Tiefungsversuch nach Erichsen ist ein Verfahren zur Prüfung der **Streckziehfähigkeit** des Werkstoffs. Die im Augenblick des Einreißens erreichte Eindringtiefe des Stempels, die **Erichsen-Tiefung IE**, stellt ein Maß für die Umformbarkeit des geprüften Werkstoffs dar. Sie muss größer sein als die in den jeweiligen Gütenormen geforderten Mindestwerte.

Die Ausbildung des Risses gibt weiterhin Aufschluss über die Struktur des Werkstoffs:

Ein radialer Riss deutet auf eine **Textur** des Werkstoffs und damit auf ein wenig zum Umformen geeignetes Gefüge hin, während ein ringförmiger Riss auf ein isotropes Gefüge und damit auf gute Umformbarkeit hindeutet.

Zeigt sich nach der Prüfung eine glatte Oberfläche, dann kann von einem feinkörnigen, gut umformbaren Gefüge ausgegangen werden, eine raue Oberfläche **(Apfelsinenhaut)** bedeutet dagegen ein grobkörniges, schlecht umformbares Gefüge.

Bild 1: Tiefungsversuch nach Erichsen

ⓘ Information

Textur und Isotropie
Textur: Die einzelnen Kristallite (Körner) des Werkstoffs sind weitgehend in eine Richtung ausgerichtet. Texturen können bei bestimmten Herstellungsprozessen, insbesondere bei Umformvorgängen entstehen (Kapitel 2.7).
Isotropie: Der Werkstoff hat nach allen Richtungen gleiche Eigenschaften.

13.6.2 Näpfchen-Tiefziehprüfung (nach Swift)

Bei der Blechumformung treten nicht nur reine Zugspannungen auf, wie dies beim Tiefungsversuch nach Erichsen (Kapitel 13.6.1) bzw. allgemein bei Streckziehvorgängen der Fall ist. Vielmehr können beim Tiefziehen von Blechen Zug- und Druckspannungen in komplexer Weise zusammenwirken. Diese Verhältnisse können besser mit dem auch als **Näpfchenprobe** bezeichneten Näpfchen-Tiefziehversuch nach Swift geprüft werden. Er ist neben dem Tiefungsversuch nach Erichsen das bedeutendste Verfahren zur Prüfung der Umformbarkeit von Blechen und Bändern.

Die nicht genormte Näpfchen-Tiefziehprüfung dient zur Untersuchung der Eignung von Fein- und Feinstblechen für das **Tiefziehen** (Kapitel 5.5.2.4), während im Tiefungsversuch nach Erichsen eher die Eignung des Werkstoffs zum **Streckziehen** geprüft wird. Der Werkstoff wird bei der Näpfchen-Tiefziehprüfung in größerem Maße plastisch verformt als im Tiefungsversuch nach Erichsen.

Beim Näpfchen-Tiefziehversuch nach Swift werden kreisrunde Blechscheiben mit unterschiedlichem Durchmesser D zu zylinderförmigen Näpfchen mit einem Durchmesser $d < D$ gezogen (Bild 1, Seite 648).

Durch den Versuch wird das Verhältnis des Durchmessers D der unverformten Ronde zum Durchmesser d des Näpfchens, bei dem gerade noch kein Anriss am Boden zu beobachten ist, ermittelt **(Grenzziehverhältnis)**.

ⓘ Information

Tiefziehen
Tiefziehen ist die für die Praxis des Blechumformens wichtigste Untergruppe der Zugdruckumformverfahren. Durch Tiefziehen lassen sich auch komplizierte, dünnwandige Hohlteile (z. B. für den Karosseriebau) wirtschaftlich herstellen. Unter Tiefziehen versteht man definitionsgemäß das Zugdruckumformen eines Bleches in einen Hohlkörper oder auch einen Hohlkörper in einen Hohlkörper mit kleinerem Umfang ohne gewollte Veränderung der Blechdicke (siehe auch Kapitel 5.5.2.4).

Beim Tiefziehen zylindrischer Pressteile macht man häufig die Beobachtung, dass die Mantelfläche üblicherweise an vier um 90° gegeneinander versetzten Stellen eine stärkere Dehnung erfährt als dazwischen. Diese als **Zipfelbildung** (Kapitel 2.7) bekannte Erscheinung ist unerwünscht, da man (mit Rücksicht auf die sich weniger dehnenden Bereiche) die Abmessungen des Blechstücks größer wählen muss, um die vorgesehene Ziehtiefe zu erreichen (Bild 1). Ursache für die Zipfelbildung ist eine Textur des Bleches (Kapitel 2.7). Eine Textur des Werkstoffs kann beispielsweise durch ein vorangegangenes Walzen unterhalb der Rekristallisationstemperatur des Werkstoffs mit einem damit verbundenen Ausrichten der Kristallite (Körner) und einem Strecken der gegebenenfalls im Werkstoff vorhandenen nichtmetallischen Einschlüsse in Walzrichtung verursacht werden.

13.6.3 Technologischer Biegeversuch

Der **Biegeversuch** ist ein einfaches Verfahren zur Prüfung der Biegefähigkeit eines metallischen Werkstoffs. Der Versuch ist in DIN EN ISO 7438 genormt. Er umfasst die folgenden Versuchsvarianten:
- Prüfung in einer Biegevorrichtung mit Biegestempel und Auflagerollen (Bild 2).
- Prüfung in einer Biegevorrichtung mit Biegestempel und einer V-förmigen Matrize.
- Prüfung mit einem Klemmmechanismus.

Mit dem Biegeversuch nach DIN EN ISO 7438 wird entweder der Biegewinkel ermittelt, bei dem das Umformvermögen des Werkstoffs erschöpft ist und die Probe auf der Zugseite anreißt, oder es wird das anrissfreie Erreichen eines bestimmten Biegewinkels α vorgeschrieben. Der Biegewinkel wird bei nicht beanspruchter Probe gemessen.

Der Biegeversuch ist nicht anwendbar auf spezielle Werkstoffe und/oder Erzeugnisse, für die andere Normen existieren. So ist beispielsweise der Biegeversuch für Schweißnähte an metallischen Werkstoffen in DIN EN ISO 5173 genormt.

Bild 1: Näpfchen-Tiefziehversuch nach Swift (Näpfchenprobe)

Bild 2: Biegevorrichtung zur Durchführung des technologischen Biegeversuchs (hier: Biegevorrichtung mit Biegestempel und Auflagerollen)

13.6.4 Stirnabschreckversuch nach Jominy

Der Stirnabschreckversuch nach Jominy (DIN EN ISO 642) ist das gebräuchlichste Verfahren zur Prüfung der **Härtbarkeit** und des Umwandlungsverhaltens eines Stahles.

Beim Stirnabschreckversuch wird eine allseitig bearbeitete, zylindrische Probe mit einem Durchmesser von 25 mm und einer Länge von 100 mm (Bild 1, Seite 649) auf die für den betreffenden Stahl festgelegte oder vereinbarte Härtetemperatur erwärmt (austenitisiert) und die Temperatur 30 bis 35 Minuten lang gehalten. Anschließend wird die erwärmte Probe aus dem Ofen genommen und in einer Vorrichtung entsprechend Bild 1 mit einem definierten Wasserstahl konstanten Drucks (freie Steighöhe: 65 ± 10 mm, Temperatur: 20 °C ± 5 °C) mindestens 10 Minuten lang abgeschreckt. Die auf Raumtemperatur abgekühlte Probe wird dann an zwei gegenüberliegenden Flächen auf eine Tiefe von 0,4 mm bis 0,5 mm nass angeschliffen. In festgelegten Abständen (DIN EN ISO 642) wird üblicherweise die Rockwell-C-Härte nach DIN EN ISO 6508-1 (Kapitel 13.5.6.2) ermittelt. Nach besonderer Vereinbarung kann jedoch auch die Vickershärte HV30 nach DIN EN ISO 6507-1 (Kapitel 13.5.6.2) gewählt werden.

13.6 Technologische Prüfungen

Trägt man die gemessenen Härtewerte über dem Abstand von der abgeschreckten Stirnfläche auf, dann erhält man die auch als **Härteverlaufskurve** bezeichnete **Stirnabschreck-Härtekurve** (Bild 1, Seite 650, unteres Teilbild). Sie dient zur:

- Überprüfung der Härtbarkeit eines Stahles durch Vergleich mit vorgegebenen Härtbarkeitsstreubändern.
- Stahlauswahl nach definierten Rand- oder Kernhärtewerten.

Die Härteverlaufskurve zeigt, dass mit zunehmendem Abstand von der abgeschreckten Stirnfläche die Härte kontinuierlich abnimmt. Anhand des Zeit-Temperatur-Umwandlungs-Schaubildes (ZTU-Schaubild) für kontinuierliche Abkühlung lässt sich diese Beobachtung einfach erklären (Bild 1, Seite 650, oberes Teilbild). Während des Abschreckens laufen in den verschiedenen Stirnabständen aufgrund unterschiedlicher Abkühlgeschwindigkeiten verschiedene Gefügeumwandlungen ab. Jedem Stirnabstand entspricht dabei eine Abkühlkurve im kontinuierlichen ZTU-Schaubild. Je langsamer die Abkühlgeschwindigkeit, je weiter man also von der abgeschreckten Stirnfläche entfernt ist, desto geringer wird der Anteil an Martensit bzw. Bainit und damit auch die Härte des Gefüges.

Während die maximale Härte an der Probenoberfläche (Aufhärtbarkeit) im Wesentlichen nur von der Menge des im Austenit gelösten Kohlenstoffs (d.h. vom Kohlenstoffgehalt des Stahls und von den Austenitisierungsbedingungen wie Härtetemperatur und Aufheizgeschwindigkeit) sowie von den Abkühlbedingungen abhängt, nimmt mit zunehmendem Gehalt bestimmter im Austenit gelöster Legierungselemente wie Mn, Cr, Mo, Ni und V die Härte in einer bestimmten Tiefe (Einhärtbarkeit) deutlich zu (Bild 2). Bei den unlegierten

Bild 1: Stirnabschreckversuch nach Jominy (DIN EN ISO 642)

Bild 2: Härteverlaufskurven von Vergütungsstählen mit annähernd gleichem Kohlenstoffgehalt

Stählen fällt daher die Härte bereits wenige Millimeter von der abgeschreckten Stirnfläche entfernt stark ab, d. h. die Einhärtbarkeit ist gering. Durch Zusatz der genannten Legierungselemente wird die Diffusionsfähigkeit der Kohlenstoffatome deutlich vermindert und dadurch die zur Martensitbildung erforderliche kritische Abkühlgeschwindigkeit herabgesetzt. Somit werden auch in tieferen Werkstoffschichten noch relativ hohe Härtewerte und damit eine gute Einhärtbarkeit erreicht.

Werden mehrere Stirnabschreckversuche an demselben Stahl durchgeführt, dann erhält man nicht nur einen Härteverlauf, sondern aufgrund der Toleranz in der chemischen Zusammensetzung des Stahls, ein Streuband. **Härtbarkeitsstreubänder** finden sich beispielsweise in Normen für Vergütungsstähle (DIN EN 10083-2 und -3) oder in DIN 17021 (Werkstoffauswahl aufgrund der Härtbarkeit).

ⓘ Information

Härtbarkeit

Unter **Härtbarkeit** versteht man die Fähigkeit eines (härtbaren) Stahles, sich durch eine Wärmebehandlung in Martensit und/oder Bainit umzuwandeln und dadurch bestimmte Härtewerte anzunehmen. Der Begriff Härtbarkeit beinhaltet sowohl die **Aufhärtbarkeit**, d. h. die höchste erreichbare Härte an bzw. in der Nähe der Probenoberfläche, als auch die **Einhärtbarkeit**, d. h. die größte erreichbare Einhärtungstiefe (zum Begriff der Einhärtungstiefe siehe Bild 1, Seite 259).

Das Ergebnis des Stirnabschreckversuchs kann hierbei durch Aufzeichnen der Härteverlaufskurve oder durch Härteangabe an verschiedenen (z. B. an zwei besonders vereinbarten Messstellen) erfolgen (siehe auch DIN EN ISO 642). Die Codierung des Prüfergebnisses erfolgt dabei durch den Buchstaben **J**, den Zahlenwert der Rockwell-C-Härte (HRC) bzw. der Vickers-Härte HV30 und, durch einen Bindestrich getrennt, den Abstand von der abgeschreckten Stirnfläche, an dessen Stelle der Härtewert ermittelt wurde.

Beispiele:

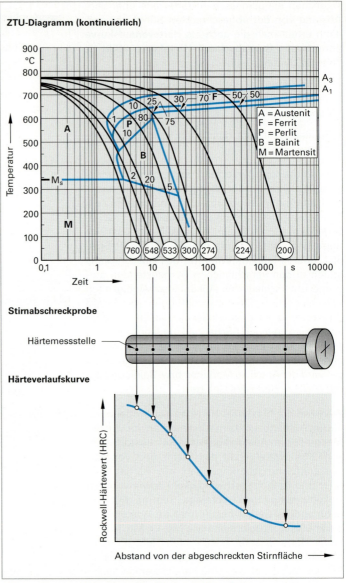

Bild 1: Zusammenhang zwischen Härteverlauf an einer Stirnabschreckprobe und den entsprechenden Abkühlverläufen im kontinuierlichen ZTU-Diagramm (Härteangaben in HV10)

Auf die weiteren in Bild 1, Seite 646, erwähnten technologischen Werkstoffprüfverfahren soll an dieser Stelle nicht näher eingegangen, sondern statt dessen auf die entsprechende Fachliteratur zur Werkstoffprüfung bzw. die zitierten Normen verwiesen werden.

13.7 Mechanische Prüfverfahren für Kunststoffe

Die Ermittlung der mechanischen Eigenschaften bei Kunststoffen ist prinzipiell mit den Metallen vergleichbar. Die Eigenarten der Kunststoffe führen jedoch zu einigen Besonderheiten bei der Begriffsbestimmung, der Durchführung der Prüfungen und der Beurteilung der Prüfergebnisse. Auch die Prüfmaschinen müssen hinsichtlich Belastungsbereich, Prüfgeschwindigkeit und Verformungswege an die Besonderheiten der Kunststoffe angepasst werden.

13.7 Mechanische Prüfverfahren für Kunststoffe

Da die Eigenschaften der Kunststoffe in hohem Maße von den Prüf- und Umgebungsbedingungen sowie den Herstellungsbedingungen der Proben abhängen, müssen diese Parameter bei der Prüfung exakt festgelegt (genormt) und eingehalten werden. Im Unterschied zu den Metallen können die aus den Prüfverfahren (z.B. Zugversuch) ermittelten Kennwerte nicht für die Dimensionierung von Kunststoff-Bauteilen herangezogen werden. Sie erlauben bestenfalls grobe Abschätzungen, da sich die Herstellungsbedingungen der Kunststoff-Erzeugnisse (Halbzeuge oder Formteile) sowie deren Gestaltung erheblich von den Probekörpern unterscheiden.

Wichtige mechanische Prüfverfahren für Kunststoffe sind in Tabelle 1 zusammengestellt. Nachfolgend sollen der Zugversuch, die Härteprüfung (Kugeleindruckversuch und Härteprüfung nach Shore) und der Charpy-Schlagversuch nach ISO besprochen werden. Die weiteren Prüfverfahren werden in der entsprechenden Fachliteratur oder den genannten Normen ausführlich beschrieben.

Tabelle 1: Wichtige mechanische Prüfverfahren für Kunststoffe

Prüfverfahren	Normung	Kennwerte (Auswahl)
Zugversuch	DIN EN ISO 527-1 bis DIN EN ISO 527-5	• Streckspannung σ_y und Streckdehnung ε_y • Spannung bei x %-Dehnung σ_x • Bruchspannung σ_b und Bruchdehnung ε_b • Zugfestigkeit σ_m • Elastizitätsmodul E_t
Druckversuch	DIN EN ISO 604	• Druckfließspannung σ_y und nominelle Fließstauchung ε_{cy} • Druckspannung bei x % Stauchung σ_x • Druckspannung bei Bruch σ_B und nom. Stauchung bei Bruch ε_{cB} • Druckfestigkeit σ_M und nominelle Stauchung bei Druckfestigkeit ε_{cM} • Elastizitätsmodul aus dem Druckversuch E_c
Biegeversuch	DIN EN ISO 178	• Biegespannung σ_{fc} bei der konventionellen Durchbiegung s_c • Biegespannung beim Bruch σ_{fB} und Biegedehnung beim Bruch ε_{fB} • Biegefestigkeit σ_{fM} und Biegedehnung bei Biegefestigkeit ε_{fM} • Biege-Elastizitätsmodul E_f
Härteprüfung durch Kugel-eindruckversuch	DIN EN ISO 2039-1	• Kugeleindruckhärte HB
Härteprüfung nach Shore	DIN EN ISO 868 DIN ISO 761-1	• Shore-A-Härte • Shore-D-Härte
Internat. Gummi-härtegrad IRHO	DIN ISO 48	
Rockwellhärte	DIN EN ISO 2039-2	• Rockwellhärte HR (Skalen L, M und R) • Rockwellhärte α
Charpy-Schlag-versuch nach ISO	DIN EN ISO 179-1 und -2	• Charpy-Schlagzähigkeit a_{cU} (ungekerbte Probe) • Charpy-Kerbschlagzähigkeit a_{cN} (gekerbte Probe)
Izod-Schlag-zähigkeit	DIN EN ISO 180	• Izod-Schlagzähigkeit a_{iU} (ungekerbte Probe) • Izod-Kerbschlagzähigkeit a_{iN} (gekerbte Probe)
Schlagzugversuch	DIN EN ISO 8256	• Schlagzugzähigkeit a_{tU} (ungekerbte Probe) • Kerb-Schlagzugzähigkeit a_{tN} (gekerbte Probe)
Zeitstand-Zugversuch	DIN EN ISO 899-1	• Kriechdehnung bei Zugbeanspruchung ε_t • Zeitstand-Zugfestigkeit $\sigma_{\varepsilon,t}$ • Zug-Kriechmodul E_t
Zeitstand-Biegeversuch	DIN EN ISO 899-2	• Biege-Kriechdehnung ε_t • Zeitstand-Biegefestigkeit $\sigma_{\varepsilon,t}$ • Biege-Kriechmodul E_t

Tabelle 1 (Fortsetzung): Wichtige mechanische Prüfverfahren für Kunststoffe

Prüfverfahren	Normung	Kennwerte (Auswahl)
Torsionspendelverfahren	DIN EN ISO 6721-2	• Torsionsspeichermodul G_{to}' • Torsionsverlustmodul G_{to}'' • Verlustfaktor V_δ • Logarithmisches Dekrement Λ
Biegeschwingversuch (Resonanzkurven-Verfahren)	DIN EN ISO 6721-3	• Biegespeichermodul E_f' • Biegeverlustmodul E_f''
Dauerschwingversuch im Biegebereich	DIN 53 442	• Wöhlerkurve

13.7.1 Zugversuch an Kunststoffen

Der Zugversuch an Kunststoffen ist prinzipiell mit dem Zugversuch an metallischen Werkstoffen vergleichbar (Kapitel 13.5.1), wenngleich sich die Prüfbedingungen (Prüfkraftbereich, Abzugsgeschwindigkeit, Probengeometrie, Kennwerte usw.) deutlich unterscheiden. Der Zugversuch an Kunststoffen ist in DIN EN ISO 527-1 bis -5 genormt.

13.7.1.1 Probengeometrie

Im Gegensatz zu den metallischen Rundzugproben (Bild 1, Seite 595) werden beim Zugversuch an Kunststoffen Flachzugproben eingesetzt. Die Proben werden eigens aus Formmassen unter Beachtung der für das jeweilige Erzeugnis geltenden Herstellungsbedingungen durch Spritzgießen hergestellt. Sie können aber auch dem Formteil durch Sägen oder Fräsen entnommen werden. Bei Folien werden die Proben ausgeschnitten. Bild 1 zeigt eine Auswahl wichtiger Zugproben. Die entsprechenden Abmessungen sind Tabelle 1, Seite 653, zu entnehmen.

Da bei den Kunststoffen neben den Prüf- auch die Verarbeitungsbedingungen einen wesentlichen Einfluss auf die ermittelten Kennwerte besitzen, müssen im Sinne der Vergleichbarkeit bereits für die Herstellung der Prüfkörper Festlegungen (z. B. Werkzeugtemperatur, Einspritzgeschwindigkeit und Nachdruck bei spritzgegossenen Proben) getroffen werden, die in den entsprechenden Formmasse- oder Erzeugnisnormen festgeschrieben sind.

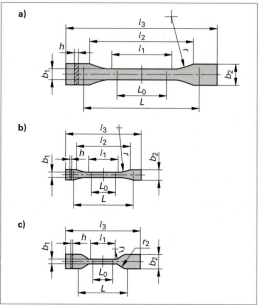

Bild 1: Probekörper nach DIN EN ISO 527-2 für die Prüfung von Kunststoffen (Auswahl)
a) Probekörper 1A (spritzgegossen) und 1B (spanend hergestellt)
b) Kleine Probekörper (1BA und 1BB)
c) Kleine Probekörper (5A und 5B), auch für die Elastomerprüfung

13.7.1.2 Versuchsdurchführung

Die Zugprüfung an Kunststoffen erfolgt auf genormten Zugprüfmaschinen (DIN EN ISO 7500-1, DIN EN ISO 9513 und ISO 5893), ähnlich den Prüfmaschinen für Metalle (Bild 1, Seite 594). Die Prüfbedingungen (z. B. Prüfgeschwindigkeit) sind in den entsprechenden Formmasse- oder Erzeugnisnormen festgeschrieben. Die Prüfung erfolgt, falls nicht anderes vereinbart, bei Normalklima (DIN EN ISO 291). Analog zur Metallprüfung erhält man auch beim Zugversuch an Kunststoffen Spannungs-Dehnungs-Diagramme, denen wichtige Werkstoffkennwerte entnommen werden können. Geprüft werden jeweils mindestens 5 Probekörper je Entnahmerichtung und zu bestimmender Eigenschaft.

13.7 Mechanische Prüfverfahren für Kunststoffe

13.7.1.3 Kennwerte

Die Spannungs-Dehnungs-Diagramme der Kunststoffe können sich in Abhängigkeit der Kunststoffsorte, den Prüf- und Umgebungsbedingungen (Prüfdauer, Prüftemperatur) sowie den Bedingungen bei der Probenherstellung sehr stark voneinander unterscheiden. Dementsprechend definiert man bei Kunststoffen deutlich mehr Kennwerte im Vergleich zu den Metallen.

Die Fläche unter der Spannungs-Dehnungs-Kurve ist ein Maß für das Arbeitsaufnahmevermögen eines Kunststoffs. Je größer die Fläche (das Arbeitsaufnahmevermögen), desto zäher ist der Kunststoff.

Tabelle 1: Probekörperabmessungen für Zugversuche an Kunststoffen nach DIN EN ISO 527

Probekörper	1A	1B	1BA	1BB	5A	5B
Gesamtlänge l_3	170	≥ 150	≥ 75	≥ 30	≥ 75	≥ 35
Länge l_2	109,3 ± 3,2	108 ± 1,6	58 ± 2	23 ± 2	–	–
Länge l_1	80 ± 2	60 ± 0,5	30 ± 0,5	12 ± 0,5	25 ± 1	12 ± 0,5
Messlänge L_0	75 ± 0,5	50 ± 0,5	25 ± 0,5	10 ± 0,2	20 ± 0,5	10 ± 0,2
Einspannlänge L	115 ± 1		l_2 + 2	l_2 + 1	50 ± 2	20 ± 2
Breite b_2	20 ± 0,2		10 ± 0,5	4 ± 0,2	12,5 ± 1	6 ± 0,5
Breite b_1	10 ± 0,2		5 ± 0,5	2 ± 0,2	4 ± 0,1	2 ± 0,1
Dicke h	4 ± 0,2		≥ 2	≥ 2	2 ± 0,2	1 ± 0,1
Radius r	24 ± 1	60 ± 0,5	≥ 30	≥ 12	–	–
Radius r_1	–	–	–	–	8 ± 0,5	3 ± 0,1
Radius r_2	–	–	–	–	12,5 ± 0,5	3 ± 0,1

a) Streckspannung und Streckdehnung

Die **Streckspannung** σ_y ist definiert als die Zugspannung, bei der die Steigung der Spannungs-Dehnungs-Kurve zum erstenmal Null wird (waagrechte Tangente). Hier beginnt die Verstreckung des Kunststoffs. Die zugehörige Dehnung wird als **Streckdehnung** ε_y bezeichnet (Bild 1).

Es ist zu beachten, dass Dehnungen bei Kunststoffen als **Gesamtdehnung** (unter Last), bei Metallen hingegen als bleibende Dehnungen (nach Entlastung) ermittelt werden.

b) Zugspannung bei x%-Dehnung

Falls keine Streckspannung σ_y auftritt, wird (analog der Bestimmung von Dehngrenzen bei Metallen) ersatzweise die **Zugspannung bei x%-Dehnung** σ_x ermittelt (Bild 2, Kurve 2). Für „x" wird meist eine Gesamtdehnung von 0,5 % oder 1 % gewählt.

c) Bruchspannung und Bruchdehnung

Die **Bruchspannung** σ_b ist die Spannung unmittelbar beim Bruch der Probe. Die zugehörige Gesamtdehnung wird als **Bruchdehnung** ε_b bezeichnet. Die Bruchspannung wurde nach der zurückgezogenen DIN 53 455 als **Reißfestigkeit** σ_R, die Bruchdehnung als **Reißdehnung** ε_R bezeichnet.

d) Zugfestigkeit

Die Zugfestigkeit σ_m ist die Spannung beim ersten Spannungsmaximum des Zugversuchs. Die Zugfestigkeit σ_m kann je nach Typ des Spannungs-Dehnungs-Diagramms mit der Streckspannung σ_y oder mit der Bruchspannung σ_b (Bild 1) identisch sein.

① Zäher Kunststoff mit Streckspannung
② Verstreckbarer Kunststoff

Bild 1: Typische Spannungs-Dehnungs-Diagramme

① Spröder Kunststoff
② Weich gemachter Kunststoff

Bild 2: Typische Spannungs-Dehnungs-Diagramme

Die zugehörige Dehnung bei Erreichen der Zugfestigkeit wird mit ε_m bezeichnet. Treten Zugfestigkeit σ_m oder Bruchspannung σ_b nach der Streckspannung σ_y auf (Bild 1, Seite 653), dann werden **nominelle Dehnungen** ε_t ermittelt (z. B. nominelle Dehnung bei der Zugfestigkeit ε_{tm} bzw. nominelle Bruchdehnung ε_{tb}). Nominelle Dehnungen werden nicht auf die Messlänge L_0, sondern auf die Einspannlänge L bezogen, also $\varepsilon_t = \Delta L/L$ (Bild 1, Seite 652).

Der Verlauf des Spannungs-Dehnungs-Diagramms ist nicht nur von der Art des Kunststoffs (Bild 1 und 2, Seite 653), sondern u. a. auch von der Verformungsgeschwindigkeit und von der Prüftemperatur abhängig. Die gleiche Kunststoffsorte, selbst der gleiche Typ innerhalb einer Sorte, kann unter veränderten Prüf- oder Umgebungsbedingungen ein völlig anderes Spannungs-Dehnungs-Verhalten mit veränderten Kennwerten zeigen. Mit zunehmender Verformungsgeschwindigkeit oder Verminderung der Prüftemperatur wird die Streckspannung σ_y erhöht und die Verformungsfähigkeit vermindert (Bilder 1 und 2).

e) Zugmodul E_t

Da die Kunststoffe mit Ausnahme der harten oder verstärkten Sorten in der Regel keine ausgeprägte Hookesche Gerade aufweisen, wird der Zugmodul E_t (vergleichbar dem Elastizitätsmodul bei Metallen) in der Regel als **Sekantenmodul** ermittelt (Bild 3). Der Elastizitätsmodul kann jedoch auch im hier nicht besprochenen Druck- oder Biegeversuch bestimmt werden. In Bild 1, Seite 655, sind Festigkeitskennwerte ausgewählter Thermoplaste und Duroplaste im Vergleich zu metallischen Werkstoffen dargestellt.

13.7.2 Härteprüfung an Kunststoffen

Bei der Härteprüfung werden nur Kennwerte ermittelt und keine allgemein gültigen Werkstoffeigenschaften. Von der Härteprüfung der Metalle (Kapitel 13.5.6) ist bereits bekannt, dass Härtewerte selbst bei gleichen Prüfverfahren nur bedingt und nur unter bestimmten Voraussetzungen miteinander vergleichbar sind. Diese Einschränkung gilt umso mehr für die Kunststoffe, da ihre Eigenschaften in einem noch höherem Maße von den Umgebungsbedingungen sowie vom Werkstoffzustand abhängen. Härtevergleiche unterschiedlicher Kunststoffe sind daher nur sehr eingeschränkt sinnvoll. Vergleiche der Härtewerte zwischen Kunststoffen und Stoffen mit anderer Struktur (z. B. Metalle) führen sogar zu völlig falschen Beurteilungen.

Bild 1: Veränderung des Spannungs-Dehnungs-Verhaltens in Abhängigkeit der Prüfgeschwindigkeit am Beispiel des Polyethylens (PE)

Bild 2: Veränderung des Spannungs-Dehnungs-Verhaltens in Abhängigkeit der Temperatur am Beispiel des PE-LD (Prüfgeschwindigkeit 10 mm/min)

Bild 3: Ermittlung des Zugmoduls E_t bei Kunststoffen (außer Folien und Elastomere)

Die bei der Prüfung von Metallen häufig angewandte Härteprüfung nach Brinell oder Vickers ist für Kunststoffe nicht brauchbar, da der Härtewert bei diesen Verfahren aus der plastischen Verformung des Werkstoffs ermittelt wird. Kunststoffe verformen sich jedoch bei nicht zu langer Krafteinwirkung überwiegend elastisch. Würde man beispielsweise die Härte eines Elastomers mit Hilfe der Härteprüfung nach Brinell oder Vickers durchführen, so würde man nur einen sehr kleinen oder überhaupt keinen bleibenden Eindruck feststellen und Härte dieser Werkstoffe wäre dann (entsprechend der Definition der Härtewerte) nahezu unendlich.

13.7 Mechanische Prüfverfahren für Kunststoffe

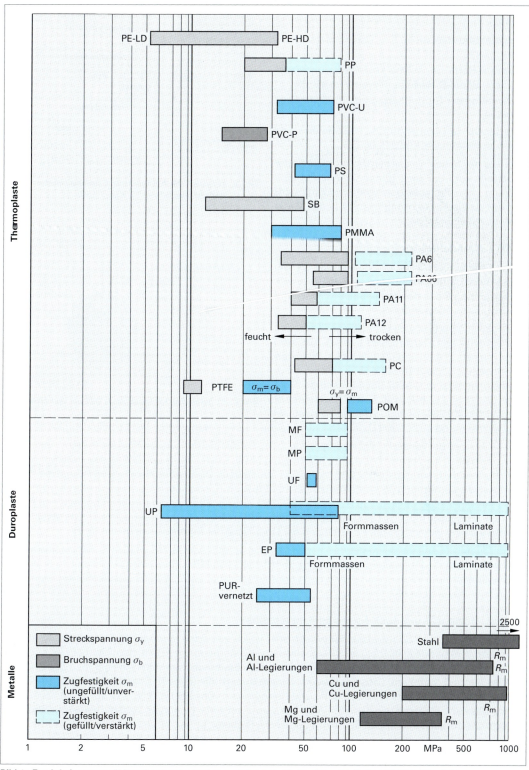

Bild 1: Festigkeit ausgewählter thermoplastischer und duroplastischer Kunststoffe bei 23 °C im Vergleich zu metallischen Werkstoffen (Anhaltswerte)

Die wichtigsten Härteprüfverfahren für Kunststoffe sind (Bild 1):
- **Kugeleindruckversuch** für Thermoplaste und Duroplaste,
- **Shore-A-Härte** für weiche Kunststoffe und Elastomere. **Shore-D-Härte** für härtere Kunststoffe,
- **Internationaler Gummihärtegrad** (IRHD) für Elastomere,
- **Martenshärte** (Kapitel 13.5.6.2) für nahezu alle Werkstoffe (Metalle, Kunststoffe usw.).

Aufgrund der hohen elastischen Verformbarkeit der Kunststoffe wird bei allen Härteprüfverfahren eine Messung unter Prüfkraft durchgeführt. Damit wird auch der elastische Verformungsanteil in das Messergebnis mit einbezogen.

Bild 1: Vergleich der Anwendungsbereiche üblicher Härteprüfverfahren für Kunststoffe

13.7.2.1 Kugeleindruckversuch

Beim Kugeleindruckversuch (nach DIN EN ISO 2039-1) wird die **Kugeleindruckhärte HB** ermittelt. Das Verfahren wird in der Regel für Duroplaste und Thermoplaste angewandt.

Beim Kugeleindruckversuch wird eine gehärtete und polierte Stahlkugel (Durchmesser 5 mm ± 0,05 mm) in den ebenen, glatten und planparallelen Probekörper (empfohlene Mindestgröße: 20 × 20 mm, empfohlene Mindestdicke: 4 mm) eingedrückt (Bild 2). Im ersten Schritt wird eine Vorkraft $F_0 = 9{,}8$ N aufgebracht und die Messuhr zur Ermittlung der Eindringtiefe (in Bild 2 nicht dargestellt) auf Null abgeglichen (vergleiche Rockwell-Härteprüfung an Metallen, Kapitel 13.5.6.2).

Bild 2: Kugeleindruckversuch nach DIN EN ISO 2039-1

Nach Aufbringen der Vorlast erfolgt innerhalb von 2 s bis 3 s das stoßfreie Aufbringen der Prüfkraft unter Prüflast F_m. Es stehen hierbei vier Prüfkräfte zur Verfügung (49 N, 132 N, 358 N und 961 N). Die Prüfkraft wird so gewählt, dass die Eindringtiefe $h_1 = 0{,}15$ mm ... 0,35 mm beträgt. Die Eindringtiefe h_1 wird infolge der Zeitabhängigkeit der Verformung 30 s nach Aufbringen der Prüfkraft F_m abgelesen. Der Versuch wird bei 23 °C und 50 % relativer Luftfeuchtigkeit (siehe DIN EN ISO 291) durchgeführt. Andere Prüfbedingungen sind nach Vereinbarung jedoch möglich. Die **Kugeleindruckhärte HB** (in MPa) wird dann, vergleichbar der Härteprüfung nach Brinell oder Vickers aus der Prüfkraft und der Oberfläche des Eindrucks ermittelt (Bild 2).

Die normgerechte Angabe der Kugeldruckhärte HB lautet beispielsweise: HB = 150 MPa. Mitunter wird dem Symbol HB auch die Prüfkraft F_m angehängt (z. B. HB 358 = 150 MPa). Es werden insgesamt 10 Prüfungen durchgeführt und der mittlere Wert der Kugeldruckhärte H angegeben. Ein Vergleich typischer Kugeleindruckhärten zeigt Bild 1, Seite 657.

13.7.2.2 Härteprüfung nach Shore an Kunststoffen

Die Härteprüfung nach Shore wurde für weiche oder weich gemachte, entropieelastische Kunststoffe (z. B. PVC-P, Hartgummi, vulkanisierte oder thermoplastische Elastomere) entwickelt, die nicht mehr im Kugeleindruckversuch geprüft werden können. Im Hinblick auf die Eindringkörper unterscheidet man das **Shore-A-** und das **Shore-D-Verfahren**. Letzteres wird für härtere Kunststoffe (über 70 Shore-A-Einheiten) eingesetzt. Die Shore-Härteprüfung ist für Kunststoffe und Hartgummi in DIN EN ISO 868 bzw. für vulkanisierte und thermoplastische Elastomere in DIN ISO 7619-1 genormt. Letzteres beinhaltet auch die Verfahren **Shore AO** (für sehr weiche Elastomere) und **Shore AM** (für dünne Proben).

Bei der Härteprüfung nach Shore wird in den ebenen und planparallelen Probekörper (Mindestdicke 4 mm bei härteren Kunststoffen nach DIN EN ISO 868 bzw. 6 mm bei weicheren Kunststoffen nach DIN ISO 7619-1) ein Kegelstumpf (Shore-A) oder ein Kegel mit abgerundeter Spitze (Shore-D) als Eindringkörper verwendet und bevorzugt mit Hilfe einer Vorrichtung (Bild 1, Seite 658) eingedrückt.

13.7 Mechanische Prüfverfahren für Kunststoffe

Die Anpresskraft beträgt nach DIN EN ISO 868 bzw. DIN ISO 7619-1 10 N bei Shore-A bzw. 50 N bei Shore-D. Die Shore-Härte wird nach DIN ISO 7619-1 für vulkanisierte Elastomere 3 s bzw. für thermoplastische Elastomere 15 s und nach DIN EN ISO 868 15 s nach Aufbringen der Anpresskraft in ganzzahligen Härteeinheiten (zwischen 0 und 100) direkt am Shore-Härteprüfgerät abgelesen. Es wird der Medianwert (DIN ISO 7619-1) bzw. der arithmetische Mittelwert (DIN EN ISO 868) aus mindestens fünf Prüfungen angegeben.

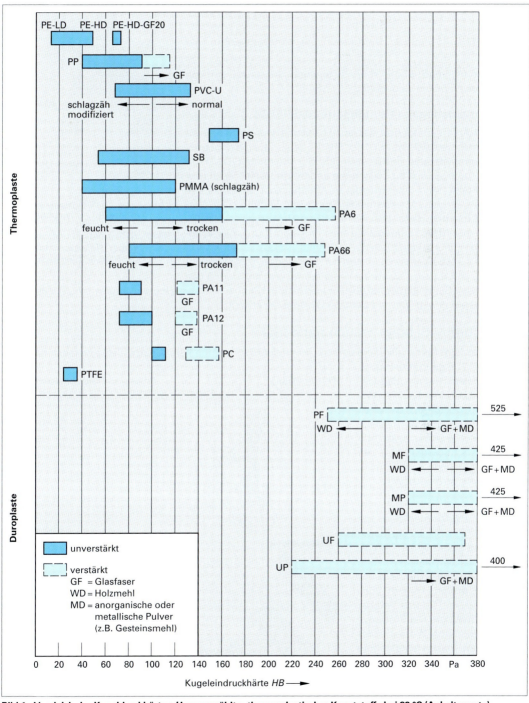

Bild 1: Vergleich der Kugeldruckhärten H ausgewählter thermoplastischer Kunststoffe bei 23 °C (Anhaltswerte)

Die Prüfzeiten müssen infolge der Zeitabhängigkeit der Verformung exakt eingehalten werden. Die Angabe des Härtewertes unterscheidet sich zwischen DIN EN ISO 868 und DIN ISO 7619-1.

Beispiele:

DIN EN ISO 868:   A/15:45   Durometer Typ A, Ablesung 15 s nach Lastaufgabe, Härtewert 45 Shore-A-Einheiten.

DIN ISO 7619-1: 45 Shore A   Durometer Typ A, Härtewert 45 Shore-A-Einheiten.

Die Härteprüfung nach Shore ist relativ ungenau. Abweichungen von 2 bis 3 Shore-Einheiten sind möglich.

13.7.2.3 Internationaler Gummihärtegrad (IRHD)

Bei höheren Anforderungen an die Genauigkeit und Reproduzierbarkeit der Messergebnisse wird anstelle der Shore-Härteprüfung der **Internationale Gummihärtegrad (IRHD)** nach DIN ISO 48 ermittelt. Das Prüfverfahren wurde speziell für Elastomere und thermoplastische Elastomere entwickelt. Man unterscheidet in Abhängigkeit der Dicke des Prüflings sowie der zu erwartenden Härte die Verfahren N (Normalhärte), L (niedrige Härte), H (hohe Härte) und M (Mikrohärte). Bei diesen Verfahren wird die Eindringstiefe einer Prüfkugel (Durchmesser abhängig vom Verfahren) zwischen der Vorkraft (0,30 N bei Verfahren N, L und H bzw. 8,3 N bei Verfahren M) und der Gesamtkraft (5,70 N bei Verfahren N, L und H bzw. 153,3 N bei Verfahren M) ermittelt und in den internationalen Gummihärtegrad (IRHD = International Rubber Hardness Degree) umgewertet. Die Ablesung des Härtewertes erfolgt 30 s nachdem die Gesamtkraft anliegt.

Bild 1: Härteprüfgerät und Eindringkörper (Nenngeometrie) bei der Härteprüfung nach Shore

13.7.3 Charpy-Schlagversuch nach ISO

Vergleichbar dem Kerbschlagbiegeversuch (Kapitel 13.5.7) werden beim Charpy-Schlagversuch nach ISO (DIN EN ISO 179) genormte Proben auf geeigneten Pendelschlagwerken nach DIN EN ISO 13 802 mit einem Arbeitsvermögen zwischen 0,5 J und 50 J geprüft. Es muss darauf geachtet werden, dass mindestens 10 %, höchstens 80 % des Arbeitsvermögens des Pendelschlagwerkes verbraucht wird.

Die Prüfung kann mit breitseitigem Schlag an ungekerbten oder mit schmalseitigem Schlag an ungekerbten und gekerbten Proben erfolgen (Bild 2). Um die Auswirkung von Oberflächeneffekten (z. B. Alterung) zu prüfen, können auch Probekörper mit Doppel-V-Kerbe verwendet werden. Die Probekörper können durch Pressen oder Spritzgießen nach festgelegten Bedingungen hergestellt werden. Eine spanende Fertigung (Aussägen, Fräsen) aus Formteilen ist ebenfalls zulässig.

Typ	l in mm	b in mm	h in mm	L_s in mm
1	80±2	10,0±0,2	4,0±0,2	62 0/+0,5
2[1]	25·h	10 od. 15	3[2]	20·h
3[1]	11·h/13·h	10 od. 15	3[2]	6·h/8·h

[1] Werkstoffe mit interlaminarem Schichtbruch (z.B. langfaserverstärkte Werkstoffe)
[2] bevorzugte Dicke

Kerbart	r_N in mm	b_N in mm
A	0,25±0,05	8,0±0,2
B	1,00±0,05	8,0±0,2
C	0,10±0,02	8,0±0,2

Bild 2: Prüfanordnung und Probenform bei Charpy-Schlagversuch nach ISO (DIN EN ISO 179 und DIN EN ISO 13 802)

13.7 Mechanische Prüfverfahren für Kunststoffe

Aus der verbrauchten Schlagarbeit wird bei ungekerbten Probekörpern die **Charpy-Schlagzähigkeit** a_{cU} und bei gekerbten Probekörpern die **Charpy-Kerbschlagzähigkeit** a_{cN} ermittelt. Die Berechnung der Schlagzähigkeiten erfolgt dabei gemäß DIN EN ISO 179-1:

Charpy-Schlagzähigkeit (ungekerbte Proben):

$$a_{cU} = \frac{E_c}{h \cdot b} \cdot 10^3$$

Charpy-Kerbschlagzähigkeit (gekerbte Proben):

$$a_{cN} = \frac{E_c}{h \cdot b_N} \cdot 10^3$$

a_{cU} = Charpy-Schlagzähigkeit, ungekerbt, in kJ/m²
a_{cN} = Charpy-Kerbschlagzähigkeit, gekerbt, in kJ/m²
E_c = verbrauchte Schlagarbeit in J

h = Dicke des Probekörpers in mm
b = Breite des Probekörpers in mm
b_N = Breite des Probekörpers im Kerbgrund in mm

Bild 1 zeigt einen Zähigkeitsvergleich ausgewählter, unverstärkter und glasfaserverstärkter thermoplastischer und duroplastischer Kunststoffe (Charpy-Kerbschlagzähigkeit, gekerbt).

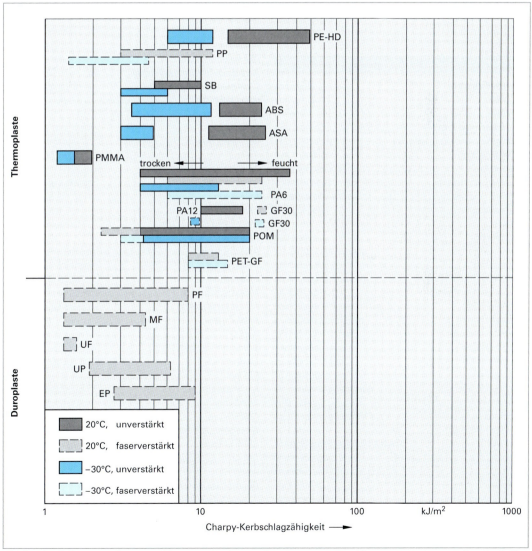

Bild 1: Zähigkeitsvergleich ausgewählter unverstärkter und glasfaserverstärkter thermoplastischer und duroplastischer Kunststoffe bei 20 °C und −30 °C (gekerbte Proben)

Englische Fachausdrücke

ε-Carbid .... epsilon carbide
α-Eisen .... alpha iron
γ-Eisen .... gamma iron
δ-Eisen .... delta iron
α-Ferrit .... alpha ferrite
δ-Ferrit .... delta ferrite
α-Messing................................. alpha brass
Θ-Phase .... sigma phase
α-Strahlen .... alpha rays
β-Strahlen .... beta rays
γ-Strahlen .... gamma rays
0,01 %-Dehngrenze ..... 0,01 %-stretch limit, 0,01 %-proof limit
0,2 %-Dehngrenze .... yield strength
300 °C-Versprödung .... 500 °F-embrittlement
500 °C-Versprödung .... temper-embrittlement

A

Abkühlbedingungen .... cooling conditions
Abkühldauer .... cooling time
Abkühlen .... cooling
Abkühlgeschwindigkeit .... cooling rate
Abkühlgeschwindigkeit, kritische .... critical cooling rate
Abkühlungskurve .... cooling curve
Abkühlverlauf .... cooling function
Abkühlverlauf, kritisch .... critical cooling function
Abkühlvermögen .... quenching capacity
Abkühlversuch .... cooling test
Abrasion .... abrasion
Abscheidung .... deposition
Abschreckalterung .... quench embrittlement
Abschrecken .... quenching
Abschrecken, gebrochenes .... interrupted quenching
Abschrecken, gestuftes .... step quenching
Abschreckhärte .... hardness after quenching
Abschreckhärten .... quenching hardening
Abschreckintensität .... quenching intensity
Abschreckmittel .... quenching agent
Abschreckmittel .... quenching liquid
Abschrecköl .... quenching oil
Abschrecktemperatur .... quenching temperature
Abschirmung .... shielding
Abstichtemperatur .... tapping temperature
Acrylnitril-Butadien-
Styrol (ABS)................ acrylonitrile-butadiene-styrene
Actinoide................................ actinide metal
Additiv .... additive
Adhäsion .... adhesion
Adhäsionsverschleiß .... adhesive wear
Aktivierungsenergie .... activation energy
Aktivierungsmittel .... energizer
Akzeptor .... acceptor
Alkalimetall .... alkaline metal
Alkan .... alkane

Alkydharz .... alkyd resin
Alleskleber .... all-purpose adhesive
Al-Si-Eutektikum .... Al-Si-eutectic
Alterung .... ageing
alterungsbeständiger Stahl .... non-ageing steel
Aluminieren .... aluminizing
Aluminium .... aluminium (BE), aluminum (AE)
Aluminium-Gusslegierung .... aluminum cast alloy
Aluminiumhydroxid .... aluminum hydroxide
Aluminium-Knetlegierung .... aluminum wrought alloy
Aluminium-Kupfer-Legierung........ aluminum-copper-alloy
Aluminium-Lithium-Legierung ...... aluminum-lithium-alloy
Aluminium-Magnesium-
Legierung.................... aluminum-magnesium-alloy
Aluminiumnitrid .... aluminum nitride
Aluminiumoxid .... aluminum oxide
Aluminiumschaum .... aluminum foam
Aluminium-Silicium-Legierung .... aluminum-silicium-alloy
Aluminiumtitanat .... aluminum titanate
aluminothermisch .... aluminothermic
Amalgam .... amalgam
Aminoplaste .... aminoplast
amorphes Metall .... amorphous metal
Anion .... anion, negative ion
Anisotropie .... anisotropy
Anlassdauer .... duration of tempering
Anlassen .... tempering
Anlassfarbe .... temper colour
Anlassofen .... tempering furnace
Anlassöl .... tempering oil
Anlassschaubild .... tempering curve, tempering diagram
Anlasssprödigkeit .... temper embrittlement
Anlassstufe .... stage of tempering
Anlasstemperatur .... temperature of tempering
Anlassversprödung .... temper-embrittlement
Annihilation .... annihilation
Anode .... anode
anodische Oxidation .... anodization, anodizing
Anstreichen .... coating, painting
Antimon .... antimony
Antiphasengrenze .... antiphase boundary
Anwärmen .... pre-heating
Anwärmzeit .... pre-heating time
Arbeitstemperatur .... operating temperature
ARMCO-Eisen............................. ARMCO-iron
Arrhenius-Gleichung................. Arrhenius equation
Arsen .... arsenic
Atmosphäre, endotherme .... endothermic atmosphere
Atmosphäre, exotherme .... exothermic atmosphere
Atom .... atom
Atomart .... atomic species
Atomaufbau .... atomic structure
Atombindung .... atomic bond
Atomdurchmesser .... atomic diameter

Englische Fachausdrücke

Atomhülle	atomic shell
Atomkern	atomic nucleus
Atommasse	atomic mass
Atommodell	atomic model
Ätzung	etching
Aufbauschneide	built-up edge
Aufdampfen	vapour deposition
Aufhärtbarkeit	maximum achievable hardness
Aufhärtungsriss	age-hardening crack
Aufkohlen	carburization
Aufkohlungsmedium	carburization medium
Aufkohlungsofen	carburizing furnace
Aufkohlungstiefe	carburization depth, case depth
Auflichtmikroskopie	reflected light microscopy
Aufschmelzriss	liquation cracking
Aufspaltungsweite	splitting width
Auftragschweißen	built-up welding, overlaying welding
Ausdehnungskoeffizient	coefficient of expansion
Ausfallwahrscheinlichkeit	failure probability
Ausferritisches Gusseisen	austempered ductile iron
Ausglühen	annealing
Aushärten	precipitation hardening (treatment)
Aushärtung	precipitation hardening
Auslagerung	ageing treatment, storage
Ausscheidung, voreutektoidische	proeutectoid constituent
Ausscheidung	precipitation
Ausscheidungshärtung	precipitation hardening
Ausscheidungsriss	precipitation-induced crack
Austauschatom	exchange atom
Austauschmischkristall	exchange mixed crystal
Austenit	austenite
Austenitformhärten	ausforming
Austenitgebiet	austenite zone
austenitischer Chrom-Nickel-Stahl	austenitic chromium nickel steel
Austenitischer Stahl	austenitic steel
austenitischer Stahlguss	austenitic steel cast
austenitisches Gusseisen	austenitic cast iron
Austenitisieren	austenitizing
Austenitisierungstemperatur	austenitizing temperature
Austenitkornwachstum	austenite grain growth
Austenitrückbildung	austenite back-formation
Austenitumwandlung	austenite transformation
Austenitzerfall	austenite desintegration
Automateneinsatzstahl	machining steel for case-hardening purposes
Automatenlegierung	machining alloy, free-cutting alloy
Automatenmessing	free-cutting brass
Automatenstahl	machining steel, free-cutting steel
Automatenvergütungsstahl	machining steel for quenching and tempering purposes

B

Deutsch	English
Bain-Deformation	bain deformation
Bain-Deformation	bain distortion
Bainit	bainite
Bainitbildung	bainite formation
bainitischer Ferrit	bainitic ferrite
Bainitisches Gusseisen	bainitic cast iron
Bainitisieren	austempering
Bainitstufe	bainite region
Bake-Hardening-Stahl	bake-hardening steel
Bandgießen	strip casting
Bandgießverfahren	strip casting procedure
Barium	barium
Bariumsteatit	barium steatite
Bariumtitanat	barium titanate
Baukeramik	architectural ceramics, structural ceramics
Baumann-Abdruck	Baumann imprint
Bauschinger-Effekt	Bauschinger effect
Baustahl	structural steel, construction steel
Bauxit	bauxite
Bearbeitungseigenspannungen	residual stresses caused by machining
Begleitelement	accompanying element
Beizblase	etching bubble
Beizsprödigkeit	etching embrittlement
Belastung	loading
Benzol	benzol
Berylliose	berylliosis
Beryllium	beryllium
Berylliumoxid	beryllium oxide
Beschichten	coating, plating
Bessemer-Verfahren	Bessemer process
Bestrahlung	irradiation
Betriebsfestigkeitsversuch	(structural) durabilty text
Betriebslebensdauer	fatigue life cycle
Biegefestigkeit	bending strength
Biegen	bending
Biegeversuch	bending test
Biegewechselfestigkeit	bending fatigue strength
Bildgüteprüfkörper	image quality indicator
Bildgütezahl	image quality number
Bimetall	bimetal
Bindefehler	incomplete fusion
Bindemittel	binding agent
Bindung, chemische	chemical bond
Bindungsabstand	binding distance
Bindungsenergie	binding energy
Bismut	bismuth
Blankglühen	bright annealing
Blasverfahren	blow process
Blaubruch	blue shortness
Bläuen	blueing
Blausprödigkeit	blue brittleness
Blech	sheet
Blechumformung	sheet forming
Blei	lead
Bleiakkumulator	lead accumulator
Bleigewinnung	lead extraction
Bleilegierung	lead alloy
Bleititanat	lead titanate
Blindaufkohlen	blank carburizing

Blindnitrieren .... blank nitriding
Bloch-Wand .... Bloch-wall
Blockpolymerisation .... bulk polymerization
Blockseigerung .... ingot segregation,
macrosegregation
Bohrsches Atomodell .... atomic model according to Bohr
Bor... boron
Borcarbid .... boron carbide
Borid... boride
Borieren... boriding
Borierschicht .... boriding layer
Borierverfahren .... boriding process
Bornitrid (BN)............................. boron nitride
Boudouard-Gleichgewicht .... Boudouard equilibrium
Boudouard-Reaktion .... Boudouard reaction
Brandriss...................................... fire crack
Bravais-Gitter .... Bravais lattice
Brennen .... calcination
Bridgman-Verfahren.................. Bridgman process
Brinell-Härteprüfung .... Brinell hardness test
Bruch .... fracture
Bruchdehnung..................... elongation at fracture
Brucheinschnürung .... contraction at fracture
Bruchfläche .... fracture surface
Bruchmechanik..................... fracture mechanics
Bruchspannung........................ failure stress
Bruchzähigkeit .... fracture toughness
Brünieren .... black-finishing, blacking
Buntmetall .... non-ferrous metal
Burgers-Vektor...................... Burgers vector

C

Cadmium .... cadmium
Calcium.. calcium
Carbid .... carbide
Carbidausscheidung .... carbide precipitation
Carbidbildung .... carbide formation
Carbonitrid .... carbon nitride
Carbonitrieren .... carbonitriding
Cer.. cerium
Cermet .... cermet
chemische Korrosion .... chemical corrosion
Chloropren-Kautschuk (CR)............ chloroprene rubber
Chrom .... chromium
Chromatieren .... chromalizing
Chromatierverfahren .... chromalizing process
Chromcarbid........................ chromium carbide
Chrom-Gusseisen .... chromium cast iron
Chromieren .... chromizing
Chrom-Molybdän-
Gusseisen............ chromium molybdenum cast iron
Chrom-Nickel-Stahl, austenitisch ...... nickel chromium steel
Chromnitrid .... chromium nitride
Chromstahl .... (stainless) chromium steel
Chromverarmungstheorie......... chromium depletion theory
Clusterbildung .... cluster formation

Cobalt.. cobalt
Complexphasen-Stahl .... complex-phase steel
Cordierit.. cordierite
Cordieritkeramik .... cordierite ceramics
Curietemperatur...................... Curie temperature
CVD-Verfahren ...... chemical vapo(u)r deposition technique
Cyanat... cyanate
Cyanid... cyanide
Czochralski-Verfahren .... Czochralski process

D

Daltonsches
Atomodell .... atomic model according to Dalton
Dämpfungskörper .... vibration compensator
Dauerfestigkeit .... endurance limit
Dauerfestigkeitsschaubild .... fatigue strength diagramm
Dehngeschwindigkeit .... strain rate
Dehngrenze............................. yield strength
Dehnungsmessstreifen................... strain gauge
Dekohäsionstheorie................... decohesion theory
Dendrit... dendrite
Denitrierung .... denitration
Desoxidation von Stählen .... deoxidation
desoxidiertes Kupfer.................. deoxidized copper
Destabilisierung des
Restaustenits .... destabilization of retained austenite
Diamant.. diamond
Diamantwerkzeug .... diamond tool
Dichte .... density
Dicke .... thickness
Dielektrikum .... dielectric
Diffusion .... diffusion
Diffusionsbehandeln .... diffusion treatment
Diffusionsglühen .... homogenizing
Diffusionskoeffizient.................. diffusion coefficient
Diffusionskonstante................... diffusion constant
Diffusionsschicht............. diffusion layer, diffusion zone
Diffusionsstrom .... diffusion current
Diffusionsverzinken .... sheradizing
Diffusionszone .... diffusion zone
Dilatometer .... dilatometer
Dipol .... dipole
Dipol-Dipol-Bindung .... dipole-dipole bond
Dipol-Dipol-Kraft .... dipole-dipole force
Dipol-Ion-Bindung .... dipole-ion bond
Dipol-Ion-Kraft .... dipole-ion force
Direktabschrecken .... direct quenching
Direkthärten .... direct hardening treatment
Direktreduktionsverfahren......... direct reduction process
Dispersant.................................. dispersant
Dispersionshärtung .... dispersion hardening
Dispersionsschicht .... dispersion layer
Donator.. donor
Doppelcarbid .... double carbide
Doppelhärten........................... double hardening
Doppelschicht .... (electric) double layer

Englische Fachausdrücke

Deutsch	Englisch
Dotieren	doping
Dreipunktbiegung	three-point bending
Dreistoffsystem	ternary system
Druckgießen	diecasting
Druckguss	diecast
Druckprobe	hydraulic test, pressure test
Druckversuch	compression test
Druckwasserstoffbeständiger Stahl	pressure hydrogen resistant steel
Dualphasen-Stahl	dual-phase steel
Duplexgefüge	duplex microstructure
Duplexverfahren	duplex process
Duraluminium	duraluminum
Durchhärtung	through-hardening
Durchmesser	diameter
Durchmesser, gleichwertiger	equivalent ruling section
Durchmesser, kritischer	critical diameter
Durchschallungsverfahren	through-transmission method
Durchwärmen	equalization
Durchwärmzeit	equalization time
Durchziehen	drawing under combined tension and compression
Duroplast	thermoset material

E

Edelgaskonfiguration	inert-gas electron configuration
Edelmetall	noble metal
Edelstahl	high-grade steel
Effusionsglühen	effusion annealing
Eigenabschreckung	self-quenching
Eigenspannung	residual stress
Eindringmittel	penetrant
Eindringmittel, fluoreszierend	fluorescent penetrant
Eindringprüfung	penetrant testing
Eindringprüfung, fluoreszierend	fluorescent dye test
Eindringtiefe	penetration depth
Einfachhärten	single quench hardening treatment
Einfärbung, elektrolytische	electrolytic colo(u)ring
Einformung	spheroidization
Einhärtung	depth of transformation
Einhärtungsschicht	quench hardened layer
Einhärtungstiefe nach Randschichthärten	surface hardening depth after surface hardening
Einhärtungstiefe	surface hardening depth
Einkristall	monocrystal
Einlagerungsatom	interstitial atom
Einlagerungsmischkristall	interstitial solid solution
Einlagerungsphase	interstitial phase
Einsatzhärten	case hardening
Einsatzhärtungstiefe	case hardening depth
Einsatzstahl	case hardening steel
Einsatzstahlguss	case hardening cast steel
Einschluss	inclusion
Einschnürbruch	contraction fracture
Einsetzen	carburization
Eisen	iron
Eisengusswerkstoff	cast iron
Eisen-Kohlenstoff-Zustandsdiagramm	iron-carbon diagram
Eisen-Kohlenstoff-Legierung	iron-carbon alloy
Eisenphosphidschicht	iron-phosphide layer
Eisenschwamm	sponge iron
Eisenwerkstoff	ferrous material
Eisenzeit	iron age
elastische Verformung	elastic deformation
Elastizität, nichtlineare	elasticity, non-linear
Elastizitätsgrenze	elastic limit
Elastizitätsmodul	elastic modulus, Young's modulus
Elastomer	elastomer
ELC-Stahl	ELC steel
elektrisch leitender Kunststoff	electroconductive plastics
elektrochemische Korrosion	electrochemical corrosion
elektrochemische Spannungsreihe	electrochemical series
Elektrokeramik	electrical ceramics
Elektrolichtbogenofen	electric arc furnace
elektromagnetisches Spektrum	electromagnetic spectrum
Elektron	electron
Elektronengas	electron gas
Elektronenhülle	electron shell
Elektronenpaarbindung	covalent bond
Elektronenpolarisation	electronic polarization
Elektronenstrahlhärten	electron beam hardening
Elektroschlackeumschmelzen (ESU)	electroslag remelting
Element	element
Elementarteilchen	elementary particle, fundamental particle
Elementarzelle	elementary cell
Element	element
Emaillieren	enameling
Empfindlichkeit	sensitivity, susceptibility
Emulsionspolymerisation	emulsion polymerization
endotherme Atmosphäre	endothermic atmosphere
Energiedissipation	energy dissipation
Entkohlen	decarburizing
Entkohlung	decarburization
Entkohlungstiefe	depth of decarburization
Entmischung	segregation
Entropieelastizität	entropy elasticity
Entschwefelung	desulfurization
Entzinkung	dezincification
Epoxidharz	epoxy resin
Erdmetall	noble metal
Erholung	recovery
Erholung, dynamische	dynamic recovery
Erholungsglühen	recovery (annealing)
Erstarrungsriss	solidification crack
Erstarrungsschwindung	mo(u)ld shrinkage
Erz	ore
Ethan	ethane
Ethylen-Propylen-Kautschuk (EPDM)	ethylene propylene rubber

Eutektikum .... eutectic mixture
Eutektikum, entartetes .... degenerated eutectic mixture
eutektisch .... eutectic
eutektische Legierung .... eutectic alloy
eutektische Reaktion .... eutectic reaction
eutektische Rinne .... eutectic channel
eutektischer Punkt .... eutectic point
eutektisches Legierungssystem .... eutectic alloy system
mit Mischungslücke .... with miscibility gap
Eutektoid .... eutectoid
eutektoidische Umwandlung .... eutectoid transformation
exotherme Atmosphäre .... exothermic atmosphere
Extrudieren .... extruding
Extrusion .... extrusion

F

Fällungspolymersation .... precipitation polymerization
Farbeindringmittel .... dye penetrant
Faserstruktur .... fiber structure
Faserverbund-
werkstoff .... fiber-reinforced material, fiber composite
faserverstärkter Kunststoff .... fiber-reinforced plastics
Federstahl .... spring steel
Fehlerecho .... defect echo, flaw echo
Feinkeramik .... fine ceramics
Ferrit .... ferrite
Ferritbildner .... ferrite former
ferritisch-austenitischer
Stahlguss .... ferritic austenitic cast steel
ferritischer Stahl .... ferritic steel
ferritischer Chromstahl .... ferritic chromium cast steel
Ferritkorn .... ferrite grain
Ferrolegierung .... ferro alloy
Fertigungsverfahren .... manufacturing process
feste Lösung .... solid solution
Festigkeit .... strength, resistance
Festphasensintern .... solid-phase sintering
Festschmierstoff .... solid lubricant
Feueraluminieren .... aluminum coating
Feuerverbleien .... lead coating
Feuerverzinken .... hot dip galvanizing
Feuerverzinnen .... hot dip tinning
Ficksches Gesetz .... Fick's law
Fischauge .... fish eye
Flächenkorrosion .... surface corrosion
Flachwalzen .... flat rolling
Flammhärten .... flame hardening
Flammspritzen .... flame spraying
Flammspritzen .... metal spraying, flame gunning
Fließen .... yielding
Fließpressen .... impact extrusion
Fließspan .... continuous chip, flow chip
Fließspannung .... yield stress
Fließtemperatur .... flow temperature
Fließvermögen .... plasticity
Flockenriss .... flake crack

Fluor-Silicon-Kautschuk (FMQ) .... fluor silicon rubber
Flüssigphasensintern .... liquid-phase sintering
Flussmittel .... flux
Formgedächtnislegierung .... shape memory alloy
Formguss .... dead-mo(u)ld cast
Formkasten .... mo(u)lding box
Formmasse .... dry sand, mo(u)lding compound
Formpressen .... compression mo(u)lding
Frank-Read-Mechanismus .... Frank-Read mechanism
Frank-Read-Quelle .... Frank-Read source
Freiformen .... free forming, hammer forming
Freiformschmieden .... hammer forging
Fremdatom .... foreign atom, impurity atom
Frischen .... refining
Fügen .... joining
Fülldruck, kapillarer .... capillary rise
Fulleren .... fullerene
Füllstoff .... filler material
Funktionskeramik .... functional ceramic
Furchung .... cleavage

G

Gallium .... gallium
galvanisches Element .... galvanic cell
Galvanisieren .... electroplating, galvanizing
Gammastrahlen .... gamma rays
Gammastrahler .... gamma emitter
Gangart .... lode stuff
Garschaum .... kish
Gas-Nitrieranlage .... gas nitriding device
Gasnitrieren .... gas nitriding
Gasnitrocarburieren .... gas nitrocarburizing
Gattierung .... composition, charge make-up
Gebrauchskeramik .... kitchen ware
gebrochenes Abschrecken .... interrupted quenching
gebrochenes Härten .... interrupted hardening
Gefüge .... microstructure
Gefüge, nadeliges .... acicular structure
Gefügebestandteil .... constituent
gemischte Versetzung .... mixed dislocation
Germanium .... germanium
Gesenkschmieden .... closed-die forging
gesinterter Schnellarbeitsstahl ..... sintered high-speed steel
Gestell (Hochofen) .... hearth
gestuftes Abschrecken .... step quenching
Gicht .... blast furnace top
Gichtgas .... blast furnace gas
Gießen .... casting
Gießverfahren .... cast process
Gießwalzen .... direct strand reduction
Gitter .... lattice
Gitteratom .... lattice atom
Gitteraufbau .... lattice structure
Gitterbaufehler .... lattice defect
Gitterkonstante .... lattice constant
Gitterlücke .... vacancy

Gitterparameter	lattice parameter
Gittertyp	type of lattice
Glastemperatur	glass transition temperature
Glattwalzen	finishing by rolling
Gleichgewichtspotenzial	equilibrium potential
Gleichmaßdehnung	elongation before reduction of area
Gleichspannungsgerät	DC voltage equipment
gleichwertiger Durchmesser	equivalent ruling section
Gleitebene	slip plane
Gleitlinie	slip line
Gleitmittel	internal lubricant
Gleitrichtung	slip direction
Gleitstufe	slip step
Gleitsystem	slip system
Glühen auf kugelige Carbide	spheroidizing
Glühen	annealing
Glühtemperatur	annealing temperature
Gold	gold
Grafit	graphite
grafitischer Stahl	graphitic steel
Grafitisieren	graphitizing
Grafitisierung	graphitization
Grenzreibung	boundary friction, dry friction
Grenzziehverhältnis	maximum drawing ratio
Grobgleitung	coarse slip
Grobkeramik	coarse ceramic
Grobkorn	coarse grain
Grobkornglühen	grain coarsening
Großwinkelkorngrenze	wide angle grain bondary
Grünbearbeitung	green machining
Grünchromatieren	green chromalizing
Grundstahl	tonnage steel
Grundwerkstoff	base material, parent material
Grünling	green body
Grünspan	copper rust, green rust
Guillet-Diagramm	Guillet diagram
Guinier-Preston-Zone	Guinier-Preston-zone
Gussbronze	cast bronze
Gusseigenspannungen	residual stress due to casting
Gusseisen	cast iron
Gusseisen mit Kugelgrafit	ductile iron, nodular cast iron
Gusseisen mit Lamellengrafit	flake-graphite cast iron, lamellar graphite cast iron
Gusseisen mit Vermiculargrafit	compacted graphite iron
Gusseisenwerkstoff	cast iron material
Gussfehler	casting defect, casting flaw
Gussgefüge	cast structure
Gusshaut	casting skin
Gusslegierung	cast alloy, casting alloy

H

Habitusebene	crystal habitus
Hafnium	hafnium
Hafniumdioxid	hafnium dioxide
Haftkleber	contact adhesive
halbferritischer Chromstahl	semi-ferritic chromium steel
Halbleiter	semiconductor
Halbzeug	semi-finished product
Hall-Petch-Beziehung	Hall-Petch dependency
Halten	soaking
Haltepunkt	holding point
Haltezeit	holding time
Hardenit	hardenite
Harnstoffharz	urea-formaldehyde resin
Härtbarkeit	hardenability
Härtbarkeitsstreuband	hardenability scatter band
Hartblei	hard lead
Hartchromieren	hard chromizing
Härte	hardness
Härten	quench hardening (treatment)
Härten nach isothermer Umwandlung	hardening after isothermal transformation
Härteöl	hardening oil
Härteprüfgerät	durometer
Härteprüfung	hardness test
Härteprüfverfahren	hardness test method
Härterei	hardening plant
Härteriss	hardening crack
Härtesalz	hardening salt
Härteskala nach Mohs	hardness scale after Mohs
Härtespannung	hardening stress
Härtetemperatur	hardening temperature
Härteverfahren	hardening process
Härteverlaufskurve	curve of hardness
Härteverzug	hardening distortion
Hartlot	brazing alloy, brazing solder
Hartlöten	brazing, hard-soldering
hartmagnetischer Werkstoff	magnetically hard material
Hartmetall	hard metal
Hartschaumstoff	hard foam, rigid foam
Härtung	quench hardening (treatment)
Härtung, örtlich begrenzte	local hardening
Harz	resin
Hauptgruppe	main group
Hauptgüteklasse	main quality grade
Hauptquantenzahl	main quantum number
Hebelarm	lever arm
Hebelgesetz	lever principle
Heißbruch	hot fracture, hot shortness
heißisostatisches Pressen	hot isostatic pressing
Heißleiter	high-temperature conductor
Heißpressen	hot pressing
Heißriss	hot crack
Heißrissbildung	hot crack formation
Heizleiterwerkstoff	heating conductor material
Herstellverfahren	production methode
hitzebeständiger Stahl	heat-resisting steel
hitzebeständiger Stahlguss	heat-resisting cast steel
hitzebeständiges Gusseisen	heat-resisting cast iron
Hochdruckgasabschrecken	high pressure gas quenching
Hochdruck-Polyethylen	low density polyethylene
Hochdruckverfahren	high-pressure method

hochfester Stahl . . . . high-strength steel
hochfester Stahlguss . . . . high-strength cast steel
Hochfrequenzhärten. . . . . high-frequency hardening
Hochfrequenz-
Impulshärten . . . . high-frequency impulse hardening
Hochgeschwindigkeitszerspanung . . . . hig-speed cutting
Hochglühen . . . . full annealing
Hochleistungs-
Automatenstahl . . . . high-performance machining steel
Hochleistungskeramik . . . . high-performance ceramics
Hochofen . . . . blast furnace
Hochofenmantel . . . . blast shell
Hochofenprozess . . . . blast furnace process
Hochofenschacht . . . . blast furnace stack
Hochofenschlacke . . . . blast furnace slag
höchstfester Stahl . . . . super high-strength steel
höchstfester Vergütungs-
stahl . . . . high-strength quenched and tempered steel
Hochtemperatur- . . . . high-temperature chemical
CVD-Verfahren   vapor deposition technique
Hochtemperatur-Diffusion . . . . high-temperature diffusion
Hochtemperaturkorrosion . . . . high-temperature corrosion
Hochtemperaturkriechen . . . . high-temperature creep
Hochtemperaturlöten . . . . high-temperature brazing,
                                          high-temperature soldering
Hochtemperatur-
supraleiter . . . . high-temperature superconductor
Hochtemperaturwerkstoff . . . . high-temperature material
hochwarmfester
Stahl . . . . high-temperature creep-resistant steel
höherfester Stahl,
mikrolegiert . . . . micro-alloyed high-strength steel
Holzmaserung . . . . wood grain
Homogenisierungsglühen . . . . homogenization
Hookesche Gerade . . . . Hooke's straight line
Hookesches Gesetz . . . . Hooke's law
Horizontalstrang-
gießverfahren . . . . horizontal continuous casting method
Hörschall . . . . audible sound
HSD-Stahl . . . . HSD steel
HTSL-Werkstoff . . . . HTSL material
Hume-Rothery-Phase . . . . Hume-Rothery phase
Hume-Rothery-Regel . . . . Hume-Rothery rule
Hüttenaluminium . . . . primary aluminum
hydrodynamischer
Schmierfilm . . . . hydrodynamic lubricating film
hydrostatischer Schmierfilm . . . . . . hydrostatic lubricating film
Hysteresekurve . . . . hysteresis curve

I

Idealkristall . . . . perfect crystal
IF-Stahl . . . . IF steel (IF = interstitial free)
Impfung . . . . seeding
Impuls-Echo-Verfahren . . . . impulse reflection method
Impulshärten . . . . impulse hardening
Impulswärmen . . . . impulse heating

indirekte Reduktion . . . . indirect reduction
Indium . . . . indium
Induktionshärten . . . . induction hardening
Induktionsofen . . . . induction furnace
Induktor . . . . inductor, inductance coil
Infraschall . . . . infrasound
Ingenieurkeramik . . . . engineering ceramics
Innenlunker . . . . internal shrinkage
innere Oxidation . . . . internal oxidation
interkristalline Korrosion . . . . intergranular corrosion
intermetallische Phase . . . . intermetallic compound
Intrusion . . . . intrusion
Invarstahl . . . . Invar® steel
Ion . . . . ion
Ionenbindung . . . . ion bond
Ionenplattieren . . . . ion plating
Iridium . . . . iridium
Isoforming . . . . isoforming
ISO-Spitzkerbprobe . . . . ISO V-notch specimen
isostatisches Pressen . . . . isostatic pressing
isotherme Umwandlung . . . . isothermic transformation
isothermes Härten . . . . isothermic hardening
isothermes Vergüten . . . isothermic quenching and tempering
isothermisches Umwandeln in der Bainitstufe . . austempering
isothermisches Umwandeln
in der Perlitstufe . . . . isothermal annealing
Isotop . . . . isotropic
Isotropie . . . . isotropy
Isotropiegrad . . . . degree of isotropy

K

Kalandrieren . . . . calendering
Kaliberwalzen . . . . caliber rolling
Kalium . . . . potassium
Kaltarbeitsstahl . . . . . . cold forming tool steel, cold work steel
Kaltaushärtung . . . . precipitation hardening,
Kaltauslagerung . . . . cold storage
Kaltbandwalzwerk . . . . cold strip (rolling) mill
Kaltformmessing . . . . brass for cold working
kaltgewalzt . . . . cold rolled
Kaltleiter . . . . PTC thermistor
Kaltriss . . . . cold crack
Kaltriss, wasserstoff-
induziert . . . . hydrogen induced cold crack
Kaltumformung . . . . cold working, cold forming
Kaltverfestigung . . . . cold work hardening
Kaltverformbarkeit . . . . cold formability
Kaltverschweißung . . . . cold shut
kaltzäher Stahl . . . . low-temperature steel, cryogenic steel
kaltzäher Stahlguss . . . . low-temperature cast steel
Kaltziehen . . . . cold (wire) drawing
Kantenriss . . . . cold drawing
Kaolin . . . . corner crack, edge crack
Kapillarwirkung . . . . capillary attraction
Karat . . . . carat
Kation . . . . cation, kation

Katode	cathode
Katodenzerstäuben	cathode sputtering
katodischer Korrosionsschutz	cathodic corrosion protection
Keimbildung	nucleation, nucleus formation
Keimwachstum	nucleus growth
Keramik	ceramics
keramische Werkstoffe	ceramic materials
Kerbriss	toe-crack
Kerbschlagarbeit	notch impact energy
Kerbschlagarbeit-Temperatur-Kurve	absorbed energy/temperature curve
Kerbschlagbiegeprobe	notched bending test, Charpy impact test
Kerbschlagbiegeversuch	notched bar (impact) test
Kerbschlagzähigkeit	notch toughness, (impact) toughness
Kern	core
Kernhärten	core hardening
Kernladungszahl	atomic number
Kirkendall-Effekt	Kirkendall effect
Kleben	bonding
Klebstoffe	adhesive
Kleinkrafthärte	low load hardness
Kleinwinkelkorngrenze	small angle grain boundary
Klettern	climbing
Knetlegierung	wrought alloy
Knickpunkt	inflection point
Kochphase	boiling stage
Koerzitivfeldstärke	coercive field strength, coercivity
Kohäsion	cohesion
Kohlensack	belly
Kohlenstoff	carbon
Kohlenstoffaktivität	carbon activity
Kohlenstoffäquivalent	carbon equivalent
Kohlenstofffaser	carbon fiber (AE), carbon fibre (BE)
Kohlenstofflöslichkeit	carbon solubility
Kohlenstoffpegel	carbon potential
Kohlenstoffträger	carbon carrier
Kohlenstoffübergangszahl	carbon mass transfer coefficient
Kohlenstoffverlauf	carbon profile
Kohlenwasserstoff	hydrocarbon
Kokillenguss	die casting
Kolbenlegierung	piston alloy
Konduktionshärten	conductance hardening
Konode	tie-line
Konstantan	constantan
Konstruktionskeramik	structural ceramics
Kontaktkleber	contact adhesive
Konvektionsphase	convection stage
Konversionsschicht	conversion coating
Konverter	converter
Konverter-Verfahren	converter process
Konzentrat	concentrate
Konzentrationsdreieck	concentration triangle
Konzentrationselement	concentration cell
Konzentrationsschnitt	concentration cut
Konzentrations-Temperatur-Diagramm	concentration-temperature-diagram
Koordinationszahl	coordination number
Korn	grain
Kornerholung	grain recovery
Kornfeinung	grain refining
Korngrenze	grain boundary
Korngrenzendiffusion	grain boundary diffusion
Korngrenzenhärtung	grain-boundary hardening
Korngrenzenverfestigung	grain-boundary strengthening
Korngröße	grain size
Korngrößenkennzahl	grain size number
Kornvergröberung	grain growth
Kornwachstum	grain growth
Korrosion	corrosion
korrosionsbeständiges Gusseisen	corrosion-resistant cast iron
Korrosionsriss	corrosion crack
Korrosionsrissbildung	corrosion cracking
Korrosionsschutz	corrosion protection
Kraft-Verlängerungs-Diagramm	load-elongation-diagram
Kriechen	creep
Kriechfestigkeit	creep resistance
Kriechgeschwindigkeit	creep rate
Kriechkurve	creep-time curve
Kristall	grain, crystal
Kristallgitter	crystal lattice
Kristallinitätsgrad	degree of crystallinity
Kristallisation	crystallization
Kristallisationskeim	nucleation site
Kristallisationswärme	crystallization heat
Kristallit	crystallite, grain
Kristallseigerung	microsegregation, grain segregation
kritische Abkühlgeschwindigkeit	critical cooling rate
kritischer Abkühlverlauf	critical cooling function
kritischer Durchmesser	critical diameter
Kryolith	cryolite, Greenland spar
kubisches Bornitrid	cubic boron nitride
Kugeleindruckhärte	ball indentation hardness
Kunststoff	plastics
Kupfer	copper
Kupfer-Aluminium-Legierung	copper-aluminum-alloy
Kupfer-Blei-Legierung	copper-lead-alloy
Kupfer-Mangan-Legierungen	copper-manganese-alloy
Kupfer-Nickel-Legierungen	copper-nickel-alloy
Kupfer-Silicium-Legierungen	copper-silicium-alloy
Kupfer-Zink-Legierungen	copper-zinc-alloy
Kupfer-Zinn-Legierungen	copper-tin-alloy
Kurzzeitaustenitisieren	short-time austenitizing

L

Lacke	paint
Lackieren	painting
Lagermetall	bearing metal
Lambda-Sonde	lambda sensor, oxygen sensor
Lanthanoid	lanthanide
Laser	laser

Laserstrahlhärten	laser (beam) hardening
Laves-Phase	Laves phase
LDAC-Verfahren	LDAC-process
LD-Verfahren	LD-process
Ledeburit	ledeburite
ledeburitischer Stahl	ledeburitic steel
Leerstelle	void, vacancy
Leerstellendiffusion	vacancy diffusion
Leerstellenkondensation	vacancy concentration
legierbar	alloyable
Legieren	alloying
legierter Baustahl	alloy structural steel
legierter Stahl	alloy steel
Legierung	alloy
Legierungsbildung	forming of an alloy
Legierungselement	alloying component, alloying constituent
Legierungskomponente	alloying component
Legierungssystem	alloy system
Leichtmetall	light metal
Leidenfrost-Phänomen	Leidenfrost phenomenon
Leistungsdichte	power density
Leuchtschirm	fluorescent screen
Lichtbogenofen	(electric) arc furnace
Lichtbogenspritzen	arc spraying
Liquiduslinie	liquidus line
Lithium	lithium
Lithiumporzellan	lithium porcelain
Lochkorrosion	pitting corrosion
Löslichkeitslinie	segregation line
Lösungsbehandeln	solution treatment
Lösungspolymerisation	solution polymerisation
Lötbruch	liquid metal embrittlement
Löten	brazing, soldering
Löttemperatur	soldering temperature
Lötverfahren	soldering method
lufthärtender Stahl	air hardening steel
Luftvergütung	air quenching and tempering
Lunker	blowhole, contraction cavity

M

Magnesium	magnesium
Magnesiumlegierung	magnesium alloy
Magnesiumoxid	magnesium oxide
magnetisches Streufeld	stray magnetic field
Magnetisieren	magnetization
Magnetisierungsmethode	magnetization method
Magnetographie	magnetography
Magnetpulverprüfung	magnetic particle inspection test
Makroeigenspannung	macro residual stress
Makrogefüge	macrostructure
Makrohärte	macrohardness
Makroriss	macrocrack
Makroseigerung	macrosegregation
Mangan	manganese
Mangan-Hartstahl	manganese steel
Manganhartstahlguss	manganese steel cast
Manganin	manganin
Manganstahl	manganese steel
Mangansulfid	manganese sulphide
Martensit	martensite
Martensitaushärten	maraging
martensitaushärtender Chromstahl	maraging chromium steel
martensitaushärtender Stahl	maraging steel
Martensitbildung	martensite formation
Martensit-Endtemperatur	martensite end temperature of formation
martensitische Umwandlung	martensitic transformation
martensitischer Chromstahl	martensitic chromium steel
martensitischer Stahlguss	martensitic chromium cast steel
Martensit-Starttemperatur	martensite start temperature of formation
Martensitstufe	martensite region
Martensitnadel	martensite needle
Massel	bloom
Massezahl	mass number, nuclear number
Maximalspannung	maximum stress
Medium	medium
Mehrfachgleitung	multiple slip
Mehrstoffsystem	multicomponent alloy
mehrstufiges Aufkohlen	boost-diffuse carburizing
Meissner-Ochsenfeld-Effekt	Meissner-Ochsenfeld effect
Melaminharz	melamine formaldehyde resin
Memory-Effekt	memory-effect
Metall Matrix Composites	metal matrix composite (MMC)
Metallbindung	metallic bond
Metall-Diffusionsverfahren	metal diffusion process
Metallgewinnung	extractive metallurgy
Metallhydrid	metal hydride
metallischer Einschluss	metallic inclusion
Metallisieren	metallization
Metallkunde	metals science, metallurgy
Metallschmelze	metal melt
Metallurgie	metallurgy
metastabil	metastable
Methan	methane
Methan-Reaktion	methane reaction
Mikrogefüge	microstructure
Mikrohärte	microhardness
Mikrokontaktfläche	micro area of contact
Mikroschliff	microsection
Mikroseigerung	microsegregation
Mindestrekristallisationstemperatur	minimum recrystallization temperature
Mindestverformungsgrad	minimum degree of deformation
Mischcarbid	composite carbide
Mischkristall	solid solution
Mischkristallverfestigung	solid solution strengthening
Mischreibung	mixed friction
Mischungslücke	miscibility gap
Mittel	medium
Mittelfrequenzhärten	medium frequency hardening
Möller	batch

Molybdän .... molybdenum
Muldenkorosion....................... cavity corrosion
Mullit .... mullite
Mutterphase .... parent phase

N

nadelförmiges Gefüge.................. acicular structure
Nadelschicht............................ acicular layer
Nasspressen.......................... wet moulding
Natrium .... sodium
Natriumaluminat...................... sodium aluminate
Naturkautschuk....................... natural rubber
NDT-Temperatur .... NDT-temperature
Nebengruppe .... subgroup
Nelson-Diagramm .... Nelson diagram
neutrale Faser .... neutral axis
Neutron.................................. neutron
Nichteisenmetall .... non-ferrous metal
nichtmagnetisierbarer Stahl .... non-magnetic steel
Nichtmetall-Diffusionsverfahren .... non-metal diffusion
nichtmetallischer Einschluss .... non-metal inclusion
nichtoxidkeramische
Werkstoffe .... non-oxide ceramic material
nichtrostender Stahl................... stainless steel
nichtrostender Stahlguss................ stainless cast steel
Nickel .... nickel
Nickeläquivalent .... nickel equivalent
Nickel-Chrom-Legierung .... nickel-chromium-alloy
Nickel-Eisen-Legierung .... nickel-iron-alloy
Nickel-Legierung .... nickel alloy
Nickelstahl............................... nickel steel
Niederdruck-Polyethylen .... high density polyethylene
Niedertemperaturkriechen.......... low-temperature creep
Niob....................................... niobium
Nitrid .... nitride
Nitrieren................................. nitriding
Nitrierhärtetiefe .... nitriding hardness depth
Nitrierofen .... nitriding furnace
Nitrierschicht.......................... nitrided layer
Nitrierstahl............................. nitriding steel
Nitriertiefe .... depth of nitriding
Nitrocarburieren .... nitrocarburizing
nominelle Dehnung .... nominal elongation
Normalglühen......................... normalizing
normalisierendes Umformen .... normalizing forming
Normalpotenzial .... standard electrode potential
Normalprüfkopf....................... normal probe
Normalsteatit .... normal steatite
Normung .... standardization
NTC-Widerstand .... NTC resistor

O

Oberfläche .... surface
Oberflächendiffusion................. surface diffusion
Oberflächenenergie .... surface energy
Oberflächenhärten .... surface hardening
Oberflächenrauigkeit .... surface roughness
Oktaederebene .... octahedron plane
Oktaederlücke .... octahedron gap
Ölfarbe .... oil-based paint
Öllack.................................... varnish
Ölvergütung .... oil quenching and tempering
Opferanode .... sacrificial anode
Orbitalmodell .... orbital model
Ordnungszahl .... atomic number
örtliches Härten .... local hardening
Osmium................................. osmium
Oxidation .... oxidation
Oxidation, innere .... internal oxidation
Oxidkeramik........................... oxide ceramics

P

Packungsdichte .... packing density
Palladium .... palladium
passiver Korrosionsschutz ..... passive corrosion protection
Passivschicht.......................... passive layer
Patentieren .... patenting
Patina.................................... patina
Peierls-Energie .... Peierls energy
Peierls-Spannung .... Peierls stress
Pellet .... pellet
Pelletieren .... pelletization
Pellini-Versuch........................ Pellini test
Pendelschlagwerk......... pendulum impact testing machine
Penetration .... penetration
Periode .... period
Periodensystem der Elemente . periodic table of the elements
peritektische Reaktion .... peritectic reaction
peritektische Temperatur............. peritectic temperature
peritektischer Punkt .... peritectic point
peritektisches Legierungssystem .... peritectic system
peritektisches Zustandsdiagramm . peritectic phase diagram
Perlitisieren .... isothermal annealing
Perlit..................................... pearlite, perlite
Perlitbildung........................... pearlite formation
perlitischer Hartguss .... perlitic chill casting
Perlitisieren .... isothermal annealing
Perlitkorn .... pearlite grain
Perlitstufe.............................. pearlite region
Permanentmagnet..................... permanent magnet
Permeabilität.......................... permeability
Phase .... phase
Phasenumwandlung.................. phase transformation
Phenoplast............................. phenolic plastic
Phosphatieren .... bonderizing
Phosphideutektikum.................. phosphorous eutectic
Phosphor............................... phosphor
Phosphorbronze...................... phosphor bronze
Phosphorlegierter Stahl............... phosphor-alloyed steel
piezoelektrischer Effekt .... piezoelectric effect
Piezoelektrizität...................... piezoelectricity

Pigment	pigment
Pilgerschrittverfahren	back-step method
Plamanitrocarburieren	plasma nitrocarburizing
Plamastrahlhärten	plasma beam hardening
plasmaaktiviertes CVD-Verfahren	plasma enhanced chemical vapour deposition
Plasma-Nitrieranlage	plasma nitriding machine
Plasmanitrieren	plasma nitriding
Plasmaspritzen	plasma spraying
plastisch	plastic
plastische Verformung	plastic deformation
Plastizität	plasticity
Platin	platinum
Platinmetall	platinum metal
Platte	plate
Plattenmartensit	plate martensite
Plattieren	cladding
PM-Stahl	powder-metallurgical steel
Poissonsche Zahl	Poisson's ratio
Poissonsches Gesetz	Poisson's law
Polonium	polonium
Polyacrylnitril (PAN)	polyacrylonitrile
Polyaddition	polyaddition
Polyamid (PA)	polyamide
Polycarbonat (PC)	polycarbonate
Polyester	polyester
Polyethylen (PE)	polyethylene
Polyethylenterephthalat (PET)	polyethylene terephthalate
Polygonisation	polygonization
Polyimid	polyimide
Polykondensat	polycondensate
Polykondensation	condensation polymerization
Polymerisat	polymerizate
Polymerisation	polymerization
Polymerlösung	polymer solution
Polymethylmethacrylat (PMMA)	polymethylmethacrylate
polymorph	polymorphous
Polyoxymethylen (POM)	polyoxymethylene
Polypropylen (PP)	polypropylene
Polystyrol (PS)	polystyrene
Polysulfon (PESU)	polysulfone
Polytetrafluorethylen (PTFE)	polytetrafluorethylene
Polyurethan (PUR)	polyurethane
Polyvinylchlorid (PVC)	polyvinyl chloride
Porensaum	border of voids
Pressschweißen	pressure welding
primäres Kriechen	primary creep
Primärgefüge	primary microstructure
Primärkristallisation	primary crystallization
Primärzementit	primary cementite
Profilglattwalzen	smooth rolling of tubular shapes
Proportionalitätsgrenze	limit of proportionality
Proton	proton
Pseudo-Legierung	pseudoalloy
PTC-Widerstand	PTC resistor
Puddelverfahren	puddling
Pulvernitrocarburieren	powder nitrocarburizing
PVD-Verfahren	physical vapo(u)r deposition technique
Pyrolyse	pyrolysis
Pyrometallurgie	pyrometallurgy

Q

Qualitätsstahl	high-grade steel, quality steel
Quarzporzellan	quartz-enriched porcelain
Quecksilber	mercury
Quergleiten	cross slip
Querkontraktionszahl	Poisson's number
Querriss	transverse crack

R

Randentkohlung	surface decarburisation
Randomversuch	random test
Randschicht	exterior layer, peripheral layer
Randschichthärten	surface hardening treatment
Randschichthärtungstiefe	surface hardening depth
Randschichtschmelzplan	fusion treatment specification
Rast	bosh
Raumtemperatur	room temperature
Reaktionsklebstoff	reaction adhesive
Reaktionssintern	reaction sintering
reaktives Ionenplattieren	reactive ion plating
Realkristall	real crystal, imperfect crystal
Reckalterung	age hardening
Recycling	recycling
Reduktion	reduction
Reduktionsmittel	reducing agent
Regenerator	regenerator
Reibhärten	extreme fiber
Reibrost	fretting
Reibung	friction
Reibungszahl	coefficient of friction
Reinaluminium	pure aluminum
Reinstaluminium	super-purity aluminum
Reißdehnung	elongation at rupture
Reißfestigkeit	tensile strength
Reißlänge	tension length
Reißspan	tearing chip
Rekaleszenz	recalescence
Rekristallisation	recrystallization
Rekristallisationsdiagramm	recrystallization diagram
Rekristallisationsglühen	recrystallization annealing
Rekristallisationstemperatur	recrystallization temperature
Resistenzgrenze	parting limit
Resit	resite
Resitol	resitol
Resol	resol
Restaustenit	retained austenite
Rhodium	rhodium
Rissauffangversuch	crack arresting test
Robertson-Versuch	Robertson test
Rockwell-Härteprüfung	Rockwell hardness test
Rockwellskala	Rockwell hardness scale

Roheisen	iron ore
Rohmetall	crude metal
Rohstahl	crude steel
Rohstoff	raw material
Röntgenbildverstärker	radiographic image intensifier
Röntgenprüfgerät	radiographic testing device
Röntgenprüfung	radiographic examination
Röntgenstrahl	X-ray
Rost	rust
Rotbruch	red brittleness, red shortness
Rotguss	red brass
Rotschlamm	red mud
Rückbildung	reconstitution
Rückfederung	rebound
Rückwandecho	bottom echo
Ruhepotenzial	equilibrium rest potential
Rutherfordsches Atommodell	Rutherford's atomic model

S

Salzbadaufkohlen	salt bath carburizing
Salzbadcarbonitrieren	cyaniding
Salzbadnitrocarburieren	salt bath nitrocarburizing
Salzbadofen	salt bath furnace
Salzschmelze	molten salt
Sandguss	sand casting
Sauerstoffblasverfahren	oxygen steelmaking process
sauerstoffhaltiges Kupfer	oxygenic copper
Scandium	scandium
Schaden	damage
Schadenfall	failure
Schaeffler-Diagramm	Schaeffler diagram
Schalenhartguss	chilled cast iron
Schall	sound
Schallausbreitungsgeschwindigkeit	sonic speed
Scherbruch	shear fracture
Scheren	shearing
Scherfestigkeit	shearing strength
Scherspan	shearing chip
Scherung	shear
Scherversuch	shearing test
Schichtverbundwerkstoff	multilayer material
Schlackenzeile	slag streak
Schlagenergie, verbrauchte	absorbed energy
Schleuderguss	centrifugal casting
Schlicker	engobe, slip
Schlickerguss	slip casting
Schlupfzone	slip zone
Schmelzflusselektrolyse	fused-salt electrolysis
Schmelzhärtungstiefe	fusion hardness depth
Schmelzkleber	hot-melt adhesive
Schmelzlegierung	fusible alloy
Schmelzschweißen	fusion welding
Schmelztauchen	hot dipping
Schmelztauchverzinken	hot dipping zinc-plating
Schmelztemperatur	melting temperature
Schmelzwärme	latent heat of fusion
Schmieden	forging
Schmierfett	lubricating grease
Schmieröl	lubricating oil
Schmierstoff	lubricant
Schmierung	lubrication
Schneidmechanismus	cutting mechanism
Schneidstoff	cutting material
Schnellarbeitsstahl	high-speed steel
Schraubenversetzung	screw dislocation
Schubspannung	shear stress
Schulpe	scab
Schwarzbruch	black shortness
Schwefel	sulphur
Schweißbarkeit	weldability
Schweißeigenspannung	residual welding stress
Schweißeignung	weldability
Schweißen	welding
schweißgeeigneter Feinkornbaustahl	weldable fine-grained steel
Schweißgut	weld deposit, weld metal
Schweißnaht	welding seam
Schweißplattieren	weld cladding
Schweißsicherheit	weld reliability
Schwerkraftseigerung	gravity segregation
Schwermetall	heavy metal
Schwindmaß	degree of shrinkage
Schwindung	shrinkage
Schwingfestigkeitsversuch	endurance test, fatigue test
Schwingprüfmaschine	fatigue testing machine
Schwingrissausbreitung	fatigue crack propagation
Schwingungsrisskorrosion	corrosion fatigue
Seebeck-Effekt	Seebeck effect
Seigerung	segregation
Seigerungsriss	segregation crack
Sekantenmodul	modulus of elasticity in flexure
Sekundäraluminium	secondary aluminum
sekundäres Kriechen	secondary creep
Sekundärgefüge	secondary microstructure
Sekundärhärtung	secondary hardening
Sekundärmetallurgie	secondary metallurgy
Selbstabschrecken	self-quenching
Selbstanlassen	auto-tempering
Selbstdiffusion	self diffusion
Selen	selenium
Seltenes Erdmetall	rare earth metal
Sensibilisierung	sensitization
Sheradisieren	sherardizing
Sigma-Phase	sigma-phase
Silber	silver
Silicatkeramik	silicate ceramic
Silicieren	siliconizing
Silicium	silicon
Siliciumcarbid	silicon carbide
Siliciumnitrid	silicon nitride
Silicone	silicone elastomer
Sinter	sinter
Sinterhilfsmittel	sintering aid

Sintern	sintering
Sintertemperatur	sintering temperature
Skineffekt	skin effect
Solarzelle	photovoltaic cell
Solidusfläche	solidus area
Soliduslinie	solidus line
Soliduspunkt	solidus point
Sorbit	sorbite
Spaltkorrosion	crevice corrosion
Spanform	chip shape
Spannungsarmglühen	stress relieving
Spannungs-Dehnungs-Diagramm	stress-strain-diagram
Spannungsrelaxation	stress relaxation
Spannungsrisskorrosion	stress corrosion cracking
Speiser	feeder head, sink head
spezifische Wärme	specific heat
Sphärolith	spherulite crystal
Sprengplattieren	explosive cladding
Spritzgießen	injection mo(u)lding
spröd	brittle
Sprödbruch	brittle fracture
Sprödbruchsicherheit	brittle fracture certainty
Sprungtemperatur	transition temperature
Spülgas	flushing gas
Stabilglühen	stabilizing annealing
Stabilisator	stabilizer
Stabilisieren	stabilizing
Stabilisierung des Restautensits	stabilization of retained austensite
Stabilisierung	stabilization
Stahl	steel
Stahl, ferritischer	ferritic steel
Stahl, austenitischer	austenitic steel
Stahl, grafitischer	graphitic steel
Stahl, ledeburitischer	ledeburitic steel
Stahl, lufthärtender	air-hardening steel
Stahl, martensitaushärtender	maraging steel
Stahl, übereutektoidischer	hypereutectoid steel
Stahl, untereutektoidischer	hypoeutectoid steel
Stahlerzeugung	steel production, steelmaking
Stahlguss	steel casting
Standardpotenzial	standard electrode potential
Stapelfehler	stacking fault
Stapelfehlerenergie	stacking fault energy
Stapelfolge	stacking sequence
Steatit	steatite, soapstone
Steilabfall	steep front
Steinzeit	stone age
Stellit	stellite
Stengelkristall	columnar crystal
Stickstoff	nitrogen
Stickstoffverlauf	nitrogen profile
Stirnabschreck-Härtekurve	end quench hardness curve
Stirnabschreckprobe	end quench specimen
Stirnabschreckversuch	end quench test, Jominy test
Stoff	agent, material
Strangguss	continuous casting
Strangpressen keramischer Werkstoffe	extrusion mo(u)lding
Streckdehnung	elongation at yield
Streckgrenze	yield stress
Streckspannung	tensile stress at yield
Streckziehen	stretch drawing
Stribeck-Kurve	Stribeck curve
Strontium	strontium
Strukturebene	structural level
Stufenversetzung	edge dislocation
Styrol-Acrylnitril (SAN)	styrene-acrylonitrile
Styrol-Butadien-Kautschuk (SBR)	styrene-butadiene rubber
Subkorn	subgrain
Subkorngrenze	subgrain boundary
Substitutionsatom	substitutional atom
Substitutionsmischkristall	exchange mixed crystal
Sulfonitrocarburieren	sulphidizing
Superlegierung	superalloy
Superplastizität	superplasticity
Supraleiter	superconductor
Supraleitung	superconductivity
Suspensionspolymerisation	suspension polymerization
syntaktischer Schaum	syntactical foam

T

Taktizität	tacticity
Tantal	tantalum
Tantalcarbid	tantalum carbide
Tauchhärten	dip hardening
Tauchhärten	immersion hardening, dip hardening
technische Keramik	engineering ceramics
Teilaustenitisieren	inter-critical treatment
Teilchenverfestigung	precipitation hardening
Teilchenwachstum	coalescence of a precipitation
Teilversetzung	partial dislocation
Teller-Tassen-Bruch	cup-cone-fracture
Tellur	tellurium
Temperatur	temperature
Temperguss	malleable cast iron
Temperkohle	temper carbon
Tempern	malleabilizing
Temperrohguss	white cast iron
Terrassenbruch	lamellar fracture
tertiäres Kriechen	tertiary creep
Tertiärzementit	tertiary cementite
Tetraederlücke	tetrahedron gap
Textur	texture
Thallium	thallium
thermisch aktivierter Vorgang	thermal activated process
thermische Analyse	thermal analysis
thermisches Spritzen	thermal spraying
thermochemische Behandlung	thermochemical treatment
Thermoelement	thermocouple
thermomechanische Behandlung	thermomechanical treatment

Englische Fachausdrücke

Thermoplast .... thermoplastic
thermoplastisches Elastomer .... thermoplastic elastomer
Thixogießen .... thixocasting
Thomas-Roheisen .... Thomas pig iron
Thomas-Verfahren .... Thomas process
Thorium .... thorium
Thoriumdioxid .... thorium dioxide
Tiefkühlen .... sub-zero treating
Tieftemperaturbehandeln .... sub-zero treating
Tiefungsversuch
 nach Erichsen .... cupping test according to Erichsen
Tiefziehen .... cupping
Titan .... titanium
Titancarbid .... titanium carbide
Titanlegierung .... titanium alloy
Titan-Lithium-Legierung .... titanium-lithium-alloy
Titannitrid .... titanium nitride
Ton .... clay
Tonerdeporzellan .... alumina porcelain
Torsion .... torsion
Torsionsfestigkeit .... torsional strength
Torsionsversuch .... torsion test
Trennen .... cutting
Tribochemische Reaktion .... tribochemical reaction
Tribologie .... tribology
Tribosystem .... tribological system
TRIP-Effekt .... TRIP-effect
TRIP-Stahl .... TRIP steel
Trockenpressen .... dry pressing
Troostit .... troostite, hard pearlite
Tundish-Cover-Verfahren .... tundish-cover process
TWIP-Stahl .... TWIP steel

U

übereutektische Legierung .... hypereutectic alloy
übereutektoider Stahl .... hypereutectoid steel
Übergangstemperatur .... (impact) transition temperature
Überhärtung .... overcuring
Überhitzung .... overheating
Überkohlung .... overcarburizing
Überstruktur .... superlattice
Überzeiten .... oversoaking
Ugine-Séjournet-Verfahren .... Ugine-Séjournet process
Ultraschall .... ultrasound
Ultraschallprüfkopf .... ultrasonic probe
Ultraschallprüfverfahren .... ultrasonic inspection
Umfangsvorschubhärten .. peripheral progressive hardening
Umformen, normalisierendes .... normal forming
Umformperlitisieren .... isoforming
Umformung .... metal forming
Umkörnen .... grain refining
Ummagnetisierungsverlust .... cyclic magnetization loss
Umschmelzen .... remelting
Umwandlung, eutektoidische ...... eutectoid transformation
Umwandlungsbereich .... transformation range
Umwandlungsspannung .... transformation stress
Umwandlungstemperatur .... transformation temperature

Umwertung von
 Härtewerten .... reevaluation of hardness values
ungesättigtes Polyester (UP) .... unsaturated polyester
Universalprüfmaschine .... universal testing machine
unlegierter Baustahl .... unalloyed constructional steel
unlegiertes Kupfer .... unalloyed copper
untereutektische Legierung .... hypoeutectic alloy
untereutektoider Stahl .... hypoeutectoid steel
Untermaßprobe .... subsidiary test piece
Unternahtriss .... underbed crack, toe crack
Uran .... uranium
Urformen .... master forming

V

Vakuumbehandlung .... vacuum treatment
Vakuumformen .... vacuum forming
Vakuumverdampfen .... vacuum evaporation
Valenzelektron .... valency electron
Vanadieren .... vanadizing
Vanadium .... vanadium
Vanadiumnitrid .... vanadium nitride
Verbindung, intermetallische .... intermetallic compound
Verbindungsschicht .... compound layer
Verbindungsschichtdicke .... compound layer thickness
Verbrennung .... burning
Verbundwerkstoff .... composite material
Verchromen .... chromium coating
Veredelung .... dressing
Verfestigung .... strain hardening,
Verfestigungsmechanismus .... strengthening mechanism
Verformbarkeit .... ductility, deformability
Verformung .... deformation
Verformungsbruch .... ductile fracture
Verformungsmartensit .... strain-induced martensite
Verformungstextur .... deformation texture
Verformungsverfestigung .... work hardening
Vergolden .... gold coating
Vergüten .... quenching and tempering
Vergütungs-
 gefüge .... microstructure after quenching and tempering
Vergütungsschaubild ...... quenching and tempering diagram
Vergütungsstahl .... quenched and tempered steel
Vergütungsstahlguss ..... quenched and tempered cast steel
Vergütungstiefe .... quenching and tempering depth
Verkupfern .... copper coating
Vernickeln .... nickel coating
Versatz .... misalignment
Verschleiß .... wear, abrasion
verschleißbestände Werkstoffe .. wear-resistant materials
verschleißbeständiger Stahlguss .. wear-resistant cast steel
verschleißbeständiges Gusseisen .. wear-resistant cast iron
Verschleißbeständigkeit .... wear-resistance
Verschleißmechanismen .... wear mechanism
Versetzung .... dislocation
Versetzungsannihilation .... dislocation extinction
Versetzungsbewegung .... dislocation movement

Versetzungsdichte	dislocation density
Versetzungslinie	dislocation line
Versetzungsquelle	dislocation source
Versetzungsring	dislocation loop
Versilbern	silver coating
Verstärkungsstoff	reinforcement material
Verstrecken	stretching
Versuch	test, experiment
Versuchsaufbau	experimental setup
Verunreinigung	impurity
Verweildauer	floor to floor time
Verzerrungsdipol	distortion dipole
Verzinken	zinc coating
Verzug	distortion
Vickers-Härteprüfung	Vickers hardness test
Vickers-Mikrohärte	Vickers microhardness
Vierpunktbiegung	quarter-point flexure
Viskose Verformung	viscous deformation
Volumendiffusion	volume diffusion
Volumeneinfluss	mass effect
voreutektoide Ausscheidung	proeutectoid constituent
Vorlegierung	master alloy
Vorschubhärten	progressive quenching
Vorwärmen	preheating
Vorwärmtemperatur	preheat temperature

W

Wachsen	expansion
Walzen	rolling
Walzplattieren	cladding by rolling
Warmarbeitsstahl	hot-forming tool-steel
Warmaushärtung	artificial aging
Warmauslagerung	warm storage
Warmbadhärten	martempering, hot-bath hardening
Warmbadhärteöl	hot-bath hardening oil
Warmbreitband	hot wide strip
Wärmdauer	heating time
Wärmebehandlung	heat treatment
Wärmebehandlung des Stahls	heat treatment of steels
Wärmebehandlungsanweisung	heat treatment order
Wärmebehandlungsplan	heat treatment specification
Wärmebehandlungsriss	thermal crack
Wärmedehnung	thermal strain
Wärmeeinflusszone	heat affected zone (HAZ)
Wärmegeschwindigkeit	heating rate
Wärmekurve	heating curve
Wärmen	heating
Wärmespannung	thermal stress
Wärmetönung	heat of reaction
Wärmeverlauf	heating function
warmfester Stahl	heat-resistant steel
warmfester Stahlguss	heat-resistant cast steel
Warmformmessing	brass for hot working
Wärmgeschwindigkeit	heating rate
Wärmkurve	heating curve
Warmriss	thermal crack
Warmumformung	hot working
Warmumformverfahren	hot working process
Warmverformung	hot deformation
Warmwalzen	hot rolling
Wassergasreaktion	water-gas reaction
Wasserstoff	hydrogen
Wasserstoffbrücke	hydrogen bond
wasserstoffinduzierter Riss	hydrogen-induced crack
Wasserstoffkorrosion	hydrogen corrosion
Wasserstoffkrankheit	hydrogen disease
Wasserstoffreduktion	hydrogen reduction
Wasserstoffversprödung	hydrogen embrittlement
Wasservergütung	water quenching and tempering
Wechselfestigkeit	endurance strength, fatigue strength
Weichblei	soft lead
Weicheisen	soft iron
Weichglühen	softening
Weichlot	tin-lead solder
Weichlöten	soft-soldering
Weichmacher	flexibilizer
weichmagnetischer Ferrit	soft magnetic ferrite
weichmagnetischer Werkstoff	soft magnetic material
Weichschaumstoff	flexible foam
Weißblech	tin foil
Weißeinstrahlung	tendency to chilling
Weißmetall	white metal
Werkstoff	material
Werkstoffeigenschaft	material property
Werkstoffkennwert	material property
Werkstoffkunde	materials science
Werkstoffnormung	material standardization
Werkstoffprüfung	testing of materials
Werkstoffverbund	composit
Werkstoffverhalten	behaviour of material
Werkzeugstahl	tool-steel
Whisker	whisker
Widmannstättensches Gefüge	Widmannstaetten microstructure
Wiederaufkohlung	carbon restoration
Winderhitzer	cowper
Wirbelbetten	fluid bed
Wirbelsintern	fluidization coating
Wirbelstrom	eddy current
Wirbelstromprüfung	eddy current testing method
Wirktemperatur	effective temperature
Wirkungsquerschnitt	effective cross section
Wirtsgitter	host lattice
Wöhlerkurve	S-N-curve, Woehler curve
Wöhlerversuch	Woehler test, fatigue test, endurance test
Wolfram	wolfram
Wurzelriss	root crack
Wüstit	wustite

Y

Yttrium	yttrium
Yttrium-Barium-Kupferoxid	yttrium- barium-copper oxide
Yttriumoxid	yttrium oxide, yttria

Englische Fachausdrücke

Z

zäh	ductile, tough
Zähbruch	ductile fracture
Zähigkeit	toughness
Zähigkeitsprüfverfahren	toughness testing method
Zählnummer	sequence number
Zählrohr	counting tube, radiation counter
Zahngold	dental gold
Zeilengefüge	banded structure
Zeitbruchkurve	creep rupture curve
Zeitdehngrenze	stress-to-strain
Zeitdehngrenzkurve	creep-strain diagram
Zeitdehnkurve	creep-time curve
Zeitdehnschaubild	linear creep diagram
Zeitstandbruch, interkristallin	intergranular creep-rupture
Zeitstandbruch, transkristallin	transgranular creep-rupture
Zeitstandfestigkeit	stress-to-rupture
Zeitstandschaubild	creep rupture diagram
Zeitstandversuch	creep test in tension
Zeit-Temperatur-Austenitisierungs-diagramm	time-temperature-transition diagram (TTT-diagram)
Zeit-Temperatur-Folge	thermal cycle
Zeit-Temperatur-Umwandlungsdiagramm	continuous-cooling-transition diagramm (CCT-diagram)
Zelle	cell
Zellengefüge	banded structure
Zellstruktur	cell structure
Zellwand	cell wall
Zementit	cementite
Zerorolling	zerorolling
Zersetzungstemperatur	decomposition temperature
Zerspanbarkeit	machinability
Zerspanen	machining, cutting
zerstörungsfreies Werkstoffprüfverfahren	non-destructive testing method (NDT)
Zerteilen	fragmentation
Ziconium	zirconium
Ziconiumdioxid	zirconium dioxide, zirconia
Ziehen	drawing
Ziehverhältnis	drawing ratio
Zink-Gusslegierung	zinc cast alloy
Zink-Knetlegierung	zinc wrought alloy
Zinn	tin
Zintl-Phase	Zintl phase
Zipfelbildung	earing
Zircaloy	zircaloy
zirconiumverstärktes Aluminiumoxid (ZTA)	zirconia toughened aluminum oxide
Zug-Druck-Wechselfestigkeit	alternating strength under tension and compression
Zugfestigkeit	tensile strength
Zugmodul	tensile modulus
Zugprobe	tensile specimen
Zugspannung	tensile stress
Zugversuch	tensile test
zunderbeständiger Stahl	non-scaling steel
Zuschlagstoff	additive
Zustandsdiagramm	phase diagramm
Zweistoffsystem	binary system
Zwillingsbildung	twin formation
Zwillingsgrenze	twin boundary
Zwischengitteratom	interstitial atom
Zwischengitterdiffusion	interstitial diffusion
Zwischenstufengefüge	bainite
Zwischenstufenvergüten	austempering

Sachwortverzeichnis

ε-Carbid 171, 246
χ-Carbid 246
α-Eisen 166
γ-Eisen 166
δ-Eisen 166
α-Ferrit 168
δ-Ferrit 168
Θ-Phase 365
α-Strahlen 588
β-Strahlen 588
γ-Strahlen → Gammastrahlen
0,01-%-Dehngrenze 599
0,2-%-Dehngrenze 599
0°-Versetzung → Schraubenversetzung
90°-Versetzung → Stufenversetzung
3/5-Halbleiter 378
300-°C-Versprödung 248
475-°C-Versprödung 291
500-°C-Versprödung → Anlassversprödung

A

Abkühlungskurve 75
Abrasion 565
ABS → Acryl-Butadien-Styrol
Abschreckalterung 189
Abschreckhärte 234
Abschreckmittel 238
– Abkühlphase 237
– Abschreckwirkung 237
Abstichtemperatur 148
Acryl-Butadien-Styrol (ABS) 455, 480
Acrylnitril-Butadien-Kautschuk (NBR) 484
Actinoide 22
Additiv 560
Adhäsion 497, 557
Adhäsionsverschleiß 563
Agricola, Georgius 15, 224
aktiver Korrosionsschutz 551
Aktivierungsenergie 55
Akzeptor 378
Alkalimetall 406
Alkan 447
Alkydharz 460
Alleskleber 498
allgemeiner Baustahl → unlegierter Baustahl
Al-Si-Eutektikum 357
Alterung 189
– künstliche 189
– natürliche 189
alterungsbeständiger Stahl 190
Aluminium 353
– Gewinnung 151
– Wirkungsweise in Stählen 210
Aluminium-Gusslegierung 357
Aluminiumhydroxid 152
Aluminium-Knetlegierung 354
Aluminium-Kupfer-Legierung 358

Aluminium-Lithium-Legierung 406
Aluminium-Magnesium-Legierung 358
Aluminiumnitrid (AlN) 528
Aluminiumoxid 512
Aluminiumschaum 360
Aluminium-Silicium-Legierung 357
Aluminiumtitanat 516
Aluminiumwerkstoffe 353
– Aushärten 363
– Gusswerkstoffe 357
– Knetwerkstoffe 354
– Verarbeitung durch Gießen 366
– Verarbeitung durch Schweißen 368
– Verarbeitung durch Umformen 367
– Verarbeitung durch Zerspanen 367
Aluminothermie 137
Amalgam 412
Aminoplaste 457
Anion 19
Anisotropie 42
Anlassen 245
– innere Vorgänge 246
– legierte Stähle 247
– Einfluss carbidbildender Legierungselemente 247
– Einfluss nicht carbidbildender Legierungselemente ... 247
– Versprödungserscheinungen 248
Anlassschaubild 252
Anlassstufe 246
Anlassvergüten → Vergüten
Anlassversprödung 248
anodische Oxidation 127
Anodisieren → anodische Oxidation
Anstreichen 120
Antimon 410
Anwärmen 212
Arbeitstemperatur 115
ARMCO-Eisen 168
Arrhenius-Gleichung 55
Arsen 409
Atom 19
Atombau 19
Atombindung 23
Atomkern 19
Atommasse 20
Atommodell 19
– nach Bohr → Bohrsches Atommodell
– nach Dalton → Daltonsches Atommodell
– nach Rutherford → Rutherfordsches Atommodell
Aufbauschneide 367
Aufhärtungsriss 106
Aufkohlen 260
– in festen Aufkohlungsmitteln 261
– in flüssigen Aufkohlungsmitteln 261
– in gasförmigen Aufkohlungsmitteln 262
Aufkohlungsmittel 261

Sachwortverzeichnis

Aufschmelzriss 106, 183
Aufspaltungsweite 38
Auftragschweißen 122
Ausfallwahrscheinlichkeit 639
Ausferritisches Gusseisen 336
Ausforming → Austenitformhärten
Ausglühen 295
Aushärten 363
– innere Vorgänge 364
– Prinzip 364
– Verfahren 363
Aushärtungsverlauf 365
Ausscheidungshärtung → Aushärten
Ausscheidungsriss 109
Außenlunker 89
Austauschmischkristall → Substitutions-
mischkristall
Austenit 170
– homogener 244
– inhomogener 244
– Kohlenstofflöslichkeit 233
Austenitbildner 201
Austenitformhärten 280
Austenitgebiet 179
Austenitischer Chrom-Nickel-Stahl 293
– Anwendungen 296
– Gefüge 294
– Korrosionsbeständigkeit 295
– mechanische Eigenschaften 293
– physikalische Eigenschaften 294
– Sorten 295
– Wärmebehandlung 295
– Werkstoffkundliche Grundlagen 293
– Zerspanung 295
Austenitischer Stahlguss 324
Austenitisches Gusseisen 348
Austenitisieren 242
– Härtefehler 245
– praktische Hinweise 245
Austenit-Korngrößen-Diagramm 244
Austenitkornwachstum 244
Austenitrückbildung 308
Austenitumwandlung, Einfluss von
Legierungselementen 241
Austenitzerfall 180
Automateneinsatzstahl 301
Automatenlegierung 101
Automatenmessing 386
Automatenstahl 300
– mechanische Eigenschaften 302
– Sorten 301
– werkstoffkundliche Grundlagen 300
Automatenvergütungsstahl 301
Automatenweichstahl 301

B

Bandgießverfahren 159
Bain, Edgar C. 227
Bain-Deformation 230
Bainit 227

– kohlenstoffarmer 227
– körniger 227
– nadeliger 227
– oberer 227
– unterer 227
Bainitbildung 228
Bainitisches Gusseisen 336
Bainitisieren 228, 254
Bainitstufe 226
Bainitvergüten 336
Bake-Hardening-Stahl 303
Bakelit 446
Bandgießen 159
Barium 407
Bariumsteatit 511
Bariumtitanat 530
Baukeramik 507
Baumann-Abdruck 188
Baumann-Hammer 623
Bauschinger, Johann 52
Bauschinger-Effekt 52
Baustahl, unlegiert → unlegierter Baustahl
Bauteilauslegung ....
– betriebsfest 640
– statisch 640
Bauxit 151
Bayer-Verfahren 151
Beanspruchungsgrad 613
Bearbeitungseigenspannungen 218
Becquerel, Henri Antoine 587
Begleitelement 182
– Grenzkonzentration im Stahl 150, 424
– Seigerungsneigung 188
– Wirkungsweise in Stählen 182, 193
Begleitstoff 136
Beizblase 192
Beizreaktion 128
Beizsprödigkeit 192
Benzol 448
Berylliose 407
Beryllium 407
Berylliumoxid 518, 528
Beschichten 118
– chemisches 126
– galvanisches 125
beschleunigtes Kriechen → tertiäres Kriechen
Bessemer-Verfahren 147
Bestrahlen 135
Betriebsfestigkeitsversuch 639
Betriebslebensdauer 640
Biegefestigkeit 609
Biegeversuch 608
Biegewechselfestigkeit 637
Bildgüteprüfkörper 590
Bildgütezahl 590
Bimetall 400
Bindefehler 105
Binden
– chemisches 497
– physikalisches 497

Bindung, chemische. 22
Bindung, zwischenmolekulare → chemische
Bindung, sekundäre
Bindungsabstand 25
Bindungsenergie 25
Bismut 410
Blasverfahren, kombiniertes 148
Blaubruch 190
Blauchromatieren 129
Blausprödigkeit 190
Blei 404
Bleiakkumulator 405
Bleibronze → Kupfer-Blei-Legierungen
Bleigewinnung 153
Bleilagermetall 405
Bleititanat 530
Bleiwerkstoffe 404
Bleizipfel 301
Blei-Zirconat-Titanat-Mischkeramik 530
Blockglühung 314
Blockpolymerisation 449
Blockprogrammversuch 640
Blockseigerung 90, 185
BMC → Bulk Moulding Compound
Bohr, Niels 20
Bohrsches Atommodell 20
Bor 408
Borcarbid 527
Borid 521
Borieren 134
Bornitrid (BN) 526
– hexagonales mit Grafitstruktur 526
– hexagonales mit Wurtzitstruktur 526
– kubisches (CBN) 527
Boudouard-Gleichgewicht 142
Boudouard-Reaktion 142, 261
Brandriss 312
Brennen 539
Bridgman-Verfahren 94
Brinell-Härteprüfung → Härteprüfung nach Brinell
Bronze → Kupfer-Zinn-Legierungen
Bronzezeit 11
Bruchdehnung 601, 653
Brucheinschnürung 603
Bruchflächen 603
Bruchformen 603
Bruchspannung 653
Brünieren 130, 549
Bulk Moulding Compound (BMC) 490
Buntmetall 14
Burgersumlauf 34
Burgersvektor 34

C

Cadmium 412
Calcium 407
Carbid 199, 521
Carbidbildung 199
Carbidtypen 199
Carbonitrieren 262

CBN → kubisches Bornitrid
Cer 413
Cermet 521
Chalkogen 410
Charpy-Kerbschlagzähigkeit 659
Charpy-Schlagversuch nach ISO 658
Charpy-Schlagzähigkeit 659
Charpy-V-Probe → ISO-V-Probe
Chemische Bindung
– primäre 22
– sekundäre 25
chemische Korrosion 541
Chi-Phase 291
Chloropren-Kautschuk (CR) 484
Chrom 415
Chrom, Wirkungsweise in Stählen 203
Chromäquivalent 293
Chromargan 288
Chromatieren 129
Chromatierverfahren 129
Chromcarbid 109
Chrom-Gusseisen 346
Chromieren 415
Chrom-Molybdän-Gusseisen 346
Chrom-Nickel-Stahl, austenitisch 293
Chromstahl
– ferritisch 204, 289
– Gefügeausbildungen 204
– halbferritisch 204, 289
– martensitaushärtend 291
– martensitisch 291
– nickelmartensitisch 291
Chromverarmungstheorie 110
Clusterbildung 75
Cobalt 416
Cobalt, Wirkungsweise in Stählen 210
Complexphasen-Stahl 305
Cordierit 511
Cordieritkeramik 511
Cottrell-Wolke 600
Cowper → Winderhitzer
CP-Stahl → Complexphasen-Stahl
CR → Chloropren-Kautschuk
CSZ → Zirconiumdioxid, vollstabilisiert
Curietemperatur 167, 529, 580
CVD-Verfahren 123
Czochralski-Verfahren 94

D

da Vinci, Leonardo 593
Daltonsches Atommodell 19
Dämpfungskörper 581
Dauerfestigkeit 636
Dauerfestigkeitsschaubild
– nach Haigh 638
– nach Smith 638
dauermagnetische Ferrite 531
De re metallica 15, 224
Dehngrenze 39, 599
Dehnungsmessstreifen 390

Dekohäsionstheorie	191
Demokrit	19
Dendrit	89
Denitrierung	210
Desoxidation von Stählen	183
desoxidiertes Kupfer	381
Diamant	520
Diamantwerkzeug	520
Dielektrikum	506
Diffusion	54
Diffusionsglühen	220
– Anwendung	222
– Gefügeveränderungen	221
– Verfahren	221
Diffusionsgrenzstrom	545
Diffusionskennwerte	56
Diffusionskoeffizient	55
Diffusionskonstante	55
Diffusionsschicht	266
Diffusionsstrom	55
Diffusionszone	114
Dipol	
– momentaner	25
– permanenter	26
Dipol-Dipol-Bindung	26
Dipol-Dipol-Kraft	26
Dipol-Ion-Bindung	26
Dipol-Ion-Kraft	26
direkte Reduktion	143
direktes Härten	236
Direkthärten	263
Direktreduktionsverfahren	145
Dispersant	126
Dispersionsbindung	25
Dispersionshärtung → Aushärten	
Dispersionskraft	26
Dispersionsschicht	126
DMC → Dough Moulding Compound	
Donator	378
Doppelcarbid	199
Doppelhärten	263
Doppelschicht	542
Dotieren	377
Doublé	385
Dough Moulding Compound (DMC)	490
DP-Stahl → Dualphasen-Stahl	
Drahtflammspritzen	121
Drahtgießwalzen	160
Dreipunktbiegung	609
Dreischichtenraffination	153
Dressierstich	164
Druckgießen	157
Druckguss	93, 157
Druckkegel	607
Druckprobe	607
Drucksintern → Heißpressen	
Druckspannungs-Stauchungs-Kurve	608
Drucktheorie	192
Druckversuch	606
– Versuchsdurchführung	606

– Werkstoffkennwerte	608
– Werkstoffverhalten	606
Druckwasserstoffbeständiger Stahl	299
Dualphasen-Stahl	304
duktiles Gusseisen → Gusseisen mit Kugelgrafit	
Dünnbrammengießen	159
Duplexgefüge	73
Duplex-Stahlguss → ferritisch-austenitischer Stahlguss	
Duplexverfahren	326
Duraluminium	363
Durchdringungsverbundwerkstoff	418
Durchdrücken	162
Durchlaufspulverfahren	578
Durchschallungsverfahren	582
Durchstrahlungsverfahren	585
Durchwärmen	212
Durchziehen	131, 163
Duromer → Duroplast	
Duroplast	469, 474

E

Echo-Verfahren	582
Edelgaskonfiguration → Edelgaszustand	
Edelgaszustand	20
Edelmetall	411
Edelstahl	273, 288
Effusionsglühen	192
Eigenabschreckung	257
Eigenkeimbildung	72
Eigenspannungen	218
Eindringmittel, fluoreszierendes	575
Eindringprüfung	574
einfaches Härten	236
Einfachhärten	263
Einfärbung, elektrolytische	128
Einformen	216
Einguss	156
Einkristall	41, 94
Einlagerungsmischkristall	34, 72
Einlagerungsphase	198
Einsatzhärten	260
– Anlassen	264
– Arbeitsschritte	261
– Härteverfahren	263
– Veränderung der Werkstoffeigenschaften	260
Einsatzstahl	265, 285
Einsatzstahlguss	325
Einschluss	
– endogener	193
– exogener	193
– metallischer	193
– nichtmetallischer	193
Einschnürbruch	605
Einsetzen → Aufkohlen	
Eisen	
– Abkühlungskurve	167
– Ausdehnungsverhalten	167
– Erwärmungskurve	167
– Gitterlücken im Kristallgitter	169

– Haltepunkte 167
– Kennwerte 166
– Kohlenstofflöslichkeit 168
– Modifikationen 166
– Umwandlungstemperaturen 167
– Wasserstofflöslichkeit 191
Eisengusswerkstoffe 320
Eisen-Kohlenstoff-Legierung 168
– Phasenausbildungen 168
Eisen-Kohlenstoff-Zustandsdiagramm 171
– Aufbau des metastabilen Systems 173
– Bezeichnungen im metastabilen System 174
– Erstarrungsvorgänge im metastabilen
  System 174
– Gefügeformen im metastabilen System 174
– metastabiles System 172
– stabiles System 172
– Stahlecke 178
Eisenphosphidschicht 115
Eisenschwamm 143
Eisenwerkstoff 166
Eisenzeit 11
elastische Verformung 43
Elastizität, nichtlineare 596
Elastizitätsgrenze 596
Elastizitätsmodul 43, 596, 654
Elastomer 469, 474
ELC-Stahl 111
elektrisch leitender Kunststoff 462
elektrochemische Korrosion 541
elektrochemische Spannungsreihe 542
Elektrokeramik 528
Elektrolichtbogenofen-Verfahren 149
elektrolytisches Oxidieren → anodische Oxidation
elektromagnetisches Spektrum 585
Elektron 19
Elektronengas 24
Elektronenhülle 19
Elektronenpaarbindung → Atombindung . . . .
Elektronenpolarisation 506
Elektronenstrahlhärten 258
Elektroschlackeumschmelzen (ESU) 309
Elementarteilchen 19
Elementarzelle 27
Eloxieren → anodische Oxidation
Emaillieren 119
E-Modul → Elastizitätsmodul
Emulsionspolymerisation 450
Energiedissipation 558
Energieelastizität 471
Entmischung 75
Entropieelastizität 472
Entschwefelung 147
Entzinkung 385
EP → Epoxidharze
EPDM → Ethylen-Propylen-Kautschuk
Epoxidharze (EP) 482
Erdmetall 408
Erholung 58
Erholung, dynamische 97

Erichsen-Tiefung 647
Ermüdungsgleitband 634
Ersatzstreckgrenze → 0,2-%-Dehngrenze
Erstarrungsriss 105, 183
Erstarrungsschwindung 92
Erz 136
ESU → Elektroschlackeumschmelzen
Ethan 447
Ethylen-Propylen-Kautschuk (EPDM) 484
Eutektikum 80
eutektische Legierung 80
eutektische Reaktion 80
eutektische Rinne 85
eutektische Zelle 327
eutektisches Legierungssystem 80
eutektisches Legierungssystem mit
Mischungslücke 81
Extensometer-Dehnung 595
Extrudieren 493
Extrusion 634

F

Fällungspolymersation 450
Farbanodisation 128
Farbeindringmittel 575
Farbeindringmittel, fluoreszierendes 575
Faserstruktur 183
Faserverbundwerkstoff 418
faserverstärkte Kunststoffe 463
Faulbruch 338
Federstahl 282
– Anforderungen 283
– Einteilung 283
– Sorten 283
Fe-FeS-Eutektikum, entartetes 187
Fehlerecho 582
Feindehnungsdiagramm 599
Feindehnungsmessgerät 599
Feindehnungsmessung 599
Feingleitung 51
Feinkeramik 507
Feinkornbaustahl
– mikrolegiert 279
– normalgeglüht 279
– thermomechanisch behandelt 279
– vergütet 281
Feinkornbaustahl, schweißgeeignet → schweiß-
geeigneter Feinkornbaustahl
Ferritbildner 201
Ferritglühen → Gusseisen mit Kugelgrafit,
Weichglühen
Ferritisch-austenitischer Stahlguss 324
Ferritisch-carbidischer Chromstahlguss 324
Ferritischer Chromstahl 289
– Korrosionsbeständigkeit 290
– mechanische Eigenschaften 290
– Schweißbarkeit 291
– Sorten 291
– Versprödungserscheinungen 291

Sachwortverzeichnis

Ferritisieren → Gusseisen mit Kugelgrafit, Weichglühen
Ferrolegierung 147
Fertigungshauptgruppe 86
Fertigungsverfahren 86
Festigkeit, Wanddickenabhängigkeit 93
Festkörperreibung 557
Festphasensintern 539
Festphasensintern 68
Festschmierstoff 562
Feststoffreduktionsverfahren 145
Feueraluminieren 119
Feuerverbleien 119
Feuerverzinken 119, 551
Feuerverzinnen 119
Ficksches Gesetz 55
Film, fotografischer 589
Fischauge → Flockenriss
Fischauge 108
Flächenkorrosion 547
Flachwalzen 161
Flammhärten 256
– Gesamtflächen-Flammhärten 257
– Linien-Flammhärten 257
– Stand-Flammhärten 257
– Vorschub-Flammhärten 257
Flammspritzen 121
Fließen 472
Fließfigur 164
Fließkurve 97, 610
Fließlänge 91
Fließpressen 162
Fließspan 101
Fließspannung 48
Fließtemperatur 472
Fließvermögen 91
Flockenriss 192
Fluor-Silicon-Kautschuk (FMQ) 484
Flüssigkeitsreibung 558
Flüssigphasensintern 70, 539
Flussmittel 115
Flussmuster 626
FMQ → Fluor-Silicon-Kautschuk
Folienguss 536
Format 155
Formfüllungsvermögen 91
Formgedächtnislegierung 376
Formgießen 155
Formguss 155
Formkasten 156
Formmasse 488
Formpressen 492
fotochemisches Verfahren 135
Frank-Read-Mechanismus 37
Frank-Read-Quelle 37
Frank-Versetzung 38
Fransenmizellen-Modell 466
Freiformen 132
Freiformschmieden 162
Fremdatom 34

Fremddiffusion 55
Fremdkeimbildung 72
Fremdleitung 378
Frischen 146
Fügen 102
Fülldruck, kapillarer 113
Fulleren 409
Füllstoff 491
Funktionskeramik 507
Furchung 557

G

Galilei, Galileo 593
Gallium 408
galvanisches Element 544
Galvanisieren 125, 550
Gammagerät 589
Gammastrahlen 587
Gammastrahler 588
Gangart 136
Garschaum 90
Gasblasenseigerung 185
Gas-Nitrieranlage 268
Gasnitrieren 268
Gasnitrocarburieren 270
Gasreduktionsverfahren 145
Gattierung 165
Gebrauchskeramik 507
gebrochenes Härten 237
Gefüge 33, 40
– feinkörnig 41
– Entstehung 40
– grobkörnig 41
– heterogen 41
– homogen 41
Gefügebildung 40
Gegenkörperfurchung 557
Gelbchromatieren 129
gemischte Versetzung 35
Germanium 409
Gesenkformen 132
Gesenkschmieden 163
Gesetz der abgewandten Hebelarme 77
Gesetz der konstanten Proportionen 19
Gesetz der proportionalen Widerstände ... 615
gesinterter Schnellarbeitsstahl 319
Gestell 141
Gewaltbruch 604, 626
– zäh 604, 626
– spröde 604, 625
Gicht 141
Gichtgas 141
Gießen 155
Gießkeilprobe 339
Gießspirale 91
Gießstrahlimpfung 334
Gießverfahren 93
Gitteraufbau 27
Gitterbaufehler ....
– eindimensional 34

- nulldimensional 33
- zweidimensional 37
Gitterkonstante 28
Gitterlücke 32
Glastemperatur 471
Glattwalzen 130
Gleichgewichtspotenzial 542
Gleichmaßdehnung 602
Gleichspannungsgerät 587
Gleitbruch 604
Gleitebene 34, 45
Gleitlagerwerkstoff 404
Gleitmittel 491
Gleitrichtung 45
Gleitsystem 45
Glühen 214
- 1. Art 214
- 2. Art 214
Gold 411
GPSSN → gasdruckgesintertes Siliciumnitrid
GP-Zone → Guinier-Preston-Zone
Grafit 171, 409, 520
Grafitblatt 327
Grafitisieren → Gusseisen mit Kugelgrafit, Weichglühen
Grauguss → Gusseisen mit Lamellengrafit
Grenzreibung 559
Grenzschwingspielzahl 637
Grenzziehverhältnis 647
Grobgleitung 51
Grobkeramik 507
Grobkornglühen 222
Großwinkelkorngrenze 39
Grünbearbeitung 538
Grünchromatieren 129
Grundstahl 273
Grundwerkstoff 105
Grünkörper → Grünling
Grünling 535
Grünspan 382
Guillet-Diagramm 207
Guinier-Preston-Zone 364
Gussbronze 388
Gusseigenspannungen 218
Gusseisen
- austenitisch 348
- eutektisch 174
- hitzebeständig 348
- korrosionsbeständig 347
- ledeburitisch-martensitisch 346
- übereutektisch 174
- untereutektisch 174
- verschleißbeständig 345
Gusseisen mit Kugelgrafit 333
- Ausferritisch 336
- Eigenschaften 334
- Gefügeaufbau 333
- Impfen 334
- Perlitglühen 335
- Sorten 336

- Wärmebehandlung 335
- Weichglühen 335
Gusseisen mit Lamellengrafit 327
- Eigenschaften 328
- Gefügeaufbau 327
- Legieren 331
- Sorten 332
- Wärmebehandlung 331
Gusseisen mit Vermiculargrafit 337
Gusseisen, meliert 327
Gusseisendiagramm
- nach Greiner-Klingenstein 327
- nach Maurer 326
Gusseisenwerkstoffe 326
Gussfehler 89
Gussgefüge 88
Gusshaut 330
Gusslegierung 87, 96, 139, 434

H

Habitusebene 230
Hafnium 414
Hafniumdioxid 518
Haftkleber 498
halbferritischer Chromstahl 289
Halbleiter 377, 506
Halbzeug 96, 139
Hall-Petch-Beziehung 49
Haltepunkt 75
Hardenit 224
Harnstoffharz (UF) 457, 482
Hartanodisation 128
Härtbarkeit 648
Härtbarkeitsstreuband 649
Hartblei 405
Härte, Definition 611
Härtefehler 245
Härten nach isothermer Umwandlung 263
Härten von Stahl 222
- Abkühlgeschwindigkeit 225
- direktes Härten 236
- einfaches Härten 236
- gebrochenes Härten 237
- Gefügeausbildung 225
- Härtetemperatur 225
- innere Vorgänge 225
- isothermes Härten 237
- kontinuierliches Härten 236
- Verfahren 225, 236
- verzugsarmes Härten 236
- Ziele 224
Härteöl 238
Härteprüfgerät 614
Härteprüfung 611
- an Kunststoffen 654
- Einteilung der Verfahren 612
- nach Baumann-Steinrück 623
- nach Brinell 612
- nach Ernst 623
- nach Knoop 619

Sachwortverzeichnis

– nach Rockwell 616
– nach Shore an Kunststoffen 656
– nach Shore 622
– nach Vickers. 615
Härteprüfverfahren
– statisch. 612
– Vergleich der statischen Verfahren 621
– dynamisch. 622
Härteriss 235
Härteskala nach Mohs 611
Härtespannungen. 235
Härtetemperatur. 225
Härteverfahren 225, 236
Härteverlaufskurve. 649
Härteverzug. 235
Hartferrite → Dauermagnetische Ferrite
Hartguss → Perlitischer Hartguss
Hartlot. 117
Hartlöten 113
hartmagnetischer Werkstoff 397
Hartmetall 415, 521
Hartschaumstoff 462
Hartstoff, metallisch 520
Harz 457
Haupterweichungsbereich. 471
Hauptgruppe. 22
Hauptgüteklasse. 272
Hebelgesetz → Gesetz der abgewandten
Hebelarme
Heißbruch 301
heißisostatisches Pressen 537
Heißleiter. 529
Heißphosphatierung 128
Heißpressen 537
Heißriss 105, 183
Heißrissbildung 183
Heizleiterwerkstoff 398
HIPSiC → heiß isostatisch gepresstes
Siliciumcarbid
hitzebeständiger Stahl. 297
hitzebeständiger Stahlguss. 325
hitzebeständiges Gusseisen 348
Hochdruck-Polyethylen 452
Hochdruckverfahren. 451
hochfester Stahlguss 323
Hochfrequenzhärten. 257
Hochfrequenz-Impulshärten 257
Hochgeschwindigkeitszerspanung. 367
Hochglühen → Grobkornglühen
Hochlage der Zähigkeit 630
Hochleistungs-Automatenstahl. 301
Hochleistungskeramik 507
Hochofen
– Aufbau 141
– chemische Vorgänge. 143
Hochofenmantel 141
Hochofenprozess 139
Hochofenschacht 141
Hochofenschlacke. 143
höchstfester Stahl. 306

höchstfester Vergütungsstahl 306
Hochtemperatur-CVD-Verfahren. 123
Hochtemperaturlöten 113
Hochtemperatursupraleiter. 12, 530
hochwarmfester Stahl 286
höherfeste Stähle für den Automobil-Leichtbau 302
höherfester Stahl, mikrolegiert. 303
Holzmaserung. 112
Homogenisierungsglühen → Diffusionsglühen
Hooke, Robert. 593
Hookesche Gerade. 595
Hookesches Gesetz 43, 595
Horizontalstranggießverfahren. 159
Hörschall 579
HPSiC → heiß gepresstes Siliciumcarbid
HPSN → heißgepresstes Siliciumnitrid
HSD-Stahl 306
HTSL-Werkstoff 12, 530
Hume-Rothery-Phase. 74, 200
Hüttenaluminium 152
hydrodynamischer Schmierfilm 558
hydrostatischer Schmerfilm 558
Hysteresekurve. 532

I

IF-Stahl. 304
Impfen 41
Impuls-Echo-Verfahren 582
indirekte Reduktion 142
Indium 408
Induktionsbindung 26
Induktionshärten. 257
Induktionskraft 26
Induktionsofen 149
induktive Prüfverfahren 576
Induktor 257
Infraschall 579
Ingenieurkeramik 507
Innenlunker 89
interkristalline Korrosion 109, 290, 295, 548
intermediäre Phase → intermetallische Phase
intermetallische Phase. 74
intermetallische Verbindung → intermetallische
Phase
internationaler Gummihärtegrad 658
Intrusion 634
Invarstahl 205, 400
Ionenbindung 23
Ionenplattieren 125
Ionenpolarisation 506
Ion-Plating → Ionenplattieren
Iridium 417
Isoforming. 281
isostatisches Pressen 537
isothermes Härten 237
isothermes Vergüten → Bainitisieren
Isotop. 20
Isotropie 647

J

Jochmagnetisierung 577

K

Kalandrieren 493
Kaliberwalzen 161
Kalium 406
Kaltarbeitsstahl 310
– ledeburitisch 311
– legiert 311
– übereutektoid 311
– unlegiert 310
– untereutektoid 311
Kaltaushärtung 364
Kaltauslagerung 365
Kaltformmessing 395
Kaltkammermaschine 157
Kaltleiter 529
Kaltphosphatierung 128
Kaltriss 106
Kaltriss, wasserstoffinduziert 191
Kaltumformung 96
Kaltverfestigung → Verformungsverfestigung
Kaltverformung 64
Kaltverschweißung 564
kaltzäher Stahl 287
– Anwendungsgrenzen 287
– Kennwerte 287
– Sorten 287
– Werkstoffverhalten 287
kaltzäher Stahlguss 324
Kantenriss 105
Kaolin 510
Kapillarwirkung 113
Karat 411
Kation 19
Katodenzerstäuben 125
katodischer Korrosionsschutz 552
Kegelstauchverfahren 607
Keimbildung
– homogen 72
– heterogen 72
Keramik 500
Keramische Werkstoffe 500
– allgemeine Eigenschaften 501
– anwendungsrelevante Eigenschaften . 501
– Bearbeitungsverfahren 534
– chemische Eigenschaften 506
– Einteilung 507
– elektrische Eigenschaften 506
– Festigkeit 502
– Formgebung 535
– Gefüge 508
– Hartbearbeitung 540
– Härte 503
– Herstellungsverfahren 534
– innere Struktur 508
– künftige Entwicklungen 540
– Massenaufbereitung 535

– physikalische Eigenschaften 502
– Rohstoffgewinnung 535
– thermische Eigenschaften 504
– Verformbarkeit 504
– Zähigkeit 504
Kerbriss 108
Kerbschlagarbeit 629
Kerbschlagarbeit-Temperatur-Kurve 630
Kerbschlagbiegeprobe 629
Kerbschlagbiegeversuch
– instrumentiert 628
– nach Charpy 628
– nach Izod 628
Kerbschlagzähigkeit 629
Kerbzugfestigkeit 628
Kerbzugversuch 628
Kern 156
Kernhärten 263
Kern-Hülle-Modell → Rutherfordsches Atommodell
Kippgrenze 40, 626
Kirkendall-Effekt 70
Kleben von Kunststoffen 495
Klebstoffe 496
Kleinwinkelkorngrenze 39
Klettern 58
Knetlegierung 87, 96, 139, 434
Knickpunkt 76
Koerzitivfeldstärke 531
Kohäsion 497
Kohlensack 141
Kohlenstoff 408
Kohlenstoffäquivalent 107
Kohlenstofffaser 409
Kohlenwasserstoff 447
Kokillenguss 93, 157
Kolbenlegierung 358
Konode 77
Konstantan 389
Konstruktionskeramik 507
Kontaktkleber 498
Kontaktkorrosion 544
kontinuierliches Härten 236
Konversionsschicht 126
Konverter 148
Konverter-Verfahren 334
Konzentrat 136
Konzentrationsdreieck 84
Konzentrationselement 545
Konzentrationsschnitt 85
Konzentrations-Temperatur-Diagramm .. 76
Kopplungsmedium 581
Korn 33, 40
Korngrenze 33, 39, 40
Korngrenzendiffusion 55
Korngrenzenverfestigung 48
Kornseigerung → Kristallseigerung
Kornvergrößerung 63
Kornzerfall → interkristalline Korrosion
Kornzerfallschaubild 110

Sachwortverzeichnis

Korrosion 541
– chemische 541
– elektrochemische 541
– Erscheinungsformen 547
– Normen 554
Korrosionsbeständiges Gusseisen 347
Korrosionselement 544
Korrosionsermüdung → Schwingungsriss-
korrosion
Korrosionsschutzmaßnahmen 549
Korrosionsschutz 548
– aktiv 551
– katodisch 552
– konstruktive Maßnahmen 553
– passiv 548
Korrosionsstromdichte 545
Kovalente Bindung → Atombindung
Kraft-Verlängerungs-Diagramm 594
Kriechen 65, 642
– primäres 66
– sekundäres 66
– tertiäres 66
Kriechgeschwindigkeit 66
Kriechkurve 644
Kriechkurve 66
Kristallgemisch 73
Kristallgitter 27
– Entwicklung 28
– hexagonal dichtest gepackt 30
– Kennwerte 27
– kubisch-flächenzentriert 29
– kubisch-primitiv 29
– kubisch-raumzentriert 30
Kristallgittermodell 27
Kristallinitätsgrad 468
Kristallisation 87
Kristallit → Korn
Kristallitschmelztemperatur 473
Kristallseigerung 78
kritische Abkühlgeschwindigkeit 232
– obere 232
– untere 232
Kryolith 152
kubisches Bornitrid 527
Kugeleindruckhärte 656
Kugeleindruckversuch 656
Kunststoffe 445
– allgemeine Eigenschaften 445
– Anwendungen 475
– Bedeutung 445
– Chemikalienbeständigkeit 485
– Einsatzgebiete 445
– Einteilung 464
– elektrisch leitend 462
– faserverstärkt 463
– geschichtliche Entwicklung 446
– Herstellung 447
– Kennwerte 475
– mechanisch-thermisches Verhalten 470
– Nachteile 445

– Normung 486
– struktureller Aufbau 464
– Umweltprobleme bei der Entsorgung 499
– Umweltprobleme bei der Herstellung 498
– Umweltprobleme bei der Verwendung 499
– Verarbeitung aus Lösungen und
  Dispersionen 496
– Verarbeitung 491
– Vorteile 445
– Zustandsbereiche 470
Kunststofflack 120
Kupfer 379
- desoxidert 381
- Gewinnung 153
- niedriglegiert 383
- sauerstofffrei mit hoher Leitfähigkeit 381
- sauerstoffhaltig 379
- unlegiert 379
- Wirkungsweise in Stählen 210
Kupfer-Aluminium-Legierungen 390
Kupfer-Blei-Legierungen 391
Kupfer-Mangan-Legierungen 391
Kupfer-Nickel-Legierungen 389
Kupfer-Nickel-Zink-Legierungen 387
Kupfer-Silicium-Legierungen 391
Kupferwerkstoff 379
Kupfer-Zink-Legierungen 385
Kupfer-Zinn-Legierungen 387
kurzer Proportionalstab 602

L

Lacke 497
Lackieren 120
Lambda-Sonde 515
Lamellenriss → Terrassenbruch
langer Proportionalstab 602
Lanthanoide 22
Laser 258
Laserstrahlhärten 258
Laves-Phase 74, 200
LDAC-Verfahren 147
LD-Verfahren 147
Ledebur, Adolf 176
Ledeburit 176
ledeburitisches Härten 332
ledeburitisch-martensitisches Gusseisen 346
Leerstelle 33
Leerstellendiffusion 55
Legieren 153
Legierung 434
– heterogen 154
– homogen 154
Legierungsbildung 153
Legierungselement 196, 434
– allgemeine Wirkungsweise in Stählen 196
– Austenitbildner 201
– Ferritbildner 201
– Wirkungsweise mehrerer Elemente im Stahl . 211
Legierungskunde 71
Legierungszone → Diffusionszone

Leichtmetall........................... 352
Leidenfrost-Phänomen 237
Leuchtschirm.......................... 590
Lichtbogenofen........................ 149
Lichtbogenspritzen.................... 121
Linsendiagramm 80
Liquidusfläche......................... 84
Liquiduslinie 76
Liquiduspunkt......................... 76
Lithium 406
Lithiumporzellan...................... 510
Lochkorrosion................... 290, 295, 547
Lösungspolymerisation................ 449
Lösungstension 542
Lötbruch 114
Löten................................. 113
Lötmechanismus....................... 113
Löttemperatur........................ 115
Lötverfahren 113
Lokalelement 544
Lotwerkstoff.......................... 116
LSiC → Flüssigphasen gesintertes Siliciumcarbid
Lüdersband........................... 600
Lunker 89

M

Magnesium............................ 368
Magnesium, Gewinnung................ 153
Magnesium-Behandlung................ 334
Magnesium-Gusslegierung............. 370
Magnesium-Knetlegierung............. 370
Magnesiumlegierungen 369
Magnesiumoxid 517
Magnesiumwerkstoffe.................. 368
– Entwicklungstendenzen 374
– Gusswerkstoff....................... 370
– Knetwerkstoff 370
– Verarbeitung 372
Magnetfeldsensor 576
magnetische Prüfverfahren............. 576
magnetische Streuflussverfahren........ 576
magnetisches Streufeld................ 576
Magnetisieren......................... 134
Magnetisierungsmethoden.............. 577
Magnetographie....................... 577
Magnetokeramik...................... 531
Magnetpulverprüfung 576
Makrogefüge.......................... 41
Makroseigerung → Blockseigerung
Mangan 416
Mangan, Wirkungsweise in Stählen...... 182, 207
Mangan-Hartstahl..................... 207
Manganhartstahlguss 325
Manganin 391
Manganstahl, Gefügeausbildungen → Guillet-Diagramm
Mangansulfid 194
Maraging Steel → martensitaushärtender Stahl
Martens, Adolf 228
Martenshärte......................... 619

Martensit............................. 228
– Elementarzelle...................... 229
– kubischer 246
– morphologische Erscheinungsformen...... 230
– Temperaturbereich der Martensitbildung.... 233
martensitaushärtender Chromstahl......... 291
martensitaushärtender Stahl 307
Martensit-Endpunkt................... 234
martensitischer Chromstahl 291
martensitischer Stahlguss.............. 324
Martensit-Phasen-Stahl................ 306
Martensit-Starttemperatur............. 234
Martensitstufe........................ 226
Martensitnadel 234
Massel 139, 155
Massezahl 20
Massivmartensit...................... 229
Materialübertragung 564
Maximalspannung..................... 653
mechanische Werkstoffprüfverfahren
für Kunststoffe 650
mechanische Werkstoffprüfverfahren
für Metalle.......................... 593
Mehrfachgleitung...................... 48
Mehrstoffzinnbronze 388
Meissner-Ochsenfeld-Effekt............ 531
Melaminharze (MF) 482
Memory-Effekt 376
Messing → Kupfer-Zink-Legierungen
Metall Matrix Composites 419
Metall, Strukturebenen 18
Metallbindung 24
Metall-Diffusionsverfahren 134
Metallgewinnung 136
Metallhydrid 192
Metallid → intermetallische Phase
metallischer Einschluss 193
Metallisieren, chemisches 126
Metallkunde 18
Metallurgie 18, 136
Methan 447
Methyl-Vinyl-Kautschuk (VMQ)......... 484
MF → Melaminharze
Mikrobrechen 566
Mikroermüden 566
Mikrogefüge 41
Mikrokontaktfläche 563
Mikropflügen 565
Mikroseigerung → Kristallseigerung
Mikrospanen 566
Mindestrekristallisationstemperatur 61
Mindestumformgrad 61
Ministahlwerk 150
Mischcarbid.......................... 199
Mischkristall 34, 72
Mischkristallverfestigung 49
Mischreibung 559
Mischungslücke 81
Mittelfrequenzhärten 257
Mitteltemperatur-CVD-Verfahren 123

Sachwortverzeichnis

MMC → Metall Matrix Composites
Modell 156
Möller................................... 140
Molybdän 415
Molybdän, Wirkungsweise in Stählen 206
Monel................................... 398
MP-Stahl → Martensitphasen-Stahl
Muldenkorosion 547
Mullit 510

N

Nadelschicht 267
Nanokeramik............................ 540
Näpfchenprobe.......................... 647
Näpfchen-Tiefziehprüfung................ 647
Nassentwickler 575
Nasspressen 536
Natrium 406
Natriumaluminat 151
Naturkautschuk (NR) 484
NBR → Acrylnitril-Butadien-Kautschuk
NDT-Temperatur 632
Nebenerweichungsbereich 471
Nebengruppe 22
Nebenvalenzbindung → chemische Bindung, sekundäre
Neigungsgrenze → Kippgrenze
Nelson-Diagramm 299
NE-Metall → Nichteisenmetall
Neusilber → Kupfer-Nickel-Zink-Legierungen
neutrale Faser 608
Neutron 19
Nichteisenmetall........................ 352
Nichteisenmetall, Erzeugung 151
nichtmagnetisierbarer Stahl 295
nichtmetallischer Einschluss 193
nichtoxidkeramische Werkstoffe 518
nichtrostender Stahl 288
– Einteilung............................ 289
– schweißtechnische Verarbeitung....... 296
nichtrostender Stahlguss................ 324
Nickel 396
Nickel, Wirkungsweise in Stählen........ 205
Nickeläquivalent 293
Nickel-Chrom-Legierung 298, 398
Nickel-Eisen-Legierung 397
nickellegierter kaltzäher Stahl 288
Nickel-Legierung........................ 397
nickelmartensitischer Chromstahl 291
Nickelstahl 205
Niederdruck-Polyethylen 452
Niederdruckverfahren 451
Niedertemperaturkriechen 66
niedriglegierter Kupferwerkstoff........ 383
– aushärtbar........................... 383
– nicht aushärtbar 383
Ni-Hard 1 346
Ni-Hard 2 346
Niob 414
Niob, Wirkungsweise in Stählen......... 209

NIROSTA 288
Nitrid 199, 521
Nitrieren 265
– Härteverlaufskurve 267
Nitrierhärtetiefe 267
Nitrierschicht.......................... 266
Nitrierstahl 271, 285
Nitrocarburieren 269
nominelle Dehnung 654
Normalglühen.......................... 214
– Anwendung.......................... 215
– Gefügeveränderungen................ 215
– Glühtemperatur 215
– Verfahren 214
Normalisieren → Gusseisen mit Kugelgrafit, Perlitglühen
Normalpotenzial........................ 542
Normalprüfkopf 581
Normalsteatit........................... 511
Normalprobe 629
Normalwasserstoffelektrode.............. 542
Normung von Aluminiumgusswerkstoffen.... 439
– mit chemischen Symbolen 439
– numerisches Bezeichnungssystem..... 439
– Werkstoffzustand.................... 440
Normung von Aluminiumknetwerkstoffen 435
– mit chemischen Symbolen 435
– numerisches Bezeichnungssystem..... 436
– Werkstoffzustand.................... 436
Normung von Gusseisenwerkstoffen 432
– durch Kurznamen 432
– durch Werkstoffnummern 433
Normung von Kunststoffen.............. 486
– allgemeine Kennzeichnung 486
– Copolymere.......................... 487
– Kennzeichnung besonderer Eigenschaften .. 487
– Kennzeichnung thermoplastischer Formmassen........................ 488
– Kennzeichnung von Duroplasten 489
– Kennzeichnung von Elastomeren 490
– Kennzeichnung von Zusatzstoffen 488
– Kurzzeichen für Homopolymere 486
– Kurzzeichen für modifizierte polymere Naturstoffe......................... 486
– Polymergemisch...................... 487
Normung von Kupferwerkstoffen......... 442
– Kupferlegierungen 442
– mit chemischen Symbolen 442
– numerisches Bezeichnungssystem..... 443
– unlegiertes Kupfer 442
– Zustandsbezeichnungen 444
Normung von Magnesiumwerkstoffen 440
– mit chemischen Symbolen 441
– nach ASTM B275..................... 442
– nach DIN EN 1754.................... 440
– numerisches Bezeichnungssystem..... 441
Normung von Nichteisenmetallen........ 433
NR → Naturkautschuk
NSiC → nitridgebundenes Siliciumcarbid
NTC-Widerstand........................ 529

O

Oberflächendiffusion 55
Oberflächenhärten 254
- Einteilung der Verfahren 255
Oberflächenzerrüttung 566
Oktaederebene 32
Oktaederlücke 169
Ölfarbe 120
Öllack 120
Opferanode 552
Orangenhaut 41
Orbitalmodell 20
Ordnungsnummer 86
Ordnungszahl 19
Orientierungsfaktor 47
Orientierungskraft 26
Osmium 417
Oxidation 543
Oxidationsmittel 543
Oxidkeramik 512
oxidkeramische Werkstoffe 512

P

PA → Polyamid
Packungsdichte 31
Palladium 417
PAN → Polyacrylnitril
passiver Korrosionsschutz 548
Passivschicht 289
Passungsrost → Reibrost
Patentieren 254
Patina 382
PC → Polycarbonat
PE → Polyethylen
PEEK → Polyaryletheretherketon
Peierls-Energie 44
Peierls-Spannung 44
Pellet 139
Pelletieren 136
Pellini-Versuch 631
Pendelschlagwerk 628
Penetration 91
Periode 22
Periodensystem der Elemente 21
peritektische Reaktion 82
peritektische Temperatur 82
peritektischer Punkt 82
peritektisches Zustandsdiagramm 82
Perlit 177
Perlitbildung 181
Perlitischer Hartguss 344
Perlitisieren → Gusseisen mit Kugelgrafit, Perlitglühen
Perlitstufe 226
Permanentmagnet 532
Permeabilität 397
Permittivitätszahl 506
PESU → Polysulfone
PET → Polyethylenterephthalat
PF → Phenoplaste
Pfannenimpfung 334
Phase 71
- inkohärente 365
- kohärente 365
- teilkohärente 365
Phasenumwandlung 71
Phenoplaste (PF) 458, 482
Phosphatieren 128, 549
Phosphatierlösung 128
Phosphideutektikum 184, 330
Phosphor, Wirkungsweise in Stählen 185
Phosphorbronze 387
Phosphorlegierter Stahl 303
PI → Polyimid
piezoelektrischer Effekt
- direkter 529, 579
- umgekehrter 529, 580
Piezoelektrizität 580
Pigment 491
Pilgerschrittverfahren 161
Planetenmodell → Bohrsches Atommodell
plasmaaktiviertes CVD-Verfahren 124
Plasma-Nitrieranlage 269
Plasmanitrieren 268
Plasmanitrocarburieren 270
Plasmaspritzen 122
plastische Verformung 43
Plastomer → Thermoplast
Platin 417
Platinmetall 417
Plattenmartensit 229
Plattieren 126, 550
PMC → Pourable Moulding Compound
PMMA → Polymethylmethacrylat
PM-Stahl 319
Poisson, Siméon Dénis 596
Poissonsche Zahl 596
Poissonsches Gesetz 596
Polarisierung 544
Poldhütten-Verfahren 623
Polonium 411
Polyacrylnitril (PAN) 451
Polyaddition 461
Polyaddukt 461
Polyamid (PA) 459, 476
Polyaryletheretherketon (PEEK) 478
Polycarbonat (PC) 480
Polyester 460
Polyethylen (PE) 451, 476
Polyethylenterephthalat (PET) 460, 476
Polygonisation 59
Polyimid (PI) 478
Polykondensat 456
Polykondensation 456
Polykondensationskunststoffe 457
Polymerblend 487
Polymerisat 448
Polymerisation 448
- radikalische 449

Sachwortverzeichnis

Polymerisationskunststoff................. 450
Polymerisationsverfahren.................. 449
Polymethylmethacrylat (PMMA) 452, 480
Polyoxymethylen (POM) 478
Polypropylen (PP)..................... 453, 476
Polystyrol (PS) 453, 480
Polysulfone (PESU) 478
Polytetraflourethylen (PTFE) 454, 476
Polyurethan (PUR) 461
Polyvinylchlorid (PVC) 454, 480
POM → Polyoxymethylen
Porensaum 266
Pourable Moulding Compound (PMC)........ 490
PP → Polypropylen
praktische Spannungsreihe.................. 543
Präzisionsschmiedetechnik 163
Pressschweißen 104
Primärgefüge 41, 97
Primärmetall 434
Primärzeilengefüge 185
Primärzementit 177
Profilglattwalzen 130
Properzi-Gießverfahren 160
Proportionalitätsgrenze 596
proportionale Probe........................ 602
Proportionalstab........................... 602
Proton 19
Prüfkopfgehäuse 581
PS → Polystyrol
Pseudo-Legierung 122
PSZ → Zirconiumdioxid, teilstabilisiertes
PTC-Widerstand 529
PTFE → Polytetraflourethylen
Puddelverfahren 146
Pulverflammspritzen 121
Pulvernitrocarburieren..................... 269
Punktfehler → Gitterbaufehler, nulldimensionaler
PVC → Polyvinylchlorid
PVD-Verfahren 124
Pyrolyse.................................. 499
Pyrometallurgie 137
PZT-Keramik → Blei-Zirconat-Titanat-Mischkeramik

Q

Qualitätsstahl 272
Quarzporzellan 510
Quasi-Elastizität 516
Quasi-Isotropie 42
Quecksilber 412
Quellenhalter 589
Querdehnungsbehinderung 627
Quergleiten 58
Querkontraktionszahl....................... 596
Querriss 108

R

Raffinationselektrolyse.................... 138
Raffinationsverfahren...................... 138
Randentkohlung 184

Randhärten 263
Randomversuch 641
Randschicht, Aufbau....................... 564
Randschichthärten 255
Randschichthärtungstiefe (SHD)............ 259
Randschichthärteverfahren 255
Rast 141
Raumerfüllung → Packungsdichte
RBSN → reaktionsgebundenes Siliciumnitrid
Reaktionsgasbehandlung 150
Reaktionsklebstoff 498
Reaktionssintern..................... 70, 540
reaktives Ionenplattieren................. 125
reaktives PVD-Verfahren 124
Realkristall.............................. 33
Reckalterung 189
Recycling
– metallischer Werkstoffe 164
– von Nichteisenmetallen 165
– von Stahl und Gusseisen 165
Reduktion 543
Reduktionsmittel................... 140, 543
Reflexions-Verfahren 582
Reibrost................................. 565
Reibung 556
Reibungsarten............................ 557
Reibungsbeiwert.......................... 558
Reibungszahl............................. 558
Reinaluminium...................... 353, 434
Reinstaluminium.................... 153, 434
Reißdehnung 653
Reißfestigkeit 653
Reißlänge 409
Reißspan 101
Rekristallisation 59
– innere Vorgänge 60
– Korngröße.............................. 62
– primäre 59
– sekundäre 63
– dynamische 97
Rekristallisationsdiagramm................ 62
Rekristallisationsglühen.................. 219
– Anwendung 220
– Glühtemperatur 220
– Verfahren 219
Rekristallisationstemperatur.............. 60
Remanenzflussdichte...................... 531
Repassivierung 289
Resistenzgrenze 289
Resit.................................... 459
Resitol 459
Resol 459
Restaustenit 234
Restvalenzbindung → chemische Bindung, sekundäre
Rhodinieren............................. 417
Rhodium 417
Rissauffangversuch 631
Robertson-Versuch....................... 632

Rockwell-Härteprüfung → Härteprüfung nach Rockwell
Rockwell-Skalen 618
Roheisen
– grau 144
– Stoffbilanz 144
– weiß 144
Roheisensorten........................... 144
Rohmetall 136
Rohstahl.................................. 148
Rohstoff 13
Röntgen, Wilhem Conrad 585
Röntgenbildverstärker..................... 590
Röntgenprüfgerät.......................... 587
Röntgenprüfung 586
Röntgenstrahlen 585
– Eigenschaften 585
– Erzeugung 585
Rosesches Metall 410
Rost 546
Rotbruch 301
Rotguss 388
Rotschlamm 152
RSiC → rekristallisiertes Siliciumcarbid
Rückbildung 364
Rückfederung 43
Rückwandecho 582
Ruhepotenzial 545
Rutherford, Sir Ernest................... 19
Rutherfordsches Atommodell 19

S

Salzbadnitrocarburieren 269
SAN → Styrol-Acrylnitril
Sandguss............................ 93, 156
Sandwichverfahren 334
Sauerstoffaufblasverfahren 147
Sauerstoffblasverfahren 148
Sauerstoffbodenblasverfahren 148
sauerstofffreies Kupfer hoher Leitfähigkeit .. 381
sauerstoffhaltiges Kupfer 379
Sauerstoffionenleitfähigkeit 515
Sauerstoffkorrosion 545
Sauerstoffreduktion 545
SBR → Styrol-Butadien-Kautschuk
Scandium 413
Schaeffler, Anton 293
Schaeffler-Diagramm 293
Schale 20
Schalenhärter 310
Schalenhartguss 345
Schalenzementit 180
Schall 579
Schallausbreitungsgeschwindigkeit........ 579
Schaschlik-Struktur....................... 468
Scherbruch 605
Scheren 557
Scherfestigkeit............................ 610
Schergerät 610
Scherspan 101

Scherversuch............................. 610
Schichtverbundwerkstoff.................. 418
Schlacke → nichtmetallischer Einschluss
Schlackenbehandlung 150
Schlackenzeile............................. 88
Schlagenergie, verbrauchte............... 629
Schlagenergie-Temperatur-Kurve.......... 630
Schlagversprödung 627
Schleuderguss 158
Schlicker 536
Schlickerguss 536
Schmelzflusselektrolyse................... 152
Schmelzkleber............................ 498
Schmelzlegierung......................... 410
Schmelzreduktionsverfahren 145
Schmelzschweißen........................ 103
Schmelztauchen 119
Schmelztemperatur 71
Schmelzwärme 71
Schmidsches Schubspannungsgesetz 46
Schmiedekreuz 607
Schmieden 98
Schmieren 187
Schmierfett 561
Schmierlot 117
Schmieröl 559
– mineralisch 560
– pflanzlich 560
– synthetisch 560
– tierisch 560
Schmierstoff 559
Schmierung.............................. 559
Schneidmechanismus 50
Schneidstoff, hochharter 527
Schnellarbeitsstahl 314
– Anwendung........................... 318
– Beschichtung.......................... 317
– Gefüge 315
– Herstellung 314
– Legierungselemente................... 314
– Oberflächenhärtung................... 317
– Sorten................................ 317
– Wärmebehandlung................... 314
Schrägwalzverfahren 162
Schraubenversetzung 35
Schubspannung
– kritische 44
– theoretische 44
Schulpe 91
Schwarzbruch 183
Schwarzchromatieren 129
Schwefel, Wirkungsweise in Stählen 187
Schweißbarkeit........................... 102
Schweißeigenspannung................... 104
Schweißeignung.......................... 102
Schweißen............................... 102
– Einteilung der Verfahren............... 103
– Rissbildung 105
Schweißen von Kunststoffen 495

Sachwortverzeichnis

schweißgeeigneter Feinkornbaustahl 277
– Einfluss von Mikrolegierungselementen 278
– Gütegruppen............................ 279
– Stahlsorten 279
– Werkstoffkundliche Grundlagen 278
Schweißgut............................... 105
Schweißmöglichkeit....................... 102
Schweißnaht
– Aufbau................................. 105
– Temperaturverlauf...................... 105
Schweißplattieren......................... 127
Schweißsicherheit 102
Schwereseigerung 90
Schwermetall 352
Schwindmaß................... 92, 322, 539
Schwindung 92
– feste.................................. 92
– flüssige................................ 92
Schwinger 581
Schwingfestigkeitsversuche 632
Schwingprüfmaschine..................... 641
Schwingrissausbreitung 634
Schwingungsrisskorrosion 548, 634
Seebeck-Effekt............................ 390
Seigerung 90, 185
Seigerungsriss 185
Sekantenmodul 654
Sekundäraluminium...................... 165
Sekundärgefüge........................ 41, 97
Sekundärhärtung 248
Sekundärmetall 434
Sekundärmetallurgie 150
Sekundärzeilengefüge 184
Sekundärzementit........................ 176
Selbstabschrecken → Eigenabschrecken
Selbstdiffusion 55
Selen..................................... 411
Seltenerdmetall 412
Senkrechtprüfkopf → Normalprüfkopf
Sensibilisierung........................... 110
Sheet Moulding Compound (SMC) 490
Shish-Kebap-Struktur...................... 468
Shockley-Versetzung 38
Shore-Härteprüfung → Härteprüfung n. Shore
Shore-A-Verfahren 656
Shore-D-Verfahren 656
Sialon-Werkstoff 413
SiC → Siliciumcarbid, silicatisch gebunden
Siemens-Martin-Verfahren 147
Sigma-Phase.............................. 291
Silber..................................... 411
Silicatkeramik 509
Silicatkeramische Werkstoffe 509
Silicid.................................... 522
Silicieren 524
Silicium 377, 409
– Wirkungsweise in Stählen 183
Siliciumcarbid............................ 522
– drucklos gesintert (SSiC) 523

– Flüssigphasen gesintert (LSiC) 524
– heiß gepresst (HPSiC) 523
– heiß isostatisch gepresst (HIPSiC) 523
– nitridgebunden (NSiC)................... 523
– reaktionsgebunden, siliciuminfiltriert (SiSiC) 523
– rekristallisiert (RSiC).................... 523
– sekundäres 524
– silicatisch gebunden (SiC) 522
Siliciumnitrid............................. 525
– gasdruckgesintert (GPSSN).............. 525
– heißgepresst (HPSN) 525
– heißisostatisch gepresst (HIPSN) 525
– niederdruckgesintert → Siliciumnitrid,
  normalgesintert
– normalgesintert (SSN) 525
– reaktionsgebunden (RBSN).............. 526
Silicone 462
Sinter.................................... 139
Sinterhilfsmittel 69
Sintern 67, 539
– fester Phasen........................... 539
– mit flüssiger Phase 539
Sintertemperatur......................... 539
SiSiC → reaktionsgebundenes, silicium-
infiltriertes Siliciumcarbid
Skineffekt................................ 257
Sklodowska-Curie, Marie................. 587
SMC → Sheet Moulding Compound
Soaking → Wasserstofffreiglühen
Solarzelle................................ 378
Solidusfläche.............................. 84
Soliduslinie 76
Soliduspunkt.............................. 76
Solidusverschleppung 78
Sondercarbid............................. 199
Sondergusseisen 345
Sondermessing 386
Sondersteatit → Bariumsteatit
Sonderweichlot........................... 403
Sorbit.................................... 227
Sorby, Henry Clifton..................... 180
Spaltbruch........................... 604, 625
– interkristallin 604, 626
– transkristallin 604, 626
Spaltebene 626
Spaltkorrosion 546
Spaltstufe 626
Spanform................................. 101
Spannungsarmglühen..................... 218
– Anwendungsgrenzen 219
– Glühtemperatur 218
– Verfahren 218
Spannungs-Dehnungs-Diagramm 595
– Grundtypen 597
– mit ausgeprägter Streckgrenze........... 597
– ohne ausgeprägte Streckgrenze 597
– ohne plastisches Verformungsvermögen . . . 598
– Werkstoffvergleich 598
Spannungsfreiglühen 219

Spannungsrelaxation. 645
Spannungsrisskorrosion
 – Temperaturgrenze. 206
Spannungsrisskorrosion 548
Spannungsrisskorrosion, wasserstoff-
induziert → Wasserstoffversprödung
Spannungsversprödung 627
Speckschicht 88
Speiser. 156
Spezialkunststoffe 462
spezifische Wärmekapazität. 71
Sphäroguss → Gusseisen mit Kugelgrafit
Sphärolith 333, 466
Sprengplattieren. 127
Spritzgießen 492
Spritzgießverfahren 493
Spritzguss keramischer Werkstoffe. 536
Spröbruch → Spaltbruch
Sprödbruchsicherheit. 276
Sprungtemperatur 12, 530
Spulenmagnetisierung 577
Spülgas 150
Sputtern → Katodenzerstäuben
SSiC → drucklos gesintertes Siliciumcarbid
SSN → normalgesintertes Siliciumnitrid
Stabilisator 491
Stabilisierung 112
Stahl. 272
 – alterungsbeständig. 190
 – austenitisch 202
 – Auswahl. 272
 – Desoxidation 183
 – Einteilung der Stähle 272
 – Einteilung nach dem Verwendungszweck . . . 274
 – eutektoid 174
 – ferritisch 203
 – Grenzgehalt für Begleitelemente 272
 – hochlegiert. 196
 – niedriglegiert. 196
 – übereutektoid 174
 – untereutektoid 174
 – verbrannt 191
 – Vergießen. 183
 – Wirkungsweise von Begleitelementen 193
 – Restaustenit. 305
Stahlecke 178
Stahlerzeugung. 139
Stahlgruppennummer. 430
Stahlguss. 321
 – austenitisch 324
 – Eigenschaften 323
 – Einteilung. 322
 – austenitisch-ferritisch 324
 – für allgemeine Verwendungszwecke 322
 – Gießbarkeit 322
 – hitzebeständig. 325
 – kaltzäh 324
 – martensitisch. 324
 – nichtrostend 324
 – Sorten. 322

 – verschleißbeständig. 325
 – Wärmebehandlung. 322
 – warmfest 323
 – für allgemeine Verwendungszwecke 322
Stahlhärtung → Härten von Stahl
Stahlnormung. 422
 – durch Kurznamen 422
 – durch Werkstoffnummern 430
 – Zusatzsymbole 429
Standardpotenzial → Normalpotenzial 38
Stapelfehler. 38
Stapelfehlerenergie 38
Stapelfolge 36
stationäres Kriechen → sekundäres Kriechen
Steadit 184, 330
Steatit 511
Steilabfall 630
Steinzeit 11
Stellit 416
Stengelkristall 88
Stich 161
Stickstoff, Wirkungsweise in Stählen 188
Stirnabschreck-Härtekurve 649
Stirnabschreckversuch (nach Jominy) 648
Stoff 13
Stoffeigenschaftändern 130
Störstellenleitung. 377
Strahlerkapsel. 589
Strangguss 158
Strangpressen vom Metallen 98
Strangpressen keramischer Werkstoffe 536
Strangpressen von Kunststoffen 492
Streckdehnung 653
Streckgrenze 598, 600
 – obere 598
 – untere. 598
Streckspannung 653
Streckziehen 647
Streckziehfähigkeit 647
Stribeck-Kurve. 558
Stromdichte. 544
Stromdichte-Potenzial-Kurve 544
Strontium 407
Stufenversetzung 34
Styrol-Acrylnitril (SAN) 455, 478
Styrol-Butadien-Kautschuk (SBR). 484
Subkorn 59
Subkorngrenze → Kleinwinkelkorngrenze
Substitutionsmischkristall 34, 72
Summenstromdichte-Potenzial-Kurve 545
Superlegierung 286, 399
Superplastizität 99
Supraleiter 530
 – keramisch 530
 – metallisch 530
Supraleitung 530
Suspensionspolymerisation 450
syntaktischer Schaum 360

T

Taktizität. 451
Tantal 414
Tastspulverfahren. 578
Tauchfärbung 128
Tauchhärten. 256
technische Elastizitätsgrenze. 599
technische Keramik 507
technisches Porzellan 510
technologische Prüfungen. 645
technologischer Biegeversuch 648
Teilchenfurchung 557
Teilchenhärtung → Aushärten
Teilchenverbundwerkstoff 418
Teilchenverfestigung 50
Teilentfestigung 64
teilharter Werkstoffzustand 65
Teilrekristallisation 64
Teilstromdichte-Potenzial-Kurve 545
Teilversetzung. 38
Tellur. 411
Temperaturschnitt 85
Temperaturversprödung 627
Temperguss. 338
– schwarz 342
– weiß 339
Temperkohle. 339
Tempern 339
Temperrohguss. 338
Terrassenbruch 109, 194
Tertiärzementit 179
Tetraederlücke. 169
Textur. 42
Thallium 408
thermisch aktivierter Prozess 54
thermische Analyse 75
thermisches Spritzen 120
thermochemisches Behandeln 260
Thermoelement 389
thermomechanische Behandlung. 279
Thermoplast 465
– amorph 465, 473
– teilkristallin 465, 473
thermoplastische Elastomer 469, 475
Thixocasting →Thixogießen
Thixogießen 373
Thomas-Roheisen 144
Thomas-Verfahren 147
Thorium. 417
Thoriumdioxid 518
Tiefkühlung. 234
Tieflage 630
Tiefungsversuch nach Erichsen 646
Tiefziehen 131, 164, 647
Titan. 374
– Gewinnung 153
– Wirkungsweise in Stählen 209
Titanatkeramik 528
Titanlegierung. 374
– $\alpha + \beta$-Legierung 376
– α-Legierung 376
– β-Legierung 376
– nah-α-Legierung 376
– Super-α-Legierung 376
Titan-Lithium-Legierung 406
Titannitrid 521
Ton 510
Tonerdeporzellan 510
Torsionsfestigkeit. 609
Torsionsfließgrenze 609
Torsionsversuch 609
Torsionswechselfestigkeit 637
Transalaska-Pipeline 99
Transformationsverfestigung →
Umwandlungsverfestigung
transparent Chromatieren. 129
Trennbruch → Spaltbruch
Trennen 100
Tribochemische Reaktion. 564
Tribologie 555
Tribosystem 555
– Aufbau 555
– Funktion 556
– Hauptgebiete 556
tribotechnische Werkstoffe → verschleiß-
beständige Werkstoffe
Trichter-Kegel-Bruch 605
Werkstoffe
TRIP-Effekt 305
TRIP-Stahl 305
Trockenentwickler. 575
Trockenpressen. 536
Troost, Louis-Joseph 227
Troostit. 227
Tundish-Cover-Verfahren. 334
TWIP-Stahl. 306
TZP → Ziconiumdioxid, polykristallin, tetragonal

U

Überalterung → Überhärtung
Übergangskriechen → primäres Kriechen
Übergangstemperatur der Kerbschlagarbeit. . . 630
Übergießverfahren. 334
Überhärtung 365
Überspannungskurve 545
Überstruktur (bei Metallen) 74
Überstruktur (bei Kunststoffen) 468
Überzug
– mit edleren Metallen 550
– mit Metalloxiden 549
– mit Nichtmetallen 551
– mit unedleren Metallen 551
UF → Harnstoffharze
Ugine-Séjournet-Verfahren. 162
UHP-Ofen. 150
Uhrenmessing 386
U-Kerb-Probe 629
Ultraschall 579
Ultraschallprüfkopf. 581

Ultraschallprüfung 578
– Nachteile 584
– von Schweißnähten 583
– Vorteile 584
Ultraschallprüfverfahren 581
Umformen 95
Umformung 95
Umformverfahren, neue 98
Umgehungs-Mechanismus → Orowan-Mechanismus
Ummagnetisierungsverlust 532
Umschmelzen von Kunststoffen 499
Umschmelzhärten 332
Umwandlungsspannung 235
Umwandlungsverfestigung 515
Umwertung von Härtewerten 620
ungesättigtes Polyester (UP) 460, 482
Universalprüfmaschine 594
unlegierter Baustahl 274
- Anwendung 275
- Gütegruppen 275
- Normung 275
- technologische Eigenschaften 276
- werkstoffkundliche Besonderheiten 277
unlegiertes Kupfer 379
Untermaßprobe 629
Unternahtriss 108
UP → ungesättigtes Polyester
Uran 417
Urformen 87

V

V2A 288
V4A 288
Vakuumbehandlung 150
Vakuumformen 494
Vakuumverdampfen 125
Valenzelektron 22
Van der Waals, Johannes Diderik 25
Vanadium 414
– Wirkungsweise in Stählen 210
Van-der-Waals-Bindung → chemische Bindung, sekundär
Verbindungsschicht 266
Verbundstrangpressen 421
Verbundwerkstoff 15, 418
Verchromen 125
Veredelung 357
Verfestigen
– durch Schmieden 132
– durch Umformen 130
– durch Walzen 130
– durch Ziehen 131
Verfestigung 48
Verfestigungsmechanismen 48
Verformung 95
– elastisch → elastische Verformung
– plastisch → plastische Verformung
– viskos → viskose Verformung
Verformungsbruch 604, 626

Verformungsmartensit 293
Verformungsstruktur 57
Verformungstextur 42
Verformungsverfestigung 52
Verformungswabe 605, 626
Vergießen von Stählen
– beruhigt 183
– besonders beruhigt 183
– unberuhigt 183
– vollberuhigt 183
Vergolden 125
Vergüten 249
– innere Vorgänge 250
– Sinn und Zweck 250
– Sonderverfahren 254
– Temperatur-Zeit-Verlauf 249
Vergütungsschaubild → Anlassschaubild
Vergütungsstahl 251, 284
– Cr-legiert 252
– Cr-Mo-legiert 252
– Cr-Ni-Mo-legiert 252
– Mn-legiert 252
– unlegiert 252
– Verwendung 252
Vergütungsstahlguss 323
Vergütungstiefe 250
Verkupfern 125, 550
Vernickeln 125
Vernickeln, chemisches 126
Versatz 510
Verschleiß 563
Verschleißarten 567
verschleißbeständige Werkstoffe 568
verschleißbeständiger Stahlguss 325
verschleißbeständiges Gusseisen 345
Verschleißbeständigkeit 270
verschleißfester Chromhartguss 325
Verschleißmechanismen 563
Versetzung 34
Versetzungsannihilation 58
Versetzungsbewegung 45
Versetzungsdichte 36
Versetzungslinie 34
Versetzungsmultiplikation 38
Versetzungsquelle 37
Versetzungsring 35
Versilbern 125
Verstärkungsstoff 491
Verstrecken 467
Verstreckungsgefüge 467
Verunreinigung 434
Vickers-Härteprüfung → Härteprüfung nach Vickers
Vickers-Kleinkraftbereich 616
Vickers-Makrohärte 616
Vickers-Mikrohärte 616
Vier-Neuner-Aluminium → Reinstaluminium
Vierpunktbiegung 609
Virtuelle Werkstoffe 15
Viskose Verformung 44
Viskosität

Sachwortverzeichnis

– dynamische 561
– kinematische 561
V-Kerb-Probe 629
VMQ → Methyl-Vinyl-Kautschuk
Vollhartguss 345
Volumendiffusion 55
Vorbandgießen 159
Vorbrand 538
Vorlauflänge 91
Vorlegierung 154, 434
Vorwärmtemperatur 107
Vorwärmung 107

W

Wachsen 348
Wachstumstextur 42
Walzen 161
Walzplattieren 126
Warmarbeitsstahl 312
Warmaushärtung 364
Warmauslagerung 365
Warmbadhärten 236
Warmbreitband 161
Warmbruch → Rotbruch
Wärmebehandlung des Stahls 212
– Einteilung der Verfahren 213
– Prinzip 212
– Temperatur-Zeit-Verlauf 212
Wärmeeinflusszone 104
Wärmespannung 218, 235
warmfester Chromstahl 286
warmfester Stahl 285
– Anforderungen 285
– Anwendung 286
– maximale Anwendungstemperatur 286
– Stahlsorten 286
– Werkstoffkennwerte 285
– Werkstoffverhalten 285
warmfester Stahlguss 323
Warmfließkurve 97
Warmformmessing 395
Warmformung 494
Warmkammermaschine 157
Warmriss 90
Warmumformung 97
Warmumformverfahren 97
Warmverformung 64
Wasserstoff, Wirkungsweise in Stählen 191
Wasserstoffbrückenbindung 26
– intermolekular 27
– intramolekular 27
Wasserstofffreiglühen 108
Wasserstoffinduzierter Riss 108
Wasserstoffkorrosion 545
Wasserstoffkrankheit 382
Wasserstoffreduktion 544
Wasserstoffversprödung 191
Wechselfestigkeit 637
Wechselspannungsgerät 587
Weichblei 404

Weicheisen 174
Weichfleckigkeit 244
Weichglühen 214
– Anwendung 217
– Gefügeveränderungen 217
– Verfahren 216
Weichlot 117, 403
Weichlöten 113
Weichmacher 455
weichmagnetische Ferrite 532
weichmagnetischer Werkstoff 397
Weichschaumstoff 462
Weißbearbeitung 538
Weißblech 119, 402
Weißeinstrahlung 329
Weißmetall 14, 404
Wellenmechanisches Modell →
Orbitalmodell 20
Werkstoff 11
– Anforderungen 17
– Auswahl 17
– Definition 14
– polykristallin 41
– Recycling 17
– verschleißbeständig 568
– virtuell 15
Werkstoffe
– Einteilung 13
– Weltverbrauch 11
Werkstoffeigenschaft 16
Werkstoffengineering 419
Werkstoffhauptgruppennummer 430
Werkstoffnormung 422
Werkstoffprüfung 572
– Aufgaben 572
– Verfahren 573
Werkstoffprüfverfahren 573
– chemisch 573
– mechanisch 593
– metallographisch 573
– physikalisch 573
– technologisch 573, 645
– zerstörungsfrei 574
Werkstofftechnik 11
Werkstoffverbund 421
Werkzeugstahl 309
– Anforderungen 309
– Einteilung 309
– Erschmelzung 309
Whisker 37
Widmannstätten, A. Beck von 216
Widmannstättensches Gefüge 216
Wilm, Alfred 363
Winderhitzer 141
Wirbelbetten 238
Wirbelsintern 120
Wirbelstromprüfung 577
Wirktemperatur 115
Wirkungsquerschnitt 413
Wolfram, Wirkungsweise in Stählen 209

Wöhler, August 636
Wöhlerkurve 636
Wöhlerversuch 636
Wolfram. 416
Wood'sches Metall 410
Wurzelriss 105, 108
Wüstit. 190

Y

Yttrium. 413
Yttrium-Barium-Kupferoxid. 530
Yttriumoxid 518

Z

Zähbruch. 604, 626
Zähigkeit 624
– Begriff. 624
– Einflussfaktoren 626
Zähigkeitsprüfverfahren 624
Zählnummer. 430
Zählrohr. 590
Zahngold 411
Zeitbruchkurve 644
Zeitdehngrenzkurve 644
Zeitdehnkurve. 644
Zeitdehnschaubild 644
Zeitstandbruch, interkristallin 67
Zeitstandbruch, transkristallin. 67
Zeitstandfestigkeit 644
Zeitstandschaubild 644
Zeitstandversuch 642
Zeit-Temperatur-Ausscheidungsdiagramm →
Kornzerfallschaubild
Zeit-Temperatur-Austenitisierungsdiagramm. . 242
– isothermes. 243
– kontinuierliches. 243
– Korngrößenlinien 244
Zeit-Temperatur-Umwandlungsdiagramm 238
– isothermes. 240
– kontinuierliches. 239
Zelle 58
Zellstruktur 58
Zellwand 57
Zementit 74, 170
Zerorolling. 281
Zersetzungstemperatur 473
Zerspanbarkeit 101, 300
Zerspanen 100
Zerspanungsindex 301
zerstörungsfreie Werkstoffprüfverfahren. 574
Zerteilen. 100
Zirconium 413
Zirconiumdioxid 514
 – polykristallin, tetragonal (TZP) 515
 – teilstabilisiert (PSZ). 515
 – vollstabilisiert (CSZ) 514
Zirconoxid → Zirconiumdioxid
Ziehen 163
Ziehverhältnis 131

Zink 400
Zink-Gusslegierung 402
Zink-Knetlegierung. 402
Zinkwerkstoff 400
Zinn 402
– Gewinnung 153
Zinnlot 117
Zinnwerkstoffe 402
Zintl-Phase. 74
Zipfelbildung. 647
Zircaloy 413
zirconiumverstärktes Aluminiumoxid (ZTA) . . . 513
Zonenmischkristall 78
Zonenziehverfahren 94
ZTA → zirconiumverstärktes Aluminiumoxid
ZTA-Diagramm → Zeit-Temperatur-
Austenitisierungsdiagramm
ZTU-Diagramm → Zeit-Temperatur-
Umwandlungsdiagramm
Zufallslastenversuch → Randomversuch
Zug-Druck-Wechselfestigkeit. 637
Zugfestigkeit 601, 653
Zugmodul 654
Zugprobe. 595
Zugversuch 593
– Ermittlung von Kennwerten. 599
– Probengeometrie 594
– Versuchsdurchführung 594
Zugversuch an Kunststoffen 652
zunderbeständiger Stahl 297
– austenitisch 298
– ferritisch 297
Zuschlag 140
Zuschlagstoff. 491
Zustandsdiagramm 75
– Aluminium-Kupfer 364
– Aluminium-Silicium 358
– binär 76
– Eisen-Chrom 289
– Eisen-Kohlenstoff 171
– Eisen-Mangan 207
– Grundtypen 79
– mit offenem Schmelzpunktmaximum 83
– mit Verbindungsbildung. 83
– mit verdecktem Schmelzpunktmaximum . . . 83
– reales 83
– ternäres 84
– unlegierter Stahl 238
– Kupfer-Zink 385
– ZrO_2-CaO 514
Zwillingsgrenze. 39
Zwischengitteratom 33
Zwischengitterdiffusion 55
Zwischenstufengefüge → Bainit
Zwischenstufenvergüten → Bainitisieren
Zylinderstauchverfahren 607

Bildquellenverzeichnis

Autoren und Verlag bedanken sich bei den nachfolgend aufgeführten Firmen, Verlagen und Personen für die Erlaubnis zum Abdruck von Bildmaterial.

AgPU Arbeitsgemeinschaft PVC und Umwelt e.V.
Seite 455, Bild 1a

Aluminium-Verlag: Aluminium-Taschenbuch
Seite 88, Bild 1
Seite 157, Bild 2
Seite 358, Bild 2

Aluminium-Verlag: Magnesium-Taschenbuch
Seite 372, Bild 1

Aluminium Zentrale, Düsseldorf: Aluminium-Merkblatt W1
Seite 353, Bild 2
Seite 357, Bild 1

BASF Aktiengesellschaft, Ludwigshafen
Seite 452, Bild 2
Seite 454, Bild 1
Seite 455, Bild 3
Seite 461, Bild 1a
Seite 463, Bild 1a

Bayer AG, Leverkusen
Seite 462, Bild 2b

CeramTec AG, Plochingen/Neckar
Seite 512, Bild 2
Seite 516, Bild 1
Seite 516, Bild 2
Seite 517, Bild 1
Seite 527, Bild 1
Seite 535, Bild 1

Chemetall GmbH, Frankfurt/Main
Seite 550, Bild 1

DeguDent GmbH, Hanau
Seite 516, Bild 5

Deutsches Kupferinstitut (DKI), Düsseldorf
Seite 162, Bild 3
Seite 164, Bild 1
Seite 386, Bild 1a
Seite 386, Bild 1b

Seite 388, Bild 2a
Seite 388, Bild 2b

Dr. Fels Werkstoffanalytik, Stuttgart
Seite 520, Bild 4
Seite 521, Bild 2

Dr.-Ing. D. Liedtke, Ludwigsburg
Seite 267, Bild 1

Fischerwerke Artur Fischer GmbH & Co. KG, Waldachtal
Seite 459, Bild 1a

Forum PET, Bad Homburg
Seite 461, Bild 1b

Framatome ANP GmbH, Erlangen
Seite 414, Bild 1

H.C. Starck Ceramics GmbH & Co.KG, Selb
Seite 525, Bild 2
Seite 525, Bild 3

Henkel, Düsseldorf
Seite 463, Bild 1b

IGB Monforts Fluorkunststoffe GmbH & Co. KG, Mönchengladbach
Seite 454, Bild 2

Institut für Metallumformung (IMF), TU Bergakademie Freiberg
Seite 304, Bild 1
Seite 304, Bild 2
Seite 305, Bild 2

Institut für Raster-Elektronenmikroskopie, Dr.-Ing. H. Klingele, München
Seite 604, Bild 2
Seite 605, Bild 2
Seite 606, Bild 2
Seite 626, Bild 1
Seite 626, Bild 3
Seite 635, Bild 1

Institut für Werkstoffkunde, Schweißtechnik und Spanlose Formgebungsverfahren (IWS), TU Graz
Seite 176, Bild 2
Seite 177, Bild 1
Seite 339, Bild 1
Seite 344, Bild 1

ISS Schneidwaren, Solingen
Seite 516, Bild 4

J.F. Peraita Del Hoyo, São Paulo
Seite 459, Bild 1b

Kennametal HTM AG, Biel/Schweiz
Seite 319, Bild 2
Seite 319, Bild 3

Liebherr-Werk Ehingen GmbH, Ehingen/Donau
Seite 277, Bild 1

Menzolit-Fibron GmbH, Bretten
Seite 463, Bild 2

Rauschert Heinersdorf-Pressig GmbH, Pressig
Seite 511, Bild 1

Rheinzink, Datteln
Seite 401, Bild 1

Röhm GmbH, Darmstadt
Seite 453, Bild 1

Salzgitter AG, Salzgitter
Seite 275, Bild 1

Salzgitter-Mannesmann Forschung GmbH (aus: Projekt-Info 13/04, BINE-Informationsdienst, Bonn)
Seite 306, Bild 2

Skyspan Europe GmbH, Rimsting
Seite 455, Bild 1b

Verband der Chemischen Industrie (VCI), Frankfurt/Main
Seite 547, Bild 2
Seite 547, Bild 3
Seite 548, Bild 1

Verband der Keramischen Industrie e.V., Selb
Seite 510, Bild 1
Seite 510, Bild 2
Seite 511, Bild 2
Seite 512, Bild 1
Seite 513, Bild 1
Seite 513, Bild 2
Seite 515, Bild 3
Seite 516, Bild 3
Seite 516, Bild 6
Seite 517, Bild 2
Seite 522, Bild 3
Seite 523, Bild 1

Seite 523, Bild 2
Seite 523, Bild 3
Seite 523, Bild 4
Seite 524, Bild 1
Seite 525, Bild 1

Verlag Stahleisen: Stahlfibel
Seite 139, Bild 1

Verzinkerei Karger, Illertissen
Seite 551, Bild 1
(Foto: Guido Köninger)

Walter AG, Tübingen
Seite 521, Bild 4

Yxlon International X-Ray GmbH, Hamburg
Seite 587, Bild 1

Zentrale für Gussverwendung (ZGV), Düsseldorf
Seite 321, Bild 1
Seite 323, Bild 1
Seite 323, Bild 2
Seite 324, Bild 1
Seite 325, Bild 1
Seite 325, Bild 2
Seite 328, Bild 1
Seite 330, Bild 1
Seite 330, Bild 2
Seite 330, Bild 3
Seite 332, Bild 1
Seite 335, Bild 1a
Seite 335, Bild 2
Seite 335, Bild 3
Seite 337, Bild 2
Seite 341, Bild 1
Seite 341, Bild 4

Seite 341, Bild 5
Seite 345, Bild 2
Seite 346, Bild 1
Seite 346, Bild 2
Seite 347, Bild 1
Seite 347, Bild 2
Seite 350, Bild 2

Zwick GmbH & Co., Ulm
Seite 614, Bild 1

Fachkunde für gießereitechnische Berufe
Seite 402, Bild 1

Wärmebehandlung des Stahls
Seite 217, Bild 2
Seite 234, Bild 2
Seite 258, Bild 1

Werkstoffkunde für Elektroberufe
Seite 40, Bild 3
Seite 41, Bild 1

Werkstofftechnik für Metallbauer
Seite 464, Bild 1

Bildarchiv Dr. B. Drube, Eschweiler
Seite 29, Bild 1
Seite 29, Bild 2
Seite 30, Bild 1
Seite 30, Bild 2
Seite 30, Bild 3
Seite 32, Bild 1
Seite 42, Bild 2
Seite 58, Bild 1

Bildarchiv Prof. Dr. V. Läpple, Schorndorf
Seite 33, Bild 1
Seite 39, Bild 2
Seite 39, Bild 3b
Seite 99, Bild 1
Seite 166, Bild 2
Seite 179, Bild 1
Seite 181, Bild 2
Seite 181, Bild 3
Seite 194, Bild 1
Seite 214, Bild 1
Seite 249, Bild 1
Seite 294, Bild 1
Seite 327, Bild 3
Seite 333, Bild 1
Seite 335, Bild 1b
Seite 340, Bild 2
Seite 354, Bild 1
Seite 357, Bild 3
Seite 370, Bild 2
Seite 376, Bild 2
Seite 380, Bild 1
Seite 380, Bild 2
Seite 418, Bild 3
Seite 463, Bild 3
Seite 626, Bild 2

Bildarchiv Prof. Dr. G. Wittke, Linden
Seite 453, Bild 2
Seite 458, Bild 1
Seite 462, Bild 1
Seite 462, Bild 2a

Bildarchiv Dr. C. Kammer, Goslar
Seite 70, Bild 2

Anhang

Tabelle A1: Elektronenkonfigurationen der Elemente mit den Ordnungszahlen 1 bis 60

OZ	Name des Elements		K	L		M			N				O				P			Q
			1s	2s	2p	3s	3p	3d	4s	4p	4d	4f	5s	5p	5d	5f	6s	6p	6d	7s
1	Wasserstoff	H	1																	
2	Helium	He	2																	
3	Lithium	Li	2	1																
4	Beryllium	Be	2	2																
5	Bor	B	2	2	1															
6	Kohlenstoff	C	2	2	2															
7	Stickstoff	N	2	2	3															
8	Sauerstoff	O	2	2	4															
9	Fluor	F	2	2	5															
10	Neon	Ne	2	2	6															
11	Natrium	Na	2	2	6	1														
12	Magnesium	Mg	2	2	6	2														
13	Aluminium	Al	2	2	6	2	1													
14	Silicium	Si	2	2	6	2	2													
15	Phosphor	P	2	2	6	2	3													
16	Schwefel	S	2	2	6	2	4													
17	Chlor	Cl	2	2	6	2	5													
18	Argon	Ar	2	2	6	2	6													
19	Kalium	K	2	2	6	2	6		1											
20	Calcium	Ca	2	2	6	2	6		2											
21	Scandium	Sc	2	2	6	2	6	1	2											
22	Titan	Ti	2	2	6	2	6	2	2											
23	Vanadium	V	2	2	6	2	6	3	2											
24	Chrom	Cr	2	2	6	2	6	5	1											
25	Mangan	Mn	2	2	6	2	6	5	2											
26	Eisen	Fe	2	2	6	2	6	6	2											
27	Cobalt	Co	2	2	6	2	6	7	2											
28	Nickel	Ni	2	2	6	2	6	8	2											
29	Kupfer	Cu	2	2	6	2	6	10	1											
30	Zink	Zn	2	2	6	2	6	10	2											
31	Gallium	Ga	2	2	6	2	6	10	2	1										
32	Germanium	Ge	2	2	6	2	6	10	2	2										
33	Arsen	As	2	2	6	2	6	10	2	3										
34	Selen	Se	2	2	6	2	6	10	2	4										
35	Brom	Br	2	2	6	2	6	10	2	5										
36	Krypton	Kr	2	2	6	2	6	10	2	6										
37	Rubidium	Rb	2	2	6	2	6	10	2	6			1							
38	Strontium	Sr	2	2	6	2	6	10	2	6			2							
39	Yttrium	Y	2	2	6	2	6	10	2	6	1		2							
40	Zirkonium	Zr	2	2	6	2	6	10	2	6	2		2							
41	Niob	Nb	2	2	6	2	6	10	2	6	4		1							
42	Molybdän	Mo	2	2	6	2	6	10	2	6	5		1							
43	Technetium *	Tc	2	2	6	2	6	10	2	6	6		1							
44	Ruthenium	Ru	2	2	6	2	6	10	2	6	7		1							
45	Rhodium	Rh	2	2	6	2	6	10	2	6	8		1							
46	Palladium	Pd	2	2	6	2	6	10	2	6	10									
47	Silber	Ag	2	2	6	2	6	10	2	6	10		1							
48	Cadmium	Cd	2	2	6	2	6	10	2	6	10		2							
49	Indium	In	2	2	6	2	6	10	2	6	10		2	1						
50	Zinn	Sn	2	2	6	2	6	10	2	6	10		2	2						
51	Antimon	Sb	2	2	6	2	6	10	2	6	10		2	3						
52	Tellur	Te	2	2	6	2	6	10	2	6	10		2	4						
53	Iod	I	2	2	6	2	6	10	2	6	10		2	5						
54	Xenon	Xe	2	2	6	2	6	10	2	6	10		2	6						
55	Cäsium	Cs	2	2	6	2	6	10	2	6	10		2	6			1			
56	Barium	Ba	2	2	6	2	6	10	2	6	10		2	6			2			
57	Lanthan	La	2	2	6	2	6	10	2	6	10		2	6	1		2			
58	Cer	Ce	2	2	6	2	6	10	2	6	10	1	2	6	1		2			
59	Praseodym	Pr	2	2	6	2	6	10	2	6	10	3	2	6			2			
60	Neodym	Nd	2	2	6	2	6	10	2	6	10	4	2	6			2			

* Radioaktives Element

Fortsetzung Tabelle A1: Elektronenkonfigurationen der Elemente mit den Ordnungszahlen 61 bis 112

OZ	Name des Elements		K 1s	L 2s	L 2p	M 3s	M 3p	M 3d	N 4s	N 4p	N 4d	N 4f	O 5s	O 5p	O 5d	O 5f	P 6s	P 6p	P 6d	Q 7s
61	Prometium *	Pm	2	2	6	2	6	10	2	6	10	5	2	6			2			
62	Samarium	Sm	2	2	6	2	6	10	2	6	10	6	2	6			2			
63	Europium	Eu	2	2	6	2	6	10	2	6	10	7	2	6			2			
64	Gadolinium	Gd	2	2	6	2	6	10	2	6	10	7	2	6	1		2			
65	Terbium	Tb	2	2	6	2	6	10	2	6	10	9	2	6			2			
66	Dysprosium	Dy	2	2	6	2	6	10	2	6	10	10	2	6			2			
67	Holmium	Ho	2	2	6	2	6	10	2	6	10	11	2	6			2			
68	Erbium	Er	2	2	6	2	6	10	2	6	10	12	2	6			2			
69	Thulium	Tm	2	2	6	2	6	10	2	6	10	13	2	6			2			
70	Ytterbium	Yb	2	2	6	2	6	10	2	6	10	14	2	6			2			
71	Lutetium	Lu	2	2	6	2	6	10	2	6	10	14	2	6	1		2			
72	Hafnium	Hf	2	2	6	2	6	10	2	6	10	14	2	6	2		2			
73	Tantal	Ta	2	2	6	2	6	10	2	6	10	14	2	6	3		2			
74	Wolfram	W	2	2	6	2	6	10	2	6	10	14	2	6	4		2			
75	Rhenium	Re	2	2	6	2	6	10	2	6	10	14	2	6	5		2			
76	Osmium	Os	2	2	6	2	6	10	2	6	10	14	2	6	6		2			
77	Iridium	Ir	2	2	6	2	6	10	2	6	10	14	2	6	7		2			
78	Platin	Pt	2	2	6	2	6	10	2	6	10	14	2	6	9		1			
79	Gold	Au	2	2	6	2	6	10	2	6	10	14	2	6	10		1			
80	Quecksilber	Hg	2	2	6	2	6	10	2	6	10	14	2	6	10		2			
81	Thallium	Tl	2	2	6	2	6	10	2	6	10	14	2	6	10		2	1		
82	Blei	Pb	2	2	6	2	6	10	2	6	10	14	2	6	10		2	2		
83	Wismut	Bi	2	2	6	2	6	10	2	6	10	14	2	6	10		2	3		
84	Polonium *	Po	2	2	6	2	6	10	2	6	10	14	2	6	10		2	4		
85	Astatin *	At	2	2	6	2	6	10	2	6	10	14	2	6	10		2	5		
86	Radon *	Rn	2	2	6	2	6	10	2	6	10	14	2	6	10		2	6		
87	Francium *	Fr	2	2	6	2	6	10	2	6	10	14	2	6	10		2	6		1
88	Radium *	Ra	2	2	6	2	6	10	2	6	10	14	2	6	10		2	6		2
89	Actinium *	Ac	2	2	6	2	6	10	2	6	10	14	2	6	10		2	6	1	2
90	Thorium *	Th	2	2	6	2	6	10	2	6	10	14	2	6	10		2	6	2	2
91	Protactinium *	Pa	2	2	6	2	6	10	2	6	10	14	2	6	10	2	2	6	1	2
92	Uran *	U	2	2	6	2	6	10	2	6	10	14	2	6	10	3	2	6	1	2
93	Neptunium *	Np	2	2	6	2	6	10	2	6	10	14	2	6	10	4	2	6	1	2
94	Plutonium *	Pu	2	2	6	2	6	10	2	6	10	14	2	6	10	6	2	6		2
95	Americium **	Am	2	2	6	2	6	10	2	6	10	14	2	6	10	7	2	6		2
96	Curium **	Cm	2	2	6	2	6	10	2	6	10	14	2	6	10	7	2	6	1	2
97	Berkelium **	Bk	2	2	6	2	6	10	2	6	10	14	2	6	10	9	2	6		2
98	Californium **	Cf	2	2	6	2	6	10	2	6	10	14	2	6	10	10	2	6		2
99	Einsteinium **	Es	2	2	6	2	6	10	2	6	10	14	2	6	10	11	2	6		2
100	Fermium **	Fm	2	2	6	2	6	10	2	6	10	14	2	6	10	12	2	6		2
101	Mendelevium **	Md	2	2	6	2	6	10	2	6	10	14	2	6	10	13	2	6		2
102	Nobelium **	No	2	2	6	2	6	10	2	6	10	14	2	6	10	14	2	6		2
103	Lawrencium **	Lr	2	2	6	2	6	10	2	6	10	14	2	6	10	14	2	6	1	2
104	Rutherfordium **[2]	Rf	2	2	6	2	6	10	2	6	10	14	2	6	10	14	2	6	2	2
105	Hahnium **[3]	Ha	2	2	6	2	6	10	2	6	10	14	2	6	10	14	2	6	3	2
106	Seaborgium **[4]	Sg	2	2	6	2	6	10	2	6	10	14	2	6	10	14	2	6	4	2
107	Nielsbohrium **[5]	Ns	2	2	6	2	6	10	2	6	10	14	2	6	10	14	2	6	5	2
108	Hassium **[6]	Ha	2	2	6	2	6	10	2	6	10	14	2	6	10	14	2	6	6	2
109	Meitnerium **	Mt	2	2	6	2	6	10	2	6	10	14	2	6	10	14	2	6	7	2
110	Eka-Platin ***	–	2	2	6	2	6	10	2	6	10	14	2	6	10	14	2	6	8	2
111	Eka-Gold ***	–	2	2	6	2	6	10	2	6	10	14	2	6	10	14	2	6	9	2
112	Eka-Quecksilber ***	–	2	2	6	2	6	10	2	6	10	14	2	6	10	14	2	6	10	2

* Radioaktives Element
** Radioaktives Element, nur künstlich erzeugt
*** Radioaktives Element, nur künstlich erzeugt, Name noch nicht festgelegt

[1] Die Elektronenkonfiguration der Elemente 104 bis 112 ist experimentell bisher nicht gesichert.
[2] Bisheriger Name. IUPAC-Empfehlung: Dubnium (Db). IUPAC = International Union of Pure and Applied Chemistry
[3] Bisheriger Name. IUPAC-Empfehlung: Joliotium (Jl).
[4] Bisheriger Name. IUPAC-Empfehlung: Rutherfordium (Rf).
[5] Bisheriger Name. IUPAC-Empfehlung: Bohrium (Bh).
[6] Bisheriger Name. IUPAC-Empfehlung: Hahnium (Hn).

Tabelle A2: Atomare Konstanten technisch bedeutsamer Elemente

Element (Name und chemisches Symbol)		OZ[1]	rel. Atommasse in u	Atomdurchmesser in 10^{-10} m [2]	d_x/d_{Fe}[3] in %	Gittertyp [4]		Gitterkonstanten in 10^{-10} m [5]		
								a	b	c bzw. α
Metalle										
Aluminium	Al	13	26,98	2,864	115,34	kfz		4,049	–	–
Barium	Ba	56	137,33	4,347	175,07	krz		5,014	–	–
Beryllium	Be	4	9,01	2,226	89,65	hdp [6]		2,286	–	3,584
Bismut	Bi	83	208,98	3,090	124,45	rhomboedrisch		4,748	–	57,24°
Blei	Pb	82	207,19	3,500	140,96	kfz		4,950	–	–
Cadmium	Cd	48	112,41	2,979	119,98	hdp [7]		2,979	–	5,617
Calcium	Ca	20	40,08	3,947	158,96	kfz hdp krz	(< 350 °C) (350 °C...450 °C) (450 °C...ϑ_m) [8]	5,582 k.A. k.A.	– – –	– k.A. –
Chrom	Cr	24	51,99	2,498	100,60	krz		2,884	–	–
Cobalt	α-Co β-Co	27	58,93	2,507	100,97	hdp kfz	(< 417 °C) (417 °C...ϑ_m)	2,508 3,560	– –	4,070 –
Eisen	α-Fe γ-Fe δ-Fe	26	55,85	2,483	100,00	krz kfz krz	(< 911 °C) (911 °C...1392 °C) (1392 °C...ϑ_m)	2,867 3,646 2,932	– – –	– – –
Gallium	Ga	31	69,73	2,442	98,35	orthorhombisch		4,519	4,526	7,657
Gold	Au	79	196,97	2,884	116,15	kfz		4,078	–	–
Iridium	Ir	77	192,22	2,715	109,34	kfz		3,839	–	–
Kalium	K	19	39,09	4,540	182,84	krz		5,320	–	–
Kupfer	Cu	29	63,55	2,556	102,94	kfz		3,615	–	–
Lithium	Li	3	6,94	3,040	122,43	hdp krz	(< –190 °C) (–190 °C...ϑ_m)	k.A. 3,510	– –	k.A. –
Magnesium	Mg	12	24,31	3,209	129,24	hdp		3,209	–	5,211
Mangan	α/β-Mn γ-Mn δ-Mn	25	54,94	2,731	109,99	kubisch-verzerrt [9] kfz krz	(1079 °C...1143 °C) (1143 °C...ϑ_m)	8,914 k.A. k.A.	– – –	– – –
Molybdän	Mo	42	95,94	2,725	109,75	krz		3,147	–	–
Natrium	Na	11	22,99	3,716	149,66	krz		4,291	–	–
Nickel	Ni	28	58,69	2,492	100,36	kfz		3,524	–	–
Niob	Nb	41	92,91	2,858	115,10	krz		3,301	–	–
Osmium	Os	76	190,20	2,675	107,73	hdp		2,735	–	4,319
Palladium	Pd	46	106,42	2,751	110,79	kfz		3,891	–	–
Platin	Pt	78	195,08	2,775	111,76	kfz		3,923	–	–
Rhenium	Re	75	186,21	2,756	110,99	hdp		2,761	–	4,458
Rhodium	α-Rh β-Rh	45	102,91	2,690	108,34	krz kfz	(< 1030 °C) (1030 °C...ϑ_m)	k.A 3,805	– –	– –
Silber	Ag	47	107,87	2,889	116,35	kfz		4,086	–	–
Strontium	Sr	38	87,62	4,303	173,29	kfz hdp krz	(< 248 °C) (248 °C...614 °C) (614 °C...ϑ_m)	6,085 4,319 4,849	– – –	– 7,064 –
Tantal	Ta	73	180,95	2,860	115,18	krz		3,303	–	–
Titan	α-Ti β-Ti	22	47,88	2,896	116,63	hdp krz	(< 882 °C) (882 °C...ϑ_m)	2,950 3,320	– –	4,679 –
Vanadium	V	23	50,94	2,628	105,84	krz		3,024	–	–
Wolfram	W	74	183,85	2,741	110,39	krz		3,165	–	–
Zink	Zn	30	65,39	2,665	107,33	hdp [7]		2,665	–	4,947
Zinn	α-Sn β-Sn	50	118,71	3,022	121,71	Diamant trz	(< 13,2 °C) (13,2 °C...ϑ_m)	6,491 5,832	– –	– 3,182
Zirkonium	α-Zr β-Zr	40	91,22	3,179	128,00	hdp krz	(< 862 °C) (862 °C...ϑ_m)	3,232 3,616	– –	5,148 –
Halbmetalle										
Antimon	Sb	51	121,75	2,900	116,79	rhomboedrisch [10]		4,567	–	57,12°
Arsen	As	33	74,92	2,490	100,28	rhomboedrisch [10]		4,131	–	54,17°
Bor	B	5	10,81	1,589	63,99	rhomboedrisch [11]		5,057	–	58,06°
Germanium	α-Ge	32	72,61	2,450	98,67	Diamantstruktur [12]		2,449	–	–
Silicium	Si	14	28,09	2,352	94,72	Diamantstruktur [13]		5,431	–	–
Nichtmetalle										
Kohlenstoff	C	6	12,01	1,545	62,22	Diamantstruktur Grafitstruktur		3,567 2,461	– –	– 6,708
Phosphor	P	15	30,97	2,180	87,80	orthorhombisch		3,317	4,389	10,522
Schwefel	α-S	16	32,07	1,887	75,99	orthorhombisch		10,437	12,846	24,370

[1] OZ = Ordnungszahl (siehe Periodensystem der Elemente).
[2] Für Sb, As, Ge, Si, C und P: Atomdurchmesser bei kovalenter Einfachbindung, für S und B: Atomdurchmesser bei kovalenter Doppelbindung. Bei den Metallen: Atomdurchmesser bei metallischer Bindung (Metallatomdurchmesser).
[3] d_x = Atomdurchmesser des Elements der entsprechenden Tabellenzeile, d_{Fe} = Atomdurchmesser von Eisen.
[4] krz = kubisch-raumzentriert, kfz = kubisch-flächenzentriert, trz = tetragonal-raumzentriert. Die Umwandlungstemperaturen hängen in hohem Maße von der Reinheit des Metalles ab. Unterschiedliche Temperaturangaben in der Literatur sind daher auf unterschiedliche Reinheiten der untersuchten Metalle zurückzuführen.
[5] Werte gültig für Raumtemperatur (20 °C). Für Hochtemperaturmodifikation(en) gültig bei der jeweiligen Umwandlungstemperatur.
[6] α-Be: hdp mit kovalenten Bindungsanteilen (Niedertemperaturmodifikation), β-Be: krz (Hochtemperaturmodifikation).
[7] Vom geometrisch gleichmäßigen Aufbau abweichend (gestreckt).
[8] ϑ_m = Schmelztemperatur.
[9] α-Mn (< 710 °C) kubisch mit 58 Atomen je Elementarzelle bzw. β-Mn 710 °C...1079 °C) mit 20 Atomen je Elementarzelle.
[10] Beständigste Modifikation (graues oder metallisches Antimon bzw. Arsen). Weitere Modifikationen siehe 10.
[11] Weitere Modifikationen: rotes, durchscheinendes α-rhomb. Bor, schwarzes, α-tetragonales Bor, rotes β-tetragonales Bor.
[12] Weitere Modifikationen: β-Ge bei sehr hohen Drücken (> 12000 MPa). Metastabile Modifikationen: γ-Ge und δ-Ge.
[13] Weitere Modifikationen: β-Si bei Drücken über 13000 MPa.

Tabelle A3: Physikalische und mechanische Eigenschaften technisch bedeutsamer Elemente

Element (Name und chem. Symbol)		OZ[1]	Dichte in g/cm³	Schmelztemperatur in °C	Wärmedehnung in 10^{-6} K^{-1}	elektrische Leitfähigk. m/(Ω·mm²)	Zugfestigkeit in MPa [2]	0,2%-Dehngrenze in MPa [2]	Bruchdehnung in % [2] [3]	max. Löslichkeit in α-Fe in Masse-%	max. Löslichkeit in γ-Fe in Masse-%
\multicolumn{12}{c}{Metalle}											
Aluminium	Al	13	2,69	660	23,8	37,8	60...230	40	50	37	1,0
Barium	Ba	56	3,58	725	16	–	–	–	–	–	–
Beryllium [4]	Be	4	1,85	1285	12	25,0	310...500	270	–	7,4	0,6
Bismut	Bi	83	9,80	271	13	0,9	13	–	–	–	–
Blei	Pb	82	11,35	327	29	4,8	10...15	7...8	50	≈ 0	≈ 0
Cadmium	Cd	48	8,64	321	30	14,6	68	10	50	–	–
Calcium [5]	Ca	20	1,56	840	23	25,6	11500	8500	7	–	–
Cer	Ce	58	6,78	799	–	–	–	–	–	0,4	0,4
Chrom	Cr	24	7,21	1860	6	7,8	170	–	–	100	12,5
Cobalt	Co	27	8,90	1495	12	16,0	130	–	–	76	100
Eisen	Fe	26	7,86	1536	12	10,3	200...300	50...120	40...50	–	–
Gallium	Ga	31	5,91	30	18	5,8	–	–	–	–	–
Gold	Au	79	19,32	1063	14	42,6	220	40	50	–	–
Iridium [6]	Ir	77	22,40	2450	6,5	18,9	385	–	35	–	–
Kalium	K	19	0,86	63	83	16,3	–	–	–	–	–
Kupfer	Cu	29	8,94	1083	16,5	59,8	200...250	40...80	60	3,5	8,5
Lithium	Li	3	0,53	180	50	11,7	115	–	–	–	–
Magnesium	Mg	12	1,74	649	25	22,5	80...180	–	12	–	–
Mangan	Mn	25	7,21	1244	23	0,5	700	–	–	3,5	100
Molybdän	Mo	42	10,22	2617	5,4	19,2	640	440	–	37,5	1,6
Natrium	Na	11	0,97	98	70	23,8	–	–	–	–	–
Nickel	Ni	28	8,90	1453	13	14,6	370...700	80	60	8,0	100
Niob [7]	Nb	41	8,57	2468	7,1	6,6	340...390	210	30	1,8	2,0
Osmium	Os	76	22,61	3045	5	10,5	–	–	–	–	–
Palladium	Pd	46	12,03	1554	12	9,2	200	50	35	–	–
Platin	Pt	78	21,48	1770	8,9	9,4	140	–	40	–	–
Rhenium	Re	75	21,04	3180	7	5,2	1130	310	24	–	–
Rhodium	Rh	45	12,41	1965	8,3	22,2	412	70	9	–	–
Silber	Ag	47	10,49	961	19	62,9	300	55	60	–	–
Strontium	Sr	38	2,58	769	22	4,3	–	–	–	–	–
Tantal [8]	Ta	73	16,68	2996	6,6	8,0	300...590	200...540	35	1,0	3,0
Titan	Ti	22	4,51	1670	8,6	2,4	300...700	185...580	30	6,3	0,8
Vanadium	V	23	6,09	1915	8	3,9	240...450	–	15	100	1,5
Wolfram [9]	W	74	19,26	3410	4,4	17,7	960...1170	–	750	33,0	3,2
Zink [5]	Zn	30	7,13	419	30	16,9	120...160	–	60	20,0	46,0
Zinn	Sn	50	7,31	232	27	8,8	15	–	55	17,9	2,5
Zirkonium	Zr	40	6,41	1852	5,5	2,5	350...450	150...250	45	0,3	–
\multicolumn{12}{c}{Halbmetalle}											
Antimon	Sb	51	6,69	630	9,5	2,6	–	–	–	< 8,0	2,0
Arsen	As	33	5,73	815	4,7	3,0	–	–	–	11,0	3,75
Bor	B	5	2,46	2300	2	$56 \cdot 10^{-12}$	–	–	–	0,005	0,02
Germanium	Ge	32	5,32	937	5,75	$2,1 \cdot 10^{-6}$	–	–	–	–	–
Silicium	Si	14	2,33	1411	2,5	10,0	–	–	–	14,4	2,15
\multicolumn{12}{c}{Nichtmetalle}											
Kohlenstoff	C	6	[10]	[10]	–	–	–	–	–	0,02	2,06
Phosphor	P	15	1,82	44	125	$1 \cdot 10^{-15}$	–	–	–	2,8	0,25
Sauerstoff	O	12	$1,43 \cdot 10^{-3}$	–219	–	–	–	–	–	≈ 0	≈ 0
Schwefel	S	16	2,09	113	63	$5 \cdot 10^{-22}$	–	–	–	0,02	0,05
Stickstoff	N	7	$1,25 \cdot 10^{-3}$	–210	–	–	–	–	–	0,10	2,80
Wasserstoff	H	1	$8,99 \cdot 10^{-5}$	–259	–	–	–	–	–	0,0006	0,0011

[1] OZ = Ordnungszahl
[2] Die Kennwerte sind von der chemischen Zusammensetzung (Reinheit) sowie vom Gefügezustand (geglüht, rekristallisiert, kaltverformt, usw.) abhängig. Die Angaben sind daher nur als grobe Anhaltswerte im weichen Zustand zu verstehen.
[3] Maximal erreichbare Bruchdehnung. Abhängig vom Gefügezustand sind auch deutlich niedrigere Werte möglich.
[4] Zugfestigkeit für pulvermetallurgisch gewonnenes Beryllium.
[5] Mechanische Kennwerte für den gewalzten Zustand.
[6] Mechanische Kennwerte (R_m und A) bei 1000 °C.
[7] Mechanische Kennwerte (R_m, $R_{p0,2}$ und A) für den geglühten Zustand.
[8] Mechanische Kennwerte (R_m, $R_{p0,2}$ und A) für im Elektronenstrahlofen unter Hochvakuum erschmolzenem Material.
[9] Zugfestigkeit gültig für rekristallisierten Zustand.
[10] Grafit: Dichte: 2,27 g/cm³, Schmelztemperatur: 3550 °C
Diamant: Dichte: 3,51 g/cm³. Geht bei Erwärmung auf Temperaturen über 1500 °C (unter Luftausschluss) in Grafit über.

Tabelle A4: Elementarzellen der 14 Bravais-Gitter

Kristallsystem	Bestimmungsgrößen	Einfach	Basisflächenzentriert	Raumzentriert	Flächenzentriert
Triklin	$a \neq b \neq c$ $\alpha \neq \beta \neq \gamma$	✓			
Monoklin	$a \neq b \neq c$ $\alpha \neq 90°$ $\beta = \gamma = 90°$	✓	✓		
Rhombisch (Orthorhombisch)	$a \neq b \neq c$ $\alpha = \beta = \gamma = 90°$	✓	✓	✓	✓
Tetragonal	$a = b \neq c$ $\alpha = \beta = \gamma = 90°$	✓		✓	
Rhomboedrisch (Trigonal)	$a = b = c$ $\alpha = \beta = \gamma \neq 90°$	✓			
Hexagonal	$a = b \neq c$ $\alpha = \beta = 90°$ $\gamma = 120°$		✓		
Kubisch	$a = b = c$ $\alpha = \beta = \gamma = 90°$	✓		✓	✓